Nr. 45
S. 14303–14610

1959
11. November

Chemisches Zentralblatt

Vollständiges Repertorium für alle Zweige der reinen und angewandten Chemie

1830 gegründet. 1897—1945 von der Deutschen Chemischen Gesellschaft fortgeführt. Im Auftrage der Deutschen Akademie der Wissenschaften zu Berlin, der Chemischen Gesellschaft in der DDR, der Akademie der Wissenschaften zu Göttingen und der Gesellschaft Deutscher Chemiker (in der BRD)

herausgegeben von Prof. Dr. Heinrich Bertsch und Prof. Dr. Dr. h. c. Wilhelm Klemm

130. Jahrgang

1959

Chefredakteure: Dr. Eugen Klever und Dr. Heinz Walter

Akademie-Verlag GmbH., Berlin — Verlag Chemie, GmbH., Weinheim/Bergstr.

Inhalt

Geschichte, Unterricht 14303
A. Allgemeine, physikalische und anorganische Chemie 14304
A_1 Kernphysik und Kernchemie 14304
A_2 Optisches Verhalten der Materie 14312
A_3 Elektrizität. Magnetism. Elektrochem. 14318
A_4 Thermodynamik. Thermochemie 14325
A_5 Kolloidchemie. Grenzschichtforschung 14331
A_6 Strukturforschung 14333
A_7 Gleichgewichte. Kinetik 14337
A_8 Präparative anorganische Chemie 14338
Komplexverbindungen 14338
Metallorganische Verbindungen 14338
A_9 Mineralogische u. geologische Chemie 14345
B. Allgemeine und theoretische organische Chemie.... 14349
C. Präparative organische Chemie. Naturstoffe 14368
Mono- und Oligosaccharide. Glykoside 14419
Alkaloide 14420
Natürliche Farbstoffe 14423
Terpene. Sapogenine 14423
Sterine. Gallensäuren 14425
Hormone. Vitamine. Enzyme 14426
Antibiotica .... —
Andere Naturstoffe 14427
D. Makromolekulare Chemie 14428
E. Biologische Chemie. Physiologie. Medizin 14437
E_1 Allgemeine Biologie und Biochemie ... 14437
E_2 Enzymologie. Gärung 14446
E_3 Mikrobiolog. Bakteriolog. Immunolog. 14454
E_4 Pflanzenchemie. Pflanzenphysiologie. Pflanzenpathologie 14460
E_5 Tierchemie. Tierphysiologie. Tierpathologie 14466
E_6 Pharmakologie. Therapie. Toxikologie. Hygiene 14485
F. Pharmazeutische Chemie. Desinfektion 14496
G. Analyse. Laboratorium 14509
H. Angewandte Chemie 14522
I. Allgemeine chemische Technologie. 14522
II. Betriebsschutz. Feuerschutz ...... —
III. Elektrotechnik 14525
IV. Wasser. Abwasser 14527
V. Anorganische Industrie 14528
VI. Silicatchemie. Baustoffe 14530
VII. Agrikulturchemie. Schädlingsbekämpfung 14534
VIII. Metallurgie. Korrosion 14543
IX. Organische Industrie 14557
X. Färberei. Organische Farbstoffe ... 14565
XI. a) Farben. Anstriche. Lacke. Naturharze 14568
b) Plaste (Kunstharze. Plastische Massen) 14572
XII. Kautschuk 14576
XIII. Ätherische Öle. Parfümerie. Kosmetik 14577
XIV. Zucker. Kohlenhydrate. Stärke.... 14579
XV. Gärungsindustrie 14580
XVI. Nahrungs-, Genuß- u. Futtermittel 14582
XVII. Fette. Seifen. Wasch- u. Reinigungsmittel. Wachse. Bohnermassen usw. 14589
XVIII. a) Holz. Cellulose. Zellstoff. Papier. Papierdruck. Celluloid. Linoleum 14593
b) Textilfasern 14596
XIX. Brennstoffe. Erdöl. Mineralöle 14599
XX. Schieß- u. Sprengstoffe. Zündmittel —
XXI. Leder. Gerbstoffe .... —
XXII. Leim. Klebstoffe usw. 14607
XXIII. Tinte. Hektographenmassen u. a. Spezialpräparate .... —
XXIV. Photographie 14608

Bibliographien: 14304. 14367. 14454. 14527. 14528. 14557. 14589. 14599.

Buchbesprechung: 14572.

Chem. Zbl. 130. Jg. Nr. 45 Seite 14303—14610 Berlin, 11. November 1959

Postverlagsort: Berlin

Namenregister

Aasheim 14465.
Abel 14348.
Abou-Elnaga 14515.
Ábrahám 14535.
Abramow 14549.
Adachi 14415.
Adams 14413.
Adinolfi 14476.
Aebischer 14420.
African Explosives Chemical Industries Ltd. 14541.
Ager 14476.
Agid 14473.
Agrell 14470.
Ågren 14343.
Akroyd 14588.
Alana-Textil G. m. b. H. 14576.
Alberty 14435.
Alderson 14318.
Aldrich 14345.
Alelio, D' 14416.
Alemann, v. 14580.
Alexander 14542.
Alfonsi 14518.
Algemeene Kunstzijde Unie N. V. 14596.
Ali 14586.
Allais 14508. 14563.
Allan 14361. 14363.
Allard 14545.
Allen 14446.
Allied Chemical & Dye Corp. 14563. 14564.
Allison 14481.
Allyn 14569.
Aluminiumwerke Nürnberg G. m. b. H. 14553.
Amati 14306.
Amazaki 14371.
Ambrose 14442.
American Cyanamid Co. 14504. 14542. 14565. 14592. 14608.
American-Marietta Co. 14607. 14608.
Ames 14565.
Amiard 14502.
Ammon 14452.
Amore, d' 14351.
Anand 14374.
Anderegg 14344.
Andersen 14452.
Anderson, E. W. 14572.
Anderson, J. M. 14320.
Anderson, L. C. 14563.
Ando, J. 14530.
Andō, T. 14531.
Ando, Y. 14451.
Andreae 14521.
Anfinsen 14448.
Angelis, De 14470.
Anglin 14521.
Anikin 14353.
Anitow 14336.
Ansell 14396.
Antal 14322.
Antipowa 14513.
Antoniades 14498.
Anzeliowitsch [14527].
Aoki 14434.
Araz 14449.
Archimbaud 14445.
Arich 14354.
Armour & Co. 14608.
Arrigoni 14480.
Arsamasszew 14500.
Artamonow 14589.
Asaoka 14594.
Aschner 14321.
Asinger 14564.
Asprey 14314.
Astbury 14305.
Asthana 14374.
Astin 14311.
Atkins 14326.
Atkinson 14609.
Atteberry 14337.
Audubert 14325.
Auerbach 14453.
Augustinsson 14454.
Aust 14550.
Autrey 14583.
Avigad 14450.
Avron 14448.
Babbar 14459.
Babcock 14534.
Băbutia 14331.
Bach jr. 14504.
Bader 14399.
Badische Anilin- & Soda-Fabrik Akt.-Ges. 14553. 14559. 14562. 14563. 14573. 14605.
Badoz-Lambling 14323. 14481.
Bailey 14555.
Baker, A. W. 14385.
Baker, W. 14368. 14423.
Bal 14450.
Balachandran 14330.
Balesin [14557].
Bamann 14391.
Bamford 14429.
Banerjee, B. 14345.
Banerjee, H. 14307.
Banerjee, S. 14511. 14512.
Banks 14315.
Banno 14347.
Bao 14522.
Barabasch 14500.
Baraduc 14473.
Barannik [14557].
Barban 14453.
Barber 14311.
Bardeen 14330.
Barden 14536.
Bardin 14568.
Bargh 14311.
Barjac, de 14536.
Barrow 14328.
Barry 14510.
Barta 14540.
Barthelemy 14506.
Bartholomé 14559.
Bartoň 14512.
Baryschnikow 14543.
Basanowa 14544.
Baskin 14597.
Bastian 14473.
Bates 14323.
Batrakowa 14595.
Bauer, G. 14469.
Bauer, R. 14553.
Bauer, W. 14527.
Baum 14580.
Baumann, H. 14535.
Baumann, M. 14528.
Bayet 14311.
Beauregard 14494.
Becker, D. 14580.
Becker, E. A. [14572]*.
Becker, K. 14359.
Becker, M. 14586.
Becker, U. 14474.
Beckmann 14324.
Bedford 14588.
Bedouret 14372.
Beedham 14588.
Beer 14553.
Bekemeier 14481.
Bekkum, van 14476.
Belcher 14512.
Bell 14426.
Bellamy 14349.
Bellemans 14325.
Bellon 14502.
Bellotti 14466.
Below 14347.
Benacerraf 14342.
Benditt 14475.
Benedetti, De 14305.
Benfey 14304.
Benk 14587.
Bennett, A. I. 14323.
Bennett, E. L. 14440.
Benoist 14309.
Benoit 14471.
Benton 14466.
Benzer 14475.
Berg 14605.
Berge 14595.
Berger 14400.
Bergwerksverband zur Verwertung von Schutzrechten der Kohlentechnik G.m.b.H. 14561.
Berkenhoff 14340.
Berkowitz 14328.
Bernard 14476.
Bernhardt 14311.
Bernier 14481.
Bernstein 14475.
Bernzott 14571.
Beroza 14537.
Bertola 14437.
Best, A. P. 14565.
Best, W. R. 14477.
Bett 14304.
Bevan 14313.
Beynon 14509.
Bhatia 14496.
Bhatnagar 14458.
Bhattacharyya 14577.
Bhide 14432. 14433.
Bianchi 14493.
Bickis 14441.
Bidló 14534.
Bieber 14516.
Bigler 14598.
Bilenki 14306.
Bilger 14570.
Bille 14563.
Binet 14481.
Birdsall 14525.
Birmingham Small Arms Co. Ltd. 14554.
Bittmann 14321.
Bizouard 14334.
Blackwood 14455.
Blättermann 14566.
Bláha 14427.
Blank 14473.
Błasiak 14528.
Blinc 14353.
Bloch, H. S. 14530.
Bloch, J. M. 14569.
Bloch, M. 14305.
Bloomberg 14514.
Blue 14328.
Blumberg 14481.
Boag 14434. 14436.
Bobtelsky 14344. 14514. 14515.
Bockris 14323.
Bodanecký 14572.
Bodendorf 14384.
Bodenstein 14537.
Boedtker 14459.
Böer 14321.
Boelter jr. 14555.
Boer, J. H. de 14338.
Boer, W. de 14446.
Boerma 14575.
Bogdański 14360.
Boggs 14573.
Bohuš 14544.
Boiko 14344.
Bokutschawa 14582.
Bolte 14494.
Boni 14543.
Bonsignore 14355.
Boots Pure Drug Co. Ltd. 14541.
Borcsányi 14473.
Borel 14529.
Borges 14493.
Borneas 14331.
Borneff 14587.
Bornengo 14572.
Bortaud 14532.
Bossard 14567.
Boudreaux 14322.
Bouffetier 14372.
Boundy 14587.
Bowers 14317.
Bowman 14521.
Boyd 14406.
Bozóki 14304. 14305.
Brabander 14504.
Bradley, D. C. 14327.
Bradley, P. B. 14491.
Bradshaw 14526.
Braekkan 14583.
Brandi 14552.
Brandis 14553.
Brandon 14581.
Brandt 14584.
Breivik 14581.
Bretschneider 14560.
Bretz 14562.
Breuer 14486.
Brichieri-Colombi 14555.
Brill 14334.
British Dielectric Research Ltd. 14555.
British Non-Ferrous Metals Research Association 14555.
Britton 14564.
Broge 14542.
Broniszewska 14585.
Brooks 14515.
Brossi 14505.
Brouillet 14494.
Brown, E. M. 14448.
Brown, N. A. 14540.
Brown, S. S. 14396.
Bruk 14336.
Brunet 14467.
Bruyn, C. M. A. de 14530.
Bruyn, J. W. de 14500.
Bryson 14559.
Brzeziński 14596.
Bubernak 14597.
Bubnoff, v. 14477. 14493.
Bucek 14520.
Buchanan 14324.
Buckwalter 14490.
Budarow 14602.
Buděšínsky 14511.
Bückle 14336.
Bühring 14310.
Bulgakow 14580.
Bullard 14311.
Bunbury 14552.
Bunjatjan 14472.
Buogo 14485.
Burenkow 14579.
Burk 14575.
Burroughs Adding Machine Co. 14596.
Burroughs Corp. 14596.
Burrows 14509.
Buscaróns 14519.
Busche 14549.
Buschkiel 14584.
Buschmann 14538.
Butterworth 14492.
Buu-Hoï 14397. 14398.
Byers 14307.
Cacace 14364. 14370.
Cadwell 14569.
Cahen 14492.
California Research Corp. 14563.
Callanan 14468.
Callaway 14321.
Calvin 14437.
Cambefort 14534.
Cambi 14304.
Cameron 14456.
Cameroni 14489.
Camp 14459.
Campbell, J. A. 14490.
Campbell, M. E. 14438.
Cannan 14521.
Cantrell 14556.
Caplan 14317.
Carborundum Co. 14599.
Cardinali 14444.
Carlisle 14467.
Carrat 14345.
Carritt 14519.
Carroll 14468.
Carter 14319.
Casida 14488.
Cason 14423.
Cassella Farbwerke Mainkur Akt.-Ges. 14501.
Castel 14578.
Castex 14495.
Celanese Corp. of America 14567. 14598.
Centre National de la Recherche Scientifique 14569.
Čepelák 14516.
Cerletti 14420.
Černý 14351.
Červinka 14400. 14415.
Cestari 14442.
Chakravarti 14577.
Chalvet 14397.
Chamotte-Industrie Hagenburger-Schwalb Akt.-Ges. 14532.
Chang, C. 14401. 14426.
Chang, R. S. 14460.
Channabasappa 14600.
Chantiers de l'Atlantique Penhoet-Loire 14524.
Chapon 14581.
Charbonnier 14496.
Charitonow 14378.
Charton 14477.
Chatterji, A. C. 14333.
Chatterji, K. K. 14515.
Chemische Werke Hüls Akt.-Ges. 14577.
Chenicek 14588.
Cherry 14545.
Chieffi 14476.
Child jr. 14430.
Chládek 14496.
Chlopin 14351.
Chodura 14335.
Christiansen 14325.
Chubb 14580.
Chuchlowa 14584.
Chudobin 14378.
Chupka 14328.
Chussnojarow 14546.
Ciba Akt.-Ges. 14504. 14507.
Ciba Ltd. 14506. 14566.
Ciba Soc. An. 14567.
Ciborska 14492.
Cieri 14364.
Cilag Akt.-Ges. 14504.
Ciranni 14370.
Cislak 14564.
Cities Service Research & Development Co. 14556.
Clark, H. M. 14311.
Clark, N. G. 14541.
Clawson 14540.
Clayton 14346.
Clerici 14443.
Clermont 14471.
Clewell 14603.
Clibourn 14577.
Clough 14509.
Clusius 14326.
Coats 14441.
Cocks 14592.
Cohen, A. 14472.
Cohen, P. P. 14449.
Cole, D. F. 14472.
Cole, E. K., Ltd. 14527.

Cole, E. L. 14606.
Cole, H. 14336.
Coleman 14598.
Coles 14609.
Collet 14496.
Collin, F. J., Akt.-Ges. 14555.
Collin, J. 14350.
Collins 14530.
Comp. Française des Matières Colorantes 14569.
Cone 14607. 14608.
Conia 14372.
Conix 14428.
Conley 14596.
Connecticut Hard Rubber Co. 14571.
Constant 14480.
Cooper, D. R. 14483.
Cooper, L. N. 14305.
Cooper, S. C. 14347.
Copenhaver 14558.
Corbo 14494.
Corn 14558.
Cornelissen 14602.
Cornelius 14529.
Cornell 14557.
Corning Glass Works 14532.
Corrigan 14319.
Corrodi 14421.
Cosar 14490.
Cosentino 14462.
Cotlove 14521.
Cottle 14561.
Cotton, E. 14557.
Cotton, F. A. 14316.
Coursaget 14348.
Courvoisier 14490.
Cowland 14305.
Cox 14571.
Crabb 14393.
Craine 14587.
Crane 14536.
Cranham 14541.
Credner 14503.
Cremascoli 14304.
Cribb 14590.
Crittal Mfg. Co. Ltd. 14555.
Crooks 14509.
Croon, H. 14520.
Croon, W. 14520.
Crouch 14311.
Crowe 14305.
Crownover 14533.
Cudkowicz 14443.
Cuendet 14432.
Cundiff 14512.
Cuninghame 14343.
Curl jr. 14327.
Curri 14438.
Curtin 14386.
Cutolo 14446.
Dahlbeck 14523.
Dainjak 14491.
Damask 14337.
Damminger 14522.
Daniel-Moussard 14496.
Daniels 14430.
Danielson 14334.
Dannenberg 14443.
Dannhauser 14430.
Danske Medicinal- & Kemikalie-Kompagni Aktieselskab 14502.
Danti 14316.
Dati 14470.
Dauben 14426.
David 14533.
Davidson 14537.
Davies 14338.
Davis, D. A. 14355.
Davis, G. K. 14469.
Davis, G. L. 14345.
Davydov 14308.
Dawes 14313.
Dawidow 14583.
Decken, v. d., geb. v. Heyden 14533.
Delarue 14569.
Delavault 14519.
Delcambe 14491.
Delville 14325.
Delvin 14509.
Dementjewa 14586.
Demott 14584.
Dench 14328.
Denivelle 14386.
Denss 14503.
Design and Research Centre for the Gold, Silver and Jewellery Industries 14556.
Despić 14323.
Dessi 14442.
Determann 14417.
Deutsch 14592.
Deutsche Gold- & Silberscheideanstalt vormals Roessler 14524. 14551.
Devons 14304.
Dhala 14458.
Dhar 14374.
Diderholm 14473.
Diemair 14587.
Dieter 14317.
Dima 14543.
Dinerman 14491.
Dinon 14494.
Distillers Co. Ltd. 14563.
DIWAG, Chemische Fabriken Akt.-Ges. 14503.
Doan jr. 14337.
Dobiáš 14332.
Doerges 14555.
Dokunichin 14400.
Dole 14428.
Dolerit Basalt Akt.-Ges. 14524.
Dolgow 14378.
Donker 14471.
Dortmund-Hörder Hüttenunion Akt.-Ges. 14529.
Doty 14434.
Dow Chemical Co. 14533. 14541. 14562. 14564. 14574.
Drachenfels, v. 14585.
Drath 14524.
Dreyfus 14476.
Droessaert 14574.
Druey 14504.
Dryden, J. E. 14347.
Dryden, L. P. 14480.
Dúbravková 14384. 14406.
Dubrowa 14371.
Dubuit 14607.
Ducrot 14490.
Duffield 14310.
Dugatschewa 14353.
Duke, F. R. 14337.
Duke, J. 14576.
Dunell 14431.
Dunjić 14312.
Dunlop Rubber Co. Ltd. 14598.
Dunn, C. G. 14580.
Dunn, D. B. 14439.
Du Pont de Nemours, E. I., & Co. 14541. 14542. 14555. 14558. 14561. 14570. 14573. 14574. 14575. 14598. 14609.
Durif 14496.
Dutruc-Rosset 14323.
Duyckaerts 14310.
Eaks 14582.
Eastman Kodak Co. 14605. 14608. 14609.
Easty 14442.
Ebert 14340.
Ebschner 14438.
Ecker 14320.
Eddins 14536.
Edelhoch 14435.
Edelman 14574.
Eden 14495.
Edwards 14306.
Egle 14587.
Egyesült Izzólámpa és Villamossági Részvénytársaság 14527.
Ehrenpreis 14478.
Eikmeier 14485.
Eisenbeiss 14427.
Eisenstadter 14514. 14515.
Eisler 14455.
Elbeih 14515.
El Din Scherif 14367.
Electric Machinery Mfg. Co. 14533.
Electric Storage Battery Co. 14527.
Elgin National Watch Co. 14527.
Ellenby 14464.
Ellis 14326.
Elmossalami 14583.
El Sherif 14510. 14511.
Emanuel 14311.
Enderlein 14331.
Engel, A. v. 14319.
Engel, A. E. J. 14346.
Engelhard 14503.
England 14518.
Englert-Chwoles 14331.
Enomoto 14349.
Ensaka 14390.
Ensign 14527.
Epp 14455.
Epstein, N. J. 14510.
Epstein, S. 14346.
Equipro Equipment & Process Co., Inc. 14525.
Ercoli 14314.
Erdey 14517.
Erdmenger 14523.
Eriksen 14306.
Eriksson 14313.
Ernest 14398.
Ernst 14440.
Eschnauer 14581.
Eser 14449.
Esso Research and Engineering Co. 14525. 14558. 14561. 14562. 14570. 14604. 14605. 14606.
Esso Standard (Soc. An. Française) 14604.
Estep jr. 14608.
Ethicon, Inc. 14502.
Ethyl Corp. 14562.
Etzel 14532.
Eustance 14571.
Evans 14437.
Fabrique de Produits Chimiques de Schoenenwerd H. Erzinger Soc. An. 14501.
Fahr 14350.
Fajersson 14587.
Fales 14537.
Faraone 14351.
Farbenfabriken Bayer Akt.-Ges. 14523. 14530. 14559. 14567.
Farbwerke Hoechst Akt.-Ges., vormals Meister Lucius & Brüning 14532. 14541. 14560. 14674.
Faris 14341.
Farkasdi 14536.
Farlow 14573.
Fassin 14458.
Fastier 14475.
Favre 14567.
Faye, G. H. 14543.
Faye, P. 14477.
Fear 14607.
Feaster 14469.
Feldmühle Papier- & Zellstoffwerke Akt.-Ges. 14529.
Felix 14438.
Fenyves 14304. 14305.
Ferrari 14568.
Ferris 14337.
Ferro Corp. 14540.
Ferry 14430.
Fessendon 14316.
Fetterley 14525.
Feuell 14537.
Fickenscher 14569.
Fiedler 14534.
Fielden 14577.
Filippov 14308.
Finch, A. C. M. 14423.
Finch, G. I. 14333.
Finch, W. E. 14499.
Fine 14586.
Finkel 14486.
Fa. O. Fuchs 14553.
Fa. C. Still 14603. 14604.
Fischer, E. 14574.
Fischer, E. O. 14313.
Fischer, W. 14523.
Fisher, E. E. 14556.
Fisher, F. 14320.
Fisher, G. S. 14350.
Fisher, M. E. 14321.
Fitzer 14554.
Fleming 14468.
Fletcher 14391. 14392.
Flicker 14326.
Flippin 14443.
Fono 14368.
Fontaine, M. 14473.
Fontaine, Y. A. 14473.
Forcht 14607.
Ford 14313.
Fordham 14577.
Fort 14386.
Foster 14340.
Fouarge 14310.
Foundry Services Ltd. 14552.
Fowler 14309.
Fox 14562.
Fraenkel 14478.
Fram 14584.
Francis 14502.
Franck 14600.
François 14589.
Franeau 14311.
Franke 14446. 14447.
Frankenburg 14456.
Fraser 14386.
Freeman 14574.
Frehse 14447.
Freitag 14458.
Frensch 14541.
Frenster 14477.
Freudenberg 14370.
Frey 14313.
Frick 14521.
Fried, J. 14507.
Fried, V. 14352.
Friedmann 14446.
Fritsch 14348.
Fritz 14340.
Fritzsche 14537.
Fröhlich 14596.
Froelich 14500.
Fronticelli 14420.
Frost 14534.
Fry 14555.
Fuchs, J. 14578.
Fuchs, L. H. 14335.
Fueno 14430.
Fuerst 14455.
Fujihara, H. 14335.
Fujihara, K. 14419.
Fujii 14306.
Fujiwara 14548.
Fuksman 14529.
Fukui 14305.
Fukushima 14349.
Fukuto 14356.
Fukyama 14483.
Fuld 14580.
Furchner 14486.
Furukawa 14428. 14430.
Fynn 14555.
Gätzi 14542.
Gagnazzi 14533.
Gajewa 14400.
Galateri 14598.
Gallo 14500.
Gamba 14307.
Gandy 14315.
Gangolly 14465.
Garcia-Valdecasas 14491.
Garein 14532.
Gartler 14481.
Gasparič 14519.
Gassanowa 14587.
Gasson 14563.
Gatterdam 14488.
Gawehn 14441.
Gawrilowa 14363.
Gazzi 14510.
Geddes 14432.
Gehatia 14428.
Geiger 14516.
Geigy, J. R., Akt.-Ges. 14501. 14503. 14542. 14567.
Geissler 14441.
Gelman 14529.
Geminow 14550.
General Aniline & Film Corp. 14558. 14592. 14609. 14610.
General Electric Co. 14571. 14608.
General Electric Co. Ltd. 14526.
General Motors Corp. 14557.
Genest 14494.
Genge 14389.
Gent 14425.
Georg 14459.
George 14497.
Georgescu 14543.
Gerjovich 14541.
Gerke 14507.
Gerlich 14445.
Gershenfeld 14499.
Gersonde 14593.
Geschickter Fund for Medical Research, Inc. 14506.
Gesellschaft für Linde's Eismaschinen Akt.-Ges. 14603.
Geškenbein 14307.
Gewitz 14441.
Geyer 14360.
Ghanekar 14450.
Giacca 14481.
Giacomello 14370.
Gianola 14322.
Gibbs 14436.
Giddy 14606.
Giessler 14583.
Gilfert 14316.
Giljarow 14385.
Gilks 14462.
Gillmore 14599.
Ginodman 14549.
Ginsburg 14379.
Giraitis 14562.
Girault 14563.
Giustina 14477.
Gladkowa 14513.
Glarum 14509.
Glaubitt 14472.
Glaxo Laboratories Ltd. 14565.
Gleis 14480.
Gligor 14543.
Glinka 14604.
Glokowa 14589.
Glover 14482.
Gluschkowa 14329.
Glynne 14535.
Goebel 14541.
Gölitzer 14571.
Gössner 14440.
Göttmann 14449.
Goetz, H. 14319.
Goetz, K. G. (Denver, Colo.) 14516.
Götz, K. G. (Göttingen) 14332.
Gohlke 14385.
Golant 14557.
Goldfarb 14420.
Goldschmid 14595.
Goldsmith 14346.
Goldštejn 14600.
Golombek 14601.
Golowinsky 14456.
Gomosi 14305.
Gontscharenko 14523.
Goodrich, B. F., Co. 14599.
Gordijewski 14601.
Gordon, D. A. 14574.
Gordon, J. P. 14317.
Gordon, S. 14341.
Gorelow 14354.
Gorjajewa 14589.
Gornosstajewa 14403.
Gossett 14608.
Gotlinskaja 14523.
Gotô, H. 14514.
Goto, S. 14306.
Gottschalk 14524.
Gourgé 14317.
Graf, D. L. 14346.
Gráf, L. 14333.

Graffi 14443.
Graham 14347.
Graliński 14597.
Granatek 14490.
Grande 14603.
Grard 14311.
Grassini 14349.
Graul 14522.
Greathouse 14594.
Green, C. 14482.
Green, J. H. S. 14428.
Greenlee 14569. 14575.
Greenwood 14541.
Greuel 14489.
Grieb 14530.
Grigorjewa 14586.
Grigull 14304.
Grimmer 14487.
Grinius 14439.
Grogan 14506.
Groot-Wassink 14445.
Gross, J. 14484.
Gross, K. F. 14409.
Grossman, A. 14601.
Grossman, M. I. 14475.
Grouchy, de 14476.
Gruehn 14518.
Gualandi 14549.
Gubler 14424.
Guerin 14438.
Guidotti 14607.
Guinand 14435.
Guittard 14342.
Guitton 14325.
Gulf Oil Corp. 14556. 14557. 14558.
Gumiński 14324.
Gupta, B. M. 14459.
Gupta, V. N. 14464.
Gusman 14569.
Gustison 14311.
Gutiérrez Cabeza 14543.
Haab 14584. 14585.
Habicht 14504.
Hadley 14563.
Häfliger 14503.
Hänisch 14314.
Häusler 14440.
Hafner 14364.
Hage 14553.
Hagen 14440.
Haggard 14475.
Hagi 14483.
Hahn 14331.
Haïssinsky 14330. 14337.
Hajdu 14550.
Hakim 14443.
Hála 14352.
Hall, C. E. 14459.
Hall, J. G. van 14500.
Hall, L. M. 14449.
Hallam 14349.
Hallén 14466.
Halperin, A. 14317. 14318.
Halperin, J. 14311.
Hamilton, A. Y. 14457.
Hamilton, J. H. 14310.
Hamilton, S. B. 14405.
Hammarlund 14497.
Hammer 14553.
Hammes 14435.
Hamoir 14484.
Han 14355.
Haneschka 14533.
Hankinson 14584.
Hansard 14469.
Hanser 14437.
Hara 14306.
Harada 14591.
Hardegger 14421.
Hardt, L. L. 14501.
Hardt Foundation 14501.
Hardy 14335.
Hare 14321.
Harford 14542.
Harline 14568.
Harman 14509.
Harmon 14576.
Harms 14496.
Harris, E. R. 14423.
Harris, G. H. 14562.
Harris, H. 14476.
Harris, J. E. 14487.
Harrison, T. B. 14576.
Harrison, W. O. 14494.
Hart, R. 14431.
Hart, W. F. 14569.
Hartley 14580.
Hartman 14480.
Hartmann 14514.
Hartree 14439.
Hartwell 14427.
Haskins 14466.
Hasselblatt 14473.
Hasselman 14525.
Haszeldine 14360.
Hatano 14469. 14470.
Hathway 14464.
Hatt 14353.
Haurowitz 14469.
Haven jr., A. C. 14575.
Haven, C. B. 14574.
Hawkins, G. E. 14583.
Hawkins, J. D. 14469.
Hawkins, S. W. 14428.
Hawkinson 14598.
Hawley 14593.
Hay 14465.
Haydel 14594.
Hayden 14437.
Haydon 14332.
Hazell 14553.
Hecht 14303.
Heckmann 14332.
Heerden, van 14309.
Heger 14546. 14547.
Heidenhain 14571.
Heine, H. W. 14357. 14358.
Heine, R. W. 14544.
Heinen 14447.
Heinrich 14589.
Heintze 14310.
Heinze 14524.
Heller, G. W. 14574.
Heller, K. 14426.
Hellerbach 14421.
Hellerman 14447.
Hellman 14473.
Hempel 14602.
Henderson 14496.
Hengel 14458.
Henkel & Cie. G. m. b. H. 14570.
Henning 14419.
Herbert 14557.
Herbst 14573.
Hérenguel 14551.
Herken 14485.
Herman 14605.
Heřmánek 14374.
Heřmánková 14374.
Hermans jr., J. 14436.
Hermans, J. J. 14436.
Hermelink 14494.
Hertwig 14561.
Hervy 14477.
Hesketh 14315.
Hespel 14372.
Hetzel [14589].
Heuser 14536.
Heusser 14507.
Hexter 14316.
Heymes 14502.
Higginbotham 14596.
Higgons 14541.
Hignett 14540.
Hilborn 14608.
Hildebrand 14596.
Himmelreich 14597.
Himmelstein 14551.
Hinotani 14304.
Hinshelwood 14337.
Hintermeier 14501.
Hippel, v. [14304].
Hirai 14538.
Hirata 14431.
Hirling 14521.
Hiroike 14325.
Hirokawa 14453.
Hirs 14448.
Hockerts 14493.
Höfges 14552.
Höringklee 14564.
Hoesch Walzwerke Akt.-Ges. 14555.
Hofer, G. 14592.
Hofer, K. 14559.
Hoff jr. 14337.
Hoffman, C. 14508.
Hoffman, R. W. 14322.
Hoffmann-La Roche, F., & Co. Akt.-Ges. 14505.
Hoffmann-La Roche, Inc. 14578.
Hogan 14341.
Hohlweg 14445.
Hôjô 14329.
Holden 14579.
Holmes, R. L. 14489.
Holmes, W. R. 14529.
Holtzem 14462.
Holubek 14420.
Holzbecher 14511.
Honig 14323.
Honzík 14547.
Hoof, van 14466.
Hotman 14536.
Hopf 14488.
Hopkins 14313.
Hoppin 14347.
Hori 14434.
Horr 14516.
Horrocks 14517.
Horsfall jr. 14460.
Hoshino 14425.
Howell 14350.
Hoyer 14344.
Hrubý 14496.
Hruza 14482.
Huba 14382.
Hudson 14592.
Hüttenwerke Phoenix Akt.-Ges. 14552.
Hughes, H. K. 14598.
Hughes, W. B. 14556.
Hull 14598.
Hulyalkar 14433.
Hunt 14549.
Hutchinson 14458.
Hutson 14537.
Hutton 14426.
Huzimura 14318.
Ianulescu 14543.
Ichikawa 14401.
Ichinohe 14349.
Iengar 14361. 14362.
Ihlefeld 14533.
Ikeda, S. 14514.
Ikeda, T. 14311.
Iler 14542.
Illuminati 14349.
Imahori 14434.
Imperial Chemical Industries Ltd. 14553. 14556. 14559. 14577. 14593. 14598.
Ingersoll 14498.
Ingle 14432. 14433.
Ingmanson 14594.
Ingram 14475.
Inoue, K. 14451.
Inoue, M. 14547.
Inskeep 14575.
Iofa 14328.
Ioffe 14307.
Ionics, Inc. 14523.
Ippoliti 14470.
Ireland 14553.
Irreverre 14437.
Isaacs 14459.
Ishibashi 14461.
Isler 14504.
Issa 14510. 14511.
Isshiki 14347.
Ivanoff 14388.
Iwanowa 14550.
Iyengar 14599.
Jackson 14312.
Jacob 14609.
Jacobson 14502.
Jacquignon 14397.
Jacquot 14472.
Jäckle 14546.
Jäger, B. [14528].
Jäger, L. 14337.
Jäppelt 14555.
Jaffe 14526.
Jagendorf 14448.
Jain 14516.
Jakob 14505.
Jakowlewa 14513.
Jakubowitsch 14379.
James, H. M. 14303.
James, K. C. 14498.
Jančárek 14332.
Janda 14364.
Janot 14422.
Janssen, C. 14528.
Janssen, H. J. 14594.
Janssen, M. J. 14457.
Jarmolinski 14579.
Jebsen 14484.
Jędrusiak 14596.
Jeffreys 14401.
Jellinek 14587.
Jemeljanowa 14595.
Jenkins 14429.
Jensen, P. W. 14430.
Jensen, S. L. 14456.
Jermakowa 14367.
Jewstignejew 14363.
Jewstignejewa 14421.
Ježo 14384. 14406.
Jira 14364.
Jizba 14406.
Johnson jr., H. W. 14509.
Johnson, J. F. 14428.
Johnson, O. E. 14309.
Johnson, P. 14483.
Johnson, R. G. 14309.
Johnson, R. S. 14541.
Johnson, S. C., & Son, Inc. 14575.
Johnson, S. P. 14460.
Johnston, H. 14541.
Johnston, R. 14429.
Johnston, R. E. 14313.
Joly 14508.
Jones, C. A. 14587.
Jones, E. 14361.
Jones, Eifionydd 14319.
Jones, F. L. 14319.
Joos 14312. 14313. 14331.
Joris 14564.
Josenhans 14602.
Jost, A. 14472.
Jošt, F. 14338.
Joubert 14462.
Judez Lázaro 14543.
Julien 14543.
Jungreis 14344.
Jurjew 14398.
Just 14330.
Justus 14565.
Juszkiewicz 14495.
Kabatschnik 14385.
Kádár 14527.
Kaess 14553.
Kahn 14599.
Kahr 14474.
Kai 14538.
Kajihara 14348.
Kakáč 14427.
Kamada 14509.
Kamala 14450.
Kamel 14406.
Kamimura 14313.
Kanazawa 14425.
Kaneko, Takao 14371.
Kaneko, Tatsunosuke 14304.
Kao 14409.
Kapischke 14472.
Kaplan, A. M. 14499.
Kaplan, J. G. 14367.
Kaplan, M. A. 14490.
Kapoor 14342.
Karácsony 14582.
Karchner 14557.
Karlsson 14440.
Karpinski 14525.
Karreman 14484.
Karrer, P. 14416.
Karrer, W. 14524.
Kaschajew 14601.
Kasting 14479.
Katschurin 14357.
Katsumata 14304.
Katsuura 14466.
Kaufmann, H. 14605.
Kaufmann, W. 14583.
Kawa 14569.
Kawachi 14548.
Kawaguchi 14407.
Kawai 14476.
Kawakami 14348.
Kawarabayashi 14306.
Kawasaki 14407.
Kawashima 14531.
Kay 14593.
Kayser 14569.
Kê 14336.
Keenan 14314.
Keitel 14588.
Kelemen 14484.
Kelite Corp. 14593.
Keller 14317.
Kellogg, M. W., Co. 14527.
Kelly 14579.
Kemp 14305.
Kent 14451.
Key 14491.
Kharasch 14368.
Khorasani 14514.
Khundkar 14514.
Kidwell 14571.
Kiger 14591.
Kilp 14537.
Kim 14494.
Kimmel, E. E. 14606.
Kimmel, J. R. 14452.
Kimura 14591.
Kine 14566.
Kineke 14336.
King, E. H. 14544.
King, F. E. 14462.
King, H. G. C. 14545.
King, W. H. 14591.
Kinney 14599.
Kiriyama 14423.
Kirk 14305.
Kirkwood 14527.
Kirschner 14587.
Kirshenbaum 14558.
Kisselewa 14420.
Kita 14508.
Kitamura 14305.
Kitson 14430.
Kiyasu 14469.
Kiyonaga 14547.
Klaerding 14552.
Klawik 14469.
Kleimack 14321.
Klein, E. 14473.
Klein, Elias 14388.
Klein, P. 14458.
Klemperer 14434.
Klimmer 14303.
Klosa 14407.
Kloth-Senking Akt.-Ges. Eisen- und Metallgießerei 14553.
Klotz 14329.
Knaak 14488.
Knappwost 14323.
Knewstubb 14329.
Knjasewa 14582.
Knoll, B. 14484.
Knoll, J. 14484.
Knorr, M. 14587.
Knorr, T. G. 14322.
Knotek 14546.
Knuppen 14486.
Kobrin 14549.
Koch, O. G. 14514.
Koch, P.-A. [14599].
Koch, R. 14566.
Kodak Ltd. 14610.
Kodama 14530.
Köhler 14570.
König 14322.
Koepf 14538.
Körösy 14353.
Koga 14348.
Kogajew 14549.
Kohn, J. A. 14334.
Kohn, L. S. 14608.
Kojer 14364.
Kojima 14467.
Kolessnik 14600.
Kolner 14524.
Kolobielski 14381.
Kołodziejski 14497.
Kolor 14520.
Kolthoff 14510.
Kondo 14307.
Kondratjew 14593.

Konitzer 14521.
Konstantinowa 14550.
Kooijman 14563.
Koop 14449.
Kopa 14596.
Koppers, H., G. m. b. H. 14523.
Koppers Co., Inc. 14562. 14602. 14606.
Koppikar 14516.
Korgaonkar 14516.
Korneitschuk 14366.
Kortland 14563.
Koschtojanz 14485.
Koslow 14412.
Kosmin 14524.
Košová 14496.
Kosstina 14593.
Kotake 14407.
Kotionis 14511.
Kotscharjan 14587.
Kotschegina 14479.
Kovacic 14562.
Koyama 14335.
Kozima 14464.
Krajewski 14491.
Krantz 14377.
Kratzl 14400.
Kraus 14391.
Kręglewski 14327.
Kresze 14359.
Kretzdorn 14581.
Krishnamurthy 14591.
Kristianpoller 14317.
Kröhnke 14409.
Krogh 14438.
Królikowski 14307.
Kromphardt 14435.
Kruger, B. J. 14495.
Kruger, H. 14305.
Kruglowa 14583.
Krupatkin 14354.
Krupkowski 14335.
Krutzsch 14581.
Kubaschewski 14328.
Kümmel 14321.
Kugelstadt 14554.
Kuhl 14460.
Kuhn, E. 14437.
Kuhn, P. 14550.
Kunde 14418.
Kunitake 14546.
Kuraš 14512.
Kurosu 14444.
Kurotschkina 14522.
Kurtz 14559.
Kusakabe 14467.
Kushner 14504.
Kusnetzow 14550.
Kusnetzowa 14398.
Kusumoto 14407.
Kuszmann 14443.
Kutzsche 14501.
Kvifte 14312.
Laboratoires Fisch & Cie. (Soc. An.) 14501.
Laboratoires Français de Chimiothérapie 14507. 14508.
Ladenburg 14514.
Lagerqvist 14314.
Lahiri 14599.
Lambling 14481.
Lance 14488.
Landa 14340.
Landrum 14573.
Landsperski 14335.
Lange, A. 14552.
Lange, H. 14321.
Langeland 14495.
Langenbeck 14605.
Langer, L. M. 14309. 14310.
Langer, S. H. 14576.
Lapatuchin 14595.
Laporte Chemicals Ltd. 14529.
Larach 14318.
Larchar sr. 14577.
Larose 14458.
Larsen 14516.
Latham 14562.
Laundrie 14576.
Laurent 14522.
Laurikainen 14308.
Laves 14354.
Lavietes 14303.
Lavit 14397. 14398.
Laws 14426.
Lazzarini 14477.
Le 14601.
Leach 14478.
Leau 14490.
Lebouc 14481.
Le Bouffant 14496.
Lechler 14551.
Ledoux 14442.
Lee 14346.
Leets 14423.
Lefrançois 14477.
Le Hir 14422.
Lehmann 14475. 14476.
Lehrer 14559.
Leibelman 14508.
Leithe 14603.
Lelakis 14464.
Lelong 14551.
Le Roux 14461.
Lesher 14484.
Lessjuiss 14589.
Lester 14509.
Letsinger 14405.
Lever Brothers Co. 14561.
Levine, A. K. 14529.
Levine, R. 14470.
Lévy, J. 14493.
Levy, L. W. 14538.
Lewis 14311.
Li, C. H. 14471.
Li, Shih-Tsin 14333.
Liakhoff 14505.
Libert 14311.
Liberti 14351.
Lieben 14367.
Liebermann 14331.
Liepins 14460.
Lietz 14314.
Lindberg [14367].
Linde 14512.
Lindemann 14320.
Linden 14600.
Lindenmann 14459.
Linhartová 14398.
Linko 14462.
Lipińska 14585.
Lipkin 14308.
Lipman 14305.
Lippincott 14377.
Little, A. D., Inc. 14556.
Little, C. C. 14441.
Little, V. I. 14319.
Littlefield 14439.
Litwak 14510.
Liverman 14460.
Liwschitz 14544.
Ljubarski 14367.
Ljubimow 14307.
Lloyd 14452.
Lodder 14459.
Lodeischtschikow 14544.
Löcsei 14530.
Logan 14439.
Lohmann 14474.
London 14476.
Longhurst 14315.
Longuet-Higgins 14325.
Lossing 14350.
Loubatières 14474.
Lovreček 14323.
Low 14314.
Lucas, A. R. 14318.
Lucas, M. R. 14330.
Ludwig 14583.
Lübbers 14435.
Lücke 14331.
Lührs 14445.
Lukeš 14374. 14406. 14415.
Luly 14470.
Lummus Co. 14539. 14540.
Lurgi Gesellschaft für Wärmetechnik m.b.H. 14603.
Luther 14563.
Lutzki 14352.
Luukkainen 14480.
Lybing 14455.
Lyman 14348.
Lyster 14597.
Lyytikäinen 14308.
Maaß 14535.
McArthur 14498.
McBride jr. 14606.
McCall 14572.
Maccoll 14360.
McConnell 14605.
McCoubrey 14492.
McCoy 14385.
McCusker 14339.
McDonald, D. W. 14562.
McDonald, L. 14593.
McDowell 14518.
McEwen 14524.
McGee 14363.
McGinnis 14479.
Machatschek 14335.
Macher 14527.
Machida 14306.
MacKay 14610.
McKean 14316.
McKelvey 14388.
McKenna 14425.
Mackinnon 14362.
Macklen 14342. 14343.
McLeroy 14586.
McMaster 14578.
McNarry 14312.
Macpherson 14330.
Madisson 14586.
Maeda 14590.
Magdolen 14557.
Magos 14487.
Mahl 14550.
Mahon 14521.
Maj 14594.
Majumdar 14511. 14512.
Malesani 14501.
Mallikarjunan 14546.
Malmberg 14497.
Malý, J. 14335. 14516.
Mamedow 14589.
Mangeot 14330.
Mangini 14314.
Mangyo 14390.
Mankowskaja 14364.
Mann, E. J. 14586.
Mann, T. 14439.
Mannetti 14437.
Maranville 14595.
Marc-Aurele 14494.
Margrave 14328.
Mariakulandai 14527.
Mariethoz 14592.
Marino 14440.
Markov 14456.
Markovič 14520.
Markunas 14512.
Maros 14500.
Marosi 14556.
Marotta 14570.
Marshall, J. R. 14541.
Marshall, M. 14449.
Marshall, W. L. 14608.
Martin, F. 14558.
Martin, H. 14558.
Martin, R. P. 14470.
Martinez 14588.
Martinson 14570.
Marty 14308.
Marx 14428.
Marxer 14415.
Marzio, Di 14436.
Maschinenfabrik Oerlikon 14524.
Masson Seeley & Co. Ltd. 14571.
Massonne 14341.
Mathé 14476.
Mathiesen 14583.
Mathieu 14493.
Matthews 14601.
Matwejew, M. A. 14607.
Matwejew, W. A. 14607.
Matwejew, W. P. 14550.
Matz 14541.
Maunder 14571.
Mawrow 14387.
May 14588.
Maycock 14486.
Mayer 14494.
Meckelburg 14607.
Medill-Brown 14458.
Mehrotra 14342.
Meier, G. [14599].
Meier, K. E. 14458.
Melamed 14575.
Melkanowitzkaja 14358.
Meltzer 14318.
Meneghini 14478.
Meng-Chierego 14509.
Menter 14333.
Meredith 14581.
Merkel 14558.
Mesenzowa 14398.
Messer 14491.
Metallgesellschaft Akt.-Ges. 14551. 14552. 14556. 14557.
Metcalf 14356.
Metzenberg 14449.
Meunier 14494.
Meyer 14456.
Meyrowitz 14347.
Meystre 14507.
Mialhe 14473.
Michailow 14582. 14583.
Michailowa 14373.
Michalowski 14544.
Michel-Ber 14493.
Michul 14310.
Mickelson 14443.
Micula 14546. 14547.
Middleton 14474.
Midland Silicones Ltd. 14576.
Mika 14568.
Miles 14343.
Miller 14429.
Mine 14325.
Minnesota Mining & Mfg. Co. 14573.
Minor 14407.
Miró 14417.
Mirviss 14561.
Mišek 14336.
Misenta 14553.
Mitchell, E. R. 14468.
Mitchell, H. K. 14468.
Mitra 14424.
Miyakawa 14548.
Miyake, Saburo 14304.
Miyake, Shingo 14588.
Mizuno 14499.
Mlavsky 14526.
Mocsári 14527.
Modráček 14546.
Modrzejewski 14594.
Moeller 14475.
Mohr, E. 14454.
Mohr, W. 14585.
Mole 14487.
Molina 14538.
Moncuit de Boiscuille, de 14533.
Monsabert, de 14322.
Monsanto Chemical Co. 14562. 14570. 14577.
Monsanto Chemicals Ltd. 14502. 14577.
Moodie 14338.
Moore 14448.
Morel 14501.
Morell 14476.
Morgan 14438.
Morita 14548.
Moros 14479.
Morris, J. B. 14524.
Morris jr., R. E. 14466.
Morris, R. J. 14516.
Mors 14464.
Morton 14438.
Mosinger 14437.
Mosskwina 14364.
Mostecký 14340.
„Mos-Win" Chemical Laboratory Ltd. 14588.
Motte 14604.
Mottelson 14308.
Mottet 14594.
Mruk 14497.
Muder 14562.
Mühlbock 14442.
Mühler 14490.
Mülke 14493.
Müller, A. (Northwood) 14434. 14436.
Müller, A. (Wien) 14400.
Müller-Augustenberg 14581.
Müller, D. 14474.
Mueller, H. 14484.
Mueller, J. 14506.
Müller, K. G. 14320.
Müller, P. 14542.
Mueller, R. K. 14320.
Münch 14495.
Münzel 14496. 14497.
Muetterties 14573.
Mugishima 14522.
Muirhead 14305.
Mullen 14541.
Muller 14507.
Murakami 14532.
Muraschewa 14508.
Murata 14531.
Murphy, C. G. 14570.
Murphy, J. 14528.
Murray, A. 14609.
Murray, T. K. 14490.
Murthy 14516.
N. V. de Bataafsche Petroleum Mij. 14560. 14563. 14604.
N. V. Nederlandsche Combinatie voor Chemische Industrie 14506.
N. V. Onderzoekingsinstituut Research 14575. 14599.
Nadareischwili 14532.
Nădăsan 14550.
Nadeau 14609.
Nadkarni 14480.
Nagai 14530.
Nagao 14429.
Nagasawa 14538.
Nair 14496.
Nakai, R. 14361.
Nakai, T. 14321.
Nakaido 14431.
Nakamura, Hiroji 14314.
Nakamura, Hiroshi 14546.
Nakao 14361.
Namkung 14391.
Nasarow 14387.
Nason 14540.
National Lead Co. 14534.
National Research Corp. 14561.
National Research Development Corp. 14555.
Nawa 14424.
Nawiasky 14592.
Neale 14598.
Nedey 14569.
Nedwick 14565.
Neff 14576.
Nelson 14565.
Němec 14511.
Nemoto 14548.
Nentwich 14514.
Neodon-Lackfabrik, H. Sallinger 14570.
Nessmejanow 14328.
Nessonowa 14607.
Nestor 14545.
Newmann 14323.
Newton 14556.
Ney 14452.
Niblett 14333.
Nicholls 14555.
Nichols, J. 14502.
Nichols, R. 14465.
Nicolaides 14354.
Niedercorn 14370.
Niedermeier 14488
Nieto 14519.
Nikiforowa 14576.
Nikischin 14378.
Nikitina 14367.
Nilsson, N. E. L. 14314.
Nilsson, S. G. 14308.

Nitzsche 14526.
Nohara 14489.
Nomine 14506.
Norland 14578.
Normant 14561.
Novák 14531.
Nowak 14585.
Nozaki 14348.
Nuessle 14566.
Nungester 14303.
Nutter 14544.
Nyman 14478.
Nyrkowskaja 14336.
Nývlt 14510.
Oakes 14597.
Obiger 14584.
Obuchowa 14352.
Oca Pastor 14437.
Ocón 14352.
Odo 14401.
O'Donnell 14370.
O'Dwyer 14319.
Oehme 14445.
Øvsthus 14583.
Oganessjan 14472.
Ohle 14503.
Ohta 14469.
Okamoto 14430.
Okamura 14429.
O'Konski 14436.
Okuda 14534.
Olin Mathieson Chemical Corp. 14507.
Ollis 14423.
Olsson 14454.
O'Malley 14493.
Oncley 14498.
Onitzew 14498.
Onken 14426.
Ooteghem, van 14498.
Operti 14607.
Orlowa 14482.
Orth 14583.
Orttmann 14369.
Oslage 14586.
Ostdick 14339.
Ottar 14312.
Otto, Dr. C., & Co. G.m.b.H. 14603.
Outler 14469.
Overberger 14355.
Overstreet 14534.
Owades 14581.
Owtschinnikowa 14508.
Pachéco 14406.
Pacsu 14593.
Pakula 14497.
Pálfalvi 14535.
Palm 14475.
Palmer 14495.
Palmieri 14481.
Palumbo 14529.
Pan 14392.
Pandalai 14465.
Pande 14342.
Pandelescu 14543.
Panossjan 14485.
Panu 14543.
Papoušek 14352.
Parcell 14504.
Parchwitz 14486.
Parikh 14432.
Parisi 14544.
Parke, Davis & Co. 14504.
Partridge 14462.
Pascoe 14537.
Pašek 14338.
Pastac 14535.
Pasternak 14451.
Pastorino 14516.
Patchan 14601.
Pavero 14437.
Pawlik 14527.
Pawlow 14500.
Pearce, J. W. 14569.
Pearce, Duff & Co. Ltd. 14588.
Pearlman, M./B. 14562.
Pearlman, W. H. 14370.
Pearson 14334.
Pechnik 14582.
Pedersen-Bjergaard 14497.
Peierls 14307.
Pelzer 14472.
Penasse 14506.
Pennell 14498.
Penset-Härström 14348.
Pentz 14582.
Perdue 14480.
Perfogit (S. p. A.) 14598.
Perlman 14507.
Perović 14312.
Perrine 14608.
Perron 14407.
Perucci 14582.
Perwejew 14398.
Peter, A. 14568.
Peter, K. H. 14312.
Peter, O. 14532.
Peters jr. 14439.
Peterson jr. 14561.
Petraschku 14310.
Petrenko 14352.
Petropoulos 14569.
Petrow, A. D. 14378.
Petrow, N. A. 14557.
Petrow-Spiridonow 14538.
Petrů 14338.
Pettit 14317.
Peucker 14552.
Pfeiffer 14474.
Pfennigsdorf 14481.
Pfizer, C., & Co., Inc. 14508.
Philbert 14309.
Philipp 14320.
Phillips, P. H. 14480.
Phillips Petroleum Co. 14524.
Phipers 14537.
Pianto, del 14489.
Pick 14352.
Pierce jr. 14456.
Pigulewski 14373.
Pilcher 14457.
Pilo 14523.
Pines 14381.
Pirkmajer 14353.
Pirson 14460.
Pitchford 14494.
Pitzer 14327.
Plapp 14488.
Plate 14585.
Ploetz, G. L. 14524.
Ploetz, T. 14529.
Ploi 14577.
Plyler 14316.
Pobořil 14546.
Podall 14340.
Pöpel [14528].
Pokorný 14455.
Pop 14610.
Popiel 14585.
Porter 14428.
Potaschnikow 14354.
Pothmann 14457.
Potichonow 14576.
Poulignier 14336.
Povlock 14377.
Prasad 14342.
Prati 14551.
Pratt 14524.
Pravda 14377.
Prem 14577.
Prener 14318.
Prentice 14432.
Preobrashenski 14421.
Price 14495.
Priest 14608.
Prigogine 14325. 14331.
Procházka 14340.
Prooijen, van 14496.
Protić 14312.
Pscheshetzki 14367.
Pucek 14489.
Pudowik 14379.
Pugh 14328.
Pursall 14552.
Putilowa [14557].
Putnam 14478.
Putsché 14509.
Putzeiko 14321.
Pytkowicz 14436.
Quastel 14441.
Queirolo 14471.
Quistwater 14431.
Rabaté 14568.
Rabinowitsch 14590.
Rader 14558.
Radnajewa 14601.
Rae 14522.
Ramakrishnan 14449.
Raman 14354.
Ramey jr. 14603.
Ranalli 14572.
Rao, C. R. 14353.
Rao, G. S. 14516.
Rao, T. S. 14527.
Rasow 14550.
Rathsack 14303.
Raunich 14468.
Rausch-Stroomann 14472.
Ravera 14466.
Ravina 14492.
Raw 14326.
Rây 14345.
Rayner 14489.
Rebolleda 14352.
Reddi 14448.
Redheffer 14319.
Régie Nationale des Usines Renault 14555.
Reichardt 14351.
Reichel 14419.
Reichert 14385.
Reifschneider 14413.
Reilly Tar & Chemical Corp. 14564.
Reimer 14550.
Reimlinger 14376.
Reinert 14465.
Reio 14455.
Reiss 14447.
Reitmann 14309.
Reneman 14495.
Renken, R. 14533.
Renken, R., & Co. K.-G. 14533.
Renne 14601.
Renner 14570.
Renwanz 14503.
Reutow 14355.
Revell jr. 14493.
Rexová-Benková 14520.
Rey 14524.
Reynolds, S. P. 14597.
Reynolds Metals Co. 14552. 14557.
Rheiner jr. 14426.
Ribeiro 14464.
Ribeiro Guimarães 14582.
Ricci 14494.
Richmond 14443.
Richter 14439.
Richtzenhain 14529.
Rickayzen 14330.
Rieck 14335.
Riecker 14477.
Rieffert 14592.
Rij, van 14459.
Riley 14528.
Rinehart 14530.
Ripamonti 14334.
Ritchie 14361. 14362. 14363.
Ritow 14320.
Roach 14347.
Robert 14505.
Roberts, A. E. 14529.
Roberts, H. R. 14520.
Roberts, J. K. 14605.
Roberts, M. H. 14531.
Roberts, R. M. 14355.
Robertson 14609.
Robin, Simone 14315.
Robin, Stéphane 14315.
Robinson, J. A. 14601.
Robinson, K. W. 14423.
Roche, A. 14536.
Roche Products Ltd. 14560.
Rodenhäuser 14482.
Roering 14334.
Röss 14322.
Rogers, L. B. 14512.
Rogers, M. R. 14499.
Rogov 14600.
Rohm & Haas Co. 14565. 14566. 14575.
Rohrman 14557.
Roine 14479.
Roiter 14366.
Rolandi-Ricci 14471.
Roman 14609.
Romankow 14522.
Romanowski 14309.
Rosa, J. 14476.
Rosa, M. 14540.
Rosen 14304.
Rosenbaum 14353.
Rosenberg 14523.
Rosenblum 14309.
Rosenkranz 14553.
Roshdesstwenski 14589.
Ross, D. A. 14597.
Ross, H. G. 14532.
Rothwell 14304.
Rotini 14440.
Rowland, B. D. 14598.
Rowland, F. S. 14337.
Rowley 14475.
Roy, D. M. 14341.
Roy, R. 14341.
Rozental 14580.
Rubenstein 14315.
Rüttinger 14364.
Rumford 14522.
Rumpf 14523.
Russell 14608.
Russo, Di 14549.
Rutter 14446.
Ruzicka 14507.
Ryle 14448.
Ryndin 14306.
Rysakow 14600.
Saermark 14321.
Saint-Rat, de 14582.
Saitzew 14500.
Sakai 14325.
Sakamoto 14307.
Sakurai 14434.
Salaria 14513.
Saller 14580.
Salpeter 14510.
Sam 14407.
Sambucetti 14510.
Samel 14578.
Sándor 14304.
Sandoz Akt.-Ges. 14559. 14568.
Sandritter 14474.
Sands 14305.
Saner, W. R. 14609.
Sanford 14439.
Sangni 14555.
Santala 14565.
Santiago Montenegro 14496.
Sarkar 14486.
Sarsam 14586.
Sasakawa 14307.
Sasaki 14332.
Sata 14332.
Satô, Tetsuo 14419. 14425.
Sato, Tokuro 14483.
Sato, Tomo-o 14547.
Sattler 14576.
Sauer 14561.
Savoie 14476.
Sawada 14334.
Sawai 14390.
Sawhney 14464.
Saxena, G. M. 14515.
Saxena, L. K. 14355.
Scalise 14510.
Schaap 14381.
Schade 14555.
Schädlich 14331.
Schäfer, E. L. 14489.
Schäfer, H. 14518.
Schaller 14544.
Schapira 14476.
Schapiro 14510.
Scharpenak 14479.
Schatenstein 14513.
Schauer, A. 14438.
Schauer, W. 14412.
Scheele 14355.
Scheibe 14438.
Schein 14448.
Schellenberg 14447.
Scheraga 14478.
Scherer 14574.
Scheunemann 14495.
Scheven 14551.
Schewandin 14550.
Schickh, v. 14605.
Schierwater 14559.
Schindler 14444.
Schischokina 14549.
Schlee 14523.
Schleich 14326.
Schlesinger, J. 14587.
Schlesinger, M. 14318.
Schlotter 14527.
Schmid, C. H. 14355.
Schmid, H. 14427.
Schmidt, F. 14417.
Schmidt, J. 14603. 14604.
Schmidt, W. A. 14609.
Schmitz 14566.
Schmonowa 14600.
Schneider, A. 14329.
Schneider, H. 14309.
Schneider, R. G. 14475.
Schneiders 14563.
Schnell 14493.
Schnepp 14349.
Schnider 14421. 14505.
Schofield 14393.
Scholes 14363.
Scholl 14563.
Schosstakowski 14371.
Schrader 14550.
Schramm, G. 14454.
Schramm Lack- u. Farbenfabriken Akt.-Ges. 14570.
Schraudolf 14465.
Schrecker 14427.
Schrepfer 14587.
Schriever 14391.
Schröder 14441.
Schtschapow 14549.
Schubert 14426.
Schümmelfeder 14438.
Schulek 14500.
Schuler 14532.
Schulga 14601.
Schulman 14582.
Schultz 14579.
Schulze 14453.
Schumacher, F. 14543.
Schumacher, J. S. 14544.
Schumacher, W. 14544.
Schunn 14566.
Schur 14412.
Schwartz 14457.
Schwarz, G. 14583.
Schwarz, Hans 14578.
Schwarz, Hans [Frankfurt/M.] 14552.
Schwarz, S. 14503.
Schweers 14529.
Schweisfurth 14457.
Schweitzer 14338. 14518.
Schwenker jr. 14593.
Schwyzer 14506.
Scigliano 14564.
Scriabine 14564.
Scrocco 14349.
Sedlmeier 14364.
Seelemann 14584.
Šefčovič 14384. 14406.
Seim 14516.
Seiter 14571.
Seiyama 14325.
Semńczuk 14383.
Sen, B. 14519.
Sen, G. P. 14444.
Sengupta 14308.
Sense 14327.
Sergent 14305.
Seshadri 14464. 14515.
Sessner 14553.
Setaka 14531.
Seth 14496.
Ševarac 14312.
Ševčic 14458.
Seymour 14539. 14540.
Shalit, De 14308.
Sharp 14538.
„Shell“ Research Ltd. 14606.
Shelley 14519.
Shenefelt 14537.

Shideman 14484.
Shimazaki 14425.
Shimura 14454.
Shinji 14547.
Shinkin 14482.
Shive 14483.
Shrader 14318.
Shukla 14459.
Shull 14508.
Sidei 14318.
Sieber 14364.
Siebert 14426.
Siegl 14586.
Sieglitz 14574.
Siemens & Halske Akt.-Ges. 14554.
Siemens-Planiawerke Akt.-Ges. für Kohlefabrikate 14554.
Siemens-Schuckertwerke Akt.-Ges. 14526. 14527.
Sienczyk 14556.
Sienkiewicz 14585.
Siering 14445.
Sijpesteijn 14457.
Silber 14437.
Silcock 14335.
Silén 14565.
Silicox 14526.
Simmons 14459.
Simon 14441.
Simoniz Co. 14571.
Sims 14498.
Singh, B. G. 14531.
Singh, R. N. 14333.
Singhal 14355.
Sjölander 14307.
Sjusjajew 14352.
Skalinski 14316.
Skelton 14606.
Skinner 14483.
Skobelewa 14582.
Skripnik 14600.
Skriptschenko 14590.
Skulski 14384.
Sloth 14517.
Slotnick 14454.
Slutzker 14500.
Smart 14553.
Smékal 14352.
Smidt 14364.
Smit 14528.
Smith, A. J. 14553.
Smith, B. I. 14558.
Smith jr., C. E. 14563.
Smith, C. F. 14609.
Smith, D. A. 14608.
Smith, E. L. 14452.
Smith, F. 14432.
Smith, F. J. 14328.
Smith, H. 14428.
Smith, LaR. 14466.
Smith, R. M. 14538.
Smith, W. A. 14536.
Smith, W. G. 14310.
Smoke 14525.
Smoleński 14497. 14498.
Snissarenko 14480.
Snyder 14544.
Sobue 14597.
S. p. A. Vetrocoke 14603.
Soc. Industrielle de la Cellulose (SIDAC) Soc. An. 14596.
S. à r. l. Meray, Brisseau & Cie. 14533.
Soc. des Usines Chimiques Rhône-Poulenc 14505. 14561. 14564.
Socony Mobil Oil Co., Inc. 14603.
Sokolowa 14508.
Soletanche Entreprise de Fondations et Travaux Hydrauliques 14534.
Somers 14499.
Sommer 14553.
Somogyi 14304.
Sonnenschein 14528.
Southworth 14579.
Spaepen 14325.
Spencer 14551.
Sprysskow 14357.
Sreenivsan 14480.
Ssadowaja 14398.
Ssimakow 14479.
Ssirotina 14482.
Ssusdalzewa 14513.
Ssussloparow 14546.
Ssuturin 14544.
Stahl-Brada 14314.
Staib 14472.
Stainer 14482.
Stalder 14481.
Stamicarbon N. V. 14565.
Stamp 14595.
Standard Oil Co. 14605.
Starck 14609.
Starks 14558.
Stauber 14526.
Stauff 14332.
Stawowczyk 14496.
Steadman 14561.
Steele 14518.
Štefl 14514.
Stehlik 14335.
Steidl 14522.
Steiger 14498.
Stein 14448.
Steinbrink 14577.
Steindl 14579.
Steinkohlen-Elektrizitäts-Akt.-Ges. 14602.
Steinmüller, L. & C., G. m. b. H. 14602.
Stelzer 14537.
Stepuchowitsch 14367.
Sternschuss 14572.
Stevens, D. 14562.
Stevens, R. E. 14516.
Stevenson 14541.
Stevinson 14592.
Stewart, D. C. 14341.
Stewart, H. C. 14492.
Stinson 14540.
Stistrup 14584.
Stockman 14576.
Stöcker 14555.
Stokes 14577.
Stolarz 14549.
Stolk 14422.
Stone 14327.
Štota 14557.
Stoughton 14311.
Ströhl 14514.
Stroh 14523.
Stroński 14303.
Stross 14509.
Strzałkowska 14585.
Stuart 14318.
Studier 14517.
Stüttgen 14457.
Stupp 14323.
Submerged Combustion Co. of America, Inc. 14524.
Suchowski 14586.
Sudarshan 14307.
Süddeutsche Kalkstickstoff-Werke Akt-.Ges. 14553.
Suen 14608.
Sugden 14329.
Sugii 14361.
Sun, Ming-Shan 14346.
Sun Oil Co. 14603. 14607.
Surmatis 14578.
Surve 14577.
Suworow 14508.
Suzuki, S. 14466.
Suzuki, T. 14483.
Svehla 14517.
Swaminathan 14591.
Swanwick 14327.
Sworykina 14420.
Sylvania Electric Products, Inc. 14529.
Symons 14353.
Szabolcs 14535.
Szadowska 14492.
Szczyciński 14498.
Szent-Györgyi 14484.
Sziza 14487.
Szuba 14600.
Szubinski 14551.
Szucht 14597.
Szwarcsztajn 14594.
Taarland 14583.
Taft, E. A. 14320.
Taft, W. K. 14576.
Tagliavini 14354.
Taimni 14513.
Takagaki 14526.
Takagi, E. 14390.
Takagi, Y. 14469.
Takahashi, M. 14597.
Takahashi, T. 14464.
Takaki 14335.
Taketa 14480.
Takiguchi 14431.
Talman 14487.
Tamm, C. 14424.
Tamm, I. 14460.
Tanabe 14313.
Tanaka, S. 14469. 14470.
Tanaka, T. 14590.
Tananka 14532.
Tanemura 14596.
Tarte 14316.
Tasaka 14546.
Tawney 14577.
Taylor, H. F. 14545.
Taylor, R. T. 14488.
Taylor, W. 14363.
Tazawa, M. 14465.
Tazawa, Y. 14453.
Tekman 14449.
Temnikowa [14367].
Temple 14487.
Tennessee Valley Authority 14540.
Terenin 14321.
Tervo 14525.
Tess 14568.
Tewordt 14330.
Texas Co. 14606.
Texter 14586.
Theissing 14317.
Thiel 14564.
Thimann 14465.
Thode 14594.
Thoma 14507.
Thomas, A. F. 14415.
Thomas, F. W. 14596.
Thomas, H. 14554.
Thomas, K. 14481.
Thomis 14511.
Thompson, J. W. 14605.
Thompson, M. E. 14347.
Thompson, W. E. 14603.
Thorn Electrical Industries Ltd. 14569.
Thury 14552.
Thyssen, A., -Hütte Akt.-Ges. 14552.
Tichý 14380.
Tide Water Associated Oil Co. 14606.
Tidewater Oil Co. 14606.
Tidwell 14316.
Tietz 14307.
Tilton 14345.
Timmerman 14431.
Timms 14531.
Tischendorf 14438.
Todorow 14354.
Toi 14307.
Tōkubo 14534.
Toland jr. 14563.
Tomaszewska 14461.
Tomaszewski 14461.
Tomme 14586.
Toner 14572.
Toogood 14527.
Torii 14461.
Toropowa 14486.
Tóth 14333.
Tottori 14545.
Townes 14308.
Toya 14547.
Toyama 14590.
Trabucchi 14495.
Trantham 14521.
Trautner 14441.
Treder 14304.
Treece 14556.
Treibs, A. 14399.
Treibs, W. 14369.
Trentini 14545.
Treuting 14334.
Triebel 14355.
Trieschmann 14563.
Tripathi 14342.
Trivedi 14389.
Trivellato 14501.
Trösken 14501.
Trolle-Lassen 14498.
Trommer 14577.
Truchlík 14380.
Tschebotarewa 14379.
Tschen 14421.
Tsien 14336.
Tsuchida 14314.
Tsuruta 14430.
Tsushima 14476.
Tsutsumi 14557.
Tuleu 14422.
Turbadar 14315.
Turner 14509.
Tyman 14592.
Uchida 14429.
Ugolew 14595.
Ulfelder 14498.
Umberger 14519.
Unilever N. V. 14588. 14592.
United States Atomic Energy Commission 14524.
United Kingdom Atomic Energy Authority 14524.
United States of America, Secretary of Agriculture 14591.
United States Rubber Co. 14526. 14577.
Universal Oil Products Co. 14530. 14588.
Unruh 14608.
Unwin 14529.
Upjohn Co. 14565.
Urbański, J. 14383. 14384.
Urbański, T. 14383. 14384.
Urmantschejew 14601.
Urscheler 14426.
Uschakowa 14366.
Uschenko 14403.
Usines Chimiques des Laboratoires Français (U. C. L. A. F.) 14502. 14504. 14563.
Vacca 14334.
Vacuumschmelze Akt.-Ges. 14554.
Valk 14307.
Valkó 14320.
Vanhala 14348.
Vanko 14364.
Vanoni 14533.
Vargha 14443.
Varshni 14308.
Vassel 14548.
Vassileff 14388.
Vater [14528].
VEB Berlin-Chemie 14503.
VEB Leuna-Werke „Walter Ulbricht" 14564. 14571. 14605.
Večeřa, M. 14519.
Večeřa, Z. 14516.
Veer, Vander 14494.
Vegors jr. 14310.
Velick 14446.
Vella 14476.
Velluz 14502.
Vennart 14486.
Verdy 14494.
Vereinigte Aluminium-Werke Akt.-Ges., Öffentliche Verwaltung der Betriebe Braunau am Inn und Unterlaussa 14571.
Vernon 14542.
Veselý 14516.
Vidmajer 14554.
Viehe 14372.
Viel 14581.
Viertel 14590.
Villagrazia, di 14488.
Vincent 14497.
Vinces 14527.
Vintika 14540.
Vischer 14507.
Vít 14340.
Vita, di 14525.
Vitale 14306.
Vitrone jr. 14564.
Voelker, V. H. 14309.
Völker, W. 14441.
Vogel 14553.
Vogg 14313.
Vogt-Moykoff 14493.
Volke 14420.
Volmer 14303.
Voltz 14567.
Vora 14459.
Voss 14305.
Votický 14384. 14406.
Waal 14475.
Wacker-Chemie G. m. b. H. 14526. 14574.
Wada 14433.
Wadia 14374.
Wagner, H. G. 14330.
Wagner, R. P. 14455.
Waisman 14453.
Walenda 14524.
Walker 14577.
Walling 14561.
Walus 14570.
Wang 14336.
Wapler 14569.
Warburg 14441.
Ward 14605.
Wardsack 14580.
Warnant 14508.
Warren, F. L. 14476.
Warren, H. V. 14519.
Warteresiewicz 14580.
Waschka 14563.
Watanabe, Kenichi 14367.
Watanabe, Y. 14454.
Watase 14305.
Watelle-Marion 14331.
Waterman 14602.
Waters [14367].
Watson 14595.
Waugh, J. S. 14316.
Waugh, S. P. 14606.
Weber, H. 14604.
Weber, J. 14578.
Weber, R. 14549.
Weber, R. H. 14346.
Webre 14388.
Wegener, K. H. 14584.
Wegener, O. 14600.
Wehn 14523.
Weichel 14587.
Weichet 14427.
Weidenthaler 14335.
Weil 14318.
Weinfeld 14454.
Weinhouse 14446.
Weinstock 14492.
Weise 14487.
Weiss, H. K. 14573.
Weiss, J. 14363.
Weisz 14512.
Weizsäcker, v. 14303.
Welch 14444.
Welker 14605.
Welling, M. S. 14572.
Welling, W. 14476.
Wenczler & Heidenhain, Patentverwertung 14571.
Wenner 14563.
Wenning 14577.
Wenz 14449.
Werner 14592.
Wesley 14497.
Wesselowskaja 14585.
West 14527.
Westinghouse Electric Corp. 14574. 14576.
Westley 14468.
Wetherill 14345.
Wettstein 14507.

White, D. W. G. 14545.
White jr., H. J. 14416.
Whittet 14499.
Wick 14526.
Wiechell 14553.
Wieland 14377.
Wigartz 14314.
Wigner 14308.
Wilde 14577.
Wilhelm 14338.
Willems 14552.
Williams, A. A. B. 14530.
Williams, D. 14316.
Williams, R. L. 14349.
Wilmot 14600.
Wilson, D. 14577.
Wilson, W. 14359.
Winter 14607.
Winterberg 14588.
Winteringham 14311.
Wintershall Akt.-Ges. 14529.
Winzler 14477.
Wirner 14557.
Witt 14526.
Witten 14304.
Wittenberger [14304].
Wössner 14384.
Wolf 14341.
Wolter 14542.
Wood, B. 14563.
Wood, M. C. 14537.
Wood, R. L. 14595.
Wood, W. H. 14516.
Woodcock 14529.
Worthington 14428.
Wotiz 14382.
Wotzilka 14578.
Wramstedt 14579.
Wren 14468.
Wright 14599.
Wroe 14318.
Wydler 14568.
Yamabe 14307.
Yamada 14314.
Yamaguchi 14306.
Yamamoto 14461.
Yamazaki 14307.
Yeomans 14390.
Yokoyama 14419.
Yoshida 14547.
Yoshikawa 14483.
Young, D. P. 14390.
Young, J. H. 14598.
Zabbaň 14579.
Zagrodzka 14579.
Zagrodzki 14579.
Zahn, H. 14417. 14418. 14467.
Zahn, W. 14319.
Zahradník 14360.
Zandy 14334.
Zangger 14305.
Zausch 14586.
Zawacki 14503.
Zechanski 14546.
Zeidler [14572]*.
Zeidman 14309.
Zeigler 14608.
Zezulová 14546.
Ziegler 14467.
Zifferero 14370.
Zigeuner 14431.
Zimmermann 14472. 14473.
Zjui 14601.
Zub 14581.
Zuber 14467.
Żubrańska 14594.
Züst 14421.
Zukerwanik 14358.
Zuman 14351.
Zweig 14520.
Zwicky 14497.
Zymalkowski 14412.

Patentregister

Nr.	Seite

Deutsche Patente [München] (D.B.P.)

Nr.	Seite
D.B.P. 917975	14552
D.B.P. 927510	14552
D.B.P. 957213	14542
D.B.P. 965266	14532
D.B.P. 965579	14558
D.B.P. 969533	14558
D.B.P. 971212	14560
D.B.P. 971511	14541
D.B.P. 971789	14603
D.B.P. 971895	14603

Auslegeschriften der Patentanmeldungen des Deutschen Patentamtes München (D.A.S.)

Nr.	Seite
D.A.S. 1002337	14507
D.A.S. 1006418	14541
D.A.S. 1016701	14606
D.A.S. 1022229	14565
D.A.S. 1023468	14564
D.A.S. 1024409	14571
D.A.S. 1026520	14526
D.A.S. 1028123	14505
D.A.S. 1029113	14592
D.A.S. 1030995	14551
D.A.S. 1031524	14552
D.A.S. 1032637	14555
D.A.S. 1033909	14553
D.A.S. 1034640	14564
D.A.S. 1035910	14554
D.A.S. 1035911	14553
D.A.S. 1036227	14551
D.A.S. 1036247	14502
D.A.S. 1037149	14554
D.A.S. 1037150	14554
D.A.S. 1037619	14608
D.A.S. 1038215	14608
D.A.S. 1038290	14553
D.A.S. 1038521	14576
D.A.S. 1040873	14554
D.A.S. 1041261	14554
D.A.S. 1041695	14553
D.A.S. 1041697	14553
D.A.S. 1042378	14609
D.A.S. 1042848	14599
D.A.S. 1043750	14555
D.A.S. 1044023	14567
D.A.S. 1044334	14602
D.A.S. 1044834	14540
D.A.S. 1044835	14539
D.A.S. 1044836	14540
D.A.S. 1044837	14539
D.A.S. 1045022	14608
D.A.S. 1045389	14559
D.A.S. 1045400	14508
D.A.S. 1045499	14526
D.A.S. 1045581	14608
D.A.S. 1046226	14608
D.A.S. 1046580	14525
D.A.S. 1046617	14562
D.A.S. 1047759	14562
D.A.S. 1048376	14571
D.A.S. 1048377	14570
D.A.S. 1048436	14542
D.A.S. 1048868	14567
D.A.S. 1048904	14563
D.A.S. 1049086	14577
D.A.S. 1049160	14606
D.A.S. 1049287	14533
D.A.S. 1049290	14534
D.A.S. 1049373	14561
D.A.S. 1049701	14610
D.A.S. 1049848	14563
D.A.S. 1049858	14507
D.A.S. 1049861	14561
D.A.S. 1049863	14504
D.A.S. 1050312	14524
D.A.S. 1050316	14523
D.A.S. 1050476	14604
D.A.S. 1050731	14523
D.A.S. 1050942	14570
D.A.S. 1051447	14602
D.A.S. 1051815	14523
D.A.S. 1051845	14559
D.A.S. 1052031	14604
D.A.S. 1052032	14603
D.A.S. 1052033	14605
D.A.S. 1052604	14568
D.A.S. 1052638	14565
D.A.S. 1052969	14574
D.A.S. 1053122	14605
D.A.S. 1053141	14506
D.A.S. 1053385	14533
D.A.S. 1053479	14530
D.A.S. 1053480	14529
D.A.S. 1053510	14503
D.A.S. 1054004	14533
D.A.S. 1054131	14526
D.A.S. 1054132	14527
D.A.S. 1055523	14501
D.A.S. 1056082	14540
D.A.S. 1056100	14529
D.A.S. 1056135	14504
D.A.S. 1056763	14570
D.A.S. 1057273	14606
D.A.S. 1057699	14524
D.A.S. 1057815	14543
D.A.S. 1058180	14571
D.A.S. 1058247	14577
D.A.S. 1058824	14588
D.A.S. 1059905	14505

Deutsche Patente (D.P.[DDR])

Nr.	Seite
D.P.[DDR] 14818	14503
D.P.[DDR] 14976	14503
D.P.[DDR] 16245	14588

Amerikanische Patente (A.P.)

Nr.	Seite
A.P. 2717214	14570
A.P. 2731856	14596
A.P. 2732411	14578
A.P. 2736680	14571
A.P. 2738375	14527
A.P. 2739995	14559
A.P. 2741599	14593
A.P. 2742430	14606
A.P. 2742495	14592
A.P. 2742509	14558
A.P. 2747009	14527
A.P. 2748022	14609
A.P. 2754345	14558
A.P. 2755186	14609
A.P. 2755297	14558
A.P. 2757067	14557
A.P. 2759824	14609
A.P. 2760969	14561
A.P. 2762708	14610
A.P. 2762838	14563
A.P. 2763614	14556
A.P. 2768124	14605
A.P. 2768182	14575
A.P. 2770665	14558
A.P. 2772321	14527
A.P. 2773035	14606
A.P. 2776888	14610
A.P. 2785969	14541
A.P. 2787543	14609
A.P. 2799657	14606
A.P. 2802003	14506
A.P. 2806882	14578
A.P. 2807604	14574
A.P. 2807605	14574
A.P. 2808328	14609
A.P. 2808331	14608
A.P. 2808444	14541
A.P. 2811446	14589
A.P. 2820019	14571
A.P. 2820047	14592
A.P. 2821517	14576
A.P. 2825094	14608
A.P. 2825696	14579
A.P. 2825714	14575
A.P. 2828258	14604
A.P. 2829123	14577
A.P. 2829163	14564
A.P. 2829995	14556
A.P. 2832708	14557
A.P. 2832735	14557
A.P. 2833770	14505
A.P. 2833832	14562
A.P. 2835598	14524
A.P. 2835609	14609
A.P. 2835652	14576
A.P. 2836501	14533
A.P. 2836526	14556
A.P. 2836540	14501
A.P. 2836608	14507
A.P. 2837522	14504
A.P. 2838442	14578
A.P. 2838556	14562
A.P. 2839533	14564
A.P. 2839541	14563
A.P. 2840539	14577
A.P. 2840542	14575
A.P. 2840609	14561
A.P. 2842528	14573
A.P. 2843468	14605
A.P. 2843554	14570
A.P. 2845452	14501
A.P. 2846489	14562
A.P. 2847393	14575
A.P. 2847432	14561
A.P. 2848384	14607
A.P. 2848403	14523
A.P. 2849324	14571
A.P. 2851356	14588
A.P. 2853436	14605
A.P. 2854389	14555
A.P. 2854455	14564
A.P. 2854457	14564
A.P. 2856279	14540
A.P. 2857344	14570
A.P. 2858228	14598
A.P. 2859087	14598
A.P. 2859163	14524
A.P. 2859169	14605

Australische Patente (Aust.P.)

Nr.	Seite
Aust.P. 205929	14502
Aust.P. 206306	14541
Aust.P. 207369	14502
Aust.P. 209918	14506

Belgische Patente (Belg.P.)

Nr.	Seite
Belg.P. 527307	14607

Englische Patente (E.P.)

Nr.	Seite
E.P. 743508	14525
E.P. 748763	14596
E.P. 751573	14560
E.P. 757908	14552
E.P. 760121	14592
E.P. 762329	14606
E.P. 762961	14556
E.P. 766798	14598
E.P. 767344	14565
E.P. 770241	14526
E.P. 774177	14529
E.P. 786669	14603
E.P. 788545	14555
E.P. 788713	14557
E.P. 789227	14555
E.P. 789907	14571
E.P. 791057	14555
E.P. 792193	14502
E.P. 792300	14553
E.P. 793292	14610
E.P. 793451	14599
E.P. 793887	14553
E.P. 793992	14533
E.P. 794177	14567
E.P. 795406	14524
E.P. 795674	14592
E.P. 795814	14593
E.P. 796187	14527
E.P. 796436	14546
E.P. 796483	14596
E.P. 796571	14577
E.P. 796972	14588
E.P. 797310	14555
E.P. 797377	14526
E.P. 797637	14604
E.P. 797901	14556
E.P. 798104	14552
E.P. 798341	14553
E.P. 798441	14524
E.P. 798590	14555
E.P. 798847	14505
E.P. 799458	14579
E.P. 800609	14562
E.P. 800709	14564
E.P. 801126	14563
E.P. 801766	14530
E.P. 802726	14505
E.P. 803478	14560
E.P. 803649	14554
E.P. 803747	14562
E.P. 806025	14559
E.P. 806582	14576
E.P. 809586	14524

Französische Patente (F.P.)

Nr.	Seite
F.P. 62189	14603
F.P. 62415	14552
F.P. 64004	14603
F.P. 65997	14555
F.P. 998944	14552
F.P. 1085109	14534
F.P. 1095484	14569
F.P. 1096227	14543
F.P. 1098034	14525
F.P. 1107663	14595
F.P. 1109178	14604
F.P. 1115932	14533
F.P. 1116589	14568
F.P. 1117024	14523
F.P. 1118756	14598
F.P. 1121021	14599
F.P. 1121548	14532
F.P. 1124103	14567
F.P. 1124459	14574
F.P. 1125639	14533
F.P. 1126418	14556
F.P. 1127634	14534
F.P. 1127975	14533
F.P. 1128338	14529
F.P. 1133993	14530
F.P. 1134340	14533
F.P. 1137490	14561

Nr.		Seite
F.P.	1142439	14598
F.P.	1148251	14574
F.P.	1150410	14501
F.P.	1152195	14574
F.P.	1153310	14573
F.P.	1154612	14557
F.P.	1156739	14554
F.P.	1159863	14565
F.P.	1160091	14563
F.P.	1160862	14569
F.P.	1163808	14502
F.P.	1164509	14507
F.P.	1165402	14508
F.P.	1165839	14508
F.P.	1166240	14506
F.P.	1169530	14524
F.P.	1171822	14524
F.P.	1176582	14524

Holländische Patente (Holl.P.)

Nr.		Seite
Holl.P.	80706	14599
Holl.P.	83775	14569
Holl.P.	86749	14566
Holl.P.	86921	14592
Holl.P.	87520	14604
Holl.P.	88765	14506
Holl.P.	88982	14563
Holl.P.	90066	14575

Italienische Patente (It.P.)

Nr.		Seite
It.P.	492432	14607
It.P.	492982	14501
It.P.	494182	14596
It.P.	495101	14542

Österreichische Patente (Oe.P.)

Nr.		Seite
Oe.P.	185802	14565
Oe.P.	191701	14556
Oe.P.	199821	14571
Oe.P.	200690	14527
Oe.P.	202919	14533

Schweizer Patente (Schwz.P.)

Nr.		Seite
Schwz.P.	322622	14504
Schwz.P.	327448	14524
Schwz.P.	327733	14592
Schwz.P.	329038	14560
Schwz.P.	335855	14588

Sowjetische Patente (UdSSR P.)

Nr.		Seite
UdSSR P.	106380	14508

Chemisches Zentralblatt

1959 Nr. 45 11. November

Geschichte. Unterricht.

—, *Rudolf Hase 70 Jahre alt.* Lebensbild des Ingenieur-Physikers R. HASE, geb. 23/6. 1888 in Würzburg, Professor für techn. Physik u. Leiter des Forschungsinstituts für Elektrowärme in Hannover, Würdigung seiner Erfindungen (Strahlungspyrometer, Vakuumthermoelement) u. Forschungen bes. über Elektrowärme. Liste seiner Veröffentlichungen. — Bild. (Optik **15.** 330—32. Juni 1958.) W. KUNTZ. 1

—, *Zum 70. Geburtstag von Roland Schmiedel.* Würdigung der Verdienste von Prof. SCHMIEDEL um das Apotheken- u. Arzneimittelwesen. (Arzneimittel-Forsch. **8.** 306. Mai 1958.) K. MAIER. 1

O. R. Klimmer, *Zum 70. Geburtstag von W. Schulemann.* Würdigung der Arbeiten von Prof. W. SCHULEMANN auf dem Gebiet der Chemotherapeutica, bes. der Antimalariamittel, Pharmaka (Hexeton, Phanodom, Butolan), Desinfektionsmittel (Zephirol) u. Fungicide (Ceresan). (Arzneimittel-Forsch. **8.** 305—06. Mai 1958.) K. MAIER. 1

M. Volmer, *Peter Adolf Thiessen. 60 Jahre — 6. April 1959.* Kurzer Lebenslauf u. Würdigung der Arbeiten von P. A. THIESSEN auf dem Gebiete der Physikal. Chemie, bes. auf dem der Kolloidchemie. (Z. physik. Chem. **210.** 215—17. Mai 1959.) E. KLEVER. 1

H. M. James, *Karl Lark-Horovitz, Physiker und Lehrer.* Nachruf auf den am 20. 7. 1892 in Wien geborenen u. am 14. 4. 1958 gestorbenen Physiker. (Science [Washington] **127.** 1487—88. 27/6. 1958. West Lafayette, Ind., Purdue Univ.) C. GOTTFRIED. 1

Gerhard Hecht, *In memoriam Fritz Mietzsch.* Nachruf auf Prof. Dr.-Ing. Dr. med. h. c. et rer. nat. h. c. F. MIETZSCH (28/5. 1896—29/11. 1958) u. Würdigung seiner Verdienste auf dem Gebiet der Chemotherapie (Sulfonamide, Atebrin, Conteben). (Arzneimittel-Forsch. **9.** 79—80. Jan. 1959.) K. MAIER. 1

W. J. Nungester, *Frederick George Novy, ein Pionier der Bakteriologie.* Vf. würdigt die Forschungsleistungen von NOVY (1864—1957), bekannt als Entdecker des Clostridium novyii u. eines Rattenvirus. Novy arbeitete auch erfolgreich über Trypanosomen u. Spirochäten u. führte Forschungen über die Atmung bei Mikroorganismen sowie über medizin.-tox. u. anaphylakt. Rkk. durch. (Science [Washington] **127.** 274. 7/2. 1958. Ann Arbor, Mich., Univ., Med. School.) W. SCHÖNBORN. 1

Karl Rathsack, *Kurt Opitz †.* Nachruf auf Prof. KURT OPITZ (geb. 25/11. 1877 in Schlesien, gest. 5/10. 1958 in Berlin), Würdigung seiner Persönlichkeit u. seiner Arbeiten über Ackerbodenpflege, pflanzenbauliche Probleme u. Züchtung landwirtschaftlicher Kulturpflanzen. (Z. Acker- u. Pflanzenbau **107.** 126—28. Nov. 1958.) W. KUNTZ. 1

C. F. von Weizsäcker, *Erinnerungen an Wolfgang Pauli. (25. 4. 1900—15. 12. 1958).* Nachruf auf WOLFGANG PAULI. (Z. Naturforsch. **14a.** 439—40. Mai/Juni 1959.) H. LIEPACK. 1

—, *Michail Alexandrowitsch Pawlow.* Lebenslauf des Mitgliedes der Akad. der Wiss. der UdSSR, Professor M. A. PAWLOW (22/2. 1863—10/1. 1958) u. Würdigung seiner Tätigkeit auf dem Gebiete der Metallurgie. (Известия Академии Наук СССР, Отделение Технических Наук [Nachr. Akad. Wiss. UdSSR, Abt. techn. Wiss.] **1958.** Nr. 2. 3—6. Febr.) H. TŮMA. 1

Paul H. Lavietes, *John Punnett Peters: eine Würdigung.* Lebensbild des Professors der inneren Medizin an der Yale-University JOHN PUNNETT PETERS (geb. 4/12. 1887 in Philadelphia, gest. 29/12. 1955 in Wallingford) u. Würdigung seiner Bedeutung als Forscher, als Arzt, als Lehrer u. als Mensch. Sein Buch über quantitative klin. Chemie gilt noch heute als Standardwerk. — Bild u. Anhang einer Liste von 229 Veröffentlichungen. (Yale J. Biol. Med. **29.** 175—90. Dez. 1956. Yale Univ., School of Med.) W. KUNTZ. 1

Ignacy Stroński, *Leben und wissenschaftliche Arbeit des Radiochemikers Henryk Herszfinkiel (1881—1941.)* Würdigung des poln. Vorkämpfers auf dem Gebiet der Radioaktivität u. Mitarbeiters von MARIE CURIE-SKLODOWSKA. Übersicht über seine Veröffentlichungen. Bild (Wiadomości chem. **11.** 537—56. Okt. 1957.) F. URBAN. 1

W. R. Bett, *Alchimist und Astronom. Bemerkung über John Dee (1527—1608).* Lebensbild des Alchimisten JOHN DEE, geb. 13/7. 1527 in London, gest. im Dezember 1608. Er galt als einer der gelehrtesten Männer seiner Zeit, auch wohl als Zauberer, u. war Ratgeber der Königin Elisabeth. (Chemist and Druggist **170.** 611. 6/12. 1958.) W. KUNTZ. 1

Sidney Rosen, *William Odling, Faradays Nachfolger.* Lebensbild des unmittelbaren Nachfolgers FARADAYS als „Fullerian Professor" der Royal Institution WILLIAM ODLING, geb. 1829 in Southwark, gest. 1921, Verfechter der Atomtheorie nach GERHARDT, LAURENT u. CANNIZZARO in England. (J. chem. Educat. **34.** 517—19. Okt. 1957. Waltham, Mass., Brandeis Univ.) W. KUNTZ. 1

O. Theodor Benfey, *August Kekulé und die Geburt der Strukturtheorie der organischen Chemie 1858.* Übersetzung der Rede, die KEKULÉ 1890 in Berlin bei einer Gedenkfeier an die Aufklärung der Bzl.-Formel u. die Entstehung der Strukturtheorie hielt u. die persönliche Erfahrungen des Forschers über wissenschaftlichen Fortschritt bringt. (J. chem. Educat. **35.** 21—23. Jan. 1958. Richmond, Ind., Earlham Coll.) W. KUNTZ. 2

Livio Cambi und **Franco Cremascoli,** *Über das Metall der Knöpfe aus dem prähistorischen Grab von Monte Bradoni bei Volterra.* Die spektrograph. u. mikrograph. Analyse der aus Metall bestehenden, 1898 aufgefundenen Knöpfe in einem prähistor. Grab ergeben prakt. reines *Sb* (99,10%), dessen Herkunft diskutiert wird. (Rend. Ist. ombardo Sci. Lettere, Cl. Sci. mat. natur. **91.** 371—77. 1957. Milano, Univ., Centro Studi di Chim. Metallurg. del C. N. R.) G. PLATZER. 2

Walter Wittenberger, Die Ausbildung der technischen Hilfskräfte des Chemikers. Bielefeld: W. Bertelsmann Verlag K.G. 1954. (96 S.) DM 4,75.

A. Allgemeine, physikalische und anorganische Chemie.

S. Devons, *Die Grenzen physikalischer Messung.* Allg. theoret. Betrachtungen über die Grenzen physikal. Beobachtungen mit Beispielen. (Mem. Proc. Manchester lit. philos. Soc. **99.** 20—36. 1957/58.) GERHARD SCHMIDT. 10

U. Grigull, *Neuere Entwicklungen auf dem Gebiet der Maßsysteme.* Vf. behandelt Konsequenzen, die sich aus den neuen VDI-Empfehlungen ergeben. (Chemie-Ing.-Techn. **31.** 268—71. April 1959. Leverkusen, Farbenfabriken Bayer AG.) H. LIEPACK. 10

Arthur Robert von Hippel and others, Molecular science and molecular engineering. New York: Wiley and Technology Press of M.I.T. 1959. (461 S. m. Abb. u. Diagr.) 8°. $ 18.50.

A_1. Kernphysik und Kernchemie

H. Treder, *Raum-Zeit-Struktur eines statischen, sphärisch symmetrischen, skalaren Feldes.* Vers. zur stat., sphär. symm. Lösung der Feldgleichungen. (Physic. Rev. [2] **112.** 2127. 15/12. 1958. Berlin, Forschungsinst. für Math. der Deutschen Akad. der Wiss.) GERHARD SCHMIDT. 80

Louis Witten, *Invarianten der allgemeinen Relativität und die Klassifizierung der Räume.* Theoret. Abhandlung über die Äquivalenz zweier Spinoren. (Physic. Rev. [2] **113.** 357—62. 1/1. 1959. Baltimore, Md., RIAS.) GERHARD SCHMIDT. 80

P. Rothwell, *Höhenstrahlung im Magnetfeld der Erde.* Aus der Änderung der Nucleonenintensität auf Seehöhe an verschied. Orten wird eine empir. Formel für die cut-off-Momente abgeleitet. (Philos. Mag. [8] **3.** 961—70. Sept. 1958. London, Imp. Coll., Phys. Dep.) M. WIEDEMANN. 85

Saburo Miyake, Kensaku Hinotani, Tatsunosuke Kaneko und **Itsuo Katsumata,** *Experimentelle Untersuchung ausgedehnter Luftschauer.* Mittels zweier Mehrplatten-Nebelkammern wurden auf 2840 m u. 25° N ausgedehnte Luftschauer untersucht u. je nach Schauergröße (N) u. Struktur 3 Gruppen unterscheiden. Das integrale Größenspektrum gehorcht $6{,}1 \cdot 10^{-9} (N/10^6)^{-1{,}5}$ cm^{-2} sec^{-1} $Raumwinkel^{-1}$ für Schauer mit einer Gesamtzahl von $1{,}5$—$5{,}5 \cdot 10^5$ Teilchen. (J. physic. Soc. Japan **13.** 782—93. Aug. 1958. Osaka, City Univ., Inst. of Polytechn. [Orig.: engl.]) M. WIEDEMANN. 85

G. Bozóki, E. Fenyves, T. Sándor und **A. Somogyi,** *Untersuchung der ausgedehnten Luftschauer, die kernaktive Teilchen enthalten.* Durch Koinzidenzmessungen mit Elektronendetektoren u. einem Detektor für kernakt. Teilchen wurde die Abhängigkeit der Häufigkeit ausgedehnter Luftschauer mit kernakt. Teilchen an der Oberfläche der nichtabgeschirmten Zähler bestimmt. Hieraus wurde der Exponent des Dichtespektrums der Elektronenkomponente zu $1{,}34 \pm 0{,}08$ ermittelt. (Nuclear Physics **7.** 677—86. Aug. 1958. Budapest, Central Res. Inst. of Physics, Dep. for Cosmic Rays.) M. WIEDEMANN. 85

G. Bozóki, E. Fenyves und **Éva Gomosi,** *Über die Winkelverteilung von Schauerteilchen, die bei energiereichen Kernwechselwirkungen entstehen.* (Vgl. vorst. Ref.) Nach den verschied. Theorien der multiplen Mesonenerzeugung wurden die differentiellen u. integralen Winkelverteilungen der bei energiereichen Kernwechselwirkungen erzeugten Schauerteilchen berechnet. Durch Vgl. mit Daten über Jets mit Energien 10^{13} eV wird festgestellt, daß die Winkelverteilung allein keinen Schluß auf die Richtigkeit der Theorie zuläßt. (Nuclear Physics **8.** 199—206. 2/9. 1958.) M. WIEDEMANN. 85

W. S. Cowland, *Über die Schwingersche Theorie des μ-Mesons.* Nach der SCHWINGERschen Theorie wird ein schweres BOSE-Teilchen (σ) postuliert. Falls dieses Teilchen skalaren Raum-Zeit-Charakter hat, ist die große Eigenmasse des μ mit dem beobachteten magnet. Moment verträglich. (Nuclear Physics **8.** 397—401. Okt. (2) 1958. London, Imp. Coll., Dep. of Math.) M. WIEDEMANN. 90

Shuji Fukui, Takashi Kitamura und **Yuzuru Watase,** *„Anomale" Streuung von μ-Mesonen.* Mitt. über ein μ-Streuexperiment, bei dem die Mesonen einen dicken Fe-Block durchliefen u. in einer *C*-Schicht abgebremst wurden u. zerfielen. Die beobachtete Winkelverteilung der gestreuten μ-Mesonen im Impulsbereich $1^{+0,15}_{-0,2}$ GeV/c stimmt mit der COULOMB-Streutheorie für ausgedehnte Kerne von COOPER u. RAINWATER überein, sodaß kein Beweis für irgendeine anomale Streuung von μ-Mesonen nahe 1 GeV/c vorliegt. Die Winkelverteilung der Streuung solcher Teilchen, die nicht in der C-Schicht gebremst werden u. zerfallen, weichen von der Theorie ab, indem mehr Teilchen nach großen Winkeln gestreut werden. Die vorhergesagte Streuverteilung bei großen Winkeln geht fast völlig aus der Streuung von Teilchen im 1—2 GeV/c-Bereich hervor u. ist daher sehr empfindlich gegenüber der angenommenen Intensität in diesem Bereich. Auch aus der Diskussion der Ergebnisse anderer Autoren kann kein strenger Beweis für die anomale Wechselwirkung abgeleitet werden. (Physic. Rev. [2] **113.** 315—24. 1/1. 1959. Osaka, Osaka Univ., Dep. of Phys.; Osaka City Univ., Inst. of Polytechn.) HERBERT WEBER. 90

A. Astbury, M. A. R. Kemp, N. H. Lipman, H. Muirhead, R. G. P. Voss, C. Zangger und **A. Kirk,** *Einfangraten negativer μ-Mesonen in verschiedenen Elementen.* Aus dem π^--Bündel des Synchrocyclotrons wurden μ-Mesonen des entsprechenden Impulses ausgewählt u. durch Koinzidenzmessungen ihr Einfang in *F, Al, Ca, V, Mn, Co, Ni* u. *Cu* bestimmt. Ein Vgl. mit den Theorien zeigt, daß bei dieser Wechselwirkung tensorielle u./oder axiale Vektorkopplung vorliegt. (Proc. physic. Soc. **72.** 494—98. 1/10. 1958. Liverpool, Univ., Nucl. Phys. Res. Labor.) M. WIEDEMANN. 90

Hans Kruger und **Kenneth M. Crowe,** *Vorläufige Ergebnisse über die Impulsabhängigkeit der Asymmetrie beim Zerfall von μ-Mesonen.* Positive μ-Mesonen aus dem 184 in.-Synchrocyclotorn wurden in verschied. Materialien (*Li*, $CHBr_3$, *C*) abgebremst. Die Asymmetrie der Positronen aus ihrem Zerfall wurde nach einer Magnetspektrometermeth. bestimmt. Die Messungen der Polarisation sind mit der Zweikomponententheorie des Neutrinos in Einklang. Das Produkt von μ-Bündel-Polarisation u. ξ (Parameter der Zweikomponententheorie) wurde zu 0,89 $\pm$ 0,09 gemessen. (Physic. Rev. [2] **113.** 341—43. 1/1. 1959. Berkeley, Calif., Univ. of California, Radiat. Labor.) HERBERT WEBER. 90

S. DeBenedetti, *Neue Atome (Positronium und mesonische Atome).* Zusammenfassende Beschreibung der Unterss. über das Positronium ($e^- + e^+$), das freie Atom des Positroniums, das Verh. von Positronen in Festkörpern sowie über μ- u. π-meson. Atome mit anschließender Übersicht der Instrumentation. 131 Literaturhinweise. (Suppl. del Nuovo Cimento Nr. 3. (zu [10] **4**). 1209—70. Pittsburgh, Pa., Carnegie Inst. of Technol.) GERHARD SCHMIDT. 90

L. N. Cooper, *μ-mesonische Atome.* (Vgl. vorst. Ref. u. C. **1956.** 2357.) Im Anschluß an l. c. werden die Folgerungen aus den Unterss. meson. Atome bzgl. der Ladungsverteilung, des Spins, des Quadrupolmoments u. der Polarisationswahrscheinlichkeit (Vakuumpolarisation) des Kerns diskutiert. (Suppl. del Nuovo Cimento Nr. 3. (zu [10] **4**). 1271—77. 1956. Princeton, N. J., Inst. for Advanc. Stud.) GERHARD SCHMIDT. 90

Pierre Sergent, *Photoerzeugung zweier Pionen durch ein Nucleon.* Es werden die relativen Wahrscheinlichkeitsamplituden der Rk. $\gamma + N \rightarrow N + \pi + \pi$ mit Hilfe des Modells der festen Quelle berechnet, u. zwar in bezug auf die Wahrscheinlichkeiten der von anderen Autoren behandelten Rkk. $N + \pi \rightarrow N + \pi$ (Streuung), $N + \gamma \rightarrow N + \pi$ u. $N + \pi \rightarrow N + \pi + \pi$. (C. R. hebd. Séances Acad. Sci. **248.** 2294—96. 20/4. 1959.) D. JÖRCHEL. 90

Michel Bloch und **Matthew Sands,** *Photoerzeugung von Pionenpaaren in Wasserstoff.* Die Photoerzeugung von Pionenpaaren wurde durch Nachw. (Magnetspektrometer) der negativen Pionen, die unter 60 u. 120° aus einem H_2-Gastarget (150 at) austraten, im Bremsstrahlungsbündel eines Elektronensynchrotrons gemessen. Die π^--

Ausbeute „pro Äquivalentquant" wurde für mehrere Werte der Pionenenergie u. der Cutoff-Energie der Bremsstrahlung gemessen. Aus den Änderungen der Ausbeuten mit der Cutoff-Energie wurde der Querschnitt für die π^--Emission erhalten. Der Querschnitt zeigt keine große Abhängigkeit vom Pionenwinkel von 90 bis 150° im Schwerpunktssystem. Das Integral des Querschnittes über die π^--Energie ist mit einem konstanten Wert von ca. $4 \cdot 10^{-30}$ cm²/Raumwinkel für Photonenenergien zwischen 600 u. 1100 MeV in Einklang. Die beobachtete Abhängigkeit des Querschnittes von der Pionenenergie wurde mit phänomenolog. Modellen verglichen. (Physic. Rev. [2] **113.** 305—15. 1/1. 1959. Pasadena, Calif., California Inst. of Technol.) Herbert Weber. 90

Osamu Hara und **Yasunori Fujii,** *Versuch zur Neuformulierung der Pion-Nucleon-Wechselwirkung.* 2. Mitt. *Streuung von Antiprotonen an Nucleonen.* (1. vgl. C. **1959.** 6691.) Unter der Annahme der Nucleonenladungsunabhängigkeit bestehen Beziehungen zwischen den elast. u. Ladungsaustauschanteilen der Antinucleon-Nucleon-Streuung u. der Nucleon-Nucleon-Streuung. Für ($\bar{p}$p)- u. ($\bar{p}$n)-Streuung werden für die totalen Wirkungsquerschnitte u. die Winkelverteilungen Werte erhalten, die den experimentellen nicht widersprechen. (Progr. theoret. Physics [Kyoto] **20.** 89—107. Juli 1958. Tokyo, Nihon Univ., Coll. of Sci. and Engng., Dep. of Phys.) M. Wiedemann. 90

Ken Kawarabayashi, *Globale Symmetrie und die Verzweigungsverhältnisse für den K^--Einfang durch das Nucleon.* Für die Rkk. $K^- + N \rightarrow Y + \pi$ werden unter bestimmten Annahmen die Matrixelemente durch die der π-N-Streumatrix ausgedrückt, um die Gültigkeit der globalen Symmetrie nach Gell-Mann zu prüfen. (Progr. theoret. Physics [Kyoto] **20.** 117—25. Aug. 1958. Tokyo, Univ., Dep. of Phys. [Orig.: engl.]) M. Wiedemann. 90

Ss. M. Bilenki und **R. M. Ryndin,** *Zur Bestimmung der Parität von Hyperonen und K-Mesonen.* Ausgehend von der Rk. $p + {}^4He \rightarrow {}^4He + Y + K$ kann durch Messung der Amplitude der Asymmetrie mit polarisierten Protonen das Vorzeichen des Produktes der Paritäten $I_p I_Y I_K$ ermittelt werden, wenn das Vorzeichen der Polarisation, die mit nichtpolarisierten Protonen hervorgerufen wird, bekannt ist. (Доклады Академии Наук СССР [Ber. Akad. Wiss. UdSSR] **124.** 63—65. 1/1. 1959. Verein. Kernforsch.-Inst.) M. Wiedemann. 90

D. Amati und **B. Vitale,** *Über einen möglichen Test der Symmetrie bei Pion-Baryon-Wechselwirkungen.* Vff. zeigen, wie aus den Verzweigungsverhältnissen der K^- niedriger Energie durch Protonen ($K^- + p \rightarrow \Sigma^0 + \pi^0$, $\Sigma^+ + \pi^-$, $\Sigma^- + \pi^+$, $\Lambda^0 + \pi^0$) Aufschluß über die Symmetrien bei starken Wechselwirkungen erhalten werden kann. Ferner wird die Ermittlung der relativen K–H-Parität aus den Absorptionsprozessen bei hoher Energie diskutiert. H gilt hierbei für Λ oder Σ. (Nuovo Cimento [10] **9.** 895—901. 1/9. 1958. Roma, Univ., Ist. di Fis., Ist. Naz. di Fis. Nucl.; Napoli, Univ., Ist. di Fis. Teor., Scuola di Perfez. in Fis. Teor. e Nucl. del C. N. R. N.) M. Wiedemann. 90

Yoshio Yamaguchi, *Die globale Symmetrie der Pion-Baryon-Wechselwirkungen und die gebundenen Zustände des Hyperon-Nucleon-Systems.* Die Folgerungen aus der globalen Symmetrie der Pion-Baryon-Wechselwirkungen auf die Hyperon (Y)-Nucleon(N)-Kräfte werden diskutiert. Gebundene Zustände Σ^--n, Ξ^0-p u. Ξ^--n werden vorausgesagt. Die Energieverteilung der Endmesonen bei Rkk. zwischen 2 Baryonen kann Aufschluß über die Kernkräfte geben. (Progr. theoret. Physics [Kyoto] **20.** 112—14. Mai 1958. Osaka, Osaka City Univ., Phys. Dep.) M. Wiedemann. 90

Erik Eriksen, *Angabe des Vakuumpolarisationseffektes auf die Streuphasenverschiebungen.* (Vgl. C. **1958.** 2327.) Ergänzende theoret. Ableitungen zu l. c. (Avh. norske Vidensk.-Akad. Oslo, I. Mat.-naturvidensk. Kl. **1957.** Nr. 4. 1—19. Oslo, Univ., Inst. for Theoret. Phys.) Gerhard Schmidt. 90

S. F. Edwards, *Der Gültigkeitsbereich starker und schwacher Kopplungsnäherungen in der Feldtheorie.* Vf. behandelt das Einnucleonenproblem nach dem funktionellen Integrationsformalismus. Diese Meth. schließt sowohl starke als auch schwache Grenzen bzgl. der Kopplung ein. Unter Verwendung der Meth. der stationären Phase versucht Vf., eine allg. Lsg. zu entwickeln. (Proc. Roy. Soc. [London], Sect. A **243.** 458—63. 11/2. 1958. Birmingham, Univ., Dep. of Math. Phys.) Gerhard Schmidt. 90

Shigeo Goto und **Shigeru Machida,** *Wirkungen virtueller Nucleonenpaare auf die elektromagnetische Struktur des Nucleons.* Die Wrkgg. werden kovariant in der ladungsunabhängigen pseudoskalaren Mesonentheorie berechnet. Sie geben sich nur durch die Renormalisierungsfaktoren zu erkennen, die die relativen Größen der isotop. skalaren u. vektoriellen Anteile der Beiträge des Nucleonen- u. des Mesonenstroms beeinflussen. (Progr. theoret. Physics [Kyoto] **20.** 216—38. Aug. 1958. Tokyo, Rikkyo Univ., Dep. of Gen. Educat., Dep. of Phys. [Orig.: engl.]) M. Wiedemann. 90

A. Gamba und **E. C. G. Sudarshan,** *Quantenzahlen für ein System von Nucleonen und Antinucleonen.* Klassifizierung der Quantenzahlen für die Endzustände. (Nuovo Cimento [10] **10.** 407—09. 16/10. 1958. Rochester, N. Y., Univ., Dep. of Phys.) Gerhard Schmidt. 90

T. Tietz, *Impulsübertragungsquerschnitt in der Thomas-Fermi-Theorie.* Berechnung des Impulsübertragungs-(Diffusions)-Querschnittes in der ersten Bornschen Approximation für das Thomas-Fermi-Feld. (Nuovo Cimento [10] **10.** 531—33. 1/11. 1958. Łódź, Univ., Dep. of Theor. Phys.) Gerhard Schmidt. 90

N. Byers und **R. E. Peierls,** *Zweistufenmodell von Fermi-Wechselwirkungen.* Formulierung des Modells der Fermi-Wechselwrkgg., das ein intermediäres Boson vom Spin 1 einschließt. (Nuovo Cimento [10] **10.** 520—24. 1/11. 1958. Birmingham, Univ., Dep. of Math. Phys.) Gerhard Schmidt. 90

W. Królikowski, *Über die Elementarteilchen und ihre starken Wechselwirkungen.* Vf. entwickelt eine lokale Theorie der Elementarteilchen, bei der die Raum-Zeit-Freiheitsgrade der als zusammengesetzte Systeme betrachteten Teilchen durch neue „algebraische" Freiheitsgrade ersetzt werden, die mit der Strangeness zusammenhängen. (Nuclear Physics **8.** 461—67. Okt. (2) 1958. Warsaw, Univ., Inst. of Theoret. Phys., Polish Acad. of Sci., Inst. of Nucl. Res.) D. Geissler. 90

B. L. Ioffe und **W. A. Ljubimow,** *Über die Folgerungen aus der Zweikomponenten-Zusammensetzung des Elektrons bei β-Wechselwirkungen.* Inhaltlich ident. mit der C. **1959.** 13993 referierten Arbeit. (Журнал Экспериментальной и Теоретической Физики [J. exp. theoret. Physik] **34.** 1321—23. Mai 1958.) M. Wiedemann. 90

B. V. Geškenbein, *Über 0-0-β-Übergänge mit Paritätsänderung.* Vf. zeigt, daß die Form des Spektr. u. die Polarisation der Elektronen bei 0–0–β-Übergängen mit einer Wechselwrkg. vom V–A-Typ übereinstimmt. (Nuovo Cimento [10] **10.** 383—84. 16/10. 1958. Moscow, Acad. of Sci.) Gerhard Schmidt. 90

H. S. Valk, *Hochenergetische Elektronenstreuung an Kernen mit endlichen Ladungsverteilungen.* Vf. untersucht die Kleinwinkelapproximation für den speziellen Fall eines Potentials, das sich aus einer endlichen u. sphär.-symm. Ladungsverteilung ergibt. Die Auflösung der Amplitude des gestreuten Elektrons in drei voneinander verschied. Beiträge wird berechnet. (Nuovo Cimento [10] **10.** 200—04. 16/10. 1958. Eugene, Ore., Univ. of Oregon, Dep. of Phys.) Gerhard Schmidt. 90

H. Banerjee, *Über die Sommerfeld-Approximation bei hochenergetischem photoelektrischem Effekt und Einquantenvernichtung von Positronen in der K-Schale.* Berechnung der Winkelverteilung u. des totalen Querschnittes für den hochenerget. Photoeffekt u. die Einquantenvernichtung von Positronen in der K-Schale unter Verwendung der Sommerfeld-Maue-Approximation für die Wellenfunktion des Streuzustandes des Fermions. (Nuovo Cimento [10] **10.** 863—80. 1/12. 1958. Kharagpur, Indian Inst. of Technol., Dep. of Phys.) Gerhard Schmidt. 90

Y. Sakamoto und **T. Sasakawa,** *Elastische Streuung bei hoher Energie und Impulsapproximation.* Vff. berechnen den differentiellen Wirkungsquerschnitt für elast. Neutron-Deuteron-Streuung bei 90 MeV im Schwerpunktssyst. in der Impulsapproximation mit 2 verschied. Sätzen von Phasenverschiebungen für die Nucleon-Nucleon-Streuung. (Progr. theoret. Physics [Kyoto] **19.** 745—47. Juni 1958. Kyoto, Kyoto Univ., Dep. of Phys. [Orig.: engl.]) D. Geissler. 90

Alf Sjölander, *Multiphononenprozesse bei der Streuung langsamer Neutronen in Kristallen.* Unter Annahme der harmon. Näherung für die Gitterschwingungen werden die Multiphononenprozesse bei der inkohärenten Streuung langsamer Neutronen in Kristallen behandelt. Für die differentiellen Wirkungsquerschnitte werden mit orthogonalen Hermite-Funktionen allg. Ausdrücke abgeleitet. In einigen Fällen werden dazu numer. Beispiele gegeben. Auch für den totalen Wirkungsquerschnitt kalter Neutronen werden allg. Ausdrücke abgeleitet. (Ark Fysik **14.** Nr. 4. 315—71. 1958. Uppsala, Univ., Inst. for Theoret. Phys.) H. C. Wolf. 90

Michiya Kondo und **Takashi Yamazaki,** *Elastische und unelastische Streuung von Protonen an Neon.* Cyclotron-Protonen mit Energien von 4,7, 4,9, 5,1, 5,3 u. 5,5 MeV werden an ^{20}Ne-Gas von 15,0 cm Hg gestreut u. mit Kernplatten nachgewiesen. Die Winkelverteilung der elast. u. unelast. (Q = — 1,63 MeV) gestreuten Protonen wird zwischen 30 u. 165° (im Labor.-Syst.) gemessen (Ergebnisse in graph. Darst.) u. theoret. diskutiert. (J. physic. Soc. Japan **13.** 771—76. Aug. 1958. Osaka, Osaka Univ., Fac. of Sci., Dep. of Phys. [Orig.: engl.]) D. Geissler. 90

Shotaro Yamabe, Michiya Kondo, Takashi Yamazaki und **Atsutomo Toi,** *Winkelverteilung von unelastisch an ^{28}Si und ^{24}Mg gestreuten Protonen.* (Vgl. C. **1959.** 4357.) Vff. messen den differentiellen Wirkungsquerschnitt für unelast. Streuung von Protonen (aus einem Cyclotron) mit 5,3, 5,4 u. 5,5 MeV an ^{28}Si (Q = — 1,78 MeV) sowie mit 4,8 u. 5,7 MeV an ^{24}Mg (Q = — 1,37 MeV) zwischen 30 u. 165° (im Labor.-Syst.) mit Hilfe von Ilford C2-Kernemulsionen. Die Ergebnisse werden graph. dargestellt u. theoret. diskutiert. (J. physic. Soc. Japan **13.** 777—81. Aug. 1958. Osaka, Osaka Univ., Fac. of Sci., Dep. of Phys.; Fac. of Engng., Dep. of Nucl. Engng. [Orig.: engl.]) D. Geissler. 90

Yatendra Pal Varshni, *Reichweite–Energie-Beziehung für Protonen in verschiedenen Substanzen.* Vf. schlägt als empir. Energie-Reichweite-Beziehung die Formel R = a (E + c)^n (R = Reichweite, E = Energie, a, c u. n Konstante) vor u. vergleicht sie mit den experimentellen Werten für Protonen bis 100 MeV in Luft, Be, Al, Cu, Ag, Au, Glykoltristearat ($C_{57}H_{110}O_6$), Paraffin u. Ilford C2-Kernemulsion. (Indian J. Physics Proc. Indian Assoc. Cultivat. Sci. **32** (**41**). 373—86. August. 1958. Allahabad, Univ., Dep. of Phys.) D. Geissler. 90

A. S. Davydov und **G. F. Filippov,** *Rotationszustände in geraden Atomkernen.* (Vgl. C. **1959.** 12442.) Die Verletzung der axialen Symmetrie ändert die Rotationszustände nicht merklich u. führt zum Auftreten neuer Energiezustände. Die red. Wahrscheinlichkeiten für E2- u. M1-Übergänge zwischen verschied. Rotationsniveaus werden berechnet u. mit den Experimenten verglichen. (Nuclear Physics **8.** 237—49. Okt. (1) 1958. Moskau, Univ.) M. Wiedemann. 95

Ben R. Mottelson und **Sven Gösta Nilsson,** *Die inhärenten Zustände von ungerade-A-Kernen mit ellipsoidaler Gleichgewichtsform.* In den Bereichen A ~ 25, 150 < A < 190 u. A > 222 weicht die Kernform wesentlich von der sphär. ab. Vff. betrachten in diesen Bereichen die ungerade-A-Kerne u. versuchen auf der Basis der Beschreibung des unabhängigen Teilchens des letzten ungeraden Nucleons eine Klassifizierung der beobachteten inhärenten Anregungen. Die zur Verfügung stehenden Daten für β- u. γ-Übergänge, Kernmomente u. Eigg. der Rotationsspektren werden in Ausdrücken dieser Klassifizierung der Zustände diskutiert. (Kong. danske Vidensk. Selsk., mat.-fysike Skr. **1.** 1—105. 1959. Kopenhagen, Nord. Inst. for Teoret. Atomfys.; Lund, Inst. för Teoret. Fys.) Gerhard Schmidt. 95

K. V. Laurikainen und **Seija Lyytikäinen,** *Variationsverfahren für Potentiale mit hartem Kern.* Das für die Behandlung des Deuteron-Problems vorgeschlagene Variationsverfahren wird für Potentiale mit hartem Kern, aber auch für Tensor- u. L-S-Kräfte verallgemeinert. (Nuclear Physics **8.** 416—20. Okt. 1958. Copenhagen, Nord. Inst. for Theor. Atomphys.) M. Wiedemann. 95

H. J. Lipkin, *Über die Beziehung zwischen Entartung und Rotationszuständen im Kernschalenmodell.* Vf. zeigt, daß in Systemen entarteter Zustände mit verschied. Bahnmomenten eine Beschreibung durch Rotationszustände möglich ist. Eine Verb. zwischen dem Schalen- u. dem kollektiven Modell erscheint daher möglich. (Nuclear Physics **8.** 421—27. Okt. (2) 1958. Rehovoth, Weizmann Inst. of Sci., Dep. of Phys.) M. Wiedemann. 95

Claude Marty, *Gegenwärtiger Stand der Kernmodelle vom individuellen Typ.* Unters. einiger theoret. Probleme, die mit dem Gültigkeitsbereich u. der Rechtfertigung des Modells von Jensen-Mayer verbunden sind. (Cahiers de Physique **1955.** Nr. 53. 27—37. Jan. Paris, Coll. de France, Phys. et Chim. nucl.) Gerhard Schmidt. 95

Eugene P. Wigner, *Über die Entwicklung des Compoundkernmodells.* Darst. der Compoundkerntheorie u. Ausdehnung der Theorie auf eine große Mannigfaltigkeit von Kernreaktionen. (Amer. J. Physics **23.** 371—80. Sept. 1955. Princeton, N. J., Princeton Univ., Palmer Physic. Labor.) Gerhard Schmidt. 95

A. De Shalit, *Magnetische Kernmomente.* Zusammenfassung einiger beobachteter Regelmäßigkeiten bei den magnet. Momenten u. Vers. einer Erklärung nach verschied. theoret. Argumenten. (Suppl. del Nuovo Cimento Nr. 3 (zu [10] **4**). 1195—1200. 1956. Rehovoth, Weizmann Inst. of Sci., Dep. of Phys.) Gerhard Schmidt. 95

S. Sengupta, *Kernelektrisches und -magnetisches Moment bei j–j-Kopplung.* (Vgl. C. **1956.** 7131.) Mit Hilfe der Diagonalsummenregel läßt sich das Kernmoment bei j–j-Kopplung ohne explizite Aufstellung der entsprechenden Wellenfunktionen berechnen. Diese Meth. wird verallgemeinert, indem geschlossene Ausdrücke für das magnet. Dipolmoment u. das elektr. Quadrupolmoment in Kernkonfigurationen abgeleitet werden, die sowohl zu verschied. *l*-Werten gehörende Neutronen als auch Protonen enthalten. Die Gleichungen werden angewandt 1. auf die Konfiguration $(3/2)^3$, u. zwar auf die Zustände I = 3/2, u. 2. auf die Protonenkonfiguration $\{(d_{5/2}{}^2)_2\, s_{1/2}\}_{3/2}$. (Indian J. theoret. Physics **4.** 33—42. Juni 1956. Darjeeling, Governm. Coll., Phys. Labor.) D. Jörchel. 95

C. H. Townes, *Über die Darstellung der Hyperfeinstruktur in Molekülen durch die Molekularstruktur und die Kernmomente.* Theoret. Diskussion der Schwierigkeiten bei der Best. von Kernquadrupolmomenten u. Heranziehung der magnet. Dipolmomente zur Unters. der Molekularstruktur aus exakten unabhängigen Bestimmungen der magnet. Kernmomente. (Suppl. del Nuovo Cimento Nr. 3 (zu [10] **4**). 1201—08. 1956. New York, N. Y., Columbia Univ.) GERHARD SCHMIDT. 95

Salomon Rosenblum, *Spektren der α-Teilchen.* (Vortrag.) Chronolog. Darst. der Entw. der Kernspektren unter besonderer Berücksichtigung der Feinstruktur einiger α-Strahler. (Cahiers de Physique **1955.** Nr. 53. 38—44. Jan. Bellevue, Labor. du Centre Nat. de la Rech. scient.) GERHARD SCHMIDT. 103

Pierrette Benoist, *Einige Gesichtspunkte der Theorie der α-Emission.* Theoret. Diskussion der Modifikationen des Kollektivmodells der α-Emission, wonach die α-Emission als ein Zweistufenprozeß betrachtet wird. (Cahiers de Physique **1955.** Nr. 53. 45—52. Jan. Paris, Inst. du Radium, Labor. Curie.) GERHARD SCHMIDT. 103

T. A. Romanowski und **V. H. Voelker,** *Photoneutronenquerschnitte von ^{6}Li und ^{7}Li.* Vff. bestimmen die totalen Photoneutronenerzeugungsquerschnitte für ^{6}Li u. ^{7}Li aus Ausbeutemessungen mit einem Neutronendetektor, der aus 2 mit B ausgelegten Proportionalzählern besteht, die in einen Paraffinmoderator eingebettet sind. Die Wirksamkeit des Neutronendetektors ergibt sich aus dem Vgl. der nachgewiesenen u. berechneten Neutronenausbeuten aus Cu. Für die Berechnung des Querschnittes wird die reziproke Photonen-Matrixformulierung der Photonen-Differenzmeth. verwendet. Der Querschnitt für ^{6}Li hat eine Spitze bei ca. 12,5 MeV u. sein absol. Wert bei der Spitze ist 2,8 ± 0,53 mbarn. Der Querschnitt für ^{7}Li hat eine Spitze bei ca. 14 MeV u. sein Wert bei der Spitze ist 3 ± 0,75 mbarn. (Physic. Rev. [2] **113.** 886—90. 1/2. 1959. Cleveland, O., Case Inst. of Technol.) GERHARD SCHMIDT. 103

B. Zeidman und **J. M. Fowler,** *Winkelverteilungen aus dem Deuteronenbeschuß von Beryllium und Bor.* Vff. untersuchen die Winkelverteilungen von 10—160° der Teilchen aus den Rkk. ^{9}Be (d, p) ^{10}Be, ^{9}Be (d, p) ^{10}Be*, ^{10}B (d, p) ^{11}B, ^{10}B (d, p) ^{11}B*, ^{11}B (d, n) ^{12}C u. ^{11}B (d, n) ^{12}C*. Die Protonenverteilungen werden bei Deuteronenenergien von 10, 9,2 u. 8,1 MeV, die Neutronenverteilungen mit 10 MeV-Deuteronen erhalten. Die Protonenverteilungen werden unter Verwendung der BUTLER-Theorie des Deuteron-Stripping analysiert; mit Ausnahme der Verteilungen aus ^{11}B* stimmen diese Verteilungen mit $l_n = 1$ bei Vorwärtswinkeln überein. Die Neutronenverteilungen werden unter Verwendung der theoret. Behandlung von OWEN u. MADANSKY analysiert, die Schwere-Teilchen- sowie BUTLER-Stripping gestattet. Befriedigende Übereinstimmung zwischen den Daten u. der BUTLER-Theorie für den Grundzustand wird unter Verwendung angenähert gleicher Amplituden für BUTLER- u. Austausch-Stripping u. von $l = 1$ bzw. $l = 0$ für Deuteron- u. Austausch-Stripping erhalten. Die Analyse der Verteilung für den ersten angeregten Zustand von ^{12}C zeigt $l = 1$ für Deuteron-Stripping, sie liefert jedoch nicht eine eindeutige Entscheidung für den Drehimpuls bei Austausch-Stripping. (Physic. Rev. [2] **112.** 2020—26. 15/12. 1958. St. Louis, Mo., Washington Univ.) GERHARD SCHMIDT. 103

Georges Philbert, *Emission von α-Teilchen mit Energien kleiner als 9 MeV bei Zertrümmerungen leichter und schwerer Kerne durch 1 GeV-Protonen.* Die Unterss. werden an Kernen von *C, N, O, Ag* u. *Br* durchgeführt, u. zwar mittels photograph. Emulsionen, die einem Protonenbündel (0,95 GeV) ausgesetzt werden. Die Ereignisse werden in 2 Gruppen eingeteilt, je nach dem ob sie eine Bahn kurzer Reichweite (α-Energien < 9 MeV) oder nicht zeigen. Die für G5-Emulsionen wiedergegebene Tabelle liefert für jede der beiden Gruppen die Anzahl der Ereignisse jedes np-Typs, wobei ein Ereignis des np-Typs einer Rk. mit Emission von n-geladenen Teilchen entspricht. Aus den Daten werden die entsprechenden Reaktionsquerschnitte für leichte u. schwere Kerne abgeleitet. (J. Physique Radium **18.** 75—76. Jan. 1957. Paris, Coll. de France, Phys. et Chim. Nucl.) GERHARD SCHMIDT. 103

H. Schneider, I. J. van Heerden und **D. Reitmann,** *Über die innere Konversion des E3-Überganges in ^{107}Ag.* Vff. bestimmen die relativen inneren Konversionskoeffizienten des 93,9 keV-Überganges spektroskop. mit Hilfe der Emulsionsmethode (ILFORD G5). Die $L_I : L_{II} : L_{III}$- u. K:L-Verhältnisse stimmen mit den theoret. Werten aus den Tabellen von ROSE überein. Im Falle des K:M-Verhältnisses wird keine Übereinstimmung gefunden, was dem Abschirmeffekt zugeschrieben wird, der bei den Berechnungen nicht berücksichtigt worden ist. (Nuovo Cimento [10] **10.** 338—41. 16/10. 1958. Pretoria, C. S. I. R., Nat. Phys. Res. Labor., Nucl. Phys. Div.) GERHARD SCHMIDT. 103

O. E. Johnson, R. G. Johnson und **L. M. Langer,** *In den β-Spektren beobachtete kleine Abweichungen: ^{114}In, ^{90}Y und ^{32}P.* Die β-Spektren von ^{114}In, ^{90}Y u. ^{32}P, die alle durch reine GAMOW-TELLER-Strahlungen zerfallen, wurden in einem Magnetspektrometer genau untersucht. Die FERMI-KURIE-Kurven aller 3 Spektren zeigen kleine Abweichungen von der Linearität, entsprechend einem Überschuß von Elektronen niedriger Energie. Alle Anzeichen sprechen dafür, daß die beobachteten nichtstatist. Verläufe die wahren Spektren wiedergeben u. nicht das Ergebnis instrumenteller Verzerrungen sind. Die FERMI-KURIE-Kurven dieser 3 Isotope können durch einen (1 + b/W)-Korrekturfaktor (zusätzlich zu einem Formfaktor in ^{90}Y) linearisiert werden (vgl. nachst. Ref.). (Physic. Rev. [2] **112.** 2004—09. 15/12. 1958. Bloomington, Ind., Indiana Univ., Phys. Dep.) HERBERT WEBER. 103

J. H. Hamilton, L. M. Langer und **W. G. Smith,** *In den β-Spektren beobachtete kleine Abweichungen: ^{22}Na.* (Vgl. vorst. Ref.) Das intensive Positronenspektr. von ^{22}Na wurde mit einem Magnetspektrometer sorgfältig untersucht. Dieser Übergang verläuft von einem 3^+- zu einem 2^+-Niveau. Das beobachtete ^{22}Na-Spektr. hat eine nichtstatist. Form, entsprechend einem Überschuß an energiearmen Elektronen. Für das neu aufgenommene Spektr. von ^{147}Pm wurde eine statist. Form gefunden. Theoret. Verbesserungen für endliche DE BROGLIE-Wellenlänge, Abschirmung u. mögliche Beiträge aus den zweifach verbotenen Matrixelementen sind viel zu klein, um die bei ^{22}Na beobachtete Abweichung vom statist. Verlauf zu erklären. Die FERMI-KURIE-Kurve von ^{22}Na kann durch einen (1 + b/W)-Korrekturfaktor linearisiert werden. Für ^{22}Na, ^{114}In, ^{90}Y u. ^{32}P liegen die Werte des Parameters b im Bereich 0,2 bis 0,4. Nach negativen Elektronen, die den n. Positronenzerfall von ^{22}Na begleiten, wurde gesucht. Eine schwache, energiearme Elektronenverteilung, die durch die Theorie der „shake-off"-Elektronen erklärt werden kann, wurde beobachtet. (Physic. Rev. [2] **112.** 2010—19. 15/12. 1958.) HERBERT WEBER. 103

Robert B. Duffield und **Stanley H. Vegors jr.,** *Fünf neue Isomere mit Halbwertszeiten zwischen 10^{-6} und 10^{-1} Sekunden.* (Vgl. VEGORS u. AXEL, C. **1957.** 3441.) Unter Verwendung der l. c. beschriebenen Anordnung werden die isomeren Zustände verschied. Targetsubstanzen im Röntgenstrahlbündel des 22 MeV-Betatrons erzeugt. Die Röntgenimpulse haben eine Dauer von angenähert 1 μsec. Die bestrahlten Targets werden mit einem Scintillationsspektrometer gemessen. Folgende neue Aktivitäten werden beobachtet (Nuclid, Halbwertszeit in μsec, γ-Energie in keV, Erzeugungsreaktion, Erzeugungsschwelle in MeV): ^{78,80}*Br*, 127 ± 5, 149 ± 6, (γ, n), 11,0 ± 0,3; ^{79,81}Br, 37 ± 3 268 ± 4 (γ, γ'), —; ^{92}*Nb*, 5,9 ± 0,5, 88 ± 5, (γ, n), 9,1 ± 0,7; ^{114}*In*, (42 ± 5) · 10^3, 311 ± 5, (γ, n), 9,9 ± 0,2 u. *Sn*, 165 ± 15, 3 γ-Energien von 117 ± 5, 163 ± 5, 504 ± 6, (γ, n), ~ 11. (Physic. Rev. [2] **112.** 1958—71. 15/12. 1958. Urbana, Ill., Univ. of Illinois, Phys. Dep.) GERHARD SCHMIDT. 103

Wolfgang Bühring und **Joachim Heintze,** *Die Elektronenpolarisation beim β-Zerfall des RaE.* Die Elektronenpolarisation von RaE(^{210}Bi) wird durch Vgl. mit ^{204}Tl u. ^{91}Y, wo sie P = — v/c ist, bestimmt. Die β-Teilchen werden zuerst durch Vielfachstreuung an einem dicken Cu-Blech um 90° abgelenkt u. dann an einer dünnen Pt-Folie um 135° gestreut. Durch die Vielfachstreuung erhält die ursprünglich longitudinale Polarisation eine definierte transversale Komponente, die durch die azimutale Asymmetrie der nachfolgenden Einzelstreuung nachgewiesen wird. Vff. erhielten, gemittelt über die Energieverteilung (v/c ≈ 0,8), einen Mittelwert — P/(v/c) = 0,83 ± 0,02. Bei geeigneter Wahl der beiden Parameter, die im wesentlichen durch die Kernmatrixelemente gegeben sind, können Polarisation u. Spektr. gedeutet werden. (Z. Physik **153.** 237—46. 14/11. 1958. Heidelberg, Univ., II. Physik. Inst.) M. WIEDEMANN. 103

A. K. Michul und **M. G. Petraschku,** *Spaltung von ^{238}U durch μ^--Mesonen.* Emulsionen von 0,2 mm wurden mit Uranacetat getränkt, so daß nach der Zahl der α-Bahn-Spuren auf je cm³ 0,055 g U kamen. Die Emulsionen wurden dem Bündel der negativen μ-Mesonen ausgesetzt, auf 26975 abgebremste μ-Mesonen wurden 59 Spaltungen von U gezählt. Die gemessene Wahrscheinlichkeit der U-Spaltung beträgt 2,2 ± 0,3 · 10^{-3}. (Доклады Академии Наук СССР [Ber. Akad. Wiss. UdSSR] **124.** 66—68. 1/1. 1959.) M. WIEDEMANN. 103

J. Fouarge und **G. Duyckaerts,** *Trennung Rb-Cs durch Chromatographie auf Cellulose. Selektive Extraktion des Spaltproduktes ^{137} Cs.* Vff. untersuchten verschied., u. a. das für die Trennung Li, Na, K geeignete Elutionsmittel Methanol + 12n HCl in verschied. Mischungsverhältnissen in Hinblick auf die Trennung Rb–Cs. Eine bes. gute Trennung ergibt aber nur Phenol, gesätt. an W. oder 2n HCl. Diese Mischungen sind sowohl für die Trennung auf Cellulosesäulen, als auch für die papierchromatograph. Trennung von mg-Mengen u. von trägerfreien „Tracern" geeignet. Es gelang nach dieser Meth. auf einer 8 × 1 cm Säule das Spaltprod. ^{137}Cs aus einer bestrahlten Urannitratlsg. selektiv abzutrennen. Die Schärfe der Cs-Bande konnte, bes. beim Phenol-2n HCl-Gemisch, durch Vorbehandlung der Cellulose oder des Papiers mit verd. H_2O_2-Lsg. erhöht werden. (Analytica chim. Acta [Amsterdam] **14.** 527—37. 1956. Liège, Univ., Labor. de Chim. Analyt.) F. UMLAND. 104

Herbert M. Clark, *Die Rolle der Chemie bei der Verwendung von Kernenergie.* Allg. Übersicht. (J. chem. Educat. **35.** 264—66. Mai 1958. Troy, N. Y., Rensselaer Polytechn. Inst.) H. Eckstein. 104

N. M. Emanuel, *Steuerung der Kettenreaktionen in der Chemie.* Es werden eine Anzahl von Rkk. beschrieben, die dem Gebiet der Katalyse angehören, die sowohl beschleunigt als auch verlangsamt werden können. So kann man bei der homogenen Katalyse die auftretenden freien Radikale einfrieren, bei der heterogenen auftretende Neutronen durch Einführen von Metallstäben absorbieren, Inkubationsstadien durch Bestrahlung (^{60}Co-γ-Strahlen) wesentlich beschleunigen. Auch in biolog. Kettenprozessen (Krebs) können freie Radikale durch unschädliche Stoffe absorbiert werden. (Природа [Natur] **48.** Nr. 1. 46—56. Jan. 1959. Moskau, Inst. für chem. Physik der Akad. der Wiss. der UdSSR.) A. v. Wilpert. 108

M. Bayet, *Die Fusion leichter Atome; einige Betrachtungen bezüglich der Erzeugung thermonuclearer Energie.* Zusammenfassende Betrachtungen über Spaltung u. Fusion, die Voraussetzungen einer thermonuclearen Rk. sowie über deren prakt. Durchführung. (J. Physique Radium **19.** 62 S—64 S. Aug./Sept. 1958.) Gerhard Schmidt. 110

Joseph Halperin und **R. W. Stoughton,** *Stoßweise und kontinuierliche Aufbereitung in flüssigen (homogenen) Kernreaktoren.* Unters. des Wirkungsgrades beider Aufbereitungsarten bei der Trennung der beim Abbrand erzeugten Umwandlungsprodukte. (Ind. Engng. Chem. **48.** 2115—22. Dez. 1956. Oak Ridge, Tenn., Oak Ridge Nat. Labor.) Gerhard Schmidt. 110

Holmes F. Crouch, *Abschirmung durch schwere Flüssigkeiten für Schiffe mit Kernenergieantrieb.* Hinweis auf die Bedeutung von wasserlösl. Schwermetallverbb. als Substanzen für die biol. Abschirmung von Reaktoren. (J. Amer. Soc. Naval Engr. **70.** 497—503. Aug. 1958. Van Nuys, Calif., Univ. of California and Marquardt Aircraft Co., Res. Div.) Gerhard Schmidt. 110

H. A. Bernhardt, E. J. Barber und **R. A. Gustison,** *Chemie der Aufarbeitung metallischer Uranbrennelemente mit Chlortrifluorid.* Vff. diskutieren die chem. Grundlagen der Aufarbeitung von Brennelementen durch Auflösung des U in fl. Chlortrifluorid nach $U + 3\,ClF_3 \rightarrow UF_6 + 3\,ClF$ u. $ClF + F_2 \rightarrow ClF_3$. Die Reaktionsgeschwindigkeit ist am größten in Lsgg., die 60 Mol% ClF_3 neben HF enthalten. Die in Frage kommenden Phasengleichgewichte u. der mögliche Reaktionsmechanismus werden diskutiert. Die prakt. Durchführung des Prozesses, einschließlich der Pu-Abtrennung wird erläutert u. die für das erhaltene UF_6 erzielbaren Dekontaminierungsfaktoren angegeben. (Ind. Engng. Chem. **51.** 179—84. Febr. 1959. Oak Ridge, Tenn., Union Carbide Nucl. Co., Gaseous Diffusion Plant.) H.-U. Woelk. 110

A. V. Astin, E. C. Bullard und **W. B. Lewis,** *Internationale Vergleiche radioaktiver Standards.* (Science [Washington] **123.** 895. 18/5. 1956. Washington, D. C., Nat. Bur. of Stand.; Teddington, Nat. Physic. Labor.; Chalk River, Ont., AE of Canada Ltd. — C. **1956.** 8798.) Gerhard Schmidt. 112

Jacques Franeau, Fernand Grard und **René Libert,** *Über den Abfall des Plateaus der Geiger-Zähler mit Argon und Äthylalkohol.* Die experimentelle Unters. des Plateaus von Geiger-Zählern, die mit einer Mischung von Ar u. A. gefüllt sind, ergibt, daß der Abfall prakt. von einem bestimmten Potentialdruck des Ar an konstant bleibt. Deutung u. Diskussion der Ergebnisse lassen erkennen, daß zu Beginn des Plateaus der Abfall von der ungleichen Höhe der Impulse herrührt, u. daß später die sek. Impulse von ausschlaggebender Bedeutung sind. (J. Physique Radium, Physique appl. Suppl. zu: J. Physique Radium **19.** Nr. 7. 84 A—90 A. Juli 1958. Mons, Fac. Polytechn., Inst. Interuniv. des Sci. Nucl.) Gerhard Schmidt. 112

K. A. Bargh, *Teflonscheiben als Großflächendichtungen für Gasfluß-Zähler.* Es wird ein Spezialzähler für die Zählung von α-Teilchen, die aus natürlichen Gesteinen emittiert werden, beschrieben. Der Aufbau des Zählers macht es erforderlich, daß die durchfließenden Gasströme am Austreten gehindert werden. Für diese Zwecke wurde eine Dichtungsmasse aus Teflon entwickelt, die wahlweise aufgesintert oder aus einer fl. Dispersion auf die krit. Stellen aufgebracht wird. (Rev. sci. Instruments [N. S.] **29.** 536—37. Juni 1958. Lower Hutt, New Zealand, Dep. of Sci. and Ind. Res., Div. of Nucl. Sci.) G. Kurdal. 112

Toshio Ikeda, *Strahlungsdosimetrie mit Ferrosulfat.* Unterss. über Dosimetrie von Röntgen- u. γ-Strahlen mit $FeSO_4$-Lösungen. (Rep. liberal Arts Fac., Shizuoka Univ. [nat. Sci.] **2.** Nr. 1. 25—28. Dez. 1957. [Orig.: engl.]) R. Frydrych. 112

F. P. W. Winteringham, *Radioaktive Markierung.* 2. Mitt. *Nachweis und Eigenschaften von Isotopenstrahlung.* (1. vgl. C. **1959.** 3364; 3. vgl. C. **1958.** 1482.) Übersicht über die verschied. Nachweismethoden. (Lab. Pract. **4.** 148—54. April 1955. Slough, Bucks., Pest Infestat. Labor.) W. Karcher. 112

I. F. Ševarac, B. Dj. Perović, B. V. Dunjić und **R. M. Protić,** *Ein elektromagnetischer Isotopenseparator mit einem Sektorenwinkel von 60⁰ im Institut der Kernwissenschaften in Belgrad.* Es wird ein Isotopenseparator mit homogenem Magnetfeld beschrieben. Der Radius der Ionenbahn beträgt 75 cm. Eine magnet. Ionenquelle mit oscillierenden Elektronen wird verwendet. Charakteristika des Separators u. Meßergebnisse werden gegeben. (Nuclear Instruments [Amsterdam] **3.** 245—49. Nov. 1958. Belgrad, Inst. of Nucl. Sci. „Boris Kidrich", Labor of Phys.) D. ROST. 112

Horace G. Jackson, *Ein Vierstrahloscillograph für die Kernforschung.* Es wird ein Zusatzgerät zum Tektronix-Oscillographen Typ 517 beschrieben, das aus einem Vierstrahlsichtteil besteht. Die Vierstrahlröhre hat für jeden Strahl eigene Fokussierung u. einen getrennten Eingang. Die Versorgungsspannungen — abgesehen von der Heizspannung — werden aus dem Tektronix-Oscillographen entnommen. Für die erforderliche Nachbeschleunigung ist ebenfalls ein selbständiges Aggregat notwendig. Das Zusatzgerät hat sich bei der Unters. von Amplitudenverteilungen sehr gut bewährt, wobei eine Vierfachkoinzidenz mit einer Auflösung von weniger als 1 $m\mu$sec nachgewiesen werden kann. (Rev. sci. Instruments [N. S.] **29.** 527. Juni 1958. Berkeley, Calif., Univ. of California, Radiat. Labor.) G. KURDAL. 112

L. R. McNarry, *Schwingungen in einem Omegatron.* Nach einem zusammenfassenden Bericht über die in einem Omegatron auftretenden Schwingungen des Elektronenbündels werden die Ursachen dieser Schwingungen sowie das Anschwingen u. der zeitliche Ablauf beschrieben. (Canad. J. Physics **36.** 1710—13. Dez. 1958. Ottawa, Nat. Res. Council, Div. of Radio and Electr. Engng.) G. KURDAL. 112

B. Ottar, *Radioaktiver Fallout. Radiochemische Zusammensetzung und Analyse.* (Vortrag.) Grundlagen u. Analysenergebnisse. (Tidsskr. Kjemi, Bergves. Metallurgi **17.** 141—48. 1957.) GERHARD SCHMIDT. 112

A₂. Optisches Verhalten der Materie

C. Kvifte, *Die Dämmerungsstrahlung bei 6708 Å.* Von verschied. Autoren wurde in letzter Zeit auf eine Emissionslinie im Dämmerungslicht bei 6708 Å hingewiesen, bei der es sich um die Resonanzlinie des Li handeln kann. Berechnungen des Konzentrationsverhältnisses Li/Na durch Intensitätsvgl. mit der gleichfalls auftretenden Na-Resonanzlinie ergaben ein Verhältnis der Metalle, wie es auch in Meteoriten gefunden wurde. Unterss. des Vf. mit einem Gitterspektrographen, die in Aas, Norwegen durchgeführt wurden, lokalisierten eine schwache, aber sehr scharfe Linie bei 6707,7 $\pm$ 0,5 Å, die sehr dicht bei der Li-Resonanzlinie (6707,8 Å) liegt. Sie wurde sowohl in der Morgen- als auch in der Abenddämmerung beobachtet u. erschien, wenn die Kollimatorelevation 4,5⁰ u. 9,5⁰ betrug u. die Sonne sich ca. 14,5⁰ bzw. 13⁰ unter dem Horizont befand. Da diese Werte dicht bei denen liegen, die zur Beobachtung der Na–D-Linie im Dämmerungslicht führen, wird angenommen, daß die Na- u. die Li-Strahlung wahrscheinlich vom gleichen atmosphär. Niveau ausgehen. Andere Autoren wollen im Gegensatz hierzu eine zeitliche Verschiebung einer Li-Schicht gegenüber einer Na-Schicht beobachtet haben. Vf. ist der Ansicht, daß mehrere Quellen für das Vork. von Li in Frage kommen: verdampfende Meteoriten u. Spaltung atmosphär. Atome als dauernde, Vulkaneruptionen u. Atomexplosionen als gelegentliche Quellen. Falls ein wesentlicher Beitrag von Meteoriten stammt, müßte auch die Strahlung anderer Metalle, wie K u. Ca beobachtbar sein. K ist sehr schwer zu beobachten, wegen starker atmosphär. Absorption im entsprechenden Wellenlängengebiet, Ca-Strahlung ist dagegen beobachtet worden. (Nature [London] **183.** 1384—85. 16/5. 1959. Aas, Agricult. Coll. of Norway, Dep. of Phys.) W. KERNCHEN. 113

Georg Joos und **Karl Heinz Peter,** *Die K-Kantenabsorption von Komplexverbindungen in verschiedenen Aggregatzuständen.* 4. Mitt. *zur K-Kantenabsorption.* (3. vgl. BÖKE, Z. physik. Chem. Frankf. Ausg. [N. F.] **11.** [1957.] 326.) Zur Messung der K-Kantenabsorption von geeigneten Komplexen der Eisenreihe im gasförmigen Zustand wurde eine bes. App. entwickelt u. eingehend beschrieben. Die Absorptionskammer wurde so eingerichtet, daß der Dampfdruck in weiten Grenzen variiert werden konnte, was das Auffinden der optimalen Absorptionsbedingungen im gasförmigen Zustand erlaubt. Die Kammer gestattet einen Temperaturbereich von — 20⁰ bis + 250⁰ u. ist in diesem Bereich vakuumdicht. Als erste Substanz wurde $Cr(CO)_6$ bei 113, 118 und 120⁰ untersucht u. mit dem Spektr. im festen Zustand verglichen. Die charakterist. Maxima sind im gasförmigen Zustand des Absorbers wesentlich schärfer als im festen. Die Vormaxima sind im gasförmigen Zustand gut erkennbar, im festen dagegen verschmiert. Messungen mit $Fe(C_5H_5)_2$ bei 180⁰ zeigen dieselben charakterist. Unterschiede zwischen Gas u. Festkörper. Messungen mit $Fe(CO)_5$ bereiteten wegen der Zersetzlichkeit im UV-

u. Röntgenlicht Schwierigkeiten. Um eine langwierige punktweise Aufnahme zu vermeiden wurde ein Schreibgerät verwendet, die Registriergeschwindigkeit durch Vorversuche ermittelt. Lediglich das im fl. Zustand nicht bekannte Vormaxima bei 5 Volt wurde punktweise nachgemessen. Die durchgeführten Messungen ergaben, daß die bisher an Stoffen im festen Zustand gefundenen Maxima sämtlich im gasförmigen Zustand ebenfalls vorhanden sind, daß also die K-Kantenstruktur eine echte Komplexeigenschaft ist. Die wesentlich größere Schärfe der Maxima im Gaszustand ist darauf zurückzuführen, daß im Kristallfeld eine Aufspaltung stattfindet, die nicht aufgelöst ist. (Z. physik. Chem. Frankf. Ausg. [N. F.] **18.** 74—79. Okt. 1958. München, TH, Physikal. Inst.)
R. WOTSCHKE. 116

E. O. Fischer, G. Joos und **E. Vogg,** *Die K-Kantenfeinstruktur von aromatischen Komplexverbindungen der Eisenreihe.* 5. Mitt. *zur K-Kantenfeinstruktur.* (4. vgl. vorst. Ref.) Die in der Arbeit dargelegten Unterss. behandeln vor allem Aromatenkomplexe. Da diese Verbb. sehr unbeständig sind, mußte eine bes. experimentelle Technik entwickelt werden, die im ersten Teil der Arbeit dargelegt wird. — Zwei verschiedene Arten von Komplexen wurden untersucht: a) Komplexe von der Bindungsform zweier trigonaler Pyramiden: $Cr^0(C_6H_6)_2$, $Cr^0(C_6H_5CH_3)_2$, $Cr^0[C_6H_3(CH_3)_3]_2$, $Fe(C_9H_7)_2$, $Fe(C_9H_{11})_2$, $Mn(C_5H_5)_2$, $Ni(C_5H_5)_2$, $[Fe^{II}(C_9H_{12})_2][B(C_6H_5)_4]_2$. Bei den erhaltenen Absorptionskurven tritt neben dem zum Übergang nach 5 p gehörenden Maximum bei 21 V noch ein solches bei 10 V auf. Da sich diese Absorptionsstelle nicht aus Atomtermen erklären läßt, wurden vergleichbare Ringkomplexe untersucht u. dabei die gleiche Absorptionsstelle bei 10 V gefunden. Sie wurde, wie schon früher, einem 4 p-antibonding Term zugeordnet. Trotz der Ähnlichkeit der drei Chromkomplexe hinsichtlich der Lage der Maxima unterscheiden sie sich doch in der Breite des Maximums bei 10 V. Beim $Cr(C_6H_6)_2$ erhält man außerdem noch eine Absorptionsstelle bei 16 V. Ein Vgl. mit der aufgenommenen Kurve von $Cr(C_6H_6)_2$-*Pikrat* ergibt eine Absorptionsstelle für letzteres bei 17 V, anscheinend ist diese Absorptionsstelle eine Eigenart des reinen Dibenzol-Ligandensystems. b) Als Vertreter einer zweiten Komplexart mit nur einem Ring u. CO-Gruppen wurden folgende Verbb. untersucht: $C_5H_5Cr(CO)_2NO$, $C_5H_5Mn(CO)_3$, $[C_5H_5Fe(CO)_2]_2$, $C_5H_5Fe(CO)_2Br$, $[C_5H_5Ni(CO)]_2$. Hier tritt in den Kurven das Maximum bei 10 V nicht auf. Für die CO-Gruppe charakterist. ist ein kleines Vormaximum bei 4 V, also in der Nähe des Übergangs nach 4 p. Dieses Maximum tritt auch dort auf, wo nach dem PAULING-Schema alle Δp-Zustände besetzt sind. Eine Erklärung ist wohl nur durch Molekülterme möglich. Messungen von $Fe(C_5H_5)_2$ in verschied. Lösungsmitteln ergeben prakt. ident. Spektren. Die Schärfe der Maxima liegt bei der Lsg. etwa bei der des festen Körpers. (Z. physik. Chem. Frankf. Ausg. [N. F.] **18.** 80—89. Okt. 1958.)
R. WOTSCHKE. 116

W. F. Frey, R. E. Johnston und **J. I. Hopkins,** *Ausbeute der K-Serien-Fluorescenz von Vanadin, Mangan und Neon.* Die nach der Proportionalzählermeth. bestimmten ω_k-Werte betragen: ^{51}V 0,304 ± 0,013, ^{55}Mn 0,308 ± 0,015 u. Ne 0,043 ± 0,004. Die für V u. Mn nach der halbempir. Beziehung von BURHOP (C. **1957.** 321) berechneten Werte stimmen innerhalb der Fehlergrenzen mit obigen Daten überein; Literaturwerte für Ne liegen bei 0,083 u. 0,018. (Physic. Rev. [2] **113.** 1057—60. 15/2. 1959. Nashville, Tenn., Vanderbilt Univ.)
D. JÖRCHEL. 116

Yukito Tanabe und **Hiroshi Kamimura,** *Über die Absorptionsspektren von komplexen Ionen.* 4. Mitt. *Die Wirkung der Spinbahn-Wechselwirkung und des Feld niedriger Symmetrie auf d-Elektronen im kubischen Feld.* (3. vgl. C. **1957.** 8989.) Theoret. Berechnungen zeigen, daß die Matrix-Elemente des Kristallfeldes niedriger Symmetrie als kub. u. die Spin-Bahn-Wechselwrkg. für d-Elektronen in oktaedr. Komplexionen durch die Meth. der Tensor-Operatoren berechnet werden können. Für die Analyse der Linienspektren dieser Komplexe ist die Verwendung der HAMILTONschen Gleichung ausreichend. (J. physic. Soc. Japan **13.** 394—411. April 1958. Tokyo, Univ., Fac. of Engng., Dep. of Appl. Phys. [Orig.: engl.])
E. HAHN. 118

Karl Börje S. Eriksson, *Revidierte Energieniveaus für das neutrale Stickstoffatom.* (Vgl. C. **1959.** 6025.) Es werden die Wellenlängen von 111 N I-Linien im IR-Gebiet u. von 8 Linien im sichtbaren Gebiet bestimmt. Im Vakuum-UV-Gebiet werden aus einigen älteren Platten die Wellenlängen von 16 Linien zwischen 1745 u. 1134 Å erhalten. Ferner werden die beobachteten u. berechneten Wellenlängen für einige verbotene NI-Linien angegeben. Folgende Terme werden neu gefunden: $3\,d^4P$, $3\,p'^2F$, $5\,p^2D$, $3\,s''^2S$ u. $3\,d'^2G$. (Ark. Fysik **13.** 429—39. 1958. Lund, Phys. Dep., Univ.)
D. HAHN. 118

H. Bevan, S. V. Dawes und **R. A. Ford,** *Die elektronischen Spektren von Titandioxyd.* Messungen des Absorptionsspektr. dünner Aufdampfschichten von Anatas u. Rutil im Bereich von 20000 bis 50000 cm^{-1} ergaben bes. einen starken Übergang, der als Exciton-Übergang bei Elektronenübertragung von einem O- zu einem Ta-Ion gedeutet wird. Diskussion der Anzahl u. Symmetrie-Eigg. möglicher Anregungszustände ergibt, daß die Aufspaltung der Excitonbande durch die Verzerrung der TiO_6-Oktaeder im Kristall bedingt ist. (Spectrochim. Acta [London] **13.** 43—49. Nov. 1958. Pontypool, Brit. Nylon Spinners Ltd., Res. Dep.) H. C. WOLF. 118

Albin Lagerqvist, N. E. Lennart Nilsson und **Kurt Wigartz,** *Rotationsanalyse ultravioletter Zinnoxydbanden.* Gitteraufnahmen der Linien eines in Luft brennenden Sn-Bogens wurden analysiert. Nach der Rotationsanalyse handelt es sich um einen $^1\Pi$–$^1\Sigma$-Übergang. Als Molekülkonstanten für ^{120}Sn werden errechnet: $B'_0 = 0{,}3133$, $B'_1 = 0{,}3108$, $B''_0 = 0{,}3551$, $B''_1 = 0{,}3528$, $D' = 0{,}4 \cdot 10^{-6}$ cm^{-1}, $D'' = 0{,}29 \cdot 10^{-6}$ cm^{-1}, $r'_e = 1{,}950$ Å, $r''_e = 1{,}832$ Å. (Naturwissenschaften **46.** 65. 2. Jan.-H. 1959. Stockholm, Univ., physikal. Inst.) H. C. WOLF. 118

Raffaelo Ercoli und **Angelo Mangini,** *Absorptionsspektren im nahen UV einiger Arenchromtricarbonyle.* Die UV-Absorptionsspektren folgender Arenchromtricarbonyle wurden in Isooctan- oder A.-Lsg. untersucht: $Cr(CO)_6$, $C_6H_3Cr(CO)_6$, $C_6H_5 \cdot CH_3Cr(CO)_3$, *o-, m- u. p-* $C_6H_4(CH_3)_2Cr(CO)_3$, *1, 3, 5-*$C_6H_3(CH_3)_3 \cdot Cr(CO)_3$, *Tetralin-*$Cr(CO)_3$, $C_6H_5 \cdot CH_2OH \cdot Cr(CO)_3$, $C_6H_4(OCH_3) \cdot Cr(CO)_3$ u. $C_6H_5 \cdot COOH \cdot Cr(CO)_3$. Aus den vorläufigen Unterss. konnten mögliche Beziehungen zwischen dem Spektrum von $Cr(CO)_6$ u. den Tricarbonylen noch nicht festgestellt werden. (Ricerca sci. **28.** 2135—37. Okt. 1958. Bologna, Univ., Ist. di chim. ind.) C. GOTTFRIED. 118

L. B. Asprey und **T. K. Keenan,** *Vierwertiges Americium und Curium; die Absorptionsspektren der Tri- und Tetrafluoride dieser Elemente.* Die opt. Absorptionsspektren von CmF_4 u. AmF_4 sowie von CmF_3 u. AmF_3 wurden zwischen 3500 u. 20000 Å gemessen. Die beobachteten Linien sind noch nicht gedeutet. (J. inorg. Nuclear Chem. **7.** 27—31. Aug./Sept. 1958. Los Alamos, N. Mex., Los Alamos Sci. Labor., Univ. of Calif.) H. C. WOLF. 118

R. Stahl-Brada und **W. Low,** *Das optische Spektrum von Co^{2+} im kubisch-kristallinen Feld von CaF_2.* Das opt. Spektr. von Co^{2+} in CaF_2 wurde analysiert. Es wurden Absorptionsbanden bei 3 μ, 1,5 μ u. 550 mμ gefunden, die eine Feinstruktur zeigen. Zusätzlich gibt es schwache schmalere Banden bei 19220, 19850, 20450, 21750, 22000 u. 25750 cm^{-1} u. starke Linien bei 44250 u. 25750 cm^{-1}. Die Entstehung des Spektr. wird Übergängen vom Bahnsingulett nach verschied. STARK-Niveaus zugeschrieben, die infolge Spin-Bahn-Kopplung aufgespalten sind. Es ergibt sich für die Kristallfeldstärke der Wert $Dq = 340 \pm 10$ cm^{-1} u. für den Energieabstand des Schwerpunkts des D-Terms von dem des F-Terms, wenn $Dq = 0$ ist, $E(P) = 14000 \pm 100$ cm^{-1}; ferner ist $E(G) = 16250 \pm 100$ cm^{-1}. Das Spektr. von Co^{2+} in der achtzähligen kub. Symmetrie wird mit den Spektren von Co^{2+} in der oktaedr. u. tetraedr. Symmetrie u. des Cr^{3+} in der oktaedr. Symmetrie verglichen. (Physic. Rev. [2] **113.** 775—80. 1/2. 1959. Jerusalem, Hebrew Univ., Dep. of Phys.) W. KERNCHEN. 118

Shoichiro Yamada, Hiroji Nakamura und **Ryutaro Tsuchida,** *Spektrochemische Untersuchung von mikroskopischen Kristallen.* 16. Mitt. *Struktur von Kupferformiat, -acetat und -propionat.* (15. vgl. Bull. chem. Soc. Japan **30.** [1957.] 715.) Vff. untersuchten den Dichroismus im Sichtbaren u. im UV von $Cu(HCOO)_2 \cdot 4\,H_2O$ (**I**), $Cu(CH_3COO)_2 \cdot H_2O$ (**II**), $Cu(C_2H_5COO)_2$ (**III**) u. $Cu(C_2H_5COO)_2 \cdot H_2O$ (**IV**). Bei **I** wurde nur eine Absorptionsbande bei etwa 38—39 · 10^{13}/Sek gefunden, die dem Cu-Ion in Verbindung mit den Liganden zugeschrieben wird. Für diese Bande wird der elektrische Vektor parallel zu der Ebene des Komplexes im Gitter sehr viel stärker absorbiert als senkrecht zu dieser Ebene. Der Dichroismus u. das Absorptionsspektrum des **I** sind von dem gleichen Typ wie die der meisten Cu(II)-Komplexe vom ebenen Typ. Bei **II, III** u. **IV** treten neben einer Bande bei etwa 43 · 10^{13}/Sek., welche der obigen Bande entspricht, eine Absorptionsbande neuer Art bei etwa 80 · 10^{13}/Sek. auf. Die Polarisation für diese Bande ist umgekehrt wie die der ersten Bande. Daraus wird geschlossen, daß diese 3 Cu(II)-Verbb. aus dimeren Moll. bestehen u. eine Struktur besitzen, die ähnlich ist der von VAN NIEKERK u. SCHOENING (vgl. C. **1955.** 7857) bestimmten Struktur von **II. II, III** u. **IV** haben in organ. Lösungsmitteln eine Bande bei 80 · 10^{13}/Sek., die Moll. treten also auch in Lsg. dimer auf. Es wird noch gezeigt, daß das Kristallisationsw. sehr wenig Einfl. auf die Bindungen innerhalb des Komplexes hat. (Bull. chem. Soc. Japan **30.** 953—57. Dez. 1957. Osaka, Univ., Fac. of Sci., Dep. of Chem. [Orig.: engl.]) C. GOTTFRIED. 119

J. Lietz und **M. R. Hänisch,** *Über die Bildung von Farbzentren im Quarz durch Elektrolyse.* An Quarzkristallen verschied. Herkunft werden elektrolyt. bei ca. 900° (zwischen C-Elektroden) Verfärbungen erzeugt, die bis ca. 1000° stabil sind im Gegensatz zu den nur bis ca. 300° stabilen Farbzentren des Rauchquarzes. Vgll. zwischen dem Verh. der elektrolyt. Farbzentren (ε-Zentren) u. der natürlichen bzw. durch γ-Strahlung erzeugten Rauchquarzzentren (γ-Zentren) zeigen, daß offenbar zwei verschied. potentielle

Rauchquarzzentren existieren, die mitunter auch gleichzeitig in lagenweiser Schichtung im Kristall auftreten können. Als γ-Zentrum wird ein $(AlO_{4/2})$-Komplex als Aktivator anstelle eines $(SiO_{4/2})$-Komplexes zusammen mit einem benachbarten Fremdion (z. B. Na), als ε-Zentrum ein entsprechender Aktivator ohne das Nachbarfremdion angenommen. (Naturwissenschaften **46.** 67—68. 2. Jan.-H. 1959. Hamburg, Mineralog.-Petrograph. Inst.) J. RUDOLPH. 119

R. V. Hesketh, *Die Photoerzeugung und Zerstörung von F-Zentren.* Vf. berichtet über die Verfärbungsgeschwindigkeit u. ihre Temperaturänderung an F-Zentren, die innerhalb von *KCl*-Kristallen durch Röntgenstrahlung gebildet werden. Aus der Quantenausbeute der opt. Ausbleichung wird gefunden, daß weniger als 10^{15} pro cm^3 der eingefrorenen Leerstellen an der Bldg. der Farbzentren teilnehmen u. daß bei 300° K die geschaffenen Leerstellen nur dann stabil sind, wenn sie durch Elektronen besetzt sind. (Philos. Mag. [8] **4.** 114—25. Jan. 1959. Glasgow, Univ.) E. HAHN. 119

Martin Rubenstein und **Ephraim Banks,** *Farbzentren im Cadmiumfluorid.* CdF_2-Einkristalle, reine u. solche mit Zusätzen von NaF, CeF_3 u. äquimolaren Mengen von NaF u. CeF_3 wurden in Graphittiegeln unter He-Atmosphäre aus der Schmelze gezogen. Die Stoffkonstanten von CdF_2 wurden gemessen. Die opt. Transmissionsspektren wurden vor u. nach Röntgenbestrahlung an Einkristallscheibchen von ca. 1,5 mm Dicke bei 28°, — 78° u. — 190° bestimmt. Kristalle, die 0,05 bis 4 Mol-% NaF enthielten, zeigten eine strahlungsbeeinflußte Absorption in der Nähe der Grundgitterabsorptionskante, wenn sie bei 28° u. — 78° bestrahlt wurden. Diese induzierte Absorption ist stabil bei 28°. Dieselben Kristalle zeigten, wenn sie bei — 190° bestrahlt wurden, eine andere, bei — 78° nicht stabile Absorption. Reine Kristalle sowie solche mit geringen Konzz. von CeF_3, NaF oder äquimolaren Mengen dieser Stoffe hatten alle eine röntgenstrahlungsinduzierte Absorptionsbande, die oberhalb — 10° nicht stabil war. Bei Zimmertemp. bestrahltes CdF_2 zeigte eine sehr stabile Absorptionsbande. (J. electrochem. Soc. **106.** 404—09. Mai 1959. Brooklyn, N. Y., Polytechn. Inst. of Brooklyn, Dep. of Chem.) W. KERNCHEN. 119

T. Turbadar, *Vollständige Absorption des Lichtes durch dünne Metallfilme.* Mit parallel u. senkrecht polarisiertem Licht der Wellenlänge $\lambda = 5500$ Å wurde die Abhängigkeit des Reflexionsvermögens vom Einfallswinkel an *Al*-Filmen gemessen, deren Dicke zwischen 25 Å u. 190 Å lag. Die Reflexionskurven für parallel polarisiertes Licht wiesen ein Maximum u. ein Minimum auf, deren Lage sich mit der Schichtdicke veränderte. Sie gehören beide zu Einfallswinkeln, die wenig größer sind als der Grenzwinkel der Totalreflexion des Glases. (Proc. physic. Soc. **73.** 40—44. 1/1. 1959. Damaskus, Univ.) M. KAPP. 119

Simone Robin und **Stéphane Robin,** *Messung der Durchlässigkeit und des Reflexionsvermögens von Alkalimetallen im fernen Ultraviolett.* Bei der Temp. des fl. N_2 wurde die Reflexion unter den Winkeln von 5° u. 45° u. die Transmission gemessen. Für eine Schichtdicke von 0,45 μ wird für *K* ein Durchlässigkeitsmaximum von 2300—2800 Å, für *Na* — Schichtdicke 0,10 μ — ein solches von 1600—2000 Å angegeben. (J. Physique Radium **19.** 913—14. Nov. 1958. Dakar, Fac. des Sci.) M. KAPP. 119

H. W. Gandy, *Die optische Durchlässigkeit des wärmebehandelten Strontiumtitanats.* Die opt. Transmissionsspektren von reinen u. dotierten $SrTiO_3$-Kristallen sind nach Erwärmung in O_2 u. im Vakuum untersucht worden. Die Messungen erfolgten im Quantenenergiebereich 0,1 bis 3,4 eV. Eine blaue Färbung mit starker begleitender IR-Absorption kann in den reinen Kristallen durch Erwärmung im Vakuum erzeugt werden; die Absorptionsmaxima entsprechen 0,9 u. 2,9 eV. Diese induzierte Absorption kann durch Erwärmung des Kristalls in O_2 beseitigt werden. Ausgedehnte Erhitzung der stöchiometr. reinen Kristalle in O_2 ergab keine meßbare Änderung der Transmissionsspektren im oben erwähnten Energiebereich. Eine opt. Absorption kann bei Fe- u. Co-dotierten $SrTiO_3$-Kristallen durch Erhitzen in O_2 erzeugt u. durch Erhitzen im Vakuum wieder beseitigt werden. Bei diesen Kristallen erfolgt die induzierte Absorption vor allem im Bereich hoher Quantenenergie mit Maxima bei 2,75 u. 2,2 eV für Fe- bzw. 3,0 u. 2,6 eV für Co-dotierte Proben. (Physic. Rev. [2] **113.** 795—800. 1/2. 1959. Syracuse, N. Y., Gen. Electr. Comp., Electron. Labor.) W. KERNCHEN. 119

R. S. Longhurst, *Beugung an einem undurchsichtigen Streifen.* Es wird gezeigt, wie die Sichtbarkeit der Interferenzstreifen im geometr. Schatten hinter einem undurchsichtigen, streifenförmigen Hindernis, das von einer schmalen, zu ihm parallelen, streifenförmigen Lichtquelle beleuchtet wird, in Abhängigkeit von der Spaltbreite variiert. Die Form der Variation ist für jede Spaltbreite die gleiche. Die Sichtbarkeit dieser Interferenzstreifen in Abhängigkeit vom Winkelabstand vom Streifenzentrum wird nach der Theorie von RUBINOWICZ (1917) u. der strengen Theorie von SOMMERFELD (1896, 1949) dargestellt. Die experimentellen Werte folgen denen aus der SOMMERFELDschen Theorie.

Die Übereinstimmung mit den Werten nach RUBINOWICZ ist nahe der Schattengrenze nicht mehr gut. (Proc. physic. Soc. **72.** 901—05. 1/11. 1958. London, Chelsea Coll. of Sci. and Technol., Phys. Dep.) H. LINDBERG. 119

Earle K. Plyler und **Eugene D. Tidwell**, *Infrarot-Emissionsspektren von Flammen bei hoher Auflösung.* Mit einem Gitterspektrometer hoher Auflösung wurden die Emissionsspektren einer Sauerstoff-Acetylen-Flamme mit u. ohne N_2O-Zusatz zum Acetylen, sowie das einer Sauerstoff-Wasserstoff-Flamme gemessen. Die Acetylen-Sauerstoff-Flamme wurde einer Radiofrequenzentladung ausgesetzt. Unter den Vers.-Bedingungen wies die R 26-Linie im Spektr. der Acetylen-Sauerstoff-Flamme die größte Intensität im Gebiet von 4250—4310 cm^{-1} auf. Der Zusatz von N_2O zum Acetylen bewirkte eine 50%ige Steigerung der Intensität der Banden des CN-Spektrums. Der Bereich zwischen 3,0—3,5 μ ist reich an Banden des W.-Dampfes. Das Spektr. der Sauerstoff-Wasserstoff-Flamme wurde im Bereich zwischen 2370—2660 cm^{-1} untersucht. Die gemessenen Spektren werden als Diagramme angegeben. (J. Res. nat. Bur. Standards **61.** 263—328. Okt. 1958. Washington, D. C.) M. KAPP. 120

James C. Gilfert und **Dudley Williams**, *Druckmodulation der infraroten Absorption.* 1. Mitt. *Vollständige Schwingungs-Rotationsbanden.* Vff. untersuchen die Wrkg. der Druckmodulation auf die totale Absorption $\int A(\nu)\,d\nu$ der Rotations-Schwingungsbanden von CO, NO, CH_4 u. C_3H_8 u. erhalten gute Ergebnisse, die mit den vorhergesagten übereinstimmen. Es wird eine Anwendung dieser Modulationsmeth. zur Unters. der Spektren von Gasen vorgeschlagen. Der Hauptvorteil bei dieser Meth. liegt in der Möglichkeit, schwache Absorptionsbanden von der Hintergrund-Absorption zu unterscheiden. (J. opt. Soc. America **48.** 765—69. Nov. 1958. Ohio, Ohio State Univ., Dep. of Phys.) E. HAHN. 120

D. C. McKean, *Kraftkonstanten, Bindungswinkel und Festkörperspektrum von Disiloxan.* Aus den Gerüstschwingungsfrequenzen werden die Kraftkonstanten u. Potentialfunktionen der Verbb. $N(SiH_3)$ u. $O(SiH_3)_2$ berechnet. Der Winkel SiOSi wird unter der Annahme gleicher Streckschwingungs-Kraftkonstanten für Si-X in Amin u. Aether zu kleiner als 150° bestimmt. Das IR-Spektr. von $O(SiH_3)_2$ in gasförmigem Zustand bei Raumtemp. u. im festen Zustand bei der Temp. der fl. Luft läßt eine Biegung der Äthermoll. im Kristall vermuten. (Spektrochim. Acta [London] **13.** 38—42. Nov. 1958. Aberdeen, Scotland, Univ., Dep. of Chem.) H. C. WOLF. 120

R. M. Hexter, *Über die infraroten Absorptionsspektren von kristallinem Brucit, $Mg(OH)_2$, und Portlandit, $Ca(OH)_2$.* Das IR-Spektr. von $Mg(OH)_2$-Einkristallen wird erneut diskutiert. Bes. Beachtung findet die Wrkg. des zweifachen Kristallfeldes über den Rotationsniveaus des OH^--Mol.-Ions. Das Spektr. wird durch eine $\sim$ 350 cm^{-1}-Schwelle hinsichtlich Stellung, Polarisation u. Temperaturabhängigkeit seiner Linien erklärt. Es werden ähnlich aussehende Ergebnisse für $Ca(OH)_2$ erhalten. (J. opt. Soc. America **48.** 770—74. Nov. 1958. Pittsburgh, Pa., Mellon Inst.) E. HAHN. 120

F. A. Cotton, A. Danti, J. S. Waugh und **R. W. Fessendon**, *^{13}C-Kernresonanzspektrum und niederfrequentes Infrarotspektrum des Eisenpentacarbonyls.* Im ^{13}C-Resonanzspektr. des *Eisenpentacarbonyls* (I) konnten Vff., wahrscheinlich infolge des zu geringen Auflösevermögens der verwendeten App. ($\sim$ 40 Hz), nur eine einzige Linie entdecken. Bei der Unters. des IR-Spektr. des I in CS_2- bzw. CCl_4-Lsg. konnten die von O'DWYER (J. molecular Spectroscopy **2.** [1958.] 144) beobachteten Banden bei 377 u. 364 cm^{-1} nicht aufgefunden werden. Im Bereich 130—30 cm^{-1} zeigt das Spektr. des fl. I zwei Banden bei 93 $\pm$ 3 bzw. 72 $\pm$ 5 cm^{-1}, die auch im RAMAN-Spektr. zu beobachten sind. Die Ergebnisse sprechen dafür, daß sehr wahrscheinlich das I die Symmetrie D_{3h} u. damit die Struktur einer trigonalen Bipyramide besitzt. (J. chem. Physics **29.** 1427—28. Dez. 1958. Cambridge, Mass., MIT, Dep. of Chem. and Res. Labor. of Electron.) K. FRENKLER. 120

P. Tarte, *Untersuchungen über die OH^--Deformationsschwingungen.* 1. Mitt. *Infrarotspektrum der basischen Kupfersalze.* Messung der IR-Spektren folgender bas. Cu-Salze u. der deuterierten Substanzen: $Cu(OH)F$, $Cu(OH)Cl$, $Cu_2(OH)_3Cl$, *Atakamit*, $Cu_2(OH)_3Br$, $CuSO_4 \cdot 2\,Cu(OH)_2$, $CuSO_4 \cdot 3\,Cu(OH)_2$, $Cu(NO_3)_2 \cdot 3\,Cu(OH)_2$, $Cu(OH)_2$, bas. Formiat, im Bereich von 4000 bis 270 cm^{-1} u. Diskussion des Verh. der Valenz- u. Deformationsschwingungen der OH-Gruppen. Die Torsionsschwingung liegt vormutlich unter 270 cm^{-1}. Die ebenen Deformationsschwingungen liegen zwischen 600 u. 1050 cm^{-1}. (Spectrochim. Acta [London] **13.** 107—18. Nov. 1958. Liège, Univ., Serv. de Chim. Gen.) H. C. WOLF. 120

Tadeusz Skalinski, *Optische Orientierung der Atome im Caesiumdampf.* Vf. untersucht die niederfrequenten Resonanzlinien ($\Delta F = 0$, $\Delta m_F = 1$) in ^{133}Cs. In einem homogenen, schwachen Magnetfeld, dem ein magnet. Wechselfeld überlagert war, wurden mit Hilfe der zirkular polarisierten IR.-Linien $D_1 = 8943$ Å u. $D_2 = 8525$ Å des Cs-

Metalls die Intensitäten I_π der parallelen, I_σ der senkrechten, linear polarisierten Komponente des Resonanzlichtes sowie $I_R = \Delta I_\pi - \Delta I_\sigma$, die Intensität der magnet. Resonanz gemessen. Für die Übergänge niedriger Frequenz hatte das Wechselfeld eine Frequenz $f = 27{,}179$ MHz, für die Hyperfeinübergänge wurden Frequenzen von $f_1 = 9205{,}3$ u. $f_2 = 9179{,}8$ MHz verwendet. Die Intensitäten I_π u. I_σ zeigen im Gegensatz zum Na beide ein Ansteigen im Resonanzfall. I_R steigt mit dem Partialdruck des als Füllgas gebrauchten Xe an, sowie mit dem Druck des Cs-Dampfes. Für die Übergänge niedriger Frequenz wurden für verschied. Feldstärken des Wechselfeldes die Resonanzfeldstärke des homogenen Feldes, sowie die relative Intensität gemessen. Für die Hyperfeinübergänge wurden für $f_1 = 9205{,}3$ MHz u. σ^-- bzw. σ^+-Anregung die Resonanzfeldstärke u. die Intensität gemessen. (J. Physique Radium **19.** 890—900. Nov. 1958. Varsovic, Univ., Inst. de Phys. Expér.; Paris, Labor. de Phys. de l'E. N. S.) M. KAPP. 121

H. H. Theissing, F. A. Dieter und **P. J. Caplan,** *Analyse der Emissionsphase eines Maser mit Impulsbetrieb.* Für einen Festkörper-Maser im Impulsbetrieb wird der zeitliche Ablauf der Energieabgabe nach einem Spin-Inversionszyklus u. bei Anlegen des Signalfeldes berechnet. Das Ergebnis erhält man nicht in geschlossener Form. Maschinelle Rechnung ergibt jedoch numer. Lösungen für Ausgangsfeld, Ausgangsleistung u. Verstärkungsfaktor als Funktion der Zeit bei gegebener Relaxationszeit. Auch der Fall inhomogener Verbreiterung wird behandelt. (J. appl. Physics **29.** 1673—78. Dez. 1958. Fort Monmouth, N. J., US Army Signal Engng. Labor.) H. C. WOLF. 121

J. P. Gordon und **K. D. Bowers,** *Mikrowellen-Spinechos von Donator-Elektronen in Silicium.* Spin-Echo-Messungen an Si, das Li u. P enthielt bei 23 kMHz u. $1{,}4^0$ K ergaben als transversale Relaxationszeiten T_2 Werte zwischen 200 u. 520 μsec je nach der Konzentration. Die Mikrowellenimpulse hatten ca. 0,25 mW Amplitude u. 2 μsec Dauer. (Physic. Rev. Letters **1.** 368—70. 15/11. 1958. Murray Hill, N. J., Bell Telephone Labors.) H. C. WOLF. 121

G. Gourgé, *Untersuchungen der Exoelektronenemission und Luminescenz anorganischer Kristalle.* Das zeitliche Abklingen der durch Elektronenbeschuß angeregten Exoelektronenemission von *NaCl · Ag*-Kristallen (0,15% Ag) erfolgt um so rascher, je höher die Kristalltemp. ist. Das gilt jedoch nur so lange, als nur eine einzige Haftstelle oder nahe beieinander liegende Haftstellen für die Emission verantwortlich sind. Wie an Hand von Glow-Kurven der Exoelektronenemission u. der im allg. parallel gehenden Thermoluminescenz in Abhängigkeit von einer vorhergehenden Temperung ($CaSO_4 \cdot Mn$), eines Ionenbeschusses, der Aktivatorkonz. (NaCl · Ag) u. des Aktivatorzusatzes (CaF_2 rein, $CaF_2 \cdot Sm$, $CaF_2 \cdot Mn$ u. natürliches CaF_2) gezeigt wird, ist jede Veränderung des Störstellengeh. von Einfl. auf die Elektronenemission ähnlich wie auf die Thermoluminescenz. Bei Leuchtstoffen, die kein Rekombinationsleuchten zeigen, werden im allg. auch keine Exoelektronen beobachtet (*Mg-Arsenat, -Germanat* u. $CaWO_4$); eine Ausnahme bildet $(Sr, Mg)_3(PO_4)_2 \cdot Sn$, für das mögliche Mechanismen diskutiert werden. Bei einigen natürlichen Kristallen (CaF_2) zeigt sich mitunter auch ohne vorherige energiereiche Bestrahlung eine Elektronenemission, weil vermutlich die Anregung der Mineralien zuvor durch radioakt. Strahlung erfolgt war. Die Nachweisempfindlichkeit einer Röntgendosis durch thermostimulierte Exoelektronenemission an $CaSO_4 \cdot Mn$ ist sehr groß (bis zu Bruchteilen von Milliröntgen). (Z. Physik **153.** 186—206. 14/11. 1958. Gießen, Univ., Phys. Inst.) J. RUDOLPH. 125

Seymour P. Keller und **George D. Pettit,** *Ein Phosphor mit einer Fluorescenz, die den Termabstand übersteigt.* Unter gewissen Anregungsbedingungen zeigt ein Pr^{3+}-aktivierter *SrS*-Phosphor eine Emission, die energet. größer als der Termabstand ist. Die Emission wird bei 77^0 K beobachtet, aber nicht bei Zimmertemperatur. Es wird ausgesagt, daß die Anregung u. kurzwellige Emission zwischen Niveaus des Pr^{3+}-Zentrums stattfindet. Bei 77^0 K beeinflußt die Verminderung der Gitterschwingungen die Isolierung des Zentrums vom Gitter, wodurch die Wahrscheinlichkeit eines Lochtransportes vom Aktivator vermindert wird. Die Natur der Energieniveaus des Pr-Ions wird diskutiert. (Physic. Rev. [2] **113.** 785—86. 1/2. 1959. Poughkeepsie, N. Y., Internat. Business Machines Corp., Res. Labor.) W. KERNCHEN. 125

A. Halperin und **N. Kristianpoller,** *Thermoluminescenzspektren von röntgenstrahlverfärbten KCl-Kristallen.* Beim Erwärmen (mit Geschwindigkeiten von 30^0 u. 5^0 pro Min.) von röntgenstrahlverfärbtem KCl zeigen sich bis zu 12 Glow-Maxima im Bereich 125 bis 560^0 K. Bezüglich der spektralen Zus. des Luminescenzlichtes zeigen sich jeweils paarweise auftretende Emissionsbanden bei 395 u. 440 mμ. Ferner wird eine grüne Emissionsbande (um 510 mμ) bes. mit einem Glow-Maximum um 200^0 beobachtet. Drei ähnliche Emissionsbanden treten auch im Spektr. der Phosphorescenz bei 90^0 K für das röntgenbestrahlte KCl auf. Halbwertsbreite der Emissionsbanden in den Glow-Maxima u. ihre Temperaturabhängigkeit entsprechen dem Verh. der F-Bande. Es wird ein

Thermoluminescenzmechanismus im Sinne einer Rekombination von Löchern mit F-Zentrenelektronen diskutiert. (J. opt. Soc. America **48.** 996—1000. Dez. 1958. Jerusalem, Hebrew Univ., Dep. of Phys.) J. RUDOLPH. 125

A. Halperin und **M. Schlesinger,** *Der Einfluß einer thermischen Vorbehandlung auf die Thermoluminescenz von KCl-Kristallen.* (Vgl. C. **1959.** 8037.) Es wurde festgestellt, daß eine therm. Vorbehandlung die Thermoluminescenz mit Röntgenstrahlen gefärbter KCl-Kristalle verstärkt. Der Effekt dringt durch Diffusion von den Außenflächen her in den Kristall ein; er wird durch die den erwärmten Kristall umgebende Atmosphäre beeinflußt u. scheint auch strukturempfindlich zu sein. Bei einigen Kristallen betrug der Verstärkungsfaktor 4000, wenn die Zahl der während der Thermoluminescenz emittierten Quanten etwa die gleiche war, wie die Anzahl der während dieses Prozesses ausgebleichten F-Elektronen. (Physic. Rev. [2] **113.** 762—66. 1/2. 1959. Jerusalem, Hebrew Univ., Dep. of Phys.) W. KERNCHEN. 125

J. S. Prener und **D. J. Weil,** *Das Luminescenzzentrum in eigenaktivierten ZnS-Phosphoren.* Ein Modell für den Grundzustand des eigenaktivierten Luminescenzzentrums in ZnS-Phosphoren, welches 1956 von PRENER u. WILLIAMS (C. **1957.** 3178) vorhergesagt worden ist, wurde experimentell gesichert. Es wird gezeigt, daß eine Zn-Fehlstelle mit der blauen Luminescenz verknüpft ist u. daß das Spektr. davon abhängt, ob der erforderliche Koaktivator einen Zn- oder S-Gitterplatz in der Nähe der Lücke besetzen kann. Die berechneten Energieniveaus des Zentrums sind bei Gebrauch eines einfachen Modells in qualitativer Übereinstimmung mit den beobachteten Spektren. (J. electrochem. Soc. **106.** 409—14. Mai 1959. Schenectady, N. Y., Gen. El. Comp., Res. Labor.) W. KERNCHEN. 125

Simon Larach und **Ross E. Shrader,** *Chemischer Hinweis auf eine Grenzschicht in elektrolumineseierenden Zinksulfidphosphoren.* Nichtluminescierendes ZnS · Cu (in H_2S bei 1100° C ohne Cl geglüht) mit 0,117 Gew.-% Cu (0,019% eingebaut) wird folgendermaßen behandelt: Glühen mit NH_4J als Koaktivator (a) vor u. (b) nach Auswachsen in KCN. Bei etwa gleichen Mengen von eingebautem Cu tritt in beiden Fällen gleiche Photo- u. Kathodoluminescenz, aber Elektroluminescenz nur im Falle (a) auf. Wird der Phosphor nach (a) zusätzlich mit u. ohne Halogenid bei 300° in N_2 erhitzt, so wird — ohne Veränderung der Photoluminescenz — die Elektroluminescenz ohne Halogenid um den Faktor 2, dagegen in Ggw. von Halogenid um den Faktor 30 geschwächt. Das Verh. wird mit der Ausbldg. einer zwischen oberflächlichem Cu_2S u. dem ZnS-Kristall existierenden Zwischendiffusionsschicht (Übergang von Cu_2S zu ZnS), die für die Elektroluminescenz entscheidend ist, erklärt. Bei Glühung des fertigen elektroluminescierenden Phosphors mit Halogenid wird diese Zwischenschicht (infolge Bldg. von flüchtigem CuJ) zerstört. (Physics Chem. Solids **3.** 159—60. 1957. Princeton, N. J., RCA Labor.) J. RUDOLPH. 125

Ryoichiro Huzimura und **Tunahiko Sidei,** *Einfluß von Verunreinigungen und Temperatur auf die Elektroluminescenzspektren.* Die relative Gesamtemission eines elektroluminescierenden *ZnS · Cu, Pb* nimmt mit wachsender Pb-Konz. ($2 \cdot 10^{-5}$ bis $1 \cdot 10^{-3}$ Mol Pb) bei konstanter Cu-Konz. ($1 \cdot 10^{-3}$ Mol) zu, ohne daß das relative Verhältnis der drei Teilbanden (4600, 5200 u. 5800 Å) verändert wird. Bei konstanter Pb-Konz. ($1 \cdot 10^{-3}$ Mol) u. Cu-Konzz. $>$ u. $< 1 \cdot 10^{-3}$ verschwindet die 4600 Å-Bande u. die 5800 Å-Bande wächst mit abnehmender Cu-Konzentration. Der Einfl. des Cu ist ähnlich wie bei der Photoluminescenz. Bei Glühtempp. $\gtreqless$ 1100° (hexagonales ZnS) wird die kurzwellige Bande die intensivste. Mit abnehmender Temp. (Raumtemp. bis —196°) werden die Teilbanden der Elektroluminescenz schärfer, die relative Intensität der kurzwelligen Bande wächst, die Gesamtintensität nimmt ab. Auch dieses Verh. ähnelt dem der Photoluminescenz. Vff. schließen auf ähnliche Beschaffenheit der Leuchtzentren bei Elektro- u. Photoluminescenz. (J. physic. Soc. Japan **13.** 1064—65. Sept. 1958. Kyoto, Univ., Dep. of Appl. Phys. [Orig.: engl.]) J. RUDOLPH. 125

A₃. Elektrizität. Magnetismus. Elektrochemie.

H. Wroe und **R. H. Alderson,** *Einfluß von Oxydschichten auf das Verhalten der Kathodenflecke in Vakuumbögen.* Vff. fanden, daß der Kathodenfleck einer bei 0,01 μ Hg mit 5 A brennenden Gleichstrombogenentladung nur auf bestimmten Stellen der oxydierten Cu-Kathode charakterist. Spuren hinterließ, die an Korngrenzen endeten, so daß angenommen wird, daß vom Kathodenfleck bestimmte Bereiche bevorzugt werden. Diese Erscheinung verschwand bei Bogenströmen $>$ 50 A. (Nature [London] **183.** 1544. 30/5. 1959. Manchester, Metropolitan-Vickers, Electr. Co. Ltd., Res. Dep.) H. LIEPACK. 131

A. R. Lucas, B. Meltzer und **G. A. Stuart,** *Ein allgemeines Theorem für dichte Elektronenstrahlen.* Es wird eine allg. anwendbare Bedingung abgeleitet, die ein möglicher

Strahl in einer zu wählenden Elektrodenanordnung erfüllen muß, u. die Differentialgleichung für den Fluß abgeleitet. Die beschriebene prakt. Anwendung gestattet, das Potential im Strahl, die Feldstärke u. den Gesamtstrom zu berechnen. Aussagen über die Stabilität des Flusses sind nicht möglich. (J. Electronics and Control **4.** 160—64. Febr. 1958. Edinburgh, Univ.; Ferranti Ltd.) R. JUNGE. 131

Eifionydd Jones und **F. Llewellyn Jones,** *Die experimentelle Bestimmung der primären Ionisationskoeffizienten bei niedrigen Gasdrucken.* Die zur Messung des TOWNSENDschen Primärkoeffizienten der Ionisation bei niedrigen Drucken verwendete Meth. wird krit. diskutiert. Vgll. zwischen Meßwerten u. Berechnungen zeigen, daß im allg. der Sekundärprozeß der Ionisation bei der Analyse der Daten berücksichtigt werden muß, bes. bei Drucken von einigen Torr. Numerische Kurven werden für H angegeben. (Proc. physic. Soc. **72.** 363—68. 1/9. 1958. Swansea, Univ. Coll., Dep. of Phys.) D. JÖRCHEL. 131

S. J. B. Corrigan und **A. von Engel,** *Die Anregung von Helium durch Elektronen niedriger Energie.* Die Hauptanregungsvorgänge, die durch einen Elektronenschwarm durch He verursacht werden, werden analysiert. Ferner werden die Wirkungsquerschnitte der hauptsächlichsten Übergänge, die zu metastabilen u. Resonanzzuständen führen, sowie das Energiegleichgewicht für die Verluste eines Elektronenschwarms in He bestimmt. In einer Tabelle werden die geschätzten Verluste für He u. für H_2 miteinander verglichen. (Proc. physic. Soc. **72.** 786—90. 1/11. 1958. Oxford, Clarendon Labor.) D. HAHN. 131

G. Carter, *Zwei verschiedene Pumpgeschwindigkeiten einiger Ionenpumpen.* Vf. untersuchte die Pumpwrkg. eines Ionisationsmanometers bei konstantem Druck von $1 \cdot 10^{-5}$ Torr Ar. Die Pumpgeschwindigkeit wurde aus der Desorption des gepumpten Gases beim Ausheizen des Manometers bestimmt u. abhängig vom Potential der inneren Glaswand gefunden. Sie betrug bei einem stabilisierten Potential des Glases von — 5 V 0,0003 Liter/sec/mA und bei + 200 V (angenähert Anodenpotential) 0,00005. Die höhere Geschwindigkeit entsprach einer Ausbeute der Ionenaufzehrung von ca. 10%. (Nature [London] **183.** 1619—20. 6/6. 1959. Liverpool, Univ., Dep. of Electr. Engng.) H. LIEPACK. 131

Harald Goetz und **Wolfgang Zahn,** *Die Elektrostriktion dipolloser Flüssigkeiten.* Fortführung der von GOETZ (vgl. C. **1956.** 12756) beschriebenen Verss. über die Elektrostriktion von dipollosen Flüssigkeiten. Der beim Anlegen eines Gleichfeldes u. eines hochfrequenten Wechselfeldes in der Fl. auftretende Wechseldruck p wurde mit einer einem Ultraschallinterferometer ähnlichen Anordnung gemessen. Für das Verhältnis der in Luft bzw. in der Fl. gemessenen p-Werte wird unter der Annahme, daß neben dem von der Elektrostriktion herrührenden Druck noch der durch die COULOMBschen Kräfte entstehende zu berücksichtigen ist, die Beziehung abgeleitet $p_F/p_L = \varepsilon + (\varepsilon + 2) \cdot (\varepsilon - 1)/3$. Die hiernach aus der DK ε für CS_2, *Bzl.*, CCl_4 u. *Cyclohexan* (je 25°) berechneten (p_F/p_L)-Werte stimmen recht gut mit den direkt gemessenen überein. (Z. Physik **151.** 202—09. 23/4. 1958. München, Univ., 1. Physikal. Inst.) O. FUCHS. 132

Raymond M. Redheffer, *Grenzperiodische dielektrische Medien.* Es wird gezeigt, daß die Eigg. eines definierten allgemeinsten grenzperiod. Mediums, dessen Einzelelemente aus einem inhomogenen Material mit beliebiger ortsabhängiger DK $\varepsilon(x)$ u. beliebiger Permeabilität $\mu(x)$ bestehen, stets genauso gut durch das einfachste Medium zu erzielen sind, das aus alternierenden, homogenen gleichdicken Materialschichten mit den festen Parametern ε_1, ε_2 bzw. μ_1, μ_2 besteht. Man hat dann $(\varepsilon_1 + \varepsilon_2)/2 = [e]$ u. $(1/\varepsilon_1 + 1/\varepsilon_2)/2 = [1/e]$ zu wählen, wobei die eckigen Klammern die Mittelwerte u. $e = \varepsilon(x)/\varepsilon_0$ bedeuten. Analoge Beziehungen gelten für die μ. (J. appl. Physics **28.** 820—21. Juli 1957. Los Angeles, Calif., Univ. of California.) D. JÖRCHEL. 132

V. I. Little, *Die Messung der Dielektrizitätskonstanten leitender Flüssigkeiten bei niedrigen Frequenzen.* Unter Verwendung einer neuen Elektrometerform wurden die DK wss. Lsgg. von *Li-*, *Na-*, *K-*, *Rb-* u. *Cs-Chlorid* im Konzentrationsbereich 10^{-4} bis 10^{-2} n bei 25° u. 2 kHz mit einer Genauigkeit von ± 0,5% gemessen. Der Verlauf der DK für Konzz. unterhalb 10^{-3} n ist proportional zur Quadratwurzel aus der Konzentration. Die Größe des positiven einwertigen Ions hat nur einen geringen Einfl. auf die DK. (Proc. physic. Soc. **72.** 441—46. 1/9. 1958. London, Bedford College, Dep. of Phys.) D. JÖRCHEL. 132

J. J. O'Dwyer, *Der elektrische Durchschlag in Festkörpern.* Dieser Überblick beginnt mit den experimentellen Tatsachen zum elektr. Durchschlag, seiner Unters. u. seinen verschied. Arten. Danach werden die Wechselwrkg. zwischen einem Leitungselektron u. den Gitterschwingungen behandelt. Von den Theorien des elektr. Durchschlages werden sowohl die, welche vom Verh. eines Elektrons ausgehen, als auch solche, die die Elektronenverteilung berücksichtigen, geschildert. Abschließend werden die Ergebnisse der verschied. Theorien mit experimentellen Tatsachen verglichen, wobei polare u. nichtpolare Kristalle u. amorphe Körper berücksichtigt sind. (Advances in Physics **7.** 349—94. Juli 1958. Chippendale, Australia, Nat. Stand. Labor., Div. of Electrotechn.) C. REUBER. 132

Herman Ritow, *Raumladung, Feldemission und der Ionenkondensator.* Es wurden die Ladungsdichten an Elektroden verschied. Größe jeweils vor jedem Blitz in einer unterbrochenen Glimmentladung in H_2 gemessen. Die Ergebnisse führten Vf. zu der Erklärung, daß die Ursache für den Beginn des Zündens die Feldemission von der Kathode oder von der negativen Raumladung ist. Diese Hypothese des Emissionsfeldes als Kriterium für das Zünden wurde einmal an Hand von Messungen des Vf. an Elektroden verschied. Größe u. Gestalt bei variablem H_2-Druck u. zum anderen an Hand von Berechnungen hauptsächlich der Feldstärke an verschied. Elektroden in verschied. Gasen aus Versuchsergebnissen der Literatur geprüft. Die auf beide Arten erhaltenen Werte für die Feldstärken stimmen innerhalb der Fehlergrenzen überein u. sind von der Größenordnung 10^6V/cm. Die hohe Feldstärke erklärt Vf. mit der Bldg. von Ionen-Kondensatoren um die Elektroden u./oder innerhalb des Gases in Form stationärer Streifen, d. h. als Raumladungsschichten entgegengesetzter Ladung. Die Gesamtladung an jeder Elektrode ist die Summe der Ladung, die vom äußeren Feld herrührt, plus der von der Raumladung induzierten. Es werden einige Erscheinungen erwähnt, die sich mit Hilfe der Hypothese relativ leicht erklären lassen, u. Fragen aufgezählt, die sich aus der Hypothese ergeben. (J. Electronics and Control **4.** 97—110. Febr. 1958. Highland Park, Ill.) R. JUNGE. 134

G. Ecker und **K. G. Müller,** *Der Einfluß der individuellen Feldkomponente auf die Elektronenemission der Metalle.* Vff. untersuchen den Einfl. von Ionenraumladungen auf die Feldelektronenemission von Metallen. Die durch Schwankungen der Raumladungsdichte hervorgerufenen Feldschwankungen führen zu starken Abweichungen von der Beziehung $\bar{j} \approx j(\bar{F})$, $\bar{j}$ mittlere Stromdichte, $\bar{F}$ aus der POISSON-Gleichung berechnete mittlere Feldstärke. Eine Anwendung der Theorie auf die Bogenkathode zeigt, daß die individuelle Feldkomponente eine Existenz des Feldbogens auch noch bei $2 \cdot 10^6$ A/cm² ermöglicht. (Z. Naturforsch. **14a.** 511—20. Mai/Juni 1959. Bonn, Univ., Inst. für Theoret. Phys.) H. LIEPACK. 134

J. M. Anderson, *Emission langsamer Sekundärelektronen.* Messungen über die Wahrscheinlichkeit der Vielfachemission von Sekundärelektronen zeigen, daß die Emission wenigstens einiger Sekundärelektronen von der Wechselwrkg. zwischen den Primärelektronen u. dem festen Plasma als Ganzem abhängt, der sog. „kooperativen Wechselwrkg.", im Unterschied zur individuellen Wechselwrkg., wie sie von den derzeitigen Theorien beschrieben wird. Die beobachteten Erscheinungen, die einem Prozeß entsprechen, dessen klass. Analogon der Fall eines Tropfens in einem fl. Körper ist, u. die quantenmechan. zu beschreiben sehr schwierig sein dürften, werden im Einzelnen qualitativ gedeutet. (Nature [London] **183.** 241—42. 24/1. 1959. Toronto, Univ., Dep. of Phys.) D. JÖRCHEL. 134

E. A. Taft und **H. R. Philipp,** *Photoelektrische Emission aus dem Valenzband einiger Alkalihalogenide.* (Vgl. C. **1958.** 12600.) An Aufdampffilmen von *LiJ, NaJ, KJ, RbJ* u. *CsJ* werden lichtelektr. Elektronenemission J_e, Reflexion (z. T. an Einkristallen) u. Absorption bei 300 u. 80° K gemessen. Die spektrale Verteilung von J_e zeigt bei 300° eine Kante (für die Elektronenemission aus dem Valenzband) bei 7,3 eV für die Jodide von Li bis Rb u. von 6,4 eV für CsJ; für größere Photonenenergie steigt J_e auf ca. 0,1 Elektron pro einfallendes Photon. Aus Vergleichsmessungen der opt. Absorptionskante (in Übereinstimmung mit den Werten von MARTIENSSEN, C. **1959.** 11135) ergeben sich für LiJ bis CsJ Werte für die Elektronenaffinität von angenähert 1,4, 1,5, 1,1, 1,2 bzw. 0,1 eV. J_e wird auch für die Halogenide *CsCl, CsBr, KF, KCl* u. *KBr* gemessen. (Physics Chem. Solids **3.** 1—6. 1957. Schenectady, N. Y., General Electr. Res. Labor.) J. RUDOLPH. 134

Ferenc Fisher und **Iván Péter Valkó,** *Ein neuer Mechanismus für die Entstehung des Funkeleffekt-Rauschens.* Die Theorie von LINDEMANN u. ZIEL (vgl. C. **1958.** 19) über die Ursache des Funkeleffektes wird durch Rauschmessungen an Röhren mit Kathodenüberzügen verschied. Porösität bestätigt. (J. appl. Physics **29.** 1772. Dez. 1958. Budapest, Ind. Res. Inst. for Telecomm.) K. ZÜCKLER. 134

W. W. Lindemann und **R. K. Mueller,** *Korngrenzenphotodetektor.* Die Korngrenzen von n-Ge-Kristallen sind lichtempfindlich. Es wird eine App. beschrieben, die diese Lichtempfindlichkeit zur Strahlungsmessung (. . . 1,8 μ) benutzt. (J. appl. Physics **29.** 1770—71. Dez. 1958. Minneapolis, Minn., Gen. Mills, Inc., Mechan. Div.) K. ZÜCKLER. 135

A. Terenin und **E. Putzeiko**, *Optische Sensibilisierung von Halbleitern durch Chlorophyll und verwandte Pigmente.* Bei zahlreichen organ. Farbstoffen, bes. bei Chlorophyll, Chlorophylliden, Phaeophytin u. Phthalocyaninen wurde im festen Zustand Photoleitung, u. zwar Wanderung positiver Löcher, festgestellt. Bringt man diese Farbstoffe auf elektr. n-Halbleiter wie *ZnO, HgO, SnO*, so wirken sie in ihrem Absorptionsbereich als Sensibilisatoren für die Photoleitung. Dazu ist offenbar eine Energieübertragung zwischen Farbstoffen u. anorgan. Halbleiter nötig. (J. Chim. physique Physico-Chim. biol. **55.** 681—87. Sept. 1958. Leningrad, Univ., Inst. d'Opt.) H. C. WOLF. 135

K. Saermark, *Cyclotronresonanz in festen Stoffen.* Übersicht: Struktur der Energiebänder (Leitfähigkeits-Valenzbänder); Bewegung von Elektronen u. Löchern; Cyclotronresonanz für Elektronen u. für Löcher; experimentelle Ergebnisse an Ge u. Si u. a. Stoffen. (Fysisk Tidsskr. **55.** 107—24. 1957.) R. K. MÜLLER. 135

Joseph Callaway, *Modell für die thermische Gitterleitfähigkeit bei tiefen Temperaturen.* Zur Vereinfachung der Gitterleitfähigkeitsberechnung wird ein phänomenolog. Modell vorgeschlagen, in dem die Phononenstreuprozesse durch frequenzabhängige Relaxationszeiten dargestellt werden, Isotropie u. keine Dispersion im Kristallschwingungsspektr. angenommen werden u. keine Unterscheidung zwischen longitudinalen u. transversalen Phononen gemacht wird. Der Streumechanismus umfaßt Punktverunreinigungen (Isotopen), n. Dreiphononenprozesse, Umklapp-Prozesse u. Grenzstreuung. Für Ge wird im Bereich 50—100° K eine therm. Leitfähigkeit vorausgesagt, die in n. Material ungefähr proportional $T^{-3,2}$, in Einzel-Isotopen-Ge jedoch proportional T^{-2} ist. Die für 2—100° K durch numer. Integration berechneten Werte stimmen ziemlich gut mit experimentellen Daten überein. (Physic. Rev. [2] **113.** 1046—51. 15/2. 1959. Pittsburgh, Pa., Westinghouse Res. Labors.) D. JÖRCHEL. 135

K. W. Böer, U. Kümmel und **H. Lange**, *Über den Einfluß einer Infrarotbelichtung im Tilgungsbereich auf thermisch und auf elektrisch angeregte Glowkurven an CdS-Einkristallen.* (Vgl. C. **1959.** 3032.) An CdS-Einkristallen, die zuvor bei — 180° mit sichtbarem Licht (520—700 mμ) erregt wurden, werden die Glow-Kurven der Leitfähigkeit (a) bei zeitlinearer Temperaturerhöhung (therm. Anregung) u. (b) bei zeitlinear wachsender angelegter Spannung (zwischen 0 u. Durchschlagsspannung; elektr. Anregung bei — 180°) gemessen; dabei wurde der Kristall unmittelbar nach der opt. Erregung jeweils kurzzeitig mit tilgendem IR verschied. Wellenlänge (700—1600 mμ) bestrahlt. Die über den gesamten IR-Bereich erfolgende Minderung der Glow-Kurven hat ein Maximum für ca. 900 mμ. Das Verh. wird auf eine direkte Rekombination von Elektronen aus Hafttermen mit freien Defektelektronen zurückgeführt. (Z. physik. Chem. **210.** 136—43. März 1959. Berlin, Humboldt-Univ., II. Phys. Inst.) J. RUDOLPH. 135

J. F. Aschner, C. A. Bittmann, W. F. J. Hare und **J. J. Kleimack**, *Ein doppelt diffundierter Siliciumhochfrequenzschalttransistor, hergestellt mittels einer Oxydmaskentechnik.* Es werden 2 doppelt diffundierte Transistorstrukturen, von denen eine einen lokalisierten Emitter enthält, in bezug auf ihre gegenseitigen Vorzüge diskutiert. Ein Prozeß zur Herst. einer lokalisierten Emitterstruktur, der die Maskeneig. von SiO_2 gegenüber einer darauffolgenden P-Diffusion anwendet, wird beschrieben. Die Dimensionen des Emitters werden durch Wegätzen der Oxydmaske von nur solchen Stellen, die nicht von einer speziell präparierten lichtempfindlichen Schicht geschützt werden, genau kontrolliert. Transistoren wurden hergestellt, die 30 mA bei einer Verstärkung von 12 in einer Zeit schalten, bei der die Summe von Einschalt-, Speicher- u. Abschaltzeit kleiner als 0,1 μsec ist. Für kleine Signale wurde ein Stromverstärkungsfaktor $\alpha = 0{,}97$ erhalten; die Grenzfrequenz von α lag bei mehr als 300 MHz unter Verwendung des üblichen Basisanschlusses. (J. electrochem. Soc. **106.** 415—17. Mai 1959. Murray Hill, N. J., Bell Telephone Labors., Inc.) W. KERNCHEN. 135

Tatto Nakai, *Elektrische Kenneigenschaften von Körnern, die mit pyrolytischem Kohlenstoff überzogen sind.* 3. Mitt. *Mechanische Eigenschaften des Kohlenstoffilms.* (2. vgl. C. **1959.** 4043.) Aus den bisherigen Versuchsdaten ergibt sich die Beziehung: %-Zunahme des elektr. Widerstands (W) $\delta = b \cdot t^a$, worin a ein Maß für die Leichtigkeit des Abriebs, t die Abriebzeit in Min. u. b der Wert von δ für t = 1. Ferner ist $b = \alpha R$, worin R der anfängliche W; α ist ein Gradmesser für den Zustand des Films an der Oberfläche bzw. nahe der Oberfläche; a u. α können zugleich als abhängig von den Herst.-Bedingungen (Ofentemp. u. Dampfdruck) betrachtet werden. — 8 Diagramme. (Rep. sci. Res. Inst. [Kagaku-Kenkyujo-Hokoku] **31.** 273—78. Juli 1955. [Orig.: japan.]) L. SCHULER. 135

Michael E. Fisher, *Transformationen der Isingschen Modelle.* Die „Stern-Dreieck"- u. die „Dekorations"- oder „Iterations"-Transformationen werden derart verallgemeinert, daß sie sich auf beliebige mechan. Systeme anwenden lassen, die an die Spins eines ISINGschen Standard-Netzes gekoppelt sind. Auf diese Weise erhält man exakte Lösungen für weitere ebene ISINGsche Gitter sowie für Gitter, in denen die Spins an alternierenden Plätzen größer als $S = ^1/_2$ sind. Ferner werden eine allg. Klasse antiferromagnet. ISINGscher Modelle konstruiert u. exakte geschlossene Ausdrücke für alle thermodynam. u. magnet. Eigg. dieser Modelle in einem beliebigen Magnetfeld abgeleitet. Eine Verallgemeinerung der Theorien über die spontane Magnetisierung halbferromagnet. Waben- u. ferrimagnet. Quadratgitter auf beliebige Gitter mit gemischten magnet. Momenten führt auf eine für numer. Rechnungen nützliche Beziehung zwischen den Susceptibilitäten von Dreieck u. Wabengittern. Die Spinkorrelationsfunktion (mit einem gegebenen Spin) wird als Linearkombination von Korrelationsfunktionen ausgedrückt, die nur die nächstbenachbarten Spins enthält. (Physic. Rev. [2] **113.** 969—81. 15/2. 1959. London, King's Coll., Wheatstone Phys. Labor.) D. JÖRCHEL. 137

T. G. Knorr und **R. W. Hoffman,** *Abhängigkeit der geometrischen magnetischen Anisotropie in dünnen Eisenfilmen.* Durch Niederschlag im Vakuum erzeugte dünne Fe-Filme zeigen eine von der geometr. Lage des verdampfenden Drahtes abhängige magnet. Anisotropie, die von einer während des Niederschlags gebildeten Faserachsenstruktur herrührt. Ändert sich die Einfallrichtung des Metalldampfes gegenüber der Normalen zur Unterlage, neigt sich diese Faserachse in gleicher Richtung. Sobald die Faserachse nicht mehr senkrecht zur Filmebene liegt, tritt magnet. Anisotropie auf. Ohne die Anwendung äußerer Magnetfelder konnten in ca. 350 Å dicken Filmen Anisotropien von $3 \cdot 10^4$ erg/cm³ erzeugt werden. (Physic. Rev. [2] **113.** 1039—46. 15/2. 1959. Cleveland, O., Case Inst. of Technol.) D. JÖRCHEL. 137

J. Antal und **A. König,** *Ein einfacher Plan von ferromagnetischen Reihen-Resonanzkreisen.* Es wird gezeigt, daß eine Behandlung des Reihen-Resonanzkreises mit ferromagnet. Kernen nicht nur zu dem Ergebnis einer zweckmäßigen Verwendung eines solchen Kreises als nichtlineares Netzwerk mit zwei stabilen Zuständen für magnet. Gedächtnisse usw. führt. Es kann damit auch ein einfacher Wechselstrom-Stabilisator gebaut werden. Mit Hilfe graph. Konstruktionen für die unbelasteten u. belasteten Fälle wird für diese Anwendung der zweckmäßige Aufbau beschrieben. (Periodica polytechn. [Budapest], Elektrotechn. **1.** 89—100. 1957. Budapest, Polytechn. Univ., Phys. Inst.) H. FAHLENBRACH. 137

U. F. Gianola, *Das Schalten mit Ferriten mit rechteckigen Hystereseschleifen und Luftspalten.* Für Gedächtniskerne u. andere Schaltvorgänge benutzt man gerne, um die Wickelarbeit zu vereinfachen, Ringe aus Ferriten mit rechteckiger Hystereseschleife mit einem Luftspalt. Vf. berechnet die Wrkg. eines solchen Luftspaltes auf den Schaltvorgang u. versucht die Rechnung durch Experimente an gleichen Kernen mit u. ohne Luftspalt bei verschied. Stärke der Signale zu beweisen. Es zeigt sich dabei, daß im allg. ohne Störung der Funktion des Gedächtniskernes Luftspalte bei den Ferritringen angebracht werden dürfen. Jedoch muß das durch den Luftspalt erzeugte entmagnetisierende Feld klein, verglichen mit dem Wert der Koerzitivkraft, bleiben. (J. appl. Physics **29.** 1122—24. Juli 1958. Murray Hill, N. J., Bell Telephone Labors.) H. FAHLENBRACH. 137

Erich Röss, *Kobaltfreie Ferrite mit Perminvarschleife.* Mitt. über neue Co-freie Ferrite mit eingeschnürter Hystereseschleife (Perminvareffekt): Mn-Zn-Mischferrite mit mindestens 56 Mol-% Fe_2O_3. (Naturwissenschaften **46.** 65. 2. Jan.-H. **1959.** München, Siemens & Halske AG., Wernerwerk für Bauelemente.) K. REICHEL. 137

Winston R. de Monsabert und **Edward A. Boudreaux,** *Die magnetischen Susceptibilitäten und Strukturen der wasserfreien Zirkoniumtetrahalogenide.* Vff. best. die mol. Susceptibilitäten bei 30° von ZrF_4 $\chi_{Mol} = -32{,}5 \cdot 10^{-6}$, von $ZrCl_4$: $-70{,}4 \cdot 10^{-6}$, von $ZrBr_4$: $-107 \cdot 10^{-6}$, von ZrJ_4: $-114 \cdot 10^{-6}$ nach der GOUY-Meth., alle vier Halogenide sind diamagnetisch. Zur Berechnung waren die Dichten erforderlich; da sie für $ZrBr_4$ u. ZrJ_4 nicht bekannt waren, best. Vff. diese nach der Auftrieb-Meth. sowie durch Vgl. mit den Dichten anderer XY_4-Verbb. der gleichen Struktur. Es ergibt sich für $ZrBr_4$ D. 3,20 (Auftrieb), 3,25 (Vgl.) u. für ZrJ_4 D. 4,52 bzw. 4,51. Nach BLUMENTHAL (C. **1954.** 9954) soll $ZrCl_4$ im festen Zustand in Form der Resonanzisomeren $(ZrCl_2)^{2+}$ $(ZrCl_6)^{2-}$ oder $(ZrCl_3)^+$ $(ZrCl_5)^-$ vorliegen. Vff. best. die magnet. Susceptibilität für $ZrCl_4$ u. $ZrBr_4$ im Temp.-Bereich von 30—350°, d. h. bis zum Beginn der Flüchtigkeit u. stellen fest, daß die Susceptibilitäten unabhängig von der Temp. sind. Daraus ergibt sich, daß diese Verbb. im festen Zustand nicht als Resonanzisomere vorliegen. Vff. vergleichen die experimentell ermittelten mol. Susceptibilitäten mit theoret. nach der Meth. von VAN VLECK für mehratomige Moll. berechneten Werten. Gute Übereinstimmung liegt bei ZrF_4 u. $ZrCl_4$ vor, für $ZrBr_4$ u. ZrJ_4 jedoch nur, wenn man Polarisationseffekte zwischen den Halogenatomen berücksichtigt. Mit Hilfe theoret. Berech-

nungen schätzen Vff. in den Halogeniden die Länge der Bindungen Zr–Br zu 2,52 Å, Zr–J: 2,72 Å u. Zr–F; 2,05 Å ab. Auf Grund der Ergebnisse halten Vff. die tetraedr. Anordnung für alle 4 Zr-Halogenide für sehr wahrscheinlich. (J. physic. Chem. **62.** 1422—26. Nov. 1958. New Orleans, La., Loyola Univ., Chem. Labor.)
L. SCHWIEGK. 137

L. F. Bates und **M. M. Newmann,** *Die magnetischen Susceptibilitäten der Legierungen des Cers mit Thorium.* Es wurden die paramagnet. Susceptibilitäten von Ce–Th-Legierungen mit 90, 71, 60, 42, 20, 10 u. 5 At.-% Ce im Temperaturbereich 90—700° K, die Temperaturabhängigkeit des Widerstandes von 90, 60, 40, 20 u. 5 At.-% Ce enthaltenden Proben sowie die therm. Ausdehnung der 60%-Probe im Bereich 90—293° K gemessen. Alle Legierungen zeigen einen scharfen Susceptibilitätsabfall bei tiefen Tempp., der dem Übergang einiger 4f-Elektronen der Ce-Atome in das Leitungsband zugeschrieben wird. Widerstands- u. Ausdehnungswerte erhärten diese Vermutung. Oberhalb der Raumtemp. gehorcht die Susceptibilität aller Legierungen, wenigstens in einem Temperaturteilbereich, einem CURIE-WEISSschen Gesetz, aus dem sich die effektiven magnet. Momente der Ce-Atome berechnen lassen. Momente u. paramagnet. CURIE-Temp. steigen mit abnehmendem Ce-Geh. an. Es wird ein Modell vorgeschlagen, in dem die Kopplung zwischen dem f-Elektron des Ce u. den Leitungselektronen eine Polarisation der Leitungselektronen in der Nachbarschaft der Ce-Atome bewirkt. Die Zunahme des effektiven Moments wird diesem induzierten Moment zugeschrieben. (Proc. physic. Soc. **72.** 345—52. 1/9. 1958. Nottingham, Univ., Dep. of Phys.)
D. JÖRCHEL. 137

Adolf Knappwost, *Gleichzeitige Bestimmung von Teilchengröße und Magnetisierung im Ångström-Bereich durch Messung des Kollektivparamagnetismus.* Die bei der Best. der Teilchengröße kleiner ($<$ 10 Å bis ca. 100 Å), spontan magnetisierter Bereiche bestehenden Schwierigkeiten (Kenntnis der unterhalb 30 Atomlagen steil abfallenden Magnetisierung) werden durch Kombination bekannter Rechenverf. beseitigt. Als Beispiel wird die Ausdehnung der bei der Entmischung einer Cu–Co-Legierung (0,82 Gew.-% Co) ausgeschiedenen Co-Bereiche berechnet; ihre Äquivalentkantenlänge beträgt 25,3 Å. (Naturwissenschaften **46.** 65—66. 2. Jan.-H. 1959. Tübingen, Univ., Phys.-Chem. Inst.)
K. REICHEL. 137

H. Honig und **E. Stupp,** *Elektronenspin-Gitter-Relaxation in phosphordotiertem Silicium.* Für Si mit 1,4 · 10^{16}P-Atomen/cm^3 wird — unter Ausschaltung des störenden Photonenbeitrags — die Spin-Gitter-Relaxationswahrscheinlichkeit (w) in Abhängigkeit vom Magnetfeld (H) (3400—10000 Gauß) bei 1,27 u. 2,06° K gemessen. Bei höheren Feldern ist ein anderer Relaxationsmechanismus wirksam. Die H^4-Abhängigkeit würde dem Spin-Bahn-Mechanismus (PINES, BARDEEN u. SLICHTER C. **1957.** 11212) entsprechen; jedoch sind die gefundenen w-Werte gegenüber den berechneten zu groß. (Phys. Rev. Letters **1.** 275—76. 15/10. 1958. Syracuse, N. Y., Univ.)
J. RUDOLPH. 137

J. Badoz-Lambling und **C. Dutruc-Rosset,** *Elektroaktivität der Halogenide.* Die die Oxydation von J^-, Br^- u. Cl^- an der Pt-Elektrode darstellenden Intensität–Potential-Kurven werden deformiert, wenn man die Anfangskonz. der Halogenide u. den p_H ändert oder Ionen hinzusetzt, die das gebildete Halogen komplexieren oder reduzieren. Die Analyse dieser Deformation führt Vf. zu der Annahme, daß das elektrochem. Verh. dieser 3 Halogenide durch folgenden Rk.-Typ dargestellt wird: $2\,X_3^- - 2\,e \rightleftharpoons 3\,X_2$. (Analytica chim. Acta [Amsterdam] **19.** 43—53. Juli 1958. Paris, École Supér. de Phys. et de Chim., Labor. de Chim. Analyt.)
A.-M. FRETZDORFF. 138

A. I. Bennett, *Zwei elektrische Erscheinungen an der Oberfläche von flüssigem Germanium.* Es werden einige Verss. beschrieben, bei denen eine elektr. Entladung zwischen der Oberfläche einer Ge-Schmelze u. einer in der Nähe befindlichen festen Ge-Elektrode erfolgt. Dabei wird der Oberflächenschaum auf dem fl. Ge in der Nachbarschaft der Entladung entfernt. Ferner wird über Verss. berichtet, bei denen festgestellt wurde, daß die Einw. eines verhältnismäßig schwachen elektrischen Feldes auf die Oberfläche von unterkühltem Ge zur Kristallkeimbldg. führt. (Physic. Rev. [2] **113.** 773—74. 1/2. 1959. Pittsburgh, Pa., Westinghouse Res. Labor.)
W. KERNCHEN. 140

B. Lovreček, A. Despić und **J. O'M Bockris,** *Elektrolytische Randschichten mit gleichrichtenden Eigenschaften.* Analog zu p–n-Übergängen in Halbleitern sind an Elektrolyten mit Protonenüberschuß einerseits u. Protonenmangel andererseits bei geeigneter Kontaktierung Gleichrichterwrkg. an H^+–OH^--Übergängen nachgewiesen worden, wenn die zugehörigen Anionen bzw. Kationen nahezu unbeweglich waren. Es wurden 2 Typen von Gleichrichtern gebaut: Type 1 enthielt die wss. Lsg. einer starken Polysäure u. einer starken Polybase (Polyvinyltoluolsulfonsäure u. Polyvinyltrimethylammoniumhydroxyd), die durch eine Membran aus dialysierendem Pergament getrennt waren. Type 2 bestand aus einer Kationenaustauschmembran der H^+-Form u. einer

Anionenaustauschermembran der OH^--Form, die, durch eine 0,02 mm dicke perforierte Teflonfolie getrennt, gegeneinandergepreßt wurden u. mit einem Elektrolyten, der träge Elektroden (Platingaze) enthielt, in Kontakt gebracht wurden. Es ergaben sich Gleichrichterwirkungsgrade bis zu 85%. (J. physic. Chem. **63.** 750—51. Mai 1959. Philadelphia, Pa., Univ. of Pennsylvania, John Harrison Labor. of Chem.) W. KERNCHEN. 142

P. Beckmann und **G. S. Buchanan,** *Gleichstrompolarographie des Systems Eisen(II)–Eisen*(III)*-oxalat in Gegenwart von Wechselspannungen.* Bei Überlagerung der n. polarograph. Gleichspannung durch eine geringe, sinusförmige Wechselspannung (100 mV, 20 bis 2000 Hz) wird eine Wechselstromkomponente erhalten, die in einem von der Wechselspannungsfrequenz abhängigen Masse an der Grenzschicht der Tropfelektrode gleichgerichtet wird. Während in früheren Mitteilungen (BUCHANAN u. WERNER, C. **1950/54.** 2262 S.) Redoxsysteme betrachtet wurden, deren Red. an der Hg-Kathode zum Metall führte, untersuchen Vff. nunmehr das Syst. *Fe (III)/Fe (II)* in Ggw. von Oxalat. Die Red. verläuft reversibel, d. h., die gleichgerichtete Wechselstromkomponente ergibt im Strom–Spannungsdiagramm einen Kurvenverlauf, der die im gleichen Maßstab registrierte n. polarograph. Strom–Spannungskurve beim Abszissenwert des Halbstufenpotentials schneidet. Zugabe oberflächenakt. Verbb. bewirkt eine zunehmende Irreversibilität der Stufen infolge Adsorption dieser Stoffe (z. B. Cyclohexanol u. Benzylalkohol) an der Tropfkathode. Die Adsorption, die sich in einer Veränderung der Stufenform z. B. durch Maximabldg. zu erkennen gibt, wird durch die überlagerte Wechselspannung derart beeinflußt, daß während des negativen Teiles der Wechselspannung die Adsorption zunimmt. Dementsprechend findet man eine Abhängigkeit der durch die Adsorption bedingten Erscheinungen von der Frequenz der Wechselspannung. (Austral. J. Chem. **11.** 9—15. Febr. 1958. Sydney u. Wollongong, N.S.W., Univ. of Technol., Dep. of Chem. u. Dep. of Phys. Chem.) E. MOISAR. 142

K. Gumiński, *Ein Versuch zur Erklärung der hohen Wasserstoffdrucke in kathodisch mit Wasserstoff gesättigtem Eisen.* Vf. versucht, das Zustandekommen der sehr hohen Drucke von Wasserstoff in Eisen, an dem kathod. H_2 entwickelt wird, unter den Annahmen zu erklären, daß H_2 in Form von Protonen in das Metall u. das kristallograph. Gitter eindringt u. dort in Form von Protonen verbleibt u. daß die den Protonen entsprechenden Elektronen dem Elektronengas des Metalls entstammen. In den Gebieten, in denen sich die Protonen anhäufen, ist ein Ansteigen der Dichte des Elektronengases festzustellen. Der Druck dieses Gases unterliegt einer Änderung, die in Übereinstimmung mit der statist. Theorie von FERMI u. DIRAC steht. Aus experimentellen Arbeiten wird entnommen, daß sich nach 100 bis 120 Min. Elektrolysendauer ein best. Zustand einstellt, in dem der H_2-Geh. ϱ in der drahtförmigen Kathode je nach Abstand vom Zentrum des Drahtes verschied. ist. Je nach Dicke des Drahtes ist ϱ im Zentrum Null oder nur sehr gering, steigt bei wachsender Entfernung vom Zentrum auf einen Maximalwert, um gegen die Oberfläche des Drahtes hin wieder auf Null abzufallen. Im selben Maße, wie sich ϱ mit dem Radius ändert, wird sich auch der Druck des Elektronengases mit dem Radius ändern. Da die numer. Werte der Parameter der beschriebenen Kurve nicht festliegen, nimmt Vf. an, daß ϱ eine lineare Funktion des Abstands vom Zentrum des Drahtes darstellt, daß ϱ im Zentrum Null beträgt u. daß H_2 nur zwischen $r = 0$ bis $r = r_a$ gefunden wird, wobei r_a die äußere Grenze der Schicht darstellt, unterhalb der ϱ zu vernachlässigen ist. Unter diesen Voraussetzungen wird eine Gleichung für den Gradienten des Druckes dp/dr am absol. Nullpunkt abgeleitet: $dp/dr = 5/2\, p_0 z^{2/3} x A r^2 / M r_a^3$. Darin betragen p_0 ca. $4 \cdot 10^5$ atm, z = Anzahl der Elektronen, die ein Atom zur Leitfähigkeit beisteuert, A = Atommasse des Metalls, M = Masse der Kathode u. x = absorbierte Mole Protonen. Für einen Draht vom Radius r = 0,05 cm u. M = 100 g wird dp/dr ca. $9{,}3 \cdot 10^5$ atm/cm u. bei r = 0,15 cm ergibt sich dp/dr zu $0{,}4 \cdot 10^5$ atm/cm; für beide Fälle war T = 0. Die erhaltenen Werte sind beträchtlich kleiner als diejenigen im steilen Teil der aktuellen Kurve. Aus dem Vgl. der berechneten Gradienten mit den aktuellen Kurven wird eine Erklärung über das Zustandekommen des hohen Drucks von H_2 in Eisen gegeben. Danach verursachen die in die Kathode eindringenden Protonen eine Unordnung im Zustand des Metalls durch beträchtliche Differenzen in der Energie des Elektronengases. Diese Energiedifferenzen äußern sich in dem großen Gradienten des Elektronengasdruckes, welcher bis zu einem best. Grade ein Maß für die energet. Differenzen im Metallgitter an verschied. Stellen des Metalls darstellt. Wahrscheinlich werden in diesem Nichtgleichgewichtszustand Protonen aus dem Gitter in den Raum abgegeben, wo der Übergang vom atomaren in den mol. Zustand erfolgt. Das erklärt die Deformationen des Metallgitters, bes. an Gitterdefekten, die Bldg. von Spalten zwischen den Kristallen u. die Vergrößerung der Spalten u. Mikroporen. Zwischen dem eingeschlossenen H_2 in den Spalten u. den Protonen im Metallgitter stellt

sich ein Gleichgewicht ein. Da die Abgabe von Protonen aus dem Gitter mit dem Freiwerden von Energie verbunden ist, wird der Druck des H_2 in den Spalten u. Mikroporen sehr groß. (Bull. Acad. polon. Sci., Cl. III **4.** 227—32. 1956. Cracow, Jagellonian Univ., Polish Acad. of Sci.; Inst. of Phys. Chem., Labor. of Physicochem. of Electrode Processes.)
Th. Götze. 142

Takeshirō Mine, Tetsurō Seiyama und **Wataru Sakai,** *Über die Sauerstoffüberspannung der Nickelanode.* Mit einem Potentiometer wird die O_2-Überspannung direkt bestimmt in Verb. mit einem Unterbrecherstromkreis, der erlaubt 10^{-6} Sec. nach Unterbrechung des Elektrolytstroms die Spannung zu messen. Für 0,02, 0,1, 1 u. 3n KOH wird die Beziehung zwischen der anod. Stromdichte D_A u. der Überspannung V bestimmt. Folgende Gleichung gilt für höhere u. niedrigere V-Bereiche: $D = a + b \log D$, worin a u. b Konstanten sind. Röntgenaufnahmen zeigen Diagramme für *Ni* u. $Ni_3O_2(OH)_4$. Erörterung des Elektrolysemechanismus. (J. chem. Soc. Japan, ind. Chem. Sect. [Kōgyō Kagaku Zassi] **58.** 725—28. Okt. 1955. Fukuoka, Kyushu Univ. [Orig.: japan.])
L. Schuler. 143

René Audubert und **Jacques Guitton,** *Einfluß des Ultraschalles auf die anodische Auflösung von Metallen.* Bei 960 kHz u. Intensitäten bis zu 3 Watt/cm² wurde die anod. Auflösung von Cu, Fe u. Cd bei gleichzeitiger Einw. von US untersucht. Der Effekt ist in den Schallknoten verschieden vom Verh. in den Schallbäuchen. Er basiert zum Teil auf die Bldg. von OH^-- und H^+-Radikalen infolge der Kavitation u. entsprechenden sek. Wirkungen auf die Metalle. (C. R. hebd. Séances Acad. Sci. **242.** 1458—62. 12/3. 1956.)
H. Jacob. 143

José Delville, *Wirkung des Ultraschalles auf die Überspannung an Kupferkathoden in Kupfersulfatlösungen.* Unter dem Einfl. von intensiven US wird die Überspannung an Cu-Kathoden wesentlich herabgesetzt. (C. R. hebd. Séances Acad. Sci. **242.** 1462—65. 12/3. 1956.)
H. Jacob. 143

A_4. Thermodynamik. Thermochemie.

H. C. Longuet-Higgins, *Die statistische Thermodynamik einer eindimensionalen, vielkomponentigen Anhäufung.* Mathemat. Ableitung. (Suppl. del Nuovo Cimento Nr. 1 (zu [10] **9**). 345—46. 1958. Cambridge, Univ., Chem. Labor.) W. Wagner. 146

J. A. Christiansen, *Eine elementare Darstellung der Grundlagen der makroskopischen chemischen Thermodynamik.* Auf Grund der Theorien von Brønsted werden die Grundlagen der Thermodynamik aus den Definitionen der Eigg., der homogenen u. heterogenen Systeme (Phasen), des Zustands eines Syst., den Gesetzen der Erhaltung der M. u. der Elemente, der Energie, der Erhaltung der Energie, der Entropie u. ihrer Gesetze u. der Gleichgewichtsbedingungen in einem Syst. abgeleitet. (Fysisk Tidsskr. **55.** 97—106. 1957.)
R. K. Müller. 146

Kazuo Hiroike, *Zur Theorie von Flüssigkeiten.* Es wird eine neue Meth. zur Ableitung verschied. thermodynam. Eigg. von Fll. angegeben. Mit Hilfe dieser "netted ring approximation", die von einem geeigneten Ausdruck für die Helmholtzsche freie Energie ausgeht, wird auch eine Beziehung für die radiale Verteilungsfunktion erhalten, die mit der von Rushbrooke u. Scoins (C. **1950/54.** 702 S) bei der Entwicklung der "netted chain approximation" angegebenen übereinstimmt. Die neue Theorie des Vf. stellt eine Verbesserung der letzteren dar, indem die thermodynam. Größen in Form expliziter Ausdrücke erhalten werden. (J. physic. Soc. Japan **13.** 1497—1503. Dez. 1958. Meguro, Tokyo, Oh-Okayama, Tokyo Inst. of Technol., Dep. of Phys. [Orig.: engl.])
W. Wagner. 146

J. Spaepen, *Dichte von neutronenbestrahlten Lithiumfluoridkristallen.* An kleinen LiF-Kristallen wird die Änderung der D. als Funktion der Dosis von eingestrahlten therm. Neutronen für hohe Dosen $> 10^{17}$ nvt gemessen, bei denen bereits eine Abnahme der D.-Änderung infolge Bldg. von Fehlstellenaggregaten eintritt. Es zeigt sich eine starke Abnahme der D.-Änderung (um 23% der ursprünglichen maximalen) auf einen Sättigungswert für ca. $1{,}2 \cdot 10^{18}$ nvt. Dabei treten starke Spannungen selbst in kleinsten Kristallen auf, die häufig zum Zerspringen der Kristalle führen. Vermutlich sind die D.-Änderungen mit einer F-Abspaltung aus dem Kristall verbunden. Durch Tempern (bis auf 650°) wird die D.-Änderung als Folge der Neutroneneinw. bis auf einen kleinen Rest wieder rückgängig gemacht. (Physic Rev. Letters **1.** 281—82. 15/10. 1958. Mol, Belgien, Studiecentr. voor Kernenergie.)
J. Rudolph. 148

I. Prigogine und **A. Bellemans,** *Isotope Mischungen.* Zusammenfassung der von Prigogine u. Mitarbeitern (vgl. Henry, C. **1957.** 3439 u. früher) erhaltenen theoret. Ergebnisse über isotope Mischungen u. Vgl. mit experimentellen Daten über die überschüssigen freien Energien an den Mischungen $^3He - {}^4He$, $H_2 - D_2$ u. $H_2 - HD$.

(Suppl. del Nuovo Cimento Nr. 1 (zu [10] 9). 342—44. 1958. Bruxelles, Univ. Libre, Fac. des Sci.) W. WAGNER. 149

K. R. Atkins und **H. Flicker,** *Schallgeschwindigkeit in flüssigem ^3He.* Mit Hilfe von 14 MHz-Impulsen wurde die Schallgeschwindigkeit in fl. ^3He längs der Dampfdruckkurve zwischen 1,2^0 u. 3,2^0 K gemessen, die Werte stimmen mit Daten anderer Autoren gut überein. Der auf 0^0 K extrapolierte Wert beträgt 183 $\pm$ 3 m/sec. Zwischen 2 u. 2,6^0 K wurde ferner die Druckabhängigkeit der Geschwindigkeit bis zu 1 at bestimmt. In Kombination mit anderen bekannten Daten berechnete thermodynam. Größen für fl. ^3He sind angegeben. Aus der spezif. Wärme längs der Dampfdruckkurve wurden die theoret. interessanteren [C_v (V_0,T)-Kurve bei konstantem Molvol. V_0] längs einer Isopykne abgeleitet. Der maximal mögliche Phononenbeitrag entspricht einer Grenzfrequenz von ca. $2{,}7 \cdot 10^{11}$ Hz. (Physic. Rev. [2] **113.** 959—61. 15/2. 1959. Philadelphia, Pa., Univ. of Pennsylvania, Dep. of Phys.) D. JÖRCHEL. 149

K. R. Atkins, *Dritter und Vierter Schall in flüssigem Helium II.* (Vgl. vorst. Ref.) Vf. diskutiert die mögliche Ggw. zweier bisher noch nicht beobachteter Schallwellentypen in fl. He II. Der Dritte Schall ist eine Oberflächenschwingung langer Wellenlänge auf einem fl. He-Film bei stationär bleibender normalen u. parallel zur Wand oscillierender supraflüssiger Komponente. Kernpunkt dabei ist die Temperaturänderung u. Verdampfung der Filmoberfläche. Der Vierte Schall kann in engen zweiseitigen Kanälen existieren, deren Breite konstant bleibt, so daß sowohl die gesamte D. als auch die Temp. oscillieren, während die n. Komponente wieder stationär bleibt u. die supraflüssige parallel zur Wand oscilliert. (Physic. Rev. [2] **113.** 962—65. 15/2. 1959. Philadelphia, Pa., Univ. of Pennsylvania, Dep. of Phys.) D. JÖRCHEL. 149

Klaus Clusius und **Kuno Schleich,** *Ergebnisse der Tieftemperaturforschung.* 20. Mitt. *Direkter Vergleich der Dampfdrucke von $^{14}N_2$, $^{14}N^{15}N$ und $^{15}N_2$ sowie von $^{14}N^{16}O$, $^{15}N^{16}O$ und $^{14}N^{18}O$ zwischen ihren Schmelz- und Siedepunkten.* (19. vgl. C. **1959.** 6041; 21. vgl. C. **1959.** 11810.) Die Herst. der zur Unters. verwendeten Gase N_2, $^{14}N^{15}N$, $^{15}N_2$, NO, ^{15}NO u. $N^{18}O$ (zum Teil in einer Trennrohranlage) wird ausführlich beschrieben, ebenso ein Kryostat zum Vgl. der Dampfdrucke isotoper Gaspaare, in dem die Temp. der beiden Kondensate besser als auf 10^{-3} Grad übereinstimmt u. über Zeiträume von 1 Std. mit dieser Genauigkeit konstant bleibt. Die auf reine isotope Molekülarten durch eine geringfügige Extrapolation umgerechneten Dampfdruckkurven lauten zwischen F. u. Kp. für $^{14}N_2/^{14}N^{15}N$: $\log (P_l/P_s) = (0{,}3985/T) - 3{,}43 \cdot 10^{-3}$; für $^{14}N_2/^{15}N_2$: $\log (P_l/P_s) = (0{,}7974/T) - 6{,}91 \cdot 10^{-3}$; für $^{14}N^{16}O/^{15}N^{16}O$: $\log (P_l/P_s) = (3{,}0230/T) - 13{,}40 \cdot 10^{-3}$; für $^{14}N^{16}O/^{14}N^{18}O$: $\log (P_l/P_s) = (4{,}4684/T) - 21{,}03 \cdot 10^{-3}$. Der Dampfdruck des $^{14}N^{15}N$ ist innerhalb der Meßgenauigkeit das arithmet. Mittel der Dampfdrucke von $^{14}N_2$ u. $^{15}N_2$; ein Einfl. der Molekülsymmetrie ist in diesem Fall nicht festzustellen. Der Dampfdruckunterschied ist damit dem ^{15}N-Geh. direkt proportional, gleichgültig ob das schwere Isotop als $^{14}N^{15}N$ oder $^{15}N_2$ vorliegt. Die relativen Dampfdruckunterschiede zwischen gewöhnlichem (leichtem) Stickstoffoxyd u. den Molekülsorten ^{15}NO bzw. $N^{18}O$ sind 3- bis 5mal größer als bei anderen zweiatomigen Gasen von ähnlichem Siedepunkt. Die Erklärung dürfte mit dem Assoziationsvermögen des kondensierten NO zusammenhängen. Eine einfache Beziehung zwischen der Molekülmasse u. dem Dampfdruckunterschied existiert bei diesen aus zwei verschied. Atomen aufgebauten Moll. nicht. Die gefundenen Tripelpunktdrucke (in mm Hg) betragen für N_2 94,01; für $^{14}N^{15}N$ 93,87; für $^{15}N_2$ 93,62; für NO 164,37; für $^{15}N^{16}O$ 161,37 u. für $^{14}N^{18}O$ 160,25. Ferner werden die Differenzen der Schmelztempp., der Siedetempp. u. der Verdampfungswärme in einer Tabelle wiedergegeben. Durch Rektifikation von Stickstoffmonoxyd werden sich die wichtigen Nuclide ^{15}N, ^{17}O u. ^{18}O in einem Prozeß viel günstiger gewinnen lassen als durch andere derzeit bekannte Verfahren. (Vgl. hierzu C. **1959.** 12773.) (Helv. chim. Acta **41.** 1342—58. 1/8. 1958. Zürich, Univ., Phys.-chem. Inst.) E. KLEVER. 149

C. P. Ellis und **C. J. G. Raw,** *Gasviscositäten bei hohen Temperaturen.* 2. Mitt. *Stickstoff, Stickstoffmonoxyd, Bortrifluorid, Siliciumtetrafluorid und Schwefelhexafluorid.* (1. vgl. C. **1959.** 707, 7378.) Mit dem l. c. beschriebenen Gasviscosimeter wurden die Viscositäten von N_2 (zwischen 700 u. 1000^0), *NO* (zwischen 100 u. 1000^0), BF_3 (zwischen 180 u. 500^0), SiF_4 (zwischen 200 u. 330^0) u. SF_6 (zwischen 200 u. 850^0) gemessen. Für SiF_4 wurden außerdem die Werte zwischen 23 u. 200^0 rückberechnet. Die Ergebnisse werden unter dem Gesichtspunkt der intermol. Wechselwirkungskräfte an Hand zweier Mol.-Modelle diskutiert u. die mol. Wechselwirkungsparameter mit denen durch Extrapolation von Tieftemp.-Werten erhaltenen verglichen. Bis auf SF_6 (u. teilweise SiF_4) ergibt sich bei Zugrundelegung des SUTHERLAND- u. des LENNARD-JONES-12:6-Modells gute Übereinstimmung. (J. chem. Physics **30.** 574—76. Febr. 1959. Pietermaritzburg, S. Africa, Univ. of Natal, Dep. of Chem. and Chem. Engng.) W. WAGNER. 149

A. Kręglewski, *Das kritische Gebiet von Flüssigkeiten.* 1. Mitt. *Die Mischbarkeit von Flüssigkeit und Dampf und die rückläufige Kondensation.* Vf. zeigt unter Berücksichtigung des Einfl. von Schwere u. Diffusion im krit. Gebiet von reinen Fll., daß die sogenannte rückläufige Kondensation von Mischungen auf die Mischbarkeit von Fl. u. Dampf zurückzuführen ist. Es wird das Verh. des Syst. Fl.–Dampf bei konstantem Vol. in der Nähe der krit. Temp. in Abhängigkeit von der mittleren D. $\bar{\varrho}$ des Syst. beschrieben. Rückläufige Kondensation erster Art findet nur dann statt, wenn $\bar{\varrho} < \varrho_c$ (ϱ_c = krit. D.) ist u. ist auf Auflösung der Fl. in der Dampfphase zurückzuführen. Rückläufige Kondensation zweiter Art (rückläufige Verdampfung) tritt nur auf, wenn $\bar{\varrho} > \varrho_c$ ist. Sie ist das Ergebnis der Auflösung von Dampf in der Flüssigkeit. (Bull. Acad. Polon. Sci., Cl. III **4.** 233—37. 1956. Polish Acad. of Sci., Inst. of Phys. Chem.)
TH. GÖTZE. 150

A. Kręglewski, *Das kritische Gebiet von Flüssigkeiten.* 2. Mitt. *Die begrenzte Mischbarkeit komprimierter Gase und der Einfluß von Verunreinigungen auf Hysteresis-Erscheinungen.* (1. vgl. vorst. Ref.) Die begrenzte gegenseitige Löslichkeit komprimierter Gase kann quantitativ vorausgesagt werden, wenn die Löslichkeitsparameter Δ der Komponenten bekannt sind. Δ-Werte werden am krit. Punkt von Fl.–Dampf auf der Basis der Hypothese von VAN DRANEN berechnet, wonach $\Delta^2 = 3/2\ RT^c/V^c$ am krit. Punkt beträgt. Der Einfl. von gasförmigen Verunreinigungen auf Hysteresis-Erscheinungen bei der Veränderung der Gleichgewichtsdichte ϱ mit der Temp. wird diskutiert. Erscheinungen, die auf diesen Einfl. zurückzuführen sind, scheinen eine bestimmte Art begrenzter Mischbarkeit zweier Gase zu sein. (Bull. Acad. polon. Sci., Cl. III **5.** 667—72. 1957.)
TH. GÖTZE. 150

R. F. Curl jr. und **Kenneth S. Pitzer,** *Volumetrische und thermodynamische Eigenschaften von Flüssigkeiten — Enthalpie, Freie Energie und Entropie.* Zur Darst. der volumetr. u. thermodynam. Eigg. einer breiten Klasse reiner Substanzen entwickeln Vff. eine Gleichung, die eine Erweiterung des Theorems der übereinstimmenden Zustände unter Verwendung genau definierter Parameter benutzt. Die Funktionen für Enthalpie $(H^*—H)/RT_c$, für Entropie $(S^*—S)/R$ u. Fugazität log (f/P) werden aus universellen Funktionen der reduzierten Temp. u. des Druck, aus denen sich unter Verwendung eines „azentr. Faktors" ω der Kompressibilitätsfaktor ableiten läßt, u. der Verdampfungsentropie berechnet. Der Bezugszustand (*) ist das hypothet. ideale Gas bei gleicher Temp. u. Druck. ω bestimmt die Abweichung der intermol. Potentialfunktion von derjenigen einfacher kugelförmiger Moll. wie *Ar*, *Kr* u. *Xe*. Die Ergebnisse werden tabellar. angegeben u. bei der Enthalpie für *n-Pentan*, CO_2 u. *n-Butan* mit denen anderer Autoren sowie experimentellen Werten verglichen. Zur Festlegung eines Kriteriums für eine n. Fl. gelangen Vff. zur selben Gleichung wie RIEDEL (C. **1958.** 932) $\sigma_0 \cdot V_0^{2/3}/T_e = 1{,}86 + 1{,}18\ \omega$, die die Oberflächenspannung σ_0 bei 0° K mit den krit. Größen in Zusammenhang bringt. (Ind. Engng. Chem. **50.** 265—74. Febr. 1958. Berkeley, Calif., Univ. of California, Dep. of Chem. and Chem. Engng.)
H. FREIWALD. 150

Karl A. Sense und **Richard W. Stone,** *Dampfdrucke und molekulare Zusammensetzung der Dampfphase der Systeme* $RbF–ZrF_4$ *und* $LiF–ZrF_4$. Unter Verwendung eines Transpirations-App. best. Vff. den Dampfdruck von *RbF* zu log $p_{Torr} = 63{,}823$ bis $17772/T — 15{,}66 \cdot \log T$ (für 798—1059°) u. zu log p = 10,263—11226/T (für 589—798°), durch therm. Analyse ergibt sich für RbF F. 798°. Der Dampfdruck von *LiF* wird best. zu log p = 8,797—11409/T (für 850—1060°). Die erhaltenen Werte sind beim RbF um ca. 19% u. beim LiF um ca. 100% größer als die früher nach der Siedepunkt-Meth. erhaltenen Werte. Diese Diskrepanz läßt sich unter Berücksichtigung der verschied. Meßmethoden durch die Annahme erklären, daß RbF u. LiF in der Gasphase teilweise als Polymere vorliegen. Vff. untersuchen die Systeme $RbF–ZrF_4$ u. $LiF–ZrF_4$ durch Dampfdruckmessungen u. durch therm. Analyse im Bereich von 690—1060° bzw. 670—1060° u. stellen fest, daß in der Gasphase auch Komplexe der Zus. $RbZr_2F_9$ u. $LiZr_2F_9$ vorliegen. Genauere Messungen an dem bereits früher untersuchten Syst. $NaF–ZrF_4$ ergeben, daß auch hier $NaZr_2F_9$ u. nicht wie früher angenommen $NaZrF_5$ in der Gasphase vorliegen dürfte. Phasendiagramme des Syst. $RbF–ZrF_4$ für Gesamtdrucke von 1 u. 8 Torr besitzen einen azeotropen Punkt bei der Zus. 33 Mol-% ZrF_4, danach wäre auch die Anwesenheit von Rb_2ZrF_6 in der Gasphase möglich; dagegen bildet sich im System $LiF–ZrF_4$ kein Azeotrop aus. Die gemessenen Dampfdruck- u. Partialdampfdruckkurven sowie die Siedediagramme werden in Form graph. Darstellungen mitgeteilt. (J. physic. Chem. **62.** 1411—18. Nov. 1958. Columbus, O., Battelle Memorial Inst.)
L. SCHWIEGK. 150

D. C. Bradley und **J. D. Swanwick,** *Dampfdrucke von Metallalkylaten.* 2. Mitt. *Zirkoniumtetra-tert.-butylat und -amylat.* (1. vgl. C. **1959.** 4378.) Vff. bestimmen die Dampfdrucke des *Zirkoniumtetra-tert.-butylats* (**I**) u. *-amylats* (**II**) mittels einer stat.

Meth. im Druckbereich 0,06—162 (I) u. 0,02—42 (II) mm Hg sowie durch hypsometr. Messung im Druckbereich 9,5—464 bzw. 2,5—42 mm Hg. Die Ergebnisse werden für I durch log P (mm) = 51,0296—5281,72/T — 13,9703 log T (für Drucke von 0,05—200 mm Hg u. Tempp. 300—450° K), für II durch log P (mm) = 78,7844—7566,42$_3$/T — 22,8232$_8$ log T (für Drucke von 0,02—20,0 mm Hg u. Tempp. von 330—440° K) wiedergegeben. Ein Vgl. mit den Ergebnissen bei den entsprechenden Titanverbb. zeigt, daß die Zirkoniumverbb. im untersuchten Druckbereich flüchtiger sind. Darst. des I: 3,5 Liter des azeotropen tert.-Butylalkohol–Bzl.-Gemisches werden zu 40 g Zn-Isopropylat gegeben u. in 2-wöchiger kontinuierlicher Darst. das azeotrope Isopropylalkohol–Bzl.-Gemisch abdestilliert. (J. chem. Soc. [London] **1959.** 748—52. Febr. London, Birkbeck Coll.) K. FRENKLER. 150

An. N. Nessmejanow und **B. S. Iofa,** *Dampfdruck des gesättigten Dampfes von festem Bleifluorid.* Die Messung des Dampfdruckes von festem PbF_2 erfolgte nach der Effusionsmeth. nach KNUDSEN unter Best. des Gewichtsverlustes der Effusionskammer u. aus der Radioaktivität des Kondensates unter Verwend. von RaD als Indicator. Die Abhängigkeit des Dampfdruckes von der Temp. läßt sich durch die Gleichung log P_{at} = —(9096,2/T) + 5,4696 darstellen. Die von Vff. bestimmten Werte weichen gegenüber den von WARTENBERG u. BOSSE (1922) erhaltenen ab. Die Berechnung der Standardsublimationswärme ergab unter Berücksichtigung der Literaturangaben den wahrscheinlichsten Wert für ΔH_0^0 = 53,3 ± 1,0 kcal/Mol. (Журнал Неорганической Химии [J. anorg. Chem.] **4**. 486—88. Febr. 1959.) E. KLEVER. 150

O. Kubaschewski und **W. A. Dench,** *Die Dissoziationsdrucke im System Zirkonium-Sauerstoff bei 1000°.* Zr-O-Legierungen mit verschied. Zuss. wurden mit Ca, Mg oder oder Ba in Bomben aus Zr oder Stahl bei 1000° in ein Gleichgewicht gebracht. Nach Auslaugen wurden die Zuss. der Prodd. durch chem. u. Vakuumschmelzanalysen bestimmt. Folgende Gleichgewichts-Konzz. von O (in Gew.-%) sind in Zr-O-Legierungen ermittelt worden: Ca < 0,05; Mg - 1,55 u. B - 2,0. Die freien Dissoziationsenergien der entsprechenden Oxyde sind bekannt, u. daher werden die Punkte auf der Kurve der freien Dissoziationsenergie im Zr-O-System erhalten. Die vollständige Kurve wird unter zusätzlicher Verwendung der bekannten Phasengrenzen des Systems ermittelt; ebenso die freie Bildungsenergie von ZrO_2. Die resultierende Kurve wird mit den entsprechenden Kurven für die Systeme Ti-O, V-O u. Fe-O verglichen. Einige bei der Red. von ZrO_2 durch Erdalkalimetalle erhaltenen Ergebnisse werden mitgeteilt u. erörtert. (J. Inst. Metals **84.** 440—44. Juli 1956. Teddington, Middlesex, National Physical Labor.) H. HOCHSTEIN. 150

Joseph Berkowitz, William A. Chupka, Gary D. Blue und **John L. Margrave,** *Massenspektrometrische Untersuchung der Sublimation von Lithiumoxyd. Li_2O* sublimiert hauptsächlich durch Zers. in die Elemente bei 1400° K, jedoch wird ein merklicher Partialdruck Li_2O (g) im Gleichgewicht mit der festen Substanz (f) bei massenspektrometr. Unterss. der Sublimation des Li_2O aus einer aus Platin bestehenden KNUDSEN-Zelle angezeigt. Aus den absol. Drucken wurden mit geschätzten thermodynam. Funktionen folgende „Wärmen" erhalten: Li_2O (f) → Li_2O (g), ΔH_0^0 = 104 ± 5 kcal/Mol; LiO (g) → Li (g) + O (g), $D_0^0 \leqslant$ 83 kcal/Mol (3,6 eV). LiO (g) ist als dampfförmiger Stoff von geringer Bedeutung, jedoch wird LiONa gebildet, wenn Na als Verunreinigung vorhanden ist. LiONa scheint beträchtlich stabil zu sein. (J. physic. Chem. **63. 644**—**48.** Mai 1959. Lemont, Ill., Argonne Nat. Labor.; Madison, Wis., Univ. of Wisconsin, Dep. of Chem.) W. KERNCHEN. 150

A. C. P. Pugh und **R. F. Barrow,** *Die Sublimationswärmen anorganischer Substanzen.* 5. Mitt. *Die Alkalimetallfluoride.* (4. vgl. Trans. Faraday Soc. **51.** [1955.] 1657.) Nach der von BARROW u. Mitarbeitern (vgl. C. **1956.** 3775) beschriebenen Torsionsfaden-Effusionsmeth. wurden die Dampfdrucke von *LiF, NaF, KF, RbF, CsF* u. *KCl* zwischen 10^{-4} u. 10^{-2} mm Hg gemessen. Aus den tabellar. zusammengestellten Ergebnissen wird gefolgert, daß bei den angewandten Versuchsbedingungen in den gasförmigen Verbb. LiF u. NaF ein merklicher Grad von Dimerisierung vorhanden ist. Folgende latente Sublimationswärmen wurden erhalten: LiF 66,3; NaF 67,3$_5$; KF 57,8; RbF 54,9; CsF 49,1 u. KCl 52,8$_8$ kcal/Mol. (Trans. Faraday Soc. **54.** 671—78. Mai 1958. Oxford, Univ., Phys. Chem. Labor.) C. GOTTFRIED. 155

F. J. Smith und **R. F. Barrow,** *Die Sublimationswärmen anorganischer Substanzen.* 6. Mitt. *Einige Halogenide von Gallium und Indium.* (5. vgl. vorst. Ref.) Mit Hilfe eines Torsionsfaden-Effusionsapp. wurden im Bereich von 10^{-4} bis 10^{-2} mm Hg die Dampfdrucke der folgenden Halogenide gemessen u. daraus die Sublimationswärmen H_s^{298} berechnet: *GaJ_3* 23,0; *$InCl_3$* 38,45; *$InBr_3$* 34,1; *InJ_3* 28,25; *InCl* 27,8 kcal/Mol. (Trans. Faraday Soc. **54.** 826—29. Juni 1958.) W. WAGNER. 155

W. B. Gluschkowa, *Bildungsbedingungen von Bariumsilicaten. 4. Mitt. Beurteilung der Werte der thermodynamischen Funktionen der Barium- und Strontiumsilicate.* (3. vgl. Журнал Неорганической Химии [J. anorg. Chem·) **2.** [1957.] 1254.) Die Berechnung der Bldg.-Energie auf Grund von Bestimmungen der Gitterenergie ist infolge der damit verbundenen, 2—3% betragenden Fehler oft unbefriedigend. Vf. berechnet aus Literaturdaten unter Anwendung der „Isokomponenten-Meth.“ von SCHTSCHUKAREW (Aufteilung der auf 1 Mol entfallenden Bldg.-Energie ΔH auf die Zahl n der Atome in der Formel; Aufstellung von Diagrammen $\Delta H/n$ gegen Zus. des Syst.) die Bldg.-Energien für Sr_3SiO_5, Sr_2SiO_4, $BaSi_2O_5$ Ba_2SiO_4, u. $BaSiO_3$. Nach der von LANDIA angegebenen Meth. werden für hohe Tempp. die spezif. Wärmen Cp für Ba- u. Sr-Silicate sowie für BaO_2 u. SrO_2 abgeschätzt. Die auf diese Weise erhaltenen Werte von Cp stimmen mit den experimentell ermittelten besser überein als die durch einfache Summierung der Cp-Werte der das betreffende Silicat bildenden Oxyde bestimmten Werte. Auf Grund der so erhaltenen Werte der Bldg.-Enthalpien u. der Temp.-Abhängigkeit von C_p berechnet Vf. die Änderung der freien Energie bei zahlreichen Rkk. in den Systemen l*SrO–SiO$_2$* bzw. *BaO–SiO$_2$* u. überprüft unter Anwendung von wahrscheinlich zuverässigeren Werten für ΔH u. Cp die thermodynam. Ergebnisse früherer Autoren. Die erhaltenen Abhängigkeiten von ΔF zahlreicher Prozesse werden in Tabellen u. Diagrammen mitgeteilt u. die Ergebnisse durch Experimental-Unterss. (chem., Röntgenstruktur- u. mkr. Unters.) überprüft. Zur Gleichgewichtseinstellung werden in den aus SiO_2 u. $BaCO_3$ bzw. $SrCO_3$ bestehenden Systemen bei 1200—1400° ca. 2 Std., bei 700—900° jedoch ca. 50 Std. benötigt. Die Silicat-Bldg. durch Rk. von $BaCO_3$ bzw. BaO_2 mit SiO_2 zeigt ein ähnliches Bild: bei tieferen Tempp. (700—900°) bilden sich vorwiegend $BaSiO_3$ u. $Ba_2Si_3O_8$; bei höheren (1000—1350°) entstehen Ba_2SiO_4 u. Ba_3SiO_5. Die erst bei etwa 800° beginnende Bldg. von Sr-Silicaten aus $SrCO_3$ u. SiO_2 führt bei Tempp. bis 1000° zu Sr_2SiO_4; in SrO-reichen Gemischen bildet sich bei höheren Tempp. Sr_3SiO_5. Die Silicat-Bldg. aus SrO_2 u. SiO_2 beginnt bereits oberhalb 400°. Die experimentellen Ergebnisse bestätigen vollständig die thermodynam. Vorhersagen u. zeigen die (wahrscheinlich auch auf Phosphate, Borate, Ammoniakate u. Hydrate ausdehnbare) Anwendbarkeit der „Isokomponenten-Meth.“ auf die untersuchten Systeme. (Журнал Неорганической Химии [J. anorg. Chem.] **2.** 2438—48. Okt. 1957. Inst. für Silicatchem. der Akad. der Wiss. der UdSSR.) H.-J. OSTMANN. 156

A. Schneider und **H. Klotz,** *Die Bildungsenthalpie der III/V-Verbindungen.* Kurze Notiz über eine direkte Best. der Bildungsenthalpie von *InSb*: $\Delta H_{298} = -3{,}4 \pm 0{,}3$ kcal/Grammatom. Dieser Wert bildet eine weitere Bestätigung für die schon anderweitig ausgesprochene Vermutung, daß im Gegensatz zur Theorie von KUBASCHEWSKI trotz gleicher Gitter die Bindungsverhältnisse in III/V-Verbb. grundsätzlich von denen in II/VI-Verbb. verschied. sind. (Naturwissenschaften **46.** 141. 2. Febr.-H. 1959. Göttingen, Univ., Anorgan.-Chem. Inst.) W. WAGNER. 156

Nobumasa Hôjô, *Gleichgewichtskonstante und Enthalpie der Chelatbildung in Harzen.* Die Gleichgewichtskonstanten u. Enthalpiewerte der Bldg. von Chelaten in 3-Hydroxyphenylthioharnstoff-Phenol-Harz mit Cu, Hg u. Ag werden aus experimentellen Daten berechnet. Die gemäß $K = [MeKe_2][H^+]/[Me][Ke]^2$ berechnete Gleichgewichtskonstante nimmt in der Reihenfolge Cu, Hg, Ag zu, wobei Me Metallion (einwertig) u. Ke chelatbildende Gruppe im Harz sind. log K gegen 1/T aufgetragen gibt für Cu sowie Hg eine Gerade, für Ag eine Gerade, die jedoch bei ca. 29° ihren Gradienten sprunghaft ändert. Die Enthalpie beträgt für Ag 11000 (cal/Mol, 0—20°), für Hg 29500 u. für Cu 10400. (J. chem. Soc. Japan, ind. Chem. Sect. [Kōgyō Kagaku Zassi] **61.** 1514—17. Nov. 1958. Ueda, Sinsyû-Daigaku. [Orig.: japan.]) E. MAEKAWA. 156

P. F. Knewstubb und **T. M. Sugden,** *Beobachtungen über die Kinetik der Ionisation von Alkalimetallen in Flammengasen.* Über der prim. Rk.-Zone vorgemischter Flammen, die Spuren von metall. Elementen enthalten, herrscht allg. therm., aber nicht chem. Gleichgewicht, da die Konzz. an OH u. H oft höher liegen, als den Gleichgewichtswerten entspricht, u. erst mit wachsenden Höhen über dem Brenner auf Gleichgewichtswerte hinuntergehen. Vff. untersuchten, wie weit bei Ggw. von *Na*- bzw. *Li*-Ionen die vermuteten Rkk. 1) $A + OH \rightleftharpoons A^+ + OH^-$ bzw. 2) $OH^- + H_2 \rightleftharpoons H + e + H_2O$ (wobei A = Atom eines Alkalimetalls) die Vorgänge beschreiben. Vff. bestimmten dabei den Geh. an freien Elektronen, in dem sie die Schwächung kurzwelliger Strahlung (30 MHz) beim Durchgang durch die Flammen feststellten. T ergab sich bei den Vers.-Bedingungen zu 2400° K konstant in 4—19 cm Höhe über dem Brenner. Die Rekombinationskoeffizienten der Rk. 1) ergaben sich bei T = 2400° K für Na zu $0{,}4 \cdot 10^{-8}$, für Li zu $0{,}5 \cdot 10^{-8}$; bei 2600° K zu $0{,}3 \cdot 10^{-8}$, bzw. $0{,}6 \cdot 10^{-8}$ cm^3·Molekül^{-1}·sec^{-1}. Eingehend werden App. u. theoret. Grundlagen bes. im Hinblick auf mögliche Nebenrkk. beschrieben,

(Trans. Faraday Soc. **54.** 372—80. März 1958. Cambridge, Free School Lane, Dep. of Phys. Chem.) E. ROEDER. 157

Th. Just und **H. Gg. Wagner,** *Reaktionszone von Knallgasdetonationen.* 2. Mitt. (1. vgl. C. **1959.** 8056.) Die bei der Detonation von H_2/O_2-Gemischen vor der Reaktionszone laufende, das Gas komprimierende Stoßwelle, die durch die mit ihr verbundene Temp.- Erhöhung die Rk. einleitet, wurde mit Hilfe einer Schlierenapp. untersucht, in dem ein 0,7 mm breites Lichtbündel senkrecht durch das 80 mm weite Reaktionsrohr trat, wobei das Lichtbündel durch die Stoßfront in eine Richtung, durch den Gradienten des Brechungsindex n in der Reaktionszone in die entgegengesetzte Richtung abgelenkt wurde. Die beiden sich ergebenden Lichtanteile wurden photoelektr. registriert, wobei das Auflösungsvermögen $< 3 \cdot 10^{-7}$ sec betrug. Auf diese Weise wurden die Induktionszeiten t_I gemessen, d. h., der Abstand des Impulses durch den Gradienten der Stoßfront bis zu dem steilsten Anstieg des durch den Gradienten von n in der Reaktionszone hervorgerufenen Lichtimpulses. Beim Auftragen von t_I gegen $^1/p$ (p = Anfangsdruck) ergeben sich in dem gemessenen p-Bereich (160 bis 50 mm Hg) für den ruhenden Beobachter gerade Linien. Die Temp. kurz hinter der Stoßfront beträgt bei vollständig eingestelltem Gleichgewicht 1540° K. Die t_I-Werte zeigen, daß unmittelbar hinter der Stoßfront sich die D. nicht oder sehr wenig ändert. Als Einleitungsrk. wird der Vorgang $H_2 + O_2 \rightarrow 2\,OH$ mit der Aktivierungsenergie 50—60 kcal/Mol betrachtet, daneben verläuft die Rk. $H_2 + O_2 \rightarrow HO_2 + H$. Die Rkk. $H_2 + O_2 \rightarrow H_2O + O$ bzw. $H_2 + M \rightarrow 2\,H + M$ werden als unwahrscheinlich angesehen. (Z. physik. Chem. Frankf. Ausg. [N. F.] **19.** 250—53. Febr. 1959. Göttingen, Univ., Inst. für phys. Chem.) E. ROEDER. 157

J. Bardeen, G. Rickayzen und **L. Tewordt,** *Theorie der Wärmeleitfähigkeit der Supraleiter.* Auf der Grundlage der Theorie von BARDEEN, COOPER u. SCHRIEFFER wird eine Theorie der Wärmeleitfähigkeit der Supraleiter entwickelt, in der die angeregten Zustände des Systems als Quasipartikel behandelt werden. Für den Fall, daß die Streuung durch Verunreinigungen überwiegt, wird der elektron. Beitrag zur Wärmeleitfähigkeit exakt berechnet. Er stimmt nahezu mit dem Ergebnis nach dem Zwei-Flüssigkeiten-Modell überein. Für den Fall einer überwiegenden Streuung durch Gitterwellen folgt die elektronische Leitfähigkeit aus dem Variationsprinzip von WILSON. Der experimentell beobachtete scharfe Abfall der Wärmeleitfähigkeit bei Unterschreiten von T_c wird von der Theorie nicht wiedergegeben. Die ebenfalls berechneten Elektroneneinfll. auf die Gitterleitfähigkeit liefern offenbar zu große Gitterbeiträge. (Physic. Rev. [2] **113.** 982—94. 15/2. 1959. Urbana, Ill., Univ. of Illinois, Phys. Dep.) D. JÖRCHEL. 158

M. R. Lucas, *Strahlungsdruck akustischer Wellen in Flüssigkeiten.* Kurze Mitteilung über experimentelle Untersuchungen des Schallstrahlungsdruckes zum Nachw. der hierbei auftretenden Komponente in Richtung der Schallausbreitung und der gleichzeitig auftretenden allseitig wirkenden Druckkomponente. (J. Physique Radium **17.** 42 S. Dez. 1956.) H. JACOB. 159

J. D. Macpherson, *Der Einfluß von Gasbläschen auf die Ausbreitung von Schall in Wasser.* Im Frequenzgebiet zwischen 15 und 100 kHz wird die Wrkg. von Gasbläschen zwischen 0,016 und 0,050 cm Durchmesser auf die Ausbreitung von US in W. untersucht. Die Flächendichte der Gasbläschen wird zwischen 1 u. 40 pro 10 cm^2 variiert. Die durch die Gasbläschen bedingte Absorption u. Reflexion der Schallwellen wird in guter Übereinstimmung mit theoret. Erörterungen von FOLDY gefunden. (Proc. physic. Soc., Sect. B **70.** 85—92. 1/1. 1957. London, Imp. Coll., Dep. of Phys.) H. JACOB. 159

C. G. Balachandran, *Ultraschallgeschwindigkeiten in einigen zweiwertigen Metallsulfaten.* Die Schallgeschwindigkeiten und die DD. wss. Lsgg. von *Mg-, Co-, Ni-* u. *Cd-Sulfaten* werden bei 25, 40 u. 60° zwischen 0,1 und 1 Mol/Liter ermittelt u. die scheinbaren Kompressibilitäten berechnet. Letztere nehmen linear mit der Wurzel aus der Konzentration ab. Der Abfall der Geraden ist aber in allen Fällen kleiner als nach der Theorie von DEBYE u. HÜCKEL zu erwarten wäre. Unter Berücksichtigung anderer thermodynam. Daten (Aktivitätskoeff.) wird das vom Vf. auf die Bldg. von Komplexen zurückgeführt. (J. Indian Inst. Sci. **38.** Sect. A 211—16. Okt. 1956. Bangalore, Ind., Inst. of Sci., Dep. of Phys.) H. JACOB. 159

M. Haïssinsky und **A. Mangeot,** *Chemische Wirkungen des Ultraschalles auf Wasser und wäßrige Lösungen.* Die oxydierende Wrkg. von US-Wellen in *W.*, H_2SO_4, H_3PO_4, *HCl*, HNO_3, $HClO_4$, $Fe_2(SO_4)_3$, *Na-Arsenit*, und wss. Lsgg. einiger Mineralsalze [Na_2SO_4, $MgSO_4$, $Al_2(SO_4)_3$ u. $Th(SO_4)_2$] wird unter O_2- u. Ar-Atmosphäre untersucht. Die Bldg. von H_2O_2 erfolgt auch ohne Ggw. von O_2. Gewisse Analogien zwischen dem Verh. der Ultraschallwellen und dem der α-Strahlen bezüglich ihrer chem. Wirkungen werden besprochen (Nuovo Cimento [10] **4.** 1086—95. 1/11. 1956. Paris, Fac. de Pharm., Inst. du Radium.) H. JACOB. 159

Kurt Lücke, *Ultraschallabsorption, verursacht durch thermoelastischen Wärmefluß.* Die Absorption von Ultraschallwellen in Kristallen wird auf einen thermoelastischen Wärmefluß zurückgeführt u. entsprechend berechnet. Dabei ergeben sich bei den Einkristallen im allg. gute Übereinstimmungen zwischen den berechneten u. den gemessenen Werten, wenn man entsprechend noch Fehlstellen im Kristall berücksichtigt, während beim polykristallinen Material keine Übereinstimmung gefunden wird. Wahrscheinlich überwiegt hier die Streuung durch die Kornstruktur. (J. appl. Physics **27.** 1433—38. Dez. 1956. Providence, R. I., Brown Univ., Dep. of Physics and Metals Res. Labor.)
H. JACOB. 159

Leonard Liebermann, *Von der Molekularresonanz in Festkörpern herrührende akustische Absorption.* Wenn sich Gitter- u. innere Molekularschwingungsfrequenzen überlappen, können Resonanzerscheinungen auftreten, die zu einer anomal großen akust. Absorption führen. Die unter Verwendung bekannter Molekülkonstanten durchgeführte Rechnung liefert bei allen akust. Frequenzen ohne Beschränkung auf das Resonanzgebiet bedeutende Effekte. Als numer. Beispiel wird *Bzl.* behandelt, für das sich bei 10 MHz eine Absorption von 0,5 cm^{-1} ergibt. Dieser Wert liegt um Größenordnungen über den Werten anderer Einkristalle (z. B. Eis: 0,04 cm^{-1}). Die Messung an einem großen Bzl.-Einkristall bei 10 MHz ergab 0,25 cm^{-1}. Mögliche Verfeinerungen der Berechnungsmeth. werden diskutiert. (Physic. Rev. [2] **113.** 1052—55. 15/2. 1959. La Jolla, Calif., Univ. of California.)
D. JÖRCHEL. 159

A_5. Kolloidchemie. Grenzschichtforschung.

H. T. Hahn, *Suspensionen von Uranoxyd in flüssigem Metall.* Vf. stellte Suspensionen von Uranoxyd in fl. *Bi* durch Zugabe von Mg zum Bi (teilweise Red. von U_3O_8) bei 700° oder durch die Rk. $U + 2/3\ Bi_2O_3 \rightarrow UO_2 + 4/3\ Bi$ her u. untersuchte ihre Eigenschaften. Das Mg wirkt als Getter, das O/U-Verhältnis wird auf diese Weise auf 1,6 gesenkt. Bis zu 20 Gew.-% U (als Oxyd) in Bi sind die Suspensionen auch bei 600° flüssig. Die Benetzung des Oxyds durch das fl. Bi ist aber nur selten vollständig. Mit der Oxydkonz. steigt die Stabilität der Suspensionen. Durch Herabsetzen der D. des fl. Bi durch Zugabe von Na lassen sich aber auch oxydärmere Suspensionen stabilisieren. (Ind. Engng. Chem. **51.** 197—99. Febr. 1959. Richland, Wash., Gen. Electric Co., Hanford Labor. Operation.)
H.-U. WOELK. 162

G. Joos, H. D. Enderlein und **H. Schädlich,** *Zur Kenntnis der rhythmischen Fällungen (Liesegang-Ringe).* Zur Prüfung der schon mehrfach aufgetauchten Theorie, daß die LIESEGANG-Ringe ins Makroskop. vergrößerte DE BROGLIE-Wellen sind, wurden mit einer Vielzahl von Platten Beugungsverss. unternommen, die wie zu erwarten, völlig negativ verliefen. Demgegenüber konnten aber die wichtigsten Folgerungen aus der Übersättigungstheorie, die von PRAGER (C. **1957.** 8433) numer. durchgerechnet u. ausgewertet worden sind, fast quantitativ u. in allen Einzelheiten durch die Verss. bestätigt werden. (Z. physik. Chem., Frankf. Ausg. [N. F.] **19.** 397—401. März 1959. München, TH, Physikal. Inst.)
W. WAGNER. 163

G. Watelle-Marion, *Ionenwechselwirkungen, Adsorption und kolloidale Stabilität.* An Hand einer Reihe experimenteller Unterss. (vgl. hierzu C. **1958.** 8542 u. früher) untersuchte Vf. theoret. die Hauptfaktoren, die für die Anomalien verantwortlich zu machen sind, welche man bei der Ausflockung einer kolloidalen Lsg. durch ein Gemisch von Elektrolyten beobachtet. (J. Physique Radium **19.** 31 S. Juni 1958. Dijon, Fac. des Sci.)
C. GOTTFRIED. 163

A. Englert-Chwoles und **I. Prigogine,** *Über die statistische Theorie der Oberflächenspannung binärer Mischungen.* Ableitung der Theorie auf der Grundlage des von PRIGOGINE („The Molecular Theory of Solutions", Amsterdam 1957) entwickelten Durchschnitts-Potentialmodells. (Suppl. del Nuovo Cimento Nr. 1 (zu [10] **9**). 347—55. 1958. Brussels, Univ. of Brussels, Fac. of Sci.)
W. WAGNER. 166

Marius Borneas und **Ioan Băbutia,** *Neue Ergebnisse über die Messung der Oberflächenspannung rotierender Flüssigkeiten.* Es wurden die Unterschiede der Oberflächenspannung von *Glykol* bei ruhender u. bei mit einer Umfangsgeschwindigkeit von 7,54 cm/sec rotierender Fl. als Funktion der Temp. (6—14°) u. der Anfangstemp. der Fl. gemessen. Während bei kleinen Tempp. der rotationskinet. Effekt positiv ist (Oberflächenspannung bei Rotation ist größer als in Ruhe), wurde innerhalb eines etwa zwischen 9 u. 14° liegenden Bereichs ein negativer Effekt beobachtet. Die Inversionspunkte scheinen jedoch nicht nur von der therm. Vorbehandlung der Fl. abzuhängen. (C. R. hebd. Séances Acad. Sci. **248.** 2865—67. 20/5. 1959.)
D. JÖRCHEL. 166

B. Dobiáš, *Einfluß der Temperatur der Sammlerlösung auf die Geschwindigkeit der Flotation von Fluorid.* Inhaltlich ident. mit der C. **1958.** 13701 referierten Arbeit. (Collect. czechoslov. chem. Commun. **24.** 1444—50. Mai 1959. [Orig.: deutsch.]) W. BARZ. 166

J. Jančárek, *Beitrag zur Frage des Zusammenhanges der Aktivierung und Depression der Flotation von Tetraedrit mit seinem Chemismus und seiner Isomorphie.* Inhaltlich ident. mit der C. **1959.** 2371 referierten Arbeit. (Collect. czechoslov. chem. Commun. **24.** 1706—08. Mai 1959. [Orig.: deutsch].) W. BARZ. 166

D. A. Haydon, *Zustandsgleichungen für ionisierte monomolekulare Schichten an der Grenzfläche Öl–Wasser.* Die von PHILLIPS u. RIDEAL vorgeschlagene Zustandsgleichung für die an der Grenzfläche Öl–W. auftretenden ionisierten monomol. Schichten unterscheiden sich in ihrem Ausdruck für die kinet. Energie der Moll. von der durch DAVIES veröffentlichten um den Faktor 2 im Zähler. Vf. zeigt an Hand verschied. Überlegungen, daß die von PHILLIPS u. RIDEAL angegebene Gleichung für den Fall relativ konz. Netzmittellsgg. anzuwenden ist, wogegen die von DAVIES für Netzmittellsgg. sehr kleiner Konz. bzw. dann in Ansatz zu bringen ist, wenn dem Substrat ein Überschuß an nicht oberflächenakt. Elektrolyt zugegeben wurde. (J. Colloid Sci. **13.** 159—62. April 1958. London, Imp. Coll. of Sci. and Technol., Dep. of Chem.) D. FORST. 166

J. Stauff, *Perlschnurbildung von Emulsionen im elektrischen Wechselfeld als Relaxationseffekt.* An fraktionierten Paraffinöl-W.-Emulsionen vom „Öl in W."-Typus, die im Falle positiver Ladung der emulgierten Öltröpfchen unter Verwendung von Cholesterin u. Hexadecyltrimethylammoniumbromid, bei negativer Ladung mit Na-Hexadecylsulfat hergestellt waren, sowie an einigen instabilen Zerteilungen von W. in Paraffinöl u. W. in Bzl. u. Emulsionen von Butanol oder Isobutanol in 20%ig. A.–W.-Gemischen wurde die Bldg. von „Perlschnüren" beim Anlegen eines sinusförmigen elektr. Wechselfeldes untersucht. Bei der Elektrophorese der Emulsion ergab sich umgekehrte Proportionalität zwischen den Schwingungsamplituden der Tröpfchen u. der Frequenz des Wechselstromes im Bereiche zwischen 30 u. 500 Hz. Die mit Hilfe einer einfachen statist. Meth. ermittelte, zur Perlschnur-Bldg. führende Anziehungsenergie war dem Quadrat der Feldstärke u. der 5. Potenz des Tröpfchenradius proportional; sie nahm mit zunehmender Frequenz des Wechselstromes ab. Durch Voraussetzung einer Polarisation der Ionenatmosphäre der Teilchen gelang die theoret. Deutung der Ergebnisse. Mit Hilfe eines Näherungs-Verf. konnten die experimentell gefundenen Abhängigkeiten beschrieben u. die Relaxationszeiten der Ionenatmosphäre best. werden. Die erstmalig in den Emulsionen beobachtete Streifen-Bldg. senkrecht zur Richtung des elektr. Feldes wird auf „hydrodynam. Fernkräfte" nach BJERKNES als weiteren Ordnungseffekt zurückgeführt. (Kolloid-Z. **143.** 162—71. Okt. 1955. Frankfurt a/M., Johann-Wolfgang-Goethe-Univ., Inst. für physik. Chem.) E. ÜHLEIN. 166

N. Sata und **H. Sasaki,** *Micell-Untersuchung mit spektroskopischer Methode.* 4. Mitt. *Der Einfluß eines Zusatzes fremder Verbindungen auf Micellen oberflächen-aktiver Substanzen in wässeriger Lösung.* (3. vgl. Bull. chem. Soc. Japan **29.** [1956.] 752.) Vff. untersuchten die Micellenbldg. oberflächenakt., in W. gelöster Substanzen (*Na-Oleat, Rapisol, Aerosol, E 120, E 4130, Na-Dodecylsulfat*) unter dem Einfl. verschied. Fremdzusätze durch spektroskop. Best. des infolge Solubilisierung lösl. Azobenzols. Es konnte festgestellt werden, daß durch den Zusatz höherer Alkohole das Micelleninnere sowohl von ion. als auch nichtion. oberflächenakt. Substanzen (o. S.) hydrophober wird, durch den Zusatz von Elektrolyten nur das Micelleninnere von ionischen. Die Micellen ion. o. S. werden durch einen A.-Zusatz zunächst kompakter, um dann mit weiter zunehmender A.-Menge wieder aufzuquellen; die Micellen nichtion. o. S. dagegen werden nach einem A.-Zusatz sofort aufgeweitet. (Kolloid-Z. **153.** 41—44. Juli 1957. Osaka, Japan, Univ., Chem. Labor.) D. FORST. 166

K. G. Götz und **K. Heckmann,** *Micellform und Struktur micellarer Phasen. Leitfähigkeitsanisotropie strömender Seifenlösungen.* 2. Mitt. (1. vgl. C. **1959.** 8473.) Der Anisotropie-Effekt der elektrischen Leitfähigkeit von *Cetyltrimethylammoniumbromid* (I) u. *Na-Oleat* im Strömungsfeld einer COUETTE-App. zeigt, daß diese Seifen in hinreichend konzentrierten wss. Lsgg. strömungsstabile Stabmicellen bilden. Dieses Ergebnis steht im Gegensatz zu früheren Interpretationen entsprechender Röntgendiagramme u. erweist die von CORRIN (J. chem. Physics **16.** [1948.] 844) vorausgesagte Mehrdeutigkeit solcher Diagramme. Eine quantitative Auswertung des Effektes führt zu „scheinbaren" Micellängen ($\geqslant$ wirkliche Micellängen—Gleichheit besteht bei verschwindender intermicellarer Wechselwirkung). Die ausgeprägte Abhängigkeit dieser scheinbaren Längen vom Zustand (c; T), sowie von hydrophoben bzw. elektrolyt. Zusätzen (Bzl., Heptylalkohol, KBr oder KCl) wurde an **I**-Lsgg. untersucht. Dabei hat sich ein stetiger Über-

gang von den Strukturelementen der konzentrierteren „micellaren Lsgg." zu denen der „middle soap"-Phase ergeben: In beiden Phasen liegen Stabmicellen unterschiedlicher Länge vor. (Z. physik. Chem., Frankf. Ausg. [N. F.] **20.** 42—52. April 1959.)
E. KLEVER. 168

E. R. Niblett, *Die Stabilität des Couette-Fließens in einem axialen magnetischen Feld.* Vf. nimmt Bezug auf theoret. Unterss. von CHANDRASEKHAR (vgl. Proc. Roy. Soc. [London], Ser. A **216.** [1953.] 293), der den Einfl. eines axialen magnet. Feldes auf die Stabilität des COUETTE-Fließens, d. h. die Stabilität des viscosen Fließens zwischen koaxialen rotierenden Zylindern untersuchte, u. zwar unter der Annahme, daß die Fl. ein elektrischer Leiter ist u. die Zylinderwände vollkommen leitend sind. Vf. erweiterte diese Unterss. auf nicht leitende Zylinderwände u. fand hierbei, daß durch die nicht leitenden Zylinderwände die krit. TAYLOR-Zahlen (vgl. hierzu TAYLOR, Philos. Trans. Roy. Soc. London, Ser. A **223.** [1923.] 289) reduziert u. die „Wellenlängen" der Instabilität erhöht werden, wobei unter „Wellenlänge" der Abstand zwischen 2 radial nach auswärts gerichteten Strömen verstanden wird. Zur Nachprüfung der theoret. Unterss. wurden die Werte des magnet. Feldes u. die Rotationsgeschwindigkeit beim Beginn der Instabilität in *Hg* zwischen Perspex-Zylindern gemessen. Zur Unters. des Fließens waren dem Hg Spuren von ^{192}*Hg* oder ^{203}*Hg* zugesetzt. Die Ergebnisse bestätigen die theoret. Vorhersage, daß die Grenzflächenbedingungen einen großen Einfl. auf die Bewegung ausüben. (Canad. J. Physics **36.** 1509—25. Nov. 1958. Ottawa, Dominion Observ., Dep. of Mines and Techn. Survey Div. of Geomagnetism.) C. GOTTFRIED. 173

József Tóth und **László Gráf,** *Über die Wirkung des festen Trägers und der Flüssigkeit in der Gas–Flüssigkeit-Verteilungschromatographie.* Es wurde theoret. u. experimentell bewiesen, daß sich an festen Trägern großer spezif. Oberfläche gemessene HENRY-Koeffizienten der gesätt. u. ungesätt. KW-stoffe mit der Menge der Fl. vermindert u. das chromatograph. Spektrum durch die Menge der Fl. leicht beeinflußt werden kann. An festen Trägern kleiner spezif. Oberfläche kann die chromatograph. Trennung auf Adsorption zurückgeführt werden (auf die Wechselwirkung der VAN DER WAALSschen Kräfte der Fl. u. der Gas-Moleküle). Die Trennbarkeit u. Elutionsfähigkeit der einzelnen Gase kann man durch die Art der Fl. gut beeinflussen. (Magyar Kém. Folyóirat [Ung. Z. Chem.] **64.** 85—92. März 1958.) G. HALMI. 177

A₆. Strukturforschung.

J. W. Menter, *Die Elektronenmikroskopie von Kristallgittern.* Der Überblick über die Möglichkeiten, Kristallgitter statt indirekt mit Beugungsaufnahmen direkt mit elektronenmkr. Bildern zu studieren, beginnt mit apparativen Fragen. Von den dann behandelten zwei Möglichkeiten, in mol. oder atomare Dimensionen vorzudringen, ist die Unters. der Oberflächen schon relativ weit fortgeschritten. Neuerdings wird die Durchstrahlungsmeth. bevorzugt. Mit Hilfe von MOIRÉE-Bildern kommt man zu einer indirekten Analyse der Periodizität des Gitters. Zur Deutung des Beobachteten muß bei der direkten u. der indirekten Meth. die kinemat. Beugungstheorie herangezogen werden. Für alle Verff. werden Beispiele in elektronenmkr. Aufnahmen gegeben. (Advances in Physics **7.** 299—348. Juli 1958. Cambridge, Tube Investments Res. Labors.)
C. REUBER. 181

Shih-Tsin Li, *Eine neue Methode zur Berechnung der atomaren Elektronegativität.* Die Elektronegativität (X) eines Atoms ist seiner effektiven Kernladung direkt u. seinem Ionenradius umgekehrt proportional. Trägt man X gegen die PAULINGsche Elektronegativitätsskala auf, so erhält man eine lineare Abhängigkeit, aus der X nach folgenden Gleichungen berechnet werden kann. $X = 0{,}11\ Z^* \cdot e^2/R + 0{,}64$ u. $X = 0{,}20\ Z^* \cdot e^2/r + 0{,}44$, e = elektronegative Ladung, $Z^* \cdot e$ = effektive Kernladung, R = Ionenradius, r = einwertiger Ionenradius. Für Atome mit 1s, 2sp-Schalen wie LiF ist X nach $X = Z^*/1{,}3$ berechenbar, wobei 1,3 den Wert für die effektive Kernladung des Li bedeutet. Die Elektroaffinität des Atoms in dieser Gruppe ist die relative effektive Kernladung in bezug auf die des Li. Die nach den angegebenen Gleichungen errechneten X-Werte stimmen mit anders berechneten befriedigend überein. (Acta chim. sinica **23.** 237—37. 1957. East China Inst. of Chem. Technol. [Orig.: chines. Auszug: engl.])
H. PLUSKAL. 182

G. I. Finch, *Die Herstellung von Kristallkugeln.* Vf. bringt einige ergänzende method. Einzelheiten zu seinen früheren Ausführungen (vgl. C. **1959.** 2991) über die Züchtung von Kristallkugeln. (J. sci. ind. Res. [New Delhi], Sect. A **16.** 375—76. Aug. 1957. Poona, Nat. Chem. Labor.) C. GOTTFRIED. 190

A. C. Chatterji und **Ram Naresh Singh,** *Keimbildung aus ruhenden übersättigten Lösungen von Alkalihalogeniden.* 1. Mitt. *Kalium- und Ammoniumchloride, -bromide und*

-jodide. Vff. bestimmen die Geschwindigkeit der Keimbldg. (ohne Animpfen) aus ruhenden übersätt. Lsgg. von KCl, KBr, KJ, NH_4Cl, NH_4Br u. NH_4J bei 35,00 ± 0,002° durch Messung der elektr. Leitfähigkeit der Lösungen. Die Lsgg. werden zuerst 1,5 Std. auf 70° erhitzt, um alle Kristallkeime in der Fl. zu zerstören. Dann wird das Leitfähigkeitsgefäß mit der Lsg. in einen Thermostaten von 35° gebracht (Zeit Null); nach 5 Min. ist die Lsg. auf 35° abgekühlt, u. es wird die Zeit Θ bis zum Kristallisationsbeginn bestimmt. Da die Werte sehr stark streuen, wurde jede Messung ca. 10mal wiederholt, zur Auswertung wird die maximal gemessene Zeit verwendet. Trägt man log Θ gegen den Übersättigungsgrad in Form von $1/\log^2 (x/x_0)$ auf, wobei x u. x_0 die Molenbrüche in der übersättigten u. in der gesätt. Lsg. bei 35° sind, so erhält man für jede Substanz eine Gerade. Berechnet man daraus nach PRECKSHOT u. BROWN unter der Annahme einer homogenen Keimbldg. die Oberflächenenergien der Kristalle, so erhält man Werte, die 10- bis 20mal kleiner als die erwarteten Werte sind. Vff. folgern daraus, daß in der Lsg. die Keimbldg. nicht homogen erfolgte. Daß es sich um einen heterogenen Vorgang handelt, läßt sich auch dadurch erkennen, daß die Zeit Θ von der verwendeten Glassorte abhängig ist. (J. physic. Chem. **62.** 1408—11. Nov. 1958. India, Univ. of Lucknow, Dep. of Chem.) L. SCHWIEGK. 190

G. L. Pearson und **R. G. Treuting,** *Oberflächen-Schmelzbilder auf Silicium.* Auf Si-Kristallen entstehen beim Tempern kurz unterhalb des F. Schmelz-Bilder, die man nach raschem Abschrecken beobachten kann. Die Bilder werden aus (111)-Ebenen gebildet u. sind charakterist. kristallograph. orientiert. Ähnliche Bilder erhält man auch auf *Ge, InSb, GaSb* u. *GaAs.* (Acta crystallogr. [Copenhagen] **11.** 397—99. 10/6. 1958. Murray Hill., N. J., Bell Telephone Labor.) H. C. WOLF. 190

Alberto Ripamonti und **Chiara Vacca,** *Über die Modifikationen des polymeren Schwefels.* Durch Umkristallisieren aus CS_2 gereinigter S wurde geschmolzen u. hierauf auf eine Temp. von 400° gebracht. Durch Eingießen der viscosen M. erhält man elast. Fäden, die durch Dehnen auf die 50-fache Länge gebracht werden können. Diese Fäden geben ein ausgesprochenes Faserdiagramm. Behandelt man diese Fasern mit $CHBr_3$ oder CCl_4, dann verlieren sie 50% ihres Gewichtes u. geben ein vollständig anderes Röntgendiagramm. Auch durch Bestrahlen mit Röntgenstrahlen oder mechan. Behandlung der Fasern wird das Röntgendiagramm geändert. Ausgehend von den Unterss. von PRINS u. Mitarbeitern (vgl. C. **1957.** 11508) geben Vff. die folgende Deutung der verschiedenen Diagramme: bezeichnet man mit S_γ orientierte S_γ-Kristalle, mit S_φ orientierte S_n-Kristalle, mit S_α u. $S_{\alpha'}$ orientierte S_8-Kristalle, dann bestehen die Ausgangsfäden aus $S_\gamma + S_\varphi$; durch Alterung entsteht eine Modifikation aus $S_\varphi + S_\gamma + S_{\alpha'}$. Durch Behandlung mit CCl_4 oder CS_2 wird S_γ herausgelöst, u. die Form besteht nur aus S_φ; durch Alterung erhält man $S_\varphi + S_\alpha$. (Ricerca sci. **28.** 1880—85. Sept. 1958. Bari, Univ., Ist. di chim. generale.) C. GOTTFRIED. 190

J. A. Kohn, *Verzwillingung in Strukturen des Diamanttyps: Vorschlag einer Modellstruktur für Verwachsungsebene.* (Vgl. C. **1958.** 42.) An Si-Kristallen wurden beobachtet: Zwillinge, bei denen Zwillings- u. Verwachsungsebene nicht zusammenfallen, Zwillinge zweiter Art, bei denen die Grenzen zwischen den Individuen auf zwei nicht parallele Zwillingsbldgg. zurückzuführen sind, u. wahrscheinlich Zwillinge dritter Ordnung. Die Zwillingsgesetze werden durch eine Überstrukturnetzebene parallel (110) gedeutet, die 4 mögliche Zwillingsbldgg. erster Ordnung u. 3 zweiter Ordnung erlaubt. (Amer. Mineralogist **43.** 263—84. März/April 1958. Fort Monmouth, N. J., U. S. Army Signal Engng. Labor.) J.-E. HILLER. 190

R. Brill und **H. Zandy,** *Absolutmessung der Intensität des (111)-Reflexes für Diamant.* Die an feinem u. reinem Diamantpulver mit Teilchengrößen von ca. 0,5 μ gewonnenen Ergebnisse für den f_c-Wert des (111)-Reflexes nach dem Reflexionsverf. u. nach dem Transmissionsverf. sind: Mit Wichtung der Genauigkeit der Einzelmessungen 3,11 ± 0,10 u. ohne Wichtung 3,09 ± 0,10. Im Unterschied zu früheren Daten stimmen diese Werte innerhalb des Fehlers mit dem theoret. Wert von McWEENY (C. **1953.** 5142), 3,100, überein. (Nature [London] **183.** 1387. 16/5. 1959. Brooklyn, N. Y., Polytechn. Inst. of Brooklyn.) D. JÖRCHEL. 195

H. Bizouard und **Chris Roering,** *Eine Untersuchung an Zinkblende.* Zinkblendeanschliffe wurden mit einer Röntgenfluorescenzanalysenapp. untersucht, die die Bestrahlung eines nur 1—2 μ^2 großen Gebietes gestattet. Der bestimmte Fe-Geh. entspricht nicht der Gitterkonstante der Zinkblende nach dem Diagramm von KULLERUD. (Geol. Fören Stockholm Förh. **80.** 309—14. Mai/Okt. 1958. Stockholm, Univ., Mineralog. Inst.; France, Inst. de Rech. de la Sidérurgie.) J.-E. HILLER. 195

S. Sawada und **G. C. Danielson,** *Bereichstruktur der WO_3-Einkristalle.* Die Bereichstruktur transparenter, durch Sublimation hergestellter WO_3-Einkristalle in Form 10 · 10 mm großer Plättchen wurde im Temperaturbereich 20—1350° polarisationsmkr.

untersucht. Zwischen 740 u. 810° wurde eine neue u. bes. Struktur beobachtet, die wahrscheinlich mit der Umwandlung von einer orthorhomb. in eine tetragonale Struktur verknüpft ist. Die opt. bestimmten Gitterparameter stimmen gut mit den aus der Röntgenstrahlanalyse gewonnenen überein. Die Verschiebung der Absorptionskante zum IR bei 740° tritt für senkrecht zur c-Achse, jedoch nicht für parallel zur c-Achse polarisiertes Licht auf. — Unterhalb 330° ist die Struktur monoklin, oberhalb 740 bis wenigstens 1350° tetragonal. Der Koeff. der therm. Ausdehnung des b-Kristalls ist oberhalb 330° negativ. (Physic. Rev. [2] **113.** 1005—08. 15/2. 1959. Ames, Io., Iowa State Coll., Dep. of Phys. and Inst. for Atom. Res.) D. JÖRCHEL. 195

B. Chodura, G. Landsperski, W. Machatschek und **Ja. Maly,** *Gewinnung von U_3O_8-Kristallen und Untersuchung ihrer Struktur.* Durch Erhitzen von $(NH_4)_2U_2O_7$, UO_4 u. $UO_2(NO_3)_2 \cdot 6\,H_2O$ (I) auf 1100° bis zu 7 Tage wurden U_3O_8-Präpp. verschied. Größe erhalten, wobei sich die größten Kristalle bei Verwend. von I ergaben. Zur röntgenograph. Unters. wurden U_3O_8-Einkristalle von der Dimension 30—50 · 80—100 μ verwendet. Die vorl. Unters. der Kristalle bei der Drehung um die a- u. b-Achse ergab für die Parameter der Elementarzelle: a = 3,967 kX, b = 6,71 kX u. c = 4,14 kX; bei Neigung der a- u. b-Achse um 30° die Parameter a' = 3,889 kX, b = 6,825 kX u. c = 4,14 kX, woraus sich ergibt, daß das U_3O_8 keine hexagonale, sondern rhomb. Struktur besitzt. (Атомная Энергия [Atomenergie] **5.** 181—83. Aug. 1958. Prag, Inst. für Kernphys. der tschechoslow. Akad. der Wiss.) E. KLEVER. 195

B. Stehlik und **P. Weidenthaler,** *Kristallstruktur von Silber(II)-oxyd.* Inhaltlich ident. mit der C. **1959.** 2377 referierten Arbeit. (Collect. czechoslov. chem. Commun. **24.** 1416—19. Mai 1959. [Orig.: deutsch.]) W. BARZ. 195

L. H. Fuchs, *Bildung und Eigenschaften synthetischer Thoritkristalle.* Es werden synthet. Thoritkristalle beschrieben, die bei 875° aus einer Schmelze von ThF_4 u. $KThF_5$ gezüchtet wurden. Die Kristalle haben Dipyramiden mit schmalen Prismenflächen, sind farblos durchsichtig mit den Brechungsindizes n_ω = 1,823, n_ε = 1,888. Diese Werte stimmen gut mit den wenigen Messungen an natürlichen Kristallen überein. Gitterkonstanten: a = 7,17, c = 6,43 Å. D. gemessen 6,70, berechnet 6,67. (Amer. Mineralogist **43.** 367—68. März/April 1958. Lemont, Ill., Argonne Nat. Labor., Chem. Div.) J.-E. HILLER. 195

G. D. Rieck, *Die Textur gezogener Wolframdrähte.* Röntgenbeugungsmessungen an W-Draht ergeben n. Fasertextur mit beliebiger Orientierung der Kristalle um die (110)-Faserachse. Die Feststellung von JEFFRIES (Trans. AIME **70.** [1924.] 303) über das Vorliegen einer Textur mit Vorzugsrichtung der Kristalle konnte nicht bestätigt werden. (Philips Res. Rep. **12.** 423—31. Okt. 1957. Eindhoven.) H. C. WOLF. 197

Hideo Takaki, Masashige Koyama und **Hidekiyo Fujihara,** *Untersuchungen über Linienstrukturen in Zinn-Einkristallen.* 4. Mitt. (3. vgl. C. **1958.** 6180.) Mkr. u. Röntgenstrukturuntersuchung der Substrukturen (Verwerfungen u. Streifungen) auf aus der Schmelze gezogenen Sn-Einkristallen als Funktion der Temp.-Gradienten ergibt einige kristallograph. Vorzugsrichtungen für die Substrukturen. (Nippon Kinzoku Gakkai-Si [J. Japan Inst. Metals] **21.** 279—82. April 1957. [Orig.: japan.; Auszug: engl.]) H. C. WOLF. 197

Aleksander Krupkowski, *Kriterium für das Auftreten einer intermetallischen Verbindung in binären Systemen.* (Vgl. C. **1957.** 3469.) Theoret. thermodynam. Untersuchung. (Arch. Hutnictwa **1.** 3—9. 1956.) C. GOTTFRIED. 197

H. K. Hardy und **J. M. Silcock,** *Die Phasen-Schnitte bei 500° und 350° von aluminiumreichen Aluminium-Kupfer-Lithium-Legierungen.* Untersucht wird die Konstitution von Al-Cu-Li-Legierungen mit bis zu 60 (Gew.-%) Cu u. bis zu 20 Li bei 500°. Drei tern. intermetall. Zuss. kommen mit dem Al-reichen Mischkristall in ein Gleichgewicht: T_B mit einer Zus. von $Al_{7,5}Cu_4Li$ (54,9 Cu u. 1,5 Li), kub. CaF_2-Struktur, a = 5,83 Å; T_1 mit einer Zus. auf der Cu-reichen Seite von Al_2CuLi (52,8 Cu u. 5,4 Li), hexagonal, a = 4,97, c = 9,35 Å; T_2 mit einer Zus. auf der Al-armen Seite von Al_6CuLi_3 (26,9 Cu u. 8,8 Li), unbestimmte Struktur. Drei weitere intermetall. Zuss., die mit T, Q u. R bezeichnet sind, werden in den Legierungen beobachtet, die weniger an Al angereichert sind als T_B, T_1 u. T_2. Die Grenzen des Al-haltigen festen Mischkristalles bei 500° liegen bei 4 Cu; 4,0 Cu —1,3 Li u. 2,75 Li. Die Scheitelpunkte der $(Al + \Theta + T_B)$-, $(Al + T_B + T_1)$- u. $(Al + T_1 + T_2)$-Zustandsfelder liegen bei 4 Cu u. 1 Li bzw. 4 Cu u. 1,3 Li bzw. 1,3 Cu u. 2,25 Li. Das $(Al + T_B)$-Zustandsfeld ist sehr schmal, u. mehrere der Legierungen nahe an T_B erreichen innerhalb von 16 Wochen bei 500° nicht den Gleichgewichtszustand. Dieselben Zuss. liegen auch in Al-reichen, 1 Woche bei 350° geglühten Legierungen vor. Bei dieser Temp. wird das $(Al + T_B)$-Zustandsfeld auf

Kosten des (Al + Θ)-Feldes verbreitert. (J. Inst. Metals **84.** 423—28. Juli 1956. Springfields, U. K. Atomic Energy Authority; Stoke Poges, Fulmer Res. Inst.Ltd.)
H. HOCHSTEIN. 197

Ch. Bückle und **J. Poulignier,** *Identifizierung und Untersuchung des „light phenomenon" in Ni–Cr- und Ni–Cr–Co-Legierungen bei struktureller Aushärtung.* Ausführliche Wiedergabe der C. **1958.** 6477 referierten Arbeit u. Diskussionsbemerkungen. (Rev. Métallurgie **55.** 417—32. Mai 1958. Châtillon-sous-Bagneux, Off. Nat. d'Études et de Recherches Aéronaut.) C. GOTTFRIED. 197

T'ing-Sui Kê, Chih-Tsiang Tsien und **Karel Mišek,** *Über das mit der Gegenwart von Kohlenstoff in Nickel in Zusammenhang stehende Maximum der inneren Reibung.* Inhaltlich ident. mit der C. **1956.** 12771 referierten Arbeit. (Sci. sinica **4.** 519—26. Dez. 1955. Academia Sinica, Inst. of Metal Res. [Orig.: engl.]) G. REISNER. 197

T'ing-Sui Kê und **Chi-Men Wang,** *Mit der spannungsinduzierten Diffusion von Kohlenstoff in flächenzentriert kubische legierte Stähle und Metalle in Zusammenhang stehende Maxima der inneren Reibung.* Inhaltlich ident. mit der C. **1956.** 12770 referierten Arbeit. (Sci. sinica **4.** 501—18. Dez. 1955. Acad. Sinica, Inst. of Metal Res. [Orig.: engl.])
G. REISNER. 197

I. Ss. Anitow, *Carbidbildung beim isothermischen Zerfall von legiertem Austenit übereutektoider Stähle.* Untersucht wird die Carbidbldg. beim isotherm. Zerfall von legiertem Austenit folgender Stähle: 1) 0,97(%) C, 3,2 Ni; 2) 1,06 C, 2,1 Mn; 3) 0,94 C, 3,3 Cr; 4) 0,95 C, 2,52 W; 5) 0,99 C, 0,54 Mo; 6) 1,01 C, 0,79 V. Hierbei zeigt sich, daß der Übergang der carbidbildenden Elemente aus dem Mischkristall in die Carbidphase beim isotherm. Zerfall des unterkühlten Austenits gewöhnlich bis zur Hauptumwandlung u. während derselben auftritt. Ausnahmen sind nur die Mn- u. V-Stähle, in denen bei 350° der Übergang vor der Hauptumwandlung verläuft. Die ausgeschiedenen Carbide können in Form von legiertem Zementit vorliegen. In Abhängigkeit von der Entw. dieses Vorganges wird die Menge der Legierungselemente im Zementit erhöht u. ein Sondercarbid gebildet. Es ist möglich, daß in den ersten Zerfallsstadien eine Ausscheidung intermetall. Verbb. aus dem unterkühlten Austenit der mit Ni, Cr, oder V legierten Stähle auftritt. Beim Austenitzerfall werden die Legierungselemente auch weiterhin aus dem Mischkristall als Zementit ausgeschieden, jedoch können sie auch im Zementit gelöst sein, welcher in den Eutektoid eintritt. Offenbar tritt bei 350° eine Ausscheidung einer Carbidphase ein, u. ihre Bldg. verläuft in einer gleichen Reihenfolge wie bei 600°, jedoch ist die Intensität u. der Vollendungsgrad in diesem Falle geringer. Für die untersuchten Stähle bilden die Legierungselemente hinsichtlich der Vergrößerung der Intensität ihres beendeten Überganges aus dem Austenit in die Carbidphase folgende Reihe: bei 600° (Ni), Mn, Cr, W, V, Mo; bei 350° Mn, (Ni), V, Cr, W, Mo. Nach dem Geh. in den ausgeschiedenen Carbiden bei beiden Tempp. gilt die Reihe: Mn (Ni), V, Cr, W, Mo. Die Menge der im Ferrit in Lsg. verbleibenden Legierungselemente ist für den Zerfall bei 350° wesentlich größer (bes. für Mn u. V). Ni ist kein carbidbildendes Element u. ist daher in geringerem Maße im ausgeschiedenen Zementit gelöst. Im Carbid des Perlits ist Ni nicht vorhanden. (Металловедение и Термическая Обработка Металлов [Metallkunde therm. Metallbearb.] **1959.** Nr. 2. 19—22. Febr. Leningrad, Technol. Inst.)
H. HOCHSTEIN. 197

B. I. Bruk und **W. W. Nyrkowskaja,** *Die Neuverteilung des Kohlenstoffs in Chromnickelstahl auf Grund der Methode der radioaktiven Isotopen.* Ein 6stdg. Halten eines austhenit. nichtrostenden Stahles 18—8 mit 0,07(%) C, 19,3 Cr u. 10,1 Ni bei 600° kann zur Bldg. einer von C angereicherten Zone an den Austenitkorngrenzen in einer Breite bis zu $2—10^{-5}$ mm führen. Diese Zone ist hinsichtlich der Menge des in ihr angereicherten C äquivalent einer Grenzschicht des Stahles mit einer Dicke von etwa 10^{-4} mm. Die Menge des C, der zu den Austenitkorngrenzen im angegebenen Anlaßbereich diffundiert, beträgt einige Tausendstel der gesamten C-Menge im Korn. Eine Verlängerung der Anlaßdauer bei 600° führt zu einer intensiveren Diffusion des C, dessen Konz. an den Austenitkorngrenzen die Bldg. deutlich verschied. Bereiche mit erhöhtem Schwärzungsgrad hervorruft. Durch die Meth. der Autoradiographie wird bestätigt, daß die Ggw. von Ti im austenit. nichtrostenden Cr–Ni-Stahl in einer Menge, die den vierfachen Wert der C-Konz. übersteigt, zu einer starken Hemmung der C-Diffusion u. der Absonderung von Cr-Carbiden führt. (Металловедение и Термическая Обработка Металлов [Metallkunde therm. Metallbearb.] **1959.** Nr. 2. 22—28. Febr.) H. HOCHSTEIN. 197

H. Cole und **E. Kineke,** *Gitterschwingungsspektren von Si und Ge.* Zur Best. des Gitterschwingungsspektr. von Si- u. Ge-Kristallen aus den experimentell bestimmten Dispersionswerten für elast. Wellen im Kristall wurden die zwischenmol. Kraftkonstanten nach der Theorie von BORN u. v. KARMAN berechnet. Mit einer elektron. Rechenmaschine erhält man daraus das Spektr. der Gitterschwingungen mit Wechselwrkg. bis zum 60. Nachbarn. Die Genauigkeit der Meth. läßt sich noch nicht genau angeben. (Physic. Rev. Letters **1.** 360—61. 15/11. 1958. Schenectady, N. Y., Gen. Electr. Res. Labor.) H. C. WOLF. 200

A. C. Damask, *Die Härte neutronenbestrahlter Diamanten.* Der Abrieb von Diamant an SiC vor u. nach Neutronenbestrahlung wird verglichen. Danach werden die Diamanten durch Bestrahlung weicher. Ihre D. nimmt ab. Eine theoret. Betrachtung zeigt, daß diese Effekte durch Auflsg. von Bindungen hinreichend beschrieben werden u. daß Versetzungsbewegung zur Erklärung nicht nötig ist. (J. appl. Physics **29.** 1590—93. Nov. 1958. Philadelphia, Pa., Pitman-Dunn Labor., Frankford Arsenal.) H. C. WOLF. 200

A_7. Gleichgewichte. Kinetik.

Frederick R. Duke und **Arthur S. Doan jr.,** *Die Löslichkeit von Wasserdampf in geschmolzenen Alkalinitratmischungen und in Lithiumperchlorat.* Es wird über die Gewinnung quantitativer Daten für die Löslichkeit von W.-Dampf in geschmolzenen $LiNO_3$–$NaNO_3$–KNO_3-Mischungen u. $LiClO_4$ in Abhängigkeit von der Salzzus., der Temp. u. dem Druck berichtet. Eine Löslichkeit von W.-Dampf in Alkalinitratmischungen ohne $LiNO_3$ ist nicht meßbar. Allg. steigt die Löslichkeit mit wachsendem Geh. an Li-Ionen, wofür eine theoret. Erklärung gegeben wird. Mit steigender Temp. tritt eine Abnahme der Löslichkeit ein. Die Abhängigkeit der W.-Dampflöslichkeit vom Druck ist bei allen Salzzusammensetzungen und Tempp. eine lineare Funktion (HENRYsches Gesetz). (Iowa State Coll. J. Sci. **32.** 451—53. 15/2. 1958. Ames, Io., Iowa State Coll., Inst. for Atom. Res. and Dep. of Chem.) H. SCHINKE. 224

L. Jäger, *Bestimmung der Löslichkeit und der Aktivitätskoeffizienten von Bleisulfat in Salpetersäure bei 25° mittels markierter Atome ^{35}S.* Inhaltlich ident. mit der C. **1959.** 2382 referierten Arbeit. (Collect. czechoslov. chem. Commun. **24.** 1703—05. Mai 1959. [Orig.: deutsch.]) W. BARZ. 224

Cyril Hinshelwood, *Betrachtungen über die chemische Kinetik.* (Vortrag.) Vf. bespricht Diskrepanzen zwischen der Theorie der chem. Kinetik u. dem tatsächlichen Verlauf von Reaktionen: das Auftreten komplexer Kinetik, Abweichungen bei monomol. Rkk., konkurrierende Mechanismen bei Zersetzungsrkk., die Abhängigkeit der k-Werte monomol. Gasrkk. vom Anfangsdruck u. die Beziehung zwischen Aktivierungsenergie u. -entropie. (Centenaire Soc. chim. France **1857—1957.** 54—62. 16.—17/7. 1957.) B. GNAUCK. 225

R. W. Atteberry, *Kinetik der Hydrolyse von Dekaboran.* Vf. untersucht die Hydrolyse von Dekaboran $B_{10}H_{14}$, in W. bei 80° u. 100°. Die Hydrolyse läuft als Rk. 1. Ordnung ab (Aktivierungsenergie 14,5 kcal/Mol; 80°: $t_{1/2} = 13{,}5$ Std., Rk.-Geschwindigkeitskonstante $1{,}43 \cdot 10^{-5}$ sec^{-1}; 100°: 4,5 Std. bzw. $4{,}27 \cdot 10^{-5}$ sec^{-1}). Jedoch überlagern sich zu Beginn der Hydrolyse schneller ablaufende Rkk. ($t_{1/2} \approx 0{,}25$ Std.), vermutlich handelt es sich dabei um die Hydrolyse der Brücken-H-Atome. Vff. nehmen an, daß bei der Hydrolyse des $B_{10}H_{14}$ in W. Ion-Dipol-Hydroxylierung der B–H-Bindungen erfolgt. (J. physic. Chem. **62.** 1457—58. Nov. 1958. Niagara Falls, N. Y., Olin Mathieson Chem. Corp., High Energy Fuels Div.) L. SCHWIEGK. 225

Leslie M. Ferris, *Kinetik der Reaktion von Urantetrafluorid mit Sauerstoff.* Durch Verfolgung der Gewichtsverluste als Funktion der Zeit u. der Temp. (550—815°) untersuchte Vf. die Kinetik der Rk. $2\ UF_4 + O_2 \rightarrow UO_2F_2 + UF_6$. Als Ausgangsmaterial diente durch Red. von UF_6 mit H_2 hergestelltes oder durch elektrolyt. Red. wss. Lsgg. von Uranylnitrat u. HF erhaltenes UF_4. Die Rk. ist erster Ordnung in bezug auf die Oberfläche des UF_4. Die Geschwindigkeitskonstanten lassen sich durch $k = 8{,}31 \cdot 10^6\ e^{-45900/RT}$ darstellen, wobei k in Mol · min^{-1} m^{-2} gemessen wird. Für die Rk. des UF_4 mit trockener Luft ergibt sich $k_a = 8{,}24 \cdot 10^6 \cdot e^{-47000/RT}$ oder $k_a = 0{,}55$ k. Die Nebenrk. $UF_4 + UF_6 \rightarrow 2\ UF_5$ wird erst bei Tempp. > 750° meßbar. Die durch diese Rk. verbrauchte UF_4-Menge steigt mit der Temp., z. B. von 1% bei 750° auf ca. 30% bei 815°. Diese Werte werden aber durch verschied. Faktoren stark beeinflußt. Der Einfl. des O_2-Partialdrucks auf die UF_4–O_2-Rk. wurde nicht näher untersucht. (Ind. Engng. Chem. **51.** 200—02. Febr. 1959. Oak Ridge, Tenn., Oak Ridge Nat. Labor., Union Carbide Co.) H.-U. WOELK. 225

M. Haïssinsky, *Über die Natur der Aktivierung des Sauerstoffs bei der Radiolyse wäßriger Lösungen.* (Vgl. C. **1957.** 3474.) Inhaltlich ident. mit der C. **1959.** 3064 referierten Arbeit. (Журнал Физической Химии [J. physik. Chem.] **31.** 2507—16. Nov. 1957. Paris, Inst. du Radium.) R. K. MÜLLER. 226

W. J. Hoff jr. und **F. S. Rowland,** *Die Reaktionen von in anorganischen Kristallen eingeschlossenem Tritium.* LiCl-Kügelchen von ca. 25 mg wurden bei —196° mit

Neutronen bestrahlt u. das nach der Rk. $^6Li(n, \alpha)^3H$ gebildete Tritium durch Lösen des LiCl unter verschied. Bedingungen freigesetzt. Als Lösungsm. wurde Aceton (I), Essigsäure (II) u. A. benutzt; nach dem Lösen wurde I mit einer gesätt. Lsg. von 2,4-Dinitrophenylhydrazon in 2n HCl, II mit Benzylthioharnstoff u. A. mit 3.5-Dinitrobenzoylchlorid gefällt u. die Tritiumaktivität gemessen. Nur im Falle von I wurde eine nennenswerte Aktivität im Nd. festgestellt. Dagegen wurde in der Lsg. nach dem Lösen mit I, II u. A. eine beträchtliche Aktivität, die auf einen labilen HT-Geh. zurückgeführt wird, gemessen. Die Beobachtung, daß ein veränderlicher Bruchteil der Aktivität in I in einer stabilen chem. Bindung vorliegt, wird durch die Ggw. einer reaktiven Form des Tritiums im bestrahlten LiCl erklärt. (J. inorg. Nuclear Chem. **5.** 164—69. 1958. Lawrence, Kan., Univ. of Kansas; Princeton Univ., Dep. of Chem.) W. KARCHER. 226

George K. Schweitzer und **Dale L. Wilhelm,** *Szilard-Chalmers-Reaktion in einigen Rheniumverbindungen.* Vff. untersuchten das Verh. einiger Re-Verbb. bei der SZILARD-CHALMERS-Reaktion. Die Proben wurden mit Neutronen aus einer Ra–Be-Quelle, die mit einem zylindr. Paraffinmoderator umgeben war, mit einer Neutronendosis von 7,43 · 10^5 über ≥ 4 Tage bestrahlt u. die entstandenen Aktivitäten von ^{186}Re u. ^{188}Re mit GEIGER-MÜLLER-Zähler gemessen. Nachdem festgestellt worden war, daß kein nennenswerter Austausch (< 5%) zwischen markierter Perrhenatlsg. (I) u. Re (IV)-Oxydhydrat (II) stattfindet, wurden wss. Lsgg. von I unter verschied. Bedingungen bestrahlt u. nach der Bestrahlung auf Ggw. von ReO_2 geprüft. In allen Fällen wurde, unabhängig vom pH u. der Ggw. von Red.-Mitteln (Na_2SO_3 u. NaJ) u. auch in einer Lsg. von Nitronperrhenat in Pyridin, eine 100%ig. Retention beobachtet. Diese Ergebnisse werden durch ein Käfigmodell erklärt: die durch Rückstoß entstandenen Re-Fragmente rekombinieren innerhalb des Käfigs aus Solvens-Moll. rasch mit O^{2-}-Ionen zu **I. II** wurde in festem Zustand u. in Suspensionen verschied. Lösungsmittel bestrahlt u. nach der Bestrahlung auf Re(IV) u. Re(VII) geprüft. Wie bei der Bestrahlung von ReO_2 wurden größere Mengen von **I** gefunden. Bei diesen Verss. wurde festgestellt, daß ReO_2 im Gegensatz zu **II** den p_H-Wert einer ungepufferten wss. Lsg. nicht ändert u. von kaltem Königswasser u. alkal. H_2O_2 nur wenig bzw. gar nicht angegriffen wird. Die Retention bei ReO_2 ist weitgehend unabhängig von den verwendeten Lösungsmitteln, bei **II** wurde eine merkliche Verringerung der Retention in wss. Suspensionen beobachtet. Die Unterschiede (unter gleichen Bedingungen ist die Retention von ReO_2 etwa doppelt so groß wie die von **II**) werden auf den amorphen Charakter von **II** zurückgeführt. Bei der Bestrahlung von festem $K_2[ReCl_6]$ (**III**), $K_2[ReBr_6]$ (**IV**) u. $K_2[ReJ_6]$ (**V**) wurde eine Retention von 70—87% beobachtet mit einer Zunahme von **III** nach **V**. Bei der Bestrahlung von **III** in wss. Lsg. wurde eine Retention von 0% erhalten (Bestätigung der hohen Stabilität von **III**); dieses Verf. scheint die beste Methode zur Darst. von radioakt. Re hoher spezif. Aktivität darzustellen.

V e r s u c h e: Darst. von **II** durch Red. einer Suspension von 40 mMol $KReO_4$ in 40 ml heißer 50%ig. NaOH mit Hydrazinsulfat u. Ausfällung bei p_H 4—6 (Ausbeute ca. 100%). — Darst. von **III** durch Behandeln von **II** mit 15 ml konz. HCl bei 85°, Filtrieren u. Umkristallisieren aus 40—50 ml heißer konz. HCl (Ausbeute ca. 50%); Darst. von **IV** entsprechend. — **V** durch Red. von **I** mit KJ: 5 mMol **I** wurden zur Lsg. von 10 mMol KJ in 6,5 ml heißer 57%ig. HJ (D. = 1,7) gegeben u. das abgeschiedene Prod. über $CaCl_2$ getrocknet; Ausbeute ca. 60%. (J. inorg. Nuclear Chem. **3.** 1—8. Aug. 1956. Univ. of Tennessee, Dep. of Chem.) W. KARCHER. 226

J. H. de Boer, *Erscheinungsformen und Grundzüge der Katalyse.* Übersicht über Geschichte u. Bedeutung der Katalyse, mehrere Mechanismen, in denen homogene u. heterogene Katalysatoren wirksam sind (Beispiele). (Ind. chim. belge **21.** 1159—70. Nov. 1956. Geleen, Niederlande, Staatsmijnen in Limburg, Centr. Labor; Delft, Techn. Hoogeschool.) W. WESLY. 227

J. Pašek, F. Jošt und **F. Petrů,** *Beitrag der Chemie der Seltenen Erden.* 5. Mitt. *Einige katalytische Eigenschaften des Scandiumoxyds.* Inhaltlich ident. mit der C. **1959.** 2384 referierten Arbeit. (Collect. czechoslov. chem. Commun. **24.** 1394—99. Mai 1959. [Orig.: deutsch.]) W. BARZ. 227

A_8. Präparative anorganische Chemie. Komplexverbindungen. Metallorganische Verbindungen.

Alwyn G. Davies und **R. B. Moodie,** *Peroxyde von Elementen außer Kohlenstoff.* 2. Mitt. *Die Bildung von Peroxyden des Bors durch nucleophile Substitution.* (1. vgl. C. **1959.** 11538.) *BCl_3* (**I**) bildet mit *tert.-Butylhydroperoxyd* (**II**) u. mit *n-Butylhydroperoxyd* (**III**) die entspr. Tris-[alkylperoxy]-bor-Verbb. $(ROO)_3B$, farblose Fll., bei Raum-Temp.

beständig, bei 100° nur kurze Zeit. *Tetraacetyldiborat* (**IV**) bildet mit **II** u. **III** die entspr. Bis-[alkylperoxy]-borsäuren $(ROO)_2B \cdot OH$; *o-Nitrophenyldichloroborat* (**V**) $Cl_2B \cdot OAr$, u. *Bis-[o-nitrophenyl]-chloroborat* (**VI**), $ClB \cdot (OAr)_2$, ergeben mit **II** u. **III** die Alkylperoxy-aryloxybor-Verbb. $(ROO)_2B \cdot OAr$ bzw. $ROOB \cdot (OAr)_2$. Alkylboronsäuren $R \cdot B(OH)_2$ u. ihre Derivv. red. Alkylhydroperoxyde u. setzen den Alkohol ROH in Freiheit. Diese Rk. wurde mit ^{18}O markierter Boronsäure u. einem opt. akt. Alkylhydroperoxyd ausgeführt; die Ergebnisse machen folgenden Rk.-Mechanismus wahrscheinlich: in dem Zwischen-Prod. $R \cdot B \cdot O \cdot O \cdot R'$ erfolgt eine nucleophile Wanderung der Gruppe R vom B zum O.

Versuche: *Tris-[tert.-butylperoxy]-bor* (**VII**), F. 15—18° (aus Pentan bei —80°), aus 8 g **II** im gleichen Vol. Pentan u. 3,5 g **I**, nach Abdest. der flüchtigeren Bestandteile wurde das gebildete Prod. bei 10^{-4} Torr u. einer Bad-Temp. von 40—70° destilliert. — Beim Versetzen einer Lsg. von **VII** in Pentan mit Pyridin, Diäthylamin oder NH_3 fallen die entsprechenden *Aminkomplexe* aus, bei Zimmer-Temp. erfolgt Zers. u. Schmelzen, die stabilste Verb. ist der Pyridinkomplex $C_5H_5N \cdot C_{12}H_{27}O_6B$. — *Tris-[n-butylperoxy]-bor*, F. —80°, sd. bei 10^{-3} Torr u. 40—60° Bad-Temp., in guter Ausbeute aus **I** u. **III**. — Zwischen **I** u. *1-Methyl-1-phenyläthylhydroperoxyd* (**VIII**) in Pentan erfolgte heftige Rk., als Prod. wurde Phenol erhalten. — Hydrolyse u. Alkoholyse von **VII**: Lsg. von **VII** in Essigsäure, die H_2SO_4 u. Triphenylcarbinol enthielt, ergab tert.-Butyltriphenylmethylperoxyd, F. 72,5°. Sofort nach der Mischung von 0,92 g A. mit 1,93 g **VII** ließ sich bei 30 Torr kein A. mehr abdest., das Prod., vermutlich eine Mischung aus H_2O_2 u. Äthylborat, dest. bei 35—40°/16 Torr. — Bei der Umsetzung von Propylborat mit **II**, **VIII** u. Pinanhydroperoxyd erfolgte nur teilweise Rk., definierte Prodd. wurden nicht erhalten. — Bei der Rk. von **I** mit Peroxyoctansäure in Pentan bei 0° wurde Hexansäure u. B_2O_3 erhalten. — Beim Erwärmen einer bei —80° bereiteten Mischung aus **I** u. tert.-Butylperoxyd bildete sich in energ. Rk. HCl, Olefin, tert.-Butylchlorid u. Borsäure, bei der Hydrolyse der Mutterlauge bildete sich H_2O_2. — *Bis-[tert.-butylperoxy]-borsäure*, F. 38—42°, aus **II** u. **IV** bei Raumtemperatur. — *Bis-[tert.-butylperoxy]-o-nitrophenoxybor*, rote Fl. aus **II** u. **V** in CH_2Cl_2 bei —40°. — *Tert.-Butylperoxy-bis-[o-nitrophenoxy]-bor*, F. ca. 15°, rote Fl. aus **II**, o-Nitrophenol u. Dichlorborsäure in CH_2Cl_2. — *Phenyl-[^{18}O]-boronsäure* (**IX**) aus Butylphenylborsäure u. $H_2{}^{18}O$ durch fraktionierte Destillation. Der gebildete Alkohol war nicht markiert. — Rk. vorst. Verb. mit einer 6%ig. Lsg. von H_2O_2 in $H_2{}^{18}O$: Das gebildete Phenol war nicht markiert. — Beim Kochen einer wss. Lsg. von **II** u. nicht markierter **IX** am Rückfluß wurde Phenol erhalten. — Aus einer Lsg. von 1.2.3.4-Tetrahydro-1-naphthylhydrogenperoxyd u. ^{18}Omarkiertem **IX** in ^{18}O markiertem wss. Dioxan bei 25° wurde *1.2.3.4-Tetrahydronaphthol-(1)* (unmarkiert), Kp. 255°, n_D^{25} 1,5625 erhalten. — Bei der Rk. von unmarkierter **IX** mit (—)-1-Phenyläthylhydroperoxyd in Ae. ergab sich Borsäure u. (—)-*1-Phenyläthanol*, $Kp._{15}$ 86°, n_D^{25} 1,5279, α_D^{20}—0,66°. — *Bis-[tert.-butyl]-peroxyd*, Kp. 112°, als flüchtiges Prod. aus **II** u. Hexylbordifluorid in Pentan bei 0°; der Rückstand wurde hydrolysiert u. mit PAe. extrahiert; auf Zusatz von α-Naphthylisocyanat wurde n-Hexyl-α-naphthylurethan erhalten. (J. chem. Soc. [London] **1958**. 2372—77. Juni. London, Univ. Coll.)

L. SCHWIEGK. 258

Patrick A. McCusker und **Thomas Ostdick**, *Reaktionen von Borhalogeniden mit Organocyclosiloxanen. 1. Mitt. Bortrichlorid mit den trimeren und tetrameren Methyl- und Äthylverbindungen.* Vff. ließen bei Tempp. von 10—50° gasförmiges BCl_3 (**I**) auf *Hexamethylcyclotrisiloxan* (**II**), *Octamethylcyclotetrasiloxan* (**III**), *Hexaäthylcyclotrisiloxan* (**IV**) u. *Octaäthylcyclotetrasiloxan* (**V**) einwirken. Bei einem Umsatz von 3 Mol **I** je Mol **II** u. **IV** bzw. 4 Mol **I** je Mol **III** u. **V** entstanden fl. Rk.-Prodd., die nach Analyse, Mol.-Gew. u. Mol-Refr. *Dimethylchlorosiloxydichloroboran*, $(CH_3)_2ClSi—O—BCl_2$, bzw. *Diäthylchlorosiloxydichloroboran*, $C_2(H_5)_2ClSi—O—BCl_2$, darstellten. Eine Reinigung dieser Verbb. durch fraktionierte Dest. gelang auch bei vermindertem Druck nicht, da sie dabei nach der Gleichung $3\,R_2ClSiOBCl_2 \rightarrow (R_2ClSiO)_3B + 2\,BCl_3$ in *Tris-(dimethylchlorosiloxy)-boran* (**VI**) bzw. *Tris-(diäthylchlorosiloxy)-boran* (**VII**) u. **I** disproportionierten. Nach 2—4 std. Erhitzen unter Rückfluß auf 150—160° u. anschließender fraktionierter Dest. disproportionieren **VI** u. **VII** zu *symm. Tetramethyldichlorodisiloxan* (**VIII**) u. *symm. Tetraäthyldichlorodisiloxan* (**IX**). **VIII** u. **IX** können durch 30—35 std. Erhitzen auf 175° u. anschließende langsame fraktionierte Dest. vollständig in Dimethyldichlorsilan und Hexamethylcyclotrisiloxan bzw. Diäthyldichlorsilan u. Hexaäthylcyclotrisiloxan umgewandelt werden. Dabei werden weder lineare noch höhere Cyclosiloxane gebildet. Dimethylchlorosiloxydichloroboran, $(CH_3)_2ClSiOBCl_2$, D^{20} = 1,1999; n_D^{20} = 1,4210, Diäthylchlorosiloxydichloroboran, $(C_2H_5)_2ClSiOBCl_2$, Kp. (18 mm) = 68°, D^{20} = 1,1721, n_D^{20} = 1,4333; $[(CH_3)_2ClSiO]_3B$ (**VI**), Kp. = 98,5° (11 mm), D^{20} = 1,0966, n_D^{20} = 1,4130 $[(C_2H_5)_2ClSiO]_3B$ (**VII**), Kp. = 138° (2 mm), D^{20} = 1,0665, n_D^{20} = 1,4401; $(CH_3)_2ClSiO$-

$SiCl(CH_3)_2$ (**VIII**), Kp. = 133,0° (750 mm), D^{20} = 1,0387, n_D^{20} = 1,4054; $(C_2H_5)_2ClSiO$-$SiCl(C_2H_5)_2$, Kp. = 107° (20 mm), D^{20} = 1,0301, n_D^{20} = 1,4430. (J. Amer. chem. Soc. **80.** 1103—06. 5/3. 1958. Notre Dame, Ind., Univ. of Notre Dame, Chem. Labor.)
H.-J. BECHER. 258

G. Fritz und **H. O. Berkenhoff,** *Über ein Siliciumphosphid Si_2P.* SiH_4 reagiert mit PH_3 in den Mischungsverhältnissen 1:1 u. 1:2 bei ca. 450° u. 200—300 Torr (vgl. C. **1955.** 5264) u. a. unter Bldg. von blauschwarzem, röntgenamorphem *Si_2P*, das um 600°, wie Röntgenpulverdiagramme u. IR-Spektren zeigen, in Si u. metastabiles *Si_3P_2*, bei 700—800° in Si u. *SiP* (ident. mit dem Prod. von BILTZ) zerfällt. Bei Rk. im Mischungsverhältnis 2:1 entsteht ein noch nicht identifiziertes, röntgenamorphes Prod. der Zus. Si:P = 4,8:1. *Si_2P* wird von verd. HCl kaum, von sd. HCl wenig, von sd. H_2SO_4 u. von HNO_3 stärker angegriffen; mit Alkalien reagiert es unter Bldg. von PH_3. Zur Analyse wird *Si_2P* mit $Na_2CO_3/NaNO_3$ = 2/1 aufgeschlossen. (Z. anorg. allg. Chem. **300.** 205—09. 1959. Münster/Westf., Univ., Anorg. Inst.) EBERHARD RIEDEL. 264

Stanislav Landa, František Petrů, Jiří Mostecký, Jaroslav Vít und **Vladimír Procházka,** *Beiträge zur Chemie der Metallhydride.* 2. Mitt. *Über die Reaktion der Alkalimetalle mit Wasserstoff bei höheren Temperaturen und Drucken.* Li, Na u. K werden bei 310, 220 bzw. 150° u. 120 at Anfangsdruck zu Metallhydriden quantitativ hydriert. Als Katalysator haben sich am besten WS_2, MoS_2 oder Cu—Cr bewährt, dagegen nicht RANEY-Ni. Die Katalysatormenge liegt im Bereich von 0,1%. Die Temp. muß ziemlich genau eingehalten werden, denn Überhitzen hat die Zerstörung des Katalysators zur Folge. Bei K u. Na wird das Prod. nach Beendigung der Rk. zur Erhöhung der Beständigkeit kurz auf 350° erhitzt. Der Autoklav darf erst nach Ausspülen mit N_2, kalt, geöffnet werden. *KH*, feines weißes Pulver, darf nur unter Feuchtigkeits- u. Luftausschluß behandelt werden; gut geschlossen unbegrenzt haltbar. *NaH*, weißes Pulver, leichter zu behandeln als KH, aber auch unter N_2. *LiH*, weiße, leicht zerfallende Masse; kann in kleinen Mengen an der Luft behandelt werden. K u. Na werden vor der Rk. durch Umschmelzen unter Petroleum gereinigt. (Chem. Listy **52.** 1357—59. Juli. 1958. Praha, Vys. škola chem., Kat. synth. pohon. látek a Kat. anorg. chem.) J. KOVÁŘ. 275

M. Ebert, *Herstellung und Untersuchung von Phosphiten.* 2. Mitt. *Herstellung von normalen Alkalimetallphosphiten.* Inhaltlich ident. mit der C. **1959.** 2387 referierten Arbeit. (Collect. czechoslov. chem. Commun. **24.** 1389—93. Mai 1959. [Orig.: deutsch.])
W. BARZ. 275

H. E. Podall und **W. E. Foster,** *Reaktionen von Magnesiumhydrid und Diäthylmagnesium mit Olefinen.* *MgH_2* (**I**) wird von Äthylen (**II**) bei hohem Druck unter Bldg. von *Dialkyl–Mg-Verbb.* (**A**) addiert. Die prim. Bldg. von Äthyl–Mg–Hydrid läßt sich nicht mit Sicherheit nachweisen. Durch Weiter-Rk. der zuerst entstehenden *Äthylverbb.* erhält man höhere **A**. Die Hydridalkylierung ist von der Oberflächenaktivität von **I** abhängig u. gelingt am besten in polaren Lösungsmitteln, bes. in Äthern, wobei ca. 5—8% des **I** in **A** übergeführt werden. Untersucht wurden Triäthylamin, Dimethylsulfoxyd, Pyridin Ae., p-Dioxan, Diäthylenglykoldimethyläther (**VII**), n-Butyläther, Anisol, Diphenyläther, n-Hexan, n-Heptan u. Bzl. als Rk-Medium. Äther werden meist durch **I** teilweise gespalten; **VII** wird jedoch erst ab 100° merklich zersetzt. In KW-Stoffen reagiert **I** mit **II** nur bei Ae.-Zusatz oder in Ggw. von Katalysatoren, z. B. bewirkt Trimethyl-Al (**III**) in n-Heptan 17%ig. Umsetzung von **I** mit **II** zu Prodd., die bei der Hydrolyse ein Gemisch aus 46% *Äthan,* 53% *Butan* u. 1% *Hexan* liefern. In Ae. bewährt sich Triäthylbor (**IV**) als Katalysator, während **III** z. B. in n-Butyläther (wahrscheinlich wegen größerer Stabilität seiner Ätherkomplexe) wirkungslos ist. Von geringem Einfl. sind Diäthyl-Mg (**V**), MgJ_2, Al, $AlCl_3$, Triäthyl-Al, $LiAlH_4$ bzw. Pb-Acetat. Vff. diskutieren den Mechanismus der Katalysen u. das Nichtreagieren von GRIGNARD-Verbb. mit Olefinen. Eine Mischung von **I** u. **IV** katalysiert die Niederdruckpolymerisation von **II** (in Ae.), während **I** u. **IV** allein ohne Wrkg. sind. **I** reagiert mit Isobutylen bei 100° ohne Lösungsm. unter Bldg. eines braungrünen Festkörpers. Aus dem daraus bei der Hydrolyse entwickelten Gasgemisch kann man auf eine etwa 5%ig. Ausbeute an *Isobutyl-Mg-Verbb.* schließen. In äther. Medium sind letztere jedoch nicht zu erhalten. Aus **I** u. Octen-(1) erhält man bei 25° ohne Lösungsm. eine 4%ig. Ausbeute an *n-Octyl–Mg-Verbb.*, bei 110° in Pyridin steigt die Ausbeute auf 6%. Bisdiphenylenäthylen (**VI**) reagiert nicht mit **I** wohl aber mit **V**, das gegenüber Olefinen allg. beträchtlich reaktionsfähiger ist. Mit **II** wandelt sich **V** in Ae. weitgehend in *n-Butyl–Mg-Verbb.* um. Daneben entstehen nur wenig *n-Hexyl-*, jedoch (neben **I**) auch *Vinyl-* u. *Äthinyl–Mg-Verbindungen.* In KW-Stoffen reagiert **V** mit **II** quantitativ unter Bldg. von höheren **A**, aus denen man bei der Hydrolyse Paraffine mit 10 u. mehr C-Atomen erhält. Vff. schließen daraus, daß Äther das Kettenwachstum verzögern. *Magnesiumhydrid* (**I**), a) aus Mg u. H_2 in Ggw. von

Triäthyl-Al in Hexan bei 250—400° u. 1000 p.s.i.g. in 90—192 Std.; b) durch Pyrolyse von **V** (vgl. C. **1953.** 8027); c) aus **V** u. H_2 bei 75—80° u. 1000 p.s.i.g. in 12—20 Std.; d) durch Red. von **V** mit $LiAlH_4$. — *Diäthylmagnesium* (**V**), aus **I** u. **II** bei 100° u. 1000 p. s.i.g. in 1,5 Std.; **I** 28% (Ausbeute). — *Di-n-butylmagnesium*, aus **V** u. **II** in Ae. bei 100° u. 740 p.s.i.g. in 22 Std.; Hydrolyse gibt 25,3% *n-Butan*, 62,5% *Äthan*, 2,2% **II**, 2,2% H_2 u. 1,7% *n-Hexan*. — *Polyäthylen*, F. 104°, aus 0,25 g **I** u. **IV** in Ae. durch Aufpressen von **II** bei 975 p.s.i.g. in 48 Std. bei Raumtemp. u. Hydrolyse mit wss. HCl; 0,4 g. — *1-Äthyl-2-benzyl-bisdiphenylenäthan*, F. 176—177° (A.), durch Zugabe einer Lsg. von **VI** in Dioxan zu **V** in Ae. binnen 30 Min. bei 25° unter N_2, 2std. Kochen u. Zugabe von Benzylchlorid; gelb. (J. org. Chemistry **23.** 1848—52. Dez. 1958. Baton Rouge, La., Ethyl Corporation, Res. and Development Labors.) E. SCHIKORA. 282

Virginia D. Hogan und **Saul Gordon,** *Eine thermoanalytische Untersuchung des leicht Sauerstoff abspaltenden binären Systems Kaliumperchlorat-Bariumnitrat.* (Vgl. C. **1959.** 12161.) Erhitzt man ein Gemisch von $KClO_4$ u. $Ba(NO_3)_2$, so bildet sich bei verhältnismäßig niedrigen Tempp. eine eutekt. Schmelze, die sich jedoch sofort unter O_2-Abgabe katalyt. zers., daher ist eine Unters. durch Aufnahme der Abkühlungskurven nicht möglich. Vff. untersuchen das Syst. mit Hilfe der DTA u. der Thermogravimetrie. Der F. der eutekt. Mischung wird zu 465° best., zur Best. der Zus. der eutekt. Mischung nehmen Vff. die DTA-Kurven einer Reihe Gemische verschied. Zus. auf; aus der Größe der bei 465° ablaufenden Thermoeffekte best. Vff. die Zus. des eutekt. Gemisches zu $KClO_4$: $Ba(NO_3)_2$ = 2:1. Aus den DTA-Kurven ergibt sich weiterhin, daß die bei ca. 700° erfolgende Zers. des reinen $Ba(NO_3)_2$ in den Gemischen mit $KClO_4$ bzw. seinen Zers.-Prodd. nach höheren Tempp. hin verschoben ist, bei 80% $KClO_4$ erfolgt die Zers. des NO_3^- erst 25° unterhalb der Zers.-Temp. des KNO_3. Mit Hilfe thermogravimetr. Unterss. zeigen Vff., daß auch durch KCl eine therm. Stabilisierung des $Ba(NO_3)_2$ erfolgt. (J. physic. Chem. **62.** 1433—35. Nov. 1958. Dover, N. J., Picatinny Arsenal, Pyrotechn. Chem. Res. Labor.) L. SCHWIEGK. 285

Della M. Roy und **Rustum Roy,** *System CaO–Al_2O_3–SiO_2–H_2O.* 6. Mitt. *Die Verbindungslinie Grossular–3 CaO · Al_2O_3 · 6 H_2O.* Zwischen 300° u. 1000° u. bis zu Drucken von 4000 at wurde die Verbindungslinie *3 CaO · Al_2O_3 · 3 SiO_2*–3 CaO · Al_2O_3 · 6 H_2O untersucht. Wasserfreier Grossular (3 CaO · Al_2O_3 · 3 SiO_2) mit η = 1,736 u. a = 11,86 Å kann bis zu Tempp. von 500° erhalten werden u. ist wahrscheinlich mit W. bis herab 400° stabil. Die Gleichgewichtsdissoziation der wasserhaltigen festen Granatlsg. ist äußerst komplex. Es erscheint wahrscheinlich, daß sich eine stabile feste Lsg. nur von der Zus. 3 CaO · Al_2O_3 · 6 H_2O bis nicht mehr als der Zus. *3 CaO · Al_2O_3 · 1,5 SiO_2 · 3 H_2O* erstreckt. Nachgewiesen wurde wenigstens eine feste Granatlsg. zwischen *12 CaO · 7 Al_2O_3* u. 3 CaO · Al_2O_3 · 3 SiO_2; eine weitere feste Lsg. erscheint möglich. Grossular zersetzt sich oberhalb 850° u. 15000 lb./in.² in *Wollastonit* + *Anorthit* + *Gehlenit.* (Bull. geol. Soc. America **68.** 1788—89. Dez. 1957. University Park, Pa., Pennsylvania State Univ., Coll. of Mineral Ind., Dep. of Geophys. and Geochem.) C. GOTTFRIED. 294

D. C. Stewart und **J. P. Faris,** *Herstellung von Konzentraten der Seltenen Erden·* Eine Austauschersäule, wie sie von COHN u. a. beschrieben wurde, wurde zur Wiedergewinnung eines Gemisches von Seltenen Erden der Y-Gruppe aus mehreren 100 Litern einer glykolsauren Lsg. benutzt. Die Lsg. wird zunächst zur Unterdrückung der Dissoziation der organ. Säure angesäuert u. über die Kationenaustauschersäule geleitet. Die Seltenen Erden werden durch Massenverdrängung unter Verwendung eines kleinen Vol. konz. Säure bzw. einer Salzlsg. ausgewaschen. Die maximale Beladung pro Durchsatz betrug 92 g (als Oxyd). Im Laufe des Auswaschens wurde eine brauchbare Trennung einzelner Elemente der Seltenen Erden beobachtet, z. B. befanden sich 97% des anwesenden Yb in der ersten u. 95% des Dy in der zweiten Fraktion. Anwesende Verunreinigungen von Fe, Al, Cu, Na u. K werden mit den Seltenen Erden absorbiert u. vor bzw. mit den zuerst ausgewaschenen Seltenen Erden desorbiert, so daß eine gewisse Decontaminierung eintritt. (J. inorg. Nuclear Chem. **3.** 64—66. Aug. 1956. Lemont, Ill., Argonne Nat. Labor.) W. KARCHER. 303

Leopold Wolf und **Joachim Massonne,** *Über eine schnelle Ionenaustauschtrennung größerer Mengen Ceriterden unter Verwendung von Ammoniumnitrilotriacetat als Elutionsmittel.* Unterss. über die Eignung von Nitrilotriessigsäure (Trilon A) in Form ihres Di-NH_4-Salzes zur Komplexbindung von Ceriterden (CE) durch Eluieren zeigen, daß die Elution von CE vom Kationenaustauscher durch einen nachfolgenden Austauscher in der Zn-Form in 2—4 Tagen zu größeren Mengen von CE von großer Reinheit führt. Wenn die Fließgeschwindigkeit über 0,5 cm/Min. liegt, unterbleibt die Bldg. von Ndd. in den Trennsäulen, auch bei Anwendung eines 2%ig. Elutionsmittels. Der Verlauf der Elution wird erörtert. (Chem. Techn. **10.** 290—96. Mai 1958. Leipzig, Karl-Marx-Univ., Inst. für anorg. Chem.) W. WESLY. 303

Micheline Guittard und **André Benacerraf,** *Über die Selenide MeSe der Lanthaniden vom Lanthan bis zum Gadolinium.* Durch therm. Dissoziation der Verbb. Me_2Se_3 im Vakuum bei 1700—1800° entstehen an der Oberfläche die Verbb. MeSe. Mit Ausnahme des *SmSe* u. *EuSe* weisen die Verbb. metall. Glanz auf; für die magnet. Susceptibilitäten wurden nachst. Werte gefunden: La 7,08; Ce 2186; Pr 4616; Nd 4780; Sm 4440; Eu 22862 u. Gd 22090 · 10^{-6} C. G. S. Daraus geht hervor, daß nur Sm u. Eu als zweiwertige Ionen vorliegen (salzartige Verbb.), während die übrigen Verbb. ein freies Elektron besitzen. Durch Analyse wurden für die Zus. folgende Werte erhalten: $LaSe_{0,96}$, $PrSe_{0,94}$, NdSe, $SmSe_{1,05}$, EuSe u. $GdSe_{0,95}$. Alle Verbb. krist. im kub. flächenzentrierten Syst. (NaCl-Typ), für den Parameter a wurde gefunden: La 6,048; Ce 5,970; Pr 5,940; Nd 5,879; Sm 6,159; Eu 6,178 u. Gd 5,760 kX. Die D. wurden zu 6,34 (berechnet 6,31); 6,55; 6,80 (6,79); 6,93 (7,25); 6,42 (6,48); 6,42 (6,47) bzw. 7,53 (8,01) g/cm³ bestimmt. Die chem. Eigg. sind ähnlich denen der Polyselenide u. der Selenide des Typs Me_2Se_3 u. Me_3Se_4.
Versuche: Darst. der Selenide MeSe (außer SmSe u. EuSe) durch Erhitzen eines Gemisches des entsprechenden Oxyds u. Selenids Me_2Se_3 mit Al auf 1350° über 4 Std. u. anschließende Temp.-Erhöhung auf 1700° (1 Std.). *SmSe* durch Erhitzen von Sm_2Se_3 im Vakuum auf 1700° über 1 Std.; *EuSe* aus Eu_2O_3 in Gegenwart von H_2Se. (C. R. hebd. Séances Acad. Sci. **248.** 2589—91. 4/5. 1959.) W. KARCHER. 303

Sarju Prasad und **Jai Beniprasad Tripathi,** *Aminoderivate des Titantetrabromids.* 4. Mitt. (3. vgl. C. **1959.** 6402.) Durch Schütteln von $TiBr_4$ in Ae. mit entspr. Aminen, Verrühren des erhaltenen Nd. mit überschüssigem Amin, ½std. Stehen, Filtrieren u. Waschen mit Ae. werden R_4TiBr_4-Verbb. mit nachst. R. erhalten: Aniline: *n-Propyl-* (F. 108°, bräunlichgrau), *n-Butyl-*(F. 97°, grauschattig), *Isoamyl-* (F. 144°), Amine: *Dibenzyl-*, *Di-p-tolyl-* (**I,** F. 182 bis 183°, grau), *Di-n-propyl-* (**II,** F. 300°), *Triäthyl-* (**III,** F. 309—310°), *Tribenzyl-* (F. 214°), Toluidine: *N.N-Dimethyl-o-* (F. 86°, rosafarben), *N.N-Diäthyl-o-* (F. 90°, grau), *N.N-Dimethyl-p-* (**IV,** F. 78°, gelb), *N.N-Diäthyl-p-* (F. 156°) u. *γ-Picolin* (**V,** F. 212°), sowie R_2TiBr_4-Verbb. mit nachst. R: *N.N'-Dimethyl-p-phenylendiamin* (eschenfarben, beständig, vermutlich Chelat-Verb.), *p.p'-Bis-[di-methyl-amino]-benzophenon* (**VI,** orangegelb, hygroskop., zersetzlich). Die Konst. der Anilin- u. Toluidin-Verbb. wird bestimmt durch Einwägen in konz. HCl, Bromierung einer Probe in 0,5 mol. KBr/0,1 n $KBrO_3$-Lsg. (2—5 Min. für Aniline, 25—30 Min. für Toluidine), Zufügen von n/10 As_2O_3 u. potentiometr. Rücktitration mit $KBrO_3$ ($\Delta E/\Delta V$-Diagramme sind abgebildet). Die Verbb. sind unlösl. in organ. Lösungsmm. (vgl. l. c.); **I–VI** sind lösl. in verd. Mineralsäuren. Sie hydrolysieren langsam in kaltem W., rasch in Alkali unter Bldg. von $Ti(OH)_4$-Nd.; beim Erhitzen mit Natronkalk werden die Amine abgespalten. Die Verbb. tert. Amine sind weniger stabil als die primärer oder sekundärer. (J. Indian chem. Soc. **35.** 415—18. Juni 1958. Varanashi, Banaras Hindu Univ., Chem. Labor.)
EBERHARD RIEDEL. 321

R. N. Kapoor, K. C. Pande und **R. C. Mehrotra,** *Reaktionen der Tetrachloride der Elemente der IV. Hauptgruppe mit Essigsäure.* Die Rkk. der Essigsäure mit den Tetrachloriden von Si, Ti, Zr u. Th werden untersucht. Dabei entstehen rasch *Dichlortitandiacetat, Chlorsiliciumtriacetat, Zr-* u. *Th-Tetraacetat.* Die Bldg. von *Si-Tetraacetat* u. *Hexaacetoxydisiloxan* u. von *bas. Di- u. Triacetaten* des *Ti* hingegen verläuft langsam. *Zr-Tetraacetat* gibt beim Erhitzen ein *bas. Diacetat* neben Essigsäureanhydrid, das *Th-Tetraacetat* ist unter gleichen Bedingungen stabil.
Versuche: *Chlorsiliciumtriacetat,* aus $SiCl_4$ u. Essigsäure im Molverhältnis 1:4,4 unter N_2-Einleiten, farbloser Festkörper, neben wenig *Hexaacetoxydisiloxan.*—*Si-Tetraacetat* aus $SiCl_4$ u. Essigsäure im Molverhältnis 1:4,8 unter Einleiten trockener Luft, farbloser Festkörper, neben der gleichen Menge *Hexaacetoxydisiloxan.*—*Trichlortitanacetat,* aus $TiCl_4$ u. Essigsäure im Molverhältnis 1,26:1, gelb. — *Dichlortitandiacetat,* aus $TiCl_4$ mit einem Überschuß Essigsäure, gelbe krist. Masse. — *Bas. Ti-Triacetat* $O[Ti(CH_3COO)_3]_2$ aus dem Filtrat der vorst. Verb. u. $TiCl_4$ durch Erhitzen auf 130°, farbloses Pulver, neben der gleichen Menge $TiO[CH_3COO]_2$. — *Zr-Tetraacetat* durch 4std. Kochen bei 130° aus $ZrCl_4$ u. Essigsäure, leuchtend weiße Kristalle. — *Th-Tetraacetat,* durch 2std. Kochen bei 130° aus $ThCl_4$ u. Essigsäure, farblose Kristalle. (J. Indian chem. Soc. **35.** 157—60. März 1958. Lucknow, India, Lucknow Univ., Chem. Labor.) K. RÜHLMANN. 324

E. D. Macklen, *Darstellung von German.* 1. Mitt. *Reaktion zwischen Lithiumaluminiumhydrid und Germaniumtetrachlorid.* Vf. untersucht Einfl. von Temp. u. Reihenfolge der Zugabe der Reaktanten auf die Ausbeute bei der Darst. von Monogerman aus $LiAlH_4$ u. $GeCl_4$ in Tetrahydrofuran u. Dioxan. Im Temp.-Bereich von — 66 bis 70° entstand GeH_4 in annähernd maximaler Ausbeute, wenn Rk. bei 70° abläuft. Wird $LiAlH_4$ zum $GeCl_4$-Überschuß bei tieferen Tempp. gegeben, entsteht zunächst eine geringere Menge GeH_4, die beim Erhitzen bis zum Kp. des Lösungsm. erhöht wird. Durch Löslichkeits-Unterss. wird nachgewiesen, daß ein Teil des so entstandenen GeH_4 aus bei tiefen Tempp. stabilen Zwischen- oder Neben-Prodd. hervorgegangen sein muß. Bei Zugabe von $GeCl_4$ zu im Überschuß vorhandenem $LiAlH_4$ unter 70° bleibt die Ausbeute auch bei anschließendem Erhitzen geringer. Im Laufe der Rkk. färben sich die Lsgg. gelb bis orange, wobei ein orangefarbenes Neben-Prod., unlösl. im Rk.-Medium [vermutlich $(GeH_2)_x$] entsteht. Auf Grund seiner Ergebnisse nimmt Vf. an, daß aus dem als Zwischen-Prod. auftretenden $GeHCl_3$ unter HCl-Abspaltung $GeCl_2$ entsteht, das mit $LiAlH_4$ zum bivalenten Hydrid weiterreagiert.

Versuche: *Monogerman,* aus $LiAlH_4$ u. $GeCl_4$, maximale Bedingungen: man tropft zu 2,28 mol. Lsg. von $GeCl_4$ in absol. Tetrahydrofuran (I) in geschlossener App. langsam 2,11 mol. Lsg. von $LiAlH_4$ in I bei 35° bis Mol-Verhältnis (MV) $LiAlH_4 : GeCl_4$ 1,2 u. erhitzt zum Kp. von I bis GeH_4-Entw. beendet. Bis MV 0,2 keine GeH_4-Entw., MV > 1,2 keine Steigerung der Ausbeute von 40% (bezogen auf $GeCl_4$). (J. chem. Soc. [London] **1959.** 1984—88. Juni. Enfield, Middlesex, Standard Telecommunication Labors. Ltd.) H.-J. HARTMANN. 326

E. D. Macklen, *Darstellung von German.* 2. Mitt. *Reaktion zwischen Natriumborhydrid und Germaniumtetrachlorid.* (1. vgl. vorst. Ref.) Die Darst. von Monogerman aus $GeCl_4$ u. $NaBH_4$ in wss. Lsgg. wird im Temp.-Bereich 20—80° untersucht. Die Ausbeute an GeH_4 nimmt bei Temp.-Erhöhung ab. Der Einfl. einer teilweisen oder vollständigen Neutralisation der bei der Hydrolyse von $GeCl_4$ entstehenden HCl wird untersucht (GeO_2 + HCl verschiedener Konz., Zugabe von NaOH-haltigem $NaBH_4$). Als Neben-Rk. in der wss. Phase wird Red. von Ge(IV) durch nascierenden H zu metall. Ge angenommen. Die günstigsten Ausbeuten werden beim Lösen von $GeCl_4$ in Tetrahydrofuran (I) erhalten.

Versuche: *Monogerman* aus $NaBH_4$ u. $GeCl_4$, maximale Bedingungen: man löst 4 g $NaBH_4$ in 75 ml W. u. tropft Lsg. von 3 ml $GeCl_4$ in 100 ml I bei 22° hinzu bis Gas-Entw. beendet (43 ml), Ausbeute 79,1% (bezogen auf $GeCl_4$) daneben orangefarbener Nd. (vgl. vorst. Ref.) (J. chem. Soc. [London] **1959.** 1989—92. Juni.)
H.-J. HARTMANN. 326

J. G. Cuninghame und **G. L. Miles,** *Die Abtrennung von Plutonium durch Extraktion mit Thenoyltrifluoraceton (TTA).* (Vgl. C. **1958.** 7696.) Es wurde die Extraktion von Pu mit Thenoyltrifluoraceton (I) in verschied. Lösungsmm. unter wechselnden Bedingungen untersucht. Da der Verteilungskoeff. K für Pu(IV) weitaus am günstigsten liegt, wurde vor der Extraktion mit Hydrazin zu Pu(III) red. u. mit Nitrit zu Pu(IV) oxydiert. Als Lösungsm. für I wurde Bzl., CCl_4 (II), $CHCl_3$, $C_2H_2Cl_4$, $C_6H_3Cl_3$ u. C_2HCl_3 verwendet; als geeignetste Lösungsmm. wurden Bzl. u. II ausgewählt. Der Einfl. der Durchmischungszeit, der Konz. an I u. der HNO_3-Konz. auf K wurde untersucht. Aus dem Einfl. der Säurekonz. auf K geht hervor, daß die Reextraktion aus der organ. in die wss. Phase durch Erhöhung der Säurekonz. bewirkt werden kann. Eine zweite Möglichkeit besteht in der Red. zu Pu(III). Reextraktionsverss. wurden mit $C_2H_2Cl_4$ als Lösungsm. unter Verwendung von Hydroxylamin–HCl u. Hydrazinnitrat als Red.-Mittel durchgeführt. Für die Verteilung von Pu(IV) zwischen organ. u. wss. Phase wurde nachst. Beziehung abgeleitet $C = K \cdot f_{PuT_4}/[HT]^4 f^4_{HT} \cdot a^4_{HNO_3}/\alpha\, y^5_{\pm Pu(NO_3)_4} [NO_3^-]^4$. C-Werte für die verschied. Lösungsmm. unter verschied. Bedingungen werden angegeben. (C = Gleichgewichtskonstante, y = Aktivitätskoeff. der wss. Phase, f = Aktivitätskorrektur für die organ. Phase, α = Anteil des in wss. Phase nicht komplex gebundenen Pu u. a_{HNO_3} = Aktivität der HNO_3.) (J. inorg. Nuclear Chem. **3.** 54—63. Aug. 1956. Harwell, Berks., A.E.R.E.) W. KARCHER. 343

Allan Ågren, *Die Komplexbildung des Eisen(III)-Ions mit einigen Phenolen.* 3. Mitt. *Salicylaldehyd, o-Hydroxyacetophenon, Salicylamid und Methylsalicylat.* (1. vgl. C. **1956.** 7743; 2. vgl. Acta chem. scand. **8.** [1954] 1059.) Vf. untersuchte die Komplexbldg. des Fe(III)-Ions mit einigen Phenolen (R), *Salicyldehyd* (I), *o-Hydroxyacetophenon* (II), *Salicylamid* (III) u. *Methylsalicylat* (IV). Durchführung u. Auswertung von photometr. (a) u. potentiometr. (b) Messungen wie zuvor beschrieben. Auf Grund der schlechten Löslichkeit von R in der Untersuchungslsg. (3 mol. $NaClO_4$ in W. bei 25° ± 0,1°) konnten nur die Komplexe der Zus. FeR u. bei I u. III auch FeR_2 festgestellt werden. Die stabilsten Komplexe bildete III (Komplexkonstante x = (b) 13,5 ± 0,5, (a) 15,5 ± 1,0). Weitere Konstanten u. Angaben über mol. Extinktionen in 12 Tabellen u. 7 Abbildungen. (Acta chem. scand. **9.** 39—48. 1955. Stockholm, Royal Pharmac. Inst., Dep. of Chem.)
E. WIEHR. 354

Allan Ågren, *Die Komplexbildung des Eisen(III)-Ions mit einigen Phenolen.* 4. Mitt. *Die Aciditätskonstante der Phenolgruppe.* Die Dissoziationskonstanten (K_a) von *p-Aminosalicylsäure* (I), *Salicylsäure* (II), *Sulfosalicylsäure* (III), *o-Hydroxyacetophenon*

(IV), *Methylsalicylat* **(V)**, *Phenol* **(VI)**, *p-Aminosalicylsäureamid* **(VII)**, *Salicylamid* **(VIII)** u. *Salicylaldehyd* **(IX)** wurden in 3 mol. $NaClO_4$-Lsg. bei 25° ± 0,1° bestimmt. Die Phenol- u. die Phenolatkonz. erhielt Vf. durch UV-Absorptionsmessungen bei Wellenlängen, die von Phenolat aber nicht von Phenol absorbiert wurden, die H-Ionenkonz. durch Messung mit Glas- oder Pt-Elektroden bzw. durch Berechnung aus dem Ionenprod. des Wassers. Die Acidität der Phenolgruppe stieg von **I** ($K_a = (1{,}8 \pm 0{,}2) \cdot 10^{-11}$) bis **IX** $K_a = (1{,}6 \pm 0{,}2) \cdot 10^{-6}$) an. (Acta chem. scand. **9.** 49—56. 1955.) E. WIEHR. 354

W. F. Boiko, *Bestimmung der Zusammensetzung feindisperser Nickel- und Kobaltborate nach der Methode der indifferenten Komponente.* Untersucht wurden die Rk.-Prodd. zwischen $NiCl_2$ u. $CoCl_2$ mit Na-Boraten in wss. Lösung vermittels der vom Vf. verfeinerten Methode der indifferenten Komponente. Es wird die Existenz der stöchiometr. Verbb. $NiO \cdot B_2O_3 \cdot n\,H_2O$ bzw. $CoO \cdot B_2O_3 \cdot n\,H_2O$ nachgewiesen. Der H_2O-Geh. verschiebt sich während der Alterung der Präparate von 3—2 Mol auf 1 Mol H_2O je Formeleinheit. Die Arbeitsmethode erweist sich also bes. geeignet zur Unters. fester Phasen in feindispersen Mehrkomponentensystemen. (Журнал Физической Химии [J. physik. Chem.] **32.** 270—73. Febr. 1958. Krasnodar, Kuban. Landwirtsch. Inst.) E. KORDES. 356

G. Anderegg, *Die Phenanthrolinkomplexe einiger Übergangsmetalle. 1:10-Phenanthrolin* (Ph) bildet mit Hg(I) einen Nd., der in Nitrat-Lsgg. die Zus. $Hg_2Ph_2(NO_3)_2$ hat. Durch potentiometr. Titration best. Vf. das Löslichkeits-Prod. zu $K_s = 10^{-24,70}$ (20°, $p_H = 3$, $\mu = 0{,}1$ n $NaNO_3$). In einer Suspension dieses Nd. spricht eine Hg-Elektrode in analoger Weise auf Ph an, wie eine Kalomelelektrode auf Cl^- anspricht. Mit Hilfe dieser Elektrode best. Vf. die Bldg.-Konstanten der Ph-Komplexe von *Cu(II)* zu $\log K_1 = 9{,}30$, $\log K_2 = 6{,}84$, von *Ni(II)* zu $\log K_1 = 8{,}80$, $\log K_2 = 8{,}30$, $\log K_3 = 7{,}70$, von *Co(II)* zu $\log K_1 = 7{,}31$, von *Zn(II)* zu $\log K_1 = 6{,}40$ u. von *Cd(II)* zu $\log K_1 = 6{,}01$ bei 20°, $p_H = 3$ u. $\mu = 0{,}1$ n $NaNO_3$. Die angewendete p_{Hg}-Meth. eignet sich besonders zur Unters. von Ph-Komplexen mit Stabilitätskonstanten zwischen 10^6 u. 10^{11}. Bei weniger stabilen Komplexen benötigt man in der Lsg. einen so großen Wert der Konz. des freien Ph, daß er bei $p_H = 3$ kaum mehr zu erreichen ist. Bei Komplexen mit Stabilitätskonstanten von mehr als 10^{11} vermag das Kation dem Nd. $Hg_2Ph_2(NO_3)_2$ das Ph zu entreißen, wodurch die Elektrode 2. Art vernichtet wird. Aus diesen Gründen ist mit der p_{Hg}-Meth. beim Cu der Wert für K_3 nicht zu erhalten. Beim Co, Zn u. Cd erhält man lediglich die Bldg.-Konstante K_1. (Helv. chim. Acta **42.** 344—49. 2/2. 1959. Zürich, E.T.H., Labor. für Anorgan. Chem.) L. SCHWIEGK. 358

M. Bobtelsky und **E. Jungreis,** *Kobalt-, Nickel- und Kupfer-Salicylaldoximverbindungen bei hohen p_H-Werten: Verhalten, Zusammensetzung und Struktur.* Vff. untersuchten die Zus., Stabilität u. das Verh. der lösl. u. unlösl. Verbb., die zwischen Co, Ni u. Cu u. Salicylaldoxim (**I**) bei hohen (lösl. Verbb.) u. niedrigen p_H-Werten (unlösl. Verbb.) gebildet werden. Die Unterss. der lösl. Verbb. wurden spektrophotometr., die der unlösl. heterometr. durchgeführt. Co bildet mit **I** nur einen lösl. Komplex; seine Bldg. beginnt bei $p_H \sim 6$ u. ist bei $p_H \sim 8$ beendet, eine weitere Erhöhung des p_H bis auf 12 u. Zugabe von NH_3 übt auf die Komplexbldg. keinen Einfl. aus. Der einmal gebildete Komplex ist auch bei niedrigeren p_H-Werten beständig. Mit Hilfe von photometr. Titrationen bei $p_H = 10$ wurde die Zus. zu 2 Co(III): 3 **I** bestimmt. Mit Ni bildet **I** zwischen p_H 6 u. 12 einen unlösl. Komplex der Zus. $Ni(I)_2$, die Ausfällung beginnt bei $p_H \sim 5{,}7$ u. ist bei $p_H \sim 6{,}2$ vollständig. Bei $p_H \sim 11$ setzt Auflsg. ein unter Bldg. eines lösl. Komplexes; NH_3 stört die Komplexbldg. zwischen p_H 9 u. 12 nicht u. zwischen p_H 6 u. 9 nur in geringem Maße. Für die Zus. des lösl. Komplexes wurde $[Ni(I)_2]^{2-}$ gefunden; $K = [Ni^{2+}]\,[I]^2/[Ni(I)_2]^{2-}$ wurde zu $1{,}7 \cdot 10^{-4}$ berechnet. Im Falle des Cu wird zwischen p_H 3 u. 10 der unlösl. Komplex $Cu(I)_2$ gebildet, der zwischen p_H 10 u. 11 aufgelöst wird; der lösl. Komplex ist stabil bei $p_H \geqslant 11$. Die Komplexbldg. wird durch NH_3 nicht beeinflußt. Nach der Meth. von JOB wurde für die Zus. des lösl. Komplexes $[Cu(I)_2]^{2-}$ erhalten; K wurde zu $6{,}4 \cdot 10^{-6}$ berechnet. Die Verhältnisse werden durch das Auftreten von **I** in verschied. Strukturen in Abhängigkeit vom p_H-Wert erklärt; für die unlösl. Komplexe werden die Strukturen **II** u. **III** u. für die lösl. die Struktur **IV** angenommen. (J. inorg. Nuclear Chem. **3.** 38—48. Aug. 1956. Jerusalem, Hebrew Univ., Dep. of Inorg. and Analyt. Chem.) W. KARCHER. 358

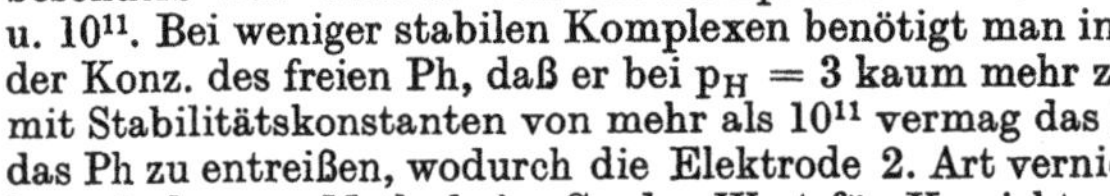

CH, N—OH, $^1/_2$Me(II), O (II) ⇌ CH$_2$, $\overset{+}{N}=O^-$, $^1/_2$Me(II), O (III) $\underset{p_H < 11}{\overset{p_H \sim 12}{\rightleftharpoons}}$ CH$^-$, $\overset{+}{N}=\bar{O}$, $^1/_2$Me(II), O (IV)

Eberhard Hoyer, *Stabilitätsuntersuchungen an Kupfer- und Nickelkomplexen von substituierten 1.2-Diaminoäthanen.* 2. Mitt. (1. vgl. C. **1957.** 13287.) Darst. u. Basenstärke von *N-Monofurfuryl-1.2-diaminoäthan* (I), $C_7H_{12}N_2O$, werden beschrieben und dessen Komplexbildung mit Cu^{2+} u. Ni^{2+} untersucht. Die Basenstärke von *N.N'-Difurfuryl-1.2-diaminoäthan*, $C_{12}H_{16}N_2O_2$, wird bestimmt u. Komplexe mit Cu^{2+} u. Ni^{2+} dargestellt. Basenstärke u. Komplexstabilität der Verbb. werden mit entsprechenden Werten von Äthylendiamin verglichen. Durch potentiometr. Titration bei 20° in 0,1 mol. KCl werden folgende Werte erhalten: $C_7H_{12}N_2O$: p_{k_1} 6,20; p_{k_2} 9,72. — $[Cu(C_7H_{12}N_2O)_2]^{2+}$: log k_1 9,47 ± 0,02; log k_2 7,85 ± 0,02. — $[Ni(C_7H_{12}N_2O)_3]^{2+}$: log k_1 6,38 ± 0,02; log k_2 5,23 ± 0,01; log k_3 2,68 ± 0,04. — $C_{12}H_{16}N_2O_2$: p_{k_1} 5,74; p_{k_2} 8,61. — $[Cu(C_{12}H_{16}N_2O_2)_2]^{2+}$: log k_1 8,19 ± 0,01; log k_2 5,20 ± 0,04. — $[Ni(C_{12}H_{16}N_2O_2)_2]^{2+}$: log k_1 5,24 ± 0,02; log k_2 2,10 ± 0,10. —

Versuche: *N-Monofurfuryl-1.2-diaminoäthan* (I), $C_7H_{12}N_2O$, Kp.$_{12}$ 110°, bei — 5° werden in Gemisch aus 192 g Furfurol 700 cm³ Ae. u. 200 g Na_2SO_4 (wasserfrei) unter Rühren 146 g Äthylendiamin getropft. Danach wird weiter 3 Std. gerührt, im Eisschrank stehen gelassen, Na_2SO_4 u. Ae. entfernt u. fraktioniert. Bei 11—14 mm zwischen 110 u. 165° SCHIFFsche Base in geringer Ausbeute, die in A. gelöst u. langsam mit Na red. wird. Nach Entfernung von A. u. Zusatz von W. wird ausgeäthert, mit Na_2SO_4 getrocknet u. dest.; farblose aminartig riechende Fl., CO_2 u. W. anziehend. D.$_4^{20}$ 1,0482; n_D^{20} 1,5023. *Dihydrochlorid*, F. 208—212° (Zers.). — Darst. der Komplexe: Die zur Best. der Komplexstabilitäten mittels potentiometer. Titration verwendeten Meßlösungen (0,05 mol. Metallsalz; 0,01 mol. HCl; 0,1 mol. KCl; Amin) werden nach Neutralisation von HCl mit KCl bzw. KNO_3 gesätt. u. umkristallisiert. $[Cu(C_7H_{12}N_2O)_2](NO_3)_2$, violette Prismen aus wenig Wasser. — $[Ni(C_7H_{12}N_2O)_2]Cl_2 \cdot 2H_2O$, hellgrauviolette Kristalle, durch Umkristallisation aus wenig 50%ig. A. wasserfreie, hellblaue Kristalldrusen. — $[Ni(C_7H_{12}N_2O)_3]Cl_2 \cdot 2H_2O$ tritt bei potentiometr. Titration in Lsg. auf, nicht isolierbar. — *N. N'-Difurfuryl-1.2-diaminoäthan*, $C_{12}H_{16}N_2O_2$, Kp.$_{0,4-0,5}$ 122 — 123°, von mitentstandenem I durch fraktionierte Dest. u. Reinigung über Dihydrochlorid erhalten; D.$_4^{20}$ 1,0985; n_D^{20} 1,5198. — $[Cu(C_{12}H_{16}N_2O_2)_2]Cl_2 \cdot 2H_2O$, beim Versetzen der Aminlösung mit wss. Lsg. von $CuCl_2$, blauviolette Kristalle, Umkristallisation aus sd. Wasser. Bei 98—100° Abgabe von W. unter Grünfärbung, wasserfreie Verb. F. 159—160° (Zers.). — $[Ni(C_{12}H_{16}N_2O_2)_2]Cl_2 \cdot 2H_2O$ (II), durch Zutropfen wss. Lsg. von $NiCl_2$ zur Aminlösung, Umkristallisation aus W., Trocknung an der Luft, grauviolette Kristalle. — $[Ni(C_{12}H_{16}N_2O_2)_2]Cl_2$ tritt in zwei Formen auf: Beim Erhitzen von **II** auf 110—120° fahlgrüne Kristalle. Durch Umkristallisation sowohl von **II** als auch der wasserfreien fahlgrünen Verb. aus A. entsteht die hellblaue Form, die sich bei 180° in die fahlgrüne Verb. umwandelt. Oberhalb 190° Zers. der wasserfreien Komplexe. — (Z. anorg. allg. Chem. **297.** 167—74. Nov. 1958. Leipzig, Karl-Marx-Univ., Inst. für anorgan. Chem.) W. KÄSTNER. 358

Bireswar Banerjee und **Priyadaranjan Rây**, *Komplexverbindungen von zweiwertigem Silber mit Pyridincarbonsäuren.* 3. Mitt. *Silberverbindungen der Pyridintricarbonsäuren.* (2. vgl. C. **1959.** 3073.) Ag(II) bildet mit *Pyridin-2:3:6-, -2:4:5-* bzw. *-2:4:6-carbonsäure* einen sehr instabilen grün gefärbten Komplex, 2 verschied. gefärbte Komplexe, die sich im Kristallbau unterscheiden (schokoladenbraun bei 15° Rk.-Temp. u. schwarz bei 25° Rk.-Temp.) u. einen orange gefärbten Komplex. Zur Herst. wurden 0,8 g Säure in fein verteiltem Zustand u. fast gleichzeitig eine Lsg. von 0,3 g $AgNO_3$ in 10 ml W. zu 3 g in sehr wenig W. gelöstem $Na_2S_2O_8$ gegeben. Die Mischung wurde 3 Std. magnet. gerührt. Dabei scheiden sich die Komplexe ab u. können filtriert werden. Die Eigg. der Komplexe ähneln denjenigen der Mono- u. Dicarbonsäurekomplexe. Sie sind alle paramagnet. mit einem Moment von ca. 1,74 μ_B u. haben die gleiche Zus. $Ag(XH_2)_2$, wobei XH_3 die jeweilige Säure bedeutet. Die Stabilität nimmt von den Monocarbonsäurekomplexen zu den Tricarbonsäurekomplexen hin ab. Die verschied. krist. Zus. der oben genannten schwarzen u. schokoladenbraunen Komplexe wurde durch Röntgenaufnahmen nachgewiesen. (J. Indian chem. Soc. **34.** 859—62. Dez. 1957. Jadavpur, Calcutta, Indian Ass. for the Cultivat. of Sci., Dep. of Inorg. Chem.)
H. PLUSKAL. 359

A₉. Mineralogische und geologische Chemie.

Henry G. Carrat, *Das von einer Bergbau-Abteilung angewandte Verfahren zur Prospektierung von Uranerzen. Seine Vervollkommnung und Ergebnisse.* Beschreibung der seit 12 Jahren ausgeführten Schürfarbeiten zur Abgrenzung von ausbeutbaren U-Erzmengen u. des in dieser Zeit erzielten Wandels, bes. durch Einführung geophysikal. u. geochem. Verff. u. Anwendung der Radiometrie. (Annales Mines **1959.** 135—54. März. Commissariat à l'Énergie Atom., Serv. des Rech., Div. Grury.) W. WESLY. 378

L. T. Aldrich, G. W. Wetherill, G. L. Davis und **G. R. Tilton**, *Radioaktive Altersbestimmung von Glimmern aus granitischen Gesteinen nach der Rb–Sr- und der K–Ar*

Methode. Die Altersbestimmungen nach der Rb–Sr u. K–Ar-Methode geben übereinstimmende Werte, welche mit der Altersbest. nach der U–Pb-Methode in gleichzeitig entstandenen u. mit vorkommenden Uraninit, Zirkon u. Monazit übereinstimmen. Stimmen die Werte aus dem Verhältnis U/Pb nicht überein, so geben die Werte aus $^{207}Pb/^{208}Pb$ meist bessere Ergebnisse. Bei der Best. nach der K–Ar-Methode muß in Rechnung gesetzt werden, daß unkontrollierbare, kleine Mengen Ar entwichen sein können, so daß die hieraus erhaltenen Werte immer untere Grenzwerte darstellen. (Trans. Amer. geophysic. Union **39.** 1124—34. Dez. 1958.) F. Ensslin. 378

R. N. Clayton und **S. Epstein,** *Die Beziehung zwischen den $^{18}O/^{16}O$-Verhältnissen in koexistierendem Quarz, Carbonat und Eisenoxyden aus verschiedenen geologischen Ablagerungen.* Es wird eine analyt. Technik für die Extraktion von O für O-Isotopenanalysen (Red. der Mineralien bei hohen Tempp. mit C) beschrieben. Mit Hilfe dieser Technik können verläßliche Ergebnisse für einige Mineralien wie Quarz u. Eisenoxyde erhalten werden; für die meisten Silicate ergeben sich jedoch unrichtige Resultate. Die Beziehungen zwischen der O-Isotopen-Zus. koexistierender Mineralien sind vereinbar mit den aus bekannten thermodyn. Überlegungen in der Isotopenfraktionierung erwarteten Beziehungen. Relative Tempp., die aus den Ergebnissen der Isotopenanalyse abgeleitet wurden, sind in sehr guter Übereinstimmung mit den auf Grund geolog. Unterss. geschätzten Werten. Die Bedeutung der O-Isotopenunterss. für Temp.-Messungen, für die Best. des Vorliegens bzw. der Abwesenheit des chem. Gleichgewichts zwischen mineral. Phasen u. der Unters. der relativen Mengen an hydrothermalem W. in Kontakt mit den Mineralien wird diskutiert. — Zur Red. wurden die Proben mit 10fachem Überschuß Graphit vermischt, zu Kügelchen gepreßt u. im Induktionsofen unter Vakuum auf 1500—1800° erhitzt. Entstehendes CO wird volumetr. bestimmt, im Ni-Ofen zu CO_2 oxydiert u. CO_2 massenspektrograph. untersucht. (J. Geology **66.** 352—71. Juli 1958. Pasadena, Calif., California Inst. of Technol.) W. Karcher. 378

A. E. J. Engel, R. N. Clayton und **S. Epstein,** *Veränderungen in der Isotopenzusammensetzung von Sauerstoff und Kohlenstoff im Leadville-Kalkstein (Mississippi-Colorado) und seinen hydrothermalen und metamorphischen Phasen.* (Vgl. vorst. Ref.) Die Isotopen-Zus. an C u. O im Leadville-Kalkstein u. im hydrothermalen *Dolomit* u. metamorph. *Kontaktmarmor* wurde untersucht. Die O-Isotopen-Zus. dieser Ablagerungen ist ähnlich der von anderen anscheinend „ungeänderten" Carbonatsedimentierungen der prämesozo. Periode. Aus Messungen der Isotopen-Fraktionierung zwischen *Calcit* u. *Quarz* geht überdies hervor, daß die Kristallisation bei oberflächennahen Tempp. erfolgte. Im Gegensatz dazu ergeben Leadville-Quarze u. Carbonate im großen Hof des hydrothermalen Dolomits O-Isotopenwerte mit kleinerem O-Geh., was auf viel höhere Tempp. schließen läßt. Allmählich abnehmende Tempp. scheinen zum Rand des Dolomithofes hin vorgelegen zu haben. Die O-Isotopenzus. von Quarz, Calcit u. Dolomit im Yule-Marmor (metamorph. Kontaktphase der Leadville-Formation) u. im Leadville-Calcit weisen in Übereinstimmung mit geol. Unterss. mittlere Werte auf. (J. Geology **66.** 374—93. Juli 1958. Pasadena, Calif., California Inst. of Technol.) W. Karcher. 378

Donald E. Lee, *Ein Andradit–Spessartin-Granat von Pajsberg, Schweden.* Vom Pajsberg wird ein Granat beschrieben, mit folgender Zus. in Mol.-%: Andradit 66, Spessartin 27, Almandin 4, Grossular 2, Pyrop 1, D. im Durchschnitt 3,98, Lichtbrechung zwischen 1,888 u. 1,98, Gitterkonstante 11,99 Å. Analyse: SiO_2 34,8, Al_2O_3 8,0, Fe_2O_3 22,0, GeO_2 0,06, MgO 0,1, FeO 0,5, MnO 11,4, CaO 22,9, H_2O 0,03%. Ein schwererer Granat aus demselben Gestein hat 14,6% MnO, was 34 Mol-% Spessartin entspricht, während der Rest vorwiegend Andradit ist. Neben dem Andradit–Spessartin-Granat findet sich Rhodonit, ein hedenbergitähnliches Mineral, ferner *Chlorit, Biotit, Hämatit, Baryt* u. *Allanit.* (Amer. Mineralogist **43.** 208—15. März/April 1958. Stanford, Calif., Univ.) J.-E. Hiller. 380

Julian R. Goldsmith und **Donald L. Graf,** *Strukturelle und stoffliche Schwankungen in einigen natürlichen Dolomiten.* Dolomitkonzz. aus Sedimentgesteinen mit häufig mehr als 5 Mol-% $CaCO_3$ über die Verbb. $MgCO_3$: $CaCO_3$ zeigen röntgenograph. abgeschwächte Reflexion. Die Veränderungen in der Gitterdimension sind sehr viel größer, als dem Geh. an $FeCO_3$ u. $MnCO_3$ entspricht. Dies entspricht den synthet. Protodolomiten. Bei metamorphen oder hydrothermalen Dolomiten ist diese Eig. nie zu beobachten. Die Abschwächung der Reflexion ist durch eine feste Lsg. von $FeCO_3$, $MnCO_3$ u. $CaCO_3$ nur teilweise zu erklären. (J. Geology **66.** 678—93. Nov. 1958. Chicago, Ill., Univ., u. Illinois State Geol. Surv.) F. Ensslin. 380

Ming-Shan Sun und **Robert H. Weber,** *Santafeit, ein neues Vanadathydrat aus Neu Mexiko.* Ausführlichere und erweiterte Darst. der C. **1959.** 11180 referierten Arbeit. Als neues Vanadinmineral aus dem U-Bezirk, McKirley County, N. Mex., wird Santafeit beschrieben. Aus mikrochem. u. spektrograph. Bestimmungen resultiert folgende Analyse: V_2O_5 35,6, MnO_2 16,6, MnO 13,7, CaO 6,2, SrO 6,0, Na_2O 4,1, K_2O < 0,1, As_2O_5 2,2, Fe_2O_3 0,9, CoO 0,1, NiO 0,1, CuO 0,5, UO_3 0,3, unlöslich + SiO_2 0,8, H_2O 8,8, CO_2 0,3%. Daraus ergibt sich die Formel $Na_2O \cdot 3\,MnO_2 \cdot 6\,(Mn, Ca, Sr)\,O \cdot 3\,(V, As)_2O_5 \cdot 8\,H_2O$. Das Mineral bildet Krusten aus kleinen Rosetten nadeliger Kristalle. Spaltbarkeit nach (010) vollkommen u. nach (110) deutlich. D. = 3,379. Die Farbe ist schwarz, der Strich braun, der Glanz diamantähnlich. Der Pleochroismus liegt zwischen dunkel rotbraun u. gelbbraun, n_α = 2,01. Die Kristalle sind rhomb. mit der Raumgruppe B 22_12 — D_2^5 u. den Gitterkonstanten a = 9,25, b = 30,00, c = 6,33 Å. (Amer. Mineralogist **43.** 677—87. Juli/August 1958. Socorro, N. Mex., New Mexico Bur. of Mines and Mineral Resources.) J.-E. HILLER. 380

Mary E. Thompson, Carl. H. Roach und **Robert Meyrowitz,** *Sherwoodit, ein gemischtes Vanadin(IV)-Vanadin(V)-Mineral vom Colorado-Plateau.* Als neues Mineral wird Sherwoodit beschrieben, das in kleinen Mengen in vielen VU-Minen des Colorado Plateaus vorkommt. Es ist dunkelblau-schwarz, tetragonal mit (110) u. (011). Es besitzt die Raumgruppe I4/amd — D_{4h} 19 mit den Gitterkonstanten a = 27,8, c = 13,8 Å, Z = 16 $Ca_3V_8O_{22} \cdot 15\,H_2O$. Analyse: CaO 13,2, MgO 0,5, V_2O_4 5,9, Al_2O_3 2,6, Fe_2O_3 0,8, V_2O_5 50,2, H_2O 23,1, unl. 3,8%. Die Brechungsindizes sind n_ω = 1,765, n_ε = 1,735, Pleochroismus O grün, E blau; D. = 2,8. (Amer. Mineralogist **43.** 749—55. Juli/Aug. 1958. Washington, D.C., US Geol. Survey.) J.-E. HILLER. 380

Shohei Banno, *Glaukophanschiefer und verwandte Gesteine im Omi-Distrikt, Präfektur Niigata, Japan.* Die durch Regionalmetamorphose entstandenen Gesteine unter schwacher Beanspruchung sind die der Chloritzone u. die höher beanspruchten die der Biotitzone. Zu den ersteren gehört ein Epidot-Glaukophan-Schiefer. Zwischen der Bldg. von Glaukophan u. der Serpentinisierung besteht kein Zusammenhang. Glaukophan ist unter den mildesten Bedingungen der Regionalmetamorphose entstanden. (Jap. J. Geol. Geogr. **29.** 29—44. 25/8. 1958. Tokyo, Univ., Fac. of Sci., Geol. Inst.) F. ENSSLIN. 385

R. A. Hoppin und **J. E. Dryden,** *Ein ungewöhnliches Vorkommen von praecambrischen kristallinen Gesteinen neben einer Glazialdrift bei Manson, Iowa.* (J. Geology **66.** 694—99. Nov. 1958. State Inst. of Iowa u. Standard Oil Co. of California.) F. ENSSLIN. 385

I. W. Below, *Die mesokänozoischen magmatischen Formationen der Baikal-Subplatten-Zone und ihre chemische Charakteristik.* Aus dem Zahlenmaterial über die mittlere Zus. der basaltoiden Gesteine des Sajan-Baikal-Subplattengebietes u. deren petrochem. Koeffizienten im Vgl. zu anderen Gesteinen geht hervor, daß nach der chem. Zus. die känozoischen magmat. Gesteine dieses Gebietes zu 3 Reihen gehören. Die Reihe 1 der Trachybasalt–Na-Schichlunite (Deckfazies) ist vertreten durch bas. Gesteine, die überall Olivin, bas. Plagioklas, Titaneugit, Kalifeldspat enthalten, manchmal auch sauren Plagioklas, Biotit, bas. Pyroxene u. Natriumsanidin. Die Reihe 2 (subvulkan. Fazies) umfaßt Essexit–Krinanit–Limburgit. Die Gesteine dieser Reihe gehören zu den subbas. u. bas. u. entsprechenden melanokraten Gesteinen des Fernen Ostens. Reihe 3 der Olivinbasalte (Deckfazies) ist durch Olivin-, Plagioklas-, Palagonit-, Carbonat-, Zeolith- u. Trachybasalte vertreten. Die älteren (tert.) Laven dieses Gebietes haben schwach differenzierten, bas. Kalksteincharakter, während die quart. Laven typ. bas. Na-Charakter aufweisen. (Acta geol. sinica **38.** 145—78. 1958. Ostsibir. Zweigstelle der Akad. der Wiss. der UdSSR, Geol. Inst. [Orig.: chines.; Übersetzung: russ.]) O. LEBTAG. 385

Naoki Isshiki, *Petrologie der plutonischen Auswürflinge des Vulkans Nishi-Yama, Hachijy-jima, Sieben Izu-Inseln, Japan.* In einem basalt. Gestein des Vulkans wurden Auswürflinge gabbroider u. dolerit. Gesteine gefunden, welche durch langsame Abkühlung gut kristallisiertes Material desselben Magmas darstellen. In diesen kristallisierten *Mg-Olivin* u. *Hypersthen* zuerst, gefolgt von *Pigeonit* u. *Augit,* später kristallisierte *Ferrohortonolit* u. *Ferroaugit.* Die Restschmelze lieferte *Tridymit* u. *Na-Plagioklas.* (Jap. J. Geol. Geogr. **29.** 55—74. 25/8. 1958. Tokyo, Univ., Geol. Inst.) F. ENSSLIN. 386

John W. Graham und **Susan C. Cooper,** *Biologischer Ursprung von manganreichen Ablagerungen des Meeresgrundes.* In einer Tiefseebodenprobe aus dem westlichen Atlantik konnten Vff. eine Foraminiferenfraktion isolieren, die aus einer kieselsäure- u. einer kalkbildenden Art bestand. Die kieselsäurebildende Fraktion besitzt einen dunklen Überzug, der nach papierchromatograph. Unterss. neben beträchtlichen Mengen Mn u. Fe noch Ni, Co u. Cu enthält. Da dieser metallhaltige Überzug nicht auf den Begleitmaterialien, der kalkbildenden Art u. Sandkörnern, zu finden ist, nehmen Vff. an, daß die Ablagerung mit Hilfe noch unbekannter Organismen erfolgte, die Spurenelemente aus dem Meerw. anreichern können. (Nature [London] **183.** 1050—51. 11/4. 1959. Woods Hole, Mass., Woods Hole Oceanogr. Inst.) HERBERT MÜLLER. 393

Hiroyasu Kawakami, Akito Koga und **Masuyo Kajihara,** *Chemische Untersuchungen über die heißen Quellen in Beppu.* 10. Mitt. *Spezifische Eigenschaften der natürlichen heißen Quellen.* 1. Teil. *Phenolphthaleinreaktion.* (9. vgl. C. **1959.** **3752.**) 30%ig. Essigsäure u. eine Lsg. aus 2 g Phenolphthalein in 100 ccm W., die durch Kochen mit 20 g KOH u. 10 g Zn-Staub u. Filtrieren hergestellt u. in braunen Flaschen über Zn-Platten aufbewahrt wird, werden unter genau einzuhaltenden Bedingungen dem W. der 43 heißen Brunnen in Beppu tropfenweise zugegeben. Falls das W. Oxydase bzw. Peroxydase enthält, färbt sich das Gemisch sofort, andernfalls erst nach Zusatz von 3%ig. H_2O_2 rot. Die Intensität der Oxydasewirkung ist dem Mn-Geh. des W. proportional. (J. chem. Soc. Japan, pure Chem. Sect. [Nippon Kagaku Zassi] **79.** 1276—80. Nov. 1958. Beppu, Kyûsyû-Univ., Onsen-Tiryô-Ken. [Orig.: japan.])
E. MAEKAWA. 393

Akito Koga, Hiroyasu Kawakami und **Hidetoshi Nozaki,** *Chemische Untersuchungen über die heißen Quellen in Beppu.* 11. Mitt. *Spezifische Eigenschaften der natürlichen heißen Quellen.* 2. Teil. *Geschwindigkeitskonstante der Zersetzung des Wasserstoffperoxyds, Redoxpotential und Absorptionsspektrum und ihre Änderung beim Stehen.* (10. Mitt. bzw. 1. Teil vgl. vorst. Ref.) Geschwindigkeitskonstante der Zers. von H_2O_2, Redoxpotential, p_H u. Absorptionsspektr. (UV sowie sichtbar) des W. der heißen Brunnen in Beppu sowie die Änderung dieser Größen beim Stehen des W. bei 40° oder 60° werden gemessen. Die Änderungen dieser Eigg. sind als Folge des Verlustes von gelösten Gasen anzusprechen u. erfolgen bei höheren Tempp. schneller als bei niedrigeren Temperaturen. Das Redoxpotential des W. aus sauren H_2S-haltigen Quellen ist niedrig u. nimmt beim Stehen rasch zu, während das des W. aus NaCl- u. $NaHCO_3$-haltigen Brunnen relativ hoch ist u. sich weniger ändert. Die Geschwindigkeitskonstante der H_2O_2-Zers. nimmt beim Stehen langsam, bei steigender Temp. mit zunehmender Geschwindigkeit ab; die des W. aus sauren, H_2S-haltigen Brunnen nimmt bei höheren Tempp. zuerst etwas zu u. dann langsam ab. Die kurzwellige Absorptionskante des W. aus sauren, H_2S-haltigen Quellen verschiebt sich beim Stehen zuerst nach kürzeren Wellenlängen u. dann (nach ca. 24 Std. bei 40°) nach längeren, wobei die Änderung bei höheren Tempp. schneller verläuft. Die Absorptionskante des künstlich erhitzten W. aus sauren, H_2S-haltigen kalten Brunnen verändert sich ähnlich, jedoch viel schneller u. auch viel weniger. Beim Stehen des W. aus NaCl- u. $NaHCO_3$-haltigen Quellen verschiebt sich die Absorptionskante nach längeren Wellenlängen. (J. chem. Soc. Japan, pure Chem. Sect. [Nippon Kagaku Zassi] **79.** 1280—84. Nov. 1958. [Orig.: japan.])
E. MAEKAWA. 393

A. Fritsch, I. Penset-Härström und **J. Coursaget,** *Untersuchung des Gehaltes der Wässer und Gase der Thermalquellen von La Bourboule, Mont-Dore und Royat an radioaktiven Stoffen.* Best. des *Ra-* u. *Rn-*Geh. der Quellwässer, Erdgase u. der Atmungsluft in den Behandlungsräumen der Thermalbäder. Statt der direkten Best. des im W. gelösten Ra wurde die pro Zeiteinheit aus ihm entwickelte Rn-Menge gemessen; das im W. u. in den Gasen gelöste Rn wird in einer Ionisierungskammer gesammelt, nachdem es mit Rn-freier, durch A-Kohle gereinigter Luft aus der W.-Probe herausgespült wurde. Beschreibung der Meßanordnung. Die Genauigkeit des Verf. liegt bei einem Rn-Geh. (in CURIE) von $2 \cdot 10^{-12}$ bei $\pm$ 30(%), von 10^{-11} bei $\pm$ 15, 10^{-10} bei $\pm$ 3 u. darüber bei $\pm$ 2%. — Die trockenen Gase werden direkt in die Ionisationskammer eingeleitet u. gemessen. — 4 Zahlentafeln, in denen die Ra- u. Rn-Gehh. der Trink- u. Badewässer, der Gase u. der Luft in 10^{-10} C/Liter u. ihre Wrkg. auf Lungen u. Luftröhren der Patienten in mrad/Woche angegeben sind. (J. Radiol. Électrol. Méd. nucléaire **39.** 148—51. März/April 1958. Paris.) H. ECKSTEIN. 393

Risto Vanhala, *Die Abschätzung der verfügbaren Grundwassermengen.* Die Abschätzung der Grundwasservorräte u. die dabei wesentlichen Faktoren, bes. die Durchlässigkeit des Bodens, werden erörtert. (Geologi [Helsinki] **11.** 16—17. 10/1. 1959.)
S. BECKMANN. 393

John Lyman und **Robert B. Abel,** *Die physikalische Ozeanographie chemisch betrachtet.* Der gesamte Wassergeh. der Erde beträgt $1893 \cdot 10^{15}$ t, der aller Meere 1380 $\cdot 10^{15}$ t mit einem Salzgeh. von $5 \cdot 10^{16}$ t; die Salze wurden durch chem. u. mechan. Zers. von ca. $20{,}10^{16}$ m^3 Eruptivgesteinen herausgelöst. — Vff. zeigen, daß der gesamte Salzgeh. konst. ist, aber durch Temp., vertikale Strömungen, Verdunstung usw. mengenmäßig variiert. Der Geh. des Meerwassers an gelösten Gasen ist nicht konst., er ist abhängig von der Temp., der Photosynthese, der Respiration u. der Einwirkung bestimmter Bakterien (z. B. in den norweg. Fjorden, im schwarzen Meer u. a.). Erörterung des Pufferungsmechanismus des Meerwassers. (J. chem. Educat. **35.** 113—15. März 1958. Washington, D. C., U. S. Navy Hydrograph. Office.) H. ECKSTEIN. 933

B. Allgemeine und theoretische organische Chemie.

O. Schnepp, *Der Tieftemperaturphasenübergang von kristallinem Hexamethylbenzol.* 2. Mitt. (1. vgl. C. **1959.** 2065.) Vf. untersucht erneut das Absorptionsspektr. von *Hexamethylbenzol* in der a b-Ebene unterhalb u. oberhalb des λ-Umwandlungspunktes bei 110° K. Die Ergebnisse bestätigen die l. c. vorgeschlagene Deutung der Spektren. Als Ursache für die Änderung des Spektr. oberhalb des λ-Punktes wird eine leichte Verzerrung des Kristallgitters infolge des Einsetzens der Rotation der Methylgruppen angenommen. (J. chem. Physics **30.** 48—52. Jan. 1959. Durham, N. C., Duke Univ., Dep. of Phys.) K. FRENKLER. B 118

Satoru Enomoto und **Seiichirô Ichinohe,** *Berechnung und Zuordnung der Normalschwingungen des Vinylidenchlorids und des deuterierten Vinylidenchlorids.* Die Normalschwingungen von *Vinylidenchlorid* (I) wurden nach dem Verf. der G- u. F-Matrize mit den Kraftkonstanten des Äthylens (II) sowie des Tetrachloräthylens (III) berechnet u. die Kraftkonstanten durch Vgl. der berechneten Schwingungen mit den gemessenen nach der Meth. der kleinsten Quadrate verbessert: K_{CC} 7,67 (mdyn/Å), K_{CCl} 2,66, K_{CH} 4,70, H_{CCCl} 0,07, H_{CCH} 0,13, H_{ClCCl} 0,11, H_{HCH} 0,31, F_{CCl} 0,92, F_{CH} 0,68, F_{ClCl} 0,60, F_{HH}0. Das IR-Absorptionsspektr. des *deuterierten Vinylidenchlorids* (IV) in CS_2 wurde gemessen u. im Vgl. mit den Daten des I zugeordnet. Die mit den Kraftkonstanten des I berechneten Normalschwingungen von IV stimmen mit den gemessenen mit Maximalfehlern von 2,5% überein. Die Kraftkonstanten der nichtebenen Schwingungen von I werden auf Grund der Daten für II u. III abgeschätzt (H_1 0,45, H_2 0,25, h 0,059, F_c 0,48) u. damit die nichtebenen Schwingungen von IV zugeordnet. (J. chem. Soc. Japan, pure Chem. Sect. [Nippon Kagaku Zassi] **79.** 1343—46. Nov. 1958. Tokyo-Sinzyuku, Kureha-Kasei. [Orig.: japan.]) E. MAEKAWA. B 120

Kunio Fukushima, *Innere Rotation in N-Methyl-α-chlorpropionamid.* Das IR-Absorptionsspektr. von *N-Methyl-α-chlorpropionamid* (I) im kristallin., fl. u. gasförmigen Zustand sowie in Lsg. in CCl_4, Ae. u. CS_2 u. auch sein RAMAN-Spektr. in fl. Zustand werden aufgenommen. Auch das Dipolmoment von I wird in CCl_4 gemessen. Nach diesen Daten existiert das I-Mol. in kristallin. Zustand in trans-Form, in fl. Zustand in trans- u. auch in gauche-Form u. im gasförmigen Zustand sowie in verd. Lsg. in nichtpolaren Lösungsmitteln in gauche-Form. Der innere Rotationswinkel der gauche-Form beträgt nach dem Dipolmoment ca. 150°, dies ist der Winkel zwischen den Ebenen [CH_3(β)—C(α)—C(Carbonyl)] u. [O=C—N]. Aus der Temperaturabhängigkeit der Intensität der Absorptionsbanden bei 969 sowie bei 987 cm^{-1} wird der Energieunterschied beider Formen berechnet (1370 ± 100 cal/Mol). Durch Vgl. der Spektren mit dem Spektr. von N-deuteriertem I in fl. Zustand werden die Banden zugeordnet. (J. chem. Soc. Japan, pure Chem. Sect. [Nippon Kagaku Zassi] **79.** 1096—1103. Sept. 1958. Tokyo, Univ., Naturwiss. Fak. [Orig.: japan.]) E. MAEKAWA. B 120

Gabriello Illuminati, Giuliana Grassini und **Marisa Scrocco,** *Über das Infrarotspektrum des Harnstoffs in einer Reihe von Komplexen vom Typ Harnstoff–Cetan.* Vff. nehmen Bezug auf Unterss. von SMITH (vgl. Acta crystallogr. [Copenhagen] **5.** [1952.] 234) u. STUART (vgl. C. **1957.** 8748) über die Struktur des Komplexes Harnstoff–Cetan u. berichten über IR-Spektralunterss., speziell im Gebiet der Valenzfrequenz der N—H-Bindung in einer Reihe von Komplexen mit anderen Verbb., die ebenfalls dem Typ Harnstoff–Cetan angehören. Untersucht wurden die folgenden Komplexverbb. *Harnstoff* mit *n-Dodecan, n-Tetradecan, n-Hexadecan* (*Cetan*), *n-Octadecan, n-Octokosan, Cetylalkohol, Palmitinsäure, Stearinsäure, Ölsäure, Essigsäurecetylester, -n-octadecylester, Laurinsäuremethylester* u. *Stearinsäureäthylester.* In allen Fällen waren die Verschiebungen der beiden N—H-Banden in bezug auf die Harnstoffbanden konstant u. analog; sie lagen für das Dublett der ersten Bande bei 42 u. 72 cm^{-1}, für die zweite Bande bei 125 cm^{-1}. Es wurden außerdem noch die Valenzfrequenzen der N—H-Bindung für einige Addukte gemessen, die nicht zu dem Typ Harnstoff–Cetan gehören. Es sind dies die Addukte von *Harnstoff* mit *1.4-Dichlorbutan, 1.5-Dibrompentan, 1.6-Dibromhexan, Hexamethylendiamin, Oxalsäure, Bernsteinsäure* u. *Glutarsäure.* Auch in diesem Fall wurden nur geringe Verschiebungen der Banden beobachtet. Die Ergebnisse sind tabellar. zusammengestellt. (Atti Accad. naz. Lincei, Rend., Cl. Sci. fisiche, mat. natur. [8] **24.** 435—38. April 1958. Roma, Univ., Ist. di Chim. Generale e Inorg.) C. GOTTFRIED. B 120

L. J. Bellamy, H. E. Hallam und **R. L. Williams,** *Infrarotspektren und Lösungsmitteleffekte.* 1. Mitt. *X–H-Valenzschwingungsfrequenzen.* Es werden die relativen Verschiebungen der X–H-Valenzschwingungen in verschied. Lösungsmitteln gegenüber den Lagen im Dampfzustand für *Anilin* (II), H_2S (III), *W.* (IV), CH_3OD (V), *Phenol* (VI), die *Halogenwasserstoffsäuren* u. *Dekaboran* gemessen u. gegen die Verschiebungen der ν(NH) des *Pyrrols* (I) in den gleichen Lösungsmitteln aufgetragen. Dabei ergeben sich in guter Näherung Geraden mit folgenden Steigungen: II 0,19, III 0,43, IV 0,90, V 1,05, VI 1,80, HJ 1,58, HBr 2,25 u. HCl 2,36. Aus der Linearität dieser Beziehungen wird gefolgert, daß in allen Fällen Wechselwrkg. gleicher Art zwischen Substanz u. Lösungsm. besteht: Assoziation der X–H-Gruppe mit einer polaren Gruppe des Lösungsm., z. B. dem Äthersauerstoffatom, π-Elektronen oder dem CCl-Dipol in CCl_4. I, VI u. HCl zeigen in Anisol auch bei extremer Verdünnung ein ν(XH)-Dublett. Die höhere Frequenz wird XH-Gruppen zugeschrieben, die in Wechselwrkg. mit den π-Elektronen des Rings stehen, die niedrigere solchen in Wechselwrkg. mit der Methoxygruppe. Da Protonendonatorkräfte des Gelösten u. Protonenacceptorkräfte des Lösungsm. die Größe der Frequenzverschiebung bestimmen, gibt die Steigung der Geraden also die relativen Protonendonatorkräfte bzgl. I als Standard an. Besitzt das Lösungsm. eine stark polare Bindung etwa gleicher Länge wie die XH-Bindung, so kann im reinen Lösungsm. Quadrupolassoziation eintreten. Allg. spielt die DK. des Lösungsm. jedoch keine oder nur geringe Rolle. (Trans. Faraday Soc. **54**. 1120–27. Aug. 1958. Waltham Abbey, Essex, E.R.D.E., Ministry of Supply.) VOLKMAR SCHMIDT. B 120

Egon Fahr, *Über die Lage der NN-Valenzschwingungsbande im Infrarotspektrum von Carbonyldiazoverbindungen.* (Vgl. C. **1959**. 12799.) Die IR-Spektren folgender Carbonyldiazoverbb. (als KBr-Preßlinge) wurden im Bereich 4–7,5 μ untersucht: *Diazouracil* (I ohne u. mit Kristallwasser oder -methyl- bzw. -äthylalkohol), *5-Diazobarbitursäure, Diazotetronsäure, 1.3-Dimethyl-5-diazobarbitursäure, Diazodimethyldihydroresorcin* (II), *Benzoyldiazoessigsäuremethylester, β.β'-Dioxo-α.α'-bis-diazoadipinsäuredimethylester, -sebacinsäuredimethylester, -nonandicarbonsäuredimethylester, -decandicarbonsäuredimethylester, -undecandicarbonsäuredimethylester, Diazobrenztraubensäureäthylester* (III), *1.4-Bis-diazobutandion-(2.3), 1.7-Bis-diazoheptandion-(2.6), 1.8-Bis-diazooctandion-(2.7), 1.9-Bis-diazononandion-(2.8), 1.10-Bis-diazodecandion-(2.9), 1.11-Bis-diazoundecandion-(2.10)* u. *1.12-Bis-diazododecandion-(2.11)*. Alle Verbb. zeigen neben einer meist schwachen Vorbande bei ca. 4,5 μ (die nicht eindeutig erklärt werden kann, jedoch vermutlich mit erhöhter Resonanzmöglichkeit gegenüber den nichtcarbonylhaltigen Diazoverbb. zusammenhängt), eine starke Bande bei 4,57–4,72 μ. II u. III zeigen 2 ausgeprägte Banden bei 4,56 u. 4,65 bzw. 4,62 u. 4,74 μ. Das ungewöhnliche chem. u. physikal. Verh. im Vgl. zu den „n.“ Diazoverbb. wird durch ein Überwiegen der Enol (Betain)-Struktur erklärt, das sich durch kurzwellige Verschiebung der ν(NN) zu erkennen gibt. Mit abnehmender Zahl β-ständiger Carbonylgruppen geht der Anteil der Betainform zurück, Ketocarbonyl begünstigt ihre Ausbldg. stärker als Estercarbonyl. Im kristallwasserfreien I wird die Betainform zusätzlich durch die 4.5-Doppelbindung begünstigt; die ν(NN) zeigt hier die kürzeste Wellenlänge (4,57 μ). Die Anlagerung von 1 Mol W. oder A. an I bewirkt langwellige Verschiebung (4,65–4,71 μ). Alle untersuchten Verbb. zeigen außerdem starke Absorptionsbanden zwischen 7,02 u. 7,50 μ. Durch Aufnahme einer negativen Ladung wird die Carbonyldoppelbindung in der Betainform geschwächt u. daher die C=O-Bande langwellig verschoben. Bei den cycl. Verbb. sind die Verhältnisse wegen der erweiterten Tautomeriemöglichkeiten komplexer. (Liebigs Ann. Chem. **617**. 11–19. 1958. Würzburg, Univ., Chem. Inst.) VOLKMAR SCHMIDT. B 120

J. Collin und **F. P. Lossing,** *Ionisationspotential einiger Olefine, Diolefine und verzweigter Paraffine.* Die Ionisationspotentiale I. folgender Verbb. wurden durch Elektronenstoßverss. ermittelt: *Isobutan* 10,79 [V], *2-Methylbutan* 10,60, *2-* 10,34 u. *3-Methylpentan* 10,30, *2.3-Dimethylbutan* 10,24, *Buten-(1)* 9,76, *Isobuten* 9,26, *cis-* 9,34 u. *trans-Buten-(2)* 9,27, *Penten-(1)* 9,67, *3-* 9,60 u. *2-Methylbuten-(1)* 9,20, *cis-* 9,11 u. *trans-Penten-(2)* 9,06, *3-Methylbuten-(2)* 8,89, *Tetramethyläthylen* 8,53, *Cyclopropen* 9,95, *Cyclopenten* 9,27, *Cyclohexen* 9,18, *Pentadien-(1.2)* 9,42, *-(2.3)* 9,26, *-(1.3)* (I) 8,68 u. *-(1.4)* 9,58 sowie *Hexadien-(1.5)* 9,51. Die Ergebnisse stimmen gut mit den Daten der Photoionisation überein. Bei den verzweigten Olefinen liegen die Elektronenstoßwerte um 0,24–0,30 V höher. Die konstante Differenz ist wohl in einer verschied. Deutung der Ionisationsschwelle bei beiden Methoden begründet. Bei den Olefinen ist die Differenz kleiner (0,1–0,2 V). Die Daten der Olefine sind in guter Übereinstimmung mit den Berechnungen von FRANKLIN (C. **1956**. 8555) u. HALL (C. **1950/54**. 4489 S). Die I. der Olefine geben die Zunahme der Hyperkonjugationseffekte mit der Zahl an CH_3-Gruppen an der Doppelbindung gut wieder. Die kleinen Unterschiede in den I.-Werten der Pentadiene (außer dem konjugierten I) werden ebenfalls mit der Wrkg. der Hyperkonjugation erklärt. (J. Amer. chem. Soc. **81**. 2064–66. 5/5. 1959. Ottawa, Canada, Nat. Res. Council, Div. of Pure Chem.) B. GNAUCK. B 131

Hilda Howell und **G. S. Fisher,** *Die Dissoziationskonstanten einiger Terpensäuren.* Mit der Meth. von SPEAKMAN (J. chem. Soc. [London] **1940**. 855) wurden die pK-Werte folgender Säuren in wss. Lsg. bei n. Temp. bestimmt: *Pinonon-* 4,63, *Pinon-* (V) 4,82,

Pinol- 4,83, *Nopin-* 4,61, *Adipin-* (F. 152—153°) (pK_1) 4,42, (pK_2) 5,41, *cis-* (I) 4,34, 5,51 u. *trans-Norpin-* (II) 4,44, 5,56, *dl-* (III) 4,48, 5,47 u. *d-Pin-* 4,48, 5,48, *Homopin-*(IV) 4,58, 5,49, *cis-d-Campher-* (F. 186—188°) 4,71, 5,83 u. *Camphensäure* 4,73, 5,65. Die Daten zeigen, daß in keinem Falle, selbst bei I nicht, H-Brücken vorhanden sind. Dies ist auf ster. Hinderung oder auf eine zu große Entfernung der Carboxylgruppen zurückzuführen. Daher wurden die Abstände der beiden Carboxyl-H-Atome mit der Formel von BJERRUM [1923], den Gleichungen von WESTHEIMER u. SHOOKHOFF (J. Amer. chem. Soc. **61.** [1939.] 555 u. früher) sowie auf geometr. Wege für I—IV (sämtliche Formen) berechnet. Die erhaltenen Daten liefern jedoch keinen schlüssigen Anhaltspunkt für die Zuordnung der Konfiguration bzw. Konformation der Cyclobutancarbonsäuren-(1.3). Erstaunlich ist, daß das Verhältnis K_1/K_2 für I u. III nahe bei den Werten der entsprechenden trans-Säuren liegt.

Versuche: *Nopinsäure,* F. 125—126° (Bzl.), durch $KMnO_4$-Oxydation von β-Pinen in $(NH_4)_2SO_4$-Pufferlösung. — *dl-Pinonsäure* (V), F. 104° (W. bzw. Aceton), wie vorst. aus α-Pinen (VI). — *dl-Pinolsäure,* F. 100° (Acetonitril), durch Hydrieren von V in Ggw. von PtO_2 u. wss. Alkali bei n. Temp. (2—5 Tage). — *dl-Pinsäure* (III), F. 99—101° (W.), durch Hypobromitoxydation von V. — *L-Pinsäure,* F. 135° (W.), durch Kochen von rohem Pinsäuredimethylester ($[\alpha]_D^{25}$ +23°) mit Na-Methylat u. Verseifung; $[\alpha]_D$ —3° (Ae.). — *symm.-Homopinsäure* (IV), F. 113—117°, durch WILLGERODT-Rk. mit V nach STINSON u. LAWRENCE (C. **1950/54.** 3926 S). — *cis-dl-Camphensäure,* F. 136—137° durch $KMnO_4$-Oxydation von Camphen. — *d-Pinononsäure,* F. 131°, durch Oxydation von VI mit Luft nach MOORE u. Mitarbeitern (C. **1957.** 5564) (→ Verbenon u. Verbenol) u. $KMnO_4$-Oxydation; $[\alpha]_D$ +42,5° (Ae.). — *cis-Norpinsäure* (I), F. 176° (verd. HCl), durch Hypochloritoxydation von vorst. Säure. — *trans-Norpinsäure* (II), F. 179° (Ae.), durch 2std. Erhitzen von I mit 6n HCl auf 180°. (J. Amer. chem. Soc. **80.** 6316—19. 5/12. 1958. Oluster, Fla., U. S. Dep. of Agric., Naval Stores Stat.) B. GNAUCK. B 139

Arnaldo Liberti, Giovanni Faraone und **Giovanni d'Amore,** *Über das polarographische Verhalten der Thioglykolsäure.* Vff. nehmen Bezug auf Unterss. von LEUSSING u. KOLTHOFF (vgl. C. **1954.** 4577) sowie von LIBERTI u. CERVONE (vgl. C. **1951.** II. 2929) über das polarograph. Verh. der *Thioglykolsäure* u. berichten über analoge Unterss. im p_H-Bereich von 0,5—13 bei konstanter Konz. der Säure. Die mathemat. Analyse der polarograph. Stufen zeigt, daß sich zwischen p_H 1—9,7 das Ansteigen des Halbstufenpotentials für eine $5 \cdot 10^{-4}$mol. Lsg. der Säure durch die Gleichung: — $E_{1/2} = 0{,}02 + 0{,}0567\ p_H$ ausdrücken läßt u. daß bei $p_H > 11$ das Halbstufenpotential für die gleiche Säurekonz. 0,560 V in bezug auf die gesätt. Kalomelelektrode beträgt. Weiter ergibt sich, daß die Säure in nicht dissoziierter Form oder als einwertiges Ion die Hg-Tropfelektrode depolarisiert, wobei ein Elektron teilnimmt unter Bldg. von Hg(I)-Ionen. Bei p_H-Werten, bei denen die Säure als zweiwertiges Anion zugegen ist, verläuft die Depolarisation des Hg gemäß einem Prozeß, an dem 2 Elektronen teilnehmen, u. der wahrscheinlich der Oxydation des Hg unter Bldg. von Hg(II)-Ionen zuzuschreiben ist. Experimentell bestimmt u. berechnet wurden die Diffusionskoeffizienten u. ihre Änderungen mit dem p_H-Wert. Die mit dem p_H-Wert beobachteten Änderungen deuten auf die verschied. Natur des diffundierenden Ions hin, welches für den Elektrodenprozeß verantwortlich ist. (Atti Soc. Peloritana Sci. fisiche mat. natur. **2.** 261—79. 1955/56. Messina, Univ., Ist. di Chim.-Fis.) C. GOTTFRIED. B 142

N. Ja. Chlopin und **G. F. Reichardt,** *Bestimmung der Zahl der an der Reduktion von Stypticin an der Quecksilbertropfelektrode beteiligten Elektronen.* 2. Mitt. (1. vgl. C. **1959.** 6080.) Bei der polarograph. Coulometrie der Red. von *Stypticin* (I) wird die Zahl n der an der Red. teilnehmenden Elektronen aus dem Grenzstrom I_0 (μA), der Anfangskonz. c_0 (mMol/Liter) von I, dem Vol. v (ml) des Elektrolyten u. der Konstanten $K = t/\log(h_0/h_t)$ (t = Zeit in Sek., h_0 u. h_t = Höhe der polarograph. Stufe zur Zeit 0 u. t) berechnet: $n = (I_0/c_0) \cdot (K/222 \cdot 10^3 \cdot v)$. Eine andere Gleichung für die Berechnung von n ist $n = (M/F) \cdot t \cdot [(h_0 + h_t)/(h_0 - h_t)] \cdot (I_0/2vc)$ (M = Mol.-Gew., F = 96500 Coulomb, c = Konz. in γ/ml). Die Messungen ergeben $I_0/c_0 = 22{,}08$. Für n ergibt sich annähernd der Wert 2 (1,992 bzw. 1,998). Unter Berücksichtigung der Konst. des I kann angenommen werden, daß die Red. an der Doppelbindung des heterocycl. Ringes erfolgt. (Журнал Общей Химии [J. allg. Chem.] **28** (**90**). 264—67. Jan. 1958. Perm, Pharmazeut. Inst.) R. K. MÜLLER. B 142

Petr Zuman und **Václav Černý,** *Polarographie der Steroide.* 3. Mitt. *Polarographische Reduktion der Steroide mit einer Aldehydgruppe in 18-Stellung.* (2. vgl. BŘEZINA, C. **1950/54.** 2739 S.) Polarograph. untersucht wurden *Dehydro-5.6-dihydrotetramethylholarrhimin* (I), sein *Oxim* (II), *5.6-Dihydrotetramethylholarrhimin* (III), *Dehydrotetramethylholarrhimin* (IV) u. *Dehydrotetramethylholarrhidin* (V). Das polarograph. Verh. dieser Steroide mit der Aldehydgruppe in Stellung 18 u. mit einer verzweigten Kette in Stellung 17 ist von der Red. anderer Aldehyde verschieden. Im p_H-Bereich 7—10,5 werden I, IV u. V einstufig red. mit dem Halbstufenpotential — 1,65 V. Weder Stufenhöhe noch Halbstufenpotential sind p_H-abhängig. Die Unabhängigkeit des Halbstufenpotentials vom p_H kann durch die ster. Hinderung der Hydratation erklärt werden. II u. III werden an der Hg-Tropfelektrode nicht reduziert. Die untersuchten N-haltigen Steroide setzen die H-Überspannung herab, bei größeren Depolarisatorkonzz. wird die Reduktionsstufe durch die katalyt. Stufe überdeckt. Bei I u. III wurde ein Kapazitätsphänomen beobachtet, eine stufenähnliche Stromerhöhung, die nicht durch Depolarisation, sondern durch Desorption der Steroide verursacht wird. Daß das Kapazitätsphänomen bei V nicht beobachtet wurde, kann durch die Hinderung der Adsorption durch die große axiale 3α-Aminogruppe verursacht werden. Hollarhidin weist auch eine wesentlich kleinere Wrkg. bei der O_2-Maximumherabsetzung auf, welche wie folgt ermittelt wurde: Verdünnung für die Herabsetzung des Maximums auf 50% in 0,001 mol. HCl, 0,001 mol. KCl bzw. 0,001 mol. NaOH: I, $3,4 \cdot 10^6$, $1,4 \cdot 10^5$, $1,3 \cdot 10^6$; IV, $3,4 \cdot 10^6$, $1,4 \cdot 10^5$, $1,3 \cdot 10^6$; V, $5,2 \cdot 10^5$, $2,3 \cdot 10^4$, $1,3 \cdot 10^6$; Strophanthidin, $2,4 \cdot 10^6$, $8,0 \cdot 10^4$, —. Potentiometr. wurden die Dissoziationskonstante, bei niedriger Konz. (1) u. in 70% ig. A. (2), bestimmt. pK_{a1}, pK_{a2}; I 8,75, 9,7; II ca. 8,4, ca. 9,1; III 8,75, 9,5; V ca. 8,3, ca. 9,3. Die potentiometr. Titrierkurven haben den für zweiwertige Basen theoret. Verlauf. (Chem. Listy **52.** 1468—73. Aug. 1958. [Orig.: tschech.]; Collect. czechoslov. chem. Commun. **24.** 1925—32. Juni 1959. [Orig.: deutsch]. Praha, Českoslov. akad. věd, Polarogr. ústav u. Chem. ústav.) L. MATOUŠEK/Prag. B 142

Joaquín Ocón und **Filomena Rebolleda,** *Dampf–Flüssigkeits-Gleichgewicht.* 6. Mitt. *Untersuchung des binären Systems Methanol–Wasser.* (5. vgl. An. Real Soc. españ. Física Quím., Ser. B **54.** [1958.] 431.) Bei Anwendung des schon beschriebenen Verf. (1. Mitt. vgl. C. **1958.** 8002) der Rücklaufdest. zur Best. von Dampf–Fl.-Gleichgewichten wurde das Syst. *Methanol* (I)–*W.* untersucht. I wurde so lange rektifiziert, bis n_D^{15} 1,3307 mit Kp. 64,52° u. $D._4^{20 \pm 0,05}$ 0,7913 erreicht war. Auf die Vorsichtsmaßnahmen für die Probenahme aus beiden Phasen wird hingewiesen. Für die Mischungen I–W. sind die Werte $(y - x)/z_1 z_2$, in denen x den mol. Anteil des I in der fl. Phase, y in der Dampfphase, z_1 u. z_2 die entsprechenden virtuellen Volumfraktionen beim Kp. unter Vernachlässigung des Volumeffektes bei der Mischung bedeuten, angegeben. In Abhängigkeit von y wird diese Funktion durch 2 Gerade dargestellt, die sich bei $y = 0,7563$ u. $(y - x)/z_1 z_2 = 1,284$ schneiden. Formeln für den Ausgleich dieser Geraden u. der Kp.-Kurve u. die so korr., nur wenig von den Versuchsdaten abweichenden Zahlenwerte werden mitgeteilt u. mit den Ergebnissen anderer Autoren verglichen. (An. Real Soc. españ. Física Quím., Ser. B **54.** 525—30. Juli/Aug. 1958. Santiago de Compostela, Inst. „A. de G. Rocasolano", Secc. Quím. técnica.) W. METZENER. B 150

J. Pick, E. Hála und **V. Fried,** *Gleichgewicht Dampf–Flüssigkeit.* 19. Mitt. *Phasengleichgewichte in dem System n-Propanol–Wasser–n-Propylacetat.* Inhaltlich ident. mit der C. **1959.** 7072 referierten Arbeit. (Collect. czechoslov. chem. Commun. **24.** 1589—95. Mai 1959. [Orig.: engl.]) W. BARZ. B 150

D. Papoušek und **E. Smékal,** *Untersuchung zwischen molekularer Wechselwirkung in Flüssigkeiten.* 2. Mitt. *Gleichgewicht Flüssigkeit–Dampf im System Di-n-butyläther–Diäthyläther.* Inhaltlich ident. mit der C. **1959.** 7072 referierten Arbeit. (Collect. czechoslov. chem. Commun. **24.** 2031—34. Juni 1959. [Orig.: deutsch.]) W. BARZ. B 150

A. Je. Lutzki, Je. M. Obuchowa und **B. G. Petrenko,** *Mischungswärme und Dipolmoment der Moleküle der Komponenten.* Den statist. Theorien der Mischungen von Nichtelektrolyten zufolge soll ein bestimmter Zusammenhang zwischen der Mischungswärme ΔH im fl. Zustand u. dem Unterschied verschied. Eigg. der reinen Komponenten bestehen (Molekülgröße v, Gestalt F, Polarisierbarkeit α, Dipolmoment μ). Zur Prüfung dieses Zusammenhangs bestimmten Vff. ΔH bin. fl. Mischungen von *Bzl.* mit C_6H_5X ($X = C_2H_5$, OCH_3, CN, CH_2OH, OC_2H_5, $N(CH_3)_2$ u. NO_2) beim Molenbruch zon C_6H_5X = 0,2. Bei den untersuchten bin. Systemen (in allen war ΔH positiv) tritt der Einfl. des Unterschieds zwischen v u. F von Bzl. u. der jeweiligen 2. Komponente zurück gegenüber dem Einfl. von $\Delta\mu$ (mit Ausnahme des Syst. Bzl.–Äthylbenzol). In Übereinstimmung mit den statist. Theorien haben ΔH u. Δv das entgegengesetzte Vorzeichen (mit Ausnahme des Syst. Bzl.–Äthylbenzol). Zwischen ΔH u. μ der gelösten Komponente werden lineare Beziehungen gefunden (hier fällt das Syst. Bzl.–$C_6H_5 \cdot CH_2OH$ wegen der OH-Gruppe ganz heraus). (Журнал Физической Химии [J. physik. Chem.] **32.** 720—21. März 1958. Charkow, Polytechn. Lenin-Inst.) E. KORDES. B 156

W. I. Sjusjajew, *Ultraschallgeschwindigkeit in den Systemen Chloral–Wasser und Chloral–Alkohole.* In den Kurven der Abhängigkeit der Ultraschallgeschwindigkeit (UG) von der Zus. für das Syst. *Chloral* (I)–*W.* zeigen sich bei 10—30° positive, > 30° negative

Abweichungen von der Additivität; ein Anzeichen für die Bldg. eines Monohydrats ($I \cdot H_2O$) findet sich nur in einem Wendepunkt der Kurve des Abfalls der UG bei 10° u. bei 90°. Ein Gemisch von 4% I u. 96% W. zeigt eine UG, die von der Temp. unabhängig ist. In den Kurven der UG für die bin. Systeme von I mit *Methylalkohol, A.* u. *Isoamylalkohol* liegt ein mit steigender Temp. flacher werdendes Maximum bei der Zus. 1 : 1 vor, das der Bldg. einer Verb. entspricht. (Известия Академии Наук Туркменской ССР [Nachr. Akad. Wiss. TurkmenSSR] **1958.** Nr. 2. 69—72. Turkmen. Gorki-Univ.)

R. K. MÜLLER. B 159

C. Raghupati Rao, *Ultraschalldispersion in Palmitinsäure.* Zwischen 60 u. 85° bestimmte Vf. die Ultraschallgeschwindigkeit in Palmitinsäure bei 2 u. 4 MHz u. in dem Intensitätsbereich von $0{,}8 \cdot 10^{-2}$ bis $8 \cdot 10^{-2}$ W/cm. Weder mit der Frequenz noch mit der Intensität wurde eine merkliche Dispersion gefunden. Der aus den Messungen erhaltene Temperaturkoeff. der Geschwindigkeit von $\Delta V/\Delta T = -3{,}35\ m \cdot sec^{-1} \cdot Grad^{-1}$ stimmt gut mit dem von GABRIELLI u. VERDINI (vgl. C. **1956.** 4637) gefundenen Wert überein. (Ricerca sci. **28.** 2106—11. Okt. 1958. Roma, Ist. Naz. di Ultracustica.)

C. GOTTFRIED. B 159

J. Rosenbaum und **M. C. R. Symons,** *Direkter Nachweis von Trimethylcarboniumionen.* Die dem *Trimethylcarboniumion* (I) eigentümliche Bande bei 292 ± 2 mμ ($\varepsilon = 7 \cdot 10^3$) erscheint bei Lsgg. von tert.-Butanol in H_2SO_4 langsam nach einer Rk. 1. Ordnung, sehr schnell bei einer Lsg. von Isobutylen in H_2SO_4. Die Bande ist auf einen Elektronenübergang der C—H-Bindungselektronen zum Zentralatom zurückzuführen. Das mit I isostere ebene $(CH_3)_3B$ zeigt die bei kürzeren Wellen zu erwartende Bande bei 260 mμ ($\varepsilon = 6 \cdot 10^3$); dadurch erscheint die ebene klass. Struktur für I wahrscheinlicher als ein π-Komplex des Typs $[(CH_3)_2\ C \overset{\overset{H}{\uparrow}}{=} CH_2]^+$. (Proc. chem. Soc. London] **1959.** 92. März. Southampton, Univ., Dep. of Chem.)

F. HELLER. B 182

F. Körösy, *Über einige Eigenschaften der Kupfer- und Silberformiate.* Vortrag. Das zu niedrige magnet. Moment u. die tiefblaue Farbe wertet Vf. als Hinweis auf eine Komplexbindung des Cu^{2+} an den Carbonyl-O, die Kristallstruktur u. die leichte Red. der Cu^{2+}-Salze werden damit in Verbindung gebracht, auch das Verh. der Ag-Salze wird analog erklärt. — 9 Literaturangaben. (Acta chim. Acad. Sci. hung. **13.** 107—09. 1957. Haifa, Israel, Carmel; Budapest, TU, Inst. for Phys. Chem.)

W. FRANKE. B 182

R. Blinc und **E. Pirkmajer,** *Berechnete Bindungslängen, Bindungsordnungen und π-Elektronenverteilung in Naphthazarin.* Unter Vernachlässigung einer Überlappung wurden mit Hilfe der LCAO-Molekülbahnmeth. die Energieniveaus, Bindungsordnungen u. Bindungslängen von *Naphthazarin* berechnet. Die berechneten Elektronenenergieniveaus standen in guter Übereinstimmung mit den aus dem UV-Spektr. erhaltenen Werten. („J. Stefan" Inst., Rep. [Ljubljana] **4.** 133—37. Okt. 1957.)

C. GOTTFRIED. B 182

A. G. Anikin und **G. M. Dugatschewa,** *Bestimmung der Reinheit und der Kristallisationstemperatur einiger Kohlenwasserstoffe in einer Menge von 1 bis 2 ml.* Mit der C. **1958.** 1534. 3982 beschriebenen, verbesserten App. (Temperaturmessung mit einem Cu-Konstantan-Thermoelement aus Drähten vom Durchmesser 0,05 mm) werden die Schmelz- u. Kristallisationskurven einiger KW-stoffe aufgenommen. Die Reinheitsprüfung erfolgt auf Grund der kryoskop. Konstante durch Messung der Gefrierpunktserniedrigung bei Zusatz der in Frage kommenden Beimengung. In einer Tabelle werden Versuchswerte für *n-Hexan, n-Heptan, n-Octan, 2.5-Dimethylhexan* u. *Methylcyclopentan* mitgeteilt, die zeigen, daß die mit 1—2 ml Probe erhaltenen Ergebnisse mit solchen übereinstimmen, die mit 6—10 ml erhalten sind. (Доклады Академии Наук СССР [Ber. Akad. Wiss. UdSSR] **119.** 939—41. 11/4. 1958. Moskau, Lomonossow-Univ.).

R. K. MÜLLER. B 190

H. H. Hatt, *Die kristallinen Hydrate von Alkoholen.* (Vorl. Mitt. vgl. C. **1957.** 9877.) Nachzutragen ist: Die Bldg. kristalliner Hydrate von Alkoholen wird weitgehend von der Molekülform des Alkohols bestimmt, chem. Eigg. spielen nur eine sek. Rolle. Während z. B. *Pentamethyläthanol* (I) ein Hydrat bildet, wird durch Einführung einer Methylengruppe die Fähigkeit zur Hydratbldg. aufgehoben. Dagegen tritt Hydratbldg. ein, wenn in dem I-Mol. eine Methyl- durch eine Vinyl- oder Äthinylgruppe oder durch Cl ersetzt wird. Es bildet sich kein Hydrat, wenn in I Methylgruppen durch F (*Trifluor-tert.-butanol*) ersetzt sind. Dagegen können in *1.2.2-Trimethylcyclopentanol* u. *1.2.2-Trimethylcyclohexanol* 1 oder 2 C-Atome eingefügt werden, ohne daß Verlust der Hydratbldg. eintritt. Alle Alkoholhydrate haben die Zus. $(ROH)_2 \cdot H_2O$. Bei den *Glykolen* ist ebenfalls die Hydratbldg. von der Molekülform abhängig. So bildet *Pinakon* (II) ein Monohydrat

$R(OH)_2 \cdot H_2O$ u. das Hexahydrat. Einführung einer Methylengruppe in II verhindert ebenfalls die Hydratbildung. Dagegen werden wieder Hydrate von *2.5-Dimethylhexandiol-(2.5)*, *2.6-Dimethylheptandiol-(2.6)* u. *2.7-Dimethyloctandiol-(2.7)* gebildet. Ebenfalls zur Hydratbldg. geeignet sind *trans-Oktahydroindendiol-(8.9)* u. *trans-Dekahydronaphthalindiol-(9.10)*. — Die Fähigkeit zur Hydratbldg. läßt bei Terpenglykolen Rückschlüsse auf ihre Konfiguration zu. So sind die hoch- u. niedrigschm. Formen von *3.4-Carandiol*, von denen nur die erste ein Hydrat bildet, die trans- bzw. cis-Form. Die von SCHMIDT (vgl. C. **1949.** E. 63) versuchten cis- u. trans-Zuordnungen der *p-Menthandiole-(1.2)* sind umzudrehen. Weiter befinden sich die OH-Gruppen in den von BLUMANN u. RYDER (vgl. C. **1949.** E. 4592) beschriebenen Verbb. *p-Menthandiol-(3.6)* u. den 2 *$\Delta^{1.2}$-p-Menthen-3.6-diolen* alle in trans-Stellung. (Chem. and Ind. **1957.** 48—49. 12/1. Melbourne, C.S.I.R.O., Div. of Ind. Chem.) C. GOTTFRIED. B 190

S. Raman, *Methode anomaler Dispersion zur Bestimmung der Struktur und der absoluten Konfiguration von Kristallen.* Beschreibung der Methode. Die mit Hilfe der Meth. bestimmte absol. Konfiguration von *L-Ephedrinhydrochlorid* stimmte mit der von PHILLIPS (vgl. C. **1954.** 10679) vorgeschlagenen Konfiguration überein. (Proc. Indian Acad. Sci., Sect. A **47.** 1—11. Jan. 1958. Madras, Univ., Dep. of Phys.) C. GOTTFRIED. B 195

Guido Arich und **Giuseppe Tagliavini,** *Gleichgewicht flüssig–flüssig in dem System Wasser–Benzol–Aceton.* Vff. bestimmten bei 20, 40 u. 60° die Mischbarkeitsisothermen u. die Konjugationslinien des Syst. *W.–Bzl.–Aceton* sowie bei niedrigen Acetongehh. die Verteilung des Acetons zwischen der wss. u. der benzol. Phase, d. h. in dem Bereich, in dem Bzl. u. W. als nicht mischbar angesehen werden können. Die Versuchsergebnisse sind graph. u. tabellar. wiedergegeben u. werden mit Ergebnissen von anderen Seiten verglichen. (Ricerca sci. **28.** 1620—27. Aug. 1958. Padova, Univ., Ist. di chim. generale.) C. GOTTFRIED. B 221

I. L. Krupatkin und **I. A. Todorow,** *Untersuchung der Phasengleichgewichte im System Pyramidon–Diäthylamin–Wasser.* (Vgl. C. **1957.** 624. 10432. 10970.) Im Syst. *Pyramidon* (I)–*Diäthylamin* (II)–*W.* bildet I mit II eine Verb. (III) 1 : 3 mit inkongruentem F.; der Übergangspunkt liegt bei 60,5° mit 49,7% II. Das tern. Syst. weist 2 getrennte Entmischungsgebiete auf. Es liegen 2 tern. Systeme vor: W.–II–III u. W.–III–I, in denen eine Homogenisierung des Entmischten der bin. Systeme I–W. u. II–W. durch die Verb. III erfolgt. Die homogenisierenden Eigg. von III hängen mit der starken Dissoziation dieser Verb. zusammen, die zu ihrer unbegrenzten Löslichkeit in W. führt. Ein I-Geh. von nur 0,3% erhöht den unteren krit. Punkt des Syst. II–W. um 5,5°. Der tern. Punkt liegt bei 141° mit 19% I, 11% II u. 70% H_2O. Das Entmischungsgebiet an der II–W.-Kante des Dreieckdiagramms ist sehr schmal, das an der I–W.-Kante breiter. (Журнал Общей Химии [J. allg. Chem.] **27** (**89**). 2916—21. Nov. 1957. Tscherkass. Pädagog. Inst.) R. K. MÜLLER. B 221

N. Nicolaides und **Fritz Laves,** *Feststellung der cis–trans-Isomerie durch Längenmessungen an Molekülen in Harnstoff- und Thioharnstoffaddukten.* Die Länge der Gastmoll. in Harnstoff- u. Thioharnstoffeinschlußverbb. läßt sich aus dem Abstand der kontinuierlichen Schichtlinien in den LAUE-Diagrammen ermitteln. Diese Meth. ermöglicht die Entscheidung, ob Doppelbindungen in der cis- oder trans-Form vorliegen. Eine cis-Doppelbindung verkürzt ein gesätt. Mol. um 0,9 ± 0,1 Å, eine trans-Doppelbindung um 0,15 ± 0,1 Å. Die gleichen Werte resultieren aus Modellbetrachtungen. Diese Meth. ist eher als andere geeignet, die Stellung der Substituenten R in Trialkyläthylenen $R(CH_3) \cdot C{=}CHR'$ festzustellen (vgl. C. **1955.** 2157). Die Beziehungen gelten auch bei Moll. mit mehreren isolierten Doppelbindungen, bei konjugierten Doppelbindungen ist die Verkürzung etwas größer. Bei Mischungen wird der Mittelwert der Mol.-Länge gemessen, der Schlüsse auf die Zus. erlaubt; dabei muß die bei der Adduktbldg. auftretende Fraktionierung berücksichtigt werden. Die Mol.-Längen [Å] folgender Addukte wurden ermittelt: Harnstoffaddukte: Säuren (als Dimere): *Stearin-* 50,10, *Öl-* 48,44, *Linol-* 46,63, *Elaidin-* 49,82, *Linolelaidin-* 49,18, Methylester: *Stearinsäure-* 27,42 *Ölsäure-* 26,39, *Eikosansäure-* 29,92, *Eikosensäure-* 28,95, *Dokosansäure-* 32,45, *Dokosensäure-* 31,47, *Linolsäure-* 26,96. — Thioharnstoffaddukte: *2.2.4-Trimethylpentan* 8,36, *2.4.4-Trimethylpenten-(2)* 8,31. (J. Amer. chem. Soc. **80.** 5752—56. 5/11. 1958. Zürich, ETH, Inst. für Krist. u. Petrographie.) B. SCHRADER. B 223

M. M. Potaschnikow und **P. N. Gorelow,** *Löslichkeit von sauren Sulfaten des Chinolins und Isochinolins in Äthylalkohol. Chinolin* (I) u. *Isochinolin* (II) werden in 95%ig. A. gelöst, ihre bei Zusatz von konz. H_2SO_4 entstehenden *sauren Sulfate* abfiltriert u. aus A. bis zu konstantem F. umkrist., der im Falle von I 164—164,5°, im Falle von II 207—208° beträgt. Ihre Löslichkeit in A. von 75—95 Vol.-% wird bei 0—50° bestimmt

(Tabellen); sie nimmt zwischen 85 u. 75% A. rascher ab als zwischen 95—85%, wodurch in der Löslichkeitskurve in Abhängigkeit von der A.-Konz. ein Knick entsteht. Die Löslichkeit ist beim sauren Sulfat von I 2—3mal größer als bei dem von II; dadurch ist eine Trennung möglich. Das I-Salz bildet 2 Kristallhydrate: bei 0—15° $C_9H_7N \cdot H_2SO_4 \cdot 4H_2O$, bei 15—20° $2C_9H_7N \cdot H_2SO_4 \cdot 7H_2O$; sie werden isoliert u. stellen instabile, leichtschm. Verbb. dar, die an der Luft zers. werden. Auch die Löslichkeitskurve des II-Salzes in W. zeigt Knicke; die dadurch angedeuteten Hydrate werden nicht untersucht. (Журнал Прикладной Химии [J. angew. Chem.] **30.** 482—86. März 1957. Östl. wiss. Forsch.-Inst. für Kohlenchem.) R. K. MÜLLER. B 224

Royston M. Roberts, Yuri W. Han, Calvin H. Schmid und **Donald A. Davis,** *Alkylbenzole.* 5. Mitt. *Gegenseitige Umwandlung von sek.-Butyl- und Isobutylbenzol.* (4. vgl. J. org. Chemistry **23.** [1958.] 1080; 3. vgl. C. **1959.** 11520.) Bei dem Erwärmen von *sek.-Butylbenzol* (I) bzw. *Isobutylbenzol* (II) mit feuchtem $AlCl_3$ entstanden Bzl., Butylbenzole, Dibutylbenzole u. höher alkylierte Produkte. Bei 25—30° bestand die Butylbenzolfraktion aus dem reinen Ausgangsprod. (I oder II), bei 100° wurde dagegen ein Gleichgewicht mit ca. $^1/_3$ I u. $^2/_3$ II nach ca. 1 Std. erreicht. Dabei traten nur vernachlässigbar kleine Mengen tert.-Butylbenzol auf. Die bei der Disproportionierung gebildeten Dibutylbenzole zeigten das gleiche Isomerenverhältnis in den Seitenketten. Mit H_2SO_4 statt $AlCl_3$ traten weder Disproportionierung noch Isomerisierung auf. — Diese Verss. stützen den in früher (l. c.) angenommenen Mechanismus über ein Zwischenprod. mit Methylbrücken-π-komplex. (J. Amer. chem. Soc. **81.** 640—43. 5/2. 1959. Austin, Texas, Univ., Dep. of Chem.) E. DEHMLOW. B 225

L. K. Saxena und **C. P. Singhal,** *Untersuchung der Kinetik der Oxydation von Oxalsäure durch Kaliumpersulfat.* Die spezif. Reaktionsgeschwindigkeit k_0 bei der Oxydation von *Oxalsäure* mit Kaliumpersulfat bei 60° steigt schwach zu Beginn der Rk. u. fällt dann ab; insgesamt bleibt sie jedoch ungefähr konstant. Es wird auf eine Rk. 0. Ordnung geschlossen. Messungen bei 45, 50 u. 55° ergeben eine Aktivierungsenergie von 13320—14070 cal. Zugabe von Glaskugeln beschleunigt die Rk.; k_0 zeigt dann keinen konstanten Wert. KCl, Na_2SO_4 u. K_2SO_4 beschleunigen ebenfalls die Rk., während $AlCl_3$ u. CH_3COONa verzögernd wirken. Steigende Ionenstärke von KCl hat positiven Einfluß. Für den Gesamtmechanismus werden 2 Reaktionsstufen angenommen: 1. Autokatalyt. u. 2. n. Umsetzung. Das Abfallen von k_0 am Ende der Rk. wird auf Inaktivierung der Glasoberfläche zurückgeführt. (Agra Univ. J. Res. **6.** 43—51. Juli 1957. Agra, Univ., Chem. Labor.) I. PAETZKE. B 225

C. C. Overberger und **P. V. Bonsignore,** *Die relative Leichtigkeit der Oxydation und die Alkylierungsreaktivität monomerer und polymerer Sulfhydrylgruppen.* 17. Mitt. *über die Synthese von neuen Monomeren und Polymeren.* (16. vgl. J. Amer. chem. Soc. **80.** [1958.] 5427; 15. vgl. C. **1959.** 7816.) Vff. untersuchten die Leichtigkeit der Oxydation u. die Alkylierungsreaktivität von SH-Gruppen enthaltenden Polymeren u. deren niedermol. Analogen. Als monomere Verbb. wurden *p-Thiokresol* (I), *2.4-Bis-[p-mercaptophenyl]-pentan* (II) u. *Thioglykolsäure* (III), als Polymere die durch Hydrolyse aus einem Homopolymeren des *p-Vinylphenylthioacetats* u. aus einem Copolymeren vorst. Verb. u. *Methylmethacrylat* erhaltenen Verbb. IV bzw. V untersucht. Zur Best. der relativen Oxydationsgeschwindigkeiten wird spektrophotometr. die Red. von 2.6-Dichlorphenolindophenol durch die SH-Verbb. gemessen; Anfangsgeschwindigkeiten (in μMol/ml·min·10^{-3}): I 1,17; II 7,51; III 4,26; IV 8,88; V 3,89. Die Alkylierungsreaktivität wurde durch Verfolgung der Rk. mit ω-Bromundecansäure in Boratpufferlsg. (p_H 10) bei 30° bestimmt, Geschwindigkeitkonstanten k_2 [Liter/Mol·min] I 4,15·10^2; II 7,52·10^2 pro SH-Gruppe; bei IV u. V fielen die k_2-Werte mit Fortschritt der Rk. von 5,56·10^2 (20% Umsatz) auf 2,48·10^2 (37%) bzw. von 3,64·10^2 (13%) auf 2,41·10^2 (36%). — Reaktionsprodd.: aus I, $C_{17}H_{28}O_2S$, F. 77° (korr.); aus II $C_{39}H_{60}O_4S_2$, F. 81° (korr.). (J. Amer. chem. Soc. **80.** 5431—34. 20/10. 1958. Brooklyn, N. Y., Polytechnic Inst., Dep. of Chem.) J. MEINERS. B 225

O. A. Reutow, *Untersuchung des Mechanismus der Substitution am Kohlenstoffatom von Organoquecksilberverbindungen.* Übersicht über die Ergebnisse diesbzgl. Arbeiten. — 18 Literaturangaben. (Вестник Московского Университета, Серия Математики, Механики, Астрономии, Физики, Химии [Nachr. Moskauer Univ., Ser. Math., Mechan., Astronom., Physik, Chem.] **12.** Nr. 4. 223—36. 1957. Lehrstuhl für organ. Chem.) H.-E. TOUSSAINT. B 225

Walter Scheele und **Wolfgang Triebel,** *Zur Kinetik der Reaktion organischer Sulfide mit Methyljodid.* Die Umsetzung von *Methyljodid* mit *Dimethyl-* (I, Kp. 38°), *Diäthyl-* (II, Kp. 92—93°), *Di-n-butyl-* (III, Kp. 182°), *Diallyl-* (IV, Kp. 135—137°, n_D^{20} 1,4904) u. *Methylallylmonosulfid* (V, Kp. 92,5°; n_D^{20} 1,472) sowie mit *Dimethyldisulfid* (VI, n_D^{20} 1,526) in Methanol unter N_2 unter Lichtausschluß wurde kinet. unter-

sucht, bestimmt wurde das gebildete Sulfoniumsalz. **I**—**III** reagieren mit einem Überschuß an CH_3J nach der 1. Ordnung zu den entsprechenden Sulfoniumjodiden. **VI** reagiert viel langsamer als **I**—**V**. Auch **IV** u. **V** reagieren in einem großen Bereich des Umsatzes nach der 1. Ordnung. Doch treten bei **IV** zu Beginn u. bei **V** gegen Ende der Rk. Abweichungen auf. Die Aktivierungsenergien betragen: **I**—**III** ca. 16; **IV** 21,5; **V** 15,4 u. **VI** 22,3 [kcal/Mol]. (Kautschuk u. Gummi **11**. Nr. 5. WT 127—33. Mai 1958; Rubber Chem. Technol. **32**. 208—19. Jan./März 1959. Hannover, TH, Kautschukinst.)
I. PAETZKE. B 225

T. R. Fukuto und **R. L. Metcalf**, *Die Wirkung der Struktur auf die Reaktivität von Alkylphosphonsäureestern.* Die Hydrolysengeschwindigkeiten (k_h) folgender Alkylphosphonsäureäthyl-p-nitrophenylester bei p_H 8,3 u. 37,5° wurden colorimetr., die Geschwindigkeit (k_e) ihrer Rk. mit Cholinesterase (aus Fliegenköpfen) bei 37,5° manometr. nach ADLRIDGE u. DARISON (C. **1953**. 7832) bestimmt. Ferner wurden die 50%ig. Inhibierungskonzz. (I_{50}) der Phosphonate sowie die Kontakttoxizität (DL_{50}) gegenüber Musca domestica L. ermittelt. Nachst. Daten wurden erhalten: *Methyl-* (**I**) [k_e] $7,6 \cdot 10^6$ [Liter/Mol·Min.], [k_h] $2,42 \cdot 10^{-3}$ [Min.$^{-1}$], [I_{50}] $4 \cdot 10^{-8}$ [mol.], [DL_{50}] 1,0 [γ/g weibliche Fliege]; *Äthyl-* (**II**) $1,5 \cdot 10^7$, $5,06 \cdot 10^{-4}$, $1,3 \cdot 10^{-8}$, 1,2; *n-Propyl-* (**III**) $1,0 \cdot 10^7$, $4,17 \cdot 10^{-4}$, $1,0 \cdot 10^{-8}$, 2,0; *n-Butyl-* **XIII**) $4,0 \cdot 10^6$, $4,23 \cdot 10^{-4}$, $1,1 \cdot 10^{-8}$, 2,4; *n-Amyl-* $8,9 \cdot 10^5$, $3,62 \cdot 10^{-4}$, $6,8 \cdot 10^{-8}$, 12; *n-Hexyl-* $6,9 \cdot 10^5$, $3,56 \cdot 10^{-4}$, $6,1 \cdot 10^{-8}$, 62; *Isopropyl-* (**IV**) $1,1 \cdot 10^5$, $1,07 \cdot 10^{-4}$, $5 \cdot 10^{-7}$, 28; *Isobutyl-* (**V**) $30 \cdot 10^5$, $2,34 \cdot 10^{-4}$, $3,3 \cdot 10^{-7}$, 9; *Isoamyl-* (**VI**) $4,9 \cdot 10^6$, $2,45 \cdot 10^{-4}$, $1,1 \cdot 10^{-8}$, 7; *Isohexyl-* (**VII**) $2,0 \cdot 10^{-6}$, $3,62 \cdot 10^{-4}$, $3,1 \cdot 10^{-8}$, 40; *tert.-Butyl-* (**VIII**) 6,7, $3,2 \cdot 10^{-6}$, $>3 \cdot 10^{-8}$, >5000; *4.4-Dimethylpentyl-* (**IX**) $6,6 \cdot 10^5$, $3,41 \cdot 10^{-4}$, $1,1 \cdot 10^{-7}$, 57; *Cyclohexyl-* (**X**) $6,1 \cdot 10^4$, $3,07 \cdot 10^{-5}$, $4 \cdot 10^{-7}$, >500; *Phenyl-* (**XI**) $1,8 \cdot 10^6$, $2,64 \cdot 10^{-3}$, $3 \cdot 10^{-8}$, 2,8; *Benzyl-* $1,9 \cdot 10^5$, $7,05 \cdot 10^{-4}$, $3 \cdot 10^{-7}$, >500; *γ-Chlor-n-propyl-* $5,9 \cdot 10^5$, $7,53 \cdot 10^{-4}$, $1,3 \cdot 10^{-7}$, 8,5; *Phosphorsäurediäthyl-p-nitrophenylester* (*Paraoxon*) $2,7 \cdot 10^7$, $6,14 \cdot 10^{-5}$, $2,6 \cdot 10^{-8}$, 1,2. Die Spaltung der p-Nitrophenylesterbindung erfolgt vermutlich durch nucleophilen Angriff von OH^- oder HPO_4^{2-} auf das P-Atom unter Verdrängung der p-Nitrophenylatgruppe. Abgesehen von den Unterschieden zwischen **I** u. **II** erfolgt durch Verlängerung der Alkylkette keine erhebliche Veränderung der k_h-Werte im Gegensatz zu den Befunden von HUDSON u. KEAY (C. **1957**. 12416) bei der alkoh. Hydrolyse von Alkylphosphonsäureestern. Verzweigung am α-C-Atom vermindert die Hydrolysengeschwindigkeit, die Wrkg. von Kettenverzweigungen an entfernteren C-Atomen ist dagegen geringer. Die höhere Reaktionsgeschwindigkeit von **XI** (im Vgl. mit **I**) stimmt mit den Daten von HUDSON u. KEAY (l. c.) überein u. entspricht den elektronenanziehenden Eigg. des Benzolkerns. Die k_e-Werte laufen allg. den I_{50}-Werten parallel. Die Beziehung zwischen den log k_e- u. den log k_h-Werten ist jedoch nicht linear, wie ALDRIDGE u. DAVISON (l. c.) bei diäthylsubstituierten Phenylphosphaten gefunden hatten. Vermutlich infolge ster. Hinderung erniedrigen Kettenverzweigungen am α- u. β-C-Atom die k_e-Werte ganz erheblich, dies gilt bes. für **IV**, **VIII** u. **X**. Die 10fache Verminderung von k_e durch Verzweigung am β-C-Atom (vgl. **XIII** u. **V**) läßt vermuten, daß auch die ster. Anordnung am Ort der Rk. an der Enzymoberfläche beachtet werden muß. Wie die k_e-Werte von **VI** u. **VII** zeigen, erhöhen CH_3-Gruppen am γ- oder δ-C-Atom die Reaktionsgeschwindigkeit. Anscheinend ist die Einführung von CH_3-Gruppen, wenigstens 3—4 C-Atome vom P-Atom entfernt, für eine hohe Antienzymwrkg. günstig. **IX** wurde wegen seines dem Acetylcholin ähnlichen Baues untersucht, zeigte sich aber wirkungslos. Wegen der hohen Toxizität von **I** u. **III** gegen Insekten wurden die gegen alkal. Hydrolyse stabileren Verbb. *n-Propylthiophosphonsäure-S-[2-äthylmercaptoäthyl]-O-äthylester* (**XII**) u. *Methylthiophosphonsäure-S-[2-äthylmercaptoäthyl]-O-äthylester* dargestellt. Beide Verbb. zeigten eine extrem hohe Systemaktivität in jungen Baumwollpflanzen; **XII** scheint ein noch besseres Systeminsekticid zu sein als Isosystox. — Die Alkylphosphonsäureäthyl-p-nitrophenylester wurden durch Einw. von Na-p-Nitrophenolat (**XIV**) auf Alkylphosphonsäureäthylesterchlorid im inerten Medium, die letztgenannten Verbb. (außer der tert.-Butylverb.) durch Einw. von PCl_5 auf Alkylphosphonsäurediäthylester in der Kälte in 60—70% Rohausbeute dargestellt: *Äthyl-* (**II**), $C_{10}H_{14}NO_5P$, Kp.$_{0,2}$ 145 bis 146°, durch Zugabe von Toluol zu **XIV**, azeotrope Dest. des W., Zugabe von Äthylphosphonsäureäthylesterchlorid (Kp.$_{15}$ 80—86°) u. 2std. Kochen; n_D^{30} 1,5195; $D.^{30}_4$ 1,2446. — Analog **II**: *Methyl-* (**I**), $C_9H_{12}NO_5P$, Kp.$_{0,1}$ 125°, aus Methylphosphonsäureäthylesterchlorid (**XVI**, Kp.$_{25}$ 82—88°), n_D^{30} 1,5240, $D.^{30}_4$ 1,2782. — *n-Propyl-* (**III**), $C_{11}H_{16}NO_5P$, Kp.$_{0,1}$ 133—135°, aus n-Propylphosphonsäureäthylesterchlorid (**XV**, Kp.$_{12}$ 84—92°), n_D^{30} 1,5137, $D.^{30}_4$ 1,2184. — *n-Butyl-*, $C_{12}H_{18}NO_5P$, Kp.$_{0,1}$ 140—142°, aus n-Butylphosphonsäureäthylesterchlorid (Kp.$_8$ 85—95°), n_D^{30} 1,5134, $D.^{30}_4$ 1,1986. — *n-Amyl-*, $C_{13}H_{20}NO_5P$, Kp.$_{0,05}$ 140—144°, aus n-Amylphosphonsäureäthylesterchlorid (Kp.$_6$ 104—110°), n_D^{30} 1,5080, $D.^{30}_4$ 1,1632. — *n-Hexyl-*, $C_{14}H_{22}NO_5P$, Kp.$_{0,05}$ 146—150°, aus n-Hexylphosphonsäureäthylesterchlorid ($Kp._{0,5}$ 110—112°), n_D^{30} 1,5029, $D.^{30}_4$ 1,1359. — *Isopropyl-* (IV), $C_{11}H_{16}NO_5P$, $Kp._{0,5}$ 148°, aus Isopropylphosphonsäureäthylesterchlorid ($Kp._{25}$ 86—96°), n_D^{30} 1,5137, $D.^{30}_4$ 1,2259. — *Isobutyl-* (V), $C_{12}H_{18}NO_5P$, $Kp._{0,5}$ 157—159°, aus Isobutylphosphonsäureäthylesterchlorid ($Kp._{15}$ 90—98°), n_D^{30} 1,5114, $D.^{30}_4$ 1,1899. — *Isoamyl-* (VI), $C_{13}H_{20}NO_5P$, $Kp._{0,05}$ 142°, aus Isoamylphosphonsäureäthylesterchlorid ($Kp._7$ 96—110°), n_D^{30} 1,5079, $D.^{30}_4$ 1,1654. — *Isohexyl-* (VII), $C_{14}H_{22}NO_5P$, $Kp._{0,2}$ 170°, aus Isohexylphosphonsäureäthylesterchlorid ($Kp._5$ 110—112°), n_D^{30} 1,4928, $D.^{30}_4$ 1,1256. — *tert.-Butyl-* (VIII), $C_{12}H_{18}NO_5P$, $Kp._{0,03}$ 120°, aus tert.-Butylphosphonsäureäthylesterchlorid ($Kp._5$ 70—72°, durch Einw. von Na-Äthylat auf tert.-Butylphosphonsäuredichlorid in A.), n_D^{30} 1,5100, $D.^{30}_4$ 1,1767. — *4.4-Dimethylpentyl-* (IX), $C_{15}H_{24}NO_5P$, $Kp._{0,1}$ 140°, aus 4.4-Dimethylpentylphosphonsäureäthylesterchlorid ($Kp._4$ 110—114°), n_D^{30} 1,5012; $D.^{30}_4$ 1,1229. — *Cyclohexyl-* (X), $C_{14}H_{20}NO_5P$, $Kp._{0,05}$ 140°, aus Cyclohexylphosphonsäureäthylesterchlorid ($Kp._2$ 100—102°), n_D^{30} 1,5286, $D.^{30}_4$ 1,2097. — *Phenyl-* (XI), $C_{14}H_{14}NO_5P$, $Kp._{0,05}$ 164—166°, aus Phenylphosphonsäureäthylesterchlorid ($Kp._2$ 106—110°), n_D^{30} 1,5621, $D.^{30}_4$ 1,2736. — *Benzyl-*, $C_{15}H_{16}NO_5P$, $Kp._{0,03}$ 170°, aus Benzylphosphonsäureäthylesterchlorid ($Kp._6$ 120—125°), n_D^{30} 1,5568, $D.^{30}_4$ 1,2584. — *γ-Chlor-n-propyl-*, $C_{11}H_{15}ClNO_5P$, $Kp._{0,05}$ 175°, aus γ-Chlor-n-propylphosphonsäureäthylesterchlorid ($Kp._{0,5}$ 86—90°), n_D^{30} 1,5240, $D.^{30}_4$ 1,3334. — *4-Methylpentylphosphonsäurediäthylester*, $C_{10}H_{23}O_3P$, $Kp._{0,3}$ 68—70°, durch Erhitzen von 1-Brom-4-methylpentan mit Triäthylphosphit u. Abdestillieren des Äthylbromids; n_D^{30} 1,4224; 81% (Ausbeute). Analog: *4.4-Dimethylpentylphosphonsäurediäthylester*, $C_{11}H_{25}O_3P$, $Kp._{0,3}$ 78—80°, aus 1-Brom-4.4-dimethylpentan; n_D^{30} 1,4252; 80%. *3-Chlorpropylphosphonsäurediäthylester*, $C_7H_{16}ClO_3P$, $Kp._{0,1}$ 80—82°, aus 1-Brom-3-chlorpropan; n_D^{30} 1,4426; 45%. — *Isobutylphosphonsäurediäthylester*, $C_8H_{19}O_3P$, $Kp._8$ 90—91°, aus Isobutylphosphonsäurediisobutylester über Isobutylphosphonsäuredichlorid nach KABATCHNIK u. ROSSIJSKAYA (Известия Академии Наук СССР, Отделение Химических Наук [Nachr. Akad. Wiss. UdSSR, Abt. chem. Wiss.] **1946**. 515) u. Einw. von A. u. Pyridin; n_D^{30}1, 4172. — *n-Propylthiophosphonsäure-S-[2-äthylmercaptoäthyl]-O-äthylester* (XII), $C_9H_{21}O_2PS_2$, $Kp._{0,05}$ 98—100°, durch Zugabe von 2-[Äthylmercapto]-äthylmercaptan zu Na-Pulver in Toluol, Erhitzen bis zum Verschwinden des Na, Zugabe von **XV** u. 2std. Kochen. — *Methylthiophosphonsäure-S-[2-äthylmercaptoäthyl]-O-äthylester*, $C_7H_{17}O_2PS_2$, $Kp._{0,05}$ 88—90°, analog vorst. Verb. aus **XVI**. (J. Amer. chem. Soc. **81**. 372—77. 20/1. 1959. Riverside, Calif., Univ. of California, Citrus Exp. Stat., Dep. of Entomol.) B. GNAUCK. B 225

A. A. Sprysskow und **O. I. Katschurin,** *Untersuchung der Sulfurierungsreaktion. 47. Mitt. Untersuchung der Hydrolyse der Chlorbenzolsulfonsäure mittels radioaktiver Indicatoren.* (46. vgl. C. **1959**. 14055.) o-Chlorbenzolsulfonsäure wird bei 119, 126 u. 150° in Ggw. von ^{35}S-markierter H_2SO_4 der Hydrolyse unterworfen. Bei Erhöhung der H_2SO_4-Konz. bis auf 86—87% nimmt die Hydrolysengeschwindigkeit zu, danach aber sinkt sie ab. Bei höherprozentiger H_2SO_4 als 88% macht sich die Disulfurierung störend bemerkbar. (Журнал Общей Химии [J. allg. Chem.] **28** (**90**). 1642—46. Juni 1958. Iwanowo, Chem.-Technol. Inst.) HELMUT SCHÄFER. B 225

Harold W. Heine, *Intramolekulare Substitutionsreaktionen.* 8. Mitt. *Die Bildung von Δ²-Oxazolinen aus N-[2-Bromäthyl]-benzamiden.* (7. vgl. J. Amer. chem. Soc. **77**. [1955.] 5420.) Die Solvolyse der N-[2-Bromäthyl]-benzamide (**A**) mit $NaOCH_3$ in Methanol verläuft sowohl hinsichtlich **A** als auch hinsichtlich OCH_3^- als Rk. 1. Ordnung unter Bldg. der entsprechenden Δ²-Oxazoline; Einführung elektronenanziehender Gruppen in den Benzolkern erhöht die Reaktivität. Zur Diskussion gestellt werden ein Stufen- u. ein Kopplungsreaktionsmechanismus. Einzelergebnisse (Rkk. bei 22,90°). Darst. der **A** nach LEFFLER u. ADAM [1937]): *N-[2-Bromäthyl]-p-nitrobenzamid*, F. 121—123°, [$k_2 \cdot 10^2$] 1,71 [Liter·Mol^{-1} sec^{-1}]; *N-[2-Bromäthyl]-benzamid*, F. 104—105°, 0,220; *N-[2-Bromäthyl]-p-chlorbenzamid* (I), $C_9H_9BrClNO$, F. 117—118° (Bzl.), 0,453. — *2-p-Chlorphenyl-Δ²-oxazolin*, C_9H_8ClNO, F. 85—87° (50% Methanol), aus **I** u. $NaOCH_3$ in Methanol; 94% (Ausbeute). (J. Amer. chem. Soc. **78**. 3708—10. 5/8. 1956. Lewisburg, Pa., Bucknell Univ., Dep. of Chem.) I. FROHLOFF. B 225

Harold W. Heine, *Intramolekulare Substitutionsreaktionen.* 9. Mitt. *Die Methanolyse von einigen N-[2-Bromäthyl]-benzamiden.* (8. vgl. vorst. Ref.) Vf. untersucht die Kinetik der Methanolyse (ohne $NaOCH_3$) von *N-[2-Bromäthyl]-benzamid*, *N-[2-Bromäthyl]-p-chlorbenzamid* (**I**) u. *N-[2-Bromäthyl]-p-nitrobenzamid* (**II**). Die Rk. verläuft nach der 1. Ordnung. Elektronenanziehende Substituenten im Benzolring verringern die Abspaltungsgeschwindigkeit des Bromions. Prodd. der Solvolyse waren die entsprechenden N-2-Methoxyäthylbenzamide sowie entweder ein Oxazoliumbromid oder ein 2-Aminoäthylesterhydrobromid der betreffenden Benzoesäure. Acetationen beeinflussen die Methanolysegeschwindigkeit von **I** nicht, obgleich das Reaktionsprod. hier das entsprechende Oxazolin (V) ist. Geschwindigkeitsbestimmend ist nach diesen Ergebnissen der nucleophile Ersatz des Halogens durch die Benzamidogruppe unter Bldg. von V, die Folge-Rkk. verlaufen schnell u. sind vom Reagens (W., A.) abhängig. — *N-[2-Methoxyäthyl]-p-chlorbenzamid* (III), $C_{10}H_{12}ClNO_2$, F. 95—97° (wss. A.), durch 4 Wochen Stehenlassen von I in 0,05mol. methanol. Lsg. bei 22,90° als wasserunlösl. Prod.; daneben *p-Chlorbenzoesäure-[2-aminoäthylester]-hydrobromid*, $C_9H_{11}BrClNO_2$, F. 162—165°, als wasserlösl. Prod. (auch aus 1 g V in W., 1 Std. Erhitzen auf 90°; 0,9 g, F. 164—166°), sowie *2-[p-Chlorphenyl]-oxazolinhydrobromid* (V), $C_9H_9BrClNO$, F. 113—115°, als Ae.-unlösl. Produkt. III, F. 97—98° (wss. A.), wird auch durch Zugabe einer benzol. Lsg. von 19,25 g p-Chlorbenzoylchlorid zu einer Lsg. von 0,1 Mol 2-Methoxyäthylamin (IV) in 150 ml W. unter Schütteln, Zugabe von 4,4 g NaOH in W. u. 2 std. Schütteln erhalten; 20,1 g. — *N-[2-Methoxyäthyl]-p-nitrobenzamid*, $C_{10}H_{12}N_2O_4$, F. 112—113° (wss. A.), durch 4 Wochen Stehen von 100 ml einer 0,05 Mol methanol. Lsg. von II; 95 mg (Ausbeute); auch aus 21,4 g p-Nitrobenzoylchlorid u. IV wie III; 18,2 g. (J. Amer. chem. Soc. **79.** 907—09. 20/2. 1957.) R. Mattner. B 225

Harold W. Heine, *Intramolekulare Substitutionsreaktionen.* 10. Mitt. *Die Hydrolyse von trans-4-Chlorcyclohexanol.* (9. vgl. vorst. Ref.) Die alkal. Hydrolyse von *trans-4-Chlorcyclohexanol* (I; F. 83—85°, Cyclohexan) liefert als Hauptprod. *1.4-Epoxycyclohexan* (II; Kp. 118—119°, n_D^{25} 1,4475). Die Rk. verläuft sowohl bzgl. I als auch bzgl. OH^--Ionen nach der 1. Ordnung. Die Geschwindigkeitskonstante [$k_2 \cdot 10^4$] beträgt bei 80,6° in 0,1681n NaOH 9,03 [Liter·Mol^{-1} sec^{-1}]; $\Delta H^{\neq}$ ist 24,3 [kcal]. Die Geschwindigkeit des Ringschlusses beträgt also $^1/_{1100}$ der Bildungsgeschwindigkeit von Tetrahydrofuran bei der alkal. Hydrolyse von Tetramethylenchlorhydrin. Neben der alkal. Hydrolyse von I verläuft die Hydrolyse durch W. allein, bei der neben etwas II hauptsächlich *Cyclohexenol-(3)* (Kp. 159—163°, *α-Naphthylurethan*, F. 129°), entsteht. Für diese Rk. ergibt sich bei 80,6° eine Geschwindigkeitskonstante [$k_1 \cdot 10_5$] 2,73·sec^{-1}. — II wurde als Vergleichssubstanz auch durch Hydrierung von Hydrochinon in Ggw. von Raney-Ni in Propanol u. nachfolgender Dehydratisierung mit Al_2O_3 in 48% Ausbeute hergestellt. (J. Amer. chem. Soc. **79.** 6268—70. 5/12. 1957.) R. Mattner. B 225

Ss. G. Melkanowitzkaja und **I. P. Zukerwanik,** *Radikal- und Ionenalkylierung des aromatischen Kerns.* 7. Mitt. *Butylierung von Benzol, Naphthalin, Phenol und Anisol.* (6. vgl. Журнал Общей Химии [J. allg. Chem.] **28** (**90**). [1958.] 11.) Zur Best. des Reaktionsmechanismus der Butylierung aromat. KW-stoffe unter Druck in Ggw. von Cu werden *Bzl.*, *Naphthalin* (I), *Phenol* (II) u. *Anisol* (III) in Ggw. von Cu mit *n-Butylchlorid* (IV) u. zum Vgl. III, dessen Butylierung auch nach einem Radikalmechanismus verläuft, mit IV in Ggw. von *n-Butylphenyltriazen* (V) umgesetzt. Im Gegensatz zur Benzylierung u. Rk. der KW-stoffe mit Diphenylchlormethan erfolgt die Butylierung in Ggw. von Cu erst bei 200—250° unter Bldg. von Mono- (**A**) u. Dibutyl- (**B**), hauptsächlich sek.-Butyl- (**C**), aber auch n-Butylderivv. vorst. Verbindungen. II liefert außerdem *Butylphenylbutyläther* (VI). Die Isomerisierung von VI, der unter gleichen Bedingungen dargestellt wurde, erfolgt nur in Ggw. von HCl. Dabei entstehen 25% einer o-sek.-Butylfraktion. Daraus folgt, daß die Butylierung von II mit IV direkt am Kern erfolgt u. zu p-sek.-Butylphenol (VII) führt. Bei der Butylierung von III in Ggw. von V wurde ein Gemisch mit 38,5% Anilin, 22,2% N-n-Butylanilin, 11,1% p-n-Butylanilin u. nur 8,5% o-n-Butylanisol sowie ein gesätt. u. ungesätt. KW-stoffe enthaltendes Gas erhalten. Aus dem Vgl. vorst., nach dem Radikalmechanismus gebildeten Reaktionsprodd. mit den in Ggw. von Cu erhaltenen ergibt sich, daß die Butylierung von aromat. KW-stoffen in Ggw. von Cu analog der Benzylierung u. Rk. mit Diphenylchlormethan homolyt. verläuft.

V e r s u c h e: *sek.-Butylbenzol*, $Kp._{719}$ 168—169°; a) durch 10std. Erhitzen von 8,9 g Bzl. u. 8,8 g IV auf 300° oder b) 15std. Erhitzen von 7,2 g Bzl. u. 6,6 g IV im Autoklaven auf 205° in Ggw. von 0,45 g Cu; $D.^{20}_4$ 0,8620; n_D^{20} 1,4890; 2,2 bzw. 2,7 g (Ausbeute); *2.4-Diacetamido-sek.-butylbenzol*, F. 189—190°; *Hexabromid* (im Original: Hexabrombenzol), F. 319—321°; daneben 0,4 bzw. 1,2 g *Di-p-sek.-butylbenzol*, $Kp._{719}$ 227 bis 233°; $D.^{20}_4$ 0,8594; n_D^{20} 1,4885 (→ Terephthalsäuredimethylester, F. 140—141°). — *α-sek.-Butylnaphthalin*, $Kp._{13}$ 141°; analog Vorst. durch a) 7std. Erhitzen von 9,3 g I u. 3,3 g IV, b) 7—8std. Erhitzen von 13,9 g I u. 10 g IV in Ggw. von 0,7 g Cu, c) 7 bis 8std. Erhitzen von 27,8 g I u. 10 g IV in Ggw. von 0,7 g Cu auf 250°; $D.^{20}_4$ 0,9800; n_D^{20} 1,5835; 0,54, 7,96 bzw. 15,14 g (*Pikrat*, F. 76—78°); daneben b) 6,35, c) 1,1 g *Dibutylnaphthalin*, $Kp._{14}$ 177—183°; $D.^{20}_4$ 0,9539; n_D^{20} 1,5630. — *p-sek.-Butylphenol* (VII), $Kp._{14}$ 123—124°, F. 55—59°; a) durch 6std. Erhitzen von 10,2 g II u. 5,1 g IV auf 250°; $D.^{20}_4$ 0,9777; n_D^{20} 1,5209; 0,95 g [hieraus *p-sek.-Butylphenoxyessigsäure* (VIII), F. 61 bis 63°; durch $1^1/_2$—2std. Erhitzen von 3 g VII in 12 ml 33%ig. NaOH u. 8 ml 50%ig.

Chloressigsäure; 2,9 g; *Toluidid*, $C_{19}H_{23}NO_2$, F. 89—91°; durch Neutralisieren von 1,8 g vorst. Verb. in A. mit 1n NaOH, Abdampfen des A. u. 1½ std. Erhitzen des erhaltenen Na-Salzes mit 5 g p-Toluidin auf 120—130° in Ggw. von 1,5 ml konz. HCl; 0,95 g]; daneben 0,4 g *Butylphenylbutyläther* (VI), Kp.$_{12}$ 145—147°; D.$^{20}{}_4$ 0,9436; $n_D{}^{20}$ 1,5119; b) durch 6 std. Erhitzen von 10,2 g II u. 5,1 g IV in Ggw. von 0,35 g Cu auf 200°; 4,1 g VII u. 0,7 g VI; c) durch 6 std. Erhitzen von 8,2 g II u. 4,1 g IV in Ggw. von 0,28 g Cu auf 250°; 4 g VII u. 0,55 g VI. — *Butylanisol*, durch 6 std. Erhitzen von 11,7 g III u. 5 g IV in Ggw. von 0,35 g Cu auf 180—200°; 2,5 g; daneben 0,9 g Butylphenol. — *p-sek.-Butylphenylmethyläther*, Kp.$_{15}$ 103°, durch 7—8 std. Erhitzen von 5 g VII in 8 ml 20%ig. NaOH in Ggw. von 2,1 g Dimethylsulfat; D.$^{20}{}_4$ 0,9389; $n_D{}^{20}$ 1,5035; 3,6 g; hieraus (0,2 g) durch 2 std. Erhitzen mit 5,5 ml 7%ig. HNO_3 im Autoklaven auf 180 bis 200°, Extraktion mit Ae. u. K_2CO_3-Lsg., Ansäuern des Auszugs mit HCl u. wiederholte Extraktion mit Ae. 0,07 g *Anissäure*, F. 179—182°. — Isomerisierung von sek.-Butylphenyläther: Man sättigt 5 g der Verb. (aus sek.-Butylbromid u. Na-Phenolat) unter Kühlung mit festem CO_2 mit HCl bis zur Gewichtszunahme um 1 g, erhitzt darauf 6 Std. im geschlossenen Reaktionsgefäß im Autoklaven auf 250° u. trennt die Reaktionsprodd. wie beschrieben; man erhält 1,25 g einer Butylphenolfraktion, Kp.$_{720}$ 190—230°, hieraus (0,8 g) mit Chloressigsäure 0,2 g *o-sek.-Butylphenoxyessigsäure*, F. 112—113° (Bzn.) [*Toluidid*, $C_{19}H_{23}NO_2$, F. 70—71° (A.)] u. 0,17 g VIII; Öl. Bei portionsweiser Zugabe von 9,1 g V in 30 g III zu 20 g III bei 125°, 5—6 std. Erhitzen auf 140—145°, Abdestillieren des überschüssigen III, Behandeln des Rückstands mit 15%ig. HCl, Dest. der neutralen Reaktionsprodd. u. Trennung der prim. u. sek. Amine mit HPO_3 erhält man 0,95 g eines Gemischs von *o-n-Butyl-* + *p-n-Butylanisol* [Kp.$_{22}$ 105—120°; hieraus *o-n-Butylphenoxyessigsäure*, $C_{12}H_{16}O_3$, F. 105—106° (wss. A.) u. durch Oxydation mit 7% ig. HNO_3 bei 180—200° *p-Methoxybenzoesäure*, F. 173—178°]; daneben 1,85 g *Anilin* (*Hydrochlorid*, F. 195°), 1,7 g *N-n-Butylanilin* (Kp.$_{22}$ 125—127°; $n_D{}^{20}$ 1,5360; *Hydrochlorid*, F. 112—114°) u. 0,85 g *p-n-Butylanilin* (Kp.$_{720}$ 220—235°; $n_D{}^{20}$ 1,5450; *p-Acetamido-n-butylbenzol*, F. 103—104°). (Журнал Общей Химии [J. allg. Chem.] **28** (**90**). 2032—38. Aug. 1958. Chem. Inst. der Akad. der Wiss. der UsbekSSR.) W. KURTZMANN. B 225

Günter Kresze und **Kurt Becker**, *Zur Kinetik der Bildung Schiffscher Basen. 3. Mitt. Reaktionen von α-Phenyläthylamin mit p-Chlorbenzaldehyd.* (2. vgl. C. **1958**. 3845.) Die Kinetik der Rk. von opt.-akt. *α-Phenyläthylamin* (I), mit *p-Chlorbenzaldehyd* (II) bei 30° wurde polarimetr. verfolgt (546 mμ). Die Rk. verläuft in den neutralen Lösungsmitteln absol. Methanol, n-Butanol, Dimethylformamid, Dioxan u. Aceton nach dem Gesetz 2. Ordnung; eine Rück-Rk. war nicht festzustellen. Für die Reaktionsgeschwindigkeitskonstante k_2 wurden in der angegebenen Reihenfolge die Werte 0,39; 0,12; 0,11; 0,032; 0,015 [Liter/Mol.Min.] gefunden. In n/10 methanol. Essigsäure bzw. in Puffer-Lsgg. ist die Rk. zwischen I u. II reversibel, die Lage des Gleichgewichts ist p_H-abhängig: In Pyridin–Pyridinhydrochlorid-Puffer-Lsgg. in Methanol liegt es bei 30° u. p_H-Werten von 4,05 bzw. von 3,42 fast völlig auf der Seite der Komponenten; die Hydrolyse der Benzalverb. erfolgt zu schnell zur genauen Messung. Die Kondensation ist stark säurenkatalysiert; der k_2-Wert beträgt bei Verwendung eines Acetatpuffers mit einem Verhältnis von Säure:Acetat = 6:1 bei der Ionenstärke μ = 0,02 u. bei 40° ca. 3,7; in 0,1n Essigsäure fällt infolge des Wechsels im p_H der Lsg. der k_2-Wert der Hin-Rk. von ca. 24 auf ca. 7. Im bas. Medium [0,1n $NaOCH_3$ bzw. $Ba(OCH_3)_2$ in Methanol] lag k_2 bei 0,32 bzw. 0,29; eine Basenkatalyse tritt also nicht auf. Intermediäre bei der Azomethinkondensation sind polarer als die Ausgangsstoffe; eine danach zu erwartende Abhängigkeit der Reaktionsgeschwindigkeit von der DK. des Lösungsm. wird jedoch nicht gefunden, da sie durch spezif. Effekte verdeckt wird. Auf Grund der hohen k_2-Werte in Alkoholen kann angenommen werden, daß in diesem Falle das Lösungsm. als Säure fungiert. Auch die Hydrolyse des p-Chlorbenzal-α-phenyläthylamins erfolgt mit meßbarer Geschwindigkeit nur in sauren Medien. Als erster Schritt wird Protonenanlagerung an die SCHIFFsche Base unter Bldg. der konjugierten Säure angenommen. (Z. Naturforsch. **12b**. 45—46. Jan. 1957. Berlin-Charlottenburg, TU, Organ. Chem. Inst.)

R. MATTNER. B 225

W. Wilson, *Intramolekulare Wechselwirkung zwischen tert.-Amino- und Cyan- oder Carbonylgruppen.* Vf. zeigte früher (vgl. C. **1956**. 6664), daß γ-N-Benzyl-N-methylaminopropylcyanide in salzsaurer Lsg. unter Abspaltung von Benzylchlorid 2-Iminopyrrolidine ergeben. Es wird ein Mechanismus vorgeschlagen, in dem die Rk. mit einer intramol. Einw. der tert.-Amingruppe auf die CN-Gruppe beginnt, u. vermutet, daß bei der Red. von Oxoaminen (vgl. LEONHARD u. Mitarbeiter, C. **1954**. 10476 u. früher) ein ähnlicher Mechanismus vorliegt. (Chem. and Ind. **1955**. 200—01. 19/2. Birmingham, Edgbaston Univ., Chem. Dep.) A. STEIMMIG. B 225

Kazimierz Bogdański, *Untersuchungen über die Kinetik der Zersetzung von L-Dehydroascorbinsäure in wässeriger Lösung.* Die Aktivierungsenergie der Zers. von *L-Dehydroascorbinsäure* (I), bestimmt durch bakterielle Red., beträgt bei p_H 3 11,8 (kcal/Mol), bei 4,5 16,3, bei 6 23,4 u. bei 7 23,6. Bei sulfid. Red. bei p_H 5,9 wird der Wert 23,9 erhalten. Temperaturerniedrigung unterhalb 0° bewirkt allerdings keine wesentliche Verbesserung der Beständigkeit von I. Innerhalb der Konzentrationsgrenzen 1,1 u. 26,7 mg% hat die I-Konz. keinen Einfl. auf die Beständigkeit von I. (Roczniki Technol. Chem. Żywności **1**. 55—68. 1957. Łódź, Polytechn., Kat. Techn. Odżywek, Konc. Witamin.) F. URBAN. B 225

A. M. Geyer und **R. N. Haszeldine**, *Reaktionen freier Radikale mit anorganischen kovalenten Hydriden: ein Weg zu Polyfluoralkylsiliciumverbindungen.* Aus Alkylsilanen im UV-Licht gebildete Alkylsilylradikale addieren sehr leicht an Olefine (**A**) u. starten Ketten-Rkk., die z. B. bei der Rk. von Dialkylsilanen mit Tetrafluoräthylen (**I**) zu *Polyfluoralkylsiliciumverbb.* (**B**) des Typs $R_2SiH[(C_2F_4)_nH]$ u. $R_2Si[(C_2F_4)_nH]\cdot[(C_2F_4)_mH]$ u. bei der Rk. von Monoalkylsilanen mit I zu **B** des Typs $RSiH_2(C_2F_4)_nH$, $RSiH[(C_2F_4)_nH]\cdot[(C_2F_4)_mH]$ u. $RSi[(C_2F_4)_nH]\cdot[(C_2F_4)_mH]\cdot[(C_2F_4)_xH]$ führen. Die Kettenfortpflanzung durch Rk. der bei der Addition gebildeten neuen C-Radikale mit weiterem **A** wird gegenüber dem Start neuer Ketten durch Angriff der 2. u. 3. Si—H-Bindung bevorzugt; der Polymerisationsgrad kann durch das Verhältnis der Ausgangsverbb. gelenkt werden. Die Verb. $CH_3SiH_2\cdot CF_2\cdot CF_2H$ wurde in 63%ig. Ausbeute erhalten; sie kann mit dem gleichen oder auch einem anderen **A** erneut zur Rk. gebracht werden, so daß auf diesem Weg zahlreiche, auch verschied. substituierte Si-Verbb., bes. **B**, zugänglich werden. Ähnlich sollten Verbb. wie z. B. $P(CF_2CF_2H)_3$, $(CH_3)_2BCF_2CF_2H$, $CH_3Al(CF_2CF_2H)_2$, $(CH_3)_3\cdot PbCF_2CF_2H$, $Zn(CF_2CF_2H)_2$ u. a. erhältlich sein, wenn auch manche dieser Verbb. wahrscheinlich nur wenig stabil sind. (Nature [London] **178**. 808. 13/10. 1956. Cambridge, Univ., Chem. Labor.) K. PRCHAL. B 225

R. Zahradník, *Über die Reaktion von Aminosäuren mit Schwefelkohlenstoff.* 3. Mitt. *Polarographische Untersuchung weiterer Dithiocarbaminocarbonsäuren.* (2. vgl. C. **1956**. 7312.) Polarograph. untersucht wurde die Rk. von CS_2 mit 17 Aminosäuren. Die scheinbaren Geschwindigkeitskonstanten der Rk. wurden bestimmt u. das polarograph. Verh. der Reaktionsprodd. in Abhängigkeit von p_H, Puffersubstanz, Ionenstärke, Lösungsm. u. Temp. verfolgt. Die Höhe der polarograph. Stufe ist bis zur Konz. $1\cdot 10^{-3}$ mol. der Konz. proportional. Die polarograph. erhaltenen Resultate beweisen den von LEONIS (C. R. Trav. Lab. Carlsberg, Sér. chim. **26**. [1948.] 315) entworfenen Mechanismus. Die Rk. kann zur polarograph. Best. der einzelnen Aminosäuren benutzt werden. Es wurden folgende Resultate erhalten: Aminosäuren; Grenzstrom in μA für $8\cdot 10^{-4}$ mol. Lsgg. der Dithiocarbaminocarbonsäure in BRITTON-ROBINSONschen Pufferlsg., p_H 11; Temperaturkoeff; scheinbare Geschwindigkeitskonstante (min^{-1}) der Rk. der Aminosäuren mit CS_2 in wss. Medium (40°); in wss.-aceton. Medium (23°): *Glycin* 6,65; 1,7; 0,0180; 0,156. — *Alanin* 6,03; —; 0,0110; —. — *Serin* 5,91; 1,4; 0,0101; 0,061. — *Phenylalanin* 5,41; 2,1; 0,0185; 0,115. — *Tyrosin* 6,03 a (wenn a = maximale Stufenhöhe während der Rk.), 1,5; —; 0,221. — *Histidin* 4,55; 1,8; 0,0139. — *Tryptophan* 5,41 a; 1; 7; —; 0,230; —. — *Threonin* 5,66; 1,6; —; —., — *Methionin* 5,54; 1,4; —; 0,077. — *Valin* 5,41; 1,6; 0,0119; 0,150. — *Norleucin* 5,29; 3,8; 0,0096; 0,117. — *Leucin* 5,60; 2,0; 0,0104; 0,087. — *Isoleucin* 5,41; —; 0,0184; 0,151. — *Glutaminsäure* 5,05; 1,5; 0,0085; 0,074. — *Asparaginsäure* 5,29; 3,3; —; —. — *Lysin* 9,41 b (wenn b = Konz. 10^{-3} mol.); 1,5; —; —. — *Arginin* 9,60 b; 2,6; —; —. (Chem. Listy **49**. 1002—11. Juli 1955. Praha, Ústav hygieny práce a chorob z povolání.) L. MATOUŠEK/Prag. B 225

Allan Maccoll, *Eliminierungen in der Gasphase.* 1. Mitt. *Die unimolekulare Gasphasenpyrolyse einiger Ester und analoger Verbindungen.* Vf. untersucht an Hand von Literaturdaten Ähnlichkeiten im Einfl. der α-Methylierung auf die Geschwindigkeit der unimol. Pyrolyse von *Alkylhalogeniden* u. *Alkylestern* in der Gasphase. Bei Pyrolyse von *Alkylbromiden* ergibt sich beim Übergang *Äthyl-*, *Isopropyl-*, *tert.-Butylbromid* eine Steigerung der Reaktionsgeschwindigkeit um mehr als 2 Zehnerpotenzen. Prim. Alkylhalogenide reagieren nach einem gemischten Ketten- u. unimol., sek. u. tert. nur nach den unimol. Mechanismus. Beim Vgl. der unimol. Pyrolyse der Ester RCO_2R' ergibt sich: Variation von R hat geringen Einfl. auf die Reaktionsgeschwindigkeit, Änderung von R′ erhöht die Reaktionsgeschwindigkeit bei Übergang vom prim. zum sek. u. tert. α-Alkyl-C-Atom um etwas mehr als 1 Zehnerpotenz. — Außerdem wurden noch die Rkk. von *Allylvinyl-* u. *Allylisopropenyläther* untersucht, die mit etwa gleicher Geschwindigkeit eine CLAISENsche Umlagerung zu *Penten-(4)-al* bzw. *Hexen-(5)-on-(2)* eingehen. Die Gasphaseneliminierung wird eingeteilt nach der Wichtigkeit der Bindungen, die im Übergangszustand gebrochen (Halogenide) oder gebildet (Ester) werden. Sind beide Typen von etwa gleichem Einfl., kann die Rk. als im wesentlichen homolyt. angesehen werden. Bestimmt entweder die brechende oder die gebildete Bindung die Rk. u. ist der Übergangszustand überwiegend polar, so kann der Mechanismus als analog denen gewisser heterolyt. Rkk. in Lsg. betrachtet werden. Die Mechanismen sind: 1. CLAISEN-Umlagerung, Übergangszustand **A**, analoge Rk. in Lsg.: ähnlich der in Gasphase (im unpolaren Lösungm.); 2. Olefineliminierung aus Alkylhalogeniden, Übergangszustand **B**, analoge Rk. in Lsg.: S_N 1; 3. Olefineliminierung aus Estern, Übergangszustand **C** analoge Rk. in Lsg.: E2. (J. chem. Soc. [London] **1958**. 3398—3402. Okt. London, Univ. Coll.) J. MEINERS. B 225

Risaburo Nakai, Michiyasu Sugii und **Hideo Nakao,** *Isotopen-Tracer-Untersuchungen der zu Ketonen führenden Pyrolyse von Natriumsalzen der Carbonsäuren.* Durch Best. der Radioaktivität der Prodd. bzw. deren 2.4-Dinitrophenylhydrazone (nach chromatograph. Trennung) wurde die Pyrolyse eines Gemisches aus $^{14}C_{(1)}$-Na-Phenylacetat (**I**) u. Na-Acetat (**II**) sowie eines Gemisches von $^{14}C_{(1)}$-**II** (**IIa**) u. Na-Propionat (**III**) unter vermindertem Druck untersucht. Die bei der Rk. von **I** + **II** entstandenen Ketone, *Methylbenzylketon, Dibenzylketon* (**IV**), *Aceton* (**V**) u. Na_2CO_3 besaßen folgende Aktivitätsanteile 55,8, 63,1, 37,1 bzw. 53,5%; bei der Rk. von **IIa** + **III** bildeten sich *Methyläthylketon,* **V**, *Diäthylketon* u. Na_2CO_3, ihre Anteile betrugen 46,4, 62,9, 44,5 bzw. 54,0%. Da die spezif. Aktivität von **IV** geringer ist als die von **I** u. auch **V** eine Aktivität zeigte, muß geschlossen werden, daß bei der Rk. ein Austausch von Carboxylgruppen auftritt. Zur weiteren Aufklärung wurden folgende Gemische nur teilweise zers., die nicht zersetzten Salze in die entsprechenden p-Phenacylester übergeführt u. nach Trennung (vgl. KIRCHNER u. Mitarbeiter, Ind. Engng. Chem., analyt. Edit. **18.** [1946.] 31) untersucht: **I** + **II**, Na-Phenylacetat + **IIa**, **IIa** + **III** bei Tempp. von 240—360° u. Reaktionszeiten von 2—15 Minuten. Es zeigte sich dabei, daß die Aktivität der markierten Verbb. ab-, die der nicht markierten zunimmt. Das Ausmaß des Carboxylaustauschs nahm schnell mit der Pyrolysenzeit zu. Im geschm. Zustand tritt aber diese Austausch-Rk. nicht ein, ebenso nicht zwischen Carbonat u. Carboxylat mit wenigstens einem α-H-Atom. Offenbar stellt die Spaltung der C-Carboxylbindung die erste Stufe der Pyrolyse dar, die vermutlich eher nach einem homolyt. als nach einem ion. Mechanismus abläuft. Bei der Pyrolyse von **II** u. **III** traten als gasförmige Prodd. auf: CO_2, CO, CH_4, C_2H_6, C_3H_8 u. C_4H_{10}. Die Bldg. der letzten beiden KW-stoffe ist bei einer radikal. Rk. auch zu erwarten. (J. Amer. chem. Soc. **81.** 1003—06. 20/2. 1959. Osaka-Fu, Japan, Kyoto Univ., Inst. für Chem. Res.) B. GNAUCK. B 225

R. J. P. Allan, E. Jones und **P. D. Ritchie,** *Untersuchungen über Pyrolyse.* 8. Mitt. *Konkurrenzreaktionen bei der Pyrolyse von Estern: Alkylen- und Alkylidendibenzoate und einige verwandte Substanzen.* (7. vgl. C. **1958.** 9459.) *Methylendibenzoat* [$C_{15}H_{12}O_4$, F. 99° (A.), aus Paraformaldehyd mit Benzoylchlorid (**VI**) in Ggw. von $ZnCl_2$] disproportioniert bei 500—550° prim. ausschließlich in Benzoesäureanhydrid (**I**; F. 42,5°) u. Formaldehyd („D-Rk."), während *Trimethylenglykoldibenzoat* [F. 57—59°; Bzl.-PAe., durch Benzoylierung von Trimethylenglykol in Aceton] bei 400—500° prim. ausschließlich nach einer „A¹-Rk." in Benzoesäure (**II**) u. Allylbenzoat (**III**, $Kp._2$ 78—80°) gespalten wird. — *Äthylidendibenzoat* [**IV**, F. 70° PAe., Kp. 100—120°, aus Äthylidendiacetat mit **II** in Ggw. von H_2SO_4 bei 100°] disproportioniert bei 500° hauptsächlich zu **I** u. Acetaldehyd (D-Rk.); daneben findet A¹-Zerfall zu **II** u. Vinylbenzoat (**V**) statt. *Propylenglykoldibenzoat,* $C_{17}H_{16}O_4$, [$Kp._4$ 202—203° durch Benzoylierung von Propylenglykol (**VII**) mit 20% Überschuß an **VI**] u. *-diacetat* ($C_7H_{12}O_4$, Kp. 188—191°) unterliegen bei 500° ausschließlich einer A¹-Rk. zu den entsprechenden Carbonsäuren u. deren Allylestern; **III** u. *Allylacetat* [Kp. 100—104°, durch Acetylierung von **VII** in Ggw. von $ZnCl_2$] spalten bei 455—500° nach „B²"-Rkk. in die entsprechenden Aldehyde u. Acrolein; daneben findet Decarboxylierung („C²-Rk.") zu 3-Phenyl- bzw. 3-Methylpropen-(1) statt, **I** zers. sich bei ca. 550° zu CO, CO_2, Benzophenon, Diphenyl u. Benzaldehyd u. hauptsächlich zu **II** u. Benzol. Im Gemisch mit CCl_4 pyrolisiert, wird u. a. Mono- u. Hexachlorbenzol erhalten. *Acrolein* u. *Benzaldehyd* werden bei 500° nur wenig angegriffen. — Nach vorst. Versuchsergebnissen ist anzunehmen, daß sich *Äthylenglykoldibenzoat* (vgl. ALLAN, FORMAN u. RITCHIE, C. **1956.** 5520) zunächst in **II** u. **V** spaltet (A¹-Rk.), letzteres zerfällt dann weiter (bei höherer Temp. begünstigt) oder lagert über ein Gleichgewicht wieder **II** an unter Bldg. von **IV**, das dann seinerseits entsprechende Folge-Rkk. gibt (bei niederer Temp. begünstigt). (J. chem. Soc. [London] **1957.** 524—31. Febr. Glasgow, Royal Coll. of Sci. and Technol., Techn. Chem. Dep.).

H. K. WURZLER. B 225

R. J. P. Allan, H. V. R. Iengar und **P. D. Ritchie,** *Untersuchungen über Pyrolyse.* 9. Mitt. *Die Pyrolyse der Modellsubstanzen 2-Benzoyloxyäthyl- und 2-[p-Chlorbenzoyloxy]-äthylterephthalat und von Poly-[äthylenterephthalat].* (8. vgl. vorst. Ref.) Bei 400—550° werden *Bis-[2-benzoyloxyäthyl]-* (**Ia**), *Bis-[2-(p-chlorbenzoyloxy)-äthyl]-* (**Ib**) u. *Poly-[äthylenterephthalat]* (**II**) teilweise umgeestert (D-Rkk.), erleiden aber hauptsächlich A^1-Spaltung an den Estergruppen, wobei aus **Ia** prim. Benzoesäure (**III**) u. Bis-[2-Benzoyloxyäthyl]-vinylterephthalat (**IV**) sowie Vinylbenzoat (**V**) u. Mono-[2-benzoyloxyäthyl]-terephthalat (**VI**) entstehen. Weitere A^1-Spaltung baut **IV** zu Divinylterephthalat (**VII**) u. **III** sowie Monovinylterephthalat (**VIII**) u. **V**, **VI** zu **VIII** u. **III** sowie Terephthalsäure u. **V** ab. Sek. bilden sich u. a. aus Äthylendibenzoat (aus D-Rk.) sowie den Vinylestern u. Säuren durch A^1/D-Rk. Säureanhydride u. Acetaldehyd. **V** u. **VIII** zerfallen daneben in R/C^1-Rk. zu Acetophenon bzw. p-Acetylbenzoesäure; dagegen kann kein p-Diacetylbenzol nachgewiesen werden, da **VII** bzw. seine Vorstufen anscheinend bevorzugtA^1/D-Spaltung erleiden. Analog **Ia** reagieren **Ib** u. **II**; das Pyrolysat von **II** enthält wahrscheinlich Mono-[2-p-acetylbenzoyloxyäthyl]-terephthalat.

V e r s u c h e: *Bis-[2-benzoyloxyäthyl]-terephthalat* (**Ia**), $C_{26}H_{22}O_8$, F. 114—115° (Methanol–A.), aus Na-Terephthalat (**IX**) u. β-Chloräthylbenzoat in Ggw. von wenig Diäthylamin (**X**), 5 Std. bei 200° am Rückfluß, 31% (Ausbeute). — *Bis-[2-hydroxyäthyl]-terephthalat* (**XII**), $C_{12}H_{14}O_6$, F. 112° (Aceton), aus **IX** u. Äthylenchlorhydrin (**XI**) in Ggw. von wenig **X**, 24 Std. bei 140°. — *2-Chloräthyl-p-chlorbenzoat*, $C_9H_8Cl_2O_2$, F. 40°, Kp.$_5$ 145°, aus **XI** u. p-Chlorbenzoylchlorid (**XIII**), 2 Std. bei 100°, 77%. — *Bis-[2-(p-chlorbenzoyloxy)-äthyl]-terephthalat*, $C_{26}H_{20}Cl_2O_8$, F. 140° (Methanol), aus 2,5 Mol vorst. Verb. u. 1 Mol **IX** in Tetralin bei Ggw. von **X**, 6 Std. bei 200°, 20%; oder aus **XII** mit 2 Mol **XIII** u. 6 Mol Pyridin, ca. 100%. — *Äthylen-bis-[p-chlorbenzoat]*, $C_{16}H_{12}Cl_2O_4$, F. 142—143° (A.), aus Äthylenglykol u. **XIII** in Pyridin. (J. chem. Soc. [London] **1957**. 2107—13. Mai.)

H. K. Wurzler. B 225

H. V. R. Iengar und **P. D. Ritchie,** *Untersuchungen über Pyrolyse.* 10. Mitt. *Modellsubstanzen für die Pyrolyse von Poly-[äthylenterephthalat]: 2-Hydroxyäthylbenzoat und verwandte Substanzen.* (9. vgl. vorst. Ref.) Während *2-Hydroxyäthylbenzoat* (**I**) bei ca. 500° überwiegend A^1-Spaltung zu Benzoesäure (**II**) u. Acetaldehyd (**III**) erleidet, findet bei ca. 375° fast ausschließlich Disproportionierung (D-Rk.) zu Äthylendibenzoat (**IV**) u. Glykol sowie zu Benzoesäureanhydrid (**V**) u. Diäthylenglykol statt; letzteres geht unter Wasserabspaltung teilweise in Vinyl-2-hydroxyäthyläther über, der seinerseits in A^1_{OR}-Rk. zu **III** spaltet. *2-Chloräthylbenzoat* (**VI**) gibt bei 450—500° in analoger Weise sowohl **II** u. Vinylchlorid (**VII**) (A^1-Rk.) als auch die Dissoziationsprodd. **IV** u. Äthylenchlorid (→ HCl + **VII**) sowie **V** u. 2.2'-Dichlordiäthyläther (D-Rk.), der nach HCl-Abspaltung zu Vinyl-2-chloräthyläther schließlich **III** u. **VII** liefert (A^1_{OR}-Rk.). — *2-Phenoxyäthanol* (**VIII**) spaltet bei ca. 500° in A^1_{OR}-Rk. zu Phenol (**IX**) u. **III**; daneben entsteht Wasser. *2-Phenoxyäthylacetat* (**X**) zerfällt bei ca. 600° hauptsächlich in A^1-Rk. zu Essigsäure u. Phenylvinyläther (**XI**), in B^2-Rk. zu **III** u. Phenoxyacetaldehyd (→ CO + Anisol; C^1-Rk.) sowie in A^1_{OR}-Rk. zu **IX** u. Vinylacetat (→ CO + Aceton; R/C^1-Rk.); daneben entsteht Benzaldehyd. **XI** liefert bei ca. 500° in A^1_{OR}-Rk. hauptsächlich **IX** u. Acetylen. — Aus den Versuchsergebnissen schließen Vff., daß die D-Rk. durch Estergruppen (in **I**, **VI** u. **X**) begünstigt, durch die Phenoxygruppe (in **VIII**, **X** u. **XI**) erschwert wird, so daß im letzteren Fall hauptsächlich A^1_{OR}-Rk. stattfindet. Da ferner nur in den Pyrolysaten von **I** u. **VIII** W. nachzuweisen ist, kann das bei der Zers. des Poly-[äthylenterephthalats] entstehende W. ebenfalls nur den 2-Hydroxyäthylendgruppen entstammen.

V e r s u c h e: *2-Hydroxyäthylbenzoat* (**I**), $C_9H_{10}O_3$, Kp.$_3$ 146°, F. 37°, aus Na-Benzoat mit überschüssigem Äthylenchlorhydrin (**XII**) u. wenig Diäthylamin, 4 Std. bei 140°, 92% (Ausbeute). — *2-Chloräthylbenzoat* (**VI**), Kp.$_{15}$ 152°, aus **XII** u. Benzoylchlorid, 2 Std. bei 100°. — *2-Phenoxyäthylacetat* (**X**), Kp. 252—256°, aus **VIII** mit überschüssigem Acetanhydrid u. wenig Pyridin 4 Std. bei 100°, n_D^{22} 1,504. — *Phenylvinyläther* (**XI**), Kp. 155—158°, aus 2-Bromäthylphenyläther mit festem NaOH, 5 Std. am Rückfluß, 18%; daneben 56% *1.2-Diphenoxyäthan*, F. 98° (A.), Kp.$_6$ 292—295°. (J. chem. Soc. [London] **1957**. 2556—63. Juni.)

H. K. Wurzler. B 225

H. M. Mackinnon und **P. D. Ritchie,** *Untersuchungen über Pyrolyse.* 11. Mitt. *Konkurrenzreaktionen bei der Pyrolyse von Estern: Acrylsäurephenylester und α-Methylacrylsäurephenylester.* (10. vgl. vorst. Ref.) *Acrylsäure-* (**I**) u. *α-Methylacrylsäurephenylester* (**II**), die bis ca. 500° thermostabil sind, zers. sich bei ca. 550° in Parallel-Rkk. zu ca. 13 bzw. 19% CO_2 u. Styrol bzw. u. α-Methylstyrol (C^2-Rk.), ca. 3 bzw. 5% Polyestern, Spuren von Acylphenolen (?) (R-Rk.), ca. 29 bzw. 23% Teeren u. ca. 54 bzw. 52% Acetylen (**III**) bzw. Methylacetylen (→ z. T. Teere u. Spuren von Naphthalinen) u. Ameisensäurephenylester, der sek. nahezu quantitativ zu CO u. Phenol (**IV**) gespalten wird.

Vff. weisen damit nach, daß die C[1]-Zers. von I nicht über IV u. Keten (→ CO + III) verläuft, da aus II kein entsprechendes Keten entstehen kann. Da weiterhin durch Zusatz von 1% Hydrochinon zu I (nur) die C[1]-Rk. unterdrückt wird, wird hierfür ein Radikalmechanismus ausführlich diskutiert.

Versuche: *Acrylsäurephenylester* (I), $Kp._{12}$ 87—94°, aus Acryloylchlorid (aus Acrylsäure u. Benzoylchlorid) mit Phenol in Ggw. von Hydrochinon, Dest. über Cu-Späne n_D^{20} 1,523, 65% (Ausbeute). — *α-Methylacrylsäurephenylester* (II), $Kp._{12}$ 98—102°, analog I, n_D^{20} 1,515, 60%. — *Phenylformiat*, $Kp._{15}$ 82—83°. (J. chem. Soc. [London] **1957**. 2564—69. Juni.) H. K. WURZLER. B 225

R. J. P. Allan, J. McGee und **P. D. Ritchie,** *Untersuchungen über Pyrolyse. 12. Mitt. Reversible thermische Umlagerung als Konkurrenzreaktion bei der Pyrolyse von Enolestern.* (11. vgl. vorst. Ref.) *Isopropenylacetat* (I, Kp. 92—94°, n_D^{20} 1,406), *Cyclohexen-(1)-ylacetat* (II, Kp. 180—182°, n_D^{20} 1,464) u. *Cyclohexen-(1)-ylbenzoat* (III) erfahren bei ca. 500° hauptsächlich Umlagerung zu den thermostabileren entsprechenden β-Diketonen, Acetylaceton (IV, Kp. 134—139, n_D^{20} 1,452), *2-Acetyl-* (V) bzw. *2-Benzoylcyclohexanon* (VI, F. 88—89° aus A., $Kp._1$ 160—166°). Umgekehrt entstehen bei der Pyrolyse der reinen β-Diketone (IV, V, VI) kleine Mengen der zugehörigen Enolester (I, II, III), so daß ein therm. Umlagerungsgleichgewicht anzunehmen ist, das stark auf der Seite der β-Diketone liegt. — In Übereinstimmung hiermit liefern die β-Diketone bei ca. 500° die gleichen therm. Zersetzungsprodd. wie die entsprechenden Enolester. Von diesen, thermoinstabileren Substanzen, gehen die gemeinsamen pyrolyt. Zerfalls-Rkk. aus. Sie führen von I u. IV in A[2]-Rk. zu Essigsäure (VII) u. Methylacetylen bzw. Allen, in B[1]-Rk. zu Aceton (VIII) u. Keten (IX), in C[1]-Rk. zu CO u. Methyläthylketon, in C[2]-Rk. zu CO_2 u. Isobuten; daneben sind kleine Mengen Äthylen (X), Essigsäureanhydrid (XI) u. Methan (XII) nachzuweisen. — II u. V zerfallen in A[2]-Rk. zu VII, in B[1]-Rk. zu Cyclohexanon (XIV) u. IX, in C[2]-Rk. zu CO_2 u. 1-Methylcyclohexen (Kp. 110—112°, n_D^{15} 1,458); daneben sind kleine Mengen CO, Cyclohexen, VIII, X, XI u. XII nachzuweisen. — III u. VI spalten in A[2]-Rk. zu Benzoesäure, in C[2]-Rk. zu CO_2 u. 1-Phenylcyclohexen ($Kp._{18}$ 126—128°, n_D^{14} 1,569); daneben sind CO, Bzl., X, XII u. XIV nachzuweisen.

Versuche: *Cyclohexen-(1)-ylbenzoat* (III), $C_{13}H_{14}O_2$, $Kp._7$ 144—145°, aus II über *2-Chlormercuricyclohexanon* (F. 134—135°) u. dessen Rk. mit Benzoylchlorid in sorgfältig getrocknetem Xylol, 12 Std. bei 50°; n_D^{20} 1,547, 40% (Ausbeute). (J. chem. Soc. [London] **1957**. 4700—08. Dez.) H. K. WURZLER. B 225

W. B. Jewstignejew und **W. A. Gawrilowa,** *Über die primäre reduzierte Form einiger dem Chlorophyll verwandter Verbindungen.* (Vgl. C. **1958**. 14360.) Im Spektr. der prim. red. Form von *Phäophytin a* (I) werden neben dem flachen Maximum bei 470 [mμ] noch 2 Maxima 620 u. 340 gefunden. Beim Belichten einer Ascorbinsäure (II) enthaltenden Pyridinlsg. von *Protophäophytin* (III, aus Protochlorophyll durch Schütteln mit 10%ig. HCl u. Waschen mit W.) bei —40° wird die gelblichgrüne Lsg. rasch rot; das Reduktionsprod. hat im Absorptionsspektr. 5 Maxima: ca. 640, 550—555, 520, 460 (scharf) u. 400; es ist bei —40° ohne Luftzutritt ziemlich stabil, geht aber mit Luft rasch wieder in III über, ebenso mit Safranin, Riboflavin u. anderen Farbstoffen; bei Zimmertemp. geht es teils in III, teils in das bei Zimmertemp. unter Belichtung entstehende prim. Reduktionsprod. über, analog I. *Bakteriophäophytin* (aus Bakteriochlorophyll analog III) liefert bei Photored. bei niedriger Temp. gelbe, relativ stabile, teilweise zers. Prodd., mit Phenylhydrazin ein instabiles Zwischenprod. mit Absorptionsmaximum ca. 640. *Hämatoporphyrin* liefert bei Photored. bei —40° in Pyridinlsg. in Ggw. von II unter Farbumschlag von Rosa nach Orange ein prim. Reduktionsprod. unter Verstärkung des Maximums 460 u. Schwächung der übrigen Maxima; mit Luft oder anderen Elektronenacceptoren wird die Ausgangsform wieder hergestellt, beim Erwärmen auf Zimmertemp. nimmt die Absorption bei 460 wieder ab, bei 650 zu, die Färbung wird grünlich; durch wiederholte Abkühlung u. Belichtung wird das grüne sek. Prod. angereichert (Maximum 650); dasselbe Prod. entsteht bei Belichtung bei Zimmertemp. in Ggw. von Reduktionsmittel, mit Phenylhydrazin auch bei tiefer Temp., ist dann allerdings instabil. Das prim. red. Prod. hat ein hohes Reduktionspotential u. reagiert momentan mit Farbstoffen mit einem Normalpotential $>$ —0,30 bis —0,32 V. Die Verss. zeigen, daß auch die Analogen des Chlorophylls Photored. in 2 Stufen erleiden, wobei die labile prim. red. Form ein freies Radikal vom Semichinontyp ist. Mg im Syst. der Tetrapyrrolverbb. verstärkt im Vgl. mit H die Instabilität der prim. red. Form. Die Verss. machen auch die Änderung des Spektr. von Chlorophyll unter Einw. von Lichtblitzen verständlich. (Доклады Академии Наук СССР [Ber. Akad. Wiss. UdSSR] **118**. 1146—49. 21/2. 1958. Bach-Inst. für Biochem. der Akad. der Wiss. der UdSSR.) R. K. MÜLLER. B 226

G. Scholes, W. Taylor und **J. Weiss,** *Chemische Wirkung ionisierender Strahlung in Lösung.* 18. Mitt. *Die Wirkung von Röntgenstrahlen (200 kV) auf α- und β-Glycerophosphat in wässeriger Lösung.* (17. vgl. C. **1959.** 12261.) Bei Röntgenbestrahlung (200 kV) wss. Lsgg. von α- (I) u. *β-Glycerophosphat* (II) wird anorgan. Phosphat abgespalten, u. in O_2-Ggw. *Formaldehyd* gebildet. I gibt etwas *Dihydroxyacetonphosphat* (III) u. II einen bei höherer Temp. säureempfindlichen Phosphatester (keine β-Phosphoglycerinsäure). Der Einfl. des p_H u. anderer Faktoren wurde quantitativ untersucht. Die III-Bldg. aus I ist nicht an die Ggw. von O_2 gebunden, gibt aber mit O_2 höhere Ausbeuten. Der Mechanismus der I- u. II-Radiolyse wird diskutiert. CH_2O entsteht wahrscheinlich durch Oxydation von I u. II in 2-Stellung. (J. chem. Soc. [London] **1957.** 235—46. Jan. Newcastle-upon-Tyne, Univ. of Durham, King's Coll.) K. MAIER. B 226

Fulvio Cacace und **Luciana Cieri,** *Bestrahlung von Chinolinoxalat mit Neutronen in Gegenwart von α-Naphthol.* Eine pulverisierte Mischung gleicher Teile Chinolinoxalat u. α-Naphthol wurden im Atommeiler 4 Wochen mit Neutronen bestrahlt u. hierauf die prozentuale Radioaktivität der isolierten Verbb. untersucht. *Naphthalin* u. *Chinolin* enthielten ^{14}C ungefähr in dem Verhältnis, das sich unter der Annahme einer statist. Substitution errechnen läßt. Tabellar. angegeben sind die %-Gehh. an akt. CO, CO_2, HCN, Chinolin, Oxalsäure, Naphthalin, α-Naphthol, Phthalsäure, sowie des mit konz. HCl, Essigsäure u. Sn–NaOH extrahierten organ. Materials. (Ricerca sci. **28.** 1174—77. Juni 1958. Roma, Univ., Ist. di chim. farmac. e tossicol. u. Centro di studio per la chim. nucl.) C. GOTTFRIED. B 226

J. Janda und **A. Vanko,** *Katalysatoren für Vinylchlorid.* 2. Mitt. *Erhöhung der Aktivität des Sublimatkatalysators durch Zugaben anorganischer Säuren. Einfluß des Trägers des katalytischen Salzes auf die Aktivität und Selektivität des Katalysators.* Vff. untersuchen den Einfl. des Trägers der katalyt. wirksamen Salze auf die Aktivität u. Selektivität des Katalysators. Sie stellen fest: durch Zugabe von äquimol. Mengen H_3PO_4, H_2SO_4 u. $HClO_4$ zum auf Aktivkohle abgeschiedenem $HgCl_2$ wird die Aktivität des $HgCl_2$-Katalysators erhöht. Die Art der Aktivkohle, die für die Zubereitung des Hg-Katalysators verwendet wird, beeinflußt dessen Aktivität u. Selektivität, da letztere von der chem. Zus. der Aktivkohle, vor allem vom Fe- u. Zn-Geh., abhängt. Je höher der Geh. an Fe u. Zn in der Aktivkohle, um so mehr tritt eine Bldg. höher sd. Nebenprodd. auf. (Chem. Zvesti **11.** 248 bis 258. Mai 1957. Novaky, Výskumný ústav acetylénovej chém.) A. BABCZYŃSKI. B 227

N. K. Mankowskaja und **G. I. Mosskwina,** *Über die Rolle der Katalysatoren bei der Oxydation von Paraffinen zu Fettsäuren.* Es wird angenommen, daß die Oxydation der Paraffine zu Fettsäuren 2 Stadien durchläuft. Im 1. Stadium erfolgt als Ketten-Rk. die Bldg. von akt. Zwischenprodd., womöglich von Hydroperoxyden. Im 2. Stadium werden die Zwischenprodd. in die Säuren verwandelt. Vff. führten die halbtechn. Oxydation in einem Reaktionsgefäß aus nichtrostendem Stahl durch: bei 120—130° unter Zugabe von $KMnO_4$ bis SZ. 7—9, dann unter Temp.-Erniedrigung (2—3°/Std.) auf 107° bis SZ. 70. Es hat sich ergeben, daß die Erniedrigung der Temp. in Ggw. von $KMnO_4$ die Geschwindigkeit um 20—30% verringert, dafür aber die Qualität des Rohprod. erhöht, weil hierbei der Geh. an Ketonen, Hydroxysäuren u. polymerisierten Prodd. bis auf ein Minimum herabgesetzt wird. Im 1. Stadium wird die Oxydation durch vorhandene, leicht oxydierbare Carbonyl- u. Hydroxylderivv. stark beschleunigt. Im 2. Stadium, der Umwandlung der neutralen u. akt. Zwischenprodd. in die Säuren, verläuft der Prozeß im Falle einer Oxydation ohne Katalysator mit verlangsamter Geschwindigkeit; in Ggw. von Carbonyl- u. Hydroxylderivv. ist sie nicht beschleunigt. Eine starke Beschleunigung der Säurenbldg. findet durch feindispersen Katalysator, wie die Mn-Verbb., statt. (Журнал Прикладной Химии [J. angew. Chem.] **31.** 261—65. Febr. 1958. Allunions Wiss. Forsch.-Inst. für Fette u. Schebekinsker Kombinat für synthet. Fettsäuren u. Fettalkohole.) K. WEKUA. B 227

J. Smidt, W. Hafner, R. Jira, J. Sedlmeier, R. Sieber, R. Rüttinger und **H. Kojer,** *Katalytische Umsetzungen von Olefinen an Platinmetallverbindungen. Das Consortium-Verfahren zur Herstellung von Acetaldehyd.* Es wird über einen neuen Weg der katalyt. Oxydation von Olefinen mit Pd-Metallverbb. berichtet. Untersucht wurde bes. die Bldg. von *Acetaldehyd* (II) aus Äthylen (I) in Ggw. von $PdCl_2$, W. sowie Luft bzw. O_2. Die Gesamt-Rk. besteht aus zwei Teil-Rkk.: 1. „Carbonyl-Rk." I + $PdCl_2$ + H_2O → II + Pd + 2 HCl, 2. „Metalloxydation" Pd + 2 HCl + ½ O_2 → $PdCl_2$ + H_2O. An Stelle von $PdCl_2$ können auch andere Pd-Salze ($PdBr_2$, $PdSO_4$, $PdHPO_4$ usw.) verwendet werden. Vermutlich bildet sich bei der Carbonyl-Rk. ein $PdCl_2$–I-Komplex, dessen Zerfallsgeschwindigkeit in Ggw. von W. größer ist als die Bildungsgeschwindigkeit. Da $PdCl_2$ in wss. Lsg. vorwiegend als Chlorohydroxo- bzw. Chloroaquokomplex vorliegt, dürfte der erste Schritt der Carbonyl-Rk. der Austausch eines Liganden des Pd gegen I unter Bldg. eines Pd–I-Komplexes bestehen. Im sofort darauffolgenden Komplexzerfall wird in Ggw. von W. der Olefinligand durch Pd^{2+} zur Carbonylverb. oxydiert. O_2 greift also nicht direkt I, sondern das bei der II-Bldg. ausgefallene Pd-Metall an. Die Bldg. von II wird durch Zugabe von $CuCl_2$ u. $FeCl_3$ begünstigt, offenbar wirken sie als Oxydationsüberträger u. erhöhen durch Beschleunigung der Einzelschritte die Geschwindigkeit der Gesamt-Rk. gemäß: $2\,CuCl_2 + Pd \rightarrow 2\,CuCl + PdCl_2$, $2\,CuCl + 2\,HCl + \frac{1}{2}\,O_2 \rightarrow 2\,CuCl_2 + H_2O$ bzw. $2\,FeCl_3 + Pd \rightarrow 2\,FeCl_2 + PdCl_2$, $2\,FeCl_2 + 2\,HCl + \frac{1}{2}\,O_2 \rightarrow 2\,FeCl_3 + H_2O$. $CuCl_2$ u. $FeCl_3$ lassen sich auch in Abwesenheit von O_2 als Oxydationsmittel verwenden, die Rk. kommt aber nach Verbrauch der Oxydtaionsäquivalente zum Erliegen. Allg. kommen für Arbeiten im Labor. alle Oxydationsmittel in Frage, deren Potentiale unter den Reaktionsbedingungen höher sind als die der verwendeten Edelmetalle, z. B. $Fe_2(SO_4)_3$, $K_2Cr_2O_7$, $K_2S_2O_8$. Die Metalloxydation verläuft ohne Oxydationsüberträger wesentlich langsamer als die Carbonylreaktion. Die Geschwindigkeit dieser Rk. steigt mit der Konz. an Pd(II) u. an I. Cl^-, bes. aber Br^- u. J^-, wirken inhibierend, unter gleichen Bedingungen verhält sich die Absorptionsgeschwindigkeit von I in wss. $PdCl_2$ in Ggw. von äquimol. Mengen an F^-, Cl^-, Br^- bzw. J^- wie 11:6:3,5:1. Die Carbonyl-Rk. wird auch durch Verbb. gestört, die mit dem Edelmetall stabile Komplexe bilden. Säuren u. deren Neutralsalze beeinflussen die Carbonyl-Rk. nicht oder kaum, höhere Säurekonzz. wirken dagegen inhibierend. Zur Umsetzung sehr reaktionsträger Verbb. empfiehlt es sich, chloridarm zu arbeiten, z. B. mit dem Syst. $O_2/NO/FeSO_4$. Die Geschwindigkeit der Metalloxydation in Ggw. von O_2-Überträgern hängt von deren Konz., der Temp. u. von der O_2-Konz. der Lsg. ab. Die Konz. an Cl^- spielt auch hier eine Rolle, da diese durch Komplexbldg. mit Pd u. den O_2-Überträgern die Rk. beeinflussen. Ein p_H-Bereich von -1 bis $+2$ ist hierbei allg. günstig. Die erforderlichen Eigg. des Edelmetallkatalysators: niedriges Normalpotential, leichte Komplexbldg. mit dem Olefin u. rascher Komplexzerfall unter Bldg. einer Carbonylverb., werden von Pd bzw. dessen wasserlösl. Verbb. am besten erfüllt; geeignet sind aber auch $PtCl_2$, $[PtCl_4]^{2-}$, $[PtCl_4(OH)_2]^{2-}$, $[Pt(OH)_6]^{2-}$, der Umsatz beträgt aber nur ca. $^1/_5$—$^1/_{10}$ (bezogen auf $PdCl_2$). Auch wss. HCl-Lsgg. von $IrCl_4$, $IrCl_3$, $RuCl_3$ u. bes. $RhCl_3$ liefern mit I II. Die Komplexbildungstendenz dieser Verbb. mit Olefinen ist jedoch wesentlich geringer. Ebenso wie I reagieren auch alle Olefine, bei denen beide C-Atome der Doppelbindung mindestens ein H-Atom tragen u. bei denen keine ster. Hinderung der Komplexbldg. (wie z. B. bei Stilben) vorliegt. Die Carbonylgruppe entsteht gemäß der MARKOWNIKOFF-Regel mit dem C-Atom, das bei ion. Säureaddition das Anion addieren würde. Mit folgenden ungesätt. Verbb. wurden nachst. Ergebnisse (nur in wss. $PdCl_2$-Lsg.) erzielt: [Ausgangsverb.] I, [Reaktionstemp.] 20°, [Reaktionszeit in Min.] 5, [Prod.] II, [Ausbeute] 85; Propylen (XIX), 20°, 5, *Aceton* (III), 90%; Buten-(1) (XV), 20°, 10, *Methyläthylketon* (IV), 80%; Penten-(1) (XVI), 20°, 20, *n-Propylmethylketon* (V), 81%; Hexen-(1), 30°, 30, *n-Butylmethylketon* (VI), 75%; Hepten-(1), 50°, 30, *n-Amylmethylketon* (VII), 65%; Octen-(1), 50°, 30, *n-Hexylmethylketon*, 42%; Nonen-(1), 70°, 45, *n-Heptylmethylketon*, 35%; Decen-(1), 70°, 60, *n-Octylmethylketon*, 34%; Butadien-(1.3) (XVIII), 80°, 30, *Crotonaldehyd* (VIII), 34%; Pentadien-(1.4), 20°, 15, *Penten-(2)-al-(1)*, 91%; Cyclopenten, 30°, 30, *Cyclopentanon*, 61%; Cyclohexen, 30°, 30, *Cyclohexanon*, 65%; Inden, 50°, 60, *β-Indanon*, 66%; Styrol, 50°, 180, *Acetophenon* (IX), 57%; Allylbenzol, 40°, 30, *Benzylmethylketon* (X), 76%; Acrylsäure, 50°, 186, II, 50%; Crotonsäure, 50°, 60, III, 75%; Penten-(2)-säure, 35°, 45, IV, 88%; Hexen-(2)-säure, 35°, 70, V, 94%; Hepten-(2)-säure, 50°, 50, VI, 86%; Octen-(2)-säure, 50°, 60, VII, 95%; Methacrylsäure, 40°, 60, *Propionaldehyd*, 61%; Tiglinsäure, 50°, 120, IV, 40%; *β.β*-Dimethylacrylsäure, 50°, 300, III, 15%; Zimtsäure, 50°, 600, IX, 35%; Sorbinsäure, 65°, 15, *Äthylidenaceton*, 35%; Maleinsäure, 50°, 180, *Brenztraubensäure*, 25%; Itaconsäure, 50°, 60, *Bernsteinaldehydsäure*, 30%; α-Methoxycrotonsäure, 50°, 120, III; Allylalkohol, 25°, 5, *Acrolein*, 75%; VIII, 25°, 180, *Triacetylbenzol* (XI), 35; p-Methoxystyrol, 20°, 10, *p-Methoxyacetophenon*, 45; Anethol, 70°, 270, *p-Methoxyphenylaceton*, 55%; Isosafrol, 70°, 150, *3.4-Methylendioxybenzylmethylketon*, 69%; Vinylacetat, 20°, 60, II, 73%; Isopropenylacetat, 25°, 5, III, 94; Vinylchlorid, 20°, wenige Min., II, fast 100%; Vinylbromid, 10°, 15, II, 98%; 1-Brompropen-(1), 30°, 15, III, 65; 1-Brombuten-(1), 30°, 15, IV, 67%; 1-Brompenten-(1), 50°, 15, V, 61; 1-Bromhexen-(1), 50°, 45, VI, 88; 1-Bromhepten-(1), 50°, 45, VII, 85; *β*-Bromstyrol, 40°, 20, IX + II, 55 + 5; 1-Chlor-2-methylpropen-(1), 40°, 30, *α-Methylacrolein* (XII) + *Isobutylaldehyd* (XVII), 30 + 15; 1-Chlor-2-methylpropen-(2), 50°, 60, XII, 65; 2-Chlorpropen-(1), 20°, 120, III, 32; α-Chlorstyrol, 40°, 30, IX, 55; α-Chlor-*β*-methylstyrol, 70°, 120, *Propiophenon*, 47; 1-Chlor-3-phenylpropen-(1), 70°, 600, X, 25; 2-Chlor-3-phenylpropen-(1), 70°, 600, X, 22; Allylchlorid, 50°, 30, *Methylglyoxal* (XIII), 65; Allylbromid, 50°, 30, XIII, 80; 1-Brompenten-(4),

25°, 30, *γ-Brompropylmethylketon*, 53; p-Chlorstyrol, 30°, 30, *p-Chloracetophenon* (**XIV**), 36; 2.3-Dibrompropen-(1), 50°, 120, **XIII**, 40; 1.3-Dichlorpropen-(1), 50, 360, **XIII**, 32; α-Bromacrylsäure, 25°, 60, **II**, 60; α-Chlorcrotonsäure, 50°, 60, **III**, 70; α-Brompenten-(2)-säure, 80°, 60, **IV**, 62; α-Bromhexen-(2)-säure, 80°, 60, **V**, 57; α-Bromhepten-(2)-säure, 50°, 60, **VI**, 70; α-Bromocten-(2)-säure, 50°, 60, **VII**, 65; α-Bromzimtsäure, 70°, 120, **IX**, 64; p-Chlorzimtsäure, 70°, 540, **XIV**, 25. Bei den Rkk. der α-Olefine entstehen neben den Methylketonen noch geringe Mengen Aldehyde gleicher C-Zahl u. z. T. durch Weiteroxydation auch Diketone. Die Reaktionsgeschwindigkeit vermindert sich innerhalb einer homologen Olefinreihe mit wachsender Kettenlänge. Ursachen hierfür sind die Löslichkeit in der wss. $PdCl_2$-Lsg., die Beständigkeit der Olefinkomplexe u. die Reaktivität der Doppelbindung. β-Olefine reagieren langsamer als α-Olefine. Die relative Reaktionsgeschwindigkeit beträgt z. B. für **XV**, cis- u. trans-Buten-(2) 1:0,8:0,4, bzw. für **XVI** u. ein Gemisch aus cis- u. trans-Penten-(2) 1:0,5. Olefine mit einem C-Atom der Doppelbindung ohne H-Atom reagieren langsam oder gar nicht, dabei kann es zu Hydratationen u. anderen Ausweich-Rkk. kommen. Teilweise werden sogar Alkyl- bzw. Arylgruppen abgespalten. Isobuten liefert hauptsächlich *tert.-Butylalkohol*, daneben **III**, **XII**, **XVII** u. **IV**, 1.1-Diphenyläthylen u. a. **IX**. Triphenyl- u. Tetraphenyläthylen setzen sich nicht um. Der aus **XVIII** gebildete **VIII** reagiert unter schärferen Bedingungen mit einem weiteren Mol $PdCl_2$ unter Bldg. von *β-Ketobutyraldehyd*, welcher im sauren Reaktionsmedium sofort **XI** ergibt. Bei Durchführung der Rk. in wss. Essigsäure geht der Umsatz mit zunehmender Säurekonz. zurück, da die Reaktionsgeschwindigkeit von der Konz. an W. mitbestimmt wird. Bei Säuregehh. über 80% bleibt die Rk. fast völlig aus. Die Komplexbldg. wird allerdings dadurch kaum beeinträchtigt, denn eine $PdCl_2$–Eisessig-Lsg. nimmt **I** begierig auf. Da bei höherer Temp. **I** wieder desorbiert wird, besteht die Möglichkeit, mit nichtwss. $PdCl_2$-Lsgg. niedrigmol. Olefine aus Gasgemischen abzutrennen u. infolge ihrer verschied. Komplexbildungstendenz auch voneinander zu trennen. Als Lösungsmittel eignen sich auch andere niedrige Fettsäuren, einige Alkohole, Äther u. Ketone. Die Löslichkeit des $PdCl_2$ kann z. B. durch Zusatz von HCl oder Alkalichloriden erhöht werden. Bleibt das Olefin mit der Lsg. längere Zeit bei höherer Temp., so polymerisiert es teilweise, **I** ergibt vorwiegend Buten, auch **XIX** dimerisiert häufig. Bei Vinyl- u. Allylverbb. überwiegt meist eine Verharzung. Zur techn. Durchführung der Rk. von **I** unter Bldg. von **II** werden drei verschied. Verff. angegeben: 1. [Rohstoff] reines **I** + O_2, [Carbonyl-Rk. u. Metalloxydation] gemeinsamer Ablauf in der Gasphase [Abtrennung des Prod.], Wasserwäsche oder Kondensation; 2. reines **I** + O_2, gemeinsam in der Flüssigphase, durch Dest. aus der Katalysatorlsg. unter Ausnutzung der Reaktionswärme; 3. reines **I** oder äthylenreiche Gasgemische + Luft, getrennt in der Flüssigphase, wie Verf. 2. Die Aufarbeitung erfolgt bei den 3 Verff. durch Fraktionierung. Der Vorteil des Verf. 1 besteht darin, daß schon bei n. Druck u. Tempp. unter 100° Ausbeuten an **II** von >90% erzielt werden. Essigsäure entsteht nur in geringer Menge. Als Werkstoff wurde hier Titan verwandt. Bei Verf. 2 kann die Wärme direkt als Verdampfungswärme ausgenutzt werden, daher können die Teile der App. aus nichtmetall. Werkstoffen (Gummi, Keramik, Kunststoffe) bestehen bzw. mit solchen ausgekleidet sein. Die Ausbeuten u. Nebenprodd. entsprechen Verf. 1. Bei Verf. 3 kommt zu den Vorteilen des Verf. 2 die Möglichkeit, billige Rohstoffe zu verwenden; auch ist die Gefahr, daß bei Fehldosierungen explosible Gasgemische auftreten, geringer. Die vorst. 3 Verff., bes. Verf. 3, scheinen auch für die Herst. von **III** u. **IV** aus **XIX** bzw. **XV** geeignet zu sein. (Angew. Chem. **71**. 176—82. 7/3. 1959. München, Consortium für elektrochem. Ind. GmbH.) B. GNAUCK. B 227

W. P. Uschakowa, G. P. Korneitschuk und **W. A. Roiter,** *Kinetik und Mechanismus der Oxydation von Naphthalin am Vanadinoxydkatalysator*. 2. Mitt. (1. vgl. Украинский Химический Журнал [Ukrain. chem. J.] **23**. [1957.] 191.) Die Geschwindigkeit der Oxydation von *Naphthalin* (I) zu *Phthalsäureanhydrid* (II) wird im Strömungssyst. an grobkrist., nichtporösem V_2O_5 bei 380—410° untersucht. Zwischen der I-Konz. C_N u. der „Leistung" W (Mol/Min. g·10^5) bzgl. II (Index PA), Maleinsäureanhydrid (MA), 1.4-Naphthochinon (NCh) u. CO_2 bestehen die Beziehungen $W_{PA} = k_{PA} \cdot C_N$ (Aktivierungsenergie AE = 37,4 kcal/Mol), $W_{MA} = k_{MA} \cdot CC_N^{0,5}$ (AE 31,6), $W_{NCh} = k_{NCh} \cdot C_N^2$ (AE 32,7) u. $W_{CO_2} = k_{CO_2} \cdot C_N$ (AE 37,2). Durch die Prodd. unvollständiger Oxydation wird W_{MA} erhöht, W_{CO_2} vermindert. Die kinet. Unterss. zeigen, daß die I-Oxydation zwar in mehreren Folge-Rkk. verlaufen kann, daß die Bldg. der verschied. Oxydationsprodd. aber im wesentlichen parallel verläuft. Bei porösem Katalysator liegen im Innern der Poren nur CO_2 u. H_2O vor, der ursprünglich als V_2O_4 vorliegende Katalysator geht allmählich in V_2O_5 über. (Украинский Химический Журнал [Ukrain. chem. J.] **23**. 310—21. 1957. Pissarshewski-Inst. für physik. Chem. der Akad. der Wiss. der UkrainSSR.) R. K. MÜLLER. B 227

F. Lieben und **M. K. Saad El Din Scherif,** *Über die katalytischen Eigenschaften der Metalleiweißverbindung.* Zur Prüfung der katalyt. Eigg. von im alkal. Bereich hergestellten Metalleiweißverbb. wurde der Einfl. des *Cu-Caseins* (I) u. anderer Metalleiweißverbb. auf die Oxydation von Fructose (II) im O_2-Strom bei 70—80° in Ggw. eines Phosphatpuffers (p_H 8) untersucht. Nur I steigerte die II-Oxydation, die übrigen Metalleiweißverbb. hemmten sie. Diese Hemmung konnte jedoch durch Zugabe von Cu^{2+} beseitigt werden. Cu^{2+} bewirkte im Vgl. zu Kontrollverss. eine fünffach stärkere CO_2-Entw., I verglichen mit *Na-Casein* (III) eine CO_2-Entw. im Verhältnis 30—40:1, woraus die starke Hemmung der II-Oxydation durch III hervorgeht, die aber durch I-Zugabe beseitigt werden kann. Wird III zusammen mit $CuSO_4$, CuO oder Cu_2O geprüft, so bildet sich eine Cu-Eiweißverb., die ebenfalls dialyseresistent ist. In weiteren Verss. wurde I durch *Cu-Serumalbumin, Cu-Glycin* (IV), *Cu-Arginin* (V), *Cu-Histidin* (VI) u. *Cu-Cystein* (X) mit gleichen Cu-Gehh. ersetzt. IV ergab, gegen *Glycin* (VII) geprüft, die 3—4fache CO_2-Menge. Bei Steigerung des IV- bzw. VII-Zusatzes bis zu einem Mol-Verhältnis gegen II von 1:1,5, wurde das Verhältnis wieder auf das 20—30fache erhöht u. ähnelte damit dem Verhältnis I:III. VII hemmt also nur bei höherer Konz. sein Verh., entspricht sonst etwa einem Kontrollversuch. Die analogen Verhältnisse von V zu *Arginin* (VIII) u. VI zu *Histidin* (IX) lagen zwischen 8 u. 14:1, VIII u. IX hemmen demnach schon in niedriger Konz.; X verhält sich wie IV, Cystein allein liefert CO_2 entsprechend einem Kontrollversuch. (Scientia pharmac. **25.** 7—15. 31/3. 1957. Wien, Univ., Inst. für Med. Chem.) H. P. FIEDLER. B 227

G. D. Ljubarski, Ss. K. Jermakowa und **Ss. Ja. Pscheshetzki,** *Kinetik der Hydrierung von Butylen an einem Chrom-Aluminium-Katalysator.* (Vgl. C. **1956.** 10902.) An einem mit N_2–H_2-Gemisch bei 500° vorred. Cr_2O_3-Al_2O_3-Katalysator mit einer Korngröße, bei der die Diffusionshemmung keine Rolle spielt (0,8—0,9 mm), wird bei 220 bis 340° die Kinetik der Hydrierung von *Butylen* (I) mit H_2 im Strömungssyst. untersucht. Wenn C_H u. C_I die Konzz. von H_2 u. I sind, C_{II} die Konz. des entstehenden Butans (II) ist, gilt für die effektive Reaktionsgeschwindigkeit die Gleichung $w_{eff} = 6{,}9 \cdot 10^9 \cdot e^{-40000/RT} \cdot C_{II}C_I^{0,5}) - 5{,}7 \cdot 10^4 \cdot e^{-10000/RT} \cdot C_I^{0,5} \cdot C_H$. Die scheinbare Aktivierungsenergie (AE) der Dehydrierung von II ist 40000 ± 1000 (cal/Mol), die AE der Hydrierung von I ist 10000; daher ist die Wärmetönung der Dehydrierung $Q = 30000$, in guter Übereinstimmung mit der Literatur (KISTIAKOWSKY [1935]). (Журнал Физической Химии [J. physik. Chem.] **31.** 1492—1500. Juli 1957. Moskau, Physik. chem. Karpow-Inst.) R. K. MÜLLER. B 227

Ken-ichi Watanabe, *Katalytische Hydrierung von o-Cyanbenzoesäureäthylester. Untersuchung über die Spaltung von Molekülen durch katalytische Hydrierung.* **10.** Mitt. (9. vgl. C. **1959.** 13435.) *o-Cyanbenzoesäureäthylester* wird der katalyt. Hydrierung bei 260 bis 340° unterworfen. Durch die $COOC_2H_5$-Gruppe wird völlige hydrogenolyt. Abspaltung des CN-Restes verhindert, Hauptprod. ist *o-Phthalimidin,* in Ausbeuten von 74% (260°), 66 (300°), 63 (320°) u. 52 (340°). (J. chem. Soc. Japan, pure Chem. Sect. [Nippon Kagaku Zassi] **76.** 888—91. Aug. 1955. Tokyo, Metrop. Univ. [Orig.: japan.]) L. SCHULER. B 227

A. D. Stepuchowitsch, Je. G. Kaplan und **Je. Je. Nikitina,** *Tetramethyläthylen, ein neuer Inhibitor und Initiator für das Cracken von Paraffinkohlenwasserstoffen.* (Vgl. C. **1957.** 8180; 8465; **1958.** 76.) Bei 522—590° u. 20 mm Hg werden C_2O_6, C_3H_8 u. C_4H_{10} mit Zusatz von 0,5—11% *Tetramethyläthylen* (I) gecrackt. Nur bei geringer I-Konz. u. niedriger Temp. wird eine Inhibitorwrkg. des I festgestellt, bei höherer I-Konz. u. höherer Temp. wirkt I als Initiator (bei C_3H_8 u. C_4H_{10}). Es wird gezeigt, daß I bei niedrigem Druck u. 548 bzw. 573° rascheren Zerfall erleidet als bei höherem Anfangsdruck. Die geringere Zerfalls-Rk. scheint eine heterogene Katalyse auszulösen; als Zwischenprod. bei der Einw. von I auf die Spaltung niedrigmol. Paraffine könnte außer Dimethyläthylen- u. 1-Methylen-1.2.2-trimethyläthylenradikalen auch Dimethylacetylen eine Rolle spielen. Der I-Zerfall stellt eine Radikal-Rk., aber keine Ketten-Rk. dar. Es ist anzunehmen, daß I auch bei anderen organ. Rkk. als Inhibitor oder Initiator verwendet werden kann. (Журнал Физической Химии [J. physik. Chem.] **31.** 1437—44. Juli 1957. Saratow, Tschernyschewski-Univ.) R. K. MÜLLER. B 227

J. Johan Lindberg, Studien über die Beziehung zwischen der Verteilung in Äther und Wasser und den Ultrarotspektren einiger Guajacyl- und Syringylverbindungen. København: Munksgaard; Helsingfors; Akademische Buchh.; Nordische antikvarische Buchh. 1958. (12 S.) 8° = Societas scientiarum Fennica. Commentationes physico-mathematicae. 21,7. fmk. 70,—.

T. I. Temnikowa, Leitfaden der theoretischen Grundlagen der organischen Chemie (für Chemiestudenten). Leningrad; Gosschimisdat. 1959. (808 S. m. Abb.) 20 Rbl. 60 Kop. [russ.]

William Alexander Waters, ed., Vistas in free radical chemistry. London; Pergamon P. 1959. (IX + 251 S. m. Tab. u. Diagr.) = Internationa series of monographs on organic chemistry vol. 1. 75 s.

C. Präparative organische Chemie. Naturstoffe.

Wilson Baker, *Strukturelle Wiedergabe aromatischer Verbindungen.* Bericht über Beschlüsse des PUBLICATION COMMITTEE der CHEMICAL SOCIETY bzgl. der Wiedergabe von Strukturformeln aromat., alicycl. u. hetrocycl. Verbb. in den Veröffentlichungen der Society. (Proc. chem. Soc. [London] **1959.** 75—79. März. Bristol, Univ.)
W. SCHICKE. 450

M. S. Kharasch und **Andrew Fono,** *Durch Metallsalze induzierte homolytische Reaktionen.* 1. Mitt. *Eine neue Methode zur Einführung von Peroxygruppen in organische Moleküle.* (Vgl. C. **1959.** 1082.) Die Einführung von Peroxygruppen durch mehrstd. Erhitzen eines Hydroperoxyds mit organ. Verbb. in Ggw. eines Cu-, Co- oder Mn-Salzkatalysators gelingt glatt u. führt in bes. guten Ausbeuten nach der allg. Gleichung $R'H + 2\,ROOH \rightarrow ROOR' + ROH + H_2O$ (R = Rest des Hydroperoxyds, R' = Rest des KW-stoffes) zu den entsprechenden asymm. *Peroxyden.* So entsteht aus Cyclohexen (I) u. tert.-Butylhydroperoxyd (II) in Ggw. von wenig Co(II)-Naphthenat *1-tert.-Butylperoxycyclohexen-(2)* u. aus **I** u. α-Cumylhydroperoxyd in Ggw. von 1 Mol-% Cu_2Cl_2 *1-α-Cumylperoxycyclohexen-(2),* das ohne Zers. bei 90°/0,1 mm dest. werden kann. Durch 14std. Erhitzen von **II** u. Octen-(1) auf 75° wird nur sehr wenig **II** zersetzt. In Ggw. von 1 Mol-% Cu_2Cl_2 jedoch werden nach 6 Std. im Reaktionsgemisch neben *tert.-Butylalkohol* gleiche Anteile von *1-tert.-Butylperoxyocten-(2)* (**III**) u. *3-tert.-Butylperoxyocten-(1)* (**IV**) gefunden. Dasselbe Isomerengemisch wird in Ggw. von 0,2 Mol-% des Co-Salzes (**A**) der 2-Äthylhexansäure aus **II** u. Octen-(1) gewonnen. **III** u. **IV** werden durch fraktionierte Dest. getrennt. Nach 24std. Erhitzen auf 70° bleibt eine Lsg. von **II** in Cumol unverändert. In Ggw. von 1 Mol-% Cu_2Cl_2 wird *tert.-Butyl-α-cumylperoxyd* (**V**) erhalten, das auch aus **II** u. Dimethylphenylcarbinol (**VII**; α-Cumylalkohol) oder aus Cumol u. **II** in Ggw. von Diacetylperoxyd gewonnen wird. Bei dieser Rk. können auch $CuCl_2$ sowie die Bromide u. Benzoate von Cu(I) oder Cu(II) als Katalysatoren verwendet werden. Außerdem kann an Stelle eines Überschusses von Cumol auch Bzl., Chlf., Heptan, tert.-Butylalkohol, Pyridin, Essigsäure, Nitrobenzol oder Äthylacetat als Lösungsm. verwendet werden. **V** wird außerdem bei der Verwendung von **A** als Katalysator gebildet, jedoch entsteht in diesem Fall viel **VII**. Die besten Ausbeuten an **V** werden bei Anwendung von $MnBr_2$ als Katalysator u. Essigsäure als Lösungsm. erzielt. Die Rk. von 2-Methylcyclohexanon mit **II** in Ggw. von 1 Mol-% Cu_2Cl_2 führt in fast quantitativer Ausbeute zu *2-Methyl-2-tert.-butylperoxycyclohexanon.* In Ggw. von 1 Mol-% Cu_2Cl_2 liefert die Rk. von Cyclohexanon mit **II** *Adipinsäurehalbaldehyd, Adipinsäure* u. ca. 20% *2-tert.-Butylperoxycyclohexanon,* das sich beim Stehen langsam zersetzt. Nach der Rk. von gleichen Teilen Dimethylanilin (**VI**) u. **II** in Bzl. in Ggw. von 1 Mol-% Cu_2Cl_2 kann aus dem Reaktionsgemisch *N-Methyl-N-[tert.-butylperoxymethyl]-anilin* isoliert werden, das in Essigsäure jodometr. titriert werden kann, erstaunlich stabil ist u. nach längerer Behandlung mit Säuren zu *Monomethylanilin* hydrolysiert. Durch den Einfl. des N-Atoms in **VI** wurde die benachbarte C—H-Bindung aktiviert. p-Xylol u. **II** liefern nach der üblichen Behandlung 85% *p-Methylbenzyl-tert.-butylperoxyd.* Auch ein O-Atom kann auf eine C—H-Bindung aktivierend wirken. So kann bequem aus Dioxan u. **II** *2-tert.-Butylperoxydioxan* dargestellt werden. In einer Lsg. von **II** in Isooctan, die beim Erwärmen auf 67° stabil ist, findet in Ggw. von 1 Mol-% Cu_2Cl_2 Zers. von **II** unter O_2-Entw. statt. Da die beschriebenen Rkk. teilweise auch in Abwesenheit von Metallsalzen erfolgen, besteht die Rolle der Metallsalze vermutlich nur darin, als Initiator für die Zers. der Hydroperoxyde in freie Radikale zu wirken; nur zum Teil nehmen sie in geringem Ausmaße an den Rkk. teil, wie die Bldg. von Nebenprodd. zeigt. Ein Mechanismus, der diesen Überlegungen gerecht wird, wird vorgeschlagen: Zunächst erfolgt Bldg. von $RO^\bullet$- u. $ROO^\bullet$-Radikalen, wobei die Metallsalze sowohl als Oxydations- als auch als Reduktionsmittel wirken ($ROOH + Cu^+ \rightarrow RO^\bullet + Cu^{2+} + OH^-$ oder $ROOH + Cu^{2+} \rightarrow ROO^\bullet + Cu^+ + H^+$; an die Stelle von Cu^+ kann auch Mn^{2+} oder Co^{2+} treten). Die gebildeten Radikale reagieren weiter unter Bldg. von Radikalkomplexen, die entweder aus einem KW-stoffradikal u. einem Hydroperoxyd oder auch aus einem Peroxyradikal u. einem KW-stoff entstehen können ($RO^\bullet + R'H \rightarrow ROH + R'^\bullet$; $R'^\bullet + ROOH \rightarrow R'\cdot HOOR$ oder $ROO^\bullet + R'H \rightarrow R'^\bullet HOOR$). Diese Radikalkomplexe reagieren mit einem Oxydationsmittel (höherwertiges Metall oder Hydroperoxyd), das in der Lage ist, ein Elektron aufzunehmen, unter Bldg. des asymm. Peroxyds [$R'\cdot HOOR + Ox \rightarrow R'OOR + (Ox + e) + H^+$]. Die Existenz von $RO^\bullet$-Radikalen wird bewiesen durch Ablauf einer Rk. in W. bei 0° in Ggw. von Butadien u. viel Fe(II)-Salzen. Hierbei werden die $RO^\bullet$-Radikale von Butadien aufgenommen, wonach Dimerisierung erfolgt [$RO^\bullet + H_2C{=}CHCH{=}CH_2 \rightarrow (ROC_4H_6)^\bullet$ sowie $2\,(ROC_4H_6)^\bullet \rightarrow (ROCH_2CH{=}CHCH_2{-})_2$]. Ähnlich erfolgt der Nachw. der ROO$^\cdot$-Radikale in Butadien in Ggw. von Co(II)-Salzkatalysatoren durch Bldg. von *Bis-[alkylperoxy]-buten*, wobei ein Oxydationsmittel benötigt wird [ROO$^\cdot$ + $H_2C=CHCH=CH_2$ → $(ROOC_4H_6)^\cdot$ sowie $(ROOC_4H_6)^\cdot$ + ROOH + Ox → $ROOC_4H_6OOR$ + H^+ + (Ox + e)]. Die Bldg. der intermediär entstandenen Radikalkomplexe ist sehr wahrscheinlich, da die zunächst aus II entstandenen Radikale in Lösungsmitteln, die akt. H-Atome enthalten, z. B. aromat.Verbb., die dafür bekannt sind, Radikale durch Komplexbldg. stabilisieren zu können, beständig sind, während in Isooctan ein ziemlich schneller Zerfall von II in den entsprechenden Alkohol u. O_2 erfolgt. Das Auftreten von O_2 während der beschriebenen Rkk. kann entweder durch Rk. zweier Peroxyradikale (2 ROO$^\cdot$ → 2 RO$^\cdot$ + O_2) oder durch Rk. eines Peroxyradikals mit einem Hydroperoxyd erklärt werden (ROO$^\cdot$ + ROOH → ROH + O_2 + RO$^\cdot$). Bei höherer Hydroperoxydkonz. scheinen Prodd. zu entstehen, die aus den RO$^\cdot$-Radikalen gebildet werden. Endgültige Beweise können erst durch Verss. mit ^{18}O erbracht werden.

Versuche: Die Rkk. werden unter N_2 ausgeführt. Der Grad der Zers. der reagierenden Hydroperoxyde kann durch Titration verfolgt werden. *1-α-Cumylperoxy-cyclohexen-(2)*, $C_{15}H_{20}O_2$, Kp.$_{0,1}$ 98°, n_D^{20} 1,5238, durch 20std. Erhitzen von I, α-Cumylhydroperoxyd u. Cu_2Cl_2 auf 70° u. Entfernen des nichtumgesetzten Hydroperoxyds (Kp.$_{0,1}$ 75°); 90% (Ausbeute). — Gemisch aus *1-tert.-Butylperoxyocten-(2)* (III) u. *3-tert.-Butylperoxyocten-(1)* (IV), $C_{12}H_{24}O_2$, Kp.$_{0,1}$ 37—42°, n_D^{20} 1,4290, a) durch 7std. Erhitzen von Octen-(1) u. II mit Cu_2Cl_2 auf 70°; 85%; daneben weniger als 5% des α.β-ungesätt. *Octenals*; b) durch tropfenweise Zugabe einer 0,5%ig. Lsg. von **A** zu II in Octen-(1) innerhalb von 3 Std.; die Trennung des Gemisches in III ($C_{12}H_{24}O_2$, Kp.$_{2,5}$ 72°, n_D^{20} 1,4320) u. IV ($C_{12}H_{24}O_2$, Kp.$_{2,5}$ 57°, n_D^{20} 1,4243) erfolgt durch sorgfältige fraktionierte Destillation. — *tert.-Butyl-α-cumylperoxyd* (V), $C_{13}H_{20}O_2$, Kp.$_2$ 60°, n_D^{20} 1,4800, a) durch 18std. Erhitzen von Cumol, II u. Cu_2Cl_2 auf 67°; 60%; daneben ein Gemisch aus *Acetophenon* u. VII (ca. 15%); b) durch tropfenweise Zugabe von **A** zu II in Cumol innerhalb von 3 Std.; 60% neben VII (30%); c) analog b) bei einer Reaktionstemp. von 100—110° in 30 Min.; 90%; d) durch 11std. Erhitzen eines Gemisches aus Cumol, Essigsäure, II u. $MnBr_2$ auf 80°; 92% neben wenig *Acetophenon* (n_D^{20} 1,5338). — *2-Methyl-2-tert.-butylperoxycyclohexanon*, $C_{11}H_{20}O_3$, Kp.$_2$ 66°, n_D^{20} 1,4431, durch 7std. Erhitzen von 2-Methylcyclohexanon, II u. Cu_2Cl_2 auf 70°; 90%. — *2-tert.-Butylperoxycyclohexanon*, n_D^{20} 1,4500, durch 8std. Erhitzen von Cyclohexanon, II u. Cu_2Cl_2 auf 92° neben *Adipinsäure* (F. 151—152°). — *N-Methyl-N-[tert.-butylperoxymethyl]-anilin*, $C_{12}H_{19}NO_2$, Kp.$_{0,1}$ 75°, n_D^{20} 1,5160, durch 12std. Erwärmen von VI, II, Cu_2Cl_2 u. Bzl. auf 35° u. Abdestillieren von Bzl. u. *tert.-Butylalkohol* im Vakuum; 90% neben wenig *Aminoxyden*; längeres Erwärmen in wss. HCl liefert *Monomethylanilin*. — *p-Methylbenzyl-tert.-butylperoxyd*, $C_{12}H_{18}O_2$, Kp.$_{0,2}$ 65°, n_D^{20} 1,4858, durch 10std. Erwärmen von p-Xylol, II u. Cu_2Cl_2 auf 50°; 85% neben *p-Methylbenzaldehyd*. — *2-tert.-Butylperoxydioxan*, $C_8H_{16}O_4$, Kp.$_{0,25}$ 55°, n_D^{20} 1,4325, durch 12std. Erwärmen von II, Dioxan u. Cu_2Cl_2 auf 70°; 50%. — Erwärmen von II u. Cu_2Cl_2 in Isooctan auf 67° führt innerhalb von 20 Min. unter Entw. von O_2 zur vollständigen Zers. von II. Das Reaktionsgemisch reagiert weder mit Dinitrophenylhydrazin (Ketonnachw.) noch mit konz. HJ (Peroxydnachw.). (J. org. Chemistry **24**. 72—78. Jan. 1959. Chicago, Ill., Univ. of Chicago, Inst. of Organ. Chem.) U. KRÜGER. 460

W. Treibs und **H. Orttmann**, *Über Carboxylierungen mit Oxalylbromid.* Die von Vff. beschriebene Meth. der Carboxylierung von Carbonsäurehalogeniden mit Oxalylbromid (I; C. **1959**. 6099) wird auf Olefine, Diene, Ketone, Aromaten, Azulene u. Heterocyclen angewandt. Oft genügt bereits Zusammenfügen der beiden Reaktionspartner unverd. oder in neutralen Lösungsmitteln. Nach $R_3CH + (COBr)_2 \rightarrow R_3CCOCOBr$ + HBr; $R_3CCOCOBr \rightarrow R_3CCOBr$ + CO werden *α-Ketocarbonsäuren* oder *Carbonsäuren* bzw. deren Derivv., wie Ester u. Amide, erhalten. Cyclohexen wird in *Cyclohexen-(1)-carbonsäure-(1)*, 1-Methylcyclohexen in *1-Methylcyclohexencarbonsäure-(2)* übergeführt; analog verhält sich 1-Methylcyclopenten. Auch Terpen-KW-stoffe (Limonen, α- u. β-Pinen) sowie Kettenolefine [Octen-(1)] u. Kettendiene (Dimethylbutadien) lassen sich zu Carbonsäuren umsetzen. Ketone geben durch Rk. mit I u. nachfolgende Einw. von A., NH_3 oder organ. Basen *β-Ketoester* oder *-amide*, z. B. Cyclohexanon → *Cyclohexanon-o-carbonsäureester*, Menthon → *Menthon-o-carbonsäureester*. Bei Ringketonen sind die Ausbeuten von der Ringgröße abhängig. Auch aus α.β-ungesätt. Ketonen, wie Piperiton, lassen sich Ester gewinnen. Styrol gibt *Zimtsäure*, Inden → *Indencarbonsäure-(2)*, 1.1-Diphenyläthylen in träger Rk. *β-Phenylzimtsäure*. Azulen gibt unter milden Bedingungen *Azulenglyoxalsäure-(1)*, unter schärferen Bedingungen *Azulencarbonsäure-(1)*. Isoguajazulen u. Vetivazulen geben leicht die entsprechenden *Carbonsäuren-(1)*, Guajazulen gibt schwieriger *Guajazulencarbonsäure-(2)*. Letztere Umsetzung ist die erste elektrophile Substitution am Azulengerüst in 2-Stellung. Heterocyclen, wie Indol, lassen sich mit I zu *Carbonsäuren* umsetzen. Analoge Umsetzungen sind auch mit Oxalylchlorid, aber träger u. mit schlechteren Ausbeuten durchführbar. (Naturwissenschaften **45.** 85—86. 2. Febr.-H. 1958. Leipzig, Univ., Inst. für org. Chem.) U. KRETZSCHMAR. 460

Fulvio Cacace, Giovonna Ciranni, Giordano Giacomello und **Maurizio Zifferero,** *Neue Methoden zur Darstellung Radiokohlenstoff enthaltender organischer Substanzen.* Die erste der von Vff. beschriebenen Methoden beruht auf der Rk. $C_6H_6 + {}^{14}CO_2 \rightarrow C_6H_5 \cdot COOH$ unter dem Einfl. elektr. Ladungen. Die Aufarbeitung der Reaktionsprodd. wird genau beschrieben. ^{14}C war in diesem Fall in die Carbonylgruppe eingetreten. Weitere Verss. wurden mit β-Strahlern durchgeführt. Verss. mit ^{204}Tl, $^{14}CO_2$ u. *Paraffin* ergaben kein radioakt. Paraffin. Vorläufige Unterss. an dem Syst. ^{85}*Kr-Pentan*–$^{14}CO_2$ lieferten 10 Säuren mit gerader oder verzweigter Kette, die durch ^{14}C aktiviert worden waren. Aktivitäten in der Größenordnung von 1 mC wurden für *Propionsäure, Diäthylessigsäure* u. *Methylpropylessigsäure* gemessen. Method. wurde bei diesen Verss. derart vorgegangen, daß ein gasförmiges Gemisch von ^{85}Kr (1 C), 0,5 mMol Pentan u. 0,15 mMol $^{14}CO_2$ (2 mC) 1½ Monate bei 30° u. einem Druck < 1 at belassen wurden. (Ricerca sci. **28.** 2131—34. Okt. 1958. Roma, Centro di studio per la chim. nucl.; Univ., Ist. di chim. farm. e tossicol.) C. GOTTFRIED. 480

V. J. O'Donnell und **W. H. Pearlman,** *Herstellung von 6.7-*$^3H_2$*-Östrogenen.* *6.7-*$^3H_2$*-Östronacetat,* F. 125,5—126,5°, durch Red. von 3-Acetoxy-$\Delta^{1.3.5,10.6}$-östratetraen-17-on (Δ^6-Dehydroöstronacetat) mit $^3H_2$ über 10%ig. Pd/Kohle; 16—34% (radiochem. Ausbeute). — *6.7-*$^3H_2$*-Östron* (I), F. 249—251°, aus vorst. Verb. mit methanol. KOH. — *6.7-*$^3H_2$*-17β-Östradiol,* F. 176—178°, aus I mit $NaBH_4$; 82%. — *6.7-*$^3H_2$*-*$\Delta^{1.3.5,10.16}$*-Östratetraen-3.17β-dioldiacetat,* F. 149—151°, aus I mit Isopropenylacetat u. p-Toluolsulfonsäure; 65%. — *6.7-*$^3H_2$*-16α.17α-Epoxy-*$\Delta^{1.3.5,10}$*-östratrien-3.17β-dioldiacetat,* F. 145—147°, aus vorst. Verb. durch Benzopersäureoxydation; 66%. — *3.16.17-Östriole,* vorwiegend *6.7-*$^3H_2$*-Östriol,* aus vorst. Verb. durch $LiAlH_4$-Red.; 100%. (Biochem. J. **69.** 38P—39P. Juli 1958. Glasgow, Royal Infirmary; London, Guy's Hosp., Med. School.) K. MAIER. 480

Karl Freudenberg und **François Niedercorn,** *Anwendung radioaktiver Isotope bei der Erforschung des Lignins.* 7. Mitt. *Herkunft der Isohemipinsäure.* (6. vgl. Chem. Ber. **88.** [1955.] 1825.) *Dehydrierungspolymerisat* (I) aus Coniferylalkohol, der am mittelständigen C-Atom radioakt. markiert ist, ergibt durch Behandlung mit Alkali, Methylierung u. Oxydation *Isohemipinsäure* (II) von der erwarteten Radioaktivität; die gleiche Verb. entsteht in geringerer Menge, wenn man direkt mit CH_2N_2 methyliert. Mit HCl vorbehandeltes I liefert inakt. *Metahemipinsäure.* Aus den Ergebnissen wird geschlossen, daß II zu einem Teil der als Dehydrodiconiferylalkohol erkannten Ligninkomponente, zum anderen Teil einer sehr ähnlichen Anordnung mit freiem, nicht ringgebundenem Phenylhydroxyd entstammt. Von einer Diphenylverb. nach Art des Dehydrodieugenols kann II nicht herstammen.

Versuche: *Mittelständig markierter Coniferylalkohol,* F. 72° (CH_2Cl_2/PAe.), durch 8 std. Erwärmen von Acetylvanillin u. markierter Malonsäure in Ggw. von Pyridin u. Anilin auf 60° über *Acetylferulasäure* [90% (Ausbeute)], 2 std. Erhitzen mit SO_2Cl_2 in Bzl. in Ggw. von Pyridin auf 75° über *Acetylferulasäurechlorid* (F. 147—149°; 89%) u. dessen Red. mit $LiAlH_4$ in Bzl. u. Tetrahydrofuran in 24 Std.; 81%. — *Dehydrierungspolymerisat* (I), durch 5 tägiges Einleiten von O_2 durch eine Lsg. vorst. Verb. (im Gemisch mit inakt. Material) in W. in Ggw. von Phosphatpuffer (p_H 7) u. Champignondehydrase; spezif. Aktivität 402000 Imp/mMol·min; 80%. — *Isohemipinsäure* (II), F. 245°, a) aus I durch Aufschluß mit KOH, Methylierung u. Oxydation mit $KMnO_4$ bei p_H 7 u. chromatograph. Trennung; spezif. Aktivität 385000 Imp/mMol·min.; daneben inakt. *Veratrumsäure;* b) aus I u. CH_2N_2 in Aceton/Ae. u. Oxydation mit $KMnO_4$ in wss. Aceton; spezif. Aktivität 382000 Imp/mMol·min.; 0,9%. — *Metahemipinsäure,* F. 174°, aus I durch 10 std. Kochen mit methanol. HCl, Methylierung mit $(CH_3)_2SO_4$ u. NaOH u. Oxydation; inaktiv. — *Formaldehyd,* aus I u. 28%ig. H_2SO_4 durch Destillation. Gibt ein *Dimedonderiv.* mit Spuren von Aktivität. (Chem. Ber. **89.** 2168—73. 3/9. 1956. Heidelberg, Univ., Chem. Inst.; Forschungsinst. für die Chem. des Holzes u. der Polysaccharide.) WALTER SIMON. 480

Karl Freudenberg und **François Niedercorn,** *Anwendung radioaktiver Isotope bei der Erforschung des Lignins.* 8. Mitt. *Umwandlung des Phenylalanins in Coniferin und Fichtenlignin.* (7. vgl. vorst. Ref.) Gibt man Fichten durch den Tauchtrieb $^{14}C_{(\alpha)}$-Phenylalanin (I) ein, so läßt sich nach 2—3 Tagen durch Extraktion mit 90%ig. CH_3OH radioakt. *Coniferin* (II) isolieren. 4 Tage später ist der größte Teil des II in radioakt. *Lignin* (III) übergegangen. Akt. Coniferylalkohol (IV, durch Emulsinspaltung von II) ergibt bei der enzymat. Dehydrierung (Pilzlaccase u. Luft–O_2) sämtliche Zwischenstufen der Bldg. von III in akt. Form. Mit CH_3OH gewaschenes Holzmehl aus Fichten, die unter Zufuhr von I oder $^{14}C_{(\beta)}$-II gewachsen waren, lieferte durch Methylierung u. Oxydation 1%, nach vorheriger Alkalieinw. 3—4% *3.4-Dimethoxy-5-carboxybenzoesäure* (**V**, *Isohemipinsäure*, F. 248°) mit der zu erwartenden Radioaktivität. Nach Vorbehandlung mit Säure entsteht neben **V** ca. 1% *3.4-Dimethoxy-6-carboxybenzoesäure* (**VI**), vermutlich aus dem Pinoresinol (**VII**)-Anteil des **III**. Auch reines **VII** liefert auf diese Weise etwas **VI**. Vorst. Ergebnisse gleichen qualitativ u. quantitativ denen entsprechender Abbauverss. an Dehydrierungspolymerisaten (DHP) von $^{14}C_{(\beta)}$-**IV** (vgl. l. c.). Darin ist ein neuer Beweis für die sehr weitgehende Übereinstimmung zwischen natürlichem **III** u. bis-synthet. **III** (DHP) zu sehen. In Fichtencambialsaft, der zur Inaktivierung der Enzyme sofort mit CH_2O behandelt, bei —25° aufbewahrt, aufgetaut, zentrifugiert u. durch Einengen von der Hauptmenge an **II** befreit wurde, konnten (der Menge nach geordnet) *D-Mannit*, *Rohrzucker*, wenige andere Zucker, *Chinasäure*, **IV**, unbekannte hydroxylreiche oder höherpolymere Substanzen, Hydroxymatairesinol, **VII**, Spuren von Aminosäuren u. geringe Mengen unbekannter Brenzcatechinkörper papierchromatograph. nachgewiesen werden, nicht dagegen Syringin u. das Glucosid des p-Cumaralkohols. Unterblieb die CH_2O-Einw., so traten nach kurzem Stehen bei 20° zusätzlich *Shikimisäure*, *Protocatechusäure* u. Umwandlungsprodd. von **IV** (wie **VII**, *Dehydrodiconiferylalkohol*), *Guajacylglycerinconiferyläther*) auf. Im Cambium des Flieders kommen *Syringin* u. **II** nebeneinander vor. (Chem. Ber. **91**. 591—97. 31/3. 1958.)

G. PRACEJUS. 480

Takao Kaneko und **Taihei Amazaki,** *Über Herstellung und Schmelzpunkte von n-Alkylbromiden.* Vff. stellen n-Alkylbromide mit gerader C-Atomzahl aus den entsprechenden Alkoholen u. die mit ungerader C-Atomzahl aus den Hg(II)-Salzen der nächsthöheren Fettsäuren dar. Im Gegensatz zur Reihe der Fettsäuren sind die FF. der n-Alkylbromide mit ungerader C-Atomzahl stets höher als die der benachbarten mit gerader C-Atomzahl.

Versuche: Bromide: *n-Heptyl-*, $C_7H_{15}Br$, F. —52°, Kp. 178,5°, aus Hg(II)-Caprylat (aus Caprylsäure, F. 15°, Kp.$_{12}$ 125—126°) durch Kochen mit Brom in CCl_4; 57% (Ausbeute). — *n-Nonyl-*, $C_9H_{19}Br$, F. —29°, Kp.$_{11}$ 94,5—95°, analog vorst. Verb. aus Caprinsäure (F. 29°, Kp.$_{12}$ 148—153°); 44%. — *n-Undecyl-*, $C_{11}H_{23}Br$, F. —9°, Kp.$_{12}$ 124,7—125°, analog aus Laurinsäure (F. 42,6°, Kp.$_{11}$ 171—172°); 55%. — *n-Tridecyl-*, $C_{13}H_{27}Br$, F. 5,5°, Kp.$_{11}$ 151—153°, aus Myristinsäure (F. 53,5°, Kp.$_{11}$ 188 bis 192°); 54%. — *n-Pentadecyl-*, $C_{15}H_{31}Br$, F. 16,5°, Kp.$_{11}$ 177—179°, aus Palmitinsäure F. 60—61°, Kp.$_{11}$ 210—213°); 49%. — *n-Heptadecyl-*, $C_{17}H_{35}Br$, F. 28°, Kp.$_{11}$ 198—202°, aus Stearinsäure (F. 69°, Kp.$_{11}$ 228—230°); 50%. — *Methyl-*, CH_3Br, Kp. 4°, aus Methanol. — *Äthyl-*, C_2H_5Br, Kp. 38°, aus Äthanol. — *n-Propyl-*, C_3H_7Br, F. —97°, Kp. 71°, aus n-Propanol. — *n-Butyl-*, C_4H_9Br, F. —101°, Kp. 99,8°, aus n-Butanol. — *n-Amyl-*, $C_5H_{11}Br$, F. —78°, Kp. 128,7°, aus n-Amylalkohol (Kp. 137—138°). — *n-Hexyl-*, $C_6H_{13}Br$, F. —77°, Kp. 152°, aus n-Hexanol (Kp. 154—157°). — *n-Octyl-*, $C_8H_{17}Br$, F. —53°, Kp. 200—201°, aus n-Octanol (Kp. 193—197°). — *n-Decyl-*, $C_{10}H_{21}Br$, F. —30°, Kp.$_{11}$ 110—111°, aus n-Decanol (Kp. 228—232°). — *Lauryl-*, $C_{12}H_{25}Br$, F. —9,5°, Kp.$_{12}$ 138—139°, aus Laurylalkohol (Kp.$_{11,5}$ 134—135°). — *Myristyl-*, $C_{14}H_{29}Br$, F. 4,5°, Kp.$_{11}$ 165—167°, aus Myristylalkohol (Kp.$_{11}$ 159—164°). — *Cetyl-*, F. 15°, Kp.$_{12}$ 189—193°, aus Cetylalkohol (Kp.$_{11}$ 180—185°). — *Stearyl-*, $C_{18}H_{37}Br$, F. 26°, Kp.$_{11}$ 207—210°, aus Stearylalkohol (Kp.$_{11}$ 203—207°). (J. chem. Soc. Japan, pure Chem. Sect. [Nippon Kagaku Zassi] **76**. 281—84. März 1955. Sapporo, Hokkaido Univ. [Orig.: japan.])

L. SCHULER. 510

M. F. Schosstakowski und **Je. W. Dubrowa,** *Synthese und Umwandlungen von Divinyläther.* Durch Behandeln von β.β'-Dichlordiäthyläther (**I**) mit KOH in Triäthanolamin bei 160° wird *Divinyläther* (**II**) in 65% ig. Ausbeute erhalten. Beim Erhitzen mit 2% ig. H_2SO_4 auf 80° wird **II** fast quantitativ zu *Acetaldehyd* hydrolysiert. Mit HCl reagiert **II** stufenweise zu *Vinyl-α-chloräthyläther* u. *α.α'-Dichlordiäthyläther*. Verss., bei der Rk. von Cl_2 mit **II** Vinyl-α.β-dichloräthyläther zu erhalten, mißlangen. Es wurde nur *α.α'.β.β'-Tetrachlordiäthyläther* isoliert. Bei der Einw. von Br_2 auf **II** in CCl_4 entsteht *α.α'.β.β'-Tetrabromdiäthyläther.*

Versuche: *Divinyläther* (**II**), Kp.$_{752}$ 28,3—28,5°; man erhitzt 15 g Triäthanolamin u. 100 g KOH auf 160°, gibt langsam 40 g **I** hinzu u. erhitzt 7 Std.; $D.^{20}_4$ 0,7734; n_D^{20} 1,3982; 15 g (Ausbeute). — *Vinyl-α-chloräthyläther*, C_4H_7ClO, Kp.$_{31}$ 25°, durch 1std. Einleiten von HCl in 10 g **II** bei $<10°$; an der Luft rauchende Fl.; $D.^{20}_4$ 1,0232; n_D^{20} 1,4230; 10 g. — *α.α'-Dichlordiäthyläther*, $C_4H_8Cl_2O$, Kp.$_{10}$ 42°; durch Sättigen von 15 g **II** mit HCl (4 Std.); $D.^{20}_4$ 1,1285; n_D^{20} 1,4250; 21 g. — *α.α'.β.β'-Tetrachlordiäthyläther*, $C_4H_6Cl_4O$, Kp.$_7$ 94—96°; durch 4std. Einleiten von Cl_2 in 10 g **II** bei $<10°$ bis zum

Ausbleiben einer Selbsterwärmung; $D.^{20}_4$ 1,4805; n_D^{20} 1,4945; 15 g. — *α.α'.β.β'-Tetrabromdiäthyläther*, $C_4H_6Br_4O$, F. 64°, durch 2std. Zutropfen von Br_2 zu 13 g **II** in 100 ml CCl_4 bei —5° u. Abdestillieren von CCl_4 im Vakuum; Nadeln; 56 g. (Известия Академии Наук СССР, Отделение Химических Наук [Nachr. Akad. Wiss. UdSSR, Abt. chem. Wiss.] **1958**. 339—43. März. Zelinsky-Inst. für organ. Chem. der Akad. der Wiss. der UdSSR.) W. KURTZMANN. 560

Heinz Günter Viehe, *Heterosubstituierte Acetylene.* 1. Mitt. *Darstellung und Reaktionen der Chloracetylenide in flüssigem Ammoniak.* Bei der Einw. von Organolithiumverbb. auf Dichloracetylen entsteht das in Lsg. u. Suspension stabile *Chloracetylenlithium* (**I**), das auch durch Umsetzung von 1.2-Dichloräthylen (**II**) mit $LiNH_2$ in fl. NH_3 gebildet wird. **I** u. die entsprechend hergestellten *Na-* (**IV**) u. *Ca-Verbb.* sind in reiner Form explosiv u. reagieren mit Carbonylverbb. in fl. NH_3 leichter zu *Chloräthinylcarbinolen* als Na-Acetylenid. Mit Alkylhalogeniden erfolgt Kondensation zu *Chloräthinylalkanen*, die W. zu *Chlormethylalkylketonen* u. Alkohole zu *Carbonsäureestern* addieren, womit eine neue Kettenverlängerungsmeth. gegeben ist. Mit Triphenylzinnchlorid (**III**) reagiert **IV** in fl. NH_3 zu *Triphenylzinnacetylenchlorid.* — Das IR-Spektr. von **IV** zeigt eine gegenüber dem freien Chloracetylen um 0,3 μ nach 5,03 μ verschobene C≡C-Streckschwingung.

V e r s u c h e: *Natriumchloracetylenid* (**IV**), durch Zugabe von cis- oder trans-**II** in Ae. zu $NaNH_2$ in fl. NH_3 bei —35 bis —70° u. $^1/_4$—1 std. Rk. unter NH_3-Rückfluß. — *1-Chloräthinylcyclohexanol-(1)*, F. 51—52° (PAe.), $Kp._{18}$ 101—105°, durch Rk. von Cyclohexanon in Ae. a) mit **IV** in fl. NH_3 u. Zugabe von HCl; 86% (Ausbeute); b) mit **I**; 72%; c) mit Calciumchloracetylenid; 50%. *Urethan*, $C_9H_{12}ClNO_2$, F. 136° (Ae./PAe.). — *1-Chlor-3-methylbutin-(1)-ol-(3)*, $Kp._{100}$ 80—83°, durch Rk. von Aceton in Ae. mit **IV** in fl. NH_3; n_D^{21} 1,4567; 80%. *p-Nitrobenzoat*, $C_{12}H_{10}ClNO_4$, F. 63°. — *1-Chlorheptin-(1)-ol-(3)*, $Kp._{37}$ 102—113°, aus Pentanal u. **IV**; n_D^{21} 1,4623; 62%. *p-Nitrobenzoat*, $C_{14}H_{14}$·$ClNO_4$, F. 39,5—40°. — *1-Chlorpentin-(1)-ol-(3)*, $Kp._{96}$ 104—110°, aus Propionaldehyd u. **I**. *p-Nitrobenzoat*, $C_{12}H_{10}ClNO_4$, F. 61,5—62°; n_D^{21} 1,4635. — *1-Chloroctin-(1)-ol-(3)*, $Kp._{20}$ 110°, aus n-Hexanal u. **IV**; n_D^{21} 1,4640; 50%. *3.5-Dinitrobenzoat*, $C_{15}H_{15}ClN_2O_6$, F. 66,5°. — *1-Chlorhexin-(1)-en-(4)-ol-(3)*, $Kp._{12}$ 84—93°, aus Crotonaldehyd u. **IV**; 45%. *p-Nitrobenzoat*, $C_{13}H_{10}ClNO_4$, F. 66,5—67,5°; n_D^{22} 1,4880. — *1-Chlorbutin-(1)-ol-(4)*, $Kp._{23}$ 80—85°, aus Äthylenoxyd u. **IV**. *p-Nitrobenzoat*, $C_{11}H_8ClNO_4$, F. 105—106°. — *1.10-Dichlordecadiin-(1.9)*, $C_{10}H_{12}Cl_2$, $Kp._{15}$ 131—136°, durch 20std. Rk. von 1.6-Dibromhexan in Ae. mit **IV** in fl. NH_3 u. Zugabe von NH_4Cl; n_D^{22} 1,4873; 81%. — *1.8-Dichloroctadiin-(1.7)*, $C_8H_8Cl_2$, $Kp._{16}$ 98—100°, a) aus 1.4-Dibrombutan u. **IV**; n_D^{22} 1,4908; 82,5%; b) wie a) aus 1-Chlor-4-brombutan; 49%. — *Triphenylzinnacetylenchlorid*, $C_{20}H_{15}ClSn$, F. 80—81°, durch 1½std. Rk. von **III** in Ae.–Tetrahydrofuran mit **IV** in fl. NH_3; 84%. — Die IR-Spektren der Acetylenverbb. sind angegeben. (Chem. Ber. **92**. 1270—76. 1/6. 1959. Brussels, Europ. Res. Associates, Organ.-Chem. Labor.) H. PAGEL. 560

Jean-Marie Conia, *Alkylierung von Ketonen über das Zwischenprodukt des Natrium-tert.-amylats.* 5. Mitt. *Ungesättigte Ketone.* 3. Mitt. *Alkylierung in der aliphatischen Reihe.* (4. bzw. 2. vgl. Bull. Soc. chim. France, Mém. [5] **1954**. 943.) Wegen der hohen Empfindlichkeit der erhaltenen Ketone in Form ihrer Na-Derivv. (Bldg. harziger Rückstände) ist die Anwendung der Meth. auf aliphat. Ketone weniger interessant. Ausführliche theoret. Besprechung der Alkylierungen von Mesityloxyd (**II**; Methylierung, Benzylierung u. Dibenzylierung), von Methylisobutylketon (**III**), 4-Methylhepten-(4)-on-(3) (**IV**) u. Allylaceton (**V**) über das Zwischenprod. des Na-tert.-Amylats (**I**). Danach scheint es, daß sich **II** bei der Alkylierung nach der Meth. mit **I** sehr verschieden von anderen ungesätt. Ketonen verhält, da es 2 α-alkylierte Derivv. gibt, ein α.β-ungesätt. u. ein β.γ-ungesättigtes. Es scheint folgender Reaktionsmechanismus vorzuliegen: Das tert.-Amylatanion entreißt beiden isomeren Formen des **II** ein Proton unter Bldg. eines mesomeren Anions. Dieses wirkt als nucleophiles Reagens auf das Alkylierungsmittel, das das Gemisch der beiden in α- oder γ-Stellung substituierten Isomeren geben kann. Da aber die negative Ladung hauptsächlich auf die α-Stellung konz. ist, findet der Angriff auf das α-C-Atom statt. Das Alkoholat ruft dann reversible Isomerisierung durch Prototropie hervor. — Bei **III** werden die H-Atome des akt. CH_2^- zuerst substituiert. — **IV** ist empfindlicher als **II**; mit $(CH_3)_2SO_4$ (**Ia**) selbst ist es nicht alkylierbar. — Bei der Diallylierung von **V** mit Allylbromid über das **I**-Zwischenprod. entsteht neben wenig Monoalkylketon ein Dialkylketon, das die Struktur des α.α.α-Triallylacetons zu haben scheint.

V e r s u c h e (unter techn. Mitarbeit von **J. Bouffetier, H. Hespel** u. **A. Bedouret;** Kpp. u. FF. korr.): *Gemisch* (**VI**) aus *3.4-Dimethylpenten-(3)-on-(2)* u. *3.4-Di-*

methylpenten-(4)-on-(2), $C_7H_{12}O$, Kp. 146—148°, D.[16] 0,868, n_D^{16} 1,4474, durch 1std. Monomethylierung; 49 g rektifiziertes **II** (Kp. 128—130°, n_D^{23} 1,4416) u. 126 g **Ia** in Ae. werden bei 0° unter Rühren tropfenweise mit 500 cm³ 2n I-Lsg. in Bzl. versetzt u. 1 Std. bei n. Temp. gerührt; 23 g (Ausbeute). *Semicarbazon*, F. 194—196°. Daneben 10 g *Prod.* vom Kp. 126—146°, 9 g *Prod.* vom Kp. 148—153° u. 16 g Rückstand. — *Trimethylacrylsäure*, F. 68°, durch Behandlung von **VI** mit Na-Hypochlorit. — *3.4-Dimethylpentanon-(2)*, Kp. 136—138°, durch Hydrierung von 10 g **VI** in Ae. in Ggw. von VAVON-Pt; D.[18] 0,823, n_D^{18} 1,4122; 9 g. *Semicarbazon*, F. 112—113°. Durch Behandlung von **VI** in Ae. mit **I** u. **Ia** wird kein definiertes Dimethylderiv. erhalten. — *3.3.4-Trimethylpentanon-(2)*, $C_8H_{16}O$, Kp. 151—153°, aus **III**, CH_3Br u. **I**; n_D^{20} 1,4236; 60%. *Semicarbazon*, F. 150°. — *3-Benzyl-4-methylpenten-(4)-on-(2)*, $C_{13}H_{16}O$, Kp.$_{14}$ 125—126°, durch 2std. Erhitzen von 158 g **II** u. Benzylbromid in Ae. mit 230 cm³ 2,3n benzol. I-Lsg. im Wasserbad unter Rühren (60 g Rohprod., Angaben über phys. u. chem. Eigg.) u. Trennung durch Fraktionierung in einer besonderen Kolonne; D.[16] 0,966, n_D^{16} 1,5150. *2.4-Dinitrophenylhydrazon*, $C_{19}H_{20}N_4O_4$, F. 116,5°, orangefarbene Kristalle. — *3-Benzyl-4-methylpenten-(3)-on-(2)*, $C_{13}H_{16}O$, Kp.$_{17}$ 135—137°, D.[18] 0,996, n_D^{16} 1,5280, aus vorst. erwähnten Rohprod., jedoch durch Isomerisierung $\alpha.\beta \rightarrow \beta.\gamma$ (durch lange Fraktionierung) verunreinigt. *2.4-Dinitrophenylhydrazon*, $C_{19}H_{20}N_4O_4$, F. 103°, durch Chromatographie an Al_2O_3 von dem oben beschriebenen (F. 116,5°) getrennt. — *Dibenzyliertes* **II**, Kp.$_{15}$ 214 bis 216°, als Nebenprod. bei der obigen Monobenzylierung, bes. bei Unterschuß von **II**; gelbliche Fl.; D.[19] 1,045, n_D^{19} 1,5662. — *4-Methyl-3.3-dibenzylpentanon-(2)*, durch Hydrierung der vorst. Verb. in Essigsäure in Ggw. von VAVON-Pt. *2.4-Dinitrophenylhydrazon*, F. 162° (nach Chromatographie). — *4-Methyl-4-benzylpentanon-(2)*, $C_{13}H_{18}O$, Fl., Kp.$_{14}$ 125—130°, durch 2std. Erhitzen von 10 g **III** mit Benzylbromid in Ae. u. 90 cm³ 2,3n benzol I-Lsg. auf dem Wasserbad; n_D^{18} 1,499; 1—2 g. *2.4-Dinitrophenylhydrazon*, $C_{19}H_{22}N_4O_4$, F. 90—91°, orangefarbene Kristalle. — *4-Methyl-3.3-dibenzylpentanon-(2)*, $C_{20}H_{24}O$, Kp.$_{14}$ 200—202° (unkorr.), bei vorst. Rk., gelbliche viscose Fl.; D.[18] 0,996, n_D^{18} 1,5370; 15 g. *2.4-Dinitrophenylhydrazon*, $C_{26}H_{28}N_4O_4$, F. 162°, orangefarbene Kristalle. — *4-Methylhepten-(4)-on-(3)* (**IV**), $C_8H_{14}O$, Kp.$_{10}$ 66°, aus Propanal u. Diäthylketon u. Dehydratisierung des β-Ketols; n_D^{21} 1,4489. *2.4-Dinitrophenylhydrazon*, F. 139°. Monoallylierung, Dibenzylierung u. Methylierung führen zu keinen definierten Produkten. — *Allylaceton* (**V**), Kp. 129°, aus Allylchlorid u. Acetessigsäureäthylester-Na, dann Decarboxylierung mit Baryt; n_D^{20} 1,4110. — *α.α-Diallylaceton [3-Allylhexen-(5)-on-(2)]*, $C_9H_{14}O$, Kp.$_{13}$ 69—71°, aus **V** u. Allylbromid wie bei **IV**. *Semicarbazon*, F. 95—96°, nach Dehydratisierung F. 108°. — *Diallylmethylstyrylketon*, $C_{16}H_{18}O$, Kp.$_{15}$ 185° (unkorr.), durch 2tägige Rk. von **V** u. Benzaldehyd in wss.-alkoh. Lsg. in Ggw. von KOH; wenig viscose Flüssigkeit. — *α.α.α-Triallylaceton [3.3-Diallylhexen-(5)-on-(2)]* (**VII**), $C_{12}H_{18}O$, Kp.$_{13}$ 100—102°, D.[18] 0,894, n_D^{18} 1,4733. *Semicarbazon*, $C_{13}H_{21}N_3O$, F. 152°. — *Triallylmethylstyrylketon*, $C_{19}H_{22}O$, Kp.$_{10}$ 190—195°, viscose Flüssigkeit. — *α.α.α-Tripropylaceton [3.3-Dipropylhexanon-(2)]*, $C_{12}H_{24}O$, Kp.$_{12}$ 103 bis 104°, durch Hydrierung von **VII** in Ae. in Ggw. von VAVON-Pt; D.[15] 0,850, n_D^{15} 1,4397. *Semicarbazon*, $C_{13}H_{27}N_3O$, F. 185° (A.-Diisopropyläther). — *Äthylstyrylketon*, F. 38°, durch alkal. Kondensation von Methyläthylketon u. Benzaldehyd. — *Isopropylstyrylketon*, Kp.$_9$ 138°, aus Methylisopropylketon. — *tert.-Butylstyrylketon*, F. 41°, aus Pinakolin. — *3-Benzylidenbutanon-(2)*, F. 38°, durch HCl-Kondensation von Methyläthylketon. — *2-Benzylidenpentanon-(3)*, F. 31°, durch HCl-Kondensation von Diäthylketon. — UV- u. (teilweise) IR-Spektren sind angegeben. (Bull. Soc. chim. France [5] **1956**. 1392—98. Okt. Paris, École Norm. Supér., Labor. de Chim.)

E. ROTTER. 710

W. N. Michailowa und **W. W. Pigulewski**, *Anlagerung von Halogenwasserstoff an Ester α.β-ungesättigter Säuren.* Aus n-Butylacrylat (I) u. n-Butylmethacrylat (II) u. gasförmigem Halogenwasserstoff werden *β-Halogenisobuttersäure-n-butylester* dargestellt u. die Zeitabhängigkeit der Rk. untersucht. Es sind Fll. mit ziemlich starkem Geruch, die im Dunkeln ohne Verfärbung haltbar sind. Beim Destillieren unter Atmosphärendruck zers. sie sich teilweise zu **I** u. **II**.

Versuche: *β-Chlorpropionsäure-n-butylester*, Kp.$_6$ 92°, durch **I** leitet man bei 0° trockenen HCl, bis 1 Äquivalent aufgenommen worden ist, hält das Reaktionsgemisch 10—15 Std. bei Zimmertemp. im geschlossenen Rohr u. dest.; D^{20}_4 1,037; n_D^{20} 1,4309; 88—90% (Ausbeute). — Weitere n-Butylester: *β-Brompropionsäure*, Kp.$_{13}$ 93 bis 94°, analog aus **I** u. HBr; D^{20}_4 1,3051; n_D^{20} 1,4549; 75—78%. — *β-Jodpropionsäure*, Kp.$_9$ 104—105°; D^{20}_4 1,5232; n_D^{20} 1,4910; 58—62%. — *β-Chlorisobuttersäure*, Kp.$_{10}$ 89—92°; analog aus **II** u. HCl; D^{20}_4 1,0153; n_D^{20} 1,4310; 78—80%. — *β-Bromisobuttersäure*, Kp.$_{13}$ 95°; D^{20}_4 1,2508; n_D^{20} 1,4530; 68—72%. — *β-Jodisobuttersäure*,

$Kp._{4}$ 111—112°; $D.^{20}_{4}$ 1,4566; n_D^{20} 1,4850; 55—58%. (Журнал Общей Химии [J. allg. Chem.] **28** (90). 2265—67. Aug. 1958. Leningrad, Inst. für Kinoingenieurwesen.)
H. Kühne. 810

R. Lukeš, V. Heřmánková und **S. Heřmánek**, *Über die Alkylierung von Methylen-bis-malonsäureäthylester.* Inhaltlich ident. mit der C. **1959**. 3097 referierten Arbeit. (Collect. czechoslov. chem. Commun. **24**. 1695—1701. Mai 1959. [Orig.: deutsch.])
W. Barz. 840

P. S. Wadia, T. C. Asthana, Nitya Anand und **M. L. Dhar**, *Untersuchungen über potentielle Filaricide.* 1. Mitt. *Synthese von N.N'-disubstituierten Polymethylendiaminen als Hetrazananaloga.* Durch Kondensation von β-Diäthylaminoäthyl- (**IV**), β-Piperidinoäthyl- (**II**) bzw. β-Morpholinoäthylchloridhydrochlorid (**III**) mit prim. Aminen entstehen die entsprechenden *N.N-Diäthyl-N'-alkyläthylendiamine* (**A**), *N-[β-Piperidinoäthyl]-* (**B**) bzw. *N-[β-Morpholinoäthyl]-alkylamine* (**C**). In einigen Fällen konnten daneben *N.N-Bis-[β-diäthylaminoäthyl]-* bzw. *N.N-Bis-[β-piperidinoäthyl]-alkylamine* isoliert werden. Aus den **A, B** u. **C** konnten mit Chlorameisensäureäthylester (**VII**) bzw. Diäthylcarbamylchlorid (**V**) *N.N-Diäthyl-N'-alkyl-N'-carbäthoxy-* bzw. *-N'-diäthylcarbamyläthylendiamine, N-[β-Piperidino-* oder *β-Morpholinoäthyl]-N-carbäthoxy-* bzw. *-N-[diäthylcarbamyl]-alkylamine* synthetisiert werden. Die Umsetzung der **A** u. **B** mit Phenylisocyanat (**VIII**) oder Phenylisothiocyanat liefert *N.N-Diäthyl-N'-alkyl-N'-phenylcarbamyläthylendiamine* bzw. *-N'-phenylthiocarbamyläthylendiamine* sowie *N-[β-Piperidinoäthyl]-N-[phenylcarbamyl]-alkylamine.* Ferner werden verschied. *N'-Derivv.* des *N.N-Diäthyltetra-* u. *-pentamethylendiamins* beschrieben.

Versuche: *β-Piperidinoäthanol,* Kp. 199°, durch 8std. Kochen von Piperidin mit Äthylenchlorhydrin (I) in absol. Bzl.; n_D^{32} 1,4682; 83% (Ausbeute). — *β-Piperidinoäthylchloridhydrochlorid* (II), $C_7H_{14}ClN\cdot HCl$, F. 225° (Aceton), durch Zutropfen von $SOCl_2$ zu vorst. Verb. in absol. Bzl. in 2 Std. u. 3std. Erwärmen auf 60—70°; 87%. — *β-Morpholinoäthanol,* Kp. 218—222°, aus Morpholin u. I in absol. Bzl.; n_D^{32} 1,4593; 98%. — *β-Morpholinoäthylchloridhydrochlorid* (III), $C_6H_{12}ClNO\cdot HCl$, F. 181°, aus vorst. Verb. u. $SOCl_2$; 91%. — N.N-Diäthyl-N'-alkyläthylendiamine: *-N'-methyl-*, $C_7H_{18}N_2$, Kp. 149—150°, durch Rühren von 1 Mol IV in A. mit 4,5 Mol Methylamin in Ggw. von 1,5 Mol K_2CO_3, 6std. Kochen, Verdünnen mit W., Sättigen mit NaCl u. Extrahieren mit Ae.; n_D^{30} 1,4248; 45%; daneben bei weniger Methylamin *N.N-Bis-[β-diäthylaminoäthyl]-methylamin,* $C_{13}H_{31}N_3$, $Kp._{750}$ 245°, $Kp._{30}$ 158—159°; n_D^{32} 1,4410. — *-N'-äthyl-*, $Kp._{754}$ 165°, $Kp._{8}$ 58°, aus 1 Mol IV u. 3 Mol Äthylamin; n_D^{26} 1,4250; 75%. — *-N'-n-propyl-* (VI), Kp. 192—195°, aus 1 Mol IV u. 2,5 Mol n-Propylamin; n_D^{36} 1,4240; 79%. — *-N'-isopropyl-*, Kp. 168—172°, aus 1 Mol IV u. 2,5 Mol Isopropylamin; n_D^{36} 1,4192; 88%. — *-N'-n-butyl-*, Kp. 212—216°, aus 1 Mol IV u. 2,3 Mol n-Butylamin; n_D^{26} 1,4298; 78%. — *-N'-n-hexyl-*, $Kp._{16}$ 119—123°, aus 1 Mol IV u. 2 Mol n-Hexylamin; n_D^{29} 1,4333; 71%; daneben bei weniger n-Hexylamin *N.N-Bis-[β-diäthylaminoäthyl]-hexylamin,* $C_{18}H_{41}N_3$, $Kp._{1,5}$ 140—141°; n_D^{32} 1,4442. — N-[β-Piperidinoäthyl]-alkylamine: *-methyl-*, $Kp._{760}$ 175—178°, aus II u. Methylamin; n_D^{32} 1,4585; 94%; daneben *N.N-Bis-[β-piperidinoäthyl]-methylamin,* $Kp._{5}$ 165°; n_D^{32} 1,4809; 68%. — *-äthyl-*, $Kp._{50}$ 115°, aus II u. Äthylamin; n_D^{32} 1,4530; 60%; daneben *N.N-Bis-[β-piperidinoäthyl]-äthylamin,* $Kp._{3}$ 163—165°; n_D^{32} 1,4796; 13%. — *-n-propyl-*, $Kp._{760}$ 222°, aus II u. n-Propylamin; n_D^{30} 1,4542; 73%. — *-isopropyl-*, $Kp._{41}$ 118—120°, aus II u. Isopropylamin; n_D^{31} 1,4479; 66%; daneben *N.N-Bis-[β-piperidinoäthyl]-isopropylamin,* $Kp._{3}$ 145—150°; n_D^{34} 1,4734; 3%. — *-n-butyl-*, $C_{11}H_{24}N_2$, $Kp._{40}$ 140°, aus II u. n-Butylamin; n_D^{33} 1,4568; 65%; daneben *N.N-Bis-[β-piperidinoäthyl]-n-butylamin,* $C_{18}H_{37}N_3$, $Kp._{1}$ 160—163°; n_D^{32} 1,4750; 27%. — *-n-hexyl-*, $Kp._{10}$ 138—140°, aus II u. n-Hexylamin; n_D^{33} 1,4546; 61%; daneben *N.N-Bis-[β-piperidinoäthyl]-n-hexylamin* $Kp._{3}$ 196—200°; n_D^{33} 1,4688; 14%. — N-[β Morpholinoäthyl]-alkylamine *-methyl-*, $C_7H_{16}N_2O$, $Kp._{755}$ 206°; aus III u. Methylamin; n_D^{33} 1,4532; 53%. — *-äthyl-*, $Kp._{40}$ 125—126°; n_D^{33} 1,4532; 53%. — *-n-propyl-*, $Kp._{754}$ 226—228°; n_D^{33} 1,4555; 67%. — *-isopropyl-*, $Kp._{20}$ 107°; n_D^{34} 1,4517; 52%. — *-n-butyl-*, $Kp._{20}$ 126—130°; n_D^{32} 1,4568; 57%. — *-n-hexyl-*, $Kp._{12}$ 150—152°; n_D^{32} 1,4533; 64%. — N.N-Diäthyl-N'-alkyl-N'-[carbäthoxy]-äthylendiamine: *-N'-n-propyl-*, $C_{12}H_{26}N_2O_2$, $Kp._{10}$ 123°, durch Rk. von N.N-Diäthyl-N'-propyläthylendiamin (VI) in absol. A. mit VII in Ggw. von Na_2CO_3; 3std. Kochen, Einengen u. Extrahieren mit Ae.; n_D^{36} 1,4317; 73%. — *-N'-methyl-*, $Kp._{10}$ 108°; n_D^{31} 1,4332; 71%. — *-N'-äthyl-*, $Kp._{10}$ 117°; n_D^{32} 1,4330; 70%. — *-N'-isopropyl-*, $Kp._{10}$ 118°; n_D^{31} 1,4355; 69%. — *-N'-n-butyl-*, $Kp._{10}$ 133°; n_D^{37} 1,4349; 76%. — *-N'-n-hexyl-*, $Kp._{10}$ 158°; n_D^{31} 1,4380; 74%. — N-[β-Piperidinoäthyl]-N-[carbäthoxy]-alkylamine: *-methyl-*, $Kp._{4}$ 123°; n_D^{34} 1,4572; 80%. — *-äthyl-*, $Kp._{5}$ 145°; n_D^{36} 1,4543; 66%. — *-n-propyl-*, $C_{13}H_{26}N_2O_2$, $Kp._{3}$ 130°; n_D^{30} 1,4568; 70%. — *-isopropyl-*, $Kp._{4}$ 137°; n_D^{36} 1,4553; 70%. — *-n-butyl-*,

Kp.$_6$ 144—146°; n_D^{34} 1,4560; 81%. — N-[β-Morpholinoäthyl]-N-[carbäthoxy]-alkylamine: *-methyl-*, Kp.$_4$ 136—138°; n_D^{34} 1,4545; 72%. — *-äthyl-*, Kp.$_3$ 123—124°; n_D^{35} 1,4525; 70%. — *-n-propyl-*, $C_{12}H_{24}N_2O_3$, Kp.$_3$ 150°; n_D^{30} 1,4573; 67%. — *-isopropyl-*, Kp.$_3$ 152—153°; n_D^{36} 1,4535; 70%. — *-n-butyl-*, Kp.$_3$ 152—153°; n_D^{34} 1,4585; 71%. — N.N-Diäthyl-N'-alkyl-N'-[diäthylcarbamyl]-äthylendiamine: *-N'-n-propyl-*, $C_{14}H_{31}N_3O$, Kp.$_5$ 138°, a) durch Rk. von VI in NaOH mit V bei 40°, 4std. Rühren bei 60°, Sättigen mit NaCl u. Extrahieren mit Ae.; n_D^{30} 1,4472; 69%; b) durch Rk. von VI mit V in absol. Chlf., 5std. Rühren, 1std. Kochen, Sättigen mit HCl, Zugabe von Ae., Extrahieren mit $NaHCO_3$ u. Einengen der Chlf.-Ae.-Lsg.; 76%. — *-N'-methyl-*, Kp.$_4$ 125°; n_D^{29} 1,4519; 74%. — *-N'-äthyl-*, Kp.$_4$ 128°; n_D^{29} 1,4497; 70%. — *-N'-isopropyl-*, Kp.$_5$ 132°; n_D^{30} 1,4483; 38%. — *-N'-n-butyl-*, Kp.$_3$ 137°; n_D^{28} 1,4470; 61%. — *-N'-n-hexyl-*, Kp.$_4$ 163°; n_D^{30} 1,4512; 60%. — N-[β-Piperidinoäthyl]-N-[diäthylcarbamyl]-alkylamine: *-methyl-*, Kp.$_4$ 154°; n_D^{33} 1,4719; 73%. — *-äthyl-*, Kp.$_3$ 156 bis 158°; n_D^{33} 1,4681; 61%. — *-n-propyl-*, $C_{15}H_{31}N_3O$, Kp.$_5$ 167°; n_D^{33} 1,4761; 60%. — *-n-butyl-*, Kp.$_{1\cdot10^{-3}}$ 131°; n_D^{33} 1,4686; 70%. — N-[β-Morpholinoäthyl]-N-[diäthylcarbamyl]-alkylamine: *-methyl-*, Kp.$_3$ 150—152°; n_D^{33} 1,4718; 78%. — *-äthyl-*, Kp.$_5$ 167—169°; n_D^{35} 1,4683; 61%. — *-n-propyl-*, $C_{14}H_{29}N_3O_2$, Kp.$_4$ 166°; n_D^{33} 1,4688; 61%. — *-isopropyl-*, Kp.$_4$ 163—165°; n_D^{36} 1,4640; 31%. — *-n-butyl-*, Kp.$_3$ 175°; n_D^{33} 1,4648; 73%. — N.N-Diäthyl-N'-alkyl-N'-[phenylcarbamyl]-äthylendiamine: *-N'-methyl-*, $C_{14}H_{23}N_3O$, Kp.$_6$ 157—161°, durch 3std. Kochen von N.N-Diäthyl-N'-methyläthylendiamin mit VIII in Bzl.; n_D^{32} 1,5333; 73%. — *-N'-äthyl-*, Kp.$_3$ 148—152°; n_D^{30} 1,5311; 95%. — *-N'-n-propyl-*, Kp.$_{10}$ 168—171°; n_D^{32} 1,5341; 70%. — *-N'-isopropyl-*, Kp.$_4$ 147°, F. 55°; 85%. — *-N'-n-butyl-*, Kp.$_4$ 166°; n_D^{35} 1,5193; 76%. — *-N'-n-hexyl-*, Kp.$_5$ 175—185°; n_D^{32} 1,5134; 80%. — *N-[β-Piperidinoäthyl]-N-[phenylcarbamyl]-n-butylamin*, $C_{18}H_{29}N_3O$, F. 78° (PAe.), aus N-[β-Piperidinoäthyl]-butylamin u. VIII; 80%. — *N.N-Diäthyl-N'-äthyl-N'-acetyläthylendiamin*, Kp.$_{748}$ 254°; 80%. — *N.N-Diäthyl-N'-butyl-N'-acetyläthylendiamin*, Kp.$_{750}$ 240°, Kp.$_9$ 134°; 70%. — N.N-Diäthyl-N'-alkyl-N'-[phenylthiocarbamyl]-äthylendiamine: *-N'-n-propyl-*, $C_{16}H_{27}N_3S$, F. 60,5°, durch 5std. Kochen von VI mit Phenylisothiocyanat in Bzl.; 61%. — *-N'-isopropyl-*, F. 78°; 78%. — *-N'-n-butyl-*, F. 63,5°; 66%. — *γ-Chlorbutyronitril* (IX), C_4H_6ClN, Kp.$_{26}$ 94—96°, durch 5std. Kochen von 1-Chlor-3-brompropan mit NaCN in Methanol, Einengen, Lösen in W. u. Extrahieren mit Chlf.; 53%; daneben *1.3-Dicyanpropan*, $C_5H_6N_2$, Kp.$_3$ 125°; 20%. — *δ-Chlorvaleronitril* (X), C_5H_8ClN, Kp.$_{26}$ 115—120°, aus 1-Chlor-4-brombutan u. NaCN; n_D^{30} 1,4390; 58%; daneben *1.4-Dicyanbutan*, $C_6H_8N_2$, Kp.$_{26}$ 175°, n_D^{30} 1,4298; 16%. — *γ-Diäthylaminobutyronitril* (XI), $C_8H_{16}N_2$, Kp.$_{26}$ 101—105°, durch 12—15std. Kochen von IX mit Diäthylamin u. NaJ in Aceton, Alkalisieren u. Extrahieren mit Ae.; 66%. — *δ-Diäthylaminovaleronitril* (XII), $C_9H_{18}N_2$, Kp.$_{26}$ 123°, aus X u. Diäthylamin; n_D^{31} 1,4319; 70%. — *1-Diäthylamino-4-aminobutan* (XIII), $C_8H_{20}N_2$, Kp.$_{100}$ 124—126°, durch Red. von XI in NH_3-gesätt. Methanol mit RANEY-Ni unter Druck, Einengen, Alkalisieren u. Extrahieren mit Ae.; n_D^{33} 1,4369; 75%. — *1-Diäthylamino-5-aminopentan*, $C_9H_{22}N_2$, Kp.$_{26}$ 107°, analog XIII aus XII; n_D^{29} 1,4395; 80%. — *1-[Diäthylamino]-4-[formylamino]-butan*, Kp.$_5$ 171°, durch Rk. von XIII mit HCHO, 4std. Stehen u. 1½std. Erwärmen; n_D^{34} 1,4517; 78%. — *1-[Diäthylamino]-5-[formylamino]-pentan*, Kp.$_5$ 167°; n_D^{30} 1,4572; 85%. — *1-[Diäthylamino]-4-[methylamino]-butan*, Kp.$_{42}$ 97°, durch Red. vorvorst. Verb. mit $LiAlH_4$ in absol. Ae.; n_D^{35} 1,4355; 71%. — *1-[Diäthylamino]-5-[methylamino]-pentan*, Kp.$_{20}$ 107°; n_D^{31} 1,4362; 60%. — *1-[Diäthylamino]-4-[acetylamino]-butan*, Kp.$_5$ 153—156°, aus XIII mit Acetanhydrid in Pyridin bei 0°; n_D^{32} 1,4531; 82%. — *1-[Diäthylamino]-5-[acetylamino]-pentan*, Kp.$_4$ 162°; n_D^{28} 1,4540; 88%. — *1-[Diäthylamino]-4-[äthylamino]-butan*, Kp.$_{40}$ 110°, durch Red. vorvorst. Verb. mit $LiAlH_4$ in Ae.; n_D^{32} 1,4337; 75%. — *1-[Diäthylamino]-5-[äthylamino]-pentan*, Kp.$_{20}$ 117°; n_D^{27} 1,4360; 72%. — *1-[Diäthylamino]-4-n-butylidenaminobutan*, Kp.$_{60}$ 140—144°, Kp.$_8$ 105°, durch mehrstd. Rühren von XIII mit Butyraldehyd unter Kühlung u. mehrstd. Stehen mit K_2CO_3; n_D^{32} 1,4279; 81%. — *1-[Diäthylamino]-5-n-butylidenaminopentan*, Kp.$_5$ 113°; 66%. — *1-[Diäthylamino]-4-[n-butylamino]-butan*, Kp.$_{20}$ 118°, durch katalyt. Hydrierung vorvorst. Verb. in absol. A. in Ggw. von PtO_2 unter Druck; n_D^{32} 1,4368; 72%. — *1-[Diäthylamino]-5-[n-butylamino]-pentan*, Kp.$_{20}$ 141°; n_D^{30} 1,4379; 71%. — 1-[Diäthylamino]-4-[N-alkyl-N-(diäthylcarbamyl)-amino]-butane: *-N-methyl-*, Kp.$_3$ 150°; n_D^{29} 1,4542; 71%. — *-N-äthyl-*, Kp.$_3$ 152°; n_D^{25} 1,4553; 85%. — *-N-n-butyl-*, Kp.$_4$ 158°; n_D^{25} 1,4558; 70%. — 1-[Diäthylamino]-5-[N-alkyl-N-(diäthylcarbamyl)-amino]-pentane: *-N-methyl-*, Kp.$_5$ 166°; n_D^{28} 1,4577; 77%. — *-N-äthyl-*, Kp.$_3$ 157°; n_D^{26} 1,4555; 75%. — *-N-n-butyl-*, Kp.$_3$ 168°; n_D^{26} 1,4557; 72%. — 1-[Diäthylamino]-4-[N-alkyl-

N-(carbäthoxy)-amino]-butane: *-N-methyl-*, Kp.$_5$ 112°; n_D^{31} 1,4383; 72%. — *-N-äthyl-*, Kp.$_4$ 125°; n_D^{25} 1,4420; 77%. — *-N-n-butyl-*, Kp.$_4$ 144°; n_D^{25} 1,4435; 80%. — 1-[Diäthylamino]-5-[N-alkyl-N-(carbäthoxy)-amino]-pentane: *-N-methyl-*, Kp.$_3$ 130°; n_D^{27} 1,4412; 84%. — *-N-äthyl-*, Kp.$_3$ 134°; n_D^{27} 1,4414; 84%. — *-N-n-butyl-*, Kp.$_3$ 158°; n_D^{28} 1,4423; 86%. — *6-Diäthylaminohexanol*, $C_{10}H_{23}NO$, Kp.$_4$ 113—114°, Kp.$_5$ 117—118°, a) durch 6std. Kochen von Diäthylamin mit Hexamethylenbromhydrin, $^1/_4$std. Rühren mit konz. NaOH, Verdünnen mit W. u. Extrahieren mit Bzl.; n_D^{31} 1,4448; 62%; b) analog a), aber in absol. Bzl.; 76%. — *1-Diäthylamino-6-chlorhexan*, $C_{10}H_{22}ClN$, Kp.$_5$ 96—98°, durch Rk. vorst. Verb. mit $SOCl_2$ in absol. Bzl., 1std. Kochen, Einengen, Alkalisieren u. Extrahieren mit Ae.; n_D^{30} 1,4430; 56%. — *1-Diäthylamino-6-propylaminohexan*, $C_{13}H_{30}N_2$, Kp.$_2$ 112—114°, durch 4std. Erhitzen vorst. Verb. mit Propylamin u. KJ in A. auf 100° im geschlossenen Rohr u. Alkalisieren; n_D^{33} 1,4385; 62%. — *1-Diäthylamino-6-[N-propyl-N-(carbäthoxy)-amino]-hexan*, $C_{16}H_{34}N_2O_2$, Kp.$_5$ 160—165°, aus vorst. Verb. u. VII; n_D^{34} 1,4401; 74%. — *1-Diäthylamino-6-[N-propyl-N-(diäthylcarbamyl)-amino]-hexan*, $C_{18}H_{39}N_3O$, Kp.$_2$ 175 bis 178°, aus vorvorst. Verb. u. V; n_D^{34} 1,4517; 65%. (J. sci. ind. Res. [New Delhi], Sect. B **17.** 11—24. Jan. 1958. Lucknow, Central Drug Res. Inst.) E. Schröder. 910

Hans Reimlinger, *Bis-diazoalkane.* 1. Mitt. *Reaktionen der Bis-diazoalkane mit Acetylen.* Durch Nitrosierung von N.N'-Diacetyldiaminen entstehen die entsprechenden *N.N'-Dinitroso-N.N'-diacetylalkylendiamine*; das *Tri-* u. das *Pentamethylenderiv.* sind explosive, nicht in reinem Zustand erhältliche Flüssigkeiten. Am *Hexamethylenderiv.* (I) wird die therm. Zers. zu *Hexandiol-(1.6)-diacetat* u. *Hexen-(1)-ol-(6)-acetat* kinet. u. präparativ untersucht; Hexadien-(1.6) konnte unter den angewendeten Bedingungen nicht gefunden werden. Der Zerfall verläuft nach einer Rk. 1. Ordnung: bei 95° k 10,73 [$\cdot 10^{-4}$ sec^{-1}], bei 85° k 3,872, bei 75° k 1,311, E 26,8 ± 0,3 kcal, log A 12,9; zum Vgl. Zerfall von N-Nitroso-N-n-propylacetamid: k 10,68, 4,007 bzw. 1,430, E 25,6 ± 0,3 kcal, log A 12,2. Bei der alkal. Behandlung entstehen aus den Dinitrosoverbb. *Bis-diazoalkane*, die mit C_2H_2 unter Druck *α.ω-Bis-[pyrazolyl-(3)]-alkane* liefern. Aus CH_2N_2 u. C_2H_2 wird in 95%ig. Ausbeute *Pyrazol* (II) erhalten. *1.2-Bis-[pyrazolyl-(3)]-äthan* wird zum Vgl. durch Addition von Acetylendicarbonsäuredimethylester (III) an II, anschließende Verseifung u. Decarboxylierung dargestellt.

Versuche: *N.N'-Dibenzoylpentamethylendiamin*, F. 133,5—135° (Bzl.), aus Pentamethylendiamin durch Benzoylierung. — *N.N'-Diacetylmethylendiamin*, F. 200° (CH_3OH), aus Formaldehyd u. Acetamid; 65% (Ausbeute). — N.N'-Dinitroso-N.N'-diacetylalkylendiamine, aus den entsprechenden N.N'-Diacetylalkylendiaminen in Eisessig–Acetanhydrid mit nitrosen Gasen (FF. unter Zers.; aus Ae. gelbe Kristalle): *-methylen-*, $C_5H_8N_4O_4$, F. 90—91°. *-äthylen-*, $C_6H_{10}N_4O_4$, F. 59—60°. *-trimethylen-*, orangerotes Öl. *-tetramethylen-*, $C_8H_{14}N_4O_4$, F. 82°. *-pentamethylen-*, orangerotes Öl. *-hexamethylen-* (I), F. 44—45°. *-dekamethylen-*, $C_{14}H_{26}N_4O_4$, F. 49—50°. — N.N'-Dinitroso-N.N'-dibenzoylalkylendiamine, analog vorst Verbb. (FF. unter Zers., aus Ae. gelbe Kristalle): *-trimethylen-*, $C_{17}H_{16}N_4O_4$, F. 83—84,5°. *-pentamethylen-*, $C_{19}H_{20}N_4O_4$, F. 74,5—76,5°. — *N-Nitroso-N-[β-methoxyäthyl]-acetamid* (IV), $C_5H_{10}N_2O_3$, Kp.$_{0,01}$ 42°, aus dem Säureamid analog vorst. Verb.; n_D^{20} 1,443. — *Hexandiol-(1.6)-diacetat*, Kp.$_{4,5}$ 119—121° aus I in absol. Bzl. bei 80° bis zum negativen Liebermann-Test (ca. 2 Tage); 64%, daneben 21% *Hexen-(1)-ol-(6)-acetat*, Kp.$_{15}$ 66—68°. — *Pyrazol* (II), F. 69° (PAe.), aus CH_2N_2 in Ae. mit C_2H_2 unter 12—15 at; 95%. — *3-Methylpyrazol*, Kp.$_{18}$ 98—99°, aus Diazoäthan analog II; 77%. — α.ω-Bis-[pyrazolyl-(3)]-alkane, aus den entsprechenden N.N'-Dinitroso-N.N'-diacetylverbb. in Ae.-A. bei —15° mit alkoh. NaOH u. Rk. der gebildeten *Bis-diazoalkane* (83%) analog II: *-methan*, $C_7H_8N_4$, F. 129,5—130° (Dioxan), aus Bis-diazopropan; 85%. *Pikrat*, F. 172°; gelb. *-propan*, *Pikrat*, $C_9H_{12}N_4 \cdot 2C_6H_3N_3O_7$, F. 169°, aus Bis-diazopentan; gelb; ca. 90%. *-butan* (V), $C_{10}H_{14}N_4$, F. 97,5° (W.), aus Bis-diazohexan; 73%. *Pikrat*, F. 190°; gelb. *Oxalat*, F. 167°. *Additionsverb.*: *mit $AuCl_3$*, F. 161°, orangegelb; *mit $PtCl_2$*, sintert bei 230°, orangerot; *mit $HgCl_2$*, Zers. bei 240°; *Ag-Salz*, F. 225°. *-octan*, $C_{14}H_{22}N_4$, F. 88,5—89,5° (Bzl.), aus Bis-diazodecan; 83%. *Pikrat*, F. 169°. *-äthan*, $C_8H_{10}N_4$, F. 152,5° (W.), a) aus Bis-diazobutan; 90%; b) aus nachst. Verb. mit Natronkalk (einige Min. bei 150°/1 mm). — *α.α'-Bis-[pyrazolyl-(3)]-bernsteinsäure*, F. 150 bis 151° (unter Anhydridbldg.), aus dem Dimethylester mit sd. methanol. KOH (2 Std.); 87,5%. *Dimethylester*, aus II u. III; 79%. — *3-[Methoxymethyl]-pyrazol*, $C_5H_8N_2O$, Kp.$_{0,1}$ 70°, aus IV analog vorvorst. Verb., über β-Methoxydiazoäthan (70%); 40%. *Pikrat*, F. 44°, gelb. — *Pyrazolcarbonsäure-(3)-äthylester*, $C_6H_8N_2O_2$, F. 159,5—160,5°, aus Diazoessigester in Dioxan mit C_2H_2 (Enddruck 36 at); 72%. — *1.4-Bis-[1-acetylpyrazolyl-(3)]-butan*, $C_{14}H_{18}N_4O_2$, F. 84° (CH_3OH), aus V in sd. Acetanhydrid (5 Min.). (Chem. Ber. **92.** 970—77. 1959. Brussels, European Res. Assoc., Organ.-Chem. Labor.) E. Schikora. 910

Theodor Wieland und **Hermann Krantz,** *Die vier isomeren γ-Lactone des γ.δ-Dihydroxyleucins.* Das bei der Synth. (vgl. C. **1958.** 8018) von *γ.δ-Dihydroxyleucinlactonhydrochlorid* (*δ-Hydroxyleuceninhydratlactonhydrochlorid*) erhaltene Gemisch von 4 Isomeren konnte zunächst durch fraktionierte Kristallisation aus A.–Ae. in das schwerer lösl. *rac. Diastereomerengemisch* **A** u. das *rac. Diastereomerengemisch* **B** zerlegt werden. **A** u. **B** wurden mit Acetanhydrid (**I**) in die *N.O$^{\delta}$-Diacetylverbb.* der *freien Basen* u. diese mit $Ba(OH)_2$, H_2SO_4 u. NH_4OH in die *Salze* der *N-Acetyl-γ.δ-dihydroxyleucine* übergeführt. Nach Einw. von „Acylase I" aus Schweinenieren, die nur spezif. die L_S-Form hydrolyt. desacyliert, wurden die *L_S-Aminolactone* von den *Acetyl-D_S-aminolactonen* durch Hochspannungselektrophorese bei p_H 2 getrennt. Letztere wurden mit verd. HCl desacetyliert. Auf einem 2. Weg gelang die Racematspaltung der Diastereoisomeren **A** u. **B** in Form der Lactonbasen mit Di-p-toluyl-D-weinsäure (**II**). Durch Anwendung der HUDSONschen Lactonregel auf die opt.-akt. N.O$^{\delta}$-Diacetylverbb. der beiden D-Lactone (Best. der Drehungsdifferenz von Lacton u. offener Säure in Dimethylsulfoxyd) konnte unter der Annahme, daß die 4 CH_3-Gruppe im opt. Verh. einem H-Atom ähnelt, für **A** eine *threo-* u. für **B** die *erythro*-Konfiguration wahrscheinlich gemacht werden. **A** u. **B** konnten nicht in die entsprechenden δ-Bromverbb. ohne partielle Racemisierung am $C_{(4)}$ übergeführt werden. Mit PBr_3 verharzten die Ansätze. Nach Kochen mit HBr–H_2SO_4 u. anschließendem Ringschluß durch Kochen in wss. Lsg. konnten sowohl aus **A** als auch aus **B** n. u. *allo-γ-Methyl-γ-hydroxyprolin* nachgewiesen werden. Die IR-Spektren von **A** u. **B** unterscheiden sich, bes. im Bereich 8—11 μ.

Versuche: *γ.δ-Dihydroxyleucinlacton, Hydrochlorid* (Gemisch von **A** u. **B**), nach C. **1958.** 8018, aber ohne Isolierung des Dihydrooxazinhydrobromids; 50—55% (Ausbeute). *DL-threo(?)-Hydrochlorid* (**A**), F. 185—187° (Zers.; absol. A.), durch fraktionierte Kristallisation aus absol. A.–Ae. als schwerer lösl. Anteil; 3 g aus 10 g. *DL-erythro(?)-Hydrochlorid* (**B**), F. 182—185° (Zers.), aus den Mutterlaugen von **A**; Nadeln; 2,5 g aus 10 g. *threo(?)-N.O$^{\delta}$-Diacetylverb.*, $C_{10}H_{15}NO_5$, F. 98° (absol. A.), durch 1std. Erhitzen von **A** mit **I** auf 80° u. Einengen; verfilzte Nädelchen; 80%. *erythro(?)-N.O$^{\delta}$-Diacetylverb.*, F. 126° (absol. A.), aus **B**; verfilzte Nädelchen; 80%. *threo(?)-N-Acetylverb.*, $C_8H_{13}NO_4$, F. 101—103° (absol. A.), aus der Diacetylverb. durch ½std. Kochen mit wss. $Ba(OH)_2$ u. Ausfällen von Ba^{2+} mit 2n H_2SO_4; verfilzte Nädelchen; 76%. *erythro(?)-N-Acetylverb.*, F. 144—146° (absol. A.), verfilzte Nädelchen; 76%. *L_S-threo(?)-Hydrochlorid*, F. 205—207° (absol. A.), a) durch Einstellen der threo(?)-Acetylverb. mit wss. NH_4OH auf p_H 7,5, 24std. Stehen mit „Acylase I" bei 38°, Absaugen von Protein, Gefriertrocknung, 6std. Elektrophorese bei p_H 1,9 u. 80—85 mA auf Kartons, Eluieren der Streifen mit W. u. Einengen mit HCl; $[\alpha]_D^{20}$ —12°; b) durch Schütteln von **A** mit wss. Ag-Acetat, Filtrieren, Einengen mit **II** in Dimethylformamid, fraktionierte Kristallisation des Salzes (F. 158—162°) aus absol. A., Zers. des leichter lösl. Anteils mit konz. HCl u. Ausäthern der **II**. *D_S-threo(?)-Hydrochlorid*, F. 203—205°, a) neben der L_S-Verb. nach a) durch 2std. Kochen des Eluats mit 2n HCl u. Einengen; $[\alpha]_D^{20}$ +11,5°; b) neben der L_S-Verb. nach b) aus dem schwerer lösl. Salzanteil. *L_S-erythro(?)-Hydrochlorid*, F. 199—200°, a) aus der erythro(?)-Acetylverb. mit „Acylase I"; $[\alpha]_D^{20}$ —35,5°; b) aus **B**. *D_S-erythro(?)-Hydrochlorid*, F. 198—199°, $[\alpha]_D^{20}$ +31. — *γ-Hydroxy-δ-bromleucin-γ-lactonhydrochlorid*, $C_6H_{10}BrNO_2 \cdot HCl$, F. 170—173° (absol. A.–Ae.), durch Bromieren von β-Methallylacetamidomalonsäurediäthylester in Chlf., Einengen, Aufnehmen in W., Ausäthern, 1½std. Kochen mit 2n H_2SO_4, Verdünnen mit W., Fällen mit $BaCl_2$ u. Einengen; 47%. (Chem. Ber. **91.** 2619—26. 19/12. 1958. Frankfurt/M., Univ., Inst. für Organ. Chem.) R. PASEDAG. 950

Z. Pravda, *Beitrag zur Darstellung des L-Glutaminsäure-γ-äthylesters.* Inhaltlich ident. mit der C. **1959.** 8845 referierten Arbeit. (Collect. czechoslov. chem. Commun. **24.** 2083—84. Juni 1959. [Orig.: engl.]) W. BARZ. 950

Thomas P. Povlock und **William T. Lippincott,** *Die Reaktion von Trimethoxyboroxin mit aromatischen Grignard-Reagentien. Eine neue Synthese von Borinsäuren.* Die Rk. zwischen *Trimethoxyboroxin* (**I**) u. *Phenyl-* (**II**), *o-Tolyl-* (**III**), *m-Tolyl-* (**IV**), *p-Tolyl-* (**V**), *p-Anisyl-* (**VI**), *p-Biphenylyl-* (**VII**)-, *p-Chlorphenyl-* (**VIII**), *Mesityl-* (**IX**)- u. *α-Naphthyl-* (**X**)-MgBr wurde in Ae. zwischen —60 u. 35° untersucht. Sie verläuft nach der Gleichung 6 ArMgBr + $(CH_3OBO)_3$ → 3 Ar_2B—O—MgBr + 3 CH_3OMgBr. Die *Diarylborinsäuren* (**XI**) wurden als Aminoäthylester isoliert. Daneben entstehen kleine Mengen von *Arylboronsäuren.* Bei einem Verhältnis von **II**:**I** = 9:1 erhält man für **XI** folgende Ausbeuten: bei —60°, 11,2%; 6°, 18,4%; 16°, 42,6%; 25°, 62,4%; 35°, 51,7%. Bei 25° geben verschied. Verhältnisse von **II**:**I** folgende Ausbeuten: 3:1, 15,7%; 6:1, 52, 6%; 9:1, 62, 4%; 12:1, 44,4%. Bei Zugabe von **II** zu **I** im Verhältnis 2:1 steigt die Ausbeute an Arylboronsäure auf das 6fache gegenüber der n. Reaktion.

Ersatz von I durch Tri-n-butoxyboroxin bewirkt Verminderung der Ausbeute an **XI** von 62,5% auf 35,0%. Elektronen liefernde u. entziehende Substituenten der GRIGNARD-Verbb. verringern die Ausbeute der Ester von **XI** wie folgt: **II**, 62,4%; **X**, 62,0%; **IV**, 60,3%; **VII**, 41,7%; **VI**, 38,0%; **V**, 33,0%; **VIII**, 21,5%. Substitution eines C-Atoms in o-Stellung erhöht die Ausbeute an **XI**, während Blockierung von beiden o-C-Atomen mit Methylgruppen die Bldg. von **XI** verhindert (**V**, 33,0%; **III** 59,3%; **X**, 62,0%; **IX**, 0,00%). Aus der Erhöhung der Ausbeute an **XI** durch einen Überschuß von **II** wird auf das Vorliegen einer Zwischenverb. **XII** geschlossen. Die maximale Ausbeute an **XI** von 63% deutet auf die Beteiligung von nur 2 B-Atomen des I bei der Darst. von **XI**.

[R R B O O H_3COB $BOCH_3$ O] **XII**

Versuche: Borinsäure-β-aminoäthylester (Darst. u. Ausbeute bei 25° u. Verhältnis GRIGNARD-Verb. zu I = 9:1): *Diphenyl-*, F. 189° (A.); 62,4% (Ausbeute). — *Di-o-tolyl-*, F. 181—181,5° (W.); 59,3%. — *Di-m-tolyl-*, F. 180—181° (W.); 60,3%. — *Di-p-tolyl-*, F. 186—187° (W.); 33,0%. — *Di-p-anisyl-*, F. 173—174° (W.); 38,0%. — *Di-p-biphenylyl-*, F. 217—218° (W.); 41,7%. — *Di-p-chlorphenyl-*, F. 223—224°; 21,5%. — *Di-α-naphthyl-*, F. 202—203° (Bzl.); 62%. — *Dimesitylborinsäure*, aus **IX** u. I in 24 std. Rk. (Bzl.); 5%. *Anhydrid*, F. 170—171°. (J. Amer. chem. Soc. **80**. 5409—11. 20/10. 1958. Lansing, Mich., Michigan State Univ., Kedzie Chem. Labor.) K. H. POGORZELSKI. 980

B. N. Dolgow, Ju. I. Chudobin und **N. P. Charitonow,** *Eine neue Methode zur Synthese von Tris-[trialkyl(aryl)silyl]-boraten. Trialkyl(aryl)silane* reagieren mit Borsäure beim Erhitzen in Ggw. von wasserfreiem Co-, Ni-, Pd- oder Pt-Halogenid zu *Tris-[trialkyl(aryl)silyl]-boraten.* Es sind unzers. destillierbare Fll. mit charakterist. Geruch, die leicht hydrolysieren.

Versuche: Synthese der Tris-[trialkyl(aryl)silyl]-borate der allg. Formel $(R_3SiO)_3B$: *Tris-[äthyldiisoamylsilyl]-*, $C_{36}H_{81}BO_3Si_3$, Kp.$_{11}$ 297—298°, man erhitzt das Gemisch aus 0,17 Mol Äthyldiisoamylsilan, 0,05 Mol $B(OH)_3$ u. 0,0077 Mol Ni-Chlorid bis zum Ende der H_2-Entw. (~47 Min.) auf 110—120° u. fraktioniert das Reaktionsgemisch; $D.^{20}_4$ 0,8757; n_D^{20} 1,4480; 95,1% (Ausbeute). — *Tris-[triäthylsilyl]-*, Kp.$_{9,5}$ 159°; analog vorst., 480 Min. (Erhitzungsdauer); $D.^{20}_4$ 0,8921; n_D^{20} 1,4380; 94,1%. — *Tris-[tri-n-propylsilyl]-*, Kp.$_1$ 215—217°; 52 Min.; $D.^{20}_4$ 0,8662; n_D^{20} 1,4425; 90,6%. — *Tris-[tri-n-butylsilyl]-*, Kp.$_3$ 273—274°; 55 Min.; $D.^{20}_4$ 0,8753; n_D^{20} 1,4488; 88,7%. — *Tris-[methyldi-n-propylsilyl]-*, Kp.$_3$ 185°; 45 Min.; $D.^{20}_4$ 0,8661; n_D^{20} 1,4308; 95,5%. — *Tris-[methyldi-n-butylsilyl]-*, Kp.$_4$ 232°; 210 Min.; $D.^{20}_4$ 0,8736; n_D^{20} 1,4370; 89,8%. — *Tris-[methyldi-n-amylsilyl]-*, Kp.$_9$ 273—274°; 42 Min.; $D.^{20}_4$ 0,8613; n_D^{20} 1,4410; 94,2%. — *Tris-[äthyldi-n-propylsilyl]-*, Kp.$_3$ 214°; 180 Min.; $D.^{20}_4$ 0,8768; n_D^{20} 1,4410; 96,7%. — *Tris-[äthyldi-n-butylsilyl]-*, Kp.$_3$ 253°; 219 Min.; $D.^{20}_4$ 0,8875; n_D^{20} 1,4462; 95,8%. — *Tris-[äthyldiphenylsilyl]-*, Kp.$_8$ 354—358°; 147 Min.; $D.^{20}_4$ 1,086; n_D^{20} 1,5796; 92,5%. (Доклады Академии Наук СССР [Ber. Akad. Wiss. UdSSR] **122**. 607—08. 1/10. 1958. Inst. für Silikatchem. der Akad. der Wiss. der UdSSR.) H. KÜHNE. 980

A. D. Petrow und **G. I. Nikischin,** *Synthese und Umlagerungen von Methallylchlorsilanen.* Beim Überleiten von Methallylchlorid (I) über Si–Cu-Legierung bei 330° entstehen *Methallyltrichlorsilan* (II), *Methallyldichlorsilan* (III), *Dimethylallyldichlorsilan, Dimethallyl* u. *Diisocrotyl*, die durch mehrfache fraktionierte Dest. getrennt werden. Das Auftreten von Diisocrotyl ist durch Isomerisation von Dimethallyl zu erklären. Verss., II mit CH_3MgJ oder C_2H_5MgJ umzusetzen, mißlangen. Nach Hydrolyse des Reaktionsgemisches wurde nur das entsprechende *Hexaalkyldisiloxan* isoliert. Die Rk. von II mit CH_3MgCl gab dagegen in geringer Menge *Trimethylmethallylsilan* (V). Die Chlorierung von II verläuft anomal unter Bldg. von *Trichlor-[β-(chlormethyl)-allyl]-silan* (VI). Dieses reagiert im Gegensatz zu II glatt mit CH_3MgCl unter Bldg. von *Trimethyl-[β-(chlormethyl)-allyl]-silan.*

Versuche: Man leitet I bei 330 ± 10° über gekörnte Si–Cu-Legierung (80% Si, 20% Cu) u. fraktioniert das Kondensat. Aus 726 g Kondensat werden erhalten: *Methallyltrichlorsilan* (II), $C_4H_7Cl_3Si$, Kp.$_{743}$ 139°; $D.^{20}_4$ 1,1990; n_D^{20} 1,4533; 166 g (Ausbeute); *Methallyldichlorsilan* (III), $C_4H_8Cl_2Si$, Kp.$_{743}$ 119,5°; $D.^{20}_4$ 1,0673; n_D^{20} 1,4469; 95 g; *Dimethallyldichlorsilan*, $C_8H_{14}Cl_2Si$, Kp.$_{755}$ 210—211°; $D.^{20}_4$ 1,0566; n_D^{20} 1,4805; 32 g; *Dimethallyl*, Kp. 113—114°; n_D^{20} 1,4313, u. *Diisocrotyl*, Kp. 133,5°; n_D^{20} 1,4738. — *Dimethylmethallylsilan*, $C_6H_{14}Si$, Kp.$_{749}$ 94,5—95°, aus überschüssigem CH_3MgCl u. III; $D.^{20}_4$ 0,7318; n_D^{20} 1,4190; 40%. — *Dimethylmethallylchlorsilan* (IV), $C_6H_{13}ClSi$, Kp.$_{741}$ 133—134°, zu 24,32 g Mg in 1,2 Liter Ae. gibt man in 6 Std. 64,5 g Dimethyldichlorsilan u. 68 g I, kocht 4 Std., filtriert u. fraktioniert; $D.^{20}_4$ 0,9068; n_D^{20} 1,4372; 44,9%.

Daneben *Dimethyldimethallylsilan*, $C_{10}H_{20}Si$, Kp. 176—179°; n_D^{20} 1,4556; 9%. — *Trimethylmethallylsilan* (V), $Kp._{758}$ 111—111,5°; $D.^{20}_4$ 0,7397; n_D^{20} 1,4193; a) aus CH_3MgCl in Ae. u. II; 3%; als Hauptprod. (39%) entsteht *Hexamethyldisiloxan* (VII); aus $CH_3 \cdot MgJ$ u. II bildet sich nur VII; b) aus CH_3MgCl u. IV; 40%; aus CH_3MgJ u. IV entstehen 55% VII. — *Dimethyläthylmethallylsilan*, $C_8H_{18}Si$, Kp. 149—151°; aus C_2H_5MgJ u. IV; $D.^{20}_4$ 0,7972; n_D^{20} 1,4008; 32%. — *Trichlor-[β-(chlormethyl)-allyl]-silan* (VI), $C_4H_6Cl_4Si$, $Kp._{746}$ 188—189°, durch Chlorierung von 83 g II im UV-Licht, bis die Temp. des Reaktionsgemisches 176° erreicht, u. Fraktionierung; $D.^{20}_4$ 1,3473; n_D^{20} 1,4846; 19,1 g. — *Trimethyl-[β-(chlormethyl)-allyl]-silan*, $C_7H_{15}ClSi$, $Kp._{768}$ 162—163°; aus CH_3MgCl u. VI; $D.^{20}_4$ 0,8996; n_D^{20} 1,4510; 59,5%. (Известия Академии Наук СССР, Отделение Химических Наук [Nachr. Akad. Wiss. UdSSR, Abt. chem. Wiss.] **1956**. 243—49. Febr. Zelinsky-Inst. für org. Chemie der Akad. der Wiss. der UdSSR.)

A. ZAPPEL. 980

A. N. Pudowik und **E. G. Tschebotarewa,** *Anomale Reaktion von α-Halogenketonen mit Estern der phosphorigen Säure. 8. Mitt. Reaktion von gemischten Phosphiten mit Chlor- und Dichloraceton.* (7. vgl. C. **1959**. 5770.) Bei der Rk. von Chloraceton (I) mit Diisobutyläthylphosphit (III) entsteht *Diisobutylisopropenylphosphat*. Analog verlaufen die Rkk. von I mit Diäthylphenyl- (IV), Di-n-butylphenyl- (V), Diphenyl-n-butyl- (VI) u. Bis-[diäthylamido]-äthylphosphit (VII) unter Bldg. der entsprechenden Phosphorsäureester. In einigen Fällen werden als Nebenprodd. *Acetonylphosphonsäureester* erhalten. So entstehen bei der Rk. von I mit IV *Äthylisopropenylphenylphosphat* u. *Diäthylphosphonoaceton*. α.α-Dichloraceton (II) reagiert mit III—VII nur zu *Phosphorsäureestern*.

Versuche: Zu III—VII gibt man bei 120—140° tropfenweise I oder II, erhitzt noch 1 Std. auf 120—130° u. fraktioniert im Vakuum: Phosphate: *Diisobutylisopropenyl-*, $C_{11}H_{23}O_4P$, $Kp._9$ 122—123°, aus I u. III; $D.^{20}_4$ 0,9960; n_D^{20} 1,4245; 69,3% (Ausbeute). — *Äthylisopropenylphenyl-*, $C_{11}H_{15}O_4P$, $Kp._{10}$ 151,5—152°, aus I u. IV; $D.^{20}_4$ 1,1423; n_D^{20} 1,4845; 58,3%. Gibt beim Erhitzen mit A. in Ggw. von Na-Äthylat *Aceton* (*Semicarbazon*, F. 187—188°). — *n-Butylisopropenylphenyl-*, $C_{13}H_{19}O_4P$, $Kp._9$ 166—167°, aus I u. V; $D.^{20}_4$ 1,1005; n_D^{20} 1,4825; 49,2%. Gibt bei Verseifung mit 30% ig. H_2SO_4 *Aceton*. — *Diphenylisopropenyl-*, $C_{15}H_{15}O_4P$, $Kp._{1,5}$ 186°, aus I u. VI; $D.^{20}_4$ 1,2271; n_D^{20} 1,5483; 57,4%. Bei Ozonolyse vorst. Verb. in CCl_4 wird *Formaldehyd* (*Dimedonderiv.*, F. 188—189°) erhalten. — *Bis-[diäthylamido]-isopropenyl-*, $C_{11}H_{25}N_2O_2P$, $Kp._8$ 124—125°, aus I u. VII; $D.^{20}_4$ 0,9920; n_D^{20} 1,4520; 40%. — *Diisobutyl-[1-chlorpropen-(1)-yl-(2)]-*, $C_{11}H_{22}ClO_4P$, $Kp._9$ 139,5—140°, aus II u. III; $D.^{20}_4$ 1,0855; n_D^{20} 1,4402; 63,3%. — *Äthyl-[1-chlorpropen-(1)-yl-(2)]-phenyl-*, $C_{11}H_{14}ClO_4P$, $Kp._1$ 130—131°, aus II u. IV; $D.^{20}_4$ 1,2446; n_D^{20} 1,4972; 51,5%. — *n-Butyl-[1-chlorpropen-(1)-yl-(2)]-phenyl-*, $C_{13}H_{18} \cdot ClO_4P$, $Kp._3$ 155—156°, aus II u. V; $D.^{20}_4$ 1,1800; n_D^{20} 1,4917; 61,4%. — *[1.1.2-Trichlorpropyl-(2)]-butylphenyl-*, $C_{13}H_{18}Cl_3O_4P$, $Kp._4$ 180—181°, durch Chlorierung von 6,2 g vorst. Verb. mit Cl_2 in CCl_4; $D.^{20}_4$ 1,2837; n_D^{20} 1,5020; 4,8 g. Als Nebenprodd. werden folgende Phosphonoacetonderivv. erhalten: *Äthylphenyl-*, $C_{11}H_{15}O_4P$, $Kp._8$ 178—179°, aus I u. IV; $D.^{20}_4$ 1,1883; n_D^{20} 1,5005; 17%. — *n-Butylphenyl-*, $C_{13}H_{19}O_4P$, $Kp._4$ 176—177°, aus I u. V; $D.^{20}_4$ 1,1276; n_D^{20} 1,4944; 13,3%. — *Bis-[diäthylamino]-*, $C_{11}H_{25}N_2O_2P$, $Kp._8$ 149—150°, aus I u. VII; $D.^{20}_4$ 1,0413; n_D^{20} 1,4709; 8,3%. (Журнал Общей Химии [J. allg. Chem.] **28** (**90**). 2492—96. Sept. 1958. Kasan, Univ.)

ULRICH SCHULZE. 980

W. A. Ginsburg und **A. Ja. Jakubowitsch,** *Synthese metallorganischer Verbindungen der aliphatischen Reihe nach der Diazomethode. 8. Mitt. Synthese von Verbindungen der Elemente der 5. Gruppe. Organophosphorverbindungen. Versuche zur Synthese von Di- und Trihalogenalkylphosphinen und einige Umwandlungen von Chloralkylderivaten des Phosphors.* (7. vgl. Журнал Общей Химии [J. allg. Chem.] **24**. [1954.] 2250; 6. vgl. C. **1955**. 6004.) Bei der Rk. von Chlormethyldichlorphosphin (I) u. α-Chloräthyldichlorphosphin mit Diazomethan (II) entstehen nicht die erwarteten *Bis-* u. *Tris-[chlormethyl-* (bzw.*-chloräthyl*)]*-phosphine*, sondern kompliziert gebaute *Organophosphorverbb.* unbekannter Struktur. Die bei der Rk. von I mit II entstehende einheitliche amorphe Verb. der Zus. $C_4H_9Cl_3O_2P_2$ (III) läßt sich weder dest. noch umkrist., noch in krist. Derivv. überführen. Chlorierung von III mit PCl_5 bzw. mit Cl_2 in CCl_4 liefert *Tris-[trichlormethyl]-phosphordichlorid* (IV), *Bis-[chlormethyl]-phosphinsäure* u. H_3PO_4 bzw. nach Hydrolyse des Reaktionsgemischs *Chlormethylphosphonsäure* (V). Der Reaktionsmechanismus der Bldg. von III sowie die mögliche Struktur von III werden diskutiert u. die für den Reaktionsverlauf ausschlaggebende Beweglichkeit des Chloratoms in der CH_2Cl-Gruppe näher untersucht. So entsteht bei der Umsetzung von V-Diäthylester (V a) mit Triäthylphosphit (VI) nach ARBUSOW erst bei 185—190° *Methylendiphosphonsäuretetraäthylester*, *Äthylchlorid* (VII) u. durch eine Neben-Rk. von VI mit VII *Äthylphosphonsäurediäthylester*. Im Gegensatz zu V a reagiert Dichlormethylphosphonsäurediäthylester mit VI nicht in analoger Weise. Etwas leichter als **V a** setzt sich β-Chloräthylphosphonsäurediäthylester (**IX**) mit **VI** zu *Äthylendiphosphonsäuretetraäthylester* um. Chlormethyltrimethylsilan (**X**) u. Chlormethyltriäthoxysilan (**XI**) besitzen zwar eine etwas größere Beweglichkeit des Cl-Atoms, reagieren aber mit **VI** auch erst bei 150° zu *Trimethyl-* bzw. *Triäthoxysilylmethylphosphonsäurediäthylester*. **IV** wird auch beim Erhitzen von Tris-[chlormethyl]-phosphinoxyd (**XII**) mit PCl_5 erhalten, was für den leichten Übergang der $ClCH_2$–P-Gruppe in die Cl_3C—P-Gruppe spricht. Das gegenüber Hydrolyse äußerst beständige **IV** spaltet beim Kochen mit W. nur 1 Cl-Atom unter Bldg. von *Tris-[trichlormethyl]-hydroxychlorphosphor* (**XIII**) ab, das in Ggw. von Anilin in **XII** übergeht. — Untersucht wird ferner die hydrolyt. Beständigkeit der P–Cl-Bindung bei 3wertigen Organophosphorverbindungen. Dabei zeigt sich, daß Trichlormethyldichlorphosphin, das man durch Red. von Trichlormethyltetrachlorphosphor (**XIV**) mit gelbem P in Ggw. von wenig PJ_3 erhielt, leicht in W. zu *Trichlormethylphosphonsäuredichlorid* (**VIII**) hydrolysiert, wobei daneben infolge hydrolyt. Spaltung der C–P-Bindung H_3PO_3 u. *Chlf.* entstehen.

V e r s u c h e: *Verb.* $C_4H_8Cl_3O_2P_2$ (**III**), durch Zutropfen von 10 g **II** in 300 ml Ae. zu 20 g **I** in 50 ml Ae. bei —60° u. Filtrieren; weißer käsiger Nd.; 12,5 g (Ausbeute); nach Lösen in W. u. Abdampfen des W. im Vakuum hygroskop. glasige Masse. Daneben nach Eindampfen des Filtrats im Vakuum 8 g eines zähen Öls. — *Tris-[trichlormethyl]-phosphordichlorid* (**IV**), $(CCl_3)_3PCl_2$, F. 190° (Zers.); durch 1½std. Erhitzen von 5 g **III** u. 60 g PCl_5, Einleiten von SO_2 in die erkaltete Reaktionsmasse, Abdestillieren von $POCl_3$ u. $SOCl_2$ im Vakuum bei 30° u. Filtrieren; aus PAe. Prismen; 2,5 g. 1 g **IV** gibt bei ½std. Erhitzen in 10 ml W. 0,8 g *Tris-[trichlormethyl]-hydroxychlorphosphor* (**XIII**), $(CCl_3)_3P(OH)Cl$, F. 203° (PAe.; Zers.). Daraus (2 g in 60 ml Bzl.) durch Zugabe von 3 g Anilin, Abfiltrieren des gebildeten Anilinhydrochlorids (0,58 g), Behandeln mit 5%ig. HCl u. Abdestillieren von Bzl. im Vakuum 1,2 g *Tris-[trichlormethyl]-phosphinoxyd*, $(CCl_3)_3PO$, F. 55° (Methanol). **XIII** entsteht auch durch ½std. Kochen von 1 g **XII** mit 3 ml PCl_3 u. 12 g PCl_5, Abdestillieren von PCl_3 u. $POCl_3$ im Vakuum, Behandeln des Rückstands mit SO_2, Filtrieren u. Behandeln des Nd. mit heißem W.; aus Bzn. Nadeln; 0,8 g. Aus 4,5 g des nach Abtrennen von **IV** erhaltenen Filtrats werden durch 3tägiges Stehenlassen mit 30 ml W., Abdestillieren des W. bei 30° im Vakuum, Lösen des Rückstands in 200 ml Amylalkohol u. Zugabe von 5 ml Anilin 4,5 g *Anilinphosphat* ($H_3PO_4 \cdot 2\, C_6H_5NH_2$, F. 180°; Plättchen) u. 0,5 g *Anilinsalz* der *Bis-[chlormethyl]-phosphinsäure* [$(ClCH_2)_2P(:O)OH \cdot C_6H_5NH_2$, F. 185—190° (Zers.); aus A. bei 50facher Verdünnung mit Bzl. Nadeln] isoliert. — *Chlormethylphosphonsäure* (**V**), *Anilinsalz*, $ClCH_2 \cdot P(:O)(OH)_2 \cdot C_6H_5NH_2$, F. 182—185° (Zers.); durch 3tägiges Einleiten von Cl_2 in eine Lsg. von 5 g **III** in 5 ml CCl_4 bei 50°, Lösen des Reaktionsprod. in 10 ml W., Abdampfen des überschüssigen W. im Vakuum bei Zimmertemp., Lösen des Rückstands in Amylalkohol u. Zugabe von 5 ml Anilin; aus A. Nadeln; 2 g. — *Äthylphosphonsäurediäthylester*, $C_2H_5PO(OC_2H_5)_2$, Kp.$_{20}$ 90—95°; durch 8std. Erhitzen von 29,2 g **V a** u. 26,2 g **VI** auf 185—190° im Rohr u. fraktionierte Dest.; D.$^{20}{}_{20}$ 1,031; n_D^{20} 1,4155; 9,2 g. Daneben 6,4 g **VII** u. 12,1 g *Tetraäthylester* der *Methylendiphosphonsäure*, $[(C_2H_5O)_2P(:O)]_2 \cdot CH_2$, Kp.$_3$ 153—154°; D.$^{20}{}_{20}$ 1,167; n_D^{20} 1,4415. Daraus (1 g) durch 2std. Kochen mit 10 ml 15%ig. HCl u. Eindampfen 0,2 g der *freien Säure*, F. 199—200°. — *Äthylendiphosphonsäuretetraäthylester*, $[(C_2H_5O)_2P(:O)CH_2]_2$, Kp.$_3$ 170—175°; durch 8std. Erhitzen von 12 g **IX** u. 28 g **VI** auf 185—190° im Rohr; D.$^{20}{}_{20}$ 1,080; n_D^{20} 1,4425; 5,5 g. — *Trimethylsilylmethylphosphonsäurediäthylester*, $(CH_3)_3SiCH_2P(:O)(OC_2H_5)_2$, Kp.$_3$ 79—80°; durch 6std. Erhitzen von 10 g **X** u. 12,3 g **VI** auf 170°; D.$^{20}{}_{20}$ 0,9878; n_D^{20} 1,4280; 5,9 g. — *Triäthoxysilylmethylphosphonsäurediäthylester*, $(C_2H_5O)_3SiCH_2P(:O)(OC_2H_5)_2$, Kp.$_3$ 133 bis 135°; analog vorst. Verb. aus 10,25 g **XI** (Kp.$_{12}$ 72—74°, aus Chlormethyltrichlorsilan u. A. in Ggw. von Diäthylanilin) u. 8 g **VI**; D.$^{20}{}_{20}$ 0,995; 15,5 g. — *Trichlormethyldichlorphosphin*, CCl_3PCl_2, Kp.$_7$ 82—83° (Zers.), F. ca. 50—52°; durch Red. von **XIV** 12 g in 40 ml CCl_4 mit 0,5 g PJ_3 u. 1,1 g gelbem P in 10 ml CS_2 unter N_2; hygroskop. Kristalle; 5,5 g. Daraus (0,5 g) nach 1std. Stehen an trockener Luft u. Behandeln mit sd. W. 0,3 g **VIII**, F. 77—79° (CCl_4). (Журнал Общей Химии [J. allg. Chem.] **28** (**90**). 728—35. März 1958.) W. Kurtzmann. 980

Š. Truchlík und **V. Tichý**, *O.O-Dialkyl(-aryl)-S-trichlormethansulfenyldithiophosphate*. Durch Rk. von Dithiophosphorsäure-O.O-dialkyl(aryl)estern oder deren Alkalisalze mit Trichlormethansulfenylchlorid wird eine Reihe von *S-Trichlormethansulfenyldithiophosphorsäure-O.O-dialkyl(aryl)estern* hergestellt. Die Verbb. weisen keine beachtenswerten insekticiden Eigg. auf.

V e r s u c h e: S - T r i c h l o r m e t h a n s u l f e n y l d i t h i o p h o s p h o r - s ä u r e - O. O - d i a l k y l (a r y l) e s t e r, durch tropfenweises Versetzen von 0,1 Mol des K-Salzes des Dithiophosphorsäure-O.O-dialkyl(bzw. -aryl)-esters in 135 ml Bzl. mit

0,1 Mol Trichlormethansulfenylchlorid, 1 std. Erwärmen auf 80° u. Abdampfen des Bzl. im Vakuum: *Dimethylester*, $Kp._{0,04-0,02}$ 97—98°, $D.^{20}_4$ 1,5949, n_D^{20} 1,5949. — *Diäthylester*, $Kp._{0,02-0,025}$ 102—105°, $D.^{20}_4$ 1,4431, n_D^{20} 1,5723. — *Di-[n-propyl]-ester*, $C_7H_{14}\cdot Cl_3O_2PS_3$, $Kp._{0,0085}$ 116—117°, $D.^{20}_4$ 1,3639, n_D^{20} 1,5565. — *Diisopropylester*, $Kp._{0,02}$ 111 bis 112°, $D.^{20}_4$ 1,3432, n_D^{20} 1,5490. — *Di-n-butylester*, $Kp._{0,001}$ 105—110°, $D.^{20}_4$ 1,3061, n_D^{20} 1,5472. — *Diisobutylester*, $C_9H_{18}Cl_3O_2PS_3$, $Kp._{0,001}$ 105—110°, $D.^{20}_4$ 1,2902, n_D^{20} 1,5405. — *Diisopentyl-*, $Kp._{0,001}$ 105—110°, $D.^{20}_4$ 1,2461, n_D^{20} 1,5339. — *Diphenylester*, F. 63° [CH_3OH/Aceton (2:1)]. — *Dicyclohexylester*, nicht destillierbar, $D.^{20}_4$ 1,3347, n_D^{20} 1,5718. (Chem. Zvesti **11**. 24—29. Jan. 1957. Bratislava, Výskumný ústav agrochem. technol.) I. Ježo. 980

Luke Schaap und **Herman Pines**, *Die kaliumkatalysierte Reaktion von Olefinen mit Arylalkanen.* 10. Mitt. *über basenkatalysierte Reaktionen.* (9. vgl. C. **1958**. 7085.) Alkylbenzole (**A**) mit einem α-H-Atom reagieren in Ggw. von K u. Anthracen mit Äthylen unter Bldg. entsprechender *α-Äthylalkylbenzole* u. *Indane.* Der Reaktionsverlauf wird über ein Alkylcarbanion formuliert, das entweder H^+ anlagert oder unter Ringschluß reagiert. Die Indanausbeute steigt mit zunehmender Substitution am α-C-Atom in **A**. Cumol liefert mit Propylen neben *2.3-Dimethyl-2-phenylbutan* u. *1.1.2-Trimethylindan* (III) auch *1.1.3-Trimethylindan*, woraus auf die intermediäre Bldg. eines sek. Alkylcarbanions geschlossen wird. tert.-Butylbenzol gibt mit Äthylen ein *Gemisch* von *sek.-Butyl-tert.-butylbenzolen.*

V e r s u c h e: *1-Methylindanol-(1)*, $C_{10}H_{12}O$, F. 56—57° (Ligroin), $Kp._6$ 102—104°, aus Indanon-(1) u. CH_3MgJ; 59% (Ausbeute). — *1-Methylindan* (I), $Kp._{748}$ 190°, durch Hydrieren vorst. Verb. unter Druck in Ggw. von Cu-Chromit bei 220°; n_D^{20} 1,5253. — *1.1-Dimethylindan* (II), durch Hydrieren von 3.3-Dimethylindanon-(1) ($Kp._{19}$ 128°) erst bei 220° unter Druck an Cu-Chromit u. dann an Pd-Kohle; n_D^{20} 1,5141. — *1.1.2-Trimethylindan* (III), $Kp._{10}$ 86°, Kp. 211° (korr.), aus 2.3-Dimethyl-1-phenylbutanol-(2) ($Kp._{17}$ 125°, n_D^{20} 1,5115) mit 85%ig. H_2SO_4; n_D^{20} 1,5120; 88%. — *Gemisch aus n-Propylbenzol* (Kp. 156—160°, n_D^{20} 1,4918) *u. Indan*, durch 11 std. Erhitzen von Toluol u. Äthylen im Autoklaven in Ggw. von K u. Anthracen auf 190 ± 5°; 53% (enthält 2 Mol-% Indan). Daneben wenig *3-Phenylpentan.* — Analog: *Gemisch aus sek.-Butylbenzol* (Kp. 172—174°, n_D^{20} 1,4898) *u.* I, aus Äthylbenzol in 3 Std. bei 190 ± 2°; 64% (enthält 14 Mol-% I). — *Gemisch aus tert.-Pentylbenzol u.* II, aus Isopropylbenzol a) in 7 Std. bei 192 ± 4°; 34% (enthält 49 Mol-% II); b) in 2½ Std. bei 245 ± 3°; 22% (enthält 51 Mol-% II); c) unter Zusatz von Na in 3½ Std. bei 185 ± 1°; 33% (enthält 34 Mol% II); d) in 3 Std. bei 190 ± 4°; 39% (enthält 25 Mol-% II); daneben wenig *1.1-Dimethyl-3-äthylindan*, $C_{13}H_{18}$, $Kp._{22}$ 113,3—114,9°, n_D^{20} 1,5049—1,5060. — *Gemisch aus 1-Äthyl-1-phenylcyclohexan u. Spirocyclohexan-[1.1']-indan* ($Kp._{10}$ 132—137°), aus Cyclohexylbenzol in 5 Std. bei 186 ± 4°; 13% (enthält 37 Mol-% an der Spiroverb.). — *Gemisch aus sek.-Butyl-tert.-butylbenzolen*, $Kp._{15}$ 105—125°, aus tert.-Butylbenzol in 11 Std. bei 190 ± 2°; 18%. — *Gemisch aus 2.3-Dimethyl-2-phenylbutan* (52 Mo-%), III (27 Mol-%) *u. 1.1.3-Trimethylindan* (21 Mol-%), aus Isopropylbenzol mit Propylen in Ggw. von K in 6½ Std. bei 208—233°; 4,4%. (J. Amer. chem. Soc. **79**. 4967—70. 20/9. 1957. Evanston, Ill., Northwestern Univ., Dep. of Chem., Ipatieff High Pressure and Catalyt. Labor.) W. Schwenke. 1010

Marjan Kolobielski und **Herman Pines**, *Die natriumkatalysierte Reaktion von α-Methylstyrol.* 11. Mitt. *über basenkatalysierte Reaktionen von Kohlenwasserstoffen.* (10. vgl. vorst. Ref.) α-Methylstyrol (III) ergab bei 24 std. Kochen mit Na u. Benzyl-Na ein Gemisch aus 18% *Cumol* (I), 2,4% *p-Terphenyl* (VI), 32% *1-Methyl-1.3-diphenylcyclopentan* (VII), 13% andere *Dimere* u. 19% eines *Trimeren.* Vff. nehmen an, daß VI u. VII über *2.5-Diphenylhexadien-(1.5)* (II) entstehen, das durch Bromierung von III u. Rk. mit Mg synthetisiert wird u. mit Na/Benzyl-Na in VI übergeht. Der Übertritt eines Hydridanions auf ein Olefin wurde durch Rk. von III mit d-Limonen in Ggw. von Na/Benzyl/Na zu I u. *p-Cymol* bewiesen. III allein gab mit Na/Benzyl-Na nur I, in Abwesenheit von Na wurden derartige KW-stoffe nicht gebildet. Bei der Rk. von III mit Na nimmt mit steigender Temp. die Ausbeute an I, VI u. VII zu, die an *Trimeren* dagegen ab. Die Konst. von VII wurde durch Synth. aus 1-Methyl-3-phenyl-$\Delta^{1,5}$-cyclopenten (IV) gesichert. Der Reaktionsmechanismus wird diskutiert.

V e r s u c h e: *3-Phenylcyclopentanon*, $Kp._1$ 120—122°, aus 3-Phenylcyclopenten-(2)-on-(1) (F. 80—82°) in A. mit H_2/Pd-Kohle; n_D^{20} 1,5452. — *1-Methyl-3-phenylcyclopentanol*, $C_{12}H_{16}O$, $Kp._2$ 121—124°, aus vorst. Verb. mit CH_3MgBr; n_D^{20} 1,5365, $D.^{20}_4$ 1,0235; 95% (Ausbeute). — *1-Methyl-3-* u./oder *-4-phenylcyclopenten* (IV), $C_{12}H_{14}$, $Kp._2$ 88—90°, aus vorst. Verb. durch 18 std. Kochen mit $KHSO_4$ in Toluol/p-Xylol; n_D^{20} 1,5332; 87%. — *1-Methyl-3-phenylcyclopentan* (V), aus IV durch Hydrierung an

Pd-Kohle in Hexan u. Chromatographie an Silicagel; n_D^{20} 1,5160. — *1-Methyl-1.3-diphenylcyclopentan* (VII), $C_{18}H_{20}$, Kp.$_3$ 145°, aus 15 g IV in Bzl. durch Zugabe bei 0—5° zu wasserfreiem HF, fraktionierte Dest. u. Chromatographie an Silicagel; n_D^{20} 1,5720; 2 g. Hydrogenolyse (3 Std. bei 350° u. 74 at) in Ggw. von Ni-Kieselgur u. Thiophen gab 5% *Cyclohexan*, 25% *Bzl.* u. 43% V. — *1-Methyl-3-phenylcyclopentadien*, F. 57 bis 62°, Kp.$_3$ 95°, neben **VII**; 2,8 g. — *2.5-Diphenylhexadien-(1.5)* (**II**), $C_{18}H_{18}$, Kp.$_2$ 145 bis 150°, F. 47—48°, durch Bromieren von **III** mit N-Bromsuccinimid u. 10std. Kochen des GRIGNARD-Deriv. des erhaltenen *Gemischs von* α^{α}- *u.* β-*Brom-α-methylstyrol* mit CuCl in Ae.; Hydrolyse u. fraktionierte Dest. bei 2 mm. Daneben *2-Phenylpropionaldehyd* (*2.4-Dinitrophenylhydrazon*, F. 131—132°) u. *2.5-Diphenylhexadien-(2.4)* ($C_{18}H_{18}$, F. 138—139°), Hydrierung von **II** in n-Hexan gab *2.5-Diphenylhexan*, $C_{18}H_{22}$, n_D^{20} 1,5440. — *1.4-Diphenylbutandion-(1.4)*, $C_{16}H_{14}O_2$, F. 144—145° (A.), aus 1,2 g **II** durch Rk. mit O_3 in CH_2Cl_2 bei —70° u. Red. des Ozonids mit Zn in 2n Essigsäure bei 40°; 1,12 g. Daneben *Formaldehyd*; 60%; *Dimedonderiv.*, F. 188—189°. — *p-Terphenyl* (**VI**), F. 211—212°, a) durch 24std. Kochen von 53 g **III** mit einem aus Na u. o-Chlortoluol in Toluol erhaltenen Katalysator bei 160—194°; 1,3 g; daneben **VII** u. **III**-*Trimere*; b) durch 6std. Erhitzen von 118 g **III** mit Na auf 125°; 0,25 g; daneben **VII** u. **III**-*Trimere* ($C_{27}H_{30}$, Kp.$_2$ 168,6—168,8°, n_D 1,5677); c) durch 40std. Erhitzen von 3,5 g **II** mit Na-Benzyl-Na in Toluol–Cymol auf 182°; 1,4 g. — *Isopropylbenzol* (I), a) neben **VI** nach a); 9,5 g; b) durch 24std. Kochen von **III** mit d-Limonen u. Na/Benzyl-Na; 50%; daneben *p-Cymol*; c) durch 24std. Kochen von **III** mit p-Cymol u. Na/Benzyl-Na; 16,5%. (J. Amer. chem. Soc. **79**. 5820—25. 5/11. 1957.) W. SCHWENKE. 1010

John H. Wotiz und **Francis Huba,** *Tieftemperaturaminierung aromatischer Polyhalogenide.* Aromat. Polyhalogenide wurden in fl. NH_3 mit Metallamiden umgesetzt u. die Bldg. halogenierter aromat. Amine untersucht. Nach Verdunsten des NH_3 wurde in wss. Lsg. die Halogenionenkonz. bestimmt. Die mit Ae. extrahierten organ. Anteile wurden mit HCl behandelt u. so Neutralanteile u. Amine getrennt. Durch Dest. u. Kristallisation wurden die beiden Anteile gereinigt. Es wurde nicht versucht, gebildete Di- oder Triarylamine bzw. Diamine zu isolieren. Die Stellung der Aminogruppe läßt auf einen Eliminations–Additions-Mechanismus über ein Dehydrobenzol als Zwischenprod. schließen. In manchen Verss. könnte das erhaltene Halogenamin aber auch durch direkte Substitution entstanden sein. Die Struktur der isolierten Halogenaniline ist in Übereinstimmung mit der Annahme der direkten Addition von NH_2^- an das sich nach Voraussagen von ROBERTS u. Mitarbeitern (C. **1957**. 2163) vorzugsweise bildende Dehydrobenzol. Die Addition von NH_2^- an asymm. substituierte Dehydrobenzole wird durch den induktiven Effekt der Substituenten dirigiert. Cl u. Br dirigieren in 3substituiertem Dehydrobenzol in m-, in 4-substituiertem Dehydrobenzol in p-Stellung; die Methylgruppe dirigiert umgekehrt wie Halogene. 4-Chlor-m-xylol ergab jedoch neben *4-Amino-m-xylol* kein 5-Amino-m-xylol, das sich ebenfalls bilden sollte. Analog wurde durch Rk. von 1.3.5-Trichlorbenzol nur *3.5-Dichloranilin*, aber kein 2.4-Dichloranilin gebildet. Die Aminierung von 2.4-Dichlorphenol zu *2-Amino-4-chlorphenol* zeigt, daß das Phenolation des entstehenden Dehydrobenzols in o-Stellung dirigiert. Die Aminierung von o-Dichlor- u. o-Dibrombenzol ergab als Hauptprod. *m-Chlor-* bzw. *m-Bromanilin.* Das Gemisch von 4-Chlor- u. 2-Chlor-m-xylol ergab als Aminierungsprod. nur *2.4-Dimethylanilin.* 1.2.4-Tribrombenzol lagerte sich bei der Behandlung mit $NaNH_2$ in fl. NH_3 zu *1.3.5-Tribrombenzol* um; o-Dibrombenzol verhielt sich unter denselben Bedingungen nicht analog. Die Rk. von 1.2.4-Trichlorbenzol (I) mit KNH_2 ergab in 20%ig. Ausbeute *3.4-Dichloranilin* (**II**); bei der Rk. wurden aber 110% (bezogen auf ein Cl-Atom) Cl-Ionen gebildet. Mit $LiNH_2$ reagierte I unter Bldg. von 62% **II**; mit $NaNH_2$ war die Ausbeute niedriger als mit $LiNH_2$; bei Verwendung von $NaNH_2$ wurde die beste Ausbeute an **II** erzielt, wenn die Rk. bei —50° durchgeführt u. die Reaktionszeit verkürzt wurde. $Ba(NH_2)_2$ zeigte gegenüber $NaNH_2$ keine Vorteile. 2.5-Dichlor-p-xylol reagierte mit $LiNH_2$ nicht, mit $NaNH_2$ bzw. KNH_2 wurde in 47%ig. bzw. 55%ig. Ausbeute *2.5-Dimethyl-4-chloranilin* erhalten.

V e r s u c h e : A n i l i n e : *4-Chlor-*, a) durch 18std. Rk. von 0,5 Mol p-Dichlorbenzol mit 0,6 Mol $NaNH_2$ in fl. NH_3; 14% (Ausbeute); b) durch 20std. Rk. von 0,5 Mol p-Dichlorbenzol mit 0,5 Mol $LiNH_2$ in fl. NH_3; 17%. — *3-Chlor-*, a) durch 19std. Rk. von 0,5 Mol m-Dichlorbenzol mit 0,75 Mol $NaNH_2$ in fl. NH_3; 28%; b) durch 16std. Rk. von 0,5 Mol o-Dichlorbenzol mit 0,75 Mol $NaNH_2$ in fl. NH_3; 26%; daneben wenig o-Chloranilin; c) durch 5std. Rk. von 0,5 Mol o-Dichlorbenzol mit 0,75 Mol $LiNH_2$ in fl. NH_3; 18%; daneben wenig o-Chloranilin. — *3-Brom-*, durch 3std. Rk. von 1 Mol o-Dibrombenzol mit 2 Mol $NaNH_2$ in fl. NH_3; 35%. — *3.4-Dichlor-* (**II**), a) durch 22std. Rk. von 0,5 Mol I mit 1,1 Mol $NaNH_2$ in fl. NH_3; 27%; b) durch 5std. Rk. von 0,5 Mol I mit 0,5 Mol $NaNH_2$ in fl. NH_3 bei Raumtemp. unter Druck; 20%; c) durch 5std. Rk. von 0,5 Mol I mit 1,5 Mol $NaNH_2$ in fl. NH_3 bei Raumtemp. unter Druck; 25%; d) durch 8std. Rk. von 0,5 Mol I mit 1 Mol $NaNH_2$ bei -50^0 in fl. NH_3; 37%; e) analog d) bei -70^0; 13%; f) durch 20std. Rk. von 0,5 Mol I mit 1 Mol $LiNH_2$ in fl. NH_3; 62%; g) analog f) bei -50^0; 66%; h) analog f) mit 0,6 Mol $LiNH_2$; 60%; i) durch 16std. Rk. von 0,5 Mol I mit 0,6 Mol KNH_2 in fl. NH_3; 20%; k) durch 18std. Rk. von 0,3 Mol I mit 0,3 Mol $Ba(NH_2)_2$ in fl. NH_3; 22%. — *3.4-Dibrom-*, durch 18std. Rk. von 0,3 Mol 1.2.4-Tribrombenzol mit 0,6 Mol $NaNH_2$ in fl. NH_3; 24%. — *3.5-Dichlor-*, durch 18std. Rk. von 0,5 Mol 1.3.5-Trichlorbenzol mit 1 Mol $LiNH_2$ in fl. NH_3; 43%. — *3.5-Dibrom-*, $C_6H_5Br_2N$, F. 59—60°, durch 3std. Rk. von 0,05 Mol 1.3.5-Tribrombenzol mit 0,1 Mol $NaNH_2$ in fl. NH_3; 45%. *Acetylderiv.*, F. 230—231°. — *2.4-Dimethyl-*, durch 2std. Rk. von 0,4 Mol 1-Chlor-2.4-dimethylbenzol u. 0,1 Mol 2-Chlor-m-xylol mit 0,9 Mol $NaNH_2$ in fl. NH_3; 14%; daneben 100% zurückgewonnenes *2-Chlor-m-xylol.* — *4-Chlor-2.5-dimethyl-*, F. 91—92°, a) durch 16std. Rk. von 0,1 Mol 1.4-Dichlor-2.5-dimethylbenzol mit 0,2 Mol KNH_2 in fl. NH_3; 55%; b) analog a) mit $NaNH_2$; 47%. *Acetylderiv.*, F. 182°. — *2.4-Dimethyl-5-chlor-*, durch 18std. Rk. von 1.3-Dimethyl-4.6-dichlorbenzol mit 2 Mol $NaNH_2$ in fl. NH_3; 54%. — *2-Hydroxy-5-chlor-*, durch 2std. Rk. von 0,3 Mol 2.4-Dichlorphenol mit 0,6 $LiNH_2$ in fl. NH_3; 6%. — *1-Amino-4-chlornaphthalin*, F. 88—91°, durch 18std. Rk. von 0,5 Mol Dichlornaphthalin (Isomerengemisch, F. 43—45°) mit 0,7 Mol $NaNH_2$ in fl. NH_2, Dest. bei 123—126°/2 Torr u. Abtrennen der krist. Anteile des Rohgemischs (21%); 7%; *Acetylderiv.*, F. 192—193°; daneben 14% fl. *Aminochlornaphthaline* [*Acetylderiv.*, F. 142—145°] u. 61% zurückgewonnenes *1.4-Dichlornaphthalin*, F. 66—67°. (J. org. Chemistry **24**. 595—98. Mai 1959. Painesville, Ohio, Diamond Alkali Co., Res. Labor.) H. Bertsch. 1310

A. Semeńczuk und **T. Urbański**, *Über die Darstellung von N.2.4.6-Tetranitromethylanilin mit rauchender HNO_3 in Gegenwart von inerten organischen Lösungsmitteln.* Dimethylanilin kann mit rauchender HNO_3 (D. 1,50—1,52) zu *N.2.4.6-Tetranitromethylanilin* (*Tetryl*; I) nitriert werden, wenn die Rk. in einem inerten Lösungsm. durchgeführt wird. Als Lösungsmittel wurden Dichlormethan, Chlf., Tetrachlorkohlenstoff u. Tetrachloräthan (II) untersucht. Hierbei wird Dimethylanilin in einem der Lösungsmittel in die rauchende HNO_3 + Lösungsm. eingetragen u. anschließend auf 40° erwärmt. Die Trennung vom Lösungsm. erfolgt während oder nach der Rk. je nach Kp. des Lösungsmittels. Bei Verwendung von Chlf. wird I (F. 129°) in 98%ig., bei Verwendung von II in 92%ig. Ausbeute erhalten. (Bull. Acad. polon. Sci., Sér. Sci. chim., géol., géogr. **6**. 309—11. 1958. Warsaw, Techn. Military Coll.) R. Unger. 1310

T. Urbański und **J. Urbański**, *Über die Nitrierungsprodukte von p.p'-Azoxyanisol.* Durch Nitrierung von p.p'-Azoxyanisol (I) unter verschied. Bedingungen wurden Di-, Tri- u. Tetranitroazoxyanisole dargestellt. Gute Resultate wurden mit 70—85%ig. HNO_3, mit HNO_3/Essigsäure (Meth. **A**) u. bes. gute mit HNO_3 (D. 1,5) u. 85%ig. Phosphorsäure (1:1; Meth. **B**) erzielt.

V e r s u c h e: Nitrierung von I (F. 116°) führte zu *3.3'-Dinitro-4.4'-dimethoxyazoxybenzol* (II), F. 210—212°; nach **A** bei 20° 60% (Ausbeute). — *3.3'.5-Trinitro-4.4'-dimethoxyazoxybenzol* (III), F. 179—180°; nach **A** bei 85° 60%; nach **B** bei 30° 80%, bei 50° 70%. — *3.3'.5.5'-Tetranitro-4.4'-dimethoxyazoxybenzol*, F. 239—240°, nach **B** bei 80° 35%. — *2.4-Diaminoanisol*, durch Red. von II mit $SnCl_2$ u. HCl. — *2.6-Diacetylamino-4-acetoxyanisol*, F. 197—201°, aus 1.4-Diacetoxybenzol durch Nitrierung, Methylierung, Red. u. Acetylierung über *4-Hydroxy-2.6-diacetylaminoanisol* (F. 230—234°). — *4-Hydroxy-4'-methoxy-3.3'.5-trinitroazoxybenzol*, F. 179—181°, durch Hydrolyse von III mit HBr/Essigsäure. (Bull. Acad. polon. Sci., Sér. Sci. chim., géol., géogr. **6**. 299—303. 1958. Warsaw, TU, Dep. of organ. Technol.) R. Unger. 1310

T. Urbański und **J. Urbański**, *Über einige neue unsymmetrische isomere Derivate von Tetranitroazoxybenzol.* Aus 4-Hydroxy-4'-methoxy-3.3'.5-trinitroazoxybenzol (I; Darst. vgl. vorst. Ref.) werden einige Derivv. von 3.3'.5.5'-Tetranitroazoxybenzol mit asymm. Struktur dargestellt.

V e r s u c h e: *4-Chlor-4'-methoxy-3.3'.5.5'-tetranitroazoxybenzol* (II), F. 185—186°, durch Rk. von I mit Tosylchlorid in Nitrobenzol u. Diäthylanilin entsteht *4-Chlor-4'-methoxy-3.3'.5-trinitroazoxybenzol*, das mit HNO_3/H_3PO_4 (2:1) bei 80° nitriert wird. — *4-Chlor-4'-hydroxy-3.3'.5.5'-tetranitroazoxybenzol*, F. 198—201°; aus II mit HBr in Eisessig bei 110°. — *4-Methoxy-4'-hydroxy-3.3'.5.5'-tetranitroazoxybenzol*, aus vorst. Verb. mit CH_3OH in NaOH. — *4-Methoxy-4'-chlor-3.3'.5.5'-tetranitroazoxybenzol*, F. 203—204°, aus vorst. Verb. mit Tosylchlorid analog II. — *4-Hydroxy-4'-chlor-3.3'.5.5'-tetranitroazoxybenzol*, F. 214—217°, aus vorst. Verb. mit HBr in Essigsäure bei 120°. (Bull. Acad. polon. Sci., Sér. Sci. chim., géol., géogr. **6**. 305—06. 1958.) R. Unger. 1310

T. Urbański und **J. Urbański,** *Über die Nitrierungsprodukte von 4.4'-Bis-[dimethylamino]-azoxybenzol.* Bei der Nitrierung von 4.4'-Bis-(dimethylamino)-azoxybenzol wurde ein Hexanitroazoxyderiv. (I) erhalten. Die Struktur von I wurde durch Synth., die über folgende Stufen verläuft, gesichert: 3.3'.5.5'-Tetranitro-4.4'-dimethoxyazoxybenzol → *4.4'-Dihydroxy-3.3'.5.5'-tetranitroazoxybenzol* (F. 186—187°) → *4.4'-Dichlor-3.3'.5.5'-tetranitroazoxybenzol* (F. 226—228°) → *4.4'-Bis-[methylamino]-3.3'.5.5'-tetranitroazoxybenzol* [F. 260—261° (Zers.)] → *Azoxytetryl* {I; *N.N'.3.3'.5.5'-Hexanitro-4.4'-bis-[methylamino]-azoxybenzol,* F. 208—209° (Zers.)}. Als Nebenprod. entstand *4-Chlor-4'-methylamino-3.3'.5.5'-tetranitroazoxybenzol.* (Bull. Acad. polon. Sci., Sér. Sci. chim. géol., géogr. **6.** 307—08. 1958. Warsaw, TU, Dep. of organ. Technol.) R. Unger. 1310

L. Dúbravková, I. Ježo, P. Šefčovič und **Z. Votický,** *Einige Ester des l-N-Methylephedrins.* Vff. beschreiben die Darst. einiger *Ester des l-N-Methylephedrins* mit aliphat. u. aromat. Säuren.

V e r s u c h e ([α] in CH_3OH): *l-N-Methylephedrin,* $Kp._{12}$ 134—135°, F. 85—86°, durch 5std. Rk. von *l*-Ephedrin mit 40%ig. CH_2O/85%ig. HCOOH; $[\alpha]_D^{20}$ —30°; 88% (Ausbeute). *O-Acetylderiv.,* $Kp._{12}$ 133—134°, $[\alpha]_D^{20}$ —46,2°; 88%; *Hydrochlorid,* $C_{13}H_{19}NO_2 \cdot HCl$, F. 199—200°. *O-Propionylderiv.,* $Kp._{13}$ 140—141°, $[\alpha]_D^{20}$ —47,3°; 81%; *Hydrochlorid,* $C_{14}H_{21}NO_2 \cdot HCl$, F. 162—163°. *O-Isobutyrylderiv.,* $Kp._{16}$ 136—137°, $[\alpha]_D^{20}$ —45°; 67%; *Hydrochlorid,* $C_{15}H_{23}NO_2 \cdot HCl$, F. 154—155°. *O-n-Butyrylderiv.,* $Kp._{12}$ 142—143°, $[\alpha]_D^{20}$ —40,5°; 74%; *Hydrochlorid,* $C_{15}H_{23}NO_2 \cdot HCl$, F. 162—163°. *O-n-Valeroylderiv.,* $Kp._{0,1}$ 113—115°, $[\alpha]_D^{20}$ —36,5°; 77%; *Hydrochlorid,* $C_{16}H_{25}NO_2 \cdot HCl$, F. 141—142°. *O-n-Caproylderiv.,* $Kp._{0,1}$ 126—128°, $[\alpha]_D^{20}$ —34,8°; 75%; *Hydrochlorid,* $C_{17}H_{27}NO_2 \cdot HCl$, F. 124—125°. *γ.γ-Dimethylcrotonoylderiv.,* $Kp._{0,35}$ 148—149°, $[\alpha]_D^{20}$ +15,3°; 83%; *Hydrochlorid,* $C_{17}H_{25}NO_2 \cdot HCl$, F. 190—191°. *O-Benzoylderiv.,* F. 45—46° (PAe.), $[\alpha]_D^{20}$ +63,8°; 66%; *Hydrochlorid,* $C_{18}H_{21}NO_2 \cdot HCl$, F. 181—182° (Zers.). *O-2-Methoxybenzoylderiv.,* F. 70—71° (PAe.), $[\alpha]_D^{20}$ +59,5°; 74%; *Hydrochlorid,* $C_{19}H_{23}NO_3 \cdot HCl$, F. 204—205° (Zers.). *O-4-Methoxybenzoylderiv.,* F. 75—76° (PAe.), $[\alpha]_D^{20}$ +106,8°; 83%; *Hydrochlorid,* $C_{19}H_{23}NO_3 \cdot HCl$, F. 193—194° (Zers.). *O-3.4-Dimethoxybenzoylderiv.,* F. 99—100° (PAe.), $[\alpha]_D^{20}$ +94°; 80%; *Hydrochlorid,* $C_{20}H_{25}NO_4 \cdot HCl$, F. 163—164° (Zers.). *O-3.4.5-Trimethoxybenzoylderiv.,* F. 85—86° (PAe.), $[\alpha]_D^{20}$ +79°; 78%; *Hydrochlorid,* $C_{21}H_{27}NO_5 \cdot HCl$, F. 178—179° (Zers.). (Chem. Zvesti **11.** 281—84. Mai 1957. Bratislava, Slov. Akad. Vied, Chem. Ústav, Oddelenie farm. chem. a biochém.) A. Babczynski. 1320

Kurt Bodendorf und **Werner Wössner,** *Ein neuer Weg zur Darstellung von 1-Phenyl-2-aminopropandiol-(1.3).* Benzoylessigsäureäthylester (I) wird mit Benzoldiazoniumchlorid (II) zu *α-[Phenylazo]-benzoylessigsäureäthylester* gekuppelt. Das durch Verseifen mit alkoh. KOH u. Decarboxylieren entstandene *Phenylglyoxal-ω-phenylhydrazon* wird mit CH_2O in die entsprechende *Hydroxymethylverb.* übergeführt, die durch Hydrieren über PtO_2/Eisessig neben *Cyclohexylamin* oder über Ni/CH_3OH neben *Anilin erythro-1-Phenyl-2-aminopropandiol-(1.3)* u. *Norephedrin* liefert.

V e r s u c h e: *α-[Phenylazo]-benzoylessigsäureäthylester,* F. 66° (A.), durch 2std. Rühren von I, Na-Acetat u. II in wss. A. unter Eiskühlung; 87% (Ausbeute). *Freie Säure,* F. 146° (A.), mit alkoh. KOH über das *K-Salz;* 91%. — *α-Form des Phenylglyoxal-ω-phenylhydrazons,* F. 116—118° (Bzl.-PAe.), aus vorst. Säure durch 2std. Erhitzen auf 160—175°; 94%. *β-Form,* F. 146°, aus der α-Form in A. durch Kochen. — *1-Hydroxy-3-phenylpropandion-(2.3)-phenylhydrazon-(2),* F. 126—127° (Bzl.), durch 8 Min. Erwärmen vorst. α-Form mit CH_2O in CH_3OH auf 60°; gelbe verfilzte Nadeln; 96%. — *erythro-1-Phenyl-2-aminopropandiol-(1.3),* F. 105—106° (Essigester), a), aus vorst. Verb. durch 24std. Hydrieren in Ggw. von PtO_2 in Eisessig, Einengen, Extrahieren von *Cyclohexylaminacetat* mit Essigester u. Alkalisieren des *Acetats* (Isopropanol; 65%); 100%; b) durch 3std. Hydrieren vorst. Verb. in CH_3OH in Ggw. von Raney-Ni bei 80° u. 90 at, Einengen u. Wasserdampfdest. von *Anilin;* 52%. *N-Acetylverb.,* F. 105—106°. *N.O-Diacetylverb.,* F. 109—111°. — *Norephedrin,* F. 103—105°, neben vorst. Verb. über das *Acetat;* 25%. (Liebigs Ann. Chem. **623.** 109—11. 20/5. 1959. Karlsruhe, TH, Pharmazeut.-Chem. Inst.) P. Rögner. 1320

L. Skulski und **T. Urbański,** *Von 4-[ω-Nitrovinyl]-anilin abgeleitete Azofarbstoffe.* Es werden durch Rk. von diazotiertem 4-[2-Nitrovinyl]-anilin (I) mit Phenol (II) bzw. β-Naphthol (III) zwei *Azofarbstoffe* dargestellt, ihre Spektren im UV u. sichtbaren Bereich aufgenommen u. mit Spektren von Verbb. verglichen, die an Stelle der $-CH=CH-NO_2$-Gruppe nur die Nitrogruppe tragen.

V e r s u c h e: *4-[2-Nitrovinyl]-anilin* (I), F. 157,5—158,5°; aus 4-Acetamidobenzaldehyd u. Nitromethan über das Acetylderiv.; orangerote Platten. — *4-[2-Nitrovinyl]-phenol,* F. 167—168°; durch Diazotierung von I u. Verkochen. — *4-Hydroxy-4'-[2-nitro-*

vinyl]-azobenzol, F. 186,5—188°; a) durch Kupplung von diazotiertem I mit Phenol; b) durch Rk. von 4-Hydroxy-4'-formylazobenzol (F. 199°) mit Nitromethan. — *1-[p-(2-Nitrovinyl)-phenylazo]-naphthol-(2)*, F. 274°, analog vorst. Verb. mit β-Naphthol nach a); mit 1-(p-Formylphenylazo)-naphthol-(2) (F. 184—185°) nach b). (Bull. Acad. polon. Sci., Sér. Sci. chim., géol., géogr. 6. 293—98. 1958. Warsaw, TU, Dep. of organ. Technol.)
R. UNGER. 1320

Benno Reichert, *Über die Umsetzung von Salzen sekundärer fettaromatischer Amine mit Formaldehyd und Aralkylketonen.* Die Hydrochloride von 2-Methoxybenzylmethylamin (I), 4-Methoxybenzylmethylamin (II) u. 3.4-Methylendioxybenzylmethylamins (III) werden mit Formaldehyd u. p-Methoxyacetophenon (V) oder Acetophenon (IV) zu tert. Basen kondensiert. In über 50% ig. Ausbeute werden *ω-[4-Methoxybenzylmethylamino]-propiophenonhydrochlorid* (VI), *ω-[2-Methoxybenzylmethylamino]-propiophenonhydrochlorid* (VII) u. *ω-[3.4-Methylendioxybenzylmethylamino]-4'-methoxypropiophenonhydrochlorid* (VIII). Erwartet wurde für VI, VII u. VIII eine ausgeprägte pharmakol. Wirkung. Lokalanästhet. u. spasmolyt. Wrkg. zeigt jedoch nur VII. — I, II u. III werden in guter Ausbeute durch katalyt. Hydrierung eines Gemisches des entsprechenden aromat. Aldehyds mit überschüssigem Methylamin in A. erhalten.

Versuche: Propiophenonhydrochloride: *ω-[4-Methoxybenzylmethylamino]-, Dihydrat* (VI), $C_{18}H_{21}NO_2 \cdot HCl + 2H_2O$, F. 58° (W.), durch 4std. Erhitzen von II, IV, Paraformaldehyd u. Methanol auf 100°; aus W. hexagonale Kristalle. — *ω-[2-Methoxybenzylmethylamino]-* (VII), $C_{18}H_{21}NO_2 \cdot HCl$, F. 124° (Aceton/W.), durch 10std. Erhitzen von I, Paraformaldehyd u. IV in 96% ig. A. auf 100°; erzeugt auf der Zunge langanhaltende Anästhesie. — *ω-[3.4-Methylendioxybenzylmethylamino]-4'-methoxy-* (VIII), $C_{19}H_{21}NO_4 \cdot HCl$, F. 171°, durch mehrstd. Erhitzen von III, V u. 35% ig. wss. Formaldehydlsg. auf 100°; aus Isopropanol Blättchen. (Arch. Pharmaz. Ber. dtsch. pharmaz. Ges. **290/62.** 349—51. Juli 1957. München, Univ., Inst. für Pharmazie u. Lebensmittelchem.)
H. SEIFERT. 1340

M. I. Kabatschnik und **W. A. Giljarow,** *Über Imidsäuren. Dialkylphosphoryl-N-phenyltriazene und ihre Salze.* Bei der Rk. von Na- oder Triäthylammoniumdialkylphosphiten mit Phenylazid (I) werden die entsprechenden Salze von *Dimethyl-, Diäthyl-, Di-n-propyl-, Diisopropyl-* u. *Di-n-butylphosphoryl-N-phenyltriazen* erhalten. Aus diesen werden durch Abdestillieren von Triäthylamin (II) oder Ansäuern der wss. Lsg. die wasserunlösl. freien Säuren erhalten. Diese liegen wahrscheinlich in der Form $(RO)_2P(:O)N{=}N \cdot NHC_6H_5$ vor. Im Gegensatz zu den Triazenen des Typs $RN{=}N \cdot NHAr$ haben sie keine bas. Eigenschaften.

Versuche: N-Phenyltriazene: *Dimethylphosphoryl-*, $C_8H_{12}N_3O_3P$, F. 94,5 bis 95°, man tropft zu 2,2 g Dimethylphosphit u. 2,0 g II in 5 ml Ae. 2,4 g I zu, läßt 1—2 Tage stehen u. dampft im Vakuum ein; aus Chlf. durch Fällen mit PAe. Nadeln; 30,4% (Ausbeute). — *Diäthylphosphoryl-*, $C_{10}H_{16}N_3O_3P$, F. 85,0°, a) analog Vorst. aus 3,6 g I, 3,0 g II u. 4,1 g Diäthylphosphit; aus Chlf. + PAe. fünfeckige Platten; 50%; b) durch Ansäuern der wss. Lsg. des Na-Salzes mit verd. HCl; 57,7%. *Na-Salz*, $C_{10}H_{15} \cdot N_3NaO_3P$, F. 147,5—149,5° (Chlf. + PAe.), man tropft zu 13,8 g Diäthylphosphit u. 2,3 g Na in 30 ml Ae. 11,9 g I zu, läßt 24 Std. stehen oder dampft ein; 68,5%. — *Di-n-propylphosphoryl-, Na-Salz*, $C_{12}H_{19}N_3NaO_3P$, F. 142,0—142,5° (Chlf. + PAe.); 32,5%. — *Diisopropylphosphoryl-*, $C_{12}H_{20}N_3O_3P$, F. 64,0—65,0°, a) aus Diisopropylphosphit, I u. II; 17,5%; b) aus dem Na-Salz; 26,3%. *Na-Salz*, $C_{12}H_{19}N_3NaO_3P$, F. 142,0—143,0° (Chlf. + PAe.); 47,8%. — *Di-n-butylphosphoryl-*, $C_{14}H_{24}N_3O_3P$, man läßt 1,34 g des Na-Salzes u. 0,247 g Eisessig in 8 ml Ae. 4 Std. stehen, filtriert u. dampft im Vakuum ein; zähes, hellbraunes Öl; n_D^{20} 1,5220; 1,128 g. *Na-Salz*, $C_{14}H_{23}N_3NaO_3P$, F. 145,0—146,0° (PAe.); 46,7%. (Доклады Академии Наук СССР [Ber. Akad. Wiss. UdSSR] **114.** 781—84. 1/6. 1957. Inst. für metallorgan. Verbb. der Akad. der Wiss. der UdSSR.)
HELMUT SCHÄFER. 1380

Robert E. McCoy, Alvin W. Baker und **Roland S. Gohlke,** *Darstellung von Cyclohexanondimethylacetal.* Beim Ansäuern von methanol. Lsgg. oder Suspensionen von aci-Nitrocyclohexansalzen wurde neben 35% *Cyclohexanonoxim, Nitrocyclohexan* u. *Cyclohexanon* (I), *Cyclohexanondimethylacetal* (II) isoliert. Die gleichen Prodd. wurden durch Behandlung der Salze mit Dimethylsulfat bzw. Diäthylsulfat in CH_3OH jedoch nicht in A. erhalten. Der Nachw. für II wurde durch Massenspektrographie u. IR-Spektr. erbracht. Diese Ergebnisse lassen eine direkte Darst. von II aus I u. CH_3OH möglich erscheinen, was auch in Ggw. von HCl gelang. Die leichte Darst. von II beruht wahrscheinlich auf der geringen Stabilität der exo-Doppelbindung. Auch andere Ketale von I konnten auf diese Weise aber mit viel schlechteren Ausbeuten dargestellt werden. — *Cyclohexanondimethylacetal* (II), $Kp._{50}$ 73,0°, n_D^{25} 1,4372, aus I u. CH_3OH in Ggw. von

HCl bei 100°. (J. org. Chemistry **22**. 1175–77. Okt. 1957. Midland, Mich., Dow Chem. Comp., Phys. Res. Labor. and Spectroscopy Labor.) Horst Baganz. 1960

David Y. Curtin und **Robert R. Fraser,** *Bildung von Cyclohexadienonen durch direkte Alkylierung von Phenolen mit gesättigten Alkylderivaten.* Es werden die Methylierung von 2.6-Dimethylphenol (I), die zu *2.6-Dimethylanisol* (II) u. *2.6.6-Trimethylcyclohexadien-(2.4)-on* (III) führt, u. die Faktoren, die die Stellung der Alkylierung bestimmen, untersucht. Umsatz des Na-Salzes von I (aus I u. $NaOCH_3$ u. Entfernen von CH_3OH durch Vakuumdest.) mit CH_3J (IV) in Toluol bei 110° im Bombenrohr (24 Std.) gibt 40% II u. 2% III, entsprechend einem Verhältnis Äther:Dienon (V.) = 20. Benzylierung von I unter gleichen Bedingungen gibt V. = 0,6 (vgl. Curtin u. Mitarbeiter, C. **1959**. 3763.). Das Al-Salz von I (aus I u. Al-Isopropylat) reagiert unter diesen Bedingungen nicht. Die Umsetzung des BrMg-Salzes von I mit IV gibt nur wenig II u. kein III, Bei Verwendung von p-Brombenzolsulfonsäuremethylester als Alkylierungsmittel werden 80% II u. kein III erhalten. Das Li-Salz von o-Kresol (VI) gibt bei der Methylierung mit IV 21% *2-Methylanisol* (VII), 1,5% III u. 4,6% *Dimeres von* III, 16% I u. 2% eines *Trimethylphenols.* Beim Stehen dimerisiert sich III u. es kann *endo-1.4.6.6.9.9-Hexamethyl-$\Delta^{3.11}$-tricyclo-[6.2.2.0$^{2.7}$]-dodecadiendion-(5.10)* u. *endo-1.6.6.9.9-Pentamethyl-$\Delta^{3.11}$-tricyclo-[6.2.2.0$^{2.7}$]-dodecadiendion-(5.10)* (Kondensationsprod. aus III u. 6.6-Dimethylcyclohexadien-(2.4)-on) isoliert werden. Aus dem Li-Salz von Phenol (V) entstehen analog mit IV im Bombenrohr 16% *Anisol,* 5% VII, 2% II, 17% VI, 8% I u. 0,2% III. Daraus ergibt sich, daß bei der Alkylierung mit IV im V die Reaktivitäten an O, $C_{(2)}$ u. $C_{(6)}$ gleichwertig (= 1), im VI an O u. $C_{(6)}$ je = 1 u. an $C_{(2)}$ = 0,3 u. im I an O = 1 u. an $C_{(2)}$ u. $C_{(6)}$ = 0,3 sind.

Versuche: *2.6-Dimethylanisol* (II), $Kp._{11}$ 66–67°, $Kp._{21}$ 81°, aus dem Na-Salz von I u. IV in Toluol, n_D^{25} 1,5000, 38% (Ausbeute), neben 17% *2.6.6-Trimethylcyclohexadien-(2.4)-on* (III). Die Ausbeute wurde durch UV-Spektrographie bestimmt. — II wird auch aus dem Na-Salz von I mit p-Brombenzolsulfonsäuremethylester in Toluol 80%, erhalten. — II u. III entstehen aus dem Li-Salz von I mit überschüssigem IV im Verhältnis 1,7–2,1:1. — *2-Methylanisol* (VII), aus dem Li-Salz von VI u. IV in Toluol; 21% neben 1,5% III u. 4,6% *Dimeres von* III. Das Dimere wird durch Chromatographie an Al_2O_3 in Hexan in *endo-1.6.6.9.9-Pentamethyl-$\Delta^{3.11}$-tricyclo-[6.2.2.0$^{2.7}$]-dodecadiendion-(5.10),* $C_{17}H_{22}O_2$, F. 113–116° (Hexan u. CH_3OH) u. *endo-1.4.6.6.9.9-Hexamethyl-$\Delta^{3.11}$-tricyclo-[6.2.2.0$^{2.7}$]-dodekadiendion-(5.10),* $C_{18}H_{24}O_2$, F. 107–110°, getrennt. — *Anisol,* aus dem Li-Salz von V u. IV im Bombenrohr, 16%; neben 5% VII, 2% II, 17% VI, 8% I u. 0,2% III. (J. Amer. chem. Soc. **80**. 6016–20. 20/11. 1958. Urbana, Ill., Universal of Illinois, Noyes Chem. Labor.) E. Kessler. 1960

Léon Denivelle und **Roland Fort,** *Über die Chlorierung polysubstituierter Monophenole. Pentachlorphenol.* 2. Mitt. *Darstellung von 1.2.4.4.5.6-Hexachlorcyclohexadien-(1.5)-on-(3).* (1. vgl. Bull. Soc. chim. France [5] **1956**. 1834.) Bei der Einw. von Cl_2 auf Pentachlorphenol (I) in unpolaren Lösungsmitteln, bes. CCl_4, in Ggw. von Pyridin, Alkaliacetat oder -bicarbonat sowie auf Na- oder Pb-I in CCl_4, Chlf., $FCCl_3$, Bzl., Hexan oder Cyclohexan entsteht fast quantitativ *1.2.4.4.5.6-Hexachlorcyclohexadien-(1.5)-on-(3)* (II). Mitunter bildet sich im letzteren Falle als Nebenprod. wahrscheinlich *Bis-[pentachlorphenyl]-peroxyd.* II wird auch quantitativ bei Einw. von Methyl-, tert.-Butyl- (III) u. Äthylhypochlorit (IV) auf I in CCl_4 erhalten. Bei Einw. von N.N-Dichlorbenzolsulfonamid (V) auf I bildet sich II jedoch nur in Ggw. von Luftfeuchtigkeit. II wird durch sein UV-, IR- u. Raman-Spektr. charakterisiert u. IR-spektroskop. nachgewiesen.

Versuche: *1.2.4.4.5.6-Hexachlorcyclohexadien-(1.5)-on-(3)* (II), C_6Cl_6O, F. 51°, $Kp._{0,1}$ 110–112°, a) durch Zugabe einer Lsg. von Pyridin in CCl_4 oder von festem K-Acetat bzw. $NaHCO_3$ zu einer mit Cl_2 bei 40° gesätt. Lsg. von 13,3 g I in CCl_4 u. 15–30 Min. Rühren; gelbe monokline oder quadrat. Kristalle aus PAe.; 14 g (Ausbeute); b) durch Chlorierung von Na-I oder Pb-I in CCl_4 bei 5°; c) durch Chlorieren von 7,2 g Na-I in CH_3OH bei —10°; 7 g; d) durch langsames Zugeben von 26,6 g I zu III in CCl_4 bei Raumtemp. u. 1 std. Rühren; 29 g; e) aus 13,3 g I u. IV; 14 g; f) durch 2–3 std. Stehen von I u. V ohne Lösungsmittel. Belichtung mit kurzwelligem Licht → *1.2.4.5.6.6-Hexachlorcyclohexadien-(1.4)-on-(3)* u. ein *Dimeres* (?) $(C_6OCl_6)_2$. — *Na-Pentachlorphenolat* (Na-I), C_6Cl_5NaO, durch Umsetzung äquimol. Mengen von I u. $NaOCH_3$; hygroskop. Pulver. *Monohydrat,* $C_6Cl_5NaO \cdot H_2O$, nicht hygroskop.; *Methanolat,* $C_6Cl_5NaO \cdot CH_3OH$. — *Pb*-I, $(C_6Cl_5O)_2Pb$, aus Na-I in W. mit $Pb(NO_3)_2$. (Bull. Soc. chim. France [5] **1957**. 724–28. Mai. Paris, Conserv. Nat. des Arts et Métiers, Labor. de Chim. Tinct.) Gerhard Müller. 1960

Léon Denivelle und **Roland Fort,** *Über die Chlorierung polysubstituierter Monophenole. Pentachlorphenol.* 3. Mitt. *Darstellung von 2.2.3.4.5.5.6.6-Oktachlorcyclohexen-(3)-on-(1) oder „δ-Oktachlorphenol".* (2. vgl. vorst. Ref.) Es wird gezeigt, daß die Einw. von Cl_2 auf Pentachlorphenol (I) in Eisessig zunächst zu einem Gleichgewichtsgemisch mit

1.2.4.4.5.6-Hexachlorcyclohexadien-(1.5)-on-(3) (II) u. HCl führt. Die Bldg. von II wird in Ggw. von W. durch Rk. der entstandenen HOCl mit I stark beschleunigt. Die weitere Cl_2-Einw. auf II führt dann zu einem Gemisch von *2.2.3.4.5.5.6.6-Oktachlorcyclohexen-(3)-on-(1)* (III; *δ-Oktachlorphenol*) u. wenig *„Hexachlorphenol"* (IV), das durch Isomerisierung von II entsteht, aber bei Chlorierungsverss. unverändert bleibt. Entsprechend diesem Reaktionsschema wird bei Rk. von HCl mit II ein Gemisch von I, IV u. III, bei Chlorierung von I in Ggw. von gasförmigen HCl ein Gemisch von I, II u. IV erhalten. III wird durch sein UV- u. IR-Spektr. charakterisiert.

Versuche: *2.2.3.4.5.5.6.6-Oktachlorcyclohexen-(3)-on-(1)* (III), C_6Cl_8O, F. 105 bis 106° (Hexan oder Essigsäure), a) durch 3std. Chlorieren von 26,6 g I in Essigsäure bei 50° u. 30tägiges Stehen bei Raumtemp.; trikline Kristalle; 15 g (Ausbeute; daneben IV); b) durch 3std. Chlorieren von 10 g I in 95%ig. Essigsäure bei 50°; 5,8 g (daneben II u. IV); c) analog b), aber 4std. Stehen; 8 g (daneben IV); d) durch 4std. Chlorieren von 15 g II in Eisessig bei 40—45° u. 1wöchiges Stehen; 7 g (neben Spuren IV); e) durch 3std. Chlorieren von 15 g II in Eisessig in Ggw. von HCl bei 20° u. 24std. Stehen; 6,5 g; f) aus 10 g II in Eisessig/HCl (D. 1,19) in 6 Std.; 8,5 g; g) durch Stehen von II mit Eisessig/gasförmigem HCl (neben I u. IV). — *1.2.4.4.5.6-Hexachlorcyclohexadien-(1.5)-on-(3)* (II), a) durch 2std. Chlorieren von I in Eisessig bei 18—20° u. 20std. Stehen (daneben IV); b) bei 50—60° u. 2std. Stehen; c) bei 95—100° (2 Std.) u. 1std. Stehen (daneben IV u. III). (Bull. Soc. chim. France **1958**. 459—64. April.) GERHARD MÜLLER. 1960

I. N. Nasarow und **M. W. Mawrow**, *Dien-Kondensationen gem.-substituierter Butadiene.* 1. Mitt. (Vgl. C. **1959**. 8857.) Die Dienkondensation von 1.1.4.4-Tetramethyl- (I), 1.1.4-Trimethyl- (II) u. 1.1-Dimethylbutadien-(1.3) (III) mit wenig reaktionsfähigen Dienophilen erfordert sehr scharfe Bedingungen. I liefert mit Acrylsäuremethylester (IV) erst bei mehrstd. Erhitzen auf 250—260° ein Addukt, das sich beim Abbau als *1-Methyl-3-isopropyl-Δ^1-cyclohexen-4-carbonsäuremethylester* erwies; I lagert sich somit unter den Bedingungen der Rk. in *1-Isopropyl-3-methylbutadien-(1.3)* um, das dann eine Kondensation eingeht. Ähnlich liefert I auch mit Crotonaldehyd (V) kein n. Addukt. III gibt mit Acrylonitril (VI) bei 200° erst nach Isomerisierung zu 1.3-Dimethylbutadien-(1.3) ein Adduktgemisch aus *1.3-Dimethyl-4-* u. *-5-cyancyclohexen-(1)*. Im Gegensatz zu I u. III liefert II mit IV u. V überwiegend n. Addukte, u. eine Isomerisierung tritt nur in untergeordnetem Maße ein. I wird vorteilhaft durch Dehydratisieren von 1.1.4.4-Tetramethylbutandiol-(1.4) bei 300° über ZrO_2 auf Bimsstein oder über Cr_2O_3/Al_2O_3 dargestellt, wobei in annähernd gleicher Menge *2.5-Dimethylhexadien-(1.5)* (VII) anfällt. Analog entsteht II aus Isopropylpropenylcarbinol neben *1-Isopropylbutadien-(1.3)* (VIII).

Versuche: *1.1-Dimethylbutadien-(1.3)* (III), $Kp._{725}$ 75,8—76,2°, durch Pyrolyse von Isopropylvinylcarbinolacetat; n_D^{20} 1,4542. — *Isopropylpropenylcarbinol*, $Kp._{17}$ 146 bis 149°, aus Crotonaldehyd u. Isopropyl-MgBr; n_D^{17} 1,4322; 43% (Ausbeute). — *1.1.4-Trimethylbutadien-(1.3)* (II), $Kp._{749}$ 110,3—110,6°, durch Dehydratisieren von 285 g vorst. Verb. über ZrO_2/Bimsstein bei 285—290°; n_D^{20} 1,4682; $D.^{20}_4$ 0,7552; 92 g (liefert durch Oxydation mit $KMnO_4$ *Aceton, Oxal-* u. *Essigsäure*); daneben *1-Isopropylbutadien-(1.3)* (VIII), C_7H_{12}, $Kp._{744}$ 90—91°, n_D^{20} 1,4358, 51,4 g (liefert mit $KMnO_4$ *Isobuttersäure*; *p-Bromphenacylester*, F. 75—76°). — *1.1.4.4-Tetramethylbutandiol-(1.4)*, F. 91—92° (PAe.), durch Hydrieren von 426 g 1.1.4.4-Tetramethylbutindiol-(1.4) in A. über RANEY-Ni bei 40—45°/120 at; 380 g. — *1.1.4.4-Tetramethylbutadien-(1.3)* (I), $Kp._{762}$ 133,5 bis 134°, F. 12—13°, n_D^{20} 1,4783, $D.^{20}_4$ 0,7624, durch Dehydratisieren von 146 g vorst. Verb. a) verd. mit Methanol über ZrO_2/Bimsstein bei 300—310°; 42 g neben *2.5-Dimethylhexadien-(1.5)* (VII), Kp. 112—114°, n_D^{23} 1,4298; 53 g; b) verd. mit A. über Cr_2O_3/Al_2O_3 bei 300—310°; 52% neben 43% VII. — *3-Isopropyl-Δ^4-tetrahydrophthalsäureanhydrid*, F. 91° (PAe.), durch 10std. Erhitzen von VIII mit Maleinsäureanhydrid (IX) in Bzl. im Rohr auf 100°; 86%. — *5-Isopropyl-4a.5.8.8a-tetrahydronaphthochinon-(1.4)*, $C_{13}H_{16}O_2$, F. 92° (PAe.), durch 12std. Erhitzen von VIII mit Benzochinon in Bzl. im Rohr auf 100°; 64%. — (Polymeres?) *Addukt* vom F. 215—230°, durch 10 std. Erhitzen von I mit IX auf 150°. — *1-Methyl-3-isopropyl-Δ^1-cyclohexen-4-carbonsäure*, $C_{11}H_{18}O_2$, $Kp._6$ 139—141°, durch 15std. Kochen von 12 g nachst. Methylesters in 15%ig. NaOH; n_D^{20} 1,4795; 7,6 g. *Methylester*, $Kp._5$ 95—99°, a) durch 3std. Erhitzen von 22,5 g I mit IV in Bzl. in Ggw. von Hydrochinon im Rohr auf 220°; 3,5 g; b) analog in 4 Std. bei 250 bis 260°; n_D^{23} 1,4652; 30%. — *1-Methyl-3-isopropylcyclohexan-4-carbonsäure*, $Kp._{1,6}$ 116—118°, durch Hydrieren von 5 g vorst. Säure in Eisessig über Pt; n_D^{20} 1,4726; 4,1 g. — *Isophthalsäure*, F. 250°, durch kurzes Überleiten von 8 g vorst. Säure mit N_2 über Cr_2O_3/Al_2O_3 bei 480° u. 2std. Oxydieren der erhaltenen *KW-stoffe* (Kp. 138 —172°, n_D^{24} 1,5012) mit 10%ig. HNO_3 bei 200°/25 at N_2; 1,2 g. *Dimethylester*, F. 64°. — *2.4-Dimethyl-6-isopropyl-Δ^4-tetrahydrobenzaldehyd*, $Kp._4$ 85—88°, durch 5std. Erhitzen von 22,5 g I mit V im Rohr auf 230°; n_D^{20} 1,4758; 5,4 g. *2.4-Dinitrophenylhydrazon*, $C_{18}H_{24}$·

N_4O_4, F. 145° (A.). — *Gemisch* aus *1.3-Dimethyl-4-* u. *-5-cyancyclohexen-(1)*, $C_9H_{13}N$, Kp.$_7$ 76—81°, durch 4std. Erhitzen von III mit VI in Bzl. im Rohr auf 200°; 23%. — Gemisch aus *1.3-Dimethyl-4-* u. *-5-cyancyclohexan*, $C_9H_{15}N$, Kp.$_{12}$ 85—88°, durch Hydrierung von 14,3 g vorst. Gemisches in A. über Pt; n_D^{19} 1,4580; 9,2 g; liefert a) durch Dehydrieren bei 480° über Cr_2O_3/Al_2O_3 u. 20std. Erhitzen mit konz. wss.-alkoh. KOH auf 140° *2.4-Dimethylbenzoesäure*, F. 126—127°, b) durch 2std. Erhitzen über Pd/Kohle auf 320°, 25std. Erhitzen mit konz. wss.-alkoh. KOH u. 2std. Oxydation mit 10%ig. HNO_3 bei 200°/30 at N_2 *Trimesinsäure*, F. >260° (*Trimethylester*, F. 114°) u. Trimellitsäure, F. 224—227°. — *2.4.6-Trimethyl-Δ³-tetrahydrobenzaldehyd*, $C_{10}H_{16}O$, Kp.$_{16}$ 85—90°, durch 14std. Erhitzen von 15 g III mit V in PAe. im Rohr auf 145—150°; n_D^{18} 1,4732; 6,2 g. *Semicarbazon*, F. 182—183°. — *2.4.6-Trimethyl-Δ³-tetrahydrobenzoesäure*, F. 97—98° (wss. Methanol), Kp.$_{3,5}$ 124—128°, durch 25std. Erhitzen von 3,8 g vorst. Aldehyds mit Ag_2O im wss.-alkoh. KOH; 2,4 g. — *Gemisch* aus *2.2.5-Trimethyl-* u. *2-Isopropyl-Δ³-tetrahydrobenzoesäuremethylester*, $C_{11}H_{18}O_2$, Kp.$_{11}$ 88—90°, durch 10std. Erhitzen von 19,2 g II mit IV in PAe. im Rohr auf 200°; n_D^{20} 1,4535; 6,3 g. — *Gemisch* aus *2.2.5-Trimethyl-* u. *2-Isopropyl-Δ³-tetrahydrobenzoesäure*, $C_{10}H_{16}O_2$, Kp.$_2$ 113—115°, durch 10 std. Kochen von 4,5 g vorst. Estergemisches mit 20 % ig. KOH; n_D^{21} 1,4718; 3,8 g (scheidet Kristalle vom F. 92° aus); liefert durch 1 ½ std. Erhitzen mit Pd/Kohle auf 310° u. 2std. Oxydation mit 8 % ig. HNO_3 bei 200°/30 at N_2 *Benzoesäure*, F. 120—122° u. *Terephthalsäure*, F. >260° (*Dimethylester*, F. 144°). — *2.2.5.6-Tetramethyl-Δ³-tetrahydrobenzaldehyd*, Kp.$_6$ 70—80°, durch 8std. Erhitzen von 26 g II mit V in PAe. im Rohr auf 220—226°; n_D^{29} 1,4721; 4,8 g. *2.4-Dinitrophenylhydrazon*, $C_{17}H_{22}N_4O_4$, F. 183° (Essigester). — *2-Isopropyl-6-methyl-Δ³-tetrahydrobenzaldehyd*, Kp.$_7$ 84—86°, durch 7std. Erhitzen von VII mit V im Rohr auf 170°; n_D^{20} 1,4754; 65%. *Semicarbazon*, $C_{12}H_{21}N_3O$, F. 184—185° (A.). *2.4-Dinitrophenylhydrazon*, $C_{17}H_{22}N_4O_4$, F. 165—167°. (Журнал Общей Химии [J. allg. Chem.] **28** (**90**). 3061—71. Nov. 1958. Inst. für org. Chem. der Akad. der Wiss. der UdSSR.)

H.-E. TOUSSAINT. 2010

John B. McKelvey, Beverly G. Webre und **Elias Klein,** *Reaktion von Epichlorhydrin mit Cyclohexylamin.* Durch Rk. von 3,5 Mol Cyclohexylamin (I) mit 1 Mol Epichlorhydrin (II) auf dem Wasserbad entstehen in Übereinstimmung mit Angaben von WEDEKIND u. BRUCH [1929] harzige Prodd.; die Rk. verläuft oft unkontrollierbar. Durch Umsetzung von 1 Mol I mit 1 Mol II wurde in 60—63 % ig. Ausbeute *N-[3-Chlor-2-hydroxypropyl]-cyclohexylamin* (III) erhalten. Die Rk. von 2 Mol II mit 1 Mol I in PAe. bei 20—25° ergab in 70 % ig. Ausbeute III; wurde die Reaktionszeit auf 16—20 Std, verlängert oder die Rk. bei 8—10° durchgeführt, so konnten neben III *N.N-Bis-[3-chlor-2-hydroxypropyl]-cyclohexylamin* (IV) u. wenig III-*Hydrochlorid* isoliert werden; I-Hydrochlorid entstand in PAe. nicht. Wurde I mit II in Dioxan zur Rk. gebracht, so bildeten sich wenig I-*Hydrochlorid.* Ein Reaktionsmechanismus wird diskutiert. III u. IV wurden mit Na-Orthosilicat in Dioxan zu *N-[2.3-Epoxypropyl]-* (V) bzw. *N.N-Bis-[2.3-epoxypropyl]-cyclohexylamin* dehydrohalogeniert; die Überführung in das Epoxyd gelang in etwa 80 % ig. Ausbeute; bei der Dest. der Epoxyde trat jedoch — wahrscheinlich infolge geringer Mengen gelösten Alkalis — weitgehende Verharzung ein. Eine zweite Dest. zeigte, daß die Epoxyde therm. stabil sind. Wurde I mit II in Dioxan umgesetzt u. die erhaltene Lsg. direkt mit Na-Orthosilicat behandelt, so trat bei der Abdest. des Lösungsm. vollständige Polymerisation ein.

Versuche: *N-[3-Chlor-2-hydroxypropyl]-cyclohexylamin* (III) $C_9H_{18}ClNO$, F. 79 bis 80° (PAe.), a) durch Zugabe von 2 Mol II zu 1 Mol I in PAe., 17std. Rühren bei 20—25° u. Filtrieren; 71,5%; b) analog a) bei 8—10°; 38%. *Hydrochlorid*, $C_9H_{19}Cl_2NO$, F. 155°, a) neben III nach a); 1,8 g; b) neben IV nach a); 4,5 g; c) durch Einleiten von HCl in eine Lsg. von III in Ae.; d) durch Einleiten von HCl in eine Lsg. von V in Äther. *N.N-Bis-[3-chlor-2-hydroxypropyl]-cyclohexylamin* (IV), $C_{12}H_{23}Cl_2NO_2$, Fl., a) durch Abtrennen der viscosen Phase aus dem Filtrat von III nach b), gegebenenfalls nach Abdest. von etwas PAe.; 40%; b) durch 2tägige Rk. von 1 Mol III mit 1 Mol II in Chlf. bei Raumtemperatur. *Hydrochlorid*, $C_{12}H_{23}Cl_2NO_2 \cdot HCl$, F. 174—175° (Chlf., Dioxan), durch Behandlung von IV in Chlf. mit HCl. — *N-[2.3-Epoxypropyl]-cyclohexylamin* (V), Kp.$_{3,5}$ 90°, durch Zugabe von Na-Orthosilicat zu III in Dioxan unter Rühren, 1std. Rühren bei 55—60°, Filtrieren, Abdest. des Dioxans im Vakuum u. Vakuumdest.; $D._4^{26}$ 0,9934; polymerisiert sich beim Stehen; ca. 35%. — *N.N-Bis-[2.3-epoxypropyl]-cyclohexylamin*, $C_{12}H_{21}NO_2$, Kp.$_4$ 126—128°, analog V; $D._4^{24}$ 1,0403. (J. org. Chemistry **24**. 614—16. Mai 1959. New Orleans, La., US Dep. of Agricult., South. Reg. Res. Labor.)

H. BERTSCH. 2110

Chr. Ivanoff und **G. Vassileff,** *Ein neues Verfahren zur Darstellung von 1.3-Diarylpropanolen-(2).* Epichlorhydrin (I) addiert 2 Mol einer Aryl-Li-Verb. unter Bldg. des entsprechenden *1.3-Diarylpropanols-(2).*

Versuche: *1.3-Diphenylpropanol-(2)*, $C_{15}H_{16}O$, Kp.$_{1,1}$ 157—158°, Kp.$_{11}$ 181 bis 183°, zur schwachsd. äther. Lsg. von Phenyl-Li (1,75 g Li u. 23, 55 g Brombenzol) fügt man in 3/4 Std. 4,63 g I in Ae. hinzu, kocht 3 Std., gießt in W., neutralisiert mit verd. HCl u. dest. die äther. Schicht; D.$^{20}_4$ 1,0610; n_D^{20} 1,5723; 78% (Ausbeute). — *1.3-Di-o-tolylpropanol-(2)*, $C_{17}H_{20}O$, Kp.$_{0,5}$ 169—170° analog aus 2,32 g I ,12,83 g o-Bromtoluol u. 0,88 g Li; D.$^{20}_4$ 1,0333; n_D^{20} 1,5647; 66%. — *1.3-Di-p-tolylpropanol-(2)*, $C_{17}H_{20}O$, Kp.$_{10}$ 196—198°, Kp.$_{0,5}$ 168,5—169°; D.$^{20}_4$ 1,0225; n_D^{20} 1,5606; 72%. — *1.3-Bis-[p-dimethylaminophenyl]-propanol-(2)*, $C_{19}H_{26}N_2O$, F. 58—59° (Methanol), Kp.$_{0,24}$ 231—233°, aus der Mutterlauge nachst. Verb. durch Verdampfen des A.; 45%. — *1.3-Bis-[p-dimethylaminophenyl]-propen-(1)*, $C_{19}H_{24}N_2$, F. 158—160° (A.-Essigester) aus 4,63 g I, 30 g p-Bromdimethylanilin u. 1,75 g Li, man gießt nach dem Erhitzen auf W. u. fraktioniert die äther. Schicht ohne zu neutralisieren, die Fraktion Kp.$_{0,25}$ 233—235° verrührt man mit der doppelten Menge A.; gelbgrüne Kristalle; 0,3 g. — *1.3-Di-α-naphthylpropanol-(2)*, $C_{23}H_{20}O$, F. 138—140°; gelbe Kristalle; 28%. (Доклады Болгарской Академии Наук [C. R. Acad. bulg. Sci.] **9**. 61—64. Okt./Dez. 1956. Sofia, Univ.; Lehrstuhl für organ. Chem.) H. KÜHNE. 2270

D. K. Genge und **J. J. Trivedi,** *Substituierte Butyrolactone.* 1. Mitt. *Synthese von γ-[4-Alkoxyxenyl-(3)]-butyrolactonen.* Es werden *β-[4-Alkoxyxenoyl-(3)]-propionsäuren* dargestellt u. in Ggw. von RANEY-Ni hydriert. Die resultierenden *γ-[4-Alkoxyxenyl-(3)]-γ-hydroxybuttersäuren* werden lactonisiert. Auf die Bedeutung dieser Lactone als Wurmmittel wird hingewiesen.

Versuche: Diphenyle, nach GRAY u. Mitarbeiter (C. **1958**. 1532): *p-Äthoxy-*, $C_{14}H_{14}O$, F. 78°, aus verd. A. Nadeln. — *p-[n-Propoxy]-*, $C_{15}H_{16}O$, F. 68°, aus verd. A. Nadeln. — *p-[n-Butoxy]-*, $C_{16}H_{18}O$, F. 80°, aus verd. A. Nadeln. — *p-[n-Amyloxy]-*, $C_{17}H_{20}O$, F. 58°, aus verd. A. Nadeln. — Propionsäuren, durch Kondensation vorst. Verbb. mit Bernsteinsäureanhydrid u. Trennung der Isomeren nach FIESER u. BRADSHER (J. Amer. chem. Soc. **58**. [1936.] 1738): *β-[4-Methoxyxenoyl-(3)]-, Äthylester* (I), $C_{19}H_{20}O_4$, Kp.$_4$ 207—212°; hellgelbe Fl.; n_D^{38} 1,586. *Semicarbazon*, $C_{18}H_{19}N_3O_4$, F. 186°, aus verd. A. Nadeln. — *β-[4-Äthoxyxenoyl-(4')]-*, $C_{18}H_{18}O_4$, F. 180°; aus Essigsäure Körnchen. — *β-[4-Äthoxyxenoyl-(3)]-*, $C_{18}H_{18}O_4$, F. 165°; aus verd. A. Körnchen. *Äthylester*, $C_{20}H_{22}O_4$, Kp.$_8$ 235—240°; hellgelbe Fl.; n_D^{23} 1,598. *Semicarbazon*, $C_{19}H_{21}N_3O_4$, F. 240°, aus verd. Nadeln A. — *β-[4-(n-Propoxy)-xenoyl-(4')]-*, $C_{19}H_{20}O_4$, F. 192°; aus Essigsäure Nadeln. — *β-[4-(n-Propoxy)-xenoyl-(3)]-*, $C_{19}H_{20}O_4$, F. 154°; aus W. Nadeln. *Äthylester*, $C_{21}H_{24}O_4$, Kp.$_5$ 243—247°; hellgelbe Fl.; n_D^{26} 1,588. *Semicarbazon*, $C_{20}H_{23}N_3O_4$, F. 184°, aus verd. A. Nadeln. — *β-[4-(n-Butoxy)-xenoyl-(4')]-*, $C_{20}H_{22}O_4$, F. 218°, Nadeln aus Essigsäure. — *β-[4-(n-Butoxy)-xenoyl-(3)]-*, $C_{20}H_{22}O_4$, F. 154°, aus Essigester u. PAe. Nadeln. *Äthylester*, $C_{22}H_{26}O_4$, Kp.$_{10}$ 250—255°; hellgelbe Fl. n_D^{38} 1,588. *Semicarbazon*, $C_{21}H_{25}N_3O_4$, F. 214°, aus verd. A. Nadeln. — *β-[4-(n-Amyloxy)-xenoyl-(4')]-*, $C_{21}H_{24}O_4$, F. 197°, Nadeln aus Essigsäure. — *β-[4-(n-Amyloxy)-xenoyl-(3)-*, $C_{21}H_{24}O_4$, F. 185°; aus verd A. Nadeln. *Äthylester*, $C_{23}H_{28}O_4$, Kp.$_8$ 268—273°; hellgelbe Fl.; n_D^{38} 1,574. *Semicarbazon*, $C_{22}H_{27}N_3O_4$, F. 254°, aus verd. A. Nadeln. γ-Butyrolactone, durch Lösen der vorst. β-[4-Alkoxyxenoyl-(3)]-propionsäuren in 0,1nKOH, Verdünnen mit W., Zusetzen von RANEY-Ni, 1std. Hydrieren bei 20 lbs./sq.in., Abfiltrieren des Katalysators, Ansäuern mit konz. H_2SO_4 u. 1std. Erhitzen auf 100° in 35%ig. Ausbeute: *γ-[4-Methoxyxenyl-(3)]-*, F. 100° (auch durch Kochen von I mit Al-Isopropylat in absol. Isopropylalkohol, Entfernen des Lösungsm., Versetzen mit verd. HCl, Kochen der organ. Schicht mit alkoh. NaOH, Abdest. des. A., Ansäuern mit 25%ig. H_2SO_4 u. 2std. Erhitzen auf 100°; 15% Ausbeute); aus Bzl.-PAe. Körnchen. — *γ-[4-Äthoxyxenyl-(3)]-*, $C_{18}H_{18}O_3$, F. 130°, Kp.$_2$ 125°. — *γ-[4-(n-Propoxy)-xenyl-(3)]-*, $C_{19}H_{20}O_3$, F. 124°, Kp.$_2$ 125°. — *γ-[4-(n-Butoxy)-xenyl-(3)]-*, $C_{20}H_{22}O_3$, F. 137°, Kp.$_2$ 125°. — *γ-[4-(n-Amyloxy)-xenyl-(3)]-* $C_{21}H_{24}O_3$, F. 134°, Kp.$_2$ 125°. (J. Indian chem. Soc. **34**. 801—03. Nov. 1957. Ahmedabad, L. D. Arts Coll.; M. R. Sci. Inst.) W. EISENMANN. 2450

D. K. Genge und **J. J. Trivedi,** *Substituierte Butyrolactone.* 2. Mitt. *Synthese von γ-[2-Alkoxy-5-benzylphenyl]-butyrolactonen.* (1. vgl. vorst. Ref.) *β-[2-Alkoxy-5-benzylbenzoyl]-propionsäuren* werden dargestellt u. reduziert. Die resultierenden *γ-[2-Alkoxy-5-benzylphenyl]-γ-hydroxybuttersäuren* werden durch Erhitzen mit verd. H_2SO_4 lactonisiert. Auf die Bedeutung dieser u. anderer Verbb. als Wurmmittel wird verwiesen.

Versuche: Diphenylmethane, aus 4-Hydroxydiphenylmethan u. den entsprechenden Alkylhalogeniden in Ggw. von Na-Äthylat in 75—80%ig. Ausbeute: *4-[n-Propoxy]-*, $C_{16}H_{18}O$, Kp.$_3$ 168—173°; hellgelbe Fl.; n_D^{40} 1,549. — *4-(n-Butoxy)-*, $C_{17}H_{20}O$, Kp.$_8$ 178—183°; hellgelbe Fl.; n_D^{40} 1,548. — *4-[n-Amyloxy]-*, $C_{18}H_{22}O$, Kp.$_3$ 178—183°; hellgelbe Fl.; n_D^{40} 1,545. — *4-[n-Hexyloxy]-*, $C_{19}H_{24}O$, Kp.$_{28}$ 233—235°; hellgelbe Fl.; n_D^{40} 1,543. — Propionsäuren, durch Kondensation vorst. Verbb. mit Bernsteinsäureanhydrid nach BURTNER u. BROWN (C. **1954**. 11423): *β-[2-Methoxy-*

5-benzylbenzoyl]-, *Äthylester*, $C_{20}H_{22}O_4$, Kp.$_5$ 257—262°; hellgelbe Fl.; n_D^{38} 1,559. *Semicarbazon*, $C_{19}H_{21}N_3O_4$, F. 159°, aus A. Nadeln. — *β-[2-Äthoxy-5-benzylbenzoyl]-*, $C_{19}H_{20}O_4$, F. 140°, aus Bzl.-PAe. Nadeln. *Äthylester*, $C_{21}H_{24}O_4$, Kp.$_6$ 223—228°; hellgelbe Fl.; n_D^{38} 1,556. *Semicarbazon*, $C_{20}H_{23}N_3O_4$, F. 183°, aus verd. A. Nadeln. — *β-[2-(n-Propoxy)-5-benzylbenzoyl]-*, $C_{20}H_{22}O_4$, F. 118°, aus Bzl.-PAe. Nadeln. *Äthylester*, $C_{22}H_{26}O_4$, Kp.$_4$ 253—256°; hellgelbe Fl.; n_D^{38} 1,532. *Semicarbazon*, $C_{21}H_{25}N_3O_4$, F. 158°, aus verd. A. Nadeln. — *β-2-(n-Butoxy)-5-benzylbenzoyl]-*, $C_{21}H_{24}O_4$, F. 119°, aus Bzl.-PAe. Nadeln. *Äthylester*, $C_{23}H_{28}O_4$, Kp.$_4$ 263—268°; hellgelbe Fl.; n_D^{38} 1,545. *Semicarbazon*, $C_{22}H_{27}N_3O_4$, F. 144°, aus verd. A. Nadeln. — *β-[2-(n-Amyloxy)-5-benzylbenzoyl]-*, $C_{22}H_{26}O_4$, F. 124°, aus Bzl.-PAe. Nadeln. *Äthylester*, $C_{24}H_{30}O_4$, Kp.$_4$ 203—208°; hellgelbe Fl.; n_D^{38} 1,534. *Semicarbazon*, $C_{23}H_{29}N_3O_4$, F. 174°, aus verd. A. Nadeln. — *β-[2-(n-Hexyloxy)-5-benzylbenzoyl]-*, $C_{23}H_{28}O_4$, F. 130°, aus Bzl.-PAe. Nadeln. *Äthylester*, $C_{25}H_{32}O_4$, Kp.$_8$ 257—262°; hellgelbe Fl.; n_D^{38} 1,535. *Semicarbazon*, $C_{24}H_{31}N_3O_4$, F. 165°, aus verd. A. Nadeln. — γ-Butyrolactone, durch Red. vorst. Säuren, analog der Red. von β-[4-Alkoxyxenoyl-(3)]-propionsäuren (vgl. vorst. Ref.) in 45%ig. Ausbeute: *γ-[2-Methoxy-5-benzylphenyl]-*, $C_{18}H_{18}O_3$, F. 105°, aus Bzl.-PAe. Körnchen. *Freie Säure*, $C_{18}H_{20}O_4$, F. 128°, aus Bzl.-PAe. Nadeln. *S-Benzylisothiuroniumsalz der freien Säure*, $C_{26}H_{30}N_2O_4S$, F. 121°. — *γ-[2-Äthoxy-5-benzylphenyl]-*, $C_{19}H_{20}O_3$, Kp.$_4$ 268—273°; hellgelbe Fl.; n_D^{40} 1,574. *Freie Säure*, $C_{19}H_{22}O_4$, F. 120°. *S-Benzylisothiuroniumsalz der freien Säure*, $C_{27}H_{32}N_2O_4S$, F. 124°. — *γ-[2-(n-Propoxy)-5-benzylphenyl]-*, $C_{20}H_{22}O_3$, Kp.$_4$ 237—242°; hellgelbe Fl.; n_D^{40} 1,560. *Freie Säure*, $C_{20}H_{24}O_4$, F. 102°. *S-Benzylisothiuroniumsalz der freien Säure*, $C_{28}H_{34}N_2O_4S$, F. 126°. — *γ-[2-(n-Butoxy)-5-benzylphenyl]-*, $C_{21}H_{24}O_3$, Kp.$_3$ 257—262°; hellgelbe Fl.; n_D^{40} 1,560. *Freie Säure*, $C_{21}H_{26}O_4$, F. 90°. *S-Benzylisothiuroniumsalz der freien Säure*, $C_{29}H_{36}N_2O_4S$, F. 124°. — *γ-[2-(n-Amyloxy)-5-benzylphenyl]-*, $C_{22}H_{26}O_3$, Kp.$_3$ 233—238°; hellgelbe Fl.; n_D^{40} 1,555. — *γ-[2-n-Hexyloxy-5-benzylphenyl]-*, $C_{23}H_{28}O_3$, Kp.$_{10}$ 298—303°; hellgelbe Fl. n_D^{40} 1,567. (J. Indian chem. Soc. **34**. 804—06. Nov. 1957.)
W. Eisenmann. 2450

Masanobu Sawai, Eiichi Takagi, Mitsuo Mangyo und **Isao Ensaka,** *Über die spezifische Färbung von Verbindungen des Benzylamintyps bei der Ninhydrinfarbreaktion.* 2. Mitt. *Struktur des gelben Zwischenproduktes.* (1. vgl. C. **1958.** 8722.) α-Aminophenylessigsäure (I) liefert mit Ninhydrin (II) Ruhemanns *Purpur* (III). Doch läßt sich unter N_2 als Vorstufe chromatograph. orangegelbes *N-Benzal-1.3-diketoindanylamin* (IV) fassen, das auch aus dem 1.3-Diketoindanylamin–$SnCl_4$-Komplex in A. mit Benzaldehyd entsteht.

Versuche: *1.3-Diketoindanylamin-(2)*, nach Ruhemann [1911] aus 1,9 g Triketoindanoxim-(2); 0,4 g (Ausbeute). → Ruhemanns *Purpur* (III; λ_{max} 570 u. 400 mμ). — 1.3-Diketoindanylamine: *N-Benzal-* (IV), F. 192—193° (A.-Ae.), aus vorst. Verb. über den $SnCl_4$-Komplex mit Benzaldehyd in absol. A. nach Ruhemann (l. c.); 79%. — *N-[p-Dimethylaminobenzal]-* (V), F. 221—222° (Zers.), nach Ruhemann (l. c.). — I u. II in absol. A. → III u. IV (chromatograph. Trennung an Al_2O_3 mit Ae.-A. 3:1). — II u. p-Dimethylaminobenzylamin in absol. A. → V (chromatograph. Trennung an Al_2O_3 mit Ae.-A. 1:1). (J. chem. Soc. Japan, pure Chem. Sect. [Nippon Kagaku Zassi] **76.** 259—61. März 1955. Kawasaki, Mitsubishi Chem. Co. [Orig.: japan.]) L. Schuler. 2650

B. Yeomans und **Donald P. Young,** *Reaktionen von organischen Peroxyden.* 9. Mitt. *Hydroperoxyde einiger Alkyltetraline.* (8. vgl. C. **1959.** 8541.) 1.4-Diäthyltetralin (I), 1.4-Dimethyltetralin (II) u. 1-Äthyltetralin (III) werden bei 90° mit O_2 in Hydroperoxyde übergeführt. Die O_2-Aufnahme erfolgt schneller als bei Alkylbenzolen. I u. II geben je ein Monohydroperoxyd u. 2 stereoisomere Dihydroperoxyde. Letztere liefern bei der Säurespaltung Brenzcatechin neben Octandion-(3.6) bzw. Hexandion-(2.5). Fe^{II}-katalysierte Zers. eines Dihydroperoxydes von I führt zum Naphthochinon-(1.4). Aus III wird ein Monohydroperoxyd neben geringen Mengen eines 1.4-Dihydroperoxyds erhalten. Säurespaltung der Monohydroperoxyde von I, II u. III führt zu Ketophenolen.

Versuche: *1.4-Diäthyl-1.4-dihydroperoxytetralin* (IV), $C_{14}H_{20}O_4$, F. 120°, aus 400 g 1.4-Diäthyltetralin (I) u. O_2 in wss. 2,5%ig. Na_2CO_3-Lsg. bei 90°, Aufnehmen in Bzl., Extraktion mit verd. Natronlauge u. Neutralisation; 21 g (Ausbeute); daneben ein öliges *Isomeres* (V). — *1.4-Diäthyl-1-hydroperoxytetralin* (VI), $C_{14}H_{20}O_2$, F. 63—64°, aus den alkal. Aufarbeitungsrückständen des vorst. Vers. durch Aufnehmen in PAe. u. Extraktion mit wss.-methanol. Alkali; Nadeln (PAe.). — *1.4-Dimethyl-1.4-dihydroperoxytetralin* (VII), $C_{12}H_{16}O_4$, F. 149—150° (Zers.), analog vorst. aus 1.4-Dimethyltetralin (II) neben einem *Isomeren* vom F. ca. 90° u. öligem *1.4-Dimethyl-1-hydroperoxytetralin* (VIIa), $C_{12}H_{16}O_2$. — *Octandion-(3.6)*, F. 34—36°, Kp.$_{25}$ 106—112°, aus V mit H_2SO_4 in sd. Aceton; 22% neben *Brenzcatechin* (30%) u. nachst. IX. — *2-[4-Oxohexanoyl]-phenol* (IX), $C_{12}H_{14}O_3$, F. 39,5—40°, Kp.$_{0,1}$ 115—125°, als Nebenprod. der Säurespaltung von V. *Monoxim*, $C_{12}H_{15}NO_3$, F. 103—108° (PAe.), gegebenenfalls Isomerengemisch.

Dioxim, $C_{12}H_{16}N_2O_3$, F. 125—127,5° (Bzl.). *Semicarbazon*, $C_{13}H_{17}N_3O_3$, F. 157—158° (A.). *2.4-Dinitrophenylhydrazon*, $C_{18}H_{18}N_4O_6$, F. 167—169° (Chlf.). *3.5-Dinitrobenzoat*, $C_{19}H_{16} \cdot N_2O_8$, F. 130—132° (A. oder Aceton). *Methyläther*, $C_{13}H_{16}O_3$, Kp.$_{0,5}$ 143°, aus **IX** mit CH_3J u. wss.-methanol. NaOH. — *6-[o-Hydrophenyl]-octanon-(3)*, $C_{14}H_{20}O_2$, F. 34—35,5°, Kp.$_{15}$ 195°, aus **VI** mit Aceton–H_2SO_4; 64%. *1-Naphthylurethan-2.4-dinitrophenylhydrazon*, $C_{31}H_{31}N_5O_6$, F. 167—169° (Bzl.-A.). — *Hexandion-(2.5)*, aus dem Isomerengemisch von **VII**; 31%. *Phenylhydrazon*, F. 116—118°. — *5-[o-Hydroxyphenyl]-hexanon-(2)*, $C_{12}H_{16}O_2$, F. 42—44°, Kp.$_{0,3}$ 130—135°, n_D^{20} 1,5330 (unterkühlt), aus **VIIa** mit Aceton–H_2SO_4. *Semicarbazon*, $C_{13}H_{19}N_3O_2$, F. 175—176°. — *Naphthochinon-(1.4)*, F. 124,5—125,5°, aus **IV** u. $FeSO_4$ bei 30° in A. + Wasser. *2.4-Dinitrophenylhydrazon*, $C_{16}H_{10}N_4O_5$, F. 264 bis 268° (Zers.), orange. — *1.4-Diäthyl-1.4-dihydroxytetralin*, $C_{14}H_{20}O_2$, F. 93—94° (CCl_4), aus **IV** mit H_2/Pd. — *1.4-Diäthylnaphthalin*, aus vorst. Verb. mit p-Toluolsulfonsäure in sd. Benzol. *Pikrat*, $C_{14}H_{16} \cdot C_6H_3N_3O_7$, F. 93—95°. — *1-Äthyl-1.4-dihydroperoxytetralin* (**X**), F. 118—119°, aus **III** u. O_2 in 2,5%ig. wss. Na_2CO_3 bei 90°, Verdünnen mit PAe., Kühlen auf —80° u. Umfällen aus Bzl.–Petroläther. — *1-Äthyl-1-hydroperoxytetralin* (**VIII**), ölig, nicht rein erhalten, wie vorst., Abtrennung von **X** durch alkal. Extraktion, Verteilen des Rückstandes zwischen PAe. u. NaOH, daneben wahrscheinlich *4-Äthyltetralon-(1)* [*Oxim*, $C_{12}H_{15}NO$, F. 80—81°, *Semicarbazon*, $C_{13}H_{17}N_3O$, F. 182,5—183°, *2.4-Dinitrophenylhydrazon*, $C_{18}H_{18}N_4O_4$, F. 198—200°]. — *2-[4-Oxohexanoyl]-phenol*, F. 35—38°, aus **X** mit Aceton–H_2SO_4 neben *Brenzcatechin*. — *6-[o-Hydroxyphenyl]-hexanon-(3)*, $C_{12}H_{16}O_2$, F. 32—33°, Kp.$_{22}$ 196—198°, analog vorst. Vers. aus **VIII**; n_D^{20} 1,5322. *2.4-Dinitrophenylhydrazon*, $C_{18}H_{20}N_4O_5$, F. 136—137° (Bzl.), blaßorange. (J. chem. Soc. [London] **1958**. 2288—93. Juni. Great Burgh, Epsom, Surrey, Distillers Co. Ltd., Res. and Developm. Dep.) E. Schmitz. 2700

Karl Schriever, Eugen Bamann und **Christine Kraus**, *Zur Kenntnis des Einflusses der Sulfonsäuregruppe auf chemische Reaktionen*. 5. Mitt. *Desulfonierbarkeit und Fluorescenzfarben der Aminonaphthalinsulfonsäuren in Abhängigkeit von der Stellung der Sulfonsäuregruppe*. (4. vgl. Arch. Pharmaz. Ber. dtsch. pharmaz. Ges. **291/63**. [1958.] 190; 3. vgl. C. **1959**. 13482.) Vff. untersuchten erneut die Desulfonierung von substituierten Naphthalinsulfonsäuren, konnten jedoch die von Friedländer u. Lucht [1893] verallgemeinerte Annahme, daß α-ständige SO_3H-Gruppen mit Na-Amalgam leichter abspaltbar sind als β-ständige, nicht bestätigen. Durch Unterss. an verschied. Aminonaphthalinsulfonsäuren (**A**) konnte gezeigt werden, daß die 1-Aminonaphthalinsulfonsäure-(2) sowie die 1.4- u. 2.6-Isomeren durch einen mesomeren Effekt gleich gut desulfonierbar sind. Am leichtesten erfolgt die Abspaltung bei 2-Aminonaphthalinsulfonsäure-(1), da hier ein induktiver Effekt u. die größere Negativität der α-ständigen SO_3H-Gruppe hinzukommen. Die leichtere Abspaltbarkeit der α-ständigen SO_3H-Gruppe gegenüber der β-ständigen gilt nur beim Vgl. solcher Isomeren, bei denen die SO_3H-Gruppe nicht mesomer wirksam ist; ein Unterschied besteht aber nur hinsichtlich der Reaktionsgeschwindigkeiten. Die angenommenen Einfll. wirken sich auch auf das Fluorescenzverh. der verschied. **A** aus; mit zunehmendem Einfl. der SO_3H-Gruppe wird die Fluorescenz in Bereiche kleinerer Wellenlängen verschoben; dabei sind α-Aminonaphthalinsulfonsäuren stärker wirksam als die β-Isomeren.

Versuche: Desulfonierung: Durch ½ std. Schütteln von 0,5 g **A** in 10%ig. Na-Acetatlsg. (p_H 6,0) mit ca. 3%ig. Na-Amalgam bei 20°, Zugabe von 15%ig. NaOH, Ausäthern u. gravimetr. Best. des gebildeten α- (**B**) bzw. *β-Naphthylamins* (**C**): *1.4-* → 3,8% **B**; *1.2-* → 3,4% **B**; *1.8-* → 3,4% **B**; *1.5-* → 3,1% **B**; *1.6-* → 1,0% **B**; *1.3-* → 1,0% **B**; *1.7-* → 1,0% **B**; *2.1-* → 10,0% **C**; *2.6-* → 3,4% **C**; *2.8-* → 3,1% **C**; *2.5-* → 2,3% **C**; *2.7-* → 1,0% **C**. — Fluorescenz: Durch Bestrahlung der **A** in 0,15%ig. NaOH nach Zusatz von 2,5% $Na_2S_2O_5$ (p_H 5,9) mit einer Analysenlampe (Hanau PL 324, Quarzbrenner S 500; Schwarzfilter): *1.2-* = *1.8-*: violett; *1.4-*: violettblau; *1.3-*: blauviolett; *1.7-*: grünblau; *1.6-* = *1.5-*: grün; *2.1-*: violett; *2.6-*: violett; *2.8-*: violettblau; *2.7-* = *2.5-*: blau. (Chem. Ber. **91**. 414—17. 25/2. 1958. München, Univ., Inst. für Pharmazie u. Lebensmittelchem.) S. Singer. 2700

T. Lloyd Fletcher und **Moses J. Namkung**, *Derivate von Fluoren*. 4. Mitt. *Raney-Nickel-Hydrazinhydratreduktion von verschiedenen Mono- und Dinitrofluorenderivaten. Einige neue 9-substituierte Fluorene*. (3. vgl. C. **1959**. 13143.) Durch Red. von Mono- u. Dinitrofluorenderivv. mit 3—4 Moläquivalenten Hydrazinhydrat in Ggw. katalyt. Mengen Raney-Ni (vgl. auch Dewar u. Mole, C. **1957**. 4360) u. in einer Mischung von Toluol u. A. als Lösungsm. können die entsprechenden Amine dargestellt werden. Einige Ausnahmen wurden bei der Red. von in 9-Stellung substituierten Nitrofluorenen beobachtet; gute Ausbeuten bei der Red. von *2-Nitro-9-morpholinofluoren* (**I**) wurden nur mit 5 Moläquivalenten Hydrazinhydrat erzielt u. bei der Red. von *2-Nitro-9-benzylidenfluoren* (**II**) waren 8 Moläquivalente Hydrazinhydrat erforderlich, wenn die Bldg.

von *2.2'-Azoxy-9.9'-benzylidenfluoren* unterdrückt werden sollte. Auch *6-* u. *8-Nitrochinolin* (III u. IV) konnten nach dem gleichen Verf. in guter Ausbeute zu Aminen red. werden; 9-Aryliminofluorene wurden unter den beschriebenen Bedingungen zu 9-Arylaminofluorenen reduziert.

Versuche (FF. korr.): *2-Aminofluoren* (V), F. 128—129° (A.), aus 2-Nitrofluoren in Toluol + A. (3:1) mit ca. 3 Mol 100%ig. Hydrazinhydrat u. Raney-Ni (ca. 1 g/Mol Nitroverb.) auf dem Wasserbad (40 Min.), Einengen auf ein kleines Vol. u. Fällen durch Zugabe von A.; 95% (Ausbeute). — *2-Aminofluorenon* (VI), F. 160,5 bis 162° (Toluol), aus 2-Nitrofluorenon wie V, in sd. Toluol + A. (10:3), Eindampfen des Filtrats, Lösen des Verdampfungsrückstandes in A. u. Einengen des alkoh. Extraktes; 88%. — *2-Aminofluorenol*, F. 200,5—201° (A.), neben vorst. Verb. aus den letzten eingeengten Filtraten, als in verd. HCl leichtlösl. Amin; 3%. — *2.2'-Azoxyfluorenon*, $C_{26}H_{14}N_2O_3$, F. >330° (Zers.), neben VI als in A. unlösl. Anteil; orange. — *2.5-Dinitrofluoren*, F. 214,5—215,5° (Eisessig u. Toluol), durch Dinitrieren von Fluoren nach Morgan u. Thomason (J. chem. Soc. [London] **1926**. 2691) u. Extrahieren aus dem rohen Nitrierungsprod. mit sd. Eisessig u. Kristallisieren aus Nitrobenzol. — *2.5-Diaminofluoren*, $C_{13}H_{12}N_2$, F. 176,5—177° (Toluol), aus vorst. Verb. wie V mit 10 Moläquivalenten Hydrazinhydrat; 95%. *Diacetylverb.*, $C_{17}H_{16}N_2O_2$, F. 301—302° (Eisessig). — *2-Tosylamido-3-aminofluoren*, $C_{20}H_{18}N_2O_2S$, F. 200—201°, aus 2-Tosylamido-3-nitrofluoren; 90—95%. — *2-Acetamido-3-aminofluoren*, $C_{15}H_{14}N_2O$, F. 235—237°, analog; 90%. — *2.3-Diaminofluoren*, $C_{13}H_{12}N_2$, F. 191—193°, aus 2-Amino-3-nitrofluoren; 90%. — *2.7-Diaminofluoren*, $C_{13}H_{12}N_2$, F. 164—165°, a) aus 2-Amino-7-nitrofluoren (VII); 90%; b) aus 2.7-Dinitrofluoren; 95—97%. — *2-Acetamido-7-aminofluoren*, $C_{15}H_{14}N_2O$, F. 200 bis 202°, analog; 90—95%. — *2-Trifluoracetamido-7-aminofluoren*, $C_{15}H_{11}F_3N_2O$, F. 201 bis 202°, aus *2-Trifluoracetamido-7-nitrofluoren* [F. 201—201,5°, aus VII mit Trifluoressigsäureanhydrid in Bzl.]; 90%. — *2-Dimethylamino-3-aminofluoren*, $C_{15}H_{16}N_2$, F. 155 bis 156°; 85—90%. — *2-Dimethylamino-7-aminofluoren*, $C_{15}H_{16}N_2$, F. 147—148°, aus *2-Dimethylamino-7-nitrofluoren* [$C_{15}H_{14}N_2O_2$, F. 229—230° aus VII mit Trimethylphosphat in Ggw. von 1 Äquivalent LiBr]; 80%. — *2-Jod-7-aminofluoren*, $C_{13}H_{10}JN$, F. 159—161°; 85%. — *2.5-Diaminofluorenon*, $C_{13}H_{10}N_2O$, F. 200,5—203°, aus 2.5-Dinitrofluorenon; 85—90%. — *2-Nitro-9-morpholinofluoren* (I), $C_{17}H_{16}N_2O_3$, F. 150—151,5° (CH_3OH), aus 2-Nitro-9-bromfluoren mit 1 Mol Morpholin in sd. CH_3OH (30 Min.); cremefarbene Nadeln; 95—98%. Daneben wenig *2.2'-Dinitrobifluorenyliden* [? rotorange]. — *2-Trifluoracetamido-9-morpholinofluoren*, $C_{19}H_{17}F_3N_2O_2$, F. 209—209,5° (CH_3OH u. A.), analog aus *2-Trifluoracetamido-9-bromfluoren* [$C_{15}H_9BrF_3NO$, F. 182—183° (CCl_4), aus 2-Trifluoracetamidofluoren mit N-Bromsuccinimid unter der UV-Lampe (4 Std.); 75—80%]; 85%. — *2-Amino-9-morpholinofluoren*, $C_{17}H_{18}N_2O$, F. 229—230° (CH_3OH), a) aus vorst. Verb. durch Verseifen in sd. wss. K_2CO_3; b) aus I wie V. *Acetylverb.*, $C_{19}H_{20}\cdot N_2O_2$, F. 236—236,5° (CH_3OH). — *2-Amino-9-benzylidenfluoren*, $C_{20}H_{15}N$, F. 105—121°, aus II mit 8 Äquivalenten Hydrazinhydrat; 80—85%. — *2.2'-Azoxy-9.9'-dibenzylidenfluoren*, $C_{40}H_{26}N_2O$, F. 244,5—247,5° (Bzl.), analog mit 3 Moläquivalenten Hydrazinhydrat; gelbe Nadeln. Daneben eine *Verb.* vom F. 182,5—184°, die nicht näher identifiziert wurde. — *2-Amino-9-biphenylylaminofluoren*, $C_{25}H_{20}N_2$, F. 164—165°, aus 2-Nitro-9-biphenylyliminofluoren; 95%. *Diacetylverb.*, $C_{29}H_{24}N_2O_2$, F. 132—133° (A. + W.). — *6-Aminochinolin*, F. 115—115,5°, aus III; 90—95%. — *8-Aminochinolin*, F. 63—65°, aus IV; 90—95%. (J. org. Chemistry **23**. 680—83. 22/5. 1958. Seattle, Wash., Univ., School of Med., Dep. of Surgery, Chem. Res. Labor.) H. Gold. 2750

Hsi-Lung Pan und **T. Lloyd Fletcher**, *Derivate von Fluoren. 5. Mitt. 9-Hydroxyfluorene. Reduktion von Fluorenonen in Anwesenheit von Aralkylidenaminogruppen.* (4. vgl. vorst. Ref.) Durch Red. der entsprechenden Fluorenone mit $NaBH_4$ werden 39 substituierte 9-Hydroxyfluorene dargestellt. Solche Fluorenone, die in 2-Stellung eine N-Aralkylidenaminogruppe enthalten, zeigen eine differenzierte Reduzierbarkeit der —N=CH-Gruppe; sie ist abhängig von dem Substituenten in p-Stellung des Arylrestes. *2-N-p-Dimethylaminobenzylidenaminofluorenol-(9)* (I) liefert in guter Ausbeute *2-N-p-Dimethylaminobenzylaminofluorenol-(9)*, während *2-N-p-Nitrobenzylidenaminofluorenol-(9)* (II) nur zu 18% red. wird; *2-N-Benzylidenamino-3-bromfluorenol-(9)* wird noch schlechter reduziert. Die Red. der entsprechenden Fluorenone ist aus bisher unbestimmten Gründen komplizierter; *2-N-p-Nitrobenzylaminofluorenol-(9)* wurde in 50%ig. Ausbeute erhalten. Aus 2-Nitrofluorenon bildete sich statt *2-Nitrofluorenol-(9)* (III) eine hochschm. Verb.; eine unabhängige Synth. für III wird beschrieben.

Versuche: *9-Hydroxyfluoren*, F. 156—156,5°, aus Fluorenon [F. 84,5—85°] mit 0,5 Mol-äquivalenten $NaBH_4$ bei 25—30° (25 Min.) u. Verdünnen mit W.; 99%. — Ferner: *2-Amino-* (IV), F. 201—201,5°, aus 2-Aminofluorenon [F. 160—161°]; 94%. — *2-Methylamino-*, $C_{14}H_{13}NO$, F. 132—133°, aus *2-Methylaminofluorenon* [F. 159,5—160,5°];

85%. — *2-Dimethylamino-*, $C_{15}H_{15}NO$, F. 159—159,5°, aus *2-Dimethylaminofluorenon* [F. 166—166,5°]; 100%. — *2-Äthylamino-*, $C_{15}H_{15}NO$, F. 146,5—147°, aus *2-Äthylaminofluorenon* [F. 153—154,5°]; 94%. — *2-Diäthylamino-*, $C_{17}H_{19}NO$, F. 135,5—136,5°, aus *2-Diäthylaminofluorenon* [F. 101,5—102,5°]; 90%. — *2-n-Propylamino-*, $C_{16}H_{17}NO$, F. 141—142°, aus *2-n-Propylaminofluorenon* [F. 134—135°]; 96%. — *2-Di-[n-butyl]-amino-*, $C_{21}H_{27}NO$, F. 111—112°, analog; 25%. — *2-n-Butylamino-*, $C_{17}H_{19}NO$, F. 144 bis 144,5°, aus *2-n-Butylaminofluorenon* [F. 127,5—128,5°]; 100%. — *2-Cyclopentylamino-*, $C_{18}H_{19}NO$, F. 162—163°, aus *2-Cyclopentylaminofluorenon* [F. 164—165°]; 90%. — *2-Benzylamino-*, $C_{20}H_{17}NO$, F. 159,5—160,5°, aus *2-Benzylaminofluorenon* [F. 149,5—150,5°]; 100%. — *2-Dibenzylamino-*, $C_{27}H_{23}NO$, F. 150—151°, aus *2-Dibenzylaminofluorenon* [F. 139—140°]; 97%. — *2-Di-[p-brombenzyl]-amino-*, $C_{27}H_{21}Br_2NO$, F. 152—153°, aus *2-Di-[p-brombenzyl]-aminofluorenon* [F. 186—187°] in Chlf. + CH_3OH (2,5:1); 100%. — *2-p-Nitrobenzylamino-*, $C_{20}H_{16}N_2O_3$, F. 169,5—170,5°, aus *2-p-Nitrobenzylaminofluorenon* [F. 206—207°]; 94%. — *2-Di-[p-nitrobenzyl]-amino-*, $C_{27}H_{21}N_3O_5$, F. 177,5—178,5°, aus *2-Di-[p-nitrobenzyl]-aminofluorenon* [F. 212—213°]; 92%. — *2-p-Toluolsulfonamido-*, $C_{20}H_{17}NO_3S$, F. 218,5—219,5°, aus *2-p-Toluolsulfonamidofluorenon* [F. 193,5—194,5°]; 78%. — *2-Acetamido-*, $C_{15}H_{13}NO_2$, F. 249,5—250° (Essigester + Aceton), a) analog aus *2-Acetamidofluorenon* [F. 235—235,5°]; 100%, b) aus **IV** mit Essigsäureanhydrid in Eisessig; 98%. *9-Acetylverb.*, $C_{17}H_{15}NO_3$, F. 227,5—228,5° (Essigsäure + A.), mit Essigsäureanhydrid in Pyridin; Nadeln; 97%. — *N-Methyl-2-acetamido-*, $C_{16}H_{15}NO_2$, F. 130,5—131,5°, aus *N-Methyl-2-acetamidofluorenon* [F. 157,5 bis 159°]; 55%. — *N-Äthyl-2-acetamido-*, $C_{17}H_{17}NO_2$, F. 141,5—142,5°, aus *N-Äthyl-2-acetamidofluorenon* [F. 138,5—139,5°]; 100%. — *2-Trifluoracetamido-*, $C_{15}H_{10}F_3NO_2$, F. 211,5 bis 212,5°, aus *2-Trifluoracetamidofluorenon* [F. 249,5—250,5°]; 67%. — *2-Carbäthoxymethylamino-*, $C_{17}H_{17}NO_3$, F. 130,5—131,5° aus *2-Carbäthoxymethylaminofluorenon* [F. 146,5—147,5°]; 100%. — *2-Hydrogenfumaroylamido-*, $C_{17}H_{13}NO_4$, F. 280°, aus *2-Hydrogenfumaroylamidofluorenon* [F. 225—230° (Zers.)] in verd. NaOH; 100%. — *2-N-Benzylidenamino-*, $C_{20}H_{15}NO$, F. 181—182°, a) aus *2-N-Benzylidenaminofluorenon* [F. 134—135°]; 50—55%, b) aus **IV** u. Benzaldehyd in sd. CH_3OH (30 Min.); 91%. — *2-N-p-Nitrobenzylidenamino-* (**II**), $C_{20}H_{14}N_2O_3$, F. 200—201°, a) aus *2-N-p-Nitrobenzylidenaminofluorenon* [F. 231,5—232,5°]; 45%; b) aus **IV** u. p-Nitrobenzaldehyd in sd. A. in Ggw. von Eisessig; gelbe Tafeln; 88%. — *2-N-p-Dimethylaminobenzylidenamino-* (**I**), $C_{22}\cdot H_{20}N_2O$, F. 212—213° (Aceton), a) aus *2-N-p-Dimethylaminobenzylidenaminofluorenon* [F. 177,5—178,5°]; 10%, b) aus IV mit p-Dimethylaminobenzaldehyd in sd. 50% ig. Essigsäure; 73%. — *2-Hydroxy-*, $C_{13}H_{10}O_2$, F. 197—198°, aus *2-Hydroxyfluorenon* [F. 211,5 bis 212°] in W.; 87%. — *3-Brom-*, $C_{13}H_9BrO$, F. 169,6—170,5°, aus *3-Bromfluorenon* [F. 165,5—166°]; 87%. — *2-Amino-3-brom-*, $C_{13}H_{10}BrNO$, F. 204,5—205,5°, aus *2-Amino-3-bromfluorenon* (**V**) [F. 215,5—216°]; 100%. — *2-Äthylamino-3-brom-*, $C_{15}H_{14}BrNO$, F. 137,5—138,5°, aus *2-Äthylamino-3-bromfluorenon* [F. 164—165,5°]; 90%. — *2-n-Propylamino-3-brom-*, $C_{16}H_{16}BrNO$, F. 143,5—144°, aus *2-n-Propylamino-3-bromfluorenon* [F. 108—108,5°]; 100%. — *2-n-Butylamino-3-brom-*, $C_{17}H_{18}BrNO$, F. 143—144°, aus *2-n-Butylamino-3-bromfluorenon* [F. 97—97,5°]; 100%. — *2-Benzylamino-3-brom-*, $C_{20}H_{16}BrNO$, F. 169,5—170,5°, aus *2-Benzylamino-3-bromfluorenon* [F. 139—140°]; 91%. — *2-p-Brombenzylamino-3-brom-*, $C_{20}H_{15}Br_2NO$, F. 174,5—175,5°, aus *2-p-Brombenzylamino-3-bromfluorenon* [F. 159—160°]; 100%. — *p-Nitrobenzylamino-3-brom-*, $C_{20}H_{15}BrN_2O_3$, F. 178,5—179°, aus *p-Nitrobenzylamino-3-bromfluorenon* [F. 185—186°]; 100%. — *2-β-Hydroxyäthylamino-3-brom-*, $C_{15}H_{14}BrNO_2$, F. 164—164,5° (Zers.), aus *2-β-Hydroxyäthylamino-3-bromfluorenon* [$C_{15}H_{12}BrNO_2$, F. 146—148°, aus V mit Äthylenoxyd]; 100%. — *2-Carbäthoxymethylamino-3-brom-*, $C_{17}H_{16}BrNO_3$, F. 170,5—171,5° (Zers.), aus *2-Carbäthoxymethylamino-3-bromfluorenon* [F. 186—187°]; 72%. — *2-Acetamido-3-brom-*, $C_{15}H_{12}BrNO_2$, F. 256,5—257,5° (Zers.), aus *2-Acetamido-3-bromfluorenon* [F. 271—271,5°]; 100%. — *2-Nitro-9-acetoxyfluoren*, $C_{15}H_{11}NO_4$, F. 155,5—156° (Aceton), aus 2-Nitro-9-bromfluoren mit Na-Acetat in sd. Eisessig (24 Std.), gelbe Nadeln; 92%. — *2-Nitrofluorenol-(9)* (**III**), $C_{13}H_9NO_3$, F. 126—126,5° (A.), aus vorst. Verb. mit konz. HCl in A.; gelbe Nadeln; 96%. — *2-Amino-9-acetoxyfluoren*, $C_{15}H_{13}NO_2$, F. 125—126° (W. + A.), aus vorst. Verb. mit Zn-Staub u. wss. $CaCl_2$ in sd. A.; strohgelbe Tafeln; 50%. — *2-N-Benzylidenamino-3-bromfluorenon*, $C_{20}H_{12}BrNO$, F. 178,5—179,5° (CH_3OH), aus **V** u. sd. Benzaldehyd in Ggw. von Eisessig (155—160°, gelbe Nadeln; 76%. (J. org. Chemistry **23**. 799—803. 20/6. 1958.) H. GOLD. 2750

T. A. Crabb und **K. Schofield**, *Synthetische Untersuchungen in bezug auf Colchicin.* 1. Mitt. *Einige Derivate von 1.2-Benzocyclohepten-(1)-on-(4).* 1.2-Benzoheptadien-(1.3) reagiert mit Perbenzoesäure in Chlf. unter Bldg. von *3.4-Epoxy-1.2-benzocyclohepten-(1)* (**I**), welches sich in Ggw. von $MgBr_2$ in *1.2-Benzocyclohepten-(1)-on-(4)* (**II**) umlagert. Durch Einw. von BF_3-Ätherat auf **I** bildet sich als Hauptprod. **II**, ferner in geringer

Menge *1.2-Benzocyclohepten-(1)-on-(3)* (III) u. zwei weitere nichtidentifizierte Substanzen. I läßt sich schließlich auch durch $LiAlH_4$-Red. zu *1.2-Benzocyclohepten-(1)-ol-(4)* u. anschließende CrO_3-Oxydation in Pyridin oder Essigsäure oder durch OPPENAUER-Oxydation in II überführen. Ähnliche Rkk. werden mit 3-alkylierten Benzocycloheptadienen durchgeführt: 3-Methyl-1.2-benzocycloheptadien-(1.3) liefert mit Perbenzoesäure *3-Methyl-1.2-benzocyclohepten-(1)-on-(4)* (VI), das als Zwischenprod. gebildete 3.4-Epoxyd konnte nicht isoliert werden. Die REFORMATSKI-Rk. von III u. Bromessigsäureäthylester u. Dehydratisierung mit HCOOH liefert ein Gemisch aus *[1.2-Benzocycloheptadien-(1.3)-yl-(3)]-essigsäureäthylester* u. dessen *exocycl. Isomeren*, da durch Ozonolyse des Gemisches auch in geringer Menge III entsteht. Die Behandlung des Gemisches mit Perbenzoesäure liefert ein Gemisch, aus dem *[4-Oxo-1.2-benzocyclohepten-(1)-yl-(3)]-essigsäureäthylester* (VII) isolierbar ist, während die alkal. Hydrolyse des Gemisches *[4-Oxo-1.2-benzocyclohepten-(1)-yl-(3)]-essigsäure* neben einer anderen Säure ergibt. *β-[1.2-Benzocycloheptadien-(1.3)-yl-(3)]-propionsäureäthylester* (IV) wird aus dem STOBBE-Kondensationsprod. von III u. Bernsteinsäurediäthylester durch Säurehydrolyse u. anschließende Veresterung erhalten. Hierbei bildet sich auch in geringer Menge *β-[3-Hydroxy-1.2-benzocyclohepten-(1)-yl-(3)]-propionsäurelacton*. *γ-[1.2-Benzocycloheptadien-(1.3)-yl-(3)]-buttersäuremethylester* (V) entsteht durch REFORMATSKI-Rk. von III u. γ-Brombuttersäuremethylester, Hydrierung u. Dehydratisierung. Durch Einw. von Perbenzoesäure auf IV bzw. V entstehen keine Ketone, sondern homogene Verbb. mit einer γ-Lactonbande u. einer OH-Bande im IR-Spektr., die daher als *β-[trans-3.4-Dihydroxy-1.2-benzocyclohepten-(1)-yl-(3)]-propionsäure-3-lacton* bzw. *γ-[trans-3.4-Dihydroxy-1.2-benzocyclohepten-(1)-yl-(3)]-buttersäure-3-lacton* angesehen werden. Die Methylierung von II mit CH_3J/$NaOCH_3$ liefert VI. Die direkte Umsetzung von II mit β-Brompropionsäureäthylester oder mit $(C_2H_5O)_2CO/NaH$ blieb erfolglos. II reagiert aber mit Ameisensäureäthylester/$NaOC_2H_5$ wahrscheinlich unter Bldg. von *3-Hydroxymethylen-1.2-benzocyclohepten-(1)-on-(4)*. Diese Verb. gibt durch Behandlung mit Methylvinylketon u. anschließende Hydrolyse *2.3'.4'.5'-Tetrahydro-1.2;3.4-dibenzocyclohepten-(3)-on-(5')*, welches mit dem durch Cyclisierung von γ-[1.2-Benzocycloheptadien-(1.3)-yl-(3)]-buttersäure mit $ZnCl_2$ in Acetanhydrid/Essigsäure entstandenen *3'.4'.5'.6'-Tetrahydro-1.2;3.4-dibenzocycloheptadien-(1,3)-on-(6')* isomer ist. II bildet unter Einw. von Pyrrolidin *4-Pyrrolidino-1.2-benzocycloheptadien-(1.3)* (VIII), aus dem durch Einw. von CH_3J in Dioxan u. anschließende Hydrolyse VI, analog von Bromessigsäureäthylester u. anschließende Hydrolyse VII erhalten wird. Mit Acrylonitril entsteht aus VIII *3-[β-Cyanäthyl]-1.2-benzocyclohepten-(1)-on-(4)*, das zu *β-[4-Oxo-1.2-benzocyclohepten-(1)-yl-(3)]-propionsäureäthylester* verseift u. verestert werden kann. Die Nitrosierung von VI erfolgt vorwiegend in 3-Stellung. VI bildet mit β-Brompropionsäureäthylester *β-[3-Methyl-4-oxo-1.2-benzocyclohepten-(1)-yl-(3)]-propionsäureäthylester*, mit Acrylonitril in Ggw. von Benzyltrimethylammoniumhydroxyd ein Gemisch aus mono- u. disubstituierten Derivaten.

Versuche: *3.4-Epoxy-1.2-benzocyclohepten-(1)* (I), $C_{11}H_{12}O$, Kp.$_{0,64}$ 80°, durch Zufügen einer Chloroformlsg. von Perbenzoesäure zu 35 g 1.2-Benzocycloheptadien-(1.3) in Chlf. bei Raumtemp. unterhalb von 5°, 8 std. Rühren bei 0° u. 12 std. Stehen bei 5°, Auswaschen mit NaOH u. Dest.; n_D^{17} 1,5550; 32 g (Ausbeute). — *1.2-Benzocyclohepten-(1)-ol-(4)*, $C_{11}H_{14}O$, F. 71°, durch langsames Zufügen von 16 g I in absol. Ae. zu einer sd. äther. $LiAlH_4$-Lsg., 1 std. Kochen u. Zers. mit W.; aus PAe. Nadeln; 14 g. *p-Nitrobenzoylderiv.*, $C_{18}H_{17}NO_4$, F. 92—93°, aus PAe. Nadeln. — *1.2-Benzocyclohepten-(1)-on-(4)* (II), Kp.$_{0,2}$ 82°, a) durch Umlagerung von 8,4 g I mit $MgBr_2$ nach KORNFELD u. Mitarbeitern (vgl. C. **1956**. 13129); n_D^{20} 1,5552; 7,6 g; b) durch 12 std. Stehen von BF_3-Ätherat u. 6 g I in Ae., Auswaschen mit NaOH, Einengen, Abfiltrieren von nachst. Verb. u. Dest. des Filtrats (Kp.$_{0,05}$ 80—90°); 2,3 g; c) durch 2 std. Kochen von 3,35 g vorst. Alkohols u. Al-Isopropylat in Cyclohexanon/Toluol, Dest., 2 std. Schütteln des Destillats mit gesätt. NaSH-Lsg., Ausäthern u. Dest.; 3,1 g; d) durch 12 std. Rühren von 12 g vorst. Alkohols in Pyridin mit CrO_3, Gießen in W. u. Ausäthern; 7 g; e) durch 5 std. Behandeln von 18 g vorst. Alkohols in Essigsäure mit CrO_3 unterhalb von 5°, 12 std. Rühren, Verdünnen mit W. u. Ausäthern; 13,5 g. *2.4-Dinitrophenylhydrazon*, $C_{17}H_{16}N_4O_4$, F. 169,5°, aus CH_3OH gelbe Nadeln. — *Verb.* $C_{11}H_{12}O$, F. 190°, neben II unter b); aus Ae. Nadeln; 0,35 g. *Semicarbazon*, F. 208—209°; daneben durch Dest. eine *Verb. vom F. 145°* (A.), Kp.$_{0,05}$ >160°; 3,2 g. — *1.2-Benzocyclohepten-(1)-on-(3)* (III), *2.4-Dinitrophenylhydrazon*, $C_{17}H_{16}N_4O_4$, F. 205—206°, neben II-2.4-Dinitrophenylhydrazon unter b) durch Behandeln der Fraktion vom Kp.$_{0,05}$ 80—90° mit 2.4-Dinitrophenylhydrazin u. manuelle Trennung. — *3-Methyl-1.2-benzocyclohepten-(1)-on-(4)* (VI), $C_{12}H_{14}O$, Kp.$_{15}$ 134°, a) durch 1 std. Zufügen von $NaOCH_3$ in Methanol unter N_2 zu einer Lsg. aus 2 g II u. CH_3J in absol. CH_3OH bei 0°, 2 std. Rühren, Aufkochen, Behandeln mit verd. H_2SO_4, Ausäthern u. Dest.; 1,4 g; b) durch Dehydratisierung von *3-Methyl-*

1.2-benzohepten-(1)-ol-(3) (dargestellt aus III in 74% ig. Ausbeute nach Treibs u. Klinghammer, C. **1952.** 669) zu *3-Methyl-1.2-benzocycloheptadien-(1.3)* (68%) u. 10std. Rühren von 6 g hiervon in Chlf. mit Perbenzoesäure in Chlf. bei 0°; n_D^{15} 1,5621; 5,1 g. *Semicarbazon*, F. 206°. *2.4-Dinitrophenylhydrazon*, $C_{18}H_{18}N_4O_4$, F. 150—151°, aus CH_3OH gelbe Blättchen. — *[4-Oxo-1.2-benzocyclohepten-(1)-yl-(3)]-essigsäure*, $C_{13}H_{14}O_3$, F. 132—133° (PAe./Tetrahydrofuran), durch Oxydation des nach Anderson u. Wang (vgl. J. org. Chemistry **19.** [1954.] 277) in 62% ig. Ausbeute hergestellten Gemisches aus *[1.2-Benzocycloheptadien-(1.3)-yl-(3)]-essigsäureäthylester* u. *[1.2-Benzocycloheptyliden-(3)]-essigsäureäthylester* mit Benzopersäure in Chlf. wie oben, 10std. Kochen von 11 g der Epoxyde in verd. alkoh. KOH, Ansäuern u. Ausäthern; 2,5 g. *Äthylester*, *2.4-Dinitrophenylhydrazon*, F. 106—107°, gelbe seidige Nadeln. — *β-[1.2-Benzocycloheptadien-(1.3)-yl-(3)]-propionsäureäthylester* (IV), $C_{16}H_{20}O_2$, Kp.$_{0,1}$ 120°, durch 4std. Kochen des aus Bernsteinsäurediäthylester u. III entstehenden Kondensationsprod. (13 g) in verd. Essigsäure/HCl unter N_2, Vakuumeinengen, Ausäthern, Ausschütteln mit $NaHCO_3$, Ansäuern der alkal. Lsg., Ausäthern u. 12std. Kochen mit A./H_2SO_4; $n_D^{18,5}$ 1,5327; 11,5 g. — *β-[3-Hydroxy-1.2-benzocyclohepten-(1)-yl-(3)]-propionsäurelacton*, $C_{14}H_{16}O_2$, F. 134°, durch Einengen des neutralen Ätherextraktes bei vorst. Verb.; aus Ae. Nadeln; 3 g. — *β-[trans-3.4-Dihydroxy-1.2-benzocyclohepten-(1)-yl-(3)]-propionsäure-3-lacton*, $C_{14}H_{16}O_3$, F. 138—139°, durch Rk. von 3,9 g IV mit Perbenzoesäure wie oben; aus A. Blättchen; 3 g. — *γ-[1.2-Benzocycloheptadien-(1.3)-yl-(3)]-crotonsäuremethylester*, $C_{16}H_{18}O_2$, Kp.$_{0,05}$ 122°, durch mehrstd. Kochen von 20 g III, Zn-Amalgam u. γ-Bromcrotonsäuremethylester in Ae./Bzl. in Ggw. von J_2 unter gelegentlichem Zufügen von weiterem Ester u. Zn, Gießen auf Eis, Verdünnen mit verd. Essigsäure u. Ausäthern; $n_D^{17,3}$ 1,5820; gelbes Öl; 12 g. — *γ-[1.2-Benzocyclohepten-(1)-yl-(3)]-buttersäuremethylester*, $C_{16}H_{22}O_2$, Kp.$_2$ 120°, durch Hydrieren von 2 g vorst. Verb. in A. über Raney-Ni; n_D^{17} 1,5309; 1,2 g. — *γ-[3-Hydroxy-1.2-benzocyclohepten-(1)-yl-(3)]-buttersäuremethylester*, $C_{16}H_{22}O_3$, Kp.$_{0,05}$ 136°, durch Reformatski-Rk. wie vorvorst., Vakuumeindampfen u. Hydrieren über Raney-Ni; n_D^{18} 1,5426; 12 g. — *γ-[1.2-Benzocycloheptadien-(1.3)-yl-(3)]-buttersäuremethylester* (V), $C_{16}H_{20}O_2$, Kp.$_{0,05}$ 110°, durch $^1/_2$std. Kochen von 12 g vorst. Verb. mit 98% ig. Ameisensäure, Ausziehen mit Bzl. u. Dest.; n_D^{17} 1,5439; 8,6 g; wird beim Stehen gelb. — *Säure* $C_{15}H_{18}O_5$, F. 116—117°, durch Ozonisieren von 0,9 g vorst. Esters in Äthylacetat, dann Hydrieren, Verdünnen des Filtrats mit Ae., Ausziehen mit n-NaOH, Ansäuern u. Ausäthern; aus Ae. Nadeln. — *γ-[trans-3.4-Dihydroxy-1.2-benzocyclohepten-(1)-yl-(3)]-buttersäure-3-lacton*, $C_{15}H_{18}O_3$, Kp.$_{0,1}$ 145°, durch 15std. Stehen von 9,2 g vorvorst. Esters in Chlf. mit Perbenzoesäure bei 0—5°; 7,2 g. — *γ-[1.2-Benzocycloheptadien-(1.3)-yl-(3)]-buttersäure*, $C_{15}H_{18}O_2$, Kp.$_{0,1}$ 154 bis 156°, durch 10std. Kochen des drittvorst. Esters in alkoh. NaOH, Ansäuern u. Ausäthern; n_D^{16} 1,5588; 7 g; wird beim Stehen gelb. — *3'.4'.5'.6'-Tetrahydro-1.2;3.4-dibenzocycloheptadien-(1.3)-on-(6')*, $C_{15}H_{16}O$, Kp.$_{0,07}$ 122°, durch 20std. Stehen von 6 g vorst. Säure, Acetanhydrid, Essigsäure u. $ZnCl_2$ unter N_2, dann $2^1/_2$std. Kochen, Vakuumeindampfen, Verdünnen mit W. u. Ausäthern; n_D^{18} 1,6038; 4 g. *2.4-Dinitrophenylhydrazon*, $C_{21}H_{20}N_4O_4$, F. 242°, aus Bzl. rote Kristalle. — *3-Hydroxymethylen-1.2-benzocyclohepten-(1)-on-(4)*, $C_{12}H_{12}O_2$, Kp.$_{0,05}$ 92°, durch Zufügen von 4,4 g Ameisensäureäthylester zu $NaOCH_3$ (vorher 2 Std. auf 200° erhitzt) unter N_2, Zufügen von 4,8 g II in Bzl. bei 0°, 2std. Erhitzen auf 95°, Verdünnen mit W., Ausziehen der abgetrennten Benzolschicht mit n-NaOH, Ansäuern u. Ausäthern; n_D^{20} 1,5960; 4 g. — *2'.3'.4'.5'-Tetrahydro-1.2;3.4-dibenzocyclohepten-(3)-on-(5')*, Kp.$_{0,1}$ 140—150°, durch 6std. Kochen von 2 g vorst. Verb. u. Methylvinylketon in absol. methanol KOH, Einengen, Verdünnen mit W., Ausäthern, 2std. Kochen des äther. Abdampfrückstandes mit verd. Essigsäure/HCl unter N_2, Verdünnen u. Ausäthern. *2.4-Dinitrophenylhydrazon*, $C_{21}H_{20}N_4O_4$, F. 209—210°; aus A. rote Kristalle. — *4-Pyrrolidino-1.2-benzocycloheptadien-(1.3)* (VIII), durch $^1/_2$std. Kochen von II, Pyrrolidin u. Bzl. unter H_2O-Entzug; gibt durch 30std. Erwärmen des benzol. Abdampfrückstandes mit CH_3J in Dioxan, 12std. Stehen mit W., Ausäthern u. Behandeln mit Semicarbazid 40% VI als *Semicarbazon*. — *[4-Oxo-1.2-benzocyclohepten-(1)-yl-(3)]-essigsäureäthylester* (VII), $C_{15}H_{18}O_3$, F. 64°, Kp.$_{0,2}$ 146°, durch 2tägiges Kochen von VIII u. Bromessigsäureäthylester in Dioxan; aus PAe. Platten; n_D^{15} 1,5321; 2,4 g. *2.4-Dinitrophenylhydrazon*, $C_{21}H_{22}N_4O_6$, F. 106°; aus A. gelbe, seidige Nadeln. — *3-[2'-Cyanäthyl]-1.2-benzocyclohepten-(1)-on-(4)*, $C_{14}H_{15}NO$, F. 76—77°, durch 2tägiges Kochen von VIII mit Acrylonitril in Dioxan; aus Ae./PAe. Nadeln. — *β-[4-Oxo-1.2-benzocyclohepten-(1)-yl-(3)]-propionsäureäthylester*, $C_{16}H_{20}O_3$, Kp.$_{0,08}$ 136—138°, durch 12std. Kochen von 2,8 g vorst. Verb. in HCl-gesätt. A.; n_D^{17} 1,5278; 2 g. *2.4-Dinitrophenylhydrazon*, $C_{22}H_{24}N_4O_6$, F. 101°; aus CH_3OH gelbe Nadeln. — *β-[3-Methyl-4-oxo-1.2-benzocyclohepten-(1)-yl-(3)]-propionsäureäthylester*, $C_{17}H_{22}O_3$, Kp.$_{0,05}$ 122°, durch 12std. Rühren von 4,35 g VI u. KOH in Bzl., dann 24std. Stehen mit β-Brompropionsäureäthylester, 4std. Kochen u. Aufarbeiten; n_D^{18} 1,5380; 0,7 g. — *Zweibasige Säure* $C_{18}H_{22}O_5$, F. 174°, durch

Zufügen von 40% ig. Benzyltrimethylammoniumhydroxyd u. dann Acrylonitril zu 1 g VI 48std. Rühren, Ansäuern, Vakuumeinengen, Ausäthern u. 20std. Kochen des Abdampfrückstandes mit 20% ig. KOH; 0,3 g. Daneben eine viscose *Fl. vom Kp.*$_{0,1}$ *190—206°* [*2.4-Dinitrophenylhydrazon*, $C_{21}H_{22}N_4O_6$, F. 127—128°, aus CH_3OH orangefarbene Nadeln]. (J. chem. Soc. [London] **1958**. 4276—84. Dez. Exeter, Washington Singer Labors.) H. LEHWALD. 2950

M. F. Ansell und **S. S. Brown**, *Reduzierte cyclische Verbindungen.* 6. Mitt. *Darstellung und Cyclisierung von trans-8-Phenylocten-(5)-säure und trans-7-[Naphthyl-(1)]-hepten-(4)-säure.* (5. vgl. C. **1959**. 14096.) trans-7-Phenylhepten-(4)-ol-(1) (**IV**) wird in *trans-7-Chlor-1-phenylhepten-(3)* u. dieses über die GRIGNARD-*Verb.* mit CO_2 in *trans-8-Phenylocten-(5)-säure* (**I**) übergeführt. 3-Chlortetrahydro-2-[2-naphthyl-(1)-äthyl]-furan gibt in ähnlicher Reaktionsfolge ein schwer trennbares Gemisch von *cis-* u. *trans-7-[Naphthyl-(1)]-hepten-(4)-säure* (cis- u. trans-**II**). Reine *trans*-**II** wird durch Ringspaltung von 3-Chlortetrahydro-2-[2-naphthyl-(1)-äthyl]-pyran u. Oxydation des *trans-7-[Naphthyl-(1)]-hepten-(4)-ols-(1)* mit CrO_3–Pyridin erhalten. Die Cyclisierung von I mit Polyphosphorsäure (**III**) führt zu *1.2.3.7.8.9.10.10a-Oktahydro-7-oxocyclohepta-[d.e]-naphthalin.* Dagegen gibt trans-8-Phenylocten-(5)-säurechlorid mit $AlCl_3$ in sd. CS_2 *1.2.3.4.4a-9.10.10a-Oktahydro-1-oxophenanthren*, das durch Rk. mit CH_3MgJ u. Dehydrierung mit Pd-Kohle *1-Methylphenanthren* liefert. Der stereochem. Verlauf der Cyclisierung wurde nicht geklärt. trans-**II** wird mit **III** zu *1.2.3.3a.4.5-Hexahydrobenz-[d.e]-anthron-(6)* cyclisiert, das zum Vgl. durch Red. von β-[*3.4*-Dihydrophenanthryl-(1)]-propionsäure (**V**) u. Rk. der erhaltenen β-[*1.2.3.4-Tetrahydrophenanthryl-(1)*]-*propionsäure* mit **III** synthetisiert wurde. Beim Behandeln von trans-7-[Naphthyl-(1)]-hepten-(4)-oylchlorid mit $AlCl_3$ in CS_2 bei —10° bis +46° entstehen nur teerige Prodd. neben wenig Ketonmaterial.

Versuche: *trans-7-Chlor-1-phenylhepten-(3)*, $C_{13}H_{17}Cl$, Kp.$_{0,3}$ 92—93°, durch Zugeben von $SOCl_2$ zu **IV** u. Pyridin in Bzl. unter Eiskühlung, Kochen bis zur Beendigung der Gasentw. u. Gießen auf Eis; n_D^{20} 1,5202; 91% (Ausbeute). — *trans-8-Phenylocten-(5)-säure* (**I**), $C_{14}H_{18}O_2$, Kp.$_{2 \cdot 10^{-4}}$ 134—136°, aus vorst. Verb. mit Mg in Ae., Stehen der GRIGNARD-*Verb.* (Hydrolyse → *trans-1-Phenylhepten-(3)*, $C_{13}H_{18}$, Kp.$_{11}$ 108—109°, n_D^{20} 1,500) mit CO_2 über Nacht, Zugeben von Hexan u. wss. HCl u. Extrahieren der organ. Phase mit $NaHCO_3$; n_D^{20} 1,5172; 70%. *α-Naphthalid*, $C_{24}H_{25}NO$, F. 113—114° (CH_3OH), Prismen. *4-Bromphenacylester*, $C_{22}H_{23}BrO_3$, F. 41—42° (CH_3OH), Latten. *Phenylhydrazid*, $C_{20}H_{24}N_2O$, F. 98—99° (A.), Nadeln. *Säurechlorid*, Kp.$_{5 \cdot 10^{-4}}$ 85—89°, durch 15 Min. Zugeben von Oxalylchlorid zu I in absol. Bzl. bei 50°; n_D^{20} 1,525—1,529. *Amid*, $C_{14}H_{19}NO$, F. 94—95° (wss. A.), Platten. — *2-[Naphthyl-(1)]-äthylalkohol*, aus 1-Bromnaphthalin; 88%. — *2-[Naphthyl-(1)]-äthylchlorid*, Kp.$_{0,4}$ 110—112°, aus vorst. Verb.; n_D^{20} 1,6182; 93%. — *6-[Naphthyl-(1)]-hexen-(3)-ol-(1)* (*cis-trans-Gemisch*), $C_{16}H_{18}O$, Kp.$_{3 \cdot 10^{-3}}$ 145 bis 155°, aus vorst. Verb. mit Mg in Ae., Zugeben der GRIGNARD-Verb. zu 2.3-Dichlortetrahydrofuran in sd. Ae. in 1 Std., 15 Min. Kochen, Gießen auf Eis–NH_4Cl, Ausäthern, Zugeben des *3-Chlortetrahydro-2-[2-naphthyl-(1)-äthyl]-furans* zu Na in sd. Ae. in 1 Std. (Einleiten der Rk. mit Tetrahydrofurfurylchlorid), 1std. Rühren bei Raumtemp., Zugeben von W. u. Ausäthern; n_D^{16} 1,591—1,593; 37%. — *6-[Naphthyl-(1)]-1-chlorhexen-(3)* (*cis-trans-Gemisch*), Kp.$_{6 \cdot 10^{-3}}$ 135—145°, aus 69 g vorst. Verb.; n_D^{16} 1,587—1,592; 70 g. Umsetzung mit Mg u. Carboxylieren → 30 g *cis-trans-Gemisch von* **II**. — *trans-7-[Naphthyl-(1)]-hepten-(4)-ol-(1)*, $C_{17}H_{20}O$, Kp.$_{0,8}$ 165—168°, durch Ringspaltung des Reaktionsprod. von 2-[Naphthyl-(1)]-äthyl-MgCl u. 2.3-Dichlortetrahydropyran; n_D^{20} 1,579 bis 1,581; 57%. — *trans-7-[Naphthyl-(1)]-hepten-(4)-al*, durch 16std. Rühren vorst. Verb. mit CrO_3–Pyridin, Verdünnen mit Eiswasser u. Ausäthern; 76%. *2.4-Dinitrophenylhydrazon*, $C_{23}H_{22}N_4O_4$, F. 145—146° (A.), gelbe Nadeln. — *trans-7-[Naphthyl-(1)]-hepten-(4)-säure* (trans-**II**), $C_{17}H_{18}O_2$, F. 69—70° (Hexan), a) aus 30 g des cis–trans-Gemisches nach 2jährigem Stehen; Prismen; 8,7 g; b) neben vorst. Verb. durch Ansäuern der alkal. Waschwässer über das *S-Benzylthiuroniumsalz* [$C_{25}H_{28}N_2O_2S$, F. 166—167° (A.), Latten]; c) durch 30 Min. Kochen vorst. Verb. mit Ag_2O in Bzl.; 12%. *Chlorid*, $C_{17}H_{17}ClO$, Kp.$_{2 \cdot 10^{-3}}$ 165—168°, n_D^{21} 1,5828. *Amid*, $C_{17}H_{19}NO$, F. 84—85° (wss. A.), Platten. — *8-Phenyloctansäure*, $C_{14}H_{20}O_2$, F. 24—25° (Platten), durch Hydrierung von I bei Raumtemp. in Ggw. von ADAMS-Katalysator; Platten. — *1.2.3.7.8.9.10.10a-Oktahydro-7-oxocyclohepta-[d.e]-naphthalin*, $C_{14}H_{16}O$, F. 63—64° (CH_3OH), Kp.$_{0,5}$ 135—145°, durch 2std. Erhitzen von I mit **III** auf 110° unter N_2; Platten; 73%. *Oxim*, F. 162—163° (wss. A.). *Semicarbazon*, $C_{15}H_{19}N_3O$, F. 215—216° (Zers.; CH_3OH). *2.4-Dinitrophenylhydrazon*, $C_{20}H_{20}N_4O_4$, F. 187—188° (A.-Chlf.), orangefarbene Latten. — *1.2.3.7.8.9.10.10a-Oktahydro-7-hydroxycyclohepta-[d.e]-naphthalin*, F. 87—89° (Essigester–Hexan), aus vorst. Verb. in Ae. mit $LiAlH_4$. — *7.8.9.10-Tetrahydrocyclohepta-[d.e]-naphthalin*, F. 57—58° (CH_3OH), durch Dehydrierung vorst. Verb. mit Pd-Kohle. *Pikrat*, F. 115—117° (A.), orangefarbene Nadeln. *Styphnat*, F. 119—121° (A.), gelbe Nadeln. *Trinitrobenzolat*,

$C_{20}H_{17}N_3O_6$, F. 138—139° (A.), goldene Nadeln. — *1.2.3.4.4a.9.10.10a-Oktahydro-1-oxo-phenanthren*, $C_{14}H_{16}O$, F. 76—77° (CH_3OH), aus 41 g I-Chlorid unter N_2 u. fraktionierte Dest. bei 150—150,5°/3,5 mm; Prismen; 5,5 g (daneben aus der Fraktion vom Kp.$_{3,5}$ < 130° ein *2.4-Dinitrophenylhydrazon* $C_{20}H_{20}N_4O_4$, F. 266—267° (Bz.-A.), rote Nadeln, u. aus der Fraktion vom Kp.$_{3,5}$ 147—150° ein *Semicarbazon* $C_{15}H_{19}N_3O$, F. 203—204°, Prismen). *Oxim*, $C_{14}H_{17}NO$, F. 184—186° (wss. A.), Nadeln. *Semicarbazon*, $C_{15}H_{19}N_3O$, F. 218—219° (A.), phototrope Tafeln. *2.4-Dinitrophenylhydrazon*, $C_{20}H_{20}N_4O_4$, F. 221 bis 224° (A.-Chlf.), gelbe Platten. — *1-Methylphenanthren*, F. 119—120° (A.), durch 4std. Kochen von 1,2 g vorst. Verb. mit CH_3MgJ in Ae., Zers. mit wss. NH_4Cl, Einengen der Ätherphase u. 5std. Erhitzen mit Pd-Kohle auf 310° unter N_2; 0,6 g. *Pikrat*, F. 135 bis 137°. *Styphnat*, F. 153—154°. *1.3.5-Trinitrobenzolat*, F. 158—159°. — *β-[1.2.3.4-Tetrahydrophenanthryl-(1)]-propionsäure*, $C_{17}H_{18}O_2$, F. 146—147° (Essigester), durch Hydrierung von V in Essigester in Ggw. von ADAMS-Katalysator; Platten; 93%. *S-Benzylthiuroniumsalz*, $C_{25}H_{28}N_2O_2S$, F. 158—159° (A.), Tafeln. — *1.2.3.3a.4.5-Hexahydrobenz-[d.e]-anthron-(6)*, $C_{17}H_{16}O$, F. 124—125° (A. oder CH_3OH), a) aus trans-II u. III bei 90° unter N_2; Nadeln; 70%; b) aus 1,0 g vorst. Verb. u. III bei 95°; 0,9 g. *Oxim*, $C_{17}H_{17}NO$, F. 192—193° (Zers.; A.), Tafeln. *2.4-Dinitrophenylhydrazon*, $C_{23}H_{20}N_4O_4$, F. 293—294° (Zers.; Chlf.), rote Rhomben. — *2-[β-Naphthyl-(1)-äthyl]-cyclopenten-(2)-on-2.4-dinitrophenylhydrazon* (?), $C_{22}H_{20}N_4O_4$, F. 228—229° (Chlf.), aus trans-II-Chlorid in 35 Min.; rote Nadeln. (J. chem. Soc. [London] **1958**. 3956—62. Nov. London, Univ., Queen Mary Coll., Chem. Dep.) R. PASEDAG. 2950

N. P. Buu-Hoï und **P. Jacquignon,** *Synthese von 2.3-Cyclopenteno-7H-benzo-[c]-fluoren. 2.3-Cyclopenteno-7H-benzo-[c]-fluoren* wird durch Überführung von Hydrinden (I) mit Succinanhydrid (II) in *6.7-Cyclopentenotetralon-(1)* (III), dessen alkalikatalysierte Kondensation mit Benzaldehyd (IV) zu *2-Benzyliden-6.7-cyclopentenotetralon-(1)* u. dessen Cyclodehydratisierung mit P_2O_5 synthetisiert. III gibt mit Naphthaldehyd-(1) (V) *2-[Naphthyl-(1)-methylen]-6.7-cyclopentenotetralon-(1)*, das mit P_2O_5 eine nicht identifizierte *Verb. vom F. 249°* liefert. Durch FISCHER-Indolisierung von III-*Phenylhydrazon* wird *5.6-Dihydro-2.3-cyclopenteno-11H-benzo-[a]-carbazol* dargestellt.

Versuche: *γ-[Hydrindyl-(5)]-γ-oxobuttersäure*, F. 128°, durch 18std. Stehen von 50 g I, II u. $AlCl_3$ in Nitrobenzol bei Raumtemp.; 60 g (Ausbeute). — *γ-[Hydrindyl-(5)]-buttersäure*, F. 51°, Kp.$_{15}$ 210—215°, aus vorst. Verb. mit $N_2H_4 \cdot H_2O$, KOH u. Diäthylenglykol. *Chlorid*, mit $SOCl_2$. — *6.7-Cyclopentenotetralon-(1)* (III), Kp.$_{12}$ 182—183°, durch 48std. Stehen vorst. Chlorids in CS_2 mit $AlCl_3$; 80%. — *2-Benzyliden-6.7-cyclopentenotetralon-(1)*, $C_{20}H_{18}O$, F. 128° (A.), durch Erwärmen von 3,5 g III u. IV in A. in Ggw. von 20%ig. wss. KOH; glänzende, gelbliche Prismen; 2,8 g. — *2.3-Cyclopenteno-7H-benzo-[c]-fluoren*, $C_{20}H_{16}$, F. 140° (A.), Kp.$_{0,4}$ 220—225°, durch 30std. Kochen vorst. Verb. mit P_2O_5 in absol. Xylol, Zugeben von W. u. Einengen; glänzende Nadeln; 30%. *Pikrat*, $C_{26}H_{19}N_3O_7$, F. 184° (A.), orangerote Prismen. — *2-[Naphthyl-(1)-methylen]-6.7-cyclopentenotetralon-(1)*, $C_{24}H_{20}O$, F. 115° (A.), aus 0,35 g III u. V; glänzende, gelbliche Prismen; 0,35 g. Gibt mit P_2O_5 in Xylol *Verb. vom F. 249°* (A.-Bzl.), glänzende Blättchen. — *5.6-Dihydro-2.3-cyclopenteno-11H-benzo-[a]-carbazol*, $C_{19}H_{17}N$, F. 204° (A.), Kp.$_{12}$ 250°, durch Erhitzen von 3,5 g III mit Phenylhydrazin auf 120° bis zur Beendigung der Gasentw., Kochen mit Essigsäure-HCl, Gießen in W. u. Extrahieren mit Bzl.; Prismen; 2,5 g. *Pikrat*, F. 194° (A.), glänzende, dunkelviolette Prismen. (J. org. Chemistry **24**. 126—27. Jan. 1959. Paris, Univ., Radium Inst.) R. PASEDAG. 2950

N. P. Buu-Hoï, Denise Lavit, Pierre Jacquignon und **Odilon Chalvet,** *Polycyclische aromatische Kohlenwasserstoffe. 8. Mitt. Über zwei Monomethylhomologe des Naphtho-[2.3:a]-pyrene.* (7. vgl. C. **1959**. 13144.) Durch FRIEDEL-CRAFTS-Rk. wird aus 2.5-Dimethylbenzoylchlorid (I) u. Pyren *3-[2.5-Dimethylbenzoyl]-pyren* gewonnen, das durch ELBS-Pyrolyse in *10-Methylnaphtho-[2.3:a]-pyren* übergeführt wird. Formylierung von Naphtho-[2.3:a]-*pyren* (III) mittels N-Methylformanilids (IV) in Ggw. von $POCl_3$ gibt in Übereinstimmung mit dem nach der LCAO-Meth. berechneten Mol.-Diagramm (Abb.) neben wenig *7-Formyl-* hauptsächlich *6-Formylnaphtho-[2.3:a]-pyren*, aus dem durch WOLFF-KISHNER-Red. *6-Methyl-* u. durch anschließende Formylierung *7-Formyl-6-methylnaphtho-[2.3:a]-pyren* erhalten werden.

Versuche: *3-[2.5-Dimethylbenzoyl]-pyren*, $C_{25}H_{18}O$, F. 99° (A.), aus 25 g Pyren u. 21 g I [aus der Säure (aus p-Xylol, Acetylchlorid u. $FeCl_3$ durch FRIEDEL-CRAFTS-Rk. u. Oxydation des gebildeten 2.5-Dimethylacetophenons mit NaOBr)] in absol. Bzl. durch Zufügen von $AlCl_3$ u. Stehen über Nacht bei n. Temp.; aus A. blaßgelbe Nadeln; 27 g (Ausbeute); aus Bzl. als *Solvat*, F. 55° → Erstarren → F. 99°. Gibt mit H_2SO_4 blutrote Färbung. — Naphtho-[2.3:a]-pyrene: *10-Methyl-*, $C_{25}H_{16}$, F. 254°, aus 8 g vorst. Verb. durch ½std. gelindes Erhitzen u. Vakuumdest.; aus Xylol goldgelbe Plättchen; 0,8 g. Gibt mit H_2SO_4 violette Färbung. — *6-Formyl-*, $C_{25}H_{14}O$, F. 252° (Chlorbenzol), aus 3 g III [F. 270° (Xylol), aus Pyren mit Phthalsäureanhydrid oder durch Pyrolyse von 3-[o-Toluyl]-pyren] durch 4 std. Erhitzen mit IV u. $POCl_3$ in o-Dichlorbenzol (II) auf dem sd. Wasserbad, Zufügen von konz. wss. Na-Acetatlsg. u. II u. $^1/_2$ std. Kochen, Abdest. des Lösungsm. u. Auskochen mit Toluol als Rückstand; 1,7 g. Gibt mit H_2SO_4 violette Färbung. Oxydation mit CrO_3/Essigsäure gibt ein von III-Chinon-(7.12) verschied. *Chinon*. — *7-Formyl-*, $C_{25}H_{14}O$, F. 263° (Xylol), aus den wss. Mutterlaugen vorst. Verb. durch Einengen; 0,1 g. Gibt mit H_2SO_4 violette Färbung. — *6-Methyl-*, $C_{25}H_{16}$, F. 214°, im Dunkeln aus 1,6 g vorvorst. Verb. durch Erhitzen mit Hydrazinhydrat in Diäthylenglykol, Zufügen von 3 g KOH, $^1/_2$ std. Kochen u. Fällen in der Kälte mit W.; orangefarbene Prismen; 1,2 g. — *6-Methyl-7-formyl-*, $C_{26}H_{16}O$, F. 232°, aus 0,9 g vorst. Verb. analog der 6-Formylverb.; bordeauxfarbene Nadeln; 0,3 g. Gibt mit H_2SO_4 violette Färbung, die nach Grün umschlägt. (Recueil Trav. chim. Pays-Bas **77**. 462—66. Juni 1958. France, Univ. de Paris, Inst. du Radium.) E. Riedel. 2950

N. P. Buu-Hoï und **Denise Lavit**, *Polycyclische aromatische Kohlenwasserstoffe. 9. Mitt. Synthese von 1.2- und 2.3-Cyclopentenoanthracen, von 1.2-Benzanthracen und von Naphthacen durch Elbs-Reaktion.* (8. vgl. vorst. Ref.) Durch Pyrolyse nach Elbs wird aus *5-[o-Toluyl]-indan* (I), das aus Indan u. o-Toluylchlorid (II) durch Friedel-Crafts-Rk. erhalten wird, *2.3-Cyclopentenoanthracen* (III) neben wenig *1.2-Isomerem* gewonnen. Analoge Rk. mit *2-[o-Toluyl]-5.6.7.8-tetrahydronaphthalin* (IV) u. anschließende Se-Dehydrierung liefert *Naphthacen* u. *1.2-Benzanthracen*. III gibt ein in A. zersetzliches *Pikrat* u. unterscheidet sich dadurch von dem von Sen Gupta (C. **1941**. I. 1162) als III angesprochenen Produkt. Durch Formylierung von III mittels Dimethylformamids (V) in Ggw. von $POCl_3$ u. anschließende Red. nach Huang-Minlon wird *9-Methyl-2.3-cyclopentenoanthracen* hergestellt.

Versuche: *5-[o-Toluyl]-indan* (I), $C_{17}H_{16}O$, Kp.$_{22}$ 221°, F. 52°, aus 6 g Indan u. 8 g II in trocknem CS_2 durch Zugabe von $AlCl_3$, Stehen über Nacht bei n. Temp., Erhitzen auf dem Wasserbad, Zugabe von Eis/HCl u. Chloroformextraktion; blaßgelbes Öl, n_D^{22} 1,6230, durch Eiskühlung Kristalle; 9,8 g (Ausbeute). Gibt mit H_2SO_4 gelbe Färbung. — *2-[o-Toluyl]-5.6.7.8-tetrahydronaphthalin* (IV), $C_{18}H_{18}O$, Kp.$_{24}$ 240°, aus 9 g Tetralin u. 10 g II in CS_2 analog I; blaßgelbes viscoses Öl, n_D^{27} 1,6027; 14 g. — Anthracene: *2.3-Cyclopenteno-* (III), $C_{17}H_{14}$, F. 249° (Cyclohexan), aus 9 g I durch 4—5 std. Erhitzen im Claisen-Kolben u. Vakuumdest.; perlmutterartige, sublimierbare Plättchen; 0, 8 g. — *1.2-Cyclopenteno-*, F. 103° (A.), aus den Mutterlaugen von III durch Einengen; schillernde Plättchen; 0,1 g. *Pikrat*, F. 140° (Bzl.), braunrote Nadeln. — *9-Formyl-2.3-cyclopenteno-*, $C_{18}H_{14}O$, F. 107° (A.), aus 5 g III durch Erhitzen auf dem sd. Wasserbad mit V u. $POCl_3$ in trocknem Toluol, Zufügen von konz. Na-Acetatlsg., $^1/_2$ std. Kochen u. Benzolextraktion; blaßgelbe Nadeln; 4 g. Gibt mit H_2SO_4 blutrote Färbung. — *9-Methyl-2.3-cyclopenteno-*, $C_{18}H_{16}$, F. 97° (A.), aus 3,5 g vorst. Verb. durch Erhitzen mit 95%ig. Hydrazinhydrat in Diäthylenglykol, Zugabe von 3,5 g KOH, $^1/_2$ std. Kochen u. Ausfällen mit W.; blaßgelbe Nadeln; 2,5 g. Gibt mit Pikrinsäure in Bzl. sehr instabile braunrote Nadeln, F. 126°. — *1.2-Benz-*, F. 159—160°, aus 13 g IV durch 6 std. Erhitzen auf 400° u. Vakuumdest.; aus Cyclohexan blaßgelbe Nadeln; 0,1 g. Daneben ein *Prod. vom F. 152°*, daraus durch 3 std. Erhitzen mit Se auf 350° u. Versetzen mit Cyclohexan aus der Lsg. eine weitere Menge. *Pikrat*, F. 143°, rote Nadeln. — *Naphthacen*, F. 340° (Toluol), aus dem Se-Dehydrierungsprod. vorst. Vers. als in Cyclohexan Ungelöstes. Gibt mit H_2SO_4 → grüne Färbung. (Recueil Trav. chim. Pays-Bas **77**. 467—71. Juni 1958.) E. Riedel. 2950

I. Ernest und **Z. Linhartová**, *Zersetzung von Diazoketonen mit Kupfer(II)-oxyd. 7. Mitt. Darstellung von 1.2-Bis-[carbäthoxybenzoyl]-äthylenen.* Inhaltlich ident. mit der C. **1959**. 1107 referierten Arbeit. (Collect. czechoslov. chem. Commun. **24**. 2072—75. Juni 1959. [Orig.: deutsch].) W. Barz. 3061

Ju. K. Jurjew, N. N. Mesenzowa und **N. K. Ssadowaja**, *Fortschritte in der Chemie des Selenophens.* Übersicht mit zahlreichen physikal. Konstanten u. 39 Literaturangaben. (Вестник Московского Университета, Серия Математики, Механики, Астрономии, Физики, Химии [Nachr. Moskauer Univ., Ser. Math., Mechan., Astronom., Physik, Chem.] **12**. Nr. 4. 201—22. 1957. Lehrstuhl für org. Chemie.) H.-E. Toussaint. 3071

F. Ja. Perwejew und **Je. M. Kusnetzowa**, *Reaktion von Ammoniak und Aminen mit Oxyden der Acetylen- und Vinylacetylenreihe. Eine neue Methode zur Darstellung von Pyrrolhomologen.* Die Rk. von 2-Methyl-1.2-epoxypentin-(3) (II) mit Methylamin (VI) liefert in guter Ausbeute *1.2.4-Trimethylpyrrol*; analog lassen sich weitere substituierte Pyrrole darstellen. Es gelingt jedoch nicht, auf diese Weise Vinylpyrrole zu erhalten; aus 2-Methyl-1.2-epoxyhexen-(5)-in-(3) (I) u. Benzylamin (VII) entsteht über erneute

Addition von VII *1-Benzyl-2-[β-benzylaminoäthyl]-4-methylpyrrol. 1-Äthyl-2-vinyl-4-methylpyrrol* läßt sich durch Erhitzen von 1-Äthylamino-2-methylhexen-(5)-in-(3)-ol-(2) (**X**) in Ggw. von wenig Chinolin darstellen; **X** wird aus **I** u. Äthylamin (**IX**) in der Kälte erhalten. Die Struktur der dargestellten Pyrrole wird durch die IR-Spektren bestätigt. Bei der Hydrolyse mit wss.-alkoh. Soda werden die Pyrrolderivv. unter Bldg. der entsprechenden Dicarbonylverbb. gespalten. Die Öffnung des Epoxydringes bei der Rk. mit den Aminen erfolgt entsprechend der KRASSUSKI-Regel an dem stärker hydrogenisierten C-Atom; allg. entspricht die Rk. einer nucleophilen Substitution am C-Atom.

Versuche: *2-Methyl-1.2-epoxyhexen-(5)-in-(3)* (I), $Kp._{15}$ 50—51°, n_D^{20} 1,4739; $D.^{20}_4$ 0,9149; 70% (Ausbeute). — *2-Methyl-1.2-epoxypentin-(3)* (II), $Kp._{22}$ 40—41°, n_D^{20} 1,4461; $D.^{20}_4$ 0,9264; 75%. — *3-Methyl-2.3-epoxyhexin-(4)* (III), $Kp._{12}$ 43—44°, n_D^{20} 1,4410; $D.^{20}_4$ 0,8856; 75%. — *2-Methyl-4-phenyl-1.2-epoxybutin-(3)* (IV), $Kp._2$ 90—92°, n_D^{20} 1,5552; $D.^{20}_4$ 1,0112; 75%. — *2-Methyl-4-[cyclohexen-(1)-yl]-1.2-epoxybutin-(3)* (V), $Kp._2$ 101—102°, n_D^{20} 1,5274, $D.^{20}_4$ 0,9766; 60%. — Pyrrole, durch Erhitzen vorst. Oxyde mit entsprechenden Aminen in geschlossener Ampulle auf dem Wasserbad: *2.4-Dimethyl-*, C_6H_9N, $Kp._2$ 43°, aus **II** u. alkoh. NH_3 (10 Std.); n_D^{20} 1,4950; $D.^{20}_4$ 0,9208; 59%. *$HgCl_2$-Verb.*, F. 135—137° (Zers.). *Phthalidderiv.*, F. 170—171°, gelb. *Pikrat*, F. 90,5—91,5°. — *1.2.4-Trimethyl-*, $C_7H_{11}N$, $Kp._7$ 39°, aus **II** u. **VI** (18 Std.); n_D^{20} 1,4831; $D.^{20}_4$ 0,8914; 90%; liefert durch 11std. Kochen mit $NH_2OH \cdot HCl$ u. Na_2CO_3 in A. ein *Dioxim*, $C_6H_{12}N_2O_2$, F. 96—97° (A.). — *1-Benzyl-2.4-dimethyl-*, $C_{13}H_{15}N$, aus **II** u. **VII** (1 Std.); n_D^{20} 1,5520; $D.^{20}_4$ 0,9985; 70%. — *1-Benzyl-2.4-dimethyl-5-[m-sulfobenzolazo]-*, *Na-Salz*, $C_{19}H_{18}N_3 \cdot NaO_3S$, aus vorst. Verb. u. diazotierter Metanilsäure. — *1-[β-Hydroxyäthyl]-2.4-dimethyl-*, $C_8H_{13}NO$, $Kp._1$ 83—85°, aus **II** u. Äthanolamin (**VIII**) (15 Std.); n_D^{20} 1,5067; $D.^{20}_4$ 1,0116; 70%. — *1-Phenyl-2.4-dimethyl-*, $C_{12}H_{13}N$, $Kp._{0,5}$ 97—98°, aus **II** u. Anilin (17 Std.); n_D^{20} 1,5800; $D.^{20}_4$ 1,0251; 63%. — *2.3.5-Trimethyl-*, $C_7H_{11}N$, $Kp._{1,5}$ 45—46°, aus **III** u. alkoh. NH_3 (9 Std.); n_D^{20} 1,4972; $D.^{20}_4$ 0,9300; 64%. *$HgCl_2$-Verb.*, F. 109—110°. — *1.2.3.5-Tetramethyl-*, $C_8H_{13}N$, $Kp._5$ 62—64°, aus **III** u. **VI** (9 Std.); n_D^{20} 1,4899; $D.^{20}_4$ 0,9092; 62%. — *2-Phenyl-4-methyl-*, $C_{11}H_{11}N$, F. 151—152°, aus **IV** u. alkoh. NH_3 (10 Std.); 50%. — *1-Äthyl-2-phenyl-4-methyl-*, $C_{13}H_{15}N$, $Kp._{0,5}$ 90—91°, aus **IV** u. **IX** (10 Std.); n_D^{20} 1,5958; $D.^{20}_4$ 1,0249; 70%. — *1-Benzyl-2-phenyl-4-methyl-*, $C_{18}H_{17}N$, $Kp._1$ 151—153°, aus **IV** u. **VII** (10 Std.); n_D^{20} 1,6151; $D.^{20}_4$ 1,0732; 75%. — *1-[β-Hydroxyäthyl]-2-phenyl-4-methyl-*, $C_{13}H_{15}NO$, $Kp._1$ 158—160°, aus **IV** u. **VIII** (10 Std.); n_D^{20} 1,5913; $D.^{20}_4$ 1,0926; 70%. — *1-Äthyl-2-[cyclohexen-(1)-yl]-4-methyl-*, $C_{13}H_{19}N$, $Kp._1$ 102 bis 105°, aus **V** u. **IX** (6 Std.); n_D^{20} 1,5312; $D.^{20}_4$ 0,9621; 20%. — *1-Äthyl-2-vinyl-4-methyl-*, $C_9H_{13}N$, $Kp._1$ 35—36°, aus **X** u. wenig Chinolin (6 Std.); n_D^{20} 1,5324; $D.^{20}_4$ 0,9170; 55%. — *1.2-Diäthyl-4-methyl-*, $C_9H_{15}N$, $Kp._6$ 43—45°, durch Hydrieren vorst. Verb. in absol. A. über Pt; n_D^{20} 1,4863; $D.^{20}_4$ 0,8852; liefert durch 10std. Kochen mit NH_2OH. HCl u. Na_2CO_3 in A. ein *Dioxim*, $C_7H_{14}N_2O_2$. — *1.4-Dimethyl-2-vinyl-*, $C_8H_{11}N$, $Kp._{1,5}$ 49°, aus 1-Methylamino-2-methylhexen-(5)-in-(3)-ol-(2) u. wenig Chinolin (6 Std.); n_D^{20} 1,5380; $D.^{20}_4$ 0,9254; 75%. — *1-Benzyl-2-[β-benzylaminoäthyl]-4-methyl-*, $C_{21}H_{24}N_2$, $Kp._{1,5}$ 135°, aus **I** u. **VII** (18 Std.); n_D^{20} 1,5688; $D.^{20}_4$ 1,0154; 25%. — *1-Äthyl-2-[β-äthylaminoäthyl]-4-methyl-*, $C_{11}H_{20}N_2$, $Kp._{0,5}$ 103—104°, aus **I** u. **IX** (6 Std.); n_D^{20} 1,4950; $D.^{20}_4$ 0,9208; 68%. (Журнал Общей Химии [J. allg. Chem.] **28** (90). 2360—71. Sept. 1958. Leningrad, Univ.) H.-E. TOUSSAINT. 3081

Alfred Treibs und **Heinz Bader**, *Über den Mechanismus der Pyrrol-Austauschreaktionen.* 2.4-Dimethyl-3- (**III**) u. -5-carbäthoxypyrrol (**IV**) lassen sich mit konz. H_2SO_4 bzw. 5%ig. Oleum zu *2.4-Dimethyl-3-carbäthoxypyrrolsulfonsäure-(5)* (**I**) bzw. *-5-carbäthoxypyrrolsulfonsäure-(3)* (**II**) sulfonieren. **I** u. **II** zeigen die EHRLICH-Rk. u. kuppeln mit p-Nitrobenzoldiazoniumsalz. In wss. saurer Lsg. erfolgt jedoch keine Trübung mit $BaCl_2$, also keine hydrolyt. Spaltung. Mit CH_2O jedoch entstehen in Ggw. von $BaCl_2$ sofort $BaSO_4$ u. *Bis-[2.4-dimethyl-3-carbäthoxypyrryl-(5)]-* bzw. *Bis-[2.4-dimethyl-5-carbäthoxypyrryl-(3)]-methan.* **I** bzw. **II** liefern beim Aufkochen mit HCOOH die entsprechenden *Dipyrrylmethene.* In weiteren Austausch Rkk. wurden **I** u. **II** in die *Nitroverbb.* bzw. **II** in die *Bromverb.* übergeführt. Bei der Bromierung von **I** ergaben sich Komplikationen. Damit ist der allg. gültige Reaktionsmechanismus der Austausch-Rkk. dahingehend bewiesen, daß sich elektrophile Reagentien an das den austauschfähigen Substituenten tragende C-Atom des Pyrrolkerns zu Pyrrolen-Zwischenverbb. addieren u. diese den Substituenten abstoßen.

Versuche: *2.4-Dimethyl-3-carbäthoxypyrrolsulfonsäure-(5)* (**I**), $C_9H_{13}NO_5S$, aus dem Ba-Salz. *Na-Salz*, durch 10 Min. Rk. von **III** mit 5%ig. Oleum unter Temperaturanstieg auf 55°, Gießen auf Eis u. Aussalzen mit NaCl; 80% (Ausbeute). *Ba-Salz*, $Ba(C_9H_{12}NO_5S)_2$, aus dem Na-Salz mit $BaCl_2$; 53%. — *2.4-Dimethyl-5-carbäthoxypyrrolsulfonsäure-(3)* (**II**), *Dihydrat*, $C_9H_{13}NO_5S \cdot 2\,H_2O$, F. 112°. *Na-Salz*, durch Einrühren von **IV** in konz. H_2SO_4 (bis 36°) u. Stehen über Nacht; 90%. *Ba-Salz*; 83%. — *Bis-[2.4-dimethyl-3-carbäthoxypyrryl-(5)]-methan*, F. 224° (A.), durch 5 Min. Erwärmen von I in verd. HCl mit CH_2O auf 50° u. 1std. Erwärmen auf 90°. — *Bis-[2.4-dimethyl-5-carbäthoxypyrryl-(3)]-methan*, F. 231° (A.), aus II. — *3-Nitro-2.4-dimethyl-5-carbäthoxypyrrol*, F. 204° (A.), durch Eintragen von Na-II in konz. HNO_3. — *5-Nitro-2.4-dimethyl-3-carbäthoxypyrrol*, F. 149°, aus Na-I. — *3-Brom-2.4-dimethyl-5-carbäthoxypyrrol*, F. 150° (A.), durch Bromieren von Na-II in wss. Lösung. (Chem. Ber. **91**. 2615—19. 19/12. 1958. München, TH, Organ.-Chem. Inst.) R. PASEDAG. 3081

O. Červinka, *Stereospezifische Synthese von* DL-*Pseudoheliotridan*. Inhaltlich ident. mit der C. **1959. 1438** referierten Arbeit. (Collect. czechoslov. chem. Commun. **24**. 1880—83. Juni 1959. [Orig.: engl.]) W. BARZ. 3081

N. Ss. Dokunichin und **L. A. Gajewa,** *Derivate von Benz-[c.d]-indolin*. 1. Mitt. *Thionaphthostyril und N-Methylthionaphthostyril. Thionaphthostyril* [I; *Benz-[c.d]-indolinthion-(2)*] entsteht bei der Rk. von Naphthostyril (II) mit P_2S_5. Obwohl I saure Eigg. besitzt, ist ihm auf Grund der NH-Bande bei 3110 cm^{-1} im IR-Spekt. die Thionstruktur zuzuordnen. Die Methylierung von II mit Dimethylsulfat in wss. Lauge oder mit Benzolsulfosäuremethylester in Trichlorbenzol liefert *N-Methylnaphthostyril* [III; *1-Methylbenz-[c.d]-indolinon-(2)*]. Die Rk. von III mit P_2S_5 gibt *N-Methylthionaphthostyril* [IV; *1-Methylbenz-[c.d]-indolinthion-(2)*].

Versuche: *Thionaphthostyril* (I), F. 156,6—157,6°, aus 2,5 g II u. 3,2 g P_2S_5 in 60 ml Xylol (3 Std. bei 130°); aus Bzl. Kristalle; 1,84 g (Ausbeute). — *N-Methylnaphthostyril* (III), $C_{12}H_9NO$, F. 77,8—79,8°, a) durch Zugabe von 14 ml Dimethylsulfat in 2 Std. zu einer Lsg. von 5 g II in wss. NaOH (12 g NaOH, 50 ml W.) bei 40—42° u. 1std. Rühren; b) durch Zugabe von 15 ml Benzolsulfonsäuremethylester in 15 ml Trichlorbenzol in 4 Std. zu einer Lsg. von 5 g II u. 9 g K_2CO_3 in 25 ml Trichlorbenzol bei 150°; aus Bzn. Kristalle; 1,65 bzw. 1,7 g. — *N-Methylthionaphthostyril* (IV), $C_{12}H_9NS$, F. 127,2 bis 130,4°, aus 1,65 g III u. 2 g P_2S_5 in 30 ml Xylol (4 Std. bei 130°); aus A. gelbe Nadeln; 1,1 g. (Журнал Общей Химии [J. allg. Chem.] **28** (**90**). 2670—72. Okt. 1958. Moskau, Wiss. Woroschilow-Forsch.-Inst. für org. Zwischenprodd. u. Farbstoffe.) U. WÖRFFEL. 3081

A. Müller, K. Kratzl und **K. P. Berger,** *Neue Pyrazolone*. 1. Mitt. *Über die Pyrazolonringschlußreaktion*. Die Darst. von *1-Phenyl-2.3-diäthyl-4-diäthylamino-Δ^3-pyrazolinon-(5)* wird beschrieben. Zur Synth. wurde 3-Oxovaleriansäureäthylester (I) nach KNORR mit Phenylhydrazin (II) zu *1-Phenyl-3-äthyl-Δ^2-pyrazolinon-(5)* kondensiert, dieses äthyliert u. nitrosiert, das so erhaltene *1-Phenyl-2.3-diäthyl-4-nitroso-Δ^3-pyrazolinon-(5)* red. u. am N äthyliert. Die zur Darst. von I sich ergebenden Schwierigkeiten (Bldg. von Gemischen isomerer Oxoester) konnten durch die katalyt. Zers. von Propionylmalonsäureäthyl-tert.-butylester (III), die reines I ergab, behoben werden. Statt I wurden auch Kondensationen von Propionylmalonsäurediäthylester (IV) mit 2-Äthyl- (V) bzw. 2-Methyl-1-phenylhydrazin (VI) durchgeführt, dabei entstehen im Gegensatz zu KNORRs Behauptung [1887] nicht 1-Phenyl-2.3-dialkyl-, sondern *1.3-Dialkyl-2-phenyl-Δ^3-pyrazolinon-(5)-carbontsäure-(4)-äthylester* (**A**). 2-Alkyl-1-phenylhydrazine reagieren also anders als unsubstiuiertes Phenylhydrazin. Durch die Erschwerung der sonst in 1. Stufe erfolgenden Wasserabspaltung (Hydrazonbldg.) reagieren die ersteren mit der Estergruppe von **IV** u. bilden Hydrazide, die dann unter Wasserabspaltung bei wesentlich höheren Tempp. zu **A**-Verbb. cyclisiert werden.

Versuche (FF. korr.; KOFLER): *3-Oxovaleriansäureäthylester* (I), $Kp._{12}$ 83—84°, durch Spaltung a) von **IV** mit Naphthalin-2-sulfonsäuremonohydrat als Katalysator u. Reinigung über das *Cu-Salz*; 29,5% (Ausbeute); b) von **IV** mit Propionsäure; 30%; c) von **III** mit p-Toluolsulfonsäure als Katalysator; n_D^{20} 1,4345; 27% (rein, Enolgeh. 5,8%); d) aus Cyanessigester u. Äthyl-MgJ; 41%; e) durch gemischte CLAISEN-Kondensation von Propionsäure-p-diphenylylester mit Essigester; 26%. *Cu-Salz*, F. 148°. — *1-Phenyl-3-äthyl-Δ^2-pyrazolinon-(5)*, F. 99°, durch 3std. Erhitzen von I u. II in 50%ig. Essigsäure auf 110—120°; 92,1%. — *1-Phenyl-2.3-diäthyl-Δ^3-pyrazolinon-(5)* (**VII**), $C_{13}H_{16}N_2O$, F. 69° (Bzl./PAe.), aus vorst. Verb. u. Äthyljodid in absol. A. durch 6std. Erhitzen auf 150—160° im Autoklaven (22 at); 34%. *Pikrat*, $C_{13}H_{16}N_2O \cdot C_6H_3N_3O_7$, F. 139° (Zers.; W./A.). — *1-Phenyl-2.3-diäthyl-4-nitroso-Δ^3-pyrazolinon-(5)*, $C_{13}H_{15}N_3O_2$, F. 120—135° (Zers.), aus **VII** u. $NaNO_2$ in verd. H_2SO_4 bei 0°; aus A. blaugrüne Kristalle. — *1-Phenyl-2.3-diäthyl-4-benzalamino-Δ^3-pyrazolinon-(5)*, $C_{20}H_{21}N_3O$, F. 162° (A.), direkt aus der Reaktionslsg. vorst. Verb. durch Zugabe von Na-Acetat, verd. Essigsäure u. Zn-Staub unter Kühlen (Temp. nicht über 35°) u. Gießen in ein Gemisch aus Benzaldehyd, W. u. A.; 81,5%. — *1-Phenyl-2.3-diäthyl-4-amino-Δ^3-pyrazolinon-(5)*, $C_{13}H_{17}N_3O$, F. 82—84° (Bzl./PAe.), durch Zers. vorst. Verb. in Bzl. konz. HCl; 77,5%. —

1-Phenyl-2.3-diäthyl-4-diäthylamino-Δ^3-pyrazolinon-(5), $C_{17}H_{25}N_3O$, F. 71—72° (Ligroin), durch 3std. Erhitzen vorst. Verb. mit Äthyljodid u. Na-Acetat in absol. A. im Autoklaven auf 120—130°; 32,4%. *Hydrochlorid*, $C_{17}H_{25}N_3O \cdot HCl$, F. 184—185° (Zers.; Aceton/A.). — *1-Phenyl-2.3-diäthyl-4-brom-Δ^3-pyrazolinon-(5)*, $C_{13}H_{15}BrN_2O$, F. 106° (W./Aceton), aus **VII** in Chlf. u. Br_2 in Eisessig unter Kühlen; 70%. — Analog **VII** wurden zum Vgl. mit den entsprechenden **A** noch folgende 1-Phenyl-Δ^3-pyrazolinone-(5) dargestellt: *2.3-Dimethyl- (Antipyrin)*, $C_{11}H_{12}N_2O$, F. 113°, aus Acetessigester u. **II** u. anschließende Methylierung mit CH_3J. *Pikrat*, $C_{17}H_{15}N_5O_8$, F. 188°. — *2-Äthyl-3-methyl-*, $C_{12}H_{14}N_2O$, F. 72°, wie vorst. u. Äthylierung; 38%. *Pikrat*, $C_{18}H_{17}N_5O_8$, F. 179°. — *2-Methyl-3-äthyl-*, aus **I** u. **II** u. anschließende Methylierung; 56%. *Pikrat*, $C_{18}H_{17}N_5O_8$, F. 159—160°. *Oxalat*, $C_{26}H_{30}N_4O_6$, F. 126°. — *2-Methyl-3-phenyl-*, $C_{16}H_{14}N_2O$, F. 150°, aus Benzoylessigester u. **II** u. Methylierung. *Pikrat*, $C_{22}H_{17}N_5O_8$, F. 170°. —*1.3-Diäthyl-2-phenyl-Δ^3-pyrazolinon-(5)-carbonsäure-(4)-äthylester*, $C_{16}H_{20}N_2O_3$, F. 120—121° (Aceton), durch Erhitzen von **III** u. **V** im mol. Verhältnis auf 150° bis zum Ende der Gasentw. (ca. 1/2 Std.), Zugeben von verd. HCl u. Chlf., Alkalisieren der wss. Phase, Aufnehmen in Chlf. u. Extraktion des Rückstandes mit Ae.; 50%; daneben aus der Chloroformlsg. *2-Äthyl-2-propionyl-1-phenylhydrazin* [$C_{11}H_{16}N_2O$, F. 76° (PAe.), 30%]. *Freie Säure*, $C_{14}H_{16}N_2O_3$, F. 151° (Bzl. oder Ae.), durch 5std. Kochen des Esters mit 20%ig. KOH; 85%. *Hydrazid*, $C_{14}H_{18}N_4O_2$, F. 159° (W.); 68%. *Chlorid*, F. 125° (roh). *Amid*, $C_{14}H_{17}N_3O_2$, F. 220° (W./A.); 62%. — *1.3-Diäthyl-2-phenyl-Δ^3-pyrazolinon-(5)* (**VIII**), $C_{13}H_{16}N_2O$, a) durch 12std. Kochen vorst. Säure mit konz. HCl oder b) durch Erhitzen mit Cu-Pulver; dunkelgelbes Öl; 80% (40% über alle Stufen). *Pikrat*, $C_{13}H_{16}N_2O \cdot C_6H_3N_3O_7$, F. 153°. — *1.3-Dimethyl-2-phenyl-Δ^3-pyrazolinon-(5)* (**IX**), F. 113° (PAe.), direkt durch Erhitzen von **VI** u. Acetessigester auf 110° bis zum Ende der Gasentw.; 68%. *Pikrat*, F. 169—170° (A.). Analog **VIII** (teilweise ohne Isolierung der 4-Carbonsäureester) u. analog **IX** wurden folgende 2-Phenyl-Δ^3-pyrazolinone-(5) dargestellt: *1-Äthyl-3-methyl-*, $C_{12} \cdot H_{14}N_2O$, F. 72°, a) aus Acetylmalonester u. **V**; 40%; b) aus Acetessigester u. **V**. *Pikrat*, $C_{18}H_{17}N_5O_8$, F. 134—135°. — *1-Methyl-3-äthyl-*, a) aus **IV** u. **VI**; 42%; b) aus **I** u. **VI**. *Pikrat*, $C_{18}H_{17}N_5O_8$, F. 129—130°. — *1-Methyl-3-phenyl-*, $C_{16}H_{14}N_2O$, F. 132°, a) aus Benzoylmalonester u. **VI**; 36%; b) aus Benzoylessigester u. **VI**. *Pikrat*, $C_{22}H_{17}N_5O_8$, F. 184°. — *1-Methyl-2.3-diphenyl-Δ^3-pyrazolinon-(5)-carbonsäure-(4)-äthylester*, $C_{19}H_{18} \cdot N_2O_3$, F. 223—224° ($CCl_4$), Zwischenprod. vorst. Verb. nach a). *Freie Säure*, $C_{17}H_{14}N_2O_3$, F. 219° (Bzl.). (Mh. Chem. **89**. 23—35. 21/3. 1958. Wien, Univ., I. Chem. Labor.)

H. FRISCHKORN. 3122

Chin Chang, *Synthese in der Reihe des 4-Methyl-5-[ω-carboxyalkyl]-imidazolidons-(2)*. Inhaltlich ident. mit der C. **1956**. 7228 referierten Arbeit. (Sci. sinica **4**. 537—46. Dez. 1955. Peking, Petroleum-Inst. [Orig.: engl.]) G. REISNER. 3122

Keijiro Odo und **Eiichi Ichikawa,** *Synthese von Guanidinverbindungen und ihren Derivaten*. 7. Mitt. *Synthese von Homoarginin- und α.ε-Diguanidinocapronsäureanhydridsalzen*. (6. vgl. J. chem. Soc. Japan, pure Chem. Sect. [Nippon Kagaku Zassi] **74**. [1953.] 774.) Durch Einw. von Cyanamid (I) bzw. S-Methylisothioharnstoff (II) auf Aminogruppen werden diese in Guanidinogruppen übergeführt.

Versuche: *δ-Aminobutylhydantoinimin-(2)-dihydrochlorid*, F. 205—206°, aus ε-Benzoyllysin nach FISCHER [1910]; 51% (Ausbeute). — *δ-Guanidinobutylhydantoinimin-(2)*, *Diflavianat*, F. 267°, a) aus vorst. Verb. u. **II** in NaOH durch 52std. Stehen bei n. Temp., 8std. Erwärmen auf 30—35° u. Cyclisieren des Prod. mit Säure; 94%; b) neben *Homoargininflavianat* (**III**) aus *Lysinhydrochlorid* [$C_6H_{14}N_2O_2 \cdot HCl$, F. 264°, aus Caprolactam nach ODO u. Mitarbeitern (J. Soc. org. synth. Chem., Japan **11**. [1953.] 22)] u. **I** [F. 42°, nach Jap. P. 179981; 95,2%] bzw. **II** (F. 240°) in verschied. Verhältnissen in W. bzw. verd. NaOH in 43 Min. bis 60 Std. bei 20, 30, 80 oder 140—170°; 9—45% neben 24—69% **III**. *Sulfat*, $C_8H_{16}N_6O \cdot H_2SO_4$, F. 168—170°. *Dihydrochlorid*, F. 167°. *Dipikrat*, F. 224°. (J. chem. Soc. Japan, pure Chem. Sect. [Nippon Kagaku Zassi] **76**. 228—31. März 1955. Tokyo, TH. [Orig.: japan.]) L. SCHULER. 3122

R. A. Jeffreys, *Oxazolcyanin- und Merocyaninfarbstoffe und Zwischenprodukte*. 2. Mitt. *Von Desylaminen (1.2-Diaryl-2-oxoäthylaminen) abgeleitete Zwischenprodukte*. (1. vgl. C. **1956**. 10466.) Durch Kondensation von Benzoinen mit Aminen in Ggw. von sauren Katalysatoren werden *1.2-Diaryl-2-oxoäthylamine* (**I**) dargestellt, die mit Thiophosgen zu *4.5-Diaryl-2-thioketo-Δ^4-oxazolinen* (**II**) umgesetzt werden. **II** liefern mit Alkylestern wasserlösl. *4.5-Diaryl-2-alkylmercaptooxazoliumsalze* (**III**) [**II** u. **III** vgl. GOMPPER (C. **1956**. 13113)]. Umsetzung von **III** mit 2-Methyloxazoliumsalzen (**V**) führt zu *Bis-[3.4.5-substituierten Oxazolyl-(2)]-methincyaninen* (**VI**), mit Ketomethylenheterocyclen werden dagegen die entsprechenden *Merocyanine* (**IV**) erhalten. Beide Farbstoffgruppen absorbieren im nahen UV u. sind farblos; verschied. Derivv. weisen starke

Fluorescenz im UV-Licht auf. Das aus 4-Methoxybenzoin u. Äthylamin erhältliche Desylamin wird in die isomeren, chromatograph. trennbaren *3-Äthyl-4-(oder 5)-[p-methoxyphenyl]-5-*(oder *4)-phenyl-2-thioketooxazoline* übergeführt u. daraus die isomeren Farbstoffe hergestellt. — **I** kondensiert mit CS_2 zu den analogen *4.5-Diaryl-2-thioketo-Δ^4-thiazolinen* (**VII**), die, wie **II**, mit Alkylestern zu *4.5-Diaryl-2-alkylmercaptothiazoliumsalzen* (**VIII**) umgesetzt werden können, aus denen *Farbstoffe der Thiazolanalogen* von **IV** u. **VI** erhältlich sind. Auf diese Weise werden auch *asymm. Cyanine* mit einem Oxazol- u. einem Thiazolkern synthetisiert. **I** werden mit Acetylchlorid direkt zu **V** kondensiert, über die die *2-[2'-Anilinovinyl]-4.5-diaryloxazoliumsalze* (**IX**), *symm. Trimethincyanine* u. *Dimethinmerocyanine* zugänglich werden (vgl. 1. Mitt. l. c.). Die *2-[2'-Acetanilidovinyl]-derivv. der Oxazole* werden wegen ihrer schlechten Ausbeute nicht auf dem n. Wege dargestellt, sondern aus äquimol. Mengen der entsprechenden Anilinovinylverbb. mit Essigsäureanhydrid u. überschüssigem Triäthylamin u. dann sofort in die Farbstoffe übergeführt.

Versuche: 2-Oxo-1.2-diphenyläthylaminhydrochloride: *N-Äthyl-*, $C_{16}H_{18}ClNO$, F. 236° (A./Ae.), aus einem Gemisch von Benzoin u. 70%ig. wss. Äthylamin in Ggw. von wenig Äthylaminhydrochlorid durch 4std. Kochen, Zugabe weiterer Äthylaminlsg. nach 2 Std., Alkalisieren mit n-Na_2CO_3, Ausziehen mit Ae. u. Fällen des Salzes mit gasförmigem HCl; 49% (Ausbeute). — *N-Methyl-*, F. 240° (A./Ae.), entsprechend vorst. Verb.; 43%. — *N-Butyl-*, F. 229° (A./Ae.), nach LUTZ u. Mitarbeitern (J. Amer. chem. Soc. **70.** [1948.] 2015; **71.** [1949.] 478); 33%. — *N-Octadecyl-*, wie vorst.; Wachs; 90%. — 2-Oxo-1.2-bis-[p-methoxyphenyl]-äthylaminhydrochloride: *N-Butyl-*, $C_{20}H_{26}ClNO_3$, F. 204°, wie vorst.; aus Methanol/Ae. Nadeln; 68%. — *N-Dodecyl-*, Wachs; 64%. — 2-Thioketooxazoline (**II**), durch Extraktion einer wss., sodaalkal. Lsg. von **I** mit Chlf. u. langsame Zugabe der mol. Menge Thiophosgen zum Chloroformauszug: *3-Äthyl-4.5-diphenyl-*, $C_{17}H_{15}NOS$, F. 163°, aus Methanol Prismen; 53%. — *3-Butyl-4.5-diphenyl-*, $C_{19}H_{19}NOS$, F. 145°, aus Ligroin Nadeln; 20%. — *3-[n-Octyl]-4.5-diphenyl-*, Öl; 90%. — *3.4.5-Triphenyl-*, F. 226°; aus Nitrobenzol/A. Prismen; 48%. — *3-Äthyl-4-[p-methoxyphenyl]-5-phenyl-*, $C_{18}H_{17}NO_2S$, F. 180°; aus Bzl./PAe. Nadeln; 32%. — *3-Äthyl-4-phenyl-5-[p-methoxyphenyl]-*, $C_{18}H_{17}NO_2S$, F. 145°; aus Bzl./PAe. Würfel; 32%. — *3-Alkyl-4.5-diaryl-2-methylmercaptooxazoliummethylsulfate* (**III**), aus 1 Mol **II** u. 1,5 Mol Dimethylsulfat durch ½—1std. Erhitzen auf 100°. — 4.5-Diphenyl-2-thioketothiazoline (**VII**): *3-Äthyl-*, $C_{17}H_{15}NS_2$, F. 132°, durch Zugabe von 0,2 Mol KOH in W. zu einer Lsg. von 0,1 Mol Äthyl-[2-oxo-1.2-diphenyläthyl]-aminhydrochlorid in A. u. 0,13 Mol CS_2, 1std. Kochen u. Fällen mit W.; aus Bzl./PAe. Nadeln; 57%. — *3-Butyl-*, $C_{19}H_{19}NS_2$, F. 139°, wie vorst.; aus Bzl./PAe. Blättchen; 90%. — *3-Alkyl-2-methylmercapto-4.5-diphenylthiazolium-p-toluolsulfonate* (**VIII**), aus 1 Mol **VII** u. 1,1 Mol p-Toluolsulfonsäuremethylester, durch 1std. Erhitzen auf 130°. — 2-Methyloxazoliumsalze (**V**), aus 0,1 Mol I-Hydrochlorid u. 0,1 Mol Acetylchlorid in Essigsäureanhydrid durch 3std. Kochen u. Fällen aus A. mit wss. $NaClO_4$ oder KJ: *3-Methyl-4.5-diphenyl-*, *Perchlorat*, $C_{17}H_{16}ClNO_5$, F. 156°; aus A./Ae. Platten; 46%. — *3-Äthyl-4.5-diphenyl-*, *Perchlorat*, $C_{18}H_{18}ClNO_5$, F. 152°; aus Methanol/Ae. Blättchen; 62%. — *3-Butyl-4.5-diphenyl-*, *Jodid*, $C_{20}H_{22}JNO$, F. 179°; aus A./Ae. Nadeln; 77%. — *3-[n-Octyl]-4.5-diphenyl-*, *Jodid*, $C_{24}H_{30}JNO$, F. 130°; aus Methanol/Ae. Blättchen; 63%. — *3-[n-Dodecyl]-4.5-diphenyl-*, *Perchlorat*, Wachs. — *3-[n-Octadecyl]-4.5-diphenyl-*, *Perchlorat*, Wachs. — *3.4.5-Triphenyl-*, *Jodid*, $C_{22}H_{18}JNO$, F. 266°; aus Methanol/Ae. Nadeln; 60%. — *3-Butyl-4.5-bis-[p-methoxyphenyl]-*, *Perchlorat*, $C_{22}H_{26}ClNO_7$, F. 181°; aus Methanol/Ae. Nadeln; 83%. — *3-[n-Dodecyl]-4.5-bis-[p-methoxyphenyl]-*, *Perchlorat*, $C_{30}H_{42}ClNO_7$, F. 120°; aus Essigester/Ligroin Wachs; 85%. — Monomethincyanine, aus 0,01 Mol **III** bzw. **VIII**, 0,01 Mol 4.5-Diaryl-2-methylox(bzw. thi)-azoliumsalz u. 0,01 Mol Triäthylamin in A. oder Pyridin durch 10 Min. langes Kochen u. Fällen durch Gießen in wss. $NaClO_4$- oder KJ-Lsg.: *Bis-[3-äthyl-4.5-diphenyloxazolyl-(2)]-*, *Perchlorat*, $C_{35}H_{31}ClN_2O_6$, F. 281° (Zers.); aus Pyridin/Methanol/Ae. rosafarbene Blättchen; 15%. — *Bis-[3-(n-octyl)-4.5-diphenyloxazolyl-(2)]-*, *Perchlorat*, $C_{47}H_{55}ClN_2O_6$, F. 184°; aus Methanol/Ae. cremefarbene Blättchen; 21%. — *Bis-[3.4.5-triphenyloxazolyl-(2)]-*, *Jodid*, $C_{43}H_{31}JN_2O_2$, F. > 330°; citronengelb (Pyridin/Ae.); 30%. — *[3-Äthyl-4.5-diphenyloxazolyl-(2)]-[3-äthyl-4.5-diphenylthiazolyl-(2)]-*, *Jodid*, $C_{35}H_{31}JN_2OS$, F. 273°; aus A./Ae. bernsteinfarbene Platten; 21%. — *[3-Äthyl-4.5-diphenyloxazolyl-(2)]-[3-butyl-4.5-diphenylthiazolyl-(2)]-*, *Perchlorat*, $C_{37}H_{35}ClN_2O_5S$, F. 254°; aus Pyridin/Ae. citronengelbe Blättchen; 24%. — *[3-Äthyl-4.5-diphenylthiazolyl-(2)]-[3-butyl-4.5-diphenyl-2-thiazolyl-(2)]-*, *Perchlorat*, $C_{37}H_{35}ClN_2O_4S_2$, F. 279° (Zers.); aus Pyridin/Methanol gelbe Nadeln; 33%. — Trimethincyanine, aus 0,01 Mol **V**, 0,01 Mol **IX** (vgl. unten), 0,01 Mol Essigsäureanhydrid u. 0,02 Mol Triäthylamin in A. durch $^1/_4$—$^1/_2$std. Kochen: *Bis-[3-butyl-*

4.5-bis-(p-methoxyphenyl)-oxazolyl-(2)]-, Perchlorat, $C_{45}H_{49}ClN_2O_{10}$, F. 203°; aus Methanol/Ae. orangefarbene Blättchen; 67%. — *Bis-[3-(n-octyl)-4.5-diphenyloxazolyl-(2)]-, Jodid,* $C_{49}H_{57}JN_2O_2$, F. 219°; aus Methanol/Ae. orangefarbene schwammige M.; 75%. — *Bis-[3.4.5-triphenyloxazolyl-(2)]-, Jodid,* $C_{45}H_{33}JN_2O_2$, F. 301°; aus Methanol/Ae. ziegelrote Kristalle; 50%. — 2-Thioketothiazolidone-(4) (**IV**), aus 0,01 Mol **III**, 0,01 Mol 3-Alkyl-2-thioketothiazolidon-(4) u. 0,01 Mol Triäthylamin in A. durch 1/4 std. Kochen: *3-Äthyl-5-[3-äthyl-4.5-diphenyloxazolinyliden-(2)]-,* $C_{22}H_{20}N_2O_2S_2$, F. 179° (Bzl./PAe.); 64%. — *3-Carboxymethyl-5-[3-äthyl-4.5-diphenyloxazolinyliden-(2)]-,* $C_{22}H_{18}\cdot N_2O_4S_2$, F. 257°; aus Bzl./PAe. Nadeln; 30%. — *3-Äthoxycarbonylmethyl-5-[3-butyl-4.5-diphenyloxazolinyliden-(2)]-,* $C_{26}H_{26}N_2O_4S_2$, F. 139°; aus Bzl./PAe. Nadeln; 28%. — *3-Äthyl-5-[3-(n-octyl)-4.5-diphenyloxazolinyliden-(2)]-,* $C_{28}H_{32}N_2O_2S_2$, F. 106° (A.); 49%. — *3-Äthoxycarbonylmethyl-5-[3.4.5-triphenyloxazolinyliden-(2)]-,* $C_{28}H_{22}N_2O_4S_2$, F. 331°; aus Pyridin/Methanol Blättchen; 74%. — *3-Carboxymethyl-5-[3-äthyl-4-phenyl-5-(p-methoxyphenyl)-oxazolinyliden-(2)]-,* $C_{23}H_{20}N_2O_5S_2$, F. 250° (Zers., Pyridin/PAe.); 42%. — *3-Äthyl-5-[3-äthyl-4-phenyl-5-(p-methoxyphenyl)-oxazolinyliden-(2)]-,* $C_{23}H_{22}N_2O_3S_2$, F. 180° (Bzl./PAe.). — *3-Äthyl-5-[3-äthyl-4-(p-methoxyphenyl)-5-phenyloxazolinyliden-(2)]-,* $C_{23}H_{22}N_2O_3S_2$, F. 205°; aus Bzl./PAe. Prismen; 37%. — *3-Äthyl-5-[3-äthyl-4.5-diphenyloxazolinyliden-(2)]-2-thioketooxazolidon-(4),* $C_{22}H_{20}N_2O_3S$, F. 177°, wie vorst. aus 3-Äthyl-2-thioketooxazolidon-(4); aus Bzl./PAe. cremefarbene Nadeln; 31%. — *1.3-Diäthyl-5-[3-äthyl-4.5-diphenyloxazolinyliden-(2)]-2-thiohydantoin,* $C_{24}H_{25}N_3O_2S$, F. 182°; aus 1.3-Diäthyl-2-thiohydantoin; aus Ligroin Nadeln; 14%. — 3-Äthyl-2-thioketooxazolidone-(4): aus 0,01 Mol **IX**, 0,01 Mol 3-Äthyl-2-thioketooxazolidon-(4), 0,01 Mol Essigsäureanhydrid u. 0,02 Mol Triäthylamin in A. durch 10 Min. langes Kochen: *5-[3-Butyl-4.5-bis-(p-methoxyphenyl)-oxazolinyliden-(2)-äthyliden]-,* $C_{28}H_{30}N_2O_5S$, F. 142°; aus Bzl./PAe. orangefarbene Nadeln; 40%. — *5-[3-Butyl-4.5-diphenyloxazolinyliden-(2)-äthyliden]-,* $C_{26}H_{26}N_2O_3S$, F. 209°; aus Bzl./PAe. rote Blättchen; 85%. — *5-[3-(n-Octyl)-4.5-diphenyloxazolinyliden-(2)-äthyliden]-,* $C_{30}H_{34}N_2O_3S$, F. 103°; aus A./W. orangefarbene Nadeln; 68%. — *5-[3.4.5-Triphenyloxazolinyliden-(2)-äthyliden]-,* $C_{28}H_{22}N_2O_3S$, F. 250°; aus Bzl./PAe. rote Prismen; 56%. — 1.3-Diäthyl-2-thiohydantoine: *5-[3-Butyl-4.5-bis-(p-methoxyphenyl)-oxazolinyliden-(2)-äthyliden]-,* $C_{30}H_{35}N_3O_4S$, F. 186°, aus 1.3-Diäthyl-2-thiohydantoin; aus Bzl./PAe. rote Nadeln; 41%. — *5-[3.4.5-Triphenyloxazolinyliden-(2)-äthyliden]-,* $C_{30}H_{27}N_3O_2S$, F. 247°; aus Bzl./PAe. rote Kristalle; 73%. — *5-[3-(n-Octyl)-4.5-diphenyloxazolinyliden-(2)-äthyliden]-,* $C_{32}H_{39}N_3O_2S$, F. 140°; aus A./W. kastanienbraune Nadeln; 87%. — *3-Äthoxycarbonylmethyl-5-[3.4.5-triphenyloxazolinyliden-(2)-äthyliden]-2-thioketothiazolidon-(4),* $C_{30}H_{24}N_2O_4S_2$, F. 244°, wie vorst. aus 3-Äthoxycarbonylmethyl-2-thioketothiazolidon-(4); aus Bzl./PAe. kastanienbraune Blättchen; 35%. — *5-[3-Butyl-4.5-diphenylthiazolinyliden-(2)]-3-carboxymethyl-2-thioketothiazolidon-(4),* $C_{24}H_{22}N_2O_3S_3$, F. 266° (Zers.), aus 3-Butyl-2-methylmercapto-4.5-diphenylthiazolium-p-toluolsulfonat, 3-Carboxymethyl-2-thioketothiazolidon-(4) u. Triäthylamin in A. durch 10 Min. langes Kochen; aus Pyridin/Methanol orangefarbene Nadeln; 38%. — *[3-Äthyl-4-(p-methoxyphenyl)-5-phenyloxazolyl-(2)]-[3-äthyl-4.5-diphenyloxazolyl-(2)]-methincyanin, Perchlorat,* $C_{36}H_{33}ClN_2O_7$, F. 277°, aus 3-Äthyl-4-[p-methoxyphenyl]-2-methyl-5-phenyloxazolium-p-toluolsulfonat, 3-Äthyl-2-methylmercapto-4.5-diphenyloxazoliummethylsulfat u. Triäthylamin in A. durch 1/4 std. Kochen u. Zugabe von wss. $KClO_4$-Lsg.; aus Pyridin/W. cremefarbene Blättchen; 22%. — Nach JEFFREYS (vgl. 1. Mitt.) werden folgende 2-[2'-Anilinovinyl]-oxazoliumsalze (**IX**) dargestellt: *3-[n-Octyl]-4.5-diphenyl-, Jodid,* $C_{31}H_{35}JN_2O$, F. 182°; aus Methanol/Ae. gelbe Kristalle; 87%. — *3-[n-Dodecyl]-4.5-diphenyl-, Perchlorat,* $C_{35}H_{43}ClN_2O_5$, F. 127°; aus Essigester/PAe. gelbe Kristalle; 69%. — *3-[n-Octadecyl]-4.5-diphenyl-, Perchlorat,* $C_{41}H_{55}ClN_2O_5$, F. 131°; aus Methanol/Ae. gelbe Kristalle; 62%. — *3.4.5-Triphenyl-, Jodid,* $C_{29}H_{23}JN_2O$, F. 260°; aus Methanol/Ae. orangerote Kristalle; 62%. — *3-Butyl-4.5-bis-[p-methoxyphenyl]-, Perchlorat,* $C_{29}H_{31}ClN_2O_7$, F. 224°; aus A./Ae. gelbe Kristalle; 88%. — *3-[n-Dodecyl]-4.5-bis-[p-methoxyphenyl]-, Perchlorat,* $C_{37}H_{47}ClN_2O_7$, F. 169°; aus Methanol orangefarbene Kristalle; 54%. (J. chem. Soc. [London] **1957**. 3396—3402. Aug. Wealdstone, Harrow, Middlesex, Kodak Ltd., Res. Labor.) M. KÜHNEL. 3132

I. K. Uschenko und **Ss. Je. Gornosstajewa,** *Untersuchungen auf dem Gebiet der Chemie der Cyaninfarbstoffe.* 13. Mitt. *Thiacyanine mit ungesättigten Substituenten in 6.6'-Stellung der Benzthiazolringe.* (12. vgl. C. **1959**. 5126.) Durch Rk. von diazotiertem 2-Methyl-6-aminobenzthiazol (**I**) mit Zimtsäure (**II**), p-Methoxyzimtsäure (**III**) u. β-[α-Thienyl]-acrylsäure (**IV**) nach MEERWEIN u. Mitarbeitern [1939] entstehen unter CO_2- u. HCl-Abspaltung *2-Methyl-6-styryl-*(**V**), *2-Methyl-6-[p-methoxystyryl]-* (**VI**) u. *2-Methyl-6-[β-(α-thienyl)-vinyl]-benzthiazol* (**VII**) u. daneben *2-Methyl-6-chlorbenzthiazol* (**VIII**) u. *Chloraceton.* Auch Styrol (**IX**) reagiert mit diazotiertem **I** unter Bldg. von **V**. Die

Ausbeuten sind allg. gering. Durch Rk. von **V**, **VI** u. **VII** mit p-Toluolsulfonsäureäthylester (**X**) werden die entsprechenden *Quartärsalze* dargestellt, die mit Orthoameisen- (**XI**), Orthoessig- (**XII**) oder Orthopropionsäureester (**XIII**) zu *Bis-[3-äthylbenzthiazolyl-(2)]-trimethincyaninen* mit ungesätt. Resten in 6.6'-Stellung kondensiert werden. Mit 2-[β-Acetanilidovinyl]-4.5-benzobenzthiazolätho-p-toluolsulfonat (**XIV**) reagiert **V**-Ätho-p-toluolsulfonat unter Bldg. von *3-Äthyl-4.5-benzobenzthiazolyl-(2)]-[3-äthyl-6-styrylbenzthiazolyl-(2)]-trimethincyanin*, das als *Jodid* isoliert wird. Analog reagiert **XIV** mit **VI**- u. **VII**-Ätho-p-toluolsulfonat sowie 2-[β-Acetanilidovinyl]-5-methoxybenzthiazolätho-p-toluolsulfonat (**XV**) mit **V**- u. **VI**-Ätho-p-toluolsulfonat. Ferner wird aus 3-Äthyl-5-[3'-äthyl-6'.7'-tetramethylenbenzthiazolinyliden-(2')-α-phenyläthyliden]-thiazolidinthion-(2)-on-(4) (**XVI**) u. Dimethylsulfat (**XVII**) das entsprechende Quartärsalz dargestellt, das mit **V**-Ätho-p-toluolsulfonat zu *{3.3'-Diäthyl-4-keto-5-[6'.7'-tetramethylenbenzthiazolinyliden-(2')-α-phenyläthyliden]-thiazolinyl-(2)}-[3-äthyl-6-styrylbenzthiazolyl-(2)]-monomethincyanin-p-toluolsulfonat* (**XVIII**) umgesetzt wird. Unterss. der Absorptionsspektren der dargestellten Farbstoffe zeigen, daß die Einführung ungesätt. Reste in die 6.6'-Stellungen der Bis-[3-äthylbenzthiazolyl-(2)]-trimethincyanine das Absorptionsmaximum in Richtung längerer Wellen um 37—47 mμ verschiebt. Bei Einführung einer CH_3O-Gruppe in den Styrylrest oder beim Austausch des Phenylrestes gegen den α-Thienylrest erfolgt eine zusätzliche bathochrome Verschiebung des Maximums um 10 mμ. Desgleichen wird auch bei asymm. Cyaninfarbstoffen durch Einführung ungesätt. Gruppen in 6-Stellung der Benzthiazolgruppe eine Farbvertiefung erreicht.

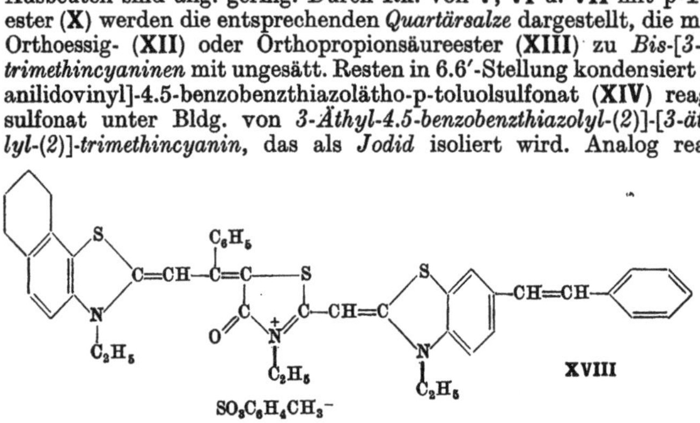

V e r s u c h e: *2-Methyl-6-styrylbenzthiazol* (**V**), $C_{16}H_{13}NS$, F. 118°; a) zu **14,8 g II** u. 24 g Na-Acetat in 120 ml Aceton gibt man in ½ Std. bei —5° in Ggw. von 5,1 g $CuCl_2 \cdot 2H_2O$ in 10 ml W. diazotiertes **I** [aus 16,4 g **I** in 25 ml HCl (D. 1,19) u. 20 ml W. u. 7,5 g $NaNO_2$ in 12 ml W.], rührt 2 Std. bei —2° u. 4—5 Std. bei —2 bis 20°, dest. am folgenden Tag mit Wasserdampf zunächst Aceton ab u. dann bis zur negativen Rk. auf Cl^-; man trennt **II** vom Reaktionsprod. ab, löst letzteres in Chlf. u. reinigt **V** chromatograph. an Al_2O_3; aus A.; gelbe perlmuttglänzende Plättchen; 4,3 g (Ausbeute); daneben aus dem wss. Destillat 2,3 g *2-Methyl-6-chlorbenzthiazol* (**VIII**; F. 79—80°) u. aus dem überdest. Aceton 2 g *Chloraceton*; b) durch 5std. Rühren (2 Std. bei —2 bis 35°, 3 Std. bei 35°) von 8,2 g diazotiertem **I** mit einer aus 5,5 g **IX** (stabilisiert durch 0,5% Hydrochinon) u. 15,3 g Na-Acetat in 50 ml bei —2° bereiteten Lsg. in Ggw. von 1 g $CuCl_2 \cdot 2H_2O$ in 3 ml W., Filtrieren, Abdest. von Aceton aus der aceton. Schicht mit Wasserdampf, 2std. Kochen mit 40 g KOH in 100 ml A., Abdest. von **VIII** mit Wasserdampf u. Extraktion des **V** mit Chlf.; 0,5 g. — *2-Methyl-6-[p-methoxystyryl]-benzthiazol* (**VI**), $C_{17}H_{15}NOS$, F. 170 bis 171°; analog **V** durch Zugabe von 16,4 g diazotiertem **I** in 40—45 Min. zu 17,8 g **III** u. 24 g Na-Acetat in 200 ml Aceton in Ggw. von 5,1 g $CuCl_2 \cdot 2H_2O$ in 10 ml W. bei —7° u. 5—6std. Rühren bei 20°; aus A. silbrige, grünlich schimmernde Schuppen; 1,9 g; daneben 1,2 g **VIII**. — *2-Methyl-6-[β-(α-thienyl)-vinyl]-benzthiazol* (**VII**), $C_{14}H_{11}NS_2$, F. 119—120°; analog **V** aus diazotiertem **I** (16,4 g **I**), 15,4 g **IV** u. 24 g Na-Acetat in 250 ml Aceton in Ggw. von 5,1 g $CuCl_2 \cdot 2H_2O$ in 10 ml W.; aus A. goldglänzende Schuppen; 2,45 g; daneben 0,3 g **VIII**. — T r i m e t h i n c a r b o c y a n i n e: *Bis-[3-äthyl-6-styrylbenzthiazolyl-(2)]-, Jodid*, $C_{37}H_{33}JN_2S_2$, F. 234—235°; durch ½std. Kochen von 1,3 g **V**-Ätho-p-toluolsulfonat (aus **V** u. **X** durch 12std. Erhitzen auf 150—160°) mit 1,3 g **XI** in 8 ml Pyridin u. Gießen in sd. KJ-Lsg.; aus A. bronzefarbene Plättchen; λ_{max} 595 mμ; 34%. — *Bis-[3-äthyl-6-styrylbenzthiazolyl-(2)]-9-methyl-, Bromid*, $C_{38}H_{35}BrN_2S_2$, F. 272°; durch 35 Min. Kochen von 0,45 g **V**-Ätho-p-toluolsulfonat mit 0,5 g **XII** in 3 ml Pyridin u. Fällen mit KBr; aus A. stahlfarbene Kristalle; λ_{max} 580 mμ; 0,1 g. — *Bis-[3-äthyl-6-styrylbenzthiazolyl-(2)]-9-äthyl-, Bromid*, $C_{39}H_{37}BrN_2S_2$, F. 199—200°; durch 20 Min. Kochen von 0,45 g **V**-Ätho-p-toluolsulfonat mit 0,5 g **XIII** in 2 ml Pyridin u. Zugabe von KBr; aus A. dunkelgrüne Tafeln; λ_{max} 585 mμ; 0,16 g. — *Bis-[3-äthyl-6-(p-methoxystyryl)-benzthiazolyl-(2)]-, Bromid*, $C_{39}H_{37}BrN_2O_2S_2$, F. 217°; analog Vorst. aus **VI**-Ätho-p-toluolsulfonat (aus **VI** u. **X** durch 10std. Erhitzen auf 150—160°) u. **XI** in Pyridin in Ggw. von wenig Acetanhydrid u. Zugabe von alkoh. KBr; aus A. + Ae. dunkelgrüne Kristalle; λ_{max} 605 mμ; 71%. — *Bis-[3-äthyl-6-(p-methoxystyryl)-benzthiazolyl-(2)]-*

9-äthyl-, Jodid, $C_{41}H_{41}JN_2O_2S_2$, F. 243—244°; analog; aus A. violettschwarze Kristalle; λ_{max} 596 mμ; 14%. — *Bis-{3-äthyl-6-[β-(α-thienyl)-vinyl]-benzthiazolyl-(2)}-, Bromid*, $C_{33}H_{29}BrN_2S_4$, F. 215°; aus A. grüne Kristalle; λ_{max} 606 mμ; 41%. — *Bis-{3-äthyl-6-[β-(α-thienyl)-vinyl]-benzthiazolyl-(2)}-9-äthyl-, Bromid*, $C_{35}H_{33}BrN_2S_4$, F. 199°; aus A. grüne Kristalle; λ_{max} 598 mμ; 36%. — *[3-Äthyl-4.5-benzobenzthiazolyl-(2)]-[3-äthyl-6-styrylbenzthiazolyl-(2)]-, Jodid*, $C_{33}H_{29}JN_2S_2$, F. 208° (Zers.); durch 20 Min. Kochen von 0,45 g **V**-Ätho-p-toluolsulfonat u. 0,54 g **XIV** in 5 ml Pyridin in Ggw. von 1 ml Acetanhydrid u. Rk. mit KJ; aus 60 ml A. + 10 ml Pyridin grüne Kristalle; λ_{max} 596 mμ; 0,2 g. — *[3-Äthyl-4.5-benzobenzthiazolyl-(2)]-[3-äthyl-6-(p-methoxystyryl)-benzthiazolyl-(2)]-, Jodid*, $C_{34}H_{31}JN_2OS_2$, F. 181—183° (Zers.); durch 20 Min. Kochen von 0,57 g **VI**-Ätho-p-toluolsulfonat u. 0,48 g **XIV** in Ggw. von 1 g Acetanhydrid, Fällen mit KBr, Lösen in Chlf., Chromatographieren an Al_2O_3, Eluieren mit Methanol, Zugabe von KBr, Lösen in 40 ml 50%ig. Essigsäure u. Fällen mit KJ; dunkelgrüne Kristalle; λ_{max} 601 mμ. — *[3-Äthyl-4.5-benzobenzthiazolyl-(2)]-{3-äthyl-6-[β-(α-thienyl)-vinyl]-benzthiazolyl-(2)}-, Jodid*, $C_{31}H_{27}JN_2S_3$, F. 196°; analog Vorst. aus 0,51 g **VII**-Ätho-p-toluolsulfonat u. 0,48 g **XIV**; aus Nitromethan violettschwarze Kristalle; λ_{max} 600 mμ; 0,1 g. — *[3-Äthyl-5-methoxybenzthiazolyl-(2)]-[3-äthyl-6-styrylbenzthiazolyl-(2)]-, Jodid*, $C_{30}H_{29}JN_2OS_2$, F. 252°; durch ½ std. Kochen von 0,45 g **V**-Ätho-p-toluolsulfonat u. 0,52 g **XV** in 4 ml Pyridin in Ggw. von 1 ml Acetanhydrid, Zugabe von KBr u. Fällen mit KJ aus A.; λ_{max} 589 mμ; 0,24 g. — *[3-Äthyl-5-methoxybenzthiazolyl-(2)]-[3-äthyl-6-(p-methoxystyryl)-benzthiazolyl-(2)]-, Jodid*, $C_{31}H_{31}JN_2O_2S_2$, F. 259°; analog Vorst. aus 0,48 g **VI**-Ätho-p-toluolsulfonat u. 0,52 g **XV**; grüne Kristalle; λ_{max} 595 mμ; 0,27 g. — *{3.3'-Diäthyl-4-keto-5-[6'.7'-tetramethylenbenzthiazolinyliden-(2')-α-phenyläthyliden]-thiazolinyl-(2)}-[3-äthyl-6-styrylbenzthiazolyl-(2)]-monomethincyanin* (**XVIII**), *p-Toluolsulfonat*, $C_{51}\cdot H_{49}N_3O_4S_4$, F. 303° (Zers.); durch 25 Min. Erhitzen von 0,95 g **XVI** mit 1 g **XVII** auf 120° u. 1¼ std. Erhitzen des Reaktionsprod mit 0,9 g **V**-Ätho-p-toluolsulfonat auf 120°; grüne Kristalle; λ_{max} 627 mμ; 1,35 g. **XVIII**-*Bromid*, $C_{44}H_{42}BrN_3OS_3$, F. 287° (Zers.); aus dem Toluolsulfonat mit KBr; grüne Tafeln; 68%. — *{3.3'-Diäthyl-4-keto-5-[6'.7'-tetramethylenbenzthiazolinyliden-(2')-α-phenyläthyliden]-thiazolinyl-(2)}-[3-äthyl-6-(p-methoxystyryl)-benzthiazolyl-(2)]-monomethincyaninjodid*, $C_{45}H_{44}JN_3O_2S_3$, F. 284°; durch 25 Min. Erhitzen von 0,6 g **XVI** u. 1 g **XVII** auf 115—120°, 1¼ std. Erhitzen des Reaktionsprod. mit 0,6 g **VI**-Ätho-p-toluolsulfonat auf 120—125°, Chromatographieren an Al_2O_3 u. Zugabe von KJ; grüne, bronzeschimmernde Kristalle; λ_{max} 631 mμ; 0,43 g. — *{3.3'-Diäthyl-4-keto-5-[6'.7'-tetramethylenbenzthiazolinyliden-(2')-α-phenyläthyliden]-thiazolinyl-(2)}-{3-äthyl-6-[β-(α-thienyl)-vinyl]-benzthiazolyl-(2)}-monomethincyaninjodid*, $C_{42}\cdot H_{40}JN_3OS_4$, F. 294°; analog Vorst. aus 0,95 g **XVI**, 1 g **XVII** (20 Min. Erhitzen) u. 0,92 g **VII**-Ätho-p-toluolsulfonat; grüne Kristalle; λ_{max} 633 mμ; 0,41 g. (Журнал Общей Химии [J. allg. Chem.] **28** (90). 1668—77. Juni 1958. Inst. für organ. Chem. der Akad. der Wiss. der UdSSR.) W. KURTZMANN. 3142

Robert L. Letsinger und **Stephen B. Hamilton**, *Organische Borverbindungen*. 8. Mitt. *Dihydrobenzoboradioazole*. (7. vgl. J. org. Chemistry **23**. [1958.] 914.) Die Rk. zwischen o-Phenylendiamin (**I**) u. Benzolboronsäureäthyltartrat (**II**) gibt *2-Phenyl-1.3-dihydro-2.1.3-benzoboradiazol* ($C_6H_5\cdot B\langle^{NH}_{NH}\rangle C_6H_4$, **III**), das in schwach saurer Lsg. leicht hydrolysiert wird. Mit HCl in Toluol bildet es ein Dihydrochlorid. Alkyl- u. Arylboronsäuren reagieren direkt mit **I** unter Bldg. von Dihydrobenzoboradiazolen (**IV**). Die IR-Spektren dieser Verbb. zeigen charakterist. Banden. **IV** dienen zur Charakterisierung von Aryl- u. Alkylboronsäuren. Rk. von Benzolboronsäure mit Anilin u. Äthylendiamin gibt nicht **IV**. Die Bldg. von **III** verläuft sehr schnell in Benzollsg. sogar bei Zimmertemperatur. Eine Ausbeute von 57% wurde $<27°$ erzielt. Das Gleichgewicht zwischen **I**, **II** u. **III** in Benzollsg. liegt ganz auf der Seite von **III**, wie Messungen der opt. Drehung zeigen.

V e r s u c h e: Alle Dihydrobenzoboradiazole werden dargestellt durch Erhitzen von äquimol. Mengen von **I** mit den entsprechenden Boronsäuren am Rückfluß in Toluol: *2-Phenyl-1.3-dihydro-2.1.3-benzoboradiazol* (**III**), $C_{12}H_{11}BN_2$, sublimiert bei F. 215 bis 216°, a) aus Benzoboronsäure u. **I**; 89% (Ausbeute); b) aus **II** u. **I** in Bzl.; Kristalle aus CCl_4; 57%. — *2-p-Anisyl-1.3-dihydro-2.1.3-benzoboradiazol*, F. 258—258,5°; 83%. — *2-p-Bromphenyl-1.3-dihydro-2.1.3-benzoboradiazol*, F. 232—233°; 91%. — *2-p-Äthylphenyl(?)-1.3-dihydro-2.1.3-benzoboradiazol*, F. 237—238°; 91%. — *2-α-Naphthyl-1.3-dihydro-2.1.3-benzoboradiazol*, F. 149—150°; 93%. — *2-n-Butyl-1.3-dihydro-2.1.3-benzoboradiazol*, F. 86—86,5°; 75%. — *Dihydrochlorid von* **III**, F. 180—193°, durch 8 std. Einleiten von trockenem HCl in eine Toluol-Lsg. von **III** am Rückfluß; 91%. — Rk. von Benzolboronsäure mit Äthylendiamin in Toluol gibt auf Zusatz von Pentan den

Benzolboronsäureanhydrid–Äthylendiamin-(1:1)-Komplex $C_{20}H_{23}B_3N_2O_3$, F. 154—155° (in verschlossener Capillare). Bei 6std. Erhitzen des Komplexes auf 140° unter 2 mm Druck entsteht *Benzolboronsäureanhydrid*, F. 216—220°; 90%. (J. Amer. chem. Soc. **80**. 5411—13. 20/10. 1958. Evanston, Ill., Northwestern Univ., Chem. Labor.)
K. H. Pogorzelski. 3194

H. Pachéco, *Über eine neue Farbreaktion der Flavanonole und ihre Anwendung.* Ausführliche Wiedergabe der C. **1957**. 9079 referierten Arbeit. (Bull. Soc. chim. France [5] **1956**. 1600—04. Nov./Dez. Lyon, Fac. des Sci., Labor. de Chim. Biol.)
E. Hanschke. 3211

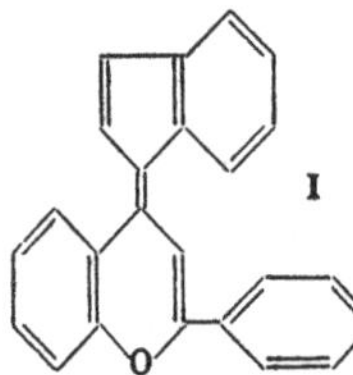

G. V. Boyd, *4-[Indenyliden-(1)]-flaven-(2), ein Sauerstoffanalogon des Cyclopentadienylidencycloheptatriens.* Das aus Inden u. Salicylidenacetophenon mit NaOH in Pyridin erhaltene *2'-Hydroxy-β-indenyl-(1)-dihydrochalkon* [F. 149,5° (Zers.)] liefert mit $HClO_4$ in Ae.-Acetanhydrid ein gelbes *Pyryliumperchlorat*, das durch W. oder NaOH zum hellroten *4-[Indenyliden-(1)]-flaven-(2)* (I; F. 157,5°) hydrolysiert wird. I gibt mit $HClO_4$ das Perchlorat u. hat die spannungsfreie trans-Konfiguration. (Proc. chem. Soc. [London] **1959**. 93. März. London, West Ham Coll. of Technol.)
F. Heller. 3211

Mohamed Kamel, *Zur Kenntnis der Dibenzoxanthyliumsalze.* Durch Erhitzen von 1-Hydroxy-2-naphthoesäure auf 300° bildet sich unter Wasser- u. CO_2-Abspaltung neben *α-Naphthol 3.4;5.6-Dibenzoxanthon* (I), das durch Red. mit Na-Amalgam u. A. in *3.4;5.6-Dibenzoxanthenol* (II), mit $LiAlH_4$ in *3.4;5.6-Dibenzoxanthen* u. durch Rk. mit C_6H_5MgBr in *9-Phenyl-3.4;5.6-dibenzoxanthenol* (III) übergeführt wurde. Aus beiden Xanthenolen wurden die entsprechenden *Xanthyliumperchlorate* dargestellt u. beim *Perchlorat* aus III nur eine bathochrome Verschiebung der UV-Absorption von 8 mμ gegenüber dem *Perchlorat* aus II u. durch die Anellierung beider Benzolkerne eine Verschiebung von 30 mμ gegenüber dem *9-Phenylxanthyliumperchlorat* gefunden.

Versuche: *3.4;5.6-Dibenzoxanthon* (I), $C_{21}H_{12}O_2$, F. 240°, aus 1-Hydroxy-2-naphthoesäure bei 300° (½ Std.); aus Bzl. gelbe Nadeln; 20—25% (Ausbeute); Lsg. in konz. H_2SO_4 orangefarben → gelb mit grüner Fluorescenz; ist ident. mit dem nach Bender [1886] dargestellten I. *Perchlorat*, aus I u. 70%ig. $HClO_4$ in Eisessig; gelbe Kristalle. — *3.4;5.6-Dibenzoxanthen*, $C_{21}H_{14}O$, F. 137°, durch Zugeben von 1 g I in Bzl. zu $LiAlH_4$ in Ae., 3std. Kochen, Stehen über Nacht u. Zers. mit NH_4Cl-Lsg.; aus A. Nadeln; 0,9 g; Lsg. in konz. H_2SO_4 orangegelb. — *3.4;5.6-Dibenzoxanthenol* (II), $C_{21}H_{14}O_2$, F. 225—227°, aus I u. Na-Amalgam in A.; aus Bzl. Nadeln; 83%; Lsg. in konz. H_2SO_4 orangefarben. — *9-Phenyl-3.4;5.6-dibenzoxanthenol* (III), $C_{27}H_{18}O_2$, F. 215°, aus 1,5 g I u. C_6H_5MgBr in Ae.; aus Bzl.-PAe. Würfel; 1,5 g; Lsg. in konz. H_2SO_4 orangerot mit schwachgrüner Fluorescenz. — *3.4;5.6-Dibenzoxanthyliumperchlorat*, $C_{21}H_{13}ClO_5$, F. 250°, aus 0,5 g II u. 70%ig. $HClO_4$ in Eisessig–Acetanhydrid; aus Eisessig–Acetanhydrid orangefarbene Nadeln; 0,45 g; Lsg. in Eisessig orangefarben (λ_{max} 470 mμ), in konz. H_2SO_4 orangegelb. — *9-Phenyl-3.4;5.6-dibenzoxanthyliumperchlorat*, $C_{27}H_{17}ClO_5$, F. 333—337°, aus III u. $HClO_4$ in Bzl.-Aceton; aus Nitrobenzol–Bzl. orangerote Kristalle; Lsg. in Eisessig orangefarben (λ_{max} 478 mμ), in konz. H_2SO_4 orangefarben mit schwachgrüner Fluorescenz. (Helv. chim. Acta **42**. 580—82. 16/3. 1959. Basel, Univ. Inst. für Farbenchem.)
F. Heller. 3211

R. Lukeš und **J. Jizba,** *Wirkung von Natriumhydrogensulfit auf einige quaternäre Salze des Pyridins und seiner Homologen.* Inhaltlich ident. mit der C. **1959**. 8875 referierten Arbeit. (Collect. czechoslov. chem. Commun. **24**. 1868—72. Juni 1959. [Orig.: engl.])
W. Barz. 3231

L. Dúbravková, I. Ježo, P. Šefčovič und **Z. Votický,** *Synthese einiger Alkaloidderivate.* 6. Mitt. (5. vgl. Chem. Zvesti **8**. [1954.] 576; 4. vgl. C. **1950/54**. 3189 S.) Vff. beschreiben die Darst. des *rac. 2.6-Bis-[α-hydroxy-n-propyl]-piperidins* aus dem Dipicolinsäuredichlorid (I) über den entsprechenden *Diäthylester*, das *Diamid* u. *Dinitril* sowie *2.6-Dipropionylpyridin*.

Versuche: *Dipicolinsäurediäthylester*, $C_{11}H_{13}NO_4$, Kp.$_{13}$ 177—179°, Kp.$_1$ 138 bis 140°, F. 44—45°, aus I in Bzl. u. absol. A. durch 3std. Stehen, Gießen in W. u. Neutralisation mit Na_2CO_3; 90% (Ausbeute). *Diamid*, $C_7H_7N_3O_2$, F. 319—320° (A.), aus vorst. Ester in 28%ig. NH_4OH durch 12std. Stehen; 90%. *Dinitril*, $C_7H_3N_3$, F. 124° (Bzl.), durch Rk. des Diamids mit $POCl_3$ in absol. Pyridin bei 50—60°, dann bei 100° u. Gießen auf Eis; 57%. — *2.6-Dipropionylpyridin*, $C_{11}H_{13}NO_2$, Kp.$_{0,5}$ 92—94°, F. 62 bis 63°, durch 2std. Rühren vorst. Dinitrils mit C_2H_5MgBr in Dioxan, Zers. mit konz. HCl u. Extraktion aus ammoniakal. Lsg. mit Ae.; 26%. — *rac. 2.6-Bis-[α-hydroxy-n-propyl]-piperidin*, $C_{11}H_{23}NO_2$, Kp.$_{0,6}$ 121—123°, F. 80—82° (A.), aus vorst. Verb. in

Eisessig, durch Hydrierung über ADAMS-Katalysator (5 Std.), Alkalisieren u. Extraktion mit Bzl.; 80%. *Hydrochlorid*, $C_{11}H_{23}NO_2 \cdot HCl$, F. 210—211° (A.). (Chem. Zvesti **9**. 287—90. Mai 1955. Bratislava, Slowak. Akad. der Wiss., Inst. für Chem. Technol. organ. Stoffe.) B. GÖRLICH. 3231

Josef Klosa, *Notiz zur Umsetzung von α-Aminopyridin mit Styroloxyd.* (*Synthese von N-[β-Hydroxy-β-phenyläthyl]-pyridonimin-(2) und -pyridon-(2).*). α-Aminopyridin (**I**) u. Styroloxyd (**II**) wurden zu *N-[β-Hydroxy-β-phenyläthyl]-pyridonimin-(2)* (**III**) kondensiert, das sich durch Kochen mit NaOH in *N-[β-Hydroxy-β-phenyläthyl]-pyridon-(2)* (**IV**) überführen läßt. **III** u. **IV** zeigen keine bessere Kreislaufwrkg. als **I** u. 4-Methyl-2-aminopyridin.

V e r s u c h e: *N-[β-Hydroxy-β-phenyläthyl]-pyridonimin-(2)* (**III**), $C_{13}H_{14}N_2O$, F. 168°, durch 4tägige Rk. von **I** u. **II** in wss. Methanol bei n. Temp.; braune Kristalle aus Methanol. — *N-[β-Hydroxy-β-phenyläthyl]-pyridon-(2)* (**IV**), $C_{13}H_{13}NO_2$, F. 118 bis 120° (A.), durch 20—30std. Kochen von **III** mit 10%ig. NaOH bis zur Beendigung der NH_3-Entwicklung. (J. prakt. Chem. [4] **8** (**280**). 168—70. April 1959. Berlin-Zehlendorf, wiss. Privat-Labor.) R. HOSSBACH. 3231

Munio Kotake, Shiro Kusumoto, Ichiro Kawasaki und **Katsumaro Kawaguchi,** *Synthese von Nicotinoyl- und Isonicotinoylcholin.* Vff. erhalten die Cholinester durch Veresterung der Nicotin- (**I**) bzw. Isonicotinsäure mit Äthylenchlorhydrin (**II**), Austausch des Cl gegen J u. Umsetzung des Prod. mit Trimethylamin (**III**).

V e r s u c h e: N i c o t i n s ä u r e e s t e r: *-β-chloräthylester* (**IV**), $Kp._{6,5} \cdot 10^{-3}$ 82,5—85°, durch Mischen von K-Nicotinat mit Oxalylchlorid in Bzl. bei 0°, 1 std. Rühren bei allmählichem Erwärmen auf 60—70°, Zugabe von **II** u. weiteres 2std. Rühren bei 60—70°; 64% (Ausbeute). *Pikrat*, $C_{14}H_{11}ClN_4O_9$, F. 143—144,5° (Zers.; A.). — *-β-jodäthylester* (**V**), durch 24std. Kochen von **IV** mit NaJ in Methyläthylketon; 50%. *Pikrat*, $C_{14}H_{11}JN_4O_9$, F. 117—118° (Zers.; A.). — *-cholinjodidester* (**VI**), $C_{11}H_{17}JN_2O_2$, F. 196,5 bis 197° (Zers.; A.), aus **V** u. **III** in absol. Aceton in 1 Woche. — *-cholinchloridester* (**VII**), $C_{11}H_{17}ClN_2O_2$, F. 189—190,5° (Zers.; Aceton), analog **VI** aus **IV**. Wird in W. allmählich hydrolysiert. *Hydrochlorid*, F. 203° (Zers.), aus Hg-Nitrat, HCl u. **VII** in 30 Sek. bei 60—70°. — I s o n i c o t i n s ä u r e e s t e r: *-β-jodäthylester*, $C_8H_8JNO_2$, F. 70,5—73° (Ae.-A.), analog **V**. — *-cholinjodidester*, $C_{11}H_{17}JN_2O_2$, F. 182—184° (Aceton), analog **VI**; 75%. — *-cholinchloridester* (**VIII**), *Pikrat*, F. 186—187,5°, aus Isonicotinsäure-β-chloräthylester (**IX**) über **VIII** (analog **VII**). — R_F-Werte in Butanol–Essigsäure–W. 4:1:2: **VI** bzw. **VII** 0,52, **I** 0,76, Cholin 0,41; in Butanol–Essigsäure–W. 10:3:8,8: **IX** 0,64, **VIII** 0,47. (J. chem. Soc. Japan, pure Chem. Sect. [Nippon Kagaku Zassi] **76**. 346—47. März 1955. Osaka, Univ. [Orig.: japan.]) L. SCHULER. 3231

Joseph Sam, William F. Minor und **Yvon G. Perron,** *Blutdrucksenkende Mittel. Pyridincarbonsäureamide und Piperidincarbonsäureamide.* Durch Rk. der Pyridincarbonsäurekohlensäureanhydride mit Aminen bei 0—5° in CH_2Cl_2 werden *Pyridincarbonsäureamide* synthetisiert. Durch Quaternisierung u. nachfolgende Hydrierung über PtO_2 werden *1-substituierte Piperidincarbonsäureamide* dargestellt. Einige *1-Methylverbb.* werden mit $LiAlH_4$ zu den entsprechenden *1-Methylalkylaminomethylpiperidinen* red., die als *Bis-[methojodide]* charakterisiert werden. Durch Rk. von Pyridinaldehyd-(3) mit Malonsäure, Überführung der *β-[Pyridyl-(3)]-acrylsäure* (**XI**) mit Chlorameisensäureäthylester (**V**) über das gemischte Anhydrid ins *Morpholid* (**II**), dessen Hydrierung in Ggw. von Pd-Kohle u. Quaternisierung des *β-[Pyridyl-(3)]-propionsäuremorpholids* (**III**) mit Phenäthylbromid u. anschließende Hydrierung über PtO_2 wird *3-[1-Phenäthylpiperidyl-(3)]-propionsäuremorpholid* (**IV**) erhalten. N.N-Diäthylnipecotinamid (**VI**) wird mit Styroloxyd (**VII**) in *N.N-Diäthyl-1-[2-hydroxy-2-phenyläthyl]-nipecotinamid* (?), mit 4-Chlornitrobenzol (**VIII**) in *1-[p-Nitrophenyl]-N.N-diäthylnipecotinamid* u. dieses in die *p-Aminoverb.* übergeführt. *Nicotinsäurepyrrolidid* (**X**) läßt sich mit $LiAlH_4$ zu *3-Pyrrolidinomethylpyridin* (**I**) reduzieren. Die entsprechende *1-Methylverb.* zeigt keine hypotensive Aktivität. Einige Piperidincarbonamide, bes. *4-[1-Phenäthylnipecotinoyl]-morpholin,* zeigen blutdrucksenkende Wrkg., aber erst bei Anwendung tox. Dosen. *1.1-Dimethyl-3-morpholinomethylpiperidiniumjodidmethojodid* zeigt bei starker Toxizität hypotensive Aktivität, **I** zeigt Nicotin-ähnliche Aktivität. **II** ist etwas hypotensiv wirksam u. nicht tox., **III** ist weniger wirksam, aber toxischer, während **IV** nicht wirksam u. stark tox. ist.

V e r s u c h e: N i c o t i n s ä u r e d e r i v v.: *-pyrrolidid* (**X**), $C_{10}H_{12}N_2O$, $Kp._{0,3}$ 131—133°, durch Zugeben von $(C_2H_5)_3N$ zu Nicotinsäure in CH_2Cl_2, dann von **V** in 15—20 Min. bei 0—5°, 30 Min. Stehen bei 0°, Zugeben von Pyrrolidin bei 0—5° u. 2std. Stehen bei Raumtemp.; 64% (Ausbeute). *Methojodid*, $C_{11}H_{15}JN_2O$, F. 213,5—214,5°

(Acetonitril); 87%. — *-morpholid*, $C_{10}H_{12}N_2O_2$, Kp.$_{0,4}$ 190—195°; 48%; *Phenyläthobromid*, $C_{18}H_{21}BrN_2O_2$, F. 212—213° (CH_3OH-Ae.); 95%. — *-2.6-dimethylmorpholid*, $C_{12}H_{16}N_2O_2$, Kp.$_{0,5}$ 138—140°; 57%. — *-4-äthoxyanilid*, $C_{14}H_{14}N_2O_2$, F. 170—175°; 50%. *Methojodid*, $C_{15}H_{17}JN_2O_2$, F. 194—196° (CH_3OH); 92%. *Phenyläthobromid*, $C_{22}H_{23}BrN_2O_2$, F. 243—244° (CH_3OH); 88%. — *-4-dimethylaminoanilid*, $C_{14}H_{15}N_3O$, F. 185—187° (CH_3OH); 25%. *Bis-[methojodid]*, $C_{16}H_{21}J_2N_3O$, F. 230—235° (Zers.; CH_3OH); 95%. — Isonicotinsäurederivv.: *-diäthylamid*, $C_{10}H_{14}N_2O$, Kp.$_{0,5}$ 109°; 62%. — *-morpholid*, $C_{10}H_{12}N_2O_2$, Kp.$_{0,4}$ 142—145°; 55%. *Phenyläthobromid*, $C_{18}H_{21}BrN_2O_2$, F. 214—215° (CH_3OH-Aceton); 97%. — *-2.6-dimethylmorpholid*, $C_{12}H_{16}\cdot N_2O_2$, Kp.$_{0,3}$ 135—137°; 50%. *Phenyläthobromid*, $C_{20}H_{25}BrN_2O_2$, F. 227—228° (CH_3OH-Ae.); 94%. — *-2.6-dimethylpiperidid*, $C_{13}H_{18}N_2O$, F. 73—74° (Cyclohexan); 20%. — *-4-methylpiperazid*, $C_{11}H_{15}N_3O$, Kp.$_{0,4}$ 133—135°; 39%. — *-4-dimethylaminoanilid*, F. 227—229° (CH_3OH). *Dihydrochlorid*, $C_{14}H_{15}N_3O\cdot 2\,HCl$, F. 175° (Zers.); 38%. *Bis-[methojodid]*, $C_{16}H_{21}J_2N_3O$, F. >200° (Zers.; CH_3OH); 90%. — *α-Picolinsäuremorpholid*, $C_{10}H_{12}N_2O_2$, Kp.$_1$ 142—143°; 59%. *Methojodid*, $C_{11}H_{15}JN_2O_2$, F. 175—176° (Zers.; CH_3OH); 81%. — *α-Picolinsäure-4-dimethylaminoanilid*, F. 131—132° (CH_3OH). *Dihydrochlorid*, $C_{14}H_{15}N_3O\cdot 2\,HCl$, F. 227—230° (Zers.); 60%. *Bis-[methojodid]*, $C_{16}H_{21}J_2N_3O$, F. 229—230° (Zers.); 98%. — Durch 15—30std. Hydrieren der quaternären Lake (gegebenenfalls nicht isoliert, dargestellt in CH_3OH oder Acetonitril) vorst. Verbb. in W. oder A. über PtO_2 bei 50—60 lbs./sq.in., Alkalisieren u. Ausäthern nachst. Amide: *1-[2-Phenyläthyl]-nipecotinsäurediäthylamid*, $C_{18}H_{28}N_2O$, Kp.$_{0,3}$ 173°; 86%. — *1-Benzhydrylnipecotinsäurediäthylamidhydrobromid*, $C_{23}H_{30}N_2O\cdot HBr$, F. 234,5—235° ($CH_3OH$); 20%. — *1-Benzylisonipecotinsäurediäthylamid*, $C_{17}H_{26}N_2O$, Kp.$_{0,7}$ 173—175°; 87%. — *1-Methylnipecotinsäurepyrrolidid* (IX), $C_{11}H_{20}N_2O$, Kp.$_{0,3}$ 111—114°; 89%. — *1-[2-Phenyläthyl]-nipecotinsäurepyrrolidid*, $C_{18}H_{26}N_2O$, Kp.$_{0,1}$ 181—183°, n_D^{25} 1,5431; 62%. — *α-Pipecolinsäuremorpholid*, $C_{10}H_{18}N_2O_2$, Kp.$_{1,5}$ 143—145°, in Eisessig; 65%. — *1-Methyl-α-pipecolinsäuremorpholid*, $C_{11}H_{20}N_2O_2$, Kp.$_{0,8}$ 121—123°, in Eisessig; n_D^{32} 1,5013; 87%. — *1-[2-Phenyläthyl]-α-pipecolinsäuremorpholid*, $C_{18}H_{26}N_2O_2$, Kp.$_{0,4}$ 192—195°, in Eisessig; n_D^{24} 1,5426; 16%. — *1-Methylnipecotinsäuremorpholid*, $C_{11}H_{20}N_2O_2$, Kp.$_{0,2}$ 118°, $n_D^{2,55}$1,5065; 72%. — *1-Benzylnipecotinsäuremorpholid*, $C_{17}H_{24}N_2O_2$, Kp.$_{0,3}$ 183 bis 186°; 80%. — *1-[2-Phenyläthyl]-nipecotinsäuremorpholid*, $C_{18}H_{26}N_2O_2$, Kp.$_{0,2}$ 188 bis 192°, n_D^{34} 1,5406; 85%. — *1-[γ-Phenylpropyl]-nipecotinsäuremorpholid*, $C_{19}H_{28}N_2O_2$, Kp.$_{0,3}$ 203—206°; 71%. — *1-[2-Phenyläthyl]-isonipecotinsäuremorpholidhydrobromid*, $C_{18}H_{26}N_2O_2\cdot HBr$, F. 279—280° ($CH_3OH$); 85%. — *1-[2-Phenyläthyl]-nipecotinsäure-2.6-dimethylmorpholid*, $C_{20}H_{30}N_2O_2$, Kp.$_{0,2}$ 188—190°, $n_D^{24,5}$ 1,5327; 50%. — *1-[2-Phenyläthyl]-isonipecotinsäure-2.6-dimethylmorpholidhydrobromid*, $C_{20}H_{30}N_2O_2\cdot HBr$, F. 252 bis 254° (W.); 78%. — *1-Methylnipecotinsäure-4-äthoxyanilid*, $C_{15}H_{22}N_2O_2$, F. 122—123° (CH_3OH-W.); 77%. — *1-[2-Phenyläthyl]-nipecotinsäure-4-äthoxyanilidhydrobromid*, $C_{22}H_{28}N_2O_2\cdot HBr$, F. 108—110° (Zers.; Aceton); 82%. — *α-Pipecolinsäure-4-dimethylaminoanilid*, F. 127—130° (CH_3OH-W.). *Dihydrochlorid*, $C_{14}H_{21}N_3O\cdot 2\,HCl$, F. 248 bis 250° (Zers.; CH_3OH); 93%. — *Isonipecotinsäure-4-dimethylaminoanilid*, F. 187—188° (CH_3OH). *Dihydrochlorid*, $C_{14}H_{21}N_3O\cdot 2\,HCl$, F. 252—254° (Zers.; CH_3OH); 90%. — *1-Cinnamyl-N.N-diäthylnipecotinamid*, $C_{19}H_{28}N_2O$, Kp.$_{0,4}$ 184—187°, durch 3std. Kochen u. Rühren von **VI**, Cinnamylbromid u. K_2CO_3 in Toluol; 90%. — *N.N-Diäthyl-1-[2-hydroxy-2-phenyläthyl]-nipecotinamid* (?), $C_{18}H_{28}N_2O_2$, Kp.$_{3,5}$ 228—230°, durch 18std. Erhitzen von **VI** u. **VII** auf dem Wasserbad, Lösen in Ae., Extrahieren mit 6n HCl, Neutralisieren mit NaOH u. Ausäthern; 70%. — *N.N-Diäthyl-1-[4-nitrophenyl]-nipecotinamid*, $C_{16}H_{23}N_3O_3$, F. 99,5—101,5° (absol. A.), durch 20std. Erhitzen von **VI** u. **VIII** mit $(C_2H_5)_3N$ auf dem Wasserbad; 99%. — *N.N-Diäthyl-1-[4-aminophenyl]-nipecotinamiddihydrochlorid*, $C_{16}H_{25}N_3O\cdot 2\,HCl$, F. 234,5—235° (A.-Essigester u. CH_3OH), durch 15 Min. Hydrieren vorst. Verb. in A. über RANEY-Ni bei Raumtemp. u. 50 lbs./sq.in. u. Behandeln mit Ae./HCl; 50%. — *1-Methyl-3-pyrrolidinomethylpiperidin*, $C_{11}H_{22}N_2$, Kp.$_{0,3}$ 59°, durch Red. von **IX** mit $LiAlH_4$; 93%. *Bis-[methojodid]*, $C_{13}H_{28}J_2N_2$, F. 264—266° (Zers.; CH_3OH), in Acetonitril; 94%. — *1-Methyl-2-morpholinomethylpiperidin*, $C_{11}H_{22}N_2O$, Kp.$_{0,4}$ 79—82°; 63%. *Bis-[methojodid]*, $C_{13}H_{28}J_2N_2O$, F. 255—256° (Zers.; W.-CH_3OH); 55%. — *1-Methyl-3-morpholinomethylpiperidin*, $C_{11}H_{22}N_2O$, Kp.$_{0,8}$ 87—88°, $n_D^{25,5}$ 1,4819. *Bis-[methojodid]*, $C_{13}H_{28}J_2N_2O$, F. 281—282° (Zers.; W.-CH_3OH). — *3-Pyrrolidinomethylpyridin* (I), $C_{10}H_{14}N_2$, Kp.$_{0,2}$ 75—77°, aus **X** mit $LiAlH_4$/Ae.; $n_D^{25,5}$ 1,5202; 44%. — *3-[Pyridyl-(3)]-acrylsäuremorpholid* (II), $C_{12}H_{14}N_2O_2$, F. 141 bis 143° (Acetonitril), aus **XI** (79%), **V** u. Morpholin in CH_2Cl_2; 79%. — *3-[Pyridyl-(3)]-propionsäuremorpholid* (III), $C_{12}H_{16}N_2O_2$, Kp.$_1$ 188—190°, durch Hydrierung von **II** in CH_3OH bei 60 lbs./sq.in. über Pd-Kohle; $n_D^{24,5}$ 1,5457; 87%. *Phenyläthobromid*, in Acetonitril. — *3-[1-Phenäthylpiperidyl-(3)]-propionsäuremorpholid* (IV), $C_{20}H_{30}N_2O_2$, Kp.$_{0,3}$ 217—219°, durch Hydrierung vorst. Bromids über PtO_2 bei 60 lbs./sq.in. u. 50°;

84%. (J. Amer. chem. Soc. **81.** 710—13. 5/2. 1959. Syracuse, N. Y., Bristol Labors., Inc., Res. Div.) R. PASEDAG. 3231

Yee-Sheng Kao, *Synthese von zwei α-[Pyridyl-(2)]-β-alkylindolen und einigen β-Carbolinderivaten.* Inhaltlich ident. mit der C. **1956.** 7235 referierten Arbeit. (Sci. sinica **4.** 527—35. Dez. 1955. Academia Sinica, Inst. of Materia Med. [Orig.: engl.]) G. REISNER. 3231

Fritz Kröhnke und **Karl Friedrich Gross,** *Beispiele zur King-Reaktion.* Da für die KING-Rk. (KR), die die unmittelbare Überführung von Arylmethyl- u. -methylenketonen mit Pyridin oder ähnlichen N-Aromaten u. Jod in Phenacyl- usw. -pyridiniumjodide bewirkt (vgl. KING, J. Amer. chem. Soc. **66.** [1944.] 894 u. später), die Protonenbeweglichkeit der einen Komponente entscheidend ist, wurden verschiedenartige CH-acide Verbb. der KR unterworfen, um so die Grenzen ihrer Anwendbarkeit zu ermitteln. Chinaldin (**IIa**) reagiert unter n. Bedingungen bereits bei 20° in wenigen Std. glatt zu *1-[Chinolyl-(2')-methyl]-pyridiniumjodid* (**VIII**). Lepidin (**IIb**) reagiert erheblich langsamer. In geringeren Ausbeuten gelingt bei **IIa**, nicht aber bei **IIb**, die KR auch mit Brom oder mit Bromierungsmitteln u. Pyridin. Bei Acetophenon versagt die KR mit Brom/

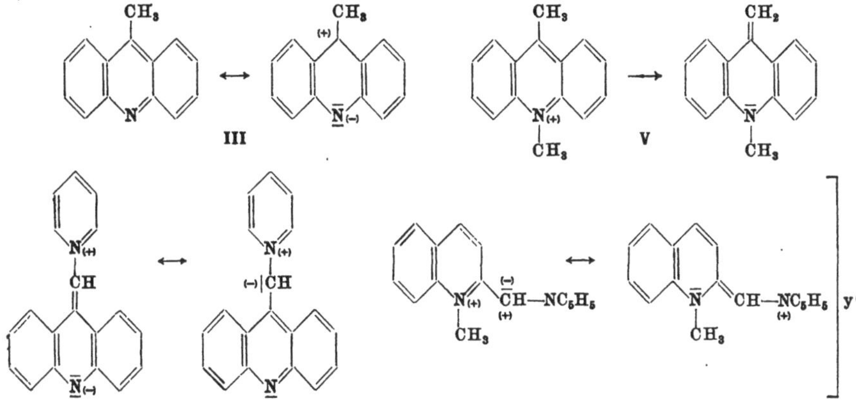

III V

a VII b IX

Pyridin. 9-Methylacridin (**III**) bildet bereits bei Zimmertemp. in wenigen Min. mit Jod/Pyridin *1-[Acridyl-(9')-methyl]-pyridiniumjodid* (**VI**). Analoge Umsetzungen von α- (**Ia**) u. γ-Picolin (**Ib**) waren bisher erfolglos. Da in **III** die CH_3-Gruppe durch die Positivierung der 9-Stellung besonders aktiviert ist, gelingt auch die Umsetzung mit p-Nitrosodimethylanilin (**IV**) nach SACHS [1902] zu einem Anil/Nitrongemisch. Mit **IV** reagieren **IIa** u. **IIb** etwas schwieriger, **Ia** u. **Ib** überhaupt nicht. Im Gegensatz zu dem Verh. der freien Basen lassen sich die stärker aktivierten Jodmethylate von **Ia** u. **Ib** sowie **IIa** u. **IIb** mit **IV** umsetzen. 9.10-Dimethylacridiniumjodid (**V**) reagiert dagegen weder mit **IV** noch mit Aldehyden. Dieses Verh. ist durch den leichten Übergang des 9-Methylacridiniumsystems in das 9-Methylenacridansystem zu erklären. In der Reihe des Lepidiniums u. noch mehr in der des γ-Picoliniums würde ein ähnlicher Übergang die Aufhebung eines aromat. Syst. erfordern u. ist daher benachteiligt. In dem in alkal. Lsg. aus **VI** entstehenden Betain (**VII**) ist die Grenzstruktur **VIIa** gegenüber **VIIb** bevorzugt, so daß keine weitere Rk. mit **IV** erfolgt. Im Gegensatz dazu reagiert **VIII** glatt mit **IV** u. NaOH unter Bldg. von *Chinolinaldehyd-(2)-[p-dimethylaminophenylnitron]*, da das in der alkal. Lsg. gebildete *Betain* in der **VIIb** entsprechenden Grenzstruktur reagiert. In Ggw. von NaCN entsteht aus **VIII** u. **IV** das „rote Anil" *Chinolyl-(2)-glyoxylsäurenitril-[p-dimethylaminoanil]*, das mit o-Phenylendiamin (**XI**) zu *2-Amino-3-[chinolyl-(2')]-chinoxalin* umgesetzt werden kann. Ganz analog können die entsprechenden *Lepidinderivv.* dargestellt werden. Wie die Jodmethylate von **Ia** u. **Ib**, so reagieren auch die Jodmethylate von **IIa** u. **IIb** nach KING. Aus 1-Methyl-2-[pyridiniomethyl]-pyridiniumdijodid lassen sich leicht das *Nitron* u. das *„rote Anil"* gewinnen. Bei 1-Methyl-2-[pyridiniomethyl]-chinoliniumdijodid (**X**) bewirkt dagegen bereits verd. NaOH oder Piperidin die Bldg. von *1-Methyl-2-[pyridiniomethylen]-1.2-dihydrochinolinjodid* (**IX**), das vermutlich das Benzologe der von BERSON u. COHEN (vgl. C. **1957.** 1433) als Zwischenprod. ihrer Pyridonsynth. erhaltenen Verb. darstellt. Die Behandlung von **IX** mit HJ führt wieder zu **X** u. die Einw. von NaOH spaltet **IX** in *1-Methylchinolon-(2)* u. *1-Methylpyridiniumjodid.* Ganz analog wird das **IX** entsprechende *Lepidinderiv.* erhalten, das mit warmer, verd. NaOH zu *1-Methylchinolon-(4)* gespalten wird. Mit 2-(**XIIIa**), 3- (**XIIIb**) u. 4-Acetylpyridin (**XIIIc**) können durch KR glatt die *Pyridacylpyridiniumjodide* erhalten werden, die mit **IV** u. NaCN zu *Picolinoyl-*, *Nicotinoyl-* bzw. *Isonicotinoylglyoxylsäurenitril-[p-dimethylaminoanil]* umgesetzt werden, die weiter mit **XI** *2-Cyan-3-pyridylchinoxaline* bilden. 1-[Pyridacyl-(4')]-pyridiniumjodid reagiert auch mit NaOH u. **IV** unter Bldg. von krist. *Pyridyl-(4)-glyoxal-[p-dimethylaminophenylaldonitron]*. 1-[Pyridacyl-(3')]-pyridiniumjodid bildet mit m-Nitrobenzaldehyd unter Abspaltung von *Nicotinsäure 1-[β-(m-Nitrophenyl)-β-hydroxyläthyl]-pyridiniumjodid.* Durch KR von **XIIIa** mit **Ia** u. Jod kann *1-[Pyridacyl-(2')]-α-picoliniumjodid* erhalten werden, das nach Tschitschibabin [1927] mit $NaHCO_3$ den Ring zu *2-[Pyridyl-(2')]-pyrrocolin* schließt. Die KR von **XIIIa** mit **IIa** u. Jod gelingt aus ster. Gründen nicht. Die KR von 2-Chlormethylpyridinhydrochlorid mit überschüssigem Pyridin führt offenbar zu dem erwarteten *2-[Pyridiniomethyl]-pyridiniumdichlorid,* da dieses mit NaCN u. **IV** ein „*rotes Anil*“ liefert, das sich mit **XI** in *2-Amino-3-[pyridyl-(2')]-chinoxalin* überführen läßt. 4-Chlormethylpyridinhydrochlorid setzt sich unter den gleichen Bedingungen zu einem bis 325° nichtschm. Salz um, das auf Grund der Analyse als *4-[4'-(Pyridiniomethyl)-pyridiniomethyl]-pyridiniumtrichlorid* (**XII**) aufgefaßt wird. NaOH bewirkt bei **XII** eine intensive Rotfärbung, die durch Bldg. eines Betains oder durch Öffnung eines Pyridinringes zustande kommen könnte. Die Umsetzung von **XII** mit NaCN u. **IV** führt zu *Pyridyl-(4)-glyoxylsäurenitril-[p-dimethylaminoanil]*. Die KR mit 2-Methyl-4.6-diphenylpyryliumperchlorat gelang nicht. Aceton liefert bei der KR mit Pyridin/Jod das bekannte *Acetonylen-bis-pyridiniumjodid* u. mit Chinolin/Jod *Acetonylchinoliniumjodid.* Die Umsetzung von p-Nitrophenylphenacylsulfid zu *α-Pyridinio-α-[p-nitrophenylmercapto]-acetophenonjodid* gelingt, da durch den Elektronensog der p-ständigen Nitrogruppe der Schwefel positiviert u. damit die benachbarte Methylengruppe aktiviert wird. Bei der KR von Phenylphenacylsulfid wird kein Pyridiniumsalz erhalten, da die für derartige Sulfide charakteristische Abspaltung von Thiophenol überwiegt. Aus 2.4-Dinitrotoluol läßt sich glatt durch KR *1-[2'.4'-Dinitrobenzyl]-pyridiniumjodid* erhalten. Der Ersatz von Pyridin bei der KR durch Dimethylanilin gelingt nicht, da dann die Einw. von Jod auf die Base überwiegt u. *Methylviolett* gebildet wird. Die Umsetzung von **XIIIa** u. **XIIIc** mit Thioharnstoff unter den Bedingungen der KR führt glatt zu *2-Amino-4-[pyridyl-(2')]-* bzw. *-[pyridyl-(4')]-thiazol.*

V e r s u c h e : *1-[Chinolyl-(2')-methyl]-pyridiniumjodid* (**VIII**), $C_{15}H_{13}JN_2$, F. 214 bis 216° (Zers.), a) durch 3std. Erwärmen von **IIa** u. Jod in trockenem Pyridin auf dem Wasserbad; 91% (Ausbeute); b) neben **IIa**-*Hydrojodid* durch 3std. Stehen von **IIa** u. Jod in Pyridin bei 20°; aus A. säulenförmige Prismen; Pikrylchlorid-Rk. blauviolett; Chloranil-Rk. rot, dann braunrot. *Bromid,* F. 237—238° (Zers.), durch tropfenweise Zugabe von Brom zu **IIa** in trockenem Pyridin unter Kühlung; aus A. cremefarbene Prismen; 70%. *Perchlorat,* $C_{15}H_{13}ClN_2O_4$, F. 182—183° (Zers.), durch Umsetzung von **IIa** mit folgenden Pyridinperhalogeniden bzw. N-Halogenpyridiniumhalogeniden, Lösen des gebildeten Salzgemisches in W. u. Zugabe von 2n $NaClO_4$ (in Klammern die Reaktionstemp., Reaktionsdauer in Std. u. Ausbeute): Py·J_2 (20°; 24; 89%), Py·J_2 (100°; 3; 91%), Py·Br_2 (20°; 3; 56%), Py·Br_2 (20°; 24; 59,5%), Py·Br_2 (100°; 3; 40%), Py·HBr·Br_2 (20°; 3; 69%), Py·HBr·Br_2 (20°; 24; 68%), Py·HBr·Br_2 (100°; 3; 47%); aus A. schmale Prismen. — *1-[Chinolyl-(4')-methyl]-pyridiniumjodid,* $C_{15}H_{13}JN_2$, F. 213 bis 214° (Zers.), analog **VIII** aus **IIb** durch Erwärmen oder neben **IIb**-*Hydrojodid* durch 7—8std. Stehen bei 20°; aus A. gelbliche, glitzernde Täfelchen; 90%; Pikrylchlorid-Rk. blauviolett; Chloranil-Rk. rot. *Perchlorat,* $C_{15}H_{13}ClN_2O_4$, F. 208—210° (Zers.), aus wss. A. glitzernde Blättchen. — *1-[Acridyl-(9')-methyl]-pyridiniumjodid* (**VI**), $C_{19}H_{15}JN_2$, F. 190—191° (Zers.), analog **VIII** aus **III**; aus 50%ig. A. gelbe Prismen; 79%. *Perchlorat,* $C_{19}H_{15}ClN_2O_4$, F. 206—208° (Zers.), aus 50%ig. A. schwachgelbe Prismen. — *Chinolyl-(2)-glyoxylsäurenitril-[p-dimethylaminoanil],* $C_{19}H_{16}N_4$, F. 157—158°, durch Zugabe einer Lsg. von **VIII** in 50%ig. A. zu einem Gemisch von **IV** in A. u. NaCN in W., Zugabe von W. u. ½std. Stehen bei 0°; aus Essigester carminrote Prismen; 99%. — *2-Amino-3-[chinolyl-(2')]-chinoxalin,* $C_{17}H_{12}N_4$, F. 215,5—217°, durch Kochen vorst. Anils u. **XI** in Eisessig u. Zugabe von W. bei 0°; aus A. gelbe Nädelchen; 95%. — *Chinolyl-(2)-glyoxylsäurenitril-[p-diäthylaminoanil],* $C_{21}H_{20}N_4$, F. 99—100°, aus Essigester dunkelrote Prismen. — *Chinolinaldehyd-(2)-[p-dimethylaminophenylnitron],* $C_{18}H_{17}N_3O$, F. 150 bis 151,5°, durch Zugabe von n-NaOH zu **VIII** u. **IV** in A. bei 0°, nach Farbumschlag nach Rot Zugabe von W.; aus Essigester orangerote, schmale Prismen; 72%. — *Chinolinaldehyd-(4)-[p-dimethylaminophenylnitron],* $C_{18}H_{17}N_3O$, F. 178—179°, analog vorst. Verb.; aus Bzl./A. rote Prismen; 70%. — *Chinolyl-(4)-glyoxylsäurenitril-[p-dimethylaminoanil],* $C_{19}H_{16}N_4$, F. 132—133°, analog der Chinolyl-(2)-verb.; aus Essigester dunkelrote Prismen; 93%. — *Pyridyl-(2)-glyoxylsäurenitril-[p-dimethylaminoanil]-jodmethylat,*

$C_{16}H_{17}JN_4$, F. 189—191° (Zers.), unter gewöhnlichen Bedingungen aus 1-Methyl-2-[pyridiniomethyl]-pyridiniumdijodid, **IV** u. NaCN; aus absol. A. rotbraune, metall. grünglänzende Prismen; 81%. — *1-Methyl-2-[pyridiniomethyl]-chinoliniumdijodid* (**X**), $C_{16}H_{16}J_2N_2$, F. 180—181° (Zers.), durch 10std. Erwärmen von **IIa**-Jodmethylat u. Jod in trockenem Pyridin auf dem Wasserbade; aus A. gelbbraune, längliche Prismen; 75%. *Diperchlorat*, F. 213—214° (Zers.), aus 50% ig. A. cremefarbene, winzige Prismen. — *1-Methyl-2-[pyridiniomethylen]-1.2-dihydrochinolinjodid* (**IX**), *1/4-Hydrat*, $C_{16}H_{15}JN_2 \cdot {}^1/_4 H_2O$, F. 183—184°, durch Zugabe von Piperidin oder n-NaOH zu einer Lsg. von **X** in W., aus A. rotbraune Blättchen; 96,5%. — *1-Methylchinolon-(2)*, F. 73,5—74°, durch Zugabe von 2n NaOH zu **X** in W., Erwärmen u. Extrahieren der filtrierten Lsg. mit Chlf.; aus Ligroin schmale Prismen; 78%; daneben durch Neutralisieren der wss. Lsg. mit HCl u. Fällen mit Pikrinsäure die *Mol.-Verb. aus Methylpyridiniumpikrat u. Natriumpikrat* (F. 210 bis 211°, aus W. gelbe Nadeln). — *1-Methyl-4-[pyridiniomethyl]-chinoliniumdijodid, Hydrat*, $C_{16}H_{16}J_2N_2 \cdot H_2O$, F. 200—202° (Zers.), analog **X** aus **IIb**-Jodmethylat u. Jod/Pyridin; aus 70% ig. A./Essigester gelbe, rautenförmige Täfelchen; 94%. — *Diperchlorat*, $C_{16}H_{16}Cl_2N_2O_8$, F. 238—239° (Zers.; vorher sinternd), aus 50% ig. A. Prismen. — *1-Methyl-4-[pyridiniomethylen]-1.4-dihydrochinolinjodid*, $C_{16}H_{15}JN_2$, F. 163—164°, aus vorst. Dijodid u. Piperidin in W.; aus A. rotbraune, säulenförmige Prismen mit metall. grünem Oberflächenglanz; 96%. Säurezusatz ergibt wieder vorst. Verbindung. — *1-Methylchinolon-(4)*, F. 151—152° (A.), aus vorvorst. Verb.; 75% [*Pikrat*, F. 227—229° (Eisessig)], daneben wieder die *Mol.-Verb. aus Methylpyridiniumpikrat u. Natriumpikrat.* — *1-[Pyridacyl-(2')]-pyridiniumjodid*, $C_{12}H_{11}JN_2O$, F. 198—199° (Zers.), durch 3std. Erhitzen von **XIIIa** u. Jod in trockenem Pyridin auf dem Wasserbad; aus A. cremefarbene, glitzernde Blättchen; 86%; Pikrylchlorid-Rk. dunkelrotbraun; Chloranil-Rk. dunkelgrün. *Perchlorat*, $C_{12}H_{11}ClN_2O_5$, F. 188—189°, aus A. cremefarbene Prismen. — *Picolinoylglyoxylsäurenitril-[p-dimethylaminoanil]*, $C_{16}H_{14}N_4O$, F. 160—161°, aus vorst. Perchlorat; aus Essigester dunkelrote Nädelchen; 97%. — *1-[Pyridacyl-(3')]-pyridiniumjodid*, $C_{12}H_{11}JN_2O$, F. 202—203° (Zers.), analog vorvorst. Verb. aus **XIIIb**; aus A. beigefarbene, glitzernde Blättchen; 80%; Pikrylchlorid-Rk. rotviolett; Chloranil-Rk. dunkelgrün. *Perchlorat*, $C_{12}H_{11}ClN_2O_5$, F. 191—192°, aus A. Blättchen. — *Nicotinoylglyoxylsäurenitril-[p-dimethylaminoanil]*, $C_{16}H_{14}N_4O$, F. 156—157°, aus vorst. Jodid; aus Bzl./PAe. leuchtend rote Nädelchen; 93%. — *2-Cyan-3-[pyridyl-(3')]-chinoxalin*, $C_{14}H_8N_4$, F. 193—194°, aus vorst. Verb.; aus Essigester Nädelchen; 86%. — *1-[Pyridacyl-(4')]-pyridiniumjodid*, $C_{12}H_{11}JN_2O$, F. 168—169°, aus **XIIIc**; aus A. cremefarbene Prismen; 57%; Pikrylchlorid-Rk. dunkelrotbraun; Chloranil-Rk. dunkelgrün. *Perchlorat*, $C_{12}H_{11}ClN_2O_5$, F. 154—155°; aus A. feine cremefarbene Nädelchen; 62%. — *Isonicotinoylglyoxylsäurenitril-[p-dimethylaminoanil]*, $C_{16}H_{14}N_4O$, F. 188—189°; aus Essigester dunkelrote Nadeln; 93%. — *2-Cyan-3-[pyridyl-(4')]-chinoxalin*, $C_{14}H_8N_4$, F. 228—229°; aus Essigester Nädelchen; 90%. — *Pyridyl-(4)-glyoxal-[p-dimethylaminophenylaldonitron]*, $C_{15}H_{15}N_3O_2$, F. 122—123,5°, durch Zugabe von n-NaOH zu einer auf 0° abgekühlten Lsg. von 1-[Pyridacyl-(4')]-pyridiniumjodid u. **IV** in A. u. tropfenweise Zugabe von eiskaltem W.; aus Essigester rote, an den Enden zugespitzte Prismen; 44%. — *1-[β-(m-Nitrophenyl)-β-hydroxyäthyl]-pyridiniumjodid*, F. 207—209°, durch Versetzen von 1-[Pyridacyl-(3')]-pyridiniumjodid u. m-Nitrobenzaldehyd in wss. A. mit n-NaOH; 43%. *Perchlorat*, F. 159—160°. — *1-[Pyridacyl-(2')]-α-picoliniumjodid*, $C_{13}H_{13}JN_2O$, F. 188—189° (Zers.), durch 8std. Erwärmen von **XIIIa** u. **Ia** mit Jod auf dem Wasserbad; aus A. schmale Prismen; 42%; Pikrylchlorid-Rk. dunkelrot; Chloranil-Rk. dunkelgrün. *Perchlorat*, $C_{13}H_{13}ClN_2O_5$, F. 140—142°, aus A. Prismen. — *2-[Pyridyl-(2')]-pyrrocolin*, $C_{13}H_{10}N_2$, F. 109—110°, durch 15 Min. langes Erwärmen vorst. Verb. u. $NaHCO_3$ in W. auf dem Wasserbad; aus 70% ig. A. Blättchen, die sich am Licht langsam verfärben; 87%; die verd. Lsg. in Bzl. zeigt im UV-Licht intensiv blaue Fluorescenz. — *2-[Pyridiniomethyl]-pyridiniumdichlorid, Hydrat*, $C_{11}H_{12}Cl_2N_2 \cdot H_2O$, F. 197—198°, durch ½ std. Erwärmen von 2-Chlormethylpyridinhydrochlorid mit Pyridin auf dem Wasserbad; aus A. Polyeder; 42%. — *Pyridyl-(2)-glyoxylsäurenitril-[p-dimethylaminoanil]*, $C_{15}H_{14}N_4$, F. 116—118°, durch 3std. Stehen vorst. Verb., **IV** u. NaCN in wss. A. bei 0° u. Zugabe von W.; aus A. rotbraune Prismen; 68%. — *2-Amino-3-[pyridyl-(2')]-chinoxalin*, $C_{13}H_{10}N_4$, F. 178—179°; aus A. Prismen; 90%. — *4-[4'-(Pyridiniomethyl)-pyridiniomethyl]-pyridiniumtrichlorid* (**XII**), *Hydrat*, $C_{17}H_{18}Cl_3N_3 \cdot H_2O$, durch ½ std. Erwärmen von 4-Chlormethylpyridinhydrochlorid mit Pyridin auf dem Wasserbad; aus A. cremefarbene, kleine Prismen, die bei 325° noch nicht geschmolzen sind, sich aber vorher verfärben; Zusatz von verd. NaOH färbt die wss. Lsg. intensiv rot. — *Pyridyl-(4)-glyoxylsäurenitril-[p-dimethylaminoanil]*, $C_{15}H_{14}N_4$, F. 145—146°, aus vorst. Verb., **IV** u. NaCN; aus Essigester rotbraune Prismen; 64%. — *Acetonylen-bis-pyridiniumjodid*, F. 230—231° (Zers.), aus Aceton u. Jod in Pyridin; aus A. Stäbchen;

72,5%. *Diperchlorat*, explosionsartige Zers. bei 284—285°; federförmig verwachsene Prismen; 86%. *Dipikrat*, F. 218—222° (Zers.), aus W. feine gelbe, gebogene Nadeln. — *N-Acetonylchinoliniumjodid*, $C_{12}H_{12}JNO$, F. 207—209° (Zers.), aus Aceton u. Jod in Chinolin; aus W. oder A. gelbe Prismen; 39%. *α-Pyridinio-α-[p-nitrophenylmercapto]-acetophenonjodid*, $C_{19}H_{15}JN_2O_3S$, F. 194—196° (Zers.), durch 9std. Erhitzen von p-Nitrophenylphenacylsulfid mit Jod in Pyridin auf dem Wasserbad u. Fällen mit Bzl.; aus A. gelbe Prismen; 23%. *Perchlorat*, $C_{19}H_{15}ClN_2O_7S$, F. 175—177°, aus A. cremefarbene Prismen. — *1-[2'.4'-Dinitrobenzyl]-pyridiniumperchlorat*, $C_{12}H_{10}ClN_3O_8$, F. 157—159°, durch 8std. Erwärmen von 2.4-Dinitrotoluol mit Jod in Pyridin auf dem Wasserbad, Zugabe von Bzl., Lösen des so erhaltenen *Jodids* in heißem W. u. Fällen mit $NaClO_4$; aus 85%ig. A. rhomb. Blättchen; 82%. — *2-Amino-4-[pyridyl-(2')]-thiazol*, $C_8H_7N_3S$, F. 173—174°, durch 12std. Erhitzen von **XIIIa**, Jod u. Thioharnstoff auf dem Wasserbad, Ausziehen des Reaktionsprod. mit Ae., Lösen in W. u. Fällen mit konz. NH_4OH; aus 50%ig. A. sandfarbene Prismen; 76%. *Acetylderiv.*, $C_{10}H_9N_3OS$, F. 240—241°. — *2-Amino-4-[pyridyl-(4')]-thiazol*, $C_8H_7N_3S$, F. 263—265°; aus A. schwachgelbliche, rautenförmige Blättchen; 87%. *Acetylderiv.*, $C_{10}H_9N_3OS$, F. 320—322° (Zers.), aus Dimethylformamid schmale Prismen. (Chem. Ber. **92.** 22—36. 1959. Gießen, Univ., Chem. Inst.) U. KRÜGER. 3231

F. Zymalkowski und **W. Schauer**, *Über die Darstellung einiger Pyridyl- und Chinolylglykolsäureester.* Ziel der Arbeit ist die Darst. von *Pyridyl-(2)-*, *-(3)-* u. *-(4)-glykolsäure*, sowie von *Chinolyl-(2)-* u. *-(4)-glykolsäure* (**I**). Das Hydrochlorid von **I** wird aus Chinolin-4-aldehydcyanhydrin (**II**) durch Eindampfen mit HCl gewonnen. Beim Erwärmen mit A. oder alkoh. HCl tritt Decarboxylierung zu *4-Hydroxymethylchinolin* (**III**) ein. Die Äthylester vorst. Glykolsäuren werden aus den entsprechenden O-Benzoylglykolsäureamiden erhalten, mit Ausnahme von *Chinolyl-(4)-glykolsäureäthylester* (**VIII**), da Chinolyl-(4)-glykolsäureamid (**VII**) leicht zugänglich ist. Bei der Verseifung von **VII** mit $Ba(OH)_2$ wurde statt des Ba-Salzes von **I** reines **III** erhalten.

Versuche: *Chinolin-4-aldehyd, Bisulfitverb.*, F. 145—148° (Zers.), durch Schütteln von alkoh. Chinolin-4-aldehydhydratlsg. mit gesätt. $NaHSO_3$-Lsg.; aus W. Nadeln; 93,5% (Ausbeute). *Cyanhydrin* (**II**), F. 144° (Zers.; CH_3OH), durch 10 Min. langes Schütteln von äther. Chinolin-4-aldehydlsg. mit wss. NH_4Cl- u. KCN-Lsg.; 92,2%. — *Chinolin-2-aldehydcyanhydrin* (**IV**), F. 124°, aus Chinolin-2-aldehyds analog **II**; 82%. *Pyridin-4-aldehydcyanhydrin* (*Aldolform* **V**, vgl. MATHES u. SAUERMILCH, C. **1957.** 3535), F. 139—141°, aus Pyridin-4-aldehyd analog **II**; 87,8%. — *Pyridin-2-aldehydcyanhydrin* (*Aldolform*, **VI**), F. 132° (Zers.), Umwandlungspunkt 122—125°, aus Pyridin-2-aldehyd analog **II**; 48%. — *Chinolyl-(4)-glykolsäure, Amid* (**VII**), $C_{11}H_{10}N_2O_2$, F. 194—197° (A.), aus Chinolin-4-aldehydcyanhydrin durch 6std. partielle Verseifung mit konz. H_2SO_4 bei —15° u. Zugabe von 15%ig. NaOH; 73—82,2%. *Äthylester* (**VIII**), $C_{13}H_{13}NO_3$, F. 82—83° (Isopropanol), a) durch Einleiten von HCl in eine Suspension von **VII** in absol. A. unter Kühlung u. 3std. Kochen; 61,2%; b) aus Chinolyl-(4)-O-benzoylglykolsäureamid; 25%. — *Pyridyl-(2)-glykolsäureäthylester* (**IX**), $C_9H_{11}NO_3$, F. 82°, Kp.$_{0,45}$ 125—130°, aus Pyridyl-(2)-O-benzoylglykolsäureamid analog **VIII**; 25,5%. *O-Benzoylderiv.*, Kp.$_{0,2}$ 163°, analog **IX**, aber ohne anschließendes Kochen; Öl; 12—13% (*Pikrat*, F. 145—147°). — *Pyridyl-(3)-glykolsäureäthylester* (**X**), Kp.$_{0,1}$ 111 bis 113°, aus Pyridyl-(3)-O-benzoylglykolsäureamid gemäß **VIII** u. **IX**; Öl; 26%; daneben *Pyridyl-(3)-O-benzoylglykolsäureäthylester*, Kp.$_{0,2}$ 165—170° (geht durch 6std. Erhitzen mit akohol. HCl in **X** über). — *Pyridyl-(3)-glykolsäureamid*, $C_7H_8N_2O_2$, F. 153—156°, durch Sättigen einer alkoh. Lsg. von **X** mit trockenem NH_3 bei 0°; 85%. Auf analoge Weise werden dargestellt: *Pyridyl-(4)-glykolsäureäthylester*, Kp.$_{0,14}$ 120—121°; 45%. — *Pyridyl-(4)-glykolsäureamid*, F. 176—178°, aus vorst. Verbindung. (Arch. Pharmaz. Ber. dtsch. pharmaz. Ges. **290/62.** 267—73. Juni 1957. Kiel, Univ., Pharmaz. Inst.) H. SEIFERT. 3231

N. Ss. Koslow und **I. A. Schur**, *Katalytische Synthese von 4-Methyl-2-phenyl-5.6-benzochinolin und 2.4-Diphenyl-5.6-benzochinolin sowie ihren Derivaten.* Die SCHIFFsche Base aus β-Naphthylamin u. Benzaldehyd oder anderen aromat. Aldehyden reagiert mit Aceton in Ggw. von β-Naphthylaminhydrochlorid als Katalysator zu *4-Methyl-2-phenyl-5.6-benzochinolin* u. mit Acetophenon zu *2.4-Diphenyl-5.6-benzochinolin* bzw. deren Derivaten.

Versuche: 5.6-Benzochinolinderivv.: *4-Methyl-2-phenyl-*, $C_{20}H_{15}N$, F. 152—155° (A. oder Toluol), man erhitzt 0,05 Mol Benzyliden-β-naphthylamin, 0,05 Mol Aceton u. 1 g β-Naphthylaminhydrochlorid in 10—20 ml A. 15—20 Min. auf dem Wasserbad, filtriert den Nd. ab u. behandelt ihn mit wss. NH_4OH; 41,2% (Ausbeute). *Hydrochlorid*, F. 265°. *Pikrat*, F. 224°. — *4-Methyl-2-[p-methoxyphenyl]-*, $C_{21}H_{17}$·

NO, F. 124° (A. oder Toluol), analog Vorst. aus p-Methoxybenzyliden-β-naphthylamin u. Aceton; 20%. *Hydrochlorid*, F. 240°. *Pikrat*, F. 225° (Zers.). — *4-Methyl-2-[3.4-methylendioxyphenyl]-*, $C_{21}H_{15}NO_2$, F. 161—162° (A. oder Toluol); 23,5%. *Hydrochlorid*, F. 275°. *Pikrat*, F. 203° (Zers.). — *4-Methyl-2-[m-nitrophenyl]-*, $C_{20}H_{14}N_2O_2$, F. 178° (A. oder Toluol); 47,4%. *Hydrochlorid*, F. 231—233°. *Pikrat*, 220°. — *4-Methyl-2-[p-nitrophenyl]-*, $C_{20}H_{14}N_2O_2$, F. 192° (A. oder Toluol); 34,4%. *Hydrochlorid*, F. 237—238°. *Pikrat*, F. 228°. — *2.4-Diphenyl-*, $C_{25}H_{17}N$, F. 144—145° (A. oder Toluol), analog Vorst. mit Acetophenon; man erhitzt 15 Min. ohne Lösungsm. auf 160—180°; 40%. *Pikrat*, 231°. — *2-[p-Methoxyphenyl]-4-phenyl-*, $C_{26}H_{19}NO$, F. 154—155° (A. oder Toluol); 32,5%. *Hydrochlorid*, F. 210°. *Pikrat*, F. 235° (Zers.). — *2-[m-Nitrophenyl]-4-phenyl-*, $C_{25}H_{16}N_2O_2$, F. 231° (A. oder Toluol); 50%. *Hydrochlorid*, F. 226°. *Pikrat*, F. 204°. — *2-[p-Nitrophenyl]-4-phenyl-*, $C_{25}H_{16}N_2O_2$, F. 254° (A. oder Toluol); 40,5%. *Hydrochlorid*, F. 252°. *Pikrat*, F. 218—220°, — *2-[p-Dimethylaminophenyl]-4-phenyl-*, $C_{27}H_{22}N_2$, F. 180° (A. oder Toluol); 42%. *Hydrochlorid*, Zers. beim Erhitzen. *Pikrat*, Zers. beim Erhitzen. (Доклады Академии Наук СССР [Ber. Akad. Wiss. UdSSR] **123**. 102—04. 1/11. 1958. Perm, Inst. für Landwirtschaft.) H. Kühne. 3231

Roger Adams und **Walter Reifschneider**, *Eine Synthese von 6-Hydroxychinolizonen-(4)*. Durch Kondensation von 1-Benzyl-6-methylpyridon-(2) mit Diäthyloxalat zu *1-Benzylpyridon-(2)-yl-(6)-brenztraubensäureäthylester*, Hydrolyse zur freien *Säure*, alkal. Peroxydation zu *1-Benzylpyridon-(2)-yl-(6)-essigsäure* u. Veresterung wurde *1-Benzylpyridon-(2)-yl-(6)-essigsäureäthylester* (**I**) dargestellt. **I** konnte auch durch Pyrolyse von *1-Benzylpyridon-(2)-yl-(6)-brenztraubensäureoxim* zu *1-Benzoylpyridon-(2)-yl-(6)-acetonitril* u. Behandlung mit A. u. HCl erhalten werden. Die Debenzylierung von **I** mit Na u. fl. NH_3 ergab *Pyridon-(2)-yl-(6)-essigsäureäthylester* (**II**). Durch Rk. von alkoh. Na-Äthylat mit 2-Brom-6-methylpyridin-1-oxyd (**XI**) oder durch Oxydation von 2-Äthoxy-6-methylpyridin mit Peressigäsure wurde *2-Äthoxy-6-methylpyridin-1-oxyd* dargestellt, das durch Kondensation mit Äthyloxalat in *2-Äthoxypyridyl-(6)-brenztraubensäureäthylester-1-oxyd* (**III**) übergeführt wurde. **III** konnte nicht ohne Abspaltung der Äthoxygruppe zur Säure hydrolysiert werden. Durch Behandlung von **III** mit PCl_3 in Chlf. wurde *2-Äthoxypyridyl-(6)-brenztraubensäureäthylester* erhalten, der in das entsprechende *Oxim* übergeführt, zur freien *Säure* hydrolysiert u. durch Pyrolyse in *2-Äthoxypyridyl-(6)-acetonitril* übergeführt wurde. Durch Rk. des Nitrils mit A. u. HCl wurde *2-Äthoxypyridyl-(6)-essigsäureäthylester* (**IV**) dargestellt. Verss., **II** oder **IV** mit Methylenmalonsäurediäthylester (**V**) zu Chinolizonen zu kondensieren, schlugen fehl. **II** reagierte aber mit Äthoxymethylenmalonsäurediäthylester (**VI**) zu *1.3-Dicarbäthoxy-6-hydroxychinolizon-(4)* (**VII**). Pyridon-(2)-yl-(6)-acetamid ergab durch Rk. mit **V** oder **VI** *1-Carbamoyl-3-carbäthoxy-6-hydroxychinolizon-(4)* (**VIII**); bei der Rk. von **V** zu **VIII** muß Oxydation eingetreten sein. **VII** u. **VIII** konnten mit $LiAlH_4$ nicht zu den entsprechenden Dimethylolverbb. red. werden; es entstanden Ae.-unlösl. Metallkomplexe, die durch 6%ig. H_2SO_4 nicht zers. werden. Die Hydrolyse von **VII** mit konz. HCl oder wss. NaOH ergab *γ-[Pyridon-(2)-yl-(6)]-crotonsäure*; durch Hydrolyse mit wss. $Ba(OH)_2$ entstand *1-Carbäthoxy-3-carboxy-6-hydroxychinolizon-(4)*. **IV** oder das entsprechende Nitril reagierten weder mit **V** noch mit **VI**. Die Oxydation von 2-Methoxy-6-methylpyridin mit frischer Peressigsäure ergab *2-Methoxy-6-methylpyridin-1-oxyd* (**IX**); bei Verwendung von länger gelagerter Peressigsäure wurde ein Gemisch von **IX** u. *1-Methoxy-6-methylpyridon-(2)* (**X**) erhalten. **IX** wurde auch durch Rk. von Na-Methylat mit 2-Brom-6-methylpyridin-1-oxyd (**XI**) dargestellt. Durch Hydrolyse von **XI** wurde *2-Hydroxy-6-methylpyridin-1-oxyd* erhalten, das in Form seines Na-Salzes als 1-Hydroxy-6-methylpyridon-(2) mit CH_3J zu **X** reagiert. Durch Rk. von **IX** u. **X** mit Diäthyloxalat entstanden die entsprechenden *Brenztraubensäureester*.

Versuche: *1-Benzylpyridon-(2)-yl-(6)-brenztraubensäure*, $C_{15}H_{13}NO_4$, F. 211° (A.), durch Kochen des Äthylesters mit 6%ig. H_2SO_4 unter Rühren bis zur vollständigen Lsg., Kühlen u. Filtrieren; 99,5% (Ausbeute). — *β-[1-Benzylpyridon-(2)-yl-(6)]-α-oximinopropionsäure*, $C_{15}H_{14}N_2O_4$, F. 191° (wss. Essigsäure), durch Zugabe eiskalter wss. Hydroxylaminhydrochloridlsg. zu vorst. Verb. in wss. NaOH bei 0°, 36std. Stehen, Filtrieren u. Ansäuern mit konz. HCl bei 0°; 91,4%. — *1-Benzylpyridon-(2)-yl-(6)-acetonitril*, $C_{14}H_{12}N_2O$, F. 92° (A.–Ae.), durch Erhitzen vorst. Verb. bis zur Beendigung der Gasentw., Lösen in A. u. Fällen mit Ae.; 88,5%. — *1-Benzylpyridon-(2)-yl-(6)-essigsäure*, $C_{14}H_{13}NO_3$, F. 169° (Zers.; W.), durch langsame Zugabe von H_2O_2 zu drittvorst. Verb. in wss. NaOH unter Rühren unterhalb 0°, 40std. Stehen bei 0°, Zugabe von MnO_2, 1std. Stehen bei 0°, Filtrieren u. Ansäuern mit konz. HCl; 89,5%. *Äthylester* (**I**), $C_{16}H_{17}\cdot NO_3$, F. 79° (PAe.), a) durch Verestern der Säure; b) durch Sättigen einer Lsg. des Nitrils in A. mit HCl bei 0°, 12std. Stehen bei Raumtemp., 2std. Kochen, Eindampfen im Vakuum u. Zugabe von 10%ig. K_2CO_3-Lsg.; 98,5%. *Amid*, $C_{14}H_{14}N_2O_2$, F. 250 bis 252° (Dimethylformamid), durch 12std. Rühren von I mit konz. NH_4OH u. Filtrieren; 95%. — *Pyridon-(2)-yl-(6)-essigsäure, Äthylester* (II), $C_9H_{11}NO_3$, F. 170° (Bzl.), durch portionsweise Zugabe von Na zu I in fl. NH_3 unter Rühren bis zur bleibenden Blaufärbung, 15 Min. Rühren, Zugabe von NH_4Cl, Abtreiben des NH_3, Aufnehmen mit W., Filtrieren, Extraktion des Filtrats mit Chlf. u. Eindampfen des Extrakts; 71,8%. *Amid*, $C_7H_8N_2O_2$, F. 254° (Zers.; A.), a) analog II durch 24std. Rühren u. Extraktion des erhaltenen Rohprod. mit Bzl. als Rückstand; 64,2%; b) durch 24std. Rühren von II mit konz. NH_4OH. — *1-Methylpyridon-(2)-yl-(6)-essigsäureäthylester*, $C_{10}H_{13}NO_3$, F. 100—101° (Ae.), durch Zugabe von äther. Diazomethan zu II in kaltem A., Stehen über Nacht, Filtrieren u. Eindampfen im Vakuum; 69,6%. — *1.3-Dicarbäthoxy-6-hydroxychinolizon-(4)* (VII), $C_{15}H_{15}NO_6$, F. 150—151° (gelbe Kristalle aus A.), durch Zugabe von VI zu II u. Na-Äthylat in A., 5 Min. Erhitzen auf dem Wasserbad, Kühlen, Filtrieren, 30 Min. Stehen mit 6%ig. H_2SO_4 u. Filtrieren; 72,1%. — *1-Carbamoyl-3-carbäthoxy-6-hydroxychinolizon-(4)* (VIII), $C_{13}H_{12}N_2O_5$, F. 256° (Zers.; gelbe Kristalle aus Dimethylformamid), a) durch Zugabe von V zu Pyridon-(2)-yl-(6)-acetamid u. Na-Äthylat in A., 12std. Erhitzen auf dem Wasserbad, Filtrieren, Lösen in sd. W., Ansäuern mit verd. H_2SO_4 u. Filtrieren; b) analog a) mit VI. — *γ-[Pyridon-(2)-yl-(6)]-crotonsäure*, $C_9H_9NO_3$, F. 199—200° (gelbliche Nadeln aus A.), a) durch 1std. Kochen von VII mit konz. HCl, Alkalisieren, Chloroformextraktion, Ansäuern, Chloroformextraktion u. Eindampfen; 44,9%; b) durch 2std. Kochen von VII mit wss. NaOH, Ansäuern mit HCl, Chloroformextraktion u. Eindampfen; 49,3%. — *1-Carbäthoxy-3-carboxy-6-hydroxychinolizon-(4)*, $C_{13}H_{11}NO_6$, F. 186° (Zers.; gelbe Kristalle aus A.), durch 15std. Kochen von VII mit wss. $Ba(OH)_2$, Kühlen, Filtrieren, Zugabe zu sd. wss. K_2CO_3-Lsg., Heißfiltration u. Ansäuern mit verd. H_2SO_4; 67,2%. — *2-Äthoxy-6-methylpyridin-1-oxyd*, $C_8H_{11}NO_2$, F. 108—109° (A.-Ae.), a) durch Zugabe von kalter 40%ig. Peressigsäure zu 2-Äthoxy-6-methylpyridin in Eisessig, 5std. Erwärmen auf 60°, 2std. Erwärmen auf 80°, Eindampfen im Vakkum, Gießen auf Eis, Alkalisieren mit K_2CO_3, Chloroformextraktion u. Eindampfen; 75,7%; b) durch Zutropfen von XI in A. zu alkoh. Na-Äthylat unter Rühren, 1std. Kochen unter Rühren, Filtrieren, Einengen im Vakuum, Aufnehmen mit Eiswasser, Chloroformextraktion, Behandeln mit Kohle u. Eindampfen im Vakuum; 73,3%. — *2-Äthoxypyridyl-(6)-brenztraubensäureäthylester-1-oxyd* (III), $C_{12}H_{15}NO_5$, F. 116° (gelbe Kristalle aus A.-Ae.), durch langsame Zugabe von Diäthyloxalat in Ae. zu alkoh. K-Äthylat, Zugabe vorst. Verb. in A., Stehen über Nacht, Filtrieren, Lösen in Eis-H_2SO_4 u. Chloroformextraktion; 75,6%. — *2-Äthoxypyridyl-(6)-brenztraubensäureäthylester*, $C_{12}H_{15}NO_4$, F. 99,5° (wss. A.), durch Zutropfen von PCl_3 zu III in Chlf., 30 Min. Erwärmen auf dem Wasserbad, Eindampfen im Vakuum, Aufnehmen in Eiswasser, Alkalisieren mit NaOH u. Chloroformextraktion; 29,7%. — *β-[2-Äthoxypyridyl-(6)]-α-oximinopropionsäureäthylester*, $C_{12}H_{16}N_2O_4$, F. 73° (wss. A.), durch 3std. Erhitzen vorst. Verb. mit Hydroxylaminhydrochlorid in Pyridin-A. auf dem Wasserbad, Heißfiltration, Eindampfen im Vakuum u. Chloroformextraktion; 92,4%. *Freie Säure*, F. 129° (Zers.; A.-Ae.), durch 1½std. Kochen des Esters mit 2n NaOH, Filtrieren, Ansäuern mit konz. HCl, 1std. Stehen u. Filtrieren; 93,8%. — *2-Äthoxypyridyl-(6)-acetonitril*, $C_9H_{10}N_2O$, F. 54°, durch Erhitzen vorst. Säure bis zur Beendigung der Gasentw. u. Dest.; $Kp._{0,05}$ 95° (Bad); 80,6%. — *2-Äthoxypyridyl-(6)-essigsäureäthylester* (IV), $C_{11}H_{15}NO_3$, $Kp._{0,3}$ 80° (Bad), durch Sättigen einer Lsg. vorst. Verb. in A. mit HCl bei 0°, 15std. Stehen, 30 Min. Kochen, Kühlen, Filtrieren, Eindampfen im Vakuum, Aufnehmen in W., Alkalisieren mit K_2CO_3 u. Chloroformextraktion; 66,3%. — *2-Methoxy-6-methylpyridin-1-oxyd* (IX), $C_7H_9NO_2$, F. 62° (CH_3OH-Ae.), a) durch langsame Zugabe von XI in absol. CH_3OH zu methanol. Na-Methylat unter Rühren, 2std. Kochen unter Rühren, Filtrieren, Ansäuern mit verd. HCl, Abdestillieren des CH_3OH im Vakuum, Alkalisieren mit K_2CO_3, Chloroformextraktion u. Dest.; $Kp._{0,5}$ 109—110°; 66,2%; b) durch Zugabe von frischer Peressigsäure zu 2-Methoxy-6-methylpyridin in Eisessig, Erwärmen bis zum Beginn der Rk., Kühlen, 5std. Erwärmen auf 60°, 3std. Erwärmen auf 80°, Einengen im Vakuum, Gießen in Eis, Alkalisieren mit konz. K_2CO_3-Lsg., Chloroformextraktion u. Dest.; 62,5%. — *1-Hydroxy-6-methylpyridon-(2)*, $C_6H_7NO_2$, F. 144—145°, durch Zugabe von XI zu 5%ig. wss. NaOH, 30 Min. Erhitzen auf dem Wasserbad, Kühlen, Ansäuern mit konz. HCl, Chloroformextraktion, Eindampfen, Kristallisieren aus Äthylacetat u. Sublimation bei 80°/0,5 Torr; 76,7%. — *1-Methoxy-6-methylpyridon-(2)* (X), $C_7H_9NO_2$, F. 33—34° (Ae.), a) neben IX nach b) bei Verwendung gelagerter Peressigsäure; b) durch Zugabe vorst. Verb. zu methanol. Na-Methylat, Zugabe von CH_3J, 2std. Kochen, Abdestillieren des CH_3OH im Vakuum, Aufnehmen in Chlf., Eindampfen, Lösen in Ae. u. Kühlen auf —70°; 89,9%. — *1-Methoxypyridon-(2)-yl-(6)-brenztraubensäureäthylester*, $C_{11}H_{13}NO_5$, F. 153° (Bzl.-PAe.),

a) durch Zugabe von Diäthyloxalat in Ae. zu alkoh. K-Äthylatlsg., Zugabe eines Gemisches von **IX** u. **X** in A., Stehen über Nacht, Filtrieren, Zugabe des Nd. zu Eis–H_2SO_4, 1 std. Stehen u. Filtrieren; b) aus **X** u. Diäthyloxalat analog. — *2-Methoxypyridyl-(6)-brenztraubensäureäthylester-1-oxyd*, $C_{11}H_{13}NO_5$, F. 132° (gelbe Kristalle aus Bzl.–PAe.), a) durch Chloroformextraktion des sauren Filtrats vorst. Verb. nach a); b) aus **IX** u. Diäthyloxalat analog vorst. Verbindung. (J. Amer. chem. Soc. **81**. 2537—41. 20/5. 1959. Urbana, Ill., Univ., Noyes Chem. Labor.) H. BERTSCH. 3231

R. Lukeš und **O. Červinka**, *Synthesen in der Allolupinanreihe*. 3. Mitt. *Beitrag zur Darstellung von 4-Hydroxymethylchinolizidin*. Inhaltlich ident. mit der C. **1959**. 8147 referierten Arbeit. (Collect. czechoslov. chem. Commun. **24**. 1846—50. Juni 1959. [Orig.: engl.]) W. BARZ. 3231

A. F. Thomas und **A. Marxer**, *Heilmittelchemische Studien in der heterocyclischen Reihe*. 23. Mitt. *Pyridazine*. 11. Mitt. *Die Reaktion von Kojisäure mit Hydrazin*. 1. Mitt. (22. vgl. C. **1959**. 2803; 10. vgl. C. **1958**. 6826.) Bei der Rk. von Kojisäure (I) mit $N_2H_4 \cdot H_2O$ im Verhältnis 1:2 in CH_3OH entstehen *3.6-Bis-[hydroxymethyl]-4-oxo-1.4-dihydropyridazin* (**II**) u. *[3-Hydroxymethylpyrazolyl-(5)]-hydroxyacetaldehydhydrazon* (**III**). **II** gibt ein *Dipropionat* u. bei der Oxydation mit $KMnO_4$ *4-Oxo-1.4-dihydropyridazin-3.6-dicarbonsäure*, die sich in konz. H_2SO_4 bei 230° zu *4-Oxo-1.4-dihydropyridazin* decarboxylieren ließ. Aus **II** u. $SOCl_2$ wurde die *3.6-Bis-[chlormethyl]-verb.* erhalten, die bei der katalyt. Red. in Ggw. von Na-Acetat *3.6-Dimethyl-4-oxo-1.4-dihydropyridazin* liefert. Letzteres wird mit $POCl_3$ zu *4-Chlor-3.6-dimethylpyridazin* chloriert u. dieses zu *3.6-Dimethylpyridazin* red., das als *Pikrat* charakterisiert wurde. **III** läßt sich mit $KMnO_4$ zu *Pyrazol-3.5-dicarbonsäure* oxydieren. Letztere war mit dem Oxydationsprod. von 3.5-Dimethylpyrazol ident. u. lieferte mit CH_2N_2 *1-Methylpyrazol-3.5-dicarbonsäuredimethylester*. Die Konst. der Verbb. wurde durch ihre UV-Absorption gestützt.

F. Versuche: *3.6-Bis-[hydroxymethyl]-4-oxo-1.4-dihydropyridazin* (**II**), $C_6H_8N_2O_3$, 223°) Zers.; CH_3OH–W.), durch 30 Min. Kochen von **I** u. $N_2H_4 \cdot H_2O$; 40% (Ausbeute). *Dipropionat*, $C_{12}H_{16}N_2O_5$, F. 152° (A.); 52%. — *4-Oxo-1.4-dihydropyridazin-3.6-dicarbonsäure*, $C_6H_4N_2O_5$, Doppel-F. 219° (Zers.) u. 251° (W.), durch 2 std. Erhitzen von **II** mit wss. $KMnO_4$ auf 90°; 33%. — *4-Oxo-1.4-dihydropyridazin*, F. 247—249° (A.), durch 5—6 std. Erhitzen vorst. Verb. in konz. H_2SO_4 auf 230°, Gießen auf Eis, Einstellen mit 10n NaOH auf p_H 9 u. Extrahieren mit Essigester; 38%. — *3.6-Bis-[chlormethyl]-4-oxo-1.4-dihydropyridazin*, $C_6H_6Cl_2N_2O$, F. 206° (Essigester), durch 1 std. Stehen von **II** mit $SOCl_2$ bei Raumtemp., Verreiben mit PAe. u. Behandeln mit $NaHCO_3$. — *3.6-Dimethyl-4-oxo-1.4-dihydropyridazin*, $C_6H_8N_2O$, F. 249—250° (A.–Essigester), durch 2 std. Hydrieren vorst. Verb. in A. u. Eisessig in Ggw. von Na-Acetat u. Pd-Kohle, Einengen u. Auskochen mit Essigester; 85%. — *4-Chlor-3.6-dimethylpyridazin*, $C_6H_7ClN_2$, F. 63° (PAe.), durch 30 Min. Kochen von 0,4 g vorst. Verb. mit $POCl_3$, Hydrolyse mit Eis u. Extrahieren mit Chlf.; 0,38 g. — *3.6-Dimethylpyridazin, Pikrat*, $C_{12}H_{11}N_5O_7$, F. 160° (Isopropanol), durch 8 Min. Hydrieren vorst. Verb. in H_3OH/Na-Acetat in Ggw. von Pd-Kohle, Einengen u. Extrahieren mit Benzol. — [- *ydroxymethylpyrazolyl-(5)]-hydroxyacetaldehydhydrazon* (**III**), $C_6H_{10}N_4O_2$, F. 139—140° (CH_3OH), aus der Mutterlauge von **II**; 23,5%. — *Pyrazol-3.5-dicarbonsäure*, $C_5H_4N_2O_4$, F. 295—297° (Zers.; W.), durch 2 std. Erhitzen vorst. Verb. mit wss. $KMnO_4$ auf dem Wasserbad. — *1-Methylpyrazol-2.5-dicarbonsäuredimethylester*, F. 71—72° (Ae.–PAe.), aus vorst. Verb. in CH_3OH mit CH_2N_2 in Äther. (Helv. chim. Acta **41**. 1898—1903. 15/10. 1958. Basel, Ciba-AG., Forschungslabor., Pharmazeut. Abt.) R. PASEDAG. 3272

Jiro Adachi, *5.8-Dihydroxychinoxalin und dessen Derivate*. Einige Äther, Halogenderivv. u. Carbonsäuren des 5.8-Dihydroxychinoxalins (I) werden dargestellt. Die bakteriostat. Wirksamkeit von I wurde an *Mycobacterium tub. hum.*, *Escherichia coli comm.* u. *Staph. 209 P* untersucht. Mit Zn-, Cd-, Fe(II)- Fe(III)-, Co(II)-, Ni(II)-. Pb(II)-, Bi-, Cu(II)-, Ag-, Ba-, Sr-, Ca-, Mg-, Al-, Mn(II)-, Cr(II)-, Sn(II)-, Hg(I)-, Hg(II)-, Be-, Ce(III)-, Sn(IV)-, In(III)-, Ti(IV)-, V(V)-, Mo(VI)-, W(VI)-, Cr(III)-, Sb(III)-, As(III)-, As(V)-, Tl-, Zr(IV)-, Nb(V)- u. Ta(V)-Ionen geben die Na-Salze von I in wss. oder Acetonlsg. u. von Chinoxalindicarbonsäure-(2.3) ($C_{10}H_4N_2Na_2O_4 \cdot 8H_2O$) sowie deren 5.8-Dimethoxyderiv. meist gefärbte Ndd. oder Lösungen.

Versuche: Chinoxaline: *5.8-Dimethoxy-* (**II**), $C_{10}H_{10}N_2O_2$, F. 150—150,5°, durch 45 Min. Erwärmen von 2.3-Diaminohydrochinondimethyläther (**III**) mit der Bisulfitverb. des Glyoxals in W. auf 50°; citronengelbe Kristalle aus Bzl., Monohydrat orangefarben; λ_{max} 261 ($\varepsilon = 33400$) u. 372 mμ (1989; CCl_4); 85—90%. — *5.8-Dihydroxy-* (**I**), $C_8H_6N_2O_2$, F. 237—238°, a) durch 10 std. Kochen von **II** mit $AlCl_3$; gelbbraune Täfelchen aus Äthylacetat; λ_{max} 270 ($\varepsilon = 26200$), 317 (1341), 329 (1342) u. 410 mμ (1146; Dioxan); 90%; b) durch 7 std. Kochen von 5.8-Dimethoxychinoxalindicarbonsäure-(2.3) (IV) mit HBr (D. 1,49). *Diacetylderiv.*, $C_{12}H_{10}N_2O_4$, F. 212,5—213,5°, durch 5std. Kochen von I mit Acetanhydrid-Na-Acetat; aus Aceton Täfelchen; λ_{max} 307 (ε = 3952) u. 315 mμ (4140; Äthylacetat). — *5.8-Dihydroxy-6-[p-nitrophenyl]-*, $C_{14}H_9 \cdot N_3O_4$, F. 270—272°, durch Diazotieren von p-Nitranilin u. Rk. des Prod. mit 1,62 g I; aus Äthylacetat u. Nitrobenzol orangefarbene Prismen; 0,8 g. — *6.7-Dibrom-5.8-dimethoxy-* (V), $C_{10}H_8Br_2N_2O_2$, F. 160,5—161,5° (Bzl.), durch Bromierung von II in Methanol neben *6-Brom-5.8-dimethoxychinoxalin* ($C_{10}H_9BrN_2O_2$, F. 122—123°); 24,5%. *N.N'-Dioxyd*, $C_{10}H_8Br_2N_2O_4$, F. 238,5—239,5°, aus V u. HNO_3 (D. 1,4); aus Dioxan gelbe Prismen; 85%. — *6.7-Dibrom-5.8-dimethoxy-1.4-dihydro-1.4-dihydroxy-*, $C_{10}H_{10} \cdot Br_2N_2O_4$, F. >400° (Dioxan), durch Red. vorst. Dioxyds mit Na-Bisulfit in Dioxan. — *6.7-Dibromchinoxalin-5.8-chinon-N.N'-dioxyd*, $C_8H_2Br_2N_2O_4$, F. >400°, durch Erwärmen von 1 g V mit HNO_3 (D. 1,4); aus Äthylacetat u. Dioxan dunkelscharlachrote Täfelchen; 0,2 g. — Hydrochinondimethyläther: *2.3-Diacetamido-*, $C_{12}H_{16}N_2O_4$, F. 210° (Methanol), durch Acetylierung von III; 92%. — *2.3-Diacetamido-5.6-dibrom-*, $C_{12}H_{14}Br_2N_2O_4$, F. ca. 280° (Zers.; A.), durch Bromierung vorst. Verb.; 50%. — *Chinoxalin-5.8-chinon*, $C_8H_4N_2O_2$, F. 155—160° (Zers.), durch 4std. Oxydation von 0,2 g I mit Ag_2O in Dioxan; aus Äthylacetat gelbe Kristalle; 0,1 g. — Chinoxalindicarbonsäuren-(2.3): *5.8-Dimethoxy-* (IV), F. 186° (Zers.), durch Zusatz von 30 g III zu der 70° warmen Lsg. von Dihydroxyweinsäure in W.; 50 g. *Diäthylester* (VI), $C_{16}H_{18}N_2O_6$, F. 164—165,5°, aus der Säure u. absol. A. in 5 Std. in Ggw. von wasserfreiem HCl; aus Äthylacetat orangefarbene Täfelchen. 4—5 std. Erhitzen mit HBr in Eisessig auf 120°, Extraktion mit Äthylacetat u. anschließendes 4std. Einleiten von HCl-Gas in den Extrakt → *5.8-Dimethoxychinoxalincarbonsäure-(2)-äthylester* (VII; $C_{13}H_{14}N_2O_4$, F. 171—172,5°, gelbe Kristalle aus Äthylacetat. 8std. Erhitzen mit $AlBr_3$ in Bzl. → I). — *5.8-Dimethoxy-, Monohydrazidmonohydrat*, $C_{12}H_{12}N_4O_5 \cdot H_2O$, F. 298° (Zers.), durch 17std. Kochen von VI mit 97%ig. Hydrazinhydrat in absol. A.; aus verd. Essigsäure rote Prismen; 69%. — *5.8-Dimethoxy-, Anhydrid*, $C_{12}H_8N_2O_5$, F. 233—236° (Zers.), durch mehrmaliges Umkristallisieren von IV aus Acetanhydrid bei 130°. — *1.4-Diacetyl-5.8-dimethoxy-1.4-dihydro-, Diäthylester* (VIII), $C_{20}H_{24}N_2O_8$, F. 148,5—149,5° (Äthylacetat), durch 6std. Erwärmen von 5 g VI mit Zn-Staub in Acetanhydrid auf 120—125° neben *1-Acetyl-5.8-dimethoxy-1.2*(oder *2.3*)*-dihydrochinoxalindicarbonsäure-(2.3)-diäthylester* [IX; $C_{18}H_{22}N_2O_7$, F. 115,5—116,5° (Chlf.); 1,6 g]; 1,25 g. — *5.8-Dimethoxy-1.4-dihydro-, Dihydrazid*, $C_{12}H_{16}N_6O_4$, F. 204—205° (Zers.), durch 6std. Kochen von VIII oder IX mit Hydrazinhydrat in A.; Prismen. (J. chem. Soc. Japan, pure Chem. Sect. [Nippon Kagaku Zassi] **76.** 311—18. März 1955. Tokyo, Pädagog. Univ. [Orig.: japan.]) L. SCHULER. 3272

P. Karrer, *Bemerkung über 6-Äthyl-7-methyl-9-[D-ribityl-(1')]-isoalloxazin.* Es wird festgestellt, daß die von KARRER u. QUIBELL [1936] dargestellte u. als 6-Äthyl-7-methyl-9-[D-ribityl-(1')]-isoalloxazin (I) beschriebene Verb. [F. in offener Capillare im Kupferblock 243—244° u. ca. 253° (korr.)] tatsächlich reines I darstellt u. mit der von LAMBOOY (C. **1958.** 5084) erhaltenen Verb. ident. ist, wie ein Vgl. der FF. u. IR-Spektren zeigt. Die Annahme von LAMBOOY, daß es sich um ein Isomerengemisch von I mit 5-Methyl-6-äthyl-9-[D-ribityl-(1')]-isoalloxazin handle, trifft nicht zu. (Helv. chim. Acta **42.** **387.** 2/2. 1959. Zürich, Univ., Chem. Inst.) U. KRÜGER. 3272

G. F. D'Alelio und **Harry J. White jr.**, *Darstellung einiger Sulfanilamidderivate des symm.-Triazins.* Sulfanilamid (I) reagiert mit substituierten Chlor-symm.-triazinen in W. in Ggw. von NaOH in guter Ausbeute zu *substituierten [4-Sulfamoylanilino]-symm.-triazinen.* Durch Rk. von Cyanurchlorid mit 1 Mol I bei 0—5° in Aceton wurde in guter Ausbeute *2.4-Dichlor-6-[4-sulfamoylanilino]-symm.-triazin* (II) erhalten. II reagiert mit Alkoholen u. Aminen zu *2.4-Dialkoxy-* bzw. *2.4-Diamino-6-[4-sulfamoylanilino]-symm.-triazinen.* Die Umsetzung von II mit Aminen wurde bei 100° in W. durchgeführt. Als HCl-bindendes Mittel können NaOH oder überschüssiges Amin verwendet werden. Die Rk. von II mit Alkoholen wurde bei Siedetemp. in Ggw. von NaOH in überschüssigem Alkohol durchgeführt. Durch Kochen in Eisessig konnte II in *2.4-Dihydroxy-6-[4-sulfamoylanilino]-symm.-triazin* übergeführt werden. Diese Hydrolyse konnte auch mit wss. NaOH ausgeführt werden. Cyanurchlorid reagierte in wss. NaOH mit 3 Mol I zu *2.4.6-Tris-[4-sulfamoylanilino]-symm.-triazin.*

Versuche: symm.-Triazine: *2.4-Dichlor-6-[4-sulfamoylanilino]-* (II), $C_9H_7Cl_2N_5O_2S$, kein F., durch Zutropfen von 1 Mol I in Aceton zu 1 Mol Cyanurchlorid in Aceton bei 0—5°, 30 Min. Rühren, Zutropfen von 1,0 Mol wss. NaOH, 30 Min. Rühren, Zugabe von Eiswasser u. Filtrieren; 94% (Ausbeute). — *2.4-Diamino-6-[4-sulfamoylanilino]-* (III), $C_9H_{11}N_7O_2S$, F. 308—309° (Zers.; wss. Aceton oder wss. Dioxan), durch Zugabe von 1 Mol 2.4-Diamino-6-chlor-symm.-triazin zu 1 Mol I in heißem W., Zutropfen von 1 Mol wss. NaOH innerhalb 1 Std. unter Kochen, 2—3std. Kochen, Kühlen u. Filtrieren; 89%. — *2.4-Diäthoxy-6-[4-sulfamoylanilino]-* (IV), $C_{13}H_{17}N_5O_4S$, F. 210—211°, durch Zugabe von 1 Mol II zu 2 Mol NaOH in A., 4—5std. Kochen u. Fällen mit W.; 71%. *2.4-Diphenoxy-6-[4-sulfamoylanilino]-*, $C_{21}H_{17}N_5O_4S$, F. 207—208°, analog IV; 93%. — *2.4-Dimethoxy-6-[4-sulfamoylanilino]-*, $C_{11}H_{13}N_5O_4S$, F. 214—218° (Zers.), analog III; 74%. — *2.4-Dianilino-6-[4-sulfamoylanilino]-* (V), $C_{21}H_{19}N_7O_2S$, F. 216—217°, durch Zugabe von 1 Mol II zu 2 Mol Anilin in W., Zutropfen von 2 Mol wss. NaOH unter Kochen, 2—4std. Kochen u. Filtrieren; 57%. — *2.4-Bis-[4-sulfoanilino]-6-[4-sulfamoylanilino]-, Di-Na-Salz*, $C_{21}H_{17}Na_2N_7O_8S_3 \cdot 4H_2O$, analog V u. Fällen mit A.; 56%. — *2.4-Bis-[carboxymethylamino]-6-[4-sulfamoylanilino]-, Di-Na-Salz*, $C_{13}H_{13}Na_2N_7O_6S \cdot 2H_2O$, analog V u. Fällen mit A.; 68%. — *2.4-Dihydroxy-6-[4-sulfamoylanilino]-*, $C_9H_9N_5O_4S \cdot 2H_2O$, F. 295—296° (Zers.), aus II; 99%. — *2-Methoxy-4.6-bis-[4-sulfamoylanilino]-*, $C_{16}H_{17}N_7O_5S_2$, F. 307° (Zers.); 93%. — *2-[β-Hydroxyäthylamino]-4.6-bis-[4-sulfamoylanilino]-*, $C_{17}H_{20}N_8O_5S_2$, F. 297—298° (Zers.); 90%. — *2.4.6-Tris-[4-sulfamoylanilino]-*, $C_{21}H_{21}N_9O_6S_3$, kein F., Kristalle aus wss. Aceton, durch Zugabe von 0,05 Mol Cyanurchlorid zu 0,17 Mol I in W., Zugabe von 0,15 Mol wss. NaOH unter Kochen, 10std. Kochen, Kühlen u. Filtrieren; 92%. (J. org. Chemistry **24.** 643—44. Mai 1959. Notre Dame, Ind., Univ., Dep. of Chem.) H. BERTSCH. 3313

Helmut Zahn, Pedro Miró und **Franz Schmidt,** *Über cyclische Oligamide aus Nylon.* 8. Mitt. *über Oligomere vom Polyamid- und Polyestertyp.* (7. vgl. Makromolekulare Chem. **23.** [1957.] 85; 6. vgl. C. **1959.** 3449.) Durch Extraktion von Nylonstapelfaser mit sd. W., Ae. oder A. werden *2.7-Dioxo-1.8-diazacyclotetradecan* (I) u. *2.7.16.21-Tetraoxo-1.8.15.22-tetraazacyclooctakosan* (II) gewonnen. Die Aufarbeitung liefert ferner neben Spuren an höheren Cycloamiden *Hexamethylendiamin* (V), *7.14-Diaza-6-oxotetradecansäure, 7.14.21.28-Tetraaza-6.15.20-trioxooctakosansäure, 1.8.15.22-Tetraaza-9.14-dioxodokosan* u. *1.8.15.22.29.36-Hexaaza-9.14.23.28-tetraoxohexatriakontan* (IV). Bei der Extraktion von Nylonschnitzeln mit Eisessig wurden zusätzlich ein trimeres oder wahrscheinlicher tetrameres *Cycloamid vom F. 266—268°* (III) u. ein höheres lineares *Oligamid vom F. 248—250°* gefunden. Die Verbb. wurden durch R_F-Werte, KRATKY- bzw. DEBYE-SCHERRER-Röntgenogramme, IR-Spektren, Mol.-Gew.-Best. u. stufenweise Partialhydrolyse mit HCl charakterisiert. Aus III werden u. a. IV u. *7.14.21.28.35.42-Hexaaza-6.15.20.29.34-pentaoxodotetrakontansäure* erhalten. Die Red. von I mit $LiAlH_4$ führt zu *1.8-Diazacyclotetradecan,* die von II zu *1.8.15.22-Tetraazacyclooctakosan* (F. 59—60°). I bildet sich beim Kochen von adipinsaurem V in Glykol bzw. in 3%ig. Ausbeute aus Adipinsäuredichlorid u. V in verd. Lösung.

Versuche: *2.7-Dioxo-1.8-diazacyclotetradecan* (I), $C_{12}H_{22}N_2O_2$, F. 253° (sublimiert bei 220—235°/20 mm), a) durch 72std. Extrahieren von Nylonstapelfaser mit Ae.; Nadeln; 0,05% (Ausbeute); b) mit A. in 24 Std.; 0,75%; c) aus 300 g mit sd. dest. W. in 20 Std.; 850 mg. — *2.7.16.21-Tetraoxo-1.8.15.22-tetraazacyclooctakosan* (II), $C_{24}H_{44}N_4O_4$, F. 230—243° (CH_3OH), neben I nach c); Blättchen; 320 mg. — *Cycloamid* III, F. 266 bis 268° (CH_3OH–Eisessig), durch 2std. Kochen von 100 g Nylonschnitzel in Eisessig, Filtrieren, Einengen u. Auskochen mit CH_3OH; 0,1 g. — *1.8-Diazacyclotetradecan,* $C_{12}H_{26}N_2$, F. 66—72° (Vakuumsublimation), durch 22std. Kochen von 102 mg I mit $LiAlH_4$ in Tetrahydrofuran; 60 mg. (Chem. Ber. **90.** 1411—18. 22/8. 1957. Heidelberg, Univ., Chem. Inst.) S. NEUE. 3390

Helmut Zahn und **Helmut Determann,** *Synthese cyclischer Oligamide der ε-Aminocapronsäure nach der Azidmethode.* 9. Mitt. *über Oligomere vom Polyamid- und Polyestertyp.* (8. vgl. vorst. Ref.) Durch intramol. Aminolyse der entsprechenden Aminooligamidazide wurden *cycl. Oligamide der ε-Aminocapronsäure* glatt mit hoher Ausbeute synthetisiert. Die Ausgangshydrazide der niedrigen Glieder wurden aus den Carbobenzoxy(Cbo)-oligamidsäuren u. N_2H_4 nach dem Anhydridverf. mit $(C_2H_5)_3N$ u. Chlorameisensäureäthylester (I), die der höheren Glieder durch Hydrazinolyse der aus Cbo-oligamidsäuren u. Oligamidmethylesterhydrochloriden nach dem Anhydridverf. gewonnenen *Cbo-oligamidmethylester* dargestellt. Die *Cbo-hydrazide* (Dimeres bis Hexameres) ließen sich mit HBr in Eisessig in die *Aminohydrazidhydrobromide* überführen. Letztere wurden wurden mit $NaNO_2$ vorsichtig azidiert. Die mit $NaHCO_3$ gewonnenen *Aminoazide* wurden durch 1—2tägiges Stehen der verd. Lsg. bei 0° zu den *Cycloamiden* cyclisiert. Beim Trimeren konnte wahrscheinlich infolge Vorliegens einer Einschlußverb. kein reines Prod. erhalten werden. Die Verbb. wurden durch KRATKY-Röntgenogramme u. IR-Absorptionsbanden charakterisiert.

Versuche: *Cbo-bis-[ε-aminocapronsäure]-hydrazid,* F. 128°, durch Versetzen von Cbo-bis-[ε-aminocapronsäure] (III) in Tetrahydrofuran mit $(C_2H_5)_3N$ u. danach mit I bei —5 bis —3°, Filtrieren, Rk. mit 86%ig. $N_2H_4 \cdot H_2O$ u. Einengen; 77% (Ausbeute). —

Cyclo-bis-[ε-aminocaproyl], F. 348° (bei 225° Umwandlung in Nadeln), durch 20 Min. Stehen vorst. Verb. mit 37%ig. HBr in Eisessig, Fällen mit Ae., Zutropfen von $NaNO_2$ zum Hydrobromid (A.–Ae.) in verd. HCl bei 0°, 15 Min. Rühren bei 0°, Einrühren in W. bei 0°, Alkalisieren mit $NaHCO_3$, 2–3tägiges Stehen bei 0–6°, Neutralisieren u. Einengen; große, dünne, quadrat. Plättchen; 47%. — *Cbo-tris-[ε-aminocapronsäure]-hydrazid*, $C_{26}H_{43}N_5O_5$, F. 157° (CH_3OH), aus Cbo-tris-[ε-aminocapronsäure] (II) in Dimethylformamid; 83%. — *Cyclo-tris-[ε-aminocaproyl]*, F. 251° (W. u. A.; unrein; sublimiert im Hochvakuum bei 250°), Nadeln oder quadrat. Plättchen. — *Cbo-tetrakis-[ε-aminocapronsäure], Methylester*, $C_{33}H_{54}N_4O_7$, F. 156° (CH_3OH–W., 1:1 u. CH_3OH), aus II mit $(C_2H_5)_3N$ u. I in Tetrahydrofuran u. Rk. mit ε-Aminocapronsäuremethylester-hydrochlorid in Dimethylformamid bei −5° bis Raumtemp. (2 Std.); 65%. *Hydrazid*, $C_{32}H_{54}N_6O_6$, F. 172° (CH_3OH), durch 12std. Kochen des Esters mit 86%ig. $N_2H_4 \cdot H_2O$ in CH_3OH; 70%. — *Cyclo-tetrakis-[ε-aminocaproyl]*, $C_{24}H_{44}N_4O_4$, F. 261° (W.), aus vorst. Hydrazid; dünne quadrat. Plättchen; 53%. — *Bis-[ε-aminocapronsäure]-methylester-hydrochlorid*, F. 120–122° (Aceton–CH_3OH), aus III mit HCl/CH_3OH; 68%. — *Cbo-pentakis-[ε-aminocapronsäure], Methylester*, $C_{39}H_{65}N_5O_8$, F. 169° (CH_3OH), aus II, $(C_2H_5)_3N$ u. I in Dimethylformamid u. vorst. Verb.; 65%. *Hydrazid*, $C_{38}H_{65}N_7O_7$, F. 177° (CH_3OH/W.); 75%. — *Cyclo-pentakis-[ε-aminocaproyl]*, $C_{30}H_{55}N_5O_5$, F. 253° (W.), rechteckige Säulen; 60%. — *Tris-[ε-aminocapronsäure]-methylesterhydrochlorid*, $C_{19}H_{37} \cdot N_3O_4 \cdot HCl$, F. 149–150° (Tetrahydrofuran/Dimethylformamid), aus Tris-[ε-aminocapronsäure]; 63%. — *Cbo-hexakis-[ε-aminocapronsäure], Methylester*, $C_{45}H_{76}N_6O_9$, F. 178° (25%ig. wss. CH_3OH), aus II u. vorst. Verb. nach dem Anhydridverf.; 70%. *Hydrazid*, $C_{44}H_{76}N_8O_8$, F. 181° (wss. CH_3OH); 75%. — *Cyclo-hexakis-[ε-aminocaproyl]*, $C_{36}H_{66}N_6O_6$, F. 260° (CH_3OH–W., 1:1), Nadelbüschel; 50%. — *Cyclo-hexa-hexylamin-dihydrat*, $C_{36}H_{78}N_6 \cdot 2\,H_2O$, F. 67° (Ae.), aus vorst. Verb. durch 50std. Kochen mit $LiAlH_4$ in Tetrahydrofuran; 55%. (Chem. Ber. **90.** 2176–83. 28/10. 1957. Heidelberg, Univ., Chem. Inst.; Aachen, TH, Dtsch. Wollforschungsinst.) S. NEUE. 3390

Helmut Zahn und **Joachim Kunde**, *Synthese größerer cyclischer Amide aus ε-Aminocapronsäure.* 11. Mitt. *über Oligomere vom Polyamid- und Polyestertyp.* (10. vgl. C. **1958.** 10616; 9. vgl. vorst. Ref.) Es werden *Cyclo-heptakis-, -oktakis-* u. *-nonakis-[ε-aminocaproyl]* synthetisiert. Durch Umsetzung von Carbobenzoxy (Cbo)-tris- (II) bzw. -bis-[ε-aminocapronsäure] (III) mit den Methylesterhydrochloriden von Tetrakis- (I) bzw. Hexakis-[ε-aminocapronsäure] nach dem Verf. der gemischten Anhydride von BOISSONNAS (C. **1952.** 836) wurden *Cbo-heptakis-, -oktakis-* u. *-nonakis-[ε-aminocapronsäure]-methylester* erhalten. Ersterer wurde in CH_3OH, letztere beiden wurden in Dimethylformamid (DMF) in die *Hydrazide* übergeführt. Diese wurden mit HBr/Eisessig unter Zusatz von HCOOH decarbobenzoxyliert. Zur Cyclisierung wurden die *Azidhydrobromide* in HCOOH gelöst u. in den ZIEGLER-RUGGLIschen Verdünnungsansatz bei p_H 8 eingetropft. Die *Cycloamide* wurden aus einer sehr verd. CH_3OH/W. (1:1)-Lsg. an Dowex-50 gereinigt, ihre FF. nähern sich bei sinkender Tendenz mit steigendem Mol.-Gew. dem des Perlon, die Debyeogramme ähneln dem des Perlons u. lassen auf das Vorliegen ringgeschlossener Doppelketten schließen.

Versuche: *Tetrakis-[ε-aminocapronsäure]* (I), *Methylesterhydrochlorid*, $C_{25}H_{49} \cdot ClN_4O_5$, F. 170–172° (Aceton/$CH_3OH$), aus I u. 22%ig. methanol. HCl in 3 Tagen; 69% (Ausbeute). — *Cbo-heptakis-[ε-aminocapronsäure], Methylester*, $C_{51}H_{87}N_7O_{10}$, F. 182° (wss. CH_3OH), durch 15 Min. Stehen von II in DMF mit $(C_2H_5)_3N$ u. Chlorameisensäureäthylester bei −5°, Zugeben von I-Methylesterhydrochlorid in DMF <3°, 30 Min. Stehen bei −3° u. 2 Std. bei Raumtemp.; 63%. *Hydrazid*, $C_{50}H_{87}N_9O_9$, F. 192° (CH_3OH), durch 4tägiges Kochen mit $N_2H_4 \cdot H_2O$ in CH_3OH; 60%. — *Heptakis-[ε-aminocapronsäure], Hydrazidhydrobromid*, durch 30 Min. Schütteln vorst. Hydrazids mit HBr/Eisessig u. HCOOH u. Umfällen aus A./Ae.; 100%. *Azidhydrobromid*, mit wss. $NaNO_2$ in wss. HCl; 70%. — *Cyclo-heptakis-[ε-aminocaproyl]*, $C_{42}H_{77}N_7O_7$, F. 234–237° (CH_3OH), durch Zutropfen vorst. Azidhydrobromids in HCOOH zu NaOH in sehr viel W. (p_H 8) bei 0°, 3tägiges Stehen bei 4° u. Behandeln mit Dowex-50 aus CH_3OH/W. (1:1); 36%. — *Hexakis-[ε-aminocapronsäure]-methylesterhydrochlorid*, $C_{37}H_{71}ClN_6O_7$, F. 198° (CH_3OH–Aceton); 75%. — *Cbo-oktakis-[ε-aminocapronsäure], Methylester*, $C_{57}H_{98}N_8O_{11}$, F. 185–187° (1.3-Dichlorpropanol–CH_3OH u. Essigsäure–W.), aus vorst. Verb. u. III; 56%. *Hydrazid*, $C_{56}H_{98}N_{10}O_{10}$, F. 196–198° (Eisessig/W.), in sd. DMF; 90%. — *Cyclo-oktakis-[ε-aminocaproyl]*, $C_{48}H_{88}N_8O_8$, F. 226–230° (CH_3OH), analog; 25%. — *Cbo-nonakis-[ε-aminocapronsäure]-methylester*, $C_{63}H_{109}N_9O_{12}$, F. 195–198° (Eisessig/W.), aus II; 51%. *Hydrazid*, $C_{62}H_{109}N_{11}O_{11}$, F. 204–205° (Eisessig–W.); 90%. — *Cyclo-nonakis-[ε-aminocaproyl]*, $C_{54}H_{99}N_9O_9$, F. 224–226°; 22%. (Liebigs Ann. Chem. **618.** 158–66. 26/11. 1958. Aachen, TH, Dtsch. Wollforschungsinst.) S. NEUE. 3390

Kin-ichi Yokoyama, Kazuyoshi Fujihara und **Tetsuo Satô**, *Synthese von Äthyl-3-acetyl-5-benzoyl-2-desoxy-D-ribosid.* (Vorl. Mitt.) D-Ribose-di-n-butyl-mercaptale: *2-Desoxy-*, aus 2-Desoxy-D-ribose u. n-Butylmercaptan in konz. HCl. — *5-Benzoyl-2-desoxy-*, aus 27,5 g vorst. Verb. u. Benzoylchlorid in absol. Pyridin; 35,8 g (Ausbeute). — 5-Benzoyl-2-desoxy-D-riboside: *Äthyl-*, $C_{14}H_{18}O_5$, Kp.$_{0,1}$ 140—150°, aus vorst. Verb. u. feuchtem HgO in absol. A.; $[\alpha]_D^{18}$ 2,38° (c = 4,21; Chlf.); 79,6%. — *Äthyl-3-acetyl-*, $C_{16}H_{20}O_6$, Kp.$_{0,05}$ 135—155°, aus vorst. Verb. u. Acetanhydrid in absol. Pyridin; $[\alpha]_D^{17}$ 16,48° (c = 4,37; Chlf.); 98,8%. (J. chem. Soc. Japan, pure Chem. Sect. [Nippon Kagaku Zassi] **76.** 348. März 1955. Yokohama, Univ. [Orig.: japan.])

L. SCHULER. 3400

Ludwig Reichel und **Hans-Georg Henning**, *Chemie und Biochemie der Pflanzenstoffe.* 15. Mitt. *Über Bildungsbedingungen von Flavonen und Flavonglucosiden.* (14. vgl. C. **1958.** 3865.) 2-Benzoyloxyacetophenon (I) liefert durch BAKER-VENKATARAMAN-Umlagerung mit K-Butylat in Dioxan das *K-Salz des 2-Hydroxydibenzoylmethans* (**II**), das sich mit CH_3J leichter als das Na-Salz zum *C-Methylderiv.* umsetzen läßt. Hydroxyderivv. von **I** werden nicht umgelagert, dagegen reagieren Methoxyderivv. u. Glucoside glatt unter Bldg. der entsprechenden **II**-*Derivate.* Die Alkalisalze der **II**-Derivv. werden in wss. Lsg. bei 37° zu den entsprechenden *Flavonen* cyclisiert, wobei die Ausbeuten bei Methoxy- u. Glucosyloxygruppen enthaltenden II-Derivv. geringer sind als bei **II**; die Beziehungen zwischen Konz., Reaktionsdauer u. Ausbeute werden tabellar. gegeben.

Versuche: *2-Hydroxydibenzoylmethan* (II), F. 120—121°, a) durch Zugeben von 30 g **I** in Dioxan zu einer Lsg. von 11,2 g K in 80 cm³ n-Butanol, 1 std. Stehen bei n. Temp. u. Zers. mit 20%ig. Essigsäure; 55% (Ausbeute); b) aus 57 g **I**, 14 g K u. 100 cm³ Butanol (1 Std.); 58%; aus CH_3OH gelbe Prismen. *Na-Salz*, $C_{15}H_{11}NaO_3$, aus **II** in Dioxan u. verd. NaOH; aus CH_3OH gelbe Prismen; 68%. *K-Salz*, wie das Na-Salz; aus CH_3OH grünliche Nadeln; 54%. — *1-Benzoyl-1-[2-hydroxybenzoyl]-äthan*, $C_{16}H_{14}O_3$, F. 94° (CH_3OH), a) aus vorst. Na-Salz u. CH_3J in absol. A. bei 40° (8 Std.); 17%; b) aus vorst. K-Salz u. CH_3J in sd. Aceton; 68%. — *2-Hydroxy-4'-methoxydibenzoylmethan* (**III**), $C_{16}H_{14}O_4$, F. 113°, aus 2-Anisoyloxyacetophenon u. K-Butylat in Dioxan bei n. Temp. (24 Std.); aus CH_3OH gelbe Nadeln; 59%; in konz. H_2SO_4 grüne Fluorescenz. — *2-Hydroxy-3'.4'-dimethoxydibenzoylmethan* (**IV**), $C_{17}H_{16}O_5$, F. 130—131°, aus 2-Veratroyloxyacetophenon u. K-Butylat in Dioxan auf dem Wasserbad (1/4 Std.); aus CH_3OH gelbe rhomb. Plättchen; 18%. — *2-Hydroxy-3'.4'.5'-trimethoxydibenzoylmethan* (**V**), $C_{18}H_{18}O_6$, F. 136°, aus 2-Trimethylgalloyloxyacetophenon u. K-Butylat in Dioxan bei n. Temp. (3 Std.) u. 1/4 std. Erhitzen auf dem Wasserbad; aus CH_3OH gelbe Nadeln; 44%. — *2-Hydroxy-4-[β-D-glucosyloxy]-dibenzoylmethan* (**VI**), $C_{21}H_{22}O_9$, F. 195—196°, a) aus dem Tetraacetylderiv. u. Na in absol. CH_3OH; 74%; b) aus 2-Benzoyloxy-4-[tetraacetyl-β-D-glucosyloxy]-acetophenon (**VII**) u. K-Butylat in Dioxan (1 Std.); 23%; aus A. gelbe Nadeln; $[\alpha]_D^{12}$ —44° (c = 0,55; Pyridin). *Tetraacetylderiv.*, F. 134—135°, aus **VII** u. K_2CO_3 in sd. Toluol (3 Std.); aus A. gelbe Nadeln; 24%. — *2-Anisoyloxy-4-[tetraacetyl-β-D-glucosyloxy]-acetophenon*, $C_{30}H_{32}O_{14}$, F. 178—179° (A.), aus 2-Hydroxy-4-[tetraacetyl-β-D-glucosyloxy]-acetophenon (**VIII**) u. Anisoylchlorid in Pyridin bei n. Temp. (24 Std.), dann auf dem Wasserbad (1/4 Std.); 52%; $[\alpha]_D^{19}$ —35° (c = 2,21; Pyridin). — *2-Hydroxy-4-[β-D-glucosyloxy]-4'-methoxydibenzoylmethan* (**IX**), *Monohydrat*, $C_{22}H_{24}O_{10} \cdot H_2O$, F. 169°, aus vorst. Verb. u. K-Butylat in Dioxan bei n. Temp. (3 Std.); aus CH_3OH gelbe Nadeln; 44%; $[\alpha]_D^{19}$ —35° (c = 2,21; Pyridin); das Kristallwasser wird bei 100°/12 Torr über P_2O_5 abgegeben. — *2-Veratroyloxy-4-[tetraacetyl-β-D-glucosyloxy]-acetophenon*, $C_{31}H_{34}O_{15}$, F. 146°, aus **VIII** u. Veratroylchlorid in Pyridin; aus CH_3OH Plättchen; 65%; $[\alpha]_D^{18}$ —30,8° (c = 0,91; Pyridin). — *2-Hydroxy-4-[β-D-glucosyloxy]-3'.4'-dimethoxydibenzoylmethan* (**X**), 2½ *Hydrat*, $C_{23}H_{26}O_{11} \cdot 2½\, H_2O$, F. 135—136°, aus vorst. Verb. u. K-Butylat in Dioxan; aus 90%ig. Essigsäure gelbe Plättchen; 37%; $[\alpha]_D^{20}$ —32,5° (c = 2,58; Pyridin). — *2-Trimethylgalloyloxy-4-[tetraacetyl-β-D-glucosyloxy]-acetophenon*, $C_{32}H_{36}O_{16}$, F. 167°, aus **VIII** u. Trimethylgalloylchlorid in Pyridin; aus CH_3OH Nadeln; 82%; $[\alpha]_D^{18}$ —25,5° (c = 1,26; Pyridin). — *2-Hydroxy-4-[β-D-glucosyloxy]-3'.4'.5'-trimethoxydibenzoylmethan* (**XI**), *Monohydrat*, $C_{24}H_{28}O_{12} \cdot H_2O$, F. 195°, aus vorst. Verb. u. K-Butylat in Dioxan bei n. Temp. (24 Std.), dann auf dem Wasserbad (1/4 Std.); aus A. gelbe Plättchen; 13%. — *Flavon*, F. 99°, aus **II** in 0,1 mol. Lsg. mit Soda–Borax- oder Phosphat–Borax-Puffer (p_H 8) bei 37° (41 Tage); aus CH_3OH Nadeln; 83,0%. — *4'-Methoxyflavon*, $C_{16}H_{12}O_3$, F. 156—157°, wie vorst. aus **III** (0,1 mol. Lsg.; 45 Tage); aus CH_3OH Nadeln; 81,2%. — *3'.4'-Dimethoxyflavon*, $C_{17}H_{14}O_4$, F. 156°, aus **IV** (1/70 mol. Lsg.; 32 Tage); aus CH_3OH Nadeln; 54%. — *3'.4'.5'-Trimethoxyflavon*, $C_{18}H_{16}O_5$, F. 174°, aus **V** (0,1 mol. Lsg.; 41 Tage); aus A. Nadeln; 77,3%. — *7-[β-D-Glucosyloxy]-flavon*, F. 256°, aus **VI** (0,1 mol. Lsg.; 22 Tage); aus CH_3OH Nadeln; 31,7%. — *4'-Methoxy-7-[β-D-glucosyloxy]-flavon*, $C_{22}H_{22}O_9$, F. 238°, aus **IX** (0,1 mol. Lsg.; 29 Tage);

aus A. Nadeln; 51,3%; $[\alpha]_D^{17}$ −50,8° (c = 0,37; Pyridin). — *3'.4'-Dimethoxy-7-[β-D-glucosyloxy]-flavon*, $C_{23}H_{24}O_{10}$, F. 175°, aus **X** bei p_H 9 (1/70 mol. Lsg.; 12 Tage); aus CH_3OH kleine Nadeln; 7,5%. — *3'.4'.5'-Trimethoxy-7-[β-D-glucosyloxy]-flavon*, $C_{24}H_{26}O_{11}$, F. 162°, aus **XI** bei p_H 9 (0,1 mol. Lsg.; 19 Tage); aus A. verfilzte Nädelchen; 16,9%. (Liebigs Ann. Chem. **621**. 72—79. April 1959. Berlin, Humboldt-Univ., Landwirtsch.-Gärtner. Fak., Inst. für Chem.) F. HELLER. 3450

Paolo Cerletti, Maria Luisa Aebischer und **Clara Fronticelli**, *Darstellung von Adenosinmonophosphat. Saure und alkalische Hydrolyse von Adenosintriphosphat.* Mit dem Zweck, eine neue Darstellungsmeth. für Adenosinmonophosphat (Adenylsäure; **I**) zu finden, untersuchten Vff. die saure u. alkal. Hydrolyse des Na-Salzes von Adenosintriphosphat. Die saure Hydrolyse wurde durch 3 std. Kochen mit 0,01 n HCl, die alkal. Analyse mittels der Meth. von BERGER durchgeführt. Die Trennung der Hydrolysenprodd. erfolgte chromatograph. nach der Meth. von COHN u. CARTER (vgl. C. **1951**. II. 1792), die quantitative Best. der Hydrolysenprodd. spektrophotometr. bei 260 mμ. Es wurde gefunden, daß die Ausbeute an **I** bei der sauren Hydrolyse sehr viel höher ist als bei der alkal. Hydrolyse. (Ricerca sci. **28**. 2052—54. Okt. 1958. Roma, Univ., Ist. di chim. biol.) C. GOTTFRIED. 3450

J. Holubek und **J. Volke**, *Polarographische Untersuchung der Spaltung des Narcotolins.* Inhaltlich ident. mit der C. **1959**. 7135 referierten Arbeit. (Collect. czechoslov. chem. Commun. **24**. 1436—43. Mai 1959. [Orig.: deutsch.]) W. BARZ. 3500

Ja. L. Goldfarb und **W. K. Sworykina**, *Darstellung der N-Oxyde von α- und α'-Aminonicotin.* Es werden *α'-Aminonicotin-N-* bzw. *N'-oxyde*, deren *Benzoylderivv.*, *Pikrate* u. *Hydrochloride* dargestellt. Sie geben außer den *Pyrr-N-oxyden* mit $FeCl_3$ Färbungen.

V e r s u c h e: *α'-Benzoylaminonicotin-N.N'-dioxyd, Hydrochloridhemihydrat*, $C_{17}\cdot H_{20}ClN_3O_3\cdot ½\,H_2O$, F. 197—198°, durch 6 std. Erhitzen von α'-Benzoylaminonicotin (**I**) mit Perhydrol in Eisessig auf 65—70°, Eindampfen, Lösen in A. u. Ansäuern mit HCl gegen Kongorot; aus A. rhomb. Plättchen; 55% (Ausbeute); mit $FeCl_3$ Rotfärbung. *Trihydrat*, $C_{17}H_{19}N_3O_3\cdot 3\,H_2O$, F. 116—117°, durch Versetzen von 1,8 g vorst. Hydrochlorids mit alkoh. NaOH bis p_H 6; gelbe Kristalle aus Chlf.; 1,3 g (Ausbeute). *Freie Base* (**II**), $C_{17}H_{19}N_3O_3$, Zers. bei 159—162°, durch Trocknen vorst. Hydrats bei 110°/1,5 mm. *Pikrat*, $C_{23}H_{22}N_6O_{10}$, F. 225°; aus W. gelbe Nadeln. *Perchlorat*, $C_{17}H_{20}ClN_3O_7$, F. 222°; Nadeln aus Methanol. — *α'-Aminonicotin-N.N'-dioxyd, Dihydrochloridhydrat*, $C_{10}H_{17}Cl_2N_3O_2\cdot H_2O$, F. 197 bis 198°, durch Verseifen von 5 g vorst. Hydrochloridhemihydrats mit 12%ig. HCl; 3,56 g; mit $FeCl_3$ Blaufärbung.

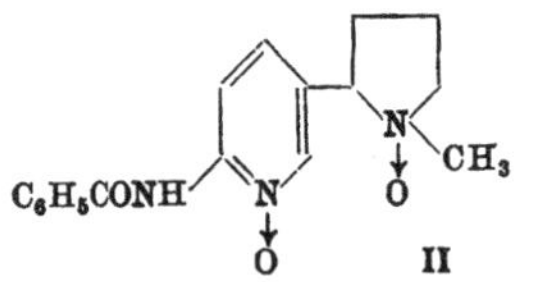

C_6H_5CONH N O N O CH_3 II

Freie Base als *Hydrat*, $C_{10}H_{15}N_3O_2\cdot H_2O$, F. 198—200° (A.–Ae.), durch Auflösen von 3 g vorst. Dihydrochlorids in gesätt. K_2CO_3-Lsg. u. Extrahieren mit Isobutanol; 1,87 g; mit $FeCl_3$ Blaufärbung. *Dipikrat*, $C_{22}H_{21}N_9O_{16}$, F. 212—213°; aus W. gelbe Nadeln. *α'-Benzoylaminonicotin-Py-N-oxyd* (**III**), $C_{17}H_{19}N_3O_2$, F. 127—128°, durch Sättigen von 2 g **II** in absol. A. mit SO_2, Stehenlassen über Nacht bei Raumtemp., Eindampfen im Vakuum, Lösen des Rückstands in K_2CO_3-Lsg. u. Extrahieren mit Chlf.; 1,14 g; mit $FeCl_3$ Rotfärbung. *Pikrat*, $C_{23}H_{22}N_6O_9$, F. 209°; aus Wasser. — *α'-Aminonicotin-Py-N-oxyddihydrochloriddihydrat*, $C_{10}H_{17}Cl_2N_3O\cdot 2\,H_2O$, F. 139°, aus 0,5 g **III** durch 2 std. Verseifen mit 12%ig. HCl; prismat. Nadeln aus A.–Ae.; 0,31 g; mit $FeCl_3$ Blaufärbung. — *α'-Benzoylaminonicotin-Pyrr-N-oxyd* (**IV**), $C_{17}H_{19}N_3O_2$, F. 208—209° (Methanol–Aceton), durch 1 std. Erhitzen von 5 g **I** mit Perhydrol auf dem Wasserbad; 3,7 g. *Pikrat*, $C_{23}H_{22}N_6O_9$, F. 207°; aus Methanol gelbe Nadeln. — *α'-Aminonicotin-Pyrr-N-oxyd, Dihydrochlorid*, $C_{10}H_{17}Cl_2N_3O$, F. 150—153° (Zers.), durch Verseifen von **IV** mit HCl. *Dipikrat*, $C_{22}H_{21}N_9O_{15}$, F. 241°, aus W. gelbe Nadeln. — *α-Aminonicotin-N.N'-dioxyd, Dihydrochloridhydrat*, $C_{10}H_{17}Cl_2N_3O_2\cdot H_2O$, F. 160—162° (Zers.; A.–Ae.), aus 3 g α-Benzyolaminonicotin mit Perhydrol in Eisessig u. Verseifen des Reaktionsprod. mit HCl; 0,91 g; mit $FeCl_3$ Blaufärbung. *Dipikrat*, $C_{22}H_{21}N_9O_{16}$, F. 197°; aus W. gelbe Nadeln. (Известия Академии Наук СССР, Отделение Химических Наук [Nachr. Akad. Wiss. UdSSR, Abt. chem. Wiss.] **1958**. 900—03. Juli. Zelinsky-Inst. für organ. Chem. der Akad. der Wiss. der UdSSR.) P. RÖGNER. 3500

Ja. L. Goldfarb und **W. W. Kisselewa**, *Über Py-N-Methyl-α-metanicoton. Einwirkung von Benzoylchlorid auf N-Methyl-α-nicoton.* Py-N-Methylnicoton wird beim Behandeln mit Benzoylchlorid (**I**) vermutlich in *1-Methyl-3-[4'-(methylbenzoylamino)-buten-(1')-yl]-pyridon-(2)-hemihydrochlorid* (**II**) übergeführt. Die freie Base von **II** wird zu *Py-N-Methyl-α-metanicoton* {**III**; *1-Methyl-3-[4'-methylaminobuten-(1')-yl]-pyridon-(2)*} verseift.

Versuche: *Py-N-Methylnicoton*, F. 85°, nach KARRER u. WIDMER [1926] wird das erhaltene Reaktionsgemisch zwecks Ausbeutesteigerung mit Chlf. ausgezogen, eingedampft u. der Rückstand mit Bzl. ausgezogen; 35% (Ausbeute). — *1-Methyl-3-[4'-(methylbenzoylamino)-buten-(1')-yl]-pyridon-(2)-hemihydrochlorid*(?) (II), $C_{18}H_{20}N_2O_2 \cdot$ ½ HCl, F. 163,5—164,5°, aus vorst. Verb. u. I in absol. Bzl. (5 Std. auf dem Wasserbad erhitzen); 70%; oder durch Erhitzen der nachst. freien Base mit 10%ig. methanol. HCl im Mol-Verhältnis 1:0,5—1,0; 86%. *Freie Base*, $C_{18}H_{20}N_2O_2$, F. 99,5—101°, durch Lösen von II in 10%ig. HCl unter leichtem Erwärmen, Extrahieren mit Ae. (Entfernen von Benzoesäure) u. Alkalisieren unter Kühlen; Nadeln aus Bzl.; 70%; oder durch Benzoylieren von III in Bzl.; 97%. *Perchlorat*, $C_{18}H_{21}ClN_2O_6$, F. 215° (W.). *Hemipikrat*, $C_{18}H_{20}N_2O_2 \cdot$ ½ $C_6H_3N_3O_7$, F. 133—134° (W.). — *Py-N-Methyl-α-metanicoton* (III), *Dihydrochlorid*, $C_{11}H_{16}N_2O \cdot 2$ HCl, F. 226—227° (in zugeschmolzener Capillare), durch 10std. Kochen von II mit HCl (1:1); aus absol. A. Kristalle; 92%; oder aus III mit alkoh. HCl. *Freie Base*, $C_{11}H_{16}N_2O$, Kp.$_2$ 180°, aus vorst. Dihydrochlorid. *Pikrat*, $C_{17}H_{19}N_5O_8$, F. 233 bis 235° (W.). (Известия Академии Наук СССР, Отделение Химических Наук [Nachr. Akad. Wiss. UdSSR, Abt. chem. Wiss.] **1958**. 903—05. Juli. Akad. der Wiss. der UdSSR, Zelinsky-Inst. für organ. Chem.) P. RÖGNER. 3500

Tschan-bai Tschen, R. P. Jewstignejewa und **N. A. Preobrashenski,** *Synthese des Alkaloids Cinchonamin.* Es wird die Synth. von opt.-akt. *Cinchonamin* beschrieben.

Versuche: *α-[3-Vinylchinuclidinoyl-(6)]-γ-butyrolacton*, $C_{14}H_{19}NO_3$, Kp.$_{0,5}$ 152 bis 153°, aus 3-Vinylchinuclidin-6-carbonsäureäthylester u. γ-Butyrolacton in Bzl. in Ggw. von Na-Äthylat bei 40—85°; 35,7% (Ausbeute). *Reineckat*, $C_{18}H_{26}CrN_7O_3S_4$, F. 152,5—154° (Zers.). — *ω-Hydroxypropyl-[3-vinylchinuclidyl-(6)]-keton*, durch Erhitzen vorst. Verb. in 2n H_2SO_4 auf 120°; 70,3%. *Phenylhydrazon*, durch 8std. Erhitzen des Ketons mit 10%ig. alkoh. Phenylhydrazin; gelbes Öl; 76,5%. *Phenylhydrazon-reineckat*, $C_{23}H_{34}CrN_9OS_4$, F. 136,5—138° (Zers.; wss. A.). — *Cinchonamin*, F. 196°, man erhitzt vorst. Phenylhydrazon mit der doppelten Menge konz. H_2SO_4 1 Std. auf 60°; $[\alpha]_D^{21}$ +120° (A.). (Доклады Академии Наук СССР [Ber. Akad. Wiss. UdSSR] **123**. 707—08. 1/12. 1958. Moskau, Lomonossow-Inst. für chem. Feintechnol.)
HELMUT SCHÄFER. 3500

H. Corrodi, J. Hellerbach, A. Züst, E. Hardegger und **O. Schnider,** *Hydroxymorphinane.* 12. Mitt. *Die Konfiguration der Morphinane.* (11. vgl. C. **1958**. 6833.) Um die ster. Zusammenhänge zwischen den synthet. Morphinanen, wie (—)-3-Hydroxy-N-methylmorphinan (I, Dromoran), (+)-3-Methoxy-N-methylmorphinan (Romilar) sowie (—)-3-Hydroxy-N-allylmorphinan (Lorfan) u. den Morphinalkaloiden zu klären, wurde I über verschied. Zwischenstufen zur *[2-Methyl-2-carboxycyclohexyl-(1)]-essigsäure* (II) abgebaut, von der vier diastereomere Formen bekannt sind, u. deren Bldg. die Aufklärung der relativen u. absol. Konfiguration an den drei asymm. C-Atomen 9, 13 u. 14 von I erlaubt. Da beim Abbau von I (—)-*cis*-II entsteht, ist die Konfiguration im Sinne der Formel I geklärt; die ster. Anordnung der C-Atome 9, 13 u. 14 ist in I also dieselbe wie in den natürlich vorkommenden Morphinalkaloiden.

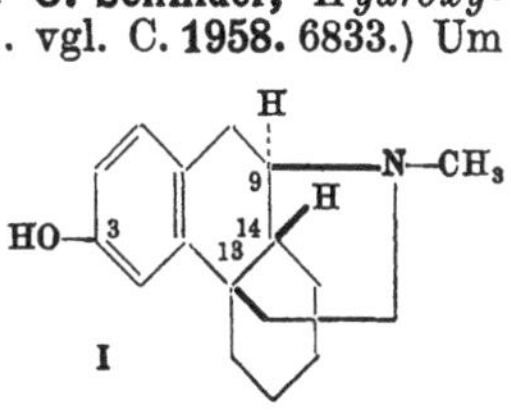

Versuche; *(—)-3-Methoxy-N-methylmorphinan*, F. 109—111°, durch Versetzen einer Lsg. von Phenyltrimethylammoniumchlorid in Methanol unter Schütteln mit 31,5%ig. methanol. KOH, Zugabe von Toluol, Gießen der so erhaltenen Lsg. in ein Gemisch aus I u. Toluol, Dest., 12std. Stehen, Ausschütteln mit n-NaOH u. Dest. im Vakuum; 80% (Ausbeute) neben *Dimethylanilin* (Kp.$_{11}$ 78—80°). *Jodmethylat*, F. 232 bis 234°; 90%. — *(+)-3-Methoxy-13-[β-dimethylaminoäthyl]-5.6.7.8.13.14-hexahydrophenanthren, Hydrobromid*, $C_{19}H_{27}NO \cdot HBr$, F. 178—179° (A./Ae.), $[\alpha]_D^{20}$ +88° (c = 1; Methanol), durch Versetzen vorst. Jodmethylats mit in W. aufgeschlämmtem AgO, 12std. Schütteln, Einengen im Vakuum zur Trockne, Erwärmen des Rückstands im Ölbad auf 120°, Aufnehmen des Reaktionsprod. in Ae., Entfernen des Ae. u. Behandeln des Rückstands mit HBr; 70%. — *(—)-3-Methoxy-13-[β-dimethylaminoäthyl]-5.6.7.8.-9.10.13.14-oktahydrophenanthren, Hydrobromid*, $C_{19}H_{29}NO \cdot HBr$, F. 226—227° (A./Ae.), $[\alpha]_D^{20}$ —15,6° (c = 1; Methanol), durch 1std. Hydrieren vorst. Hydrobromids in Methanol über 50%ig. Pd-Kohle; 80%. *Jodmethylat, Sesquihydrat*, $C_{20}H_{32}JNO \cdot 1½ H_2O$, F. 76 bis 78° (W.); 97%. — *(+)-3-Methoxy-13-vinyl-5.6.7.8.9.10.13.14-oktahydrophenanthren* (III), $C_{17}H_{22}O$, Kp.$_{Hochvakuum}$ 104—112°, $[\alpha]_D^{20}$ +17,46° (c = 6,76; Methanol), n_D^{20} 1,5583, durch Versetzen vorst. Jodmethylats mit in W. aufgeschlämmtem AgO unter Rühren, ½std. Erwärmen auf 50°, 12std. Schütteln bei Zimmertemp., Eindampfen im Vakuum zur Trockne, Erwärmen des Rückstands auf 130° (Ölbadtemp.) u. Aufnehmen des Reaktionsprod. in Ae.; 62%. — *(+)-3-Methoxy-13-[α.β-dihydroxyäthyl]-5.6.7.8.9.-10.13.14-oktahydrophenanthren,* durch 12std. Stehen von III in absol. Ae. mit Pyridin u. OsO_4, Abdekantieren des Ae., Lösen des öligen Rückstands in CH_2Cl_2, Schütteln mit einer wss. Lsg. von 2n NaOH mit 10% Mannit u. Eindampfen der CH_2Cl_2-Schicht. — *(+)-3-Methoxy-5.6.7.8.9.10.13.14-oktahydrophenanthren-13-aldehyd,* $C_{16}H_{20}O_2$, F. 87°, $[\alpha]_D^{20}$ +56 ± 1° (c = 1,6; Chlf.), a) durch Versetzen vorst. Verb. in wss. Methanol mit einer Lsg. von HJO_4 in W. unter Eiskühlung u. Sublimation der erhaltenen Kristalle im Hochvakuum bei 130°; 92%; b) durch Ozonisierung von III in Essigester bei —70° u. Hydrierung des Reaktionsprod. über 10%ig. Pd-Kohle; 62%. *2.4-Dinitrophenylhydrazon,* $C_{22}H_{24}N_4O_5$, F. 129°, aus Chlf./Methanol feine, gelbe Nadeln. — *(+)-3-Methoxy-13-methyl-5.6.7.8.9.10.13.14-oktahydrophenanthren,* $[\alpha]_D^{20}$ +42° (c = 3,5; Chlf.), aus vorst. Aldehyd, A., Diäthylenglykol u. Hydrazinhydrat durch 2std. Erwärmen u. nach Zugabe von KOH $^1/_4$std. Erwärmen auf dem Dampfbad, 3std. Erhitzen auf 200°, Extrahieren des Reaktionsprod. mit PAe., Eindampfen, Eluieren mit PAe. an Al_2O_3 (Akt. II) u. Dest. im Kugelrohr bei einer Badtemp. von 120° im Hochvakuum. — *(+)-3-Methoxy-13-methyl-5.6.7.8.9.10.13.14-oktahydrophenanthron-(10),* $C_{16}H_{20}O_2$, F. 73° (Methanol/W.), $[\alpha]_D^{20}$ +36 ± 1° (c = 1,1; Chlf.), durch Versetzen vorst. Verb. in Eisessig unter Kühlung u. Schütteln mit einer 25%ig. CrO_3-Lsg. in 80%ig. Essigsäure, 3std. Stehen bei Zimmertemp., Zugabe von Methanol, Verdünnen mit W., Extrahieren mit Ae. u. Waschen der äther. Lsg. mit $KHCO_3$; 90%. *2.4-Dinitrophenylhydrazon,* $C_{22}H_{24}N_4O_5$, F. 167°, aus Chlf./Methanol karminrote Plättchen. — *(—)-cis-[2-Methyl-2-carboxycyclohexyl-(1)]-essigsäure* [(—)-*cis*-II], $C_{10}H_{16}O_4$, F. 159—160° (Aceton/Cyclohexan; Sublimation im Hochvakuum bei 145°), $[\alpha]_D^{20}$ —8 ± 1° (c = 1,1; Aceton), durch 5std. Behandeln vorst. Ketons in 80%ig. HCOOH mit einem 4%ig. O_3-Strom, Eindampfen der Lsg. im Vakuum, Verdünnen mit W., Versetzen mit KOH bis zur schwach phenolphthalein-alkal. Rk., Zugabe von AgO, Ansäuern, Aufnehmen in Ae., Abdampfen des Ae., Verestern des Rückstands mit Diazomethan, Verseifen des bei einer Badtemp. von 90—100° sd. *Dimethylesters* durch 12std. Kochen mit 20%ig. KOH, Ansäuern u. Aufnehmen der Säure in Ae.; 10%. (Helv. chim. Acta **42.** 212—17. 2/2. 1959. Zürich, ETH, Organ.-Chem. Inst.; Basel, Hoffmann-La Roche & Co. AG., Chem. Forschungsabt.)

U. KRÜGER. 3500

Alain Le Hir, Maurice-Marie Janot und **Digna Van Stolk,** *Flavopereirin.* 2. Mitt. *Synthese.* (1. vgl. Ann. pharmac. franç. **16.** [1958.] 38.) Vff. beschreiben die Synth. von *Flavopereirin* (I) durch Rk. von *4-Brommethylhexansäureäthylester* (II) mit Tryptamin, Ringschluß des entstandenen *1-[β-Indolyl-(3)-äthyl]-5-äthylpiperidons-(2)* mit $POCl_3$ in Bzl. zum *Hexahydroflavopereirin* (Isolierung als *Perchlorat*) u. Dehydrierung mit Pd. Die Darst. von II gelingt durch Decarboxylierung von *2-Äthyl-2-[2-cyanäthyl]-malonsäure* zu *2-Äthyl-4-cyanbuttersäure,* Red. mit KBH_4 u. Umsetzung des *4-Äthyl-4-cyanbutanols* mit HBr-gesätt. Alkohol. Die Synth. von I bestätigt die für das natürliche I (l. c.) vorgeschlagene Struktur.

Versuche (mit **D. Tuleu**; FF. korr.): *2-Äthyl-2-[2-cyanäthyl]-malonsäurediäthylester,* $C_{12}H_{19}NO_4$, F. 45° (A./W.), durch Cyanäthylierung von 2-Äthylmalonsäurediäthylester nach BRUSON u. RIENER (J. Amer. chem. Soc. **65.** [1943.] 26). *Freie Säure,* F. 121° (Zers.), durch 5std. Kochen des Esters mit äthanol. n-KOH, Kühlen, Lösen des *Di-K-Salzes* [84% (Ausbeute)] in W., Ansäuern mit HCl (p_H 2), 2std. Extrahieren mit Ae. u. Einengen; 72%; *Ba-Salz,* $C_8H_9BaNO_4$, krist. aus W./Äthanol. — *2-Äthyl-4-cyanbuttersäure,* durch Decarboxylierung vorst. Säure bei 130—140°; 100%. *Methylester,* durch 24std. Stehen der Säure mit CH_2N_2 in absol. Ae.; Fl.; 73%. — *2-Äthyl-4-cyanbutanol,* $C_7H_{13}NO$, durch 16std. Kochen vorst. Esters in Tetrahydrofuran mit KBH_4 in Ggw. von LiCl, Zugeben von W., Extrahieren mit Ae., Chromatographie an Al_2O_3 mit Bzl. u. Ae., Einengen der Ae.-Lsg. u. Dest. bei 140°/12 Torr; 27%. — *4-Brommethylhexansäureäthylester* (II), $C_9H_{17}BrO_2$, durch Sättigen vorst. Verb. in A. mit HBr bei —14°, 72std. Stehen im geschlossenen Gefäß bei Raumtemp., Einengen, Neutralisieren mit $NaHCO_3$ u. Extrahieren mit Ae.; Öl; 68%. — *1-[β-Indolyl-(3)-äthyl]-5-äthylpiperidon-(2),* $C_{17}H_{22}N_2O$, F. 158,5° (Hexan/A.), durch 72std. Kochen von II mit Tryptamin in absol. A. in Ggw. von K_2CO_3 unter N_2, Einengen, Aufnehmen in Chlf. u. Sublimation bei 160—170°/0,05 Torr; 45%. — *Hexahydroflavopereirin,* durch 3½std. Kochen vorst. Verb. (230 mg) in absol. Bzl. mit $POCl_3$ u. Kühlen auf 0° als Gemisch von Hydrochlorid u. Phosphat, F. 140—150 u. 225°; 245 mg. *Perchlorat,* $C_{17}H_{21}ClN_2O_4$, F. 221—223° (Methanol), durch Zugeben einer gesätt. $NaClO_4$-Lsg. zum Hydrochlorid–Phosphat-Gemisch (147 mg) in 10%ig. Essigsäure u. 12std. Stehen bei 0°; gelbe Nadeln; 158 mg. — *Flavopereirin* (I), *Perchlorat,* $C_{17}H_{15}ClN_2O_4$, F. 307—308° (Zers.; Methanol), durch 6 Min. langes Erwärmen vorst. Salzes (160 mg) mit Pd-Kohle auf 270—280°, Extrahieren mit

Methanol, Einengen, Lösen in essigsaurem W. u. Zugeben einer gesätt. $NaClO_4$-Lsg.; gelbe Nadeln; 52 mg. — Die UV- u. IR-Spektren von I-Perchlorat u. dem Hexahydroderiv. sind angegeben. (Bull. Soc. chim. France **1958**. 551—56. April, Paris, Fac. de Pharm., Labor. de Pharm. galén.) E. SCHRÖDER. 3500

W. Baker, A. C. M. Finch, W. D. Ollis und **K. W. Robinson,** *Biflavonyle, eine neue Klasse natürlicher Produkte. Die Struktur von Ginkgetin, Isoginkgetin und Sciadopitysin.* Aus den Blättern von Ginkgo biloba wurde neben *Ginkgetin* (I; $C_{32}H_{22}O_{10}$; F. 342 bis 344°) ein isomeres Pigment, *Isoginkgetin* (II; F. 355°), isoliert. I u. II geben den gleichen *Tetramethyläther* (III) u. bei der Entmethylierung die gleiche *Hexahydroxyverb.*, jedoch verschied. *Tetraacetylderivv.*; mit alkal. H_2O_2 werden aus III *p-Anissäure* (IV), *2-Hydroxy-4.6-dimethoxybenzoesäure* u. eine *Trimethoxyhydroxydiphenyldicarbonsäure*, aus II *4-Methoxyisophthalsäure* (V) u. IV erhalten, während I *p-Hydroxybenzoesäure* u. V liefert. Das aus Sciadopitys verticillata isolierte *Sciadopitysin* (VI; $C_{33}H_{24}O_{10}$) gibt mit alkal. H_2O_2 IV u. V, bei der alkal. Hydrolyse *2.6-Dihydroxy-4-methoxyacetophenon* u. eine *Verb.* $C_{23}H_{14}O_5(OCH_3)_2$; der Trimethyläther von VI ist ident. mit III. Der Abbau u. die Unters. der UV- u. IR-Spektren beweisen die Konst. von I als *7.4'-Dimethoxy-5.5''.7''.4'''-tetrahydroxybiflavonyl-(3'.8'')*; II ist das entsprechende *4'.4'''-Dimethoxy-5.7.5''.7''-tetrahydroxy-* u. VI das *7.4'.4'''-Trimethoxy-5.5''.7''-trihydroxyderivat.* Eine durch Behinderung der Drehung um die 3'.8''-Bindung mögliche opt. Aktivität konnte nicht festgestellt werden. (Proc. chem. Soc. [London] **1959**. 91—92. März. Bristol, Univ.) F. HELLER. 3550

James Cason und **Edwin R. Harris,** *Anwendung der Gasphasenchromatographie zur Identifizierung der flüchtigen Produkte bei der alkalischen Zersetzung von Herqueinon.* Carbonylverbb. mit niedrigem Mol.-Gew. können als Oxime an mit 3% Bis-2-äthylhexylphthalat imprägniertem Celite bei einer Säulentemp. von 88° mit He als Trägergas gaschromatograph. getrennt werden. Bei der alkal. Zers. von *Herqueinon* (I; vgl. C. **1956**. 7817) war die einzige feststellbare Carbonylverb. *Acetaldehyd* (II). Vergleichsverss. zeigten jedoch, daß die Möglichkeit des Auftretens von 3-Methylbutanon-(2) in den Zersetzungsprodd. nicht auszuschließen ist. — Die bei der Zers. auftretenden flüchtigen Säuren wurden gleichfalls gaschromatograph. als freie Säuren, Methyl- u. Butylester untersucht. Hauptprod. war *Isobuttersäure* (III), daneben traten *Essig-* u. *Ameisensäure* auf, dabei sind die Ausbeuten an II u. III vergleichbar groß. Vff. nehmen für I obenstehende, noch nicht völlig bewiesene Teilstruktur an.

CH_3O, HO — C_6H_4 — O H OH — $CH(CH_3)_2$ — O O OH

I

Versuche: Folgende Oxime wurden dargestellt: *Acetaldehyd-*, Kp. 114°, n_D^{25} 1,4230. — *Propionaldehyd-*, $Kp._{33}$ 39—42°, n_D^{25} 1,4288. — *n-Butyraldehyd-*, $Kp._{22}$ 65 bis 67°, n_D^{25} 1,4333. — *Isobutyraldehyd-*, $Kp._{21}$ 53—54°, n_D^{25} 1,4252. — *Aceton-*, Kp. 133°, F. 57—59°. — *Butanon-*, $Kp._{18,5}$ 47—48°, n_D^{25} 1,4367. — *3-Methylbutanon-(2)-*, $Kp._{21}$ 74,5°, n_D^{25} 1,4414. (J. org. Chemistry **24**. 676—79. Mai 1959. Berkeley, Calif., Univ. of California, Chem. Labor.) E. DEHMLOW. 3550

K. W. Leets, *Untersuchung der ionenkatalytischen Telomerisation.* 1. Mitt. *Telomerisation von Isopren mit seinen Hydrochloriden.* (Vgl. C. **1958**. 8302.) Bei der unter Kühlung mit Salz–Eis-Gemisch durchgeführten Telomerisation von Isopren mit seinen Hydrochloriden in CH_2Cl_2-Lsg. unter tropfenweisem Zusatz von $SnCl_4$, ebenfalls in CH_2Cl_2-Lsg., wird der Verlauf der Rk. aus der D. verfolgt. Es entstehen *Geranylchlorid* (I), *Polyterpenchloride* (II) u. isomere *Monoterpenchloride* (III). Die Zus. der Prodd. wird durch den erreichten Umwandlungsgrad bestimmt: In den Anfangsstadien der Rk. überwiegt I, in den Endstadien II u. III. Um eine maximale Ausbeute an I (z. B. bei 18° 63,5%) zu erzielen, muß man die Rk. in den Anfangsstadien abbrechen; bei größerer Anreicherung reagiert I weiter zu II, die dann in die wenig reaktionsfähigen III übergehen. (Журнал Общей Химии [J. allg. Chem.] **28** (**90**). 1823—26. Juli 1958. Leningrad, Fabrik synthet. Aromatika, Untersuchungslabor.) R. K. MÜLLER. 3600

Shigeru Kiriyama, *Untersuchung über die Mastizierung von Gummi.* 9. Mitt. *Aufspaltung des Squalenmoleküls mittels freier Benzoatradikale.* (8. vgl. J. chem. Soc. Japan, ind. Chem. Sect. [Kōgyō Kagaku Zassi] **57**. [1954.] 756.) Squalen ($Kp._{10^{-4}}$ 212 bis 214°) wird bei 58° 40 Std. unter Rühren in N_2-Atmosphäre mit Benzoylperoxyd behandelt, das Prod. mit methanol. NaOH bei 90—100° 4 Std. verseift, die Fraktion $Kp._{0,01}$ 45° liefert mit 3.5-Dinitrobenzoylchlorid *Isoprendiol-bis-[3.5-dinitrobenzoat]*, $C_{19}H_{14}N_4O_{12} \cdot 1/2\ H_2O$, F. 89,9—91,7°. (J. chem. Soc. Japan, ind. Chem. Sect. [Kōgyō Kagaku Zassi] **58**. 126—27. Febr. 1955. Osaka, Städt. Univ. [Orig.: japan.]) L. SCHULER. 3600

Hayao Nawa, *Struktur von Rhodeasapogenin.* Das von Vf. früher (C. **1955.** 108; J. pharmac. Soc. Japan [Yakugakuzasshi] **73.** [1953.] 1197) aus *Rhodea japonica Roth* isolierte *Rhodeasapogenin* (I) besitzt nicht die Konst. eines 22b.5β-Spirostan-2β.3α-diols, sondern eines *25L.5β-Spirostan-1β.3β-diols,* $C_{27}H_{44}O_4$, F. 293—295°, $[\alpha]_D$ —72° (alle $[\alpha]_D$ in Chlf.); *Diacetat,* $C_{31}H_{48}O_6$, F. 185—187°, $[\alpha]_D$ —71°. Aus I entsteht durch Isomerisierung mit alkoh. HCl *25D.5β-Spirostan-1β.3β-diol* (II; *Isorhodeasapogenin*), $C_{27}H_{44}O_4$ F. 241—243°, $[\alpha]_D$ —71° (*Diacetat,* $C_{31}H_{48}O_6$, F. 205°, $[\alpha]_D$ —73°), dessen *Dimesylat,* $C_{29}H_{48}O_8S_2$, F. 158°, $[\alpha]_D$ —59°, mit NaJ in Aceton *$\Delta^{3.5}$-25D-Spirostadien,* $C_{27}H_{40}O_2$, F. 164°, $[\alpha]_D$ —180°, ergibt, das auch aus Diosgenintosylat durch Eliminierung der Tosyloxygruppe erhältlich ist. Hydrierung des Diens über Pt in A. führt zu *25D.5α-Spirostan,* $C_{27}H_{44}O_2$, F. 172°, $[\alpha]_D$ —74°. Aus II wird durch CrO_3-Oxydation *1.3-Seco-25D.5β-spirostan-1.3-disäure* (*Isorhodeasapogensäure*), $C_{26}H_{40}O_6$, F. 254°, $[\alpha]_D$ —64° (*Dimethylester,* $C_{28}H_{44}O_6$, F. 156—158°, $[\alpha]$ —59°) gewonnen, die mit der aus Tokorogenin (vgl. NISHIKAWA, J. pharmac. Soc. Japan [Yakugakuzasshi] **74.** [1954.] 1165; MORITA, Pharm. Bull. [Tokyo] **5.** [1957.] 494) erhaltenen Tokorogensäure ident. ist. CrO_3-Oxydation von I führt zu *1.3-Seco-25L.5β-spirostan-1.3-disäure* (*Rhodeasapogensäure*), $C_{26}H_{40}O_6$, F. 274—275°, $[\alpha]_D$ —86° (*Dimethylester,* $C_{28}H_{44}O_6$, F. 178—180°, $[\alpha]_D$ —54°), Bromierung von I-Diacetat zu *23-Bromrhodeasapogenindiacetat,* $C_{31}H_{47}BrO_6$, F. 246°, $[\alpha]_D$ —76°. Bei der Einw. von Acetathydrid/$AlCl_3$ entsteht aus I-Diacetat *Pseudorhodeasapogenin* (III), $C_{27}H_{44}O_4$, F. 188—189°, $[\alpha]_D$ +6°, bei dessen Abbau *Δ^{16}-Pregnen-1β.3β-diol-20-on,* $C_{21}H_{32}O_3$, F. 236—239°, $[\alpha]_D$ +35° (*Diacetat,* $C_{25}H_{36}O_5$, F. 205—207°, $[\alpha]_D$ 0°). Behandlung von III mit alkoh. HCl liefert **I.** (Proc. Japan Acad. **33.** 570—73. Nov. 1957. Takeda Pharmac. Ind. Ltd., Res. Labors. [Orig.: engl.])

G. SCHMIDT-KASTNER. 3650

Chittaranjan Mitra, *Zur Konstitution von Nimbin.* (Vorl. Mitt. vgl. J. sci. ind. Res. [New Delhi], Sect. B **15.** [1956.] 425.) Für *Nimbin* (I), $C_{28}H_{38}O_8$, λ_{max} 214—215 mμ ($\log\varepsilon = 4{,}25$), dem Hauptbestandteil von „Nim" (Melia indica) wird die vorläufige Konst. I vorgeschlagen. I ergibt bei der Ozonolyse unter Sprengung der Lactonringdoppelbindung eine *Verb.* $C_{28}H_{38}O_{10}$, F. 268—272° (keine Absorption unterhalb 220 mμ), mit $NaBH_4$ unter Red. der Aldehydgruppe *zwei isomere Prodd. von den FF. 212—214* bzw. *320—234°*, bei der OPPENAUER-Oxydation kein Umwandlungsprodukt. OPPENAUER-Oxydation von Desacetyl-I führt zu einem amorphen Prod., dem auf Grund von λ_{max} 275 mμ ($\varepsilon = 635$) eine Ketogruppe in 3-Stellung zugeordnet wird. Für die OCH_3-Gruppe u. die Aldehydgruppe wird in Analogie zu bekannten Cardenoliden $C_{(14)}$-· bzw. $C_{(19)}$-Stellung angenommen, für die Stellung der $COOCH_3$-Gruppe $C_{(1)}$. (J. sci. ind. Res. [New Delhi], Sect. B **16.** 477—78. Okt. 1957. Poona, Nat. Chem. Labor., Div. of Organ. Chem.)

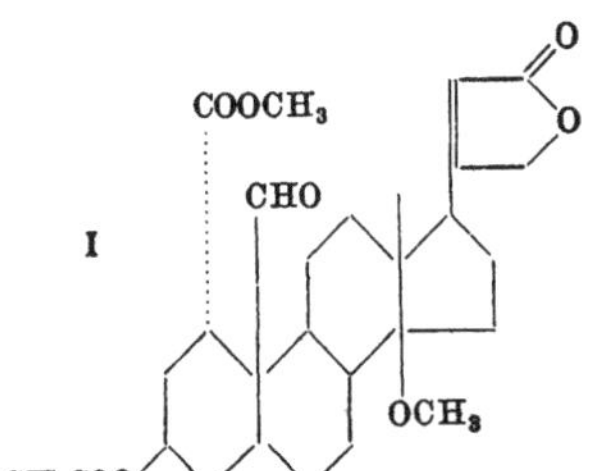

G. SCHMIDT-KASTNER. 3650

Ch. Tamm und **Alice Gubler,** *Umwandlung von Cardenoliden durch Mikroorganismen.* 2. Mitt. *Diginatigenin aus Gitoxigenin.* 3. Mitt. *über Reaktionen mit Mikroorganismen.* (1. bzw. 2. vgl. C. **1959.** 6148.) Die von MURPHY (C. **1957.** 12543) vorgeschlagene Struktur für das aus Blättern von *Digitalis lanata L.* isolierte Aglykon von Diginatin, *Diginatigenin* (I), als *3β.12β.14β.16β-Tetrahydroxy-$\Delta^{20,22}$-5β-cardenolid* wird bewiesen. Vff. erhielten bei der mikrobiol. 12β-Hydroxylierung unter Verwendung von Fusarium lini (BOLLEY) in Analogie zur Umwandlung von Digitoxigenin in Digoxigenin aus Gitoxigenin (II; 3β.14β.16β-Trihydroxy-$\Delta^{20,22}$-5β-cardenolid) in langsamer Rk. I. Bei weiteren Verss. zur mikrobiol. Oxygenierung wurde aus 3-Dehydrogitoxigenin (III) *3-Epigitoxigenin* erhalten, das auch aus II durch katalyt. Dehydrierung mit O_2 über Pt zu III u. anschließende Red. mit $NaBH_4$ gewonnen werden kann. Di-O-acetyl-II wird durch Fusarium lini nur entacetyliert, nicht hydroxyliert.

Versuche (FF. korr.): *Diginatigenin* (I; *3β.12β.14β.16β-Tetrahydroxy-$\Delta^{20,22}$-5β-cardenolid*), F. 155—156°, aus 500 mg II in Aceton durch 27tägige Bebrütung mit einer 6-Tage-Kultur von Fusarium lini in einem Saccharose–Mineralsalz-Medium bei 25—27°, Extraktion mit Chlf. u. A. u. wiederholte präparative Chromatographie an Al_2O_3 u. an Papier; Nadeln aus W., mit 84%ig. H_2SO_4 blaugrün → citronengelb (1 Min.) → chromgelb (2 Min.) → rotgelb (3 Min.) → beigefarben (20 Min.) → schmutzig-braungrün (30 Min.); 2,5 mg (Ausbeute). — *3-Dehydrogitoxigenin* (III), $C_{23}H_{32}O_5$, Doppel-F. 177 bis 178°/206—211°, aus 195 mg II mit O_2 in Ggw. von Pt (20 Std. bei 22°); Prismen aus Aceton–Ae. u. Methanol–Ae., $[\alpha]_D^{25}$ +48,5 ± 2° (c = 1,077; Chlf.); 100 mg. —

3-Epigitoxigenin, F. 241—243° (Aceton–Ae.), a) aus 32 mg III mit $NaBH_4$ in Methanol–W. (4:1; 5 Std. bei 22—25°), ½ std. Kochen des Prod. mit D-Mannit in 0,1 n H_2SO_4–CH_3OH, Kristallisation des Prod. aus Aceton–Ae., Adsorption der Mutterlaugen an Al_2O_3 u. Elution mit Chlf. u. Chlf.–CH_3OH; 14 mg (roh), daneben 3,7 mg *3-Epi-16-anhydrogitoxigenin*, F. 298—301°, Nadeln aus Aceton; b) aus III analog I (nach 36 Tagen); Prismen, $[\alpha]_D^{25}$ +48,5 ± 3° (c = 0,722; Chlf.–Methanol, 97:3). — *3-Dehydrooleandrigenin*, F. 245 bis 249°, aus 40 mg III mit Acetanhydrid–Pyridin (3 Tage bei 22°); Blättchen aus Aceton–Ae.; 15 mg. (Helv. chim. Acta **41**. 1762—69. 15/10. 1958. Basel, Univ., Organ.-chem. Anst.) G. SCHMIDT-KASTNER. 3650

B. B. Gent und **J. McKenna**, *Stereochemische Untersuchungen cyclischer Basen. 4. Mitt. Hofmann-Abbau von 6α- und 6β-Cholestanyltrimethylammoniumsalzen.* (3. vgl. C. **1959**. 9921.) Bei der Methylierung von 6β-Aminocholestan (I), nicht aber von 6α-Aminocholestan (II) mit Formaldehyd/Ameisensäure entsteht neben der *tert. Base Cholestan-6-on.* 6β-Cholestanyltrimethylammoniumsalze sind wesentlich weniger stabil als die 6α-Analogen. Diese Unterschiede beruhen wahrscheinlich auf ster. Wechsel-Wrkgg. zwischen den axialen 6β-N-Gruppen u. den angulären Methylgruppen. Bei der Rk. von Cholestan-6α-yl-p-toluolsulfonat mit Dimethylamin findet gleichzeitig WALDENsche Umkehrung statt. Beim HOFMANNschen Abbau, auch unter stark alkal. Bedingungen, von 6β-Cholestanyltrimethylammoniumsalzen entsteht fast reines *Δ^5-Cholesten* (III). Dagegen liefert die Pyrolyse von 6α-Cholestanyltrimethylammoniumhydroxyd als Hauptprod. *6α-Dimethylaminocholestan* u. wenig III u. *Δ^6-Cholesten.*

V e r s u c h e (opt. Drehungen in 1—3%ig. Lsg. in Chlf. bei 17—23°): *6α-Aminocholestan* (II), $C_{27}H_{49}N$, F. 127—129° (CH_3OH), a) aus Cholestan-6-onoxim mit Na in sd. Pentanol (1½ Std.); daneben I; b) aus 3β-Chlorcholestan-6-onoxim mit Na in sd. Cl (1½ Std.); Prismen, $[\alpha]_D$ +38°. *Hydrochlorid*, $C_{27}H_{50}ClN$, F. 300° (A.), Prismen, $[\alpha]_D$ +34°. — *6β-Aminocholestan* (I), $C_{27}H_{49}N$, F. 108° (A.), a) Nebenprod. bei der Darst. von II nach a); b) aus 6-Nitro-Δ^5-cholesten mit $LiAlH_4$ in sd. Ae. (4 Std.); c) aus Cholestan-6-onoxim mit $LiAlH_4$ in sd. Ae. (48 Std.); $[\alpha]_D$ +108°. *Hydrochlorid*, $C_{27}H_{50}ClN$, F. 190—192° (Aceton–Ae.), Prismen, opt. inaktiv. — *6β-Dimethylaminocholestan*, $C_{29}H_{53}N$, $Kp._{0,005}$ 170°, aus I mit 40%ig. CH_2O u. 98%ig. HCOOH in W. (4 Std. auf dem Dampfbad); $[\alpha]_D$ −8°; daneben *Cholestan-6-on*, F. 96° (*Oxim*, F. 195°). *Hydrochlorid*, $C_{29}H_{54}ClN$, F. 255—257° (Aceton–Chlf.) auch aus Cholestan-6α-yl-p-toluolsulfonat u. Dimethylamin (4 Tage bei 120°), daneben III; Prismen, $[\alpha]_D$ +15°. *Hydrojodid*, $C_{29}H_{54}JN$, F. 258—260°, aus Aceton Prismen. — *6β-Cholestanyltrimethylammoniumjodid*, $C_{30}H_{56}JN$, F. 120—140° (A.), aus I u. CH_3J in sd. CH_3OH in Ggw. von K_2CO_3 (6 Std. Gibt beim 3std. Kochen in Chlf. oder beim Erhitzen (3 Min. bei 170°) *Δ^5-Cholesten* (III), F. 88—89°, u. *Trimethylammoniumjodid*, $C_3H_{10}JN$, F. 230—240° (Aceton). Gibt beim 8std. Schütteln mit AgO in wss. CH_3OH III. — *6α-Dimethylaminocholestan*, $C_{29}H_{53}N$, F. 64—65° (Aceton), aus II mit CH_2O/HCOOH; Prismen, $[\alpha]_D$ +50°. *Hydrochlorid*, $C_{29}H_{54}ClN$, F. 260—265° (Chlf.–Ae.), Blättchen, $[\alpha]_D$ +41°. — *6α-Cholestanyltrimethylammoniumjodid*, $C_{30}H_{56}JN$, F. 140—200°, a) aus vorst. Verb. u. CH_3J in Aceton; b) aus II u. CH_3J in sd. CH_3OH in Ggw. von $KrCO_3$. Gibt beim Erhitzen (4 Min. bei 200—210°) vorst. Verb.; bei der Überführung in das quaternäre Hydroxyd u. dessen Zers. bei 175—195°/0,02 mm vorst. Verb., *Δ^6-Cholesten* u. III; Hydrierung des Gemisches der Cholestene über Pt in Eisessig–Ae. gibt *Cholestan*, F. 79—80° (CH_3OH). (J. chem. Soc. [London] **1959**. 137—42. Jan. Sheffield, Univ.)

WALTER SIMON. 3700

Teiichi Kanazawa, Akio Shimazaki, Tetsuo Sato und **Toshio Hoshino**, *Synthese von Ursodesoxycholsäure. Chenodesoxycholsäure* (I), F. 142—143°, durch 1std. Erhitzen von 3α.7α-Diacetoxy-12-ketocholansäuremethylester mit 80%ig. Hydrazinhydrat u. KOH in Diäthylenglykol auf 135—138° u. 5½std. Erhitzen auf 195—220°; $[\alpha]_D^{19}$ 16,61° (Chlf.); 97% (Ausbeute). — C h o l a n s ä u r e n: *3α-Hydrogensuccinoxy-7α-hydroxy-*, $C_{28}H_{44}O_7$, F. 211° (Äthylacetat), aus I u. Succinanhydrid in Pyridin; $[\alpha]_D^{23}$ 30,6° (Dioxan); 97%. *Dimethylester*, $C_{30}H_{48}O_7$, F. 89—90°, aus der Säure u. Diazomethan in Aceton; $[\alpha]_D^{23}$ 28,32° (A.); 98,5%. — *3α-Hydrogensuccinoxy-7-keto-* (II), $C_{28}H_{42}O_7$, F. 241—243° (A.), durch 3std. Oxydation vorst. Verb. mit CrO_3–Eisessig bei 15—20°; $[\alpha]_D^{23}$ 1,48° (Dioxan); 96%. *Dimethylester*, $C_{30}H_{46}O_7$, F. 154—155°, aus II mit Diazomethan in Aceton; $[\alpha]_D^{24}$ 4,65° (Dioxan). — *3α-Hydroxy-7-keto-* (III), F. 201—201,5° (Methanol), a) durch 2std. Erhitzen von II mit A. u. 10%ig. NaOH; b) durch Oxydation von 2,1 g I mit K-Chromat in Essigsäure in Ggw. von K-Acetat bei 10—15°; 2 g; c) aus 3,5 g I u. N-Bromsuccinimid in Aceton bei 15—20°; $[\alpha]_D^{20}$ −30,9° (A.); 3,4 g. *Methylester* (IV), $C_{25}H_{40}O_4$, F. 103—104° (PAe.), aus III, Methanol u. H_2SO_4; $[\alpha]_D^{22}$ −27,2° (A.). — *Ursodesoxycholsäure* (V), $C_{24}H_{40}O_4$, F. 196—197° (Äthylacetat u. verd. A.), a) durch Red. von III mit Na in sd.

n-Propanol; $[\alpha]_D^{27}$ 53,20° (A.); 96%; b) analog in Methanol; 52%; c) in A.; 92%; d) in Isopropanol; 87%; e) in n-Butanol; 95%. *Diformylderiv.*, $C_{26}H_{40}O_6$, F. 167—168°, aus V u. Ameisensäure. — Red. von 0,4 g III mit H_2 an PtO_2 in Ggw. von Na-Äthylat → I (0,5 g). — Red. von III nach MEERWEIN-PONNDORF → V (25,5%) u. I (71,5%). — Red. von IV mit $NaBH_4$ bei 25° in A. in 20 Min. → I (96,5%). — Red. von 3.7-Diketocholansäure (F. 145°) mit Na in absol. Butanol → V (40%). (J. chem. Soc. Japan, pure Chem. Sect. [Nippon Kagaku Zassi] **76**. 297—301. März 1955. Tokyo, TH. [Orig.: japan.])
L. SCHULER. 3700

Chin Chang, *Untersuchungen über kondensierte Ringsysteme.* 1. Mitt. *Reaktion von 1-Keto-2-methyl-7-methoxy-1.2.3.4-tetrahydrophenanthren mit γ-Bromcrotonsäuremethylester. Synthese von dl-Homoequilenin und Abbau von dessen Methyläther zu dl-Equilenin.* Inhaltlich ident. mit der C. **1956**. 7248 referierten Arbeit. (Sci. sinica **4**. 547—53. Dez. 1955. Peking, Petroleum Inst. [Orig.: engl.]) G. REISNER. 3750

Alfred Schubert und **Rudolf Siebert,** *Mikrobielle Oxydation von Steroiden in 12- und 15-Stellung.* (Vgl. C. **1959**. 4855.) Bei der mikrobiol. Hydroxylierung unter Verwendung des Pilzes *Calonectria decora* wird aus 3β-Hydroxy-Δ^5-pregnen-20-on *12β.15α-Dihydroxyprogesteron* (I), aus Pregnan-3.20-dion (II) *12β.15α-Dihydroxypregnan-3.20-dion* (III), aus Allopregnan-3.20-dion (IV) *12β.15α-Dihydroxyallopregnan-3.20-dion*, aus 11α-Hydroxypregnan-3.20-dion (V) *11α.15α-Dihydroxypregnan-3.20-dion* u. aus 11α-Hydroxyallopregnan-3.20-dion (VI) *11α.15α-Dihydroxyallopregnan-3.20-dion* erhalten. Die Verbb. lassen sich mit CrO_3 in Eisessig zu den entsprechenden *Tetraonen* oxydieren. Die Δ^4-Doppelbindung übt auf den Verlauf der enzymat. Hydroxylierung keinen Einfl. aus. Bei der katalyt. Hydrierung von I entsteht in 97%ig. Ausbeute III.

V e r s u c h e (opt. Drehungen in Chlf.): *12β.15α-Dihydroxypregnan-3.20-dion* (III), $C_{21}H_{32}O_4$, F. 225—231°, aus II durch Hydroxylierung (vgl. l. c.); Prismen aus Aceton, $[\alpha]_D^{23}$ +56°; 44% (Ausbeute). — *Pregnan-3.12.15.20-tetraon*, $C_{21}H_{28}O_4$, F. 226—232°, aus III mit CrO_3 in Eisessig (vgl. l. c.); flache Stäbchen aus Isopropanol, $[\alpha]_D^{23}$ +80°; 30%. — *12β.15α-Dihydroxyallopregnan-3.20-dion*, $C_{21}H_{32}O_4$, F. 253—257°, aus IV analog III; Blättchen aus Aceton, $[\alpha]_D^{23}$ +70° (Methanol); 40%. — *Allopregnan-3.12.15.20-tetraon*, $C_{21}H_{28}O_4$, F. 203—212°, aus vorst. Verb. durch CrO_3-Oxydation; stark lichtbrechende kurze Säulen, $[\alpha]_D^{23}$ +147° (Methanol). — *11α.15α-Dihydroxypregnan-3.20-dion*, $C_{21}H_{32}O_4$, F. 175—176°, aus V analog III; Stäbchen aus Aceton, $[\alpha]_D^{23}$ +108,5°; 40%. — *Pregnan-3.11.15.20-tetraon*, $C_{21}H_{28}O_4$, F. 224—228°, aus vorst. Verb. durch CrO_3-Oxydation; Rhomben aus Isopropanol, $[\alpha]_D^{23}$ +130°. — *11α.15α-Dihydroxyallopregnan-3.20-dion*, $C_{21}H_{32}O_4$, F. 208—210°, aus VI analog III; Prismen aus Aceton, $[\alpha]_D^{23}$ +105°; 60%. — *Allopregnan-3.11.15.20-tetraon*, $C_{21}H_{28}O_4$, F. 248—250°, aus vorst. Verb. durch CrO_3-Oxydation; dreieckige Kristalle aus Isopropanol, $[\alpha]_D^{23}$ +153°. (Chem. Ber. **91**. 1856—60. 15/9. 1958. Jena, VEB Jenapharm, Wiss. Labor.)
G. SCHMIDT-KASTNER. 3750

Alfred Schubert, Dieter Onken, Rudolf Siebert und **Karl Heller,** *Mikrobielle Hydroxylierung von Steroiden in 9- und 14-Stellung.* (Vgl. vorst. Ref.) Bei der mikrobiol. Hydroxylierung von Progesteron unter Verwendung eines *Circinella*-Stammes entstehen *9α-Hydroxyprogesteron* (I), *14α-Hydroxyprogesteron* (II) u. *9α.14α-Dihydroxyprogesteron* (III). Analog kann III auch aus I oder II hergestellt werden. Die Konst. von I wird durch Hydrierung zu *9α-Hydroxyallopregnan-3.20-dion* (IV) u. *9α-Hydroxypregnan-3.20-dion* u. Dehydratisierung von IV-*Tosylat* zu *$\Delta^{9,11}$-Allopregnen-3.20-dion* bewiesen, das auch aus 11α-Tosyloxyallopregnandion durch Abspaltung der Tosyloxygruppe erhältlich ist.

V e r s u c h e (opt. Drehungen in Chlf.): *14α-Hydroxyprogesteron* (II), F. 185—188°, aus 34 g Progesteron bei der mikrobiol. Hydroxylierung mit einem Circinella-Stamm (vgl. C. **1959**. 4855) u. Chromatographie; Prismen aus Aceton, $[\alpha]_D^{25}$ +190°; 1,3 g (Ausbeute) neben 17,4 g *9α-Hydroxyprogesteron* (I), $C_{21}H_{30}O_3$, F. 190—192°, Nadeln aus Aceton, $[\alpha]_D^{25}$ +204°, u. 3,5 g III. — *9α.14α-Dihydroxyprogesteron* (III), $C_{21}H_{30}O_4$, F. 272—273°, a) aus 2 g II analog II; 50 mg; b) aus 500 mg I analog II; Nadeln aus Aceton, $[\alpha]_D^{25}$ +179°; 230 mg. — *9α-Hydroxypregnan-3.20-dion*, $C_{21}H_{32}O_3$, F. 152—155° (Aceton), aus 900 mg I mit H_2 über $Pd/CaCO_3$ in Methanol; $[\alpha]_D^{25}$ +207°; 200 mg neben 650 mg *9α-Hydroxyallopregnan-3.20-dion* (IV), $C_{21}H_{32}O_3$, F. 252—253° (Aceton); $[\alpha]_D^{25}$ +207°. — *$\Delta^{9,11}$-Allopregnen-3.20-dion*, F. 203—205°, aus 100 mg IV mit p-Toluolsulfonsäure in sd. Bzl. (3 Std.); $[\alpha]_D^{25}$ +113°; 60 mg. (Chem. Ber. **91**. 2549—52. 15/11. 1958.)
G. SCHMIDT-KASTNER. 3750

William G. Dauben, Ian Bell, Thomas W. Hutton, George F. Laws, Alfred Rheiner jr. und **Hans Urscheler,** *Struktur von Suprasterin II.* Für *Suprasterin II*, einem Bestrahlungsprod. von Vitamin D_2, wird die Konst. I wahrscheinlich gemacht.

I ergibt bei der Hydrierung über Pd/$CaCO_3$ *22-Dihydrosuprasterin II* (II), F. 120—121°, λ_{max} 210 mμ (ε = 7100), bei der Oxydation mit OsO_4 ein *Triol*, F. 248—256°, ν_{max} 970 cm^{-1}, bei dessen Hydrierung eine *22-Dihydroverb.*, F. 232—233°, keine Absorption im UV, entsteht. Oxydation von II mit CrO_3/H_2SO_4 in Aceton führt zu einem öligen *Keton* (keine Absorption oberhalb 220 mμ), das bei der Chromatographie über Al_2O_3 *22-Dihydroisosuprasteron II*, F. 125—126°, λ_{max} 268 mμ (ε = 19200); *Semicarbazon*, F. 234—235° (Zers.), liefert. OsO_4-Oxydation von Tetrahydrosuprasterin II, F. 99—100°, ergibt ein *Triol*, F. 180—182°, Oxydation mit CrO_3/H_2SO_4 in Aceton ein nichtkonjugiertes *Keton*, das bei der Chromatographie über Al_2O_3 *Tetrahydroisosuprasteron II*, F. 66—68°, λ_{max} 242 mμ (ε = 14600); *Semicarbazon*, F. 233—234° (Zers.), liefert. Die Bldg. eines *Esters* bei der Ozonisierung u. Methylierung dieses Ketons weist auf eine 3fach substituierte Doppelbindung hin, die exocycl. zu einem 6-gliedrigen Ring steht u. zu einer Ketogruppe konjugiert ist. (J. Amer. chem. Soc. **80**. 4116—17. 5/8. 1958. Berkeley, Calif., Univ., Dep. of Chem.)

HO I

G. SCHMIDT-KASTNER. 3800

J. Weichet, L. Bláha und **B. Kakáč,** *Untersuchungen in der Gruppe der Vitamine K und E. 6. Mitt. Über die Darstellung von 2.5.7.8-Tetramethyl-2-[β-carboxyäthyl]-6-hydroxychroman und dessen Oxydationsprodukt.* Inhaltlich ident. mit der C. **1959**. 8904 referierten Arbeit. (Collect. czechoslov. chem. Commun. **24**. 1689—94. Mai 1959. [Orig.: deutsch.]) W. BARZ. 3800

J. L. Hartwell und **A. W. Schrecker,** *Die Chemie von Podophyllum.* Übersicht über Geschichte, Darst., Verwendung, biol. Wirksamkeit u. Chemie der Podophyllum-inhaltsstoffe, bes. von Podophyllotoxin, Desoxy-, Dehydro-, 4'-Desmethylpodophyllotoxin, α- u. β-Peltatin, Sikkimotoxin, den Lignanglucosiden, ion. Derivv. u. Flavonolen, sowie deren UV- u. IR-Absorptionsspektren. — 13 Tabellen u. 227 Literaturangaben. (Fortschr. Chem. org. Naturstoffe [Wien] **15**. 83—166. 1958. Bethesda, Md.)

S. HUNECK. 3950

Judith Eisenbeiss und **H. Schmid,** *Struktur des Erosnins (Norton und Hansberrys „Compound I").* Die Konst. der von NORTON u. HANSBERRY (C. **1947**. I. 65) aus Pachyrrhizus erosus isolierten *Verbindung I*, für die die Bezeichnung *Erosnin* vorgeschlagen wird, als *3.4-Methylendioxyfurano-[3.2:g]-cumarono-[3.2:c]-cumarin* (I) wurde durch Aufspaltung mit $(CH_3)_2SO_4$ u. Alkali zu *2-[6'-Methoxycumaronyl-(5')]-5.6-methylendioxycumaron-3-carbonsäure*, Hydrierung u. Decarboxylierung zu *2-[6'-Methoxycumaranyl-(5')]-5.6-methylendioxycumaron* (II) u. Ozonolyse zu *6-Methoxycumaran-5-carbonsäure-2'-formyl-4'.5'-methylendioxyphenylester* bewiesen. — IR- u. UV-Spektren s. Original.

O O CH_2 O O O O I

Versuche (FF. korr.): *Erosnin* (I), $C_{18}H_8O_6$, Zers. >350°, durch Kristallisation von 2,7 g rohem I aus Pyridin u. Sublimation bei 230—250° (Bad)/0,02 Torr; hellgelbe Nadeln; 715 mg (Ausbeute); die Lsg. in Methylcellosolve fluoresciert im UV intensiv blau; GIBBS-Test negativ; gibt bei Dest. mit H_3PO_4 *CH_2O* (Nachweis mit Chromotropsäure). — *2-[6'-Methoxycumaronyl-(5')]-5.6-methylendioxycumaron-3-carbonsäure*, $C_{19}H_{12}O_7$, F. 265—268° (Zers.), durch Lösen von 200 mg I in sd. methanol. KOH unter N_2, Zugeben von W., Abdestillieren des CH_3OH u. Zugeben von $(CH_3)_2SO_4$ u. verd. KOH (3 Std.), Erhitzen auf 80° (2 Std.) u. Ansäuern; nach Sublimation bei 180—200°/0,02 Torr Nadeln; 100 mg; $FeCl_3$-Rk. negativ. — *2-[6'-Methoxycumaranyl-(5')]-5.6-methylendioxycumaron-3-carbonsäure*, $C_{19}H_{14}O_7$, F. 244—247° (Zers.), aus 200 mg vorst. Verb. u. H_2 an Rh-Kohle in Methylcellosolve bei 23° u. 714 Torr (1¼ Std.); nach Sublimation bei 190—210°/0,02 Torr Nadeln; 195 mg. — *2-[6'-Methoxycumaranyl-(5')]-5.6-methylendioxycumaron* (II), $C_{18}H_{14}O_5$, F. 183—185°, aus 100 mg vorst. Säure u. Diäthylanilin bei 240° im Rohr (4½ Std.); nach Sublimation bei 160—170°/0,02 Torr Plättchen; 72 mg. — *6-Hydroxycumaran-5-carbonsäure*, $C_9H_8O_4$, F. 198—201° (Zers.), aus 6-Hydroxy-5-formylcumaran u. Ag_2O in verd. NaOH bei 55—60° (2½ Std.); aus W.-Aceton-Stäbchen; 65%; $FeCl_3$-Rk. in A. dunkelviolett. — *6-Methoxycumaran-5-carbonsäure*, $C_{10}H_{10}O_4$, F. 162—163,5°, aus vorst. Säure u. $(CH_3)_2SO_4$ in verd. KOH, Zugeben von CH_3OH u. 1½std. Kochen; nach Sublimation bei 140—150°/0,01 Torr Nädelchen; 55%. *2-Formyl-4.5-methylendioxyphenylester*, $C_{18}H_{14}O_7$, F. 191—192°, a) aus der Säure u. $SOCl_2$ u. Rk. des krist. *Säurechlorids* mit 6-Hydroxypiperonal (F. 128—129°) in Chlf.-Pyridin bei —10° (2 Std.) u. 12std. Stehen bei 20°; 32%; b) aus 100 mg II u. O_3 in Äthylacetat, Red. des Ozonids mit Zn-Staub, Hydrochinon u. $AgNO_3$ in sd. W.,

Chromatographie des Rohprod. in Bzl.-Pentan (1:1) an neutralem Al_2O_3 u. Sublimation bei 170—180°/0,01 Torr; 10 mg; Nadeln. (Helv. chim. Acta **42.** 61—66. 2/2. 1959. Zürich, Univ., Chem. Inst.) F. HELLER. 3950

D. Makromolekulare Chemie.

A. E. Worthington, P. C. Marx und **Malcolm Dole,** *Calorimetrie von Hochpolymeren.* 3. Mitt. *Ein neuer Typ von adiabatischem Mantel und Calorimeter.* (2. vgl. C. **1954.** 6505.) Eine neue App. zur Messung der spezif. Wärmen von Hochpolymeren im Bereich von —20 bis 300° wird beschrieben. Die Eichung mit Al_2O_3 erbrachte eine mittlere Genauigkeit von $\pm 0{,}07\%$; die Unsicherheit einer einzelnen Messung beträgt aber bis 160° $\pm 0{,}1\%$ u. kann bei 300° $\pm 0{,}5\%$ erreichen. (Rev. sci. Instruments **26.** 698—702. Juli 1955.) R. SCHÄFF. 4000

Matatiahu Gehatia, *Die Auswertung des Molekulargewichtes der Makromolekeln aus dem maximalen Gradienten der experimentellen Kurve der Ultrazentrifuge.* Die Meth., den Quotienten Sedimentationskonstante/Diffusionskonstante unmittelbar aus den durch Messungen mit der Ultrazentrifuge gewonnenen Werten der Maximalgradienten zu ermitteln, wird erläutert. (Naturwissenschaften **46.** 108. 1. Febr.-H. 1959. Frankfurt/M., Univ., Inst. Veget. Physiol.) R. SCHÄFF. 4000

André Conix, *Isomerieerscheinungen bei Polymeren.* Beschreibung der Strukturisomerie u. Stereoisomerie von Polymeren u. der Isomerie von Polydienen. (Meded. vlaamse chem. Veren. **20.** 102—13. Mai/Juni 1958. Antwerpen-Mortsel, Gevaert Photo-Producten.) W. WESLY. 4000

Junji Furukawa, *Eine Interpretation der anionischen Polymerisation.* Zusammenfassung der Arbeiten des Vf. auf dem Gebiet der anion. Polymerisation. — 29 Literaturangaben. (Kagaku-no-Ryôiki [J. Jap. Chem.] **12.** 85—97. Febr. 1958. Kyôto, Univ., Techn. Fak. [Orig.: japan.]) E. MAEKAWA. 4000

S. W. Hawkins und **H. Smith,** *Die Fraktionierung von Polyäthylen.* Von den 4 Polyäthylenproben, ZIEGLER-*Polyäthylen* Laboratoriumsprobe (I, Zahl β der CH_3-Gruppen/100 C = 1,1), ICI-*Polyäthylen* (II, $\beta = 0{,}9$) hoher D. (bei hohem Druck hergestellt), *Hostalen* (III, $\beta = 0{,}6$), *Marlex* (IV, $\beta < 0{,}2$) u. *Hochdruckpolyäthylen* (V, $\beta = 2{,}3$) wurden nach der von DESREUX u. SPIEGELS (vgl. C. **1950/54.** 2487 S) angegebenen Meth. (Extraktionsmeth., Variation der Temp. der Lsg.) die Verteilungskurven aufgenommen. Das Mol.-Gew. M_n der Fraktionen wurde nach der Meth. von SMITH (vgl. Trans. Faraday Soc. **52.** [1956.] 402) ebullioskop. in p-Xylol bestimmt. Ferner wurden der C=C-Geh. u. die Zahl β der Fraktionen durch IR-Analyse sowie die D. u. der Kristallisationsgrad α ermittelt. In I—IV fallen D., α u. β mit steigendem M_n ab; $\beta \cdot M_n$ nimmt bei I, II u. III mit M_n zu. Der Vgl. von V mit I—IV zeigt, daß die Löslichkeit stärker durch β als durch M_n bestimmt wird. Bei gleichem M_n ist α kein brauchbares Maß für die Löslichkeit. Die Zahl der $CH=CH_2$-Endgruppen in IV beträgt 0,5 pro Mol. Unterschiede zwischen den ebullioskop. u. osmot. bestimmten M_n-Werten werden auf die Diffusion von niedermol. Anteilen bei der Osmose zurückgeführt. Insgesamt folgt aus den Verss., daß die Eigg. von I—IV im Vgl. zu denen von V mehr von β als von M_n oder der M-Verteilung bestimmt werden. (J. Polymer Sci. **28.** 341—53. März 1958. Winnington, England, ICI. Ltd., Res. Dep.) O. FUCHS. 4010

Roger S. Porter und **Julian F. Johnson,** *Abbau von Polyisobuten in laminarer Strömung.* Unter Verwendung eines Zylinderviscosimeters wurde der durch mechan. Kräfte hervorgerufene Abbau von hochpolymerem *Polyisobuten* in 10%ig. Lsgg. von Cetan bei hohen Schergeschwindigkeiten zwischen 5000 u. 34000 sec^{-1} bei 25, 40 u. 80° untersucht. Die Versuchsanordnung garantiert laminare Strömung, durch Verbesserung der Meßtechnik konnten Schergeschwindigkeiten u. Tempp. genau eingehalten u. bestimmt werden. Der Abbauprozeß geht ziemlich schnell vonstatten u. endet bei allen 3 Tempp. bei gleichen mittleren Mol.-Geww. der Polymeren in Abhängigkeit vom Scherdruck. Diese Gleichgewichts-Mol.-Geww. sind für gegebene Scherdrucke charakterist. u. nehmen bei steigenden Drucken linear mit diesen ab. (J. physic. Chem. **63.** 202—05. Febr. 1959. Richmond, Calif., California Res. Corp.) W. WAGNER. 4010

J. H. S. Green, *Kohäsionsenergiedichte von Polystyrol.* Unterss. an *Polystyrol*-Lsgg. [Chlf., Bzl., Tetrahydrofuran, Toluol (I), Dioxan, Nitrobenzol, n-Propylacetat, Butanon (II)] zur Best. der Kohäsionsenergiedichte δ von Polystyrol (75 ± 2 cal/cm^3) wurden durchgeführt u. mit Messungen von BRISTOW u. WATSON (Trans. Faraday Soc. **54.** [1958.] 1742) verglichen. Werte der Polymerisat–Lösungsm.-Wechselwirkungskonstante werden Literaturdaten nach verschied. Methoden gegenübergestellt. Ferner wurde die Abhängigkeit dieser Konstante vom Mol.-Gew. bei 25° in Bzl., I u. II untersucht (Zunahme mit abnehmendem Mol.-Gew.). δ scheint nicht vom Mol.-Gew. abzuhängen. (Nature [London] **183**. 818—19. 21/3. 1959. Teddington, Middlesex, Nat. Chem. Labor.) R. Schäff. 4010

Isao Okamura, Moriya Uchida und **Hideo Nagao,** *Eigenschaften der Copolymerisate aus Acrylonitril.* Die Eignung der durch Emulsionspolymerisation erhaltenen Copolymerisate (**C**) von Acrylonitril (**I**) für Kunstfasern wird untersucht. **C** mit Vinylidenchlorid (**II**) sind wärmebeständig u. laufen in sd. W. am wenigstens ein. In dieser Hinsicht sind **C** mit Vinylacetat (**III**) u. Acrylsäuremethylester (**IV**) am wenigsten geeignet. Im allg. sind die **C** weniger wärmebeständig als die entsprechenden Mischungen der einzelnen Polymerisate. Die **C** mit **II**, Styrol, **III**, **IV** u. Methacrylsäuremethylester sind lösl. in Aceton. Das Ausfallen der nichtemulgierten Prodd. bei der Polymerisation von **I** wird durch Zusatz von ca. 5% **III** oder **IV** vermieden; die unter diesen Bedingungen erhaltenen Prodd. sind noch wie Polyacrylonitril wärmebeständig u. laufen in sd. W. wenig ein. (J. chem. Soc. Japan, ind. Chem. Sect. [Kōgyō Kagaku Zassi] **60**. 773—81. Juni 1957. [Orig.: japan.]) E. Maekawa. 4010

C. H. Bamford A. D. Jenkins und **R. Johnston,** *Untersuchungen über die Polymerisation.* 11. Mitt. *Reaktionen zwischen polymeren Radikalen und Eisen(III)-chlorid in nichtwässerigen Lösungen.* (10. vgl. C. **1959**. 8183.) Unterss. über die Polymerisation von *Acrylonitril* (I), *Methacrylonitril* (II) u. *Styrol* (III) in N.N-Dimethylformamid von 60° in Ggw. von $FeCl_3$ u. Azo-bis-isobutyronitril oder $\gamma.\gamma'$-Azo-bis-γ-cyanvaleriansäure als Katalysatoren zeigen, daß die Radikale mit $FeCl_3$ unter Red. zu $FeCl_2$ reagieren. Die Geschwindigkeitskonstanten der Rkk. werden auf Grund von kinet. Beobachtungen berechnet. Styrylradikale reagieren rascher mit $FeCl_3$ als **I**- oder **II**-Radikale. Eine Darst. der verzögerten Rkk. wird auf die **III**-Polymerisation angewandt. (Proc. Roy. Soc. [London], Ser. A. **239**. 214—29. 26/2. 1957. Maidenhead, Berks., Courtaulds Ltd., Res. Labor.) W. Wesly. 4010

M. L. Miller, *Block- und Pfropfpolymere.* 1. Mitt. *Pfropfpolymere aus Acrylamid und Acrylonitril.* Zur Darst. der Pfropfpolymeren durch Kettenübertragung wurde das Stammpolymere in 65—70% ig. $NaClO_4$-Lsg. gelöst, das zweite Monomere hinzugefügt u. die Pfropfung bei 55° in Ggw. eines Persulfat–Bisulfit-Katalysators ausgeführt. Sowohl *Polyacrylonitril* (*PAN*) als auch *Polyacrylamid* (*PAA*) konnten als Stammpolymeres verwendet werden. Es wurden so ca. 50% Pfropfpolymeres mit 1—6,5 aufgepfropften Seitenketten je Mol. erhalten. Eine zweite Meth. besteht darin, daß PAN oder PAA mit 1—3 Mol *α-Chloracrylonitril* copolymerisiert wird. Das Copolymerisat wird in 66—70% ig. $NaClO_4$-Lsg. oder 50% ig. NaSCN-Lsg. gelöst u. mit Zugabe des zweiten Monomeren 2—4 Std. lang bei 25—35° in einer Quarzröhre bestrahlt. — Das Reaktionsgemisch wurde in Methanol gegossen u. der Nd. abwechselnd mit heißem W. u. heißem Dimethylformamid ausgewaschen. Das Pfropfpolymere ist in beiden nicht lösl., wohl aber in Dimethylsulfoxyd u. konz. Salz-Lsgg.; sie sind also nicht vernetzt. Seine Grenzviscosität ist größer als die des Stammpolymeren, aber geringer als die eines idealen Gemischs der beiden entsprechenden Homopolymeren von gleichem Mol.-Gew., was wegen der verzweigten Natur zu erwarten ist. Mit zunehmender Zahl der Pfropfungen nimmt der Erweichungspunkt ab u. nähert sich dem des 50:50-Copolymeren. (Canad. J. Chem. **36**. 303—08. Febr. 1958. Stamford, Conn., Amer. Cyanamid Comp., Stamford Labor., Res. Div.) S. Neue. 4010

M. L. Miller, *Block- und Pfropfpolymere.* 2. Mitt. *Blockpolymere aus Acrylamid und Acrylonitril sowie aus Acrylamid und Acrylsäure.* Verss. mit Bestrahlung von Acrylonitril (I) u. dessen Gemischen mit $CHBr_3$ bzw. CH_2Br_2 bzw. C_2H_5Br mit einer G.E.-Sonnenlampe durch 5 mm starkes Fensterglas hindurch u. ohne Glas zeigten, daß m i t Glas ein Br-Atom nur aus $CHBr_3$ abgespalten wird, o h n e Glas nach einer halben Std. auch aus CH_2Br_2. Durch Bestrahlung eines Gemischs aus **I** u. $CHBr_3$ (5:3 Raumteile) mit einer G.E.-Sonnenlampe durch gewöhnliches Glas hindurch (12 mal je 15 Min. lang mit nachfolgender Kühlung) wird *Polyacrylonitril* (*PAN*) erhalten. Dieses wurde nach Ausfällen mit CH_3OH, Waschen u. Trocknen in sauerstofffreier NaSCN-Lsg. gelöst, *Acrylamid* (**II**) hinzugefügt u. ohne Glas bei 30—50° belichtet. Unabhängig von der **II**-Menge hat das Prod. stets die gleiche Zus.: 60% Nitril u. 40% Amid. Blockpolymere aus *Polyacrylsäure* (PAS) u. PAN wurden durch Bestrahlen von Gemischen aus Acrylsäure u. $CHBr_3$ während $^3/_4$—$1^1/_2$ Std. hergestellt. Das Prod. wird fest, bleibt aber wasserlöslich. Nach Waschen mit Bzn. wurde in W. gelöst u. nach Zugabe von **II** bestrahlt (ohne Abschirmung durch Glas), u. zwar 2 Std. bei 25—35°; das Prod. wurde mit Dioxan ausgefällt. — Die Übereinstimmung der gemessenen Grenzviscosität der Prodd. mit der nach einem entsprechenden Gemisch der Homopolymeren berechneten ist gut. Dagegen ist die lineare

Grenzviscosität der entsprechenden linearen Copolymeren mit statist. Verteilung höher. Die Erweichungspunkte der statist. Copolymeren von **I** u. **II** zeigen ein tiefes Minimum bei einem Geh. von 60% **I**, während diejenigen der Blockpolymeren in der graph. Darst. in der Nähe der Verbindungslinie der Werte für die Homopolymeren liegen. (Canad. J. Chem. **36**. 309—14. Febr. 1958.) S. Neue. 4010

Takayuki Fueno, Hiroshi Okamoto, Teiji Tsuruta und **Junji Furukawa,** *Quaternäre Ammoniumsalze als Initiatoren für die Vinylpolymerisation.* Quaternäre Ammoniumsalze aus tert. Aminen, wie Dimethylanilin (I), Triphenylamin, N-Methyl-N-benzylanilin, N.N-Dibenzylanilin u.a., u. verschied. Arylmethylchloride wie p-Chlor-, p-Methyl-, p-Methoxy-, p-Nitrobenzylchlorid, p-Xylylendichlorid u. 1-Chlormethylnaphthalin sowie Chlordimethyläther sind fähig, die Polymerisation von Vinylverbb., wie *Methacrylsäuremethyl-*, *Acrylsäuremethylester* u. *Styrol*, einzuleiten, während jeder Bestandteil für sich die Wrkg. nicht zeigt. Die quartären Ammoniumsalze mit größerer Bildungsgeschwindigkeit haben im allg. auch größere Initiatorfähigkeit. In allen Fällen wurde die von diesen Salzen angeregte Polymerisation durch Zusatz von wenig Hydrochinon oder p-Benzochinon vollkommen inhibiert. Die bin. Gemische aus einem der Amine u. einem der Arylmethylchloride zeigten ähnliche Wrkg., die auf der prim. erfolgenden Ammoniumsalzbldg. beruht. Die Gemische aus niedrigeren Aminen u. Arylmethylchloriden sowie die Hydrochloride der aromat. tert. Amine haben ähnliche, jedoch viel schwächere Wirkung. — *Dimethylphenylbenzylammoniumchlorid,* $C_{15}H_{18}NCl \cdot H_2O$, aus I u. Benzylchlorid in Essigester durch Stehenlassen; aus A. durch Zusatz von Essigester; 39% Ausbeute. (J. chem. Soc. Japan, ind. Chem. Sect. [Kōgyō Kagaku Zassi] **61**. 235—40. Febr. 1958. Kyôto, Univ., Techn. Fak. [Orig.: japan.]) E. Maekawa. 4010

Walter Dannhauser, William C. Child jr. und **John D. Ferry,** *Mechanische Eigenschaften von hochmolekularen Substanzen.* 28. Mitt. *Dynamisch-mechanische Eigenschaften von Poly-n-octylmethacrylat.* (27. vgl. C. **1959. 14122.**) Fortführung der l. c. beschriebenen Verss. unter Verwendung von *Poly-n-octylmethacrylat* (I; Fraktion mit $M_w = 3{,}6 \cdot 10^6$, $T_g = 253^0$ K). Meßbereiche: t = —14 bis 130°, Frequenz f = 15—3600 Hz. Über die Bezeichnungen vgl. l. c. u. C. **1959.** 2828. Aus den Messungen ergeben sich folgende Werte: $c_1 = 7{,}60$, $c_2 = 227{,}3$ (je für $T_0 = 373{,}2$), $f_g = 0{,}027$, $\alpha_f = 2{,}5 \cdot 10^{-4}$ 1/G, $\log \zeta_0 = -5{,}78$ bei 100° u. 2,54 bei 20°. J′ fällt mit wachsendem fa_T ähnlich ab wie l. c. angegeben. J″ geht bei log (fa_T) = 3 durch ein flaches Maximum u. bei log(fa_T) = 10—11 durch ein Minimum (vermutlich auf β-Mechanismus zurückzuführen). Die H(τ)-Kurve von I ist im Vgl. zu der des n-Hexylpolymeren (vgl. l. c.) nach kleineren τ-Werten verschoben. Die auf 100° bezogenen Relaxations- u. Retardationsspektren der homologen Reihe der Äthyl-, n-Butyl-, n-Hexyl u. n-Octylpolymeren können weitgehend zur Deckung gebracht werden, wenn die Zahl der Makromoll. pro Volumeneinheit u. die verschied. ζ_0-Werte berücksichtigt werden u. wenn die Zeitskala auf Grund der freien Voll. der Polymeren bei 100° nach Rogers u. Mandelkern (vgl. C. **1958.** **1863**) korr. wird; nur an den Kurvenmaxima treten etwas größere Differenzen auf, die wahrscheinlich mit der von Bueche (vgl. C. **1956.** 10491) beschriebenen Änderung des Knäuelungszustandes der Makromoll. bei Änderung der Alkyllänge zusammenhängen. (J. Colloid Sci. **13**. 103—13. April 1958. Madison, Wis., Univ., Dep. of Chem.)
O. Fuchs. 4010

W. W. Daniels und **R. E. Kitson,** *Infrarotspektrum von Polyäthylenterephthalat.* Die IR-Spektren von *Polyäthylenterephthalat* (I), ketten- u. ringdeuteriertem I werden untersucht. Im letzten Prod. ist die Bande bei 13,77 μ nach 15,44 μ verschoben; sie ist somit einer nichtebenen δ-Schwingung der H-(bzw. D-)Atome des aromat. Ringes zuzuordnen. Zahlreiche Banden, vor allem der Grundschwingungen der Ester- u. Äthylengruppen, ändern ihre Intensität beim Übergang vom amorphen in den kristallinen Zustand. Als Modellsubstanz wurde *Äthylendibenzoat* untersucht, das im Gegensatz zu I auch oberhalb des F. stabil ist u. dessen Spektr. dem von I sehr ähnlich ist u. die gleichen Veränderungen zeigt. Als Ursache für die beobachteten Intensitätsänderungen wird Rotationsisomerie angesehen. Die genaue Unters. des I-Spektr. zeigt Banden, die n. Hydroxylendgruppen, COOH-Endgruppen (entstanden durch therm. Zers. von I) u. Ätherbindungen (entstanden durch Wasserabspaltung bei der I-Synth.) zuzuschreiben sind. Die Bande der $-CH_2-CH_2-OH$-Endgruppe bei 2,82 μ (teilweise überlappt durch die Wasserbande bei 2,80 μ) ändert ihre Intensität mit dem Mol.-Gew. u. kann zu dessen Best. benutzt werden, wenn eine Korrektur für die durch Zers. entstandenen COOH-Endgruppen eingeführt wird. Eine Zuordnung der beobachteten Banden ist angegeben. (J. Polymer Sci. **33**. 161—70. Dez. 1958. Kingston, N. C., E. I. du Pont de Nemours & Co., Dacron Res. Labor.) Volkmar Schmidt. 4010

P. W. Jensen, *Die Bestimmung der scheinbaren Umwandlungstemperatur zweiter Ordnung von Polymeren.* Die Elongation eines Films aus einem Hochpolymeren steigt mit wachsender Temp. zunächst an u. fällt oberhalb der Umwandlungstemp. T_g wieder ab. Der Schnittpunkt der geradlinigen Verbindung der letzten Meßpunkte unter- u. oberhalb T_g ergibt T_g. Für amorphes bzw. kristallines *Polyäthylenterephthalat* wurden so die Werte 68 u. 79° gefunden, ferner 88 ± 2° für *Polymethylmethacrylat* u. —45° für *Polyäthylen* geringer Dichte. Die Filmdicke soll mindestens 0,01 in. betragen. (J. Polymer Sci. **28.** 635—38. April 1958. Buffalo, N. Y., Du Pont de Nemours & Co., Film Dep.) O. FUCHS. 4010

J. M. R. Quistwater und **B. A. Dunell,** *Dynamisch-mechanische Eigenschaften von Nylon 66 und die plastifizierende Wirkung von Wasserdampf auf Nylon.* An Fäden von *Nylon 66* wurden der dynam. Spannungsmodul u. der Energieverlust durch Verss. mit erzwungenen longitudinalen Schwingungen der Frequenz 3—30 Hz bei verschied. relativer Feuchtigkeit u. einer Temp. von 35° bestimmt. In Abhängigkeit von der Feuchtigkeit tritt Dispersion der mechan. Eigg. ein, der Verlustfaktor tg δ zeigt ein Maximum bei ca. 70% relativer Feuchtigkeit. Vermutlich dehnt sich das Dispersionsgebiet über einen weiten Frequenzbereich aus. Ein maximaler Energieverlust tritt bei einem Geh. von ca. 0,5 Mol W. je Grundmol Nylon ein, wahrscheinlich infolge Aufhebung von Wasserstoffbindungen in den amorphen Bereichen. Die Beweglichkeit der Kettensegmente wird durch die Feuchtigkeit erhöht u. führt zu einer Weichmachung der Faser. Der dynam. Modul hat die Tendenz, mit wachsender Frequenz zuzunehmen. (J. Polymer Sci. **28.** 309—18. März 1958. Vancouver, Canada, Univ. of Brit. Columbia, Dep. of Chem.) S. NEUE. 4010

G. Zigeuner, *Abbauversuche an Harnstoff–Formaldehyd-Kondensaten.* 2. Mitt. (1. vgl. Fette, Seifen, Anstrichmittel **56.** [1954.] 973.) Die Rk. von 1 Mol Harnstoff (**I**) u. 2 Mol CH_2O in wss. KOH (Bldg. eines schwerlösl. Kondensats, **II**) u. die Veränderung von Dimethylolharnstoff in wss. K_2CO_3-Lsg. (Bldg. von Verb. **III**) u. von Monomethylolharnstoff im gleichen Medium (Bldg. von Verb. **IV**) wurden untersucht. Zum Studium des reaktiven Verh. von CH_2-Brücken in I–CH_2O-Kondensaten wurden der Methylendiharnstoff u. der N.N'-Dimethylolmethylendiharnstoff herangezogen. An Untersuchungsmethoden wurden folgende Abbau-Rkk. angewendet: Spaltung mit 2.4-Dimethylphenol im sauren Medium, mit methanol. HCl (0,6 cm^3 konz. HCl auf 100 cm^3 Methanol) u. mit Äthylmercaptan bzw. Thiophenol u. wenig HCl; alkal. Abbau einerseits in wss. $Ba(OH)_2$-Lsg. u. andererseits im gleichen Medium unter CH_2O-Zugabe. Alle genannten Rkk. führten zum Beweis der *α.α'-Diureidodimethyläther*-Struktur der Verbb. **II**, **III** u. **IV** u. sprechen eindeutig gegen die EINHORNsche Annahme einer Methylolmethylenstruktur. Nach der Elementaranalyse u. der CH_2O-Best. entspricht die Zus. der Verb. **III** der eines *α.α'-Bis-[3-methylolureido]-dimethyläthers,* der Verb. **II** einem Gemisch aus **III** u. *α-Methylolureido-α'-[1.3-dimethylolureido]-dimethyläther* u. der Verb. **IV** einem Gemisch aus *N^3-Monomethylol-α.α'-diureidodimethyläther* u. *α.α'-Diureidodimethyläther.* Anschließend berichtet Vf. über Unterss. zur Chemie der von KADOWAKI entdeckten Urone. (Fette, Seifen, Anstrichmittel **57.** 14—20. Jan. 1955. Graz, Univ., Inst. für Organ. u. Pharmazeut. Chem.) R. SCHÄFF. 4010

R. Hart und **D. Timmerman,** *Neue Polyampholyte: Die Polysulfobetaine.* Eine 20%ig. benzol. Lsg. von *4-Vinylpyridin* wurde in Ggw. von m-Dinitrobenzol (als Polymerisationsinhibitor) mit einem geringen Überschuß an 1.4-Butansulton (**I**) mehrere Std. auf 80° erhitzt. Dabei krist. *4-Vinylpyridin-N-butan-4'-sulfobetain* (**II**, $C_{11}H_{15}NO_3S$) in feinen Nadeln aus, Zers. bei 260° ohne zu schmelzen. Wird durch eine 10%ig. wss. Lsg. von **II** in Ggw. von 0,1% $K_2S_2O_8$ + 0,1% $Na_2S_2O_3$ bei Raumtemp. N_2 geleitet, so fällt *Poly-[4-vinylpyridin-N-butan-4'-sulfobetain]* (**III**) aus. **III** ist bei keinem p_H in W. lösl., aber bei Zusatz von Neutralsalz (z. B. lösl. in 0,4mol. wss. NaCl-Lsg.). Die Mindestsalzkonz. zum Lösen von **III** ist stark von der Natur des Salzes abhängig. [η] von **III** in 0,5mol. NaCl-Lsg. beträgt 0,72 dl/g bei 25°. Der p_H-Wert der 0,021mol. Lsg. von **III** in 0,4mol. NaCl-Lsg. beträgt 4,10; bei Zusatz von nur 0,012 Mol NaOH zu einem Grundmol von **III** erhöht sich p_H auf 7,2. Die **III**-Lsg. wird oberhalb p_H 9 grün. **III** läßt sich auch durch Umsetzen von **I** mit Poly-4-vinylpyridin in sd. Cyclohexanon herstellen, nur verläuft so die Sulfoalkylierung nicht vollständig. Auch *Poly-[2-vinylpyridin-N-butan-4'-sulfobetain]* (**IV**) wurde nach letzterer Meth. erhalten. η_{red} der 1%ig. Lsg. von **III** in 0,42mol. wss. NaCl-Lsg. beträgt bei den in () genannten p_H-Werten: 1,25 (2,5), 0,70 (7,2), 0,59 (9,8). **IV** verhält sich bei p_H 2 u. 7,7 wie ein Polyelektrolyt, bei p_H 11 wie ein Nichtelektrolyt. (J. Polymer Sci. **28.** 638—40. April 1958. Mortsel, Antwerp, Gevaert Photo-Producten N. V., Chem. Res. Dep.) O. FUCHS. 4010

Fumio Hirata, Toshio Takiguchi und **Yasuaki Nakaido,** *Co-Hydrolyse von Gemischen aus Methylchlorsilanen mit dem CH_3/Si-Verhältnis 1,5—1,1.* Gemische aus $(CH_3)_2 \cdot SiCl_2$ u. CH_3SiCl_3 wurden als Gas in W., in dem sich einige Körnchen $CaCO_3$ zum Puffern der Acidität der Lsg. auf ca. 0,5n befanden, eingeleitet u. dadurch hydrolysiert.

Gemische mit dem CH_3/Si-Verhältnis 1,5—1,3 gaben bei 0—28° ölige Prodd. mit Mol.-Geww. von 700—800, solche mit dem CH_3/Si-Verhältnis 1,2—1,1 gaben nur bei 0° u. bei 0,5n Acidität ölige Prodd. mit Mol.-Geww. von 4000—8000, die sich bei Zimmertemp. zum *Methylpolysiloxangel* polymerisierten. (J. chem. Soc. Japan, ind. Chem. Sect. [Kōgyō Kagaku Zassi] **61.** 104–06. Jan. 1958. Kiryû, Gunma-Daigaku. [Orig.: japan.]) E. MAEKAWA. 4010

N. Prentice, L. S. Cuendet, W. F. Geddes und **F. Smith,** *Die Konstitution eines Glucomannans aus den Urediosporen des Weizenstengelrosts (Puccinia graminis tritici).* Vff. isolieren aus einer Suspension der Urediosporen des Weizenstengelrosts (Puccinia graminis tritici) in 60%ig. KOH-Lsg. durch 4std. Kochen, Neutralisation mit Essigsäure u. Fällung mit A. ein rohes *Glucomannan* (I), das einer Acetylierung (Essigsäureanhydrid/Pyridin) unterworfen wird. Das aus Chlf. mit PAe. gefällte I-*Acetat* ($C_{12}H_{16}O_8$, $[\alpha]_D^{22}$ —68,6° [c = 0,5; Chlf.]) läßt sich durch Fällung mit steigenden Mengen PAe. in 12 Fraktionen mit $[\alpha]_D$-Werten zwischen —64 u. —75° aufteilen, woraus hervorgeht, daß die Hauptmenge des I-Acetats homogen ist. Entacetylierung in Aceton mit 20% ig. NaOH (30 Min. bei 60°) liefert reines I ($[\alpha]_D^{25}$ —80° [c = 1; W.]), das durch Hydrolyse (n-H_2SO_4 unter Rückfluß, 3 Std.) geringe Mengen *D-Glucose* (II) u. große an *D-Mannose* (III) sowie ein Mannoseoligosaccharid liefert. Methylierung des I-Acetats in Aceton (Dimethylsulfat/NaOH u. Ag_2O/CH_3J) ergibt ein *methyliertes* I ($[\alpha]_D^{25}$ —69° [c = 0,6; Chlf.]; 45,9 bis 46,4% CH_3O), das beim Abbau (2% ig. methanol. HCl, 10 Std. bei 100° u. n-HCl, 7 Std. bei 100°) folgende Methylzucker ergibt, die an Cellulose/Hydrocellulose getrennt werden: 3 Mol *2.3.4.6-Tetra-O-methyl-D-glucose,* $[\alpha]_D$ +84° (W.); 3 Mol *2.3.4.6-Tetra-O-methyl-D-mannose,* $[\alpha]_D$ +2,4° (W.); 52 Mol *2.4.6-Tri-O-methyl-D-mannose,* $C_9H_{18}O_6$; *Monohydrat,* F. 64°; $[\alpha]_D^{26}$ +17° (c = 2,5; W.); 52 Mol *2.3.6-Tri-O-methyl-D-mannose* [*1.4-Di-p-nitrobenzoat;* $C_{23}H_{24}N_2O_{12}$, F. 191°; $[\alpha]_D^{25}$ +32° (c = 1,0; Chlf.)]; 4 Mol einer *Di-O-methylmannose-* bzw. *-glucose*-Fraktion (A). Aus den Methylierungsverss. ergibt sich ein Verhältnis von endständigen zu nichtendständigen Resten wie 1:18. Bei der Perjodatoxydation verbraucht I 0,54 Mol des Oxydationsmittels pro Hexoserest, wobei 1 Mol HCOOH pro 21 Reste entstehen. Daraus geht hervor, daß I aus 6 endständigen, nicht reduzierenden, 52 gegen Perjodat beständigen, 1 → 3-gebundenen, 52 mit Perjodat reagierenden 1 → 4-gebundenen u. 4 3fach miteinander verknüpften Resten besteht. Die Ggw. 1 → 3-gebundener Einheiten wird dadurch bewiesen, daß das mit Perjodat oxydierte I, reines I u. durch $NaBH_4$ red. I durch Säurehydrolyse (n-HCl, 3 Std. bei 100°) nur III liefert. Aus Urediosporenhomogenaten in Bzl. werden durch Extraktion mit PAe. u. sd. 75%ig. A. u. Einengen des Auszugs zur Trockne *D-Mannit* [F. 116°; *Hexaacetat,* $C_{18}H_{26}O_{12}$, F. 125—126°; $[\alpha]_D^{25}$ +18,6° (c = 2,1; Bzl.)] bzw. (aus dem A.-Extrakt) *Glycerin* (*Tri-p-nitrobenzoat,* $C_{24}H_{17}O_{12}N_3$, F. 196°) im Verhältnis 1:4,5 isoliert. Ein Hydrolysat von Urediosporen in 72% ig. H_2SO_4 (24 Std. bei 4°) liefert folgende auf papierchromatograph. Wege (Lösungsm.: Äthylacetat/Essigsäure/W., 3:1:3) nachgewiesenen Verbb.: III; *N-p-Nitrophenyl-D-mannosylamin,* F. 220°; $[\alpha]_D^{25}$ —404° (c = 0,2; Pyridin) → —330°. *D-Arabit; Pentaacetat,* $C_{15}H_{22}O_{10}$, F. 76°; $[\alpha]_D^{25}$ +37,5° (c = 3; Chlf.). α-II; *Pentaacetat,* F. 108°, $[\alpha]_D^{25}$ +105° (c = 1; Chlf.). Die Ergebnisse zeigen, daß die nicht endständigen III-Reste (als Verzweigungspunkte) von Perjodat zwischen $C_{(3)}$ u. $C_{(4)}$ angegriffen werden u. daher an $C_{(1)}$, $C_{(2)}$ u. $C_{(6)}$ gebunden sein müssen. Daraus folgt, daß die nichtidentifizierte A eine *3.4-Di-O-methylglucose* darstellt. (J. Amer. chem. Soc. **81.** 684—88. 5/2. 1959. St. Paul, Minn., Univ. of Minnesota, Dep. of Agricult. Biochem.) O. FAHRNLAENDER. 4050

V. M. Parikh, T. R. Ingle und **B. V. Bhide,** *Untersuchungen über Kohlenhydrate.* 3. Mitt. *Untersuchung von Gummi aus Lannea grandis.* (2. vgl. J. Indian chem. Soc. **31.** [1954.] 943.) *Gummi,* den man in Klümpchen auf der Rinde von *Lannea grandis* findet, ist wasserlösl. u. wird durch Fällen mit A. als weißes Pulver mit 0,64% Asche erhalten (Äquivalentgewicht ca. 1245, OCH_3 = 2,38%). Die Hydrolyse mit 10% ig. H_2SO_4 ergibt *Galaktose* (F. 164—165°. *Methylphenylhydrazon,* F. 186°), *Arabinose* (F. 157 bis 158°. *Diphenylhydrazon,* F. 201°) u. eine *Aldobionsäure,* aus der durch Methanolyse der *Methylester* des *Methyl-4-O-methylglucuronosids* [identifiziert als *Amid,* $C_8H_{15}NO_6$, F. 234°, $[\alpha]_D$ +152° (c = 1%; W.)] gewonnen wird. Die quantitative Analyse zeigt ein Verhältnis von Galaktose : Arabinose : 4-Methylglucuronsäure = 5 : 1 : 1. (J. Indian chem. Soc. **33.** 119—21. Febr. 1956. Cuttack, Ravenshaw Coll., Mayurbhany Chem. Labor.) H. ROSSOW. 4050

V. M. Parikh, T. R. Ingle und **B. V. Bhide,** *Untersuchungen über Kohlenhydrate.* 4. Mitt. *Untersuchung über Gummi aus Lannea grandis. Die Struktur der Aldobionsäure.* (3. vgl. vorst. Ref.) Bei der Hydrolyse des *Gummis* mit 3%ig. H_2SO_4 wird durch Neutralisation mit $Ba(OH)_2$ das *Ba-Salz* einer Aldobionsäure (I) (vgl. vorst. Ref.), isoliert, das durch vollständige Methylierung mit Dimethylsulfat u. Purdies Reagens ein Prod. ergibt, das zu gleichen Teilen aus dem *Methylester* des *Methyl-2.3.4-tri-O-methylglucuronosids* (identifiziert als *Amid*, $C_{10}H_{19}NO_6$, F. 185°) u. dem *Methylester* von *Hexa-O-methyl-6-glucuronosido-β-methylgalaktosids* (II) [*Amid*, $C_{19}H_{35}NO_{11}$, F. 196° (Aceton-Ae.), $[\alpha]_D$ —24° (c = 0,25%; W.)] besteht. Die Hydrolyse von II ergibt *2.3.4-Trimethylgalaktose* u. *2.3.4-Trimethylglucuronsäure*. Damit ist die Struktur von I als *6-[4-O-Methylglucuronosido]-galaktose* bewiesen. (J. Indian chem. Soc. **33**. 125—28. Febr. 1956.) H. Rossow. 4050

R. K. Hulyalkar, T. R. Ingle und **B. V. Bhide**, *Untersuchungen über Kohlenhydrate*. 5. Mitt. *Über das Gummi aus Acacia catechu*. (4. vgl. vorst. Ref.) Das aus *Acacia catechu* (*N. O. Leguminoseae*) erhaltene *Gummi* enthält *D-Galaktose* (9 Mol), *L-Arabinose* (4 Mol), *D-Rhamnose* (3 Mol) u. *L-Glucuronsäure* (3 Mol). Bei der Hydrolyse mit 10%ig. H_2SO_4 wird eine Aldobiuronsäure isoliert, deren Struktur durch vollständige Methylierung u. Hydrolyse als *6-β-D-Glucuronosido-D-galaktose* ermittelt wird.

Versuche: Die wss. Lsg. des rohen Gummis wird durch Behandlung mit angesäuertem A. ausgefällt; der Nd. ist prakt. aschefrei u. hat ein Äquivalentgewicht von ca. 1025; er wird 8 Std. mit 10% ig. H_2SO_4 auf 90° erhitzt u. die nicht säurehaltigen Zucker *D-Galaktose* (F. 163°. *α-Methylphenylhydrazon*, F. 186°), *L-Arabinose* [F. 158°; $[\alpha]_D^{27}$ +108° (c = 2%; W.). *Diphenylhydrazon*, F. 201°], *L-Rhamnose* [*Hydrat*, F. 96—97°; $[\alpha]_D^{22}$ —8° (c = 0,8%; W.). *p-Bromphenylhydrazon*, F. 217°] u. das *Ba-Salz* (I) der *Uronsäure*, $C_{24}H_{38}BaO_{24}$, $[\alpha]_D^{27}$ —2° (c = 2%; W.) werden isoliert (vgl. J. Indian chem. Soc. **31**. [1954.] 939). Das vollständig *methylierte* I [n_D^{28} 1,4717; $[\alpha]_D^{28}$ —23° (c = 0,8%; Chlf.)] zerfällt bei der Hydrolyse in *2.3.4-Tri-O-methyl-D-galaktose* (*Anilid*, F. 165°) u. *2.3.4-Tri-O-methyl-D-glucuronsäure* [*Methylesterlacton*, F. 108—109°; $[\alpha]_D^{28}$ +90° (c = 1%; W.)]. (J. Indian chem. Soc. **33**. 861—63. Dez. 1956. Poona, Sir Parashurmbhau Coll., Mararaja Pratapsinh Chem. Labor.) H. Rossow. 4050

R. K. Hulyalkar, T. R. Ingle und **B. V. Bhide**, *Untersuchungen über Kohlenhydrate*. 6. Mitt. *Die Zusammensetzung des Pflanzenschleims aus Samen von Mimosa pudica*. (5. vgl. vorst. Ref.) Der Pflanzenschleim aus den Samen von *Mimosa pudica Linn.* (*N. O. Mimoseae*) enthält *D-Xylose* (5 Mol) u. *D-Glucuronsäure* (1 Mol). Die Perjodatoxydation ergibt eine verzweigte Struktur.

Versuche: Der reine Pflanzenschleim ($[\alpha]_D^{28}$ +24° [c = 1,5%; NaOH]; Äquivalentgewicht 935) wird durch Ausziehen des Samens mit 2% ig. NaOH u. Ausfällen mit A. gewonnen. Die Hydrolyse mit 10% ig. H_2SO_4 ergibt *D-Xylose* (F. 142°; $[\alpha]_D^{28}$ +93,5° → 19° (c = 0,7; W.). *Osazon*, F. 158°. *Dimethylacetal der Dibenzyliden-D-xylose*, F. 210°) u. das *Ba-Salz* der *Glucuronsäure* [$C_{12}H_{18}BaO_{14}$, $[\alpha]_D^{20}$ +15° (c = 1,1%; W.)], das durch Ansäuern, Oxydation mit HNO_2 u. Behandlung mit 50%ig. KOH in Essigsäure die charakterist. Kristalle des *K-Salzes* der *Zuckersäure* zeigt. Bei der Oxydation wurden 5 Mol $NaJO_4$/Mol verbraucht u. 2 Mol HCOOH gebildet. (J. Indian chem. Soc. **33**. 864—66. Dez. 1956.) H. Rossow. 4050

Akiyoshi Wada, *Dielektrische Eigenschaften von Polypeptidlösungen*. 2. Mitt. *Beziehung zwischen dem elektrischen Dipolmoment und dem Molekulargewicht der α-Helix*. (1. vgl. J. chem. Physics **29**. [1958.] 674.) Die Frequenzabhängigkeit von DK. u. dielektr. Verlustfaktor wurde für *Poly-γ-benzyl-L-glutamat* (I; Mol.-Gew. 154000) in Äthylendichlorid im Bereiche 10^1 bis 10^5 Hz gemessen. Aus dem auf die Frequenz 0 extrapolierten DK-Wert ergab sich für I eine spezif. Polarisation von 805 cm³ u. ein mol. Dipolmoment (DM) von 2460 ± 50 Debye. Weiter wurde gefunden, daß DM proportional dem Polymerisationsgrad des Polypeptids ist u. der Beitrag des DM eines Peptidrestes zur Richtung der Mol.-Achse seiner Spiralstruktur 3,4 Debye beträgt. Dieser Wert entspricht ziemlich genau dem DM einer Peptidgruppe. (J. chem. Physics **30**. 328—29. Jan. 1959. Bunkyo-ku, Tokyo, Ochanomizu Univ., Fac. of Sci., Dep. of Chem.) E. Ühlein. 4070

Akiyoshi Wada, *Dielektrische Eigenschaften von Polypeptidlösungen*. 3. Mitt. *Deutung der kritischen Frequenz der dielektrischen Dispersion aus der Molekelgestalt der Helix*. (2. vgl. vorst. Ref.) Die „krit. Frequenz" (d. h. diejenige Frequenz, bei der die Differenz zwischen den DK-Werten von Lsg. u. Lösungsm. halb so groß ist wie in einem stat. Feld) von *Poly-γ-benzyl-L-glutamat* (I) wurde für 7 Präpp. mit unterschiedlichen Mol.-Geww. in Äthylendichlorid (II) bestimmt (Werte zwischen 7000 u. 40000 Hz bei Mol.-Geww. zwischen 152000 u. 70000). Unter Voraussetzung eines Zusammenhanges der dielektr. Dispersion mit der beschränkten Rotationsmöglichkeit der α-Spirale läßt sich die „krit. Frequenz" auch berechnen. Die gute Übereinstimmung zwischen den so theoret. erhaltenen u. den Meßwerten beweist, daß die α-Spirale zumindest in II als Lösungsm. ziemlich starr sein muß, wodurch das Mol.-Modell von Doty, Bradbury u. Holtzer (vgl. C. **1957**. 13367) eine wesentliche Stütze erhält. (J. chem. Physics **30**. 329—30. Jan. 1959.) E. Ühlein. 4070

P. Doty, K. Imahori und **E. Klemperer,** *Lösungseigenschaften und Konfiguration eines polyampholytischen Polypeptids: Copoly-L-lysin-L-glutaminsäure.* Ein *Copolymerisat* (I) mit einem mittleren Mol.-Gew. von 40000 wurde aus äquimol. Mengen der *N-Carbonsäureanhydride* von *N^{ε}-Carbobenzoxy-L-lysin* u. *γ-Benzyl-L-glutamat* u. durch anschließende Entfernung der Schutzgruppen hergestellt. Beide Aminosäurereste sind in I nahezu statist. in der Polypeptidkette verteilt. Gleichmäßige Lösungseig. zeigt I nur, wenn es mehrere Std. mit Alkali (p_H 13) behandelt wurde. Nach dieser Behandlung ist I bei nicht zu kleiner Ionenstärke bei allen p_H-Werten löslich. In 0,15mol. NaCl-Lsg. besitzt I in neutraler Lsg. 15% α-Schraubenstruktur, bei p_H 4 steigt der Geh. an α-Schraubenstruktur auf 50%, bei p_H 12 oder bei Entfernung des NaCl fällt er auf 0%. Bei der Titration von I wird die für Polyampholyte zu fordernde Titrationskurve erhalten. Bei der Elektrophorese werden scharf begrenzte Zonen erhalten, die Wanderungsrichtung von I kehrt bei p_H 7 um. Wird I nicht vorher mit Alkali behandelt, so können 2 metastabile Zustände beobachtet werden: 1. Bei schneller Alkalizugabe entsteht ein Nd. von Peptiden mit β-Struktur. 2. Frisch dargestelltes, aus saurer Lsg. isoliertes I zeigt verschied. Löslichkeit in W. u. ein anderes Verh. bei der Titration u. der spezif. Drehung als nach einer Alkalibehandlung. Diese Polypeptidform kann den für die saure Lsg. charakterist. Geh. an α-Schraubenstruktur bis zu p_H 10 behalten. Diese Eigg. verschwinden, wenn die Lsg. auf p_H 13 gebracht wird. Ähnlich wie Proteine wird I in seinen Lsgg. durch Harnstoffzusatz denaturiert. In Chloräthanol liegt I vollständig in der α-Schraubenstruktur vor. Durch Zusätze von Trifluoressigsäure können Übergänge zur Knäuelform in gleicher Weise wie beim Ovalbumin erreicht werden. I besteht daher ähnlich wie Proteine aus Abschnitten mit mehr oder weniger stabiler Schraubenstruktur. (Proc. nat. Acad. Sci. **44**. 424—31. Mai 1958. Cambridge, Mass., Harvard Univ., Dep. of Chem.)
K. HEYNS. 4070

Koichiro Aoki und **Joji Hori,** *Wechselwirkungen zwischen oberflächenaktiven Agentien und Proteinen.* 1. Mitt. *Bildung von Niederschlägen bei der Mischung von Natriumalkylsulfaten und Eialbumin.* Vff. untersuchten die Bldg. von Ndd. bei der Rk. von *Eialbumin* (I) mit *Na-Dodecylsulfat* (II), *-Octylsulfat* (III) bzw. *-Butylsulfat* bei p_H 4,2 in Abhängigkeit vom Mischungsverhältnis u. der Ionenstärke. Die Überstände der Reaktionsgemische nach dem Zentrifugieren wurden außerdem elektrophoret. untersucht. II u. III bilden mit I im Bereich des I-Überschusses Komplexe der Formel $I–II_{40}$ bzw. $I–III_{40}$; in bezug auf die Lsg. der Ndd. zeigen II u. III Unterschiede. Im Bereich der Mischungsverhältnisse, bei denen noch keine Ndd. auftreten, lassen sich die gebildeten Komplexe elektrophoret. nachweisen. Während bei dem Syst. *Pferdeserumalbumin* (IV)–II bei großem IV-Überschuß keine Fällung erfolgt, läßt sich bei dem Syst. I–II derartiges nicht beobachten. Die Erniedrigung der krit. Micellenkonz. von II u. III bei Zunahme der Pufferkonz. ist nur von der Ionenstärke des Puffers abhängig. (Bull. chem. Soc. Japan **29**. 104—10. Jan. 1956. Nagoya, Nagoya City Univ., Chem. Labor. [Orig.: engl.])
E. SCHWERDTFEGER. 4070

Koichiro Aoki, Joji Hori und **Keiko Sakurai,** *Wechselwirkungen zwischen oberflächenaktiven Agentien und Proteinen.* 3. Mitt. *Fällungskurve des Systems Natriumdodecylsulfat–Eialbumin bei verschiedenen p_H-Werten und die Titration unter Verwendung oberflächenaktiver Verbindungen.* (2. vgl. C. **1959**. 10599; 1. vgl. vorst. Ref.) Vff. untersuchten die Fällungskurve des Syst. *Eialbumin* (I)–*Na-Dodecylsulfat* (II) im p_H-Bereich zwischen 4,2 u. 2,3 bei konstanter Ionenstärke (0,30). Die je Mol I gebundenen Mol II sind im untersuchten p_H-Bereich konstant. Die Gehh. von *Serumalbumin-* bzw. I-Lsgg. in Acetatpuffer bzw. NaCl-Lsg. (Ionenstärke zwischen 0,25 u. 0,50) können mit 1%ig. II-Lsg. titrimetr. bestimmt werden. Als Endpunkt wird die Auflsg. des zunächst gebildeten Nd. genommen; der Fehler der Proteinbest. beträgt ±2%. I zeigt im Vgl. mit Pferdeserumalbumin eine unterschiedliche Rk. mit II u. in NaCl-Lösung. (Bull. chem. Soc. Japan **29**. 758—61. Sept. 1956. [Orig.: engl.]) E. SCHWERDTFEGER. 4070

J. W. Boag und **A. Müller,** *Veränderungen im Elektronenspinresonanzspektrum des Glycins mit ansteigenden Strahlendosen.* Das Elektronenspinresonanzspektr. (Mikrowellenabsorption in Abhängigkeit von der Stärke des Magnetfeldes) von *Glycin* (I) wurde bei Bestrahlung der Proben an der Luft mit Elektronendosen von 20, 50, 100 u. 200 Mrad aus einem 1,5 MeV-Linearbeschleuniger aufgenommen. Mit steigender Strahlendosis nimmt dabei die Strukturierung des Kurvenbildes ab, das bei 200 Mrad nur noch eine breite Spitze zeigt, während bei 20 Mrad noch 5 Spitzen auftreten. *Gelatine* (II), die I-Peptide enthält, ergibt dagegen im gleichen Dosisbereich stets das gleiche Diagramm mit 2 Spitzen. Der mögliche Zusammenhang zwischen den Spektren von I u. II wird kurz diskutiert. (Nature [London] **183**. 831. 21/3. 1959. Northwood, Middlesex, Mount Vernon Hosp., Res. Unit in Radiobiol.)
E. ÜHLEIN. 4070

H. Kromphardt und **D. Lübbers**, *Eigenschaften und Bildungsmechanismus des Myoglobinhämochroms.* Vff. verfolgen durch Aufnahme der Absorptionsspektren die Bldg. von *Myoglobinhämochrom* (**I**; *Myochrom*) aus Myoglobin (**II**) durch Einw. von Na-Tetradecylsulfat (**III**) im Vgl. zur Bldg. von Hämoglobinhämochrom (**IV**) aus Hämoglobin (**V**). Die Spektren von **I** u. **IV** sowie der entsprechenden oxydierten Formen u. der CO-Verbb. gleichen sich weitgehend. Der Übergang **II** → **I** bzw. **V** → **IV** geht ohne Zwischenstufe mit verschied. Spektr. vor sich. Die oxydierten Formen werden leichter angegriffen. Beim Verdünnen bilden sich die Ausgangsformen wieder zurück. Es handelt sich um eine reversible Denaturierung mit Ausbldg. einer neuen Fe-Proteinbindung. Dabei bildet sich ein stöchiometr. definierter **III**–Protein-Komplex aus. Es werden so viel **III**-Anionen gebunden, als Lysinreste vorliegen. (Biochem. Z. **330**. 342—58. 4/7. 1958. Kiel, Univ., Physiol.-chem. u. Physiol. Inst.) W. HABERDITZL. 4070

Sylvanie Guinand, *Physikalisch-chemische Untersuchung eines Kryoglobulins. Kryoglobulin* (**I**) aus 2 patholog. Seren, das in der Kälte ausfällt u. beim Erwärmen in NaCl-Lsg. wieder gelöst werden kann, wurde durch Lichtstreuungs- u. Ultrazentrifugenverss. untersucht. **I** zeigt in der Ultrazentrifuge eine Hauptkomponente M_1 (87—93%, 17,6 S), eine schneller sedimentierende Komponente M_2 (7 bzw. 12%, 24,5 S) u. in einem Falle Spuren von M_3 (34 S). Das Mol.-Gew. von M_1 wurde durch Lichtstreuungsmessungen zu 1150000 ± 100000 bestimmt. Die Form des Mol. wurde als Stäbchen mit dem Anisotropiefaktor $\delta = \pm 0{,}25$ bestimmt; es kann durch ein gestrecktes Ellipsoid angenähert dargestellt werden, bei dem die große Achse je nach dem Vorzeichen von δ 1050 oder 1150 Å lang ist. Aus dem Reibungsfaktor f/f_0 errechnet sich das Achsenverhältnis zu 26. Wenn **I** durch mehrfaches aufeinanderfolgendes Lösen u. Fällen die Eig., in der Kälte auszufallen, verloren hat, bleiben Mol.-Gew. u. Dimensionen unverändert. Dagegen ändert sich das Sedimentationsdiagramm. Die Gerade $s_{20} = f(\Delta n)$ zeigt dann eine stärkere Neigung (Δn = Konzentrationsmaß), woraus Vf. auf eine verstärkte intermol. Wechselwrkg. schließt, die möglicherweise auf Aufhebung der Maskierung reaktiver Gruppen zurückzuführen ist. (J. Polymer Sci. **29**. 497—503. Juni 1958. Paris, Inst. de Biol. physicochim., Fac. des Sci., Labor. de Biol. physicochim.)
E. DEHMLOW. 4070

Gordon G. Hammes und **Robert A. Alberty**, *Einfluß der reinen Proteinladung auf die Bildungsgeschwindigkeit von Enzym–Substrat-Komplexen.* Die früher (C. **1954**. 12997) entwickelte Theorie wurde erweitert, um die Abhängigkeit der Bildungsgeschwindigkeit von Enzym–Substrat-Komplexen von der Elektrolytkonz. berechnen zu können, wenn diese Rk. durch Diffusion geregelt wird. Der Effekt der reinen (net) Proteinladung auf diese Rk. wird behandelt, obwohl keine exakte theoret. Ableitung erhalten werden konnte. Die elektrostat. Wechsel-Wrkgg. der reinen Proteinladung u. der Ladung des enzymat. Bereichs (site) mit der Substratladung wurden berücksichtigt. Die Abhängigkeit der Geschwindigkeitskonstante 2. Ordnung von der reinen Proteinladung wurde für Proteine mit den Radien 25 u. 43 Å berechnet. Diese Theorie wurde experimentell an der *Fumarase*-Rk. durch eine indirekte Messung des Effekts der Ionenstärke auf diese Geschwindigkeitskonstante nachgeprüft (elektrophoret. Unterss.) u. eine qualitative Übereinstimmung gefunden (Nettoladung + 2 am enzymat. Bereich der Fumarase). (J. physic. Chem. **63**. 274—79. Febr. 1959. Madison, Wis., Univ., Dep. of Chem.) R. SCHÄFF. 4070

Harold Edelhoch, *Die Denaturierung von Pepsin.* 2. Mitt. *Wasserstoffionengleichgewichte von nativem und denaturiertem Pepsin.* (1. vgl. C. **1959**. 3165.) Bei der Denaturierung (> p_H 6) von *Pepsin* (**I**) werden H^+ frei u. es können neue säurebindende Gruppen des denaturierten **I** titriert werden. Die Freisetzung von H^+ u. die Denaturierung von **I** laufen mit annähernd gleicher Geschwindigkeit ab. Das Auftreten von neuen, titrierbaren Gruppen wurde durch potentiometr. Titration von nativem u. denaturiertem **I** untersucht. Der p_H-Bereich der H^+-Freisetzung nimmt mit steigender Temp., Ionenstärke, A.-Konz. sowie in Ggw. von verschied. Schwermetallionen ab. Nach Ansicht des Vf. lassen sich die Erscheinungen als Spaltung einer H-Brücke zwischen 1 Carboxylgruppe als Donator u. 1 Carboxylgruppe als Acceptor deuten. (J. Amer. chem. Soc. **80**. 6640—47. 20/12. 1958. Kansas City, Kan., Kansas Univ., Med. School, Dep. of Pathol. and Oncol.)
E. SCHWERDTFEGER. 4070

Harold Edelhoch, *Die Denaturierung von Pepsin.* 3. Mitt. *Die Wirkungen verschiedener Proteindenaturierungsmittel auf die Kinetik der Pepsininaktivierung.* (2. vgl. vorst. Ref.) Vf. prüfte die Wrkg. von Guanidin (**I**), Harnstoff, Metallionen, A. u. Trimethyldodecylammoniumchlorid einzeln u. in verschied. Gemischen bei verschied. p_H-Werten auf die Aktivität von *Pepsin* (**II**) durch kinet. Inaktivierungsuntersuchungen. In allen Verss. wurden Geschwindigkeitskonstanten 1. Ordnung erhalten. Nach Ansicht des Vf. kann **II** (a) durch Spaltung der Carboxyl-H-Brücken (vgl. vorst. Ref.) oder (b) durch Verlust von hydrophoben Bindungen denaturiert werden. (a) erfolgt hauptsächlich in wss. Milieu u. (b) bes. bei hohen A.-Konzentrationen. Wie die Geschwindigkeitskonstanten der II-Denaturierung in wss.-alkoh. Lsg. durch I oder $Pb(NO_3)_2$ zeigen, wirken A. bzw. II oder $Pb(NO_3)_2$ auf verschied. Bindungen von I ein. (J. Amer. chem. Soc. **80.** 6648—55. 20/12. 1958. Kansas City, Kan., Kansas Univ., Med. School, Dep. of Pathol. and Oncol.; Bethesda, Md., Nat. Inst. of Health, Inst. of Arthritis and Metabol. Diseases.) E. SCHWERDTFEGER. 4070

C. T. O'Konski und **R. M. Pytkowicz,** *Elektrische Eigenschaften von Makromolekülen.* 2. Mitt. *Beweis für ein permanentes Dipolmoment im Tabakmosaikvirus vom „rib grass"-Stamm.* (1. vgl. C. **1958.** 6277.) Nach der l. c. (vgl. auch C. **1957.** 952) beschriebenen Meth. wurden die Rotationsdiffusionskonstanten D einer *Tabakmosaikvirus*-Probe (I, aus dem „rib grass"-Stamm) zu 480 u. 200 sec^{-1} bestimmt. Beim Übergang vom p_H 5,6 auf 8,3 steigt die KERR-Konstante K um das ca. 20fache an; auch der Beitrag des permanenten Momentes μ steigt mit dem p_H an. Vff. nehmen an, daß die hohen K- u. μ-Werte durch eine asymm. Anordnung der Histidingruppen in I bedingt sind. Das Vorliegen von zwei D-Werten weist darauf hin, daß I aus 2 Komponenten besteht, deren μ je ca. 10^4—10^5 Debye-Einheiten beträgt. (J. Amer. chem. Soc. **79.** 4815—16. 5/9. 1957. Berkeley, Calif., Univ., Dep. of Chem.) O. FUCHS. 4070

J. W. Boag und **A. Müller,** *Elektronenspinresonanz in bestrahlter Desoxyribonucleinsäure.* Die Elektronenspinresonanzspektren von im Vakuum, in Luft oder in NO-Atmosphäre mit Dosen von 10^4 oder 10^8 rad bestrahlter *Desoxyribonucleinsäure* aus Kalbsthymus wurden aufgenommen. Im Gegensatz zu den Beobachtungen anderer Autoren blieb der Resonanzeffekt innerhalb einer Woche gleich stark, was auf die Aufbewahrung der Präpp. in trockener Gasatmosphäre zurückgeführt wird. Ist nämlich bei den Verss. Feuchtigkeit zugegen, so kann selbst bei Anwendung einer Dosis von 10^8 rad kein Elektronenspinresonanzeffekt festgestellt werden. (Nature [London] **183.** 831—32. 21/3. 1959. Northwood, Middlesex, Mount Vernon Hosp., Res. Unit in Radiobiol.) E. ÜHLEIN. 4090

J. H. Gibbs und **E. A. DiMarzio,** *Statistische Mechanik des Überganges zwischen Spiralen- und Knäuelkonfigurationen in biologischen Makromolekeln.* Da die Polypeptidketten der *Proteine* nahezu eindimensional aufzufassen sind, sind sie einer theoret. Behandlung mit den Hilfsmitteln der statist. Thermodynamik zugänglich. Die vollständige Verteilungsfunktion eines solchen Syst. wird abgeleitet, aus der sich der Übergang zwischen den Grenzfällen der α-Spirale u. der Konfiguration des statist. Knäuels ergibt. Bei Einschluß der Wrkg. der Solvatation in die Rechnung ergibt sich je nach der Art des Lösungsm. Reversibilität des Konfigurationsüberganges. Die quantitativen theoret. Ergebnisse für verd. Lsgg. entsprechen weitgehend den vorliegenden experimentellen Daten über die reversible Denaturierung synthet. Polypeptide. Die Trennung der 2 Stränge in der Doppelspirale der *Desoxyribonucleinsäure* läßt sich auf dem gleichen Wege theoret. behandeln. (J. chem. Physics **30.** 271—82. Jan. 1959. Marcus Hook, Pa., American Viscose Corp., Res. and Developm. Div.) E. ÜHLEIN. 4090

J. Hermans jr. und **J. J. Hermans,** *Lösungseigenschaften von Desoxyribonucleinsäure.* 1. Mitt. *Hydrodynamisches Verhalten.* Von über 40 *Desoxyribonucleinsäure* (I)-Proben (aus 3 verschied. Ausgangsmaterialien dargestellt) wurden die Intrinsicviscosität $[\eta]$ u. von 7 I-Proben die Intrinsicsedimentationskonstanten [S] bestimmt u. bzgl. der bekannten Theorien erörtert. Weder zwischen den hydrodynam. Eigg. der I u. ihrem Ursprung bzw. ihrer Darstellungsmeth. noch zwischen $[\eta]$ u. dem Mol.-Gew. M bzw. zwischen ϱ^2 (ϱ = Gyrationsradius) u. M konnten Zusammenhänge aufgefunden werden (ϱ u. M aus Lichtstreuungsmessungen). Das äquivalente Kugelmodell von FLORY ist nicht anwendbar (zwischen $[\eta]$ u. ϱ^3/M besteht keine brauchbare Beziehung). Die in den Theorien von BRINKMAN (Appl. Sci. Res. A **1.** [1947.] 27), DEBYE-BUECHE (J. chem. Physics **16.** [1948.] 573) bzw. KIRKWOOD-RISEMAN (J. chem. Physics **16.** [1948.] 565) vorgeschlagene Beziehung zwischen $[\eta]M/\varrho^3$ u. M/ϱ wird gut erfüllt. Die Übereinstimmung mit der Theorie von BRINKMAN-DEBYE-BUECHE ist noch am besten, aber mehr qualitativ als quantitativ. Vff. vermuten, daß die Abweichungen auf Kettensteifheit (wurmartiger Charakter der Mol.-Ketten gemäß dem Modell von WATSON u. CRICK, C. **1955.** 6534) zurückzuführen sind. Der Reibungsfaktor pro Kettenlängeneinheit (abgeschätzt aus $[\eta]$ oder [S]) läßt die Folgerung zu, daß die Persistenzlänge nach KRATKY u. POROD ca. 400 Å in Übereinstimmung mit den Lichtstreuungsergebnissen beträgt. (J. physic. Chem. **63.** 170—75. Febr. 1959. Leiden, Univ., Labor. Anorgan. en Fys. Chem.) R. SCHÄFF. 4090

J. Hermans jr., *Lösungseigenschaften von Desoxyribonucleinsäure.* 2. Mitt. *Lichtstreuung.* (1. vgl. vorst. Ref.) Die Lichtstreuungsunterss. an den *Desoxyribonucleinsäure* (I)-

Proben (vgl. l. c.) werden beschrieben. Die Dissymmetrie z_{45} des gestreuten Lichts ist erheblich geringer als für GAUSSsche Ketten. Dieser Befund wird in bezug auf das Modell für Zickzackketten bzw. das für wurmartige Ketten von WATSON u. CRICK erörtert. Die befriedigende Übereinstimmung zwischen Theorie u. Experiment ist eine Stütze für das WATSON-CRICK-Modell. Der Effekt der Polydispersität wird ebenfalls diskutiert. Bis zur endgültigen Klärung der Gestalt der I-Moll. sind neue theoret. Ableitungen u. weitere Verss. erforderlich. (J. physic. Chem. **63.** 175–78. Febr. 1959.) R. SCHÄFF. 4090

E. Biologische Chemie. Physiologie. Medizin.

E_1. Allgemeine Biologie und Biochemie.

Melvin Calvin, *Die chemische Evolution und der Ursprung des Lebens.* (Vgl. auch C. **1957.** 148.) Vf. prägt in Analogie zum biol. Begriff „Evolution" den Ausdruck „chem. Evolution". An einer Reihe von Beispielen wird gezeigt, wie sich aus einfachen Moll., etwa H_2O oder CO_2, unter dem Einfl. von Metallionen oder von Strahlung durch Autokatalyse verwickelte Verbb. von biol. Interesse bilden können. (Amer. Scientist **44.** 248–63. Juli 1956. Berkeley, Calif., Univ. of California, Dep. of Chem. u. Radiat. Labor.) P. LOCH. 4100

José Oca Pastor, *Die biologische Aktivität der Elemente in Beziehung zu ihrer Stellung im periodischen System.* Den allg. Ausführungen liegt eine Einteilung der Elemente in solche, die für die Ernährung unbedingt notwendig sind, die den Stoffwechsel stimulieren oder Bestandteil von Enzymen u. Hormonen sind, solche, die in Heilmitteln enthalten sind u. den in Pflanzen gehäuft vorkommenden zugrunde. (Medicamenta Madrid **19** (**10**). Nr. 166. 257–59. 15/5. 1958. Zaragoza, Hosp. Provincial.) P. LOCH. 4100

Carlo Mannetti, Angelo Pavero und **Giuseppe Bertola,** *Kobalt, biologische und klinische Aspekte.* Zusammenfassende Darst., behandelt physikal. u. chem. Eigg. von Co u. dessen Verbb., deren Rolle bei physiol. u. patholog. Vorgängen in Pflanze u. Tier, Stoffwechsel, Toxikologie, Einfl. auf Wachstum, enzymat. u. hämopoiet. Vorgänge sowie auf die Organe u. Drüsen, Bestimmungsmethoden. — Ca. 1000 Literaturangaben. (Arch. „E. Maragliano" Patol. Clin., Monogr. **1958.** Nr. 21. 1–270. Genua, Univ., Ist. di Clin. Med. Gener.) P. LOCH. 4100

F. Irreverre, R. L. Evans, A. R. Hayden und **R. Silber,** *Vorkommen von γ-Guanidinobuttersäure.* Für *γ-Guanidinobuttersäure* (I), die in Früchten, Insekten u. tier. Geweben zu 1–20 μg/g feuchtes Gewebe vorkommt, entwickelten die Vff. chromatograph. u. papierchromatograph. Trennungs- u. Nachweismethoden. Im tier. Organismus entsteht I durch Transaminierungs-Rk. zwischen Arginin u. *γ-Aminobuttersäure* (II). Mit $Ba(OH)_2$ erleidet I auf dem Papierchromatogramm durchführbaren Abbau zu II.

Versuche: Isolierung von *γ-Guanidinobuttersäure* (I) aus pflanzlichem u. tier. Gewebe (z. B. 1,5 kg Rindergehirn) durch Zerkleinern unter A. (Endkonz. 70–75%), Stehenlassen bei 4° (12 Std.), Zentrifugieren, Adsorption an mit Säure vorbehandeltem Dowex-50, Nachwaschen mit W., Eluieren mit 14%ig. NH_4OH, Einengen, Lösen in wenig W., Chromatographie über bas. vorbehandeltem Dowex-1 unter Elution mit 1n u. 2n HCl u. Umkristallisieren aus 50%ig. Alkohol. Statt dessen auch Papierchromatographie mit tert.-Butylalkohol–Essigsäure–W. (70 : 15 : 15) oder tert.-Amylalkohol–2.4-Lutidin–W. (178 : 178 : 110) als Laufmittel. Für I R_F 0,65 bzw. 0,11 u. $R_{(\beta\text{-Alanin})}$ 1,54 bzw. 1,67; für γ-Aminobuttersäure (II) R_F 0,52 bzw. 0,05 u. $R_{(\beta\text{-Alanin})}$ 1,18 bzw. 1,16. Im Rindergehirn ca. 5, im menschlichen Gehirn 5–10 μg I/g feuchtes Gewebe; im Urin 1–20 mg I/Tag. (Nature [London] **180.** 704–05. 5/10. 1957. Bethesda, Md., Nat. Inst. of Arthritis and Metabolic Diseases and Nat. Inst. of Health.) K. ZOPFF. 4100

Bedrich Mosinger und **Eduard Kuhn,** *Alimentäre Lipämie und Widerstandsfähigkeit gegen Höhenanoxie.* Die Ergebnisse zeigen eine herabgesetzte Anoxietoleranz bei der Maus 4 Std. nach Verabreichung einer einzigen Dosis *Olivenöl.* Der O_2-Bedarf des Gewebes ist nach Fettbelastung erhöht u. wird durch Veränderungen im Kreislauf oder durch eine Verlangsamung des O_2-Transportes nicht befriedigt, wenn der Organismus Höhen von 7500–11000 Metern ausgesetzt wird. (Nature [London] **180.** 1140–41. 23/11. 1957. Praha, Czechoslovakia, Inst. of Human Nutrit.) W. D. WEINMANN. 4102

Gisela Hanser, *Genphysiologische Untersuchungen an der w-Mutante von Calliphora erythrocephala.* Das Augenpigment von *Calliphora erythrocephala, Xanthommatin* verschied. Oxydationsstufen, war bei der helläugigen W-Mutante in Menge u. Granulagröße stark reduziert. In der Wildform wurde 3-Hydroxykynurenin (I) u. Kynurenin (II) nachgewiesen, in der Mutante nur II. Die Ausbldg. heller Augen der Mutante blieb auch erhalten nach Injektion von I in die Maden u. bei Transplantation der W-Augenanlagen in Larven der Wildform; aber Kältebehandlung (40) der Puppen bis zu 7 Tagen nach der Pupariumbldg. erbrachte gesteigerte Pigmententwicklung. (Z. Naturforsch. **14b.** 194—201. März 1959. München, Max-Planck-Inst. für Biochem.) W. Schönborn. 4130

Joseph F. Morgan, Helen J. Morton, M. Elizabeth Campbell und **Laurence F. Guerin,** *Die Ernährung in vitro gezüchteter tierischer Gewebe. 2. Mitt. Ein Vergleich verschiedener synthetischer Nährmedien.* (1. vgl. J. nat. Cancer Inst. **16.** [1955.] 557.) Die Herst. gleichmäßiger Kulturen frisch entnommenen Herzmuskelgewebes aus Hühnerembryonen (11 Tage) wurde verbessert. Die Haftung der Gewebefragmente auf der Glasfläche wird durch niedrigen p_H oder viscose u. oberflächenakt. Agentien (0,25% Tween 80, 1% Methocel oder 20% Glycerin) erhöht. Ein Vgl. der Eignung verschied. vorgeschlagener synthet. Nähr-Lsgg. zur Erhaltung einheitlicher Kulturen von Hühnerembryoherzfibroblasten ergab: Morgans M 416 > Morgans M 150 > Healys 703 > Whites Lsg. > Fishers V-614 > Rosenbergs S-27. Die günstige Wrkg. von Coenzymen u. hohen Konzz. von Cystein, Ascorbinsäure u. Glutathion auf Verlängerung der Lebensdauer wurde bestätigt u. die Unentbehrlichkeit von Purinen, Pyrimidinen, Adenosintriphosphat u. Adenylsäure für Entw. u. Erhaltung von Gewebekulturen nachgewiesen. (J. nat. Cancer Inst. **16.** 1405—13. Juni 1956. Ottawa, Dep. of Nat. Health and Welfare, Labor. of Hygiene.) K. Maier. 4150

N. Schümmelfeder, R. E. Krogh und **K. J. Ebschner,** *Färbungsanalysen zur Acridinorangefluorochromierung.. Vergleichende histochemische und fluorescenzmikroskopische Untersuchungen am Kleinhirn der Maus mit Acridinorange- und Gallocyanin–Chromalaun-Färbungen.* Fixierte Gewebe des Kleinhirns der Maus wurden mit *Gallocyanin–Chromalaun, Methylgrün* bzw. *Acridinorange* gefärbt. Die mit den 3 Methoden erhaltenen Ergebnisse werden berichtet u. miteinander verglichen. (Histochemie **1.** 1—28. 1958. Bonn, Univ., Patholog. Inst.) S. Dittmann-Mitzscherlich. 4150

A. Schauer und **G. Scheibe,** *Über die Verwendung der reversibel polymeren Metachromasie von Pseudoisocyanin zur Gewebefärbung.* Unter Metachromasie versteht man die Farbänderung eines Farbstoffes durch Bindung an pflanzliche oder tier. Gewebe, Kunststoffe u. bestimmte Substanzen in Lösung. Vff. verwendeten den Farbstoff *N.N'-Diäthylpseudoisocyaninchlorid* (I) zur histochem. Färbung an Gewebeproben von Mensch, Ratte, Schwein usw. beim Nachw. von *Mucopolysacchariden* (II). Die Gewebeproben wurden in bleiacetathaltiger wss. Lsg. fixiert, in Paraffin eingebettet u. mit 10^{-3} mol. wss. I-Lsg. angefärbt. I reicherte sich nach ca. 20 Min. in den II-haltigen Gewebeteilen polymer an. Im monochromat. Licht (573 mμ) löschen II-haltige Gewebestellen, weil I von den elektronegativen II-Gruppen elektrostat. zu reversiblen Polymerisaten gebunden wird. Dieser Nachw. spricht schon bei monomol. I–II-Schicht an. (Histochemie **1.** 190—95. 1959. München, Univ., II. Med. Klinik.) H. Büttner. 4150

Sergio B. Curri und **Friedrich Tischendorf,** *Die Bedeutung der Hyaluronsäure für die Differenzierung der Mesenchymzelle.* Vff. haben Ratten resorbierbare Schwammstückchen implantiert u. darauf täglich je 2,5 mg Na-Hyaluronat in 1 ml W. im Umkreis des Implantats injiziert. Nach 1—14 Tagen wurden die Tiere getötet u. die exzidierten Implantationsstellen mkr. untersucht. Bei unbehandelten Kontrolltieren nimmt die Menge der Mucopolysaccharide mit fortschreitender Fibrillenbldg. ab. Die lokale Hyaluronsäurebehandlung verursacht vermehrte Fibrillenbldg. u. unterdrückt die patholog. Differenzierungstendenz der Mesenchymzellen zu Epitheloid- u. Riesenzellen zugunsten der n. Differenzierung zu Fibrocyten bzw. Histocyten. Auf Grund dieser Befunde vermuten Vff. einen maßgeblichen Einfl. des Hyaluronsäure–Hyaluronidase-Syst. auf den gerichteten Ablauf örtlicher Bindegewebereaktionen. (Naturwissenschaften **46.** 147—48. 2. Febr.-H. 1959. Mailand, Ist. Aescul. di Biol. Sperimentale; Köln, Univ., Anatom. Inst.) H. Breuer. 4150

Kurt Felix, *Struktur und Funktion der Kerne tierischer Zellen.* Referierende Darst. des heutigen Wissens über den Bau u. die Funktion tier. Zellkerne. — Außerdem werden neue Ergebnisse mitgeteilt: *Clupein,* das Protamin aus den Kernen von Heringsspermien, konnte durch Gegenstromverteilung in 3 verschied. Fraktionen aufgeteilt werden. Die eine enthält doppelt soviel *Arginin* wie Monoaminosäuren. Folgende vorläufige Formel wird aufgestellt: Pro·Ala·$(Arg)_4$·Val·Ala·$(Arg)_4$·Ser·Pro·$(Arg)_2$. Innerhalb der Nucleoprotaminfasern sind diese Komponenten dreidimensional angeordnet. — Der *Desoxyribonucleinsäure* (I)-Geh. somat. Kerne ist doppelt so hoch wie der von Gametenkernen. Ein Kern von Forellenspermatozoen enthält ca. 2,2—2,6·10^{-9} mg I, der Kern einer Leberzelle etwa doppelt soviel. (Naturwissenschaften **46.** 29—35. 2. Jan.-H. 1959. Frankfurt/M., Inst. für vegetative Physiol.) J. Dittmann. 4150

Alphonse F. Grinius, *Beeinflussen gewisse Steroide die Lebensfähigkeit von Spermatozoen in vitro?* Der Einfl. von *Δ^4-Androsten-17α-ol-3-on, Androstan-3α-ol-17-on, Δ^4-Pregnen-3.20-dion* u. *Δ^4-Pregnen-3.20-dion-11.21-diol* auf die Lebensfähigkeit von Kaninchenspermatozoen wird durch Incubation bei 39° für die Dauer von 1, 2, 17, 24, 28 oder 72 Std. u. Auszählen der eosinophilen Zellen bestimmt. Während nach 2 std. Incubation ein günstiger Einfl. der Steroidverbb. auf die Lebensfähigkeit beobachtet wird, überwiegen bei längerer Einwirkungszeit schädigende Einflüsse. (Z. Naturforsch. **14b.** 282—83. April 1959. Shrewsbury, Mass., Worcester Found. for Exp. Biol.) B. Rässler. 4150

E. F. Hartree und **T. Mann,** *Plasmalogen im Widdersamen und seine Rolle im Spermastoffwechsel.* Ausführliche Darst. der C. **1959.** 7499 referierten Arbeit. Folgendes wird ergänzt: Im frischen Widdersamen beträgt der *Plasmalogen* (I)-Geh. der Spermatozoen 1,2 g/100 g Frischgewicht (3,6 g/100 g Trockengewicht) u. liegt damit höher als in anderen tier. Geweben. Er ist im Oktober am niedrigsten, steigt dann an u. ist von Dezember bis März konstant. Je nach der Extraktionsmeth. enthält der Lipidextrakt neben I mehr oder weniger auch andere P-haltige Lipide. Das Verhältnis des I-P zum Gesamt-P übersteigt nie 0,8. — Bei der Behandlung der Spermatozoen mit Schlangengift (Agkistrodon piscivorus piscivorus) sinkt der Geh. an *Acylestern* (II), ohne daß sich Lipid-P u. Fettaldehyd entsprechend verringern. Die Wrkg. des Schlangengiftes scheint auf einer enzymat. Umwandlung des I in *Lysoplasmalogen* zu beruhen. — Aerobe Incubation von gewaschenen Spermatozoen verursacht eine Verringerung des II-Geh., nicht des Geh. an Fettaldehyd oder Lipid-P. Auch bei anaerober Incubation verringert sich der II-Gehalt. Das deutet darauf hin, daß während der Spermaincubation sowohl bei Ab- als auch bei Anwesenheit von Sauerstoff Fettsäuren freigesetzt werden. — Die gewaschene Spermasuspension hat einen respirator. Quotienten von 0,71, d. h. am aeroben Stoffwechsel nehmen Fettsäuren teil. — I- u. Lipidbestimmungen wurden vergleichsweise auch in anderen Samen u. accesor. Sekreten durchgeführt: Sperma von Stier u. Seeigel; Samenplasma von Stier, Hengst, Eber, Mensch, Seeigel; Vesiculardrüsensekret u. Epididymalplasma vom Eber. (Biochem. J. **71.** 423—34. März 1959. Cambridge, Univ., A. R. C. Unit of Reproductive Physiol. and Biochem., Molteno Inst. and Dep. of Vet. Clin. Studies.) R. Hähnel. 4150

Theodore Peters jr. (unter techn. Mitarbeit von **Anne C. Logan** und **Catharine A. Sanford**), *Eine Serumalbuminvorstufe in cytoplasmischen Partikeln.* Aus den cytoplasm. Partikeln der Kükenleber läßt sich durch Behandlung mit Desoxycholat eine Substanz herauslösen, die nicht dialysierbar u. elektrophoret. u. immunolog. nativem Serumalbumin (I) ähnlich ist. I läßt sich in Extrakten aller cytoplasm. Partikelfraktionen nachweisen, jedoch ist nach kurzer Incubation der ^{14}C-Einbau in das I bei den Subfraktionen mit dem höchsten Ribonucleinsäuregeh. am stärksten. Aus den im wss. Medium isolierten Kernen läßt sich kaum I freisetzen u. dieses zeigt keinen signifikanten ^{14}C-Einbau. I der Partikel incorporiert ^{14}C, bevor es in lösl. I erscheint; die Partikel von ^{14}C-markierten Schnitten geben an das nichtmarkierte Medium lösl. ^{14}C-I ab. Die Freisetzung von markiertem I erfordert eine Induktionsperiode von 15—20 Min., während für die Akkumulation von Aminosäuren im gebundenen I nur 2—3 Min. benötigt werden. Die Partikelfraktionen anderer Organe zeigen nur einen geringfügigen ^{14}C-Einbau in das gebundene I. (J. biol. Chemistry **229.** 659—77. Dez. 1957. Cooperstown, N. Y., Mary Imogene Bassett Hosp.) E. Schwerdtfeger. 4150

Gerhard Richter, *Regeneration und RNS-Synthese bei der Einwirkung eines artfremden Zellkerns auf gealterte kernlose Zellteile von Acetabularia mediterranea.* An kernlosen, gealterten Teilstücken aus der hinteren Stielregion von der Alge A. mediterranea wurden Transplantationsverss. mit kernhaltigen Rhizoiden von A. crenulata ausgeführt. Die sich daraus entwickelnden, typ. crenulata-Regenerate an der apicalen Seite des alten „Hinterstückes" zeigten während der Entw. einen typ. Anstieg an *Ribonucleinsäure* (I), an dem sich aber das Hinterstück nicht beteiligte. Das kernhaltige crenulata-Rhizoid verhielt sich in bezug auf den I-Geh. auch normal. Vf. schloß, daß das alte Hinterstück nur als Leitungssyst. dient für Substanzen, die ihren Ursprung im Kern haben, nicht aber für Plasma. (Naturwissenschaften **45.** 629—30. 2. Dez.-H. 1958. Wilhelmshaven, Max-Planck-Inst. für Meeresbiol., Abt. Hämmerling.) H. Frank. 4150

J. W. Littlefield und **D. B. Dunn,** *Vorkommen und Verteilung von Thymin und drei methylierten Adeninbasen in Ribonulceinsäure verschiedenen Ursprungs.* (Vgl. C. **1958.** 12130.) Vff. extrahierten aus *E. coli* (Stamm 15 T⁻), *A. aerogenes*, Hefe, Kaninchenleber, Weizenkeimen u. zwei Virusarten die Ribonucleinsäure (I) u. trennten sorgfältig *Protein* u. *Desoxyribonucleinsäure* ab. Durch KOH wird I zu den Nucleotiden hydrolysiert, die enzymat. in die Nucleoside gespalten werden. Aus den Purinnucleosiden erhält man

durch saure Hydrolyse die freien Basen u. *Ribose* (II). Die Abspaltung von II aus den Pyrimidinnucleosiden erfolgte mit Hydrazinhydrat. Alle Spaltprodd. wurden chromatographiert u. nach Elution mit 0,1 n HCl spektrophotometr. vermessen. Alle Riboside wurden außerdem enzymat. aus den freien Basen synthetisiert. Danach sind in I aus A. aerogenes folgende methylierte Basen als Riboside vorhanden: 1,2 Mol *Thymin* (II), 0,3 Mol *2-Methyladenin* (III), 0,3 Mol *6-Methylaminopurin* u. 0,1 Mol *6-Dimethylaminopurin* pro 100 Mol *Uracil*. II u. III konnten in I aus Leber nicht gefunden werden. I aus Pflanzenviren enthielt keine der vier Basen. (Biochem. J. **70**. 642—51. Dez. 1958. Cambridge, Univ., Molteno Inst., Agric. Res. Council Virus Res. Unit.)
L. TRÄGER. 4150

Edward L. Bennett und **Hilda Karlsson**, *Adeninstoffwechsel bei der Maus.* Nach intraperitonealer Injektion von je 1,2 mg *$^{14}C_{(2)}$-Adenin*, *$^{14}C_{(4,6)}$-Adenin* oder *$^{14}C_{(8)}$-Adenin*, gelöst in 0,5 ml 0,9%ig. NaCl-Lsg., konnte beim Einbau dieser Verbb. in *Nucleotide* oder *Nucleinsäuren* keine Labilität des Purinringes festgestellt werden. Für jedes Mol. der isomeren *^{14}C-Adenin*-Verbb. wurde radioakt. CO_2 erhalten, daraus folgt, daß die Oxydation des Purinringes nicht am $C_{(8)}$ eintrat. Es wurde eine Abnahme des Adenin-Guanidin-Verhältnisses mit der Zeit beobachtet. (J. biol. Chemistry **229**. 39—50. Nov. 1957. Berkeley, Calif., Univ., Radiation Labor.) H. CARLS. 4150

Hanna Ernst und **Ulrich Hagen**, *Untersuchungen über die Verteilung und Reaktionsfähigkeit von Sulfhydrylgruppen in der tierischen Zelle.* Frische Rattenleber wurde entblutet u. durch fraktioniertes Zentrifugieren in Kerne, Mitochondrien, Mikrosomen u. Überstehendes getrennt. Die Kerne wurden weiter getrennt in: Wasch-Fl. (Saccharose u. 0,9%ig. NaCl), mit 1 mol. NaCl extrahierbare Nucleoproteide, aus dem erhaltenen Rückstand Extraktion mit 0,1 n NaOH extrahierbares Phosphoproteid sowie aus dem verbliebenen Rückstand Extraktion mit 1 n NaOH extrahierbare Lipoproteine u. Phosphatide. Der Rückstand dieser letzten Extraktion ist —SH-frei. Die gesamte Desoxyribonucleinsäure sowie 20% der Ribonucleinsäure (I) liegt in der Mikrosomenfraktion vor. Die übrige I befindet sich in der Mitochondrienfraktion. — Die —SH werden durch amperometr. Titration mit Ag^+ oder Hg^{2+} bestimmt. Ein Hg^{2+} bindet 1 —SH, bei günstiger ster. Anordnung der —SH im Protein aber auch 2 —SH. — Mit dieser Meth. wurde der —SH-Geh. in den einzelnen Fraktionen bestimmt, u. zwar „freies —SH" (unmittelbar nach Fraktionierung) u. „maskiertes —SH" (Proteine in 50%ig. A. denaturiert). Die Ergebnisse werden tabellar. angegeben — auch auf den N-Geh. der Zellen bezogen — u. diskutiert. — In 0,1 n NaOH treten bei den einzelnen Fraktionen verschieden starke Verluste an —SH ein. — Denaturierung mit 5 mol. Harnstoff, 3 mol. Guanidin, 2%ig. Sulfosalicylsäure (II) u. 2,5%ig. „Duponol" (Dodecylsulfat) gibt geringere —SH-Werte als A.-Denaturierung. — Bei der üblichen Eiweißfällung mit II, $(HPO_3)_n$ u. Trichloressigsäure treten so große —SH-Verluste auf, daß die Summe aus Filtrat-SH u. —SH des aufgeschwemmten Sediments niedriger ist als der —SH-Geh. der ursprünglichen Suspension u. auch niedriger als der nach obiger Meth. gefundene Geh. freier —SH. (Z. Naturforsch. **14b**. 104—10. Febr. 1959. Heiligenberg, Baden, Inst., Biophysikal. Abt.)
J. DITTMANN. 4150

Günther Häusler, *Zur Technik und Spezifität des histochemischen Carboanhydrasenachweises im Modellversuch und in Gewebeschnitten von Rattennieren.* Zum Nachw. der *Carboanhydrase* (I) in Geweben wird die Incubierungslsg. — $NaHCO_3$ u. $CoCl_2$ enthaltend — modifiziert. Die Darst. wird beschrieben. Bei kürzeren Incubierungszeiten werden damit unspezif. Ndd. ausgeschaltet. Die Technik der Best., bei der $CoCO_3$ gebildet wird, wird ausführlich beschrieben. Die Gewebe werden am günstigsten mit kaltem Aceton, A. oder Methanol fixiert. Die Rk. wird durch Acetazolamid in der Incubierungslsg., Erhitzen auf 90° oder Zugabe von $HgCl_2$ zur Fixierlsg. gehemmt. — Die histolog. Verteilung der I in der Rattenniere wird gezeigt. (Histochemie **1**. 29—47. 1958. Berlin, Humboldt-Univ., Anatom. Inst.) S. DITTMANN-MITZSCHERLICH. 4150

Wolfgang Gössner, *Histochemischer Nachweis hydrolytischer Enzyme mit Hilfe der Azofarbstoffmethode. Untersuchungen zur Methodik und vergleichenden Histotopik der Esterasen und Phosphatasen bei Wirbeltieren.* Bericht über die Meth. zur Best. von *Esterasen* u. *Phosphatasen* in Geweben, bei der die Färbung durch Bldg. von Azofarbstoffen erfolgt. — Die Verteilung dieser Enzyme in Leber, Niere, Milz u. Pankreas verschied. Warmblütler wurde untersucht. Die Enzymmuster verschied. Tierarten unterscheiden sich. (Histochemie **1**. 48—96. 1958. Tübingen, Univ., Pathol. Inst.)
S. DITTMANN-MITZSCHERLICH. 4150

O. T. Rotini und **G. Marino**, *Die antimitotische Wirkung von Cyanaten auf Allium cepa (L.)-Zwiebeln.* Verss. mit *KCNO*-Lsgg. (13—22°) zeigten, daß bei Konzz. $>$ 0,00125% Cyanat (I) auf die Wurzeln von *A. cepa* eine erhebliche antimitot. Wrkg.

ausübt. Die cytolog. Unters. in I-Lsgg. verschied. Konz. eintauchende Wurzelspitzen bewies eine Präprophasehemmung der Karyokinese. Diese steht mit der Verzögerungswrkg. von Cyanaten auf die Cytochrom enthaltenden Enzyme, wie Katalasen, die in der Präprophase wirken, in Übereinstimmung. (Arch. Biochem. Biophysics **69**. 346—52. Juli 1957. Pisa, Univ. degli Studi, Ist. di Chim. agraria.) K. MAIER. 4150

Clarence C. Little, *Biologische Gesichtspunkte der Krebsforschung.* Verschied. biol. Gesichtspunkte des Wesens u. der Erforschung der Krebskrankheiten werden kurz angeführt. — Keine Literaturangaben. (J. nat. Cancer Inst. **20**. 441—64. März 1958. Bar Harbor, Me., Roscoe B. Jackson Mem. Labor.) J. DITTMANN. 4160

Shirley E. Simon, E. M. Trautner und **D. A. Coats,** *Lithiumretention bei Mäusen mit Ascitestumor.* Nach täglicher Injektion von LiCl subcutan in 5 Tagen wurden im Plasma von n. Tieren 0,23 (mÄquivalent/Liter) Li gefunden, in den roten Blutkörperchen 0,434 (Verhältnis 0,53), bei den Versuchstieren 0,96 bzw. 1,15 (0,83). Bei diesen waren die Schwankungen wesentlich stärker, bes. im Plasma, jedoch war der niedrigste Plasmawert bei den Versuchstieren höher als der Mittelwert bei den Kontrolltieren. In diesen u. anderen Versuchsreihen wurden keine Unterschiede der Na- u. K-Verhältnisse bei Kontroll- u. Versuchstieren beobachtet. Bei den Versuchstieren liegt demnach eine Retention von Li vor, die auf verminderte renale Ausscheidung zurückzuführen ist, deren Ursache noch nicht geklärt ist. Wahrscheinlich liegt bei den Tumortieren eine stark verminderte renale Durchblutung vor. (Nature [London] **183**. 1128—29. 18/4. 1959. Melbourne, Univ., Dep. of Pharmacol. and Physiol.) J. SCHWAIBOLD. 4160

J. H. Quastel und **I. J. Bickis,** *Der in vitro-Stoffwechsel von normalen Geweben und Neoplasmen.* Der Einbau von $^{14}C_{(1)}$-*Glycin* (I) in Proteine n. Gewebe u. Tumoren unter aeroben u. anaeroben Bedingungen wird untersucht, um festzustellen, ob die Atmungsenergie der Tumoren bei Biosynthesen unwirksamer ist als die n. Gewebe. Das Maß für die energet. Ausbeute sind Quotienten, in denen die eingebaute Menge I (gemessen in Impulsen/Min./mg Protein trocken) zu dem von Atmung u. Gärung gebildeten Adenosintriphosphat ins Verhältnis gesetzt wird. Die Ergebnisse sind: 1. Bei Zellen des EHRLICHschen Ascitescarcinom ist die aerobe Energieausbeute ohne u. mit Glucose gleich groß u. etwas kleiner als die anaerobe Energiebldg. mit Glucose. 2. Tumor- u. embryonale Gewebe bauen I aerob mit annähernd gleichem Wirkungsgrad ein. Anaerob ist er bei embryonalem Gewebe kleiner als bei Tumoren. 3. Mit der Ausreifung zu erwachsenem Gewebe geht ein beträchtlicher Teil der aeroben u. der anaeroben Energieausnutzung verloren. 4. *Bilirubin* u. *2.4-Dinitrophenol* erniedrigen den aeroben Einbau von I in die Ascitescarcinomzellen. Dieser Effekt kann durch *Glucose* teilweise aufgehoben werden. (Nature [London] **183**. 281—86. 31/1. 1959. Montreal, McGill General Hosp. Res. Inst.) L. KIESOW. 4160

Otto Warburg, Karlfried Gawehn und **August-Wilhelm Geissler,** *Katalasegehalt, Gärung und Atmung in der Zellkultur nach Dulbecco-Vogt.* Nach Trypsinierung nach DULBECCO-VOGT wurden Nierenzellen gesunder Kaninchen in einzelliger Lage gezüchtet (vgl. C. **1958**. 11259; hier jedoch 5% Kälberserum u. nur 0,07% $NaHCO_3$ angewandt). Nach Ablösung der Zellen von der Glaswand mit einer Lsg. des Dinatriumsalzes der Äthylendiamintetraessigsäure wurden Atmung (Q_{O_2}), aerobe Gärung ($Q_M^{O_2}$), anaerobe Gärung (Q_M^{Argon}) u. Katalasegeh. (Q^{Kat}) manometr. bestimmt. Die Bestimmungen erfolgten nach 8—20tägiger Züchtung unter Luft-CO_2 bzw. Argon-CO_2 (CO_2-Geh. stets 5 Vol.-%) u. auch unmittelbar nach Trypsinierung. — Nach 8tägiger aerober Züchtung war die Atmung unverändert, nach 8tägiger anaerober Züchtung jedoch schon stark vermindert. Q_M^{Argon} nach 8 Tagen ca. +30, unabhängig, ob aerob oder anaerob gezüchtet (in den Impfzellen dagegen nur ca. 2—4). $Q_M^{O_2}$ (bei frisch trypsinierten Zellen = 0) steigt nach mindestens 8tägiger anaerober Züchtung auf 10—20 an. Q_{Kat} (bei frisch trypsinierten Zellen ca. 300—500) sinkt bei mindestens 10tägiger anaerober Züchtung auf 5—9 (Q_{Kat} in Mäuseasciteszellen 0,6—1). Durch beigemengte Erythrocyten kann das Ergebnis nicht verfälscht sein, da frisch trypsinierte Nierenzellen weniger als 2% rote Blutzellen (opt. bestimmt) mit Q_{Kat} = 130 enthalten. (Z. Naturforsch. **13b**. 588—90. Sept. 1958. Berlin-Dahlem, Max-Planck-Inst. für Zellphysiol.) J. DITTMANN. 4160

Otto Warburg, Walter Schröder, H. S. Gewitz und **Wolfgang Völker,** *Manometrisches Röntgenstrahlenaktinometer und über die Wirkung der Röntgenstrahlen auf die Gärung von Krebszellen.* Vff. beschreiben ein manometr. Röntgenstrahlenaktinometer. Es gestattet, aus Druckänderungen durch Röntgenstrahlen eingestrahlte Energiemengen zu ermitteln u. wendet die Rk. $2H_2O + O_2 + 4Fe^{2+} \rightarrow 4Fe^{3+} + 4OH^-$ an. — Nach aerober Bestrahlung von Mäuseasciteskrebszellen (0,179 mg Zelltrockensubstanz pro ml Salzlsg.) mit Röntgenstrahlen war die anaerobe Gärung bis zu 84% gehemmt (50%ig.

Hemmung bei ca. 3300 r). Die Strahlenwrkg. soll durch die Absorption in der Fl. (nicht in den Zellen) bedingt sein, da die prozentuale Gärungshemmung mit steigender Zellkonz. abnimmt u. sich berechnen läßt, daß eine bestimmte Strahlendosis etwa konstante Mengen Zellsubstanz (10000 r zerstörten 0,2—0,3 mg Zellsubstanz) zerstört. Q_M^{Argon} ist in Ascites- oder n. Serum größer als in Salzlsg.; die Gärungshemmung ist jedoch, wegen des verschied. Eiweißgeh., bei einer bestimmten Strahlendosis in Salzlsg. größer als in Serum. Dies ist wegen der starken Schwankungen des Eiweißgeh. der Gewebelymphe bei einer Therapie zu beachten. — Bei O_2-Konzz. unter 3 Vol.-% sinkt die Gärungshemmung mit fallendem O_2-Druck stark, um bei O_2-Abwesenheit (CO_2-Ar) Null zu werden. Bei Zusatz von Katalase vor der Bestrahlung sinkt die Gärungshemmung ebenfalls stark. Vff. inaktivierten die Katalase vor der Bestrahlung durch Erwärmen der Zellen auf 57° u. bestimmen nach Bestrahlung in der mit Trichloressigsäure enteiweißten Zellsuspension das durch die Bestrahlung erzeugte H_2O_2 mit Titanylreagens spektrophotometrisch. Bei Zugabe von H_2O_2 zu den Zellen wurde — nachdem durch diese Verss. bekannt war, wieviel H_2O_2 durch eine bestimmte Dosis Röntgenstrahlen gebildet wird — ohne Bestrahlung annähernd die gleiche Gärungshemmung erzielt wie durch die entsprechende Strahlendosis (vgl. C. **1958**. 12522). Vff. schließen daraus, daß die biol. Wrkg. von Röntgenstrahlen immer dann über H_2O_2 geht, wenn die Wrkg. durch die Anwesenheit von O_2 bedingt ist. (Z. Naturforsch. **13b**. 591—96. Sept. 1958. Berlin-Dahlem, Max-Planck-Inst. für Zellphysiologie.) J. DITTMANN. 4160

Aldo Cestari und **Pietro Dessi**, *Untersuchungen über die proteinoplasmatischen Veränderungen in den menschlichen und experimentellen Neoplasmen.* Die Unters. des Serums von 7 n. Personen, 32 mit Neoplasma behafteten Patienten, weißen mit Benzpyren injizierten u. unbehandelten Ratten ergab Veränderungen des Gesamtproteingeh., der elektrophoret. Wanderungsgeschwindigkeit, der Lipo- u. Glykoproteinfraktionen u. der Affinität von Serumprotein zu fettlösl. Farbstoffen, aber keine Veränderungen der Bindungsfähigkeit der Serumproteine mit cancerogenen Substanzen (Mikroaufnahmen u. Tabellen). Anschließend werden diese Ergebnisse diskutiert. — 46 Literaturhinweise. (Ricerca sci. **26**. 3357—81. Nov. 1956. Bologna, Univ., Ist. di Farmacol. e Terap. sperim.) G. PLATZER. 4160

L. Ledoux, *Die Wirkung von Ribonuclease auf das neoplastische Wachstum.* 2. Mitt. *Die Wirkung auf Landschützsche Asciteszellen in vitro.* (1. vgl. Biochim. biophysica Acta [Amsterdam] **18**. [1955.] 416.) Die Unters. der in vitro-Wrkg. von *Ribonuclease* (I) auf Asciteszellen unter verschied. physiol. Bedingungen ergab, daß die beobachteten Vorgänge durch die Aktivität der Zellmembran u. die Zus. des Ascitesplasmas gesteuert werden. Häufig wird eine beträchtliche Zunahme der Zellkomponenten (Synth. von Ribonucleinsäure, Zunahme der Proteine u. freien Nucleotide) beobachtet, wobei das Auftreten dieser Phase durch die Membranaktivität der Zellen bedingt ist. Geschwindigkeit u. Umfang dieser Veränderungen hängen von der Zus. der extracellulären Fl. ab. Die Veränderung der Zellstoffwechsels bildet wahrscheinlich die Ursache des Antiwachstumseffektes (Antitumorwrkg.) von I. (Biochim. biophysica Acta [Amsterdam] **20**. 369—77. Mai 1956. London, Roy. Cancer Hosp., Chester Beatty Res. Inst.) K. MAIER. 4160

D. M. Easty, L. Ledoux und **E. J. Ambrose**, *Die Wirkung der Ribonuclease auf neoplastisches Wachstum.* 3. Mitt. *Untersuchungen mit Hilfe der Interferenzmikroskopie.* (2. vgl. vorst. Ref.) Die Wrkg. der *Ribonuclease* (I) auf das Wachstum von Ascitestumorzellen läßt sich mittels Interferenzmikroskopie gut verfolgen. Bei I-Zusatz zu einer Suspension lebender Asciteszellen nimmt die Zellmasse zunächst zu, ebenso das Verhältnis *Ribonucleinsäure* (II)/*Desoxyribonucleinsäure* (III) u. Protein/III. Die Membranbewegungen werden lebhafter. Nach Überschreiten eines Wachstumsmaximums nimmt die Zellmasse ab, u. der Zellverband bricht teilweise zusammen. Wahrscheinlich ist die I-Wrkg. auf Membranaktivität u. Pinocytosis zurückzuführen. — Techn. Einzelheiten zur Ausführung u. Formeln zur Berechnung der Zellkern- u. Cytoplasmamassen aus interferenzmkr. Daten sind angegeben. (Biochim. biophysica Acta [Amsterdam] **20**. 528—37. Juni 1956. London, Inst. of Cancer Res. (Roy. Cancer Hosp.), Chester Beatty Res. Inst.) O. A. NEUMÜLLER. 4160

O. Mühlbock, *Hormonale Einflüsse auf das Tumorwachstum.* Die Unters. des Einfl. verschied. Steroidhormone auf Brustdrüsentumoren bei Mäusen ergab in einigen Fällen eine Wrkg. auf das Wachstum, jedoch wurde in keinem Falle ein vollständiger Rückgang der Neoplasmen beobachtet. Das Wachstum transplantierter Ovarialtumore (Maus) zeigt häufig eine Hormonabhängigkeit. Sie wachsen nur bei einem bestimmten Hormonspiegel, wobei in manchen Fällen ein Übergang in hormonunabhängige Entw. eintritt. (Unio int. Cancrum, Acta **13**. 401—03. 1957. Amsterdam, Netherlands Cancer Inst.) K. MAIER. 4160

A. Graffi, *Experimentelle Cancerogenese.* Übersicht über eigene frühere u. andere Versuchsergebnisse über cancerogene Reize. Vf. leitet eine Theorie von der plasmat. Mutation u. endogenen Virusentstehung aus cytoplasmat. Erbkonstituenten ab. — Ca. 200 Literaturzitate. (Abh. dtsch. Akad. Wiss. Berlin, Kl. Med. **1955.** Nr. 1. 59—111. 1957.) J. MILLER. 4160

H. Dannenberg, *Über die endogene Krebsentstehung.* Es wird auf die Verwandtschaft zwischen cancerogenen KW-stoffen u. endogenen Stoffen hingewiesen. Bes. wird auf eigene Arbeiten über Zusammenhänge der Steroide mit cancerogenen aromat. KW-stoffen eingegangen. (Dtsch. med. Wschr. **83.** 1726—31. 26/9. 1958. München, Max-Planck-Inst. für Biochem.) H. STRUCK. 4160

Enrico Clerici und **Gustavo Cudkowicz,** *Einige Effekte von p-Dimethylaminoazobenzol, Mangeldiät und hypotonischen Medien auf die Mitochondrienenzyme bei der experimentellen Rattenlebercarcinogenese.* Während der experimentellen Lebercarcinogenese werden, wie Verss. an p-Dimethylaminoazobenzol (I)-gefütterten Ratten ergaben, einige Enzymaktivitäten, z. B. *Adenosintriphosphatase* (**II**), *saure Phosphatase* (**III**), *Cytochrom-c-Oxydase* (**IV**), positiv oder negativ beeinflußt. Während I stets auf alle diese Enzyme wirkte, verminderte die verwendete Mangeldiät (polierter Reis + Lebertran) nur II. Die experimentelle Lebercarcinogenese hat strukturelle Veränderungen der Mitochondrien zur Folge, z. B. verminderte Rk. (geringere Quellung) auf hypoton. Medien. I- u. II-Aktivität, die normalerweise bei Aufbewahrung der Mitochondrien in hypoton. Medien erhöht werden, erfahren im Vgl. zu den Kontrollen eine schwache Aktivierung. IV wird durch morpholog. Veränderungen, die durch Einw. hypoton. Lsgg. auf n. u. präcanceröse Lebermitochondrien entstanden, nicht beeinflußt. (J. nat. Cancer Inst. **16.** 1459—68. Juni 1956. Milan, Ist. del Cancro, Centro die Oncol. Speriment. del Comitato Naz. Ric.) K. MAIER. 4160

H. G. Richmond, *Induzierung eines Sarkoms durch einen Eisen–Dextrin-Komplex in der Ratte.* Verschied. Gruppen erwachsener männlicher Ratten mit einem Gewicht zwischen 250 u. 300 g bei Beginn der Verss. wurden durch wöchentlich einmalige Injektion (über mehrere Monate) verabfolgt: a) 0,4 ml Fe–Dextrin-Komplex intramuskulär in den rechten Oberschenkel (jede Dosis enthielt 20 mg Fe als Eisenhydroxyd gebunden an Dextrin niedrigen Mol.-Gew.); b) intramuskulär 0,5 ml „*Ferrivenin*" unter Ae.-Anästhesie (jede Dosis enthielt 10 mg Eisenoxydsaccharat); c) 0,5 ml Dextrin niedrigen Mol.-Gew.; d) 0,5 ml n. Salzlösung. — 2. Entwöhnten Ratten beiderlei Geschlechts wurden zweiwöchentlich (über 12 Wochen) durch intramuskuläre Injektion in den rechten Oberschenkel verabfolgt: a) Entsprechend ihrem Körpergewicht unterschiedliche Dosen des Fe–Dextrin-Komplexes (insgesamt 9,5 ml); b) entsprechend Voll. einer Lsg. von Dextrin niedrigen Mol.-Gewichtes. — Bei der Mehrzahl der behandelten Tiere unter 1a) entwickelten sich zwischen dem 11. u. 16. Monat in der Gegend der Injektionsstelle Tumoren u. ebenso bei denen unter 2a) in 6—8 Monaten nach Einstellung der Behandlung, während bei denen unter 1b), c), d) u. 2b) keine Tumoren auftraten. (Brit. med. J. **1959.** I. 947—49. 11/4. Aberdeen, Univ.) K. PREUSS. 4160

L. Vargha und **J. Kuszmann,** *1.6-Bis-[methansulfonyl]-D-mannit, eine neue tumoraffine Substanz. 1.6-Bis-[methansulfonyl]-D-mannit* (**I**) wirkt bei Mäusen bis zu 2 g I/kg nicht akut toxisch.

V e r s u c h e: *1.6-Bis-[methansulfonyl]-D-mannit* (I), $C_8H_{18}O_{10}S_2$, F. 134—136°, aus 3.4-Isopropyliden-D-mannit mit Methansulfonylchlorid in Pyridin bei 0° nach vorsichtiger Hydrolyse des gebildeten 1.6-Bis-[methansulfonyl]-3.4-isopropyliden-D-mannit mit HCl in Dioxan, farblose Nadeln aus A., in W. leicht lösl., $[\alpha]_D^{20}$ +4,5° (W., c = 2,0). (Naturwissenschaften **46.** 84. 2. Jan.-H. 1959. Budapest, Forschungsinst. für die pharmazeut. Ind.) J. DITTMANN. 4160

Anwar A. Hakim, *Kristallisation von antigenem Phospholipid aus Tumoren des Menschen.* Aus Adenocarcinom u. Brusttumoren des Menschen wurden *Phospholipide* isoliert. (A.–Ae.-Extraktion mit folgender Chloroformextraktion u. fraktionierter Chloroformkristallisation.) Nach mindestens 10 intravenösen Injektionen von je 0,2 ml 1%ig. Lsgg. der Phospholipide traten bei Kaninchen antigen. Rkk. auf. (Naturwissenschaften **46.** 84—85. 2. Jan.-H. 1959. Miami Beach, Fla.; Miami Heart Inst., Biochem. Res. Labor.) J. DITTMANN. 4160

M. N. Mickelson und **Reid S. Flippin,** *Die Wirkungen bestimmter Aminosäurederivate auf Mikroorganismen und auf das Sarkom 180. α-Methylasparaginsäure* u. *Hydroxyasparaginsäure* hemmen das Wachstum von *Lactobacillus delbrueckii* (L.d.), *Asparaginsäure* (I) kehrt die Wrkg. um. *Carbamylasparaginsäure* u. *Methylepoxybernsteinsäurehydrazid* hemmen nicht u. werden von L.d. verwendet. — 9tägige intraperitoneale

Injektion von 150 mg/kg/Tag *Desoxypyridin* (II) hemmt die *l-Glutaminsäure-Transaminase* n. Leber um 47%, die des Sarkoms 180 um 64% (die absol. Werte liegen hier niedriger). (Die Behandlung beginnt bei allen Verss. 72 Std. nach Implantation des Sarkoms in Mäuse.) *DL-β-Asparagylhydrazin* (III) mit akuter tox. Dosis von 1,5 g/kg u. II (akute tox. Dosis 0,3 g/kg) wurden einzeln u. kombiniert zu je 150 mg/kg 9 Tage lang injiziert. Am nächsten Tag war das Tumorgewicht bei Einzelgabe von II um 32 bis 44%, von III um 40% u. bei kombinierter Einw. um 71—82% erniedrigt, nach 10—14 Tagen tritt allerdings ziemlich rasch eine Resistenz ein. Ein Teil der Gewichtsabnahme der Tumoren ist auf verringerte Futteraufnahme zurückzuführen. Der *Desoxyribonucleinsäure*-Geh. von Leber u. Tumor sank bei allen 3 Anwendungsformen. Der *Ribonucleinsäure* (IV)-Geh. sank ebenfalls, nur Behandlung mit III sowie III + II erhöhte den IV-Geh. der Leber. — III hemmt die Verwertung von I durch L.d. u. verursacht in Ggw. von 0,0015 mol. I in einer Konz. von 0,0037 mol. vollständige Wachstumshemmung. Wenn L.d. jedoch ständig in Lsgg. geführt wird, die neben I hemmende Konzz. von III enthalten, entwickelt sich auch hier ähnlich wie beim Tumor eine III-Resistenz. Später verwertet L.d. III sogar an Stelle von I. *L-γ-Glutamylhydrazin* (V) allein beeinflußt das Wachstum des Sarkom 180 nicht. In Kombination mit II ist die Hemmwrkg. jedoch stärker als die von III + II. Sowohl *L-Asparaginsäure-* als *L-Glutaminsäurehydrazin* haben gemeinsam mit II hemmende Wrkg. auf Sarkom 180. — Im Verhältnis III: Glutaminsäure (VI) = 10:1 ist III ohne Einfl. auf die VI-Verwertung durch *L. arabinosus*. *DL-Histidinhydrazin* (VII) ist bei *Streptococcus faecalis* gegenüber Histidin im Verhältnis 30:1 nicht antagonist. wirksam. 250 mg VII/kg sind auch bei Sarkom 180 unwirksam. 150 mg VII + 150 mg II/kg hemmen dagegen um 85%. *Azaserin* (VIII). *6-Mercaptopurin* u. *Amethopterin* erhöhen die tumorhemmende Wrkg. von II + III. Bes. wirksam ist VIII, die Hemmung erreicht 95%. VIII ist auch bei Alleingabe von 5 mg/kg am stärksten (75% ig. Hemmung) wirksam. In der Kombination VIII + V + III + II tritt trotz starker Red. des Tumorgewichtes nach Ende der Behandlung erneutes Tumorwachstum auf. (J. nat. Cancer Inst. **20.** 495—512. März 1958. Kansas City, Miss.; Midwest Res. Inst., Chem. Div.) J. DITTMANN. 4160

Guru Pada Sen, *Die Wirkung von Actinomycin C auf maligne und normale Epithelzellen, Fehlen von Pantothensäureverwandtschaft. Actinomycin C* (I) wirkt in einer Konz. von 0,1 γ/ml auf HeLa-Zellen mit einer Anfangszellenzahl von 200000/ml in einem Medium mit 92,5% Lactalbumin-Hefe-Extrakt u. 7,5% Kalbsserum in 24 Std. toxisch. Bei 0,05 γ I/ml tritt die tox. Wrkg. erst nach 48 Std. auf. — 0,1 γ I/ml wirken auch gegen amniot. Zellen des Menschen toxisch. — Gleichzeitige Zugabe von 0,1 mg Na-Pantothenat (II), Pyridoxin, Biotin, β-Alanin, Glutamin- bzw. Asparaginsäure oder Phenylalanin hebt die I-Wrkg. nicht auf; II auch dann nicht, wenn es mit nur 0,01 γ I/ml in einer Menge von 1 mg/ml zugegeben wird. (Naturwissenschaften **46.** 82. 2. Jan.-H. 1959. Berlin-Dahlem, Max-Planck-Inst. für vergleichende Erbbiol. u. Erbpathol., Abtlg. für Gewebezüchtung.) J. DITTMANN. 4160

Richard Schindler und **Arnold D. Welch,** *Ribosidierung zur Aktivierung von 6-Azauracil als Inhibitor der Zellvermehrung.* Die Hemmwrkg. von *6-Azauracil* [*1.2.4-Triazindion-(3.5)*; I] auf das Wachstum bestimmter Mikroorganismen u. mehrerer experimenteller Tumoren, z. B. Sarkom 180, bei Mäusen einerseits u. die Inaktivität in vitro gegenüber HeLa-Zellen, Mäusefibroblasten u. Sarkom 180-Zellen andererseits sprachen dafür, daß I möglicherweise in Form eines Umwandlungsprod., vielleicht des Ribosids *6-Azauridin* (II) wirkt. Biosynthet. mittels *Streptococcus faecalis* 8043 oder chem. hergestelltes I hemmte das Wachstum von Zellkulturen von Sarkom 180 in Eagle-Nährlsg. + 10% Pferdeserum (0,3 μMol/cm³: Hemmung 84%). Die II-Wrkg. wurde durch Uridin u. Desoxyuridin antagonist. beeinflußt. (Science [Washington] **125.** 548—49. 22/3. 1957. New Haven, Conn., Yale Univ., School of Med., Dep. of Pharmacol.) K. MAIER. 4160

G. Cardinali, *Aktuelle Untersuchungen über die Antimetabolitenforschung in der experimentellen Tumorchemotherapie.* Übersicht über die *Vitamin-*, *Aminosäuren-*, *Purin-* u. *Pyrimidin-*Antagonisten u. solche Verbb. wie *D-Glucosamin*, *Malonsäure*, *N-Methylformamid*, *Essigsäurehydrazid*-Derivv. u. einige Derivv. des *Thiosemicarbazons*. — 130 Literaturangaben. (Farmaco [Pavia], Ediz. prat. **10.** 367—97. Juli 1955. Ferrara, Univ., Ist. di Semeiot. Med.) WALTER SCHÄFER. 4160

Moriji Kurosu, *Der Einfluß von Antitumorstoffen und Strahlen auf die Atmung und Glykolyse von Ascitestumorzellen.* Die Einw. folgender bekannter Antitumorstoffe u. Allylabkömmlinge auf die Atmung u. Glykolyse von Ascitestumorzellen wird untersucht: *Methyl-bis-[β-chloräthyl]-aminoxyd·HCl* (I), *3-Bis-[β-chloräthylaminomethyl]-4-methoxymethyl-5-hydroxy-6-methylpyridin* (II), *Sarkomycin* (III), *8-Azaguanin* (IV), *Aminopterin* (V), *Amethopterin* (VI), *1.9-Dimethansulfonyloxynonan* (VII), *6-Mercapto-*

purin (**VIII**), *Triäthylenphosphoramid* (**IX**), *Allylaminobenzol* (**X**), *p-Phenylendiallylamin* (**XI**), *β-Allylaminonaphthalin* (**XII**), *α-Allylaminonaphthalin* (**XIII**), *4-Allylaminopyridin* (**XIV**), *2-Allylaminopyridin* (**XV**), *Allylaminothiodiazolin* (**XVI**), *6-Allylaminochinolin* (**XVII**), *p-Allylaminobenzylcyanid* (**XVIII**), *N-Allylthioharnstoff* (**IX**), *Acetylallylamin* (**XX**), *4-Allylthiosemicarbazid* (**XXI**), *4-Allyl-1-formylthiosemicarbazid* (**XXII**), u. *Allylaminomethylthiodiazolin* (**XXIII**). — **I**, **II**, **III** u. **V** hemmen die Atmung stark u. die Glykolyse mäßig. Bei **IV**, **VIII** u. **IX** ist kein Einfl. auf den Stoffwechsel zu beobachten. **VII** hemmt die Atmung, beschleunigt die aerobe Glykolyse u. bleibt ohne Wrkg. auf die anaerobe Glykolyse. Röntgenstrahlen hemmen sowohl die Atmung als auch die Glykolyse. Auch **XII**, **XIII**, **XVI** u. **XVII** hemmen Atmung u. Glykolyse, dagegen zeigen **X**, **XIV**, **XIX**, **XXI** u. **XXIII** nur eine Hemmung der Atmung. **XI**, **XV**, **XVIII**, **XX** u. **XXII** bleiben ganz ohne Einfluß. (Sci. Rep. Res. Inst. Tôhoku Univ., Ser. C **8.** 91—110. Dez. 1957. Sendai, Japan, Univ., Res. Inst. for Tuberculos. Leprosy. [Orig.: engl.]) H. STRUCK. 4160

Hans Siering, *Die Beeinflussung des Mäuse–Ascites-Carcinom durch phosphororganische Verbindungen.* Das Wachstum von Mäuse–Ascites-Carcinomen wird gehemmt, die Überlebensdauer der Mäuse wird verlängert durch intraperitoneale Injektionen von 20—100 γ (entsprechend 900—4500 γ/kg) *Triäthylphosphindibromid* (**I**), *Triäthylphosphindichlorid*, *Tripropylphosphindibromid*, *Tributylphosphindibromid* u. *Triäthylphosphinoxyd.* In niedrigen Konzz. war die Wrkg. von **I** allerdings unbedeutend. (Naturwissenschaften **46.** 85. 2. Jan.-H. 1959. Jena, Univ., Med. Klinik.) J. DITTMANN. 4160

J. Oehme, *Chemotherapie maligner Hämoblastosen im Kindesalter.* Vf. gibt Behandlungsschema für maligne Hämoblastosen im Kindesalter unter Verwendung von *ACTH*, *Prednison*, *Purniethol*, *Aminopterin*, *Antibioticis*, *Urethan*, *N-Lost*, *TEM* (*2.4.6-Tris-*[*äthylenimino*]*-1.3.5-triazin*) u. Röntgenstrahlen. Die erzielten Ergebnisse sind zwar befriedigend, jedoch sind akute Leukosen noch nicht heilbar. (Abh. dtsch. Akad. Wiss. Berlin, Kl. Med. **1955.** Nr. 1. 238—41. 1957. Marburg/Lahn.) J. MILLER. 4160

W. Hohlweg und **K. A. Groot-Wassink,** *Wie wirkt das Stilböstrolphosphat beim Prostatacarcinom?* An Ratten wird gezeigt, daß sich *Stilböstrolphosphat* (**I**) beim Oestrus analog der anderen Östrogene verhält. Eine Depotbldg. an freiem Hormon konnte weder in Leber, Prostata noch Fettgewebe beobachtet werden. Die hemmende Wrkg. von **I** auf Hoden, Samenblase u. Prostata entspricht der Hemmung der gonadotropen Hypophysenvorderlappenfunktion. Die Wrkg. des **I** beim Prostatacarcinom wird auf seine Wasserlöslichkeit u. gute Verträglichkeit zurückgeführt, so daß hohe intravenöse Dosen möglich sind. (Dtsch. Gesundheitswes. **14.** 152—57. 22/1. 1959. Berlin, Charité, Inst. für exp. Endokrinol.) H. STRUCK. 4160

Norbert Gerlich, *Die Hemmung der Gonadenentwicklung durch Äthyleniminobenzochinone.* Da Verss. der therapeut. Anwendung der cytostat. wirksamen Äthyleniminobenzochinone (**I**) allg. Proliferationshemmungen erkennen ließen, die sich u. a. in der Entw. der Gonaden äußerten, prüfte Vf. die Gonadenentw. bei Daueranwendung von **I** bei jungen Ratten (100 g). Tägliche intraperitoneale Injektionen von ca. $^1/_3$ der DL_{50} von **I** bis zum Erreichen eines Körpergewichtes der Kontrollen von 165 g verursachten mangelnde Entw. von Hoden (unbehandelt $1{,}85 \pm 0{,}32$ g; behandelt $1{,}05 \pm 0{,}29$ g) sowie Prostata u. Samenblasen ($0{,}52 \pm 0{,}19$ g; $0{,}22 \pm 0{,}13$ g). Es wird mangelnde Spermiogenese festgestellt. Die Konsequenzen für die therapeut. Anwendung von **I** werden erörtert. (Naturwissenschaften **46.** 148. 2. Febr.-H. 1959. Düsseldorf, Außenstat. an den Städt. Krankenanst. Bielefeld der Ges. zur Bek. der Krebskrankheiten.) H. BREUER. 4160

Jacques Archimbaud, *Aktuelle Probleme des Magenkrebses. Literaturübersicht seit 1955.* 107 Literaturangaben. (An. Azevedos **10.** 90—110. 1958.) P. LOCH. 4160

Walter Lührs, *Entwicklung und Stand der derzeitigen Chemotherapie des Krebses.* Übersicht u. eigene Versuchsergebnisse. Bei der chemotherapeut. Behandlung von krebsartigen Erkrankungen hat sich die Wirksamkeit der Äthyleniminogruppe herausgestellt. Verbb. wie *N-Lost*, *2.4.6-Triäthylenimino-1.3.5-triazin*, *2.6-Diäthylenimino-p-benzochinon*, *N-Oxyd-N-lost* (*Nitromin*) sind gute Cytostatica. Die Seitenketten sind wirksamer als der Kern; eine Äthyleniminogruppe hat noch cancerogene Wrkg., erst mehrere Gruppen sind cytostatisch. Auch *Triäthylenphosphoramid*, *Thiotriäthylenphosphoramid* u. *Myleran* (*Dimethylsulfonoxybutan*) zeigen einen ähnlichen Wirkungsmechanismus. *Demelcolcin* oder *Colcemid* ist bei chron. myeloischer Leukämie wirksam. — 54 Literaturzitate. (Abh. dtsch. Akad. Wiss. Berlin, Kl. Med. **1955.** Nr. 1. 213—37. Berlin-Buch.) J. MILLER. 4160

E$_2$. Enzymologie. Gärung.

Enrico Cutolo, *Die Cytochrome.* 1. Mitt. Übersicht. Definition; *Cytochrom* (I) *a*-Gruppe: Ia, Ia$_1$—Ia$_4$, *M. pyogenes var. albus*-I; Ic: Reinigung, Zus., Aufspaltung, prosthet. Gruppe, Form, Mol.-Gew., elektr. Eigg., Spektr., Rkk., Ic-Typen; Ib-Gruppe: Ib$_1$—Ib$_6$, weitere Vertreter. (Arzneimittel-Forsch. **8.** 581—90. Sept. 1958. Neapel, Ist. Sieroterap. Italiano.) K. Maier. 4210

Wilhelm Franke und **Werner de Boer,** *Oxydationsfermente aus Schimmelpilzen und Hefen.* 2. Mitt. *Zum enzymatischen Abbau der Glykol- und Glyoxylsäure durch Aspergillus niger.* (1. vgl. C. **1956.** 7560.) Vier ausgewählte *A. niger*-Stämme, die im Vers. mit Mycel aus *Glykolat* (I) reichlich Oxalat bildeten, behielt nur einer (A) diese Fähigkeit im Enzymvers. bei. Dieser degenerierte nach ca. 1,5 Jahren u. verhielt sich dann fast völlig wie die n. Stämme. Extrakte aus Normalstämmen dehydrieren anaerob, mit Hexacyanoferrat (III) als H-Acceptor I zu *Glyoxylat* (II), das zu 85% bestehen bleibt. Aerob wird I zu HCOOH u. CO_2 (1:1) oxydiert [Nebenprod. ca. 10% Oxalsäure (III)]. II als Substrat erleidet bei Extrakteinw. anaerob, mit oder ohne H-Acceptor, Dismutation zu I + Oxalat (II-Dismutasewrkg.!). Aerob nimmt II als Substrat nur wenig O_2 auf. Die identifizierten Prodd., Glykolsäure, III, HCOOH, CO_2, betragen nur $^1/_4$—$^1/_3$ der Substratabnahme (Hauptprod. unbekannt). A-Extrakte bildeten anaerob aus I neben II auch III, aerob aus I ca. 94% III, aus II neben viel III auch etwas I. (Hoppe-Seyler's Z. physiol. Chem. **314.** 70—89. 4/3. 1959. Köln, Univ., Inst. für Gärungswiss. u. Enzymchem.) K. Maier. 4210

Sidney F. Velick, *Fluorescenzspektren und Fluorescenzpolarisation der Komplexe von Coenzymen mit Glycerinaldehyd-3-phosphatdehydrogenase und Milchsäuredehydrogenase.* Die früher (Velick, C. **1950/54.** 2529 S) bei Unters. der aus *Glycerinaldehyd-3-phosphatdehydrogenase* (I) u. DPN (bzw. DPNH) gebildeten Komplexe auftretenden Schwierigkeiten haben sich durch Anwendung von Fluorescenzspektroskopie u. Fluorescenzpolarisation überwinden lassen. Die Unters. wurde auch auf *Milchsäuredehydrogenase* (II) (vgl. auch Schwert, C. **1958.** 14074) ausgedehnt. Krist. I stammte aus Kaninchenmuskel, wurde stets in 0,002 mol. Äthylendiamintetraacetat angewendet u. war von begleitendem DPN befreit; II wurde aus Rinderherz erhalten u. 3mal aus $(NH_4)_2 \cdot SO_4$ umkristallisiert. — Nach den Befunden ergibt sich folgendes Wirkungsschema:

$$R—C:O—H + I + DPN^+ \rightleftharpoons R—C:O—I + DPNH + H^+$$

$$R—C:O—I + HPO_4^- \rightleftharpoons R—C:O—OPO_3^- + I$$

$$R—CH(OH)—COOH + DPN^+ \overset{II}{\rightleftharpoons} R\cdot C:O\cdot COO^- + DPNH + H^+$$

Das kompetitive Gleichgewicht von DPN u. DPNH mit I konnte an den Änderungen der Fluorescenzpolarisation u. Fluorescenzintensität von DPNH bei Titration des I-$(DPNH)_3$-Komplexes mit DPN gemessen werden. — Bei fluorometr. Verfolgung der Titration des I-$(DPNH)_3$-Komplexes mit *p-Chlormercuribenzoat* (III) nimmt die Fluorescenzintensität von DPNH zu, während die Fluorescenzpolarisation abnimmt. Es erfolgt Freisetzen von gebundenem DPNH in einer Rk., die komplizierter ist als die entsprechende Rk. bei DPN. — Die Komplexe von II mit DPN bzw. DPNH werden durch III nicht dissoziiert. — I-DPNH u. II-DPNH können in Gemischen fluorometr. unterschieden werden. (J. biol. Chemistry **233.** 1455—67. Dez. 1958. St. Louis, Miss., Washington Univ., School of Med., Dep. of Biol. Chem.) A. Hesse. 4210

Arthur Allen, Bernice Friedmann und **Sidney Weinhouse,** *Gewebeteile mit bevorzugter Eignung für die Oxydation von Fettsäure und Glucose.* Mit Hilfe von verschied. Gewebeorganen der Ratte, wie Leber, Niere, Herz u. Gehirn — in Form von Gewebeschnitten oder Homogenaten des Ganzgewebes — wurden zugesetzte ^{14}C-Fettsäuren sowohl in Abwesenheit wie Anwesenheit nicht markierter Glucose oxydiert u. der Grad der Substratoxydation durch die Aufnahme von ^{14}C in der Atmungs-CO_2 gemessen. Ggw. von *Glucose* setzte niemals die Oxydation der zugesetzten *Fettsäuren* herab, selbst wenn die Konz. der Glucose weit höher als die der Fettsäure war. Die Oxydation von endogen aus Gewebelipoiden entstandener Palmitinsäure wurde gleichfalls durch Anwesenheit von Glucose nur wenig beeinflußt. Weitere Einzelheiten sollen dartun, daß eine allg. in Gewebeorganen bestehender Abbau der Grundfettsäuren auch bei Anwesenheit reichlicher Menge von Kohlenhydrat nicht unterdrückt wird. (J. biol. Chemistry **212.** 921—33. Febr. 1955. Philadelphia, Pa., Lankenau Hosp. Res. Inst., Inst. for Cancer Res., Temple Univ., Dep. of Chem.) Carl Freese. 4210

William J. Rutter, *Die Wirkung von Ionen auf die katalytische Aktivität von Enzymen: Glucose-6-phosphatdehydrogenase aus Hefe.* (Vgl. C. **1957.** 461.) Vf. untersucht die Wirksamkeit von *Glucose-6-phosphatdehydrogenase* (I) in einem *Glucose-6-phosphat* (II;

6 μmol) u. *Triphosphopyridinnucleotid* (III; 0,3) enthaltenden gepufferten (p_H 7—10,2; Glycylglycin) Syst. unter dem Einfl. verschied. Anionen u. Kationen. Die Reaktionsgeschwindigkeit wird auf spektrophotometr. Wege durch die Veränderung der opt. Dichte bei 340 mμ gemessen. Es wird festgestellt, daß NaCl (0,10 mol.) u. NaF (0,16 mol.) einerseits die I-Aktivität erhöhen, andrerseits das p_H-Optimum von I zur sauren Seite hin (von 9,1 auf 8,5—8,8) verschieben. Ferner zeigt es sich, daß niedrige Anionenkonzz. stimulierend, höhere dagegen inhibierend auf die I-Rk. wirken. Die fördernde Wrkg. nimmt in der Reihenfolge $F^- > PO_4^{3-} > Cl^- > Br^- > SO_4^{2-} > J^- > SCN^-$ ab u. der hemmende Einfl. nach $SCN^- > J^- > SO_4^{2-} > PO_4^{3-} > Br^- > Cl^- > F^-$. Zur Erreichung der maximalen I-Aktivität sind für jedes vorst. Ion unterschiedliche Konzz. notwendig. II stimuliert I bei höheren Konzz. als jenen, die zur Sättigung des Enzyms ausreichen, ist aber weniger wirksam als die anorgan. Anionen. Die Affinität des Enzyms für dessen Substrat wird durch dieselben merklich beeinflußt. So wird in Ggw. von 0,5 mol. NaCl eine ca. 10mal größere II-Menge zur Erreichung der maximalen I-Wirksamkeit benötigt, als bei Zusatz von 0,1 mol. NaCl. F^- steigert die katalyt. Rk. stärker als Cl^-. Auch bei konstanten II- u. III-Mengen wirken höhere Anionenkonzz. [F^- (0,5 mol.), Cl^- (0,1), PO_4^{3-} (0,06—0,16)] auf I inhibierend. Kationen erhöhen die Reaktionsgeschwindigkeit ebenfalls, wobei Ca^{2+}, Mg^{2+} u. Mn^{2+} (bes. in geringen Mengen) wirksamer sind als K^+ oder Na^+. Die Ergebnisse lassen vermuten, daß eine Einw. der verschied. Ionen auf die Assoziation oder Dissoziation des Enzym–Substrat-Komplexes stattfindet, indem höhere Anionenkonz. die Assoziation erniedrigt u. die Dissoziation steigert. Die 2wertigen Kationen bilden dagegen mit den divalenten Phosphatgruppen von II unter Steigerung der Dissoziation ein Ionenpaar. (Acta chem. scand. **11**. 1576—86. 1957. Stockholm, Biokem. avdelningen, Med. Nobelinst.) P. FAHRNLAENDER. 4210

Leslie Hellerman, Karl A. Schellenberg und **Oscar K. Reiss,** *L-Glutaminsäuredehydrogenase.* 2. Mitt. *Bedeutung der Sulfhydrylgruppen des Enzyms.* (1. vgl. C. **1957.** 8546.) Krist. *L-Glutaminsäuredehydrogenase* aus Kalbsleber (I), mit 75—85% Reinheit, enthält (gemessen an Änderung der I-Wrkg. bei Titration mit Ag^+ bzw. Hg^+-Verbb. vom Typus R—Hg—X) 3 Äquivalente SH pro Äquivalentgewicht 24500 des Proteins; 2 dieser SH-Gruppen befinden sich in derjenigen Fraktion, welche bei der Metallinaktivierung von I beteiligt ist. Die Hälfte dieser SH-Gruppen kann mit z. B. Phenylquecksilberacetat reagieren u. kann ohne ersichtliche Änderung der enzymat. Wrkg. entfernt werden (sogenannte a-Gruppen); Titration der anderen Hälfte („b-Gruppen") führt jedoch zu völliger Hemmung der I-Wrkg., was z. T. durch Zusatz von SH-Verbb. wieder rückgängig gemacht werden kann. Eine dritte Art von SH-Gruppen wird entdeckt, wenn der Gesamtgeh. an SH-Gruppen durch Titrieren mit *o-Jodosobenzoat* (nach Denaturierung mittels Guanidinchlorid) bestimmt wird. — Die *L-Glutaminsäuredehydrogenase* der Hühnerleber (II) enthält dagegen nur 1 SH-Äquivalent pro 10300 g. Bei II führt die Entfernung der SH-Gruppe mittels Titration mit Ag^+ zur völligen Unwirksamkeit. — In I wie in II zeigen die „krit." SH-Gruppen relativ wenig Empfindlichkeit gegen R—Hg—X-Verbindungen. Hieraus ergeben sich neue Vorstellungen über den Wirkungsmechanismus von I u. II. (J. biol. Chemistry **233.** 1468—78. Dez. 1958. Baltimore, Md., Johns Hopkins Univ., School of Med., Dep. of Physiol. Chem.) A. HESSE. 4210

W. Franke H. Frehse und **W. Heinen,** *Pflanzliche Fettsäuredehydrasen unter besonderer Berücksichtigung der Gerste.* 4. Mitt. *Oxydationsfermente aus höheren Pflanzen.* (3. vgl. C. **1956.** 7561.) *Dehydrasen* (I) der höheren Fettsäuren (II) sind in Pflanzensamen verbreitet u. nach THUNBERG leicht mit Acceptorfarbstoffen großen Redoxpotentials (Indamine, Indophenole) nachzuweisen, wobei 3 Samentypen unterscheidbar sind: Einw. auf gesätt. u. ungesätt. II mit vergleichbarer Geschwindigkeit (Erdnuß, Hanf, Sonnenblume); leichte Dehydrierung gesätt. II, unregelmäßige von Ölsäure (VI), keine von Linol (III)- u. Linolensäure (IV; Kürbis, Raps, Rübsen); leichtere Angreifbarkeit ungesätt. II mit optimaler Wrkg. gegenüber III (Lein, Soja, Gerste, Roggen, Weizen). Letztgenannter Samentyp enthält regelmäßig Lipoxydase (V). Unters. von Trennbarkeit u. Anreicherung von II–I in Phosphatextrakten aus Gerste u. Erdnuß ergaben keine prinzipiellen Unterschiede in den Eigenschaften. I sind „lösl." u. in Mikrosomen u. Restcytoplasma, nicht in Mitochondrien, lokalisiert. Die „Lipodehydrase" von FRANKE u. FREHSE aus Gerstensamen, usw., besteht aus III- u. VI-Dehydrase. Letztere sind wahrscheinlich Flavinenzyme, die keine dialysablen Cofaktoren benötigen. Stearatdehydrogenase (VII) benötigt Codehydrase I u. dehydriert bevorzugt höhere gesätt. II (C_2—C_{18}), während Caprylsäure intakt bleibt. VII u. I ungesätt. II reagieren mit freien II (bzw. deren Anionen), nicht mit den Coenzym A-Acylderivaten. Die Untersuchten I sind von Fettsäureperoxydase der Erdnuß (STUMPF) u. dem in Erdnußmitochondrien aufgefundenen Coenzym A-abhängigen Enzymsyst. der β-Oxydation (STUMPF u. BARBER) verschieden u. stellen wahrscheinlich reine Abbauenzyme mit noch ungeklärter chem. Leistung u. physiol. Funktion dar. (Getreide u. Mehl **8.** 81—85. Nov. 1958. Beilage zu: Mühle. Köln, Univ., Inst. für Gärungswiss. u. Enzymchem.) K. MAIER. 4210

Stanford Moore, C. H. W. Hirs und **William H. Stein,** *Untersuchungen über die Struktur der Ribonuclease.* Vff. geben einige Daten über die Struktur der *Ribonuclease* (I) aus Pankreas, einem relativ kleinen Protein mit einem Mol.-Gew. von 14000 bis 15000. Der isoelektr. Punkt liegt bei p_H 8. I besteht aus 124 Aminosäureresten: 15·Asp; 12·Glu; 12·Ala; 9·Val; 2·Leu; 3·Ileu; 15·Ser; 10·Thr; 8·Cys; 4·Met; 4·Pro; 3·Phe; 6·Tyr; 4·His; 10·Lys; 4·Arg; ($-CONH_2$) 17. Es sind 4 Disulfidbrücken vorhanden. Auf Grund der Ergebnisse nach saurer Hydrolyse u. Spaltung mit Hilfe von Chymotrypsin u. Trypsin wird eine partielle Strukturformel als Arbeitshypothese aufgestellt. (Federat. Proc. **15.** 840—48. Juli 1956. New York City, N. Y., Rockefeller Inst. for Med. Res.) H. SCHIMASSEK. 4210

Andrew P. Ryle und **Christian B. Anfinsen,** *Untersuchnugen über Disulfidbrücken der Ribonuclease.* Native *Ribonuclease* wurde mit Subtilisin aufgespalten, u. anschließend wurden die Bruchstücke mit Hilfe der Hochspannungselektrophorese aufgetrennt. Die einzelnen Peptide wurden durch erneute Elektrophorese gereinigt, mit Perameisensäure oxydiert, in ihrer Aminosäurenzus. u. z. T. die N-Endgruppen analysiert. Es konnte wahrscheinlich gemacht werden, daß die Disulfidbrücken, gerechnet von der N-Endgruppe der Proteinkette folgende Halbcystinreste verbinden: 1—6; 3—7; 2—8; 4—5. (Biochim. biophysica Acta [Amsterdam] **24.** 633—35. Juni 1957. Bethesda, Md., Nat. Health Inst., Labor. of Cell Physiol. and Metabolism.) H. G. SCHWEIGER. 4210

A. H. Schein und **E. M. Brown,** *Purin- und Pyrimidintransaminasen in Escherichia coli.* Die von GUNSALUS u. TONZETISCH (Nature [London] **170.** [1952.] 162; C. **1956.** 3605) berichtete Transaminierung zwischen *α-Oxoglutarat* u. *Adenin* (I), *Guanin* oder *Cytosin* (II) durch Katalyse mit Suspensionen oder Extrakten von Escherichia coli (Stamm B u. Crookes; a) konnten Vff. mit I, Adenosin, II oder Cytidin mit a, Rattenleberhomogenat u. Leberschnitten als Enzymquellen nicht bestätigen. Diese Transaminierung erfordert eine intermol. Oxydoreduktion bzw. eine bisher nicht bekannte prim. reduktive Änderung des Purin (III)- bzw. Pyrimidin (IV)-Ringes, da sie mit intaktem III- bzw. IV-Ring nicht möglich ist. (Biochem. J. **67.** 594—600. Dez. 1957. Burlingtown, Vt., USA, Univ. of Vermont Coll. of Med., Dep. of Biochem.) H. CARLS. 4210

Mordhay Avron und **Andre T. Jagendorf,** *Ein Beweis hinsichtlich des Mechanismus der Adenosintriphosphatbildung durch Spinatchloroplasten.* Die $Fe(CN)_6^{3-}$-Red. durch Chloroplasten wird durch Zugabe von PO_4^{3-} stimuliert. Zugabe von *Adenosintriphosphat* (I) + Mg^{2+} steigert die Red. stark. Stimulierung durch AsO_4^{2-} erfolgt nur bei Ggw. von I + Mg^{2+}. Geringe Mengen I steigern bereits die Red. mit AsO_4^{3-}, hemmen jedoch zunächst die Red. mit PO_4^{3-}. Der Arsenat–I-Komplex scheint also im Gegensatz zum Adenosintriphosphat (II) instabil zu sein, so daß bei den Verss. mit AsO_4^{3-} die I-Konz. stets konstant bleibt u. stimulierend wirkt, während sie bei den Verss. mit PO_4^{3-} infolge II-Bldg. zunächst abnimmt. Bei ständigem Abbau des II — durch Zugabe von überschüssiger Glucose u. Hexokinase erreicht — sind auch die Ergebnisse mit PO_4^{3-} die gleichen wie mit AsO_4^{3-}. Mg^{2+} steigert die Stimulierung der Red. durch PO_4^{3-} u. AsO_4^{3-} in gleicher Weise. Die Chloroplasten besitzen weder im Hellen noch im Dunkeln Adenosintriphosphataseaktivität, noch treten Arsenolyse des II oder Austausch zwischen anorgan. Phosphat u. II ein, was durch Verss. mit ^{32}P festgestellt wurde. Die Hemmung der $Fe(CN)_6^{3-}$-Red. durch II scheint großenteils reversibel zu sein. — Aus den Verss. wird geschlossen, daß die letzte Stufe der II-Bldg. (vgl. Biochim. biophysica Acta [Amsterdam] **30.** [1958.] 144), die Rk. von anorgan. Phosphat mit dem energiereichen Komplex aus I u. einer noch unbekannten Komponente, irreversibel ist. (J. biol. Chemistry **234.** 967—72. April 1959. Baltimore, Md., Johns Hopkins Univ., McCollum-Pratt Inst. and Biol. Dep.) S. DITTMANN-MITZSCHERLICH. 4210

K. K. Reddi, *Wirkung von Mikrokokkenphosphodiesterase auf Tabakmosaikvirusnucleinsäure.* Vf. berichtet über die Wrkg. von 100fach angereicherter *Ca*-aktivierter *Nuclease* (I) aus *Mikrococcus pyogenes var. aureus* auf Tabakmosaikvirusribonucleinsäure. Als Reaktionsprodd. werden folgende M o n o - u. D i n u c l e o t i d e identifiziert: *Adenosin-*, *Guanosin-*, *Cytidin-* u. *Uridin-3'-phosphat*, *Adenylyl-(3'.5')-cytidin-3'-phosphat*, *Adenylyl-(3'.5')-* u. *Uridylyl-(3'.5')-guanosin-3'-phosphat*, *Uridylyl-(3'.5')-* u. *Adenylyl-(3'.5')-uridin-3'-phosphat* sowie *Uridylyl-(3'.5')-cytidin-3'-phosphat.* I hat keine Wrkg. auf cycl. *Purin-* oder *Pyrimidinnucleotide.* Eine Spaltung von Ribonucleinsäure über eine Transphosphorylierung kann daher ausgeschlossen werden. (Nature [London] **182.** 1308. 8/11. 1958. Berkeley, Calif., Univ., Virus Labor.) H. GOEBEL. 4210

R. L. Metzenberg, Leo M. Hall, Margaret Marshall und **Philip P. Cohen,** *Untersuchungen über die Biosynthese von Carbamylphosphat.* In Extrakten von Streptococcus faecalis erfolgen die Rkk.: Adenosintriphosphat + CO_2 + NH_3 ⇌ Carbamylphosphat + Adenosintriphosphat u. Carbamylphosphat + Ornithin ⇌ Citrullin + anorgan. Phosphat. Aus Hunde- u. Rinderleber reicherten Vff. das *Carbamylphosphat*-synthetisierende Enzym durch $(NH_4)_2SO_4$-Fällung u. Adsorption an Hydroxylapatit an. Außerdem wurde aus Hundeleber bzw. Extrakten von Streptococcus faecalis die Ornithintranscarbamylase angereichert. Die Citrullinbldg. u. die Freisetzung von anorgan. Phosphat wurde in Abhängigkeit von Zeit u. Temp. u. Acetyl-L-glutaminsäure (als Cofaktor) untersucht. Die Trennung der bei der Rk. des Rinderlebersyst. auftretenden Nucleotide durch Chromatographie an Dowex-1-X8 ergab, daß als Hauptprod. Adenosindiphosphat gebildet wird. Bei den Enzymsystemen aus Säugetierleber werden jedoch im Gegensatz zum Str. faecalis-Syst. 2 Moll. anorgan. Phosphat/Mol. gebildetes Citrullin freigesetzt. (J. biol. Chemistry **229.** 1019—25. Dez. 1957. Madison, Wis., Univ. of Wisconsin, Serv. Mem. Inst., Dep. of Physiol. Chem.) E. SCHWERDTFEGER. 4210

S. Eser, S. Tekman und **A. Araz,** *Die Wirkung von Nicotinamid auf den Acetylacetatstoffwechsel von Leberhomogenaten normaler und mit Alloxan behandelter Ratten.* Vff. incubierten Leberhomogenate von mit *Alloxan* behandelten Ratten bei 30,4° mit Na-Acetylacetat (I) jeweils mit oder ohne Zusatz von *Nicotinamid* (II). Die durch I erhöhte Sauerstoffaufnahme wurde durch II weiter verstärkt, ohne daß gleichzeitig ein erhöhter Acetylacetatverbrauch eintrat. (Nature [London] **183.** 184—85. 17/1. 1959. Istanbul, Inst. of Biochem. and Physiopathologie, Univ. of Istanbul.) K. HEYNS. 4210

C. V. Ramakrishnan, *Abtrennung des Kondensationsenzyms von Aspergillus niger von der Acetylcoenzym-A-deacylase und der Citronensäuredesmolase und die Wirkung von Magnesiumionen auf die gereinigte Fraktion.* Aus zellfreiem Extrakt von A. niger NRC 233 wurde das Ca-Gel-Zentrifugat (vgl. Canad. J. Biochem. Physiol. **32.** [1954.] 434) bereitet, in ihm Kondensationsenzym (I), *Acetylcoenzym-A-deacylase* (II) u. Citronensäuredesmolase (III) nachgewiesen u. ihre Aktivität in Ggw. u. Abwesenheit von Mg^{2+} bestimmt. Mg^{2+} hemmte die Aktivität von I, förderte die von II u. ließ die von III unbeeinflußt. I konnte von II u. III gereinigt werden, indem die Ammoniumsulfatfraktion mit Ca-Phosphat-Gel u. dann mit Al-Gel durch Zentrifugieren in der Kälte geklärt wurde. Aber auch die reine I wurde noch durch Mg^{2+} gehemmt u. unterscheidet sich dadurch von I aus anderen Geweben. (Nature [London] **182.** 1601—02. 6/12. 1958. Baroda, Univ., Dep. of Biochem.) W. SCHÖNBORN. 4210

Adolf Wenz, Georg Göttmann und **Hermann Koop,** *Über Cocarboxylasetetrahydrat sowie Salze der Cocarboxylase.* Wird *Cocarboxylase* (I)-*chlorid*-Lsg. über einen Anionenaustauscher (Amberlite IR 45) gegeben, die ablaufende Lsg. im Vakuum bei 35° eingeengt u. mit der 4fachen Menge A. versetzt, so erhält man in kurzer Zeit Kristalle, die sich nach Trocknen bei 40—50° als *Thiaminpyrophosphorsäureester-Betain* mit 4 Mol Kristallwasser erweisen u. als *Cocarboxylasetetrahydrat* (III) bezeichnet werden. III enthält nur noch 2—3% des I-*Orthophosphorsäureesters.* Aus III lassen sich leicht Salze der I herstellen. — Aus der Kenntnis dieser Salze heraus wird vorgeschlagen, in Zukunft als I nur noch das innere Salz des *Thiamin* (II)-Pyrophosphorsäureesters (Betainform) anzusehen u. dementsprechend das aus 1 Mol I (Betain) + 1 Mol HCl erhaltene Salz als I-*Hydrochlorid* zu bezeichnen. — Der II-*Orthophosphorsäureester* (II-*Monophosphat*; **IV**), der bei den Arbeiten über I als Nebenprod. anfällt, wird in üblicher Weise also *Bis-hydrochlorid* isoliert. Gibt man dessen Lsg. über Amberlite IR 45, so hat die ablaufende Lsg. p_H 6,4—6,6 u. liefert bei Zusatz von A. farblose Stäbchen der „freien Base", d. h. das *Betain des* **IV**. Dieses kann auch Salze mit schwächeren Säuren bilden.

Versuche: *Cocarboxylasetetrahydrat* (III), $C_{12}H_{18}N_4O_7P_2S \cdot 4H_2O$, Mol.-Gew. 496,4, F. 220—222°, Sintern unter Abgabe von W. bei 130—140°, in oben beschriebener Weise aus der Handelsware „Cocarboxylasechlorid"; Ausbeute 89% der Theorie; liefert beim Trocknen im Hochvakuum (60°) die wasserfreie Verb.; enthält nach chromatograph. Analyse ca. 1% **IV**. — Zur Darst. der Salze von III werden 10 g III in etwas mehr als der erforderlichen Menge einer 5—10%ig. Lsg. der entsprechenden Säure gelöst, das Salz durch Eintropfen der 3—4fachen Menge eines niederen Alkohols oder Acetons unter Rühren gefällt u. gegebenenfalls durch Lösen in einer 1%ig. Säure u. Zusatz von A. oder Aceton umgefällt. Sämtliche Salze (bei 40—50° in vacuo getrocknet) krist. in Stäbchen. *Carboxylase* (I)-*hydrochlorid,* $C_{12}H_{18}N_4O_7P_2S \cdot HCl$, Mol.-Gew. 460,8, F. 239—240° (Zers.), 100% Ausbeute. -*hydrobromid,* $C_{12}H_{18}N_4O_7P_2S \cdot HBr$, F. 248—250°, 96%. -*hydrojodid,* $C_{12}H_{18}N_4O_7P_2S \cdot HJ \cdot H_2O$, F. 205—207° (Zers.), 91%. -*hydrofluorid,*

$C_{12}H_{18}N_4O_7P_2S \cdot HF \cdot 3\,H_2O$, F. 210—213° (Zers., Sintern bei 125°) 99%. *-nitrat*, $C_{12}H_{18}N_4O_7P_2S \cdot HNO_3 \cdot H_2O$, F. 208—210° (Zers.), 93%. *-sulfat*, $C_{12}H_{18}N_4O_7P_2S \cdot H_2SO_4 \cdot H_2O$, F. 215—217° (Zers., Sintern 125°), 92%. *-perchlorat*, $C_{12}H_{18}N_4O_7P_2S \cdot HClO_4 \cdot H_2O$, Mol.-Gew. 542,8, F. 176—178° (Zers.), 92%. *-sulfanilat*, $C_{12}H_{18}N_4O_7P_2S \cdot C_6H_6NSO_3H$, F. 228—230° (Zers.), 75%. *-glutaminat*, $C_{12}H_{18}N_4O_7P_2S \cdot C_5H_9NO_4 \cdot 4\,H_2O$, F. 165—170° (Zers.), 100%. *-naphthalin-β-sulfonat*, $C_{12}H_{18}N_4O_7P_2S \cdot C_{10}H_7SO_3H \cdot H_2O$, F. 198—200° (Zers.), 76%. *-asparaginat*, $C_{12}H_{18}N_4O_7P_2S \cdot C_4H_7NP_4 \cdot 4\,H_2O$, F. 180° (Zers.), 94%. *Thiaminorthophosphorsäureester* (Betain), aus II-Bis-hydrochlorid, $C_{12}H_{17}N_4O_4PS$, Mol.-Gew. 344,3, F. 228—230°, in vorst. beschriebener Weise 85%. *-bis-hydrochlorid*, $C_{12}H_{17} \cdot N_4O_4PS \cdot 2\,HCl$, F. 215—217° (Zers.), 99%. *-bis-hydrobromid*, $C_{12}H_{17}N_4O_4PS \cdot 2\,HBr$, Mol.-Gew. 542,2, F. 152—154° (Zers.), 89%. *-hydrojodid*, $C_{12}H_{17}N_4O_4PS \cdot HJ \cdot H_2O$, F. 198—200° (Zers.), 95%. *-trishydrofluorid*, $C_{12}H_{17}N_4O_4PS \cdot 3\,HF$, F. 208—210° (Zers.), 99%. *-nitrat*, $C_{12}H_{17}N_4O_4PS \cdot HNO_3 \cdot 2\,H_2O$, F. 172—174° (Zers.), 100%. *-sulfat*, $C_{12}H_{17} \cdot N_4O_4PS \cdot H_2SO_4 \cdot 2\,H_2O$, F. 175—176° (Zers.), 92%. *-bis-sulfat*, $C_{12}H_{17}N_4O_4PS \cdot 2\,H_2SO_4 \cdot H_2O$, F. 206—208° (Zers.), 88%. *-bis-phosphat*, $C_{12}H_{17}N_4O_4PS \cdot 2\,H_3PO_4$, F. 193—195° (Zers.), 86%. *-perchlorat*, $C_{12}H_{17}N_4O_4PS \cdot HClO_4 \cdot H_2O$, F. 210—212° (Zers.), 89%. *-naphthalin-β-sulfonat*, $C_{12}H_{17}N_4O_4PS \cdot C_{10}H_7SO_3H \cdot H_2O$, F. 195—197° (Zers.), 98%. (Liebigs Ann. Chem. **618**. 210—20. 26/11. 1958. Darmstadt, E. Merck A.G., Abt. „Chem. Entw.".)
A. HESSE. 4210

D. S. Ghanekar, D. V. Bal und **Sohoni Kamala,** *Die Enzyme einiger Elamobranchii aus Bombay.* 3. Mitt. *Amylasen in Scoliodon sorrakowah und Sphyrna blochii.* (2. vgl. J. Univ. Bombay [N. S.] **23**. Sect. B. [1955.] 1.) Bei zwei in den Gewässern von Bombay vorkommenden Haifischarten, Scoliodon sorrakowah u. Sphyrna blochii, wird *Amylase* (**I**) reichlich im Pankreas, wenig in Dünndarm, Muskel, Herz u. Hirn, in mittlerer Menge in Leber, Milz u. Niere, u. gar nicht im Magen u. in der Ampulla von Lorenzini gefunden. Pankreas u. Leber enthalten (wie Schweinepankreas) α- u. β-**I**, Niere nur α-**I** u. Milz nur β-**I**. Bei Anwendung der Arbeitsweise von OHLSSON (Hoppe-Seyler's Z. physiol. Chem. **189**. [1930.] 17) auf Schweinepankreas-**I** u. **I** aus Pankreas von S. sorrakowah, wird β-**I** zerstört, wenn bei p_H 6,5—6,6 für 15 Min. auf 70° erhitzt wird (wobei α-**I** größtenteils erhalten bleibt), u. es wird die α-**I** durch Stehenlassen der Lsg. bei p_H 3,4 u. bei 1—2° zerstört (während dabei β-**I** unbeeinflußt bleibt). In Ggw. von Ca^{2+} wird die Hitzestabilität der α-**I** u. auch die Stabilität der β-**I** gegen Säure erhöht, wobei Maxima bei 0,02 (Pankreas) bzw. 0,01 mol. Ca^{2+} gefunden werden; höhere Mengen von Ca^{2+} führen zur Erhöhung beider **I**-Wirkungen. Vff. schließen daraus, daß eine in beiden Fällen reversible Umwandlung α-**I** ⇌ β-**I** unter dem Einfl. von Ca^{2+} erfolgt, wie das schon für Weizen-**I** bekannt sei. — W. sowie Glycerin können in gleicher Weise zur Extraktion der **I** verwendet werden. Desmo-**I** scheint hauptsächlich vom α-Typ, Lyo-**I** hauptsächlich vom β-Typ der **I** zu sein. — Aus der Zunahme des Geh. an akt. **I** bei Aufbewahren der Lsgg. bei p_H 3,4 u. 1—2° wird auf Existenz von Proenzym geschlossen. (Proc. Indian Acad. Sci., Sect. B **43**. 134—48. Febr. 1956. Bombay, Inst. of Sci., Dep. of Zool.)) A. HESSE. 4210

Gad Avigad, *Enzymatische Synthese und Charakterisierung eines neuen Trisaccharids, des α-Lactosyl-β-fructofuranosids.* Vf. incubiert *Lactose* (**I**; 35 g) u. *Saccharose* (**II**; 12 g) in Citratphosphatpufferlsg. (p_H 5,4) mit *Lävansaccharase* (**III**; aus Aerobacter levanicum) in Ggw. einer 50%ig. wss. Suspension von Torulopsis glabrata [zur Entfernung von *Glucose* (**IV**) u. *Fructose* (**V**) aus dem Reaktionsgemisch]. Nach 13std. Reaktionsdauer (30°) wird das Substrat mit 2 Vol. 96%ig. A. versetzt, wobei sich innerhalb von 16 Std. (+4°) *Lävan* (**VI**) u. eine geringe Menge **I** abscheiden. Chromatograph. Unters. des eingeengten Reaktionsgemisches (Lösungsmittel: n-Propanol–Äthylacetat–W. = 7:1:2; n-Butanol–A.–W. = 5:2:2, Reagentien: Harnstoff–H_3PO_4, p-Aminophenol–Trichloressigsäure in 80%ig. H_3PO_4-haltigem n-Propanol) zeigt die Ggw. von **I**, **II**, einem ketosehaltigen, nicht red. Tri- (**VII**) u. **II**-haltigen *Tetrasaccharid* an. **VII** (*Lactsaccharose*, $C_{18} \cdot H_{32}O_{16} \cdot 5\,H_2O$, F. 181° (unkorr.), $[\alpha]_D^{20}$ +59° (c = 3,8, W., **VII**-Anhydrid); $[M]_D$ = 29730, dünne, monocycl. Platten aus 90%ig. A.; 2,0 g Ausbeute] wird aus dem Reaktionsgemisch mittels einer Darco G 60-Celit (1:1)-Säule, Eluierung mit 5%ig. A. (zur Entfernung von **II**), anschließende Behandlung mit Amberlit IR-4 B (OH^-) u. IRC-50 (H^+) u. Versetzen mit 90%ig. A. isoliert. **VII** red. alkal. Cu-Reagens von SOMOGYI nicht u. liefert wie *Raffinose* mit *Diazouracil* eine Grünfärbung. *Hefeinvertase* (**VIII**) spaltet **VII** in äquimol. Mengen **V** u. **I**, *β-Galaktosidase* (**IX**) hydrolysiert in *Galaktose* (**X**) u. **II**. Durch gleichzeitige Einw. von **VIII** u. **IX** wird **VII** zu **IV**, **X** u. **V** abgebaut. Mit **III** incubierte **VII** liefert in Abwesenheit von Aldosen **VI**, **V** u. **I**; bei Ggw. von **IV** dagegen nur wenig **VI** u. eine größere Menge **II**. *Glucosaccharasen* (*Dextran-*, *Amylo-* oder *Hefe-α-glucosaccharase*) greifen **VII** nicht an, während gemischte Enzymsysteme, die **IX** u. eine Glucosaccharase enthalten, eine Spaltung von **VII** in Dextran oder **IV** verursachen. **VII** verbraucht bei der Perjodoxydation 4,08 Mol des Oxydationsmittels, wobei 1,06 Mol HCOOH pro Mol **VII** gebildet werden. Das mit $NaBH_4$ red. u. mit 1n HCl (4 Std., 96°) hydrolysierte Oxydationsprod. von **VII** liefert bei papierchromatograph. Unters. (Lösungsm.: Äthylacetat–Pyridin–W. = 7:1:2; Reagens: Perjodat–Benzidin) *Äthylenglykol, Glycerin* u. *Erythrit.* Aus den Ergebnissen folgt für **VII** die Struktur eines *O-β-D-Galaktopyranosyl-(1.4)-O-α-D-glucopyranosyl-(1.2)-β-D-fructofuranosids.* (J. biol. Chemistry **229.** 121—29. Nov. 1957. Jerusalem, Hebrew Univ. Hadassah Med. School, Dep. of Biochem., Labor. of Microbiol. Chem.) P. FAHRNLAENDER. 4210

K. Inoue und **Y. Ando,** *Alginsäureabbau durch Mikroorganismen.* 1. Mitt. *Alginsäureabbau durch Aerobacter aerogenes, Stamm Y-11, und adaptive Alginasebildung.* Im Stuhl der meisten Gesunden findet sich *Aerobacter aerogenes* (aus 10—100 mg Faeces in Verdünnung 10^{-2} bis 10^{-3}). Stamm Y-11 dieses Mikroorganismus auf einem Nährboden gezüchtet, in dem *Alginsäure* (I) die einzige C-Quelle ist, baut in 20 Tagen I zu *Mannuronsäure* ab (papierchromatograph. Nachw.) u. in ihre Zwischenprodd. (vermutlich Tetra-, Tri- u. Dimannuronide). Zwecks Klärung der *Alginase* (II)-Bldg. durch Y-11 wurden Kulturverss. mit 17 verschied. C-Quellen gemacht. Nur bei Darbietung von *Na-Alginat* u. *Na-Mannuronat* kam es zu II-Bldg., während *d*-Mannuronsäure, Stärke, Dextrin, Glucose, Mannose, Galaktose, Lactose, Arabinose, Glycerin, Na-Citrat, Pektin, Gummi arabicum u. Pepton wirkungslos blieben. Die adaptiv gebildete II ist ziemlich hitzeresistent; sie verliert ihre Aktivität erst bei 120 Min. Erhitzen auf 100°. (J. agric. chem. Soc. Japan [Nippon Nōgeikagaku Kaishi] **30.** 742—46. 15/11. 1956. Hokkaidō-ritsu Eiseikenkyūsho. [Orig.: japan.]) F. MOSSNER. 4210

Katsuhiro Inoue, *Alginsäureabbau durch Mikroorganismen.* 2. Mitt. *Über die Alginasewirkung von Aerobacter aerogenes, Stamm Y-11.* (1. vgl. vorst. Ref.) Aus menschlichen Faeces isolierte *Aerobacter aerogenes Y-11* wurden 5 Tage lang bei 37° in folgendem Medium gezüchtet: $(NH_4)_2HPO_4$ (0,5%), KH_2PO_4 u. NaCl (je 0,1%), $MgSO_4 \cdot 7\,H_2O$ (0,02%), *Alginsäure, Na-Salz* (I) u. Hefeextrakt (je 0,1%). Nach Ultrazentrifugieren wurde der Überstand 48 Std. bei 2—4° dialysiert. Aus dem durch Alkoholzusatz ausgefälltem Nd. wurden die Enzym-Lsgg. hergestellt. Mit I als Substrat senkt das Exoenzym *Alginase* (II) in der Konz. 0,05% bei 40° die Viscosität der *Alginsäure;* von der 3. bis 144. Std. nach Versuchsbeginn nimmt sein Reduktionsvermögen zu. Papierchromatograph. (Butanol–Essigsäure–W. 5:2:3) traten bis zur 48. Std. Flecke bei R_F 0,1 u. 0,17 (vermutlich *Oligouronide*) u. nach 144 Std. ein Fleck bei R_F 0,24 (*Mannuronsäure*) auf. Für die Best. der Viscositätssenkung erwies sich 7,4—7,6 als p_H-Optimum; günstigste Temp. 45°. 20 Min. Erhitzen auf 70° inaktiviert II vollständig. (J. agric. chem. Soc. Japan [Nippon Nōgeikagaku Kaishi] **31.** 798—806. 15/11. 1957. [Orig.: japan.]) F. MOSSNER. 4210

Katsuhiro Inoue, *Alginsäureabbau durch Mikroorganismen.* 3. Mitt. *Über den Alginsäurestoffwechsel von Alginsäure abbauenden Bakterien der Coligruppe.* (2. vgl. vorst. Ref.) Enzymverss. mit n. papierchromatograph. Unterss. an Kulturen von *Escherichia coli, Escherichia coli var. acidilactici* (Bär) u. *Aerobacter cloacae* [Mensch (a), Laminaria (b)] ergaben, daß diese Mikroorganismen ebenso wie *Aerobacter aerogenes Y-11* (c) 3 nicht näher gek. *Oligouronide* u. *Mannuronsäure* (I) bilden, daß aber bei ihnen in 22-Tage-Kulturen die papierchromatograph. nachweisbaren Flecken nicht verschwinden. Nur b u. c verwerten I als einzige C-Quelle. (Seikagaku [Biochemistry] **29.** 827—30. 25/2. 1958. [Orig.: japan.]) F. MOSSNER. 4210

C. A. Pasternak und **P. W. Kent,** *Die Biosynthese intestinaler Schleimstoffe.* 2. Mitt. *Der Einbau von ^{35}S-Sulfat in das Colon des Meerschweinchens in vitro.* (1. vgl. C. **1958.** 8957.) Vff. incubieren Colonschleimhautpräpp. des Meerschweinchens mit $Na_2{}^{35}SO_4$ u. bestimmen nach Dialyse des [mit 2% ig. NaOH (12 Std.) aus den Geweben extrahierten] *Mucins* (I) gegen Leitungswasser (16°, 90 Std.) bzw. auf elektrophoret. Wege [Na-Diäthylbarbituratpuffer (0,07 mol., p_H 8,8), 6 Std., 120 V; 4,3 V/cm] mit Hilfe der Beziehung $^{35}S\text{-I} \cdot 10^5/^{35}S-SO_4 + {}^{35}S\text{-I}$ (in c.p.m.) den ^{35}S-I-Geh. u. die Eigg. des ^{35}S-I. Die nach beiden Verff. gefundene ^{35}S-I-Menge im Colon beträgt 2,7%. Hydrolyse von ^{35}S-I (4n HCl, 2 Std., 110°) liefert die auf chromatograph. Wege [Lösungsm.: 1 mol. NH_4-Acetat–A. (2:5) nachweisbaren ^{35}S-freien Spaltprodd. *Methionin, Cystin, Taurin* u. *Cysteinsäure.* Ca. 90% der zugeführten Radioaktivität erscheint als freies SO_4; daraus geht hervor, daß ^{35}S im Colon-I als Estersulfat vorkommt. Die Beobachtung, daß mit dem Verschwinden der ^{35}S-I-Fraktionen (innerhalb von 1 Std.) ein Absinken der O_2-Aufnahme in den Geweben verbunden ist sowie die Hemmung der $^{35}S-SO_4$-Aufnahme in N_2-Atmosphäre oder beim Erhitzen (100°) bzw. Einfrieren der Gewebe (fl. Luft) u. ferner, daß außerhalb derselben kein ^{35}S-Einbau in I stattfindet, zeigt, daß dieser Prozeß ein enzymat., energieverbrauchender ist. *Na-Fluoracetat* (20 mmol.), *2.4-Dinitrophenol* (0,01—0,1) *Salicylsäure* (0,5—20) u. *Phenol* (20) inhibieren, *Glucose* (II) stimuliert die

Diffusion u. den Einbau von ^{35}S–SO_4 sowie die Atmung; *Brenztraubensäure* (Na-Salz) fördert den O_2-Verbrauch u. ^{35}S–SO_4-Einbau; *Glucosamin* (III) stimuliert nur den letzten. Der Gesamtgeh. an Aminozuckern bzw. die synthetisierte I-Menge wird durch vorst. Verbb. nicht beeinflußt. Die Ergebnisse zeigen, daß der Mechanismus des ^{35}S–SO_4-Einbaus in die Colonschleimhaut die Bldg. covalenter Esterbindungen einschließt u. nicht nur als einfacher Ionenaustausch aufzufassen ist, da bei Dialyse oder Elektrophorese kein Verlust von ^{35}S–SO_4 eintritt. Der Prozeß ist enzymat. Natur u. läßt sich in 3 Teilvorgänge aufgliedern: Diffusion von ^{35}S–SO_4 in die Gewebe; I-Synth. u. I-Abscheidung. Der 1. Vorgang verläuft am schnellsten u. ist nach 30 Min. beendet. Die Stimulation durch II wird durch Zufuhr zusätzlicher Energie (aus II) für die I-Synth. unter Bldg. von 1 oder mehrerer I-Vorläufer verursacht, während III nur als NH_2-Überträger wirksam ist. (Biochem. J. **68.** 452—57. März 1958. Oxford, Dep. of Biochem.) P. FAHRNLAENDER. 4210

A. G. Lloyd, *Untersuchungen über Sulfatasen. 24. Mitt. Die Verwendung von Bariumchloranilat zur Bestimmung von enzymatisch freigesetztem Sulfat.* (23. vgl. C. **1959.** 10953.) An Stelle der Meth. von DODGSON u. SPENCER (C. **1953.** 8892) zur Best. von enzymat. freigesetztem *Sulfat* (I) wird eine einfachere, für Routineunterss. geeignete Meth. beschrieben. Diese ist auf der Verwendung von *Bariumchloranilat* (II) nach BERTOLACINI u. BARNEY (C. **1957.** 6543) aufgebaut. Hierzu werden in einem 3 cm^3-Reagenzglas 0,2 cm^3 wss. Lsg. von K_2SO_4 (5—80 γ SO_4^{2-}-Ionen/0,2 cm^3) mit 0,8 cm^3 A. versetzt; 0,8 cm^3 dieser alkohol. Lsg. werden mit 0,2 cm^3 wss. 0,05 mol. Kaliumhydrogenphthalatlsg., p_H 4,0, vermischt u. dieses Gemisch zu einer Suspension von 400 γ II in 0,5 cm^3 0,25 mol. Acetat/Essigsäurepuffer p_H 4,0 zugefügt. II ist in W. nur wenig lösl., so daß ein genaues Gewicht nicht erforderlich ist. Das verschlossene Reagensglas wird 20 Min. lang mit Abständen von 1 Min. jeweils kurz geschüttelt. Überschüssiges II u. der $BaSO_4$-Nd. werden abzentrifugiert (0°; 10 Min.; 4000 $\cdot g$). Die in Lsg. gegangene Menge II wird bei 350 mμ colorimetriert. — Zur Best. von *Sulfatase* werden 0,1 cm^3 Gewebepräparatextrakt mit 0,1 cm^3 K_2SO_4-Lsg. (20—30 γ SO_4^{2-}-Ionen/0,1 cm^3) in 0,2 cm^3 0,2 mol. Acetatpuffer p_H 5,5 während 1 Std. bei 37,5° incubiert; dann werden 0,8 cm^3 A. zugefügt, das Gemisch 10 Min. bei 0° stehengelassen, ausgefälltes Protein bei 3500 $\cdot g$ (0°; 15 Min.) abzentrifugiert u. das anorgan. I in einer Probe von 0,8 cm^3 in angegebener Weise bestimmt. — I kann so quantitativ in Geweben usw. bestimmt werden. Na^+, K^+, NH_4^+, Mg^{2+}, Cl^-, F^-, CN^-, PO_4^{3-}, HCO_3^- oder Oxalat stören nicht; jedoch stören stark: Cu^{2+}, Co^{3+}, Mn^{2+}, Zn^{2+}, Fe^{3+}, Pb^{2+} u. Ca^{2+}; ohne Einfl. ist Ggw. der K-Salze von Glucose-6-sulfat, Glucose-3-sulfat, N-Acetylglucosamin-6-sulfat, N-Acetylgalactosaminmonosulfat u. Heparin. — Werte für *Glykosulfatase* u. *Chondrosulfatase* werden mitgeteilt. (Biochem. J. **72.** 133—36. Mai 1959. Cardiff, Newport Road, Univ. of Wales, Dept. of Biochem.) A. HESSE. 4210

S. O. Andersen, *Die Kinetik der Ochsenleberarylsulfatase A.* Die durch Ochsenleber-*Arylsulphatase A* katalysierte Hydrolyse von 2-Hydroxy-5-nitrophenylsulfat wurde durch kontinuierliche automat. Titration der freien Säure verfolgt. Die Konz. des Substrates wurde während einer Unters. konstant gehalten, wobei das freie Sulfat als $BaSO_4$ gefällt wurde. Ein möglicher Reaktionsmechanismus wird vorgeschlagen, der eine langsame, reversible Inaktivierung des Enzyms einschließt. Es wurde festgestellt, daß das freie Nitrobrenzcatechin nur sehr geringen Einfl. auf die Reaktionsgeschwindigkeit ausübt, jedoch wird betont, daß ROY ein Ansteigen der Reaktionsgeschwindigkeit unter gleichen Bedingungen gefunden hat. (Acta chem. scand. **13.** 120—26. 1959. Copenhagen, Denmark, Univ. Fysisk-Kemiske Inst.) WOLFGANG SIMON. 4210

R. Ammon und **K.-H. Ney,** *Arylsulfatase des menschlichen Harns.* Die Darst. der Substrate (p-Nitrophenylsulfat, Nitrocatechinsulfat), die Sulfatasebest. u. die Bereitung des *Aceton-Harn-Präp.* (I) werden beschrieben. Mit I (100fache Anreicherung) ließ sich die *Harnsulfatase* (II) bei nur 2 Std. Reaktionsdauer gut nachweisen. Im Harn von Frauen war eine größere II-Aktivität festzustellen als in dem von Männern, bei Erwachsenen eine größere als bei Jugendlichen. Es wird angenommen, daß Arylsulfatase gleichzeitig auch Steroidsulfate hydrolysieren kann, und daß Beziehungen zwischen dieser, Steroidsulfatase u. Steroidhormonen bestehen. (Arch. Biochem. Biophysics **69.** 178—85. Juli 1957. Homburg, Saar, Univ., Physiol.-Chem. Inst.) J. SCHWAIBOLD. 4210

J. R. Kimmel und **Emil L. Smith,** *Die Eigenschaften des Papains.* Übersicht. Papain (I)-Best., Herst. von krist. I u. Mercuri-I, physik. Eigg. (Elektrophorese, Sedimentation, Diffusion, Mol.-Gew., Mercuri-I, Stabilität), weitere Homogenitätskriterien (Chromatographie, immunochem. Unterss.), Zus. von I, Aktivierung (SH-Gruppen), Aminosäureanordnung [NH_2-endständige Sequenz u. freie NH_2-Gruppen, Cysteinsäure enthaltende Aminosäuresequenzen, Peptide (II) in trypt. Digestaten von oxydiertem I, Mercuri-I-Hydrolyse mit Leucinaminopeptidase], I-Spezifität (hydrolyt. Wrkg. auf

Proteine, synthet. II u. Derivv., Esteraseaktivität, synthet. Wrkg., Transferasewrkg., Cosubstrate), kinet. Unterss. (Wrkg. von p_H, Temp., D_2O_7 u. DK., konstitutionelle Inhibitoren, k_0, K_m, k_1), vorläufiger Reaktionsmechanismus. — 187 Literaturangaben. (Advances Enzymol. **19.** 267—334. 1957. Salt Lake City, Ut., Univ., Coll. of Med., Deps. of Biol. Chem. and Med.) K. MAIER. 4210

Yasuo Tazawa und **Toyoyasu Hirokawa,** *Über Pflanzenproteasen.* 6. Mitt. *Die proteolytische Aktivität des Sojalegumelins.* (5. vgl. J. Biochemistry [Tokyo] **42.** [1955.] 295.) Während Vff. früher in Sojabohnen nur im keimenden Samen eine *Proteinase* (**I**) nachweisen konnten, wird jetzt gezeigt, daß auch der ungekeimte Samen eine **I** besitzt, diese jedoch durch einen *Inhibitor* (**II**) stark gehemmt ist. Eine maximale Menge von **I**, welche *Legumelin* (**Ia**) genannt wird, wurde nach 6 Tagen Keimung bei etwa 20 cm Länge der Keimpflanzen gefunden. **Ia** erweist sich an seiner Wrkg. gegen *Gelatine* (nach WILLSTÄTTER), *Glycinin* (**III**), *Asparagin, Hippursäure, Benzoylglycylglycin, Leucylglycin* u. *Leucylglycylglycin* als für *Papain-* oder *Kathepsin*-Klasse gehörig; **Ia** ist völlig frei von peptidat. Wrkg. (gemessen an Einw. auf *Asparagin* u. die genannten Di- u. Tripeptide). — Aus den ruhenden Samen wird zunächst das **III** entfernt, indem der nach Auslaugen mit W. erhaltene Preßrückstand mit 10%ig. NaCl-Lsg. zweimal extrahiert wird. Die Lsg. wird dann dialysiert u. der dabei entstehende Nd. nach Lösen in NaCl-Lsg. u. nochmaliger Dialyse mit W. gewaschen u. mit A. u. Ae. getrocknet. — **Ia** wird aus dem bei der Darst. des **III** anfallenden Dialysat durch mehrfache Fällung mit $(NH_4)_2SO_4$, Dialyse u. Trocknung gewonnen. — **II** wird aus dem Preßsaft von in W. gequollenen Samen gewonnen durch Fällen mit $(NH_4)_2SO_4$, Lösen in W., Dialyse, Filtration, Zusatz von 0,25n H_2SO_4 bis auf p_H 5,4—5,6, Verwerfen des Nd., Einstellen auf p_H 4,4 u. Lösen des Nd. in wenig NH_3 bei p_H 5,8; weitere Reinigung von **II** durch mehrfaches Fällen bei p_H 4,4 u. Lösen bei p_H 5,8; schließlich Ausfällen mit Aceton; Ausbeute 0,65 g aus 850 g Samen. **II** läßt sich dann an seiner Wrkg. gegen *Trypsin* bei p_H 8,8 bzw. gegen *Papain* bei p_H 6,0 bestimmen. — **I** wirkt gegen Gelatine optimal bei p_H 6,0. — Ferner wird die Isolierung von *Asparagin* u. *Leucin* aus Keimpflanzen sowie aus dem Autolysat der ungekeimten Samen beschrieben. (J. Biochemistry [Tokyo] **43.** 785—95. Nov. 1956. [Orig.: engl.]) A. HESSE. 4210

Stanley Barban und **Henry O. Schulze,** *Transaminierungsreaktionen von Säugetierzellen in der Gewebekultur.* Aus HeLa- u. L-Zellen, die im Medium nach EAGLE gezüchtet worden waren, wurden mit Ultraschall zellfreie Extrakte hergestellt. Sie katalysieren in vitro bei Ggw. von Pyridoxalphosphat (**I**) u. Phosphatpuffer die Transaminierung von Amino- auf Ketosäuren. Folgende Aminosäuren wurden eingesetzt: *L-Alanin, L-Arginin, L-Asparagin*säure (**II**), *L-Cystein* (**III**), *L-Glutaminsäure* (**IV**), *L-Glutamin* (**V**), *L-Glycin, L-Histidin* (**VI**), *L-Isoleucin* (**VII**), *L-Leucin, L-Lysin* (**VIII**), *L-Methionin* (**IX**), *L-Phenylalanin, L-Threonin* (**X**), *L-Tryptophan, L-Tyrosin, L-Valin* (**XI**). Als Ketosäuren dienten *Pyruvat* (**XII**), *Oxalacetat, α-Ketoglutarat* (**XIII**), *Glyoxylat, Phenylpyruvat* u. *p-Hydroxyphenylpyruvat.* — Aus **IV** u. **V**, bei L-Zellen außerdem aus **II, VII** u. **XI**, wird die NH_2-Gruppe auf alle Ketosäuren übertragen, wobei die Wrkg. von **IV** stets am höchsten ist. Rkk. mit **VI, VIII** u. **IX** werden durch L-Zellenextrakte katalysiert, durch Extrakte aus HeLa-Zellen dagegen kaum. **III** u. **X** sind in allen Fällen fast oder völlig inaktiv. NH_3 u. *D-Leucin, D-Glutamat, D-Phenylalanin, D-Alanin* u. *D-Asparaginsäure* sind stets unwirksam. Folgende Peptide aminierten **XIII** mit in dieser Reihenfolge abnehmender Aktivität: *L-Leucylglycylglycin, L-Leucylglycin, Glycyl-DL-leucin, L-Leucyl-L-tyrosin* u. *D-Leucyl-L-tyrosin.* Die freien Komponenten der Peptide aminieren stärker. Da im Reaktionsgemisch außerdem stets die freien Komponenten gefunden werden, wird gefolgert, daß die Extrakte Peptidasen enthalten, die zunächst wirken müssen. **I** u. Isonicotinsäurehydrazid sind ohne Einfl. auf die Transaminierungen. (J. biol. Chemistry **234.** 829—31. April 1959. Bethesda, Md.; National Inst. of Allergy and Infectious Diseases, Section on Exper. Therapeutics, Labor. of Infect. Dis.)
S. DITTMANN-MITZSCHERLICH. 4210

V. H. Auerbach und **Harry A. Waisman,** *Tryptophanperoxydase–Oxydase-, Histidase- und Transaminaseaktivität der Leber der in der Entwicklung befindlichen Ratte.* (Vgl. Proc. Soc. exp. Biol. Med. **98.** [1958.] 123.) Die Best. der Aktivität von *Tyrosin* (*α-Ketoglutarat*)-, *Phenylalanin* (*Pyruvat*)-, *Phenylalanin* (*α-Ketoglutarat*)-*Transaminase, Tryptophanperoxydase-Oxydase* (**I**) u. *Histidase* (**II**) in der Leber von Ratten 5 Tage bis 100 Tage nach der Geburt zeigte, daß die 3 Transaminasen bei der Geburt erscheinen. Deren Aktivität war zu diesem Zeitpunkt groß, am 21. Tag niedriger. Das **I**-Syst. war erst am 12. Tag nachweisbar, bei Tryptophaninjektion 5 Std. vor dem Töten der Tiere schon am 3. Tage. Die **II**-Aktivität trat bereits 1 Tag vor der Geburt auf, lag vom 1.—16. Tag niedrig u. nahm anschließend, bei weiblichen Tieren rascher, zu. (J. biol.

Chemistry **234.** 304—06. Febr. 1959. Madison, Wis., Univ., Med. School, Dep. of Pedriatrics.) K. Maier. 4210

Yasushi Watanabe und **Kensuke Shimura,** *Biosynthese von Threonin aus Homoserin.* 5. Mitt. *Natur eines Intermediärproduktes.* (4. vgl. C. **1959.** 9276.) *DL-Homoserin* (I) wurde in Ggw. von $MgSO_4$ u. ATP 3 Std. bei 37° mit dem Enzym I (vgl. 4. Mitt.) incubiert u. das gebildete Intermediärprod. (II) nach Abscheidung des anorgan. P mit Magnesiamixtur als Ba-Salz unter Zusatz von A. gefällt. Das durch Umfällung gereinigte Ba-Salz wurde mit Na_2SO_4 zerlegt, II als Hg-Salz des Carbaminsäurederiv. gefällt, mit H_2S zerlegt u. erneut als Ba-Salz gefällt; 160 mg aus 160 ml 4 mmol. I-Lösung. II, $C_4H_{10}BaNO_7P$, wurde unter Verwendung synthet. Verbb. auf Grund des papierchromatograph. u. -elektrophoret. Verh. u. der Prodd. der sauren Hydrolyse als O-Phosphohomoserin (III) identifiziert. Unterss. mit $AT^{32}P$ über die Phosphatübertragung stehen im Einklang mit der Reaktionsfolge: I → III → Threonin. (J. Biochemistry [Tokyo] **43.** 283—94. Mai 1956. Sendai, Tohoku Univ., Fac. of Agric., Lab. of Biochem. [Orig.: engl.]) E. Schwerdtfeger. 4210

Gerhard Schramm und **Elisabeth Mohr,** *Reinigung von Neuraminidase aus Vibrio cholerae.* Filtrate von Vibrio cholerae-Kulturen wurden zur Stabilisierung der *Neuraminidase* (I) mit chelatbildenden Verbb. (nicht genannt) bzw. Cyanid, Albumin oder anderen Proteinen versetzt. Die I wurde danach zur Konzentrierung an Schaferythrocyten bei p_H 8—9 adsorbiert u. nach der Meth. von Bumet u. Stone (vgl. Austral. J. exp. Biol. med. Sci. **25.** [1947.] 227) bei p_H 5,5 eluiert. I wurde in einer Pufferlsg., p_H 9 (0,01 mol. 0,9%ig. NaCl, 0,1% $CaCl_2$) bei 0° auf ein mit einer Mischung von Kieselgur (Merck) u. Schaf- oder Kälbererythrocytenstromata beschicktes Chromatographierrohr gegeben; die Verunreinigungen (Hämoglobin u. Proteine) wurden mit Boratpufferlsg., p_H 9, u. I bei p_H 5,5 u. 0° eluiert. Das Eluat wurde danach nach Zugabe von KCN über P_2O_5 konz. u. I durch Halbsättigung mit $(NH_4)_2SO_4$ gefällt. — Sedimentationskonstante von I S_{20} = 1,3 S (p_H 8,5; 0,02 mol. KCN-Lsg.); Mol.-Gew. 10000—20000; Michaelis-Konstante, ca. $1-2\cdot10^{-4}$ Mol Neuraminsäure/Liter. Das I-Mol. hat vermutlich sphär. Form u. neigt zur Aggregation. Das nach vorst. Meth. gereinigte Ferment ist frei von Proteinase. (Nature [London] **183.** 1677—78. 13/6. 1959. Tübingen, Max-Planck-Inst. für Virusforschung.) H. Kockert. 4210

K.-B. Augustinsson und **B. Olsson,** *Esterasen in Milch und Blutplasma vom Schwein.* 1. Mitt. *Substratspezifität und elektrophoretische Untersuchungen.* Die *Esterase* (I) der Milch von Sauen zeichnet sich durch hohe Substratspezifität aus: die Aktivität ist gegen Cholinester von Buttersäure > Essigsäure > Propionsäure > Benzoesäure > Bernsteinsäure. Von den entsprechenden Phenylderivv. wird der Essigsäureester am schnellsten hydrolysiert. Sehr schwache Aktivitäten werden gegen Isoamyl- u. Glycerylester entfaltet. — I aus Schweineblutplasma hydrolysiert Cholinester nur sehr zögernd, besitzt aber gegen Phenylester hohe Aktivität (Essigsäure- > Propionsäure- > Buttersäure-). Nach der Inaktivierbarkeit durch die einschlägigen Hemmer muß das Enzym als *Pseudocholinesterase* angesprochen werden. — In einigen Plasmaproben wurde hohe *Acetylarylesterase*-Aktivität festgestellt. — Ergebnisse elektrophoret. Unterss. werden diskutiert. (Biochem. J. **71.** 477—84. März 1959. Stockholm, Univ., Inst. of organ. Chem. and Biochem.; Royal Veter. Coll. Dep. of Animal Nutr., Genetics and Hygiene.) P. Loch. 4210

K.-B. Augustinsson und **B. Olsson,** *Esterasen in Milch und Blutplasma vom Schwein.* 2. Mitt. *Die Aktivitäten in verschiedenen Lactations- und Säugeperioden; Plasma-Arylesterase — ein Gen-kontrolliertes Enzym.* (1. vgl. vorst. Ref.) Die *Butyrylcholinesterase* (I) in Milch von Sauen nahm während der beiden Wochen nach dem Ferkeln ab. Die Aktivität blieb dann überwiegend konstant u. war gewöhnlich etwas geringer als im Colostrum. Auch im Pherogramm machten sich Veränderungen in den verschied. Lactationsphasen bemerkbar. — Die Blutplasma-I blieb während der ganzen Lactationsperiode konstant. Neugeborene Ferkel hatten eine geringe I-Aktivität, die aber innerhalb 2 Wochen anstieg u. etwas später gleiche Werte wie die der Sauen hatte. — Die Plasma-*Acetylarylesterase*-Synth. in Ferkeln ist erbbedingt. (Biochem. J. **71.** 484—92. März 1959.) P. Loch. 4210

E$_3$. Mikrobiologie. Bakteriologie. Immunologie.

Irving J. Slotnick und **Herbert Weinfeld,** *Dihydrouracil als ein Wachstumsfaktor für mutierte Stämme von Escherichia coli.* Es wurde gezeigt, daß 3 Mangelmutanten von *Escherichia coli* wachsen, wenn dem Minimalmedium *Dihydrouracil* (I), *β-Ureidopropionsäure, β-Alanin* (II) oder *Calciumpantothenat* zugesetzt wird; es wird daher angenommen, daß I von *E. coli* zu II umgesetzt wird. In Übereinstimmung mit dieser Annahme wird nachgewiesen, daß I-$^{14}C_{(2)}$ weder von den Mangelmutanten, noch von dem Wildstamm in nennenswertem Umfang in die Pyrimidine (III) der Nucleinsäuren eingebaut wird. Gewinnung der III durch Hydrolyse der mehrfach mit Trichloressigsäure, A., A.-Ae. u. Ae. gewaschenen Bakterienzellen in 70%ig. $HClO_4$, Entfernen der $HClO_4$ mit KOH, Fällung der II u. Purine als Silberkomplexe; Abscheidung des Ag mit HCl, Eindampfen im Vakuum. Trennung durch Papierchromatographie oder Ionenaustauscher. Best. der III durch UV-Absorptionsspektroskopie. (J. Bacteriol. **74**. 122—25. Aug. 1957. Buffalo, N. Y., Roswell Park Memorial Inst., Dep. of Exp. Therapeutics and Microbiol.; Dep. of Med.) F. RADLER. 4310

M. Eisler, *Über die Wirkung von Benzolderivaten auf die Zusammensetzung von Tetanusbacillen.* Zusatz von *Phenol* (I) oder *Chinon* (II) zur Nährfl. für Tetanusbacillen hat grundsätzlich eine analoge Wrkg. wie ein derartiger Zusatz zu Popebouillon für Diphtheriebakterienwachstumshemmung, Verringerung des Geh. an Lf u. Toxin (III) durch höhere Konzz., Steigerung der III-Menge durch schwächere Konzz. (ohne Wachstumszunahme im Falle von II zusammen mit Zunahme der Lf-Zahl). (Z. Hyg. Infektionskrankh. **141**. 348—50. 1955. Wien, Bundesstaatl. Serotherapeut. Inst.) K. MAIER. 4310

Robert Fuerst und **Robert P. Wagner,** *Analyse der freien intracellulären Aminosäuren einiger Neurosporastämme.* Zwecks Feststellung von Beziehungen zwischen der Zus. der *intracellulären Aminosäuren* (I) u. Unterschieden hinsichtlich Wachstumsbedarf, Morphologie u. anderen Eigg. wurden die freien intracellulären I, die als definierte Zellfraktion vorliegen, von *N. crassa*-Wildtyp- u. Mutantenstämmen untersucht. In 28 verschied. Stämmen wurden 35 ninhydrinpositive Substanzen beobachtet, die jedoch bei keinem Stamm alle angetroffen wurden [identifizierte, stets vorhandene Verbb.: große Mengen *Alanin, Glutaminsäure, Lysin* u. die übrigen bes. I außer Arginin; kleinere Mengen *Glutamin, Methionin* (II)-*Valin, Leucin-Phenylamin, Serin, Threonin, Asparaginsäure, Glutathion, Tyrosin, p-Aminobuttersäure, Äthanolamin, Glycin*; gelegentlich *Arginin, Taurin, α-Aminobuttersäure, β-Alanin*]. Bei einigen Mutanten ging die Ggw. bestimmter freier I gewissen Eigg. parallel, während bei anderen bestimmte I stets fehlten. Bei Rückkreuzungen zum Wildtyp traten neue I auf. Rückkreuzung bestimmter Stämme zum Wildtyp (*F 5*-Generation) ließ die Verknüpfung einer charakterist. Zus. freier intercellulärer I mit dem Mutantengenotyp, der die Mutanteneigg. bedingt, erkennen. Unterschiede im I-Pool blieben bis zur *F 5*-Generation erhalten, d. h. die I-Charakteristik steht zu dem durch eine einzelne Genmutation zustande gekommenen speziellen Phänotyp in Beziehung. Eine Kreuzung zwischen einer II-freien u. einer Adenin-freien, einen violetten Farbstoff bildenden Mutante wurden alle möglichen F_1-Abkömmlinge erhalten, bei denen spezielle Unterschiede hinsichtlich der I-Verteilung bestanden. Bei Züchtung des Wildstammstyp *Em 5297a* auf einem durch I, Purin oder Vitamine ergänzten Medium waren verschied. Änderungen in der Fraktion freier I zu beobachten. (Arch. Biochem. Biophysics **70**. 311—26. Aug. 1957. Austin, Texas, Univ., Dep. of Zool., Genetics Labor.) K. MAIER. 4315

A. C. Blackwood und **Agnes Epp,** *Identifizierung von β-Hydroxybuttersäure in Bakterienzellen durch Infrarotspektrophotometrie.* Während die meisten Bacillusarten ähnliche IR-Spektren gaben, unterscheiden sich die Spektren von *Bacillus megatherium* u. *B. cereus*, wenn die Organismen in Medien mit vergärbarem Kohlenhydrat gezüchtet wurden. Der Unterschied der Spektren ließ sich auf das Vorkommen von *β-Hydroxybuttersäure* (I) in den Zellen zurückführen. Bei niedrigem p_H in Chlf. polymerisierte I ergab ein sehr ähnliches Spektr. wie der Chloroformextrakt der vorher mit sd. 20%ig. HCl behandelten Bakterienzellen. (J. Bacteriol. **74**. 266—67. Aug. 1957. Saskatoon, Saskatchewan, Nat. Res. Council, Prairie Regional Labor.) F. RADLER. 4315

Joef Pokorný, *Der quantiative und qualitative Unterschied im Gehalt der Mycobakterien an höheren Fettsäuren.* Beim virulenten Mycobakteriumstamm H_{37}Rv u. dem nichtvirulenten BCG-Vaccinestamm wurden quantitative u. qualitative Unterschiede an höheren Fettsäuren gefunden; quantitativ im Geh. an *Phthionsäure* in den *Lipid*-Fraktionen, an der *Ölsäure* in den *Phophatiden* u. an 2 unbekannten Säuren, qualitativ in der *Arachinsäure* (vorhanden nur bei BCG-Stamm) verteilungspapierchromatographisch. (Naturwissenschaften **45**. 241—42. 2. Mai-H. 1958. Prag, Tuberkuloseforsch.-Inst.) H. HENNERSDORF. 4315

Sigvar Lybing und **Lembitu Reio,** *Abbau von ^{14}C-markierter Carol- und Carlossäure aus Penicillium charlesii G. Smith.* Aus in CZAPEK-DOX-Medium unter Zusatz von Glucose u. *Na-$^{14}C_{(COOH)}$-Acetat* kultiviertem Penicillium charlesii G. Smith wurden *Itaconsäure* sowie ^{14}C-Carolsäure (I) u. -Carlossäure (II) isoliert. Durch Hydrolyse von I mit 2n H_2SO_4 zu CO_2, *Acetoin* (III) u. *Butyrolacton* (IV), Perjodatspaltung von III zu *Acetaldehyd* u. *Essigsäure* (V), CrO_3-Oxydation des Aldehyds u. SCHMIDT-Abbau von **V** sowie der nach Red. von **IV** mit HJ erhaltenen *Buttersäure* wurde die Verteilung der Radioaktivität im **I**-Mol. festgestellt. Analog erfolgte der Abbau von **II**. Die Isotopenverteilung macht es wahrscheinlich, daß **I** u. **II** durch Kondensation des aus $^{14}C_{(COOH)}$-Acetat durch „Kopf–Schwanz"-Addition im Verlauf der Fettsäuresynth. gebildeten *β-Ketocaproyl-CoA* mit einer C_4-Verb. des Citronensäurecyclus entstehen. Als mögliche C_4-Verbb., die infolge des Einbaues von C aus der Glucose weniger akt. sind, werden aktivierte *Äpfelsäure* oder *Succinyl-CoA* angenommen. (Acta chem. scand. **12.** 1575—84. 1958. Stockholm, Univ., Wenner-Gren-Inst., Dep. of Physiol. Chem.) F. HELLER. 4315

Synnøve Liaaen Jensen, *Zwei neue natürlich vorkommende, Methoxyl enthaltende Carotinoide.* Aus zunächst in Ggw. von *Diphenylamin* kultiviertem *Rhodospirillum rubrum* wurden nach anaerobem Wachstum im Licht neben wenig *Spirilloxanthin* die *Carotinoide P 481* u. *OH-P 481* isoliert (vgl. GOODWIN u. LAND, Arch. Mikrobiol. **24.** [1956.] 305) u. nach Chromatographie krist. erhalten. P 481 besitzt die Zus. $C_{40}H_{55}(OCH_3)$, OH–P 481 die Zus. $C_{40}H_{54}(OH)(OCH_3)$; die CH_3O-Gruppen wurden analyt. u. IR-spektroskop. nachgewiesen. Durch die Zus. wird die Annahme, daß diese Carotinoide Zwischenprodd. der Biosynth. von Spirilloxanthin aus Lycopen darstellen, gefestigt. (Acta chem. scand. **12.** 1698—99. 1958. Trondheim, Norges tekniske høgskole, Inst. for Organ. Kjemi.) F. HELLER. 4315

William A. Pierce jr., *Glucose- und Galaktosestoffwechsel bei Streptococcus pyogenes.* Während *Glucose* (**I**) von ruhenden oder wachsenden Zellen von 2 Stämmen der Gruppe A von *Streptococcus pyogenes* zu 80—90% in Milchsäure (**II**) umgewandelt wird u. je Mol **I** ca. 0,25 Mol Sauerstoff aufgenommen werden, wird *Galaktose* (**III**) nur zu ca. 40% in **II** umgewandelt u. es werden ca. 1 Mol *O* je Mol **III** aufgenommen. Verss. mit Enzymgiften sowie die Oxydation von Brenztraubensäure (**IV**) bei verschied. Konzz. lassen vermuten, daß der unterschiedliche Stoffwechsel von **I** u. **III** durch verschieden hohe, endogene Konzz. von **IV** bedingt wird; beim raschen Abbau der **I** würde demnach die resultierende hohe endogene Konz. von **IV** deren Red. zu **II** fördern, während der langsamere Abbau von **III** bei geringeren endogenen **IV**-Konzz. die oxydativen Vorgänge begünstigen würde. (J. Bacteriol. **74.** 186—93. Aug. 1957. New Orleans, La., Tulane Univ., School of Med., Dep. of Microbiol.) F. RADLER. 4320

Margaret E. Meyer und **H. S. Cameron,** *Artabhängige Stoffwechselformen innerhalb des Genus Brucella.* Beim Genus *Brucella* bestehen Artunterschiede im Stoffwechselverh., die sich bes. zur Unterscheidung von *B. suis* von *B. abortus* u. *B. melitensis* eignen. Alle geprüften Species u. Stämme (ruhende Zellen) verwerteten D-Alanin u., langsamer, die L-Form. *B. suis* oxydierte L-Arginin, DL-Citrullin, L-Lysin u. DL-Ornithin wesentlich rascher als die beiden anderen Arten, während *B. melitensis* gegenüber D-Asparagin (**I**), D-Glutaminsäure (**II**) u. Prolin wirksamer war. *B. suis* verwertete L-**I** nicht, L-**II** u. L-Asparaginsäure langsam, während die beiden anderen Species diese Säuren rasch umwandelten. Die Kohlenhydratverwertung, bes. die von L-Arabinose, D-Xylose u., schwächer, Maltose, D-Mannose u. Raffinose durch *B. suis* war am stärksten, während Glucose von allen 3 Arten rasch umgewandelt wurde, ebenso Adonit, Fructose u. D-Galaktose, wenn auch mit unterschiedlicher Oxydationsgeschwindigkeit. Bei der Verwertung von Komponenten des KREBSschen Tricarbonsäurecyclus war *B. abortus* am wenigsten p_H-empfindlich, wenn α-Ketoglutarat, Malat u. Oxalacetat als Substrat dienten, während Lactat *B. suis* im weitesten p_H-Bereich als Substrat diente. (Amer. J. veterin. Res. **19.** 754—58. Juli 1958. Davis, Calif., Univ., School of Vet. Med.) K. MAIER. 4320

Walter G. Frankenburg, *Nicotinabbau in vitro durch Agentien von Tabaksamen.* 10^{-3} bis 10^{-2}mol. *Nicotin* (**I**) in wss. Lsg., p_H 7 mit H_2SO_4, wurde durch Zugabe von 5—10 Vol.-% W., das Tabaksamen passiert hatte, in 30—50 Std. in Ggw. steriler Luft oxydativ abgebaut. Als Abbauprodd. wurden beobachtet: *γ-Keto-γ-[pyridyl-(3)]-buttersäure,* ein substituiertes Pyridon mit Absorptionsmaxima bei 230 u. 290 mμ u. 2 Glutaconsäurederivate. Endprodd. waren NH_3, Methylamin u. einfache aliphat. Dicarbonsäuren. Verantwortlich für den Abbau waren Mikroorganismen von der Samenoberfläche im Zusammenwirken mit einer hitzestabilen, mit W. eluierbaren Substanz aus den Samen, deren Bedarf für den Abbau mit der **I**-Menge anstieg. (Nature [London] **175.** 945—46. 28/5. 1955. Lancaster, Pa., General Cigar Co., Inc.) W. SCHÖNBORN. 4320

E. Golowinsky und **K. I. Markov,** *Die Wirkung des Nicotinsäurenitrils und -amidoxims als Wachstumsfaktoren für Bact. proteus vulg. und Staphylococcus aureus.* Je 10 penicillinempfindliche u. -resistente Stämme von Bact. proteus vulg. u. Staph. aureus erhalten zusätzlich zu einem Grundnährboden aus Glucose, Caseinhydrolysat, K_2HPO_4, Cysteinhydrochlorid u. Thiaminhydrochlorid $2 \cdot 10^{-4}$ bis $8 \cdot 10^{-6}$ Mol/Liter *Nicotinsäure* (**I**; *Niacid*; *PP-Faktor*), Nicotinsäurenitril (**II**), Nicotinsäureamidoxim (**III**), *Iso-*

nicotinsäure (**IV**), *Isonicotinsäurenitril* oder *Isonicotinsäureamidoxim*. **I** ist für beide Stämme ein Wuchsfaktor, während **II** u. **III** erst nach 48—72 Std. die gleiche Wrkg. zeigen, die wahrscheinlich auf Hydrolyse beruht. Vff. vermuten, daß *3-Pyridinhydroxamsäure* durch die Mikroorganismen zu **I** abgebaut wird. **IV**-Verbb. haben keinen Einfl. auf das Bakterienwachstum. (Z. Naturforsch. **13 b**. 725—26. Nov. 1958. Sofia, Med. Akad., Inst. für Med. Chem. u. Inst. für Mikrobiol.) R. LENSCHAU. 4325

R. Schweisfurth und **W. Schwartz**, *Untersuchungen über die Einwirkung von aliphatischen Nitrilen, von Vernetzungsmitteln, Cytostaticis und SH-Inhibitoren auf Bakterien. 1. Mitt. Wirkung einzelner Substanzen auf E. coli und einige andere Bakterien.* An *Escherichia coli* wird die Einw. von Giften cytolog. verfolgt. SH-Inhibitoren, wie *Jodacetamid, Chloraceton, Chloracetophenon, Monojodessigsäure, Maleinsäure* u. *Sublimat* stören die Zellteilung. Weiter wurden Veränderungen der Zellen nach *Acetonitril, Dimethylaminoacetonitril, Propionitril, Acrylnitril, Allylacetonitril, Malondinitril, Bernsteinsäuredinitril, KCN, NaCN, Natriumacetat, Propionsäure, Malonsäure, Hexamethylendiisocyanat, Desmodur T, N.N'.N''-Triacryloyltrimethylentriamin, Hexamethylolmelaninmethyläther, Äthylurethan, Phenylurethan, Triäthylenmelamin, Trimethylolmelanin, Desacetyl-N-methylcolchicin, Trypaflavin,* H_2O_2, *2.2-Bis-[tert.-butylperoxy]-butan, Peressigsäure, Benzoylperoxyd, Cyclohexanperoxyd, Mono-tert.-butylpermaleinat, tert.-Butylhydroperoxyd, tert.-Butylperacetat* u. *Diacetylperoxyd* beobachtet. Ohne Einfl. waren *Butyronitril, Chlorvaleronitril, Desmodur H* u. *Myleran*. Die Einw. von *Trypaflavin* u. *Triäthylenmelamin* auf die Zellen kann durch Zusatz von *Ribonucleinsäure* vollständig aufgehoben werden, *Desoxyribonucleinsäure* beseitigt nur die entkeimende Wirkung. *Glucose, Fructose, Saccharose, Phosphate, Cystein, Glutathion, Ascorbinsäure, α-Alanin, CN-haltige Verbb.* u. *organ. Säuren* setzen die Wrkg. einiger Gifte herab. (Acta biol. med. german. [Berlin] **2**. 54—93. 1959. Mahlum über Derneburg, Greifswald, Mikrobiol. Inst.) H. STRUCK. 4330

K. S. Pilcher und **A. Y. Hamilton**, *Die antifungielle Aktivität einer neuen Gruppe von Salicylamidderivaten gegenüber Hautpilzen. 2. Mitt. Die Beziehung zwischen chemischer Konstitution und Wirksamkeit.* (1. vgl. C. **1958**. 1328.) Eine Gruppe von *3-, 4-* u. *5-Phenylsalicylamidderivv.* wurde auf fungistat. Wirksamkeit gegenüber *Trichophyton mentagrophytes* (A) u. *Microsporum audouini* geprüft. 10 γ/cm³ der 6 wirksamsten Verbb. hemmten stark. 20 γ/cm³ *Na-Undecylenat* (**V**) zeigten vergleichbare Wirkung. Die Wrkg. aller Verbb. war in Ggw. von Plasmaproteinen vermindert. *N-Phenyl-3-phenylsalicylamid* (**I**) wurde völlig inaktiviert, *N-[4-Hydroxyphenyl]-3-phenylsalicylamid* (**II**) u. *N-Butyl-3-phenylsalicylamid* (**III**) waren bei 8—16fach höheren Konzz. noch aktiv. Keine der 11 wirksamsten Verbb. zeigte auf *T. mentagrophytes*-Mycelsuspensionen schnelle fungicide Wirkung. Die beiden wirksamsten, **II** u. *5-Brom-3-phenylsalicylamid* (**IV**), benötigten in $0{,}66 \cdot 10^{-4}$ mol. Konz. 4 Std. zur Sterilisierung aller Mycelteile. **V** war unter gleichen Bedingungen weniger wirksam. Untersuchte Verbb.: *Salicylsäure*, fungistat. Grenzkonz. (A, SABOURAUD-Agar) 640 γ/cm³; *Salicylamid*, 640; *3-Phenylsalicylamid*, 20; *N-Methyl-3-phenylsalicylamid*, — (= keine vollständige bzw. überhaupt keine Hemmung); *N-Äthyl-*, —; *N-Isopropyl*, 20; *N-Butyl-*, 10; *N.N-Diäthyl-*, 40; *N-Hexyl-*, —; *N-[β-Hydroxyäthyl]-*, 80; *N-[β-Hydroxypropyl]-*, 40; *N-[3-Methoxypropyl]-*, 40; *N-Phenyl-*, —; *N-[4-Carboxyphenyl]-*, —; *N-[4-Nitrophenyl]-*, —; *N-[4-Hydroxyphenyl]-*, 80; *N-[4-Aminophenyl]-*, —; *N-[Phenyläthyl]-*, —; *N-[Cyclohexyl]-*, —; **IV**, —; *5-Chlor-*, —; *5-Jod-*, —; *5-Brom-N-butyl-*, —; *N-Butyl-3-phenyl-5.x-diaminosalicylamid-HCl*, —; *N-Butyl-3-phenyl-5.x-dinitrosalicylamid*, —; *N-Butyl-3-phenyl-5.x-disulfonamid*, —; *2-Methoxy-3-phenylbenzamid*, —; *2-Carboxymethoxy-3-phenylbenzamid*, —; *2-[β-Hydroxyäthoxy]-3-phenylbenzamid*, —; *3-Cyclohexylsalicylamid*, —; *4-Phenylsalicylamid*, —; *N-Butyl-4-phenylsalicylamid*, —; *5-Phenylsalicylamid*, —; **V**, 20. (Antibiotics and Chemotherapy **6**. 573 bis 584. Okt. 1956. Corvallis, Ore., State Coll., Dep. of Bacteriol. and Hygiene.) K. MAIER. 4330

A. Kaars Sijpesteijn und **M. J. Janssen**, *Fungitoxische Wirkung von 8-Hydroxychinolin, 2-Mercaptopyridin-N-oxyd und Natriumdialkyldithiocarbamaten sowie ihren Kupferkomplexen.* In Verss. mit *Glomerella cingulata* wurde gefunden, daß die *Cu-Komplexe* von 8-Hydroxychinolin (**I**) u. 2-Mercaptopyridin-N-oxyd (**II**) (1 Cu:2 **I** bzw. **II**) tox. wirken, der *Komplex 1 Cu:1 Na-Dimethyldithiocarbamat* (**III**) ebenfalls. Der aus 1 Cu: 2 **III** wirkt jedoch nicht giftig. Diese Diskrepanz wurde durch die verschied. Löslichkeit der Komplexe erklärt. Die Verss. ergänzen die Hypothese aus früherer Arbeit (vgl. Nature [London] **180**. [1957.] 505). Im Konzentrationsbereich bis 50°/₀₀ wurde die Hemmungsaktivität der *Cu*-1:2-Komplexe der Dithiocarbamate bestimmt. (Nature [London] **182**. 1313 bis 1314. 8/11. 1958. Utrecht, Netherlands, Inst. for Organ. Chem. T.N.O.) H. GOEBEL. 4330

F.-J. Pothmann und **G. Stüttgen**, *Der Einfluß von Isonicotinsäurehydrazid und seinem Kupferkomplex auf Atmung und Wachstum von Tuberkelbakterien. Isonicotin-*

säurehydrazid (I) hemmt bei der Grenzkonz. von 50 γ/cm^3 die Eigenatmung von Tbc-Bakterien, der I-Kupferkomplex (II) dagegen schon in geringeren Konzentrationen. Durch die II-Bldg. wird, wie die Prüfung des Tbc-Bakterienwachstums auf Eiernährböden zeigte, die tuberkulostat. I-Wrkg. abgeschwächt. Co^{2+}-Zusatz (Bldg. einer wasserlösl., möglicherweise komplexen Verb.) bewirkt ebenfalls in vitro eine erhebliche Verminderung der tuberkulostat. I-Aktivität. Streptomycin zeigt im Vgl. zu I eine unterschiedliche Kinetik der Eigenatmungshemmung bei Tbc-Bakterien. (Z. Hyg. Infektionskrankh. **141.** 359—62. 1955. Düsseldorf, Med. Akad., Inst. für Hygiene u. Mikrobiol. u. Hautklin.) K. MAIER. 4330

K. Eberhard Meier und **Gerhard Freitag,** *Über die antibiotischen Eigenschaften von Sacchariden und Bienenhonig.* Die Unters. der Wrkg. von Sacchariden (I), wie Dextrose, Galaktose, Maltose, Lactose, Saccharose, Melven (M; Honigzucker) u. Bienenhonig (B) auf verschied. Bakterien im Röhrchen- u. Plattentest ergab bei hohen Konzz. von I u. B deutliche Wachstumshemmung, z. T. auch Abtötung. Die Grenze der I-Hemmwrkg. lag bei ca. 15% (bei kleineren Konzz. n. Wachstum oder Wachstumsförderung). M erwies sich als erheblich wirksamer als die übrigen I. Die einzelnen Bakterienstämme reagierten sehr unterschiedlich u. ließen eine gewisse Resistenz oder Empfindlichkeit, entsprechend der Wrkg. von Antibioticis u. Chemotherapeuticis auf Bakterien, erkennen. (Z. Hyg. Infektionskrankh. **141.** 326—32. 1955. Rostock, Univ., Inst. für Mikrobiol.) K. MAIER. 4330

Vladimír Ševčík, *Untersuchung der Serumwirkung auf Antibiotica mittels eines Plattentestes.* Vf. verwendet eine aus 3 Schichten bestehende Agarplatte, deren unterste das Antibioticum, deren zweite Blutserum u. deren dritte Testorganismen enthält. Durch Vgl. mit dem Keimwachstum auf einer entsprechenden Kontrollplatte läßt sich der Einfl. des Blutserums abschätzen. (Českoslov. Mikrobiol. **3.** 240—43. 1958. Prag, Českoslov. akad. věd, Mikrobiol. odděl., Biol. ústav.) P. LOCH. 4340

S. A. Dhala und **S. S. Bhatnagar,** *Untersuchungen über indische Bodenmikroorganismen.* 3. Mitt. *Antibiotica, die von Actinomyceten aus indischen Böden gebildet werden.* (2. vgl. C. **1959.** 6185.) Aus 38 Bodenproben wurden 153 Actinomycetenstämme isoliert u. auf ihre antibiot. Aktivität an 8 Bakterienstämmen geprüft. Von den Actinomyceten gehörten 127 zur *Streptomyces-*, 21 zu *Nocardia-* u. 5 zur *Micromonospora*-Gruppe. Vff. konnten bei 75 (49,02%) eine Aktivität feststellen, während 9 (5,88%) gegen alle Testorganismen akt. waren. Alle akt. Stämme gehören zur Streptomycesgruppe, wobei *Streptothricin, Neomycin, Chloramphenicol, Terramycin, Actinomycin, Rhodomycin, Litmocidin, Cardicin, Thiolutin* u. andere nicht identifizierte Antibiotica nachgewiesen wurden. Vff. konnten somit eine weite Verbreitung der Antibiotica-bildenden Actinomyceten in ind. Böden feststellen. (J. sci. ind. Res. [New Delhi], Sect. C **16.** 30—32. Febr. 1957. Bombay, St. Xaver's Coll., Caius Res. Labor.) H. DÖLLE. 4340

W. Fassin, R. Hengel und **P. Klein,** *Bakteriostase und Baktericidie als Alternativen des antibakteriellen Chloramphenicoleffektes.* Gegenüber zahlreichen Pathogenen verhält sich *Chloramphenicol* (I) ausschließlich als Bakteriostaticum, gegenüber einer Reihe apathogener Sporenbildner als typ. Bactericidicum (große Absterbegeschwindigkeit, sterilisierende Wrkg.). Die Intensität der bakteriostat. I-Wrkg. ist im allg. von Keimdichte u. Wuchsgeschwindigkeit unabhängig. Die I-Empfindlichkeit bzgl. Wachstumshemmung einer Population nimmt mit Erhöhung der Temp. $>37^0$ zu (reiner Temperaturfaktor). Die Abtötung von Sporenbildnern ist in der Intensität stark von der Wachstumsgeschwindigkeit abhängig (Zunahme mit der Wuchsgeschwindigkeit z. Z. der I-Einw.). Bei ruhender Keimvermehrung zeigen auch große I-Dosen keine abtötende Wirkung. *Sh. flexneri* verhält sich gegenüber I wie Sporenbildner (bereits Absterben in der Nähe der Hemmdosis). Das Absterben von Bakterien nach I-Einw. ähnelt in vieler Hinsicht dem durch Penicillin ausgelösten. (Z. Hyg. Infektionskrankh. **141.** 363—75. 1955. Düsseldorf, Med. Akad., Inst. für Hygiene u. Mikrobiol.) K. MAIER. 4340

M. Medill-Brown und **W. G. Hutchinson,** *Der Einfluß von Penicillin, Wachstumsphase, Ultraviolettlicht und Ultraschall auf die Fähigkeit von Proteus mirabilis zur Bildung von Kolonien des L-Typs.* Die Zahl der gebildeten *L*-Typkolonien von *P. mirabilis* auf Penicillin (I)–Agar nimmt mit steigender I-Konz. (40 → 4000 E./cm^3) zu. Oberhalb der letztgenannten Konz. erfolgt Hemmung von Zahl u. Größe der Kolonien. UV-Vorbelichtung vermindert die Fähigkeit zur *L*-Koloniebldg. auf I-Agar, während Vorbehandlung mit Ultraschall oder I diese Eig. nicht über die Abnahme der Lebensfähigkeit hinaus verringern. (J. Bacteriol. **74.** 280—85. Sept. 1957. Philadelphia, Pa., Univ., Dep. of Bot., Labor. of Microbiol.) K. MAIER. 4340

P. Larose, *Quantitative Grundlage der Gramfärbung.* Statist. Unters. der *Gramfärbung* führt zu dem Schluß, daß die Intensität der Färbung durch die Affinität der Bakterien zur Primärfärbung u. nicht durch die Löslichkeit des Farbstoff–Jod-Komplexes bedingt ist. (J. Bacteriol. **74.** 267—68. Aug. 1957. Ottawa, Canada, Nat. Res. Council, Div. of Pure Chem.) F. RADLER. 4350

Lucille K. Georg und **Laverne B. Camp.** *Routinemäßige Nährstoffteste zur Identifizierung von Dermatophyten.* Die Nährstoffansprüche von 11 pathogenen Arten der Gattung *Trichophyton* werden angegeben. Die morpholog. schwer unterscheidbaren Stämme können im einfachen Nährstofftest am unterschiedlichen Nährstoffbedarf (Thiamin, Inosit, Nicotinsäure, *l*-Histidin) unterschieden werden. (J. Bacteriol. **74.** 113—21. Aug. 1957. Atlanta, Ga., Public Health Serv., Communicable Disease Center.) F. RADLER. 4350

J. Lodder und **N. J. W. Kreger van Rij,** *Klassifizierung und Identifizierung von Hefen.* 3. Mitt. (2. vgl. C. **1957.** **4154.**) Als Gruppe III werden die Hefen, welche weder Ascosporen, noch Ballistosporen bilden u. zur Familie der Crypto coccaceae gehören, beschrieben. Hierher gehören 1. die Unterfamilie Cryptococcoideae mit dem Genus Cryptococcus, *Torulopsis, Pityrosporum, Brettenomyces, Candida, Kloeckera, Trigonopsis,* ferner 2. die Unterfamilie Trichosporoideae mit dem einzigen Genus *Trichosporon* u. 3. die Unterfamilie Rhodotoruloideae mit dem einzigen Genus *Rhodotorula.* (Lab. Pract. **4.** 53—57. Febr. 1955. Delft, Kon. Nederlandsche Gist-en-Spiritusfabr., u. Centraal Bureau voor Schimmelcultures, Ycast Div.) A. HESSE. 4350

Helga Boedtker und **Norman S. Simmons,** *Präparation und Charakterisierung von in der Hauptsache einheitlichen Tabakmosaikviruspartikeln.* Eine Meth. zur Darst. monodisperser Tabakmosaikvirus (TMV)-Partikelpräparationen wird detailliert beschrieben. Sie ist reproduzierbar; die TMV-Partikel besitzen allg. einheitliche Größe u. Gestalt. Ihre Einheitlichkeit wurde eingehend durch physikal. Unterss., wie Best. der Viscosität, des hydrodynam. Verh., des Verh. in opt. Tests u. der Sedimentationskonstanten, festgestellt. Einzelheiten der Reinigungsschritte bei der Virusdarst. vgl. Orig.; sie erstrecken sich im wesentlichen auf fraktioniertes Ultrazentrifugieren bei differenzierten Mediumsverhältnissen. — Die Analysen der TMV-Partikel ergaben ein Mol.-Gew. von 39,0 $\pm$ 1,2 Millionen. Die Längenbest. zeigte z. T. recht erhebliche Differenzen; die hydrodynam. Unterss. ergaben einen ellipsoiden Körper mit einer Länge von 3660 Å u. einer Breite von 154 Å; als wahrscheinlicher wird jedoch ein zylindr. Körper von einer Länge von 3000 Å, bei einem Durchmesser von 149 Å, angenommen. — Es wird auf die z. T. sehr gute Übereinstimmung der erzielten Ergebnisse mit denen anderer Autoren hingewiesen. (J. Amer. chem. Soc. **80.** 2550—56. 20/5. 1958. Harvard Univ., Chem. Dep., Gibbs Labor.) K. RING. 4374

Cecil E. Hall, *Die Längen des Tabakmosaikvirus aus der Elektronenmikroskopie.* Auf Grund elektronenopt. Studien wurde festgestellt, daß die Länge der Tabakmosaikpartikel im Durchschnitt ca. 2800—3200 Å beträgt, wobei 75% der untersuchten 201 Partikel eine Länge zwischen 2900 u. 3100 Å hatte. Die am häufigsten auftretende Länge wird mit 2950—3050 Å angegeben. Als Meßfehler wird $\pm$ 2% geschätzt. Die Breite der Viruspartikel liegt bei 250 Å, was in ca. 8% der Länge entspricht. Schwankungen dieses Wertes werden auf die Variabilität der Teilchen zurückgeführt. Diese Ergebnisse bestätigen eindeutig die Angaben, die BOEDTKER u. SIMMONS (vgl. vorst. Ref.) auf Grund hydrodynam. Messungen am gleichen Virusstamm gemacht haben, u. jene, die von WILLIAMS u. STEERE (C. **1952.** 1504) ebenfalls elektronenopt. gewonnen wurden. Beide Methoden erwiesen sich in ihren Resultaten als gut vergleichbar. (J. Amer. chem. Soc. **80.** 2556—57. 20/5. 1958. Massachusetts, Massachusetts Inst. of Technol., Dep. of Biol.) K. RING. 4374

O. P. Babbar, K. N. Shukla, B. M. Gupta und **V. C. Vora,** *Serologie des Trachoms.* 1. Mitt. *Elektrophoretische Untersuchungen über die Beziehung der Globuline zu den Komplement-fixierenden Antikörpern.* Vff. untersuchten papierelektrophoret. 21 Seren von Trachompatienten auf Veränderungen der Proteinzus. u. bestimmten gleichzeitig den Antikörpertiter gegen Antigene von Viruskulturen aus embryonierten Hühnereiern. Es konnte ein Rückgang des Albumins u. ein Anstieg der Globuline (bes. des γ-Globulins) beobachtet werden. Die Zunahme des γ-Globulins war dem Antikörpertiter proportional. (J. sci. ind. Res. [New Delhi], Sect. C **15.** 83—86. April 1956. Luckow, Central Drug Res. Inst.) E. SCHWERDTFEGER. 4374

A. Isaacs und **J. Lindenmann,** *Virusinterferenz.* 1. Mitt. *Interferon.* Bei Unters. der von hitzeinaktiviertem Influenzavirus (Melbourne-Stamm) auf das Wachstum von lebendem Virus in Fragmenten von Hühnerchorioallantoishaut hervorgerufenen Störung („Interferenz“) wurde beobachtet, daß nach Incubation von erhitztem Virus mit letzterer ein neuer Faktor (I) freigesetzt wird. I, der auf Grund seiner Fähigkeit, in frischen Stücken von Chorioallantoishaut eine Störung auslösen zu können, nachweisbar ist, wird als *Interferon* bezeichnet. Nach einer Latenzperiode wurde I nach 3 std. Incubation festgestellt. Anschließend wurde I in die umgebende Fl. abgegeben. Es ist unbekannt, ob I ein Teil von erhitztem Virus ist, der von der Membran freigesetzt oder neu in letzterer synthetisiert wird. (Proc. Roy. Soc. [London] Ser. B **147.** 258—67. 12/9. 1957. London, Nat. Inst. for Med. Res.) K. MAIER. 4374

R. Shihman Chang (unter techn. Mitarbeit von **Helen Liepins**), *Die Teilnahme von Bicarbonat an der Ribonucleinsäure- und Proteinsynthese bei der Virusfortpflanzung in menschlichen Zellen.* Es wird in menschlichen Zellkulturen die Fortpflanzung von *Coxsackievirus, Gruppe B, Type 1* bei *Bicarbonat* (I)-Mangel untersucht. Das Fehlen von I verursacht ein vollständiges Ausbleiben der Fortpflanzung. Durch Zusatz folgender Substanzen kann dieser Effekt wieder aufgehoben werden: 1. *Bicarbonat*; 2. *Adenosin, Guanosin, Cytidin* u. *Uridin*, 3. *Adenyl-, Guanyl-, Cytidyl-* u. *Uridylsäure*; 4. Enzymat. abgebaute Hefe-*Ribonucleinsäure* (II) oder n. II. Ohne Einfl. auf das Ausbleiben der Fortpflanzung bei I-Mangel sind: 1. *Adenin, Guanin, Cytosin, Uracil* u. *Thymin*; 2. *Desoxyadenosin, Desoxyguanosin, Desoxycytidin* u. *Thymidin*; 3. *Desoxyadenosinsäure, Desoxyadenylsäure, Desoxyguanylsäure, Desoxycytidylsäure* u. *Thymidylsäure*; 4. enzymat. abgebaute oder n. *Desoxyribonucleinsäure*. Die gleichen Ergebnisse konnten an *Poliovirus* u. an *Vaccinevirus* beobachtet werden. (J. exp. Medicine **109.** 229—38. 1/3. 1959. Boston, Harvard School of Public Health, Dep. of Microbiol.) H. STRUCK. 4374

F. L. Horsfall jr. und **I. Tamm,** *Chemotherapie von Virus- und Rickettsienerkrankungen.* Übersicht (bis Febr. 1957). Gegenwärtiger Stand der Prophylaxe u. Therapie von Virus (I)-Krankheiten; Möglichkeiten der Chemoprophylaxe u. Chemotherapie in Beziehung zur Biologie der I-Infektion: I-Vermehrung u. Erkrankung, Biologie der I-Infektion (extracellulare I-Partikel, Adsorption derselben, Latenzphase der Vermehrung, logarithm. Phase, I-Partikelausbeute aus infizierten Zellen), Rkk. der I-infizierten Zelle (Zellschädigung), Rkk. I-infizierter Gewebe (Beziehung zwischen I-Konz. u. Gewebeschädigungen), Chemotherapie u. Gewebeschädigungen; Wiederherst. bei I-Erkrankung (Heilmechanismus); Hemmung der Vermehrung tier. Viren [I-Spezifität, Zelle-I-Beziehung u. Hemmung der Biosynth. von Nucleinsäuren (II) u. Proteinen (III), selektive Hemmung; neuere Unterss. mit Benzimidazolderivv.: Hemmung der II- u. III-Synth., der I-Vermehrung (Entw. neuer Derivv., Beziehung zwischen Konst. u. Wirksamkeit bei der I-Hemmung)]. — 168 Literaturangaben. (Annu. Rev. Microbiol. **11.** 339—70. 1957. New York, N. Y., Rockefeller Inst.) K. MAIER. 4374

E₄. Pflanzenchemie. Pflanzenphysiologie. Pflanzenpathologie.

J. L. Liverman und **S. P. Johnson,** *Die Kontrolle des Pflanzenwachstums durch Einwirkung von Licht und Chemikalien. Rotes Licht* (r. L.) mit einer ungefähren Wellenlänge von 6500 Å u. Rot nahe dem Infrarot (IR) mit ungefähr 7500 Å besitzen weitgehende Wrkgg. auf das Pflanzenwachstum. Salatsamen keimen unter Einw. von r. L. sehr gut, unter IR mäßig. Wirken r. L. u. IR in kurzen Abständen nacheinander ein, so reagieren die Samen auf die zuletzt angewandte Lichtqualität. R. L. fördert das Blattwachstum, die Entw. der Stammdicke, die Bldg. von Chlorophyll u. Anthocyanen, die Fruchtfärbung u. das Wachstum ähnlich wie beim Frühlingswachstum. IR kehrt in jedem Falle die fördernden oder in anderen Fällen die hemmenden r. L.-Effekte um, u. die Rk. auf IR scheint mehr dem Sommerwachstum zu entsprechen. *Adenin* (I) u. *Gibberellsäure* (II) scheinen teilweise an Stelle von r. L. treten zu können. IR kann die Wrkg. von I nicht, von II teilweise umkehren. Vermutlich beschleunigt IR die Zerstörung von natürlich vorkommenden II-ähnlichen Substanzen. Verss. mit Tomaten ergaben, daß IR das Wachstum der Tomatenfrüchte hemmt. II konnte diesen hemmenden Effekt auf das Wachstum bei Gewächshaustomaten aufheben. Bei Feldtomaten jedoch mußte II mit *p-Chlorphenoxyessigsäure* kombiniert werden, um die IR-Hemmwrkg. auf das Wachstum zu überwinden. In weiteren Verss. konnte II die Wachstumsruhe von Sträuchern aufheben, das Aufblühen von Chrysanthemenknospen u. die Keimung von Baumwoll-, Mais- u. Mohrenhirsesamen beschleunigen. Diese Versuchsergebnisse zeigen, daß landwirtschaftliche Ernten offenbar sogar unter ungünstigen Bedingungen durch Zugabe von Chemikalien zu erreichen sind. (Scientia [Asso] [6] **93** (52). 293—95. Nov. 1958. College Station, Texas Agricult. Experiment. Station.) K. BÖHM. 4404

A. Pirson und **A. Kuhl,** *Zusammenhang zwischen Lichteinwirkung und der reversiblen Aufnahme von anorganischem Phosphat durch Hydrodictyon.* Grünalgen, *Hydrodictyon reticulatum*, wurden in Nährmedien intermittierender Bestrahlung — 12 Std. 1000 lux.: 12 Std. Dunkelheit — ausgesetzt u. dabei die Änderung des anorgan. Phosphat (I)-Geh. bestimmt. Es wurde ein starker Anstieg von I in den großen Algenzellen während der Belichtungsphase gefunden. In der darauffolgenden Dunkelphase sank der

I-Geh. wieder auf sein niedriges Anfangsniveau ab. Photosynthet. wirksames Rot- u. Blaulicht wirkte stärker auf die I-Anreicherung als energiegleiches Grünlicht. Abwesenheit von CO_2 verhinderte den lichtabhängigen I-Anstieg fast vollständig. Eine fortdauernde Erhöhung des I-Geh. wurde durch Kürzung bzw. Fortfall der Dunkelphase erreicht. Die I-Anreicherung kann nicht als Folge der photosynthet. Aktivität der Grünalge angesehen werden. Bestrahlung mit einer nur für die Atmung ausreichenden Lichtintensität führte noch zu keiner I-Erhöhung in der Pflanzenzelle. Der I-Anstieg begann erst, wenn der Bereich der linearen Abhängigkeit der Photosynth. von der Lichtintensität überschritten wurde. Das Auftreten einer überhöhten I-Menge in der Algenzelle scheint somit ein Anzeichen für die Überschreitung der für die Photosynth. u. den Stoffwechsel benötigten Energiemenge zu sein. Vff. bestimmten gleichzeitig die Änderungen der in Trichloressigsäure lösl. u. unlösl., stabilen u. instabilen Phosphate während des Versuchs. *Polyphosphate* reicherten sich während längerer Belichtung ohne Zusatz von CO_2 an. Labile Phosphorverbb. schienen bes. empfindlich gegenüber einer Erniedrigung des P-Geh. im Nährmedium zu sein. (Nature [London] **181**. 921—22. 29/3. 1958. Marburg, Univ., Bot. Inst.) S. HOTHORN. 4404

Masayoshi Ishibashi und **Toshio Yamamoto,** *Chemische Untersuchungen über die See.* 74. Mitt. *Chemische Untersuchungen über die Seepflanzen.* 3. Teil. (61. vgl. C. **1958**. 8281.) Es wurden die Gehh. an Asche sowie an *Na* u. *K* von 43 Seepflanzen, die in verschied. Jahreszeiten gesammelt wurden, bestimmt. (Asche 10—20%; Atomverhältnis Na/K ca. 1.) (J. chem. Soc. Japan, pure Chem. Sect. [Nippon Kagaku Zassi] **79**. 1179—83. Okt. 1958. Kyôto, Univ., Naturwiss. Fak. [Orig.: japan.]) E. MAEKAWA. 4410

Masayoshi Ishibashi und **Toshio Yamamoto,** *Chemische Untersuchungen über die See.* 75. Mitt. *Chemische Untersuchungen über die Seepflanzen.* 4. Teil. (74. bzw. 3. Teil vgl. vorst. Ref.) Die Gehh. an *Mn* in den Aschen aus verschied. Seepflanzen wurden mittels $NaBiO_3$ in Ggw. von Harnstoff u. wenig $AgNO_3$ bestimmt. Zusatz von wenig $HgSO_4$ bei der Best. beseitigt Störungen durch geringe Mengen Cl^-. (J. chem. Soc. Japan, pure Chem. Sect. [Nippon Kagaku Zassi] **79**. 1184—87. Okt. 1958. [Orig.: japan.]) E. MAEKAWA. 4410

Masayoshi Ishibashi und **Toshio Yamamoto,** *Chemische Untersuchungen über die See.* 76. Mitt. *Chemische Untersuchungen über die Seepflanzen.* 5. Teil. (75. bzw. 4. Teil vgl. vorst. Ref.) Die Gehh. an *Mn* in den Aschen von 39 Seepflanzen, die in verschied. Jahreszeiten gesammelt wurden, werden wie l. c. angegeben bestimmt u. betragen 0,04 bis 0,478 mg/g Asche. (J. chem. Soc. Japan, pure Chem. Sect. [Nippon Kagaku Zassi] **79**. 1187—90. Okt. 1958. [Orig.: japan.]) E. MAEKAWA. 4410

Tetsuya Torii, *Untersuchung über das Vorkommen von Kobalt im Pflanzenreich.* Bei Best. des *Co*-Geh. in 63 Proben japan. Pflanzen zeigt sich ein Höchstwert von 125 γ Co/g Asche bei *Nymphaea tetragona.* Der Durchschnittswert für Co/Fe ist $0{,}26 \cdot 10^{-2}$; das ist das 10fache des für Gesteine u. Böden gefundenen Wertes. (J. chem. Soc. Japan, pure Chem. Sect. [Nippon Kagaku Zassi] **76**. 675—80. Juni 1955. Tokyo Univ. [Orig.: japan.]) L. SCHULER. 4410

Ewa Tomaszewska und **Mirosław Tomaszewski,** *Chemische und physikochemische Analyse einiger Berberisarten.* Das Verhältnis von *Zucker* zu *Säure* ist artabhängig u. beträgt in *Berberis brachypoda* 1,38 u. bei *Berberis aggregata var. Pratti* nur 0,79. Der Geh. an *Vitamin C* ist in asiat. Arten höher (104,8—170,4 mg%) als in europäischen (40). (Roczniki Nauk rolniczych, Ser. A. **76**. 709—15. 1957. Kórnik, Zakł. Dendrolog., Pomolog.) F. URBAN. 4420

Pierre le Roux, *Vergleichende Untersuchung über organische Säuren in den Blättern von normalem grünem Mais und einer weißen Maismutante.* Vf. extrahierte aus den Blättern von n. grünem Mais (a) u. aus denen einer weißblättrigen Maismutante (b) die organ. Säuren (I), unterwarf den Extrakt der Verteilungschromatographie (Siliciumgelkolonne) u. identifizierte die I papierchromatograph. (eindimensionale Meth.; Lösungsmittel; n-Butanol–Ameisensäure–W., 10:2:15). Die Gesamtacidität (GA; freie Säure + Salze) wurde durch potentiometr. Titration bestimmt. Es bestand zwischen a u. b kein nennenswerter Unterschied der GA: b, 18,2 (mÄquivalent pro 100 g frischer Blätter), a, 21,1. In a wurde eine ca. 3mal so hohe Menge an *Aconitsäure* (**II**) gefunden wie in b. *Fumar-*, *Oxal-* (**III**)- u. *Äpfelsäure* (**IV**) waren in beiden Maisspecies in etwa gleich hoher Konz. vorhanden; in b lagen die Konzz. an *Bernsteinsäure* (in a ca. 2,8mal mehr als in b), **II**, **III** u. **IV** je etwa gleich hoch. Außer diesen 5 Säuren wurden noch 4 unbekannte **I** (X_1, X_2, X_3, X_4) extrahiert, wovon X_4 bes. angereichert in b (3,3mal mehr in b als in a) vorkam; die Menge an X_2 war in b ca. 4,6mal größer als in a. (C. R. hebd. Séances Acad. Sci. **248**. 3021—23. 25/5. 1959. Versailles, I.N.R.A., Station Centrale de Physiol. végétale.) H. KOCKERT. 4420

Hubertus Holtzem, *Über das Vorkommen von Ursolsäure in den Blättern von Pirus communis L.* Aus getrockneten Blättern verschied. Birnensorten wurde nach Entfernung der *Fette* u. *Wachse* mit PAe. durch Extraktion mit Ae. u. Isolierung über das K-Salz Ursolsäure [I; $C_{30}H_{48}O_3$, F. 280—282° (A.); 0,5—1,30% (Ausbeute)] abgeschieden u. als *Acetylderiv.* [$C_{32}H_{50}O_4$, F. 286—288° (A.)] charakterisiert. Vf. wies auf die Möglichkeit der Beteiligung von I an der pharmakodynam. Wrkg. der Blätter von Pirus cummunis L. hin. (Arch. Pharmaz. Ber. dtsch. pharmaz. Ges. **291/63.** 308—10. Juni 1958. Bonn, Univ., Pharmakognost. Inst.) F. HELLER. 4420

Pekka Linko, *Über einige unbekannte Stoffwechselzwischenprodukte in Pflanzen.* Verschied. in den Blättern von *Phlox decussata* u. *Asplenium septentrionale* vorkommende unbekannte Stoffwechselprodd. wurden durch Infiltration von *^{14}C-Brenztraubensäure* (I) innerhalb kurzer Zeiträume markiert, papierchromatograph. isoliert u. nach Säurehydrolyse auf ihre Zus. untersucht. Fleck 5 von P. decussata: *^{14}C-Alanin* (II). Fleck 6: *^{14}C-Glutaminsäure* (III) u. eine ninhydrinpositive, inakt. Komponente, möglicherweise *Glucosamin.* Fleck 7: nicht identifizierte, akt. Substanz. Das bei der Hydrolyse entstehende, ninhydrinnegative Prod. erreichte in Phenol die gleiche Steighöhe wie *Leucin* in Butanol–Essigsäure-Gemisch. Fleck 8: ^{14}C-II. Fleck 11: Prod. wurde durch milde Hydrolyse nicht aufgespalten. Möglicherweise war der Fleck von einer inakt. Substanz überdeckt, da große Mengen *γ-Hydroxyglutaminsäure* gebildet wurden. Es bestand außerdem die Möglichkeit, daß aus der akt. Verb. durch partielle Hydrolyse das ^{14}C-Atom abgespalten wurde. Bereits 5 Min. nach Infiltration von $^{14}C_{(1)}$-III in A. septentrionale wurden 3 akt. unbekannte Substanzen isoliert. Die Hauptmenge bestand aus $^{14}C_{(1)}$-III u. *α-Amino-γ-hydroxypimelinsäure.* Das Fehlen von *Glutamin* (IV) zeigte, daß IV nicht direkt aus III, sondern wahrscheinlich über *γ-Aminobuttersäure* (V) aufgebaut wurde. Wurde *$^{14}C_{(2)}$*-I zur Infiltration in A. septentrionale verwendet, so wurden nach der Hydrolyse hauptsächlich ^{14}C-II, ^{14}C-III, *^{14}C-Valin* u. *^{14}C-α*-V sowie IV gefunden, deren Mengenverhältnisse sich in Abhängigkeit von der Einwirkungszeit änderten. Die Abnahme des anfangs als Hauptkomponente auftretenden ^{14}C-II in der Peptidfraktion war auf einen ^{14}C-II-Einbau in Proteine zurückzuführen. Gleichzeitiger Zusatz von *Glycin* verzögerte zuerst die ^{14}C-Markierung, steigerte aber nach 5 Min. erheblich die Aktivität einige Komponenten. (Acta chem. scand. **12.** 129—31. 1958. Helsinki, Finland, Biochem. Inst., Labor, of the Found. for Chem. Res.) S. HOTHORN. 4460

Vincenzo Cosentino, *Untersuchungen über normale und abnormale Pflanzenproteine.* 2. Mitt. *Eigenschaften von zwei normalen aus Brassica chinensis und anderen Pflanzen isolierten Proteinen.* (1. vgl. C. **1958.** 3763.) Aus wss. Zellplasmaextrakten von *Brassica chinensis* werden 2 Bestandteile, ein Nucleoprotein (I) u. ein einfaches Protein, abgetrennt u. durch fraktioniertes Ultrazentrifugieren auf Grund ihrer unterschiedlichen Sedimentationskonstante (77 S, 18 S) isoliert. I enthält 20—40% Ribonucleinsäure u.hat einen Durchmesser von 15—30 mμ. Auch andere Pflanzen gaben analoge Ergebnisse, so daß I als mikrosome Fraktion in den untersuchten Pflanzen anzusprechen ist (Abbildungen). — 17 Literaturhinweise. (Ricerca sci. **26.** 803—12. 1 Tafel. März 1956. Berkeley, Calif., Univ., Virus Labor.) G. PLATZER. 4420

F. J. Joubert, *Ultrazentrifugenuntersuchungen an Samenproteinen der Familie Leguminosae.* 4. Mitt. *Die Isolierung und physikochemische Untersuchung der Globuline aus den Samen der weißen Lupine.* (3. vgl. C. **1958.** 10113.) Die mit 10%ig. NaCl-Lsg. aus den Samen der weißen Lupine (Lupinus albus) isolierten Globuline werden sowohl elektrophoret. als auch in der Ultrazentrifuge untersucht. Sie zeigen in der Ultrazentrifuge eine Hauptkomponente ($S_{8,3}$) u. 2 Nebenkomponenten ($S_{12,1}$ u. $S_{2,8}$). Durch Fraktionierung mit $(NH_4)_2SO_4$ ließen sich $S_{8,3}$ u. $S_{2,8}$ verhältnismäßig rein isolieren. $S_{12,1}$ u. $S_{8,3}$ ließen sich durch isoelektr. Fällung trennen. Das Dissoziations–Assoziations-Verh. der einzelnen Komponenten in Abhängigkeit von p_H-Wert u. Ionenstärke wurde untersucht. Die Eigg. der Globuline der weißen Lupine werden mit denen der blauen u. gelben verglichen. (J. South African chem. Inst. **10.** 21—28. April 1957. Pretoria, Council for Sci. and Industr. Res., Nat. Chem. Res. Labor.) E. SCHWERDTFEGER. 4420

F. E. King, J. H. Gilks und **M. W. Partridge,** *Ein glykosidischer Bestandteil von Vinca minor und seine Identifizierung als 3-β-D-Glucosyloxy-2-oxybenzoesäure.* Durch Extraktion der trockenen Blätter von Vinca minor mit sd. Methanol u. Einengen erhält man einen Nd., der sich nach Umkrist. als *Ursolsäure* (I) erweist. Extraktion des Rückstandes eines alkal. [mit $Ca(OH)_2$] Methanolauszuges mit verd. HCl u. Ausschütteln mit Chlf. liefert das Alkaloid *Vincamin* (II). Aus der Mutterlauge des Ursolsäure-Nd. erhält man RUTISHAUSERS Glykosid (III), bestehend aus 2.3-Dihydroxybenzoesäure, die in $C_{(3)}$ mit D-Glucose verknüpft ist. Derivv. u. Synth. von III werden beschrieben.

Versuche: *Ursolsäure* (I), $C_{30}H_{48}O_3$, F. u. Misch-F. 287—290°, farblose Nadeln, $[\alpha]_D^{20}$ +67,0° (c = 0,68 in Isopropanol), +68,4° (c = 1,49 in Dioxan). I-*Methylester*, F. u. Misch-F. 167—168°. *Acetyl*-I, $C_{32}H_{50}O_4$, F. u. Misch-F. 285—288°. *Acetyl*-I-*essigsäureanhydrid*, $C_{34}H_{52}O_5$, F. u. Misch-F. 197—198°, dann Wiederfestwerden mit F. 306 bis 308° (Zers.). *Benzoyl*-I, $C_{37}H_{52}O_4$, Nadeln, F. 282—284°. *Acetoacetyl*-I, $C_{34}H_{52}O_5$, hexagonale Pyramiden, F. 221—222°. — *Vincamin* (II), $C_{21}H_{26}N_2O_3$, goldene Nadeln, F. 230—231°, Absorptionsmaxima bei 228 mμ (ε = 29160) u. 276 mμ (ε = 8213). II-*Pikrat*, $C_{27}H_{29}N_5O_{10}$, F. 228—229°. — Hydrolyse von III liefert *2.3-Dihydroxybenzoesäure*, $C_7H_6O_4$, F. u. Misch-F. 206—207°. *2.3-Dimethoxybenzoesäuremethylester*, F. u. Misch-F. 47°. *2.3-Dihydroxybenzoesäuremethylester*, $C_8H_8O_4$, F. u. Misch-F. 80—81°. Methylierung von III nach HAWORTH liefert *2.3-Dimethoxybenzoesäure*, $C_9H_{10}O_4$, F. 122 bis 123°. Methylierung von III mit Diazomethan in Methanol u. anschließend mit Methyljodid u. Silberoxyd liefert nach der Hydrolyse *3-Hydroxy-2-methoxybenzoesäure* (V), $C_8H_8O_4$, Nadeln, F. u. Misch-F. 151—152°. Acetylierung u. nachfolgende Diazomethanbehandlung von III gibt *2-Acetoxy-3-β-tetraacetyl-D-glucosyloxybenzoesäuremethylester* (IV) Prismen, F. u. Misch-F. 165—166°. Synth. von IV durch Kondensation von 2.3-Dihydroxybenzoesäuremethylester u. α-Acetobrom-D-glucose: $C_{24}H_{28}O_{14}$, Prismen, F. 169°, $[\alpha]_D^{20}$ —28,3° (c = 2,02 in Aceton). — *2-Hydroxy-3-toluol-p-sulfonyloxybenzoesäure*, $C_{14}H_{12}O_6S$, Tafeln, F. 176—178°. *Methylester der vorst. Verb.*, $C_{15}H_{14}O_6S$, Prismen, F. 87 bis 88°. — *2.3-Bis-[toluol-p-sulfonyloxy]-benzoesäuremethylester*, $C_{22}H_{20}O_8S_2$, Prismen, F. 133—135°. — *2-Methoxy-3-toluol-p-sulfonyloxybenzoesäuremethylester* (VI), $C_{16}H_{16}O_6S$, Prismen, F. 77—78°. — Verseifen von VI ergibt *2-Methoxy-3-toluol-p-sulfonyloxybenzoesäure*, $C_{15}H_{14}O_6S$, F. 132—133° u. *3-Hydroxy-2-methoxybenzoesäure*, $C_8H_8O_4$, F. 151 bis 152°. *p-Chlorbenzamidinsalz*, $C_{15}H_{15}ClN_2O_4$, F. 243° (Zers.). — *3-Hydroxy-2-methoxybenzoesäuremethylester* (VII), $C_9H_{10}O_4$, Kp.$_{12-13}$ 146—148°, n_D^{20} 1,5337. — *2-Methoxy-3-β-tetraacetyl-D-glucosyloxybenzoesäuremethylester* (VIII), $C_{23}H_{28}O_{13}$, Nadeln, F. 119 bis 120°, $[\alpha]_D^{20}$ —35,0° (c = 2 in Aceton); aus VII, α-Acetobrom-D-glucose, Chinolin u. Silberoxyd. — *3-β-D-Glucosyloxy-2-methoxybenzoesäuremethylester*, $C_{15}H_{20}O_9$, Nadeln, F. 187—189°, $[\alpha]_D^{20}$ —53,8° (c = 1,01 in Methanol); aus VIII durch Schütteln in 1% methanol. HCl. — *2-Äthoxy-3-toluol-p-sulfonyloxybenzoesäureäthylester*, $C_{18}H_{20}O_6S$, Prismen, F. 64—65°. Verseifen liefert *2-Äthoxy-3-hydroxybenzoesäure*, $C_9H_{10}O_4$, Prismen, F. 130—131°. *p-Chlorbenzamidinsalz*, $C_{16}H_{17}ClN_2O_4$, flache lange Prismen, F. 217° (Zers.). — *2-Acetoxy-3-toluol-p-sulfonyloxybenzoesäure*, $C_{16}H_{14}O_7S$, Nadeln, F. 149°. — *2-Hydroxy-3-methansulfonyloxybenzoesäure*, $C_8H_8O_6S$, flache lange Prismen, F. 158 bis 159°, verestert mit Diazomethan zu *2-Hydroxy-3-methansulfonyloxybenzoesäuremethylester*, $C_9H_{10}O_6S$, flache lange Prismen, F. 110—111°. — *3-Methansulfonyloxy-2-methoxybenzoesäure*, $C_9H_{10}O_6S$, Prismen, F. 126—127°; aus V u. Methansulfonylchlorid. — *2-Äthoxy-3-methansulfonyloxybenzoesäureäthylester*, $C_{12}H_{16}O_6S$, viscose Fl., Kp.$_{0,1}$ 142°, $n_D^{20,5}$ 1,5066. Verseifen mit NaOH gibt *2-Äthoxy-3-methansulfonyloxybenzoesäure*, $C_{10}\cdot H_{12}O_6S$, Nadeln, F. 116—117°. — *3-Acetoxy-2-hydroxybenzoesäure*, $C_9H_8O_5$, Prismen, F. 135—137° (aus Bzl.), F. 85° (Hydrat aus W.); Darst. nach LESSER u. GAD bzw. CHATTAWAY. — Methylierung mit Diazomethan liefert *3-Acetoxy-2-hydroxybenzoesäuremethylester*, $C_{10}H_{10}O_5$, Prismen, F. 70—71°, Kp.$_{0,1}$ 102—104°, $n_D^{20,5}$ 1,5243. Methylierung mit Methyljodid–Kaliumcarbonat gibt *3-Acetoxy-2-methoxybenzoesäuremethylester*, $C_{11}H_{12}O_5$, Kp.$_{13-14}$ 162—164°. — *2-Hydroxy-3-methoxybenzoesäuremethylester*, $C_9H_{10}O_4$, F. 67—68°. — *4-Acetoxy-2-hydroxybenzoesäuremethylester*, $C_{10}H_{10}O_5$, seidige Nadeln, F. 51—52°. — *2-Hydroxy-4-toluol-p-sulfonyloxybenzoesäure*, $C_{14}H_{12}O_6S$, Prismen, F. 184 bis 185°; Darst. aus 2.4-Dihydroxybenzoesäure. — Methylierung mit Methyljodid gibt *2-Methoxy-4-toluol-p-sulfonyloxybenzoesäuremethylester*, $C_{16}H_{16}O_6S$, Prismen, F. 56—57°; Hydrolyse dieser Verb. liefert *2-Methoxy-4-toluol-p-sulfonyloxybenzoesäure*, $C_{15}H_{14}O_6S$, Tafeln, F. 133—134°. — *2-Hydroxy-4-toluol-p-sulfonyloxybenzoesäuremethylester*, $C_{15}H_{14}\cdot O_6S$, F. 88—89°. — *2-Hydroxy-4-methansulfonyloxybenzoesäure*, $C_8H_8O_6S$, flache Prismen, F. 175°. *Methylester*, $C_9H_{10}O_6S$, lange Prismen, F. 96—97°. — *4-Methansulfonyloxy-2-methoxybenzoesäuremethylester* (IX), $C_{10}H_{12}O_6S$, Kp.$_{0,1}$ 158°, n_D^{20} 1,5365; Darst. durch Methylierung vorstehender Verb., Verseifung ergibt *4-Methansulfonyloxy-2-methoxybenzoesäure*, $C_9H_{10}O_6S$, Nadeln, F. 169°. — *4-Methansulfonyloxy-2-β-tetraacetyl-D-glucosyloxybenzoesäuremethylester*, $C_{23}H_{28}O_{15}S$, Nadeln, F. 157°, $[\alpha]_D^{19}$ —31,3° (c = 2,2 in Aceton); Darst. aus IX, α-Acetobromglucose, Chinolin u. Silberoxyd. — *3-Methoxy-4-β-tetraacetyl-D-glucosyloxybenzoesäuremethylester*, $C_{23}H_{28}O_{13}$, Nadeln, F. 141—142°; Darst. aus *3-Hydroxy-4-β-tetraacetyl-D-glucosyloxybenzoesäuremethylester* nach MAUTHNER mit Kaliumcarbonat–Methyljodid. — *3-Äthoxy-4-β-tetraacetyl-D-glucosyloxybenzaldehyd*, $C_{23}H_{28}O_{12}$, Prismen, F. 111—113°, $[\alpha]_D^{21}$ —53,2°; Darst. aus *3-Hydroxy-4-β-tetraacetyl-D-glucosyloxybenzaldehyd* nach HELFERICH u. PAPALAMBROU mit Äthyljodid u. Kaliumcarbonat. *2.4-Dinitrophenylhydrazon–Essigsäure-Solvat*, $C_{29}H_{32}N_4O_{15}\cdot$

$C_2H_4O_2$, F. 202—203°. — *3-Methoxy-2-β-tetraacetyl-D-glucosyloxybenzaldehyd*, $C_{22}H_{26}O_{12}$, Nadeln, F. 137—138°, $[\alpha]_D^{20}$ —3,5° (c = 4,5 in Aceton); Darst. aus 2-Hydroxy-3-methoxybenzaldehyd nach HELFERICH u. PAPALAMBROU. (J. chem. Soc. [London] **1955**. 4206—15. Dez. Nottingham, Univ.) K.-H. WOLF. 4420

V. N. Gupta und **T. R. Seshadri**, *Spezielle chemische Komponenten von Handelshölzern und ähnlichen Pflanzenmaterialien.* 3. Mitt. *Pterocarpus indicus.* (1. vgl. C. **1955**. 7345; 2. vgl. J. sci. ind. Res. [New Delhi], **13** B [1954.] 835.) In dem Kernholz von *Pterocarpus indicus* von Malaya u. den Philippinen wurden Pterocarpin u. Homopterocarpin nicht gefunden, sondern nur *Angolensin*, u. zwar in der linksdrehenden Form. (J. sci. ind. Res. [New Delhi], Sect. B **15**. 146—49. März 1956. Delhi, Univ. of Delhi, Dep. of Chem.) W. WERGIN. 4420

P. L. Sawhney und **T. R. Seshadri**, *Spezielle chemische Komponenten von Handelshölzern und ähnlichen Pflanzenmaterialien.* 4. Mitt. *Phenolische Komponenten von einigen Pterocarpusarten.* (3. vgl. vorst. Ref.) In den alkalilösl. Fraktionen des Kernholzes u. Splints von *Pterocarpus dalbergioides* (I), *Pt. macrocarpus* (II) u. *Pt. santalinus* (III) wurden *Liquiritigenin* (*7.4'-Dihydroxyflavanon*), *Isoliquiritigenin* (*2.4.4'-Trihydroxychalkon*) u. *Pterostilben* gefunden. Die Rinde von I u. II enthält *Homopterocarpin* u. *Pterostilben*, von III nur *Pterostilben*, von *Pt. marsupium l-Epicatechin* u. *Pterostilben*. (J. sci. ind. Res. [New Delhi], Sect. C **15**. 154—55. Juni 1956.) W. WERGIN. 4420

Walter B. Mors und **Oscar Ribeiro**, *Vorkommen von Scopoletin im Genus Brunfelsia.* Aus den unter- u. oberird. Teilen von *Brunfelsia hopeana* (Hook.) Benth. (*Fraciscea uniflora* Pohl), von *B. calycina* Benth., var. *macrantha* Bailey (*Br. grandiflora* Don.) u. aus *B. ramosissima* (Pohl) Benth. wurde durch wss. Extraktion, dann kontinuierliches Ausziehen der wss. Lsg. mit Chlf., Eindampfen u. Vakuumsublimation in ca. 0,1%ig. Ausbeute *Scopoletin* [*6-Methoxy-7-hydroxycumarin*, F. 204° (A.)] isoliert. (J. org. Chemistry **22**. 978—79. Aug. 1957. Detroit, Mich., Wayne State Univ., Dep. of Chem.; Rio de Janeiro, Min. da Agricultura, Inst. de Quím. agr.) H. LEHWALD. 4420

C. Ellenby, *Wurzeldiffusate von Solanum tuberosum und Digitalis purpurea.* Vf. verglich Diffusate von Kartoffelknollen u. Fingerhutwurzeln miteinander. Beide Fll. zeigten beim Durchströmen des isolierten Froschherzens cardioton. Aktivität. Bei der colorimetr. Auswertung der mit 3.5-Dinitrobenzoesäure behandelten Diffusate wurde übereinstimmend ein Absorptionsmaximum zwischen den Wellenlängen λ = 385 bis 390 mμ gefunden. Der Kurvenverlauf von *Digitoxin* (I) weist in diesem Wellenlängenbereich ebenfalls einen Gipfel auf, besitzt daneben aber noch andere Maxima. Ähnlich wie I zeigten die eingeengten Lsgg. beider Diffusate Peroxydaktivität. Trotz der wahrscheinlich unterschiedlichen Zus. der Substanzen ergibt sich aus den Verss. eine weitgehende Ähnlichkeit der chem. Eigg. beider Diffusate u. der Herzglykoside. (Nature [London] **181**. 920—21. 29/3. 1958. Newcastle-upon-Tyne, Univ. of Durham, Dep. of Zool., King's Coll.) S. HOTHORN. 4420

Hideyuki Kozima und **Takeshi Takahashi**, *Bestandteile von Fomes rimosus Berk., Polystictus cinnabarinus Fr. und Fomes japonicus Fr.* Aus Fomes rimosus Berk., *Polystictus cinnabarinus* Fr. sowie *Fomes japonicus* Fr. werden *Ergosterin* (F. 163°, *Acetat*, F. 174°) u. *Trehalose* (F. 97°, *Anhydrid*, F. ca. 200°, *Octaacetat*, F. 103°) isoliert. Mannit wurde nicht gefunden. (J. chem. Soc. Japan, pure Chem. Sect. [Nippon Kagaku Zassi] **79**. 1458. Nov. 1958. Gihu, Daigaku. [Orig.: japan.]) E. MAEKAWA. 4420

D. E. Hathway, *Untersuchungen über die Herkunft des Eichenrindentannins.* Der Tanningeh. der Bäume von *Quercus pedunculata* ist standortabhängig, steigt bei jungen Bäumen während des Wachstums u. in der lichtreichen Jahreszeit signifikant, bei alten Bäumen jedoch nichtsignifikant an. Nach ringförmigem Ablösen der Rinde kommt es bei den überlebenden Bäumen zur Anreicherung von *Tannin* über dem Ring. Chromatograph. wurden im Exsudat angeschnittener Siebröhren mit der Vanillin-Rk. 6 Phenole nachgewiesen, darunter die Vorstufen des Tannins, während nicht alle die Phenole, die im Methanolextrakt von Blättern nachgewiesen werden konnten, festzustellen waren. Nach Meinung des Vf. werden die in den Blättern entstehenden Pyrogallolphenole durch die Siebröhren dem Cambium zugeleitet, dort oxydiert u. das entstandene Phlobatannin in der Rinde gespeichert. (Biochem. J. **71**. 533—37. März 1959. Egham, Surrey, Milton Park, Brit. Leather Manufacturer's Res. Assoc.) R. TIMMLER. 4460

P. Lelakis, *Über ein neues experimentelles Optimum der Ernährung der Rebe, bestimmt durch die Blattdiagnose aus der Analyse der in der Höhe der Trauben entnommenen Blätter* (*4. und 5. Knoten*). Aus der Analyse der am 4. u. 5. Knoten von Reben entnommenen Blätter ergibt sich: Die Blätter enthalten mehr N u. weniger K als die der 1. u. 2. Knoten; die Gehh. an P_2O_5 sind annähernd gleich. Das physiol. Alter der Blätter beeinflußt die Art der Ernährung. (C. R. hebd. Séances Acad. Agric. France **44.** 221–24. 1958.) W. WESLY. 4470

Torbjörn Aasheim, *Wirkung von stereoisomeren Tartraten auf das Wurzelstreckungswachstum von Lepidium.* Vf. untersuchte, in welchem Ausmaß die durch organ. Säuren verursachte Keimungshemmung durch die Natur des Anions beeinflußt wird. Er ließ je 25 Kresse (*Lepidium sativum* L.)-Samen in PETRI-Schalen mit 10 ml 0,0025–0,01 mol. stereoisomeren Tartrat (I)-Lsgg. im Dunkeln bei 21,5° keimen u. bestimmte die durchschnittliche Wurzellänge nach 24, 36, 47 u. 64 Stunden. Die 3 stereoisomeren I u. das rac. DL-I zeigten unterschiedliche Wirksamkeit. D(+)-I, das natürliche Isomere, übte in den untersuchten Konzz. keine Wrkg. aus. L(–)-I hemmte erst nach 47 Std. das Wurzelwachstum. meso-I zeigte bereits nach 36 Std. deutlich hemmende Wrkg., die diejenige von L(–)-I übertraf. Das rac. Gemisch von D- u. L-I wirkte in niedrigen Konzz. bis zu 0,0025 mol. Lsgg. leicht aktivierend, hemmte jedoch in 0,01 mol. Lsg. noch stärker als meso-I. Es ist noch nicht geklärt, ob I als natürliche organ. Säuren in den Stoffwechsel der Pflanze einzugreifen vermögen oder eine wachstumsstimulierende Wrkg. besitzen. (Nature [London] **181.** 922–23. 29/3. 1958. Bergen, Univ., Botan. Labor.) S. HOTHORN. 4485

J. Reinert, H. Schraudolf und **M. Tazawa,** *Extracelluläre Enzyme und Auxinbedarf von Gewebekulturen.* Bei Kultur von Coniferengewebe auf fl. Nährmedium wurde ein auffällig hoher Verbrauch von *β-Indolylessigsäure* (I) festgestellt. Die Ggw. von *Indolylessigsäureoxydasen* (II) konnte ausgeschlossen werden; als Ursache des hohen I-Verbrauchs wurden vielmehr extracelluläre Enzyme nachgewiesen, da auch nach Entfernung des Pflanzengewebes relativ viel I abgebaut wurde u. dieser Vorgang durch Erhitzen unterbunden werden konnte. Der I-Abbau durch die Nährlsg. ist p_H-abhängig (Optimum p_H 5,5) u. wird durch Mg^{2+} u. Dichlorphenol (als typ. Aktivatoren der II) gefördert. Über die Ausscheidung der extracellulären Enzyme durch das Gewebe ist noch nichts bekannt. Bei Carotten- u. Scorzoneragewebe, die ohne Auxinzusatz wachsen, sind keine extracellulären Auxinoxydasen nachweisbar. (Naturwissenschaften **44.** 588. 2. Nov.-H. 1957. Tübingen, Univ., Botan. Inst.) G. KLESSE. 4485

J. R. Hay und **Kenneth V. Thimann,** *Das Verhalten von 2.4-Dichlorphenoxyessigsäure in Bohnensämlingen.* 2. Mitt. *Translokation.* (1. vgl. C. **1959.** 11301.) Vff. untersuchten den Transport von *2.4-Dichlorphenoxyessigsäure* (I) bei Sämlingen von Phaseolus vulgaris. I wurde in verschied. Abschnitten der Pflanze nach Ätherextraktion bestimmt. I gelangte nie in die Wurzel. Kein Transport erfolgte in der Dunkelheit. Saccharose hebt diese Hemmung auf. Vff. diskutieren, daß eine Stoffwechselkomponente u. nicht osmot. Kräfte für den Transport verantwortlich ist. (Plant Physiol. **31.** 446–51. Nov. 1956. Cambridge, Mass., Harvard Univ., Biol. Labors.) H. GREILING. 4485

S. R. Gangolly und **K. M. Pandalai,** *Verstärkende Einflüsse von Cocosnußmilch und Rinderurin auf 2.4-Dichlorphenoxyessigsäure bei der Kontrolle des Knospenabfalls bei der Cocosnuß.* Durch Besprühen mit 30‰ig. Lsgg. von 2.4-Dichlorphenoxyessigsäure (I) konnte das Abfallen der Cocosnußknospen zwar wesentlich herabgesetzt werden, aber ein großer %-Satz der Nüsse blieb unfruchtbar u. erreichte nicht die n. Größe bei der Reifung, wenn das Besprühen vor der Befruchtung stattgefunden hatte. Die Fehlentw. ließ sich auch durch entsprechende Behandlung mit I nach der Befruchtung nicht völlig ausschalten. Vff. versuchten, durch die in Cocosnußmilch u. Rinderurin enthaltenen wachstumsfördernden Hormone die Wirksamkeit von I zu verstärken. Aus ihren Verss. ergab sich, daß Cocosnußmilch u. Rinderurin allein inakt. waren. In Mischungen mit gleichen Voll. von I wurden jedoch Knospenansatz, gute Allgemeinentw. u. Keimfähigkeit der Cocosnüsse beträchtlich gefördert. Cocosnußmilch zeigte einen besseren synergist. Effekt als Rinderurin. (Nature [London] **181.** 855. 22/3. 1958. Kasaragod, South India, Centr. Coconut Res. Stat.) S. HOTHORN. 4485

R. Nichols, *Eine mögliche Fehlerquelle bei der chemischen Bestimmung von Indolylessigsäure in Pflanzen.* Vf. entdeckte bei der Isolierung von Wuchsstoffen aus samentragenden Bananen einen Stoff, der die n. Farb-Rkk. von *Indolylessigsäure* (I) stören kann. Bei der chromatograph. Auftrennung von Bananenauszügen mit Isopropanol/NH_3/W.-Gemisch (10 : 1 : 1) wurde eine Substanz gefunden, die einen positiven Ausfall des Weizenkoleoptilwachstumstestes gab, einen gleichen R_F-Wert wie mitlaufendes I aufwies u., mit $FeCl_3/HClO_4$ unter Erwärmung besprüht, eine Rosapurpurfarbe entwickelte. Das Chromatogramm ließ außerdem braun gefärbte, oxydierte Polyphenole mit kleinerem R_F-Wert erkennen. Wurde in diese Zone synthet. I gebracht, getrocknet u. mit $FeCl_3/HClO_4$ in der Wärme besprüht, so zeigten diese Flecken nicht die typ. Rosafärbung, sondern eine Rosapurpurfarbe. Bei eingehender Unters. wurden Bananenextrakte gefunden, die zwar eine Farb-Rk., aber keinen positiven Wachstumstest gaben. Vf. trennte erneut die saure Bananenfraktion chromatograph. mit 70% ig. A. als Steig-Fl. u. fand für Wuchsstoff, Markiersubstanz I u. Farbfleck den gleichen R_F-Wert von 0,55. Anders verlief die Trennung bei Anwendung von Butanol/Essigsäure/W.-Gemisch (4 : 1 : 5). Während Wuchsstoff u. Markiersubstanz I einen R_F-Wert von 0,95 besaßen, erschien die mit $FeCl_3/HClO_4$ anfärbbare Substanz bei R_F 0,79—0,80. Dieser Befund zeigte, daß der in Bananen vorkommende Wuchsstoff nicht für die Farb-Rk. verantwortlich ist. Um die Ggw. von I bzw. I-ähnlicher Stoffe in Bananen zu bestätigen, extrahierte Vf. die papierchromatograph. abgetrennte, wachstumsstimulierende Substanz mit Ae., engte die Lsg. ein u. setzte damit ein weiteres Chromatogramm mit W. als Entwicklungs-Fl. an. Isolierter Wuchsstoff u. mitlaufende I zeigten einen R_F-Wert von 0,89—0,90. Die unbekannte, mit $HClO_4$ rosa gefärbte Substanz konnte als zur Gruppe der *Leukoanthocyanine* gehörend eingeordnet werden. Sie wies beim Besprühen mit 10% ig. HCl in Butanol nach Erwärmen eine Rosafarbe auf. Bei Anwendung von Vanillin/HCl in Butanol entstand die Rosafärbung schon ohne Erwärmung. (Nature [London] **181.** 919—20. 29/3. 1958. Trinidad, Reg. Res. Centre, Imp. Coll. of Tropic Agricult.) S. HOTHORN. 4485

H. A. van Hoof, *Ursache und Bekämpfung der Papierfleckenkrankheit von Lauch.* Aus Papierflecken von Lauch wird ein Schimmelpilz, *Phytophthora porri* FOISTER isoliert. In den Niederlanden zeigen die angegriffenen Blätter niemals Conidien (Cn.); auf Hafermalz-Agar-Agar werden Cn. gefunden, deren Abmessungen kleiner sind als die von FOISTER angegebenen Werte. Als Bekämpfungsmittel werden empfohlen: CuOCl, Captan u. Zineb. (Tijdschr. Planteziekten **65.** 37—43. 1959. Wageningen, Inst. voor Plantenziektenkundig Onderzoek.) W. WESLY. 4490

E₅. Tierchemie. Tierphysiologie. Tierpathologie.

Russell E. Morris jr. und **Robert S. Benton** (unter techn. Mitarbeit von **LaRose Smith** und **Jean Haskins**), *Untersuchungen über die Demineralisation von Knochen.* 3. Mitt. *Der Einfluß von Ionenaustauschharzen und Versenate auf die Demineralisation.* (2. vgl. C. **1959.** 8229.) Durch Zusatz von Ionenaustauschharzen (*IRC-50, IR-112, IR-120* [ROHM & HAAS CHEMICAL CORP.] u. *Win 3000* [WINTHROP LABORATORIES]) zu der demineralisierende Säure (HCl) wird die für die Demineralisation von Knochenmaterial in der Salzsäure allein benötigte Zeit nicht herabgesetzt. Ebenso wird zur Demineralisation mit *Versenate* (*Äthylendiamintetraacetat* [BERSWORTH CHEMICAL CO.]) mehr Zeit benötigt. Mit Versenate in alkal. Lsg. geht die Demineralisation extrem langsam vor sich. (Amer. J. clin. Pathol. **26.** 771—77. Juli 1956. Charleston, S. Dak., Med. Coll. of South Dakota, Dep. of Anat.) G. KLESSE. 4500

Mario Ravera und **Roberto Bellotti,** *Mangan, physiologische und klinische Aspekte.* Breit angelegte Übersicht behandelt Vork., Aufnahme, Ausscheidung, Beteiligung an enzymat. Vorgängen, Beziehungen zu Vitaminen u. zur Blutkoagulation, Einfl. auf Knochenbldg. u. Wachstum, spezif. Wrkgg. auf Organe u. Drüsen, Bestimmungsmethoden. — Ca. 1000 Literaturangaben. (Arch. "E. Maragliano" Patol. Clin., Monogr. **1957.** Nr. 20. 1—255. Genua, Univ., Ist. di Clin. Med. Gener.) P. LOCH. 4510

Kakuji Katsuura und **Shōzaburō Suzuki,** *Untersuchungen über den Schleimstoff von Rotalgen.* 5. Mitt. *Einfluß von Neutralisierungsmitteln und der Verteilungsdichte von Elektrolytradikalen auf das Dissoziationsgleichgewicht des Schleimes von Rotalgen.* (4. vgl. J. chem. Soc. Japan, ind. Chem. Sect. [Kōgyō Kagaku Zassi] **57.** [1954.] 765.) Bei 25° werden verschied. Arten Schleime von Rotalgen mit NaOH bzw. $Ba(OH)_2$ neutralisiert u. die Änderungen von p_H, Viscosität u. a. bestimmt. Aus den Ergebnissen wird geschlossen, daß die Dissoziation des COOH in den untersuchten Proben durch die Verteilung der Sulfatgruppen stark beeinflußt wird. Theoret. Erörterung grundsätzlicher Art für hochmol. Elektrolyte u. Vgl. mit der in früheren Mitteilungen erörterten Salzwirkung. — 5 Diagramme. (J. chem. Soc. Japan, ind. Chem. Sect. [Kōgyō Kagaku Zassi] **58.** 376—78. Mai 1955. Hamamatsu, Shizuoka Univ. [Orig.: japan.]) L. SCHULER. 4520

Anund Hallén, *Hexosamin- und Estersulfatgehalt des menschlichen Nucleus pulposus in verschiedenem Alter.* Der Nucleus pulposus des erwachsenen Menschen enthält äquimol. Mengen Hexosamin u. Sulfat. Das Verhältnis *Glucosamin* : *Galaktosamin* erhöht sich von 0,5 im Alter von 15 Jahren auf 1,5 beim Alter von 90 Jahren. Es wird angenommen, daß sich mit steigendem Alter der *Mucopolysaccharid*-Geh. ändert; es findet eine Erhöhung des Verhältnisses *Keratosulfat* : *Chondroitinsulfat* statt. (Acta chem. scand. **12.** 1869—72. 1958. Stockholm, Karolinska Inst., Chem. Dep. II.) H. GOEBEL. 4520

P. C. J. Brunet und **D. B. Carlisle,** *Chitin in der Pogonophora.* Die Pogonophora enthält u. sondert zähe, hornige Tuben (T) ab. Untersucht wurden die T von 3 Arten *Siboglinum* u. von *Zenkevitchiana longissima* Ivanov. Die T zeigen Rkk., die nur Chitin (I) u. *Cellulose* (II) geben. Allerdings deuten die Rkk. stärker auf die Anwesenheit von I hin. Da das saure Hydrolysat sehr viel *Glucosamin,* aber keine Glucose, das enzymat. Hydrolysat *N-Acetylglucosamin* enthält, Glucose auch in diesem Fall nicht nachweisbar war, ist bewiesen, daß die T nicht aus II, sondern aus I bestehen. (Nature [London] **182.** 1689. 13/12. 1958. Oxford, Univ., Dep. of Enol.; Plymouth, Citadel Hill, Labor.)
A. GUDE. 4520

Yoshihisa Kojima und **Hiroo Kusakabe,** *Isolierung von Naturstoffen durch Ionenaustauschharze.* 5. Mitt. *Quantitative Bestimmung von Trimethylaminoxyd und Betain in Tintenfischmuskeln.* (4. vgl. C. **1959.** 11303.) Vff. isolieren *Trimethylaminoxyd* (I) u. *Glycinbetain* (II) aus wss. Extrakten getrockneter (**a**) u. tiefgekühlter Tintenfischmuskeln (**b**) mit Hilfe einer Säule aus Amberlit (IR-120) u. Extraktion mit W. u. nNH_4OH bei steigenden p_H-Werten (7—12), wobei zuerst II u. anschließend I erhalten werden. Die II-Fraktionen werden durch das stark bas. Harz *Amberlit IRA-400* (III) u. das schwach saure *IRC-50* (IV) gereinigt u. über $CaCl_2$ konzentriert. Behandlung mit HCl ergibt II-*Hydrochlorid,* F. 226—228° (Zers.); Ausbeute 6,8 g, entsprechend 20,8 g pro kg **a** (u. 5,4 g pro kg **b**), Nadeln aus Methanol u. Wasser. Durch Einw. von IV auf die I-Fraktionen zur Entfernung des NH_4OH-Überschusses u. anschließende Behandlung mit III, Eindampfen im Vakuum u. Versetzen mit HCl wird I-*Hydrochlorid* (F. 207—209° [Zers.], Nadeln) erhalten. Ausbeute: 13,1 g I pro kg **a** bzw. 4,2 g pro kg **b**. — Eluierung von III, das zur Isolierung von I verwendet worden ist, mit n HCl u. Durchlauf der sauren Extrakte durch eine Säule des schwach bas. Harzes Duolit A 6 führt zur Isolierung von *Hypoxanthin* (V; *Hydrochlorid*: $C_5H_4N_4O \cdot HCl \cdot H_2O$, Nadeln). Die Ausbeuten an V: 1,1 g/kg **a** u. 0,26 g/kg **b**. — Die Ergebnisse zeigen, daß **b** (Trockensubstanz: 18,6%) eine größere Menge I (22,6%) enthält als **a** (Trockenmasse: 72,0%, I-Geh.: 18,2%), während die II-Konzz. in beiden Präpp. gleich sind (28,9—29,0%). (J. sci. Res. Inst. [Tokyo] **50.** Nr. 1434. 193—98. Sept. 1956. [Orig.: engl.]) P. FAHRNLAENDER. 4520

Yoshihisa Kojima und **Hiroo Kusakabe,** *Isolierung von Naturstoffen durch Ionenaustauschharze.* 6. Mitt. *Ein neuer, stickstoffhaltiger Bestandteil in Tintenfischextrakten.* (5. vgl. vorst. Ref.) Vff. extrahieren getrocknete Tintenfische (Ommastrephes sloani pacificus) mit W. u. isolieren aus dem deproteinisierten Extrakt (Fällung mit verd. H_2SO_4, p_H 4,2) durch Behandlung mit Amberlit IR-120 (H^+) u. IRA-400 (OH^-) (Elution mit n HCl) eine *Taurin* (I)-Fraktion. Mit Hilfe schwach bas. Austauschharze, die als funktionelle Gruppen tert. Amine enthalten (*Duolit A 6 [OH^-]*), läßt sich aus der I-Fraktion eine unbekannte N-haltige Komponente (II) abtrennen, die in der Harzsäule adsorbiert wird. II u. ein Teil des I können durch Auswaschen derselben mit nNH_4OH u. dest. W. herausgelöst werden. Zur Entfernung des NH_3 wird die erhaltene I-Lsg. mit Amberlit IRC-50 (H^+) behandelt. Die im Vakuum eingeengte Lsg. liefert II in Form von prismat. Kristallen mit undefiniertem F. (Ausbeute: 1,8 g) neben 80 g I. II ($C_3H_8 \cdot N_2O_4S$; $[\alpha]_D^{18}$ $-3{,}10°$ [c = 5,8; nNaOH], verascht bei 280—290° ohne sichtbare Zers., leicht lösl. in n NaOH, lösl. in heißem W., schwer lösl. in kaltem W. u. n HCl, unlösl. in A. u. Aceton, durchscheinende, hexagonale Platten [aus heißer wss. Lsg., p_H 4,4]), zeigt auf dem Papierchromatogramm (Lösungsm.: n-Butanol–Essigsäure–W. 4 : 1 : 2) einen orangegelben Fleck, der durch Ninhydrin eine purpurne Färbung annimmt. Hydrolyse von II (n NaOH, 100°) u. anschließende Behandlung mit Amberlit IR-120 (H^+) liefert unter NH_3-Verlust ein Prod. (III, $C_3H_7NO_5S$, Zers. bei 264—266°, 0,18 g Ausbeute), das auf chromatograph. Wege sowie durch IR-Spektralanalyse u. die Ninhydrin-Rk. als *Cysteinsäure* identifiziert wird. III kann auch aus Tintenfischleberautolysaten u. tiefgekühlten Tintenfischmuskeln erhalten werden. Aus den Ergebnissen wird geschlossen, daß II ein Carboxyamid von III (*1-Amino-2-sulfopropionamid*) darstellt, das als Zwischenprod. bei der I-Bldg. aus *Cystein* in tier. Geweben anzusehen ist. II scheint ein allg. Bestandteil dieser Tiergruppe zu sein. (J. sci. Res. Inst. [Tokyo] **51.** Nr. 1463. 189—94. Sept. 1957. [Orig.: engl.]) P. FAHRNLAENDER. 4520

Herbert Zuber, Klaus Ziegler und **Helmut Zahn,** *Über den Cystingehalt von Seidenfibroin und Sehnenkollagen.* Nach der Meth. von SCHRAM, MOORE u. BIGWOOD (C. **1954.** 8641) erscheint eine exakte quantitative Best. von *Cystinsäure-* (I) bzw. *Cysteinsäure* (II)-Gehh. $<0{,}2\%$ in Proteinhydrolysaten fraglich. Es wurde daher für die Best. sehr geringer I-Mengen in *Fibroin* (III) u. *Kollagen* (IV) eine Meth. ausgearbeitet. Die Oxydation der vorher sorgfältig gereinigten u. bei 105° getrockneten Proben von III (Bombyx mori) u. IV (Rindersehne) erfolgte in einem Gemisch von 30%ig. H_2O_2 u. 88%ig. Ameisensäure (1 : 9 Volumenteilen) 16 Std. bei 0°. Die Oxydationsprodd., bei 105° im Bombenrohr 24 Std. mit 6n HCl hydrolysiert, der Eindampfrückstand der Hochspannungspapierelektrophorese unterworfen u. der II-Geh. als Cu-Komplex nach Elution spektrophotometr. bestimmt (vgl. C. **1958.** 7924). Bei einem gefundenen I-Geh. von 0,12% in III entfällt auf 1 Mol III (Mol.-Gew. 100000) etwas mehr als ½ Mol I; durch das Vorhandensein von I-Resten in III erscheint die frühere Annahme eines Einkettenmol. nicht mehr wahrscheinlich. In IV wurde ein I-Geh. von 0,08% ermittelt. (Z. Naturforsch. **12b.** 734—35. Nov. 1957. Aachen, TH, Deutsches Wollforschungsinst.; Heidelberg, Univ., Chem. Inst.) W. KÖNIGSDORF. 4520

M. J. Callanan, W. R. Carroll und **E. R. Mitchell,** *Die Bindung von Sulfat- und Phosphationen durch Salmin.* Eine Lsg. von Handels-*Salminsulfat* wurde durch Anionenaustauscherkonz. in die freie Base umgewandelt u. daraus durch Titration mit 1n HCl, H_2SO_4 bzw. H_3PO_4 auf p_H 8,5 die entsprechenden Salze hergestellt. An der freien Base u. den Salz-Lsgg. wurden Messungen der elektrophoret. Beweglichkeit bzw. Leitfähigkeit u. der Viscosität durchgeführt. Aus den Ergebnissen schließen Vff., daß SO_4^{2-} u. PO_4^{3-} bedeutend stärker als Cl^- gebunden werden. Die relative Unempfindlichkeit der Viscosität von Salminphosphat gegenüber Verdünnung u. Salzzusatz ist ein weiterer Beweis dafür, daß die positiven Ladungen von Salmin durch die gebundenen PO_4^{3-}-Ionen weitgehend neutralisiert werden. (Biochim. biophysica Acta [Amsterdam] **18.** 461—63. Nov. 1955. Bethesda, Md., Nat. Inst. of Health, Labor. of Phys. Biol.) E. SCHWERDTFEGER. 4520

Harold S. Fleming, *Eiweißgerüst im Schmelz von Mäusenagezähnen.* In der organ. Matrix des Schmelzes lassen sich nach der Decalcifizierung 3 Zonen unterscheiden (Zone A, in der die Proteinmatrix durch die Ameloblasten gebildet wird, B die „Kompressionszone“ u. C die innerste am Dentin liegende Zone). Diese Struktur kann durch die Versuchsbedingungen variiert werden. Der Schmelz der Zähne von Tieren, die Lsgg. von *NaF* oder Na_2SiF_6 erhalten hatten, zeigte reguläre Zonenabstände; bei Verabreichung von *dest. W.* war die Matrix kompakter, nach CaF_2-Lsg. dagegen lockerer. Die Ausdehnung der Zone B war am größten nach NaF u. CaF_2. — 22 histolog. Abb. u. 26 Literaturhinweise. (Yale J. Biol. Med. **31.** 80—91. Nov. 1958. Washington, D. C., Howard Univ., Coll. of Dent.) G. KLESSE. 4520

John Westley, J. J. Wren und **Herschel K. Mitchell,** *Phospholipide, die andere Aminosäuren als Serin enthalten.* 1. Mitt. *Nachweis.* Vff. isolierten *Phospholipide* (I) aus Drosophila melanogaster (D.m.), Rattenhirn, -nieren, Hühnereidotter u. Mycel sowie sprühgetrockneten Kulturen von Eremothecium ashbyii (E.a.) u. reinigten sie sowohl durch Papier- u. Säulenchromatographie an Cellulose als auch bes. durch Papierelektrophorese in 0,025mol. Phthalatpuffer, p_H 4,15, bei 15—20 V/cm in 2—4 Stunden. Durch Papierelektrophorese ist es möglich, den I beigemengte cycl. Dipeptide von Leucin u. Valin, die Lactame von γ-Aminobuttersäure (II) u. δ-Aminovaleriansäure (III) sowie Pyrrolidoncarbonsäure u. saure cycl. Peptide aus Glutaminsäure abzutrennen. Die I wurden mit 6n HCl 18 Std. bei 110° hydrolysiert u. die Aminosäuren der Hydrolysate sowohl in freier Form als auch als Dinitrophenylderivv. identifiziert. Es wurden in den I aus E.a. Alanin, II, III, Asparaginsäure (IV), Cystin (V), Glutaminsäure (VI), Leucin, Serin (VII), Threonin (?) u. Valin, aus D.m. IV, V, VI u. VII, aus Dotter IV (?), VI u. VII, aus Hirn IV, VI u. VII u. aus Niere IV, V, VI u. VII nachgewiesen. II u. III begleiten in Form ihrer Lactame als Verunreinigungen die I von E.a. u. treten nach Reinigung mittels Papierelektrophorese nicht mehr auf. Nach Ansicht der Vff. treten die aufgefundenen Aminosäuren im natürlichen Verband als Peptidderivv. von I auf. (J. biol. Chemistry **229.** 131—38. Nov. 1957. Pasadena, Calif., California Inst. of Technol. Kerckhoff Labors. of Biol.) E. SCHWERDTFEGER. 4520

Leo Raunich, *Die aus Organismen und Organen extrahierten Steroide.* 1. Mitt. *Untersuchungen mit Amphibienlarven.* Man extrahiert pulverisierte Kaulquappen von Krötenfröschen mit 85 cm³ 80% ig. kaltem Aceton 2mal in 24 Std., dann durch 5maliges (jeweils 2std.) Kochen mit 50 cm³ Aceton, behandelt den nach Filtration getrockneten u. im Vakuum konz. Rückstand nacheinander 2mal mit 15 cm³ Bzl., den dabei erhaltenen Rückstand 2mal in der Kälte u. 3mal bei 65—70° mit 30 cm³ Bzl., den benzol. Rückstand mit einem Gemisch von 30 cm³ 70% ig. CH_3OH u. 150 cm³ PAe., anschließend 2mal mit 100 cm³ PAe., 3mal mit 50% ig. CH_3OH u. absol. CH_3OH, wobei man eine neutrale CH_3OH-Fraktion (I) erhält, aus der durch Extraktion mit gesätt. $NaHCO_3$-Lsg. u. 1n NaOH eine schwach phenol. Fraktion abgetrennt wurde. Man konnte I chromatograph. an Al_2O_3 mit PAe. (Kp. 40—60°), Bzl., Ae., Äthylacetat u. CH_3OH in 54 Fraktionen (Tabelle) zerlegen; die 12., 21. u. 31. Fraktion zeigen ein UV-Absorptionsspektr. mit Banden bei 348, 310, 272 u. 252, bei 308, 302—300, 272 u. 252 u. bei 310—308, 302—300, 268 u. 252 mμ. Über die Anzahl u. Eigg. der anwesenden Steroide konnten infolge geringen Ausgangsmaterials u. kärglicher Ausbeute keine Schlüsse gezogen werden. (Ricerca sci. **26.** 860—64. März 1956. Bologna, Univ., Ist. di Anatom. comparata.) G. PLATZER. 4520

J. P. Feaster, Sam L. Hansard, J. C. Outler und **G. K. Davis,** *Placentare Übertragung von Calcium*[45] *bei der Ratte.* Trächtigen Ratten oral zugeführtes $^{45}CaCl_2$ passierte in allen untersuchten Trächtigkeitsstadien (14.—22. Tag) die Placenta u. lokalisierte sich im Fötus. Die Unters. der ^{45}Ca-Übertragung in Abhängigkeit von der Zeit nach der oralen Zufuhr ergab innerhalb ½ Std. beträchtliche Resorption u. Übertragung auf den Föten. Ein Teil des auf den Föten übertragenen *Ca* stammt offensichtlich aus *Ca*, das vorher im mütterlichen Skelett gespeichert worden war. Die in einem bestimmten Zeitraum nach der Zuführung vom Muttertier auf den Föten übergegangene ^{45}Ca-Menge nahm mit steigendem Alter des Föten zu. (J. of Nutrit. **58.** 399—406. 10/3. 1956. Gainesville, Fla., Agric. Exp. Stat., Nutrit. Labor.) K. MAIER. 4550

J. D. Hawkins und **F. Haurowitz,** *Die Nachweismenge intravenös injizierter Proteinantigene aus Rattenmilzen.* Vff. injizierten Ratten Rinder-γ-Globulin (BSG) bzw. -Albumin (BSA), die durch Diazobindung mit ^{35}S-Sulfanilsäure markiert waren. 4 bis 18 Tage später wurde den Tieren die Milz entnommen. Mit 0,1 mol. NaCl–0,05 mol. Na-Citratlsg. hergestellte Milzextrakte enthielten zwar ca. 50% der ^{35}S-Antigene (Ag), aber nur 15% BSG bzw. 3—10% BSA waren durch entsprechende Antiseren präcipitierbar. In nach dem Verf. von KAY u. DOUNCE (C. **1955.** 11227) zur Fällung des Ribonucleinproteins (RNP) angesäuerten (p_H 4,5) Extrakten war die nachweisbare Antigenmenge wesentlich größer. Aus wss. Milzextrakten, die die Desoxyribonucleinproteinfraktion darstellen, wurden überhaupt nur 8—15% der ^{35}S-Ag wiedergewonnen. Ein Teil der injizierten Ag, mindestens der ^{35}S-Ag-Fragmente, ist also durch Bindung an bestimmte Milzbestandteile, wahrscheinlich RNP, dem Nachw. durch Präcipitation entzogen. (Biochem. J. **72.** 5P. Mai 1959. Bloomington, Ind., Univ., Dep. of Chem.) E. FISCHOEDER. 4551

Gerhard Bauer und **Rüdiger O. Klawik,** *Der Zahnstein.* Übersicht, behandelt Charakterisierung u. Lokalisation des Zahnsteins, seine Ätiologie u. Genese, die Zus. des Zahnsteins u. seine Aus-Wrkgg. auf das Zahnsyst. sowie Prophylaxe u. Therapie. (Seifen-Öle-Fette-Wachse **83.** 229—30. 24/4. 273—75. 8/5. 1957. Frankfurt/M., Battelle-Inst. e. V.) H. SONTAG. 4552

Naoichi Ohta, *Untersuchung über anorganische Bestandteile in biologischem Material.* 4. Mitt. *Über den Eisen- und Mangangehalt im menschlichen Körper von Konkretionen sowie von Blut und Organen.* (3. vgl. Bunseki Kagaku [Analyt. Chem.] **3.** [1954.] 22.) Der *Mn*-Geh. (5—10 p.p.m.) von menschlichen Gallensteinen ist größer als der von Steinen aus dem Pankreas (<1 p.p.m.) oder der Blase (<1). Das Verhältnis *Fe/Mn* fällt in der Reihe Blut (712—733), Gallen-Fl. (6,3—26,8), Gallensteine (0,7—20). 3 Tabellen geben den Fe- u. Mn-Geh. in menschlichen Pankreas-, Blasen- u. Gallensteinen sowie in Blut, Gallen-Fl., Brust, Herz, Lunge, Leber, Pankreas, Nieren, Nebennieren u. im willkürlich betätigten Muskelgewebe, 2 weitere Tabellen die spektralanalyt. Ergebnisse über das Vork. der anorgan. Elemente in Gallen-Fl. u. -steinen bzw. Zahl der roten Blutkörperchen, Hämoglobin- u. Fe-Geh. im Blut u. Fe-Geh. im Blutserum des Menschen. (J. chem. Soc. Japan, pure Chem. Sect. [Nippon Kagaku Zassi] **76.** 590—93. Juni 1955. Tokyo, Polizeil. Untersuchungslabor. [Orig.: japan.]) L. SCHULER. 4552

Seizo Tanaka und **Hiroyuki Hatano,** *Biochemische Untersuchungen über Perlen.* 2. Mitt. *Jahreszeitliche Schwankungen der anorganischen Zusammensetzung der Perlauster Pinctada martensii.* (1. vgl. C. **1956.** 1348.) In der Fortpflanzungszeit nehmen K^+ u. PO_4^{3-} zu. Fe ist maximal im April. Der hohe SO_4^{2-}-Geh. kann mit dem Tauringeh. in Beziehung stehen. Na^+ u. Mg^{2+} sind fast konstant. Der Ca^{2+}-Geh. ist niedrig im Herbst u. Winter, wenn die Schale am stärksten wächst. Erörterung der Bedeutung der Ergebnisse. (J. chem. Soc. Japan, pure Chem. Sect. [Nippon Kagaku Zassi] **74.** 74—76. Febr. 1953. Kyōtō Univ. [Orig.: japan.]) L. SCHULER. 4552

Shozo Tanaka, Hiroyuki Hatano, Rinzo Kiyasu und **Yutaka Takagi,** *Biochemische Untersuchungen über Perlen.* 3. Mitt. *Aminosäuren des Conchiolins.* (2. vgl. vorst. Ref.) Aus der Schale u. Perle der Perlauster wurde *Conchiolin* (I) abgetrennt u. dessen Aminosäuren (II) vor allem durch Papierchromatographie, festgestellt. 17 der bekannten II wurden ermittelt, ohne daß I aus der Schale u. I aus der Perle sich unterschieden. Der Geh. an S-haltigen II ist gering. I enthält Prolin u. Hydroxyprolin, aber keine halogenhaltigen II. (J. chem. Soc. Japan, pure Chem. Sect. [Nippon Kagaku Zassi] **74.** 193—97. März 1953. Kyōtō Univ. [Orig.: japan.]) L. SCHULER. 4552

Shozo Tanaka und **Hiroyuki Hatano,** *Biochemische Untersuchungen über Perlen. 4. Mitt. Aufnahme von radioaktivem Calcium durch die Perlauster und dessen Ablagerung in der Perle und der Schale.* (3. vgl. vorst. Ref.) Mit ^{45}*Ca* läßt sich die Ca-Aufnahme 2½ Std. nach dem Zusatz zum Seewasser feststellen, nach 5 Std. ist die höchste Radioaktivität in der Mantelmembran nachweisbar, nach 15 Std. in den übrigen Organen. Es wird angenommen, daß das Ca der Mantelmembran rasch durch ^{45}Ca ersetzt wird u. die Aufnahme u. Ablagerung in der Schale nach der raschen Aufnahme des Ca in den Organismus erfolgt. (J. chem. Soc. Japan, pure Chem. Sect. [Nippon Kagaku Zassi] **76**. 602—05. Juni 1955. Kyōtō Univ. [Orig.: japan.]) L. SCHULER. 4552

Rachmiel Levine, *Über den Mechanismus der Hormonwirkung auf Zellen.* Übersicht. Insulin, Adrenalin, Schilddrüsenhormone, Östrogene u. Progesteron. — 113 Literaturangaben. (Survey biol. Progr. **3**. 185—213. 1957. Chicago, Ill., Michael Reese Hosp., Med. Res. Inst., Dep. of Metabolic and Endocrine Res.) K. MAIER. 4558

Ivar Agrell, *Die Wirkung von Östradiol auf die ersten Entwicklungsphasen des Seeigelembryos (Psammechinus miliaris).* (Vgl. C. **1957**. 11062.) *Östradiol* (I) hat auf die Zellteilung von Seeigelembryonen eine 100mal stärkere Hemmwrkg. als *Colchicin.* Die Hemmung durch I wird aufgehoben, wenn die Embryonen in reines Meerwasser zurückversetzt werden. Die Colchicinhemmung dauert unter gleichen Bedingungen noch mehrere Std. an. Beide Substanzen bewirken eine Verkürzung der Prophase u. eine Verlängerung der Metaphase, *Colchicin* wirkt aber am stärksten auf die Telo- u. Interphase, während I am stärksten die Metaphase des Mitosecyclus beeinflußt. Durch Incubation der Eier in I läßt sich der Befruchtungsvorgang folgendermaßen beeinflussen: Die Befruchtung verläuft n., nur die Zellkerne vereinigen sich nicht. Hebt man die I-Hemmung durch Umsetzung in Meerwasser auf, so teilen sich die Kerne unabhängig voneinander, so daß ein Organismus entsteht, dessen Zellkerne zur Hälfte männlichen, zur Hälfte weiblichen Ursprungs sind. Die Embryonen sterben allerdings schon vor Erreichen des Blastulastadiums. — Der Effekt wird auf eine Erhöhung der Viscosität des Cytoplasmas durch I zurückgeführt. Außerdem lassen sich in I-behandelten unbefruchteten Eizellen mehr —SH-Gruppen nachweisen als in unbehandelten. Das glykolyt. Syst. wird bei dieser Behandlung nicht beeinflußt, da Glucose, Lactat, Insulin u. DPN die Hemmwrkg. nicht vermindern. Auch ATP hat keinen Einfluß. — Die ADN-Synth. in den Zellen wird durch I verhindert, der ADN-Geh. pro Embryo sinkt beträchtlich. Bei älteren Embryonen nimmt der ADN-Geh. im gleichen Maße wie die Empfindlichkeit gegenüber I ab. (C. R. Séances Soc. Biol. Filiales **149**. 1322—27. Juli 1955. Lund, Schweden, Univ., Inst. de Zoophysiol.; Kristineberg Stat. Zool.) A. GUDE. 4559

Teuclo Dati, Giorgio De Angelis, Piero Ippoliti und **Caterina Luly,** *Die Bestimmung von Pregnandiol im menschlichen Harn. 3. Mitt. Halbquantitative, rasche Identifizierung mit einer neuen chromatographischen Methode an oxydiertem Aluminium.* (2. vgl. C. **1955**. 11061.) Vff. verfahren mit einigen Verbesserungen nach der Arbeitsweise von JENSEN (C. **1956**. 12312) zur Hydrolyse, Extraktion u. Reinigung u. nach der chromatograph. Technik von IPPOLITI u. Mitarbeitern (vgl. C. **1958**. 12486). Der Harn wird unter Zusatz von HCl mit Toluol in der Siedehitze ausgeschüttelt u. die phenol. u. sauren Bestandteile mit NaOH ausgewaschen. Der zur Trockne gebrachte Toluolextrakt wird in A. aufgenommen u. unter Zusatz von $NaHCO_3$-Lsg. mit 3%ig. H_2O_2 behandelt. Der erneut erhaltene Trockenextrakt wird in Ae. gelöst u. auf einem anod. oxydierten Al-Blättchen der Ringchromatographie unterworfen. Mit dem Laufmittel Bzl.-Aceton (3:1) beträgt der R_F-Wert ca. 0,7; es wird mit Phosphormolybdänsäurereagens lokalisiert u. mit Chromatogrammen bekannter *Pregnandiol*-Mengen (0,1—10 γ) verglichen. (Ricerca sci. **27**. 2988—97. Okt. 1957. Roma, Univ., Ist. di Patol. spec. med. e Ist. di Chim. anal.) G. PLATZER. 4559

Robert P. Martin, *Umkehrphasenpapierchromatographie und Nachweis von Steroiden der Cholesterinreihe.* Zur papierchromatograph. Trennung von Verbb. der *Cholesterin* (I)-Reihe u. zur Befreiung von Gewebeextrakten von Fett ist ein Syst. aus hochsd. KW-stoff-Gemisch („farbloses Kerosin", Kp. 180—325°) als stationäre u. 60%ig. wss. Propanol als bewegliche Phase angewendet. Die Verwendung von 8%ig. äthanol. Phosphomolybdänsäure(II)- u. 15%ig. äthanol. Phosphowolframsäure(III)-Lsg. als Farbreagens wird beschrieben. II ist unter geeigneten Bedingungen ziemlich spezif. für einige Steroide (IV) mit sek. Alkoholfunktion. III gibt mit vielen IV mit Δ^5-3β-ol-Gruppierung bei leichtem Erwärmen eine charakterist. Rosafärbung, bei stärkerem Erhitzen eine kräftige, lavendelfarbene. Verschied. IV mit Allylgruppierung waren stark, jedoch nicht einheitlich chromogen. R_F-Werte: Cholesterylpalmitat, 0,00; -acetat, 0,14; 4-Cholesten-3-on, 0,32; Cholesten-3α-ol, 0,40; -3β-ol, 0,46; I, 0,55; 7-Cholesten-3β-ol, 0,55; 7.9-Cholestadien-

3β-ol, 0,55; 4-Cholesten-3.6-dion, 0,65; 3β-Methoxy-20-keto-5-pregnen, 0,75; Testosteron-17-methyläther, 0,85; 7-Ketocholesterin, 0,87; 4-Cholesten-6β-ol-3-on, 0,87; 4-Cholesten-3β-ol-6-on, 0,87; Testosteron, 0,87; -acetat, 0,87; 17α-Methyltestosteron, 0,87; 4-Androsten-3.17-dion, 0,87; Progesteron, 0,87; 17α-Hydroxyprogesteron, 0,87; Corticosteron, 0,87; 17-Hydroxycorticosteron, 0,87. (Biochim. biophysica Acta [Amsterdam] **25.** 408—16. Aug. 1957. Salt Lake City, Ut., Univ., Coll. of Med., Dep. of Biol. Chem.) K. MAIER. 4559

Y. Clermont und **J. Benoit,** *Das Ausbleiben der Anregung der Spermatogenese bei der Peking-Ente durch Testosteronpropionat.* 3 Gruppen von Peking-Enten, deren Hoden völlig inakt. waren, bekamen 250, 1000 u. 7000 γ *Testosteronpropionat* (I) in öliger Lsg., die ersten beiden Gruppen 30 Tage lang intramuskulär, die 3. Gruppe intraperitoneal 15 Tage lang, verabreicht. Die Enten wurden teilweise bei schwachem Tageslicht, teilweise in völliger Dunkelheit gehalten. Gegenüber Vergleichstieren wurde keine Anregung der Hodentätigkeit festgestellt. Um die Wrkg. von I auf Hoden, deren Spermatogenese mehr oder weniger fortgeschritten war, zu untersuchen, wurden nicht geschlechtsreife Enten dauernd belichtet, um die gonadotrope Hypophysenfunktion u. das Hodenwachstum anzuregen. Die erste Hälfte der Enten, deren Samendrüsen Spermatocyten enthielten, wurde bei schwachem Tageslicht mit 1000 γ I intramuskulär 30 Tage lang weiterbehandelt. Die andere Entengruppe, deren Samendrüsen Spermatocyten u. Spermatiden enthielten, wurden bei völliger Dunkelheit mit 7000 γ I intraperitoneal (15 Tage lang) weiterbehandelt. In beiden Fällen wurde eine den Vergleichstieren gleichende Rückentw. der Hoden nach der Behandlung mit I festgestellt. I hat also unter den Versuchsbedingungen keinen Einfl. auf die Spermatogenese der Ente in verschied. Entwicklungsstadien der Hoden. (C. R. Séances Soc. Biol. Filiales **149.** 1333—36. Juli 1955.) A. GUDE. 4559

V. Rolandi-Ricci und **C. Queirolo,** *Beziehungen zwischen Hormonen und Magenfunktion.* 3. Mitt. *Uropeptische Ausscheidung bei normalen Personen nach Verabfolgung von Östrogenen, Progesteron und Testosteron.* (2. vgl. C. **1959.** 8608.) 34 ♂ n. Personen werden 7 Tage lang täglich intramuskulär 5 mg *Östradiolpropionat* bzw. 10 mg *Progesteron* bzw. intravenös 50 mg *Testosteron* injiziert. Es zeigt sich, daß die Ausscheidung von *Uropepsin* durch diese Behandlung kaum beeinflußt wird. (Arch. "E. Maragliano" Patol. Clin. **14.** 633—37. Juni 1958. Genua, Univ., Ist. di Clin. Med. Gener.) O. POLLAK V. EMHOFEN. 4559

V. Rolandi-Ricci und **C. Queirolo,** *Beziehungen zwischen Hormonen und Magenfunktion.* 4. Mitt. *Ausscheidung von Uropepsin bei normalen Personen nach Verabfolgung eines Totalextrakts der Nebennierenrinde, DOCA, Cortisol, Prednison.* (3. vgl. vorst. Ref.) Insgesamt 53 n. Personen werden intramuskulär einmalig 100 E. *Nebennierentotalextrakt*, je 100 mg *DOCA* u. *Cortisol* bzw. per os 30 mg *Prednison* gegeben. Während die beiden ersten Stoffe prakt. unwirksam sind, wird die *Uropepsin*-Ausscheidung durch Cortisol u. Prednison in gleicher Weise erhöht (Maximum am 2. Tag nach der Behandlung u. Rückkehr zu n. Werten nach 5—6 Tagen). Gleichzeitige Gaben von Xanthen-9-carbonsäure-β.β-diäthyl-β-methylaminoäthylester sind unwirksam. (Arch. "E. Maragliano" Patol. Clin. **14.** 639—50. Juni 1958. Genua, Univ., Ist. di Clin. Med. Gener.) O. POLLAK V. EMHOFEN. 4560

J. D. Donker, *Lactationsuntersuchungen.* 1. Mitt. *Einflüsse verschiedener Injektionsbehandlungen mit Oxytocin und Relaxin auf die Milchausschüttung bei Rindern.* Während mit *Oxytocin*-Injektionen bereits bei einer Dosis von 0,06 I.E. eine geringe positive Wrkg. auf die Milchausschüttung erzielt wurde u. mit 0,12—0,25 I.E. Oxytocin eine n. Ausschüttung erfolgte, war bei Injektionen von 750—1800 Meerschweincheneinheiten *Relaxin* kein meßbarer Effekt festzustellen. (J. Dairy Sci. **41.** 537—44. April 1958. St. Paul, Minn., Univ. of Minnesota, Dairy Husbandry Dep.) H.-D. BOCK. 4560

Choh Hao Li, *Adrenocorticotropine (ACTH).* 17. Mitt. *Einfluß auf die Aktivität von Adrenocorticotropintrichloracetat durch alkalische Dialyse und Behandlung mit einem Anionenaustauscher.* 2 aus unhydrolysierten Extrakten (Schaf bzw. Rind) gewonnene *Adrenocorticotropintrichloracetat*-Präpp. wurden der Chromatographie am Anionenaustauscher Amberlite IR-4B bzw. der 40std. Dialyse (1°; 0,1 mol. Na_2CO_3 + 2 Tropfen konz. NH_4OH je Liter) unterworfen. Hierdurch stieg der N-Geh von 14,4% auf 17,2%, während der Cl-Geh. von 10,9 auf 0,2% fiel. Daraus errechnet sich der Trichloressigsäuregeh. auf 6 Mol je ACTH. Die biol. Aktivität stieg durch die Behandlung, wie aus Rattenverss. (Gewichtserhöhung der Nebennieren, Gewichtserniedrigung des Thymus) hervorging. Unter der Voraussetzung, daß ACTH seine volle biol. Wrkg. nur im di- oder polymeren Zustand entfaltet, hält es Vf. für wahrscheinlich, daß die 6 Mol Trichloressigsäure mit den 6 (oder 7) bas. Gruppen der Lysin- u. Argininreste des Peptids verbunden sind u. so eine Polymerisation verhindert wird. (Bull. Soc. Chim. biol. **40.** 1757—62. 15/2. 1959. Berkeley, Calif., Univ. of California, Hormone Res. Labor., Dep. of Biochem.) E. SCHRÖDER. 4560

Alfred Jost, Robert Jacquot und **Alia Cohen,** *Über die Zusammenhänge zwischen den mütterlichen Nebennierenrindenhormonen und der Nebenniere des Rattenfoetus.* Die Corticoide wurden, in Olivenöl suspendiert, durch den Uterus in die Bauchhöhle des Foetus in verschied. Entwicklungsstadien injiziert. In allen Fällen bewirkt die Injektion von *Cortison, Cortisonacetat* u. *11-Dehydrocorticosteron* in genügend hohen Dosen (2 bis 3 mg) in Embryonen im Alter von 15—17 Tagen eine starke Verkleinerung der Nebenniere. — Nachdem durch operativen Eingriff am 18. Tage einem Muttertier 1 oder 2 Embryonen decapitiert u. ihm die Nebennieren entfernt worden waren, wurde es einer zucker- u. salzreichen Diät unterworfen. Nach 21 Tagen wurde festgestellt, daß die intakten Embryonen einen beträchtlichen Gewichtszuwachs der Nebennieren hatten. Die Nebennieren der decapitierten Embryonen waren zurückentwickelt. — Eine Überdosis an Corticoiden bewirkt im foetalen Organismus eine Rückentw. der Nebennierenrinde, die auch bei der Decapitierung des Foetus eintritt. Eine Nebennierenentfernung beim Muttertier bewirkt eine Hypertrophie der Nebennieren des Foetus, wenn dessen Hypophyse intakt ist. Man kann daher annehmen, daß die Corticoide im Embryoorganismus die Nebennieren-stimulierende Wrkg. der Hypophyse hemmen. (C. R. Séances Soc. Biol. Filiales **149.** 1319—22. Juli 1955.) A. GUDE. 4561

D. F. Cole, *Die Wirkung von Aldosteron auf die Nierenausscheidung intravenös gegebener Kochsalzlösung.* (Vgl. C. **1959.** 14159.) Intravenös gegebene isoton. NaCl-Lsg. bewirkt bei der Ratte erhebliche Diurese u. erhöht die Geschwindigkeit des Na-Verlustes im Harn. 30 Min. bzw. 2 Std. vor der Infusion intravenös bzw.intramuskulär gegebenes *Aldosteron* (I; 10 γ) vermindert den Na-Verlust, ohne ihn jedoch zu beseitigen, u. erhöht die Na-Reabsorption in den Nierentubuli. Die verminderte Wasserabgabe erfolgt möglicherweise sekundär. I erniedrigt ferner das Na/K-Verhältnis im Harn. Die glomeruläre Filtrationsgeschwindigkeit wird nicht merklich beeinflußt. Bei Annahme ausreichender I-Zufuhr kann die Zunahme der Na-Ausscheidung nach NaCl-Infusion nicht ausschließlich einer verminderten I-Bldg. seitens der Nebennieren der Versuchstiere zugeschrieben werden. (Endocrinology **60.** 562—65. April 1957. Newcastle upon Tyne, Univ. of Dirham, Med. School, Dep. of Med.) K. MAIER. 4561

J.-G. Rausch-Stroomann, D. Glaubitt und **F. Kapischke,** *Stoffwechseluntersuchungen mit exogen zugeführtem Aldosteron.* An Ulcuspatienten wird bei Einhaltung einer bestimmten Diät der Einfl. von *Aldosteronacetat* auf den Stoffwechsel untersucht. Der *Na/K*-Quotient im Urin war deutlich erniedrigt (8—12 Std.). Die Flüssigkeitsausscheidung war unverändert, ebenso der *Na/K*-Quotient im Speichel, auch im Stuhl, Serum u. Magensaft waren keine Veränderungen zu beobachten. (Endokrinologie **37.** 217—30. April 1959. Hamburg-Eppendorf, Univ., I. Med. Klinik.) H. STRUCK. 4561

H. Zimmermann, W. Staib und **H. Pelzer,** *17-Ketosteroidbestimmungen im Harn.* 3. Mitt. *Ein Beitrag zur säulenchromatographischen Fraktionierung der Harn-17-Ketosteroide nach Johnsen.* (2. vgl. C. **1959.** 3513.) Unter Verwendung einer etwas erweiterten Meth. zur säulenchromatograph. Fraktionierung der *17-Ketosteroide* nach JOHNSEN (vgl. 2. Mitt.) lassen sich durch zusätzliche Elution mit 0,4 oder 0,5% A. in Bzl. auch die klin. bedeutungsvollen 11-oxygenierten 17-Ketosteroide (11-Ketoätiocholanon, 11-Hydroätiocholanon usw.) aus der Aluminiumsäule herauslösen u. in einer für die Routineanalyse geeigneten Art quantitativ bestimmen. (Klin. Wschr. **36.** 982—84. 15/10. 1958. Düsseldorf, Med. Akad., II. Med. Klinik, Poliklinik, Physiol.-Chem. Inst.)
U. TAUSENDFREUND. 4561

G. Ch. Bunjatjan und **A. Ss. Oganessjan,** *Der Einfluß von Insulin und Adrenalin auf die Tätigkeit der denervierten Niere.* Bei Hunden mit Ureterenfistel wird unter dem Einfl. von kleinen Dosen *Insulin* (I) u. *Adrenalin* (II) die diuret. Filtrationsfähigkeit der intakten Nieren kurz gehemmt. Nach Einführung von I erreichen Diurese u. Filtration innerhalb 40 Min. die Ausgangswerte; manchmal werden diese auch übertroffen. Dies wird nach Einführung von II nicht beobachtet. Die Rk. auf I wird an der Niere, bei der der Vagusnerv durchschnitten ist, verwischt, was die große Bedeutung des Vagus für die Realisation der I-Wrkg. beweist. II u. das sympath. Nervensyst. beeinflussen maßgebend die Rückresorption der Chloride in den Nierenkanälchen. Dieser Prozeß verläuft in der denervierten Niere weniger intensiv. Die denervierte Niere ist gegenüber I u. II empfindlicher. (Известия Академии Наук Армянской ССР, Биологические и Сельскохозяйственные Науки [Nachr. Akad. Wiss. ArmenSSR, biol. landwirtsch. Wiss.] **12.** 7—14. Jan. 1959. Akad. der Wiss. der ArmenSSR, Sektor für Biochem.)
F. DU MANS. 4561

M. Fontaine, M. M. Baraduc und **Y. A. Fontaine,** *Einfluß von Thyroxin und jodiertem Casein auf die Fixierung von radioaktivem Jod durch die Schilddrüse der Regenbogenforelle (Salmo gaidnerii).* Junge Forellen wurden mit Fleisch u. *jodiertem Casein* 8—11 Tage gefüttert, dann wurde den Fischen intraperitoneal ^{131}J injiziert. Nach 24 Std. wurden die Tiere getötet, die Schilddrüse entfernt u. der Geh. an ^{131}J im eingedampften Schilddrüsenextrakt bestimmt. Jodiertes Casein bewirkt eine Hemmung der Fixierung von ^{131}J durch die Schilddrüse von ca. 85% (bei der Verfütterung von 1—30 mg jodierten Casein pro Tag). Die Hemmung der ^{131}J-Fixierung durch *Thyroxin* wurde folgendermaßen getestet: 1. Thyroxin wurde den Forellen intraperitoneal verabreicht; 2. Thyroxin wurde dem Aquariumwasser zugesetzt (2 mg/Liter). Die Hemmung beträgt etwa 50%. Vff. beobachten durch die Zufuhr von jodiertem Casein u. Thyroxin ein Absinken der Schilddrüsenfunktion, sichtbar durch den vermindertem Einbau von ^{131}J in die Schilddrüse. Die behandelten Forellen sind gegen thyreotropes Hormon (TSH) sensibler geworden. Nach der Injektion von TSH steigt die ^{131}J-Aufnahme um 125% bei vorbehandelten gegenüber 60% bei unvorbehandelten Forellen. Noch deutlicher wird die Sensibilisierung gegen TSH, wenn man den Vers. bei verschied. Wassertempp. ausführt. Bei den unbehandelten Forellen ruft TSH eine Hemmung des Jodeinbaus in die Schilddrüse bei Temperaturen unter 13° hervor (etwa 40%), bei den mit jodiertem Casein vorbehandelten Forellen ist bei den gleichen Temperaturen eine Steigerung des Jodeinbaus durch TSH von 5—63% feststellbar. (C. R. Séances Soc. Biol. Filiales **149.** 1330—32. Juli 1955. Paris, Inst. oceanograph.) A. GUDE. 4562

E. Klein, H. Zimmermann und **H. Blank,** *Iatrogene Störungen im endogenen Jodhaushalt. Ein Beitrag zu den Fehlermöglichkeiten bei Jodstoffwechseluntersuchungen.* Vff. können an Hand des Schrifttums u. eigener Unterss. zeigen, daß prakt. alle Medikamente, welche Einfl. auf den J-Haushalt nehmen, die chem. u./oder radiolog. J-Stoffwechseldaten oft so entscheidend verändern können, daß aus den erhaltenen Daten, jedoch unbegründet, eine Hyper- bzw. Hypothyreose gefolgert werden müßte. Um derartige Störungen auszuschalten, wird vorgeschlagen, die chem. u. radiolog. Daten nur unter gleichzeitiger Berücksichtigung des Grundumsatzes u. des klin. Bildes auszuwerten. (Schweiz. med. Wschr. **89.** 172—75. 14/2. 1959. 198—202. 21/2. 1959. Düsseldorf, Med. Akademie, 2. Med.-Klin.) H. P. Fiedler. 4562

René Agid und **Pierre Mialhe,** *Kohlenhydrate und Fette in der Leber der totalpankreatektomierten und bei normalem Blutdruckspiegel gehaltenen Ratte.* Vff. stellen fest, daß totalpankreatektomierte Ratten relativ hohe Lebergesamtlipid- u. -glykogen (I)-Spiegel aufweisen. Nach Einstellen der Blutzuckerhöhe auf n. Werte durch Verabfolgung von *Insulin* (II) ist die I-Konz. der Leber nicht verändert; hingegen wird durch II eine Fettinfiltration in Lebergewebe verhindert. (C. R. hebd. Séances Acad. Sci. **248.** 3036 bis 3038. 25/5. 1959.) H. KOCKERT. 4564

Bo Hellman und **Hans Diderholm,** *Die diabetogene Wirkung von Alloxan nach Entfernung von extrapankreatischen Faktoren.* Da *Alloxan* (I) im Organismus bei 37° u. p_H 7,4 nur eine Halbwertszeit von weniger als 1 Min. hat, wurde bei Ratten durch Abklemmen einer Pankreasarterie u. Injektion von geringen Mengen I in den abgeklemmten Teil der Arterie verhindert, daß extrapankreat. Einfll. die I-Wrkg. im Pankreas beeinflussen können. Nach 5 Min. konnte die Klemme wieder gelöst werden, da jetzt die Wrkg. von I durch seinen schnellen Abbau nicht mehr auftrat. Nachdem die Tiere nach 24 Std. getötet worden waren, ergab eine histolog. Unters. des Pankreas, daß Nekrosen der β-Zellen der LANGERHANSschen Inseln vorhanden waren. Dieses Ergebnis beweist, daß I direkt auf die β-Zellen des Pankreas schädigend einwirkt u. so den Diabetes auslöst. (Acta endocrinol. [Copenhagen] **20.** 81—87. Sept. 1955. Uppsala, Schweden, Univ., Histolog. Dep.) G. KIMMERLE. 4564

E. Borcsányi, *Gestaltung der Zuckerkonzentrationsverhältnisse der Blutkörperchen und des Plasmas während der Behandlung von diabetischem Koma.* (Vorl. Mitt.) An einem Fall von diabet. Koma wird eine Behinderung der Diffusion der Zuckermoll. in Richtung zu den Blutkörperchen nachgewiesen. Sie ist proportional zur Dehydratation der *Insulin*-Dosis. Es wird darauf hingewiesen, daß es bei diabet. Koma notwendig ist, die Zuckerbest. von Blutkörperchen u. Plasma gesondert vorzunehmen. (Z. ges. inn. Med. Grenzgebiete **14.** 308—09. 15/3. 1959. Budapest, Med. Inst. XIII.) H. STRUCK. 4564

A. Hasselblatt und **G. Bastian,** *Vergleichende Untersuchungen über die krampferregende Wirkung von Insulin und N_1-[Methylbenzolsulfonyl]-N_2-butylharnstoff an der Maus unter normalen und nach einer Behandlung mit Thyroxin veränderten Stoffwechselverhältnissen.* Vergleichende Unterss. über die Wrkg. von *Insulin* (I) u. dem oralen Antidiabeticum *N_1-[Methylbenzolsulfonyl]-N_2-butylharnstoff* (II) im Mäusekrampftest zeigten, daß nach I-Injektion die Zahl der hypoglykäm. Krämpfe in den Versuchsgruppen proportional zur Dosis zunahm, wobei die Dosis–Wrkg.-Kurve geradlinig verlief. Nach II-Zufuhr wurden neben ton.-klon. Krämpfen als hypoglykäm. Rk. schwere Kollapszustände beobachtet. Die Schockrate stieg nach II ebenfalls linear mit der Dosis an. Gleichzeitige Injektion von I u. II im Verhältnis 1:1 bewirkt einen geringen überadditiven Effekt, während eine Verschiebung des Kombinationsverhältnisses nach 1:4 (zugunsten von I oder II) einen Wirksamkeitsverlust nach sich zog. Thyroxin (III)-Vorbehandlung der Mäuse steigerte die Empfindlichkeit gegen I auf das 1,67fache, gegen II auf das 20fache. Die II-bedingten Krämpfe III-behandelter Tiere entsprachen im Ablauf dem typ. I-Krampf (selten Kollaps-Rkk.). (Arzneimittel-Forsch. **8.** 590—94. Sept. 1958. Göttingen, Univ., Inst. für Pharmakol.) K. MAIER. 4564

W. Sandritter, U. Becker, D. Müller und **E. F. Pfeiffer,** *Histochemische Untersuchungen zur Frage der Funktion der B-Zellen der Langerhansschen Inseln nach Stimulierung mit D 860.* Es zeigt sich auch bei Ratten, wie früher schon bei Kälbern gefunden, daß *D 860* (100 mg/kg Körpergewicht) die B-Zellen im Pankreas sofort aktiviert. Weiter zeigt sich, daß mit der photometr. Erfassung der Rk. auf Disulfid- u. Mercaptogruppen die Thiole der Insulinvorstufe erfaßt werden können. Als Funktionszentrum der B-Zellen konnten die Zellkerne erkannt werden. Hier werden die Insulinvorstufen gebildet. Im Cytoplasma vollzieht sich unter Beteiligung von Glutathion die Polymerisation zu *Insulin,* das in Form von Granula in der Zelle gespeichert oder sofort an die Blutcapillaren abgegeben werden kann. (Endokrinologie **37.** 193—217. April 1959. Frankfurt/M., Univ., Senckenberg-Pathol. Inst.) H. STRUCK. 4564

Auguste Loubatières, *Heilwirkung des p-Aminobenzolsulfonamidoisopropylthiadiazols auf den Diabetes beim Menschen.* 3 bereits mit Insulin behandelte Diabetikerinnen erhielten im weiteren Verlauf der Therapie 5 Tage lang 0,15 g *2-[p-Aminophenylsulfonamido]-5-isopropyl-1.3.4-thiadiazol*/kg u. Tag (aufgeteilt in 6 Einzeldosen je Tag). Der hiermit erreichte mittlere Maximalspiegel betrug 350 mg/Liter. Die Ausscheidung mit dem Harn belief sich auf 80—100%. Nach 5 Tagen wurden die Dosen auf die Hälfte red., später ganz weggelassen. Nach Beendigung der Therapie blieb eine Patientin harnzuckerfrei, bei den anderen beiden betrug die Glucosurie nur noch 10% derjenigen vor Behandlungsbeginn. Das Mittel wurde gut vertragen. (C. R. hebd. Séances Acad. Sci. **241.** 1422—23. 14/11. 1955.) P. LOCH. 4564

D. Lohmann, *Zur Wirkung der peroralen Antidiabetica auf den Eiweißstoffwechsel.* Der Einfl. der peroralen Antidiabetica (p.AD.) auf den Eiweißstoffwechsel beim Diabetes mellitus wurde nach Injektion von *Invenol* (intravenös) am Verh. der freien Aminosäuren im Blutserum untersucht. Bei Patienten, die mit einer deutlichen Senkung des Blutzuckerspiegels reagieren, besteht auch eine sichere Wrkg. auf den Eiweißstoffwechsel. Je nach der Ausgangslage der Aminosäurespiegel erfolgt Zunahme oder Abnahme der Aminosäuren. In den Fällen, in denen keine Beeinflussung des Kohlenhydratstoffwechsels auftrat, wurde auch keine Wrkg. auf den Eiweißstoffwechsel festgestellt. Danach ist der Einfl. der p.AD. auf den Eiweißstoffwechsel eine Folge ihrer Wrkg. auf den Kohlenhydratstoffwechsel. (Dtsch. Z. Verdauungs- u. Stoffwechselkrankh. **19.** 9—12. März 1959. Leipzig, Univ., Med. Klinik.) K. PREUSS. 4564

J. E. Middleton, *Versuche mit einer Glucoseoxydasemethode zur Bestimmung von Glucose im Blut und C.S.F.* Die im Verlauf von Glucosetoleranztesten (orale Dosis von 50 g Glucose in 100 ml W.) an diabet. u. nichtdiabet. Patienten beiderlei Geschlechts u. jeden Alters entnommenen Blutproben wurden untersucht. Blutzucker wurde nach der Meth. von MACLEAN, Blutglucose nach der Glucoseoxidase-Meth. von MIDDLETON u. GRIFFITHS (Brit. med. J. **2.** [1957.] 1525) colorimetr. bestimmt. Die Menge der Saccharide (außer Glucose) in diesen Proben variierten von 0—81 mg pro 100 ml (Durchschnitt 35 mg). Im Capillarblut war der durchschnittliche Spiegel bei Diabetikern bedeutend höher als bei n. Patienten, während in venösem Blut kein bedeutender Unterschied auftrat. Die Capillarblutglucose in 36 fastenden Patienten mit n. Glucosetoleranz variierte von 46—94 mg pro 100 ml (Durchschnitt 69 mg). Die n. renale Nierenschwelle für Glucose liegt bei 160 mg pro 100 ml. In 115 Glucosetoleranztesten u. 3 Insulinempfindlichkeitstesten lieferten die Blutglucosebestimmungen im Capillarblut befriedigende Schätzung der Toleranz. Die n. C.S.F.- (Liquor cerebrospinalis)-Glucose in 29 Patienten variierte von 50—76 mg pro 100 ml (Durchschnitt 63 mg), während der durchschnittliche Wert für Saccharide bei 19 mg lag. (Brit. med. J. **1959 I.** 824—26. 28/3. London, St. Thomas's Hosp., Med. School.) K. PREUSS. 4564

H. Kahr, *Zur endokrinen Steuerung der Melanophorenreaktion bei Octopus vulgaris.* (Vgl. C. **1959.** 9636.) Von den körpereigenen Substanzen *Adrenalin, Histamin* u. *Serotonin* (I) kann nur durch I eine (reversible) kontrahierende Wrkg. auf die Melanophorenzellen von Octupus vulg. ausgeübt werden. *Acetylcholin* wirkt (ähnlich wie elektr.

Reizung) antagonist. gegenüber der I-Wrkg., läßt jedoch die vermutlich auf redoxchem. Vorgängen beruhenden, wellenförmig verlaufenden geringen Schwankungen (Melanophoren-„Oscillationen") im Gegensatz zu I unbeeinflußt. Es wird angenommen, daß I eine spezif., auf Beeinflussung der redoxchem. Vorgänge beruhende Wrkg. entfaltet, die vermutlich an der Zellmembran angreift. Durch *Melanophorenhormon* u. *ACTH* ist keine Melanophorenexpansion möglich; *Barbiturate*, *Urethan*, *Formol* u. *A.* wirken hemmend auf die „Oscillation" u. führen zu irreversibler Zellexpansion. (Z. vergleich. Physiol. **41.** 435—48. 1959. Hamburg-Eppendorf, Univ., II. Med. Klinik.)
U. TAUSENDFREUND. 4569

Donald A. Rowley und **Earl P. Benditt,** *5-Hydroxytryptamin und Histamin als Vermittlersubstanzen für den Gefäßschaden durch Verbindungen, welche die Mastzellen bei der Ratte schädigen. 5-Hydroxytryptamin* (I) u. *Histamin* (II) verursachen keine Mastzellenschädigung, bewirken jedoch wie *Ovomucoid* (III), *Dextran* (IV), *48/80* (*Formaldehydpolymer von p-Methoxyphenethylmethylamin*; V) u. *Hoden*-Extrakt (VI), welche ihrerseits mastzellenschädigend wirken, bei Injektion in die Rattenpfote Gefäßschaden mit eiweißreichem Ödem. Die Ödementstehung durch I kann durch *Dibenamin* (VII), durch II durch *Pyrilamin* (VIII) gehemmt werden. Während VII die Entstehung eines Ödems nach III, IV, V u. VI zum Teil u. VIII nicht hemmte, verhindern VII u. VIII in Kombination die Ödementstehung vollständig. Dagegen werden die Mastzellen durch III—VI auch unter Einw. von VII u. VIII geschädigt. — Die Befunde sind dahingehend zu deuten, daß Substanzen, welche Mastzellen schädigen, zu einer Freisetzung von I u. II führen, welche ihrerseits die Ödementstehung vermitteln. (J. exp. Medicine **103.** 399—411. 1/4. 1956. Chicago, Ill., Univ. of Chicago, Clin.; La Rabida Jackson Park Sanitarium, Dep. of Pathol.) WOLFGANG ALBRECHT. 4569

F. N. Fastier und **Hendrieka Waal,** *Die antidiuretische Wirkung von 5-Hydroxytryptamin im Zusammenhang mit der Auslösung gewisser Chemoreflexe bei Katzen.* Bei der Katze ruft *5-Hydroxytryptamin* (I; 5—50 µg/kg intravenös) für kurze Zeit einen reflektor. starken Abfall des Blutdrucks, verminderte Herzschlagfolge, Atemhemmung mit verringerter Harnausscheidung hervor. Entsprechende Dosen von Diphenylguanid, o-, m-, p-Chlorphenyldiguanid, o-, m-, p-Tolylguanid, Acetylcholin u. Amylnitrit, die die gleichen reflektor. Wrkgg. besitzen, hemmen die Diurese kaum oder nur wenig. Vagotonie ist ebenfalls ohne Einfl. auf die antidiuret. Wrkg. von I. Bei der Katze sind die Konstriktion der renalen Blutgefäße u. Ureterspasmus als Ursache der Diuresehemmung ausgeschlossen. (Brit. J. Pharmacol. Chemotherapy **12.** 484—88. Dez. 1957. New Zealand, Dunedin, Otago Univ., Med. School, Dep. of Med.) CH. FOLESKY. 4569

Hugo C. Moeller, Lionel M. Bernstein, Lucille Palm und **Morton I. Grossman,** *Die Wirkung von Protamin auf Lipämie.* Gleichzeitige intravenöse Injektion von *Protamin* (I) u. einer Fettemulsion (15% Baumwollsamenöl) verzögerte bei n. männlichen Personen geringfügig die Geschwindigkeit des Verschwindens des Fettes (II) aus dem Blut u. erhöhte etwas die fieberhafte, II-bedingte Reaktion. Während einer Ernährungslipämie erhöhte intravenöse I-Infusion den Blutlipidgeh. in mäßigen Grenzen gegenüber den I-freien Kontrollen. Intravenöse I-Zufuhr verstärkte bei Ratten die durch II-Verfütterung hervorgerufene Lipämie. Erfolgte die I-Injektion unmittelbar vor derjenigen der II-Emulsion, dann verschwand II erheblich rascher aus dem Blut. Fand die I-Injektion 15 Min. vor derjenigen der II-Emulsion statt, dann war die II-Abnahme des Blutes merklich verzögert. Die Beschleunigung der II-Entfernung aus dem Blut durch I + II-Injektion beruht wahrscheinlich auf einer Agglutination der Fettpartikel durch die hohe I-Konzentration. (J. Lab. clin. Med. **47.** 270—77. Febr. 1956. Denver, Colo., Fitzsimons Army Hosp., US Army Med. Nutrit. Labor.)
K. MAIER. 4572

Rose G. Schneider und **Mary Ellen Haggard,** *Hämoglobin P* (*der Galveston-Typus*). Vff. charakterisieren Hämoglobin P durch Papierelektrophorese (p_H 8,6; Veronalpuffer: P liegt zwischen *G* u. *S*, ähnlich *L*), freie Elektrophorese (p_H 6,5; Kakodylatpuffer: P überlappt *A* u. G; p_H 8,6; Veronalpuffer: P etwas langsamer als A, Trennung schwierig) u. Säulenchromatographie (Amberlit, p_H 6,5; Citratpuffer: P überlappt A u. G). (Nature [London] **182.** 322—23. 2/8. 1958. Galveston, Texas, Univ. of Texas, Med. Branch, Tissue Metabolism Res. Labor., Dep. of Pediatrics.) W. HABERDITZL. 4572

S. Benzer, V. M. Ingram und **H. Lehmann,** *Drei Varietäten von menschlichem Hämoglobin D.* Mittels Papierelektrophorese, Trypsinandauung u. a. können 3 verschied. Typen von Hämoglobin D (I) nachgewiesen werden. Sie werden als I-D_α, I-D_β u. I-D_γ bezeichnet. Sie unterscheiden sich im Auftreten bzw. Fehlen verschied. Peptidfraktionen bei der trypt. Andauung. (Nature [London] **182.** 852—54. 27/9. 1958. London, St. Bartholomew's Hosp.; Cambridge, Med. Res. Council, Unit for Mol. Biol.; Cavendish Labor.)
W. SCHELER. 4572

F. Vella, J. A. M. Ager und **H. Lehmann,** *Ein abnormes Hämoglobin bei einem Chinesen: Hämoglobin G.* Bei einer elektrophoret. Serienunters. von 5500 Blutproben von Chinesen wurde bei einem Patienten Hämoglobin (I)-G (35%) neben I-*A* (65%) nachgewiesen. Bei der Elektrophorese wandert es zwischen I-*Q* einerseits u. I-*L*, *P* u. *D* andererseits. Durch Ionenaustauscherchromatographie (Amberlite IRC-50) kann es jedoch leicht von diesen getrennt werden. Dabei ist die Reihenfolge: I-A, P, G, D, Q, L. (Nature [London] **182.** 460—61. 16/8. 1958. Singapore, Univ. of Malaya; London, St. Thomas's Hosp.; St. Bartholomew's Hosp.) W. SCHELER. 4572

W. Welling und **D. W. van Bekkum,** *Unterschiedliche Hämoglobintypen in zwei Mäusestämmen.* Es wurden die *Hämoglobine* (I) von 2 Mäusestämmen (C 57BL u. CBA) auf elektrophoret. Verh. u. Alkalidenaturierbarkeit untersucht. CBA-Mäuse besitzen 2 elektrophoret. zu trennende I-Komponenten, C57BL-Tiere nur ein einheitliches I. Die Alkalidenaturierung des CBA-I verläuft aus dem gleichen Grunde 2stufig, die des C 57BL-I normal. (Nature [London] **182.** 946—47. 4/10. 1958. Rijswijk-Z. H., Nat. Defence Res. Council T. N. O., Med. Biol. Labor.) W. SCHELER. 4572

J. Rosa, G. Schapira, J. C. Dreyfus, J. de Grouchy, G. Mathé und **J. Bernard,** *Heterogene Hämoglobine bei Mäusestämmen.* Bei 6 Mäusestämmen wurde das *Hämoglobin* einer Elektrophorese auf Stärkegel unterworfen. Es zeigten sich deutliche Unterschiede zwischen den einzelnen Stämmen (1—5 Banden). (Nature [London] **182.** 947—48. 4/10. 1958. Paris, Centre de Recherches de l'Assoc. Claude Bernard, Hôp. des Enfants Malades, Clin. de Génét. Méd., Labor. de Biochim.) W. SCHELER. 4572

H. Harris und **F. L. Warren,** *Hämoglobin- und Kalium-Blutgruppen bei einigen nichtbritischen Schafrassen und einigen seltenen britischen Rassen.* Zusammenstellung von Unterss. über den Geh. an K u. *Hämoglobin A*, *B* bzw. *AB* im Blut verschied. Schafrassen zwecks Klärung genet. Beziehungen. (Nature [London] **182.** 320—21. 2/8. 1958. Bucksburn, Aberdeenshire, Rowett Res. Inst.; London, London Hosp. Med. Coll., Dep. of Biochem.) W. HABERDITZL. 4572

M. Adinolfi und **G. Chieffi,** *Larven- und Altershämoglobine von Petromyzon planeri.* Mittels Stärkegelelektrophorese wurden Erythrocytenhämolysate von Petromyzon planeri in 2 Fraktionen aufgetrennt. Diese wandern bei dem Hämoglobin des ausgewachsenen Tieres etwas langsamer als bei dem der Larven. (Nature [London] **182.** 730. 13/9. 1958. Naples, Univ., Inst. of Genetics.) W. SCHELER. 4572

Keizoo Tsushima und **Masami Kawai,** *Beziehungen zwischen der Funktion der Hämproteine und strukturellen Modifikationen ihres Proteinanteils.* 5. Mitt. *Spektroskopische und elektrophoretische Untersuchungen über die Reaktion von* Methämoglobin *mit Natriumdodecylsulfat.* (3. vgl. C. **1958.** 2462.) Bei der Rk. von *Methämoglobin* (I) mit Na-Dodecylsulfat (II) bei p_H 7,8 ändert sich das Absorptionsspektr. u. wird dem der Hämochromogene (III) ähnlich, wobei die III-Bldg. von dem Verhältnis der Konzz. von I:II abhängig ist. Die Elektrophorese nach TISELIUS (60 Min. bei 0,4 mA/mm² u. 11°) des Reaktionsgemisches aus I u. II zeigte hauptsächlich 3 Gipfel, die, nach steigender Beweglichkeit geordnet, I, einem 1. u. einem 2. I–II-Komplex (entsprechend dem steigenden Konzentrationsverhältnis von I:II) zugeordnet werden; ein 4. Gipfel (II ?) tritt andeutungsweise auf. Bei geringen II-Konzz. tritt nur der 1. u. bei hohen nur der 2. Komplex auf. Das Fortschreiten der III-Bldg. ist von der Bldg. des 1. I–II-Komplexes abhängig, während im sichtbaren Bereich bei der Bldg. des 2. Komplexes keine weiteren Absorptionsänderungen erfolgen. (J. Biochemistry [Tokyo] **43.** 13—20. Jan. 1956. Tokyo, Nippon Med. School, Biochem. Labor. [Orig.: engl.]) E. SCHWERDTFEGER. 4572

Halina Morell, Jean Claude Savoie und **Irving M. London,** *Die Hämbiosynthese und der Glykokolleinbau in Globin im Kaninchenknochenmark in vitro.* Kaninchen wurde Knochenmark entnommen, mit Plama versetzt, die Knochenmarkzellen mehrfach filtriert u. zwecks Verbesserung der biosynthet. Aktivität der erythroiden Zellen mit Erythrocyten des gleichen Tieres versetzt. Diese Zubereitung wurde 3mal mit Phosphatpuffer gewaschen u. in modifizierter KREBS-RINGER-Phosphatlsg. suspendiert. Vor Incubation bei 37° wurde $^{14}C_{(2)}$-*Glykokoll* (I) zugesetzt. Nach Ende der Incubationsperiode wurden das Globin (II) u. *Hämin* (III) des roten Blutfarbstoffes isoliert u. auf Radioaktivität hin geprüft. Durch partielle hypotone Lyse der Knochenmarkzellen lassen sich erythroide u. myoloide Zellen trennen u. getrennt analysieren. Es werden noch zahlreiche weitere Angaben gemacht über die Einfll. verschied. Milieufaktoren auf die biosynthet. Aktivität des Knochenmarks (vgl. Original). Der Einbau von I in II u. III ist von der Incubationszeit linear abhängig, er ist weiter eine Funktion der Incubationstemp. u. der I-Konzentration. Die Radioaktivität der Knochenmarkzubereitung steigt, wenn das Knochenmark anäm. Tieren entnommen wird (Phenylhydrazin- bzw. Blutungsanämie). Ebenso werden die höchsten Aktivitäten in den unreifsten Zellen beobachtet, mit zunehmender Ausreifung der erythroiden Zellen fällt die Radioaktivität (= Neubldg.) des I u. II ab. *Kobalt*-Zusatz (10^{-6} bis 10^{-3}mol.) führt zu einer gesteigerten II-Synth., hemmt aber die III-Neubildung. (J. biol. Chemistry **233**. 923—29. Okt. 1958. New York, N. Y., Albert Einstein Coll. of Med.; Bronx Municipal Hosp. Center, Dep. of Med.) W. SCHELER. 4573

G. Giustina und **E. Lazzarini**, *Einbau von* ^{14}*C-Kohlendioxyd in Entenerythrocyten und -reticulocyten in vitro.* Die Unters. der Aufnahme des ^{14}C aus *NaH*^{14}*CO*$_3$ durch Entenerythrocyten u. -reticulocyten ergibt, daß der stärkste Einbau in das *Protoporphyrin* erfolgt. Der Einbau in das *Häm* (I) ist 30mal kleiner, kann aber durch Zugabe von *Eisengluconat* gesteigert werden. Auch in das *Globin* erfolgt Einbau. Es wird errechnet, daß bei einer *Hämoglobin*-Konz. von 15 g% (0,7 g% I) ca. 20 mg I in 20 Std. synthetisiert werden. Aus der in *Histon* incubierten ^{14}C-Menge schließen Vff. auf eine *Nucleoprotein*-Umwandlung, aus derjenigen in *Desoxyribonucleinsäure* auf eine direkte Incubation in den Purinring. Aus der ^{14}C-Menge im Stroma wird Aufnahme sowohl in den *Protein*-als auch in den *Lipid*-Teil abgeleitet. Die Bildungsgeschwindigkeiten von *Hämatin* u. Globin sind gleich. (Nature [London] **182**. 1311—12. 8/11. 1958. Milano, Univ., Ist. di Patol. Med.; Politecnico, Ist. di Fisica.) H. MATTHIES. 4573

G. Riecker und **M. v. Bubnoff**, *Über den intracellulären Wasser- und Elektrolytstoffwechsel. Untersuchungen an Erythrocyten.* 2. Mitt. *Ödemkrankheiten.* (1. vgl. C. **1959**. 12296.) Bei Erytrocyten von 25 Ödemkranken verschied. Ursache war der mittlere Wassergeh. mit 67,5% (n. Wert 65,7%) signifikant erhöht, bei solchen von kompensierten Herzkranken nicht. Der *Na*-Geh. war auf 22,4 (Milliäquivalente/Liter) erhöht, der *K*-Geh. auf 77,8 vermindert. Der Na/K-Quotient betrug 0,29 (n. Wert 0,203). Patienten mit schwerem Dekompensationsgrad zeigten die stärksten Elektrolytabweichungen, kompensierte Herzkranke nur geringfügig erhöhte Na-Konzentration. Diese Befunde stimmen mit den Ergebnissen anderer Autoren (Unters. mittels Bilanzmessung, Muskelbiopsie oder Isotopentechnik) gut überein. Die Pathogenese dieser Stoffwechselstörung wird erörtert. (Klin. Wschr. **36**. 556—60. 15/6. 1958. München, Univ., I. Med. Klinik.) J. SCHWAIBOLD. 4573

G. Riecker und **M. v. Bubnoff**, *Über den intracellulären Wasser- und Elektrolytstoffwechsel. Untersuchungen an Erythrocyten.* 3. Mitt. *Wasser- und Elektrolytveränderungen im Intracellulärraum nach Glucoseinfusionen.* (2. vgl. vorst. Ref.) In Unterss. bei 22 n. Personen wurde gefunden, daß durch Erhöhung der extracellulären Glucosekonz. (mittels Infusion) u. damit auch der Serumosmolarität ein Einstrom von W. in die *Erythrocyten* (I) u. in den intracellulären Raum verursacht wird, ferner ein Abstrom von K u. Na in die extracelluläre Fl., bei gleichzeitigem Glucosetransport in die Zellen als Ursache des Einstroms von Wasser. Die statist. Berechnung ergab eine signifikante Beziehung zwischen I u. intracellulärem Raum. Unter diesen Versuchsbedingungen entsprechen demnach die Veränderungen des Wasser- u. Elektrolytgeh. in den I denen der übrigen intracellulären Flüssigkeitsphase. Die Beziehungen zwischen Wasserverschiebung u. Teilchentransport durch Zellmembranen werden erörtert. (Klin. Wschr. **37**. 18—23. 1/1. 1959. München, Univ., I. Med. Klin.) J. SCHWAIBOLD. 4573

John H. Frenster, William R. Best und **Richard J. Winzler**, *Stoffwechsel menschlicher Leukocyten in vitro.* 5. Mitt. *Hemmung der Formiat- und Glycininkorporierung durch menschliches Serum.* (1. vgl. Cancer Res. **17**. [1957.] 108.) An Hand der vorläufigen Unterss. muß im n. Serum des Menschen eine thermostabile, in Ae. unlösl., relativ niedermol. Substanz (oder Substanzen) angenommen werden, welche die Inkorporierung von ^{14}*C-Formiat* u. ^{14}*C-Glycin* in die Proteinfraktion von n. u. Leukocyten aller Typen hemmt. Leukäm. Seren können eine geringere Hemmwrkg. aufweisen, ohne daß eine Erklärung in pathogenet. Hinsicht damit verbunden wäre. Eine mögliche Erklärung bestünde, neben dem tatsächlichen Vorhandensein eines Hemmstoffs im Vorhandensein von Nucleinsäurevorläufern (gegebenenfalls auch Formiat u. Glycin) in n. Seren, welche die zugefügten, radioakt. markierten Stoffe auslösen. (Proc. Soc. exp. Biol. Med. **98**. 887—90. Aug/Sept. 1958. Chicago, Ill., Univ. of Illinois, Coll. of Med., Dep. of Med. and Biol. Chem.) U. TAUSENDFREUND. 4573

An ré Charton, Paul Faye, Annick Hervy und **Christiane Lefrançois**, *Untersuchung über den Serumspiegel an anorganischem Phosphor, Gesamt-Calcium und -Magnesium von neugeborenen und bis zu sechs Monaten alten Schaflämmern.* Vff. bestimmten den Geh. des Serums an *anorgan. P* (I), *Gesamt-Ca* (II) u. *Gesamt-Mg* (III) von Schafmuttertieren (a) u. Lämmern (b) verschied. Alters u. stellten fest, daß der I-Geh. bei 6 in den ersten 4 Wochen nach der Geburt auf maximale Werte (10,8 mg/100 ml Serum) ansteigt u. danach bis zum Ende der Untersuchungszeit sukzessive abfällt. Das Maximum des

II-Geh. (12,0 mg/100 ml) liegt in der 6. Woche nach der Geburt. Das Verhältnis *Ca/P* steigt bis zum 6. Lebensmonat der b auf einen Wert von 1,80 an. Der III-Geh. verändert sich bei b zwischen der Geburt u. den 6. Monat danach nicht wesentlich; der Mittelwert von 2,25 mg/100 ml unterscheidet sich nicht bes. auffällig von dem in der gleichen Zeit nach der Geburt bei a gefundenen (2,4 mg/100 ml). (C. R. hebd. Séances Acad. Sci. **248.** 3049—51. 25/5. 1959. Alfort, École vétérinaire; Centre de Rech. sur les Maladies du Mouton.) H. KOCKERT. 4574

Margareta Nyman, *Serumhaptoglobin. Methodologische und klinische Untersuchungen.* Übersicht über frühere Unterss. über das *Haptoglobin* (I), Diskussion der Bestimmungsmethoden u. Entw. eines eigenen Verf. (Best. der Hämoglobinbindungskapazität durch Papierelektrophorese nach Zusatz steigender Konzz. an Hämoglobin). Mit der eigenen Meth. wurden die n. I-Gehh. sowie die Gehh. bei infektiösen Erkrankungen, Krebserkrankungen u. Leberschäden bestimmt u. der diagnost. Wert der I-Best. diskutiert. — 159 Literaturangaben. (Scand. J. clin. Lab. Invest., Suppl. **11.** Nr. 39. 1—8. 1959.) E. SCHWERDTFEGER. 4574

Frank W. Putnam, *Abweichungen des Eiweißstoffwechsels bei multiplem Myelom. Wechselbeziehungen zwischen anomalen Serumglobulinen und Bence-Jones-Eiweißen.* Übersicht. Klin. Symptome, physiol. Probleme, geschichtliche Entw.; elektrophoret. u. Sedimentationsanalyse von Seren bei multiplem Myelom (Hyperproteinämie, elektrophoret. Analyse, diagnost. Wert, Konstanz des elektrophoret. Verh. während des Krankheitsverlaufs, Beziehung zwischen elektrophoret. Verh. klin. u. hämatolog. Befunde, Sedimentationsanalyse); anomale Serumglobuline [Reinigung, elektrophoret. Charakterisierung, Sedimentationsanalyse, Diffusionskonstante, Mol.-Gew., Aminosäurezus. der Myelomglobuline (I), Kohlenhydrate u. Lipidgeh., Aminoendgruppenverteilung, antigenes Verh.; Cryoglobuline (II), Makroglobuline (III); Frage der I-, II- u. III-Bldg.]; BENCE-JONES-Proteine (IV; therm. Löslichkeit, BENCE-JONES-Proteinurie u. -Proteinämie, Reinigung u. Kristallisation von IV, elektrophoret. Charakterisierung, Mol.-Konstanten, Aminosäurezus., Aminoendgruppen, antigene Beziehungen, Nichtidentität von IV); N-Stoffwechsel u. Eiweißsynth. bei multiplem Myelom (allg. Stoffwechsel, Probleme der Eiweißbiosynth., Tracerunterss., IV-Bildungsgeschwindigkeit u. -Ausscheidung, Vorstufenbeziehungen zwischen I u. IV, Plasmazelle als Ort der Myelomproteinsynth., Antikörperbldg., Paramyloidosis, Physiologie der Proteinurie). — 190 Literaturangaben. (Physiol. Rev. **37.** 512—38. Okt. 1957. Gainesville, Fla., Univ., Coll. of Med., Dep. of Biochem.) K. MAIER. 4574

S. Ehrenpreis, S. J. Leach und **H. A. Scheraga,** *Einwirkung von Thrombin auf Lysinsubstrate.* 0,02 mol. Lsgg. von *Lysinäthylester* (I) in 0,15 mol. KCl-Lsgg. werden bei 25° u. p_H 6,5 innerhalb ½ Std. durch 100 p-Toluolsulfonyl-L-argininmethylester-(TAMe-)Einheiten/ml des PARKE-DAVIS-Thrombins (Aktivität von 10 TAMe-Einheiten/mg) zu 10% hydrolysiert. Zur Hydrolyse von I sind höhere Thrombinkonzz. nötig als zur Hydrolyse von TAMe oder zur Aktivierung von Fibrinogen. Bei 0,02—0,04 mol. I-Lsgg. u. 80—280 TAMe-Einheiten/ml Thrombin verläuft die Rk. 0. Ordnung in bezug auf I u. 1. Ordnung in bezug auf Thrombin. Durch Trypsininhibitor aus Sojabohnen wird der Hydrolysegrad von I nur unbedeutend verändert. Eine durch Plasmin- oder Trypsinverunreinigung des Thrombins katalysierte Hydrolyse von I schließen Vff. aus. Durch 18—24 std. Incubation von Thrombin (50—100 TAMe-Einheiten/ml) mit der oxydierten Insulin B-Kette (4—8 mg/ml) bei p_H 8 in 0,1 mol. Ammonacetatlsg. wird gezeigt, daß Thrombin gegenüber der Lysylalaninbindung der B-Kette 10—20 mal wirksamer ist als Trypsin. (J. Amer. chem. Soc. **79.** 6086—87. 20/11. 1957. Ithaca, N. Y., Cornell Univ., Dep. of Chem.) E. SCHRÖDER. 4574

P. Meneghini, *Trypsin in der Therapie der thromboembolischen Krankheiten und der akuten und chronischen Entzündungen.* Zusammenhänge zwischen antikoagulierenden u. fibrinolyt. Stoffen; Arbeiten über *Trypsin* (I); Verss. über die orale, intravenöse u. intramuskuläre Anwendung von I; I, das in vitro stark fibrinolyt. ist, zeigt in vivo fast keine fibrinolyt. Wrkg., jedoch werden befriedigende Ergebnisse bei Thromboembolien u. akuten u. chron. Entzündungen erhalten; Zugabe eines Antibioticums verstärkt diese Wrkg.; der Wirkungsmechanismus wird diskutiert. — 59 Literaturangaben. (Rass. Clin., Terap. Sci. affini **56.** 131—47. Juli/Sept. 1957. Genova, Univ., Ist. Clin. med. gen.) B. STIEB. 4574

G. S. Fraenkel, *Die Wirkung von Zink und Kalium auf die Ernährung von Tenebrio molitor, mit Beobachtungen über die Manifestation eines Carnitinmangels.* Mehlwurmlarven wuchsen bei Verfütterung künstlicher Diät, bedingt durch einen Mangel an *Zn* u. *K*, nicht. Optimales Wachstum erfordert 0,6 mg% Zn, jedoch wird eine Wachstums-Rk. schon in Ggw. von 0,037 mg% beobachtet. Der *K*-Bedarf liegt zwischen

1,7 u. 2,9%. Es wird ein neues Salzgemisch angegeben, von dem 1—2% optimale Entw. ermöglichen. Bei Verwendung von WESSONs Salzgemisch (A) oder des neu entwickelten Gemischs (B) trat ein deutlicher Carnitin (I)-Mangel auf, der in Ggw. von MCCOLLUM-DAVIS-Salzgemisch unterblieb. *Tenebrio* wuchs auf einer halbsynthet. Diät, die aus Casein, Glucose, Cholesterin, 8 B-Vitaminen, I u. A oder B + *Zn* bestand, ebenso gut wie auf dem besten natürlichen Futter. (J. Nutrit. **65.** 361—95. 10/7. 1958. Urbana, Ill., Univ., Dep. of Entomol.) K. MAIER. 4585

Paavo Roine, *Zeitnahe Perspektiven der Ernährungswissenschaft.* Es werden die für den Menschen notwendigen Nährstoffe, ihre Wirkungsmechanismen, die Verknüpfung der Stoffwechselmechanismen der Kohlenhydrate, Eiweißstoffe u. Fette, die Mangelkrankheiten, Ernährungsstörungen u. das Gleichgewicht zwischen dem Menschen u. den in seinem Verdauungskanal lebenden Mikroben besprochen. Außerdem wird ausführlicher die Vitaminsynth. der Darmbakterien bei Meerschweinchen u. die Wrkg. der Antibiotica auf das Körpergewicht der Meerschweinchen u. auf ihre Darmflora angegeben. — 23 Literaturangaben. (S.-B. finn. Akad. Wiss. **1956.** 107—26. 1957.) G. KIMMERLE. 4585

P. W. Ssimakow und **W. W. Kotschegina,** *Zur Erforschung des Nährwerts einiger Produkte aus Weizenmehl.* 30—32 Tage dauernde Verss. an 1 Monat alten weißen Ratten ergaben, daß *Grießbrei,* Teig aus 30%ig. *Weizenmehl* sowie *Gluten* aus Weizenmehl im Futter nach kurzdauerndem Proteinhunger einen täglichen Gewichtszuwachs von im Mittel 1,08—1,38 g bewirken, *Casein* einen solchen von 1,12 g u. *Gliadin* von 0,4 g täglich. Der Hämatingeh. des Blutes wird durch Gluten gleich stark beeinflußt wie durch Casein, etwas weniger durch die übrigen Nahrungsstoffe, während der Globingeh. unter Gluten u. Grießbrei die untere Grenze der Caseinwrkg. erreicht u. Gliadin noch etwas weniger restaurierend wirkt. (Вопросы Питания [Fragen d. Ernähr.] **18.** Nr. 1. 23—26. Jan./Febr. 1959. Moskau, Ernährungsinst. der Akad. der med. Wiss. der UdSSR, Labor. für Physiol. der Ernährung des wachsenden Organismus.) E. RENTZ. 4585

R. Kasting und **A. J. McGinnis,** *Verwendung ^{14}C-markierter Glucose zur Bestimmung essentieller Aminosäuren bei Insekten.* Durch Verfüttern von uniform markierter ^{14}C-*Saccharose* hatte STEELE (J. biol. Chemistry **198.** [1952.] 237) bei der Maus nachweisen können, daß nur die nichtessentiellen Aminosäuren (I) ^{14}C-markiert werden. Vff. wenden diesen Befund auf die Schmeißfliege *Phormia regina* MEIG. an: Tiere im dritten Larvenstadium wurden 3—6 μl einer Lsg. von uniform markierter ^{14}C-Glucose (5000 Impulse/Min./μl) injiziert; die geschlüpften Insekten wurden mit 80%ig. A. homogenisiert u. dann mit kochendem W. extrahiert. Nach Hydrolyse des unlösl. Rückstands (6n HCl, 24 Std.) u. Abziehen der Säure wurden die vereinigten Extrakte getrocknet, mit W. extrahiert u. an einer Dowex-50-Säule fraktioniert (nach Waschen mit W. Gradientenelution mit HCl bis zu einer Endkonz. von ca. 6 mol.). Die einzelnen Banden wurden noch präparativ papierchromatograph. gereinigt u. dann quantitativ bestimmt: Am stärksten radioakt. markiert waren *Serin* (spezif. Aktivität 22,6 Impulse/Min./μmol. C), *Glycin* (17,3), *Glutaminsäure* (15,1) u. *Asparaginsäure* (14,0), die als nichtessentiell bekannt sind. Die bekannten essentiellen I waren auch prakt. nicht aktiv. Eine Ausnahme bildeten die nicht so stark markierten I *Alanin* (3,5) u. (das essentielle) *Prolin* (7,9). (Nature [London] **182.** 1380—81. 15/11. 1958. Lethbridge, Alberta, Canada, Dep. of Agric., Sci. Serv. Labor.) H. REMBOLD. 4585

A. E. Scharpenak, *Zur Frage des Mengenbedarfs des Menschen an Eiweißstoffen und einzelnen Aminosäuren.* An Hand der Literatur u. auf Grund eigener Unterss. sieht Vf. die von ROSE u. Mitarbeitern [1937—1957] vorgeschlagenen Normen für die essentiellen Aminosäuren als zu niedrig u. ihr Verzeichnis dieser Aminosäuren u. das angegebene Verh. der Aminosäuren zueinander für unrichtig u. nicht geeignet an, zur Lösung prakt. Fragen der rationellen Ernährung des Menschen verwendet zu werden. — 55 Literaturstellen. (Вопросы Питания [Fragen d. Ernähr.] **18.** Nr. 1. 73—83. Jan./Febr. 1959.) E. RENTZ. 4585

A. P. Moros, *Die Veränderung der natürlichen Immunität von Ratten bei verschiedenen Eiweißmengen in der Nahrung.* Verss. an 213 weißen Ratten, von denen eine Gruppe ein Futter mit 20% Casein, ein 2. mit 3,5% Casein, ein 3. ohne Casein u. eine 4. das übliche gemischte Futter erhielten, ergaben, daß bei den Tieren der 2. u. 3. Gruppe der alimentäre Proteinmangel zu einer Abnahme der natürlichen Resistenz des Organismus gegenüber B. enteritidis GÄRTNER sowie zu einer Abnahme der phagocytären u. der komplementären Aktivität des Blutserums führt. Das Körpergewicht der eiweißreich u. n. ernährten Tiere hatte am 95. Tag des Vers. um 30 bzw. 29% zugenommen, das der eiweißfrei bzw. eiweißarm ernährten um 26 bzw. 18% abgenommen. (Вопросы Питания [Fragen d. Ernähr.] **18.** Nr. 1. 12—17. Jan./Febr. 1959. Kiew, Med. Bogomoletz-Inst., Lehrstuhl für Mikrobiol.) E. RENTZ. 4585

Fumito Taketa, Marguerite A. Constant, Henry S. Perdue und **Paul H. Phillips,** *Ernährung des Muttertieres und Cariesresistenz bei der Baumwollratte.* Die Prüfung von Carieshäufigkeit u. Schwere der Carieläsionen bei Jungratten, deren Mütter während der Trächtigkeit eine Diät mit geringem *Ca-* u. *Protein*-Geh. erhalten hatten, u. die selbst nach dem Absetzen mit einer cariogenen Diät gefüttert wurden, ergab, daß, im Vgl. zu den Kontrolltieren mit n. Kost, die cariogene Diät einen größeren Einfl. auf die Cariesentstehung hat als die Ca-Mangeldiät der Muttertiere. (J. Nutrit. **58.** 519—27. 10/4. 1956. Madison, Wis., Univ. of Wisconsin, Dep. of Biochem., Coll. of Agric.) G. KLESSE. 4585

Leslie P. Dryden, Paul F. Gleis und **Arthur M. Hartman,** *Fortpflanzung und Lactation von Ratten bei Verfütterung Glyceryltrilaurat-haltiger Diätformen.* Während mehrere Autoren bei Ernährung weiblicher Ratten mit Diätformen, die *Glyceryltrilaurat* + *Linolsäure*-Methylester als Fettquelle enthielten, das Fehlen eines unbekannten, für das weibliche Tier zur n. Aufzucht der Jungen erforderlichen Faktors beobachteten, konnten Vff. diesen Mangel nicht feststellen. (J. Nutrit. **58.** 335—39. 10/3. 1956. Beltsville, Md., US Dep. of Agric., Agric. Res. Serv., Dairy Husbandry Res. Branch.) K. MAIER. 4585

Tapani Luukkainen, *Untersuchungen über die Acetylierung von p-Aminobenzoesäure und seine Regulierung durch die Geschlechtsdrüsen bei der Ratte.* An Mäusen wurde in vivo festgestellt, daß ♂ einen größeren Anteil von verabfolgter *p-Aminobenzoesäure* in acetylierter Form ausscheiden als ♀. Zusätzlich gegebene Benzoesäure oder Avertin steigern die Acetylierung. Kastration von ♂ (♀) senkte leicht (steigerte) den Grad der Acetylierung. — Weitere Verss. mit Leber- u. Nierengewebe zeigten, daß Coenzym A die Acetylierung hemmt, daß aber der Geh. an Coenzym A weder durch das Geschlecht noch durch Kastration beeinflußt wird. — 165 Literaturangaben. (Acta physiol. scand., Suppl. **45.** Nr. 154. 1—102. 1958. Helsinki, Univ., Dep. of Med. Chem.) U. TAUSENDFREUND. 4587

G. B. Nadkarni und **A. Sreenivasan,** *Serinstoffwechsel bei Pyridoxinmangel* (vgl. C. **1956.** 6988.) Vff. untersuchten an wachsenden Ratten den Einfl. von *Pyridoxin* (**I**)-Mangel auf die *Serindesaminase-* u. *-decarboxylase*-Aktivität der Leber sowie die Umwandlung von Glycin (II) in Serin (III) u. die Hemmwrkg. von Hydroxylamin (**IV**) auf diese Enzymsysteme. Außerdem wurden das Lebergewicht u. die Gehh. an I, N u. Cholin der Leber bestimmt. **IV** hemmt die Umwandlung II → III um 20% u. die III-Desaminierung um 85%, während auf die III-Decarboxylierung keine Wrkg. zu beobachten war. I-Mangel verminderte die III-Desaminierung u. die Umwandlung II → III, hat jedoch auf die III-Decarboxylierung keinen Einfluß. Der Geh. der Leber an I ist stark der an N bzw. Gesamtcholin wenig verringert. (Proc. Indian Acad. Sci., Sect. B **46.** 138—48. Aug. 1957. Univ. of Bombay, Dep. of Chem. Techn.) E. SCHWERDTFEGER. 4587

Oreste Arrigoni, *Untersuchungen über die Physiologie der Ascorbinsäure.* 14. Mitt. *Über die Fähigkeit der Dehydroascorbinsäure, sich an Mitochondrienproteine zu binden und über ihre daraus folgende größere Beständigkeit.* (12. vgl. Atti Accad. naz. Lincei, Rend., Cl. Sci. fisiche, mat. natur. Sez. III [8] **4.** [1955.] 109.) Werden isolierte u. wiederholt gewaschene Mitochondrien aus den apicalen Teilen des Erbsenkeimlings mit *Dehydroascorbinsäure* (I) incubiert, dann bindet sich I an Mitochondrien in erheblicher Menge u. so fest, daß nur Hydrolyse mit n-HCl bei 100° sie wieder vollständig abtrennt, während Hydrolyse in der Kälte nur $^3/_4$ der gebundenen I erfaßt. Die I-Fixierung wird durch Vorbehandlung der Mitochondrien mit p-Chloromercuribenzoesäure gehemmt, was den Schluß erlaubt, daß die I-Bindung durch SH-Gruppen der Mitochondrienproteine erfolgt. Werden mit *Ascorbinsäure* (II) vorbehandelte Mitochondrien der Säurehydrolyse in der Wärme unterworfen, dann wird nur eine kleine vorher fixierte II-Menge freigesetzt; viel größer ist die gleichzeitig freiwerdende Menge I, die die Mitochondrien aus II gebildet u. festgehalten haben. Die von den Mitochondrienproteinen fixierte Menge *Diketogulonsäure* (III) ist zu vernachlässigen. Während I unter den üblichen Versuchsbedingungen, aber in Abwesenheit von Mitochondrien, rasch in III übergeht, findet diese Umwandlung an der an die Mitochondrienproteine gebundenen I nur in minimalem Umfange statt. (Atti Accad. naz. Lincei, Rend., Cl. Sci. fisiche, mat. natur. [8] **19.** 156—63. Sept./Okt. 1955. Mailand, Univ., Botan. Inst.) W. FRANKE. 4587

L. I. Snissarenko, *Zur Frage des Vitamin-C-Bedarfs bei Kindern im vorschulpflichtigen Alter.* Es wurde der *Vitamin-C* (I)-Bedarf von Kindern im vorschulpflichtigen Alter unter den klimat. Bedingungen der Südukraine untersucht u. gefunden, daß während der Winter–Frühjahrs-Zeit ein Geh. von 35 mg u. während des Sommers ein solcher von 50 g I in der Tagesdiät ausreichend ist, um den I-Bedarf zu decken. (Вопросы Питания [Fragen d. Ernähr.] **18.** Nr. 1. 50—53. Jan./Febr. 1959. Odessa, Med. Pirogow-Inst., Lehrstuhl für allg. Hygiene.) E. RENTZ. 4587

H. Bekemeier und **G. Pfennigsdorf,** *Versuche zur erschöpfenden Ultraviolettaktivierung des Provitamins D in Schweineschwarte.* Haut von toten Schweinen wurde mit dem Gesamtspektr. eines Hg-Hochdruckbrenners im Abstand von 50 cm bestrahlt. Die Best. des in der Haut durch Bestrahlung erzeugten *Vitamins D* erfolgte im prophylakt. Röntgentest an der Ratte. Es konnten 30—110 I.E. Vitamin D/cm³ erzeugt werden, maximal konnten 20—30% des Gesamt-Vitamin-D-Geh. der Haut aktiviert werden. Die Menge des isomerisierbaren Vitamins D kann bei verschied. Häuten um 300% differieren, die Isomerisierungskurve ist der für Provitamin-D–Bzl.-Lsg. beschriebenen ähnlich. Der Wirkungsabfall bei Lagerung der Proben bei 4⁰ im Kühlschrank liegt in derselben Größenordnung, wie er für wss. Vitamin-D-Tween-Lsg. ermittelt wurde. (Hoppe-Seyler's Z. physiol. Chem. **314.** 120—24. 4/3. 1959. Halle-Wittenberg, Univ., Pharmak. Inst.; Berlin, Humboldt-Univ., Med. Fak., Inst. für Strahlenforsch.)
W. FELDHEIM. 4587

A. Lambling, J. Badoz-Lambling, R. Lebouc und **J. J. Bernier,** *Beitrag zur Untersuchung der Physiopathologie der Magensekretion.* 2. Mitt. *Deutung der durch Titrimetrie der Magensäfte gegebenen Auskünfte.* Die Titration der Magensäfte mit 0,1 n NaOH nach der Meth. TÖPFER-LINOSSIER liefert (a) die „freie Acidität" (Umschlag von Dimethylaminoazobenzol, p_H 3,5) u. (b) die Gesamtacidität (Umschlag von Phenolphthalein, p_H 8,5). Dabei wird nur die Säuresekretion des Magens erfaßt, nicht das schleimreiche alkal. Sekret der Magenwand. — Durch Vgl. dieser Titration mit potentiometr. Neutralisationskurven — auch von reinem Magenschleim — ergab sich, daß diese alkal. Sekretion wiedergegeben wird durch den NaOH-Verbrauch zwischen den beiden Umschlagspunkten (bzw. bei Säften ohne freie Acidität durch den Verbrauch an 0,1 n HCl). (C. R. Séances Soc. Biol. Filiales **149.** 1953—59. Nov. 1955. Paris, Coll. de Méd. des Hôp. de Paris, Centre de Gastro-Entérol. de l'Hôp. Bichat.) EBERHARD MÜLLER. 4594

Pierre Binet, *Die Temperaturgrenze der spontanen Erwärmung bei dem durch kombinierte Verabreichung von Magnesium–Insulin unter subnormaler Körpertemperatur stehenden Kaninchen.* Wird die Körpertemp. von in kalter Umgebung gehaltenen Kaninchen durch intravenöse Injektion einer *Insulin*-haltigen isoton. $MgCl_2$-Lsg. auf Werte unterhalb von +24,5⁰ gesenkt, so findet keine spontane Wiedererwärmung der Tiere mehr statt; nach mehr oder weniger langer Zeit erfolgt Exitus. Werden die Tiere hingegen bei einer Umgebungstemp. von +25⁰ oder +26⁰ gehalten, so steigt die Körpertemp. bald wieder auf n. Werte an, u. die Tiere überleben. Diese Ergebnisse zeigen, daß Mg^{2+} die Thermoregulierung blockiert, nicht jedoch die Temperaturgrenze der Wiedererwärmung verändert, die bei den Versuchstieren immer noch höher liegt als bei winterschlafenden Tieren. Diskussion der Ergebnisse hinsichtlich der endokrinen Verhältnisse bei winterschlafenden (mit hohem Plasma-Mg-Spiegel!) u. mit $MgCl_2$ behandelten Tieren. (C. R. hebd. Séances Acad. Sci. **248.** 3039—40. 25/5. 1959. Paris, Fac. de Méd., Labor. de Physiol.) H. KOCKERT. 4595

Armando Palmieri und **Stefano Giacca,** *Pathogenese, Klinik und Therapie der Syndrome: Hypo- und Hypersiderose.* Monographie über n. u. patholog. Eisenstoffwechsel u. die damit zusammenhängenden ätiol., klin. u. therapeut. Fragen. — Ca. 1450 Literaturangaben. (Arch. "E. Maragliano" Patol. Clin., Monogr. **1957.** Nr. 19. 1—496.)
P. LOCH. 4596

Karl Thomas und **Karlheinz Stalder,** *Über die Herkunft der Methylmalonsäure im Harn.* Übersichtsbetrachtung u. eigene Versuche. Bei Fütterungsverss. an Ratten mit *Isobuttersäure* u. *DL-Valin* ergab sich jeweils mit der Erhöhung der Methylmalonsäure (I)-Ausscheidung eine *Bernsteinsäure*-Ausscheidung, welche vermutlich von einer Fermenthemmung durch I ausgelöst wurde. Die nach I-Fütterung im Harn ausgeschiedene I-Menge stieg nur dann über 25%, wenn gleichzeitig *Malonsäure* verabreicht wurde. Die Vielfalt der Abbaumechanismen wird angedeutet. Berücksichtigt man die Möglichkeit der Transaminierung des I-*Halbaldehyds* zu *β-Aminoisobuttersäure,* die als Abbauprod. des *Thymins* bekannt ist, dann besteht eine Beziehung zum *Nucleotid*-Stoffwechsel. (Hoppe Seyler's Z. physiol. Chem. **313.** 22—29. 9/12. 1958. Göttingen, Max-Planck-Ges., Med. Forschungsanst.) E. KOCH. 4596

A. C. Allison, B. S. Blumberg und **S. M. Gartler,** *Urinausscheidung von β-Aminoisobuttersäure bei der Eskimo- und Indianerbevölkerung von Alaska.* Vff. untersuchten Urinproben von reinblütigen Eskimos u. Athabaska-Indianern aus dem nördlichen Alaska. *β-Aminoisobuttersäure* (I) wurde durch Hochspannungspapierelektrophorese, Kreatinin (als Bezugsgröße) nach der Pikratmeth. bestimmt. Höhere Ausscheidung von I wurde bei nur 23,3% der Eskimos, dagegen bei 56% der Indianer gefunden. Bei Annahme einer genet. Kontrolle dieser Stoffwechseleig. spricht der Befund gegen einen engen genet. Zusammenhang der beiden Bevölkerungsgruppen. (Nature [London] **183.**

118—19. 10/1. 1959. London, Nat. Inst. of Med. Res.; Bethesda, Md., Nat. Inst. of Health; Seattle, Wash., Univ. of Washington, Dep. of Med.) K. HEYNS. 4596

L. N. Shinkin, G. N. Orlowa und **M. Ju. Ssirotina,** *Einbau des mit* ^{35}S *markierten Methionins in die sich entwickelnde und regenerierende somatische Muskulatur.* Untersucht wurden die Muskeln von weißen Ratten, die subcutan ^{35}*S-Methionin* (0,5 mg/g Körpergewicht) erhalten hatten, außerdem Kaninchen u. eine trächtige Katze. Die stärkere Aufnahme von ^{35}S in den Muskeln bei Dystrophie u. bei E-Avitaminose ist durch den stärkeren Eiweißstoffwechsel in den Muskelfasern u. durch Anreicherung von intensiv S-aufnehmenden Makrophagen bedingt. Bei den Regenerationsverss. am 2. Tag nach der Operation war die Verstärkung der S-Aufnahme in erster Linie durch die Ansammlung der Makrophagen in u. zwischen den Muskelfasern bedingt. Am 10. Tag findet man einen Anstieg der Ribonucleinsäure (I). Bei der Differenzierung der Muskelgewebe während der postnatalen Periode u. bei der Regeneration wird eine ausgeprägte Übereinstimmung zwischen der Intensität des Eiweißstoffwechsels (Einschluß von ^{35}S) u. der Menge von I (Grad der Basophilie) beobachtet. Während der postnatalen Entw. nimmt die Basophilie allmählich ab; dementsprechend vermindert sich auch die Aufnahme von ^{35}S durch das Muskelgewebe. Bei der Regeneration steigt mit fortschreitender Bldg. der Muskeln sowohl die Basophilie als auch die Aufnahme von ^{35}S. Es wird angenommen, daß der Anstieg der ^{35}S-Aufnahme bei der biochem. erkennbaren Verstärkung des Eiweißstoffwechsels bei Denervation u. E-Avitaminose sowohl von der Veränderung der Muskelfasern selbst als auch von der Ansammlung der Makrophagen abhängen kann. Die Übereinstimmung des Nuclein- u. Eiweißstoffwechsels bei der Regeneration der somat. Muskeln ist ein Ausdruck der engen Beziehung zwischen den beiden Prozessen. (Архив Анатомии Гистологии и Эмбриологии [Arch. Anatom., Histol. Embryol.] **36.** Nr. 1. 32—38. Jan. 1959. Inst. für exp. Med. der Akad. der Wiss. der UdSSR, Labor. für Histol.) F. DU MANS. 4596

Joe Henry Rodenhäuser, *Über die Augenpigmentierungen bei Alkaptonurie (Ochronosis oculi).* Beim Vorliegen einer Störung des intermediären Phenylalanin- u. Tyrosinstoffwechsels (Alkaptonurie) kommt es etwas früher zu Augenpigmentierungen (endogene Ochronosis) in Hornhaut, Bindehaut u. Lederhaut als bei der gewöhnlichen senilen Degeneration. Möglicherweise wird im stoffwechselgesunden Gewebe die Bldg. des Homogentisinsäure (I)-Pigments (Alkapton) durch Ascorbinsäure (II) verhindert, während sie im prim. Hyalin-degenerierten Gewebe, das frei von II ist, durch I-Oxydation erfolgen kann. (Klin. Monatsbl. Augenheilkunde augenärztl. Fortbild. **131.** 202—15. 1957. Marburg/Lahn, Univ., Augenklin.) K. MAIER. 4596

Z. Hruza, *Über die Eiweißreserven im Organismus.* Verss. an eiweißreich (46%) u. eiweißarm (2,4%) ernährten Ratten ergaben, daß die *Reserveproteine* der Leber durch proteolyt. Fermente (Pepsin) leichter aufgespalten werden als die Strukturproteine u. deshalb als labiler anzusehen sind. Für rasche Bldg. u. raschen Zerfall der Reserveproteine spricht auch die Tatsache der starken Tagesschwankungen des Proteingeh. der Leber (bis 15%). Die Hauptmenge des neugebildeten Proteins ist in den Fraktionen enthalten, die elektrophoret. den α- u. β-Globulinen entsprechen. Bei neugeborenen Ratten nimmt der Proteingeh. der Leber beim Hungern nicht ab; erst nach dem 12. Lebenstag führt Hungern zu einer Abnahme der Leberproteine, die jedoch geringer ist als beim ausgewachsenen Tier. Bei langdauernder Fütterung der Ratten mit eiweißreicher Nahrung verliert das Leberprotein den Charakter eines Reserveproteins. (Вопросы Питания [Fragen d. Ernähr.] **18.** Nr. 1. 7—12. Jan./Febr. 1959. Prag, Labor. für Physiol. u. Pathophysiol. des Stoffwechsels der Tschechoslowak. Akad. der Wiss.) E. RENTZ. 4596

J. Glover und **D. W. Stainer,** *Sterinstoffwechsel.* 4. Mitt. *Die Absorption von 7-Dehydrocholesterin bei der Ratte.* (3. vgl. C. **1958.** 6024.) 5 Std. nach oraler Verabfolgung von 150 mg *7-Dehydrocholesterin* (I) an Ratten in 0,5 ml Erdnußöl/10 g lipoidfreies Futter bzw. nach 2mal 150 mg im 24-Std.-Abstand waren 50% des *Gesamtcholesterins* an die Mikrosomen u. Mitochondrien, 30% an die überstehende Fl. oder das bodenständige Plasma u. 10% an die Zellreste der Kernfraktion der Dünndarmschleimhaut gebunden. Nach 2mal 150 mg I lagen 15%, nach einmaliger Gabe nur 10% in der Mitochondrienfraktion vor. Vff. folgern, daß zugeführtes gespeichertes *Cholesterin* (II) gegen endogenes Zell-II ausgetauscht bzw. mit ihm gemischt werden kann. Ein großer Teil des von der Schleimhaut resorbierten I wird innerhalb der Schleimhaut zu *Lathosterin* reduziert. (Biochem. J. **72.** 79—82. Mai 1959. Liverpool, Univ. of Liverpool, Dep. of Biochem.) U. LASCHET. 4596

J. Glover, C. Green und **D. W. Stainer,** *Sterinstoffwechsel.* 5. Mitt. *Die Sterinaufnahme durch Organellen der Dünndarmschleimhaut und die Art der Esterifizierung während der Absorption.* (4. vgl. vorst. Ref.). In den Zellen der Dünndarmschleimhaut

des hungernden Meerschweinchens lassen sich keine, nach Zufuhr von 300 mg *Cholesterin* (I) nur gelegentlich in der bodenständigen Plasmafraktion *Sterinester* (II) nachweisen. Bei der Ratte konnten vor u. nach *7-Dehydrocholesterin*-Gaben sporad. II gefunden werden. Vff. schließen daraus, daß der Esterifizierungsprozeß nicht mit dem Transport durch die Zellmembran gekoppelt ist. — *Vitamin A* hingegen wird zu 75% esterifiziert. Die Unters. des Sterin/N_2-Quotienten erlaubte die Schlußfolgerung, daß Sterine zusätzlich von den Organellen aufgenommen werden können. Vff. postulieren die Ansicht, daß bei beiden Species I im Bindegewebe esterifiziert wird. (Biochem. J. **72.** 82—87. Mai 1959. Liverpool, Univ. of Liverpool, Dep. of Biochem.)
U. LASCHET. 4596

William Shive und **Charles G. Skinner,** *Antimetabolite.* Übersicht (bis Oktober 1957). Konst. u. biol. Antagonismus [Aminosäure (I)-, Purin (II)-, Pyrimidin (III)-Antagonisten, Vitaminanaloge], biol. Unterss. mit Metabolitantagonisten (I-Wechselbeziehungen, I-Aktivierung, I-Transport, Peptid- u. Ketosäureverwertung, Eiweiß- u. Nucleinsäuresynth., biol. Unterss. mit II- u. III-Analogen, Vitamin B- u. Coenzym-Analogen, Einbau Analoger in Proteine, Nucleinsäuren u. Coenzyme, Antagonismen zwischen natürlichen Metaboliten, anomale Antagonismen, Antimetabolite zur Unters. von Entw. u. Differenzierung, sowie in der Tumor- u. sonstigen Chemotherapie. — 311 Literaturangaben. (Annu. Rev. Biochem. **27.** 643—78. 1958. Austin, Texas, Clayton Found. for Res., Biochem. Inst., and Univ., Dep. of Chem.) K. MAIER. 4596

Tokuro Sato, Taeko Suzuki, Tomitaro Fukuyama und **Haruhisa Yoshikawa,** *Untersuchungen über die Konjugation von* ^{35}*S-Sulfat mit Phenolverbindungen.* 3. Mitt. *Die Umwandlung von p-Kresol, p-Hydroxybenzaldehyd und p-Hydroxybenzoesäure in der Rattenleber.* (2. vgl. C. **1958.** 2800.) Mit Hilfe von ^{35}*S-Sulfat* (I) wurde die I-Konjugation von *p-Hydroxybenzoesäure* (II), *p-Hydroxybenzaldehyd* (III) u. *p-Kresol* (IV) in Rattenleber (Schnitte, Homogenisat, Überstand) papierchromatograph. (n-Butanol–Essigsäure–W., 4:1:1) u. radioautograph. untersucht. IV wird über III zu II oxydiert (R_F-Werte II–I 0,31, III 0,19). Eine weitere Zwischenstufe u. III-Vorstufe scheint *p-Hydroxybenzylalkohol* (Konjugat 0,42?) zu sein. Die Umwandlung $-CH_3 \rightarrow -CH_2OH$ u. $-CHO \rightarrow -COOH$ erfolgt auch in Überstand. In Schnitten wird anscheinend auch *3.4-Dihydroxybenzoesäure*-I (0,22) gebildet. Ein weiterer II-Metabolit in Leberschnitten ist wahrscheinlich *p-Hydroxyhippursäure*-Konjugat (0,11). (J. Biochemistry [Tokyo] **43.** 413—20. Juli 1956. Tokyo, Inst. of Publ. Health, and Univ., Fac. of Med., Dep. of Nutrit. [Orig.: engl.]) K. MAIER. 4596

Tokoru Sato, Taeko Suzuki, Tomitaro Fukuyama und **Haruhisa Yoshikawa,** *Untersuchungen über die Konjugation von* ^{35}*S-Sulfat mit Phenolverbindungen.* 4. Mitt. *Die Umwandlung von o-Kresol, m-Kresol, Salicylaldehyd, Salicylsäure, Toluol, Benzoesäure und verwandten Verbindungen in Rattenleber.* (3. vgl. vorst. Ref.) Es wurde mit Hilfe von ^{35}*S-Sulfat* (I) die I-Konjugation von *o-Kresol* (II), *m-Kresol* (III), *Salicylaldehyd* (IV), *Salicylsäure* (V), *Toluol* (VI), *Benzoesäure* (VII) u. verwandten Substanzen in Rattenleber (Schnitte, Homogenisat, Überstand) papierchromatograph. (n-Butanol–Essigsäure–W., 4:1:1) u. radioautograph. untersucht. Das meiste II war nicht in IV überführbar, ein beträchtlicher Teil wurde in p-Stellung zu OH hydroxyliert u. nur eine Spur in Leberschnitten zu *Saligenin* umgewandelt. V wurde erst nach Überführung in *2.5-Dihydroxybenzoesäure* konjugiert. IV wurde mit I konjugiert, dann, auch mit Überstand, zum V-Konjugat oxydiert. V-*Äthylester* u. V-*Amid* erlitten ebenfalls Konjugation. VI gab Konjugate, VII ein solches in geringer Menge. VI wird wahrscheinlich während der biol. Umwandlung hydroxyliert. III wurde leicht zu *2.5-Dihydroxytoluol* hydroxyliert u. in dessen Konjugat übergeführt u. gab außerdem einen Flecken von *m-Hydroxybenzylalkohol*-I-Konjugat. (J. Biochemistry [Tokyo] **43.** 421—29. Juli 1956. Tokyo, Inst. of Publ. Health, and Univ., Fac. of Med., Dep. of Nutrit. [Orig.: engl.])
K. MAIER. 4596

Kazuko Hagi, *Einflüsse verschiedener Glucuronsäurederivate auf die Bindung von Anthranilsäure beim Kaninchen.* Unterss. über das Vork. von gebundener (a) u. freier (b) *Anthranilsäure* (I) im 24-Std.-Harn von Kaninchen, die 10 g I subcutan erhalten hatten, ergaben, daß zusätzliche Injektion von *Glucuronsäureäthylester* (1,62 g) die Ia- u. Ib-Bldg. steigert, während Injektionen von *Glucuronolacton* (1,28 g) u. *Na-Glucuronat* (1,58 g) die Ia- u. Ib-Bldg. herabsetzen. (Seikagaku [Biochemistry] **29.** 830—35. 25/2. 1958. Kōbe Ika-Daigaku, Ikagaku-Kyōshitsu. [Orig.: japan.])
F. MOSSNER. 4596

D. R. Cooper und **P. Johnson,** *Die löslichen Proteine der Rinderhaut.* 2. Mitt. *Extraktion durch wässeriges Natriumphosphat und halbgesättigtes Kalkwasser.* (1. vgl. C. **1959.** 3557.) Der Rückstand nach Extraktion frischer Rinderhaut mit NaCl-Lsg. (vgl.

1. Mitt.) wurde (a) mit $^1/_{15}$mol. Na_2HPO_4 (p_H 7,0) bzw. (b) mit halbgesätt. Kalkwasser (p_H 12,2) extrahiert. Die Hauptmenge des extrahierten N ist dialysierbar. Die Extrakte enthalten kaum Kollagen, sondern weisen elektrophoret. eine dem Serum ähnliche Zus. auf, wobei zusätzliche Komponenten (Hyaluronsäure?) nachweisbar sind. Die Hauptkomponente nach a bzw. b ist elektrophoret. nicht von Rinderserumalbumin zu unterscheiden, sedimentiert jedoch langsamer. Auf die mögliche Alters- bzw. Speciesabhängigkeit der Zus. der Extrakte wird hingewiesen. (Biochim. biophysica Acta [Amsterdam] **30.** 590—97. Dez. 1958. Cambridge, Univ., Dep. of Colloid Sci.)
E. SCHWERDTFEGER. 4597

Jerome Gross, *Untersuchungen über die Bildung von Kollagen.* 3. Mitt. *Zeitabhängige Löslichkeitsveränderungen des Kollagens in vitro.* (2. vgl. C. **1959.** 10989.) Eine durch Erwärmen hervorgerufene Fällung von *Kollagen* (I) aus kalter neutraler Salzlsg. löst sich bei anschließendem Kühlen reversibel wieder auf. Das reversible Wiederauflösen der Hitzefällung von I wird schnell mit der Zeit der Incubation bei 37° zerstört. Bei sofortigem Kühlen einer I-Fällung auf +2° gehen 90% des I wieder in Lösung; bei Incubation der I-Fällung für 24 Std. bei 37° gehen bei anschließendem Kühlen auf 2° nur noch weniger als 20% wieder in Lösung. Bei physiol. Ionenstärke werden die gleichen I-Präpp. schneller irreversibel gefällt. Gereinigte I-Gele müssen 1—2 Wochen bei 37° incubiert werden, ehe sie unlösl. werden. I-Gele aus rohen Salzextrakten von Meerschweinchenfell verlieren ihre Löslichkeit bei saurem p_H nach 24 Std.; durch Incubation bei 37° werden sie nach 2 Wochen völlig unlöslich. (J. exp. Medicine **108.** 215—26. 1/8. 1958. Boston, Mass., Harvard Med. School, Dep. of Med. and Massachusetts Gen. Hosp., Med. Serv.) G. BRATFISCH. 4597

J. W. Jebsen und **G. Hamoir,** *Untersuchung an Schollenmyogen mittels Elektrophorese und Ultrazentrifugierens.* (Vgl. C. **1959.** 4199.) Vff. untersuchten die *Protein*-Zus. von wss. Extrakten u. Myogen (I) aus Muskeln von *Pleuronectes platessa* L. durch Elektrophorese u. Ultrazentrifugierung. I wurde fraktioniert durch Fällung mit $(NH_4)_2SO_4$ bei p_H 7 über den ganzen Sättigungsbereich u. die Einzelfraktionen mit beiden Methoden analysiert. Im allg. sedimentierten die bei höherer Salzkonz. gefällten Komponenten rascher u. wanderten auch rascher im elektr. Feld. 2 *Albumine* mit 5,5 bzw. 7,1 S wurden in krist. Form isoliert; ersteres war elektrophoret. homogen, letzteres nicht. Weiter wurde eine krist. Komponente mit 1,5 S u. anomaler Aminosäurezus. (ca. 15% *Phenylalanin,* kein *Tyrosin* u. kein *Tryptophan*) isoliert; diese Komponente wurde früher schon im Karpfenmuskel nachgewiesen. (Acta chem. scand. **12.** 1851—68. 1958. Liège, Belgium, Univ., Labor. of General Biol.) H. GOEBEL. 4597

George Karreman, Helmut Mueller und **Albert Szent-Györgyi,** *Kompetitive Bindung von ATP und Acridinorange durch Muskel. Acridinorange* (I) u. *Adenosintriphosphat* (II) bilden, wie Verss. mit glycerinextrahierten Psoasmuskelfasern ergaben, mit den gleichen Muskelkomponenten Komplexe. Die Bldg. des II-Komplexes ist ein wesentlicher Prozeß bei der Energieaufladung des Muskels. I hemmt die Kontraktion auf Grund einer kompetitiven Absorption. I- u. II-Moll. konkurrieren um die gleiche Stelle. (Proc. nat. Acad. Sci. USA **43.** 373—79. Mai 1957.) K. MAIER. 4597

J. Knoll, K. Kelemen und **B. Knoll,** *Über die Steuerung des Ionengleichgewichts zwischen Zellen und umgebender Flüssigkeit beim isolierten Froschherzen.* Beim Auswaschen des isolierten Froschherzens (Rana esculenta) mit RINGER-Lsg., die das 16 bis 54fache der n. *HCl*-Menge enthält, bleibt das Herz in Diastole stehen. Bleibt das Herz in Kontakt mit der an K-Ionen reichen Lsg., so kann die Kammertätigkeit spontan wieder einsetzen (Adaptation an K-Überschuß). Darüber hinaus wurde Adaptation des Herzens an Ionenmangel (*Ca*- u. gleichzeitiger K- u. Ca-Mangel) gefunden; diese Adaptation ist jedoch an die Ggw. des Herzvorhofs gebunden. (Pflügers Arch. ges. Physiol. Menschen Tiere **267.** 150—57. 9/7. 1958. Budapest, Med. Univ., Pharmakol. Inst.)
R. LESCHBER. 4597

Dean A. LeSher und **F. E. Shideman,** *Über den stoffwechselphysiologischen Mechanismus des renalen Tubulustransports bei Verabreichung von 1-[3-Hydroxy-5-methyl-4-phenylhexyl]-1-methylpiperidiniumbromid* (*Darstin*). Zur Unters. des Transportmechanismus der Tubuli für organ. bas. Verbb. wurde an Stelle des physiol. bedeutungsvollen *N¹-Methylnicotinamids* (I) wegen Mangels an spezif. Nachweismethoden mit *1-[3-Hydroxy-5-methyl-4-phenylhexyl]-1-methylpiperidiniumbromid* (II) gearbeitet. Nierenrindenschnitte (Kanin) wurden mit den zu prüfenden Verbb. incubiert u. deren Konzentrationsverhältnis im Gewebe u. im Incubationsmedium nach gewissen Zeiten bestimmt. — Ggw. von I, oder Carinamid, oder p-Aminohippursäure (III) stört die II-Aufnahme nicht, was der Fall wäre, wenn für alle diese Verbb. die gleichen Transportmechanismen verwendet werden würden. Diese Verschiedenartigkeit zeigt sich auch bei Zusatz von NaF, wodurch wohl der Transport von III, nicht aber der von I gestört wird. Ein weiterer Unterschied der beiden Transportmechanismen besteht darin, daß die II-Aufnahme durch zugesetzte Milchsäure gehemmt wird, während die von III hierdurch unbeeinflußt bleibt. — Weitere Unterss. mit Stoffwechselinhibitoren (z. B. Arsenit, 2.4-Dinitrophenol, Dehydroessigsäure, Fluoressigsäure) u. Substraten (z. B. Essigsäure, Glucose, Propion-, Bernstein-, Hexan- u. α-Ketoglutarsäure) zeigen mit dem II- bzw. III-Transportsyst. keine unterschiedlichen Ergebnisse. Daraus kann geschlossen werden, daß der Energiebedarf des Transportmechanismus für die untersuchte Säure (III) bzw. Base (II) grundsätzlich gleich ist u. aus den gleichen Quellen (oxydative Phosphorylierung) geschöpft wird. (J. Pharmacol. exp. Therapeut. **118.** 407—14. Dez. 1956. Madison, Wis., Univ. of Wisconsin, Dep. of Pharmacol. and Toxicol.) H. GOHR. 4597

H. Eikmeier, *Untersuchungen über den Serumbilirubinspiegel des Pferdes.* An Hand des *Serumbilirubinspiegels* beim Pferd wird gezeigt, daß allein eine Gelbfärbung der Konjunktiven oder Skleren keine Leberschädigung andeutet. Beim Icterus des Pferdes scheint die hämolyt. Komponente neben der hepatocellulären ebenfalls eine Rolle zu spielen. (Berliner Münchener tierärztl. Wschr. **72.** 48—50. 1/2. 1959. Gießen, Univ., Med. u. Gerichtl. Veterinärklin.) H. STRUCK. 4597

G. A. Panossjan, *Die Rolle des Systems Acetylcholin–Cholinesterase und der Sulfhydrylgruppen bei den Restitutionsprozessen des Nerven–Muskel-Apparates.* Froschmuskeln werden mit *Proserin* (1:10000 bis 1:50000) bzw. *Phosphacol* (1:20000 bis 1:100000) vergiftet. Diese als Anticholinesterase wirksamen Stoffe fördern die Ermüdung der Muskeln u. wirken nur auf dem Wege über die Neuromuskelsynapsis. Harnstoff, BAL u. H_2S-RINGER-Lsg. beheben die Ermüdung des Muskels vorübergehend. Es wird angenommen, daß das Syst. Acetylcholin (I)–Cholinesterase (II) eng mit den Sulfhydrylgruppen (SHG) zusammenhängt. Unter n. Bedingungen ist die neuromuskuläre Leitung von diesem Syst. u. über dieses auch von SHG abhängig. Die neuromuskuläre Weiterleitung muß über das I–II-Syst. unter Beteiligung der reaktiven SHG verwirklicht werden. Die Wiederherst. der indirekten Erregbarkeit des Muskels in nach Proserin viel ausgeprägter als nach RINGER-Lösung. (Известия Академии Наук Армянской ССР, Биологические и Сельскохозяйственные Науки [Nachr. Akad. Wiss. ArmenSSR, biol. landwirtsch. Wiss.] **12.** 27—31. Jan. 1959. Moskau, Univ., Lehrstuhl für Physiol.) F. DU MANS. 4598

Ch. Ss. Koschtojanz, *Über die mögliche Rolle der Nucleinsäuren bei der „Übertragung" des Nervenreizes und der Acetylcholinwirkung.* Bei Unterss. am Froschherz unter Perfusion mit RINGER-Lsg. wurde der Vagus mit Elektroden gereizt, die am Vaguszentrum in der Oblongata angesetzt waren. Die hemmende Wrkg. von *Acetylcholin* (I; Verdünnung 10^{-6}) auf die rhythm. Aktivität des Herzens wurde durch die Wrkg. des neutralen *Trypoflavins* (II; 10^{-4}) völlig aufgehoben. Die gleiche blockierende Wrkg. des II konnte auch an einem Nerv–Muskel-Präp. des Froschs nachgewiesen werden. Der blockierende Einfl. des II auf die Wrkg. des Vagus auf das Herz kann nur nach 15—25 Min. Perfusion des Herzens mit RINGER-Lsg. behoben werden. In einigen Vorverss. konnte gezeigt werden, daß der Zusatz von *Adenin* (III) zur RINGER-Lsg. nur in einzelnen Fällen schneller als die einfache Perfusion die durch II ausgeschaltete Vaguswrkg. wiederherstellte. Wurde III gleichzeitig mit II verabfolgt, so blieb die Vaguswrkg. bestehen. II schließt also die Reizwrkg. des Vagus u. des I auf das Herz aus. Dies hängt mit der Ausschaltung wichtiger enzymat. Prozesse des Nervenreizes durch II zusammen. Eine Wrkg. des II auf die oxydierenden Atmungsprozesse ist nicht ausgeschlossen. Die Störung der chem. Weiterleitung des Nervenreizes kann auf einer Einw. des II auf die *Nucleinsäuren* beruhen. Die Nucleinsäuren wären dann an jenen enzymat. Prozessen beteiligt, welche die chem. Dynamik der Hemmung u. des Reizes der Nerven sicherstellen. (Доклады Академии Наук СССР [Ber. Akad. Wiss. UdSSR] **120.** 926—28. 1/6. 1958. Moskau, Lomonossow-Univ.) F. DU MANS. 4598

E₆. Pharmakologie. Therapie. Toxikologie. Hygiene.

H. Herken, *Chemische Grundlagen pharmakologischer Reaktionen.* Vf. gibt eine Übersicht über einige Pharmaka, bei denen der Stoffwechsel unter ihrer Einw. weitestgehend aufgeklärt ist. U. a. werden die Zusammenhänge zwischen *Carboanhydratase* u. *Sulfonamiden, Cholinesterase* u. *Physostigmin, Prostigmin, Mintacol* u. *Diisopropylfluorphosphat* u. zwischen den *Mikrosomenfermenten* u. *Schlafmitteln* besprochen. (Dtsch. med. Wschr. **83.** 1732—42. 26/9. 1958. Berlin, Freie Univ., Pharmakol. Inst.) H. STRUCK. 4600

Giulio Buogo, *Die Chemotherapie: gestern und heute.* Übersicht über die geschichtliche Entw. wichtiger *Chemotherapeutica* u. *Antibiotica* (Salvarsan, Neosalvarsan, Sul-

fonamide, p-Aminobenzoesäure, p-Aminosalicylsäure, Penicillin, Streptomycin, Chloramphenicol, Radiomimetica) u. ihrer Wirkung. — 19 Literaturangaben. (Rass. Clin., Terap. Sci. affini **56**. 148—56. Juli/Sept. 1957. Bari, Univ., Ist. Chim. bromatol.)
B. STIEB. 4600

B. C. Ray Sarkar, *Lebende Zellen und ihre Reaktion auf ionisierende Strahlung.* Übersicht über die gegenwärtige Kenntnis der Änderungen, die im Stoffwechsel lebender Zellen durch ionisierende Strahlen hervorgerufen werden können. Besprochen wird der Aufbau einer Zelle, die biochem. Bedeutung von Zellplasma u. Zellkern, die Rolle der *Nucleinsäuren* (I) bei der *Protein* (II)-Synth., der Einfl. von Verbb., wie S- u. N-Lost, Äthylenimine, Sulfonsäureester auf die Zelle sowie die biochem. Wrkgg. ionisierender Strahlung auf die II, auf energieliefernde Systeme, die Biosynth. von II u. Lipoiden; die wichtigste biol. Wrkg. beruht auf der Beeinflussung des I-Stoffwechsels. Die unterschiedliche Rk. der Zellen bei den verschied. biol. Prozessen wird diskutiert. (Sci. and Cult. **24**. 159—64. Okt. 1958. New Delhi, Defense Science Labor.) H. DOSSMANN. 4601

H. Breuer, R. Knuppen und **H. K. Parchwitz,** *Über die Dosisabhängigkeit der Wirkung einer Ganzkörperbestrahlung auf den Elektrolyt- und Wassergehalt der Milz.* Weiße ♂ WISTAR-Ratten wurden in Gruppen mit 500, 1000, 4000, 6000, 8000 u. 10000 r röntgentotalbestrahlt. Bestrahlungsbedingungen: 205 kV, Filter 2 mm Al, FHA 40 cm, Dosisleistung 220 r/Minute. 24 Std. nach der Bestrahlung wurden die Tiere decapitiert, die Milz wurde entnommen u. Gewebeschnitte hergestellt. Diese wurden auf ihren Geh., an *Na, K, Chlorid* u. *W.* untersucht. K nimmt bis zur Dosis 500 r ab, Na dagegen zu, bei weiterer Dosiserhöhung bleiben beide Werte konstant. Der Chloridgeh. bleibt im gesamten Dosisbereich konstant, der Wassergeh. verhält sich ähnlich dem K. Die Befunde werden in Verbindung mit der bekannten strahleninduzierten Änderung der Zellpermeabilität diskutiert, u. es wird die Beziehung zum 3,5-Tage-Effekt erörtert, der im gleichen Dosisbereich auftritt wie die Dosisunabhängigkeit der untersuchten Elektrolytgehalte. (Z. Naturforsch. **13b**. 741—43. Nov. 1958. Bonn., Univ., Chirurg. Klin. u. Poliklinik.) W. REUSSE. 4601

G. P. Toropowa, *Oxydative Resynthese von Adenosintriphosphorsäure in der Leber bestrahlter Ratten.* Unter dem Einfl. einer Röntgenbestrahlung mit 650 r ging im Rattenvers. die Phosphorylierung zurück. Die P-Bindung fiel 3 Std. nach der Bestrahlung um 10%, stieg nach 3 Tagen um 36% u. fiel wieder nach 6 Tagen um 23%. Das Ansteigen der oxydierenden Phosphorylierung 3 Tage nach der Bestrahlung findet seine Erklärung im Anstieg der P-Bindung durch vorgebildete Phosphatacceptoren u. in der Hemmung der weiteren Umwandlung der phosphorylierten Produkte. Der Rückgang der gesamten Phosphorylierung am 6. Tag nach der Bestrahlung hängt mit der Verminderung der Quantität der vorgebildeten P-Acceptoren zusammen. Die Resynth. der *Adenosintriphosphorsäure* (I) aus der zugefügten *Adenylsäure* (II) bleibt im Bereich der Norm. Die oxydative Resynth. der I in der Leber der mit minimaler Letaldosis bestrahlten Tiere ändert sich nicht wesentlich. Der Rückgang der P-Bindung durch die zugefügte II 3 Std. nach der Bestrahlung erklärt sich durch den Anstieg der Menge der vorgebildeten II im Gewebe, die mit der von außen zugefügten konkurriert. Die Gesamtresynth. der I ist nur unbedeutend (um 10%) vermindert. In den ersten Std. nach der Bestrahlung steigt in der Leber die II-Menge an; mit dem Fortschreiten der Strahlenschädigung geht sie zurück. (Доклады Академии Наук СССР [Ber. Akad. Wiss. UdSSR] **117**. 266—69. 11/11. 1957.) F. DU MANS. 4601

M. P. Finkel, *Mäuse, Menschen und Fallout.* Die Abschätzung der potentiellen Gefahr von ^{90}*Sr* auf der Grundlage von Daten aus Tierverss. führt zu dem Ergebnis, daß die gegenwärtige Verseuchung mit ^{90}Sr aus dem Fallout mit sehr großer Wahrscheinlichkeit keine physiol. Schäden hervorruft. (Science [Washington] **128**. 637—41. 19/9. 1958. Lemont, Ill., Argonne Nat. Labor., Div. of Biol. and Med. Res.)
GERHARD SCHMIDT. 4601

G. Maycock und **J. Vennart,** *Der ^{131}J-Gehalt menschlicher Schilddrüsen nach einem Unfall am Windscale-Reaktor.* Es wird über Messungen der Radioaktivität der Schilddrüse bei Personen aus London u. Umgebung nach einem Unfall am Reaktor von Windscale [Okt. 1957] berichtet. Die Messungen wurden mittels Scintillationszähler, Photomultiplier u. Impulshöhenanalysator durchgeführt. Die Auswertung der Ergebnisse läßt erkennen, daß der ^{131}J-Geh. der Schilddrüsen mehr oder weniger signifikant erhöht war, u. zwar im wesentlichen bedingt durch die Aufnahme von Milch mit der Nahrung. (Nature [London] **182**. 1545—47. 6/12. 1958. Belmont, Sutton, Surrey, Radiol. Protection Serv.) W. REUSSE. 4601

John E. Furchner, *Die relative biologische Wirksamkeit von Tritium-β-Strahlen und ^{60}Co-γ-Strahlen bezüglich der Letalität von CF 1-Mäusen.* Als Grundlage für die Festlegung der maximal zulässigen Inkorporationsdosis von Tritium beim Menschen wurden Verss. an CF 1-Mäusen durchgeführt. Die Tiere erhielten intraperitoneale Injektionen mit HTO von 0,70—1,41 mc/g. Während einer 7 Tage-Periode wurden Blutproben zur Ermittlung der biol. Halbwertszeit entnommen, die zu 50 Std. im Mittel bestimmt wurde. Vergleichsbestrahlungen mit einer 20 C ^{60}*Co*-γ-Strahlquelle wurden derart durchgeführt, daß durch eine mittels eines Motors langsam bewegte keilförmige Bleiabschirmung auch hier die Dosisleistung während 50 Std. um den Faktor 2 verringert wurde. Die Best. der Mortalität bei den Tieren (DL_{30}) ergab, daß die β-Strahlung von T 1,7 mal wirksamer ist als die ^{60}Co-γ-Strahlung. Die auf Grund dieses Ergebnisses errechnete maximal zulässige Konz. im Körper des Menschen ist 3,7 μC, die höchstzulässige Konz. in der Luft $5 \cdot 10^{-6}$, im W. 0,1 $\mu C/cm^3$. (Radiation Res. **6**. 483—90. April 1957. Los Alamos, N. Mex., Univ. of California, Los Alamos Scient. Labor.) W. REUSSE. 4601

R. H. Mole und **Diana M. Temple,** *Strahlenschäden im Intestinum und ihre chemische Beeinflussung.* Bei Mäusen u. Ratten wurde im kleinen Intestinum ein Abfall des Geh. an *Desoxyribonucleinsäure* nach Bestrahlung gefunden, u. zwar nach 24 Std. um ca. 30% nach Bestrahlung mit 200 r. Die Zeit, nach der die Rückbldg. beginnt, ist bei Dosen zwischen 200 u. 5000 r dosisabhängig. Intraperitoneale Injektion von 150 mg *β-Mercaptoäthylamin* (I)/kg verringerte diese Wrkg. der Bestrahlung bei einer Dosis von 1000 r nach einigen Tagen auf die einer Bestrahlung von 750 r ohne Injektion. Krit. Betrachtung der Versuchsergebnisse mit verschied. Bestrahlungsdosen u. Beobachtung der Wrkg. von I in ihrer Verteilung über die ersten Tage nach der Bestrahlung läßt erkennen, daß I sowohl den prim. Strahlenschaden mindert als auch die Regeneration fördert. (Nature [London] **180**. 1278. 7/12. 1957. Harwell, Berks., Atomic Energy Res. Establ., Radiobiol. Res. Unit.) W. REUSSE. 4601

John E. Harris, *Durch Hyaluronsäuresulfat hervorgerufene strukturelle Veränderungen an Kaninchenaugen.* Kaninchen wurde 2 mal, mit einem Tag Pause, 3 mg *Hyaluronsäuresulfat* (I) in 0,05 cm^3 W. in den Glaskörper injiziert. Ohne daß eine Entzündung auftrat, kam es 2—4 Tage danach zur Verflüssigung des Glaskörpers u. zur Auflösung der Verbindungen zwischen Glaskörper u. Linse u. Strahlenbändchen. Im Verlauf von 1—3 Wochen wurde auch die Cornea trübe, u. nach 6—12 Wochen entwickelte sich ein Katarakt. — Ob diese Erscheinungen auf fundamentale Änderungen der Grundsubstanz durch Polysaccharidaustausch zurückzuführen sind, oder ihre Ursache in bestimmten Antihyaluronidaseeigg. von I zu suchen ist, wird zur Diskussion gestellt. (Amer. J. Ophthalmol. [3] **47**. Nr. 2. 293—94. Febr. 1957. Portland, Ore., Univ. of Oregon.) P. LOCH. 4607

Ellen L. Talman und **John E. Harris,** *Okularveränderungen, welche durch Polysaccharide hervorgerufen werden.* 2. Mitt. *Bestimmung des Hyaluronsäureschwefels nach Injektion im Okulargewebe.* (1. vgl. vorst. Ref.) Um *Hyaluronsäuresulfat* (I), das chem. dem *Heparin* (II) sehr ähnlich ist (5 Sulfatreste je Tetrasaccharideinheit bei **II**, 3 Sulfatreste je Disaccharideinheit bei I), von anderen, verwandten Polysacchariden unterscheiden zu können, wurde das elektrophoret. u. spektralphotometr. Verh. dieser beiden Verbb. sowie von *Hyaluronsäure* (III), *Chondroitinsulfat* (IV), *Pektin* (V) u. *Carragheenan* miteinander verglichen. — In den elektrophoret. Verss. erwies sich Barbitalpuffer als ungeeignet. In Boratpuffer (p_H 11,7) wanderten **III, V** u. **VI** gleichschnell, aber langsamer als **I, II** u. **IV**, die untereinander ebenfalls gleiche Mobilität besaßen. Acetatpuffer gab verwaschene Bänder. Die Pherogramme wurden mit Phosphatpuffer (p_H 6,2), einer Stromstärke von 5 mA u. einer Dauer von 6 Std. erhalten, aber auch unter diesen Bedingungen ließen sich I u. II nicht voneinander trennen. — Die Absorptionsmaxima der Toluidinblaukomplexe mit den genannten Polysacchariden erlauben nur zwischen IV einerseits u. I oder II andererseits zu unterscheiden, während Komplexe mit Alcianblue 8 GS kaum eine Differenzierung zuließen. (Amer. J. Ophthalmol. [3] **47**. Nr. 1. Part 2. Proc. Assoc. Res. Ophthalmol. 428—37. Jan. 1959. Portland, Ore., Univ. of Oregon, Dep of Ophthalmol.) H. STRUCK. 4607

Ladislaus Magos und **Mario Sziza,** *Die Wirkung des p-Nitrobenzaldehyds auf die Methämoglobinbildung.* 6 weiße Ratten (300—350 g) wurden mit steigenden Dosen p-Nitrobenzaldehyd (I) behandelt u. die *Methämoglobin* (II)-Bldg. verfolgt. Es zeigte sich, daß I etwa gleich starke II-Bldg. zur Folge hatte wie *Nitrobenzol.* Die Aldehydgruppe, der eine II-reduzierende Wrkg. zukommt, wird hierbei von der Nitrogruppe, die Ursache für die II-Bldg. ist, in der Wrkg. überboten. (Naturwissenschaften **45**. 522. 1. Nov.-H. 1958. Budapest, Staatl. Inst. für Arbeitsmed.) W. SCHELER. 4607

Hans-Joachim Weise und **Heinz Grimmer,** *Über die Wirkung der percutanen Applikation von chlorierten Naphthalinen auf das Meerschweinchen.* Mit den *Chlornaphthalinen Nibrenwachs D 88* u. *D 130* u. dem *Spritzwachs P 4319* (verschied. Chlorierungsstufen) werden Meerschweinchen täglich mit 0,5 g einer 1 : 10-Emulsion in Erdnußöl am Rücken eingerieben. Der Tod tritt innerhalb von 9—14 Tagen ein. In der Leber, Niere u. Pankreas findet man schwere Degenerationserscheinungen. Es kommt an den inneren Organen zu diesen schweren Degenerationserscheinungen, bevor die chlorierten Naphthaline an der Haut stärkere Schäden verursacht haben. Der Schweregrad der patholog. Schäden hängt vom Chlorierungsgrad der Prodd. ab. (Z. Haut- u. Geschlechtskrankh. **20.** 193—97. 1/4. 1956. Berlin, Freie Univ., Rudolf-Virchow-Krankenhaus, Hautklinik.) G. Kimmerle. 4607

J. E. Casida, P. E. Gatterdam, J. B. Knaak, R. D. Lance und **R. P. Niedermeier,** *Stoffwechsel organischer Phosphatinsekticide beim Rind. Subakute Fütterungsversuche mit O.O-Dimethyl-1-carbomethoxypropen-(1)-yl-(2)-phosphat.* An Kühe wurde 12 Wochen lang *O.O-Dimethyl-1-carbomethoxypropen-(1)-yl(2)-phosphat* (*Phosdrin*; I) in Dosen von 0,026, 0,13 u. 0,52 mg/kg Futter verfüttert. Es trat eine deutliche Senkung der Blutcholinesterasewerte auf. I erscheint aber nicht in der Milch oder den Geweben der Kühe. Verss. mit radioakt. I bestätigten diese Befunde u. zeigten, daß I schnell entgiftet u. als *Dimethylphosphorsäure* (II) ausgeschieden wird. Kälber zeigten eine ähnliche Empfindlichkeit gegen I, das durch Rinder-, Kälber- u. menschliches Plasma zu II hydrolysiert wird.

Versuche: Durch Neutronenbestrahlung wurde $^{32}PCl_3$ hergestellt, dieses mit PCl_3 verd., dest. u. mit 3mol. äquival. von wasserfreiem Methanol in Pentan bei Ggw. von 3mol. äquival. Diäthylanilin zur Rk. gebracht. Das entstehende Trimethylphosphat wurde mit α-Chlormethylacetat zu radioakt. I umgesetzt. (J. agric. Food Chem. **6.** 658 bis 662. Sept. 1958. Madison, Wis., Univ. of Wisconsin, Dep. of Entomology and Dairy Husbandry.) K. Böhm. 4607

F. W. Plapp und **J. E. Casida,** *Stoffwechsel organischer Phosphorinsekticide beim Rind. Stoffwechselschicksal des O.O-Dimethyl-O-(2.4.5-trichlorphenyl)-thiophosphat bei Ratten und einer Kuh.* Vff. fanden, daß *O.O-Dimethyl-O-[2.4.5-trichlorphenyl]-thiophosphat* (*Trolene*; I) durch Alkali oder durch bovinen Pansensaft in vitro leicht entweder an der Methylphosphat- oder Phenylphosphatbindung hydrolysiert wird. Radioakt. I wurde oral an Ratten u. eine Kuh in Dosen von 100 mg/kg verabfolgt u. bei Hausfliegen top. angewandt. An Hand der Metaboliten ließen sich auch in vivo die gleichen Hydrolysewege nachweisen. Das Sauerstoffanaloge des I unterliegt ähnlichen Hydrolysespaltungen.

Versuche: $^{32}PCl_3$ wurde in Thiophosphorylchlorid u. dann in Dimethylthiophosphorylchlorid übergeführt. O.O-Dimethyl-O-[2.4.5-trichlorphenyl]-thiophosphat (I) wurde durch Rk. von Dimethylthiophosphorylchlorid mit äquimol. 2.4.5-Trichlorphenol in Ggw. von äquimol. Na_2CO_3 (II) gebildet. I wurde in Hexan gelöst, dreimal mit 10% ig. II gewaschen u. weiter an einer Celiteisooctanmethanolsäule gereinigt. O.O-Dimethyl-O-[2.4.5-trichlorphenyl]-phosphat wurde in 70% ig. Ausbeute aus $^{32}PCl_3$ nach der Meth. von Fukuto u. Metcalf erhalten. (J. agric. Food Chem. **6.** 662—67. Sept. 1958. Madison, Wis., Univ. of Wisconsin, Dep. of Entomol.) K. Böhm. 4607

H. S. Hopf und **R. T. Taylor,** *Die Rolle der Cholinesterase bei Einwirkung eines Insekticids.* Das von Ghosh dargestellte Acaricid *Äthoxyäthylphosphinylthioäthyltriäthylammoniumjodid* (I) weist gegenüber Heuschrecken eine gemäßigte Toxizität auf; seine DL_{50} liegt zwischen 300 u. 500 mg/kg bei Injektion. Da es jedoch ein guter in vitro-Hemmstoff der Cholinesterase (II) des Heuschreckenganglions ist, wurde versucht, seinen Wirkungsmechanismus nach der Injektion von 360—720 mg I/kg in gepuffertem NaCl an Ganglionhomogenaten von Tieren, die a) erheblich befallen waren, keinen Tarsalreflex zeigten u. keiner koordinierten Bewegung fähig waren, u. b) n. erscheinenden Tieren, die jedoch ein frühes Stadium von Lethargie zeigten, aufzuklären. Dabei wurde die Fermentaktivität im Warburg-Vers. durch die CO_2-Entw. in Ggw. von Na-Bicarbonat u. Acetylcholinchlorid in Abhängigkeit der Giftgaben bestimmt. Die Ergebnisse lassen vermuten, daß bei den Versuchstieren die gesamte II gehemmt wird. Die Rolle des Enzyms bei insekticiden Vorgängen erscheint noch nicht geklärt, vor allem auch dadurch, daß noch zusätzlich ein anderes Enzym, eine *Phenylesterase*, in den Ganglien lokalisiert ist, das auch I-sensibel ist. Es scheint, daß allg. tox. Phosphorester bei Insekten eine leichte II-Hemmung hervorrufen. (Nature [London] **182.** 1381—82. 15/11. 1958. Bracknell, Berks, Imperial Chem. Ind. Ltd., Jeallott's Hill Res. Stat.) K. Ring. 4607

Pietro Milo di Villagrazia, *Die Bedeutung der Algen in der antiken und modernen Therapie.* Begriffe *Algen* u. *Plankton*; Anwendung in der Medizin von den ältesten Zeiten bis in die Neuzeit. (Rass., Clin. Terap. Sci. affini **56.** 158—68. Juli/Sept. 1957.) B. Stieb. 4608

Riccardo Cameroni, *Die natürlichen Flavonprodukte.* Literaturübersicht über die verschied. *Flavone,* deren Stoffwechsel u. Pharmakologie. — 283 Literaturangaben. (Riv. ital. Essenze, Profumi, Piante officin., Olii veget., Saponi **40.** 352—57. 15/8. 469—75. 15/10. 1958. Modena, Univ., Ist. di Farmacol.) H. P. FIEDLER. 4608

R. L. Holmes und **E. T. Rayner,** *Isolierung von 2 stickstofffreien Toxinen aus Tungkernen.* Kerne u. entöltes Mehl der Samen von *Aleurites fordii* u. *montana,* deren letztes 22—25% Proteine enthält, erweisen sich für Mensch u. Tier als stark giftig. Es werden systemat. Verss. zur Entgiftung des Mehles, um Futtermittel daraus herzustellen, durchgeführt. Die mit Hexan entölten, geschälten u. zerkleinerten Samen bzw. Tungpreßkuchen werden mit Ae. bzw. mit Bzl. extrahiert; der nach Abdampfen der Lösungsmittel hinterbleibende Rückstand wird durch fraktionierte Lsg. mit verschied. Lösungsmitteln aufgearbeitet; die erhaltenen Fraktionen werden im Kükentest — Verabfolgung in Form von Gelatinekapseln — ohne Ermittlung der Toxizitätsgrenze rein qualitativ auf ihre pharmakol. Wrkg. geprüft. Dabei ergeben sich 2 unterschiedliche giftig wirkende, stickstofffreie Substanzen, die in einer Dosis von 10 mg 4 Tage alte Küken töten. An Hand der chromatograph. Unterss. unter Einsatz von Glasfilterpapier wird gezeigt, daß es sich um verschied., chromatograph. einheitliche, instabile Verbb. handelt, deren eine den R_F-Wert = 0,84, deren andere den R_F-Wert = 0,71 besitzt. Toxin I: C = 70,6%, H = 9,0%, O = 20,4%; Hydroxylgeh. 5,7%; Verseifungsäquivalent 268; spezif. Rotation + 65 bis + 78° in A.; frei von N, P u. Halogen; Toxin II: C = 67,5%, H = 8,2%, O = 24,3%; Hydroxylgeh. 5,6%; Verseifungsäquivalent 401; spezif. Rotation + 55 bis + 68° in A.; frei von N, P u. Halogen. (J. Amer. Oil Chemists' Soc. **35.** 586—89. Nov. 1958. Bogalusa, La., U. S. Tung Oil Labor.) K. TÄUFEL. 4608

M. Pucek, *Die toxische Wirkung der Glandulae submaxillares bei Neomys fodiens fodiens Schreb.* Homogenate der Glandulae submaxillares von Wasserspitzmäusen (*Neomys fodiens f. Schreb.*) zeigten bei intracerebralen u. subcutanen Injektionen an Erdmäuse ausgesprochen tox. Wrkgg., die abgeschwächt auch bei weißen Mäusen auftraten. Frösche wurden durch den Biß der Wasserspitzmaus gelähmt. Somit ist wahrscheinlich, daß die Unterkieferspeicheldrüsen der Wasserspitzmaus Giftstoffe noch unbekannter Art enthalten. (Bull. Acad. polon. Sci., Sér. Sci. biol. **5.** 301—06. 1957. Bielowieza, Poln. Akad. der Wiss., Forschungsanst. für Säugetierkunde.) F. KRUSEN. 4609

Enrico del Pianto, *Natriumäthylthiosulfat in der Tuberkulose- und Lepratherapie.* Nach Zufuhr von *Na-Äthylthiosulfat* (I; täglich 0,9 g/kg in 2,6 cm³ W., oral) wurde der Infektionsindex (IF) von 31 in unbehandelten auf 8,5 in behandelten Meerschweinchen herabgesetzt, während mit der gleichen subcutan verabfolgten Menge (in 20%ig. Polyvinylpyrrolidonlsg.) der IF nur auf 21 abfiel. Bei 7 mit gleicher I-Dosis behandelten, an schwerer Lungentuberkulose erkrankten Patienten (3mal täglich 1,5 g bis zu 3 Monaten) wurde eine Besserung des Allgemeinbefindens, eine sehr beachtliche Verminderung der Auswurfmenge, der Bacillenzahl u. des Röntgenbildes festgestellt. Nach I zeigten Leprakranke einen merklichen Rückgang von Lepromen, ein Verschwinden der Bacillen aus der Nasenschleimhaut, Nachlassen von Fieberanfällen u. eine Abschwächung akuter u. schmerzhafter Hautentzündungen (Tabellen). — 8 Literaturangaben. (Ricerca sci. **26.** 813—18. März 1956. Roma, Centro di studio per la chim. gen.) G. PLATZER. 4610

Ernst L. Schäfer und **Hans Greuel,** *Der Einfluß NNR-blockierender Substanzen (vom Typ des p-Chlorophenyldichloräthans) auf den Verlauf der experimentellen Meerschweinchentuberkulose.* Eine 10%ig. Lsg. von *2.2-Bis-[p-chlorophenyl]-1.1-dichloräthan (DDD)* in Erdnußöl, stabilisiert durch Tween 80, wurde Meerschweinchen subcutan injiziert (3mal wöchentlich je 1 ml über 25 Tage). Ein Teil von diesen wurde danach mit einem schwach virulenten isonicotinylhydrazidresistenten Humanustuberkulosestamm infiziert u. am 42. Tage nach der Infektion getötet. Der Schweregrad der vorliegenden Tuberkulose wurde durch makroskop. Sektionsbefund u. durch histolog. Befund an den nach v. GIESON u. mit Sudan III gefärbten Organen (Lunge, Leber, Milz, Nieren u. Nebennieren) beurteilt. Aus der blockierenden Wrkg. von DDD auf die Nebennierenrinde (NNR) ergab sich eher eine günstige Beeinflussung. — Sowohl bei den nichtinfizierten als auch bei den infizierten Tieren trat eine deutliche Abnahme des (sudanophilen) Fettgeh. der NNR bei gleichzeitig aber eher ansteigender Gewichtstendenz auf. (Z. Tuberkulose Erkrank. Thoraxorg. **112.** 299—305. 1959. Düsseldorf, I. Med. Klinik der Med. Akad.) K. PREUSS. 4610

F. S. Nohara, *Zur Chemie und Pharmakologie eines neuen peroralen Antituberkuloticums: Isonicco „Schweizerhall". Isonicco (Isonicotinsäurehydrazid, Co-Salz;* CHEM. FABRIK SCHWEIZERHALL; I) hat, verglichen mit Isoniacid in vitro noch in wesentlich geringerer Konz. eine wachstumshemmende Wrkg.; diese hält länger an, die Toleranz ist besser. Bei der Maus (Meerschweinchen) beträgt die DL_{50} für I 0,250 (0,450), für Isonicotinsäurehydrazid 0,175 (0,350). (Praxis [Bern] **46.** 263—65. 21/3. 1957. Schweizerhall, Chem. Fabrik, Pharmazeut. Abt.) H. BENISCHKE. 4610

S. Courvoisier und **O. Leau,** *Untersuchung über den Beginn der Taubheit bei Ratten nach Streptomycin-, Dihydrostreptomycin- und Neomycinbehandlung.* Mit einer Klingelapp. konnte bei Ratten das fortschreitende Nachlassen ihrer Rk. auf den akust. Reiz durch Verabreichung von *Streptomycin* (I), *Dihydrostreptomycin* (II) u. *Neomycin* (III) während eines Zeitraumes von 15 Wochen in Abhängigkeit von der Höhe der Dosis nachgewiesen werden. III wirkt am meisten tox., im Vgl. zu I trat die tox. Wrkg. von II bereits nach schwächeren Dosen auf. Nach Vff. verursacht I eine Unterdrückung der Vestibularreflexe, während die Cochlearisstörung durch II bilateral u. symm. ist. (Antibiotics and Chemotherapy **6.** 411—20. Juni 1956. Vitry, France, Soc. des Usines Chim. Rhône-Poulenc, Res. Labors.) H. DOSSMANN. 4611

R. Ducrot, O. Leau und **C. Cosar,** *Schutzwirkung von Pantothensäure gegenüber den toxischen Wirkungen von Streptomycin und Dihydrostreptomycin.* Toxizitätsverss. an Mäusen mit subcutan verabreichtem *Streptomycin* (I) u. *Dihydrostreptomycin* (II) ergaben für die DL_{50} von I 0,7 (1,4) g/kg, von II 1,2 (2,4) g/kg. Ratten wurden auf Gehörschäden untersucht, diese nahmen mit der Verabreichungszeit bis zur Taubheit zu. Die tox. Wrkg. durch I tritt etwas später ein als durch II, aber in demselben Grade. Durch Kombination von I u. II mit *Pantothensäure* (III) wurden die Schäden signifikant herabgesetzt. Bei Katzen war die Red. der I- bzw. II-Schäden durch III geringer. Verwendet wurde III als *Na-Pantothenat* oder als I- bzw. II-Salz. (Antibiotics and Chemotherapy **6.** 404—10. Juni 1956. Vitry, France, Soc. des Usines Chim. Rhône-Poulenc, Res. Labors.) H. DOSSMANN. 4611

T. K. Murray und **J. A. Campbell,** *Weitere Untersuchungen über die Wirkung von Aureomycin auf die scheinbare Vitamin-A-Verwertung durch die Ratte.* (Vgl. C. **1956.** 8407.) *Aureomycin* (I) wirkt auf den Vaginaabstrichtest (Ratte) nicht durch Erhöhung der Dosisresorption. Während der I-Wirksamkeit ist der Darminhalt frei von *Vitamin A* (II; orale Zufuhr von 625 I.E.). Ferner erhöht I die Rk. auf subcutane II-Dosen, obgleich kein II im Darminhalt oder -wand erscheint. I ist auf die II-Verwertung ohne Einfl., wenn dem Futter Ascorbinsäure oder Folsäure oder Saccharose an Stelle von Stärke zugesetzt wird. Mögliche Wirkungsmechanismen von I werden diskutiert. (J. of Nutrit. **59.** 319—26. 10/7. 1956. Ottawa, Dep. of Nat. Health and Welfare, Food and Drug Labors.) K. MAIER. 4611

Eberhard Mühler, *Polyneuritis bei einer mit Actinomycin C (Sanamycin) behandelten Lymphogranulomatose.* Nach Behandlung mit einer Gesamtdosis von 22500 γ *Sanamycin* (I) trat bei einem 23jährigen Patienten mit einer Lymphogranulomatose eine Polyneuritis mit außerordentlich heftigen Schmerzen, Paresen, Sensibilitätsstörungen u. Reflexausfällen auf. Es wird angenommen, daß sowohl die I-Behandlung als auch die Grundkrankheit u. eine damit verbundene Leberschädigung für das Auftreten des neurolog. Syndroms verantwortlich zu machen sind. (Die Medizinische **1959.** 423—25. 7/3. Mainz, Univ., Med. Univ. Klin.) K. BÖHM. 4611

Murray A. Kaplan, A. P. Granatek und **F. H. Buckwalter,** *Quatrimycin: Herstellung und Eigenschaften. Quatrimycin* (I) ist ein *Tetracyclin* (II)-Epimeres, das in fl. Suspensionen u. Lsgg. von II, je nach den Bedingungen, in wechselnden Mengen (Gleichgewicht) vorliegt. Die Aktivität von Propylenglykol-Lsgg. von II-Hydrochlorid oder wss. Lsgg. von Na-I, p_H 7,0, nimmt bei 56° infolge Epimerisierung rasch 40—50% ab. Die I-Bldg. wird durch *Ca-* oder *Mg*-Salzbldg. bei $p_H \geqq 6$ stark gehemmt. Zur präparativen I-Herst. wird II-Hydrochlorid in Dimethylacetamid (+1 oder 2% suspendiertes $NaHSO_3$) im Dunkeln bei n. Temp. 2—4 Wochen stehengelassen, das Filtrat mit Methylisobutylketon gefällt, der 60—70% I enthaltende Nd. in W. von p_H 4,5—7,0 gelöst u. nach Auskristallisation von II-Base aus der Mutterlauge I durch a) Lyophilisierung, b) Fällung von *Ca*-I mittels $CaCl_2$ bei p_H 7—8, c) Verteilung in Butanol bei p_H 1,5—2,0 durch HCl u. azeotrope Konzentrierung, d) Überführung in krist. NH_4-I mit konz. NH_4OH u. Aceton isoliert. Eine 50%ig. Umwandlung in I gelingt durch Erhitzen von II in W. auf 98° bei p_H 4—6 (2—5 Min.). Die Best. von I neben II u. *Anhydrotetracyclin* (III) erfolgt durch Chromatographie auf Papierscheiben (Imprägnierung mit Na_2HPO_4-Citronensäurepuffer, Entw. mit Pyridin–Bzl.–Nitromethan, 3:10:20; innen → außen: I, II, III). NH_4-I, F. 161—162°, gelbe Kristalle, λ_{max} 255 mμ, $E^{1\%}_{cm}$ 357 (0,1n HCl). I-*Hydrochlorid,* amorphe, gelbe Substanz (Butanol), $[\alpha]_D^{25}$ −325° (c = 0,58; 0,2n HCl). Reines I ist wahrscheinlich in vitro inaktiv. Die beobachtete Aktivität beruht anscheinend auf II (Verunreinigung oder Neubldg.). Die DL_{50} (intraperitoneal, Maus) von NH_4-I u. I-*Hydrochlorid* ist >500 mg/kg. I gibt nach intramuskulärer Zuführung bei Kaninchen sehr niedrige oder keine Blutspiegel, bei Hunden höhere (oral keine),

wobei die Aktivität wahrscheinlich wiederum durch II bedingt ist. (Antibiotics and Chemotherapy **7.** 569—76. Nov. 1957. Syracuse, N. Y., Bristol Labors., Inc., Res. Div.)
K. MAIER. 4611

A. A. Dinerman, *Einfluß der Antibiotica auf den Verlauf der Cholininsuffizienz.* Verss. an weißen Ratten ergaben, daß die tägliche Verabreichung von 30 mg *Biomycin* (I) in einem von *Cholin* (II) freien u. methioninarmen Futter die Intensität einer Reihe von Erscheinungen des II-Mangels herabzusetzen vermag (größere Anzahl der überlebenden Tiere, raschere Gewichtszunahme, Verhinderung der Nierenschädigung), während ein solcher Einfl. weder dem *Penicillin* (50000 E.), noch dem *Lävomycetin* (30 mg) oder *Terramycin* (40 mg) zukommt. Die Fettinfiltration der Leber infolge der II-Insuffizienz wird allerdings durch I nicht verhindert, in der Mehrzahl der Fälle sogar gesteigert. Die durch CCl_4 hervorgerufene Fettinfiltration der Leber wird durch I bei vollwertigem proteinhaltigem Futter nicht verstärkt. (Вопросы Питания [Fragen d. Ernähr.] **18.** Nr. 1. 17—23. Jan./Febr. 1959. Moskau, Ernährungsinst. der Akad. der med. Wiss., Labor. für pathol. Physiol.)
E. RENTZ. 4611

Lucien Delcambe, *Antibiotica von peptidischer Art.* Übersicht über chem. Struktur u. biol. Wrkg. der wichtigsten, peptid. Antibiotica. (Ind. chim. belge **21.** 1149—58. Nov. 1956.)
W. WESLY. 4611

Theophil Krajewski, *Die Largactildermatosen und ihre Therapie.* Es werden 53 eigene u. in der Literatur beschriebene Beobachtungen über *Largactil-*(*Megaphen*)-Nebenwrkgg. an der Haut durch Überempfindlichkeits-Rkk. berichtet. Eine *Zentramin*-Behandlung ist der Therapie mit Calcium bzw. Antihistaminen vorzuziehen. — 32 Literaturangaben. (Z. Haut- u. Geschlechtskrankh. **20.** 401—03. 15/6. 1956. Merzig, Saar.)
G. KIMMERLE. 4620

L. B. Dainjak, *Äthizin bei der Behandlung von Patienten mit vasomotorischer und allergischer Rhinitis.* Mit *Äthizin* (*10-[β-Dimethylaminoäthyl]-phenthiazin*; I) werden Fälle von vasomotor. Rhinitis durchschnittlich 4 Wochen behandelt (1. Woche nur 0,025 g 2mal täglich per os, um die Verträglichkeit des Präp. zu ermitteln, später in therapeut. Dosis). 8 Kranke konnten vollkommen geheilt werden, bei 11 trat eine Besserung ein. Rückfälle traten nicht ein. Bei 2 von 3 nicht geheilten Fällen blieb auch die Wiederholung ohne Erfolg. Die meisten Kranken vertrugen I ohne Nebenerscheinungen. Eine Patientin bekam Ureterkrampf. I ist kontraindiziert bei Störungen der Leber- u. Nierenfunktion. (Вестник Ото-Рино-Ларингологии [Nachr. Oto-Rhino-Laryngol. **21.** Nr. 2. 38—41. 1 Tafel. März/April 1959. Moskau, II. Med. Inst. Klinik für Nasen-Ohren-Rachen-Krankheiten der therapeut. Fak.)
F. DU MANS. 4620

B. J. Key und **P. B. Bradley,** *Wirkung von Pharmacis auf Kondition und Gewöhnung gegenüber Weckreizen bei Tieren.* Werden Katzen auf die Beeinflussung der elektrocorticalen Aktivität u. des Weckeffektes aus dem Schlaf durch bestimmte Präpp. untersucht, ist nach wenigen Verss. eine Gewöhnung des Organismus an das Stimulans, signifikant durch steigende Schwellenwerte für das Wecken, zu beobachten, wenn die Effekte durch Auslösung eines Geräusches definierter Stärke hervorgerufen werden. Diese Erscheinung ist zu umgehen durch eine positive Kondition des Tieres gegenüber dem Stimulans, die durch Kopplung des Weckreizes mit einem Elektroschock erreicht wird. Bei dieser Versuchsanordnung sind konstante Schwellenwerte zu beobachten. Beide Versuchstypen (gewöhnte Tiere: a, reaktionsbereite Tiere: b) wurden benutzt, um die Beeinflußbarkeit der Schwellenwerte der Weckreize durch verschied. Präpp. zu zeigen. *Chlorpromazin* (I; 5—10 mg/kg) u. *Reserpin*, intraperitoneal verabfolgt, erhöhten die Schwellenwerte für beide Tiergruppen, *Lysergsäurediäthylamid* (II) verursachte bei einer Anfangsdosis von 5 μg/kg bei der Gruppe a zunächst einen starken Abfall der Werte, wogegen sie bei b unbeeinflußt blieben. Anscheinend ist die Wrkg. von I ähnlich den Gewöhnungserscheinungen gegenüber einer breiten Menge von Sinnesreizen, wobei die Tiere dem vorher bei der elektrocorticalen Aktivierung u. beim gewöhnlichen Wecken benutzten Stimulans gegenüber indifferent werden. Dagegen steigert II die Signifikanz der meisten Reize bis zu einem Wert, der dem irgendeines Stimulans bei einem in positiver Kondition befindlichen Tier entspricht. (Nature [London] **182.** 1517—19. 29/11. 1958. Birmingham, Med. School, Dep. of Exp. Psychiatry.)
K. RING. 4620

Francisco Garcia-Valdecasas, *Pharmakologische Untersuchung über die Psychoaktivität.* Übersicht über psychoakt. Verbindungen. — 80 Literaturangaben. (Medicamenta [Madrid] **19 (10).** Nr. 166. 247—56. 15/5. 1958. Barcelona, Fac. de Med., Inst. de Farmacol.)
P. LOCH. 4620

M. Messer, *Vergleich der Wirkungen von Barbituraten, Salicylaten, Chlorpromazin, 2.4-Dinitrophenol und Cyanid auf die Glutaminsynthese durch Gehirnzellen in vitro.* In WARBURG-Verss. mit Hirnbrei (vorwiegend intakte Zellen aus Meerschweinchenhirn) wurden O_2-Verbrauch u. *Glutamin* (I)-Bldg. ohne u. mit Zusatz der zu prüfenden Pharmaca bestimmt. — *2.4-Dinitrophenol* stimuliert in Konzz. bis zu 0,1 mmol. den O_2-Verbrauch, wobei die I-Synth. etwa im gleichen Umfang gehemmt wird. Höhere Konzz. erniedrigen weiterhin die I-Synth., während der O_2-Verbrauch nunmehr aber steil abfällt. — Ein ähnliches Verh., wenn auch nicht ganz so ausgeprägt, wird unter Einw. von *Na-Salicylat* u. *Na-Acetylsalicylat* beobachtet. Da die I-Synth. von der Verfügbarkeit von Adenosintriphosphat abhängt, kann sie als Maß der hier beobachteten Entkopplung der oxydativen Phosphorylierung dienen. — Im Gegensatz zu den genannten Verbb. erniedrigen *HCN* u. *Barbiturate* (*Seconal, Amytal, Pentobarbitone, Thiopenton, Phenobarbiton, Dial*) sowohl O_2-Verbrauch wie (als Folgeerscheinung hiervon) die I-Synthese. — Ob auch unter Einw. von *Chlorpromazin* eine Entkopplung stattfindet, kann bei der komplexen Natur der Wrkgg. (bes. auf Enzymsysteme) nicht entschieden werden. — Alle Verbb. hatten im zellfreien Syst. keinen Einfl. auf die I-Synthese. (Austral. J. exp. Biol. med. Sci. **36.** 65—76. Febr. 1958. Melbourne, Univ., Dep. of Physiol.) U. HACKENBERG. 4627

Raymond Cahen, *Resorption von Acetylsalicylsäure durch den Magen.* 15 Hunde mit Pylorusligatur zur Trennung von Magen u. Darm erhalten nach Auswaschen des Magens mit physiol. Serum in den Magen hinein eine Injektion von 200 mg Acetylsalicylsäure (I)/kg in wss. bicarbonathaltiger Lsg.; der *Salicylsäure* (II)-Geh. des Plasmas bzw. die Menge an durch den isolierten Magen resorbiertem I wird in verschied. Zeitabständen post injectionem bestimmt. — Die Salicylämie variiert von Tier zu Tier. Folgende II-Werte werden gefunden (in mg/100 ml Plasma): nach 5 Min. 0,85, nach 15 Min. 1,50. Bei 8 Hunden sind 15 Min. nach der I-Injektion 12% I, bei 7 Hunden nach 60 Min. 27% I resorbiert. (C. R. hebd. Séances Acad. Sci. **248.** 3064—65. 25/5. 1959. Maisons-Alfort, Seine.) H. KOCKERT. 4627

Anna Szadowska und **Halina Ciborska,** *Pharmakodynamische Wirkung des Hydrochlorids des 3-Methylcumarylsäure-(2)-diäthylaminoäthylesters.* Die Toxizität des *Hydrochlorids* des *3-Methylcumarylsäure-(2)-diäthylaminoäthylesters* (I) ist 1,4mal größer als die von Novocain (II). Es reizt in Konzz. von 0,5—4% nicht die Bindehaut (Kaninchen), ebenso verhalten sich 0,5%ig. Lsgg. bei intercutaner Injektion (Meerschweinchen, Mensch). I hat keine hämolyt. Wirkung. Die lokalanästhet. Wrkg. gleicht der von II. I wirkt stark spasmolyt. auf den glatten Muskel (isolierter Darm, Bronchien) u. auf das abgetrennte Kaninchenohr. Vorübergehend wird der Blutdruck gesenkt (Hund). Die Antihistaminwrkg. ist 8mal stärker als die von II. Kleine I-Gaben verstärken die Herztätigkeit (isoliertes Kaninchenherz), große Hemmen die Tätigkeit in der Diastole. Adrenalin, nicht aber Atropin, hebt diese Wrkg. auf. (Acta polon. pharmac. **15.** 245—60. 1958. Łódź, Akad. Med., Zakł. Farmakolog.) F. URBAN. 4627

A. Ravina, *Klinische Untersuchungen über ein neues, nicht barbitursäurehaltiges, synthetisches Schlafmittel: 2-Methyl-3-o-tolylchinazolon-(4).* *2-Methyl-3-o-tolylchinazolon-(4)* (I) bewirkt in Dosen von 0,15 g oral oder 0,2 rectal bei den meisten Versuchspersonen 6—8 Std. Schlaf. In Kombination mit Codein unterdrückt I nächtliches Husten. Nebenerscheinungen wurden nur in seltenen Fällen in Form von Nausea oder Sodbrennen beobachtet. (Presse méd. **67.** 891—92. 2/5. 1959.)
HEINRICH HERMANN. 4627

Marta Weinstock, H. C. Stewart und **K. R. Butterworth,** *Die Wirkung Morphin-ähnlicher Präparate auf die Linsen von Mäusen.* Eine Reihe von *Pethidin* (Dolantin)-Derivv. wurde auf ihre akute tox. u. lenticulare Wrkg. bei Mäusen untersucht u. erwies sich dabei, ähnlich wie *Nitrophenol* bei Küken, als Linsen-trübend. Diese experimentelle Trübung war reversibel u. durch gleichzeitige Verabfolgung geringer Dosen von *Nalorphin* zu verhindern, bzw. nachträglich in kurzer Zeit aufzuheben. *DL-Methadon-HCl*, subcutan injiziert (2 mg/100 g Gewicht) rief beginnende Trübung nach 15 Min. hervor u. erreichte nach 50 Min. ihr Wirkungsmaximum. Nach 3 Std. war die Rk. ausgeklungen. Geringere Dosen bewirkten schwächere Effekte. — *Morphin* wirkte erheblich langsamer; das Maximum war nach 75—90 Min. erreicht. Bis auf *Cocain* u. *Papaverin*, die wesentlich schwächer waren, gaben alle Narkotica u. verwandte Analgetica diese Reaktion. Je stärker die analget. Wrkg., desto stärker war auch ihr lenticularer Effekt. Es wurden ferner noch 18 weitere Präpp. untersucht, die jedoch keine Rkk. gaben. Ferner wurden vergleichende Unterss. über den Zusammenhang zwischen der Dosisabhängigkeit der DL_{50} (50%ig. letale Wrkg.), DE_{50} (50%ig. analget. Wrkg.) u. des Trübungseffektes durchgeführt. (Nature [London] **182.** 1519—20. 29/11. 1958. London, Univ. of London, St. Mary's Hosp. Med. School, Dep. of Pharmacol.) K. RING. 4627

A. McCoubrey, *Die dauerhafte antagonistische Wirkung von N-Allyl-1-[p-cyclohexyloxyphenyl]-äthylamin gegenüber analgetischen Stoffen.* Der nur zwischen *N-Allyl-*

1-[p-cyclohexyloxyphenyl]-äthylamin (I) u. *1-[p-Cyclohexyloxyphenyl]-äthylamin* (II) bestehende lang anhaltende Antagonismus hängt möglicherweise eng mit einer durch I bewirkten Hemmung der Nebennieren bzgl. ihrer II-Akkumulationsfähigkeit zusammen (Rattenverss.). Wenn auch in den Nebennieren keine I-Anhäufung, welche sozusagen die II-Aufnahme blockiert, nachweisbar war, lief doch die Wiederherst. der II-Akkumulationsfähigkeit der Nebennieren mit der Abschwächung der antagonist. Wrkg. der einmaligen I-Dosis parallel. Es wird an eine Gewebeänderung in den Nebennieren durch I ohne I-Retention gedacht, welche langsam reversibel ist. (J. Pharmacy Pharmacol. **10**. 162—66. März 1958. London, Univ., Brit. Postgrad. Med. Fed., Maudsley Hosp., Inst. of Psychiatry, Dep. of Biochem.) U. TAUSENDFREUND. 4627

M. v. Bubnoff, D. Schnell und **J. Vogt-Moykoff,** *Zur Pharmakologie der Benzoesäure, der p-Chlorbenzoesäure sowie der p-Hydroxybenzoesäure und ihrer Ester.* 2. Mitt. (1. vgl. C. **1958**. 5435.) *Benzoesäure* (I), *p-Chlorbenzoesäure* (II), *p-Hydroxybenzoesäure* (III), *p-Hydroxybenzoesäuremethylester* (IV) u. *p-Hydroxybenzoesäureäthylester* (V) haben deutliche antikonvulsive Eigg., u. zwar bei oraler Gabe in der Relation 1:1:1:2,5:2,5. Die wirksame Dosis von IV u. V liegt bei 20 mg/kg. Bei intravenöser Verabreichung von I, IV u. V ist die Relation ca. 1:10:10 u. die wirksame Dosis von IV u. V bei 5 mg/kg. Die schon früher bei Niere u. Extremitäten gefundenen Effekte wurden auch an den Gehirngefäßen beobachtet, u. zwar verhalten sich die Wirkungsstärken bei Injektion in die A. vertebralis der Katze von I, III, II, IV, V, *p-Hydroxybenzoesäurepropylester*, *p-Hydroxybenzoesäurebutylester* u. *p-Hydroxybenzoesäurebenzylester* wie 1:1,2:1,7:22,5: 22,5:22,5:22,5:15. Die wirksamen Dosen der Ester (0,3—0,7 mg/kg) entsprechen den von TAUGNER erhaltenen Werten von zwei *Theophyllin*-Derivv. (0,18—0,9 bzw. 0,25 bis 1,5 mg/kg). Bei oraler Verabreichung hoher Dosen (100 mg/kg) von I u. V konnten keine deutlichen Unterschiede festgestellt werden. Vff. führen das Ergebnis auf die Verseifung des Esters u. die sehr große Resorptionszeit im Darm zurück. (Arzneimittel-Forsch. **7**. 340—44. Juni 1957. Heidelberg, Univ. pharmaz. Inst.) R. BEHNISCH. 4628

Jeanne Lévy, Nicole Mathieu und **Estera Michel-Ber,** *Beziehungen zwischen chemischer Konstitution und parasympathomimetischer Nicotin- und Curarewirkung einiger quartärer Ammoniumverbindungen der allgemeinen Formel:* $R—CH_2—N^+(CH_3)_3$. Es wurden die parasympathomimet., ganglionerregenden u. curarisierenden Eigg. einiger quartärer NH_4-Verbb. der Zus. $R—CH_2—N^+(CH_3)_3$ (R aromat. Ring) untersucht. Bei der Verb. mit $R = C_6H_5$ sind diese 3 Eigg. gegenüber Cholin (I) gesteigert, jedoch reicht die Einführung eines aromat. Rings nicht generell zur Verleihung dieser 3 Eigg. aus. Einführung einer alkoh. Gruppe in den aromat. Rest ist für den Grad dieser Eigg. weniger wichtig als der Abstand zwischen quartärer NH_4-Gruppe u. Substituent. Geprüfte Trimethylammoniumjodide: *m-* u. *p-Hydroxymethylbenzyl-*, *Benzyl-*, *o-*, *m-* u. *p-Methylbenzyl-* u. *Furfuryl-* sowie *Cholinchlorid* u. *Acetylcholinchlorid.* (J. de Physiol. **50**. 1043—65. Okt./Dez. 1958. Paris, Fac. de Med.) K. MAIER. 4628

Camillo Bianchi, *Die essentielle Hypertonie.* Die Übersicht behandelt das Wesen u. die Ursachen der Hypertonie, hypotensiv wirkende Mittel u. ihre pharmakol. Prüfung. (Boll. chim. farmac. **97**. 747—60. Dez. 1958.) P. LOCH. 4630

Francis J. Borges, Samuel T. R. Revell jr. und **William Edward O'Malley,** *Durch p-Aminobenzylcoffeinhydrochlorid, einem Versuchspräparat mit blutdrucksenkender Wirkung, hervorgerufener protrahierter intrahepatärer Verschlußikterus.* Es werden 2 Fälle von intrahepatärem Verschlußikterus nach intravenöser u. oraler Zufuhr von *8-[p-Aminobenzyl]-coffeinhydrochlorid* (I), einem Versuchspräp. mit blutdrucksenkender Wrkg. beschrieben u. auf die klin. u. patholog. Ähnlichkeit mit Veränderungen bei Patienten hingewiesen, bei denen sich nach Methyltestosteron u. Thorazin (Chlorpromazin) Gelbsucht entwickelte. Wegen der mäßigen blutdrucksenkenden Wrkg. u. der schwerwiegenden tox. Eigg. ist eine weitere Prüfung von I nicht notwendig. (J. Lab. clin. Med. **47**. 735—42. Mai 1956. Baltimore, Md., Univ., School of Med., Dep. of Med. and Dep. of Pharmacol.) K. MAIER. 4630

Th. Hockerts und **G. Mülke,** *Beitrag zur Frage einer Coronarwirkung von wässerigen Extrakten aus Crataegus-Droge.* An 40 morphin-pernoctonnarkotisierten Hunden wurde mittels der REINschen Diathermiestromuhr die Durchblutungsgröße der Coronargefäße bestimmt u. zusätzlich der arterielle Druck, der Druck im rechten Vorhof u. die O_2-Sättigung der A. carot. comm. sowie die Blutgasanalysen ermittelt. An weiteren 10 Tieren wurde das Atemvol. u. das EKG registriert. Sodann wurde der Einfl. standardisierter wss. Extrakte aus *Crataegus* (I; Präp. *Ringelheim 20/50-Esbericard*, SCHAPER & BRÜMMER, Salzgitter-Ringelheim) auf diese Größen festgelegt. I bedingt eine Erhöhung des coronaren Durchflusses sowohl über eine direkte Beeinflussung der glatten

Muskulatur als auch über eine Zunahme des Herzminutenvolumens. Blutdruck u. Venendruck änderten sich nicht, desgleichen wurde an der Lunge u. im EKG nichts Nachteiliges festgestellt. (Arzneimittel-Forsch. **5.** 755—57. Dez. 1955.) H. JORDAN. 4630

Gaston Mayer und **Jean-Marie Meunier,** *Reserpin und die Trächtigkeit der Ratte. Überleben der Eier in der latenten Phase und durch östrogen bewirkte normale oder verzögerte Eiimplantationen.* Vff. stellten fest, daß *Reserpin* (I; 125 μg/Tier/Tag), intramuskulär an trächtige Ratten verabfolgt, die n. Eiimplantation verhindern kann. Die befruchteten Eier sind in der Lage, in latentem Zustand zu überleben. Nach Hormonbehandlung [*Östradiol* (II); 0,25 μg/Tier/Tag; *Progesteron,* 5 mg/Tier/Tag] werden nach einer Ruhephase n. Nidation u. Wiederaufnahme der Eientw. beobachtet. Werden I u. II im Verlauf der Trächtigkeit gleichzeitig verabreicht, so wird eine große Zahl chronolog. n. Eiimplantationen festgestellt. (C. R. hebd. Séances Acad. Sci. **248.** 3355—57. 8/6. 1959. Bordeaux, Fac. de Méd., Labor. d'Anatomie générale et Sécurité Sociale, Centre de Biol. préventive.) H. KOCKERT. 4630

Louis R. Dinon, Yung Sup Kim und **Joseph B. Vander Veer,** *Klinische Erfahrungen mit Chlorothiazide (Diuril) unter besonderer Berücksichtigung ungünstiger Reaktionen. Ein Bericht über 121 untersuchte Fälle aus einem 15 Monate umfassenden Zeitraum.* Bei 121 Patienten wurden mit *Chlorothiazide* (*6-Chlor-7-sulfamyl-1.2.4-benzothiadiazin-1.1-dioxyd*), einem oral wirksamen Diureticum mit blutdrucksenkender Wrkg., meist gute bis ausgezeichnete Effekte erzielt. Nebenwrkgg. waren: Serumelektrolytstörungen, extremer Blutdruckabfall bei Anwendung zusammen mit blutdrucksenkenden Mitteln (besonders Ganglionblockern), Allergie. In den meisten Fällen ist eine Ergänzung durch K-Salze (KCl, Citrusfruchtsäfte) zweckmäßig. (Amer. J. med. Sci. [N. S.] **236.** 533—45. Nov. 1958. Philadelphia, Pa., Hospital, Div. of Med., Cardiovascular Dep.)
K. MAIER. 4634

E. Bolte, M. Verdy, J. Marc-Aurele, J. Brouillet, P. Beauregard und **J. Genest,** *Untersuchungen über neue Diuretica: Spirolacton und Chlorthiazid.* Es werden Ergebnisse mit den neuen Diureticis *Spirolacton* (*3-[Δ^4-Androsten-17β-ol-3-on-17α-yl]-propionsäure-γ-lacton,* SEARLE, *SC-8109*; I) u. *Chlorthiazid* (*6-Chlor-7-sulfamyl-1.2.4-benzthiadiazin-1.1-dioxyd,* MERCK, SHARP & DOHME; II) mitgeteilt. Orale I-Gaben steigern die Na-Ausscheidung im Urin, u. es kommt zu einer Verringerung der Urinausscheidung der conjugierten 17-Hydroxycorticosteroide. Die Aldosteronausscheidung ist während der I-Verabreichung vermehrt. II steigert beträchtlich die Na-, Cl- u. K-Ausscheidung im Urin, die 17-Hydroxycorticosteroide oder das Aldosteron werden nicht beeinflußt. Bei 60 Hypertonikern führte II, oft kombiniert mit anderen den Blutdruck senkenden Mitteln, zu sehr deutlichen Blutdrucksenkungen. Eine Hypokaliaemie trat nur bei 12% der Fälle auf. Nach II stiegen die Harnsäurewerte im Serum an, durch Probenemid wird dieser II-Effekt aufgehoben. (Canad. med. Assoc. J. **79.** 881—88. 1/12. 1958. Montreal, Clin. Res. Dep., Hotel-Dieu Hospital.) K. BÖHM. 4634

Marcello Ricci und **Salvatore Corbo,** *Über die Wirkung von Piperazinadipat gegen E. vermicularis* u. *A. lumbricoides.* Bei einer großen Anzahl von Kindern von 6—12 Jahren mit Enterobiasis wurde *Piperazinadipat* (I) in Lsg., Suspension oder Tabletten während 2—5 Tagen verabreicht. Geheilt wurden: 70,37% von 27 Kindern, die 2 Tage lang behandelt wurden; 87,18% von 39 Kindern bei 3 Tagen; 95,10% von 102 Kindern bei 4 Tagen; 94,05% von 84 Kindern bei 5 Tagen. 36 Kinder mit Ascaridiasis wurden 1 Tag lang mit 4 g I in Lsg., am folgenden Tag mit 20 g Na_2SO_4 behandelt. In 94,44% der Fälle war der Stuhl frei von Eiern. Bei Trichuris trichiura war die Wrkg. von I gering, bei Hymenolepsis nana war I wirkungslos. — 12 Literaturangaben. (Riv. Parassitol. **17.** 97—104. April 1956. Roma, Ist. Sup. Sanità, Labor. parassitol.)
B. STIEB. 4649

Bernhard Hermelink, *Klinische Erfahrungen mit 5.7-Dichlor-8-hydroxychinaldin bei der Behandlung von Amöbenruhr und anderen infektiösen Darmerkrankungen sowie deren Folgezuständen. 5.7-Dichlor-8-hydroxychinaldin* (*Siosteran,* GEIGY) wurde bei 151 Patienten mit infektiösen u. chronisch entzündlichen Darmerkrankungen (Amöbenruhr, Enramoeba coli-Infektion, Lambliaris, Colitis, akute Enterocolitis, Darmschäden durch Antibiotica, Typhus, Darmmoniliaris) zu 77% mit therapeut. Erfolg angewandt. (Z. Tropenmed. Parasitol. **9.** 277—87. Dez. 1958. Tübingen, Paul-Sechler-Krankenhaus.)
G. KIMMERLE. 4649

R. J. Pitchford und **W. O. Harrison,** *Behandlung der Bilharziose mit Antimondimercaptosuccinat.* Bantu-Neger, die an Bilharziose erkrankt waren, wurden mit *Antimondimercaptosuccinat* (I) behandelt. Es handelte sich um Doppelinfektionen mit Schistosoma haematobium u. S. mansoni. I wurde intramuskulär bis zu einer Gesamtdosis von 2,0—2,8 g (im Zeitraum von 2—10 Tagen) gegeben, I ist wahrscheinlich gegenüber S. haematobium wirksam, nicht gegenüber S. mansoni. (South African med. J. **32.** 966—67. 27/9. 1958. Nelspruit, S. A. Council for Scient. a. Ind. Res., Bilharzia Field Unit. a. Havelock Asbestos Mine, Swziland.) H. SCHIMASSEK. 4649

B. J. Kruger, *Der Einfluß von Spurenelementen auf die experimentelle Caries bei der Albinoratte.* 3. Mitt. *Untersuchung von Bor und Kupfer.* (2. vgl. C. **1959.** 8244.) Verabreichung von *B* (als Borsäure) u. *Cu* (als Nitrat) in verschied. Dosen, die jedoch unter den in früheren Verss. verwendeten lagen (vgl. l. c. u. C. **1959.** 7880), an Albinoratten während der Schmelzmineralisierung hatte keinen Einfl. auf die Cariesentstehung bzw. auf die Reduktion der Caries. — Diskussion der Ergebnisse u. der Wrkg. der einzelnen Elemente. (Austral. Dental J. **3.** 374—77. Dez. 1958. Brisbane, Univ. of Queensland.) G. KLESSE. 4655

M. J. Reneman, *Über die Pulpenschädlichkeit von Resinzementen. Stellungnahme zu der Arbeit von K. Langeland in der DZZ. 12 (1957), Heft 8, Seite 602.* (Vgl. LANGELAND, C. **1959.** 8639.) Hinweis auf die Unschädlichkeit von *Resinzementen* für die Pulpa bei Vorbehandlung der Kavitäten mit *Vivadent Cervin* u. *Reogan.* (Dtsch. zahnärztl. Z. **12.** 1243—44. 15/9. 1957. Groningen, Holland.) G. KLESSE. 4655

F. C. Münch, *Pulpaschäden durch Resinzement?* (Vgl. vorst. Ref. u. LANGELAND, C. **1959.** 8639.) Hinweis darauf, daß bei richtig ausgeführtem Pulpenschutz die Resinzemente den üblichen Silicatzementen bzgl. der Pulpenfreundlichkeit nicht nachstehen. (Dtsch. zahnärztl. Z. **12.** 1244. 15/9. 1957. Naisa bei Bamberg.) G. KLESSE. 4655

K. Langeland, *Schlußwort zu vorstehenden Stellungnahmen.* (Vgl. vorst. Reff. u. C. **1959.** 8639.) Widerlegung der Einwände von RENEMAN bzw. MÜNCH (vgl. l. c.), Ablehnung der zusätzlichen Verwendung von Unterfüllungen mit erneuter Betonung der Pulpenschädlichkeit der Resinzemente u. Hinweis auf die bessere Befestigung von prothet. Material mit den pulpenfreundlichen Phosphatzementen. (Dtsch. zahnärztl. Z. **12.** 1244—46. 15/9. 1957. Norwegian Inst. of Dental Res.) G. KLESSE. 4655

Teodor Juszkiewicz, *Untersuchungen über die therapeutischen Eigenschaften von Chlorophyll.* 3. Mitt. *Eine vergleichende Untersuchung über den Einfluß von Chlorophyll, Hämatoporphyrin, Protoporphyrin, Vitamin B_{12} und Penicillin auf die Heilung experimentell infizierter, eiternder Wunden.* (1. u. 2. vgl. Ann. Univ. Mariae Curie-Skłodowska, Sect. DD. **10.** [1955.] 67 u. 83.) Beim Vgl. 1% ig. *Chlorophyll* (**I**)-Salbe, *Vitamin B_{12}* (**II**)-Salbe mit einem **II**-Geh. von 5 μg/100 g, 1% ig. *Hämatoporphyrin* (**III**)-Salbe, 1% ig. *Protoporphyrin* (**IV**)-Salbe u. *Penicillin*-Salbe mit einem Geh. von 500 I.E./g erwiesen sich **I, II, III** u. **IV** mit der 4-Pyrrolstruktur als geeignet zur Beschleunigung des Heilprozesses vereiterter Wunden, bes. im Granulationsstadium u. bei der Deckung mit Epithel. **I** u. **IV** bewiesen sowohl in der ersten Phase beim Angehen der Infektion, vermutlich auf Grund antibakterieller Eigg., als auch im Granulationsstadium eine bessere Wirkung. (Roczniki Nauk rolniczych, Ser. E **68.** 277—89. 1958.) U. TAUSENDFREUND. 4660

Emilio Trabucchi, *Probleme der Hautpharmakologie.* Übersicht über die Pharmakologie des Eindringens von Wirkstoffen u. Medikamenten in die Haut u. der Wrkg. von *Hormonen, Antihistaminen, Salicylsäure, Salicylaten, Azulen, Serotonin* u. *Vitaminen* auf die Haut. (Soap, Perfum. Cosmet. **30.** 1046—52. Okt. 1957. Milano, Univ., Inst. für Pharmakologie.) E. LÜCK. 4661

R. A. Palmer, J. D. E. Price und **John Eden,** *Die Behandlung der Hyperkalämie mit Austauschern in der Säureform im oberen und unteren Magen-Darm-Trakt.* Es wird über die Verwendung von *Kationenaustauschern* bei der Behandlung der Hyperkalaemie berichtet. Die Therapie ist einfach, sicher u. wirksam, nur bei lebensbedrohenden Herzvergiftungen sollte sie vermieden werden. Durch den akt. Transport des *K* durch die Darmmucosa ist die Entfernung des Körper-*K* durch Klistier, welcher den Austauscher enthält, am wirksamsten. (Canad. med. Assoc. J. **80.** 432—35. 15/3. 1959. Vancouver, Brit. Columbia, Univ., Dep. of Med. Pathol.) H. STRUCK. 4670

Mariano R. Castex, *Natriumthiosulfat, ein altes, aber immer noch sehr brauchbares Heilmittel in der inneren Medizin.* Überblick über die Verwendung u. den großen Wert von $Na_2S_2O_3 \cdot 5\,H_2O$ bei Intoxikationen verschied. Art, anaphylakt.-allerg. Rkk., bei Leber- u. Nierenleiden u. bes. bei akuter u. chron. Urämie. — 102 Literaturangaben. (Prensa méd. argent. **44.** 1731—40. 7/6. 1957.) K. BOHLE. 4670

Horst Scheunemann, *Klinische Untersuchungen über therapeutische Möglichkeiten mit Preludin in der Kieferchirurgie.* Vf. empfiehlt an Hand von eigenen Erfahrungen die Verabreichung von *Preludin* zur Behebung des Hungergefühls bei Suppenkost, wie sie bes. bei kieferchirurg. Patienten notwendig ist. Das Präp. erwies sich außerdem als nützliches Adjuvans in der Rekonvalescenz. (Dtsch. zahnärztl. Z. **12.** 1240—43. 15/9. 1957. Düsseldorf, Kieferklinik, Abt. für Kiefer- u. Gesichtschirurgie.) G. KLESSE. 4670

Jean Charbonnier, André Collet, Léon Le Bouffant, Henriette Daniel-Moussard und **Simone Durif,** *Gewebewirkungen einer kristallinen unlöslichen Kieselsäure.* Vff. prüfen die Wirksamkeit einer künstlich aus gleichen Teilen Na-Metasilicat u. $(NH_4)_2 \cdot HPO_4$ bei einer Temp. von 750° u. einem Druck von 35000 at (15 Std.) hergestellten Kieselsäure, SiO_2 (I; 50 μ große hexagonale Kristalle, die wahrscheinlich dem triklinen Syst. angehören; sie werden durch langes Erwärmen mit HF nicht angegriffen u. sind in W. u. physiol. Puffer-Lsgg. unlösl.) auf das Peritoneum der Ratte (nach intraperitonealer Verabreichung von 100 mg; Kontrollratten erhalten die gleiche Menge Quarz verabfolgt). — Es wurde festgestellt, daß I keine Gewebewirksamkeit entfaltet. (C. R. hebd. Séances Acad. Sci. **248.** 3066—68. 25/5. 1959. Verneuil-en-Halette, Oise, Centre d'Études et Rech. des Charbonnages de France.) H. KOCKERT. 4681

F. Pharmazeutische Chemie. Desinfektion.

K. M. Henderson, *Die Pharmazie der B. P. 1958.* Besprechung einiger Arzneimittel u. Arzneimittelgruppen der B.P. 1958, die vornehmlich in der Krankenhausbehandlung Verwendung finden. (Australas. J. Pharmacy [N. S.] **39.** 1147—52. 30/10. 1958.) H.-W. GRAMM. 4750

Adolf Stawowczyk, *Einige Rezeptur-Inkompatibilitäten.* Beispiele für die chem. u. physikal. Unverträglichkeit von Arzneimitteln eines Rezeptes nach Angaben aus der neueren ausländ. Literatur. (Farmacja polska **15.** 4—8. 15/1. 1959. Kraków, Akad. Med., Zakł. Farmac. stosow.) F. URBAN. 4750

K. Münzel und **P. L. Seth,** *Vergleichende Untersuchung über die Eigenschaften von Tabletten, die mit Exzenter- und Rotationstablettiermaschinen gepreßt sind.* Beschreibung von Exzenter- u. Rotationstablettiermaschinen u. der Eigg. der damit erzeugten Tabletten (4 Abb.). (Pharmac. Weekbl. **93.** 317—24. 5/4. 1958. Zürich, Swiss Federal Inst. of Technol., Pharmaceut. Inst., Goku. Dep., Calcutta. [Orig.: engl.]) W. WESLY. 4766

Fernando José Santiago Montenegro, *Vergleichende Untersuchung von Bindemitteln in der Pharmakotechnik der Tabletten.* Die beste Druckfestigkeit zeigt von den untersuchten Bindemitteln für Tabletten Gelatine, der Dextrin nahekommt; fast gleich verhalten sich Stärkegummi, Gummi arabicum u. Carboxymethylcellulose; am schwächsten ist Na-Alginat, das höhere Konzz. erfordert. Ähnlich sind die Beziehungen bzgl. Stoßfestigkeit u. Zersetzungsdauer; hierin u. in der Härte ist aber Stärkegummi eines der besten Mittel. (Rev. Quím. Farmác. [Rio de Janeiro] **21.** Nr. 9. 17—34. Sept. 1956.) R. K. MÜLLER. 4766

A. Damodaran Nair und **V. N. Bhatia,** *Untersuchung der Auflösung gepreßter Tabletten.* 1. Mitt. *Wirkung des Verfahrens, das beim Inkorporieren des Sprengmittels angewendet wird, auf die Auflösungszeit.* Unters. der Wrkg., die durch die Inkorporierung von *Veegum* (I) als Sprengmittel in verschied. Verhältnis teils vor, teils nach der Granulierung der Tablettenmasse auf die Auflösungszeit von *Sulfathiazol*-Tabletten ausgeübt wurde. Die kürzeste Auflösungszeit wurde erhalten, wenn 12,5% der I-Menge vor u. 87,5% der I-Menge nach der Granulierung inkorporiert wurde. Die Auflösungszeit wurde nach der U.S.P.-Meth. u. nach einer modifizierten U.S.P.-Meth. gemessen, u. es wird die Notwendigkeit einer Abänderung der U.S.P.-Meth. diskutiert. (J. Amer. pharmac. Assoc., sci. Edit. **46.** 131—34. Febr. 1957. Pullman, State College of Washington, School of Pharmacy.) M. NEGWER. 4766

Heinz Harms, *Arzneipflanzen im Spiegel des zahnärztlichen Schrifttums.* Ausführlicher Überblick über die in der Zahnmedizin verwendeten bzw. früher verwandten Arzneipflanzen mit 47 Rezepturbeispielen u. 159 Literaturangaben. (Planta med. [Stuttgart] **4.** 111—25. 15/7. 1956; **5.** 23—32. 15/1. 56—64. 15/3. 1957. Ahlenberg über Dortmund.) M. NEGWER. 4782

A. M. van Prooijen, *Pharmakohistorische Untersuchungen.* 87. Mitt. *Roßkastanie.* (86. vgl. C. **1959.** 3227.) Übersicht über Vork. der Roßkastanie, Geschichte ihrer Verpflanzung nach Europa, Eigg. der Blätter, Samen, Blüten, Rinde u. Anwendung in der Heilkunde. (Pharmac. Tijdschr. België **35.** 89—94. Juni 1958. 's Hertogenbosch.) W. WESLY. 4782

M. Chládek, V. Košová und **K. Hrubý,** *Blütenfasziationen bei der echten Kamille (Matricaria chamomilla L.) und die Möglichkeiten der wirtschaftlichen Verwertung solcher Formen.* Vff. untersuchten die Colchicineinw. (0,1- bzw. 0,05% ig. Lsg.) auf wildwachsende echte Kamille mit Blattstiel- u. Blütenstandfasziation. Die Blütenstände wurden cytolog. untersucht u. zeigten vergrößerte Spaltöffnungen u. doppelte Chromosomenanzahl. Die

Erblichkeit des tetraploiden Zustandes wurde bestätigt, während eine stärkere Colchicinierung keine verwertbaren Resultate ergab. In der pharmazeut. Praxis kann mit Verwendungsmöglichkeiten für den neuen Kamillentypus gerechnet werden. (Pharmazie **13**. 712—18. Nov. 1958. Pohořelice bei Brünn, Forschungsinst. für das Trawopolnaja-System; Brünn, Univ., Pharmazeut. Fak.; Prag, Univ., Inst. für Genetik.) I. GEIBLER. 4782

Józef Kołodziejski und **Anna Mruk**, *Anatomischer Bau der oberirdischen Teile von Artemisia abrotanum L.* (Dissertat. pharmac. [Warszawa] **10**. 63—68. 1958. Gdansk, Akad. Med., Zakł. Farmakogn.) F. URBAN. 4782

Marvin M. Malmberg und **Muriel C. Vincent**, *Lantrol in pharmazeutischen Zubereitungen. Lantrol* (I; „fl. Lanolin"), bestehend aus den fl. Estern des Wollfettes, dient als guter Emulgator für wasseraufnehmende Salben. Hydrophilic Petrolatum, hergestellt aus 3% Cholesterin (II), 3% Stearylalkohol (III), 8% Bienenwachs (IV) u. 86% Vaselin (V), nimmt nur 67% W. auf. Besonders gute Wasseraufnahme zeigen modifizierte Vorschriften, wie 3% I, 3% II, 8% IV, 86% V oder 3% I, 3% II, 94% V oder 8% I, 2% III, 90% V oder 6% I, 2% II, 92% V mit 199, 200, 237 bzw. 320% Wasseraufnahmefähigkeit. Die Wrkg. von Lokalanästhetica in Lantrol-haltigen Salben, die hohes Wasseraufnahmevermögen besitzen, tritt ca. 9—10 Min. nach Applikation auf die Haut ein. (J. Amer. pharmac. Assoc., pract. Pharmacy Edit. **20**. 83—85. Febr. 1959. Moorhead, Minn., St. Ansgar Hosp.; Fargo, N. Dak., North Dakota Agric. Coll., School of Pharmacy.) S. ERBE. 4786

Fred Wesley, *Eine Zusammenstellung von nicht offizinellen Geschmackskorrigentien.* Den 29 offizinellen Geschmackskorrigentien, darunter 4 mit Fruchtnote, der USP u. der NF stehen 27 nichtoffizinelle, darunter 14 mit Fruchtnote, die sich in der pharmazeut. Großproduktion meist recht gut eingeführt haben, gegenüber. Spezielle Anwendungsgebiete der einzelnen Geschmacksstoffe werden angeführt. (J. Amer. pharmac. Assoc., pract. Pharmacy Edit. **20**. 91—92. Febr. 1959. New York, N. Y., Fritzsche Brothers, Inc.) S. ERBE. 4786

E. Roy Hammarlund und **Kaj Pedersen-Bjergaard**, *Eine vorläufige Untersuchung zur Einstellung der Isotonie.* Lsgg. einzelner Substanzen, wie Na-Benzoat (I), $CaCl_2 \cdot 6 H_2O$ (II), $MgSO_4 \cdot 7 H_2O$ (III) usw., können durch Zugabe von NaCl leicht isoton. gemacht werden, da sich die osmot. Effekte addieren. Bei Mischungen von verschied. Substanzen ist es nicht immer möglich, die Isotonie zu berechnen. Als Beispiel wird Dibucain·HCl (IV) u. Chlorpromazin·HCl (V) angeführt. IV u. V scheinen in Lsg. in Micellen vorzuliegen, so daß ein ungewöhnlich größerer Zusatz von NaCl gemacht werden muß, um Isotonie zu erreichen. Es werden Kurven angegeben, aus denen der zur Erreichung der Isotonie notwendige Zusatz von NaCl zu Lsgg. von I, II, III, IV u. V abzulesen ist. Als Kriterium wurde eine Gefrierpunktserniedrigung von 0,52° zugrunde gelegt. (Dansk Tidsskr. Farmaci, Suppl. II, Festskr. Svend Aage Schou 107—16. **1956**. Washington, D. C., State Coll., School of Pharmacy; Kopenhagen, Valby Pharmacy.) S. ERBE. 4790

Ryszard Pakuła und **Jerzy Smoleński**, *Darstellung von festem basischen Aluminiumacetat für Heilzwecke.* Das durch Fällung mit NH_4OH u. $(NH_4)_2CO_3$ bei p_H 7 aus NH_4–Al-Alaun erhaltene α-$Al(OH)_3$ (1 Mol) wird feucht in Essigsäure (4 Mol) bei 30—35° gelöst. Die mit Aktivkohle geklärte, ca. 30%ig. Lsg. des bas. Acetats wird sehr schnell durch Zerstäuben in einem Neutralglas oder Ausgießen auf 60° heiße Al-Platten eingedampft. Die farblose, glasige M. liefert stabile 1%ig. wss. Lösungen. (Acta polon. pharmac. **15**. 297—99. 1958. Warszawa, Inst. Farmac., Zakł. Technol.) F. URBAN. 4790

Janet E. G. George, *Eine Untersuchung über die Stabilität von Atropin-Augentropfen A.P.F.*. 1%ig. Atropinsulfatlsg. zeigte nach 30 Min. Erhitzen auf 100° in einer Pufferlsg. (p_H 6,5) nur geringfügige Hydrolyse. Die Best. des Atropingeh. erfolgte spektrophotometrisch. (Australas. J. Pharmacy [N. S.] **39**. 1113. 30/10. 1958. Sydney, Univ., Dep. of Pharmacy.) H.-W. GRAMM. 4790

K. Münzel und **R. Zwicky**, *Das plasto-elastische Verhalten von Wasser-in-Fett-Salben (W/F-Salben) bei steigendem Wassergehalt.* Stark wasserhaltige W/F-Salben werden steif u. lassen sich nicht leicht ausstreichen. Dieses Steifwerden geht bei steigendem Wassergeh. nicht mit einer Erhöhung, sondern Erniedrigung der Quasiviscosität einher. Das Steifwerden beruht auf einer Verstärkung der elast. auf Kosten der plast. Eigg. des Salbengels. Für die Messung der Elastizität wird der App. nach SÄVERBORN [Diss. Uppsala, 1945] empfohlen u. eine Konventionsmeth. angegeben, bei der Torsionswinkel u. Ablesezeit konstant gehalten werden. Die η_Q-Werte nehmen ab, da das Verhältnis von hochviscoser Fettphase zu niedrigviscoser Wasserphase in Richtung W. verschoben ist. Durch den geringer werdenden Abstand u. eine Deformation der Wassertröpfchen bei steigendem Wassergeh. treten Spannungen im Innern der

Emulsion auf, die sich als eine Steigerung der elast. Eigg. offenbaren. Eine ähnliche Steigerung der Elastizität ist auch bei Mayonnaisen festzustellen, deren disperse Ölphase bis zu 80% ausmacht. Hierbei tritt aber, im Gegensatz zu W/F-Salben, eine Erhöhung der η_Q-Werte auf, da höher viscose Ölphase den größten Anteil der Mayonnaise ausmacht. (Dansk Tidsskr. Farmaci, Suppl. II, Festskr. Svend Aage Schou **1956**. 195—203. Zürich, ETH, Pharmazeut. Inst., Galen. Abt.) S. Erbe. 4792

C. Trolle-Lassen, *Penicillinsalbe Ph. Dan. Bemerkungen zur Herstellungsvorschrift.* Für die Herst. einer haltbaren *Penicillin* (I)-Salbe ist zu beachten: Zum Erhitzen ist trockene Wärme zu verwenden, kein Wasser- oder Dampfbad. Wird I im Kühlschrank verwahrt (nicht notwendig), dann soll das ungeöffnete Glas zum Ausgleich der Temp. mindestens 3—4 Std. bei Raumtemp. liegen, bevor der Inhalt verwendet wird. I muß gewogen werden. Besteht Verdacht auf Wassergeh., dann kann man der Schmelze vor dem Filtrieren trockenes Na_2SO_4 beimischen. Die Wärmebehandlung der Salbengrundlage ist für die Haltbarkeit entscheidend. Alle Geräte sind trocken zu sterilisieren, die Darst. soll unter möglichst trockenen Verhältnissen erfolgen. (Arch. Pharmac. og Chem. **65** (**115**). 855—59. 8/11. 1958. Danmarks Apotekerforen. Kontrollabor.)
R. K. Müller. 4792

K. C. James, *Die Hydrolyse von Acetylsalicylsäure aus wässeriger Suspension.* Die Hydrolyse (H) von *Acetylsalicylsäure* (I) schreitet in wss. Lsg. schneller fort als in wss. Suspension. Die Kinetik der H von I wird diskutiert. Der Einfl. von Temp., H-Zeit u. I-Konz. wurde untersucht. Der H geht eine Auflsg. von suspendiertem I voraus. Die H. ist abhängig vom Verhältnis der Konzz. an gelöster u. suspendierter I sowie temperaturabhängig. Die I-Mixtur des British Pharmaceutical Codex zeigte z. B. nach 7 Tagen Aufbewahrung bei Zimmertemp. H von 1—4% I, nach 14 bzw. 21 Tagen von 3—5 bzw. 5—6%. Temperaturerhöhung von 20 auf 34° ergibt eine Zunahme der H auf das 1,5 bis 2fache. Bei Erhöhung der I-Konz. auf das 4fache wird eine größere Stabilität erzielt, die H beträgt weniger als 1% innerhalb von 7 Tagen. (J. Pharmacy Pharmacol. **10**. 363—69. Juni 1958. Cardiff, Welsh Coll. of Advanced Technol., Welsh School of Pharmacy.) S. Erbe. 4806

Marc van Ooteghem und **Kurt Steiger,** *Untersuchung über die Frage der Konservierung von Procainhydrochlorid.* Die Geschwindigkeitskonstante c der Hydrolyse von Procainhydrochlorid ist prakt. konstant bei 50°, aber nicht mehr konstant >80°. Mit steigender Temp. wird die Abweichung immer größer. Die Hydrolyse folgt also bei hohen Tempp. nicht den Gesetzen der Rkk. 1. Ordnung. Es ist nicht möglich, die Zeit der Beständigkeit einer bei p_H 3,15 gepufferten Procainlsg. aus dem bei 80° ermittelten c-Wert zu berechnen. (Pharmac. Weekbl. **93**. 325—33. 5/4. 1958. Zürich, ETH. [Orig.: französ.]) W. Wesly. 4806

Bohdan Szczyciński und **Jerzy Smoleński,** *Kondensation von Acetylaceton mit Sulfaguanidin zu Sulfamethazin in wässerigem Medium.* Die Kondensation von *Acetylaceton* (I) mit *Sulfaguanidin* (II) verläuft in Ggw. von W. <100° mit besserer Ausbeute, da die niedrigere Temp. Neben-Rkk. ausschließt u. die Aufarbeitung erleichtert. Aus der 24 Std. unter Rückfluß erhitzten Mischung wird zunächst I abdest., wobei W. laufend ersetzt werden muß. Das ausgefallene *Sulfamethazin* (III) wird heiß filtriert u. mit heißem W. gewaschen, um es von nichtumgesetzen II zu befreien. Nach Lösen des Nd. in NH_4OH, Entfärben der Lsg. mit Bisulfit u. Aktivkohle wird III (F. 196,5—197,5°) mit HCl gefällt. Das Prod. entspricht den Anforderungen des Brit. Arzneibuches. (Acta polon. pharmac. **15**. 215—16. 1958. Warszawa, Inst. Farmac., Zakł. technol.)
F. Urban. 4806

P. I. Onitzew, *Synthetische Herzglykoside.* Bericht über den derzeitigen Stand der Synth. der Aglykone u. der Teilsynth. der Herzglykoside. — 14 Literaturangaben. (Медицинская Промышленность СССР [Med. Ind. UdSSR] **12**. Nr. 4. 6—10. April 1958.) E. Rentz. 4806

R. G. Sims, *Synthetisches Vitamin A. Großtechnische Synthese in England.* Inhaltlich ident. mit der C. **1957**. 13428 referierten Arbeit. (Chem. Process Engng. **38**. 103—05. März 1957.) R. Reiss. 4808

H. N. Antoniades, R. B. Pennell, J. W. McArthur, F. M. Ingersoll, H. Ulfelder und **J. L. Oncley,** *Darstellung und Anreicherung der Hypophysengonadotropine aus dem Plasma des Menschen.* Es werden zwei als G1 u. G2 bezeichnete Darstellungsmethoden beschrieben, die beide auf der wiederholten Fraktionierung von n. bzw. postmenopausalem Plasma mit kaltem A. u. Zn-Salzen unter sorgfältiger Kontrolle von Ionenkonz., p_H, Temp. sowie Eiweißkonz. beruhen. Während die G1-Meth. die Darst. von *Gonadotropinen* (I) ohne Verlust anderer Plasmaproteine gestattet, erreicht die relativ einfache G2-Meth. Reinigung u. Konzentrierung von I, jedoch unter Verlust der klin. wertvollen γ-Globuline. Die Best. der gonadotropen Aktivität (gon.Akt.) setzte sich aus der Wirkungsbest. des follikelstimulierenden Hormons u. der des Luteinisierungshormons zusammen. Nach der G1-Meth. wurden 7 Liter postmenopausalen Plasmas fraktioniert. Zur weiteren Reinigung diente das aus den Fraktionen (Fr.) II u. III durch weiteres Fraktionieren erhaltene Präcipitat (Präc.) III-0, bestehend aus den β-Lipoproteinen, der gon.Akt. u. Albumin. Die Lipoproteine wurden aus III-0 durch spezielle Präcipitierung mit Dextransulfat entfernt, u. die überstehende Fl. (ü.Fl.) enthielt die gon.Aktivität. Diese ü.Fl. wurde bei p_H 6,7 u. 2° mit Zn-Glycinat (II) gefällt u. zentrifugiert. Die so erhaltene, die gon.Akt. sowie die Globuline enthaltende ü. Fl., wurde erneut mit II gefällt u. nach A.-Zusatz zentrifugiert. Das erhaltene akt.Präc. III-04 wurde zentrifugiert u. in NaCl–Na-Citratlsg. gelöst. Die G1-Meth. wurde auch mit Erfolg angewandt, um aus einer größeren Menge (300 Liter) von n. Humanplasma I bei 200facher Proteinabnahme gegenüber dem Originalplasma darzustellen: Ausgehend von der Fr.III-0 (äquivalent 300 Liter Plasma) wurde mittels Superzentrifuge die Fr. III-03 sowie das gonadotrop-akt. Präc. III-04 erhalten, das in 0,15mol. Na-Citrat gelöst u. dialysiert wurde. Zur weiteren Abtrennung von inakt. Protein wurde die Lsg. bei —5° u. p_H 6,8 mit A. versetzt, das inakt. Präc. III-05 bei —5° zentrifugiert, die akt. ü.Fl. III-05 gegen 0,15mol. NaCl-Lsg. dialysiert u. zur Konz. lyophylisiert. — Die G2-Meth. wurde angewandt, um aus 10 Liter postmenopausalen Plasmas I darzustellen: Ausgehend vom Präc. der Fr. II u. III wurde diesem bei p_H 6,7 u. 2° 0,15mol. NaCl-Lsg. bis zum ursprünglichen Vol. u. dann II zugesetzt. Das dabei entstehende inakt. Präc. II + IIIa enthielt die Globuline u. β-Lipoproteine, die ü.Fl. II + IIIa die gon. Aktivität. Aus der ü.Fl. wurde das Zn durch Dialyse entfernt, dann durch Behandlung mit A. erneut inakt. Globulin gefällt, während I in der ü.Fl. II + IIIb verblieb, aus der es durch Lyophilisation konz. wurde. Von beiden Methoden wird die G1-Meth. als Meth. der Wahl bezeichnet. Nach beiden Verff. wurden in den Endprodd. ca. $^2/_3$ der ursprünglichen gon. Akt. bei 60facher Steigerung des Reinheitsgrades wiedergefunden. (J. biol. Chemistry **228**. 863—74. Okt. 1957. Boston, Mass., Vincent Mem. Hosp., Protein Found., Inc.; Harvard Med. School, Dep. of Gynecol. and Biol. Chem.) C. FREESE. 4808

Louis Gershenfeld, *Die Verantwortung des Krankenhausapothekers bei der Herstellung parenteraler Lösungen.* Denkschrift, die zusammenfassend an sich bekannte Maßnahmen behandelt, wie: Herst. parenteraler Lsgg., Chemikalien in parenteralen Lsgg., Injektionswasser, Behälter für parenterale Lsgg., Sterilisationsverff., Krankenhauszentralstelle für den Sterilisationsdienst, Qualitätsprüfung, Test auf pyrogene Substanzen, Prüfung auf Sterilität, Fragen der Beaufsichtigung. (Amer. J. Pharmacy Sci. support. publ. Health **129.** 163—71. Mai 1957. Philadelphia, Pa., Coll. of Pharm. and Sci., Dep. of Bacteriol.) C. FREESE. 4832

G. F. Somers und **T. D. Whittet,** *Natrium- und Kaliumantimonyltartratinjektionen. Die Einflüsse von Sterilisation und Aufbewahrung auf die Toxizität.* Lsgg. von *Natrium-* (I) oder *Kaliumantimonyltartrat* (II) können im Autoklaven oder im strömenden Wasserdampf sterilisiert werden, ohne daß die Toxizität durch Sterilisation oder Aufbewahrung wächst. Lsgg. von II bleiben unverändert, von I verfärben sich leicht gelblich, was durch Zusatz von 0,1% Na-Metabisulfit verhindert werden kann. Innerhalb von 12 Monaten wurde bei 4, 20 u. 40° aufbewahrten Lsgg. kein Anwachsen der Toxizität beobachtet. (Pharmac. J. **181** ([4] **127**). 494—95. 27/12. 1958. London, Univ., School of Pharm., Dep. of Pharmacol.; Coll. Hosp., Pharmaceut. Dep.) H.-W. GRAMM. 4832

W. E. Finch, *Trockenreinigung und Sterilisation von Bettwäsche.* Zur Trockenreinigung u. Sterilisation von Bettwäsche wird eine W./Öl-Emulsion von Formaldehydlsg. u. Trichloräthylen oder „white spirit“ B.S.S. 245 (Petroleumdestillat) benutzt. Die wss. Phase wird adsorbiert, ohne den Reinigungseffekt zu beeinflussen. So behandelte Bettwäsche bleibt längere Zeit baktericid, das Wollgewebe verfilzt nicht. Das Verf. wird zum Schutz vor Keimübertragungen in Krankenhäusern empfohlen. (Pharmac. J. **181** ([4] **127**). 491—93. 27/12. 1958.) H.-W. GRAMM. 4832

William G. Mizuno, Morris R. Rogers und **Arthur M. Kaplan,** *Desinfektionsmittel zur Verwendung in der Armee.* Die Desinfektionswrkg. der Phenolverbb. wird weniger durch organ. Verbb. u. Seifen beeinträchtigt als die der quaternären Ammoniumverbindungen. Andererseits sind stark alkal. Verbb. für die Wrkg. der Phenole von Nachteil, jedoch wird hochalkal. Material bei der Desinfektion von Feldlatrinen kaum verwendet. Bei der Abwägung der Vor- u. Nachteile sind für die Desinfektion von Latrinenkübeln die Phenole den quaternären Ammoniumverbb. überlegen. (Soap chem.

Specialties **34.** Nr. 12. 105. 107. 109. 111. 257—58. Dez. 1958; **35.** Nr. 1. 99. 101. 103. 105—06. Jan. 1959. St. Paul, Minn., Economics Labor., Inc.) R. Schneider. 4832

Ulisse Gallo, *Titrationen von Arzneimitteln in nichtwässerigen Lösungsmitteln.* Übersicht über die *Maßanalyse in nichtwss. Lösungsmitteln,* Anwendungen bei Arzneimitteln von bas. u. saurem Charakter u. andere. — 87 Literaturangaben. (Boll. chim. farmac. **96.** 393—422. Sept. 1957.) B. Stieb. 4880

R. Froelich, *Beitrag und Vorschlag zur Aschebestimmung in Drogen.* Kritik an der Meth. des DAB 6 u. Vorschlag einer Meth. der Aschebest. für die Pharmazie, die in der Lebensmittelchemie schon lange üblich ist. (Pharmazie **13.** Nr. 4. Beilage: Pharmaz. Prax. Nr. 4. 38. April 1958. Dresden.) M. Negwer. 4880

E. Schulek und **L. Maros,** *Beiträge zur Analytik einiger Methansulfonsäurederivate.* 1. Mitt. *Jodometrisches Verfahren zur Bestimmung von Novalgin (Novamidazophen) und Melubrin auch in Gegenwart von Antipyrin (Azophen) und Pyramidon (Amidazophen).* Inhaltlich ident. mit der C. **1959.** 561 referierten Arbeit. (Analytica chim. Acta [Amsterdam] **19.** 4—9. Juli 1958.) N. Seiler. 4880

G. P. Slutzker, *Quantitative Bestimmung von Dimedrol, Pentoxyl und Äthazol.* 0,3 g *Äthazol* (2-p-Aminosulfamido-5-äthyl-1.3.4-thiodiazol) werden in Aceton gelöst u. mit überschüssigem 0,1n Alkali sowie Thymolphthalein als Indicator versetzt. Der Alkaliüberschuß wird mit 0,1n HCl zurücktitriert. Blindprobe erforderlich. 1 ml 0,1n Alkali = 28,44 mg. 0,2 g *Pentoxyl* (5-Hydroxymethyl-4-methyluracil) werden in trocknem Kolben in 10 ml Aceton gelöst. Titration mit 0,1n Alkali u. Thymolphthalein als Indicator. 1 ml 0,1n Alkali = 15,61 mg. 0,3 g *Dimedrol* werden in W. gelöst, mit 20 ml Ae. versetzt u. Phenolphthalein als Indicator. Titration mit 0,1n Alkali. 1 ml 0,1n Alkali = 29,25 mg. (Аптечное Дело [Apothekenwesen] **7.** Nr. 5. 67—68. Sept./Okt. 1958.) H.-W. Gramm. 4880

W. A. Saitzew, *Die Anwendung von Trilon B bei der Alkaloidbestimmung.* 2. Mitt. *Bestimmung von Pachycarpinhydrojodid.* (1. vgl. C. **1958.** 3688.) Es wird *Pachycarpinhydrojodid* (I) mit abgemessener Menge Marmé-Reagens (KJ + CdJ_2) gefällt u. der Cd-Überschuß komplexometr. zurückgemessen. 0,05—0,08 g I werden in 10 ml W. in einem 50 ml fassenden Meßkolben gelöst u. mit 10 ml Reagens versetzt. Nach Auffüllen u. 15 Min. Stehen wird durch ein trocknes Filter in trocknen Kolben filtriert. Die ersten 10—15 ml werden verworfen. Zu 25 ml des Filtrats werden 30—40 ml W. gegeben u. bis zum Sieden erhitzt. Nach Abkühlen u. Zusatz von 15 ml Pufferlsg. u. Indicator wird mit 0,05mol. *Trilon-B*-Lsg. bis zur Blauviolettfärbung titriert. (Аптечное Дело [Apothekenwesen] **7.** Nr. 5. 78—82. Sept./Okt. 1958.) H.-W. Gramm. 4880

A. P. Arsamasszew, *Colorimetrische Bestimmung von Coffein und 8-Methylcoffein auf Grund ihrer alkalischen Hydrolyse.* Zur Best. von *Coffein* (I) u. *8-Methylcoffein* (II) werden 0,5 ml der 20—100 γ I oder 10—50 γ II enthaltenden Lsg. mit 2 ml 50%ig. KOH 1 Min. erhitzt. Nach dem Abkühlen gibt man 5 ml 95%ig. A. zu u. neutralisiert mit 50%ig. CH_3COOH. Die neutralisierte Lsg. wird bei Zimmertemp. mit 0,5 ml 0,1%ig. wss. Lsg. von Diazoldunkelviolett K (Zn–Cl-Komplex des diazotierten 2-Nitro-4-amino-3-methoxy-4.6-dimethylazobenzols) versetzt. Nach Durchmischen u. Auffüllen mit W. auf 10 ml wird nach 5—6 Min. colorimetriert. — Eichkurven im Original. (Аптечное Дело [Apothekenwesen] **7.** Nr. 5. 72—78. Sept./Okt. 1958. Moskau, Pharmazeut. Inst. des Minist. für Gesundheitswes. der RSFSR, Lehrstuhl für pharmazeut. Chem.) H.-W. Gramm. 4880

W. L. Pawlow und **T. I. Barabasch,** *Photocolorimetrische Bestimmung von Atropin, Veratrin, Cocain, Kodein, Äthylmorphin in Form ihrer Verbindungen mit Methylorange, Tropäolin 00, Eosin und Erythrosin.* Vff. bestimmten *Atropin, Veratrin* (I) u. *Cocain* mit Methylorange u. Tropäolin 00, I außerdem in Form des Eosinats u. Erythrosinats, *Kodein* u. *Äthylmorphin* als Eosinate u. Erythrosinate. Die Best. wurde mit 0,0002—0,001 mol. Alkaloidsalzlsg. durchgeführt. Als Lösungsm. dient Chloroform. Extinktionsmaxima der Eosinate u. Erythrosinate bei 510—560 mμ, der Helianthinate bei 450—520 mμ. p_H-Wert bei der Extraktion 6,5—7,5. (Аптечное Дело [Apothekenwesen] **7.** Nr. 5. 43—48. Sept./Okt. 1958. Kiew, Wiss. Forschungsinst. für Gerichtsgutachten, Abt. Gerichtschem.) H.-W. Gramm. 4880

J. W. de Bruyn und **J. G. van Hall,** *Die Bestimmung kleiner Mengen Hyoscyamin und Hyoscin in Heilkräutern.* Die Best. beruht (nach papierchromatograph. Trennung der Alkaloide) auf dem von Häussler (C. **1958.** 7206) vorgeschlagenen Verf. (Bldg. einer gefärbten Verb. mit Tropäolin 00, die mit Chlf. extrahiert wird). Die Hyoscyamin (I)- u. Hyoscin (Scopolamin)-Flecken werden getrennt abgeschnitten u. mit den erforderlichen Fll. extrahiert. I kann mit Methylorange bei p_H 10 bestimmt werden. (Pharmac. Weekbl. **94.** 262—69. 18/4. 1959. Wageningen, Inst. voor de Veredeling van Tuinbouwgewassen.) W. Wesly. 4880

· **E. Trivellato** und **L. Malesani,** *Die Kontrolle von totalen Hypophysenvorderlappenextrakten.* Vff. teilen eine *Meth.* zur *biol. Best.* des *Geh. an gonadotropen, lactogenen u. thyreotropen Hormonen* in totalen *Hypophysenvorderlappenextrakten* mit. Zur Best. der einzelnen Hormone verwenden sie dabei bekannte Methoden. (Boll. chim. farmac. **96.** 379—85. Sept. 1957. Vicenza, Labor. ric., Sez. biol., Zambon e C. S. p. A.) B. STIEB. 4880

Laboratoires Fisch & Cie. (Soc. An.), Frankreich, *Heftpflaster* für medizin. Zwecke, bestehend aus einem Fasergewebe, porösem Papier oder porösem oder perforiertem Kunststoffband, welches in der Lösungsrichtung mit einem streifenweise in Abständen aufgebrachten Klebmittel einseitig überzogen ist. — 9 Zeichnungen. (**F. P. 1 150 410** vom 25/4. 1956, ausg. 13/1. 1958.) M. F. MÜLLER. 4795

Fabrique de Produits Chimiques de Schoenenwerd H. Erzinger Soc. An., Schoenenwerd, Schweiz, *Herstellung von farbbeständigem Kunstharzmaterial für Zahnprothesen* durch Polymerisation eines Gemisches von monomerem u. polymerem Methacrylsäuremethylester (I), dad. gek., daß man den polymeren I unter Zusatz eines Säureanhydrids, wie P_2O_5 oder Essigsäureanhydrid, herstellt. (**It. P. 492 982** vom 13/9. 1952. Schwz. Prior. 14/9. 1951.) K. KOEBKE. 4799

Hardt Foundation, übert. von: **Leo L. Hardt,** Chicago, Ill., V. St. A., *Antacidum,* gek. durch einen Geh. an Alkalialginat, bes. das Na-Salz, ein vegetabil. Protein, $Al(OH)_3$, Mg-Trisilicat, $CaCO_3$ u. $MgCO_3$. (**A. P. 2 836 540** vom 19/3. 1952, ausg. 27/5. 1958.) W. HEYER. 4805

Cassella Farbwerke Mainkur Akt.-Ges. (Erfinder: **Otto Trösken, Karl Hintermeier** und **Armin Kutzsche**), Frankfurt/M., *Sulfobernsteinsäuremonoamide* der allg. Formel R—NH—CO—CH(X)—CH(X)—COOR′ (R = Halogenaryl; R′ = H, Alkyl; ein X = H, das andere SO_3H oder SO_3-Alkalimetall) erhält man durch Behandeln von Maleinsäureamiden der allg. Formel R—NH—CO—CH=CH—COOR′ (erhältlich aus Maleinsäureanhydrid u. Aminen u. gegebenenfalls Veresterung) oder deren Salzen mit Salzen der schwefligen Säure. — Aus 248 g Maleinsäuremono-p-chloranilid in 500 cm^3 W., 80 g 50%ig. NaOH u. 130 g Na-Pyrosulfit in 250 cm^3 W. bei 100° → *Di-Na-Salz* des *Sulfobernsteinsäuremono-p-chloranilids.* — Maleinsäuremono-o-chloranilid, aus Aceton Nadeln, F. 132°, → *Di-Na-Sulfobernsteinsäuremono-o-chloranilid.* — Maleinsäuremono-m-chloranilid, F. 194°, → Methylester, aus Methanol, F. 150—155°, → *Na-Sulfobernsteinsäuremono-m-chloranilidmonomethylester.* — Maleinsäuremono-2.4-dichloranilid, F. 175°, → *Di-Na-Sulfobernsteinsäuremono-2.4-dichloranilid.* — Maleinsäuremono-2.4.5-trichloranilid, F. 175°, → *Di-Na-Sulfobernsteinsäuremono-2.4.5-trichloranilid.* — Maleinsäuremono-(4-chlor-2-trifluormethylanilid), aus Methyläthylketon Nadeln, F. 109°, → *Na-Sulfobernsteinsäuremono-4-chlor-2-trifluormethylanilid,* Ausbeute quantitativ. — Maleinsäuremono-(4-chlor-2-methoxyanilid), aus Methyläthylketon, F. 170°, → *Na-Sulfobernsteinsäuremono-4-chlor-2-methoxyanilid.* — Maleinsäuremono-(2.4-dibrom-1-naphthylamid), aus Methyläthylketon Nadeln, F. 170°, → *Di-Na-Sulfobernsteinsäuremono-(2.4-dibrom-1-naphthylamid).* — Maleinsäuremono-(2.4-dichlor-1-naphthylamid), aus Methyläthylketon, F. 147°, → *Di-Na-Sulfobernsteinsäuremono-(2.4-dichlor-1-naphthylamid).* Sämtliche Verbb. sind wasserlöslich. — *Heilmittel* gegen *Paratyphus.* (**D. A. S. 1 055 523** Kl. 12o vom 17/2. 1956, veröff. 23/4. 1959.) G. KRAUSS. 4807

J. R. Geigy Akt.-Ges., Basel, übert. von: **Charles J. Morel,** Arlesheim, Basel Land, Schweiz, *Tetraacetylmucinsäurediamide* der allg. Formel $(R_2)NCOCH(OAc)CH\cdot(OAc)CH(OAc)CH(OAc)CON(R_2)$ (beide R können gleiches oder verschied. Alkyl bedeuten; Ac = CH_3CO) erhält man durch Rk. des entsprechenden Tetraacetylmucinsäuredihalogenids (Halogen = Cl, Br) mit 2 Mol eines Amins der Formel R—NH—R in Ggw. eines säurebindenden Mittels, bes. des überschüssigen Amins u. bes. in Benzol. — Aus Tetraacetylmucinsäuredichlorid (hergestellt nach SKRAUP u. DIELS, LÖFFLUND, Mh. Chem. **14.** 488; Ber. dtsch. chem. Ges. **47.** [1914.] 2352) in absol. Bzl. u. Diäthylamin bei 30—35° → *Tetraacetylmucinsäure-bis-diäthylamid,* aus Essigsäureäthylester, F. 194 bis 195°. — Di-n-butylamin → *Tetraacetylmucinsäure-bis-n-butylamid,* aus Essigsäureäthylester F. 162—163°. — Ferner sind herstellbar: *Bis-dimethylamid,* aus A. F. 229 bis 230°. — *Bis-dipropylamid,* F. 188—189°. — *Bis-isobutylamid,* aus Methanol F. 168 bis 169°. — Amid, R = $CH_2{=}C(CH_3){-}CH_2{-}$, aus A. F. 170—171°; R = CH_3 u. n-C_4H_9, aus Ae.-PAe. im Verhältnis 1:1, F. 111—112°. Als Amine sind noch verwendbar: Diallyl-, Dimethallyl-, Methyläthyl-, Methylisopropyl-, Methylamyl-, Methylisoamyl-, Methylmethallyl- u. Äthylallylamin. — Die Verbb. sind *antiphlogist.* wirksam, bes. zur Behandlung von *Thrombophlebitis* nach *Ulcus cruris,* Polyradiculitis acuta u. von *Dermatosis.* (**A. P. 2 845 452** vom 9/4. 1956, ausg. 29/7. 1958. Schwz. Prior. 27/4. 1955.) G. KRAUSS. 5807

Monsanto Chemicals Ltd., London (Erfinder: **Emrys Manley Francis**, Wrexham, Denbigshire), England, *Salicylsäureamid* (I) erhält man durch kontinuierliche Rk. eines Salicylsäureesters, bes. des Methylesters, mit wss. NH_3, gegebenenfalls in Ggw. einer geringen Menge eines Reduktionsmittels (Na_2SO_3 oder Na-Thiosulfat) unter kontinuierlichem Ausschluß von O_2, bes. bei 25—35°. Das Mol.-Verhältnis von NH_3 zu Ester beträgt zweckmäßig 2 bis 10 : 1, bes. 5 : 1. (**E. P. 792 193** vom 11/8. 1954, ausg. 19/3. 1958. **D. A. S. 1 036 247** Kl. 12o vom 10/8. 1955, veröff. 14/8. 1958. E. Priorr. 11/8. 1954 u. 22/6. 1955.) G. KRAUSS. 4807

Roger Bellon, Frankreich, *Herstellung von Diäthylacetylsalicylsäuremethylester*, dad. gek., daß man stöchiometr. Mengen von Diäthylessigsäure, Methylsalicylat u. $SOCl_2$ 3 Std. kocht u. das Destillat vom Kp.$_{20}$ 175° mehrmals erneut mit $SOCl_2$ kocht. Alle nicht dabei dest. Fraktionen werden nochmals zwischen 15 mm u. 175—180° u. 2 mm u. 157—160° destilliert. — *Heilmittel.* (**F. P. 1 163 808** vom 8/3. 1955, ausg. 1/10. 1958.) S. BÖTTCHER. 4807

Danske Medicinal- & Kemikalie-Kompagni Aktieselskab (Erfinder: **Eric Jacobson**), *Therapeutica*, enthaltend eine oder mehrere Verbb. der allg. Formel $(C_6H_5)_2$=C(OH)—COO—R—N(R_1)(R_2), worin R —CH_2—CH_2—, —CH_2—CH_2—CH_2—, —CH·(CH_3)—CH_2— oder —CH_2—CH(CH_3)— u. R_1 u. R_2 Methyl-, Äthyl- oder (ausgenommen, wenn R = —CH_2—CH_2—CH_2— ist) Isopropylgruppen bedeuten oder zusammen mit dem N-Atom einen Piperidinring bilden. — Beispiele: Benzilsäuredimethylaminoäthylester, Benzilsäurediisopropylaminoäthylester, Benzilsäure-3-diäthylaminopropylester, Benzilsäure-2-diäthylaminopropylester. — Kompositionsbeispiel: 250 g Benzilsäurediäthylaminoäthylesterhydrochlorid, 16 kg Lactose, 7,750 kg Stärke, 1,250 kg Akaziengummi, 0,250 kg Mg-Stearat. — Geeignet zur Behandlung von *Neurosen.* (**Aust. P. 205 929** vom 6/5. 1955, ausg. 7/3. 1957. Dän. Prior. 13/5. 1954.) K. DEMMLER. 4807

Ethicon, Inc. (Erfinder: **Joseph Nichols**), *2-(N-Alkylaminomethyl)-bicyclo-(2.2.1)-5-heptene oder -heptane* der allg. Zus. I (X = Äthylen- oder Vinylengruppe, R = grad- oder verzweigtkettiger aliphat. Rest mit 5—16 C-Atomen) erhält man durch Erhitzen eines Gemisches von 2-(Brommethyl)-bicyclo-(2.2.1)-5-hepten (II) mit einem aliphat. Amin u. gegebenenfalls katalyt. Red. des erhaltenen sek. Amins zur Heptanverbindung. Die erhaltenen I können mit anorgan. oder organ. Säuren in die entsprechenden Salze übergeführt werden. — *Baktericide.* — 52,4 (g) frisch dest. Amylamin u. 52,1 II erhitzt man 15 Std. bei 170° im geschlossenen Rohr, behandelt das feste Reaktionsgemisch mit überschüssiger Natronlauge, extrahiert mit Ae., trocknet die Auszüge über KOH, filtriert, dest. den Ae. ab u. dest. den Rückstand. Man erhält 26,1 *2-(n-Amylaminomethyl)-bicyclo-(2.2.1)-5-hepten* (III), Kp.$_9$ 116—119°; n_{26} 1,4768. Durch Einleiten von gasförmigen HCl in eine Ae.-Lsg. von III wird das Hydrochlorid (IV) erhalten, Kristalle aus Äthylacetat u. Bzl., F. 262—264°. In ähnlicher Weise werden erhalten [-bicyclo-(2.2.1)-5-hepten = V]: 2-(n-Hexylaminomethyl)-V, Kp.$_9$ 127—131°; n_{28} 1,4762, IV, F. 240—242°; 2-(n-Heptylaminomethyl)-V, Kp.$_{13}$ 152°; n_{28} 1,4764, IV, F. 212—213°; 2-(n-Octylaminomethyl)-V, Kp.$_9$ 162—165° (2mal dest.); n_{23} 1,4752, IV, F. 205—206°; 2-(1.1.3.3-Tetramethylbutylaminomethyl)-V (aus tert.-Octylamin), Kp.$_{13}$ 143—146°; $n_{27,5}$ 1,4791, IV, F. 262—263°; 2-(n-Nonylaminomethyl)-V, Kp.$_{0,1}$ 132—135° (2mal dest.), IV, F. 211—212°; 2-(n-Decylaminomethyl)-V, Kp.$_{0,04}$ 135—140° (2mal dest.); $n_{29,5}$ 1,4738, IV, F. 215—216°; 2-(n-Undecylaminomethyl)-V, Kp.$_{0,5}$ 152—156°, IV, F. 208—209°; 2-(n-Tetradecylaminomethyl)-V, Kp.$_{0,08}$ 166—172°, IV, F. 212—214°; 2-(n-Hexadecylaminomethyl)-V, Kp.$_{0,08}$ 178 bis 185°; n_{26} 1,4736, IV, F. 199—200°; 2-(n-Dodecylaminomethyl)-V (VI), Kp.$_{0,06}$ 139 bis 140°; $n_{27,5}$ 1,4723, IV, F. 203—205°, mit Ascorbinsäure (VII) in äquimol. Menge gibt VI in dest. W. das Salz der VII. — Man löst 10,6 VI in 50 cm³ A., gibt 0,02 Pt-Oxyd hinzu, hydriert unter Druck, filtriert, dest. den A. unter red. Druck ab u. erhält nach dem Destillieren *2-(n-Dodecylaminomethyl)-bicyclo-(2.2.1)-heptan*, Kp.$_{0,05}$ 132—134°, IV, F. 212—213°. — In einer Tabelle sind die Ergebnisse der Unterss. über die baktericide Wrkg. der Verbb. niedergelegt. (**Aust. P. 207 369** vom 1/12. 1955, ausg. 2/5. 1957. A. Prior. 3/12. 1954.) O. ROICK. 4807

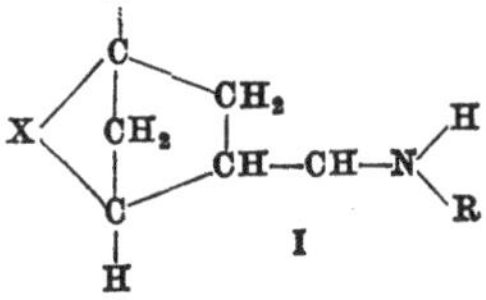

Usines Chimiques des Laboratoires Français (U.C.L.A.F.) (Erfinder: **Gaston Amiard**, Noisy le-Sec, Seine, **René Heymes**, Romainville, und **Léon Velluz**), Paris, Frankreich, *Optisch-aktive Proline* können durch Umsetzung eines N-substituierten DL-Prolins mit einer opt.-akt. Base in Ggw. eines Lösungsm., in dem eine Komponente des entstandenen Salzgemisches der beiden enantiomorphen Formen schwerlösl. ist, getrennt werden. Erfindungsgemäß ist N-3.5-Dinitrobenzoyl-DL-prolin (I) mit L(+)-

threo-1-p-Nitrophenyl-2-aminopropandiol-(1.3) (II) oder D(—)-threo-1-p-Nitrophenyl-2-aminopropandiol-(1.3) (III) umzusetzen. — 5 g I (F. 221—222°), gelöst in 25 W. bei 70° + 3,75 II, gekühlt auf 40° (innerhalb 30 Min.), → 3,5 g Kristalle von I + II, F. 100°; $[\alpha]_D^{20}$ +73 ± 1° (c = 0,5% in 50%ig. A.). — 3,5 g des vorher gewonnenen Salzes + 7 ml n-NaOH (bei 40°) → klare Lsg. u. Neukristallisation von 1,4 g II. Das Filtrat mit 0,7 ml konz. HCl angesäuert → 2,01 g I (D-Form), F. 179—180°; $[\alpha]_D^{20}$ +92 ± 1° (c = 0,5% in 50%ig. A.). — 1 g I (D-Form) in 10 ml 5n HCl am Rückfluß 30 Min. gekocht, im Vakuum eingedampft, das erhaltene *D-Prolin* aus Aceton umkrist., in W. über „Amberlit IR-4B" gereinigt u. aus W. krist. → 300 mg *D-Prolin*; $[\alpha]_D^{20}$ +83,5 ± 2° (c = 0,5% in W.). — Aus der Mutterlauge vom ersten Versuchsbeispiel ist mit 1 ml NaOH 2,1 g I zurückgewinnbar. Im Filtrat befindet sich ein Doppelsalz, das durch saure Hydrolyse zu *L-Prolin* führt, oder man setzt es mit III zu [I (L-Form) + III] um, F. 100°; $[\alpha]_D^{20}$ —73 ± 1° (c = 0,5% in 50%ig. A.). Alkal. Spaltung + Säure → *N-3.5-Dinitrobenzoyl-L-prolin*, F. 179—180°; $[\alpha]_D^{20}$ —92 ± 1° (c = 0,5% in 50%ig. A.). — *Pharmazeutica.* (**D. A. S. 1 053 510** Kl. 12p vom 16/3. 1955, veröff. 26/3. 1959. F. Prior. 29/3. 1954.) K. GÄBELEIN. 4807

J. R. Geigy Akt.-Ges. (Erfinder: **Rolf Denss** und **Franz Häfliger**), Basel, Schweiz, *Herstellung von 4-substituierten 1.2-Diphenyl-3.5-dioxopyrazolidinen.* Zu Oe. P. 190512; C. **1958.** 10734 ist nachzutragen: *2.4-Dinitrophenylhydrazon*, F. 172—174°. — *1.2-Diphenyl-4-valeryl-*, F. 65,5—67,5°. — *1.2-Diphenyl-4-isovaleryl-*, F. 103—104°. — *1.2-Diphenyl-4-[β-phenylpropionyl]-*, F. 115,5—116,5°. — *1.2-Diphenyl-4-cinnamoyl-*, F. 181,5—182,5°. — *1.2-Diphenyl-4-[α-thenoyl]-*, F. 197—198°. — *1.2-Diphenyl-4-[α-furoyl]-*, F. 185—187°. — *1.2-Diphenyl-4-isobutyryl-*, F. 110—112°. — *1.2-Bis-[p-chlorphenyl]-4-benzoyl-*. — *1.2-Bis-[p-methylphenyl]-4-benzoyl-*, F. 154—155°. — *1.2-Diphenyl-4-[di-n-butylacetyl]-*, F. 88—90° (HCl-haltiger wss. A.). — *1.2-Diphenyl-4-[α-cycloheptenylbutyryl]-*, F. 108,5—109,5°. — *1.2-Diphenyl-4-homoveratroyl-*, F. 148,5—150,5° (Bzl.). — *1.2-Diphenyl-4-[ω-undecenoyl]-*, F. 57,5—58,5°. — *1-[p-Hydroxyphenyl]-2-phenyl-4-benzoyl-*, F. 198—200° (80%ig. A.), durch Zutropfen von 14,1 (Gewichtsteilen) C_6H_5COCl in Bzl. zu 35,8 V (aus p-Benzyloxyhydrazobenzol u. Malonsäurediäthylester, F. 185—190° [Zers.]) in Bzl. + Pyridin u. Red. des erhaltenen *1-[p-Benzyloxyphenyl]-2-phenyl-4-benzoyl-*, F. 116—117° (A.), in n-NaOH + A. (1 : 2) mit RANEY-Ni bei n. Temp. u. n. Druck, Filtration u. Versetzen mit HCl. — Analog *1-[p-Benzyloxyphenyl]-2-phenyl-4-phenacetyl-*, F. 103—106°, u. *1-[p-Hydroxyphenyl]-2-phenyl-4-phenacetyl-*, F. 155—157°. — *1-[p-Hydroxyphenyl]-2-phenyl-4-butyryl-*, F. 144—146° (A.), a) aus VI (dieses, F. 175—185°, durch Hydrogenolyse von VII); b) aus VIII durch Hydrogenolyse; c) durch Hydrolyse von IX oder VIII. — *1.2-Diphenyl-4-[p-chlorbenzoyl]-*, F. 181—182° (Bzl.), aus p-Chlorbenzoylchlorid. — *1.2-Diphenyl-4-benzoyl-*, F. 109,5—110,5° (A.). *2.4-Dinitrophenylhydrazon*, F. 148—149°. — *1.2-Diphenyl-4-[p-methoxybenzoyl]-*, F. 162—163° (A.). — *1.2-Diphenyl-4-[acetoxyacetyl]-*, F. 117—118°, über die *Pyridinverb.*, F. 164—172° unter Zers. (A.), die mit 2n HCl zers. wird. — *Therapeutica*, bes. antiphlogist. u. antipyret. Wirkung. (**D. P. [DDR] 14818** Kl. 12p vom 16/12. 1955, ausg. 9/6. 1958 [Ausschließungspatent].) H.-J. NITZSCHKE. 4807

VEB Berlin-Chemie, Berlin-Adlershof (Erfinder: **Siegfried Schwarz,** Berlin-Niederschöneweide, **Franz Zawacki,** Berlin-Grünau, und **Heinz Ohle,** Berlin-Adlershof), *Herstellung von wasserlöslichen, nicht hygroskopischen N-Alkylpyridiniumsalzen* durch Rk. von N-Alkylpyridiniumhalogeniden mit Ag-, Hg- oder Th-Salzen acylierter aromat. Aminosulfonsäuren oder von N-Alkylpyridiniumsulfaten mit Erdalkali- oder Alkali-, bes. K-Salzen acylierter aromat. Aminosulfonsäuren in wss. Lsg. in der Hitze oder in wss.-alkoh. Lsg. bei niederer Temp. u. Abtrennung der Sulfate durch Fällung mit Alkoholen oder von Pyridin oder seinen C-Homologen in Ggw. von wasserfreien Alkoholen mit aromat. Sulfonsäurechloriden. — *N-Methylpyridinium-p-acetylaminobenzolsulfonat*, F. 200—205°, a) durch Kochen von N-Methylpyridiniumbromidlsg. mit der berechneten Menge p-acetylaminobenzolsulfonsaurem Ag, Filtration in der Hitze, Eindampfen im Vakuum u. Kristallisation aus CH_3OH; b) durch Erhitzen von N-Methylpyridiniumsulfatlsg. mit der berechneten Menge p-acetylaminobenzolsulfonsaurem K, Fällen mit dem doppelten Vol. CH_3OH u. Filtration in der Hitze. — *N.α-Dimethylpyridinium-p-toluolsulfonat*, F. 160—163° (Aceton–CH_3OH), durch ½ std. Kochen von 47,5 g p-Toluolsulfochlorid in CH_3OH mit 75 cm^3 α-Picolin, Filtration u. Einengen. — *Therapeutica.* (**D. P. [DDR] 14 976** Kl. 12p vom 6/3. 1955, ausg. 3/7. 1958 [Wirtschaftspatent].) H.-J. NITZSCHKE. 4807

DIWAG, Chemische Fabriken Akt.-Ges. (Erfinder: **Karl Credner, Gerhard Renwanz,** Berlin, und **Hermann Engelhard,** Göttingen), *N-Pyridyl-(2)-N-brombenzyl-N'.N'-dialkyläthylendiamine* der allg. Formel I, in der R_1 u. R_2 = Alkyl, bes. Äthyl

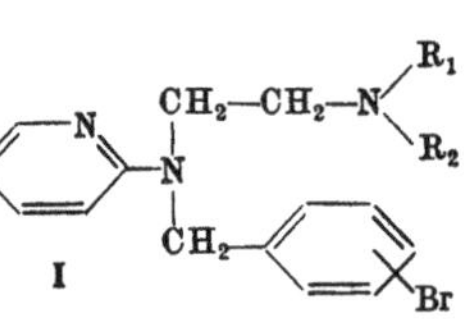

I (Strukturformel: 2-Pyridyl-N mit $CH_2-CH_2-N(R_1)(R_2)$ und $CH_2-C_6H_4-Br$)

(mindestens eines >1 C-Atom), bedeutet u. dessen Br in o-, m- oder p-Stellung vorliegt, lassen sich nach folgenden 3 Verff. darstellen: a) 2-(β-Dialkylaminoäthylamino)-pyridin wird mit einem Ester, bes. dem HBr-Ester des Brombenzylalkohols, durch Alkaliamid kondensiert; b) 2-Aminopyridin wird mit Brombenzylhalogenid durch Soda oder Alkaliamid kondensiert, oder mit Brombenzaldehyd u. Ameisensäure umgesetzt u. das gebildete 2-(Brombenzylamino)-pyridin mit einem β-Dialkylaminoäthylhalogenid zur Rk. gebracht; c) 2-Brompyridin wird in Ggw. von Pyridin mit einem entsprechenden N-Brombenzyl-N'.N'-dialkyläthylendiamin in Ggw. von Cu-Pulver zur Rk. gebracht. — Zu 40 g $NaNH_2$ in 40 ml Toluol werden 193 g 2-(β-Diäthylaminoäthylamino)-pyridin, gelöst in 500 ml Toluol gegeben, 3 Std. auf 100° erhitzt, dann bei 45° mit 125 g m-Brombenzylbromid in 125 ml Toluol tropfenweise versetzt u. endlich 4 Std. auf 100° erhitzt. Nach der Aufarbeitung sind 155 g *N-(2-Pyridyl)-N-m-brombenzyl-N'.N'-diäthyläthylendiamin* als gelbes Öl, $Kp._1$ 210°, erhältlich. *Perchlorat*, F. 88°, *Maleinat*, F. 110°. — 263 g 2-(o-Brombenzylamino)-pyridin (aus 2-Aminopyridin + o-Brombenzaldehyd in HCOOH oder aus o-Brombenzylbromid + 2-Aminopyrin + Soda oder $NaNH_2$ dargestellt), gelöst in 200 ml Toluol + 40 g $NaNH_2$ (bei 80°), dann 3 Std. auf 100° erhitzt, + 108 g β-Diäthylaminoäthylchlorid in 480 ml Toluol (bei 45°) → 175 g *N-(2-Pyridyl)-N-o-brombenzyl-N'.N'-diäthyläthylendiamin*, $Kp._1$ 210°; *Hydrochlorid*, F. 145°. — 285 g N'.N'-Diäthyl-N-(p-brombenzyl)-äthylendiamin + 158 g 2-Brompyridin + 80 g Pyridin, 1 Tag auf 160° im Autoklav erhitzt, → 160 g *N-(2-Pyridyl)-N-p-brombenzyl-N'.N'-diäthyläthylendiamin*, gelbes Öl, $Kp._1$ 210°; *Perchlorat*, F. 123°; *Maleinat*, F. 115°; *Citrat*, F. 127°. — *Lokalanästhetica* mit nur geringer Antihistaminwirkung. Die lokalanästhet. Wirksamkeit, die im Vgl. zu N-(2-Pyridyl)-N-p-brombenzyl-N'.N'-dimethyläthylendiamin („Hibernon") bei I ($R_1 = R_2 = C_2H_5$; m-Br) auf das 5,49fache gesteigert werden konnte (geprüft an der Kaninchencornea), zeigte eine Antihistaminaktivität (nach SCHILD) von nur 0,0067. — Tabelle der Wirksamkeit der Homologen. (**D. A. S. 1 049 863** Kl. 12p vom 12/8. 1954, veröff. 5/2. 1959.)
K. GÄBELEIN. 4807

Cilag Akt.-Ges. (Erfinder: **Ernst Habicht**), Schaffhausen, Schweiz, *Herstellung neuer Nicotinsäurebenzylester*, dad. gek., daß man Nicotinsäure (I) mit einem substituierten Benzylalkohol (II) verestert. — Anisalkohol wird in Bzl. in Ggw. von Triäthylamin mit Nicotinsäurechlorid zu *Nicotinsäure-p-methoxybenzylester*, $Kp._{0,06}$ 154—155°, umgesetzt; oder man verestert I mit II durch Erhitzen in Trichlorbenzol, z. B. I mit p-Methylbenzylalkohol zu *Nicotinsäure-p-methylbenzylester*, $Kp._1$ 194—195°. — Analog: *Nicotinsäure-p-chlorbenzylester*, $Kp._{0,04}$ 153—154°, F. 62—64°. — *Pharmazeutica*. (**Schwz. P. 322 622** vom 6/1. 1954, ausg. 15/8. 1957.)
C. LÜTTGEN. 4807

Ciba Akt.-Ges., Basel (Erfinder: **Jean Druey**, Riehen, und **Hans Isler**, Bottmingen), Schweiz, *Neue Sulfonamide*. Durch Rk. von 3-Sulfanilamido-6-chlorpyridazin mit CH_3SNa erhält man *3-Sulfanilamido-6-methylmercaptopyridazin*, F. 198—200°. Ferner werden dargestellt: *6-Äthylmercapto-* (F. 165—167°), *6-Isoamylmercapto-* (F. 117—120°) u. *6-Mercapto-3-sulfanilamidopyridazin*, F. 235° (Zers.). — *Wirksam* bes. *bei Coliinfektionen*. (**D. A. S. 1 056 135** Kl. 12p vom 19/7. 1957, veröff. 30/4. 1959. Schwz. Priorr. 27/7. u. 22/11. 1956 u. 29/5. 1957.)
A. BRÖSAMLE. 4807

American Cyanamid Co., New York, übert. von: **Frederick L. Bach jr.**, **Herbert J. Brabander**, Pearl River, und **Samuel Kushner**, Nanuet, N. Y., V. St. A., *Substituierte Alkylenpiperazine* der allg. Formel $R_1-NC_4H_8N-(CH_2)_n-NC_4H_8N-R_2$, wobei n = 2—10, R_1 = Aralkyl-, heterocycl. oder alkylheterocycl. Radikal u. R_2 = Carbalkoxy-, Aralkyl-, heterocycl. oder alkylheterocycl. Radikal bedeuten, erhält man durch Rk. von 1-(ω-halogenalkyl)-4-substituiertem Piperazinhydrochlorid mit 1-substituiertem Piperazin in alkoh., bicarbonathaltiger Lsg. unter Rückflußerhitzen. — *Relativ ungiftige Vasodilatoren, Anwendung per os*. Beispiele: (1-[1-(4-Carbäthoxy)-piperazinyl]- = I: I-3-{1-[4-(2-pyridyl)]-piperazinyl}-propan, F. 76—78°. — I-2-{1-[4-(2-pyridyl)]-piperazinyl}-äthan, $Kp._{0,3-0,4}$ 210—215°. — I-2-[1-{4-[3-(6-chlor)-pyridazyl]-piperazinyl}-äthan, F. 121—123°, Dihydrochlorid, F. 296—297°. — I-2-{1-[4-(2-pyridyl)]-piperazinyl}-äthan, F. 87—88°, Dihydrochlorid, F. 258—260°. — I-3-[1-{4-[2-(6-methyl)-pyridyl]}-piperazinyl]-propan, $Kp._{1,0}$ 225—235°, Dihydrochlorid, F. 260—262°. — I-10-[1-{4-[2-(6-methyl)-pyridyl]}-piperazinyl]-decan, F. 73—75°, das -[4-(2-pyridyl)]-Deriv., F. 65 bis 67,5°, dessen Dihydrochlorid, F. 208—210°. (**A. P. 2 837 522** vom 20/10. 1955, ausg. 3/6. 1958.)
L. STADELMANN. 4807

Parke, Davis & Co., übert. von: **Robert F. Parcell**, Detroit, Mich., V. St. A., *Piperazine* der allg. Formel I, in der X = Cl oder Br u. Y = CH_3 oder ein geradkettiger

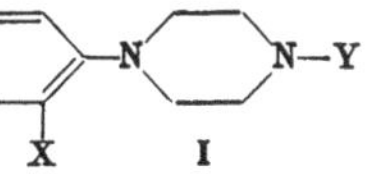

Alkylrest mit 2—5 C-Atomen, der in ω-Stellung durch —OH, —NH—COH oder —NH—CO— niedrige Alkylgruppe substituiert sein kann, erhält man nach bekannten Verff., z. B. durch Rk. des in 1-Stellung substituierten Piperazins mit einem Halogensubstitutionsprod. von Y. — *Sympatholytica.* — Beispiele: In 4-Stellung substituierte 1-(o-Chlorphenyl)-piperazine: Methyl-, Dihydrochlorid, F. 264—265°; n-Pentyl-, F. 222—224°; 3-Hydroxypropyl-, F. 96—98° (Base), F. 167—168° (Mono·HCl-Salz); 2-Cyanoäthyl-, F. 42—45° (Base); 3-Acetamidopropyl-, F. 95—96°; 5-Aminopentyl-, $Kp._{0,4}$ 160—165°; 5-Formamidopentyl-, F. 47—49°; in 4-Stellung substituierte 1-(o-Bromphenyl)-piperazine: 5-Hydroxypentyl-, F. 185—186° (Mono·HCl-Salz); 2-Cyanoäthyl-; 3-Acetamidopropyl-, F. 113—115°; 3-Hydroxypropyl. (**A. P. 2 833 770** vom 25/6. 1956, ausg. 6/5. 1958.) F. OBERMEIER. 4807

N—Y
X I

F. Hoffmann-La Roche & Co. Akt.-Ges. (Erfinder: **Arnold Brossi** und **Otto Schnider**), Basel, Schweiz, *Herstellung von Chinolizinabkömmlingen und deren Salzen*, dad. gek., daß man ein im isocycl. Ring durch niedere Alkoxy- oder Alkylendioxygruppen substituiertes 2-Carboxymethyl-3-alkyl-1.4.6.7-tetrahydrobenzo-(a)-chinolizin, dessen C—C-Bindung in 2.3-Stellung gesätt. sein kann, mit einem gegebenenfalls durch niedere Alkoxy- oder Alkylendioxygruppen kernsubstituierten oder kernhydrierten β-Phenyläthylamin nach bekannten Methoden zum entsprechenden Säureamid kondensiert, letzteres durch Einw. von W. abspaltenden Mitteln, bes. Phosphoroxyhalogenid, cyclisiert, das Cyclisierungsprod. hydriert, bes. mittels Li-Al- oder Na-B-Hydrid, u. die erhaltenen Basen gegebenenfalls mit Mineralsäuren behandelt. — In den Beispielen wird die Herst. von *2-[6'.7'-Dimethoxy-1'.2'.3'.4'-tetrahydroisochinolyl-(1')-methyl]-3-äthyl-9.10-dimethoxy-1.4.6.7-tetrahydrobenzo-(a)-chinozilindihydrochlorid*, F. 206—208° (Sintern ab 195°, UV-Absorptionsspektr. in n/100 HCl: Maxima bei 230 u. 282 mμ) aus 2-Carboxymethyl-3-äthyl-9.10-dimethoxy-1.4.6.7-tetrahydrobenzo-(a)-chinolizin (I) durch Kondensation mit Homoveratrylamin zum Homoveratrylamid des I (F. 154—155°), Behandeln mit $POCl_3$ zu 2-[6'.7'-Dimethoxy-3'.4'-dihydroisochinolyl-(1')-methyl]-3-äthyl-9.10-dimethoxy-1.4.6.7-tetrahydrobenzo-(a)-chinolizindihydrochloridhydrat, F. ca. 200° (F. des sauren Oxalathydrats 174—176°, der freien Base 106—108°), u. Hydrieren beschrieben. Ferner: *2-[6'.7'-Methylendioxy-1'.2'.3'.4'-tetrahydroisochinolyl-(1')-methyl]-3-äthyl-9.10-dimethoxy-1.4.6.7-tetrahydrobenzo-(a)-chinolizindihydrochloridhydrat*, F. 220—225°, UV-Absorptionsspektr. in n/100 HCl: Maxima bei 230 u. 288 mμ) aus I u. Homopiperonylamin; *2-[6'-Methoxy-1'.2'.3'.4'-tetrahydroisochinolyl-(1')-methyl]-3-äthyl-9.10-dimethoxy-1.4.6.7-tetrahydrobenzo-(a)-chinolizindihydrochloridhydrat*, F. 242—245°, UV-Absorptionsspektr. in n/100 HCl: Maxima bei 229 u. 280 mμ) aus I u. m-Methoxy-β-phenyläthylamin, *2-[6'.7'-Diäthoxy-1'.2'.3'.4'-tetrahydroisochinolyl-(1')-methyl]-3-äthyl-9.10-dimethoxy-1.4.6.7-tetrahydrobenzo-(a)-chinolizindihydrochloridhydrat*, F. 205—207°, UV-Absorptionsspektr. in n/100 HCl: Maximum bei 233 u. 285 mμ), aus I u. 3.4-Diäthoxy-β-phenyläthylamin u. *2-[6'.7'.8'-Trimethoxy-1'.2'.3'.4'-tetrahydroisochinolyl-(1')-methyl]-3-äthyl-9.10-dimethoxy-1.4.6.7-tetrahydrobenzo-(a)-chinolizindihydrochloridhydrat*, F. 243—245°, UV-Absorptionsspektr. in n/100 HCl: Maxima bei 280 mμ, sowie ein isomeres Dihydrochloridhydrat, F. 223—225°, gleiches UV-Absorptionsspektr., aus I u. Mezcalin. Die Verbb. haben expektorationsfördernde u. amoebicide Eigenschaften. — *Heilmittel.* (**D. A. S. 1 028 123** Kl. 12p vom 25/10. 1956, veröff. 17/4. 1958. **E. P. 798 847** vom 29/10. 1956, ausg. 30/7. 1958. Beide Schwz. Priorr. 28/10. u. 4/11. 1955 u. 24/5. 1956.) C. LÜTTGEN. 4807

Soc. des Usines Chimiques Rhône-Poulenc, Paris, Frankreich, *3-Methylphenthiazin*, F. 136°, wird erhalten durch Rk. von 3-Methylthiodiphenylamin ($Kp._{0,12}$ 160 bis 186°, F. 58°, erhalten durch Decarboxylierung von 2-Carboxy-3'-methylthiodiphenylamin, F. 140—141°) u. S in Ggw. einer kleinen Menge J_2 bei Tempp. von 175—225°. — *Zwischenprod.* für die *Herst.* von *Heilmitteln.* (**E. P. 802 726** vom 19/11. 1956, ausg. 8/10. 1958. F. Prior. 25/11. 1955.) H. BRÄUCKER. 4807

Soc. des Usines Chimiques Rhône-Poulenc, Frankreich (Erfinder: **Robert Michel Jakob, Jacques Georgès Robert** und **Leonide Liakhoff**), *Herstellung neuer Phenthiazinderivate* der allg. Formel I, worin R = H oder Acylgruppe mit höchstens 4 C-Atomen,

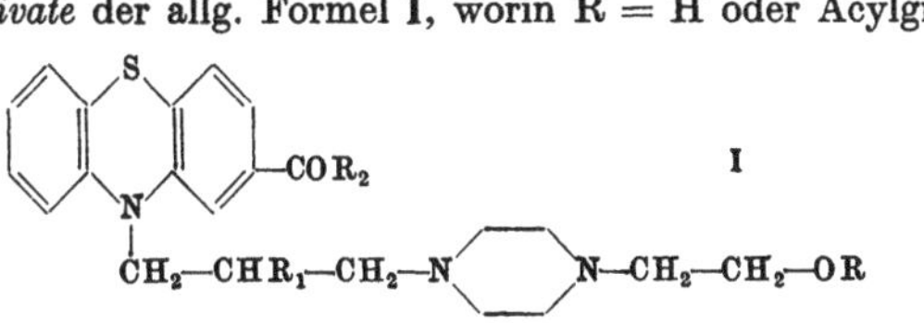

S —COR_2 N I
CH_2—CHR_1—CH_2—N N—CH_2—CH_2—OR

II X—CH_2—CHR_1—CH_2—N N—CH_2—CH_2—OR

H—N N—CH_2—CH_2—OR III

S —COR_2 N
IV CH_2—CHR_1—CH_2—Y

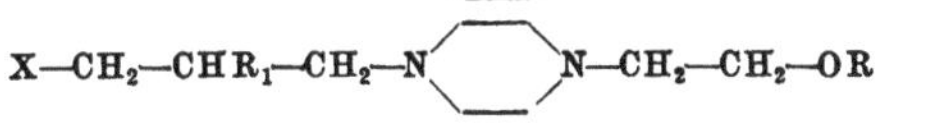

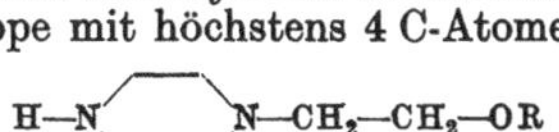

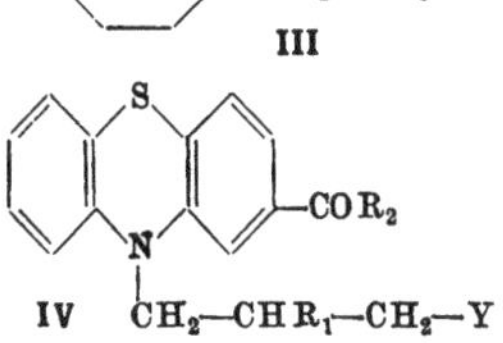

R_1 = H oder Methyl u. R_2 = niedere Alkylgruppe bedeuten, dad. gek., daß man ein 3-Acylphenthiazin mit einem Aminoalkoholhalogenid der Formel II (X = Halogen) oder ein Piperazin der Formel III mit einem Ester der Formel IV (Y = Estergruppe) oder ein

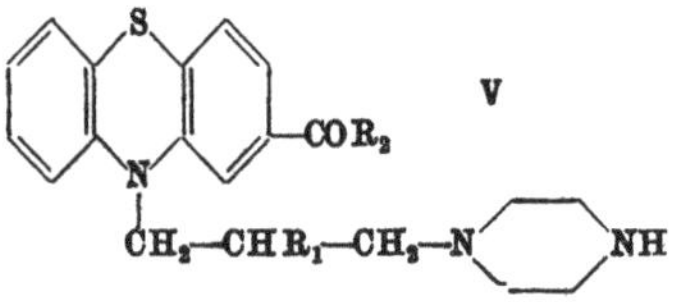

V

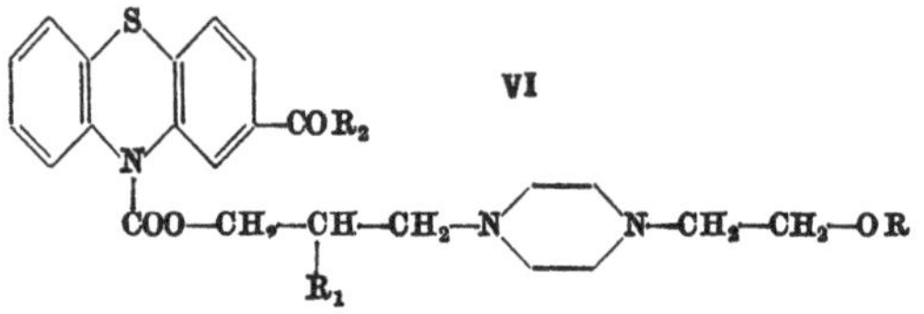

VI

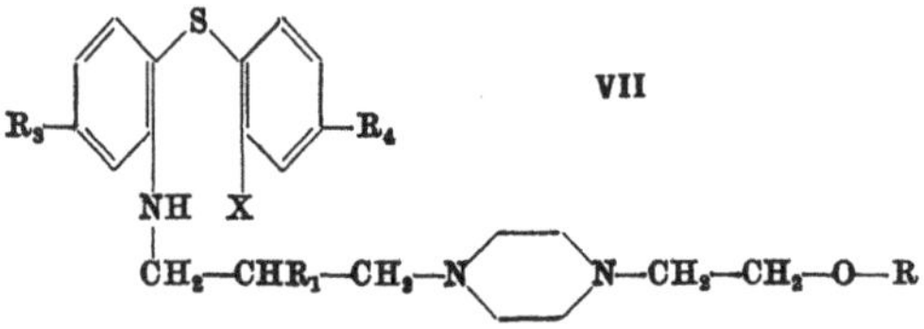

VII

Phenthiazin der Formel V mit einem Ester $Y-CH_2-CH_2-O-R$ umsetzt oder daß man ein Phenthiazin der Formel VI decarboxyliert oder daß man eine Verb. der Formel VII cyclisiert (einer der Reste R_3 u. R_4 = H, der andere Acylrest). *3-Acetyl-10-[3'-(4''-hydroxyäthylpiperazinyl-(1''))-propyl]-phenthiazin* (*Dimaleat*, F. 198—200°), aus 3-Acetyl-10-[3'-tosyloxypropyl]-phenthiazin (VIII) u. 1-[2'-Hydroxyäthyl]-piperazin. VIII, F. 112—113° (KOFLER-Block), wurde hergestellt aus 3-Acetyl-10-[3'-hydroxypropyl]-phenthiazin, F. 80° (aus 2-[3'-Chlorpropyloxy]-tetrahydropyran u. 3-[1'-Phenyliminoäthyl]-phenthiazin) u. p-Toluolsulfochlorid. — *3-Acetyl-10-[3'-(4''-{acetyloxyäthyl}-piperazinyl-(1''))-propyl]-phenthiazin* (*Dimaleat*, F. 180—182°), aus 3-Acetyl-10-[3'-(4''-hydroxyäthylpiperazinyl-(1''))-propyl]-phenthiazin. — *Heilmittel.* (**F. P. 1 166 240** vom 11/2. 1957, ausg. 4/11. 1958.) S. BÖTTCHER. 4807

Geschickter Fund for Medical Research, Inc., Washington, D. C., übert. von: **Charles H. Grogan,** Falls Church, Va., V. St. A., *3-Azabicycloheptanderivate.* Man gewinnt sie durch Red., z. B. mit $LiAlH_4$ u. H_2O, von N-Dialkylaminoalkylimiden des cis-1.2-Cyclobutandicarbonsäureanhydrids, z. B. aus dem Dimethylaminoäthylimid das *N-Dimethylaminoäthyl-3-azabicycloheptan-(3.2.0)*, $Kp._{0,3}$ 38—44°; n_D^{20} 1,4766, das mit HCl das Dihydrochlorid, F. >305°, mit mol. Mengen CH_3J das *Monomethojodid*, F. 204—206°, u. mit CH_3J im Überschuß das *Dimethojodid*, F. 219—221°, bildet. — Analog: *N-Diäthylaminoäthyl-3-azabicycloheptan-(3.2.0)*, $Kp._{0,8}$ 64—65°; n_D^{20} 1,4717, dessen *Dihydrochlorid*, F. 215—216°, u. *Dimethojodid*, F. 230—231°, *N-Dimethylaminopropyl-3-azabicycloheptan-(3.2.0)*, $Kp._{0,3}$ 53—55°; n_D^{20} 1,4702, dessen *Dihydrochlorid*, F. 265°, u. *Dimethojodid*, F. 242—243°, *N-Diäthylaminopropyl-3-azabicycloheptan-(3.2.0)*, $Kp._{0,7}$ 75—77°; n_D^{20} 1,4696, dessen *Dihydrochlorid*, F. 191—192°, u. *Dimethojodid*, F. 189 bis 190°, u. *N-Morpholinoäthyl-3-azabicycloheptan-(3.2.0)*, $Kp._{0,2}$ 84—86°; n_D^{20} 1,4935, dessen *Dihydrochlorid*, F. 271—273°, u. *Dimethojodid*, F. 230—231,5°. — *Chemotherapeutica.* (**A. P. 2 802 003** vom 10/10. 1955, ausg. 6/8. 1957.) C. LÜTTGEN. 4807

Ciba Ltd. (Erfinder: **Robert Schwyzer** und **Johannes Mueller**), *Gewinnung von Reserpin.* Man fällt aus dem mit einem wasserlösl. Lösungsm., z. B. CH_3OH oder Essigsäure, aus Rauwolfia gewonnenen Extrakt das Reserpin als wasserunlösl. Salz, z. B. mit HNO_3. Zugabe von „Trägerstoffen", z. B. Diatomeenerde, begünstigt die Fällung. (**Aust. P. 209 918** vom 23/2. 1955, ausg. 12/9. 1957. Schwz. Priorr. 26/2. u. 17/3. 1954.) C. LÜTTGEN. 4807

Usines Chimiques des Laboratoires Français (U. C. L. A. F.) (Erfinder: **Pierre Barthelemy,** Saint-Germain-en-Laye, **Lucien Penasse** und **Gerard Nomine,** Noisy-le-Sec), Paris, Frankreich, *Isolierung von kristallisiertem Vitamin B_{12}* (**I**) aus verd. wss. Lsgg. beliebigen Ursprungs nach D. A. S. 1 042 839, dad. gek., daß man in der I-Lsg. $Cu[Cu(CN)_2]_2$ ausfällt, das sich mit dem I unter Bldg. eines in W. unlösl. Komplexes mit einem Geh. von 68% I verbindet, diesen I-Komplex aus der Lsg. abtrennt, das I daraus mit Hilfe einer zur Bldg. eines wasserlösl. Deriv. mit dem Cu geeigneten chelatbildenden Verb. in Freiheit setzt u. das I aus der erhaltenen wss. Lsg. in an sich bekannter Weise isoliert. (**D. A. S. 1 053 141** Kl. 30h vom 30/4. 1957, veröff. 19/3. 1959. F. Prior. 9/5. 1956. **Zusatz zu D. A. S. 1 042 839; C. 1959. 7894.**) K. KOEBKE. 4809

N. V. Nederlandsche Combinatie voor Chemische Industrie, Amsterdam, Holland, *Herstellung eines oxytocisch wirksamen 2-(Piperidinomethyl)-naphthalinderivates.* Man kocht Brommethylnaphthalin mit 2.6-Dimethylpiperidin in CCl_4: *2-(2.6-Dimethylpiperidinomethyl)-naphthalin*, $Kp._{0,2-0,3}$ 137—138°; *Hydrochlorid*, F. 139—141°. (**Holl. P. 88 765** vom 23/7. 1956, ausg. 15/7. 1958.) F. BÖHM. 4809

Ciba Akt.-Ges., Basel (Erfinder: **Leopold Ruzicka** und **Hans Heusser**, Zürich), Schweiz, *Hydrophenanthrylcarbonsäuren und ihre funktionellen Derivate* erhält man aus gesätt. oder ungesätt. Steroidlactamen mit der Struktur I der Ringe C u. D, die bes. in 3-Stellung eine freie oder funktionell abgewandelte Hydroxy- oder Oxogruppe tragen u., ausgehend vom C-Atom 5, eine Doppelbindung aufweisen können, durch Behandlung mit starken anorgan. Basen, bes. Alkalihydroxyden, bei erhöhter Temp. u. erhöhtem Druck. — Z. B. wird 1 (g) 3α-Acetoxy-11.17-dioxo-17a-aza-D-homotestan (II) in 150 cm³ 10%ig. alkoh. KOH 5 Std. im Autoklav auf 150° erhitzt, die Lsg. dann mit 2n HCl angesäuert, im Vakuum eingeengt, mit Na_2SO_4 vermischt, mit $CHCl_3$ extrahiert u. aus dem $CHCl_3$-Extrakt 0,9 Δ^2-*2.13-Dimethyl-4-oxo-7α-hydroxydodekahydrophenanthryl-(1)-propionsäure* gewonnen, amorphe M., die nur schwer in krist. Form zu erhalten ist, F. 80—95°; *Methylester*. — In analoger Weise erhält man aus 2 Δ^5-3.3-Äthylendioxy-11.17-dioxo-17a-aza-D-homoandrosten (III) in 50 cm³ 18%ig. butanol. NaOH 1,57 $\Delta^{2.9(14)}$-*2.13-Dimethyl-4-oxo-7.7-äthylendioxydekahydrophenanthryl-(1)-propionsäure*, Kristalle aus Aceton–Pentan; UV-Absorptionsmaximum bei 236 mμ, log ε = 4,07; Banden im IR-Spektr. bei 1709 (—COOH) u. 1650 cm^{-1} (α.β-ungesätt. Keton). — Die Ausgangsverbb. können durch Behandeln entsprechend substituierter 11.17-Dioxoandrostane mit NH_2OH u. BECKMANNsche Umlagerung der erhaltenen 17-Monoxime hergestellt werden. — Z. B. erhitzt man 1 3α-Acetoxy-11.17-dioxotestan, F. 61°, u. 20 cm³ einer Lsg., die durch kurzes Aufkochen von 1 $NH_2OH \cdot HCl$, 2 CH_3COONa u. 20 cm³ A. hergestellt worden ist, 2 Std. zum Sieden, dampft die Lsg. auf das halbe Vol. ein, fügt 50 cm³ W. zu u. erhält 1,03 17-Monoxim, das sich erst amorph, dann krist. ausscheidet, mit W.–Methanol 2 : 1 gewaschen u. durch Abdampfen mit Bzl. im Vakuum getrocknet wird, F. (aus Aceton–Hexan) 194°, gut ausgebildete Nadeln. — 1 davon wird in 40 cm³ absol. Pyridin gelöst, mit 1 p-Acetaminobenzolsulfonsäurechlorid versetzt, 2 Std. auf 70° erwärmt, mit 120 cm³ W. versetzt, 2 Std. auf dem Wasserbad erwärmt, mit W. auf 240 cm³ aufgefüllt, mit 2n H_2SO_4 angesäuert, mit Ae.–Chlf. (3 : 1) extrahiert u. aus dem Extrakt 1 rohes **II** gewonnen, Nadeln aus Methanol, F. 311°; charakterist. Banden im IR-Spektr. bei 1733, 1706, 1678, 1631 u. 1603 cm^{-1}. — Analog: Δ^5-3.3-Äthylendioxy-11.17-dioxoandrosten-17-monoxim, Kristalle aus Aceton–Hexan. **III**, farblose Kristalle. — Zwischenprodd. zur Herst. von *18-Hydroxypregnanen*. (**D. A. S. 1 002 337** Kl. 12o vom 21/5. 1955, veröff. 14/2. 1957. Schwz. Prior. 26/5. 1954.) R. LINK. 4809

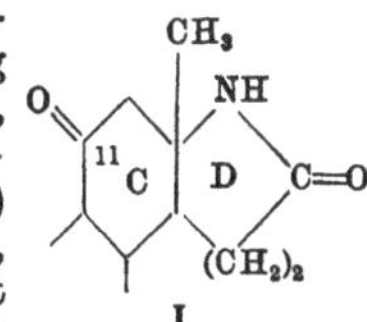

Ciba Akt.-Ges. (Erfinder: **Albert Wettstein, Ernst Vischer** und **Charles Meystre**, Arlesheim), Basel, Schweiz, *14-Hydroxy-9α-halogenpregnane* erhält man durch Bebrütung der entsprechenden 14-Desoxyverbb. mit einer Kultur eines Mikroorganismus der Gattung *Mucor, Helicostylum, Pleospora* oder *Curvularia* u. Abtrennung der Gärungsprodd. nach üblichen Methoden. — Δ^4-3.20-Dioxo-9α-fluor-11β.17α.21-trihydroxypregnen $\xrightarrow{\text{Pleospora gaeumanni}}$ Δ^4-*3.20-Dioxo-9α-fluor-11β.14α.17α.21-tetrahydroxypregnen*. — Analog: $\Delta^{1.4}$-*3.20-Dioxo-9α-fluor-11β.14α.17α.21-tetrahdroxypregnadien*. — Δ^4-*3.11.20-Trioxo-9α-fluor-14α-hydroxypregnen*. — *Heilmittel* sowie Zwischenprodd. zu deren Herstellung. (**D. A. S. 1 049 858** Kl. 12o vom 19/9. 1956, veröff. 5/2. 1959. Schwz. Prior. 30/9. 1955.) U. SIEVERS. 4809

Laboratoires Français de Chimiothérapie, Frankreich (Erfinder: **Georges Muller**), *Herstellung von Hormonderivaten*. Beschrieben wird die Herst. von *3-Hydroxy-17β-aceto-$\Delta^{1.3.5.10}$-östratrien-20-äthylenketal* (I), F. 197°; $[\alpha]_D^{20}$ +84° (c = 1%; 10% A. u. Pyridin), aus 3-Hydroxy-17β-aceto-$\Delta^{1.3.5.10}$-östratrien (II) u. Glykol in Toluol in Ggw. von p-Toluolsulfonsäure; Methylierung von I mit Dimethylsulfat zu *3-Methoxy-17β-aceto-$\Delta^{1.3.5.10}$-östratrien-20-äthylenketal* (III), F. 125—127°; $[\alpha]_D^{20}$ +85° (c = 1%; Chlf.); II-*Methyläther*, F. 137°, aus dem man mit Äthylenglykol III herstellen kann, u. Red. von III mit Li in fl. NH_3 zu *19-Norprogesteron-3-enoläther-20-ketal*, das man mit HCl zu *19-Norprogesteron* hydrolysiert. (**F. P. 1 164 509** vom 14/1. 1955, ausg. 10/10. 1958.) S. BÖTTCHER. 4809

Olin Mathieson Chemical Corp., New York, N. Y., übert. von: **Josef Fried**, New Brunswick, **Richard W. Thoma**, Somerville, **David Perlman**, Princeton, und **John R. Gerke**, Franklin Township, N. J., V. St. A., *Steroide*. Man läßt 7α-Hydroxyprogesteron in Ggw. von z. B. NaOH mit einem Acetylierungsmittel, wie Essigsäureanhydrid oder Benzoylchlorid, reagieren u. erhält Ester von 7α-Hydroxyprogesteron. — Beispiele: *7α-Hydroxyprogesteron*, F. 229—230°; $[\alpha]_D^{22}$ +167° ($CHCl_3$); Δ^6-*Dehydroprogesteron*, F. ca. 133—137°; *7α-Hydroxyprogesteronacetat*, F. 237—238°; $[\alpha]_D^{23}$ +71° ($CHCl_3$). — *Heilmittel*. (**A. P. 2 836 608** vom 27/5. 1955, ausg. 27/5. 1958.) H. NEBELSIEK. 4809

Laboratoires Français de Chimiothérapie, Frankreich (Erfinder: **A. Allais** und **C. Hoffmann**), *Herstellung von Steroidhormonderivaten* der allg. Formel I (R = Alkyl-, R_1 = Steroidhormonrest), dad. gek., daß man ein trans-Hexahydroterephthalsäure (II)-halbesterchlorid mit einem Steroidhormon umsetzt. — Beschrieben wird die Herst. von II-*n-Butylesterchlorid*, $C_{12}H_{19}ClO_3$, aus Terephthalsäure über den Dimethylester, **II**, II-*Di-* u. *-Mono-n-butylester*, von II-*Monomethyl-*, *-isopropyl-*, F. 88—89°, *-Mono-*, F. 50°, u. *Di-n-Octylester* u. den *Esterchloriden*. — Gemischte Ester: II-*n-Butyltestosteronester*, F. 110°, $[\alpha]_D^{20}$ +81,5° (c = 1%; A.), aus Testosteron u. dem Butylesterchlorid in Pyridin, Extraktion mit Isopropanol u. Chromatographie. — II-*n-Butylöstradiolester*, F. 136°, $[\alpha]_D^{20}$ +45 ± 2° (c = 0,5%; A.). — II-*n-Butylcorticonester*, F. 189°, $[\alpha]_D^{20}$ + 148 ± 2° (c = 0,5%; Aceton). — II-*n-Butylprednisonester*, F. 189, $[\alpha]_D^{20}$ + 140 ± 2° (c = 0,5%; Aceton). — II-*Methyltestosteronester*, F. 161°, $[\alpha]_D^{20}$ +96 ± 2° (c = 0,5%; Chlf.). — II-*Isopropyltestosteronester*, F. 156—157°, $[\alpha]_D^{20}$ +89 ± 2° (c = 0,5%; Chlf.). (**F. P. 1 165 839** vom 26/8. 1955, ausg. 29/10. 1958.) S. BÖTTCHER. 4809

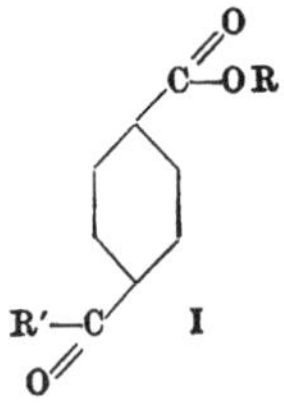

N. N. Suworow, Sch. D. Owtschinnikowa, W. S. Muraschewa, L. W. Sokolowa und **F. J. Leibelman,** *Herstellen von Cortisonacetat.* 11α-Hydroxyprogesteron (F. 165,5 bis 166,5°) wird mit H_2 in Ggw. von PdO_2 auf $CaCO_3$ bei n. Temp. im Verlauf von 20 Std. in Pyridin hydriert. Das entstandene *Pregnanol-(11α)-dion-(3.20)*, F. 83—84°, wird mit $K_2Cr_2O_7$ in verd. H_2SO_4 zu *Pregnantrion-(3.11.20)*, F. 149,5—151,5°, oxydiert, das bei 20° während 9 Std. in Pyridin mit $NaBH_4$ red. u. anschließend 2 Std. mit 5%ig. HCl bei —5 bis 0° gehalten wird. Das entstandene *Pregnanol-(3α)-dion-(11.20)*, F. 168 bis 170°, wird mit Acetanhydrid in das *Enolacetat* umgewandelt, welches bei n. Temp. 4 Std. mit äther. Peroxyphthalsäure oxydiert u. mit NaOH zu *Pregnandiol-(3α.17α)-dion-(11.20)* (I), F. 194—196°, verseift wird. **I** wird dann in methanol. Lsg. mit Dioxandibromid zum *21-Brompregnandiol-(3α.17α)-dion-(11.20)* (**II**), F. 173—175°, bromiert. **II** läßt sich in essigsaurer Lsg. mit Zn-Staub zu *Pregnandiol-(3α.17α)-dion-(11.20)* red.; F. 198—200°. **II** wird 18 Std. bei n. Temp. in methanol. Lsg. mit N-Bromsuccinimid oxydiert zu *21-Brompregnanol-(17α)-trion-(3.11.20)* (**III**), F. 219—219,5° (Zers.). Man kann auch **I** gleichzeitig bromieren u. oxydieren, indem man bei n. Temp. in methanol. Lsg. im Laufe von 5 Std. Dioxandibromid hinzufügt, dann auf Abwesenheit von freiem Br_2 prüft, mit Bicarbonat neutralisiert, N-Bromsuccinimid zugibt u. bei n. Temp. 18 Std. stehen läßt. **III** krist. aus. **III** wird 3 Std. in N_2 in Aceton-A. (wasserfrei) mit K-Acetat behandelt u. zu *Dihydrocortisonacetat*, F. 224—226°, umgesetzt. Dieses wird zu *4-Bromdihydrocortisonacetat* (**IV**), F. 193—195°, bromiert. Die Bromierung wird in Dioxandibromid unter Zusatz von Dioxan u. Dimethylformamid oder CCl_4 u. Dimethylformamid durchgeführt. Die Umwandlung von **IV** in *Cortisonacetat* wird in üblicher Weise vorgenommen. (**UdSSR. P. 106 380** vom 20/3. 1956, gedruckt 28/5. 1958.) B. PANKOW. 4809

Chas. Pfizer & Co., Inc., Brooklyn (Erfinder: **Gilbert Malcolm Shull,** Huntington Station, und **Donald Albert Kita,** Jackson Heights), N. Y., V. St. A., *1-Dehydrosteroide* erhält man nach dem Verf. der D. A. S. 1 045 400 durch Bebrütung der entsprechenden 1.2-Dihydrosteroide mit Kulturen von *Mycobacterium*-Arten. Es wurden dehydriert: Hydrocortison → *1-Dehydrohydrocortison*, F. 196—198°; $[\alpha]_D^{25}$ 108,2°. — Cortison → *1-Dehydrocortison*, F. 227,5—228°; $[\alpha]_D^{25}$ 173,1°. — 14α-Hydroxyverb. F. → *1.4-Pregnadien-11β.14α.17α.21-tetraol-3.20-dion*, F. 227—229°; $[\alpha]_D^{15}$ 103,5°. — 14α-Hydroxyverb. S → *1.4-Pregnadien-14α.17α.21-triol-3.20-dion*, F. 217—218°; $[\alpha]_D$ 132°. — Ferner werden analog hergestellt: *1-Dehydro-9α-fluorverb. F*, F. 263—266°; $[\alpha]_D^{15}$ 108°. — *1.4.6-Androstatrien-3.17-dion*, F. 164,5—166°; $[\alpha]_D^{25}$ 82,6°. — *1-Dehydro-14α.15α-oxidoverb. F*, F. 226—229°; $[\alpha]_D^{25}$ 70°. — *1-Dehydrohydrocortison-21-acetat*, F. 234°; $[\alpha]_D^{25}$ 118°. — *1-Dehydrocortison-21-acetat*, F. 228°; $[\alpha]_D^{25}$ 190°. — *1-Dehydrohydrocortison-21-propionat*, F. 212—214°; $[\alpha]_D^{25}$ 106,5°, sowie das *21-o-Toluat*, *Benzoat*, -(*1-Äthylcyclohexancarboxylat*), *-Cyclohexancarboxylat*, -(*1-Methylcyclohexancarboxylat*), *-Phthalat*, u. das *-Hemisuccinat des 1-Dehydrohydrocortisons*. — *Heilmittel.* (**D. A. S. 1 045 400** Kl. 12o vom 24/1. 1956, veröff. 4/12. 1958. A. Priorr. 24/1., 28/1. u. 27/7. 1955. **Zusatz zu D. A. S. 1 013 648; C. 1958. 8478.**) U. SIEVERS. 4809

Laboratoires Français de Chimiothérapie, Frankreich (Erfinder: **R. Joly** und **J. Warnant**), *Herstellung von 11-Dehydrocorticosteronacetat-3.20-disemicarbazon*, $C_{25}H_{36}$·N_6O_5, $[\alpha]_D^{20}$ +237 ± 3° (c = 0,5%; Dimethylformamid), dad. gek., daß man unter Rühren im N_2-Strom zu einem Gemisch aus 3,865 (g) 21-Acetoxy-Δ^4-pregnen-3.11.20-trion, A. u. 5 CH_3COONa herstellt u. 3,865 Semicarbazidhydrochlorid zusetzt. Nach 6 Std. bei 45° wird mit Eis gekühlt u. verd. NH_4OH bis p_H 6,5—7 zugesetzt. (**F. P. 1 165 402** vom 18/7. 1956, ausg. 24/10. 1958.) S. BÖTTCHER. 4809

G. Analyse. Laboratorium.

Harry M. Putsché, *Ein bequemes Kochröhrchen zum ruhigen und sicheren Kochen von Lösungen.* Vf. beschreibt eine Vorr., die ein ruhiges Kochen von analyt. Lsgg. gewährleistet. Sie besteht aus einem Glasröhrchen von ca. 20 cm Länge u. 6 mm äußerem Durchmesser, das ca. 1 cm von einem Ende entfernt in der Flamme zusammengedrückt wurde. Wird es mit dem zusammengedrückten Ende nach unten in das Kochgefäß gestellt, so entweichen die Dampfblasen aus diesem Rohrende. (Analytica chim. Acta [Amsterdam] **21.** 96. 1959. Baltimore, Md., Glidden Comp., Chem.-Pigments-Metals Div.) W. BETCKE. 5010

Thomas M. Delvin, *Enzymatische Methoden in der analytischen Chemie.* Einführende Übersicht. — 24 Literaturstellen. (Analytic. Chem. **31.** 977—81. Juni 1959.) E. DEHMLOW. 5050

T. C. Harman, *Spezielle Technik der Messung thermoelektrischer Eigenschaften.* Vf. diskutiert kurz die für die exakte Ermittlung des thermoelektr. Wirkungsgrades eines thermoelektr. Materials erforderlichen Vorsichtsmaßnahmen in bezug auf die Dimensionierung der Thermoelement- u. Stromzuführungen sowie hinsichtlich der Geometrie der Meßprobe. Die z. B. für Bi_2Te_3 geeignetsten Daten, die zu befriedigenden Ergebnissen führten, werden kurz mitgeteilt (40 gauge Chromel-Alumel-Thermoelemente u. Cu-Zuführungen, Probenlänge ca. 2 cm u. -durchmesser 0,1—0,2 cm², 20—40 mA Strom). (J. appl. Physics **29.** 1373—74. Sept. 1958. Columbus, Ohio, Batelle Mem. Inst.) J. RUDOLPH. 5052

Sivert H. Glarum, *Eine Brückenmethode für dielektrische Mikrowellenmessungen.* Für die Messung der komplexen DK von Fll. wird eine neue Mikrowellenbrückenmeth. angegeben. Bei 1 u. 3 kMHz wurden die DK-Werte von *Chlorbenzol, Brombenzol, n-Butanol, n-Octanol, W.* u. *Nitrobenzol* in guter Übereinstimmung mit Literaturwerten neu bestimmt. (Rev. sci. Instruments **29.** 1016—19. Nov. 1958. Providence, R. I., Brown Univ., Metcalf Res. Labor.) H. C. WOLF. 5052

J. H. Beynon, S. Clough, D. A. Crooks und **G. R. Lester,** *Eine Theorie der Gas–Flüssigkeits-Chromatographie.* Eine Theorie für den Vorgang bei der Gas–Fl.-Chromatographie wird entwickelt, ausgehend vom Idealmodell, bei dem alle gelösten Moll. die gleiche Zeit in der Dampfphase bei ihrem Durchgang durch die Kolonne verbringen. Sie wird auf den prakt. Fall unter Einführung eines Parameters ausgedehnt, der als Bewertungsfaktor für die Kolonne dienen kann. Ein Ausdruck für die Zahl der theoret. Böden wird abgeleitet. Durch einfache Messung können die Konstanten des Syst. berechnet u. die optimale Strömungsgeschwindigkeit vorausgesagt werden. (Trans. Faraday Soc. **54.** 705—14. Mai 1958. Blackley, Manchester, I. C. I. Ltd., Dyestuffs Div., Hexagon House.) W. LUCHSINGER. 5062

G. Burrows, *Einige Merkmale der Gas–Flüssig-Chromatographie.* Mathemat. Behandlung der Gas–Fl.-Chromatographie unter besonderer Berücksichtigung der Löslichkeit mit Ableitung von Gleichungen, den Löslichkeitskoeff., die Porengröße u. die Dicke der Flüssigkeitsschicht in der Kolonne enthalten. Vgl. mit Versuchsergebnissen. Besprechung des Einfl. der eingespritzten Stoffmenge u. der Arbeitstemperatur. (Trans. Instn. chem. Engr. **35.** 245—57. Aug. 1957.) W. LUCHSINGER. 5062

D. W. Turner, *Ein robuster, aber empfindlicher Detektor für die Gas–Flüssigkeits-Chromatographie.* Zelle u. Schaltbild eines Detektors, der auf der Messung der DE. beruht, werden beschrieben. Der Meßbereich liegt zwischen 1,026 (Aceton) u. 1,007 (Diäthyläther). Das Instrument ist gegen Strömungs- u. Druckschwankungen unempfindlich. (Nature [London] **181.** 1265—66. 3/5. 1958.) W. LUCHSINGER. 5062

H. W. Johnson jr. und **F. H. Stross,** *Gas–Flüssigkeits-Chromatographie. Bestimmung der Leistung der Säule.* Bei Kenntnis der Fläche bzw. Breite der Maxima von Chromatogrammen kann neben der Analyse auch die Best. physikal. Konstanten erfolgen. Hierzu wird die Fläche definiert. Es sind häufig Korrekturen anzubringen, so auch bei Beurteilung der Leistung der Säule. Da die Diffusion in der Gasphase nicht nur im Säulenteil der App. erfolgt, wird zur Entw. eines mathemat. Ausdrucks eine Idealapp. definiert, u. die Abweichungen von ihr werden graph. ermittelt. Für genaue Bestimmungen ist ein Mittel aus mehreren Messungen zu bilden. (Analytic. Chem. **31.** 357—65. März 1959. Emeryville, Calif., Shell Development Co.) FRIEDRICH WOLF. 5062

Hitosi Kamada, *Spektrochemische Analyse.* Übersicht über neuere Entwicklungen. (Kagaku-no-Ryoiki [J. Jap. Chem.] **12.** 669—77. Sept. 1958. Tokyo, Univ., Techn. Fak. [Orig.: japan.]) E. MAEKAWA. 5063

Nidia Meng-Chierego, *Darstellung und Kontrolle von Kohleelektroden für die Spektralanalyse.* Vf. bestimmte spektralanalyt. die in einer Reihe handelsüblicher Kohleelektroden verschied. Herkunft enthaltenen Verunreinigungen. Die für die verschied.

Elektroden festgestellten Verunreinigungen (Al, B, Ca, Cu, Fe, Mg, Si, Ti, V) sind tabellar. zusammengestellt. Als beste Reinigungsmeth. erwies sich recht starke Erhitzung mit Niederspannungswechselstrom. (Metallurgia ital. **50.** 337—39. 346. Aug. 1958. Trieste, Ist. Sperimentale Talassograf.) C. GOTTFRIED. 5063

W. Barry und **M. Scalise,** *Beschreibung eines neuen Gitterspektrographen des ARL* (*Applied Res. Labor.*). Beschreibung des Gitterspektrographen. Als Anwendungsbeispiel werden die Analysen einer Al- u. einer Fe-Legierung gebracht. (Metallurgia ital. **50.** 343—46. Aug. 1958. Labor. Appl. Res.) C. GOTTFRIED. 5063

E. W. Salpeter, *Über die Konstruktion von Photometern mit variablem Spalt zur Messung von effektiven Linienbreiten.* Vf. bespricht theoret. u. prakt. Fragen der Konstruktion eines variablen Meßspaltes sowie die photoelektr. Einrichtung eines solchen Photometers. Ein neu konstruiertes Photometer wird beschrieben. (Metallurgia ital. **50.** 293—95. August 1958. Castel Gandolfo, Labor. Astrofis della Specola Vaticana.)
C. GOTTFRIED. 5063

V. Gazzi, *Betrachtungen über die sogenannte Flammenspektrophotometrie.* Nach einer Diskussion über die Zweckmäßigkeit des Ausdrucks „Flammenspektrophotometrie" u. der Ursachen, die die Intensität der Linien verfälschen, kommt Vf. zu dem Ergebnis, daß flammenspektrophotometr. *Cs, Li, K, Na, Rb, Ag, Ba, Ca, In, Mn, Cu, Sr* u. *Tl* bestimmt werden können; die entsprechenden Linien sind angegeben. (Metallurgia ital. **50.** 305—07. Aug. 1958. Bologna, Univ., Labor. Chim. Provinciale.)
C. GOTTFRIED. 5063

W. I. Litwak, A. Ja. Schapiro und **N. Ja. Epstein,** *Ein automatisches photoelektrisches Refraktometer.* An Hand von 6 Skizzen beschreiben Vff. ein neues automat. Refraktometer, das sich wegen großer Genauigkeit nicht nur für Betriebs-, sondern auch für Forschungszwecke gut eignet u. im Vgl. zu den bisherigen in- u. ausländ. Geräten einige Vorzüge aufzuweisen hat. (Консервная и Овощесушильная Промышленность [Konserven- u. Dörrgemüse-Ind.] **14.** Nr. 3. 10—15. März 1959. Kiew, Werk für Kontroll-Meßgeräte.) L. TUNGER. 5063

Jaroslav Nývlt, *Ein Nomogramm für die Ausrechnung der molaren Refraktionen.* Auf Grund der LORENZ-LORENTZ-Gleichung wurde ein Nomogramm für die Ausrechnung der mol. Refraktionen entworfen. Das entworfene Nomogramm eignet sich zu schneller Identifikation von organ. Fll. u. zur Best. ihrer Dichte. (Chem. Průmysl **9** (**34**). 25—26. Jan. 1959. Praha, Vys. škola chem.-technol.) J. SCHNEIDER. 5063

I. M. Kolthoff und **C. J. Sambucetti,** *Voltametrische, potentiometrische und amperometrische Messungen mit einer rotierenden Aluminiumdrahtelektrode.* 1. Mitt. *Voltametrisches Verhalten der rotierenden Aluminiumelektrode* (*R.Al.E.*). Al-Elektroden werden sowohl anod. als auch kathod. stark polarisiert. Lediglich OH′-Ionen in stärkerer Konz. u. F′-Ionen in saurem Medium wirken als anod. Depolisatoren, indem sie bei recht hohen negativen Potentialen das an der Oberfläche haftende Oxydhäutchen durchdringen. Es wird eine bis auf 0,6 cm in ein Glasrohr eingekittete Al-Drahtelektrode verwendet, die über einen Hg-Kontakt mit 600 U/Min. rotiert. Die Elektrode wurde durch 30 Min. langes Eintauchen in konz. HNO_3 oder 20 Min. langes Eintauchen in Äthylendiamintetraessigsäure (0,02 m)/Essigsäure (0,2m) u. anod. u. kathod. Polarisation für 1 Min. bei 1 V gegen die gesätt. Kalomelelektrode vorbehandelt. Die Al-Elektrode kann als OH^--Indikator bei $p_H > 9$ verwendet werden u. erlaubt hinreichend genaue Potentialmessungen in sauerstofffreiem alkal. Medium. In saurer Lsg. gestattet sie eine amperometr. Titration von Fluorid mit einem geeigneten Kation. (Analytica chim. Acta [Amsterdam] **21.** 17—24. 1959. Minneapolis, Minn., Univ. of Minnesota, School of Chem.)
W. BETCKE. 5066

I. M. Issa und **I. M. El Sherif,** *Vierwertiges Uran als Reduktionsmittel bei potentiometrischen Titrationen.* 1. Mitt. *Bestimmung von Eisen(III)- und Cer(IV)-Salzen. U(IV)* wird für die potentiometr. Titration von *Fe(III)* u. *Ce(IV)* als Reduktionsmittel verwendet. Die U(IV)-Lsg. wird durch Red. von 1,8% ig. UO_2SO_4-Lsg., die 0,18n an H_2SO_4 oder 1n an HCl ist im JONES-Reduktor mit granuliertem Zn oder elektrolyt. hergestellt. Die Haltbarkeit steigt mit wachsender Säurekonz., bes. bei Ggw. von HCl, wird durch H_3PO_4 wenig u. durch Zn^{2+} u. Co^{2+} negativ beeinflußt. Licht stört nur bei Ggw. von Luftsauerstoff. Das Redoxpotential verändert sich je nach Säurekonz.: 0,3 V für 0,1n HCl oder H_2SO_4, 0,53 V oder 0,61 V für 1—7n HCl oder 1—9n H_2SO_4 u. ca. 1 V für höhere Säurekonzentrationen. Die potentiometr. Titration von Fe(III) kann in 0,1n H_2SO_4, 0,5—3,3n HCl u. 2,7n HNO_3 durchgeführt werden. Bei Zimmertemp. können die Ablesungen bei Beginn nach 1 Min., am Endpunkt aber erst nach 5—8 Min. vorgenommen werden. Bei 60° verläuft die Rk. schnell. Ce(IV) kann in gleicher Weise in der Kälte in $\leqq$ 6n HCl potentiometr. mit U(IV)-Lsg. bestimmt werden. Bei Beginn der Titration verläuft die Rk. schnell, benötigt am Endpunkt jedoch ca. 10 Min. bis zur Potentialeinstellung. Durch Zugabe von Fe(III) kann die Rk. so beschleunigt werden, daß Ablesungen nach je 3 Min. möglich sind. In $\leq$ 7 n H_2SO_4 kann die Titration bei 60° mit größerer Geschwindigkeit durchgeführt werden. Es wird jedoch die Titration mit Fe(III) bei Zimmertemp. empfohlen. In 0,36 n H_2SO_4 können Fe(III) u. Ce(IV) nebeneinander titriert werden. Die für die Einstellung erforderliche Wartezeit beträgt jeweils 2 Minuten. Die Potentialsprünge betragen bis zu 60 u. 428 mV für Fe u. Ce. In gleicher Weise können in 0,36n H_2SO_4 VO_4^{3-} u. Fe(III) nebeneinander u. auch Ce(IV), VO_4^{3-} u. Fe(III) nebeneinander titriert werden. $[Fe(CN)]^{3-}$ u. Cu(II) konnten nicht nach dem gleichen Verf. bestimmt werden. (Analytica chim. acta [Amsterdam] **14.** 466—73. 1956. Giza, Cairo Univ., Fac. of Sci., Chem. Dep.) H. PLUSKAL. 5066

I. M. Issa und **I. M. El Sherif,** *Vierwertiges Uran als Reduktionsmittel bei potentiometrischen Titrationen.* 2. Mitt. *Bestimmung von Dichromat, Permanganat, Bromat und Tellurat.* (1. vgl. vorst. Ref.) $Cr_2O_7^{2-}$ kann potentiometr. mit U(IV)-Lsg. in 0,7 n H_2SO_4 u. $\leq$ 2 n HCl bei Zimmertemp. bestimmt werden, wobei sich das Gleichgewicht zuerst schneller u. am Endpunkt nach 2 Min. eingestellt hat. Die Oxydation des U(IV) mit $Cr_2O_7^{2-}$ verläuft in 2,5—5n HCl u. 3,6n H_2SO_4 schnell u. liefert gute Ergebnisse. Die Titrationen von $Cr_2O_7^{2-}$ u. Ce(IV) in 1n HCl u. $Cr_2O_7^{2-}$ u. VO_4^{3-} liefern nur gemeinsame Endpunkte. $Cr_2O_7^{2-}$ u. Fe(III) in 1n HCl können dagegen nebeneinander bestimmt werden. $KMnO_4$ kann in 0,1—0,56n H_2SO_4 mit U(IV) reduziert werden. Die beiden Potentialsprünge beruhen auf Red. zu MnO_2, das in saurer Lsg. weiter zu Mn(II) red. wird. Fe(III) beschleunigt die Reaktion. Eine Red. in 1,5—3n NaOH in Abwesenheit von Ba mit U(IV)-Lsg. in 0,1n H_2SO_4 führt zu MnO_2. $KMnO_4$ kann in 0,3n H_2SO_4 neben Fe(III) u. gleichzeitig auch neben V(V), nicht aber neben Ce(IV) u. $Cr_2O_7^{2-}$ bestimmt werden. Man erhält dann nur die Summe aller 3 Komponenten. BrO_3^- wurde in 5n HNO_3, 3,3 bis 8n H_2SO_4 u. 3,3—6n HCl mit einigen Tropfen $FeCl_3$-Lsg. als Katalysator potentiometr. mit U(IV)-Lsg. titriert, wobei sich das Gleichgewicht am Endpunkt nach 15 Min. einstellte. H_6TeO_6 kann bei Zimmertemp. in 0,1—4,5n H_2SO_4 oder 0,1—0,5n HCl entsprechend titriert werden. (Analytica chim. acta [Amsterdam] **14.** 474—81. 1956.) H. PLUSKAL. 5066

L. Němec, *Messung der polarographischen Strommittelwerte mit einem Drehspulgalvanometer.* Inhaltlich ident. mit der C. **1958.** 14234 referierten Arbeit. (Collect. czechoslov. chem. Commun. **24.** 1708—14. Mai 1959. [Orig.: deutsch.]) W. BARZ. 5066

B. Buděšínsky, *Komplexometrische Titrationen (Chelatometrie).* 37. Mitt. *Glycinnaphtholviolett als neuer chelatometrischer Indicator.* Inhaltlich ident. mit der C. **1959.** 1891 referierten Arbeit. (Collect. czechoslov. chem. Commun. **24.** 1804—07. Juni 1959. [Orig.: deutsch.]) W. BARZ. 5068

Z. Holzbecher, *Neue Fluorescenzindicatoren.* 1. Mitt. *Neutralisationstitration.* Inhaltlich ident. mit der C. **1959.** 2567 referierten Arbeit. (Collect. czechoslov. chem. Commun. **24.** 1451—56. Mai 1959. [Orig.: deutsch.]) W. BARZ. 5068

George N. Thomis und **Alexander Z. Kotionis,** *Einfluß organischer Basen auf die Verteilung von Indicatorsäuren (und umgekehrt) in einem Wasser-Chloroform-System. Analytische Anwendungen.* Der Einfl. der Basen *Procain, Strychnin, Ephedrin, Chinidin* u. *Atropin* auf die Verteilung von *Bromthymolblau* (BTB) zwischen W. u, Chlf. wurde bei verschied. p_H untersucht (vgl. C. **1956.** 12643). Es zeigte sich, daß in p_H-Gebieten, wo BTB (bzw. die Base) chloroformunlösl. ist, durch Zusatz des anderen Bestandteils die Extraktion eines 1 : 1-Komplexes möglich wird. Diese Erscheinung kann zur titrimetr. Best. der Basen dienen, indem bei einem geeigneten p_H (5,5—6,5) mit BTB-Normallsg. in W.-Chlf. bis zur bleibenden Färbung der wss. Schicht titriert wird. Weiterhin ist auch eine colorimetr. Best. durch Versetzen der wss. Basenlsg. mit überschüssigem BTB u. Extrahieren mit Chlf. möglich. Da die direkte Vermessung der Komplexlsg. nicht sehr günstig ist, wird der Komplex durch Schütteln mit NaOH (0,1n) zers., worauf die wss., BTB-haltige Phase vermessen wird. (Analytica chim. Acta [Amsterdam] **14.** 457—65. 1956. Athens, Greece, Manufact. de matieres colorantes d'Athenes.) E. DEHMLOW. 5068

Anil Kumar Majumdar und **Siddheswar Banerjee,** *5.6-Benzochinaldinsäure als analytisches Reagens.* 1. Mitt. *Bestimmung von Thorium und Zirkonium. 5.6-Benzochinaldinsäure* (I) bildet mit fast allen Metallen Komplexe, deren Fällungsbedingungen in bezug auf Lösungsm., p_H u. Temp. angegeben sind. *Th* fällt quantitativ bei p_H 3,0 als $Th(C_{14}H_8O_2N)_4$ u. *Zr* bei p_H 1,8 in Form einer nicht stöchiometr. zusammengesetzten Verbindung. Die Mitfällung von Mg u. Erdalkalien wird durch Zugabe von NH_4Cl verhindert. Zur Best. von Th oder Zr stellt man in 200 ml Lsg. den angegebenen p_H-Wert ein, erwärmt zum Sieden, versetzt die sd. Lsg. tropfenweise mit 1%ig. alkoh. I-Lsg. bis zur vollständigen Fällung, hält 15 Min. auf der heißen Platte, filtriert, wäscht mit heißer 1 % ig. NH_4NO_3-Lsg., trocknet u. verascht zum Oxyd. Beim Th ist nach Waschen mit heißem W., heißem A. u. 3mal mit Aceton ein Trocknen bei 110° als Komplex möglich. Zur Trennung des Th von den Seltenen Erden mit Ce(III) verd. man auf 250 ml, stellt den p_H-Wert auf Gelbfärbung mit Methylorange ein, versetzt zum Sieden u. fällt Th wie oben. Zur Abtrennung des Zr verwendet man Kresolrot statt Methylorange als Indicator. Zur Trennung beider Metalle von Erdalkalien u. Mg fügt man vor der Analyse 5 g NH_4Cl zu der Lösung. Für 25—70 mg Zr bzw. Th beträgt der Fehler wenige Zehntel mg. (Analytica chim. acta [Amsterdam] **14.** 306—10. 1956. Calcutta, Bengal, Coll. of Engng. and Technol.) H. Pluskal. 5072

Anil Kumar Majumdar und **Siddheswar Banerjee,** *5.6-Benzochinaldinsäure als analytisches Reagens.* 2. Mitt. *Bestimmung von Titan.* (1. vgl. vorst. Ref.; 3. vgl. C. **1959.** 12005.) *5.6-Benzochinaldinsäure* (I) bildet mit *Ti* bei $p_H > 3$ einen schwerlösl. Komplex. Zur Best. von ca. 27 mg Ti in 250 ml Lsg. versetzt man diese mit überschüssiger I-Lsg., erwärmt zum Sieden, stellt mit 2n NH_3 $p_H > 3$ ein, läßt 20—30 Min. auf der heißen Platte stehen, filtriert, wäscht mit heißer 1 % ig. NH_4NO_3-Lsg., trocknet u. verascht zu TiO_2. Seltene Erden stören nicht. Mg u. Erdalkalien werden durch NH_4Cl in Lsg. gehalten. In Ggw. von Th, Zr oder Fe(III) versetzt man die saure Ti-Lsg. mit 10 g NH_4Cl, einigen ml Komplexon III-Lsg., einigen ml 10 % ig. $MgSO_4$-Lsg., genügend überschüssiger I-Lsg. u. einigen Tropfen Methylorange, verd. auf 250 ml, erwärmt zum Sieden, versetzt bis zum Farbumschlag nach Grün mit 2n NH_3, hält 15 Min. auf der heißen Platte, filtriert, wäscht mit heißer 1 % ig. NH_4NO_3-Lsg. u. verascht zu TiO_2. Größere Mengen $MgSO_4$ können die Trennung Fe–Ti beeinträchtigen. Al stört durch Mitfällung mit Ti. (Analytica chim. acta [Amsterdam] **14.** 427—29. 1956. Calcutta, Bengal, Coll. of Engng. and Technol.) H. Pluskal. 5072

M. Kuraš und **J. Bartoň,** *Analytische Reaktionen einiger Amidoxime.* 9. Mitt. *m-Nitrobenzamidoxim.* Inhaltlich ident. mit der C. **1959.** 4255 referierten Arbeit. (Collect. czechoslov. chem. Commun. **24.** 1720—22. Mai 1959. [Orig.: deutsch.]) W. Barz. 5072

Harry W. Linde und **L. B. Rogers,** *Bestimmung von Wasserdampf in Stickstoff. Messung der thermischen Leitfähigkeit von aus Calciumhydrid entwickeltem Wasserstoff.* Vff. haben die Entfernung von Wasserdampf aus einem N_2-Strom vermittels der Rk. mit CaH_2 untersucht. Der N_2-Strom mit 200—2000 p.p.m. H_2O-Dampf wurde bei 235° über CaH_2 geleitet, der bei der Rk. gebildete H_2 durch Messung der Wärmeleitfähigkeit des Gasstroms bestimmt. Ergänzt wurden diese Verss. durch Verfolgung der H_2-Bldg. beim Überleiten von N_2 mit NH_3, Methanol oder Butanol-(1) über CaH_2 bei 235°, 100° u. Raumtemperatur. NH_3 reagiert mit CaH_2 erst, wenn seine Konz. im Gasraum $>$ 2000 p.p.m. ist. Die Alkohole ergeben die gleichen H_2-Mengen wie H_2O. Die Rk. des Butanol-(1) mit dem Hydrid ist, im Gegensatz zu der des Methanols, von der Temp. prakt. unabhängig. Na- oder Li-Hydrid ist für diese Rkk. nicht geeignet. (Analytic. Chem. **30.** 1250—52. Juli 1958. Cambridge, Mss., MIT, Dep. of Chem. and Labor. for Nucl. Sci.) H.-U. Woelk. 5074

a) Elemente und anorganische Verbindungen.

Robert H. Cundiff und **Peter C. Markunas,** *„Nichtwässerige" Bestimmung von anorganischen Salzen.* Eine kleine Menge des Salzes wird im Meßkolben in sehr wenig W. gelöst, mit einem Überschuß an H_2SO_4 versetzt u. dann mit Aceton oder Pyridin aufgefüllt. Der kation. Bestandteil fällt als Sulfat aus, während die freigemachte Säure neben der überschüssigen H_2SO_4 in der überstehenden Lsg. nach einem beschriebenen Verf. potentiometr. mit 0,1n Tetrabutylammoniumhydroxyd-Lsg. bestimmt werden kann. Es wurden $Na_2HPO_4 \cdot 7H_2O$, $Na_3PO_4 \cdot 12H_2O$, $NaNH_4HPO_4 \cdot 4H_2O$, $Na_2HPO_3 \cdot 5H_2O$, *NaCl*, *NaBr*, $NaNO_2$, $K_2Cr_2O_7$, K_2CrO_4, $(CH_3COO)_2Cu$, $(CH_3COO)_2Ni$, $UO_2(CH_3COO)_2 \cdot 2H_2O$, *K-Hydrogenphthalat*, *Na-K-Tartrat*$\cdot 4H_2O$, *Na-Citrat*, $NaClO_4$, $NaClO_3$ u. *Uranyl-Zinkacetat*$\cdot 2H_2O$ bestimmt. (Analytica chim. Acta [Amsterdam] **21.** 68—73. 1959. Winton-Salem, N. C., R. J. Reynolds Tobacco Company.) W. Betcke. 5100

R. Belcher und **H. Weisz,** *Untersuchungen über qualitative anorganische Analyse.* 8. Mitt. *Bemerkungen zu dem halbsystematischen Schema zum Nachweis von Anionen.* (7. vgl. C. **1959.** 12004; vgl. auch C. **1958.** 6925.) Für den l. c. beschriebenen halbsystemat. Analysengang für Anionen werden mehrere geringfügige Änderungen beschrieben. A: Vor dem Nachw. von Cl^- werden im Röhrchen 2 Tropfen Lsg. mit 2 Tropfen Oxin-lsg., 2 Tropfen H_2O_2/CH_3COOH-Lsg. u. 1 Tropfen konz. HNO_3 2—3 Min. auf 60—80° erhitzt. B: Beim Fällen der 2. Gruppe werden 2—3 Tropfen HNO_3 im Überschuß empfohlen. C: Ag-Halogenate werden durch eine Messerspitze $NaHSO_3$ zu Ag-Halogeniden red. u. wie in A beschrieben bestimmt. D + E: Der Ca-Nd. wird 1 Min. mit 0,5 ml CH_3COOH (1 : 19) geschüttelt, wobei Oxalat, Tartrat u. Fluorid im Rückstand bleiben, während Arsenat u. Phosphat gelöst werden. Es werden der Anilinblaunachw. für Oxalat u. der Ag-Nachw. für Arsenat empfohlen. Mangels verläßlicher Nachweise wird das Succinat aus dem Analysengang herausgenommen. (Mikrochim. Acta [Wien] **1958**. 571—76. Birmingham, Univ., Dep. of Chem.; Wien, TH, Inst. für anorg. u. allg. Chem.) H. PLUSKAL. 5106

I. K. Taimni und **G. B. S. Salaria,** *Unlösliche Substanzen in der qualitativen Analyse.* Es wird ein Schema zum Nachw. der Bestandteile unlösl. Rückstände in der qualitativen Analyse gegeben. Dabei wird die Substanz vorher mit HNO_3 u. später mit so viel HCl behandelt, daß Königswasser entsteht. 1. Der verbleibende Rückstand wird durch Extraktion mit CH_3COONH_4-Lsg. von $PbSO_4$ befreit. 2. Man kocht den Rückstand mit 4n NaOH u. filtriert. Man analysiert das Filtrat auf W, Si, Al, Cr, Fe, Mo u. Sb (Schema), extrahiert den Rückstand mit verd. HCl u. analysiert den Extrakt auf Fe, Cr, Cu u. U (Schema). 3. Man behandelt den Rückstand mit verd. NH_3 u. prüft das Filtrat auf Ag. Falls dieses anwesend ist, prüft man in einem Teil der Ausgangsmischung auf Cl^-, Br^-, J^- u. SCN^- u. im Na_2CO_3-Extrakt der gleichen Mischung auf $[Fe(CN)_6]^{4-}$ u. $[Fe(CN)_6]^{3-}$. 4. Man schm. den verbleibenden Nd. mit NaOH, Na_2CO_3 u. KNO_3 in großem Überschuß, kocht die zerkleinerte geschmolzene M. mit W. u. prüft das Filtrat auf SO_4^{2-}, PO_4^{3-}, F^-, SiO_4^{4-}, Al, Cr, Sb u. Sn. Den nicht gelösten Anteil kocht man mit konz. HCl u. prüft das Filtrat auf Ba, Sr, Ca, Ti, Zr u. Th (Schema). 5. Im Rückstand können nun nur noch ThO_2 u. CeO_2 enthalten sein, die durch Schmelzen mit $KHSO_4$ in lösl. Sulfate übergeführt werden. (Analytica chim. Acta [Amsterdam] **14**. 4—10. 1956. Allahabad, Univ. of Allahabad, Chem. Labor.) H. PLUSKAL. 5106

G. B. S. Salaria, *Die Anwendung von Thiosalzen in der Analyse.* 4. Mitt. *Ein neues Schema der qualitativen Analyse.* Teil B. *Unlösliche Substanzen in der qualitativen Analyse.* (Teil A vgl. C. **1958**. 9306.) Es wird die Anwendung des vorst. ref. Verf. auf einen wie üblich mit Säure, nicht aber mit Königswasser behandelten Rückstand, der keine seltenen Elemente enthält, beschrieben. Das Verf. ist im Prinzip das gleiche wie l. c. beschrieben. Die Aufarbeitung der einzelnen Gruppen ist wieder in Tabellenform beschrieben. (Analytica chim. Acta [Amsterdam] **14**. 97—99. 1956. Patiala, Indien. Mahendra Coll., Chem. Dep.) H. PLUSKAL. 5106

G. B. S. Salaria, *Die Anwendung von Thiosalzen in der Analyse.* 4. Mitt. *Ein neues Schema der qualitativen Analyse.* Teil C. (4. Mitt. Teil B vgl. vorst. Ref.) Es werden einige Verbesserungen des l. c. beschriebenen Schemas angegeben. Zu Tabelle 4. a) Mit $PbSO_4$ kann gleichzeitig $(BiO)_2SO_4$ fallen. In gesätt. CH_3COONH_4-Lsg. gehen beide in Lösung. Pb kann durch CH_3COOH u. K_2CrO_4 gefällt werden, während Bi in Lsg. bleibt. b) Das aus dem $Bi(OH)_3$-Filtrat mit $Na_2S_2O_3$ u. HCl gefällte Cu ist Cu_2S, nicht CuS, u. kann nach Lösen in HNO_3 (1 : 3) mit $K_4[Fe(CN)_6]$ nachgewiesen werden. c) Zur Trennung von Cd, Co u. Ni neutralisiert man die Lsg. der Chloride fast u. behandelt mit HCl-saurem Na_2S-Reagens, wobei Cd vollständig als CdS gefällt wird. Zu Tabelle 5. Bei Abwesenheit von Fe muß PO_4^{3-} nach der bas. Acetatmeth. entfernt werden, weil es sonst die Erdalkalianalyse stört. Zu Tabelle 6. Zum Nachw. von Al in der gemischten Fällung von $Al(OH)_3$ u. $AlPO_4$ behandelt man diese mit CH_3COOH, wobei $Al(OH)_3$ in Lsg. geht, filtriert von $AlPO_4$ ab, fällt erneut mit NH_3 u. weist mit dem $Co(NO_3)_2$-Test nach. Man kann auch die gemischte Fällung in wenig HCl lösen u. mit Oxin prüfen. Zu Tabelle 2. Der Nd. kann aus SnS_2, Sb_2S_3 u. sehr wenig NiS bestehen. NiS stört den Nachw. von Sn u. Sb nicht. (Analytica chim. Acta [Amsterdam] **19**. 605—06. 1958. Rohtak, Punjab, Indien, Governm. Coll., Chem. Dep.) H. PLUSKAL. 5106

A. I. Schatenstein, Je. A. Jakowlewa, Je. N. Gladkowa, Ss. F. Ssusdalzewa und **N. P. Antipowa,** *Methoden der Isotopenanalyse des Wassers.* 2. Mitt. *Neue Flüssigkeiten für die Tropfmethode der Isotopenanalyse von Wasser mit einer Deuteriumkonzentration bis zu 100 Atom-%.* (1. vgl. C. **1959**. 3594.) Bei einem höheren Geh. an D_2 (über 6 At.-%) ist das Gemisch von Chlorbenzol + Xylol nicht mehr geeignet. Es werden daher neue Fll. empfohlen: für 5—27 (At.-)% D_2: *Diphenylmethan* (I), für 20—100% D_2: Gemische von **I** + *α-Chlornaphthalin* (**II**). Die Best. erfolgt wie früher aus der Fallgeschwindigkeit des Tropfens durch **I** bzw. **I** + **II**. Mit **I** kann man den D_2-Geh. bei 6—18% bis auf 0,1%, bei 18—27% bis auf 0,25% bestimmen. Der relative Fehler beträgt 0,5—1,3% (je nach der Eichkurve). Für den Geh. von 20—100% sind 10 oder gar mehr Eichkurven zu zeichnen. Hier beträgt der relative Fehler 0,5%. Die Genauigkeit ist bei Verwendung von **I** + **II** im Bereich 18—27% größer als mit **I** allein. Die Fallzeit soll beim geringsten Geh. an D_2 des betreffenden Eichintervalls bei 100—120 Sek. liegen. Bei sehr hohem Geh. an schweren Isotopen (98—102%) beträgt die Fallzeit 172 bzw. 68 Sek., dadurch kann eine sehr hohe Genauigkeit der Messung erzielt werden, wie ein Vgl. der Ergebnisse mit pyknometr. Messungen nachweist. Da D_2O sehr hygroskop. ist, sind die Messungen möglichst rasch durchzuführen. (Журнал Аналитической Химии [J. analyt. Chem.] **12.** 115–17. Jan./Febr. 1957. Physikochem. Karpow-Inst.) A. v. WILPERT. G 240

M. Bobtelsky und **J. Eisenstadter,** *Die heterometrische Mikrobestimmung von Schwefelsäure als Bariumsulfat. Eine allgemeine Untersuchung.* Es wurde der Einfl. des Lösungsm. sowie anwesender Säuren u. Kationen auf die heterometr. Best. von SO_4^{2-} eingehend untersucht. Durch Mitfällung stören HNO_4, H_3PO_3, Fe(III), Cr u. K, wenn sie in > 3fachem Überschuß vorhanden sind. Dabei ist in Ggw. der störenden Säuren der Ba-Verbrauch zu groß, in Ggw. der störenden Kationen dagegen zu klein, weil diese als K_2SO_4 usw. mitgefällt werden. In 50% ig. alkoh. Lsg., die HCl enthält, kann die heterometr. Titration erfolgreich auch in Ggw. hoher Konzz. an starken Säuren durchgeführt werden. Es wird vorgeschlagen, 10 ml mit 1,5–6 mg H_2SO_4 mit $Ba(NO_3)_2$-Lsg. in starker HCl u. 50% A. zu titrieren. Die Titration dauert 10 Min.; der Fehler beträgt 0–3%. (Analytica chim. Acta [Amsterdam] **14.** 186–93. 1956. Jerusalem, Hebrew Univ., Dep. of Inorg. and Analyt. Chem.) H. PLUSKAL. G 253

O. G. Koch, *Beiträge zur Spurenanalyse.* 4. Mitt. *Zur Spurenanalyse von Reinstselen.* (3. vgl. C. **1959.** 11017.) Da neben anderen Stoffen Se in der Halbleitertechnik eine Rolle spielt, ist die Best. von Spurenelementen in Reinstselen von großem Interesse. Vf. beschreibt ein Verf. zur extraktiven Anreicherung von 30 Spurenelementen aus Reinst-Se mit Oxin/Dithizon in Chlf. u. anschließender spektralanalyt. Best. Der mittlere Fehler der Meth. liegt bei 10% u. die Bestimmungsgrenze bei 0,00001%, sie läßt sich bei geeigneten Maßnahmen noch um 2 Zehnerpotenzen herabsetzen. (Mikrochim. Acta [Wien] **1958.** 402–05. Neunkirchen/Saar, Neunkirchner Eisenwerk Akt.-Ges., Hauptlabor.) M. FRETZDORFF. G 254

M. Štefl, *Aufschluß von Mineralien mittels eines Al–NaOH-Gemisches; Borbestimmung in Silicaten.* Inhaltlich ident. mit der C. **1958.** 14402 referierten Arbeit. (Collect. czechoslov. chem. Commun. **24.** 1726–28. Mai 1959. [Orig.: deutsch.]) W. BARZ. G 258

Hidehiro Gotô und **Shigerô Ikeda,** *Polarographische Bestimmung von Arsen in Bleimetall.* Das polarograph. Verh. von *As(III)* wurde in verschied. Grund-Lsgg. untersucht, von denen zwei zur As-Best. geeignet sind: a) 50% ig. alkoh. Lsg. von 2,5n H_2SO_4, 0,5n Essigsäure u. 0,01% Gelatine, b) wss. Lsg. von 1 mol. $MnSO_4$ u. 1n H_2SO_4. Die Stufenhöhen der in beiden Lsgg. bei ca. – 0,97 V (gegen gesätt. Kalomelelektrode) liegenden As-Stufen sind konzentrationsproportional im Bereich $0,5 \cdot 10^{-4}$ bis 10^{-3} mol. As. Zur Best. von As (0,003–0,6%) in Pb wird die in HNO_3 gelöste u. mit H_2SO_4 abgerauchte Probe nach Abtrennung des $PbSO_4$ mit Hydrazinsulfat zur Red. des As(V) behandelt u. in Lsg. a) oder b) polarographiert. (Sci. Rep. Res. Inst. Tôhoku Univ., Ser. A **9.** 91–96. April 1957. Res. Inst. for Iron, Steel and other Metals. [Orig.: engl.]) E. MOISAR. G 265

S. S. M. A. Khorasani und **M. H. Khundkar,** *Extraktion von Antimon(V) mit Äthylacetat.* Antimon, vorliegend als Sb(V)-Salz oder als Antimonat, läßt sich aus salzsaurer Lsg. in Ggw. verschied. Metallkationen mit Äthylacetat extrahieren. Der Effekt nimmt mit steigender Acidität zu. Bei zu geringer HCl-Konz. (< 3n) lassen sich die Schichten schlecht trennen, oberhalb 6n nimmt das Vol. der Äthylacetatschicht stark ab. Die günstigste HCl-Konz. ist 6n. Bei dieser Konz. ist die Extraktion 87% ig. (Verteilungskoeff. = 6,5–7 bei 25°), so daß eine dreimalige Operation zum Ziel führt. Der Einfl. der Sb-Konz. auf den Trennungseffekt ist gering. Die Sb-Best. erfolgt jodometrisch. Die Operation ermöglicht eine Trennung des Sb(V) von Pb(II), Sn(IV), Ni(II), Cr(III) u. Hg(II), wogegen Fe(III), Sn(II), Cd(II), Co(II) u. größere Mengen Cu(II) stören. (Analytica chim. Acta [Amsterdam] **21.** 24–28. 1959. Dacca, Univ., Dep. of Chem.) W. BETCKE. G 266

Hellmut Hartmann, Theodor Nentwich und **Gerhard Ströhl,** *Bestimmung des Sauerstoffs in den Oxyden der Alkalimetalle.* Vff. bestimmen den O in Na_2O u. Li_2O in einer neu entwickelten App., durch Umsetzung mit H_2S, das gegenüber früheren Methoden den Vorteil hat, daß dieses Gas leichter zu handhaben ist u. bei tieferen Tempp. gearbeitet werden kann. Vor Beginn der Arbeit angestellte thermodynam. Unterss. u. Berechnungen zeigten, daß Störungen der H_2O-Bldg. bei Umsetzung von Na_2O nicht eintritt. Das gebildete H_2O wurde mikrogravimetr. bestimmt. Herst. von reinstem Na_2O u. informierende Verss. der Umsetzung von K_2CO_3 mit H_2S werden beschrieben. Entropiewerte der Li-, K-, Rb- u. Cs-Oxyde u. -Sulfide, durch UHLICHsche Näherung ermittelt, werden angegeben. (Abh. braunschweig. wiss. Ges. **10.** 25–34. 1958. Braunschweig, TH, Anorgan.-Chem. Inst.) E.-M. KREBS. G 272

Arthur Bloomberg und **Kurt Ladenburg,** *Das Auftreten von Verunreinigungen in Steinsalz, Solesalz und gereinigtem Natriumchlorid.* Nach Zusatz von $Pb(NO_3)_2$-Lsg. als

Träger wurde in die ammoniakal. Salzlsg. H_2S eingeleitet. Danach wurde die alkal. Mutterlauge zur Trockne eingedampft. Der unlösl. Rückstand, der Sulfid-Nd. u. der Eindampfrückstand wurden spektrograph. untersucht. In 4 Steinsalzen, 3 Solesalzen u. 2 gereinigten Salzen verschied. Herkunft wurde Al, Ba, Ca, Cr, Co, Cu, Fe, Pb, Mg, Mn, Ni, K, Si, Ag, Na, Sr, Sn, Ti, V, Zn u. Zr quantitativ oder halbquantitativ bestimmt. Sb, As, Bi, Cd, Ce, Ga, Ge, In, Li, Mo, P, Rb, Tl u. W konnten nicht nachgewiesen werden. (J. electrochem. Soc. **106**. 54—56. Jan. 1959. New York, N. Y., Internat. Salt Comp., Inc., Res. Labor.) M. Laser. G 274

R. O. R. Brooks, *Umgebungsanzeiger für Beryllium.* Es werden die in Harwell entwickelten Geräte u. Verff. zur Anzeige der *Be*-Konz. in der Luft, auf Oberflächen in der Nähe des Laboratoriumpersonals u. in Staub- u. Schmutzproben beschrieben. Zur Best. von Be wurde die spektrograph. Meth. benutzt. Die Proben wurden mit Säure behandelt oder mit $NaHSO_4$ geschmolzen, filtriert u. in ammoniakal. Lsg. Be mit Ca als Träger ausgefällt. Als innerer Standard wird Tl hinzugefügt u. die Mischung anschließend auf Graphitelektroden getrocknet. Auf diese Weise ist eine Be-Best. bis zu 0,05 μg möglich. (Nuclear Power **3**. 549—52. Nov. 1958. Harwell, A.E.R.E., Med. Div.) W. Karcher. G 281

M. Bobtelsky und **J. Eisenstadter,** *Eine schnelle heterometrische Mikrobestimmung von Calcium als Sulfat in überschüssigem Magnesium oder anderen Begleitstoffen.* Zur heterometr. Mikrobest. von Ca wurde eine Lsg. mit 2—4 mg Ca als $CaCl_2$ in 10 ml 94% ig. A. in Ggw. von viel $MgCl_2$ heterometr. mit einer 10% ig. alkoh. H_2SO_4-Lsg. titriert. Am günstigsten ist ein Verhältnis Ca:Mg = 1:30. $MgCl_2$ vergrößert das Wachstum der $CaSO_4$-Teilchen. Die Titrationsdauer beträgt bei Zimmertemp. ca. 15 Min., der Fehler 0—1,7%. 2wertige Kationen in gleicher Konz. wie Ca stören nicht. Liegen 3wertige Kationen in höherer Konz. vor, so tritt ein negativer Effekt auf. Das gleiche gilt für H_3PO_4 u. Citronensäure. (Analytica chim. Acta [Amsterdam] **14**. 89—95. 1956. Jerusalem, Hebrew Univ., Dep. of Inorg. and Analyt. Chem.) H. Pluskal. G 283

Kumar Krishna Chatterji, *Analytische Anwendungen von Dutoits Thermovolumetrie.* 2. Mitt. *Analyse von Zink in Messing.* (1. vgl. C. **1957**. 509.) Zur thermometr. Best. von Zn wurden 50 ml Lsg. im Dewar-Gefäß mit einigen Tropfen verd. CH_3COOH versetzt u. thermometr. (l. c.) gegen 0,4 mol. $(NH_4)_2Hg(SCN)_4$-Lsg. unter starkem Rühren u. jeweils 1 ml Reagenszugabe titriert. Infolge verzögerter Fällung darf die Ablesung erst 2 Min. nach der Reagenszugabe erfolgen. Zur Best. von Zn neben Cu wurde letzteres durch Zugabe von 5 ml frisch gesätt. wss. SO_2-Lsg. u. 10 ml 20% ig. NH_4SCN-Lsg. 1 Std. vor der Titration im Dewar-Gefäß gefällt. Zur Best. von Zn in Messing löst man 3 g Messing in 30—40 ml HNO_3 (1:1), dampft mit einigen ml konz. H_2SO_4 ein, bis alle HNO_3 beseitigt ist, nimmt mit W. auf, filtriert, neutralisiert vorsichtig mit NH_3 (1:1), versetzt mit 10 ml 25% ig. CH_3COONa-Lsg. u. 2 ml Eisessig u. verd. auf 250 ml, wobei p_H ca. 4,0 erreicht wird. In einem aliquoten Anteil dieser Lsg. bestimmt man Zn neben Cu wie angegeben. Der Fehler der einfachen Best. beträgt $\leq 1\%$. Die bei der Messinganalyse erhaltenen Werte liegen ca. 1% zu hoch. (J. Indian chem. Soc. **35**. 57—62. Jan. 1958. Calcutta, Univ., Coll. of Sci. and Technol., Dep. of Physic. Chem.) H. Pluskal. G 288

G. M. Saxena und **T. R. Seshadri,** *Gravimetrische Bestimmung von Thorium und seine Trennung von Uran, Ceriterden und Cersalzen. 1-Hydroxy-3-methoxyxanthon* (I) bildet in wss. alkoh. Lsg. bei p_H 2,6—4,0 mit Th einen tief gelb gefärbten Komplex Th I_4, der durch W. gefällt u. zu ThO_2 geglüht werden kann. Zur Best. von ca. 0,1 g Th versetzt man 100 ml wss. Th-Lsg. mit 30 ml A., erwärmt auf dem Wasserbad fast bis zum Sieden, versetzt mit 40—50 ml 2% ig. alkoh. I-Lsg., verkocht fast allen A. auf dem Wasserbad, kühlt, fällt durch Zugabe von 100 ml W., filtriert den flockigen Nd., wäscht mit W., trocknet bei 120° u. verascht zu ThO_2. Die 5fache Menge Ce(III)-Salz, die 10fache Menge Ceriterden u. die 5—6fache U-Menge stören nicht. Zur Abtrennung größerer U-Mengen erwärmt man den Nd. mit konz. HNO_3 zur Zerstörung organ. Substanz, verdampft die Säure u. fällt Th erneut wie vorher. (Proc. Indian Acad. Sci., Sect. A **47**. 238—43. April 1958. Delhi, Univ. of Delhi, Dep. of Chem.) H. Pluskal. G 339

G. M. Saxena und **T. R. Seshadri,** *Bestimmung von Uran in Gegenwart von Seltenen Erden mit Morellin.* 1,0 mg U können neben 4,0 mg Ceriterden spektrophotometr. bei p_H-Werten unterhalb 7,0, vorzugsweise bei 6,3, bestimmt werden. Als Komplexbildner dient Morellin. (J. sci. ind. Res. [New Delhi], Sect. B **15**. 480. Aug. 1956. Delhi, Univ., Dep. of Chem.) H.-G. Moslé. G 339

I. I. M. Elbeih und **M. A. Abou-Elnaga,** *Eine neue Methode — auf der Grundlage der Papierchromatographie — für die Bestimmung von Thorium und Uran in Monazit.* Vff. beschreiben eine papierchromatograph. Trennung des Th u. U in Monazitsanden von den anderen Elementen mit Hilfe einer salpetersauren Mischung von Dioxan u. Antipyrin (1:1). Die R_F-Werte sind 0,78 u. 0,81. Das Th kann dann durch indirekte Titration mit EDTA (Brenzcatechinviolett als Indicator) bestimmt werden, das U durch Messung der Absorption des H_2O_2-haltigen Extraktes bei 400 mμ. (Analytica chim. Acta [Amsterdam] **19.** 123—28. Aug. 1958. Cairo, Univ., Fac. of Sci., Dep. of Chem.) H.-U. WOELK. G 339

K. S. Koppikar, V. G. Korgaonkar und **T. K. S. Murthy,** *Spektrophotometrische Bestimmung von Uran. Anwendung der Analysenmethode auf Uranlaugen und Monazit.* $UO_2(NO_3)_2$ wird bei p_H 1,5 aus 0,25 mol. NH_4CNS-Lsg. in Ggw. von Ascorbinsäure (zur Red. von Fe-Spuren) mit Tributylphosphat/CCl_4 (1:9) extrahiert. Die organ. Phase wird bei 300—400 mμ (Maximum 350 mμ, optimale Ergebnisse bei 365 mμ) photometriert. Der mol. Extinktionskoeff. beträgt 5100. Die optimale Konz. liegt zwischen 0,20 u. 1,20 mg U_3O_8/25 ml Extrakt. Die Farbe bleibt wenigstens 24 Std. stabil. Es stören Co, Pb, Hg, Sn(II), Cu(II), Fe(III), Ti, V(V), Bi, Mo(VI), F^- u. Oxalat. Der Fehler in Ggw. von 200 mg Na, K, Ca, Mg, Cd, Zn, Mn, Ni, Al, Cr, La, Ce(III), Nd, Zr, Th, Cl^-, NO_3^-, SO_4^{2-}, PO_4^{3-}, Tartrat u. Citrat bleibt unter 2%. Vorschriften zur Best. von U in U-Laugen u. in Monazitkonzentraten werden gegeben. (Analytica chim. Acta [Amsterdam] **20.** 366—71. 1959. Bombay, India, Atomic Energy Establ. Trombay.) M. LASER. G 339

R. E. Stevens, W. H. Wood, K. G. Goetz und **C. A. Horr,** *Vorrichtung für die Herstellung von Phosphoren für die fluorometrische Bestimmung von Uran.* Vff. beschreiben eine Vorr. zur Herst. gut reproduzierbarer Phosphore (45,5 Na_2CO_3, 45,5 K_2CO_3 u. 9 Gew.-% NaF) für die fluorometr. Best. von U. Die Konstruktion u. die Arbeitsweise der Apparate werden dargestellt. (Analytic. Chem. **31.** 962—64. Mai 1959. Denver, Colo., U. S. Geol. Survey.) W. KARCHER. G 339

B. Bieber und **Z. Večeřa,** *Bestimmung von Uran mittels Kupferron in Gegenwart des Ammoniumsalzes der Äthylendiamintetraessigsäure.* Inhaltlich ident. mit der C. **1959.** 2570 referierten Arbeit. (Collect. czechoslov. chem. Commun. **24.** 1074—79. April 1959. [Orig.: deutsch.]) W. BARZ. G 339

P. C. Jain und **G. S. Rao,** *Resorcin als Reagens für die spektrophotometrische Bestimmung von Uran.* Durch Zusammengeben von n/20 Resorcin (I)-Lsg. u. n/10 $UO_2 \cdot (CH_3COO)_2$-Lsg. entstehen rot bis tiefrot gefärbte Lsgg., die bei 400—410 mμ stark absorbieren. Die Absorption ist bis 60° u. mindestens 48 Std. haltbar u. gehorcht für $1,25 \cdot 10^{-3}$ bis $0,125 \cdot 10^{-3}$ mol. dem BEERschen Gesetz. Die meisten üblichen Kationen u. Anionen, außer Cl^-, SO_4^{2-} u. NO_3^-, stören. Der Komplex hat die Zus. U:I = 1:2. (Current Sci. **27.** 340—41. Sept. 1958. Univ. of Sangar, Dep. of Chem.) H. PLUSKAL. G 339

H. J. Seim, R. J. Morris und **R. G. Pastorino,** *Anwendung des Ionenaustausches zur colorimetrischen Bestimmung kleinster Mengen von Uran unter Benutzung von Dibenzoylmethan.* Für die Abtrennung des U wurden folgende Austauscher benutzt: *Dowex-1, Dowex-2, Duolite A-101, Amberlite IRA-400.* Durch Dibenzoylmethan wird U in alkoh. Lsg. komplexiert u. kann bei 400 mμ colorimetriert werden. An Stelle einer Lsg. in A. kann auch 50—80%ig. Isopropylalkohol verwendet werden. Der durchschnittliche Fehler bei U-Gehh. zwischen 0,1 u. 0,01% beträgt 0,002%, bei Anteilen zwischen 0,01 u. 0,001% ca. ± 10%. (Analytic. Chem. **31.** 957—58. Mai 1959. Reno, Nev., Univ. of Nevada, Dep. of Chem.) FRIEDRICH WOLF/Berlin. G 339

J. Čepelák, J. Malý und **V. Veselý,** *Bestimmung von Uranylnitrat neben freier Salpetersäure mittels acidimetrischer Titration.* Inhaltlich ident. mit der C. **1959.** 2570 referierten Arbeit. (Collect. czechoslov. chem. Commun. **24.** 1723—25. Mai 1959. [Orig.: deutsch.]) W. BARZ. G 339

Robert P. Larsen, *Lösen von Uranmetall und seinen Legierungen.* Zum Lösen von U u. U-Legierungen für die Analyse sind die folgenden Systeme geeignet (g) bzw. ungeeignet (u): HNO_3, Königswasser, HNO_3–HF, HCl + anschließende Behandlung mit einem Oxydationsmittel, HCl–Essigester, Br_2–Essigester, NaOH–H_2O_2. *U*: g, g, g, g, g, g, g. — *U–Zr*: u, u, g, u, u, g, u. — *U–Nb*: u, u, g, u, u, g, g. — *U–Fe*: g, g, g, g, g, g, u. — *U–Cr*: u, u, u, g, g, g, u. — *U–Ru*: u, g, u, u, u, u, u. — *U–Mo*: u, g, u, g, u, g, g. — *U–Fissium* (mit 1—3% Zr, Mo, Ru, Rh, Pd, Ce): u, g (zur Lsg. von Zr muß F^- zugesetzt werden), u, u, u, u, u. — *U–Si*: g, —, g, —, —, —, —. — *U–Pu*: g, g, u, g, g, g, u. (Analytic. Chem. **31.** 545—49. April 1959. Lemont, Ill., Argonne Nat. Labor., Chem. Engng. Div.) E. DEHMLOW. G 339

Eric L. Geiger, *Analyse von Gemischen von Spaltprodukten.* Es wurde ein Verf. für die rasche Trennung von radioakt. Ru, Sr, Zr–Nb, Cs u. Seltenen Erden mit Ausbeuten >97% u. Decontaminationsfaktoren (DF) >1000 entwickelt. Hohe DF werden ebenfalls mit radioakt. J, Co, Fe, Cr u. Zn erhalten, die Genauigkeit beträgt ± 4%.

Das Verf. ist anwendbar für die Unters. von Luftfiltern, Boden-, Sedimentations- u. Vegetationsproben u. wss. Lösungen. *Arbeitsweise*: Zunächst wird aus der Lsg. (3n an HCl u. 0,1n an HF) nach Zugabe von je 1 ml Ru- u. Cr-Träger Ru mit 1 ml Thioacetamidlsg. (0,1 g/ml) zwischen 90 u. 100° gefällt; der Nd. wird mit 2—3 ml 8n HNO_3 gelöst u. nach mehrmaligem Eindampfen u. Zugabe von je 1 ml Ru- u. Cr- u. Zr (20 mg/ml)-Träger erneut mit Thioacetamid gefällt. Im Filtrat der 1. Fällung wird nach mehrmaligem Eindampfen bis zur Trockne in 0,1n H_2SO_4/0,3n HF-Lsg. 1 ml Zr- u. 1 ml Ce(III)-Träger (15 g/ml) zugegeben u. zur Fällung von Sr u. der Seltenen Erden die Lsg. 30 Min. bei 90—100° gehalten. Die überstehende Lsg. wird nach dem Zentrifugieren über eine Dowex-2 Anionenaustauschsäule gegeben u. der Fluorid-Nd. in 3 ml HNO_3/H_3BO_3 gelöst. In der Lsg. wird nach Zugabe von 0,5 ml Sr-Träger (20 mg/ml) u. 20 ml rauchender HNO_3 Sr im Eisbad abgeschieden, in 15 ml dest. W. gelöst, die Seltenen Erden nach Zugabe von 5 mg Ce(III)-Träger mit konz. NH_3 gefällt u. aus dem Filtrat Sr mit 1 ml A. u. 5 ml gesätt. $(NH_4)_2C_2O_4$-Lsg. bei 0° abgetrennt. Das Filtrat der Sr·$(NO_3)_2$-Abscheidung wird mit dem Nd. der Seltenen Erden vereinigt, 100 mg Zr-Träger zugegeben u. mit 15 ml konz. HF gefällt. Der Nd. wird in HNO_3/H_3BO_3 gelöst u. mit NH_3 mehrmals umgefällt. Die Dowex-2 Austauschsäule wird mit 10 ml 0,1n H_2SO_4/0,3n HF 3mal gewaschen u. in der Waschlsg. Cs nach Zugabe von 16 ml konz. HNO_3 u. 1 ml Cs-Träger mit 1 ml 0,05 mol. Phosphorwolframsäure gefällt. Zr u. Nb werden durch 2maliges Waschen der Austauschsäule mit 25 ml 6n HCl/0,5n HF extrahiert, zur Trockne eingedampft, mit 4 ml 2n HCl/0,08n HF in eine Polystyrolflasche übergeführt u. unter Verwendung eines NaJ(Tl)-Lochkristalls die γ-Aktivität gemessen. (Analytic. Chem. **31.** 806—09. Mai 1959. Aiken, S. C., E. I. du Pont de Nemours & Co., Inc., Savannah River Plant.) W. KARCHER. G 339

Donald L. Horrocks und **Martin H. Studier**, *Hochempfindliche Plutonium-241-Analyse durch Flüssigkeitsscintillationszählung.* Der Geh. an ^{241}Pu in Pu wurde mit Hilfe eines Flüssigkeitsscintillationsspektrometers bestimmt. Nach chem. Reinigung wird Pu aus 1 mol. HCl-Lsg. (1 ml) mit 5—25 μl Dibutylphosphat (in gleichgroßem Vol. Toluol) extrahiert. Nach Waschen der organ. Phase mit W. u. Durchleiten von N_2 (zur Entfernung von O_2) wird die Probe im Quarzrohr eingefroren (mit fl. N_2) u. evakuiert. Nach 2—3 Std. wird die β-Aktivität nach Auftauen gemessen. (Als Scintillationslsg. wurde Toluol mit 4 g/Liter p-Terphenyl u. 0,1 g/Liter 1.4-Di-[2-(5-phenyloxazolyl)]-benzol verwendet). Der Wirkungsgrad der Messung liegt bei 37%; durch geeignete Maßnahmen (Kühlung u. teilweises Abblenden der Photovervielfältiger, Red. des Hell–Dunkel-Stroms) wurde der Hintergrund auf 15 c.p.m. erniedrigt. Es können bis zu 10^{-15} g ^{241}Pu bestimmt werden. Das für die Best. verwendete Pu kann auf einfache Weise für weitere Unterss. zurückgewonnen werden. (Analytic. Chem. **30.** 1747—50. Nov. 1958. Lemont, Ill., Argonne Nat. Labor.) W. KARCHER. G 343

Eric N. Sloth und **Martin H. Studier**, *Eine Kernemulsionstechnik zur Bestimmung des Verhältnisses Plutonium-240/Plutonium-239.* (Vgl. vorst. Ref.) Das Verhältnis ^{240}Pu/^{239}Pu wurde durch Verwendung einer Kernemulsionstechnik für Pu-Mengen $< \mu$g bestimmt. Die Meth. beruht auf der größeren Anzahl von α-Teilchen mit Koincidenzelektronen aus Umwandlung von γ-Strahlen beim Zerfall von ^{240}Pu (bei ^{240}Pu 24%, bei ^{239}Pu 11%; pro Mol ^{240}Pu entstehen ca. 8mal mehr α-Elektronenkoincidenzen als pro Mol ^{239}Pu). Der Bruchteil der α-Bahnen mit angeschlossener Bahn eines Konversionselektrons wird durch Durchmusterung der photograph. Platte mit Hilfe eines Mikroskops ermittelt. Die Genauigkeit der Meth. wird begrenzt durch den statist. Fehler bei der Auszählung der Bahnen; Best. des Verhältnisses ^{240}Pu/^{239}Pu ist noch bei 10^{-11} g Pu möglich. (Analytic. Chem. **30.** 1751—53. Nov. 1958.) W. KARCHER. G 343

L. Erdey und **G. Svehla**, *Analytische Anwendungen der ascorbinometrischen Bestimmung von Hexacyanoferrat(III).* 1. Mitt. *Ascorbinometrische Bestimmung von Hexacyanoferrat(II)-, Chromat- und Permanganationen.* Um Ionen zu bestimmen, die das Syst. Hexacyanoferrat(III) (I)–Hexacyanoferrat(II) (II) oxydieren, gibt man festes Kalium-II im Überschuß zu der Lsg. u. titriert I mit Ascorbinsäure (vgl. C. **1957.** 3629). Zur Best. von red. Ionen setzt man eine bekannte Menge I zu u. titriert den unverbrauchten Rest zurück. Als Indicator dient 2.6-Dichlorphenolindophenol als 0,1%ig. wss. Lsg. oder im festen Gemisch mit NaCl (1:500). — Zur Best. von II werden 100—500 mg, davon mit 0,5 g Alkalinitrit u. 10 ml n-HCl unter Schütteln 1—2 Min. lang oxydiert u. dann mit 1 g Amidosulfonsäure versetzt. Nach beendeter Gasentw. werden 4—5 g Alkalihydrogencarbonat u. 1 ml Indicatorlsg. oder 0,5 g festes Indicatorgemisch zugesetzt u. bei Zimmertemp. mit 0,01 n oder 0,1 n wss. Ascorbinsäurelsg. titriert. Farben: grüngelb — grünblau — azurblau — farblos. — Die Anwendung dieser Meth. zur Best. von Nitrit u. Säuren gelang nicht. — Die Best. von Chromat ist zur Einstellung des Ascorbinsäuretiters geeignet. Man löst 0,15 g Kaliumdichromat in 200 ml W., dem man 10 ml 2n HCl zufügt. Ein Zusatz von 5 ml 20% ig. KF-Lsg. soll bei der später folgenden Neutralisation das Cr(III) in Lsg. halten. Man gibt dann 1—2 g festes Kalium-II zu u. rührt, bis sich alles gelöst hat. Nach Zugabe von 4—5 g festem Alkalihydrogencarbonat erwärmt man auf 45—50°, um die Titrationsgeschwindigkeit zu erhöhen, versetzt mit 1 ml Indicatorlsg. u. titriert bis zur Farblosigkeit. — Permanganat (10—100 mg) wird nach Zusatz von 5 ml 0,1n H_2SO_4 mit 2 g festem Kalium-II zu Mn(II) reduziert. Nach Verschwinden der Permanganatfarbe gibt man 2 g Natriumacetat u. 10 ml 10% ig. ÄDTA-Lsg. hinzu, die das Ausfallen von $K_2MnFe(CN)_6$ bei der Neutralisation verhindern sollen. Nachdem man mit 0,1n NaOH bis zur beginnenden Niederschlagsbldg. neutralisiert, bis zum Klarwerden umgeschüttelt (ca. 15 Sek.) u. 1 ml Indicatorlsg. zugesetzt hat, muß innerhalb von 5 Min. rasch titriert werden, weil ÄDTA im neutralen u. sauren Gebiet I reduziert. Mit 0,01 n Maßlsg. kann die Best. mit der erforderlichen Genauigkeit (1%) nicht durchgeführt werden. (Z. analyt. Chem. **163**. 6—12. 1958. Budapest, TU, Inst. für Allg. Chem.) R. JUNGE. G 354

H. Schäfer und **R. Gruehn,** *Studie zur oxydimetrischen Eisen(II)-Bestimmung in Gegenwart von Bromid.* Zur Titration von *Fe(II)* bei Ggw. von Br^- ist *$KMnO_4$* nur begrenzt geeignet. Die durch Fe(II) induzierte Br_2-Entw. kann durch Mn(II) bei Ggw. von $\leqq$100 mg Br^- beseitigt werden. Da mit *$K_2Cr_2O_7$* als Oxydationsmittel Fe(II) ebenfalls die Br_2-Bldg. induziert, muß genau nach Vorschrift gearbeitet werden, wobei die starke Verdünnung wesentlich ist. Man versetzt 500 ml W. mit 6 ml konz. H_2SO_4, 5 ml 90% ig. H_3PO_4, je nach KBr-Geh. 5—20 Tropfen 0,1% ig. Lsg. von *N-Methyldiphenylaminsulfonsaurem Na* (I) u. einigen Tropfen 0,1n Fe(II)-Lsg. u. titriert auf einen rosa Farbton vor. Nach Zugabe der KBr-haltigen Fe(II)-Lsg. wird gegen 0,1n $K_2Cr_2O_7$-Lsg. auf die violette Mischfarbe des Indicators titriert. *Ce(IV)* ist als Oxydationsmittel für Fe(II) gut geeignet. Entweder titriert man die HCl-saure KBr-haltige Fe(II)-Lsg. nach Zugabe von 3—4 Tropfen 0,01 mol. Ferroinlsg. ohne Verdünnung gegen 0,1n Ce(IV)-Lsg., wobei 2—3n H_2SO_4 nicht stören, oder man versetzt die 0,2n HCl-saure Lsg. mit 4 ml konz. H_3PO_4, 10 ml ca. 7n H_2SO_4 u. 3—4 Tropfen 0,1% ig. I-Lsg. u. titriert gegen 0,1n Ce(IV)-Lsg. auf Rosa. Diese Vorschrift wird als beste bezeichnet. (Z. analyt. Chem. **152**. 172—77. 1956. Münster, Univ., Anorg.-Chem. Inst.) H. PLUSKAL. G 354

George K. Schweitzer und **Betty L. McDowell,** *Mitfällung von Kobalt mit Nickeldimethylglyoxim.* Es wurde die Mitfällung von geringen Mengen Co bei der Best. von Ni mit *Dimethylglyoxim* (I) nach der Ammoniak- u. Acetatmeth. bei 25° u. 85° untersucht, wobei die Reagenszugabe einmal schnell u. einmal langsam erfolgte u. die Wartezeiten zwischen 0 u. 300 Min. schwankten. Von 612 μg Co wurden bis zu 128 μg mitgefällt. Als günstigste Meth. erwies sich eine langsame NH_3-Zugabe zu der sauren Lsg. von Ni, Co u. I bei 25° u. einer Wartezeit von 30 Minuten. Dabei wurden 2,6 $\pm$ 1,3 μg Co mitgefällt. (Analytica chim. Acta [Amsterdam] **14**. 115—20. 1956. Knoxville, Tenn., Univ. of Tennessee, Dep. of Chem.) H. PLUSKAL. G 356

M. C. Steele und **L. J. England,** *Photometrische Bestimmung des Nickels in Kupfer-Nickel-Legierungen.* Ni in einem $Cu(NO_3)_2/Ni(NO_3)_2$-Lösungsgemisch mit einem Ni-Geh. von 1—32% wurde mit einem BECKMAN-Spektralphotometer Modell B bestimmt. Zur Analyse wird 1,000 g der Cu-Ni-Legierung in 10 ml HNO_3 (d = 1,4) gelöst, bis zum Verschwinden der nitrosen Dämpfe gekocht, nach dem Abkühlen auf 80° mit 10 ml H_3PO_4 (1:10) versetzt u. auf 25 ml aufgefüllt. Dann wird im Spektralphotometer die Durchlässigkeit bei 3900 Å (Absorptionsmaximum des Ni) geprüft. Die Best. erfordert die Aufnahme von Eichkurven an Hand von Standard-Lsgg. verschied. Konzentration. Eine Einzelbest. dauert ca. 5 Minuten. (Analytica chim. Acta [Amsterdam] **20**. 555—58. 1959. Port Kembla, Australia, Metal Manufactures Ltd.) W. BETCKE. G 356

B. Alfonsi, *Bestimmung von Kupfer, Blei, Zinn und Antimon durch Elektrolyse bei kontrolliertem Potential.* 3. Mitt. *Anwendung der Methode auf die Analyse einiger Legierungen.* (2. vgl. C. **1959**. 12648.) Das l. c. beschriebene Verf. wird auf die Best. von *Cu* u. *Pb* in *Sn-Sb*-Legierungen angewendet. Man löst 1—2 g Legierung unter Erwärmen mit 20 ml HCl (1 + 1) u. durch vorsichtige Zugabe von 1—2 ml konz. HNO_3, verd. auf 40 ml, löst noch vorhandene Trübung mit einigen Tropfen konz. HCl, kocht einige Min., kühlt auf 40—50°, versetzt mit 5 g Weinsäure in wenig W., 1 g Harnstoff, 2 g Bernsteinsäure, 2 g $N_2H_4 \cdot 2$ HCl u. NH_3 bis p_H 5 u. verfährt weiter wie l. c. beschrieben. Die Abscheidung des Cu beginnt bei —0,35 V gegen die gesätt. Kalomelelektrode, die des Pb bei —0,58 bis —0,60 V. Das Potential wird auf —0,65 gegen die gesätt. Kalomelelektrode eingestellt. Bei Ggw. von >150—160 mg Pb fällt Pb-Tartrat am Ende der Cu-Abscheidung aus. In diesem Falle muß Cu nach der $N_2H_4 \cdot 2$ HCl-Zugabe aus HCl-saurer Lsg. abgetrennt werden. Man elektrolysiert bei —0,1 bis —0,2 V gegen die gesätt. Kalomelelektrode mit 1—2 A, ohne zu rühren, rührt dann zeitweise kurz, bis die Elektrode mit einem gleichmäßigen Cu-Überzug bedeckt ist u. später ständig aber langsam. Dann kann das Potential langsam auf —0,30 bis —0,35 V erhöht werden. Zur Abscheidung von Sn u. Sb versetzt man mit 5 g Weinsäure, stellt p_H 5—5,3 mit NH_3 ein u. elektrolysiert. Bei Ggw. von >30—40 mg Sn muß die Weinsäurezugabe vor der Cu-Abscheidung erfolgen. Zur Best. von $\leqq$25% Pb in Bronze löst man mit HCl + H_2O_2 (vgl. l. c.), verkocht dieses, versetzt mit 2 g $N_2H_4 \cdot 2$ HCl, scheidet Cu bei —0,35 V ab, versetzt mit 5 g Weinsäure u. NH_3 bis p_H 5,2 u. scheidet Pb ab, oder versetzt vor der Cu-Abscheidung mit Weinsäure. In beiden Fällen wird bei Ggw. eines Pb-Tartrat-Nd. auf der Cu-überzogenen oder einer Pt-Elektrode mit$\leqq$0,1 A noch 5 bis 10 Min. nach erfolgter Auflsg. elektrolysiert. Weiteres vgl. l. c. In ähnlicher Weise wird die Meth. auf die Best. von Ag, Cu, Cd u. Zn in Legierungen angewendet. Ag wird bei 1,3—1,5 V mit 0,3—0,4 A, Cu bei —0,05 bis —0,3 V, Cd bei p_H 6,8—7,2 u. nach Zugabe von 10 g Weinsäure, 2 g $N_2H_4 \cdot 2$ HCl u. 10 ml 0,2%ig. Gelatinelsg. bei —0,8 bis —0,9 V bis —1,0 V u. Zn nach Zugabe von 15 ml konz. NH_3 bei —1,45 V abgeschieden. In gleicher oder ähnlicher Weise wurden auch Cu u. wenig Cd nebeneinander bestimmt. (Analytica chim. Acta [Amsterdam] **19.** 569—75. 1958. Torino, FIAT, Res. and Contr. Labor., Auto-Avio.) H. PLUSKAL. G 358

F. Buscaróns und **F. Nieto,** *Über die Reaktivität von Benzidinsulfonsäuren und ihre Anwendungen in der Analyse. Reaktion von Kupfer(II)-Salzen mit o-Benzidinmonosulfonsäure in Gegenwart von Alkalirhodanid.* Cu^{2+} gibt bei Zusatz von SCN′ u. *NH_4-o-Benzidinmonosulfonat* (I) statt des ohne SCN′ auftretenden roten Nd. (vgl. C. **1956.** 14442) eine blaue Färbung bzw. Ausfällung. Die Rk. ist spezif. auf Cu^{2+} u. hat eine Empfindlichkeit von $10^{-5,7}$. Auf Grund der Rk. ist die Unterscheidung von I u. *Benzidin-o.o′-disulfonsäure* bzw. *-m.m′-disulfonsäure* möglich. Vff. nehmen an, daß die Rk. auf einer Oxydation von I beruht. (Analytica chim. Acta [Amsterdam] **14.** 401—04. 1956. Barcelona, Univ., Fac. of Science, Labor. of analyt. Chem.) E. DEHMLOW. G 358

Harry V. Warren und **Robert E. Delavault,** *Nachweis von Kupfer in Böden und Ablagerungen mit Rubeansäure an Ort und Stelle.* Man extrahiert die zu untersuchende Bodenprobe mit einer Lsg. von Essigsäure u. Na-Acetat in einem verschlossenen (Polyäthylen-)Becher durch Schütteln u. gießt den Schlamm in ein Filter, dessen untere Spitze auf einem mit Rubeansäure (Dithiooxamid in Aceton gelöst) getränkten Filterpapierstreifen ruht. Cu erzeugt einen blauen Fleck. Empfindlichkeit: 4 mg/kg Cu. (Mining Engng. **10.** 1186—88. Nov. 1958. Vancouver, Univ. of Brit. Columbia, Dep. of Geol. and Geogr.) W. WESLY. G 358

Buddhadev Sen, *Eine neue Tüpfelprobe auf Gold. Phenyl-α-pyridylketoxim* gibt mit *Au^{3+}* ein orangegelbes Chelat, das aus wss. Lsg. bei p_H 3—9 mit Chlf. extrahiert werden kann. Platinmetalle (außer Pd^{2+}) stören nicht, da der Au-Komplex ausgeschüttelt werden kann. Dagegen dürfen Pd^{2+}, Hg^{2+}, CN^-, viel Br^-, J^- u. organ. Chelatbildner nicht anwesend sein. Die Erfassungsgrenze beträgt 0,5 μg Au. (Mikrochim. Acta [Wien] **1959.** 513—15. 1959. Baton Rouge, La., Louisiana State Univ., Coates Chem. Labor.) E. DEHMLOW. G 360

Dayton E. Carritt, *Aufgaben der analytischen Chemie in der Ozeanographie.* Krtik an den üblichen Analysenverff. zur Best. der im Meerwasser überwiegend vorhandenen Ionen. Beschreibung neuer genauer Analysenvorschriften (ohne oder nach Ionenaustausch chromatograph., spektrophotometr. oder mit EDTA). — Zur Spurensuche werden die Erfassungsgrenzen für PO_4^{3-}, NO_3^-, Co^{2+} (dieses bes. in bezug auf das Co-haltige Vitamin B_{12}) angegeben. — Zn, Pb, Cu u. Co werden polarograph., Mn colorimetr. bestimmt. — Herst. u. Wachstum reiner Kulturen von Kleinstlebewesen aus dem Meerwasser im Laboratorium. (J. chem. Educat. **35.** 119—22. März 1958. Baltimore, Md., Johns Hopkins Univ.) H. ECKSTEIN. 5290

b) Organische Verbindungen.

J. Gasparič und **M. Večeřa,** *Über die Wahl der Lösungsmittelsysteme bei der papierchromatographischen Trennung organischer Verbindungen.* 21. Mitt. *über die Identifizierung organischer Verbindungen.* (20. vgl. C. **1959.** 11519; 23. vgl. C. **1959.** 7580.) Übersicht über die Möglichkeiten, durch systemat. Wahl geeigneter Lösungsm. unter Berücksichtigung der Löslichkeitsverhältnisse der zu trennenden Verbb. sowie gegebenenfalls durch ihre Überführung in besser trennbare Derivv. die papierchromatograph. Trennung organ. Verbb. zu beeinflussen. — 70 Literaturangaben. (Mikrochim. Acta [Wien] **1958.** 68—91. Pardubice-Rybitvi, ČSR, Forschungsinst. für organ. Synthesen, Mikroanalyt. Labor.) E. MOISAR. 5364

Ruth N. Shelley und **C. J. Umberger,** *Das Verhalten saurer organischer Verbindungen in nichtwässerigen Medien an Ionenaustauschern.* An stark bas. Ionenaustauschern, wie Amberlite IRA-400 oder Dowex-1, wurden organ. Verbb. mit funktionellen Säuregruppen gebunden u. je nach der Säurestärke mit A. bzw. HCl-haltigem A. wieder eluiert. Hierdurch gelang eine Trennung einer Reihe verschiedenartiger Substanzen. Die Kontrolle der Elution erfolgte durch UV-Spektrometrie mit einem BECKMAN DU-Spektrophotometer. Der Wirkungsgrad der Trennung war sehr hoch. Eine entsprechende Meth. würde auch die Trennung aromat. u. heterocycl. bas. Verbb. verschied. Basenstärke gestatten. (Analytic. Chem. **31.** 593—95. April 1959. New York, N. Y., Hosp. for Special Surgery.) FRIEDRICH WOLF/Berlin. 5364

L. Rexová-Benková und **O. Markovič,** *Aufteilung basischer Aminosäuren mittels doppelter Papierelektrophorese.* Inhaltlich ident. mit der C. **1959.** 4262 referierten Arbeit. (Collect. czechoslov. chem. Commun. **24.** 1728—29. Mai 1959 [Orig.: deutsch].) W. BARZ. G 950

Henry R. Roberts und **Michael G. Kolor,** *Rasche quantitative Horizontalpapierchromatographie bei erhöhter Temperatur: Bestimmung von Asparaginsäure und Glutaminsäure.* Es wird eine Meth. der quantitativen Papierchromatographie mit horizontalem Lösungsmittelfluß bei erhöhter Temp. angegeben u. auf die Best. von *Asparaginsäure* u. *Glutaminsäure* aus α-Caseinhydrolysat angewandt. Die erhaltenen Chromatogramme werden nach der Meth. der maximalen Farbdichte ausgewertet. Die erhaltenen Werte stimmen mit den aus absteigenden Chromatogrammen erhaltenen gut überein. (Nature [London] **183.** 460—61. 14/2. 1959. Oakdale, N. Y., Nat. Dairy Prod. Corp., Res. and Developm. Div.) VOLKMAR SCHMIDT. G 950

Gunter Zweig, *Einige Artefakte bei der Papierchromatographie.* Es können auf Papierchromatogrammen unbekannte Flecken auftreten, so treten z. B. bei Unters. von *Glutaminsäure* oder *Asparaginsäure* je nach dem Lösungsm. die γ-Äthylester oder γ-Butylester auf. Auch mit Phenol tritt Aufspaltung ein. Beim Chromatographieren der *2.4-Dinitrophenylhydrazone der Brenztraubensäure* u. der *Oxalessigsäure* tritt ebenfalls Aufspaltung ein. Neu entstehende Flecke können erst nach sorgfältiger Prüfung als neue Verbb. erkannt werden. (Analytic. Chem. **31.** 821—24. Mai 1959. Davis, Calif., Univ. of California.) FRIEDRICH WOLF/Berlin. G 950

Henry R. Roberts, Michael G. Kolor und **Wesley Bucek,** *Papierchromatographische Schnellmethode zur quantitativen Tryptophanbestimmung.* Zur Schnellbest. von *Tryptophan* (I) dient die horizontale Papierchromatographie mit Kollidin–p_H 9-Boratpuffer (1 Vol.: 1 Vol. mischen, wss. Teil auf den Kammerboden geben, organ. Teil als bewegliche Phase). Nach 2std. Chromatographieren bei 60° ist I von den übrigen Aminosäuren getrennt. Das Papier wird 30 Min. bei 60° getrocknet u. in wassergesätt. Butanol mit 0,4% Ninhydrin u. 4% Essigsäure getaucht. Nach 15 Min. bei 60° wird densitometr. gemessen. Auf jedem Blatt laufen 4 Vergleiche (je 0,5 μl mit 0,025, 0,050, 0,075 u. 0,100 γ Amino-N) mit, aus denen Eichkurven gewonnen werden, die nicht übertragbar sind. Die Genauigkeit der Meth. beträgt ca. 2%. Der I-Geh. von α-Casein wurde nach alkal. Hydrolyse mit diesem Verf. zu 1,54 mg/100 mg bestimmt. (Analytic. Chem. **30.** 1626—27. Okt. 1958. Oakdale, Long Island, Nat. Dairy Prod. Corp., Res. and Developm. Div.) E. DEHMLOW. G 3081

Henry R. Roberts und **Michael G. Kolor,** *Quantitative Schnellbestimmung von Arginin, Histidin und Lysin durch Ionenaustauschpapierchromatographie.* (Vgl. vorst. Ref.) Das Verf. zur qualitativen Trennung der Aminosäuren an Ionenaustauschpapier (SA-1, H. REEVE ANGEL & CO., INC.; Amberlite XE-69 auf Cellulosebasis) nach TUCKERMAN (C. **1959.** 1231) läßt sich durch 4std. Entw. mit Acetatpuffer vom p_H 5,2, 30 Min. Trocknen bei 60°, Eintauchen in 0,4% ig. Ninhydrin in wassergesätt. n-Butanol, 15 Min. Erwärmen auf 60° u. densitometr. Messung in eine quantitative Meth. umwandeln. Die maximalen opt. Dichten sind den Logarithmen der Konzz. proportional. Neutrale u. saure Aminosäuren werden bei der Entw. aus dem Papier eluiert. Die Meth. gibt reproduzierbare Werte mit Fehlern $< 5\%$. (Analytic. Chem. **31.** 565—66. April 1959. Oakdale, N. Y., Nat. Dairy Prod. Corp., Res. and Developm. Div.) E. DEHMLOW. G 3122

W. Croon und **H. Croon,** *Physikalisch-chemische Meßmethoden zur Ermittlung optimaler Bedingungen in der Papierelektrophorese.* Elektrophorese von *Proteinen* mit stabilisiertem Strom ermöglicht das Arbeiten bei höherer Spannung, ohne daß besondere Kühlvorrichtungen nötig werden. Bei 0,5 mA/cm² kann die Trennzeit gegenüber spannungsstabilisierter Trennung mit 10 V/cm ohne Beeinträchtigung von Trennschärfe u. Länge des Pherogramms um $^1/_3$ verkürzt werden. Günstigste Trennungen liegen im alkal. Bereich (p_H 8,6—8,8) des Veronalpuffers, u. bei geringerer Leitfähigkeit der Pufferlsg. werden größere Laufwege erzielt. Zwar ist die verd. Pufferlsg. weniger haltbar, so daß die Kammer-Fl. öfter ersetzt werden muß, jedoch wird die Laufzeit erheblich verkürzt. — Vff. erreichten die Anreicherung verd. Eiweiß-Lsgg. durch gleichmäßiges Auftragen auf

Papier u. Erwärmen zwecks Verdunstung in der offenen, mit Wechselstrom beheizten Kammer. Innerhalb von 3 Std. trat Anreicherung im Strömungsnullpunkt des Papiers auf. Danach konnte auf dem gleichen Papierstreifen elektrophoret. in Fraktionen getrennt werden. (Z. analyt. Chem. **168.** 115—19. 1959. Saarbrücken, Staatl. Inst. für Hygiene u. Infektionskrankh., Chem. Abt.) E. DEHMLOW. G 4070

c) Bestandteile von Pflanzen und Tieren.

Walter Hirling, *Nitroalkydallack als Einbettungsmittel für kleine biologische Objekte.* Das einzuschließende Objekt wird auf einem Objektträger in einen genügend großen Tropfen Nitroalkydallack (BAYER, Leverkusen) getaucht. Nach Beseitigen von größeren Luftblasen mit einer Nadel (kleinere verschwinden bald von selbst) wird ein Deckgläschen aufgelegt. — Dauerpräpp. guter Haltbarkeit. (Mikrokosmos **47.** 261—64. Aug. 1958. Weil/Rhein.) K. BLUMRICH. 5661

W. A. Andreae, *Die Bestimmung von Maleinsäurehydrazid durch Papierchromatographie.* Zu teilweise gereinigten Pflanzenextrakten zugesetztes *Maleinsäurehydrazid* (I) kann durch Papierchromatographie halbquantitativ bestimmt werden. Als Lösungsmittelgemische werden vorgeschlagen: n-Butanol–Essigsäure–W. (5 : 1 : 4) mit R_F-Wert des I von 0,59; Isopropanol–konz. NH_3-Lsg.–W. (7 : 1 : 2) mit R_F-Wert 0,38. Erhöhen des Isopropanolanteils auf 80% vermindert den R_F-Wert des I auf 0,18, Verminderung auf 60% steigert ihn auf 0,56. Man chromatographiert 18 Std. aufsteigend auf WHATMAN-Papier Nr. 1, trocknet u. besprüht mit einem frisch bereiteten Gemisch von 1%ig. wss. $FeCl_3$-Lsg. u. 1%ig. wss. $K_3Fe(CN)_6$-Lsg. u. bestimmt nach 10 Min. die Größe der Flecken. Im Bereich von 0,21—4,64 γ I ist die Fleckengröße der I-Menge direkt proportional. In derselben Weise kann *Indolylessigsäure* (II) bestimmt werden. Die I-Best. wird durch II u. II-Oxydase nicht gestört. In Extrakten von mit I behandelten Pflanzen kann I nach diesem Verf. wegen störender Stoffe nicht bestimmt werden. (Canad. J. Biochem. Physiol. **36.** 71—74. Jan. 1958. London, Canada Dep. of Agric., Sci. Serv. Labor.) F. KRUSEN. 5666

Constance Anglin und **J. H. Mahon,** *Ein abgewandeltes Verfahren zur Bestimmung von Maleinsäurehydrazidrückständen in Pflanzen.* Das von WOOD (C. **1955.** 4900) angegebene Verf. zum Nachw. von Maleinsäurehydrazid (1.2-Dihydropyridazin-3.6-dion)-rückständen in Pflanzen wird unter Verwendung eines im einzelnen beschriebenen Destillationsgerätes (Abb.) auf die Best. in Äpfeln, Apfelblättern u. Tabak angewandt. (J. Assoc. off. agric. Chemists **41.** 177—82. Febr. 1958. Ontario, Dep. of Nat. Health and Welfare, Food and Drug Labor.) W. WESLY. 5666

d) Medizinische und toxikologische Analyse.

Ernest Cotlove, Hillary V. Trantham und **Robert L. Bowman,** *Eine Vorrichtung und Methode zur automatischen, raschen, genauen und empfindlichen Titration von Chlorid in biologischen Proben.* Es wird eine Anordnung zur elektrometr. Titration von Cl^- in biol. Proben mit Ag^+ beschrieben (Abb. des Schaltschemas). Die Einzelbest. läßt sich in 20—60 Sek. mit einer Standardabweichung von 0,5% bei 0,25 μÄquivalent Cl^- durchführen. (J. Lab. clin. Med. **51.** 461—68. März 1958. Bethesda, Md., Nat. Hearth Inst., Labor. of Kidney and Electrolyte Metabolism; Labor. of Techn. Developm., U. S. Dep. of Health, Educ. and Welfare.) H. GOEBEL. 5725

Klaus Konitzer (unter Mitarbeit von **M. Frick**), *Beitrag zur Methodik der Phosphorbestimmung im klinisch-chemischen Laboratorium.* 3 Methoden zur Best. von *P* in biol. Material durch die Molybdänblau-Rk. wurden überprüft: Die Meth. von TAUSSKY u. SHORR (C. **1954.** 1562), die Ferrosulfat als Reduktionsmittel verwendet; die Meth. von HORWITT (C. **1953.** 5392) mit $SnCl_2$ als Reduktionsmittel u. die Extraktionsmeth. von WAHLER (Biochem. Z. **329.** [1958.] 508), die Isopropylacetat als Extraktionsmittel u. $SnCl_2$ als Reduktionsmittel verwendet. Der Vgl. dieser Methoden, deren Ausführung genau beschrieben ist, ergab: Die $FeSO_4$-Meth. hat den Vorzug der einfachen techn. Handlichkeit. Zur Analyse kleiner Serummengen ist die $SnCl_2$-Meth. nur brauchbar, wenn die Trichloressigsäurekonz. u. die Molybdatkonz. sehr genau angesetzt werden. Die Extraktionsmeth. eliminiert die Fehler durch ungenaue Konzz. der Reagentien, ist aber komplizierter u. weniger empfindlich als die ursprüngliche $SnCl_2$-Meth.; trotzdem sind die Farbtiefen bei dieser Meth. noch etwa um das Doppelte größer als nach Red. mit $FeSO_4$. (Z. ges. inn. Med. Grenzgebiete **14.** 177—82. 15/2. 1959. Berlin, Humboldt-Univ., I. Med. Klinik, Charité.) K. F. MÜLLER. 5725

R. Keith Cannan, *Vorschlag für einen definierten Standard zur Anwendung in der Hämoglobinometrie.* Zur Standardisierung der klin. Hämoglobinometrie schlägt Vf. ein einheitliches Hämoglobin (I)-Standardpräp. vor: *Cyanmethhämoglobin* (II), charakterisiert dadurch, daß der Extinktionskoeff. von 1 mg Fe in Form von II bei 540 mμ 11,5 beträgt. Das Standardpräp. soll nicht älter als 9 Monate sein. II kann aus krist. I oder gewaschenen Erythrocyten dargestellt werden. Die nur in braunen Glasflaschen aufbewahrte I-Lsg. muß opt. klar sein u. mikrobiol. steril. (Amer. J. clin. Pathol. **30.** 211–15. Sept. 1958. Washington, D. C. Sci.-Nat. Res. Council, Nat. Acad., Div. of Med. Sci.) G. BRATFISCH. 5727

K. Damminger und **E. H. Graul**, *Schnellanalyse geformter Blutelemente mit einem neuen automatischen Zählgerät (Beitrag zur Früherkennung von Strahlenschäden insbesondere bei nuclearen Katastrophen)*. 1. Mitt. Es wird gezeigt, daß physikal. Messungen mit der Ionisationskammer oder dem Filmdosimeter keine verbindlichen Angaben über eine individuelle Strahlenschädigung eines Menschen vermitteln können. Mit Hilfe der zwar weniger empfindlichen biol. Meth. kann dagegen die ausgelöste Schädigung unter Berücksichtigung der individuellen Strahlensensibilität erfaßt werden. Das periphere Blutbild, bes. das Verh. der geformten Blutelemente, stellt den erfolgversprechendsten Indicator dar. Zur Durchführung solcher Unterss. wurde von den Vff. ein Blutkörperchenzählautomat für die Schnellzählung von Erythrocyten derart umkonstruiert, daß auch kleinere Blutelemente (Thrombocyten) mit erfaßt werden. Zur Darst. von strahleninduzierten Membranveränderungen wird zusätzlich Ultraschallbehandlung des Blutes durchgeführt. Es wird an Hand von Versuchsergebnissen gezeigt, daß Veränderungen durch Dosen von der Größenordnung 10 r bereits nach 30 Min. ermittelt werden können. (Atompraxis **4.** 375–81. Okt. 1958. Marburg/Lahn, Philipps-Univ., Strahleninst., Abt. für Strahlenbiol. u. Isotopenforsch.) W. REUSSE. 5727

H. Angewandte Chemie.

I. Allgemeine chemische Technologie.

Atau Mugishima, *Verbesserung der Dispergierbarkeit reiner Pulver durch Behandlung der Oberflächen*. Übersicht. — 37 Literaturangaben. (J. Oil Chemists' Soc. Japan **7.** 393–99. Nov. 1958. Tokyo, Kôgakuin. [Orig.: japan.]) E. MAEKAWA. 5824

Torbern Laurent, *Zick-Zack-Filter*. Die beste Konstruktion von Bandfiltern wird durch Anwendung von Zick-Zack-Maschen gegeben. An Hand eines Beispiels wird eine systemat. Berechnung solcher Filter mit einer willkürlichen Zahl von Knüpfungen u. mit einer höchstzulässigen Zahl von Beladungen gegeben. (Kungl. Tekn. Högskolans Handl. **1959.** Nr. 133. 1–57.) F. ROSENDAHL. 5830

Hanuš Steidl, *Über den Rührvorgang*. 4. Mitt. *Lösungsgeschwindigkeit einer aufgewirbelten polydispersen festen Phase in einer Flüssigkeit. Geschwindigkeitsbeziehung für den isothermen, diskontinuierlichen Vorgang ohne Zerfall der Kristalle.* (3. vgl. C. **1959.** 4265.) Der diskontinuierliche Lösevorgang des durchwirbelten polydispersen festen Gutes in Fll. bei konstanter Temp. u. unveränderlicher Gestalt der Teilchen wird theoret. behandelt. Es wird dabei die Gültigkeit der Differentialgleichung von HIXSON u. CROWELL (Ind. Engng. Chem. **23.** [1931.] 923) u. die Unabhängigkeit des in dieser Gleichung enthaltenen kinet. Beiwertes von Konz. u. Teilchengröße vorausgesetzt. Die mathemat. Behandlung ist auf STIELTJESschen Integralen aufgebaut, die von der Summenfunktion für die Korngrößenverteilung ausgehen. Eine nichtlineare Differential–Integral-Gleichung wird aufgestellt u. deren implizite u. angenähert auch die explizite Lösung angegeben. (Chem. Listy **52.** 1411–21. Aug. 1958 [Orig.: tschech.]; Collect. czechoslov. chem. Commun. **24.** 1757–69. Juni 1959 [Orig.: deutsch]. Praha, Vys. škola chem. techn., Katedra procesů a aparatů.) M. RYBA/Prag.5840

F. Rumford und **I. J. Rae**, *Verbesserung der Charakteristiken eines Zentrifugalgaswaschers*. Der Druckabfall beim Arbeiten im Gegenstrom ist verhältnismäßig gering. Die Form der Ringe scheint von keinem wesentlichen Einfl. zu sein. Die Berührungszeit ist unabhängig von dem Gas–Fl.-Verhältnis auch im Betrieb von dem Grad der Turbulenz, die durch die Drehgeschwindigkeit des Waschers verursacht wird. (Trans. Instn. chem. Engr. **34.** 195–203. 1956. Glasgow, Royal Technic. Coll.) F. ROSENDAHL. 5852

P. G. Romankow, Tschshi-zjuan Bao und **M. I. Kurotschkina**, *Einige Probleme der Theorie und Praxis der Extraktion aus festen Materialien*. Vff. unterscheiden folgende 3 Gruppen von festen Stoffen hinsichtlich ihrer Extrahierfähigkeit: 1. Feste Materialien, in denen die unlösl. Stoffe als einzelne Teilchen so existieren, als ob sie durch die lösl. Stoffe verklebt wären; 2. die unlösl. Stoffe bilden ein stabiles poröses Skelett, das beim Mischen nicht deformiert wird. Zu dieser Gruppe gehören fast alle feste Materialien mineral. Herkunft. 3. Die Teilchen dieser Gruppe werden unter der hydraul. Einw. des Lösungsmittelstromes bei der Mischung deformiert. Bei geringen Geschwindigkeiten des

Lösungsm. (ohne mechan. Mischung) verhalten sich die Materialien dieser Gruppe genauso, wie die der 2. Gruppe: Zu dieser Gruppe gehören die meisten Materialien pflanzlicher Herkunft. Es werden Gleichungen zur Berechnung der Extraktion abgeleitet. Die Brauchbarkeit der Formeln wird an der Extraktion der Nährstoffe aus der Sojabohne mit W. u. an der Extraktion von Ozokerit aus Erzen mit Bzn. aufgezeigt. (Химическая Наука и Промышленность [Chem. Wiss. Ind.] 3. 506—11. 1958.) OTTO MAIER. 5862

G. K. Gontscharenko und **A. P. Gotlinskaja,** *Über den Mechanismus des Massentransportes bei der Extraktion aus Lösungen.* Untersucht wurde die Extraktion folgender Stoffe (in der Klammer das organ. Lösungsm.): Salicylsäure (Isoamylalkohol), Phthalsäure (Isoamylalkohol), Benzoesäure (Bzl.), Essigsäure (Bzl.), Buttersäure (Bzl.), Bernsteinsäure (Isoamylalkohol), Phenol (Bzl.), Resorcin (Isoamylalkohol), Anilin (Bzl.), Antipyrin (Bzl.). Es zeigte sich, daß der Koeff. der Massenübertragung eines Stoffes von der Richtung der Extraktion (vom organ. Lösungsm. zum W. u. umgekehrt) abhängig ist, wobei Unterschiede von 20—400% auftreten. Hierbei ist der Koeff. der Massenübertragung völlig unabhängig vom Verteilungskoeffizienten. Ausgehend von der energet. Theorie der Massenübertragung hätte man unter gleichen hydrodynam. Bedingungen auch gleiche Koeffizienten der Massenübertragung, unabhängig von der Richtung der Extraktion, erhalten müssen. Die Verss. haben dies nicht bestätigt. Hieraus folgt, daß bei stark turbulentem Betrieb die Extraktion durch die Reaktionsgeschwindigkeit der Umsolvatation an der Phasengrenze kontrolliert wird. (Химическая Наука и Промышленность [Chem. Wiss. Ind.] 3. 515—17. 1958.) OTTO MAIER. 5862

Farbenfabriken Bayer Akt.-Ges., Deutschland, *Herstellung von aktiver Kohle* mit *kationenaustauschenden Eigg.* durch Behandlung von akt. Kohle in einem alkal. Medium mit einem Hypochlorit im Entstehungszustande. Nach dem Herauswaschen der Elektrolyten wird die akt. Kohle mit einer Säure, z. B. n HCl, behandelt. (**F. P. 1 117 024** vom 5/1. 1955, ausg. 15/5. 1956.) M. F. MÜLLER. 5827

Werner Fischer, Hannover, *Trennung von Stoffgemischen durch mehrstufige multiplikative Verteilung* zwischen 2 einander entgegengeführten Phasen. Bei Abweichungen der Verteilungszahl u. des Serumfaktors von 1 wird an Lösungsm. gespart, wenn die eine Phase schubweise, die andere stetig bewegt wird. (**D. A. S. 1 050 731** Kl. 12d vom 6/3. 1956, veröff. 19/2. 1959.) O. STEIL. 5829

Farbenfabriken Bayer Akt.-Ges., Leverkusen (Erfinder: **Julius Wehn, Richard Schlee,** Leverkusen, **Hans Rumpf,** Karlsruhe, **Wolfgang Stroh,** Leverkusen, und **Rudolf Erdmenger,** Bergisch-Gladbach), *Granulieren von Pulvern zu Granulaten gewünschter Korngröße* ohne Zugabe von Bindemitteln, wobei das Pulver gesiebt u. das gesiebte Gut anschließend einem Rollvorgang unterworfen wird, dad. gek., daß das Gut vor dem Sieb- u. Rollvorgang eine Verdichtung erfährt. Es wird eine Erhöhung der Druckfestigkeit der Granulate erzielt. — Zeichnung. (**D. A. S. 1 051 815** Kl. 12g vom 6/11. 1956, veröff. 5/3. 1959. **Zusatz zu D. A. S. 1 041 472; C. 1959. 4977.**) W. MATTHAES. 5839

Claes Wilhelm Pilo, Stockholm, Schweden, und **Heinrich Koppers G. m. b. H.,** Essen (Erfinder: **Claes Wilhelm Pilo,** Stockholm, und **Sven Dahlbeck,** Djursholm, Schweden), *In-Berührung-bringen einer Flüssigkeit mit einem Gas oder Dampf,* bes. zum Auswaschen von Gasen, wobei die Fl. mittels Zentrifugalkräften von innen nach außen durch einen mit Durchlässen versehenen rotierenden Körper u. das Gas von außen nach innen durch den gleichen Körper bewegt wird, dad. gek., daß die Fl. zunächst auf mit dem rotierenden Körper umlaufende Verteilervorrichtungen gebracht wird, ehe sie von diesen auf den rotierenden Körper übergeht. Gas oder Dampf wird in der hauptsächlichen Richtung radial von außen nach innen u. die Fl. in hauptsächlicher Richtung von innen nach außen in dünnen Schichten zwischen bzw. auf einer großen Anzahl kranzförmig auf dem rotierenden Körper angebrachter, Seite bei Seite angeordneter Grenzflächen geführt. Die Wandflächen des rotierenden Körpers, auf denen die Fl. in dünnen Schichten strömt, bilden wenigstens teilweise einen Winkel mit der Umlaufrichtung des Körpers. *Gaswäsche, Dest., Wärmeaustausch, Rkk. zwischen Gas–Fl. u. Fl.–Dampf.* — Zeichnung. (**D. A. S. 1 050 316** Kl. 12g vom 26/6. 1954, veröff. 12/2. 1959. Schwed. Priorr. 29/6. u. 29/10. 1953 u. 17/6. 1954.) W. MATTHAES. 5853

Ionics, Inc., Cambridge, übert. von: **Norman W. Rosenberg,** Newton, Center, Mass., V. St. A., *Elektrodialyse* in Mehrkammerzahlen mit Ionenaustauscherzellen. Um Durchbiegungen der dünnen Membranen zu vermeiden, werden die Fll. in den Verdünnungs- u. Konzentrationskammern im Gleichstrom u. unter gleichem Druck geleitet. — Abbildungen, Beispiele. (**A. P. 2 848 403** vom 6/5. 1954, ausg. 19/8. 1958.) O. STEIL. 5863

Phillips Petroleum Co., übert. von: **Samuel J. Kolner**, Phillips, Texas, V. St. A., *Fraktioniertes Kristallisieren* durch Gegenstromführung der Mutterlauge u. eines Teils in der Nähe des Auslasses aufgeschmolzener Substanz. Zur Erzielung von Kristallen gleichmäßiger Reinheit wird die Temperaturdifferenz am Einlaß für das Gel u. am Auslaß für die Mutterlauge gemessen u. in Abhängigkeit davon dem Kristallauslaß gesteuert. — Abbildungen. (**A. P. 2 835 598** vom 30/12. 1954, ausg. 20/5. 1958.) O. Steil. 5869

Hans Walenda, Frankfurt/M., *Trennen von Stoffgemischen durch fraktionierte Kristallisation*, wobei die in den einzelnen Stufen anfallenden Zwischenmutterlaugen zum Auflösen u. Umkristallisieren von Zwischenkristallisaten verwendet werden. Zur Verminderung des Kreislaufgutes wird das zu trennende Gemisch jeweils in einer Endmutterlauge gelöst u. das anfallende Kristallisat in weiteren Stufen aus Mutterlaugen zunehmender Reinheit, die bei der Umkristallisation in vorhergehenden Stufen anfallen, gelöst u. umkristallisiert. — Abbildungen. (**D. A. S. 1 050 312** Kl. 12c vom 31/3. 1955, veröff. 12/2. 1959.) O. Steil. 5869

Milton Kosmin und **Malcolm McEwen**, V. St. A., *Kernreaktor*. Der zugleich als Kühlmittel dienende Moderator ist ein Gemisch aus Isopropyldiphenyl (I) u. Biphenyl mit einem Geh. von mindestens 80% I. (**F. P. 1 176 582** vom 6/6. 1957, ausg. 13/4. 1959. A. Prior. 7/6. 1956.) H. Kessel. 5895

United Kingdom Atomic Energy Authority, London, England (Erfinder: **John Bryan Morris**), *Kernreaktor*, dessen Reaktionszone aus einer Spaltstoff- u. Moderatorteilchen enthaltenden Wirbelschicht besteht. In diese wird W. eingespritzt, dessen Dampf zur Verwirbelung der Schicht u. weiterhin zum Antrieb einer Kraftmaschine dient. (**E. P. 798 441** vom 17/1. 1956, ausg. 23/7. 1958.) H. Kessel. 5895

United Kingdom Atomic Energy Authority, London, England (Erfinder: **Henry Reginald Clive Pratt**), *Leicht- oder Schwerwassersiedereaktor*. Die Brennstoffstäbe befinden sich in außen von W. umspülten senkrechten Röhren. Die ringspaltförmigen Räume zwischen den Brennstoffstäben u. den Innenwandungen der Rohre sind so bemessen, daß sich in ihnen ein aufsteigender Flüssigkeitsfilm bildet, der nach oben zunehmend verdampft. Im Bereich der Dampfzone bestehen die Brennstoffstäbe prakt. aus keram. Material. Dort kann auch Dampfüberhitzung eintreten. (**E. P. 795 406** vom 5/3. 1956, ausg. 21/5. 1958.) H. Kessel. 5895

Maschinenfabrik Oerlikon (Erfinder: **Werner Karrer**), Zürich, Schweiz, *Siedereaktor*. Der Reaktordampf wird durch die Abgaswärme einer Gasturbine überhitzt. Dabei werden die Gasturbinenabgase mindestens teilweise in einer der Gasturbine nachgeschalteten Brennkammer als Brennluft verwendet u. die Wärme der dabei entstehenden Verbrennungsgase mindestens teilweise zur Überhitzung des Reaktordampfs verwendet. (**Schwz. P. 327 448** vom 25/2. 1955, ausg. 15/3. 1958.) H. Kessel. 5895

Deutsche Gold- & Silberscheideanstalt vormals Roessler, Frankfurt/M., *Entfernung gasförmiger Spaltprodukte aus Kernreaktorbrennstoffen*. Die Brennstoffelemente werden im Reaktor selbst mit einem inerten Gas von geringem At.-Gew. (z. B. He, Ne oder Ar) gespült. (**E. P. 809 586** vom 14/6. 1957, ausg. 25/2. 1959. D. Prior. 28/6. 1956.) H. Kessel. 5895

Chantiers de l'Atlantique Penhoet-Loire, Frankreich, *Steuerstab für Kernreaktoren* wird in einer drucksicheren Teleskopführung pneumat. oder hydraul. bewegt. (**F. P. 1 171 822** vom 23/4. 1957, ausg. 30/1. 1959.) H. Kessel. 5895

United States of America, übert. von: **George L. Ploetz**, Scotia, und **William E. Rey**, Schenectady, N. Y., V. St. A., *Reaktorsteuerung*. Die Steuerstäbe bestehen aus einem Cd u. HfO_2, Sm_2O_3, Gd_2O_3 oder Eu_2O_3 enthaltenden Boratglas, das in einer aus Ti, rostfreiem Stahl, Zr oder Al bestehenden metall. Phase dispergiert u. mit einem dieser Metalle umhüllt ist. (**A. P. 2 859 163** vom 30/12. 1957, ausg. 4/11. 1958.) H. Kessel. 5895

Dolerit Basalt Akt.-Ges. (Erfinder: **Werner Gottschalk**), Köln, *Reflektor für Kernreaktoren* besteht aus Basalt. (**D. A. S. 1 057 699** Kl. 21g vom 23/12. 1957, veröff. 21/5. 1959.) H. Kessel. 5895

Heinrich Drath, Deutschland, *Strahlenschutzmasse* enthält in feiner Verteilung Stoffe von niedrigem At.-Gew. (z. B. $BaSO_4$, Sand, Kies u. Bindemittel, wie Zement oder Kunstharze), die eine starke Strahlendiffusion bewirken, sowie Stoffe von hohem At.-Gew. (z. B. Schwermetalle, bes. Pb oder deren Verbb.), die zur Strahlenabsorption dienen. (**F. P. 1 169 530** vom 31/8. 1955, ausg. 29/12. 1958.) H. Kessel. 5895

Submerged Combustion Co. of America, Inc., Hammond, Ind. (Erfinder: **Robert Valentine Heinze**, Claremont, Calif.), V. St. A., *Behandlung einer Flüssigkeit*, bei welcher eine Flüssigkeitsmenge durch einzelne gesonderte Zonen in einem geschlossenen

Syst. in Umlauf gesetzt wird, wobei die Fl. in der ersten Zone durch direkte Berührung mit einer eingetauchten Flamme durch diese erwärmt wird, dad. gek., daß nichtkondensierbare Gase von der behandelten Fl. in der zweiten Zone getrennt werden u. kondensierbare Dämpfe in einer dritten Zone aus dem Syst. herausgenommen werden. Die Vorr. besteht aus zwei geschlossenen Kammern für die Aufnahme der Fl. u. aus einem Tauchbrenner, welcher in der ersten Kammer nach unten gerichtet angeordnet ist. Eine dritte Kammer ist mit der ersten Kammer unterhalb des Brenners verbunden. *Erzeugung von Dampf, Heißwasser, Behandeln von tier. u. pflanzlichen Ölen u. fl. KW-stoffen.* — Zeichnung. (**D. A. S. 1 046 580** Kl. 12g vom 28/1. 1954, veröff. 18/12. 1958.)
W. Matthaes. 5897

Esso Research and Engineering Co., Elizabeth, N. J., V. St. A., *Herstellung von Metalloxyden in mikrosphärischer Form.* Die Lsg. wenigstens eines Metallalkoholates, -phenolates oder -kresylates z. B. in Alkoholen oder Gemischen von Alkoholen u. KW-stoffen, wie Heptan u. Octan, wird erhitzt u. in den oberen Teil einer Zerstäubungskammer eingesprüht u. durch in den unteren Teil eingeführten überhitzten Wasserdampf zum Oxyd zersetzt. Herst. von Oxyden des Al, Mg, Zn, Ti, Ca, Cr, Mn oder deren Gemischen, auch im Gemisch mit SiO_2 durch Zusatz von z. B. Äthylsilicat. Metallseifen, wie Naphthenate, Oleate usw. von Cr, Ni, Fe, Cu, Mn, Pb, Mo oder Co können zugesetzt werden. *Katalysator, Katalysatorträger* u. Adsorbentien. Zeichnung. — Vgl. auch F. P. 1 084 365; C. **1957.** 1569. (**E. P. 743 508** vom 2/7. 1953, ausg. 18/1. 1956. A. Prior. 1/11. 1952.)
W. Matthaes. 5905

Equipro Equipment & Process Co., Inc., Panama, *Gewinnung von hochaktiven Katalysatoren* in Form von auf Trägerstoffen niedergeschlagenen Metallen oder Metallverbindungen. Die Trägerstoffe werden mit Lsgg. von Metallverbb., bes. von Komplexsalzen, getränkt u. bei möglichst niedriger Temp. unter oxydierenden oder reduzierenden Bedingungen zersetzt. — 1,2 g $CuSO_4 \cdot 5H_2O$ werden in 1,3 Liter W. gelöst, ebenso 1,4 g Seignettesalz in 1,3 Liter Wasser. Beide Lsgg. werden vereinigt u. 1,4 cm^3 25% ig. NH_3-Lsg. zugegeben. Man erhält eine tiefblaue Lsg., in der 0,2 g Hydrazinsulfat gelöst werden. In diese Lsg. wird 1 kg großoberflächige u. feingranulierte akt. Kohle (Körnchendurchmesser 0,5—1,5 mm) eingetragen, worauf ½ Std. bei 100° gehalten wird. Der abgetrennte CuO-Katalysator ist hochaktiv. — Vgl. E. P. 775 875; C. **1959.** 1571. (**F. P. 1 098 034** vom 27/10. 1953, ausg. 15/7. 1955.)
M. F. Müller. 5905

III. Elektrotechnik.

H. A. Birdsall, *Isolierende Filme.* Übersicht nach Literaturberichten über organ. u. anorgan. Kunststoffe in Gestalt von Folien u. Garnen u. ihrer physikal. Eigg. im Hinblick auf ihre Eignung für Isolierzwecke. Besprechung von Isolierstoffen wie Holz, verschieden behandelten Papieren (Zusätze von *Dacron, Orlon, Nylon*), Glasfasergeweben mit Bindung durch *Teflon, Epoxy-* u. *Polyesterharze*, Kombinationen von Papier u. Glas mit Asbest, Glimmer, *Si*-Harzen sowie von *Polyester-* u. *Epoxypolymeren, Polystyrol, Polyäthylen, Polytetrafluoräthylen* u. *Polytrifluorchloräthylen* als dielektr. Materialien. — 47 Literaturangaben. (Nat. Acad. Sci. — Nat. Res. Council, Publ. **20.** Nr. 562. 211—21. 1956, herausgeg. 1957. Murray Hill, N. J., Bell Telephone Labors., Inc.)
H. Dossmann. 5956

E. J. Smoke und **S. di Vita**, *Keramische Isolierung.* Übersicht. Besprechung von Arbeiten über die isolierenden Eigg. verschied. keram. Stoffe, z. B. von Pyrexgläsern bzw. Gläsern mit Geh. an Al-Oxyd + Sb-Oxyd u. Pb, ferner Porzellan, Al-, Mg- u. Si-Verbb., Steatit, Quarz, Korund sowie von Li-, Na- u. Li–Na-Silicaten. — 37 Literaturangaben. (Nat. Acad. Sci. — Nat. Res. Council, Publ. **20.** Nr. 562. 234—37. 1956, herausgeg. 1957. New Brunswick, N. J., State Univ., School of Ceramics, Rutgers u. Fort Monmouth, N. J., Signal Corps Engng. Labors.)
H. Dossmann. 5956

J. M. Karpinski, D. P. H. Hasselman, R. Tervo und **G. H. Fetterley**, *Die thermische Leitfähigkeit und Durchschlagsfestigkeit von Periklasisolatoren.* Vff. beschreiben ein Verf. zur Messung der therm. Leitfähigkeit u. der Durchschlagsfestigkeit u. messen beide Größen an einigen Periklasproben. Zur Unters. gelangte Periklas, dessen Geh. an SiO_2 3,0%, an CaO 1,3%, Fe_2O_3 0,1% u. Rest MgO betrug. Aus den Proben wurden hexagonale Zylinder verschied. Größe, aber mit definierten Maßen hergestellt. Die therm. Leitfähigkeit von gepreßtem granuliertem Periklas besitzt unterschiedliche Werte, die von der Porosität abhängen. Mit steigender Porosität nimmt die Leitfähigkeit zu. Bei einer D. von 2,73 u. der Porosität 23,5% beträgt die therm. Leitfähigkeit 0,00182 cal · $cm/cm^2 \cdot sec \cdot Grad$, bei einer D. von 3,08 (Porosität 13,7%) beträgt der Wert 0,00221 cal · $cm/cm^2 \cdot sec \cdot Grad$. — Die Messung der Durchschlagsfestigkeit erfolgt ebenfalls in Abhängigkeit von der D. (bzw. der Porosität) u. der Temp. des Materials. Die Abhängigkeit von der Porosität ist keine lineare. Bei einer D. von 3,23 (Porosität 9,5%) beträgt die Durchschlagsfestigkeit [V/mm] bei 20° 112, bei 500° 73 u. bei 980° 60. Die entsprechenden Werte für ein lockeres Material (D. 2,82, Porosität 21%) sind: bei 20° 76, bei 500° 51 u. bei 980° 42. (Amer. ceram. Soc. Bull. **37.** 329—33. Juli 1958. Chippawa, Ontario, Canada, Norton Co.) K. MEYER. 5956

Hans Jaffe, *Piezoelektrische Keramiken.* Piezoelektr. Effekte an keram. Stoffen sind während des zweiten Weltkrieges am Ba-Titanat entdeckt worden. Der Vf. gibt einen Überblick über die Eigg. dieses Stoffes u. über die physikal.-kristallograph. Grundlagen des piezoelektr. Effektes bei keram. Stoffen. In der Zwischenzeit wurden für verschied. prakt. Erfordernisse verbesserte Ba–Titanat-Keramiken entwickelt u. eine Reihe von neuen piezoelektr. Oxydverbb. entdeckt. Es wird eine Zusammenfassung der Eigg. dieser piezoelektr. Keramikkörper gegeben. Hierbei fällt bes. die Pb–Titanat–Zirkonat-Gruppe durch wertvolle Eigg. auf. Von dieser Gruppe werden neue Meßergebnisse für eine Reihe von Zuss. mitgeteilt, die mit den Daten des Bariumtitanats verglichen werden. (J. Amer. ceram. Soc. **41.** 494—98. 1/11. 1958. Cleveland, Ohio, Clevite Res. Corp.) H.-O. MULFINGER. 5960

Tokujiro Takagaki, *Untersuchung über Pasten für Bleiakkumulatoren.* 7. Mitt. *Über gebundenes Wasser von PbO–H_2SO_4-Pasten, die nach verschiedenen Verfahren getrocknet waren.* (6. vgl. C. **1959.** 12349.) Beim Trocknen der Pasten mit Dampf zeigt die Unters. mit der Thermowaage ein verschied. Verh. der Paste gegenüber den durch andere Verff. getrockneten, die die bereits früher berichteten 2 Arten gebundenes W. (mit entsprechenden $PbSO_4$-Gehh.) enthalten. Dampfgetrocknete Paste mit $< 20\%$ $PbSO_4$ enthält kein gebundenes Wasser. Solche mit 30% enthält 0,2% bei 120° entweichendes u. 1,3% bei 170° entweichendes Wasser. (J. electrochem. Soc. Japan **23.** 637—41. Dez. 1955. [Orig.: japan.; Auszug: engl.]) L. SCHULER. 5970

General Electric Co. Ltd., London, England (Erfinder: **Stanley Edwin Bradshaw** und **Abraham Isaac Mlavsky**), *Herstellung von Halbleitern, die geringe Mengen* von Zusätzen enthalten. Nachdem die Schmelze im Vakuum längere Zeit über der Schmelztemp. gehalten wurde, wird daraus der Kristall gezogen u. durch Verdampfen der Zusatzstoff in das Gefäß gebracht. — Abbildung. (**E. P. 797 377** vom 18/10. 1955, ausg. 2/7. 1958.) O. STEIL. 5953

Siemens-Schuckertwerke Akt.-Ges., Berlin und Erlangen (Erfinder: **Georg Stauber,** Neuhaus bei Höchstadt/Aisch), *Isolierkörper* besteht aus füllstoffhaltigen Äthoxylinharzschichten, bei denen Füllstoffart u. -menge von Schicht zu Schicht verschieden sind. (**D. A. S. 1 045 499** Kl. 21c vom 27/2. 1954, veröff. 4/12. 1958.) H. KESSEL. 5957

Wacker-Chemie G. m. b. H., München (Erfinder: **Siegfried Nitzsche** und **Manfred Wick**), Burghausen/Obb., *Herstellung von Schichtstoffen mit kalthärtenden Siloxanmassen.* Von den beim Kalthärtungsverf., z. B. nach D. B. P. 916 587; C. **1955.** 8045 u. D. A. S. 1 019 462; C. **1959.** 8386, gebräuchlichen zwei verschied. Härtungsmitteln bzw. Vernetzern (z. B. als 1. Härter Metallverb., Säure oder Base u. als 2. Härter Kieselsäurealkylester, Organowasserstoffpolysiloxan, difunktionelle Organosiliciumverb., Organotitanat oder reaktionsfähiger Füllstoff mit Si—H- oder SiOR-Bindungen an der Oberfläche) wird eines der Siliconkautschuk bildenden M. einverleibt, mit dem anderen der Trägerstoff oder der halbfertige mehrlagige Schichtstoff beladen u. dann die beiden Prodd. miteinander in Berührung gebracht. Man kann auch den einen Härter der zum Tränken der Trägerschicht dienenden, zu Siliconkautschuk härtbaren M., den zweiten der als Zwischenschicht dienenden M. gleicher Art zusetzen. — Auf ein um einen Dorn gewickeltes, mit einer 20%ig. Lsg. von Dibutylzinnlaurat in Aceton imprägniertes Glasseidenband wird eine M. aus 100 g Dimethylsiliconöl (50000 cSt.), 50 $CaCO_3$, 20 Kieselgur u. 3 Polykieselsäureäthylester (Äthoxylgeh. 55%) aufgebracht u. der Vorgang nach Aufbringen einer weiteren Glasfaserlage wiederholt, bis ein Schichtkörper der gewünschten Dicke gebildet ist. Nach 30 Min. kann der *Schlauch* abgezogen werden. — Herst. von *elektr. Isolierstoffen.* (**D. A. S. 1 026 520** Kl. 39b vom 20/1. 1956, veröff. 20/3. 1958.) G. TEWES. 5957

United States Rubber Co., New York, N. Y. (Erfinder: **Edward Lasell Silicox,** Cedar Grove, und **Harry Sherill Witt,** East Paterson, N. J.), V. St. A., *Herstellung von porösen Rippen auf Separatoren für Akkumulatoren,* die aus mit Harz imprägnierten Cellulosefaserplatten bestehen, dad. gek., daß man auf die mit Harz imprägnierten, vorzugsweise teilweise gehärteten Faserplatten im Abstand Rippen aus einer thixotropen Mischung aus einem porösen, wassergesätt., feinverteilten Füllmittel u. einem Kunststoffharz aufträgt u. dann das Ganze erhitzt. (**D. A. S. 1 054 131** Kl. 21b vom 22/4. 1955, veröff. 2/4. 1959. **E. P. 770 241** vom 29/3. 1955, ausg. 20/3. 1957. Beide A. Prior. 28/5. 1954.) F. LAASS. 5971

Electric Storage Battery Co., New Jersey, übert. von: **William J. Schlotter**, Norristown, Pa., V. St. A., *Zinkelektroden für Akkumulatoren* werden hergestellt, indem eine Mischung von ZnO u. 8—10% Polyvinylchlorid-, Butadien–Styrol- oder Polystyrollatex auf die Gitter aufgebracht u. getrocknet wird. (**A. P. 2 738 375** vom 11/2. 1953, ausg. 13/3. 1956.) F. Laass. 5971

M. W. Kellogg Co., Jersey City, N. J., übert. von: **John G. Kirkwood**, Guilford, Conn., und **Fred William West**, Ridgefield, N. J., V. St. A., *Galvanisches Primärelement*, dessen Elektrolyt z. B. in Polyacrylsäure oder Polyvinylalkohol mit einem Feuchtigkeitsgeh. von ca. 10% festgelegt ist. Als Weichmacher dienen Glycerin oder Äthylenglykol. (**A. P. 2 747 009** vom 20/1. 1954, ausg. 22/5. 1956.) F. Laass. 5971

Siemens-Schuckertwerke Akt.-Ges., Berlin und Erlangen (Erfinder: **Wolfram Bauer**, Redwitz), *Elektrode für galvanische Elemente*, dad. gek., daß die Elektrode aus gesinterten Oxyden der Metalle der III., IV., V. u. VIII. Gruppe des Period. Syst. der Elemente besteht, soweit sie beständige Nitride bzw. Stickstoffeinlagerungsphasen mit mehr oder weniger großen Phasenbreiten bilden u. denen ein Teil des Sauerstoffs entzogen u. teilweise durch Stickstoff ersetzt ist. (**D. A. S. 1 054 132** Kl. 21b vom 9/3. 1955, veröff. 2/4. 1959.) F. Laass. 5971

Elgin National Watch Co., Elgin, Ill., V. St. A., übert. von: **George G. Ensign**, *Elektrode für galvanisches Element*. Zu A. P. 2 683 184; C. **1955.** 10829 ist nachzutragen: Die Depolarisatormasse besteht aus 5 (Gewichtsteilen) feiner Ag-Teilchen, 2 Graphit, 92 HgO u. einem porösem Träger aus Kunststoff. (**A. P. 2 772 321** vom 3/7. 1952, ausg. 27/11. 1956.) F. Laass. 5971

E. K. Cole Ltd., Southend-on-Sea, und **Michael John Toogood**, Leigh-on-Sea, England, *Verbesserung thalliumaktivierter Natriumjodidleuchtstoffe*. Zum Schutze gegen Feuchtigkeit werden die gut getrockneten Kristalle mit einer dünnen Schicht eines gegen den Leuchtstoff inerten Epoxyharzes überzogen, das anschließend gehärtet wird. (**E. P. 796 187** vom 1/11. 1955, ausg. 4/6. 1958.) R. Schreiner. 5975

Egyesült Izzólámpa és Villamossági Részvénytársaság (Erfinder: **György Kádár** und **Robert Mocsári**), Budapest, Ungarn, *Mit Arsen oder Silber aktivierter Zink- oder Cadmiumsulfidleuchtstoff*, welcher durch Elektronenstrahlen erregbar ist, dad. gek., daß die As-Menge 0,2—5%, bes. 0,5—3%, die Ag-Menge 0,01—0,05% beträgt u. das Mengenverhältnis As : Ag gleich oder größer als 10 : 1, bes. aber größer als 50 : 1 ist. Der Leuchtstoff kann auf Ni enthalten, dessen Menge $^1/_{100}$ der Ag-Menge nicht überschreitet. (**Oe. P. 200 690** vom 3/9. 1956, ausg. 25/11. 1958. Ung. Prior. 14/4. 1956.) T. Oppermann. 5975

Je. Ss. Anzellowitsch, Die radiotechnischen Messungen. Moskau-Leningrad; Gossenergoisdat. 1958. (367 S. mit Zeichng.) 11 Rbl. 25 Kop. [russ.]

IV. Wasser. Abwasser.

T. Seshagiri Rao und **D. Mariakulandai**, *Synthetische Ionenaustauscher (Amberliteharze) zur Wasserreinigung*. Übersicht über die Verwendung von Ionenaustauschern in den industrialisierten Ländern. (Madras agric. J. **43**. 513—17. Okt. 1956. Coimbaitore, Agric. Res. Inst.) M. Laser. 6020

Kurt Pawlik, *Vollentsalztes Wasser im Kesselbetrieb*. Das durch außerordentlich geringen Salzgeh. (Leitfähigkeit $\leq$ 0,1 μsec·cm^{-1}) gek. vollentsalzte W. ist nicht aggressiv, verhindert die Bldg. der Fe_3O_4-Schutzschicht im Kessel nicht u. hat keinen unmittelbar auf seine Verwendung zurückführbaren Schaden verursacht. Vereinzelt traten in Anlagen nach dem Umstellen auf vollentsalztes W. Störungen auf, deren Ursachen in der vorher betriebenen Aufbereitung lagen: Feste Beläge lösten sich infolge des Lösungsvermögens des vollentsalzten W. auf, wodurch bereits vorhandene Löcher u. Risse freigelegt wurden u. Undichtigkeiten entstanden. (VDI-Z. **101**. 397. 1/4. 1959. Wolfenbüttel.) W. Wesly. 6030

Alejandro Vinces, *Über Oxydationsteiche*. Nach einleitenden Erörterungen über die Nutzbarmachung von Städteabwässern für Bewässerungszwecke in der Landwirtschaft, werden die natürlichen physikal., chem. u. biol. Vorgänge, unter Selbstreinigung bekannt, in Stabilisierungsteichen besprochen. Die Wirksamkeit im Teich ist eine Folge der Arbeit durch Symbiose von Bakterien u. Algen, die durch photosynthet. Einw. des Sonnenlichts aktiviert wird. Die diesbzgl. Unterss. von Gotaas u. Oswald werden näher erläutert. Es folgen Angaben über die Form, Lage, Seiten, Tiefe, Einmündung u. Ausfluß eines Teiches, sowie Berechnung eines solchen. (Bol. Univ. nac. Ing. [4] **30**. 23—35. Okt./Dez. 1957.) K. Pistor. 6040

Lorand Macher, *Neue Wege der chemischen Nutzwasseranalyse*. Die Durchführung der Naumannschen Wasseranalyse wird im einzelnen beschrieben. Während der Wert der gebundenen u. halbgebundenen Kohlensäure durch Titration mit n/10 HCl ermittelt wird, werden die übrigen Säuren mit einem Permutit- oder Wofatitwasserstoffaustauscher als der Gesamtmineralsäurewert (GMW) des W. festgestellt, der damit die Summe der in W. gelöst enthaltenen Mineralsäuren ausdrückt. Auf diese Weise ließ sich das zu untersuchende W. entbasen, wobei die Kationen an den Austauscher gebunden u. gegen H-Ionen ausgetauscht werden. Die Säurereste (Anionen) werden in Form von Säuren frei u. lassen sich durch Titration mit n/10 NaOH gegen Methylorange als GMW ermitteln. Beide Titrationen ergeben in mval/Liter ausgedrückt den Gesamtsäuregeh. des W., dem gleichzeitig auch der äquivalente Geh. des W. an Basen in mval/Liter entspricht. (Alkohol-Ind. **71.** 188—90. 1/4. 213—15. 16/4. 1958.) W. KREIPE. 6060

J. Murphy und **J. P. Riley,** *Eine Methode zur Bestimmung von löslichem Phosphat in Seewasser mittels nur einer einzigen Lösung.* Es wird ein Reagens beschrieben, das durch Verwendung von Ascorbinsäure eine einwandfreie Best. lösl. Phosphats in Seewasser gestattet. Das Reagens ist 2,5n an H_2SO_4, 0,60% ig an Ammoniummolybdat u. 0,03mol. an Ascorbinsäure. Zu 40 ml Seewasser werden 8 ml des frisch angesetzten Mischreagens gegeben, auf 50 ml mit aq. dest. aufgefüllt u. die Lsg. 24 Std. bei Raumtemp. zur Farbentw. belassen. Danach wird bei 827 mμ im Spektrophotometer die Absorption gemessen. Die Zeit der Farbentw. ist durch Erhitzen der Lsg. auf 60° für 30 Min. wesentlich abzukürzen. Die Farbintensität bleibt mindestens 60 Std. konstant. Diese Meth. hat zahlreiche Vorteile gegenüber denen, die $SnCl_2$ oder Metol als reduzierende Agentien benutzen. Die Verss. zeigten Gültigkeit des BEERschen Gesetzes bis mindestens 0,5 p.p.m. PO_4^{3-}-P. Der Salzfehler beträgt bei 19,3‰ Cl^- 4,1%; Eisen(III) stört bis 500 mg/Liter, SiO_2 bis 10 mg/Liter nicht. Der Fehler durch Arsenat ist zu vernachlässigen. (J. Marine biol. Assoc. United Kingdom **37.** 9—14. Febr. 1958. Liverpool, Univ., Dep. of Oceanography.) K. RING. 6060

C. Janssen und **G. B. Smit,** *Die Bestimmung des Sauerstoffgehaltes von Kesselspeisewasser.* Es wird gezeigt, daß die „Dead-stop-endpoint-Meth.“ u. die potentiometr. Titration zur O_2-Best. im Kesselwasser die größte Meßgenauigkeit u. Empfindlichkeit besitzen. Da das erste Verf. schneller arbeitet, wird es als Betriebsmeth. empfohlen; seine Genauigkeit liegt bei 0,4 μg O_2/Liter. — Der störende Einfl. anorgan. u. organ. Substanzen wurde eingehend untersucht u. festgestellt, daß Cu, NO_3^-, SO_3^{2-} u. Hydrazin bei dem beschriebenen Analysengang nicht stören; andere können durch Gemische von Kationen- u. Anionenaustauschern restlos entfernt werden. Organ. Stoffe lassen sich bei richtiger Auswahl der Austauscher („*Dusarit*“, „*Amberlite*“ u. a.) auf ein Minimum reduzieren. Ein Einfl. der Austauscher auf die O_2-Best. findet nicht statt. — Bei der Best., die mit genau abgemessener (Spezialpipette auf 0,001 ml geeicht) $KOH/KJ/J_2$-Lsg., $MnSO_4$ u. 0,005n $Na_2S_2O_3$-Lsg. durchgeführt wird, ist Blindvers. erforderlich. — 2 Schaltschemen, 4 Zahlentafeln, 16 Literaturhinweise. (Analytica chim. Acta [Amsterdam] **16.** 276—84. März 1957. Arnhem, Niederlande, N. V. tot Keuring van Elektrotechn. Materialen. [Orig.: deutsch.]) H. ECKSTEIN. 6060

Wilhelm Sonnenschein, *Bestimmung kleinster Mengen Silicium in Wasser durch Extraktion des Silicomolybdänblaus als Aminsalz mit Chloroform und Photometrierung der Chloroformlösung.* Vf. prüft 3 Verff. zur Best. kleiner Mengen SiO_2 in W. u. zeigt, daß die höchste Empfindlichkeit durch Red. zu *Silicomolybdänblau* (I) mit Sn(II)-Oxalat erreicht wird. I wird mit oxäthyliertem Laurylamin in Chlf. löslich. Der Verteilungskoeff. zur Extraktion mit Chlf. liegt sehr günstig. Als Reagenslsg. ist nur durch Ionenaustausch gereinigtes W. geeignet; W., das in einer Quarzapp. tridest. wurde, ist ungeeignet. (Z. analyt. Chem. **168.** 18—28. 1959. Kassel-Bettenhausen, Spinnfaser Akt.-Ges., Hauptlabor.) FRIEDRICH WOLF/Berlin. 6060

Franz Pöpel, Wolfgang Vater und **Bernhard Jäger,** Die Verfahren zur Aufbereitung von städtischem Klärschlamm. München; Oldenbourg. 1958. (211 S. m. Abb.) 8° = Stuttgarter Berichte zur Siedlungswasserwirtschaft. 2. DM 15,—.

V. Anorganische Industrie.

Eugeniusz Błasiak, *Kokereigas als Rohstoff für die Ammoniaksynthese.* Vgl. der NH_3-Synth. aus Koks über Mischgas u. aus Kokereigas. (Przemysł chem. **37.** 561—62. Sept. 1958.) F. URBAN. H 243

Mirko Baumann, *Etagenreaktoren mit Gaszumischung für (die) Ammoniak(synthese).* Es wurden die Verhältnisse zwischen der Menge an Kaltgasen, der Menge an Reaktionsgemisch u. dem Konversionsgrad beim Eintritt in einige Etagen untersucht. (Chem. Průmysl **8 (33).** 630—33. Dez. 1958. Praha, Výzkumný ústav chem. zařízení.) J. SCHNEIDER. H 243

W. Je. Gelman und **I. Ja. Fuksman,** *Ein neues Verfahren zur Kontrolle des Brennens von Knochenkohle.* Das Verf. beruht darauf, daß nach einem beschriebenen Schema mit 2 Elektroden aus nichtrostendem Stahl der Widerstand beim Brennen von Knochenkohle gemessen wird. Knochenkohle n. Qualität zeigte 12—25 kΩ, nicht ausreichend erhitzte 100—180 u. überhitzte 500 MΩ. Durch Ausrüstung der Retorten mit diesem App. konnte die Brenndauer um 10—15% gesenkt, die Leitung der Öfen gesteigert werden. (Сахарная Промышленность [Zucker-Ind.] **32.** Nr. 11. 31—32. Nov. 1958. Kiew, Volkswirtschaftsrat; Shuljansk, Knochenverarbeitungsbetrieb.)
OTTO MAIER. H 260

A. E. Roberts, *Schwimmaufbereitung von grobem Phosphat mit Cyanamid.* Zur Schwimmaufbereitung von groben Teilchen dienen Heizöl, rohes Tallöl u. NaOH; aus dem Konzentrat werden SiO_2-Teilchen mit Aeromin 3037 (einem kation. Sammler) u. Kerosin beseitigt (Abb. u. Fließbilder). (Wld. Mining **12.** Nr. 2. 36—37. 40. Febr. 1959. Orange Park, Amer. Cyanamid Co.) W. WESLY. H 264

R. J. Cornelius und **J. T. Woodcock,** *Druckauslaugung von Manganerz.* 1. Mitt. *Kinetische Betrachtungen.* MnO_2 u. Pyrit reagieren mit O_2 in wss. Suspension nach: $2\,MnO_2 + 2\,FeS_2 + 6\frac{1}{2}\,O_2 + 2\,H_2O = 2\,MnSO_4 + 2\,H_2SO_4 + Fe_2O_3$. Die Rk. u. ihre Teilstufen wurden experimentell u. theoret. hinsichtlich Einfl. von Konz., Temp. u. Druck untersucht. (Australas. Inst. Mining Metallurgy, Proc. **1958.** Nr. 185. 65—107. März. Melbourne, C.S.I.R.O., Ore Dressing Sect.; Univ., Mining Dep.)
H. ECKHARD. H 350

R. J. Cornelius und **J. T. Woodcock,** *Druckauslaugung von Manganerz.* 2. Mitt. *Auslaugungsbeziehungen.* (1. vgl. vorst. Ref.) In der untersuchten Rk. (l. c.) erfolgt die Mn-Auslaugung durch das intermediär gebildete $FeSO_4$. Ohne Säurezusatz sind das Mol-Verhältnis MnO_2/FeS_2 von ca. 1, die Temp. von ca. 140° u. ein O_2-Druck von 25 bis 90 lb./sq.in. am günstigsten mit ca. 6 Std. Zeitbedarf zur völligen Mn-Extraktion. (Australas. Inst. Mining Metallurgy, Proc. **1958.** Nr. 185. 109—33. März.)
H. ECKHARD. H 350

Feldmühle Papier- & Zellstoffwerke Akt.-Ges., Düsseldorf (Erfinder: **Theodor Ploetz,** Hösel, **Hermann Richtzenhain,** Köln, und **Werner Schweers,** Hamburg), *Herstellung von Alkalicyanaten* durch Rk. von Harnstoff mit Alkalimetallen bei erhöhten Temperaturen. Dabei wird der Harnstoff mit Alkaliamalgam bei ca. 140—200° unter starker Durchmischung in Abwesenheit von organ. Fll. zur Rk. gebracht. (**D. A. S. 1 056 100** Kl. 12k vom 13/6. 1956, veröff. 30/4. 1959.) H. NEBELSIEK. H 272

Jean Pierre Borel, Schweiz, *Herstellung kolloidaler Lösungen* durch Verdampfen der zu dispergierenden Phase im Vakuum u. Kondensieren der Dämpfe in der Dispergierphase. — *Na* wird im Vakuum verdampft, u. die Dämpfe werden in Siliconöl unter Rühren kondensiert. — Vorrichtung. (**F. P. 1 128 338** vom 29/7. 1955, ausg. 4/1. 1957. Schwz. Prior. 11/8. 1954.) W. WITTHOLZ. H 274

Sylvania Electric Products, Inc., New York, N. Y. (Erfinder: **Dominic Thomas Palumbo,** Brooklyn, N. Y., und **Albert Kenneth Levine,** Jersey City, N. J.), V. St. A., *Herstellung von Erdalkalicarbonaten mit nadelförmiger Kristallstruktur,* wobei das Verhältnis vom größten zum kleinsten Kristall zwischen 25:1 u. 50:1 liegt, durch Rk. von Erdalkalimetallionen mit CO_3-Ionen. Eine wss. Lsg. eines oder mehrerer Erdalkalimetallverbb. wird mit in wss. Lsg. CO_3-Ionen bildenden Substanzen mit einem p_H von 5,8—8,3 zusammengebracht u. bei 60—90° mehrere Std. digeriert. — Ba-Acetat + CO_2 + $NH_4OH \rightarrow$ *Ba-Carbonat.* (**D. A. S. 1 053 480** Kl. 12m vom 23/4. 1956, veröff. 26/3. 1959. A. Prior. 2/5. 1955.) H. NEBELSIEK. H 280

Dortmund-Hörder Hüttenunion Akt.-Ges., Dortmund, und **Wintershall Akt.-Ges.,** Kassel, *Gewinnung von Sintermagnesia.* Als Ausgangsmaterial dient ein Brucit, von dem wenigstens 90 (Gew.-%) eine Teilchengröße $>100\,\mu$ hat mit höchstens 1 Verunreinigung. Die Sinterung an sich ist bekannt. Beim Ausgehen von $Mg(OH)_2$ fällt man dieses bei Tempp. bis zu 80° mit NH_4OH aus einer Mg-Salzlsg. u. sintert anschließend. Neben etwas $MgSO_4$ enthält die Magnesia noch CaO u. Fe_2O_3 u. z. B. THOMAS-Mehl als Sintermittel. Beispiel eines gebrannten Materials 89,2 MgO; 4,2 CaO; 2,94 Fe_2O_3; 0,6 MnO; 0,26 Al_2O_3; 1,5 SiO_2 u. 1,16 P_2O_5. — Vgl. F. P. 1 081 443; C. **1950/54.** 3494 S. (**E. P. 774 177** vom 22/6. 1953, ausg. 8/5. 1957. D. Prior. 24/7. 1952.)
H. NEBELSIEK. H 282

Laporte Chemicals Ltd. (Erfinder: **William Raymond Holmes** und **Jack Trask Unwin**), Luton, England, *Herstellung von nichtzusammenbackendem, gleichmäßig gekörntem Bariumhydroxyd* mit niederem $BaCO_3$-Geh. durch Versprühen von geschmolzenem, wasserhaltigem $Ba(OH)_2$ in kalte Luft oder ein anderes kaltes Inertgas. Dabei verwendet man eine rotierende Scheibe oder versprüht es unter Druck durch eine Düse. (**D. A. S. 1 053 479** Kl. 12m vom 11/1. 1957, veröff. 26/3. 1959. E. Prior. 3/2. 1956.) H. NEBELSIEK. H 285

Farbenfabriken Bayer Akt.-Ges., Deutschland, *Herstellung von Metallhydriden.* Entspricht im wesentlichen dem D. B. P. 964 231; C. **1958.** 6363. Nachzutragen ist, daß die Rk. in Ggw. von katalyt. wirkenden Stoffen, wie N_2, S, J_2, NH_3, H_2S, HJ, HgJ_2, CaJ_2, MgJ_2, Na_2S, CaS, Na durchgeführt werden kann. (**F. P. 1 133 993** vom 28/6. 1955, ausg. 4/4. 1957. D. Priorr. 12/7. u. 15/9. 1954.) W. WITTHOLZ. H 285

Universal Oil Products Co. (Erfinder: **Herman Samuel Bloch**), Des Plaines, Ill., V. St. A., *Herstellung von Tonerde* durch Rk. von metall. Al von wenigstens 99,5% ig. Reinheit mit W. unter Rühren bei $<374^0$. Dabei wird der größere Teil des Al in Al_2O_3-Hydrat übergeführt, indem die Rk. mit dest. W. ohne Katalysator bei 250—374⁰ durchgeführt wird. Man erhält reine Tonerde, bestehend aus einem Gemisch aus *Boehmit* u. *Gibbsit.* Teilchengröße der Al < 12,7 mm. — Vgl. auch A. P. 2 758 011; C. **1957.** 7755. (**E. P. 801 766** vom 2/8. 1956, ausg. 24/9. 1958.) H. NEBELSIEK. H 294

VI. Silicatchemie. Baustoffe.

D. W. Rinehart, *Der dielektrische Verlust und die Zustände des Glases.* Der dielektr. Verlust (DV) wurde an Proben eines handelsüblichen Tafelglases bei $25,6^0$ u. 20% relativer Luftfeuchtigkeit an Hand der Substitutionsmeth. (Frequenz 1000 Hz) gemessen. Der DV wurde für Tempp. zwischen 93,3 u. $648,9^0$ bestimmt, indem die auf die Versuchstemp. erhitzte Probe in Luft abgeschreckt u. dann wie oben gemessen wurde. Dabei wurde die Voraussetzung gemacht, daß solchermaßen abgeschreckte Proben weitgehend den Zustand des Glases bei der Temp. wiedergeben, von der sie abgeschreckt wurden. 6 Gruppen mit verschied. Wärmevergangenheit wurden auf diese Weise untersucht. Irreversible Zunahmen des Verlustwinkels tang δ zeigten sich bei Abschrecktempp. unterhalb u. auch innerhalb des Transformationsbereichs. Die Zunahme von tang δ unterhalb des Transformationsbereichs wird als Resultat von Änderungen der Na^+-Ionenverteilung innerhalb der Hohlräume der Glasstruktur während des Kühlens angesehen. Wie durch Dichtemessungen gezeigt wird, stehen die Zunahmen von tang δ innerhalb des Transformationsbereichs im Zusammenhang mit Änderungen des SiO_2-Netzwerks. Eine Glaseig., welche von der Ionenbeweglichkeit abhängt, wird durch mindestens zwei Zustände bestimmt: 1. durch den Zustand des SiO_2-Netzwerks u. 2. durch den Verteilungsgrad der beweglichen Ionen. Das Ausmaß der Verdichtung wird durch eine Reihe von Kurven veranschaulicht, in denen tang δ gegen die Abschrecktemp. mit der Verdichtungszeit als Parameter aufgetragen ist. (J. Amer. ceram. Soc. **41.** 470—75. 1/11. 1958. Creighton, Pa., Pittsburgh Plate Glass. Comp., Glass Div., Res. Labor.) H.-O. MULFINGER. 6200

C. M. A. de Bruyn, L. E. Collins und **A. A. B. Williams,** *Die spezifische Oberfläche, die Wasseraffinität und das Ausdehnungsvermögen von Ton.* Der Mechanismus der Wasserabsorption u. der dadurch bedingten Ausdehnung wird an montmorillonit- u. illithaltigen Tonen untersucht. Eine Meth. zur Schnellanalyse wird angewandt, bestehend aus einer Mikro-Exsiccatormeth. zur isothermen Best. des Wasserdampfdrucks. (Clay Minerals Bull. **3.** 120—28. Aug. 1957. Pretoria, S. Africa, Nat. Building Res. Inst.) G. PRETZSCHNER. 6216

Shoichiro Nagai, Jumpei Ando und **Kazuo Kodama,** *Untersuchung über feuerfeste Massen für Schmelzphosphatdünger.* 2. Mitt. (1. vgl. C. **1954.** 6314.) Für *Schmelzphosphatdünger* der Zus. 20 (%) P_2O_5, 3—4 CaO, 2—3 MgO, 2—3 $SiO_2 \cdot P_2O_5$ werden *feuerfeste Massen* entwickelt. Dabei muß das Verhältnis $CaO/Al_2O_3 > 3:1$ u. $< 3:5$ sein. Magnesit, Bauxit u. Dolomit werden gemischt im Verhältnis 3:1:0 bzw. 2,7:1:0,3 bzw. 2,5:0,1:0,4 (oder 60—82 MgO, 5—10 CaO, 5—25 Al_2O_3, 3—5 SiO_2 u. 1—5 Fe_2O_3) u. bei 1450^0 1 Std. geglüht. Physikal. Eigg. u. Korrosionsprüfungen gegen obiges Schmelzphosphat zeigen befriedigende Ergebnisse. (J. ceram. Assoc., Japan [Yogyo Kyogai Shi] **63.** 429—32. 1955. Tokyo, Chuo Univ. [Orig.: japan., Auszug: engl.]) L. SCHULER. 6218

Béla Löcsei, *Die Grundprinzipien der Herstellung von Schmelzsilicaten.* Zur Herst. von Schmelzsilicaten wurden bisher natürliche Gesteine verwendet. Vf. stellt kristalline Kunststeine durch Schmelzen von Hochofenschlacke mit Zuschlägen, wie Sand, Phonolit u. Na_2SO_4 her. Hochofenschlacke ist wegen des geringen Fe-Geh. ein günstiges Grundmaterial, die unerwünschte hohe Basizität wird durch Sandzusatz vermindert, Na_2SO_4 ist zur Einstellung des Alkaligeh. notwendig, der beim Schmelzen verbleibende Sulfidgeh. fördert die Kristallisation. Der höhere SiO_2-Geh. ist auch zwecks Erhöhung der Widerstandsfähigkeit gegen chem. Angriffe erforderlich, doch setzt dem die Schmelzbarkeit eine Grenze, eben deshalb ist auch die Senkung des Al_2O_3-Geh. notwendig. Beim Schmelzen muß in Betracht gezogen werden, daß vom Tiegel bzw. der Wanne Material gelöst wird u. die Zus. eine Änderung erfährt. Dieser Umstand ist bes. im Betrieb zu beachten, um ein Prod. mit 50—58 (%) SiO_2, 6,5—8 Al_2O_3 u. 4,5—6,8 Na zu erhalten. Der Sulfidgeh. soll mindestens 0,4—0,6 betragen. Die Schmelztemp. einer derartigen Mischung ist kaum etwas höher als die der Basalte. Ein sehr geringer Cr_2O_3-Geh. aus der Hochofenschlacke oder Wanne fördert ebenfalls die Kristallisation. (Építöanyag [Baumaterial] **10.** 408—14. Nov. 1958.) J. PLANK. 6220

Toyoroku Andō, *Gegenwärtige Lage der japanischen Zementindustrie.* Übersicht über die Entw. der Erzeugung u. der techn. Verfahren. — 10 Tabellen. (J. chem. Soc. Japan, ind. Chem. Sect. [Kōgyō Kagaku Zassi] **58.** 317—20. Mai 1955. Onoda Zement AG. [Orig.: japan.]) L. SCHULER. 6222

Albert G. Timms und **William E. Grieb,** *Verwendung von Flugasche in Beton.* (Vgl. C. **1958.** 8164.) In Betonen aus 2 verschied. Portlandzementen (mit 0,74% $K_2O + Na_2O$ bzw. 0,03% $K_2O + Na_2O$) u. einer Mischung von gebrochenem Kalkstein u. feinem Quarzsand wurde $^1/_6$ bzw. $^1/_3$ des Portlandzements durch Flugasche (I) ersetzt. Die 4 untersuchten I enthielten 0,2, 0,6, 5 u. 11,2% freien C bei im übrigen ähnlicher chem. Zusammensetzung. Während durch den Zusatz von I fast stets die 28-Tage-Festigkeiten erniedrigt wurden, glichen oder übertrafen nach 1 Jahr die Festigkeiten die der I-freien Betone mit Ausnahme der Mischungen mit 33,3% C-reicher I. Die Trokkenschwindung wird durch I herabgesetzt, aber ebenso die Widerstandsfähigkeit gegen Abblättern bei Anwendung von $CaCl_2$ zum Auftauen. Bei höherem C-Geh. der I ist ein höherer Zusatz an Luftporenbildnern zum Beton notwendig. (Proc. Amer. Soc. Testing Mater. **56.** 1139—60. 1956. Bur. of Public Roads, Phys. Res. Branch.) P. NEY. 6224

B. G. Singh, *Beziehungen zwischen der spezifischen Oberfläche von Zuschlagstoffen und der Druck- und Biegezugfestigkeit von Beton.* Die spezif. Oberfläche der Zuschlagstoffe lag zwischen 22 u. 68 cm^2/g. Bei gegebenem W.-Zement-Faktor nahm die Druckfestigkeit der Betone mit steigender spezif. Oberfläche des Zuschlags ab. Der W.-Zement-Faktor (W/C), das Gewichtsverhältnis Zuschlag/Zement (N) u. die spezif. Oberfläche (S_0) konnten durch die Beziehung ($\Phi_c = W/C - KN + K_cS_0N$ miteinander verknüpft werden. K ist darin eine Konstante, die der Adsorption von W. an der Oberfläche des Zuschlags zugeordnet ist u. K_c eine andere, auf die Druckfestigkeit bezogene Konstante. Die Zahlenwerte Φ_c ergaben, gegen die Druckfestigkeit aufgetragen, für Betone mit verschied. Zuschlägen, Zementen u. Mischungsverhältnissen stetige, hyperbelähnliche Kurven. (J. Amer. Concrete Inst. **29.** Proc. **54.** 897—907. April 1958. Garston, Watford, England, Building Res. Stat.) P. NEY. 6224

M. H. Roberts, *Die Zusammensetzung von hydraulischem Kalk.* Die mineralog. Zus. verschied. Handelsproben hydraul. Kalke aus brit. Fabrikation wird durch röntgenograph., mkr. u. chem. Methoden untersucht. Die Hauptbestandteile sind: β-2 CaO·SiO_2 (I), CaO, $Ca(OH)_2$, 2 CaO·Al_2O_3·SiO_2 (II), $CaCO_3$ u. SiO_2. Ferner bestehen Anzeichen für das Vorhandensein von γ-2 CaO·SiO_2 (III), 3 CaO·2 SiO_2 **(IV)**, α- u. β-CaO·SiO_2 **(V, VI)**, 4 CaO·Al_2O_3·Fe_2O_3 **(VII)** u. einigen Ca-Aluminaten **(VIII)**. Der Haupthydraulefaktor des Portlandzements 3 CaO·SiO_2 liegt nicht vor. Die hydraul. Eigg. werden in der Hauptsache dem I zugeschrieben u. gegebenenfalls zu einem gewissen Grade den Verbb. **VIII** u. dem **VII,** während **II, III, IV, V** u. **VI** keine Bindeeigg. haben. Der hydraul. Kalk scheint seine Eigg. den milden Bedingungen des Brennprozesses zu verdanken, unter denen die Gleichgewichtseinstellung nicht erreicht wird. Bei höherer Temp. oder längerer Brenndauer kann in manchen Fällen ein fast völlig inertes Prod. entstehen. (Cement Lime Manufact. **29.** 27—36. Mai 1956. London, Dep. of Sci. and Ind. Res., Building Res. Board.) W. GELMROTH. 6226

Chihiro Kawashima, Yoshihiro Murata und **Nobuo Setaka,** *Über ein Gerät zur Messung des „Arbeitens" einer mit einem feuerfesten Überzug versehenen Stahlplatte bei hohen Temperaturen.* Beschreibung eines Geräts, bei dem eine einseitig mit einem feuerfesten Überzug versehene Stahlplatte (0,8×20×80 mm) in einem Rohr u. auf einer Unterlage aus Quarzglas in Schutzgasatmosphäre bis ca. 1100° erhitzt wird. Für die Durchbiegung der Proben wird aus den Versuchsergebnissen eine nichtlineare Beziehung aus den Schichtdicken u. elast. Konstanten des Überzugs u. Stahls abgeleitet. Zwischen dem Übergangs- u. Erweichungspunkt des Überzugs u. seinem Geh. an Al_2O_3 (0—50%) besteht ein linearer Zusammenhang. (J. ceram. Assoc., Japan [Yogyo Kyokai Shi] **66.** Nr. 12. 281—86. 1958. Tokyo Inst. of Technol., Labor. of Engng. Mat. [Orig.: japan.; Auszug: engl.]) P. NEY. 6240

František Novák, *Möglichkeiten der Ausnutzung radioaktiver γ-Strahlung im Bauwesen.* Vf. beschreibt die Grundlagen der radioakt. γ-Strahlung, ihre Eigg. u. Einsatzmöglichkeiten in der Bodenmechanik, im Betonbau, bei Prüfungen von Stahlkonstruktionen, Rohrleitungen, Lüftungseinrichtungen u. Wasserbaueinrichtungen. Die Verwendung von Isotopen u. Einrichtung der Arbeitsstellen wird erwähnt. (Inž. Stavby **7.** 6—9. 30/1. 1959. Brno, Vojenska technicka akad.) E.-L. SCHMELING. 6240

Maurice Garein, *Chemische Beständigkeit von Emails.* Zur Best. der chem. Widerstandsfähigkeit von Emails sind drei Methoden ausgearbeitet worden. Der Alkalitest besteht darin, daß die Probe bei 87° einer NaOH- oder Na-Phosphatlsg. ausgesetzt wird. Beim HCl-Test wirkt eine HCl-Lsg. bestimmter Konz. auf die Probe ein. Beim dritten Test erfolgt das gleiche mit Essigsäure. Der Gewichtsverlust wird als Funktion der Zeit bestimmt. (Verres et Réfractaires **12.** 330—34. Nov./Dez. 1958.) H. SAALFELD. 6242

G. F. Nadareischwili, *Bestimmung der Festigkeit von Beton durch die Ultraschallmethode.* Unterss. über die Abhängigkeit der Ultraschallgeschwindigkeit u. der Festigkeit des Zements von Alter, Zement/W.-Verhältnis, Verbrauch an Zement u. W. u. Art der Zuschlagstoffe ergaben, daß mit Hilfe der Ultraschallmeth. unter Benutzung einer geeichten Kurve die Festigkeit von Eisenbetonerzeugnissen mit einer Genauigkeit von $\pm 10-15\%$ bestimmt werden kann. (Сообщения Академии Наук Грузинской ССР [Mitt. Akad. Wiss. GrusinSSR] **19.** 467—72. Okt. 1957. Inst. für Bauwesen der Akad. der Wiss. der GrusinSSR.) OTTO MAIER. 6252

Keiichi Murakami und **Hirobumi Tanaka,** *Meßverfahren für das Wasserrückhaltevermögen von Kalkteig, Dolomitkalkbrei usw.* Kalk- u. Dolomitkalkteig, Gipsbrei u. pastenförmiger weißer Zement werden auf eine Gipsplatte gebracht, wodurch W. abgesaugt wird. Die zeitliche Veränderung der Eindringtiefe einer VICATnadel in die M. wird als Maß für das Wasserrückhaltevermögen der Bindemittelbreie betrachtet. Der Einfl. von Funori (wss. Auszug von Gloiopeltis furcata; I), Na-Carboxymethylcellulose, $MgSO_3 \cdot 6\,H_2O$, $CaSO_3 \cdot 1/2\,H_2O$, Weißfeinkalk (II) u. Dolomitfeinkalk (III) auf das Wasserrückhaltevermögen wird untersucht. Das Wasserrückhaltevermögen von Weißkalkteig wird durch I, II u. III verbessert, während beim Dolomitkalkteig Zusätze unwirksam sind. (Gypsum & Lime [Tokyo] **1958.** Nr. 37. 3—10. Nov. Tohoku Univ., Fac. of Engng. [Orig.: japan.; Auszug: engl.]) P. NEY. 6254

P. Bortaud, *Korrosionsversuche unter Gebrauchsbedingungen für die Untersuchung elektrisch geschmolzener feuerfester Erzeugnisse.* Die neuen elektr. geschmolzenen Sintersteine für Glasöfen sind so korrosionsbeständig, daß neue Prüfmethoden notwendig sind. Die Firma CORHART REFRACTORIES COMPANY hat einen Prüfofen konstruiert, in dem man 18 Versuchssteine gleichzeitig, also unter völlig gleichen Bedingungen bei 1650° für 10—15 Tage mit geschmolzenem Glas in Berührung bringt. Man kann dann die eingetretenen Korrosionen, die den in der Praxis beobachteten entsprechen, miteinander vergleichen. Einige Prüföfen für analoge Zwecke werden erwähnt. (Silicates ind. **22.** 443—46. Sept. 1958.) R. WALCKER. 6256

Corning Glass Works (Erfinder: **Howard Graham Ross** und **Frederic William Schuler**), Corning, N. Y., V. St. A., *Photographisch erzeugte Einschmelzbilder (auf Glas).* Auf die mit Ag verspiegelte Oberfläche eines Ca–Na-Silicatglases wird eine Schicht einer durch Licht polymerisierbaren monomeren Verb. aufgetragen, bildmäßig belichtet, die unbelichteten Flächenteile mit einem selektiven Lösungsm. entfernt u. die dadurch freigelegten Stellen des Ag-Spiegels mit einer 10%ig. wss. Lsg. von $Fe(NO_3)_3$ entfernt. Dann wird eine Paste aus Ocker u. W., die ca. 10% $Fe_2(SO_4)_3$ enthält aufgetragen, das Glas zunächst 5 Min. in Luft auf 650° erwärmt, dann noch einige Zeit in einer Atmosphäre aus 92 (Vol.-%) $N_2 + 8\,H_2$, wodurch das Bild eingeschmolzen wird. Die Reste der Schichten können dann leicht entfernt werden. (**D. B. P. 965 266** Kl. 32b vom 30/9. 1955, ausg. 6/6. 1957. Anmeldung bekanntgemacht 13/12. 1956. A. Prior. 29/9. 1954. **Zusatz zu D. B. P. 948 280; C. 1957. 3374.**) A. KALIX. 6189

Chamotte-Industrie Hagenburger-Schwalb Akt.-Ges., Deutschland, *Mullit,* bes. zur Herst. *feuerfester Körper.* Ein Gemisch feinzerteilter, reiner Ausgangsstoffe mit hohem Al_2O_3- u. SiO_2-Geh. (Quarzit, Flint), z. B. aus Ton u. Korund (Bauxit), Brennstoffen u. Katalysatoren, wie MnO, $MgCl_2$, TiO_2, CaF_2, ZnO u. MgO, dem gegebenenfalls zur Erhöhung der Granulierfähigkeit noch geringe Mengen von Tonen mit unterschiedlichem Al_2O_3-Geh., Dextrin, SiO_2 oder Kieselsäureester zugesetzt sind, wird bei 1700° gesintert. (**F. P. 1 121 548** vom 3/12. 1954, ausg. 20/8. 1956. D. Prior. 5/12. 1953.) O. KAYSER. 6219

Farbwerke Hoechst Akt.-Ges., vormals Meister Lucius & Brüning (Erfinder: **Otto Peter** und **Karl-Wilhelm-Friedrich Etzel**), Frankfurt/M., *Herstellen von Kohle- und Graphitformkörpern.* Durch Feinmahlung erhaltenes Kokspulver, das noch flüchtige

Bestandteile enthält, wird mit einem Bindemittel, wie Teer oder Pech in fl. Form, gegebenenfalls bei erhöhter Temp., kurz gemischt u. unter Druck geformt. Die erstarrten Formlinge werden zu feinem Pulver gemahlen; innig gemischt u. zu Körpern geformt, die gebrannt u. gegebenenfalls noch graphitiert werden. Es werden spannungsfreie Körper erhalten. (**D. A. S. 1 049 287** Kl. 80b vom 13/7. 1957, veröff. 22/1. 1959.)
F. REINHART. 6221

Electric Machinery Mfg. Co., Minneapolis, Minn., übert. von: **Joseph W. Crownover,** Sherman Oaks, Calif., V. St. A., *Elektrostriktive keramische Materialien.* $BaTiO_3$ wird mit Zusätzen von nicht >4,39 (Gew.-%) Al_2O_3, CaO, CuO, Fe_2O_3, MgO, PbO, SiO_2, SrO u. ZrO_2, 2—8 $CaSnO_3$ u. 0,9—1,5 TiO_2 gemischt. Die Mischung wird mit einem polymerisierbaren Harz u. einem Plastifizierungsmittel versetzt, zu dünnen Platten geformt u. zur Polymerisierung des Harzes erhitzt. Die Formlinge werden dann bei 1330—1350° gesintert. Sie dienen als elektrostriktives Material in Stromwandlern. (**A. P. 2 836 501** vom 4/11. 1955, ausg. 27/5. 1958.) F. REINHART. 6221

Dow Chemical Co., Midland, Mich., V. St. A., *Bohrlochzement.* Eine pumpbare, gegen Einfl. erhöhter Temp. u. erhöhten Druckes u. gegen Verunreinigungen widerstandsfähige, zur Bohrlochzementierung geeignete Mischung wird hergestellt aus einer feingepulverten Al-Verb., wie Al-Oxyd, -Hydroxyd u. -Silicat, H_3PO_4, W. u. Zusätzen von in W. lösl. anorgan. Sulfaten, wie K_2SO_4 oder $(NH_4)_2SO_4$ u. einem in W. lösl. Fluorid, wie KF, KHF_2, HF, K_2TiF_6, KPF_6 u. a. Dabei ist das Mol-Verhältnis von Al:P = 0,5—20; H_2O:P = 1,8—64; F:P = 0,02—10. (**E. P. 793 992** vom 7/3. 1956, ausg. 23/4. 1958. A. Prior. 23/5. 1955.) G. FRIKELL. 6223

Hans Haneschka, Gmunden, Oberösterreich, *Sorelzementmasse* zur Herst. von Verkleidungsplatten oder Formlingen für Fenster, Türen usw. Zu einem Verschnitt aus krist. u. amorphem Magnesit in Mischungen mit Chrommagnesiumlauge u. organ. oder anorgan. Füllstoffen werden zusätzlich Kalk, Chromsalze, Säuren, Kunstharze sowie Polysiloxane u. gegebenenfalls Treibmittel zugesetzt. (**Oe. P. 202 919** vom 17/12. 1957, ausg. 10/4. 1959.) O. KAYSER. 6223

S. á r. l. Meray, Brisseau & Cie., Maine-et-Loire, Frankreich, *Putzmasse* aus 30—50(%) feinem Sand, 25—50 Blanc de Meudon, 10—20 weißem Zement, 2—10 fl. Leim u. gegebenenfalls 3—10 Talk. (**F. P. 1 134 340** vom 8/4. 1955, ausg. 10/4. 1957.)
O. KAYSER. 6227

Michel Gagnazzi, Bouches-du-Rhône, Frankreich, *Baustoff* (Touvlo-Beton) aus feinzerkleinerter Keramik (Schamotte), Ziegelsplitt, Kies u. Zement. Herst. gefärbter, mit Mosaik u. Ornamenten versehener *Betonsteine,* selbstleuchtender *Bordsteine* usw. (**F. P. 1 115 932** vom 13/8. 1954, ausg. 2/5. 1956.) O. KAYSER. 6229

Robert Vanoni, Seine, Frankreich, *Baustoff* zur Herst. von *Kacheln, Fliesen,* Überzügen auf Wänden, Fußböden usw., bestehend aus einem Bindemittel [3 (Teile) $MgCl_2$ u. 4 MgO] u. 50—75(%) Holzmehl, Papierbrei (aus Papierschnitzeln u. $CaCl_2$-Lsg.), <20 Asbestmehl u. Metalloxydpigmenten. — Z. B. 6 (Teile) $MgCl_2$, 8 MgO, 1 Asbestmehl, 1 Holzmehl, 2 Sägespäne u. 3 Papierpaste mit Zusatz von Oxyden des Fe, Cr, Cu. (**F. P. 1 127 975** vom 15/6. 1955, ausg. 28/12. 1956.) O. KAYSER. 6229

Richard Renken & Co. K.-G. (Erfinder: **Richard Renken**), Barsbüttel, *Herstellung von Korkmehlisolierplatten.* Das Korkmehl wird vor seiner Verarbeitung mit 6—8% vorgetrockneter Kreide u. hierauf mit Gips, Abbindeverzögerern, Faserstoffen u. W. vermischt. (**D. A. S. 1 053 385** Kl. 80b vom 17/1. 1956, veröff. 19/3. 1959.)
HANS HOFFMANN. 6229

Asta v. d. Decken geb. **von Heyden,** Krummendeich über Freiburg/Elbe (Erfinder: **Karl-Helmut Ihlefeld,** Biberach/Riss), *Herstellen von Blähton.* Vorgetrockneter granulierter Ton, Tonschiefer oder Ölschiefer wird in ruhendem Zustand mittels O_2-freier oder -armer Gase völlig getrocknet u. durch weitere Erhitzung abriebfest gemacht, worauf das Granulat im bewegten Teil einer Brennanlage bis über den F. hinaus erhitzt u. durch Zutritt von O_2 gebläht wird. Man erhält einen *Wärmeisolierstoff* oder Zuschlagstoffe für Beton u. Asphaltmassen. (**D. A. S. 1 054 004** Kl. 80b vom 28/1. 1957, veröff. 26/3. 1959.) F. REINHART. 6229

Jaques Marie Louis de Moncuit de Boiscuille, Loiret, Frankreich, *Wärme- und schallisolierender Leichtstein,* hergestellt durch Brennen einer Mischung von 20(%) Sägespänen, 10 Steinkohlenasche, 20 Sand u. 50 Ton. Der Stein ist nagelbar u. kann leicht mit Gips überzogen werden. (**F. P. 1 125 639** vom 31/5. 1955, ausg. 5/11. 1956.)
O. KAYSER. 6229

Jean Maurice David, Seine, Frankreich, *Unbrennbarer, isolierender Bau- und Füllstoff* (Steine, Füllungen) aus z. B. 3 (Volumenteilen) Ton, 1 Zement, 1 Kieselgur

u. 6 Sägespäne. Andere wärme- u. schallisolierende Stoffe, Holzfasern u. Stroh können mitverwendet werden. (**F. P. 1 127 634** vom 9/6. 1955, ausg. 20/12. 1956.)
O. KAYSER. 6229

Soletanche Entreprise de Fondations et Travaux Hydrauliques (Erfinder: **Henri Cambefort**), Frankreich, *Elektroosmotische Drainage oder elektrochemische Bodenverfestigung von tonigen Böden* unter Verwendung von perforierten rohrförmigen Behältern, die mit einer Elektrolyt-Fl. gefüllt sind u. die in den Boden eingelassen sind. In die Elektrolyt-Fl. taucht eine Metallstabelektrode. Zur Erhöhung der Viscosität der Elektrolyt-Fl. werden Koll. zugesetzt, z. B. Bentonit, Carboxymethylcellulose oder Stärke. — 3 Abbildungen. (**F. P. 1 085 109** vom 18/6. 1953, ausg. 27/1. 1955.)
M. F. MÜLLER. 6233

National Lead Co., New York (Erfinder: **Leon J. Frost**, Lewiston), N. Y., V. St. A., *Herstellung von Schleifmitteln großer Härte.* In Ggw. eines C-haltigen Materials werden Al_2O_3 u. ein Ti-enthaltendes Material, wie Rutil oder Ilmenit, so zusammengeschmolzen, daß die Matrix hauptsächlich aus krist. α-Al_2O_3 besteht, in der 10—50 Gew.-% TiC in Form von 5—10 μ großen Kristallen fein verteilt sind. — Beispiel: 100 (Gewichtsteile) calciniertes Al_2O_3, 10 Rutil u. 5 Petrolkoks werden als feingemahlenes Gemisch in einem Graphittiegel mittels Lichtbogens bei 2260° geschmolzen. Das Prod. enthielt 90% α-Al_2O_3 u. 10% TiC u. zeigte bei 100 g Belastung eine mittlere Härte von 3000 VICKERS. (**D. A. S. 1 049 290** Kl. 80b vom 30/8. 1955, veröff. 22/1. 1959. A. Prior. 30/8. 1954.)
G. FRIKELL. 6239

VII. Agrikulturchemie. Schädlingsbekämpfung.

Gábor Bidló, *Untersuchung der Verwitterung von Kalitrachit von Telkibánya.* Zur landwirtschaftlichen Verwertung empfohlene Gesteine mit hohem K-Geh. führten nicht zu den erhofften Ergebnissen. Vf. untersuchte daher die Löslichkeit des Kalitrachits von Telkibánya, um hieraus auf die Verwitterung schließen zu können. Löslichkeitsverss. mit verd. HCl u. H_2SO_4, $(NH_4)_2CO_3$ u. W. ergaben, daß dieses Gestein eines der am schwersten lösl. ist. (Agrokémia és Talajtan [Agrochem. u. Bodenkunde] **6.** 137—42. Sept. 1957. Budapest, TU, Lehrstuhl für Mineralogie u. Geologie.)
J. PLANK. 6286

K. L. Babcock und **Roy Overstreet**, *Eine Bemerkung über die „Buckingham"-Gleichung.* Vff. zeigen, daß die Gleichung von BUCKINGHAM (U. S. Dep. Agr. Bull. **38.** [1907]) zur Berechnung der vertikalen Verteilung des Bodenwassers über einem Grundwasserspiegel nur für den Fall gelten kann, daß kein hydrostat. Druckgefälle vorliegt. Für höhere Bodenfeuchtigkeiten ist aus der Gleichung abzuleiten, daß der Wassergeh. sich mit der Steighöhe nicht ändert, d. h. daß Capillarsäume über dem Grundwasserspiegel größere Höhen erreichen, als man aus den Tensiometermessungen bisher abgeleitet hat. — Auf Grund der Ergebnisse wird auf die Grenzen des Anwendungsbereiches der BUCKINGHAM-Gleichung hingewiesen. (Soil Sci. **84.** 341—43. Okt. 1957. Berkeley, Calif., Univ. of California.)
WILFRIED WERNER. 6302

Hans Joachim Fiedler, *Die Beeinflussung physikalischer Bodeneigenschaften durch anorganische und natürliche organische Bodenstrukturverbesserungsmittel.* Zusammenfassender Überblick. — 168 Literaturhinweise. (Wiss. Z. Friedrich-Schiller-Univ. Jena/Thür., math.-naturwiss. Reihe **6.** 187—98. 1956/57. Landwirtsch.-Chem. Inst.)
M. GORDIENKO. 6302

Azuma Okuda und **Katsuhiko Tōkubo**, *Durchwaschungsschutzwirkung von synthetischen Bodenverbesserungsmitteln in Reisfeldern.* In ein Laboratoriumslysimeter werden 100 g Sand u. 250 g Boden eingefüllt, die Bodenschicht mit 0,5—1,0, 1,5 u. 2,0 g von verschied. synthet. Bodenstabilisatoren übersprüht, mit weiteren 200 g Boden überschichtet u. mit einer kontinuierlichen Wasserschicht von 6—7 cm bewässert. In einem Zeitraum von 60 Tagen wird das Sickerwasser gemessen. — Bei Anwendung von 2 g *VAMA* oder *HPAN* konnte die Sickerwassermenge erheblich herabgesetzt werden. Etwas schwächer wirksam war *CMC* (*Carboxymethylcellulose*), unwirksam war *PVA* (*Polyvinylalkohol*). Vermischt mit der obersten Bodenschicht wirkten die Stabilisatoren schlechter als in Form eines aufgesprühten Zwischenfilms. Die Beimischung von $Ca(OH)_2$, $CaCO_3$, $Al_2(SO_4)_3$, $FeCl_3$ u. von 2 oberflächenakt. Stoffen (Polyoxyäthylenalkylphenol u. Tripropenylnaphthalin-Na-Sulfonat) beeinflußte die Durchwaschungsschutzwrkg. der geprüften Stabilisatoren nicht. Durch Trocknung (40—50°) wurde die Schutzwrkg. herabgesetzt. — In einem Gefäßvers. zu Reis wurde durch Anwendung von *Aerotil* parallel mit der Verminderung der Sickerwassermenge der Ertrag erhöht. (Soil Plant Food [Tokyo] **2.** 215—19. März 1957. Kyoto, Univ., Fac. of Agric. [Orig.: engl.])
WILFRIED WERNER. 6302

H. Baumann und **G. Maaß,** *Über den Verlauf des Nitratgehaltes unter verschiedenen Früchten im Ackerboden.* In den Jahren 1952—1955 wurden unter den Anbaubedingungen von Kartoffeln, Sommergerste u. Winterroggen auf zwei verschied. Böden (ein anlehmiger Sandboden mit unter der Krume anstehendem Lehm u. ein humoser, lehmiger bis stark lehmiger Sand mit größtenteils anmoorigem u. tonhaltigem Unterboden bis 60 cm u. erst darunter anstehendem Sand, der zeitweilig Grundwasser führt) fortlaufende Unterss. auf *Nitrat* (I) durchgeführt. Der Verlauf des I-Geh. war unter gleichen Anbaubedingungen in beiden Böden trotz unterschiedlichem Humusgeh. weitgehend parallel. Lediglich hinsichtlich der Höhe des I-Geh. bestanden wesentliche Unterschiede. Den größten Einfl. auf den Verlauf des I-Geh. übte die Art der Bebauung aus. Perioden ohne wirksamen Pflanzenbestand waren, namentlich im Frühjahr, durch steigende I-Werte charakterisiert. Der beim Anbau einer bestimmten Pflanzenart typ. Jahresverlauf des I-Geh. ergibt sich in Anlehnung an den Wachstumsrhythmus aus dem zeitlichen Wechsel zwischen Bedingungen ohne u. mit wirksamem Pflanzeneinfluß. Je mehr sich im Vgl. der Früchte die einflußmäßige Entfaltung der Pflanzen im Frühjahr hinauszögert, um so mehr nehmen die I-Werte zu. Diese Tendenz wird durch bodenlockernde Maßnahmen unterstützt. Auch im Unterboden traten die höchsten I-Werte außerhalb der Zeit des wirksamen Pflanzeneinfl. in Erscheinung. Die niedrigsten I-Werte wurden ebenfalls während der Hauptwachstumszeit der verschied. Pflanzenarten beobachtet, jedoch etwas später als in der Krume. Eine bes. große Bereitschaft zur I-Anreicherung wurde nach Perioden gehemmter Mobilisation konstatiert, wenn ein längere Zeit begrenzender Faktor günstiger gestellt wurde. So beispielsweise nach der Befeuchtung ausgetrockneten Bodens, nach der Lockerung verdichteter Böden u. bei der Erwärmung nach dem Winter bis zum Sommer hin. (Z. Pflanzenernähr., Düng., Bodenkunde **79** (**124**). 155—67. Dez. 1957. Berlin, Humboldt-Univ., Inst. für Acker- u. Pflanzenbau.) M. WINIKER. 6304

I. A. Pastac, *Einfluß der Zusammensetzung von Düngemitteln auf den Zeitpunkt der Ernte.* Auf Grund von Unterss. über die Wachstums- u. Reifevorgänge verschied. Pflanzen empfiehlt Vf. Düngemittelrezepturen zur Erreichung bestimmter Ernteergebnisse. Danach soll die Anzahl der Mol. K im Dünger stets gleich der Anzahl der Moll. (N + P) sein. Zur Erreichung großer Erntegewichte soll mehr N als P gegeben werden, z. B. N:P:K = 1:1:2 (Moll.) bzw. 2:1:3, 4:1:5, 8:1:9 oder 16:1:17. Frühernten hingegen sollen durch Gaben von mehr P als N erreicht werden, z. B. N:P:K = 1:1:2, 1:2:3, 1:4:5 oder 1:8:9. (Chim. et Ind. **78.** 336—41. Okt. 1957. Versailles, Labor. G. Truffaut.) GERHARD GÜNTHER. 6304

Mary D. Glynne, *Der Einfluß von Pottasche auf den Mehltaubefall von Weizen.* Neue Verss. bestätigten die altüberkommene Meinung, daß Mangel an Pottasche bei Weizen stärkeres Auftreten von Mehltau, Erysiphe graminis, verursacht. (Plant Pathol. **8.** 15—16. März 1959. Harpenden, Herts, Rothamsted Exp. Stat.) A. SCHLÄGER. 6304

István Pálfalvi, *Wirkung von in verschiedener Menge verwendeten Meliorationsmitteln auf die kalkarmen Wiesenböden südöstlich der Theiss.* Die südöstlich der Theiss liegenden kalkarmen Wiesenböden durch Kalkung zu verbessern, wurde 1952 begonnen. Die meisten dieser Böden sind schwach sauer oder neutral, ihr Kalkbedarf ist sehr verschieden. Aus den bis 1956 vorgenommenen Kalkungsverss. ergab sich, daß es am besten ist, die dem Bedarf entsprechende Kalkmenge auf einmal anzuwenden. Kleinere Mengen erhöhen den Ertrag nicht. Nach Anbau von Kleegras genügen 60% des Meliorationsmittels. Nach dem Aufbrechen des Kleegrases erfolgt ein p_H-Anstieg u. Verminderung des Kalkbedarfes. Der N-Zustand des Bodens ist nach der Melioration wesentlich verändert. Die organ. Substanz nimmt ab, dagegen steigt die NH_3- u. NO_3-Menge an. Von den austauschbaren Kationen ist der Anstieg an Ca bezeichnend, dieser ist aber nicht unbedingte Folge des austauschbaren ursprünglichen Ca-Gehaltes. Die Änderung des Mg-Geh. kann verschieden sein. Die Menge des austauschbaren K nimmt in manchen Fällen zu, die des Na ab. Bei dieser Melioration erfolgt kein Ionenaustausch, sondern ein Anstieg des Kationengehaltes. (Agrokémia és Talajtan **7.** 15—34. 1958. Szeged, Délalföldi Mezögazd. Kisérl. Int.) J. PLANK. 6304

István Szabolcs und **Lajos Ábrahám,** *Anwendung kleiner Mengen Meliorationsmittel auf Alkaliböden der Tiefebene.* Die Böden, mit denen die Verss. ausgeführt wurden, gehören zu den Alkaliböden vom Soloneztyp. Genet. sind sie tiefe u. mittlere Soloneze, teilweise solonez. Wiesenböden. Zur Melioration wurde eine Mischung von Kalkschlamm u. Gipspulver 1:1 (als Granulat mit einer Korngröße von 2—5 mm) verwendet. In einigen Fällen wurden auch N- u. P-Kunstdünger bzw. geringe Mengen organ. Stoffe zugemischt. Das Meliorationsmittel wurde mit dem Samen gleichzeitig in den Boden gegeben, in einer Menge von 6 dz/Morgen. Nach der Melioration war die Entw. der Pflanzen allg. besser, die Erträge waren erhöht. (Agrokémia és Talajtan 7. 35—52. 1958. Budapest, Agrochem. Forschungsinst.) J. PLANK. 6304

H. de Barjac (unter techn. Mitarbeit von **A. Roche**), *Die Wurzelsymbiose bei der Centrosema von Dahomey.* Unter Hinweis auf die in den trop. Ländern akuten wirtschaftlichen u. technolog. Probleme der Landwirtschaft werden Verss. mit der Cocospalme unter Einsatz symbiot. Bakterien aus den frischen Knötchen von Centrosema beschrieben; erörtert werden die Isolierung, die Inoculation, die Dosierung. Gemäß den mitgeteilten Befunden ist unter diesen Bedingungen eine Fixierung von Stickstoff im Boden möglich. (Oléagineux **14**. 11—15. Jan. 1959. Paris, Inst. Pasteur, Service de Microbiol.) K. TÄUFEL. 6304

G. Farkasdi, *Untersuchung über die Wirkung der granulierten Phosphordüngemittel auf die Mikroflora des Bodens.* Vf. untersuchte die Wrkg. von *granuliertem mineral. Superphosphat* (**a**) u. von *Biosuper* [**b**, organo-mineral. Granulat der Zus. (in %): 79 Torf-Fäkalien-Gemisch 20 Superphosphat, 1 Melasse] auf die Mikroflora eines mäßig sauren Sandbodens bzw. einer neutralen Schwarzerde. Hierbei traf er im wesentlichen folgende Feststellungen: **a** u. **b** verursachten in den sie unmittelbar umgebenden Bodenschichten eine intensive Vermehrung der Mikroben. Die Verteilung der Mikroben in u. um die Körner von **a** bzw. **b** war verschieden. Anfänglich verhielten sich **a** u. **b** wirkungsmäßig gleich. Erst vom 4. Monat an hatte **b** eine stärker stimulierende Wrkg. (außer auf Pilze). Bes. stark wirkte **b** auf das Wachstum von Azotobacter (Anstieg der Keimzahlen auf das 10—100000fache). Die Stimulierung der Mikrobenflora durch **a** u. **b** war im sauren Sandboden relativ stärker als in der neutralen Schwarzerde. (Z. Pflanzenernähr., Düng., Bodenkunde **72** (**117**). 248—54. 1956. Budapest, Leichtindustrieministerium, Inst. für Torf- u. Düngerforsch.) M. WINIKER. 6306

Paul L. Crane, *Der Gebrauch von Vorerntesprays zur Unterstützung der Trocknung von Mais auf dem Felde.* In 3jährigen Feldverss. wurde Mais kurz vor der Reife mit *Endothal* besprüht, um den Feuchtigkeitsgeh. unter den Normalwert zu senken. In keinem Falle konnte ein signifikanter Feuchtigkeitsrückgang erzielt werden. Das gleiche Ergebnis wurde in einem Jahr mit *Na-Cyanamid* erzielt. Entblätterung von Hand vor der Ernte hatte nur in einem Jahr eine geringe Feuchtigskeitsabnahme gegenüber den Kontrollen zur Folge. (Agronomy J. **50**. 35—36. Jan. 1958. Lafayette, Ind., Purdue Univ., Dep. of Agronomy.) W. KREIPE. 6312

H. D. Hootman, *Einige Beobachtungen über Ausdünnung an Äpfeln mit Spritzmitteln 1956.* Bericht über die Erfahrungen bei der Ausdünnung von Äpfeln mit *NAA* (*Naphthylessigsäure*), bei kühlem u. feuchtem Wetter wurde teilweise Überdünnung bewirkt. Mit *Naphthylacetamid* (50 p.p.m.) wurden bei Ausbringung zur Zeit des Abfalls der Blütenblätter gute Ergebnisse erzielt. (Ann. Rep. Secretary State horticult. Soc. Michigan **86**. 44—45. 1956, herausgeg. 1957. Michigan State Univ., Dep. of Horticult.) W. KNÖPKE. 6312

William A. Smith, *Die Ausdünnung von Äpfeln mit „Amid“.* Durch Spritzungen mit *Amid-Thin* (*Naphthylacetamid*) bei feuchtem, wolkigem Wetter konnte eine gute Ausdünnung der Äpfel verschied. Sorten erreicht werden. Mit *NAA* wurde unter diesen Bedingungen zum größten Teil Überdünnung bewirkt. (Ann. Rep. Secretary State horticult. Soc. Michigan **86**. 91—92. 1956, herausgeg. 1957. Greenville, Mich.) W. KNÖPKE. 6312

Wallace E. Heuser, *Erfahrungen mit der chemischen Ausdünnung 1956.* Vf. berichtet von den Verss. zur Ausdünnung mit *NAA* u. *Amid-Thin* an Äpfeln. Durch ungünstige Witterungsbedingungen wurden zum großen Teil Überdünnung u. starke Blattschäden erzielt, an Pfirsichen wurden mit *DN-Dry Mix No. 1* (Zus. nicht angegeben) im allg. die gleichen Beobachtungen gemacht. Das Versuchsmittel *ACP-322* (Zus. nicht angegeben) ergab bei den ersten Unterss. vielversprechende Resultate. (Ann. Rep. Secretary State horticult. Soc. Michigan **86**. 47—49. 1956, herausgeg. 1957. Hartford, Mich., Hill Top Orchards.) W. KNÖPKE. 6312

Don Barden, *Beobachtungen über Blütenausdünnung an Äpfeln und Pfirsichen 1956.* Zur Ausdünnung von Pfirsichen während der Blüte wurde mit *DN-289* (½ u. 1 pint/100 gallons W.) gespritzt. Bei den verschied. Verss. wurde im allg. eine gute Ausdünnung erzielt, in einigen Fällen war nur geringe Nacharbeit durch Auspflücken erforderlich. Ausdünnung von Äpfeln mit *App-L-Set* (*NAA*) ergab bei den verschied. Sorten unterschiedliche Resultate, konnte aber im allg. befriedigen. *Amid-Thin* schnitt schlechter ab. (Annu. Rep. Secretary State horticult. Soc. Michigan **86**. 45—47. 1956, herausgeg. 1957. South Haven, Mich.) W. KNÖPKE. 6312

A. H. Eddins, *Bekämpfung von Phytophthora infestans* (*Mont.*) *D By. mit Fungiciden in Hastings, Florida.* In 6 Vegetationsperioden wurden Verss. zur Bekämpfung der

Kraut- u. Knollenfäule (Phytophthora infestans) der Kartoffeln mit verschied. Fungiciden vorgenommen. Bei schwerem Befall wurden mit Spritzungen von *Dithane-D14* + *$ZnSO_4$* u. *Parzate* + *$ZnSO_4$* die besten Resultate erzielt, etwas weniger war ein Spritzmittel auf Basis *dreibas. Cu* + *Zn* wirksam, *Zineb*, Cu + Zn- u. Cu-Stäubemittel konnten nur einen Teil der Infektionen von Blättern u. Knollen verhüten. Die Erträge der behandelten Parzellen lagen um 64—85 100 lb.-Säcke/acre höher als bei den unbehandelten, die Unterschiede bei den einzelnen Mitteln waren aber unbedeutend. Bei Ausbleiben von Phytophthora-Infektionen wurden durch Cu-Mittel Ertragsdepressionen verursacht. Bei mäßigem Befall war der Ertrag bei Behandlung mit *Maneb* u. Cu um 32 bis 36 Sack/acre höher als bei *Nabam* + *$ZnSO_4$*, *Captan* u. *Äthylen-bis-thiuramdisulfid*. (Amer. Potato J. **34**. 42—48. Febr. 1957. Hastings, Fla., Potato Investigat. Labor.) W. KNÖPKE. 6312

R. D. Shenefelt, M. J. Stelzer, T. A. Pascoe und **F. G. Kilp**, *Spritzung des Kernholzes von gefällten Jackbäumen.* Durch Behandlung gefällter Jackbäume mit 12%ig. *γ-BHC* (1 ounce/1 gallon W./cord) ließen sich diese wirksam vor Schädlingsbefall schützen, so daß auf diese Weise höhere Holzerträge erzielt werden konnten. — 9 Literaturangaben. (Agric. Chemicals **13**. 38—40. Jan. 1958. Wisconsin, Agric. Exp. Stat.) W. KREIPE. 6312

J. H. Davidson, *Bodenbegasung vor dem Pflanzen zur Verbesserung des Wachstums von Montmorency-Kirschen.* Durch Bodenbehandlungen mit *Äthyldibromid* (**I**, **144** u. 180 lbs./acre) u. *Methylbromid* (**II**, 1 lb./sq.ft.) im Herbst konnte das Wachstum von im Frühling gepflanzten Kirschen wesentlich verbessert werden. Dabei werden vor allem die im Boden vorhandenen Nematodenarten abgetötet. **II** ergibt im Anfang bessere Zuwachsraten als **I**, das bes. in der höheren Konz. leichte Schäden an den Pflanzen verursacht, nach einiger Zeit sind die Ergebnisse aber gleichwertig. **II** eignet sich bes. für kleine Flächen, während die Handhabung von **I** auf größeren Arealen einfacher ist. (Annu. Rep. Secretary State horticult. Soc. Michigan **86**. 80—85. 1956, herausgeg. 1957. South Haven, Mich., Dow Chem. Co.) W. KREIPE. 6312

Bay Hutson, *Insektenbekämpfung in Pflanzungen von Kiefern und Weihnachtsbäumen.* Vortrag über die Möglichkeiten der Bekämpfung schädlicher Insekten an Kiefern u. Rottannen. Angaben über Mittel u. Konzz. zur Abtötung einzelner Schädlinge. (Ann. Rep. Secretary State horticult. Soc. Michigan **86**. 105—08. 1956, herausgeg. 1957. Head, Mich., Michigan State Univ., Dep. of Entomol.) W. KNÖPKE. 6312

R. Fritzsche, *Untersuchungen zur Bekämpfung der Spinnmilben (Tetranychus urticae Koch) an Stangen- und Buschbohnen (Phaseolus vulgaris L.).* In Laboratoriums- u. Freilandverss. 1955—1958 wurden die mittleren DL_{50} gegen Eier, Larven u. Vollkerfe von Tetranychus urticae KOCH folgender Wirkstoffe bestimmt: *S*, *Parathion*, *system. Acaricide*, *Malathion*, *Phosphorsäurebenztriazol*, *Diazinon*, *Benzolsulfonat*, *Chlorbenzilat*, *Halogenthioäther* u. *Tedion*. An Hand der Ergebnisse (vgl. Original) wurde das erfolgreichste Bekämpfungsverf. unter besonderem Schutz der natürlichen Feinde des Schädlings festgelegt. — 31 Literaturangaben. (Z. angew. Zool. **46**. 35—58. 1959. Aschersleben, Biol. Zentralanst. der Dtsch. Akad. der Landwirtschaftswiss. zu Berlin, Inst. für Phytopathol.) FRITZ MÜLLER/Ludwigshafen. 6312

J. H. Fales und **O. F. Bodenstein**, *Wirkung von Sprays mit verstärktem Allethrin und Pyrethrum gegen Stechmücken.* (Pyrethrum Post **4**. Nr. 2. 25—27. Jan. 1957. — C. **1958**. 9888.) W. KNÖPKE. 6312

A. J. Feuell, *Entwicklung und Aussichten von Pyrethrum.* Darst. der Entw. des Einsatzes von Pyrethruminsekticiden in der Schädlingsbekämpfung. — 13 Literaturangaben. (Pyrethrum Post **4**. Nr. 2. 3—8. Jan. 1957.) W. KNÖPKE. 6312

R. F. Phipers und **Margaret C. Wood**, *Eine Untersuchung der Berichte über die Stabilisierung von Pyrethrinen durch Piperonylbutoxyd.* Zur Unters. des stabilisierenden Effekts von *Piperonylbutoxyd* (**I**) auf *Pyrethrine* (**II**) wurden Beläge aus reinem **II** u. aus **I** u. **II** nach bestimmten Zeiten analyt. bestimmt. Es zeigte sich dabei deutlich eine geringere Abnahme von **II** in Verbindung mit **I**, während reines **I** sehr schnell zers. wurde. Durch Zusatz von Mineralöl wurde die Zers. von **II** beschleunigt, dagegen übten Polyglykol u. Butoxyäthoxyäthylpiperonylat keinen deutlichen Einfl. aus. (Pyrethrum Post **4**. Nr. 2. 11—12. Jan. 1957. Berkhamsted, Hertfordshire, Cooper Techn. Bureau.) W. KNÖPKE. 6312

Morton Beroza, *Ein Bericht über einige grundlegende Untersuchungen über Pyrethrumsynergisten in Sesamöl.* Zusammenstellung u. Besprechung der Arbeiten über die Eigg. von Sesamöl als Synergist für Pyrethrum. — 17 Literaturangaben. (Pyrethrum Post **4**. Nr. 2. 9—10. Jan. 1957. Beltville, Md., Entomol. Res. Div., Agric. Res. Serv., US Dep. of Agric.) W. KNÖPKE. 6312

Robert D. Sharp, *Die Rolle von Pyrethrum in Aerosolinsekticiden.* Zusammenfassende Übersicht der Anwendung von Pyrethrum in Aerosoldosen zur Bekämpfung von Hausinsekten (bes. Fliegen). (Pyrethrum Post **4.** Nr. 2. 34—35. Jan. 1957. New York City, N. Y., Prentiss Drug & Chem. Co.) W. KNÖPKE. 6312

R. M. Smith, *Bodenstrukturbewertung mittels einer nichtpolaren Flüssigkeit.* Zur Best. von Porosität, Durchflußgeschwindigkeit u. Strukturindex bei Tonböden wird *Varsol* (I, nichtpolare Fl., keine weiteren Angaben) benutzt. Die mit I erhaltenen Werte für das Porenvol. (lufttrockene Bodenklumpen von 30—150 g werden gewogen, evakuiert, 30 Min. in I getaucht u. erneut gewogen) stimmen mit den Ergebnissen nach der Standardmeth. (in Luft gewogen, mit Paraffin überzogen u. anschließend in W. gewogen) gut überein. (Soil Sci. **84.** 311—22. Okt. 1957. US Dep. of Agric.; Texas Agric. Exp. Stat.) WILFRIED WERNER. 6324

H. Buschmann, *Die Bestimmung der Bodenfeuchte mit einer V2A-Stahl–Plexiglaselektrode.* Beschreibung der Elektrode u. der Meßmethodik. — Abbildung. (Z. Pflanzenernähr., Düng., Bodenkunde **72 (117).** 239—48. 1956. Berlin-Charlottenburg, TU, Inst. für Kulturtechnik u. Grünlandwirtschaft.) M. WINIKER. 6324

H. Koepf, *Zur Bodenbearbeitung mittels biochemischer Methoden.* Krit. Ausführungen zur Deutung u. Bewertung von Bodenatmungskurven, Enzym- u. Ferment-Rkk. in Beziehung zu anderen fruchtbarkeitsbedingenden Bodeneigenschaften. (Z. Acker- u. Pflanzenbau **100.** 36—40. Sept. 1955. Hohenheim, Landw. Hochschule, Inst. für Geologie u. Bodenkunde.) EBERHARD MÜLLER. 6324

A. Je. Petrow-Spiridonow, *Die Anwendung der polarographischen Methode bei physiologischen und agrikulturchemischen Forschungen.* Es werden die Vorbereitung des pflanzlichen Materials u. der Bodenproben zur Unters. u. die Best. von P in Orthophosphaten, von Nitraten, K u. Ca geschrieben. (Известия Тимирязевской Сельскохозяйственной Академии [Nachr. landwirtsch. Timirjasew-Akad.] **1958.** Nr. 3. 223—28.) M. GORDIENKO. 6324

Keizo Hirai und **Hideaki Kai,** *Mikrobiologische und chemische Bestimmung von Kupfer und Zink im Boden.* Zur Best. des „verfügbaren" Cu u. Zn im Boden werden 0,05—0,10 g Boden (Partikelgröße >0,5 mm) in eine PETRI-Schale gebracht, 15 Min. im Autoklaven sterilisiert, mit 25 ml einer Cu- bzw. Zn-freien Nährlsg. versetzt, mit 3 Tropfen einer Aspergillus niger-Sporensuspension geimpft u. 7 Tage bei 30° bebrütet. Die Veränderung der Sporenfarbe wird zur Best. des Cu-Geh. (Standardkulturen mit 0—30 γ Cu/25 ml), das Mycelgewicht zur Best. des Zn-Geh. (Standardkulturen mit 0—4,0 γ Zn/25 ml) herangezogen. — Zur chem. Best. werden 5 g Boden mit 200 ml 0,05n KCl (mit Essigsäure auf p_H 3,2 eingestellt) geschüttelt, über Nacht stehengelassen, filtriert, erneut mit 200 ml geschüttelt u. filtriert. Im vereinigten Filtrat erfolgt die Cu- u. Zn-Analyse nach der Dithizonmeth. von SANDELL. Die Best. des Gesamt-Cu bzw. -Zn erfolgte nach Aufschluß von 0,5 g Boden mit K-Pyrosulfat, Lösen der Schmelze mit heißer verd. HCl u. Abfiltrieren des unlösl. SiO_2 in einem aliquoten Teil des Filtrates. — Die Unters. von 30 Böden ergab, daß die mikrobiol. gefundenen Gehh. an „verfügbarem" Cu u. Zn allg. um das 1,5—2fache höher lagen als die nach Extraktion chem. ermittelten Werte. Die möglichen Gründe dieser Abweichungen werden diskutiert. (Soil Plant Food [Tokyo] **2.** 211—14. März 1957. Kyushu Univ., Fac. of Agric. [Orig.: engl.]) WILFRIED WERNER. 6324

Luis W. Levy und **Hugo Molina,** *Eine Hydrolysenmethode zur Bestimmung von Pyrethrin II in Pyrethrumblüten.* Vff. beschreiben eine Meth. zur Best. von *Pyrethrin II* in den Blüten. Diese werden mit PAe. extrahiert u. mit H_2SO_4 hydrolysiert, dabei entsteht Methanol (I). Danach wird I abdest., mit $KMnO_4$ zu Formaldehyd oxydiert u. colorimetr. nach Kondensation mit Chromotropsäure bestimmt. — 13 Literaturangaben. (Pyrethrum Post **4.** Nr. 2. 22—24. Jan. 1957. Quito, Ecuador, Escuela Politécnica Nacional.) W. KNÖPKE. 6328

Sumio Nagasawa, *Über die Beziehung zwischen der Zeit, bis die Objektträger nach dem Sprühversuch mit p.p'-DDT-Lösung in Kerosin aus dem Nebelabsetzapparat herausgezogen werden, und der „knock down"-Zeit bei ausgewachsenen gemeinen Stubenfliegen, Musca domestica vicina Macq.; Untersuchungen über den Bioversuch mit Insekticiden.* 35. Mitt. (33. vgl. C. **1959. 14235.**) Im Nebelabsetzapp. zeigte sich bei Benutzung von 5%ig. *p.p'DDT–Kerosin*-Lsg. eine Abnahme der „knock down"-Geschwindigkeit mit der Verlängerung der Verweilzeit des Objektträgers im Gerät. (Botyu-Kagaku [Sci. Insect Control] **20.** 90—93. Aug. 1955. [Orig.: japan.; Auszug: engl.]) L. SCHULER. 6328

Lummus Co., New York, N. Y. (Erfinder: **James E. Seymour**, Collinsville, Ill.), V. St. A., *Herstellung von Phosphatdüngemitteln*, durch Umsetzung von festen anorgan. Stoffen, wie Rohphosphaten, Dolomit oder Kalkstein, mit H_2SO_4, HCl, HNO_3 oder H_3PO_4, dad. gek., daß Rohphosphate, Dolomit oder Kalkstein mit Ca-, K- oder Na-Metaphosphaten in körniger Form in solchen Mengen vermischt werden, daß ein Gewichtsverhältnis von Metaphosphat:Rohphosphat oder dgl. von 1:10—20:1 eingehalten u. solche Mengen W. u. anorgan. Säure dem Gemisch zugesetzt werden, daß gleichzeitig mit der Säurebehandlung das Metaphosphat hydrolysiert u. die Säure prakt. neutralisiert wird, wobei die Säuremenge wenigstens 3(%) des Reaktionsgemisches, berechnet als 100%ig. Säure, beträgt, aber nicht wesentlich über die erforderliche stöchiometr. Menge hinausgeht. Die verwendete Wassermenge soll das 2fache der für die Hydrolyse des Metaphosphats erforderlichen stöchiometr. Menge nicht überschreiten. Das Metaphosphat u. das Rohphosphat werden mit W. u. H_3PO_4 zu einer breiigen Reaktionsmasse vermischt, wobei die H_3PO_4 etwa in der für den Säureaufschluß des Rohphosphats erforderlichen stöchiometr. Menge u. das W. insgesamt in der diesem Säureaufschluß entsprechenden stöchiometr. Menge sowie der für die vollständige Hydrolyse des Metaphosphats erforderlichen 1—2fachen stöchiometr. Menge verwendet u. die breiige M. so lange durchgemischt wird, bis sie in eine trockene, nicht zusammenhaftende, krümelige feste Form umgewandelt worden ist. Das erhaltene Reaktionsprod. wird zwecks Erzielung eines prakt. neutralen u. an pflanzenaufnehmbarem P_2O_5 reichen Phosphatdüngemittels einer Nachreifung unterworfen. Das körnige Metaphosphat wird zunächst mit dem Rohphosphat oder dgl. vermischt, u. dem Gemisch werden dann das W. u. die starke Mineralsäure zugesetzt, wobei das Metaphosphat in dem Gemisch in größerer Menge verwendet werden kann als das Rohphosphat. Die Umsetzung des Gemisches mit H_2SO_4 wird bis zur Bldg. von freier H_3PO_4 aus dem erhaltenen prim. Orthophosphat durchgeführt, worauf das Reaktionsprod. einer Nachreifung unterworfen wird. Das feucht-feste Prod. wird bei 65—150° unter Umwälzung in Drehtrommeln gekörnt. Die breiige M. der Ausgangsstoffe wird zur Durchführung der Hydrolyse des Metaphosphats fortlaufend ca. ½—3 Min. durchgemischt. Dem Gemisch wird ein anion. organ. oberflächenakt. Stoff, der bei 150° nichtflüchtig ist, in Mengen von ca. 0,005—0,1%, berechnet auf das Ausgangsgemisch, zugesetzt. Nach dem Verf. werden unter Ersparung von Aufschlußsäure u. bei geringen Ausreifungszeiten hochwertige Phosphatdüngemittel mit Gehh. an pflanzenaufnehmbarem P_2O_5 von bis zu 55% gewonnen. Die „Kelleraufschluß"-Behandlung kann z. T. wegfallen. — Herstellungsschema. (**D. A. S. 1 044 835** Kl. 16 vom 25/2. 1956, veröff. 27/11. 1958. A. Prior. 29/3. 1955.)

H. KARST. 6283

Lummus Co., New York, N. Y. (Erfinder: **James E. Seymour**, Collinsville, Ill.), V. St. A., *Herstellung von körnigen Phosphatdüngemitteln* aus feuchten Phosphaten in Drehbehältern unter Umwälzung, Zusammenballung u. Umwandlung der M. in Kornform sowie weiterer Umwälzung, Trocknung u. Nachreifung der erhaltenen Prod., dad. gek., daß zerkleinertes, feinkörniges Ca-Metaphosphat innig mit W. in einem Verhältnis von ca. 85—70(%) Metaphosphat zu 15—30 W. vermischt wird, worauf die unter Umwälzen gekörnte M. unter weiterem Umwälzen der direkten Einw. einer trocknenden Atmosphäre bei ca. 95—425° so lange ausgesetzt wird, bis die Oberflächenfeuchtigkeit von den Körnchen entfernt u. auf diesen eine harte Verkrustung gebildet worden ist. Die Wassermengen u. Trocknungsbedingungen werden so gewählt, daß, nach Entfernung der Oberflächenfeuchtigkeit von den Körnchen, jedes umkrustete Körnchen eine für die Hydrolyse von wenigstens 50% von dessen Metaphosphatgeh. ausreichende Menge freier Feuchtigkeit enthält, worauf das gekörnte Prod. dann zur Durchführung dieser Hydrolyse über einen Zeitraum von wenigstens einer Woche auf Haufen nachgereift wird. Das Umwälzen der verkrusteten Körnchen kann für ca. 3 bis 30 Min. fortgesetzt werden. Dem W. u. Ca-Metaphosphat können vor der Umwälzung geringe, ca. 10% des Gewichts des Metaphosphats nicht übersteigende Mengen an starker Mineralsäure beigemischt werden. Das W. wird in einer für die Agglomerierung von kaltem Metaphosphat in der angewendeten Kornfeinheit nicht ausreichenden Menge zugesetzt. Man erhält Phosphatdüngemittel, in denen der P_2O_5-Geh. in 2 Löslichkeitsformen (wasserlösl. u. langsam aufnehmbares P_2O_5) enthalten ist. — Herstellungsschema. — Vgl. F. P. 1 144 542; C. **1959**. 603. (**D. A. S. 1 044 837** Kl. 16 vom 24/3. 1956, veröff. 27/11. 1958. A. Prior. 29/3. 1955.)

H. KARST. 6283

Lummus Co., New York, N. Y. (Erfinder: **James E. Seymour**, Collinsville, Ill.), V. St. A., *Herstellung von Phosphatdüngemitteln* durch Umsetzung von Phosphaten mit starken Basen in Ggw. von W., dad. gek., daß Ca-, K- oder Na-Metaphosphate oder Gemische dieser Metaphosphate mit stark bas. Verbb. des K oder Na, wie Hydroxyde, Carbonate, Oxyde u. Peroxyde, u. W. in solchen stöchiometr. Mengen unter inniger

Durchmischung zur Umsetzung gebracht werden, daß eine Hydrolyse der Metaphosphate in die prim. Orthophosphate u. eine Umsetzung letzterer in die entsprechenden sek., tert. oder prim. Orthophosphate erzielt wird, worauf die erhaltenen Reaktionsprodd. einer Nachreifung u. gegebenenfalls einer Trocknung unterworfen werden. Bei Verwendung von wesentlich geringeren als den stöchiometr. Mengen an der Base wird das W. in der für die Hydrolyse erforderlichen stöchiometr. Menge angewendet u. bei Verwendung der maximalen Menge der Base gelangt das W. in einer mehrfachen (ca. 3- oder 4fachen) der für die Hydrolyse erforderlichen Menge zur Anwendung. Die stark bas. Verbb. werden zunächst in den für die Hydrolyse der Metaphosphate erforderlichen Wassermengen gelöst, worauf die erhaltene Lsg. mit dem Metaphosphat innig vermischt wird. Die Hydrolyse der Metaphosphate wird mit natürlich vorkommendem zerkleinertem K_2CO_3 durchgeführt. Nach sehr kurzen Reaktionszeiten werden trockene, harte u. krümelige Phosphatdüngemittel mit ca. 32,00—43,00(%) pflanzenaufnehmbarem P_2O_5 u. ca. 14,00—57,00 K_2O erhalten. (**D. A. S. 1 044 836** Kl. 16 vom 22/3. 1956, veröff. 27/11. 1958. A. Prior. 29/3. 1955.) H. KARST. 6283

Lummus Co., New York, N. Y. (Erfinder: **James E. Seymour,** Collinsville, Ill.), V. St. A., *Herstellung von Superphosphat enthaltenden Mischdüngemitteln*, dad. gek., daß Superphosphat, das wenigstens 1,5(%) freie Säure u. wenigstens ca. 5 freies W. enthält, in zerkleinerter Form u. in Mengen von 10—90, bezogen auf das Gemisch, mit einer für die Rk. mit dem freien W. unter Hydrolyse ausreichenden Menge eines körnigen Ca-, K- oder Na-Metaphosphats innig vermischt u. das erhaltene Gemisch dann zur Durchführung der Hydrolyse des Metaphosphats während einer Dauer von 5 Tagen bis 2 Monaten auf Haufen ausgereift wird. Auf das Gesamtgewicht des Metaphosphats u. Superphosphats werden 2,5—20% W. zugesetzt, das Gemisch wird zwecks Körnung in Drehtrommeln oder dgl. umgewälzt u. dann bei ca. 65—150° getrocknet, ehe es der Reifung auf Haufen unterworfen wird. Das Körnen u. Trocknen des Gemisches wird in der gleichen Drehtrommel durchgeführt u. der stromaufwärts gelegene Teil der Trommel auf $<65^0$ u. der stromabwärts gelegene Teil auf ca. 90—150° erhitzt, wobei die Durchlaufzeit des Gemisches durch den stromabwärts gelegenen Teil auf wenigstens ca. 2 Min. bemessen wird. Das Metaphosphat kann im Überschuß zu der für die vollständige Hydrolyse mit dem zugesetzten W. erforderlichen stöchiometr. Menge dem Superphosphat beigemischt werden, das einem Aufschlußkeller entnommen u. unmittelbar der Mischzone zugeführt wird. Aus Super-, Doppelsuper- oder Triplesuperphosphat werden körnige, lagerbeständige P- oder PK-Düngemittel erhalten. — Herstellungsschema. (**D. A. S. 1 044 834** Kl. 16 vom 26/3. 1956, veröff. 27/11. 1958. A. Prior. 29/3. 1955.) H. KARST. 6291

Tennessee Valley Authority, übert. von: **Travis P. Hignett, John M. Stinson, Needham A. Brown,** Sheffield, und **Maurice C. Nason,** Florence, Ala., V. St. A., *Herstellung von Stickstoff-Phosphorsäure-Düngemitteln.* Ein inniges Gemisch aus NH_4PO_3, $(OH)_2PN$ u. NH_4OOHPN, das ein N:P-Verhältnis von 1,05:1,35 aufweist u. 60—75% seines N-Geh. in NH_3-Form enthält, wird in zylindr. Behältern unter Zusatz von W. oder Wasserdampf bei ca. 93—150° derart hydrolysiert, daß 80—95% des N-Geh. des Gemisches in NH_3-Form vorhanden sind. Die M. wird dann unter Umwälzen agglomeriert, gekühlt, zerkleinert u. gesiebt. Das nichthygroskop. Düngemittel weist ein hohes Schüttgewicht sowie einen N-Geh. von ca. 16—17,5 auf. Bei der Rk. treten nur geringe NH_3-Verluste auf. — Reaktionsschema. (**A. P. 2 856 279** vom 19/12. 1955, ausg. 14/10. 1958.) H. KARST. 6291

Jaroslav Vintika, Miloslav Rosa und **Jiri Barta,** Prag, Tschechoslowakei, *Herstellung von zur Bakterienanreicherung von landwirtschaftlichen Kulturböden und als Eiweißfuttermittel geeigneten Bakterienpräparaten* durch Submerszulaufzüchtung, dad. gek., daß eine sterile, verd. Ansatzmaische aus Glucose u. Dextrin enthaltenden Fabrikationsabfällen oder anderen organ., C-haltigen, N-freien Abfällen, wie Abfallstärke, Stärkeabfälle, Abwässer der Stärkefabrikation u. dgl., nach Zusatz von Nährstoffen, $MgCO_3$ u. Aktivkohle oder anderen Metabolitabsorbenten, wie Knochenmehl, Kaolin, Kieselgur, Erden u. dgl., unter Lüftung u. Beimpfung mit Azotobacterkulturen eingemaischt u. nach Verbrauch der Glucose eine weitere Glucose u. Dextrin enthaltende Lsg. nebst den obenangeführten Zusatzstoffen zugesetzt wird, worauf die Azotobakterkulturen unter bekannten Bedingungen gezüchtet sowie vermehrt werden u. nach 2maliger Separierung der Kulturen, Auswaschen u. Eindicken die Bakterienmilch getrocknet u. als Bakterienpräp. oder Futtermittel gewonnen oder als Ansatzmaische zur Gewinnung weiterer Bakterienpräpp. verwendet wird. (**D. A. S. 1 056 082** Kl. 6a vom 25/1. 1957, veröff. 30/4. 1959. Tschech. Prior. 6/2. 1956.) J. KETTNER. 6293

Ferro Corp., Cleveland, übert. von: **Clinton D. Clawson,** Shaker Heights, Ohio, V. St. A., *Substrat zum Einsäen von Saatgut und zur Aufzucht von Pflanzen.* Man vermischt ca. 90 (Teile) Blähglimmer, 12 Torfmull, 8 Papierbrei, 10 Düngemittel u. Spurenelemente, 2 Harnstoff-Formaldehyd u. W. innig miteinander u. formt das Gemisch zu Blöcken, Platten oder dgl. oder füllt es in Blumentöpfe. Das p_H der M. soll ca. 6—7 betragen. Beschleunigung der Keimung des Saatgutes u. des Wachstums der Pflanzen. (**A. P. 2 785 969** vom 13/11. 1953, ausg. 19/3. 1957.) H. Karst. 6297

E. I. du Pont de Nemours & Co. (Erfinder: **Henry John Gerjovich,** Deerhurst, Wilmington, und **Ragner Selby Johnson,** Swanwyk, New Castle), Del., V. St. A., *Unkrautbekämpfungsmittel,* enthaltend Phenylharnstoffderivv., die eine an N gebundene Formyl- oder Alkanoylgruppe u. 1 oder 2 an N gebundene, aliphat. KW-stoffreste mit 1—4 C-Atomen aufweisen u. deren Phenylrest in m- u./oder p-Stellung zum N 1—3 unter sich gleiche oder verschied. Substituenten aus der Gruppe Halogen, Alkyl- mit 1—4 C-Atomen oder Alkoxy- mit 1—4 C-Atomen trägt, die bei den Formylderivv. auch fehlen können. Man erhält die *N-(Carbamyl)-amide* durch Rk. eines Amids mit einem Isocyanat in einem inerten Lösungsm., wie Xylol oder dgl., bei 15—75°. — Beispiele (N-Methylformamid = **I**, N-Methylacetamid = **II**): N-Carbanilyl-**I**, N-(3.4-Dichlorcarbanilyl)-**I**, N-(p-Bromcarbanilyl)-**I**, N-(m-Methylcarbanilyl)-**I**, N-(3-Chlor-4-methoxycarbanilyl)-**I**, N-(p-Chlorcarbanilyl)-**II**, N-(2.4.5-Trichlorcarbanilyl)-**II**, N-(p-Chlorcarbanilyl)-N-methylpropionamid, N-(3.4-Dichlorcarbanilyl)-N-methylbutyramid, N-Carbanilyl-N-isopropylformamid, N-(Methylcarbamyl)-p-chloracetanilid, N-(Dimethylcarbamyl)-formanilid. — Man wendet diese Mittel in Form von Stäuben oder gelöst in Kresol u. dgl. u. mit fl. Verdünnungsmitteln vermischt z. B. auf Getreidefeldern an (in Mengen von 0,5—85%), wobei die gewöhnlichen Unkräuter ohne Schädigung der Getreidepflanzen vollständig bekämpft werden. (**D. B. P. 971 511** Kl. 45 l vom 16/3. 1955, ausg. 19/3. 1959. Anmeldung bekanntgemacht 11/10. 1956.) H. Nebelsiek. 6313

African Explosives & Chemical Industries Ltd. (Erfinder: **Rodolph Matz** und **John Duncan Mullen**), *Herstellung von Schwefelkalkbrühen.* In wss. Lsg. wird ein Gemisch von 0,3—0,6 (Teilen) Kalk u. 1 S-haltigem Fe_2O_3 auf 45° erhitzt, das zur Entschwefelung von Synthesegas verwendet worden ist u. 25—45% S enthält. Nach 45 Min. wird die Lsg. zum Kochen gebracht u. so weit eingedampft, daß sie eine D. = von 1,35° Bé aufweist. (**Aust. P. 206 306** vom 17/6. 1955, ausg. 14/3. 1957. Südafrikan. Prior. 22/6. 1954.) A. Kalix. 6313

Farbwerke Hoechst Akt.-Ges., vormals Meister Lucius & Brüning (Erfinder: **Heinz Frensch** und **Helmut Goebel**), Frankfurt/M., *Penta- und Hexachlorderivate von 5-Hydroxybicyclo-(2.2.1)-hepten-(2)* (**I**) erhält man durch Rk. entsprechender chlorierter Cyclopentadiene mit Vinylacetat bei erhöhter Temp. u. n. oder erhöhtem Druck, gegebenenfalls in Ggw. von inerten Lösungsmitteln, u. Verseifen der erhaltenen chlorierten 5-Acetoxybicyclo-(2.2.1)-heptene-(2). — Z. B. erhitzt man 54 (g) Hexachlorcyclopentadien u. 20 Vinylacetat 48 Std. im Ölbad auf 130—140° u. erhält durch fraktionierte Dest. 51 *5-Acetoxy-1.2.3.4.7.7-hexachlorbicyclo-(2.2.1)-hepten-(2),* $Kp._{0,2-0,3}$ 118—123°; F. 42—44°. — 500 davon werden in 1 Liter Methanol mit 10 cm^3 konz. HCl durch 4 std. Kochen verseift, das Lösungsm. abgedampft u. der Rückstand umkrist.; man erhält 370 *1.2.3.4.7.7-Hexachlor-***I**; F. (aus PAe.) 153—154°. — Analog: *5-Acetoxy-1.2.3.4.7-pentachlorbicyclo-(2.2.1)-hepten-(2),* gelblich gefärbtes, viscoses Öl, $Kp._{1-2}$ 130—135°. — *Schädlingsbekämpfungsmittel,* bes. wirksam gegen *Fliegen* u. zur Bekämpfung von *Haferflugbrand, Tilletiam, Fusarium, Peronospora, Botrytis, Fusicladium, Cladosporium* u. *Monilia,* ferner Zwischenprodd. zur Herst. von Kunststoffen, Weichmachern u. Lösungsmitteln. (**D. A. S. 1 006 418** Kl. 12o vom 23/12. 1952, veröff. 18/4. 1957.) R. Link. 6313

Dow Chemical Co., Midland, Mich., übert. von: **Howard Johnston,** Concord, Calif., V. St. A., *1-Chlor-4-jod-2-buten,* viscose Fl., $Kp._{4,5}$ 69—70°; n_D^{25} 1,5854; $D._{25}^{25}$ 1,8338, sehr wenig lösl. in W., erhält man durch Rk. von 1.4-Dichlor-2-buten mit Na- oder KJ in Aceton, A. oder Methyläthylketon bei 15—60°. — *Räuchermittel* gegen *Pilze* u. *Nematoden,* bes. gegen *Rhizopus nigricans* u. *Saccharomyces cerevisiae.* (**A. P. 2 808 444** vom 7/6. 1954, ausg. 1/10. 1957.) G. Krauss. 6313

Boots Pure Drug Co. Ltd. (Erfinder: **Herbert Aubrey Stevenson, Nigel George Clark, John Ray Marshall, Douglas Greenwood, John Ernest Cranham** und **Dennis John Higgons**), Nottingham, England, *Milbenbekämpfungsmittel* auf der Grundlage halogensubstituierter Benzylphenylsulfide, gek. durch seinen Geh. an 0,001—10 (%), aber auch bis zu 50 p-Brombenzyl-p-bromphenylsulfid als Wirkstoff u. ein Verdünnungsmittel oder einen Trägerstoff. — Man erhält den Wirkstoff durch Rk. eines p-Brombenzylhalogenids der Formel Br—⟨⟩—CH_2—Hal mit dem entsprechenden Thiol der Formel Br—⟨⟩—SH in Ggw. eines alkal. Kondensationsmittels, z. B. Na-Äthylat. — Beispiel: *p-Brombenzyl-p-bromphenylsulfid,* F. 106—107°. — Vgl. F. P. 1 123 648;

C. **1958.** 13886. (**D. A. S. 1 048 436** Kl. 45 l vom 31/1. 1955, veröff. 8/1. 1959. E. Prior. 18/2. 1954.) H. Nebelsiek. 6313

J. R. Geigy Akt.-Ges. (Erfinder: **Karl Gätzi** und **Paul Müller**), Basel, Schweiz, *Herstellung von Thiolthionophosphorsäureestern* der allg. Formel I (R = Alkyl mit höchstens 3 C-Atomen; X u. Y = H, Halogen, niedermol. Alkyl oder Alkoxy. Z = H, Halogen, niedermol. Alkyl), dad. gek., daß man ein Halogenmethylarylsulfid der allg. Formel II

$$\text{Hal—CH}_2\text{—S—C}_6\text{H}_2(X)(Y)(Z)\ \ (II) + (RO)_2P(=S)SH\ \ (III) \rightarrow (RO)_2P(=S)\text{—S—CH}_2\text{—S—C}_6\text{H}_2(X)(Y)(Z)\ \ (I)$$

(Hal = Cl, Br) mit einem Alkalisalz eines sauren Thiolthionophosphorsäure-O.O-dialkylesters der Formel $(RO)_2P(=S)SH$ (III) umsetzt. — Aus 3.4-Dichlorthiophenol u. 37% ig. wss. HCHO in 36% ig. HCl bei 25—35° unter Einleiten von HCl bis zur Sättigung → (3.4-Dichlorphenyl)-chlormethylsulfid, $Kp._{0,1}$ 106—109°, daraus mit O.O-diäthylthiolthionophosphorsaurem Na in Aceton → *Thiolthionophosphorsäure-S-(3.4-dichlorphenylmercaptomethyl)-O.O-diäthylester*, $Kp._{0,001}$ 150°. — Phenylchlormethylsulfid, $Kp._{12}$ 106—109°, → *Thiolthionophosphorsäure-S-phenylmercaptomethyl-O.O-diäthylester*, $Kp._{0,001}$ 85°. — (4-Methylphenyl)-chlormethylsulfid, $Kp._{12}$ 116—118°, → *Thiolthionophosphorsäure-S-(4-methylphenylmercaptomethyl)-O.O-diäthylester*, $Kp._{0,01}$ 120°. — (4-tert.-Butylphenyl)-chlormethylsulfid, $Kp._{0,3}$ 96—98°, → *Thiolthionophosphorsäure-S-(4-tert.-butylphenylmercaptomethyl)-O.O-diäthylester*, $Kp._{0,001}$ 120°. — (4-Methoxyphenyl)-chlormethylsulfid, $Kp._{12}$ 141—142°, → *Thiolthionophosphorsäure-S-(4-methoxyphenylmercaptomethyl)-O.O-diäthylester*, $Kp._{0,01}$ 130°. — (4-Fluorphenyl)-chlormethylsulfid, $Kp._{12}$ 104—108°, → *Thiolthionophosphorsäure-S-(fluorphenylmercaptomethyl)-O.O-diäthylester*, $Kp._{0,01}$ 120°. — (4-Chlorphenyl)-chlormethylsulfid, $Kp._{0,01}$ 79—81°, → *Thiolthionophosphorsäure-S-(4-chlorphenylmercaptomethyl)-O.O-dimethylester*, $Kp._{0,1}$ 130°. *Thiolthionophosphorsäure-S-(4-chlorphenylmercaptomethyl)-O.O-diäthylester*, $Kp._{0,01}$ 130°. — (2.4-Dichlorphenyl)-chlormethylsulfid, F. 61—62°, → *Thiolthionophosphorsäure-S-(2.4-dichlorphenylmercaptomethyl)-O.O-diäthylester*, $Kp._{0,001}$ 130°. *Thiolthionophosphorsäure-S-(2.4-dichlorphenylmercaptomethyl)-O.O-diisopropylester*, $Kp._{0,001}$ 150°. — (2.5-Dichlorphenyl)-chlormethylsulfid, F. 34—35°; $Kp._{13}$ 116—119°, → *Thiolthionophosphorsäure-S-(2.5-dichlorphenylmercaptomethyl)-O.O-diäthylester*, $Kp._{0,001}$ 120°. — (3.4-Dichlorphenyl)-chlormethylsulfid, $Kp._{0,4}$ 94—95°, → *Thiolthionophosphorsäure-S-(3.4-dichlorphenylmercaptomethyl)-O.O-diäthylester*, $Kp._{0,1}$ 150°. *Thiolthionophosphorsäure-S-(3.4-dichlorphenylmercaptomethyl)-O.O-diisopropylester*, $Kp._{0,01}$ 150°. — (2.4.5-Trichlorphenyl)-chlormethylsulfid, F. 57—59°, → *Thiolthionophosphorsäure-S-(2.4.5-trichlorphenylmercaptomethyl)-O.O-diäthylester*, $Kp._{0,0001}$ 135—140°. — *Akaricide* mit geringer Toxizität für Warmblüter, bes. zur Bekämpfung von *Milben, Spinnmilben* (Tetranychus urticae; Imagines). — Vgl. Oe. P. 190 948; C. **1958.** 7584. (**D. B. P. 957 213** Kl. 12o vom 9/6. 1955, ausg. 31/1. 1957. Anmeldung bekanntgemacht 2/8. 1956. Schwz. Prior. 10/6. 1954.) G. Krauss. 6313

American Cyanamid Co., New York, N. Y., V. St. A., *Schädlingsbekämpfungsmittel*, enthaltend als Wirkstoff Diäthyl-4-nitrophenylthionophosphat. Die Mittel sollen zu wenigstens 50% aus einem Träger bestehen, der in W. ein p_H nicht >8,5 ergibt. (**It. P. 495 101** vom 17/11. 1947. A. Prior. 15/3. 1947.) K. Koebke. 6313

Arthur Douglas Harford, Sunbury-on-Thames, und **Herbert Ward Vernon**, London, England, *Schädlingsbekämpfungsmittel*, enthaltend einen Pyrethrumextrakt u. wenigstens eine Verb. der Formel $A—X—A^1$ (I), in der A u. A^1 Arylgruppen bedeuten, die gleich oder verschieden sein können; X stellt eine Alkylengruppe dar. — Beispiele für I: Diphenylmethan, Ditolylmethan, Diäthoxydiphenylmethan, p-Chlordiphenylmethan, p-Tolylphenylmethan u. α-Methyl-p-ditolylmethan. — Das Gemisch wird in einer Fraktion eines KW-stoffdestillats gelöst. Das Verhältnis von I : Pyrethrumextrakt beträgt 5 : 1 bis 15 : 1. (**E. P. 796 436** vom 6/1. 1956, ausg. 11/6. 1958.) H. Nebelsiek. 6313

E. I. du Pont de Nemours & Co. (Erfinder: **Ralph Kingsley Iler, Guy B. Alexander, Edward Charles Broge**, Wilmington, Del., und **Frederick John Wolter**, West Chester, Pa.), V. St. A., *Träger- und Konditionierungsmittel* für bei der *Schädlingsbekämpfung* verwendete Chemikalien, bestehend aus oberflächenveresterten, SiO_2-haltigen Stoffen, die an sich bekannt sind. Man nimmt sie z. B. zum Verhindern des Zusammenbackens stark akt. Insekticide, wie Dichlordiphenyltrichloräthan, oder auch als dispergierendes Mittel in Insekticidemulsionen vom Öl-in-W.-Typ. Man kann mit ihrer Hilfe feinzerteilte, hydrophobe Insekticide in einen solchen Zustand umwandeln, daß sie sich in W. von selbst verteilen. Ferner kann man diese Stoffe nicht nur als Überzug auf die Oberfläche der Teilchen des Insekticids aufbringen, sondern man kann sie auch den geschmolzenen Insekticiden einverleiben, wodurch Prodd. entstehen, die leichter in Flockenform übergeführt u. in feinverteiltem Zustand dispergiert werden können u. so eine geringere Neigung zum Zusammenbacken im Gefäß haben. (**D. A. S. 1 057 815** Kl. 45 l vom 10/10. 1953, veröff. 21/5. 1959.) H. NEBELSIEK. 6313

Rémy Julien, Frankreich, *Bekämpfung von Tabakschädlingen* durch eine Lsg. von 200 (g) Cu-Acetat (31,5% Cu-Geh.) u. 40 $KMnO_4$ je Hektoliter Wasser. (**F. P. 1 096 227** vom 17/7. 1953, ausg. 16/6. 1955.) S. BÖTTCHER. 6313

VIII. Metallurgie. Korrosion.

Francisco Judez Lázaro und **Angel Gutiérrez Cabeza,** *Metallische Werkstoffe.* Überblick über die Entw. der span. Stahl- u. Ferrolegierungsproduktion sowie der Nichteisenmetalle. (Ion [Madrid] **18.** 160—69. März 1958.) K. RUMPF. 6350

Bruno Boni, *Der italienische Ursprung der „Wassertrommeln".* Übersicht über die geschichtliche Entw. der „Wassertrommeln" in Italien (seit der Mitte des 16. Jahrhunderts), deren wirtschaftliche Konstruktion, einfache Anwendung u. deren Bedeutung für den Fortschritt im Hüttenwesen. — 12 Tafeln. (Metallurgia ital. **50.** Nr. 6. Atti Notizie **13.** 167—74 Juni 1958.) G. PLATZER. 6350

Al. I. Ianulescu, *Anhaltspunkte bei der Beurteilung der Abbauwürdigkeit einer Lagerstätte nutzbarer Mineralien.* Für die Abbauwürdigkeit von Erzlagern ist außer den techn. Anforderungen, der geograph. Lage u. der Einplanung auch eine sorgfältige Projektierung unter Teilnahme der mit dem späteren Abbau betrauten Stellen erforderlich. (Rev. Minelor **9.** 105—11. März 1958.) R. K. MÜLLER. 6354

F. Schumacher, *Die Uranvorkommen Mitteldeutschlands.* Übersicht. (Atomwirtschaft **3.** 224—29. Juni 1958.) M. GEHLEN-KELLER. 6354

I. F. Baryschnikow, *Eine zusätzliche Möglichkeit für das Ausbringen von Metallen.* Allg. Betrachtungen über Möglichkeiten der Erhöhung des Überganges der Metalle in das Konzentrat, bes. von *Au* aus polymetall. Erzen u. Beschreibung von 2 neuen leistungsfähigen Magnetscheidern (NIGRI-7-100 u. NIGRI-7-500) für die Naßscheidung von mäßig u. schwach magnet. Material. (Цветные Металлы [Nichteisenmetalle] **32.** Nr. 1. 14—18. Jan. 1959.) H. TÜMA. 6360

G. H. Faye, *Die Zersetzung von Niob enthaltenden Erzen und Gesteinen.* Der Aufschluß von Nb enthaltenden Erzen mit einer $KHSO_4$-Schmelze u. die anschließende spektrophotometr. Nb-Best. mit CNS^- gibt in Ggw. von U zu niedrige Werte. Die nachst. Arbeitsweise wird empfohlen: Man zers. 0,1—2,0 g Erz in einer Pt-Schale auf einer Heizplatte mit 15 ml 48%ig. HF, 10 ml konz. HCl u. 1—2 ml sirupförmiger H_3PO_4, bis eine Paste entsteht, spült den abgekühlten Rückstand mit 1 mol. Weinsäure in einen Meßkolben u. verwendet ein aliquotes (wenn nötig, filtriertes) Vol. für die Best. nach WARD u. MARRANZINO (C. **1956.** 9264). (Chem. in Canada **10.** 90. 92. 94. 96. April 1958. Ottawa, Canada, Dep. of Mines and Techn. Surv., Mines Branch, Div. of Mineral Dressing and Process Metallurgy.) W. WESLY. 6360

I. Huber Panu, *Die technischen und wissenschaftlichen Untersuchungen auf dem Gebiet der Erzaufbereitung und ihre Entwicklung in der R. V. R.* Übersicht über moderne Forschungsmethoden u. ihre Anwendung auf Probleme der Erzaufbereitung, bes. der Flotation mit besonderer Berücksichtigung der kinet. u. der thermodynam. Untersuchungen. (Rev. Minelor **9.** 199—209. Mai 1958.) R. K. MÜLLER. 6360

Cornel Pandelescu, *Anwendungsmöglichkeiten der Methode der schweren Suspensionen bei der Aufbereitung rumänischer Erze.* Bei der Anreicherung der Komponenten von *Pb, Zn, Cu* u. *S* enthaltenden rumän. Erzen wurden mit schweren Lsgg. (eutekt. Lsgg. von $HgJ_2 + KJ$ mit maximaler D. 3,05) gute Ergebnisse erzielt (Fließbilder). Auch die Trennung von *Mn, Fe* u. SiO_2 gelingt in analoger Weise. (Rev. Minelor **9.** 216—26. Mai 1958.) R. K. MÜLLER. 6360

Bujor Georgescu, *Der Hydrocyclon und seine Anwendung in der Technik der Erzaufbereitung.* Übersicht über die Grundlagen u. die Wirkungsweise des Hydrocyclons u. seine Anwendung bei der asymptot. Klassierung, Verdickung, Aufhellung u. Schlammbeseitigung in der Erzaufbereitung. (Rev. Minelor **9.** 226—34. Mai 1958.) R. K. MÜLLER. 6360

D. Gligor und **S. Dima,** *Kollektivflotation rumänischer Erze mit anschließender Differentialtrennung.* An Beispielen werden die Vorteile einer gemeinsamen Flotation von Erzen mit nachfolgender Differentialtrennung erläutert, wobei bes. der Desorptionsprozeß an der Oberfläche der Mineralien prakt. u. theoret. behandelt wird. Die Arbeitsbedingungen u. Anwendungsmöglichkeiten bei rumän. Nichteisenerzen werden erörtert. (Rev. Minelor **9.** 235—42. Mai 1958.) R. K. MÜLLER. 6362

N. M. Basanowa und **A. K. Liwschitz,** *Die Wirkung oberflächenaktiver Stoffe auf die Filtration von Flotationskonzentraten.* Vff. untersuchen die Wrkg. einiger hochmol. oder oberflächenakt. niedermol. Koagulationsbeschleuniger auf die Filtrierbarkeit von Suspensionen von Erzkonzentraten. Die Effektivität der Filtration, ausgedrückt in relativer Gewichtsmenge am Eintauchfilter abgeschiedener Festsubstanz bei sonst gleichen Filtrationsbedingungen u. der Feuchtigkeitsgeh. derselben werden in Abhängigkeit von der zugesetzten Menge Ausflockmittel angegeben. Seifen, d. h. Salze höherer Fett- u. Harzsäuren, erhöhen in größeren Mengen (0,5—4 kg/t) die Filtrierbarkeit ohne wesentliche Erniedrigung des Wassergehaltes. Sulfonate (Igepon, PETROW-Kotakt) u. Alkylsulfat erhöhen die Filtrierbarkeit nicht wesentlich, setzen aber in einigen Fällen den Wassergeh. herab. Hochmol. Abscheider, wie KOD u. KODT (Kondensationsprodd. von Dichloräthan mit Hexamethylendiaminrückständen), haben teilweise positive Wrkg.; Separan 2610 (amerikan.) erhöht schon in kleinen Mengen die Filtrierbarkeit in allen untersuchten Fällen; PANG (erhalten durch partielle alkal. Hydrolyse von Polyacrylnitril) wirkt nur auf oxyd. Pb- u. Cu-Konzentrate. Carboxymethylcellulose u. Stärke besitzen in einigen Fällen Wirksamkeit. (Горный Журнал [Berg-J.] **1958.** Nr. 6. 63—67. Juni. Inst. für Buntmetalle.) H. HUBER-EMDEN. 6362

Ss. N. Ssuturin, *Die Anwendung eines reduzierenden Röstens zur Erhöhung der Tellurausbringung.* Zur erhöhten Te-Ausbringung aus Cu-Schwamm [20—25 (%) *Cu*, 2,5 *Te*, 3—5 *Se*, 5—10 *Pb*, 1 *Pt-Metalle*] wird folgendes Verf. vorgeschlagen: Durch Glühen des Cu-Schwamms mit Na_2CO_3 (400—600°) wird das Se in lösl. Na_2SeO_3 u. Na_2SeO_4 übergeführt (während Te unlösl. Na_2TeO_4 bildet) u. durch Auslaugen mit W. beseitigt. Der Rückstand wird mit S vermischt (1 : 1 bis 3 : 1) u. 3—10 Std. auf 400° erhitzt. Dadurch wird Na_2TeO_4 zu TeO_2 red., welches mit 12% NaOH + 3% Na_2CO_3 ausgelaugt wird. Nach Filtrieren u. Ansäuern mit HCl (30—100 g/Liter) wird Te mit SO_2-Gas niedergeschlagen u. abfiltriert. — So gewonnenes Te enthält 95—98 (%) *Te*, 2 *Se* u. nur wenig *Pb*, *Cu* u. SiO_2. Grundbedingung einer guten Ausbeute ist die Überführung in Na_2TeO_4 beim ersten Glühen; es werden so 80—85% des Te gegenüber 65—70% nach dem früheren Verf. gewonnen. (Цветные Металлы [Nichteisenmetalle] **31.** Nr. 12. 78—79. Dez. 1958.) H. TŮMA. 6378

W. W. Lodeischtschikow, *Einige Besonderheiten des oxydierenden Röstens von sulfidischen goldhaltigen Konzentraten.* Es wurde das Rösten von Au-haltigen sulfid. Erzen verschied. Ursprungs (24—1423 g/t *Au*, weiter *Fe*, *Cu*, *Zn*, *Pb*, *As*, *Sb*) bei Tempp. von 400—700° untersucht. Die besten Resultate wurden beim Rösten bei 500° für alle Erze erhalten; bei dieser Temp. kommt es zwar nicht zur vollständigen Entschwefelung doch werden bei dem nachfolgenden hydrometallurg. Verf. die besten Ausbeuten erzielt. Ein Abweichen von dieser Temp. führt zu Verlusten an Au, welche auf die chem. Umwandlungen an der Au-Oberfläche während des Röstens zurückzuführen sind. (Цветные Металлы [Nichteisenmetalle] **31.** Nr. 12. 51—56. Dez. 1958.) H. TŮMA. 6378

Oldřich Bohuš, *Erfahrungen bei der Erzeugung von schweren Ingots.* Zur Erzeugung von 100—130 t schweren Blöcken muß die Schmelze eine Mindesttemp. von 1520° haben (mit Pyropto gemessen); *Al*-Zusätze von 0,10—0,15 kg/t haben sich nicht bewährt. Besondere Aufmerksamkeit ist der Temperaturmessung vor dem Abstich, der Vorbereitung der Kokille, der Pfanne u. der Gußtechnologie zu widmen: Mittlere Gießgeschwindigkeit von maximal 20 cm/Min. bei legierten Stählen. (Hutnické Listy **10.** 456—61. Aug. 1955. Ostrava, Vítkovické železárny K. Gottwalda.) E. ROTTER. 6382

J. Parisi, O. C. Nutter und **C. Michalowski,** *Siebgröße und Verarbeitung von dauerhaftem Formsand.* Erörterung über Korngröße u. Aufbereitung von Formsand. — 11 Schrifttumsangaben. (Mod. Castings **33.** Nr. 6. 82—87. Juni 1958. Chicago, Ill., Pekay Machine & Engng. Co., Inc.) K. HILLINGER. 6382

R. W. Heine, E. H. King und **J. S. Schumacher,** *Das Problem heißer Formsande.* Vff. erörtern die Aufbereitung von Formsand u. zeigen verschied. Arbeitsweisen auf, wie durch Kollern heißer Formsande auf geeignete Tempp. abgekühlt u. dadurch bestmögliche Eigg. erzielt werden können. (Mod. Castings **33.** Nr. 6. 65—71. Juni 1958. Madison, Wis., Univ. of Wisconsin; Cincinnati, Ohio.) K. HILLINGER. 6382

Gilbert S. Schaller und **W. A. Snyder,** *Industrielle Anwendungen von Olivin.* Überblick über die Verwendung von Olivinsand zur Herst. von Gießformen. (Mod. Castings **33.** Nr. 6. 99—104. Juni 1958. Seattle, Wash., Univ.) K. HILLINGER. 6382

Waldemar Schumacher, *Fortschritte auf dem Gebiete des Kohlensäureerstarrungsverfahrens.* An Hand von Dilatometerkurven u. Differentialthermoanalysen wurde versucht, die bei Formstoffen auf Quarzsandbasis bei großen Wanddicken auftretende Vererzung zu erklären, die Widerstandsfähigkeit von Formstoffen auf Schamotte- oder Chrommagnesitbasis zu erläutern u. bestimmte Richtlinien für das Arbeiten bei großen Wanddicken zu geben. Ferner wurden Verss. durchgeführt, um den Einfl. des CO_2 auf die mit *Wasserglas* gebundenen Sande zu untersuchen. Dabei ergab sich, daß eine Erwärmung des CO_2 auf 35° eine Verkürzung der Blaszeit beim Erreichen der optimalen Festigkeitswerte zur Folge hat. Eine eigens hierfür entwickelte App. zur Erwärmung des CO_2 u. ein bes. konstruierter Einblashahn für das CO_2-Verf. wird beschrieben, der eine Steuerung der Einblaszeit durch das hindurchströmende CO_2 ermöglicht. (Giesserei **45**. 713—21. 20/11. 1958. Wengern/Ruhr.) K. HILLINGER. 6382

George Nestor, *CO_2-Kerne in einer Tempergießerei.* Bei der Herst. von Kernen mittels des *CO_2*-Verf. wird bei Verwendung von *Wasserglas* mit einem Verhältnis von Na_2: SiO_2 = 1,0—2,4 eine gute Oberflächenbeschaffenheit der Gußstücke erzielt. Der Einfl. der Sandtemp. auf die Verblasbarkeit, Lagerfähigkeit, Begasungszeit, Härte sowie der Einfl. der Begasungszeit auf die Lagerfähigkeit werden erörtert. Der Zerfall der Kerne ist am besten, wenn die Gußstücke in den Formen auf Raumtemp. abkühlen können. Zusatz von *Quarzsand* zum Formsand zeigte keine besondere Wirkung. Auch der p_H-Wert wurde nicht beeinflußt. Einige typ. Beispiele von Kernen werden gezeigt, die früher aus Ölsand, jetzt aber nach dem CO_2-Verf. hergestellt werden. (Mod. Castings **33**. Nr. 6. 56—60. Juni 1958. Cleveland, Ohio, Nat. Malleable & Steel Castings Co.) K. HILLINGER. 6382

Denis W. G. White und **Howard F. Taylor**, *Die Wirkung einiger Gase auf die Adhäsionskraft zwischen einem Novolack und Quarz.* Der Einfl. von *Wasserdampf*, *N_2*, *NH_3* u. *O_2* auf die Adhäsionskraft zwischen Novolack u. Quarz wird untersucht, wobei festgestellt wurde, daß O_2 den stärksten u. schädlichsten Einfl. ausübt. Wasserdampf erhöht bei Ggw. von gereinigtem *He* die Oberflächenspannung u. Adhäsionskraft des Harzes um ca. 10 (%), der Betrag der Steigerung durch N_2 ließ sich nicht genau feststellen, NH_3 erhöht die Oberflächenspannung u. Adhäsionskraft um ca. 20—30. — 11 Schrifttumsangaben. (Mod. Castings **33**. Nr. 6. 92—98. Juni 1958. Ottawa, Ontario, Canada; Cambridge, Mass.) K. HILLINGER. 6382

H. G. C. King, *Eine Einführung in die Herstellung von Modellen aus plastischen Stoffen.* Erfahrungsbericht über die Eigg. u. Verwendung von Kunstharz sowie die apparative Ausrüstung zur Herst. von Gießformen u. Modellen. — Diskussion. (Brit. Foundryman **51**. 282—90. Juni 1958.) K. HILLINGER. 6382

G. N. Cherry, *Praktische Hinweise für den Gebrauch exothermischer Massen in der Gießerei.* An Hand zahlreicher Abbildungen wird dargelegt, wie exotherm. Massen zur Herst. von Steigereinsätzen erfolgreich verwendet werden können. (Brit. Foundryman **51**. 303—07. Juni 1958.) K. HILLINGER. 6382

B. Trentini und **M. Allard**, *Das Frischen von Roheisen mit reinem Sauerstoff und Kalkstaub.* Berichtet wird über die Technologie u. Metallurgie des von der IRSID entwickelten OLP-Stahlerzeugungsverf. mit Aufblasen von reinem O_2 von oben in einen schräg gestellten Konverter u. gleichzeitigem Einblasen von staubförmigem CaO von zweckmäßig bestimmter Körnigkeit. Bes. wird das Frischen eines hoch *P*-haltigen Roheisens (THOMAS-Roheisen) u. die Entfernung der Metalloide *P* u. *S* sowie *N* aus der Schmelze unter Erörterung der Abnutzung der Konverterauskleidung sowie der Rauchentw. bei der Herst. von 30 t-Chargen behandelt. In Ggw. von *C* läßt sich die Entphosphorung leicht durchführen u. der gewünschte End-C-Geh. einstellen. Der im Konverter erblasene Stahl besitzt SIEMENS-MARTIN-Stahlqualität. (Iron Coal Trades Rev. **178**. 1073—82. 8/5. 1959.) H. HOCHSTEIN. 6400

Tomojiro Tottori, *Untersuchung über die Verbesserung von geschmolzenem Gußeisen.* 2. Mitt. *Über das Einblasen verschiedener Gase in geschmolzenes Eisen.* In je 1 kg *Gußeisen* aus dem Holzkohleverf. u. 2 Proben Hochofengußeisen [HG; mit 0,13 bzw. 0,21 (%) *Ti* u. 0,16 bzw. 0,21 *P*] wird jeweils *N_2*, *Kokereigas*, *H_2*, *Luft*, *CO_2* bzw. *O_2* durch ein Quarzrohr bei 1200—1350° 2—3 Min. lang eingeblasen u. danach das Aussehen des Bruchs, das Gefüge, die mechan. Eigg., die Fließbarkeit u. die Wrkg. von *Mg* auf den Graphit untersucht. Alle Proben werden durch reduzierende Gase flüssiger, die Bldg. von feinblättrigem Graphit gefördert, die Zugfestigkeit (ZF) erniedrigt u. der Dehnungswert erhöht. Bes. HG „W" ändert durch H die R_b-Härte von 89 auf 84, die ZF von 23 auf 15,4 kg/mm² u. die Dehnung von 0,5 auf 1%. Einblasen von Luft, N_2 u. CO_2 hat beim HG wenig Einfl. auf Gefüge, Bruch u. mechan. Eigg., die Fließbarkeit wird durch Luft u. CO_2 etwas geringer. O_2 verringert den Geh. an Ti, Cr u. V, blättriger Graphit wird gröber, die ZF u. die Dehnung steigen. Die Wrkg. auf die Kugelgraphitbldg. ist je nach Gas- u. Fe-Sorte sehr unterschiedlich. (Tetsu to Hagane [J. Iron Steel Inst. Japan] **41**. 191—93. März 1955. Fuji K.K. [Orig.: japan.]) L. SCHULER. 6402

Hiroshi Nakamura, *Untersuchung über die Induktionshärtung von Gußeisen. 2. Mitt. Grundversuche über die Wirkung von Si.* Durch Behandlung im Hochfrequenzofen nimmt bei niedrigem Si-Geh. die Härte in der äußeren Schicht ab. Bei hohem Si-Geh. wird C nur schwer im Austenit gelöst, durch den Restaustenit wird die Härte wenig gesenkt. (Tetsu to Hagane [J. Iron Steel Inst. Japan] **41.** 243—45. März 1955. Osaka, Inst. Ind. Förd. [Orig.: japan.]) L. SCHULER. 6402

M. Micula und **H. Heger,** *Untersuchung über die Herstellung von Gußeisen mit Kugelgraphit.* Das beste Nodulationsmittel für Gußeisen mit Kugelgraphit ist eine Fe–Si-Legierung mit 18—25% Mg. Die Verwendung eines Impfmittels, am besten Fe–Si mit 75% Si, ist notwendig. Weiter wird der Einfl. von *C-*, *Si-*, *Mn-*, *S-*, *P-*Geh. auf die mechan. Eigg. des Gußeisens untersucht. Durch eine entsprechende Wärmebehandlung können mit Gußstahl vergleichbare mechan. Eigg. erzielt werden. Es wird das Ersetzen von Temperguß durch Gußeisen mit Kugelgraphit angeraten. (Studii Cercetări ştiinţ. [Timişoara], Ser. Ştiinţe tehn. **3.** Nr. 1/2. 93—108. Jan./Juni 1956. Timişoara, Baza de Cercetări Stiinţifice a Academiei R. P. R.) E. SCHMIDT/Timişoara. 6404

R. Mallikarjunan, *Einige Anwendungen von Sauerstoff in der Stahlerzeugung.* Beschrieben wird das L.D.-Verf. (LINZ-DONAWITZ-Prozeß) u. seine Bedeutung für die ind. Stahlerzeugung erörtert. (Current Sci. **27.** 334—35. Sept. 1958. Bangalore, Indian Inst. of Sci.) H. HOCHSTEIN. 6408

M. I. Zechanski, K. B. Chussnojarow und **G. D. Ssussloparow,** *Bestimmung der Rolle der feuerfesten Materialien bei der Verunreinigung von flüssigem Stahl durch nichtmetallische Einschlüsse.* Durch Markierung des Futtermaterials mit ^{45}Ca konnte gezeigt werden, daß Geh. u. Verteilung von Einschlüssen des Futters im Gußstahl zufälligen Charakter besitzen. Die vom Stahlguß aus Gußformen abgeschöpfte Schlacke enthält 20—24% Futtermaterial; der Geh. nimmt mit dem MnO-Geh. zu. Am wenigsten trägt feuerfester Stein aus halbsaurem Ton von Nishne-Uwelsk zur Bldg. nichtmetall. Einschlüsse bei. (Огнеупоры [Feuerfeste Mater.] **23.** 82—87. 1958. Uraler Inst. für Schwarzmetalle.) H. HUBER-EMDEN. 6408

Hayato Kunitake, *Untersuchung über die nichtmetallischen Einschlüsse und die Austenitkorngröße bei der Stahlerzeugung.* Bei Proben aus verschied. Phasen der *Stahl*-Herst. wird der Zusammenhang zwischen dem *O*-Geh. im geschmolzenen Stahl u. der Größe des Austenitkorns graph. dargestellt u. im Zusammenhang mit anderen nichtmetall. Einschlüssen erörtert. (Tetsu to Hagane [J. Iron Steel Inst. Japan] **41.** 382—83. März 1955. Hirohata Stahlwerk. [Orig.: japan.) L. SCHULER. 6408

Koji Tasaka, *Kritische Erörterungen über die quantitative Seite der Normentabelle nichtmetallischer Einschlüsse in Stahl nach dem Punktzählverfahren.* Vgl. der Genauigkeit u. Reproduzierbarkeit der bisherigen Normen (nach ASTM, A u. B usw.) u. das Punktzählverfahren. (Tetsu to Hagane [J. Iron Steel Inst. Japan] **41.** 370—72. März 1955. Sumitomo AG. [Orig.: japan.]) L. SCHULER. 6408

Oldřich Modráček, *Einfluß des Stahlwerkverfahrens auf die Ziehbarkeit und die mechanischen Eigenschaften von weichen Stahldrähten.* Nach dem THOMAS- oder MARTIN-Verf. erzeugte, mit O_2 gefrischte Stähle sind für das Kaltziehen wegen der größeren Reinheit u. der geringeren Ausgangsfestigkeit des warmgewalzten Drahtes geeigneter. Im THOMAS-Verf. erzeugte Stähle altern bei geringerer Deformation schneller. (Hutnické Listy **10.** 715—20. Dez. 1955. Praha, Ocelářský výzk. úst.) E. ROTTER. 6408

Nadia Jäckle, *Neue niedrig legierte Konstruktionsstähle in der Sowjetunion.* Zus., Eigg. u. Anwendung von niedrig legierten *Cr–Mn*-Stählen mit *Ti*- oder *B*-Zusätzen für hochbeanspruchte Getriebeteile von Kraftfahrzeugen u. wichtige Bauteile im allg. Maschinenbau der Sowjetunion. — Auszug aus der C. **1959.** 9028 referierten Arbeit von *I. Ss. Koslowski.* (VDI-Z. **101.** 468—69. 21/4. 1959. Düsseldorf.) W. WESLY. 6410

František Pobořil, Miroslav Knotek und **Marcela Zezulová,** *Beitrag zur Konstitution austenitischer Mn–Cr- und Cr–Ni-Stähle für den Betrieb bei erhöhten Temperaturen.* Durch Best. des Sprödigkeitgrades unter dem Einfl. der ausgeschiedenen σ-Phase nach 1000std. Glühen bei 800° werden mit *Ta, Nb, Ti* u. *V* stabilisierte austenit. Mn–Cr- u. Cr–Ni-Stähle auf ihre Struktur u. den Einfl. einzelner Elemente auf Konst. u. Existenzbereich der γ-Phase untersucht. Unter Anwendung abgeleiteter Gleichungen wird die Lage der Stähle im tern. Diagramm bestimmt. Die Verss. führen zu 3 für den Betrieb bei erhöhten Tempp. geeigneten Stählen: *Mn–Cr–N(Ta, Nb)* 17/10/0,2; *Mn–Cr(Ti)* 17/7; *Mn–Cr(V)* 17/10. (Hutnické Listy **10.** 725—37. Dez. 1955. Praha, Ocelářský výzk. úst.) E. ROTTER. 6410

Kiichiro Shinji und **Kingo Kiyonaga,** *Die Einwirkung von Mn auf die Eigenschaften von Cr–Mo-Einsatzstahl.* Unterss. über die Einw. von 0,6—2,3% Mn auf die Eigg. von Cr–Mn–Mo-Einsatzstählen mit 0,13—1,03 (%) *C*, 0,10—0,48 *Si*, 0,70—2,52 *Mn*, 0,012—0,036 *P*, 0,007—0,011 *S*, 0,11—0,30 *Ni*, 0,96—1,28 *Cr*, 0,16—0,38 *Mo* zeigen, daß der Mn-Zusatz bei niedriger Abschrecktemp. das Verformungsverhältnis mit hinreichend vergrößerter Abschreckhärte vermindert. Die 1,6% Mn enthaltenden Proben zeigen das beste Ergebnis. Die Festigkeit nimmt trotz Verminderung der Zähigkeit zu. Auch die Abriebeigg. werden durch Mn-Zusatz verbessert. In Verbindung mit SNC-3 sind die Ergebnisse nicht gut. (Tetsu to Hagane [J. Iron Steel Inst. Japan] **43.** 642—46. Juni 1957. [Orig.: japan.; Auszug: engl.]) W. WESLY. 6410

Tomo-o Sato und **Saburô Toya,** *Untersuchungen über graphitischen Stahl.* 5. Mitt. *Wärmebehandlung von graphitischem Stahl des Fe–C–Si-Systems.* 1. Teil. (4. vgl. C. **1959.** 9373.) Unterss. über die Wärmebehandlung von voll u. teilweise graphitisierten Stählen des Fe–C–Si-Syst. mit 1,14—1,46 (%) C u. 0,30—2,55 Si zeigen: In voll (teilweise) graphitisiertem Stahl mit ca. 1,5 (%) u 1,5 Si löst sich Graphit (I) zu Austenit bis zur Sättigung in ca. 20 (10) Min. bei 850°. Die Abschreckhärte schwankt mit der Verteilung der I-Teilchen; mit steigender Zahl der I-Teilchen sinkt die Abschreckhärte. Die Härtbarkeit von graphitisiertem Stahl dieses Syst. steigt mit dem Si- u. fällt mit dem C-Gehalt. (Nippon Kinzoku Gakkai-Si [J. Japan Inst. Metals] **21.** 648—51. Nov. 1957. [Orig.: japan.; Auszug: engl.]) W. WESLY. 6410

T. Yoshida, *Untersuchung über aufgekohlten, für Kugel- und Walzenlager bestimmten Stahl.* 2. Mitt. (1. vgl. C. **1959.** 279.) Unterss. über die Beziehung zwischen Restspannung u. Verformbarkeit von aufgekohltem Stahl mit 0,19 (%) *C*, 0,16 *Si*, 0,61 *Mn*, 1,08 *Cu*, der mit einer Stahlkugel eingekerbt worden ist, zeigen, daß Radialrisse in den Proben entstehen, die Restzugspannungen an der Oberfläche aufweisen. Kreisförmige Risse beobachtet man an Proben mit Restkompressionsspannungen. Die Verformbarkeit der mit Radialrissen versehenen Oberfläche ist geringer als die der Oberfläche mit kreisförmigen Rissen. (Nippon Kinzoku Gakkai-Si [J. Japan. Inst. Metals] **21.** 528—31. Sept. 1957. [Orig.: japan.; Auszug: engl.]) W. WESLY. 6410

Maxmilián Honzík, *Der Einfluß von Molybdänzusatz auf die Lebensdauer von Hartgußwalzen für das Warmwalzen von Feinblechen.* Durch Zugfestigkeitsprüfungen, mechan. Unterss. u. prakt. Erfahrungen mit Hartgußwalzen aus mit *Mo* legiertem u. unlegiertem Material wird gefunden (9 Tabellen), daß Mo-Zusätze $>$0,30% den Widerstand der Walzen gegen Brüche durch Warmspannungen wie auch die Verschleißfestigkeit erhöhen. Zusätze $<$0,30% Mo sind ohne wesentlichen Einfluß. (Hutnické Listy **10.** 720—25. Dez. 1955. Ostrava.) E. ROTTER. 6410

Tomo-o Sato, *Untersuchung über Carbide in technischen Sonderstählen mit Hilfe elektrolytischer Isolierverfahren.* 1. Mitt. *Über Carbid in Kugellagerstahl.* Bes. untersucht wird der Zusammenhang zwischen *Cr*-Geh. u. dem Verh. des *Carbids* in *Stählen* mit 1,13 (%) C u. 1,42 Cr. Im Zustand des Anlassens sind 0,24 Cr in fester Lsg. (Diagramm) mit Ferrit, von ca. 840° an sind beim Glühen in der Grundmasse (Martensit + Austenit) 0,9 Cr. Bei 800° (Abschrecktemp.) sinkt mit der Dauer der Wärmehaltung (2 Min. bis 10 Std.) das restliche Carbid ab, während der Cr-Geh. des Carbids steigt. Bei 700° steigt der Cr-Geh. im Carbid rasch an (von 2 auf 7%). (Tetsu to Hagane [J. Iron Steel Inst. Japan] **41.** 311—13. März 1955. Tohoku Univ. [Orig.: japan.]) L. SCHULER. 6410

H. Heger und **M. Micula,** *Über die Struktur der hochlegierten, aus geschmiedeten oder gewalzten Stäben hergestellten oder durch Präzisionsgießen erhaltenen Werkzeugstähle.* Der Einfl. der Kristallisation eines hochlegierten, in dünne Stücke gegossenen Werkzeugstahls ist dem durch Schmieden gleichwertig, so daß man vorteilhaft Werkzeuge aus hochlegiertem Stahl durch Gießen herstellen kann. Zur Herst. von Werkzeugen aus hochlegiertem Stahl durch Gießen kann man Legierungen, die eine geringe Schmiedbarkeit besitzen u. schwer bearbeitbar sind, verwenden. (Studii Cercetări ştiinţ. [Timişoara] Ser. Ştiinţe tehn. **3.** Nr. 1/2. 109—12. Jan./Juni 1956. Timişoara, Baza de Cercetări Ştiinţifice a Academiei R.P.R.) E. SCHMIDT/Timişoara. 6410

Mutsuo Inoue, *Untersuchung über B-behandelten legierten Baustahl.* 4. Mitt. *Über Umwandlungen von Si–Mn- und Cr–B-Stählen, die die Härtbarkeit kennzeichnen.* Im Vgl. mit anderen Stählen zeigt *Cr–B-Stahl* (50 mm Durchmesser) beim Ölhärten kaum einen Masseneffekt. Seine Umwandlungsisotherme zeigt im Gegensatz zum *Si–Mn*-Stahl (wo sie fehlt) eine doppelte „Nase“, auch die anfängliche Ferritausscheidung ist auffallend gehemmt. Untersucht wird ferner das mikrostrukturelle Verh. (im Elektronenmikroskop) bei unvollständigem Abschrecken. (Tetsu to Hagane [J. Iron Steel Inst. Japan] **41.** 273—75. März 1955. Sumitomo Met. K.K. [Orig.: japan.]) L. SCHULER. 6410

Tadashi Nemoto, *Einfluß von Wärmebehandlungen auf die Zähigkeit von legierten Baustählen.* 2 Proben A u. (B) von *Stahl* der Zus. 0,26 (0,28) (%) *C*, 0,40 (0,51) *Si*, 0,78 (0,47) *Mn*, 2,04 (3,49) *Ni*, 0,44 (0,53) *Mo* u. 0,18 (0,18) *V* zeigen bei Erhitzungsgeschwindigkeiten (EG) von 80°/Min. Umwandlungsbereiche von 715—810° bei A bzw. 695—760° bei B u. beim Abkühlen (0,8°/Min.) bei 680—640° für A u. bei 530—450° für B. Ferner werden dilatometr. Kurven für verschied. EG gegeben sowie eine solche über den Zusammenhang zwischen Abkühlungsgeschwindigkeit u. Restaustenit, γ R, die bei B für ca. 50°/Min. ein Maximum von 22% Restaustenit zeigt. Im Temperaturbereich der Bainitbldg. wird gleichzeitig, oder gleich nach der Umwandlung, C in Netzstruktur ausgeschieden. Der CHARPY-Wert ist größer bei Abschrecken u. Tempern u. bei isothermem Anlassen als nur bei isothermer Behandlung für sich. (Tetsu to Hagane [J. Iron Steel Inst. Japan] **41.** 306—08. März 1955. Hitachi Forschungslabor. [Orig.: japan.]) L. SCHULER. 6410

Jen-ichiro Morita, *Dimensionsänderungen von Lagerstahl nach verschiedenen Wärmebehandlungen.* 1. Mitt. Der untersuchte *Lagerstahl* [1,03 (%) *C*, 0,23 *Si*, 0,37 *Mn*, 1,35 *Cr*, 0,51 *Ni*, 0,15 *Cu*, 0,018 *P*, 0,023 *S*] erleidet beim Martempern (5 Min. 200°) die geringste Formveränderung u. die geringste einseitige Verzerrung, auch die Härte wird nicht zu niedrig, so daß dieses Verf. am geeignetsten von allen untersuchten erscheint. Die durch Glühen bedingte Verzerrung (Deformation) ändert sich kaum durch Behandlung bei —72 oder +200°. Tieftemperaturbehandlung bringt eine Härtesteigerung. (Tetsu to Hagane [J. Iron Steel Inst. Japan] **41.** 313—14. März 1955. Osaka Univ. [Orig.: japan.]) L. SCHULER. 6410

Tatsuo Fujiwara, *Untersuchungen über die Wärmerisse von Eisen und Stahl.* 4. Mitt. *Die Einwirkungen des Schmiedeverhältnisses und der Richtung der Faserstruktur auf die Wärmerisse.* (3. vgl. C. **1959.** 1257.) Mit dem Anstieg des Schmiedeverhältnisses fallen Gesamtzahl u. -tiefe der Wärmerisse; jedoch ändern sich maximale u. mittlere Tiefe kaum. Gesamtzahl u. -tiefe sind größer, wenn die Risse parallel zu der Faserrichtung, als wenn sie dazu senkrecht verlaufen. Ähnlich ist das Verh. von Proben, die aus dem Innern von Knüppeln stammen, wenn auch die Eigg. denen der aus äußeren Teilen stammenden Proben etwas unterlegen sind. Homogenisierte u. gestauchte Proben haben wenig richtende Einfll. auf die Wärmerisse. (Nippon Kinzoku Gakkai-Si [J. Japan Inst. Metals] **21.** 573—76. Okt. 1957. [Orig.: japan.; Auszug: engl.]) W. WESLY. 6410

Ichiro Miyakawa, *Über die Eigenschaften von hochzugfesten Stahlstangen für vorverspannten Beton.* Beim Vgl. verschied. japan. u. anderer Materialien mit einem App. zur Zugfestigkeitsmessung erweist sich *Cr–V*-Stahl als am besten geeignet. Die Fließpunktspannung ist z. B. 80,7 kg/mm², Dehnung 15% u. die Flächenred. 38,7%. (Tetsu to Hagane [J. Iron Steel Inst. Japan] **41.** 347—48. März 1955. Sumitomo Elektr. K.K. [Orig.: japan.]) L. SCHULER. 6410

Karl Robert Vassel, *Probleme der Qualitätsbestimmung von Kupferdraht.* Von der Frage nach der Möglichkeit der Qualitätsbest. der techn. reinen Cu-Drähte ausgehend, werden Verss. mit labor.- u. betriebsmäßig hergestelltem u. verarbeitetem Cu durchgeführt. Die elektr. Leitfähigkeit wird von den verschied. Elementen in verschied. Maße vermindert. Zwischen der Zus. u. der elektr. Leitfähigkeit oder der Erweichungstemp. besteht ein eindeutiger Zusammenhang. Das gleiche gilt für die Beziehung zwischen plast. Kenngrößen u. dem Geh. an Einschlüssen. Brucheinschnürung, Verwinde- u. Biegezahl sowie Federungszahl sind außer gegen Zustandsänderungen auch der Änderung des Geh. an Einschlüssen gegenüber sehr empfindlich. Dies wurde durch Berechnung der totalen u. der elast. Formänderungsarbeit einiger Cu-Drähte bestätigt. (Z. Metallkunde **50.** 112—17. Febr. 1959. Budapest, Forschungsinst. für Nichteisenmetalle.) H. HOCHSTEIN. 6432

Rihei Kawachi, *Die Einwirkung von Mangan und Chrom auf die Eigenschaften von geschmiedeten Al-Legierungen mit 3—5% Mg.* 2. Mitt. (Vgl. C. **1959.** 277.) 12 Monate lang durchgeführte Korrosionsverss. (Einw. von Seewasser) an Al-Legierungen mit 3—5 (%) *Mg* u. mit 4—4,5 *Mg*, 0,5 *Mn*, 0,2 *Cr* zeigen, daß im allg. die bin. Al-Legierungen am beständigsten sind. Zusätze an Mn, Cr, *Fe* oder *Cu* vermindern die Korrosionsfestigkeit; die Wrkg. von *Si*, *Zn* u. *Ti* ist gering. (Light Metals [Tokyo] **8.** Nr. 2 (29). 14—23. März 1958. Sumitomo Metal Ind. Co., Copper Works. [Orig.: japan.; Auszug engl.]) W. WESLY. 6446

Rihei Kawachi, *Die Einwirkung von Mangan und Chrom auf die Eigenschaften von geschmiedeten Al-Legierungen mit 3—5% Mg.* 3. Mitt. (2. vgl. vorst. Ref.) Unterss. über den Einfl. mehrerer Elemente auf die Änderungen der Zugfestigkeitseigg. u. die Korrosionsfestigkeit von 0,5 mm dicken Al-Legierungen mit 3—5% Mg während

12 Monate langen Eintauchens in Salzwasser (mit u. ohne Spannung) zeigen: Mn, Cr, Fe oder Cu vermindern die Korrosionsfestigkeit. Die Wrkg. von Mg, Si, Cu, Zn u. Ti auf die Warmbearbeitungstemp. oder den Vorwärmzustand der Barren ist nicht ausgeprägt. (Light Metals [Tokyo] **8.** Nr. 2 (29). 24—33. März 1958. [Orig.: japan.; Auszug: engl.]) W. WESLY. 6446

Rihei Kawachi, *Die Einwirkung von Mangan und Chrom auf die Eigenschaften von geschmiedeten Al-Legierungen mit 3—5% Mg.* 4. Mitt. (3. vgl. vorst. Ref.) Unterss. über die mechan. Eigg. u. das Gefüge von stranggepreßten Al-Legierungen mit 3—5 (%) Mg, 0—0,75 Mn, 0—0,5 Cr zeigen: Mn u. Cr verursachen faseriges Gefüge. Die Zugfestigkeit wird bis zu einem gewissen Grade durch die Menge des Fasergefüges u. die Korngröße beeinflußt. Mg, Mn u. Cr erhöhen die Festigkeit; Mn u. Cr vermindern die Dehnung. In einigen Fällen werden die Eigg. stark durch die Strangpreßtemp. u. die Vorwärmung der Barren beeinflußt. (Light Metals [Tokyo] **8.** Nr. 2 (29). 34—43. März 1958. [Orig.: japan.; Auszug: engl.]) W. WESLY. 6446

E. Di Russo und **D. Gualandi,** *Einfluß des Mangans auf die Gefügeeigenschaften strangepreßter Teile aus der Legierung Anticorodal 11.* (Ist. sperim. Metalli leggeri, Mem. Rapp. [8] Nr. **197.** 1—8. 1958. Novara, Ist. Sperim. dei Metalli Leggeri, Div. Ric. — C. **1958.** 13346.) G. PLATZER. 6446

Stanisław Stolarz, *Gewinnung, Eigenschaften und Anwendung von Tantal.* Übersicht. — 16 Literaturangaben. (Wiadomości Hutnicze **14.** 225—30. Juli/Aug. 1958.) F. URBAN. 6448

G. M. Ginodman, *Derzeitige Methoden der Reinigung von Abgasen und Ventilatorauswürfen von Quecksilberdämpfen.* Beschreibung der wirksamsten Methoden zur Beseitigung von Hg aus den Ofenabgasen (bis 65 mg Hg/m³) bei der Hg-Erzeugung. Bei dem Pyrolusitverf. werden die Abgase bei 5—50° über körniges Pyrolusit geführt, welches 1—2% Hg festhalten kann. Ein Nachteil dieser Meth. ist die Notwendigkeit einer Beseitigung von SO_2. Beim Chlorieren der Abgase (0,45 kg Cl_2 auf 1000 m³) wird Hg als Hg_2Cl_2 u. $HgCl_2$ beseitigt; der Cl_2-Geh. der Abgase ist so gering, daß er beim weiteren Verarbeiten nicht nachteilig scheint. Vorteilhaft erscheint die Absorption der Hg-Dämpfe an Aktivkohle, in welcher vorher ca. 2% Cl_2 absorbiert wurden. Bei einer Schichthöhe von 400—500 mm u. der Gasgeschwindigkeit 0,2 m/sec (5—40°) wird eine 100% ig. Hg-Beseitigung aus den Abgasen erzielt. (Цветные Металлы [Nichteisenmetalle] **31.** Nr. 12. 31—37. Dez. 1958.) H. TŮMA. 6456

R. Weber, *Lagerwerkstoffprüfung.* 1. Mitt. Überblick über die Methoden zur Prüfung von Lagerwerkstoffen wird gegeben u. gezeigt, daß es möglich ist, das Laufverh. von Lagerwerkstoffen weitgehend auf Grund von physikal. u. mechan. Eigg. vorauszusagen. Laufverss. sind nur zur Trennung der Einflußgrößen auf den Lauf u. zur Ermittlung des Verschleißwiderstandes notwendig. — 100 Schrifttumsstellen. (Metall **12.** 96—103. Febr. 1958. Frankfurt/M., Metallgesellschaft AG.) F. VIER. 6480

W. P. Kogajew, *Methoden der statistischen Auswertung der Ergebnisse von Ermüdungsuntersuchungen.* Übersicht. — 16 Literaturhinweise. (Заводская Лаборатория [Betriebs-Lab.] **23.** 612—20. 1957.) R. K. MÜLLER. 6480

J. B. Hunt, *Bruchmechanismus von halbspröden Stählen bei Torsion.* Mitgeteilt werden Streckgrenze, Zugfestigkeit, Kerbschlagzähigkeit u. Übergangstemp. vom Sprödbruch zum Verformungsbruch von *unlegierten Stählen* mit 0,14—0,165% *C.* Eine Anordnung für Torsionsverss. wird beschrieben. Untersucht werden die Gleit- u. Bruchvorgänge beim Zug-, Kerbschlag- u. Torsionsversuch. Hierbei wurde gefunden, daß die Bruchfolge sowohl das Zubruchgehen durch Zug als auch das Gleiten beim Abscheren in sich schließt. (J. Mechanics Physics Solids **6.** 321—26. Juli 1958. Khartoum, Univ.) H. HOCHSTEIN. 6480

P. G. Abramow, N. A. Busche und **N. P. Schtschapow,** *Über die Möglichkeit der Bestimmung der Zerstörungsbedingungen aus der Art des Bruchs.* Ein Ermüdungsbruch zeigt meist eine glatte u. eine faserige oder körnige Zone. Bei einer *Zn-Legierung* mit 9—20 (%) Al, 1,5—5 Cu u. bis 0,05 Mg wird selbst nach 29 Millionen Cyclen noch grobkrist. Bruch festgestellt. Diese Legierung weist bei —60° verminderte Schlagzähigkeit auf. Das Aussehen des Bruchs ist also kein sicheres Kriterium für Ermüdungsbruch. (Заводская Лаборатория [Betriebs-Lab.] **23.** 600—01. 2 Tafeln. 1957. Allunions wiss. Forschungsinst. für Eisenbahntransport.) R. K. MÜLLER. 6480

M. M. Kobrin und **K. W. Schischokina,** *Über Fälle von „verzögerter" Zerstörung von Stählen.* Bei der Beurteilung der Neigung von Stählen zu verzögerter Zerstörung wird häufig das plast. Fließen bei längerer Belastung vernachlässigt, wodurch eine verzögerte Zerstörung vorgetäuscht werden kann. In Verss. wird gezeigt, daß eine zeitliche Inkonstanz der Spannung zu scheinbar verzögerter Zerstörung führen kann. Diese liegt bes. auch vor, wenn die Probestücke gleiche Plastizität aufweisen. (Заводская Лаборатория [Betriebs-Lab.] **23.** 597—600. 1957. Zentr. wiss. Forschungsinst. für Technol. u. Maschinenbau.) R. K. Müller. 6480

Șt. Nădășan und **I. Hajdu,** *Ein neuer Aspekt der Dauerfestigkeit.* Das Verh. des Stahls bei cycl. u. zusätzlichen Beanspruchungen wird beschrieben. Die Unterss. wurden an einer zu diesem Zweck gebauten Maschine durchgeführt. Die Ergebnisse einer ersten Reihe von Unterss. über den Einfl. von gemeinsamen cycl. u. dynam. Belastungen auf die Dauerfestigkeitsgrenze, wie auch über das Verh. eines vorher einer cycl. Beanspruchung unterworfenen Stahls bei derselben Belastung werden bekanntgegeben. (Studii Cercetări științ. [Timișoara], Ser. Științe tehn. **3.** Nr. 1/2. 29—41. Jan./Juni 1956. Timișoara, Baza de Cercetări, Științ. a Academiei R.P.R.) E. Schmidt/Timișoara. 6480

Șt. Nădășan, *Untersuchungen über die Dauerfestigkeit der Stähle für Eisenbahnwagenachsen.* (Vgl. vorst. Ref.) Die Ergebnisse der Unterss. an 5 Eisenbahnwagenachsen, über ihr Verh. bei cycl. u. dynam. Belastungen werden bekanntgegeben. Es wurde eine wesentliche Senkung der Dauerfestigkeitsgrenze unter dem Einfl. der Stöße u. eine Streuung der mechan. Eigg. der von verschied. Teilen eines Querschnitts herstammenden Proben beobachtet. (Studii Cercetări științ. [Timișoara], Ser. Științe tehn. **3.** Nr. 1/2. 43—55. Jan./Juni 1956.) E. Schmidt/Timișoara. 6480

P. Kuhn, *Einfluß der Abmessungen auf die Dauerfestigkeit von gekerbten Teilen.* Es wird an *Al*-Legierungen u. *Stählen* gezeigt, daß sich die Änderung der Dauerfestigkeit durch Kerben aus der Dauerfestigkeit des glatten Teils berechnen läßt. — 12 Literaturangaben. Diskussion. (Rev. Métallurgie **55.** 860—64. Sept. 1958.) F. Vier. 6480

Je. M. Schewandin, I. A. Rasow, W. P. Matwejew und **G. N. Konstantinowa,** *Untersuchung von lokaler Deformation bei der plastischen Verbiegung.* Unters. der Lokaldeformationen im Laufe der Biegeprüfungen von Stahlproben (an den Stählen St 4 u. SChL 1) in Abhängigkeit von der Probenform (Dicke u. Größe) u. des Biegeradius. (Заводская Лаборатория [Betriebs-Lab.] **23.** 469—76. 1957.) H. Tüma. 6480

W. Ss. Iwanowa, *Über die Kriterien der Plastizität hitzebeständiger Legierungen.* (Vgl. C. **1957.** 8344.) Die Beurteilung der Plastizität auf Grund der „Plastizitätsquelle" nach längerem Betrieb u. nach verallgemeinerten Diagrammen der Kriechfestigkeit wird gegenüber Einwänden verteidigt u. die Ursache abweichender Ergebnisse von anderer Seite krit. untersucht. (Заводская Лаборатория [Betriebs-Lab.] **23.** 601—03. 1957. Akad. der Wiss. der UdSSR, Baikow-Inst. für Metallurgie.) R. K. Müller. 6480

W. N. Geminow, *Über die Kriterien der Plastizität hitzebeständiger Legierungen.* In Ergänzung der Unterss. von Iwanowa (vgl. vorst. Ref.) wird als ein wesentlicher Vorteil der „Plastizitätsquelle" hervorgehoben, daß sie eine Änderung der Plastizität bei Änderung der Betriebszeit erkennen läßt u. eine physikal. völlig bestimmte Größe darstellt. (Заводская Лаборатория [Betriebs-Lab.] **23.** 604—05. 1957. Akad. der Wiss. der UdSSR, Baikow-Inst. für Metallurgie.) R. K. Müller. 6480

B. A. Kusnetzow, *Polarisationsmethode der Untersuchung kleiner plastischer Deformationen.* Bei Auftragen eines monomeren Epoxydharzes mit darin gelöstem Härter auf eine Metalloberfläche u. Polymerisation wird eine mit dem Metall fest verbundene opt.-akt. Schicht erhalten. Die beim Durchgang von polarisiertem Licht durch die Schicht entstehende opt. Differenz ist der Differenz der Hauptspannungen proportional. An Beispielen wird das hierauf gegründete Verf. der Best. kleiner plast. Deformationen erläutert. (Заводская Лаборатория [Betriebs-Lab.] **23.** 610—11. 1957. Wiss. Wologdin-Forschungsinst. für Hochfrequenzströme.) R. K. Müller. 6480

H. Mahl, *Das Abdruckverfahren und seine Grenzen.* Überblick über die verschied. Abdruckverff. für die Elektronenmikroskopie. — 35 Schrifttumsstellen. (Metalloberfläche **12.** 296—301. Okt. 321—23. Nov. 1958. Oberkochen, Carl Zeiss.) F. Vier. 6482

Ludwig Reimer und **Manfred Aust,** *Elektronenmikroskopische Oberflächenabdrücke von elektrolytisch niedergeschlagenen Metallschichten.* 1. Mitt. *Kupferschichten mit eingebauten organischen Fremdstoffen.* An dem *Pt-Kohle*-Abdruckverf. werden elektrolyt. niedergeschlagene Cu-Schichten von 10 μ Dicke elektronenmkr. abgebildet u. der Einfl. von organ. Zusätzen (*K-Citrat, Weinsäure, Glykokoll, Asparaginsäure* u. *Gelatine*) zu dem $CuSO_4$-Bad auf die Ausbldg. der Oberflächenstruktur untersucht. Die Ergebnisse werden mit den bei Ni-Abdrucken erhaltenen verglichen. Es wird gezeigt, daß sich diese Untersuchungsmeth. sehr gut für die Unters. der elektrolyt. Abscheidung eignet. (Z. Metallkunde **50.** 101—06. Febr. 1959. Münster, Univ.) H. Hochstein. 6482

Angelica Schrader, *Der Einfluß des Ätzvorganges auf die Gefügewiedergabe im elektronenmikroskopischen Bild.* Beim Ätzen von Stahl mit HNO_3 u. *Pikrinsäure* wird zu Beginn die Anätzung der Grundmasse aus Ferrit oder aus Austenit in der Umgebung von Carbideinschlüssen verzögert. Erst nach einer gewissen Ätzdauer verschwindet diese Ätzverzögerung. Diese Erscheinung wirkt sich auf die Wiedergabe des Gefüges im Abdruckverf. aus u. bedingt Unterschiede im Aussehen der Carbide im Reliefabdruck gegenüber dem Ausziehabdruck (extraction replica). Es kann auch der gegensätzliche Fall auftreten, daß die Umgebung der eingelagerten Gefügebestandteile verstärkt angeätzt wird. Anzunehmen ist, daß in erster Linie elektrochem. Vorgänge zwischen dem Ätzmittel u. den benachbarten Gefügebestandteilen diese Erscheinungen verursachen. (Arch. Eisenhüttenwes. **29.** 793—97. Dez. 1958. Düsseldorf, MPI für Eisenforschung.) H. HOCHSTEIN. 6482

Lester F. Spencer, *Die Verformbarkeit der Metalle.* Übersicht über die metallurg. Eigg. der Metalle (Härte, Korngröße, Alterung, richtende Eigg., Spannungen, Verformbarkeit, Spannungskorrosionsrisse u. deren Verhütung) u. die sich daraus ergebenden prakt. Folgerungen für die Bearbeitung der Metalle. (Finish **13.** Nr. 10. 23—26. Okt. Nr. 11. 44. 46—48. Nov. Nr. 12. 33—37. Dez. 1956. Nr. 1. 75—76. 79. Jan. 1957.) W. WESLY. 6490

J. Hérenguel und **P. Lelong,** *Ein für das Fließpressen eigentümlicher metallurgischer Vorgang: das Überpressen.* Während des direkten Fließpressens von Metallen treten bestimmte, durch Scherung verformte Zonen im Metall auf, welche Besonderheiten in metallurg. Hinsicht aufweisen u. die typ. für die Art der Umformung sind. Das Überpressen führt zu einer Wiederverteilung der für unlösl. gehaltenen Phasen so, als ob sie vorübergehend lösl. gewesen wären, dann aber wieder fein ausgeschieden worden seien, u. zwar irreversibel nach Beendigung der Scherbeanspruchung. Dieser Vorgang findet Anwendung zur Vermeidung von Fließlinien (récticulage) bei den speziell für anod. Behandlungen geeigneten Legierungen sowie zur Verbesserung der Beständigkeit einiger *Al*-Legierungen gegen W. von hoher Temperatur. (Rev. Métallurgie **55.** 1057—64. Nov. 1958.) H. HOCHSTEIN. 6490

Ernst Fr. Scheven, *Prägen von Bestecken und ähnlichen Werkstücken aus Messing, Neusilber und Chromnickelstahl auf Hydraulik-, Kniehebel- und Spindelpressen sowie Fallhämmern.* Zwecks Erzielung von Einsparungen im Gesenkverbrauch beim Prägen von Besteckteilen wurden Unterss. an Hydraulik-, MAY-Kniehebel- u. Spindelpressen sowie Fallhämmern durchgeführt. Es wurden die für das vollständige Ausprägen der Besteckteile benötigten Spitzenkräfte gemessen u. der charakterist. Kraft–Zeit-Verlauf bei Spindelpressen u. Fallhämmern ermittelt. Weiter wird an zwei für diesen Zweck konstruierten Werkstücken aus Messing, Neusilber u. Cr–Ni-Stahl der Einfl. der verschiedenartigen Krafteinw. bei Hydraulik-, Kniehebel- u. Spindelpressen sowie Fallhämmern auf das Ausmaß der erreichten Prägung bei veränderter Kraft gezeigt. (Z. Metallkunde **50.** 106—12. Febr. 1959. Geislingen/Steige, Württemberg. Metallwarenfabrik.) H. HOCHSTEIN. 6490

A. Prati, *Kontrolle der anodischen Überzüge auf Aluminium.* Auf Grund der in den letzten Jahren ausgeführten Unterss. werden einige Methoden zur Kontrolle der Dicke u. Porosität, des Korrosions-, Licht- u. Abriebwiderstands von anod. Überzügen auf Al entwickelt u. eine krit. Übersicht der verschied. Methoden unter besonderer Berücksichtigung der für jede Meth. anwendbaren Grenzwerte zur Abnahme der anod. oxydierten Materialien mit Abbildungen u. Tabellen wiedergegeben. (Ist. sperim. Metalli leggeri, Mem. Rapp. [9] **203.** 3—10. 1958. Novara, Ist. Sperim. dei Metalli Legg., Div. Sviluppo.) G. PLATZER. 6530

Metallgesellschaft Akt.-Ges. (Erfinder: **Fritz Lechler,** Oberursel, und **Hans Wolfgang Szubinski**), Frankfurt/M., *Reinigen von Röstgasen* mit H_2SO_4 unter Abtrennung schlammiger Verunreinigungen aus der im Kreislauf geführten, gekühlten Waschsäure, dad. gek., daß die aus der Waschvorr. abgeführte Waschsäure z. B. in Absitzbehältern oder Hydrocyclonen in einen schlammarmen u. einen schlammreichen Teilstrom geschieden wird, daß der schlammarme Teilstrom ohne Kühlung unmittelbar in den Säurekreislauf zurückgeführt wird u. daß der schlammreiche Teilstrom nach Kühlung in einem oder mehreren Rührgefäßen mit Mantelkühlung in einer Zentrifuge vom Schlamm befreit u. in den Säurekreislauf zurückgeführt wird. — Verfahrensschema. (**D. A. S. 1 036 227** Kl. 12i vom 9/4. 1953, veröff. 14/8. 1958.) E. MIESSGANG. 6379

Deutsche Gold- & Silberscheideanstalt vormals Roessler (Erfinder: **Paul Himmelstein**), Frankfurt/M., *Herstellung von Metallen durch Reduktion ihrer Verbindungen.* Das fl. Reduktionsmetall wird der Reduktionszone in feinverteilter, bes. zerstäubter, Form zugeführt, wobei die Rk. mit dem Dampf der zu reduzierenden Verb. unter Ausbldg. einer Flamme erfolgt. Z. B. ist die Red. von $TiCl_4$ mittels Na genannt. (**D. A. S. 1 030 995** Kl. 40a vom 24/2. 1955, veröff. 29/5. 1958.) M. NECKERMANN. 6381

Josef Klaerding, Saargebiet, *Gruben- und Streckenabbaustahl* mit hoher stat. Festigkeit bei plötzlichen hohen Belastungen, bes. für Breitflansch-Profilstahl, **ist dad.** gek., daß der Stahl aus ca. 0,4 (%) *C*, 0,2—0,7 *Mn*, bis 0,3 *Si*, mindestens 0,02—0,04 *Al* u. 0,01—0,2 *Cu*, Rest *Fe* mit den üblichen Verunreinigungen besteht, der einer Abschreckung in W., einer gestuften Härtung in einem Salzbad oder einer doppelten Abschreckung vor u. nach der Ac_3-Umwandlung unterworfen wird. Zweckmäßig wird ein Stahl mit ca. 0,5 C u. 0,06 Al verwendet. (**F. P. 998 944** vom 5/11. 1949, ausg. 24/1. 1952.) H. HOCHSTEIN. 6409

Josef Klaerding, Saarbrücken, *Stahl für Stützkonstruktionen für den Grubenausbau* besteht aus bis ca. 0,5 (%) *C*, 0,2—1,7 *Mn*, bis ca. 1,5 *Si*, wenigstens 0,02 bis 0,04 *Al*, 0,1—0,2 *Cu*, Rest Eisen, wobei die Bauteile einer Abschreckung in W. mit nachfolgendem Anlassen oder einer gestuften Härtung oder einer Abkühlung in einer wss. Salzlsg. oder einer Doppelhärtung von der kurz vor oder hinter dem A_3-Punkt liegenden Temp. unterworfen werden. Der Al-Geh. des Baustahls kann auch ganz oder teilweise durch *Ti* ersetzt werden. Auch kann der Stahl zweckmäßig noch 0,1—0,5 *V* enthalten. (**F. P. 62 415** vom 16/8. 1951, ausg. 14/6. 1955. **Zusatz zu F. P. 998 944; s. vorst. Ref.**) H. HOCHSTEIN. 6409

August Thyssen-Hütte Akt.-Ges. und **Hüttenwerke Phoenix Akt.-Ges.,** Duisburg-Hamborn (Erfinder: **Alfred Lange, Heinz Höfges, Hermann Brandi,** Duisburg-Hamborn, und **Jakob Willems**), Duisburg-Meiderich), *Steigerung der Elektrostahlerzeugung* durch Anwendung des Verf. nach D. B. P. 914 380, ist dad. gek., daß der im Konverter hergestellte Stahl mit SM-Stahl-ähnlichen Eigg. nach dem Einfüllen in den Elektroofen unter einer weißen Schlacke legiert u. dann nach Zugabe der Legierungsmittel in bekannter Weise abgestochen u. vergossen wird. (**D. B. P. 917 975** Kl. 18b vom 12/5. 1944, ausg. 16/9. 1954. Anmeldung bekanntgemacht 11/2. 1954. **Zusatz zu D. B. P. 914 380; C. 1955. 3481.**) H. HOCHSTEIN. 6411

August Thyssen-Hütte Akt.-Ges., Duisburg-Hamborn, und **Hüttenwerke Phoenix Akt.-Ges.,** Duisburg-Ruhrort (Erfinder: **Alfred Lange, Heinz Höfges, Hermann Brandi** und **Jakob Willems,** *Steigerung der Erzeugung im Elektrostahlwerk.* Das Stahlherstellungsverf. nach D. B. P. 917 975 wird so durchgeführt, daß der im Konverter hergestellte Stahl bei niedriger Badhöhe erblasen wird. (**D. B. P. 927510** Kl. 18b vom 29/6. 1944, ausg. 9/5. 1955. Anmeldung bekanntgemacht 30/9. 1954. **Zusatz zu D. B. P. 917 975; s. vorst. Ref.**) H. HOCHSTEIN. 6409

Metallgesellschaft Akt.-Ges. (Erfinder: **Manfred Peucker** und **Hans Schwarz**), Frankfurt/M., *Selbstgängiges Bleischmelzen.* Ein O-Überschuß im einzuschmelzenden Sinter oder in der zur Einschmelzung dienenden Flamme wird durch Zumischung eines Sinters mit einem O-Unterschuß ausgeglichen. Zur Feineinstellung des O : S-Verhältnisses wird ein Sinter mit einem O : S-Verhältnis von 1,90—1,95 : 1 verwendet. (**D. A. S. 1 031 524** Kl. 40a vom 27/1. 1955, veröff. 4/6. 1958. **Zusatz zu D. A. S. 1023589; C. 1959. 8386.**) M. NECKERMANN. 6431

Foundry Services Ltd. (Erfinder: **Frederick Molesworth Bunbury** und **Francis Walter Pursall**), Birmingham, England, *Abstrichflußmittel zur Verwendung bei Aluminium, Magnesium und ihrer niedrigschmelzenden Legierungen* ist dad. gek., daß es aus *Al* mit einer Teilchengröße kleiner als 200 Maschenweite u. einem *Fluorid,* z. B. Na–Al–Fluorid oder Alkalimetall–Silicofluorid, besteht, wobei die Bestandteile des Flußmittels selbst nicht exotherm reaktiv miteinander sein dürfen. Außerdem kann das Flußmittel noch *Na-* oder *K-Chlorid* oder *Sulfat* oder Mischungen derselben enthalten. (**E. P. 798 104** vom 2/1. 1956, ausg. 16/7. 1958.) H. HOCHSTEIN. 6443

Reynolds Metals Co., Richmond, Va., V. St. A., *Gewinnung von Aluminium durch Amalgamelektrolyse* durch Niederschlagen von Al in einer bewegten Hg- oder Al-Amalgamkathode aus einem geschmolzenen Elektrolyten, der wasserfreies $AlCl_3$ im Gemisch mit einer oder mehreren Halogenverbb. von Alkali- oder Erdalkalimetallen oder NH_4 enthält, dad. gek., daß die Al-Konz. in der Hg-Kathode elektrolyt. bis zu 2% gesteigert, die kathod. Mischung aus der Zelle entfernt u. auf mindestens 250° erhitzt wird, um Al im Hg zu lösen, diese Lsg. abgekühlt wird, die so entstandenen Al-Kristalle von der Mutterlsg. abgetrennt werden, die Mutterlauge, die nicht mehr als 2% Al enthält, in die Zelle zur Bldg. der Kathode zurückgeführt wird, die Al-Kristalle durch Dest. von noch anhaftendem u. legiertem Hg befreit werden u. das Destillat ebenfalls der Mutterlauge zugeführt wird. — Zeichnung. (**E. P. 757 908** vom 19/6. 1953, ausg. 26/9. 1956. A. Prior. 24/6. 1952.) G. APEL. 6447

Metallgesellschaft Akt.-Ges., Frankfurt/M. (Erfinder: **Wolfgang Thury,** Leoben, Österreich), *Kornfeinung von Aluminium- und Aluminiumlegierungsschmelzen,* dad. gek., daß in die Schmelze innige Mischungen pulverförmiger *B-* u. *Ti*-Verbb., bes. Kaliumborfluorid u. Kaliumtitanfluorid, mit Al- u./oder Mg-Pulver eingebracht werden. Bes. wird das Verhältnis von B zu Ti in den entsprechenden Verbb. so abgestimmt, daß gemäß dem stöchiometr. Verhältnis die Verb. TiB_2 als wirksamer Kristallisationskeim entsteht. (**D. A. S. 1 041 695** Kl. 40b vom 29/3. 1955, veröff. 23/10. 1958.) H. HOCHSTEIN. 6447

Badische Anilin- & Soda-Fabrik Akt.-Ges. (Erfinder: **Joachim Ludwig Hammer, Gustav Misenta** und **Walther Sommer**), Ludwigshafen/Rh., *Verwendung einer Aluminiumlegierung*, bestehend aus 0,5—1,5 (%) *Si*, 0,3—1,5 *Mn*, 0,5—1,5 *Mg*, bis 1,5 eines oder mehrerer der Metalle *Cr*, *Fe*, *Ti*, *Zn*, *Cu* u. *Pb*, Rest *Al*, als Werkstoff zur Herst. von Absperr- u. Entspannungsvorrichtungen für unter Druck stehende konz., bes. hochkonz. HNO_3 u./oder unter Druck stehende nitrose Gase bzw. derjenigen Teile der Vorr., an denen hohe Strömungsgeschwindigkeiten auftreten. Bes. wird für diesen Zweck eine Legierung verwendet, die aus 0,6—1,2 Si, 0,6—1 Mn, 0,6—1,4 Mg, 0—0,3 Cr, 0—0,5 Fe u. Ti, 0—0,3 Zn, 0—0,1 Cu, 0,01 Pb, Rest Al besteht. (**D. A. S. 1 038 290** Kl. 40b vom 25/1. 1957, veröff. 4/9. 1958.) H. HOCHSTEIN. 6447

Kloth-Senking Akt.-Ges. Eisen- und Metallgießerei (Erfinder: **Fritz Hage** und **Johann Brandis**), Hildesheim, *Verwendung einer Aluminiumlegierung* mit 7—10(%)*Mg* 1,6—3, vorzugsweise 2, *Si*, Rest *Al* zur Herst. von Druckgußstücken, die nach dem Beizen eine saubere Oberfläche haben sollen. (**D. A. S. 1 041 697** Kl. 40b vom 5/2. 1957, veröff. 23/10. 1958.) H. HOCHSTEIN. 6447

Fa. Otto Fuchs (Erfinder: **Wilhelm Rosenkranz** und **Heinz Wiechell**), Meinerzhagen, *Verwendung handelsüblicher Aluminiumlegierungen*, bes. Mg-haltiger, mit geringen *Be*-Gehh. als Werkstoff für Gegenstände u. Bauteile, welche bei Schlag- u. Reibbeanspruchung die Gefahr einer Funkenbldg. ergeben können, im Bergbaubetrieb unter Tage. Zweckmäßig werden für diesen Zweck Al-Legierungen mit 0,001—0,05, bes. 0,002 bis 0,01 (%) *Be*, 2—5,5 *Cu* u. 0,4—1,8 *Mg* verwendet. Auch können Al-Legierungen mit 1—5 *Mg* u. 2—7 *Zn* verwendet werden. (**D. A. S. 1 033 909** Kl. 40b vom 29/3. 1955, veröff. 10/7. 1958.) H. HOCHSTEIN. 6447

John Richard Ireland und **Albert Hazell**, Wolverhampton, England, *Aluminium-Magnesium-Legierungen*, bes. für die Herst. von Spritzgußteilen ist dad. gek., daß die Legierung aus 1,0—3,5 (%) *Mg*, 0,5—1,5 *Mn*, einem oder mehreren der Erdalkalimetalle *Ca*, *Sr* u. *Ba* bis zu einem Gesamtgeh. nicht über 0,2, aus 0,02 *Be* u. Rest *Al* besteht, wobei Al noch als Verunreinigungen andere Elemente bis zu einem Gesamtbetrag nicht über 0,5 enthalten kann. (**E. P. 798 341** vom 5/5. 1956, ausg. 16/7. 1958.) H. HOCHSTEIN. 6447

Aluminiumwerke Nürnberg G. m. b. H. (Erfinder: **Erwin Beer** und **Günter Sessner**), Nürnberg, *Gewinnung eines Kristallgefüges von großer Feinheit und gleichmäßiger Verteilung aller seiner Bestandteile bei der Erstarrung von übereutektischen Al-Si-Legierungen* unter Verwendung P-haltiger Zusätze, dad. gek., daß *P* u. bzw. oder P-Verbb. u. außerdem *Ti*, vorzugsweise in Form von Ti-haltigen Salzen, in so feiner Verteilung, daß die Teilchengröße überwiegend unter 60 μ liegt, in die Schmelze eingeführt werden. Bes. enthalten die Zusatzstoffe Trägersubstanzen, z. B. fein vermahlene *Halogensalze*, wie *KCl* oder $CaCl_2$. (**D. A. S. 1 035 911** Kl. 40b vom 16/11. 1955, veröff. 7/8. 1958.) H. HOCHSTEIN. 6447

Imperial Chemical Industries Ltd., London, England (Erfinder: **James Crosby Smart**), *Gewinnung von Titan* durch Rk. von $TiCl_4$ u. Na, dad. gek., daß die Korngrößen des Reaktionsprod. so weit zerkleinert werden, daß sie durch ein $^1/_4$ Zoll-Sieb gehen, der Ti-reiche Teil mechan. abgetrennt u. hieraus das Ti durch Vakuumdest., Auslaugen mit einer wss. Lsg. oder Lichtbogenschmelzen vom NaCl getrennt wird, während das Ti im NaCl-reichen Teil durch Aufschlämmen oder elektrostat. angereichert u. dann auf übliche Weise gewonnen wird. (**E. P. 792 300** vom 7/12. 1955, ausg. 26/3. 1958.) G. APEL. 6449

Imperial Chemical Industries Ltd., London, England (Erfinder: **Arthur James Smith**), *Gewinnung von Titan, Zirkonium und Hafnium*, dad. gek., daß ein Chlorid mit metall. Na zur Rk. gebracht, das erkaltete Prod. mit einer wss. Lsg. von HCl behandelt, der so gebildete Schlamm entgast, eingedickt u. daraus das Metall gewonnen wird. Das Entgasen wird mindestens 3 Sek. lang in einem anderen Gefäß durchgeführt als die Behandlung des Reaktionsprod. mit der HCl. Das Eindicken erfolgt durch Durchleiten durch einen oder mehrere Hydrocyclone. (**E. P. 793 887** vom 27/1. 1956, ausg. 23/4. 1958.) G. APEL. 6449

Süddeutsche Kalkstickstoff-Werke Akt.-Ges. (Erfinder: **Franz Kaess, Erwin Vogel** und **Richard Bauer**), Trostberg/Obb., *Herstellung von Mg-haltigen Si-Legierungen* ist dad. gek., daß Si oder Si-Legierungen mit MgO oder solches enthaltenden Stoffen zum Umsatz gebracht werden, wobei die entstehende SiO_2 an bas., schlackebildenden Stoffen gebunden wird. Bes. werden die schlackebildenden Basen in großem Überschuß eingesetzt u. die Umsetzungen in ganz oder teilweise geschlossenen Gefäßen unter n. oder erhöhtem Druck durchgeführt. (**D. A. S. 1 035 910** Kl. 40b vom 14/3. 1955, veröff. 7/8. 1958. **F. P. 1 156 739** vom 13/9. 1956, ausg. 20/5. 1958.) H. HOCHSTEIN. 6449

Siemens & Halske Akt.-Ges., Berlin und München (Erfinder: **Werner Kugelstadt**, Heidenheim), *Sinterkörper aus Tantalpulver* zur Verwendung als Elektrode für einen Elektrolytkondensator ist dad. gek., daß, um einen Sinterkörper mit möglichst großer innerer Oberfläche pro Volumeneinheit u. mit möglichst weiten Porenquerschnitten zu erhalten, die Körner des Ta-Pulvers etwa einheitliche Größe (mittlere Durchmesser zwischen 5 u. 25 μ; Schwankungen um die mittleren Durchmesser bis zu $\pm 3\ \mu$) u. zerklüftete dendrit. Gestalt aufweisen. Zweckmäßig wird das Ta-Pulver vor dem Sintern unter einem solchen Druck (von ca. 0,4—1 t/cm^2) zusammengepreßt, daß die innere Oberfläche des Pulvers pro Masseneinheit im Preßling etwa erhalten bleibt, der Preßling aber durch nachfolgendes Sintern zu einem mechan. zusammenhaltenden Körper zusammenzuwachsen vermag. — Abbildungen. (**D. A. S. 1 037 149** Kl. 40b vom 6/8. 1956, veröff. 21/8. 1958.) H. HOCHSTEIN. 6475

Siemens-Planiawerke Akt.-Ges. für Kohlefabrikate (Erfinder: **Erich Fitzer**), Meitingen bei Augsburg, *Sinterkörper, insbesondere Heizleiter, aus Molybdändisilicid*, der gleichzeitig, jedoch an verschied. Stellen, Arbeitstempp. oberhalb 1600° u. Arbeitstempp. zwischen 300 u. 700° ausgesetzt ist, dad. gek., daß der Si-Geh. des Molybdändisilicides im Hochtemperaturteil 34 bis maximal 35,5 Gew.-% beträgt, während das Molybdändisilicid jener Teile, die ständigen Arbeitstempp. zwischen 300 u. 700° ausgesetzt sind, 36 bis bes. 37 Gew.-% Si enthält. Bei der Herst. des Molybdändisilicidsinterkörpers wird ein Molybdändisilicidpulver mit ca. 37 Gew.-% Si unter Zugabe von SiO_2-Pulver zu Formkörpern verpreßt, die bei 1700° gesintert werden, wobei durch Abdampfen im strömenden H_2 ein Si-Geh. von 34,5% eingestellt wird, worauf jene Teile des Sinterkörpers, die Tempp. von 300—700° ausgesetzt werden, in an sich bekannter Weise, z. B. durch Imprägnieren mit geschmolzenem Si aufsiliciert werden. (**D. A. S. 1 041 261** Kl. 40b vom 8/2. 1957, veröff. 16/10. 1958.) H. HOCHSTEIN. 6477

Siemens-Planiawerke Akt.-Ges. für Kohlefabrikate (Erfinder: **Erich Fitzer**), Meitingen bei Augsburg, *Erzeugung von leicht mahlbaren Mo–Si-Hartstofflegierungen* durch Rk. aus den pulverförmigen Komponenten bei hohen Tempp. in inerter oder reduzierender Atmosphäre, dad. gek., daß das Reaktionsgemisch mindestens von 1100° ab innerhalb von längstens 6 Min. auf 1400—1500°, vorzugsweise 1450°, aufgeheizt u. während der spontan einsetzenden exothermen Rk. bis zu deren Abklingen nach wenigen Min. auf der sich dabei einstellenden Temp., oberhalb 1500°, jedoch unterhalb 1800°, gehalten wird u. das Reaktionsprod. nach Beendigung der Rk. abgekühlt oder erkalten gelassen wird. (**D. A. S. 1 037 150** Kl. 40b vom 25/10. 1956, veröff. 21/8. 1958.) H. HOCHSTEIN. 6477

Birmingham Small Arms Co. Ltd., Birmingham, England, *Aufspritzen von rostfreiem Stahl* oder *Fe–Ni-* oder *Fe–Co*-Legierungen unter Verwendung einer durch Spritzen aufgebrachten Zwischenschicht, die *B* in gebundener Form oder im Mischkristall von 2—8,5% enthält. B soll sich bei der Temp. des Aufspritzens der Hauptschicht aus Stahl nicht ausscheiden, wohl aber bei einer späteren Wärmebehandlung u. dann in das Basismetall. u. in den Überzug diffundieren; hierdurch soll die Haftfestigkeit des Überzuges verbessert werden. Die Zwischenschicht soll eine Dicke von 0,001—0,002 inch haben. (**E. P. 803 649** vom 22/10. 1955, ausg. 29/10. 1958.) F. VIER. 6479

Vacuumschmelze Akt.-Ges. (Erfinder: **Adolf Vidmajer**), Hanau/M., *Herstellung von Mehrfachmetallen*, bei denen eine Komponente aus einer Mn-Legierung besteht u. die andere oder die anderen Komponenten aus unedlen Metallen oder unedlen Metalllegierungen, dad. gek., daß die einander zugekehrten Oberflächen mit einer dünnen Schutzschicht aus Metall, dessen Oxydzersetzungstemp. unterhalb der Plattierungstemp. liegt, versehen werden u. die Verb. der Komponenten durch Aufeinanderpressen unterhalb der Schmelztemp. der metall. Schutzschicht erfolgt. Als Mn-Legierung wird eine Legierung aus 5—25 (%) *Ni*, 5—25 *Cu*, Rest mindestens 60 *Mn* verwendet. Für die Schutzschicht werden *Ag*, *Au* oder *Pt-Metalle* verwendet. Die Schutzschicht, die 1—20 μ stark sein soll, kann elektrolyt. oder durch Aufdampfen oder Aufspritzen aufgebracht werden. (**D. A. S. 1 040 873** Kl. 48b vom 15/7. 1955, veröff. 9/10. 1958.) G. APEL. 6479

Vacuumschmelze Akt.-Ges. (Erfinder: **Hans Thomas**), Hanau/M., *Thermobimetalle*, dad. gek., daß die Seite mit der hohen Wärmeausdehnung aus einer an sich bekannten Mn–Cu–Ni-Legierung mit 5—60 (%) *Cu* u. 0,5—25 *Ni*, Rest *Mn* besteht u. die Seite mit der niedrigen Ausdehnung aus einem metall. Werkstoff, der eine höhere Rostbeständigkeit besitzt als bin. Fe–Ni-Legierungen. Die Seite mit der hohen Wärmeausdehnung besteht bes. aus einer Legierung mit 6—15 Cu, 11—21 Ni, 70—77 Mn, die Seite kleinerer Ausdehnung aus Ni, Cu oder einem rostfreien austenit. Cr-Ni-Stahl mit 8 Ni, 18 Cr, Rest *Fe*. Diese Thermobimetalle eignen sich bes. zur Verwendung in W. oder wasserdampfhaltiger Atmosphäre. (**D. A. S. 1 043 750** Kl. 48b vom 26/5. 1954, veröff. 13/11. 1958.) G. APEL. 6479

F. J. Collin Akt.-Ges., Dortmund (Erfinder: **Alfred Jäppelt, Alexander Doerges** und **Helmuth Schade**), *Verfahren zur Verwendung von Abfallbeizlösungen* von der Eisenverarbeitung. In einem Mehrstufenverf. wird die aus H_2SO_4 u. $Fe_2(SO_4)_3$ bestehende Lsg. verwendet, um aus NH_3-, H_2S u. HCN-haltigen Koksofengasen NH_3 herauszulösen u. aus der durch Abtrennen des ausfallenden $Fe(OH)_3$ u. mittels des anwesenden H_2S eisenfrei gemachten Lsg. nach dem Eindampfen $(NH_4)_2SO_4$ zu gewinnen. (**E. P. 791 057** vom 1/3. 1955, ausg. 19/2. 1958.) G. FRIKELL. 6513

British Dielectric Research Ltd., London, England (Erfinder: **Indra Sanghi**), *Elektrischer Kondensator* aus Ta. Eine verbesserte Wrkg. wird erreicht durch Ätzen des Metalls in einer Lsg. einer *organ. Halogenverb.*, wie CCl_3COOH u./oder CCl_3COONa in einem organ. Lösungsm., z. B. wurde eine 50 μ starke Ta-Folie 15 Min. lang als Anode bei einer Stromdichte von 40 mA/cm^2 in einer 35° warmen Lsg. von 5 g CCl_3COOH, 1 g CCl_3COONa in 100 g CH_3OH behandelt u. ergab eine 3,8fache Verbesserung. (**E. P. 797 310** vom 19/1. 1956, ausg. 2/7. 1958.) G. FRIKELL. 6513

Régie Nationale des Usines Renault, Frankreich, *Elektrolytische Erzeugung von Metallüberzügen.* In Anwendung des Verf. nach der F. P. 1 088 657 auf ein elektrolyt. Cu-Bad, wird ein Bad verwendet, dem ein Zn-Salz in einer solchen Menge zugesetzt ist, daß sich ein Zn-Geh. zwischen 0,25 u. 1,25 g/Liter ergibt. Bei cyanid. Cu-Bädern soll dem Bad Nickelcyanid oder ein in dem Bad Nickelcyanid bildendes Ni-Salz in solcher Menge zugesetzt werden, daß sich ein Ni-Geh. zwischen 0,5 u. 2,5 g/Liter ergibt. Außerdem können den Bädern Verbb. wie Sulfocyanid, Mono- u. Polysulfid, Sulfit, Hyposulfit, Na- oder K-Bisulfit in einer Menge von 2—5 g/Liter zugesetzt werden. (**F. P. 65 997** vom 21/5. 1954, ausg. 27/3. 1956. **Zusatz zu F. P. 1 088 657; C. 1956. 5960.**) H. HÄNLE. 6517

E. I. du Pont de Nemours & Co., Wilmington, Del., übert. von: **Edwin D. Boelter jr.**, Niagara Falls, N. Y., V. St. A., *Galvanisch abgeschiedene, glänzende Kupferüberzüge* erhält man aus einem Bad, das besteht aus 1—10 (oz./gal.) *KOH*, 0,5—2,3 freies *KCN*, 7 bis 20 *CuCN*, 2—50 p.p.m. Cu_2Se u. mindestens 100 p.p.m. *Methylen-bis-*(α- oder β-*naphthalinsulfonsäure*). Es wird eine Badtemp. von 60—95° u. eine Stromdichte von 3 bis 140 A/sq.ft. angewendet. (**A. P. 2 854 389** vom 30/4. 1956, ausg. 30/9. 1958.) H. HÄNLE. 6517

National Research Development Corp., London, England (Erfinder: **Geoffrey Wilfred Fynn** und **Thomas William Arthur Bailey**), *Galvanische Metallkörperformung.* Körper verschied. Gestalt, z. B. für Radioteile, können mit größter Genauigkeit galvan. mittels bekannter Cu-Bäder (200 g/Liter $CuSO_4$ u. 40 g/Liter H_2SO_4 konz.) hergestellt werden. Verwendet werden Formkerne für die Innen- oder Außenflächen von Hohl- u. Massivkörpern unter Anwendung von den aufzubauenden Flächen entsprechend geformten Anoden u. von isolierenden Masken zur Beeinflussung der Richtung der Ionenwanderung. (**E. PP. 788 545** vom 21/9. 1954, ausg. 2/1. 1958 u. **789 227** vom 23/11. 1954, ausg. 15/1. 1958.) G. FRIKELL. 6517

British Non-Ferrous Metals Research Association, London, England (Erfinder: **Hanno Fry**), *Galvanisches Chrombad* zur Abscheidung von Überzügen auf Stahl oder anderen Metallen, bestehend aus CrO_3, H_2SO_4 u./oder H_2SiF_6 u. einer Verb. die SeO_4'' oder $HSeO_4'$-Ionen abspaltet, z. B. 250 (g/Liter) CrO_3, 2,38 H_2SO_4 u. 0,2 H_2SeO_4. Es wird bei einer Temp. von 50° u. einer Stromdichte von 10 A/dm^2 gearbeitet. (**E. P. 798 590** vom 14/9. 1955, ausg. 23/7. 1958.) H. HÄNLE. 6519

Hoesch Walzwerke Akt.-Ges. (Erfinder: **Ernst Stöcker**), Hohenlimburg, *Verzinkung von Drähten, Blechen und Bändern.* Zum Abstreifen überschüssigen Zn von feuerverzinkten Blechen, Bändern u. Drähten wird an Stelle von Rollen nach dem Austritt aus dem Verzinkungsbad eine Paste aus Öl u. einem feinpulverisierten Mineral mit einer Korngröße unter 0,06 mm u. einer Sintertemp. von über 800° als Abdeckmasse des Verzinkungsbades am Austritt des Verzinkungsgutes verwendet. Das Mineral hat folgende Zus.: Glühverlust 5,16 (%), SiO_2 81,02, (Al_2O_3 + TiO_2) 5,85, Fe_2O_3 3,95, CaO 1,67, MgO 0,67, Na_2O 0,34, K_2O 1,14. (**D. A. S. 1 032 637** Kl. 48b vom 12/10. 1955, veröff. 19/6. 1958.) G. APEL. 6523

Crittal Mfg. Co. Ltd., Braintree, Essex, England (Erfinder: **John Stephen Brichieri-Colombi** und **John Harold Nicholls**), *Feuerverzinken*, bes. von kleinen Teilen, wie Schrauben mit kleinem Durchmesser zur Erzielung gleichmäßiger dünner Überzüge. Das Zn wird mit einem die Viscosität erniedrigendem Zusatz von 0,01—0,3 Gew.-% *Al* auf Tempp. erhitzt, die wesentlich > 460° sind, z. B. 600—650°. Nach dem Eintauchen der Werkteile wird der Überschuß an Zn durch Schütteln oder Zentrifugieren entfernt. (**E. P. 797 901** vom 10/11. 1955, ausg. 9/7. 1958.) G. FRIKELL. 6523

Design and Research Centre for the Gold, Silver and Jewellery Industries, London, England (Erfinder: **Harold Robert Treece**), *Entfernen der Anlaufschicht auf Silber.* Sofern bei stark abgenutzten versilberten Gegenständen das Grundmetall teilweise freiliegt, wird in Weiterentw. des Verf. nach E. P. 722 255; C. **1955.** 10857 der Gegenstand mit einem gegenüber Ag elektropositiveren Metall, z. B. *Al*, in Kontakt gebracht. — Vgl. F. P. 1 114 948; C. **1958.** 8754. (**E. P. 762 961** vom 22/10. 1953, ausg. 5/12. 1956.) H. HÄNLE. 6527

Arthur D. Little, Inc., Cambridge, übert. von: **Emerson H. Newton,** Arlington, und **John L. Sienczyk,** Chelsea, Mass., V. St. A., *Sulfidüberzug für Eisenlegierungen,* die das Klemmen u. Fressen beim mechan. Bearbeiten verhindern u. neben dieser Wrkg. als Schmiermittel auch korrosionsverhindernd sind u. als Farbgrund dienen. Die Oberfläche der Werkstücke wird aktiviert in einer wss. Lsg. eines Ferrisalzes einer starken Säure (p_H 0,3—2,0), Spülen in einem Säurebad (z. B. H_2SO_4) (p_H 2—3) u. Tauchen in eine Polysulfidlösung. — Beispiel: Bad I: 300 (g/Liter W.) $FeCl_3 \cdot 6H_2O$ + 500 $Fe_2(SO_4)_3 \cdot 7H_2O$ + 500 $Fe(NO_3)_3 \cdot 9H_2O$. Bad II: wss. Lsgg. von *HCl* oder H_2SO_4 oder HNO_3 (p_H 2,5 bzw. 2,3 bzw. 2,4). Bad III: 150 (g/Liter W.) *NaOH* + 150 *S*-Blume, p_H 12,3 oder 20 *CaS* + 30 S-Blume, p_H 11,1. (**A. P. 2 829 995** vom 12/3. 1957, ausg. 8/4. 1958.) G. FRIKELL. 6529

Metallgesellschaft Akt.-Ges., Frankfurt/M., *Aufbringen von festhaftenden Überzügen auf korrosionsbeständigen Metallen, wie Chrom, Nickel, Eisen und Legierungen von mindestens zwei dieser Metalle.* Die Metalloberfläche wird bei der Temp. der Überzugsbldg. mit einer wss., sauren Lsg. von *Oxalsäure* behandelt, die *Fe(III)*- u. *F*-Ionen enthält, u. deren Gesamtgeh. an Fe 0,4—15 (%) u. deren F-Ionengeh. 0,7—7 beträgt. Die festhaftenden Überzüge dienen zur Zieherleichterung u. als Hilfe bei plast. Verformungen allgemein. — Vgl. F. P. 1 131 538; C. **1959.** 950. (**Oe. P. 191 701** vom 16/5. 1955, ausg. 10/9. 1957. A. Prior. 17/5. 1954.) F. MARKHOFF. 6529

Michael N. Marosi, Los Angeles, Calif., V. St. A., *Schutzschicht für Aluminium* gegen Einfll. von atmosphär. Feuchtigkeit u./oder Seewasser u. gegen mechan. Einwirkung. Mittels NaOH-Lsg. wird der Al-Gegenstand gereinigt, entfettet u. die natürliche Oxydschicht vom Al-Grund gelockert. Dann wird mittels einer wss. 5% ig. Lsg. von 42 (Teilen) *Citronensäure,* 42 NH_2HSO_3, 14 $NaHF_2$ u. 2 eines anion. Netzmittels, wie Na-Alkylarylsulfonat, die auf 130—140° erhitzt ist, während 5—6 Min. ein Reaktionsprod. mit dem Al-Oxyd erzeugt, das trotz seiner geringen Dicke gegen Korrosion schützt u. eine glatte Oberfläche von gutem Aussehen bildet. (**A. P. 2 836 526** vom 5/7. 1956, ausg. 27/5. 1958.) G. FRIKELL. 6529

Gulf Oil Corp., Pittsburgh, übert. von: **Troy L. Cantrell,** Drexel Hill, und **Earl E. Fisher,** Glenolden, Pa., V. St. A., *Korrosionsschutzmittel auf Mineralölbasis,* bestehend aus 49—88 (Gew.-%) Mineralöl, 5—15 W., 0,25—2,5 prim., sek. u. tert. C_{2-3}-Alkanolaminen (I), 0,1—1 Salzen von prim. aliphat. C_{8-18}-Aminen mit C_{3-10}-Dialkylphosphaten, 1—10 öllsöl. Alkalisulfonaten, 0,75—7,5 C_{12-24}-Fettsäuren (II) 5—15 Gemischen aus Butanol mit 2-Butoxyäthanol (III) oder **III** allein, wobei das mol. Verhältnis von **I : II** = 1 : 1 ist u. die Anteile in der Mischung an Butanol 0—14 (Gew.-%) u. an **III** 1—15 betragen. — Beispiel: 35 leichtes Schmieröldestillat, 34,42 leichte Mineralölfraktion, 5,5 Ölsäure, 1,75 Triäthanolamin, 0,33 Cocosaminsalz der 2-Äthylhexyl-3-methylbutoxyorthophosphorsäure (als 84% ig. Mineralöllsg.), 3,5 Na-Petroleumsulfonat, 5 **III**, 12 Wasser. (**A. P. 2 763 614** vom 4/6. 1954, ausg. 18/9. 1956.) E. DREWS. 6539

Imperial Chemical Industries Ltd., England, *Korrosionsschutzmittel* für Eisen gegen atmosphär. Korrosion, bestehend aus einer Öl-in-W.-Emulsion, welche als öligen Bestandteil ein mineral., pflanzliches oder tier. *Öl,* z. B. Mineralöl, Ricinusöl oder Leinöl, enthält u. als Zusatz 1—5% eines *Phosphorsäuremono-* oder *-diesters,* in welchem ein H-Atom einer Phosphorsäure—OH-Gruppe ersetzt ist durch einen alkylierten Phenylrest, dessen Alkylgruppe wenigstens 8 C-Atome enthält. Genannt sind z. B. das 4-[tert.-Octyl]-phenylmethyl- oder -phenyläthylorthophosphat. (**F. P. 1 126 418** vom 24/2. 1955, ausg. 22/11. 1956. E. Priorr. 9/4. 1954 u. 14/1. 1955.) M. F. MÜLLER. 6539

Cities Service Research & Development Co., New York, N. Y., übert. von: **William B. Hughes,** Tulsa, Okla., V. St. A., *Korrosionsschutzmittel für Eisen* gegen den Angriff von CO_2 u./oder H_2S u. anderen Säuren, wie sie in der Fl. von Ölquellen vorkommen. Durch Rk. einer Dicarbonsäure mit Monoäthanolamin u. Umsatz des entstehenden Prod. mit P_2S_5 wird eine sehr wirksame Verb. der Formel **A** gewonnen. Hierin ist R ein Dicarbonsäurerest von z. B. Therephthal-, Sebacin-, Bernstein- u.

```
H2C—S          S—CH2
 |    \       /    |
 |     C—R—C       |
 |    //      \\   |
H2C—N     A     N—CH2
```

Schleimsäure. Bereits in Verdünnung von 1 : 10000 bis 1 : 100000 erfolgt eine Herabsetzung der Korrosionsverluste bis zu 99%. (**A. P. 2 832 735** vom 17/11. 1955, ausg. 29/4. 1958.) G. FRIKELL. 6539

General Motors Corp., Detroit, übert. von: **Ellen L. Karchner**, Grand Rapids, Mich., V. St. A., *Verbesserung der Korrosionsfestigkeit von nichtrostendem Stahl* aus Fe–Cr–Ni-Legierungen. Die Werkstücke werden mindestens 10 Min. in eine 170—1190° heiße wss. Lsg. getaucht, die 3—10 (Gew.-%) H_2CrO_4 u. 2—5 H_3PO_4 (85%) enthält. (**A. P. 2 832 708** vom 25/11. 1955, ausg. 29/4. 1958.) G. FRIKELL. 6539

Reynolds Metals Co., Louisville, Ky., V. St. A. (Erfinder: **Frederick Alvin Rohrman**), *Schutzanoden* für im Erdboden oder in korrodierenden Wässern verlegte Eisen- oder Stahlteile, wie Pipe lines, Ölbehälter. Herst. aus mit 0,01—10% *Hg* legiertem *Al*. Derartige Legierungen lassen sich leicht bearbeiten u. stellen eine lange akt. bleibende Anode dar. (**E. P. 788 713** vom 25/6. 1956, ausg. 8/1. 1958. **F. P. 1 154 612** vom 4/7. 1956, ausg. 14/4. 1958.) G. FRIKELL. 6539

I. N. Putilowa, Ss. A. Balesin und W. P. Barannik, Die Inhibitoren der Metallkorrosion. Moskau: Goschimisdat. 1958. (184 S.) [russ.]

IX. Organische Industrie.

Shigeru Tsutsumi, *Die Oxydation in der Petrolchemie.* Übersicht. — 11 Literaturangaben. (J. Soc. org. synth. Chem. Japan **16**. 487—96. Okt. 1958. Ōsaka, Univ., Techn. Fak. [Orig.: japan.]) E. MAEKAWA. 6582

B. Ja. Golant und **N. A. Petrow**, *Ester der Fettsäuren und mehrwertiger Alkohole als Emulgatoren.* Beschreibung verschied. Methoden zur Herst. der Monoester verschied. Fettsäuren mit mehrwertigen Alkoholen (Glycerin, Sorbit) u. zur Abtrennung von den nebenbei entstehenden Di- u. Triestern nach Angaben der Literatur, bes. der amerikan. u. engl. Patente. — 28 Literaturangaben. (Маслобойно - Жировая Промышленность [Öl- u. Fett-Ind.] **25**. Nr. 2. 16—19; Nr. 3. 15—18. 1959.) G. HEDER. H 800

Teodor Magdolen und **Zdeněk Šťota**, *Kontinuierliche 1.2.4.5-Tetrachlorbenzolherstellung.* Es wird die 1.2.4.5-Tetrachlorbenzolherst. aus Abfallisomeren bei der Hexachlorcyclohexanherst. beschrieben. Diese werden therm. oder alkal. dehydrochloriert. Das erzeugte techn. Trichlorbenzol enthält als Hauptbestandteil das 1.2.4-Isomere. Das Gemisch von Isomeren wird bei > 100° chloriert. Die verwendete Menge Cl_2 entspricht 40% der Theorie. Durch Abkühlen der erhaltenen 40%ig. Lsg. von Tetrachlorbenzol in Trichlorbenzol gewinnt man Kristalle von 1.2.4.5-Tetrachlorbenzol mit 32,2—35% Ausbeute. (Chem. Průmysl **8 (33)**. 11—13. Jan. 1958. Bratislava-Predmestie, Výzkumný ústav agrochem. technol.) J. SCHNEIDER. H 1010

Helmut Wirner, *Über klinisches Dextran. Dextrane* (**I**) sind Polysaccharide, die von einer Reihe von Bakterien bei ihrer Entw. in Rohrzuckerlsg. aufgebaut werden (Biosynth.) u. meist aus Glucoseresten bestehen. Die bekannten **I**-bildenden Organismen liegen meist in Kokkenform vor u. gehören zur Familie der Lactobacteriaceen. Für ihre Nährlsg. wird Melasse verwendet. Es werden sodann die Eigg. des klin. **I** geschildert u. seine Derivv. angegeben. (Z. Zuckerind. **8 (83)**. 442—45. 20/9. 1958.) R. WALCKER. H 4050

Gulf Oil Corp., Pittsburgh, übert. von: **Paul W. Cornell** und **Ernest Cotton**, Mount Lebanon, Pa., V. St. A., *Lagerung von Gasen*, die bei abwechselnd unterbrochenen chem. Rkk. nicht benötigt werden, z. B. bei Hochdruckhydrierungen von KW-stoffen in Ggw. von H_2, katalyt. Aromatisierungen von KW-stoffölen in Ggw. von H_2, katalyt. Oxydationen von KW-stoffen unter erhöhtem Druck zu Aldehyden, Alkoholen oder Säuren, Austausch u. Wiederbelebung von Katalysatoren, Verflüssigung von Kohle durch Spalthydrierung. — Das im Reaktionsbehälter unter Druck stehende nicht benötigte Gas läßt man in einen zweiten Behälter mit niedrigerem Druck fließen, bis Druckausgleich erfolgt ist, sodann wird das Restgas in das zweite Gefäß eingepumpt. Anschließend kann das Gas, falls es im Reaktionsgefäß benötigt wird, in dieses in gleicher Weise zurückbefördert werden. — Vorrichtungen, 2 Zeichnungen. (**A. P. 2 757 067** vom 20/12. 1950, ausg. 31/7. 1956.) G. KRAUSS. 6551

Metallgesellschaft Akt.-Ges. (Erfinder: **Wilheln Herbert**), Frankfurt/M., *Reinigung von Synthesegas*, das durch Sauerstoffdruckvergasung aus bituminösen Brennstoffen gewonnen wurde, dad. gek., daß das Synthesegas nach der Teerabscheidung nacheinander einer Öl- oder Benzinwäsche, einer Druckwasserwäsche, gegebenenfalls einer Aktivkohlebehandlung, u. einer Behandlung zur Entfernung organ. S-Verbb., bes.

mit stark alkal. Eisenhydroxydmassen, unterworfen wird. (**D. B. P. 969 533** Kl. 12i vom 3/10. 1937, ausg. 12/6. 1958. Anmeldung bekanntgemacht 26/5. 1954.)
H. KOBS. H 500

E. I. du Pont de Nemours & Co., Wilmington, Del., übert. von: **Fred W. Starks,** Tonawanda, N. Y., V. St. A., *Stabilisierung von chlorierten Kohlenwasserstoffen,* bes. von Trichloräthylen, Perchloräthylen, Tetrachloräthan, gegen durch Metalle oder Metallsalze (Al, $AlCl_3$) hervorgerufene Zers. durch Zusatz von geringen Mengen (0,5—5%) eines cycl. Sulfons der Formel RSO_2, in der R ein 2wertiger KW-stoffrest mit 4—6 C-Atomen ist, z. B. Butadien-, Pentadien- u. Hexadiensulfon. (**A. P. 2 742 509** vom 23/7. 1954, ausg. 17/4. 1956.)
W. GRÄGER. H 500

Esso Research and Engineering Co., übert. von: **Isidor Kirshenbaum,** Union, N. J., V. St. A., *Olefine mit wenigstens 6 C-Atomen* erhält man durch Dehydrierung von KW-stoffen, die Naphthene u./oder Paraffine mit mindestens 6 C-Atomen enthalten u. die zur Aromatisierung u. Cyclisierung neigen, in Dampfform in Ggw. von 1—25 Mol Wasserdampf u. eines Dehydrierungskatalysators aus 60—80 (%) Al_2O_3, 20—40 Cr-Oxyd u. 1—5 einer K-Verb., berechnet als K_2O, der noch bis zu 10 SiO_2, Zr-, Ce-, Mn-, Bi-, Be-Oxyd, CaO u. ZnO, Pt u. Pd als Stabilisierungs- u. Aktivierungsmittel enthalten kann, bei 750—1100° F, bes. 950—1000° F, u. einer Verweilzeit von 0,1—10 Voll. Fl. je Vol. Katalysator je Stunde. — Aus einer Mischung aus 30 Methylpentan, 47,5 n-Hexan, 8 Methylcyclopentan, 10 Cyclohexan, 4 Bzl. u. 0,5 Dimethylpentan in Ggw. eines Katalysators aus 22 Cr_2O_3, 71 Al_2O_3, 4,5 SiO_2 u. 1,8 K_2O bei 1025—1030° F unter Zusatz von 6 Mol-% Wasserdampf → 22 % Vol.-% Olefine. (**A. P. 2 754 345** vom 1/4. 1952, ausg. 10/7. 1956.)
G. KRAUSS. H 510

Esso Research and Engineering Co., übert. von: **Brook I. Smith,** Elizabeth, N. J., und **William H. Rader,** Baton Rouge, La., V. St. A., *Adsorption von Olefinen,* bes. mit 2—5 C-Atomen, durch starke Mineralsäuren, bes. konz. H_2SO_4, erfolgt bei 160 bis 190° F u. 300—400 lbs./sq.in. im Gegenstrom, wobei nach der Adsorption von z. B. 0,6—0,8 Mol Äthylen je Mol H_2SO_4 an verschied. Stellen des Reaktionsturmes frische Säure zugeführt wird. Ein Teil der Adsorptionslsg. wird im Kreislauf geführt, die übrige abgetrennt u. mit W. verd., bis der H_2SO_4-Geh. 45—55% beträgt, wodurch das z. B. entstandene *Mono-* u. *Diäthylsulfat* zu A. u. Ae. hydrolysiert wird, die dann durch Dest. abgetrennt werden können. — Vorr., Zeichnung. (**A. P. 2 755 297** vom 11/12. 1952, ausg. 17/7. 1956.)
G. KRAUSS. H 520

Gulf Oil Corp., Pittsburgh, übert. von: **Lawrence H. Corn,** Canonsburg, Pa., V. St. A., *Polymerisation von gasförmigen Olefinen zu flüssigen Polymeren* erfolgt in Ggw. eines dünnen H_3PO_4-Films, der auf Quarzstücke mit der Größe von 4 Maschen oder kleiner aufgebracht ist, bei 300—400° F u. 250—400 lbs./sq.in. in einem senkrechten Rohr, in dem der Katalysator fest angeordnet u. das mit dem fl. Olefinpolymeren gefüllt ist. Das Olefin, z. B. Propylen, wird von unten nach oben durch das Rohr geleitet u. an dessen Kopf, z. B. das *Propylentetramere,* abgezogen. Vgl. A. P. 2 186 021; C. **1940.** II. 2792. — Vorr., Zeichnung. (**A. P. 2 770 665** vom 12/9. 1952, ausg. 13/11. 1956.)
G. KRAUSS. H 520

Heinz Martin und **Heinrich Merkel** (Erfinder: **Friedrich Martin** und **Heinrich Merkel**), Mülheim/Ruhr, *Herstellung gasförmiger, ungesättigter aliphatischer Kohlenwasserstoffe* erfolgt durch katalyt. Spaltung von KW-stoffgemischen mit großem Siedebereich bei 700—800°, bes. 760—780°, in Ggw. von aus unglasierten keram. Massen bestehenden, bes. in Quarzrohren angeordneten, Katalysatoren u. eines Trägergases (Wasserdampf, N_2) u. einem Durchsatz von $>$0,6 Raumeinheiten KW-stoff je Raumeinheit Katalysator/Std., dad. gek., daß die durch FISCHER-TROPSCH-Synth. erhaltenen KW-stoffe gespalten werden, u. daß der sich auf die Menge aus KW-stoff u. Trägergas beziehende Gesamtdurchsatz in der Weise eingestellt wird, daß je Raumeinheit KW-stoff mindestens 1,5 Raumeinheiten Trägergas, bezogen auf dessen fl. Zustand, bzw. mindestens 800 Raumteile Trägergas, bezogen auf dessen gasförmigen Zustand, je Raumeinheit Katalysator/Std. dem Reaktionsraum zugeführt werden. — Aus einem Spaltgas aus 0,5 (%) CO_2, 2,3 C_4H_8, 6,7 C_3H_6, 37,5 C_2H_4, 3,5 CO, 0,5 O_2, 24,7 H_2, 20,9 CH_4 u. 3,4 N_2 erhält man 41,2 *Äthylen,* 11,1 *Propylen* u. 5,1 *Butylen.* (**D. B. P. 965 579** Kl. 12o vom 7/12. 1951, ausg. 13/6. 1957. Anmeldung bekanntgemacht 28/5. 1953.)
G. KRAUSS. H 520

General Aniline & Film Corp., New York, N. Y., übert. von: **John W. Copenhaver,** Short Hills, N. J., V. St. A., *Konjugierte Diene oder deren Dimere* erhält man durch Erhitzen von Alkoxyverbb. der allg. Formel I auf ca. 75—165° oder höher in Ggw. eines sauren Katalysators (Mineralsäuren, organ. Sulfonsäuren, Metallchloride, wie FRIEDEL-CRAFTS-Katalysatoren) nach dem Reaktionsschema:

$-\overset{|}{\underset{|}{C}}(OR)-\overset{|}{\underset{|}{C}}-Y$ (I), $\xrightarrow[-H_2O \text{ oder } -RCOOH]{-ROH}$ $-\overset{|}{C}=\overset{|}{C}-\overset{|}{C}=\overset{|}{C}-$ wobei Y = $-\overset{|}{C}(OR)-\overset{|}{\underset{|}{C}}-$; $-\overset{|}{C}(OH)-\overset{|}{\underset{|}{C}}-$; $-\overset{|}{C}(OOCR)-\overset{|}{\underset{|}{C}}-$ u. $-\overset{|}{C}=\overset{|}{C}-$; R = Alkyl. — Aus 0,21 Mol 2-Methyl-4-methoxypentan-2-ol u. 95 g 48%ig. HBr nach 4std. Rückfluß → 11 g *Dimeres* von *2-Methylpenta-1.3-dien*, $(C_6H_{10})_2$, Kp.$_{65}$ 96°; n_D^{25} 1,4719. Durch 1std. Erhitzen mit p-Toluolsulfonsäure entsteht das *Monomere*, C_6H_{10}, Kp. 75—75,5°; n_D^{25} 1,4418. — 2-Methyl-2.4-dimethoxybutan → *Isopren*; *SO_2-Addukt*, F. 64—65°; *Maleinsäureanhydridaddukt*, F. 63,5—64,5°. — 2.2.4-Trimethyl-6-methoxy-3-hepten → *Dimeres* von *2.2.4-Trimethylhepta-3.5-dien*, $C_{20}H_{36}$, Kp.$_{10}$ 144—146°; n_D^{25} 1,4733. — Zwischenprodd., bes. zur Herst. von Polymeren. (**A. P. 2 739 995** vom 29/6. 1951, ausg. 27/3. 1956.)

G. KRAUSS. H 520

Badische Anilin- & Soda-Fabrik Akt.-Ges., Ludwigshafen/Rh. (Erfinder: **Friedrich Wilhelm Schierwater**, Ludwigshafen/Rh., **Ernst Bartholomé**, Heidelberg, und **Erwin Lehrer**, Bad Dürkheim), *Herstellung von Acetylen* (I) erfolgt durch therm. Spaltung, bes. durch teilweise Oxydation gasförmiger oder verdampfter KW-stoffe u. rasche Abkühlung der Reaktionsgase durch Einführung von W. in den Gasstrom, wobei man das W. in Form unzerteilter Strahlen einführt u. dabei die Dicke d der Strahlen u. den Wasserdruck p_W vor den Austrittöffnungen der Wasserdüsen für einen Gasstrom mit gegebenem Staudruck p_G u. eine bestimmte Eindringtiefe a des W. in den Gasstrom so wählt, daß der Zahlenwert des Ausdrucks $(p_W:p_G) \times (d:a)$ zwischen 1 u. 15 liegt. Das W. wird durch eine Mehrzahl von Austrittsöffnungen eingeführt u. möglichst gleichmäßig über den Querschnitt des Gasstromes verteilt. Zusätzlich kann zerstäubtes W. eingeführt werden, indem man die Randbezirke des Gasstromes durch zusätzliches Einspritzen von W. in Form feiner Tröpfchen abschreckt. — Aus Methan wird ein Gasgemisch mit 7,82 bis 8,52 Vol.-% I u. 4,28 g/m³ Ruß erhalten. (**D. A. S. 1 051 845** Kl. 12o vom 3/8. 1957, veröff. 5/3. 1959.)

G. KRAUSS. H 530

Farbenfabriken Bayer Akt.-Ges. (Erfinder: **Peter Kurtz**), Leverkusen, *Herstellung von allylsubstituierten Acetylenverbindungen* gemäß D. A. S. 1 007 767, dad. gek., daß man tert. oder sek. Acetylencarbinole, deren Acetylenrest noch ein freies H-Atom an der Dreifachbindung enthält, mit Halogeniden der Allylreihe in Ggw. von Cu(I)-Verbb., bes. CuCl, in wss. Medium, bes. bei einem p_H-Wert zwischen 4 u. 5,5, umsetzt. Als Lösungsm. können außer W. auch Salz-Lsgg. verwendet werden, denen noch organ. Lösungs- bzw. Verdünnungsmittel (Bzl., A. oder Aceton) zugesetzt werden können. Die Rk. wird im allg. bei n. oder erhöhter Temp. (bis 100°) vorgenommen. — So erhält man aus 2-Methylbutin-(3)-ol-(2) → *2-Methylhepten-(6)-in-(3)-ol-(2)*, Kp.$_{13}$ 68—69°, n_D^{20} 1,4592; aus 3-Methylpenten-(1)-in-(4)-ol-(3) → *3.7-Dimethyloctadien-(1.7)-in-(4)-ol-(3)*, Kp.$_{0,35}$ 52—60°, n_D^{20} 1,4742; aus 2-Methylbutin-(3)-ol-(2) → *2.6-Dimethylhepten-(6)-in-(3)-ol-(2)*, Kp.$_{14}$ 78—80°, n_D^{20} 1,4610; aus Butin-(1)-ol-(3) → *Hepten-(6)-in-(3)-ol-(2)*, Kp.$_{13}$ 73°, n_D^{20} 1,4688. — Zwischenprodd. für die Herst. von Pharmazeutica. (**D. A. S. 1 045 389** Kl. 12o vom 19/3. 1957, veröff. 4/12. 1958. **Zusatz zu D. A. S. 1007767; C. 1958. 14133.**)

W. GRÄGER. H 530

Imperial Chemical Industries Ltd., London, England (Erfinder: **Dorothy Shaw Turner Bryson**), *Diole* erhält man durch Red. von Dicarbonsäureestern, bes. der Bernstein-, Glutar- u. Adipinsäure mit Alkoholen von nicht $>C_4$, bei 180—260° u. 150—350 at in Ggw. von Cu–Al-Katalysatoren unter Wasserausschluß. — Glutarsäuredimethylester → *Pentandiol-(1.5)* + CH_3OH. — Bernsteinsäuredimethylester → *Butandiol-(1.4)* + CH_3OH. (**E. P. 806 025** vom 5/9. 1956, ausg. 17/12. 1958.)

O. MÜLLER-MEININGEN. H 570

Sandoz Akt.-Ges., Basel (Erfinder: **Kurt Hofer**, Neue Welt), Schweiz, *Herstellung von Alkyläthern des Monocarboxymethylglykols oder von Monocarboxymethylpolyglykoläthern* der Formel $RO(CH_2CH_2O)_nCH_2COOMe$, worin R einen Alkylrest, n eine ganze Zahl von 1—10 u. Me ein Anion bedeutet, dad. gek., daß man das durch Einw. von CO u. H_2 auf tetrameres C_3H_6 erhaltene Gemisch von Alkoholen 1—10 Mol Äthylenoxyd anlagert u. das erhaltene Gemisch von Mono- oder Polyglykoläthern mit Verbb., welche die Gruppe $-CH_2C(=O)OMe$ abgeben, umsetzt. Man kann die Mono- oder Polyglykoläther partiell oder ganz carboxymethylieren. — Aus 1 (Mol) Tetramethylnonanol u. 5 Äthylenoxyd (I) in Ggw. von etwas Alkalihydroxyd, erhält man den *Tridecylpentaglykoläther*, dieser unter Rühren bei 40° mit 1,1 pulverisiertem NaOH versetzt, wird bei 40—50° mit 1 chloressigsaurem Na carboxymethyliert. Beim Neutralisieren mit H_2SO_4 erhält man ein dickfl., trübes Prod., klar lösl. in W., Sodalsg. u. NaOH (1—10° Bé.) in der Wärme u. Kälte. — 400 (Gewichtsteile) Tetramethyl-

nonanol bei 140° mit 88 I in Ggw. von NaOH umgesetzt, ergibt *Tetramethylnonyldiäthylenglykoläther* neben *Mono-*, *Tri-*, *Tetraäthylenglykoläther*. Mit je 1 Mol NaOH u. monochloressigsaurem Na erhält man ein Gemisch der Na-Salze der Äthercarbonsäuren $C_{13}H_{27}(OCH_2 \cdot CH_2)_{1-4}-OCH_2COOH$, helle, halbfeste Masse. — Netzmittel für den Beuch-, Abkoch- u. Bleichprozeß u. in alkal. Färbebädern. — Vgl. F. P. 1 127 796; C. 1958. 14144. (**Schwz. P. 329 038** vom 21/7. 1954, ausg. 31/5. 1958.)
G. KÖNIG. H 570

Farbwerke Hoechst Akt.-Ges., vormals Meister Lucius & Brüning (Erfinder: **Horst Bretschneider**), Frankfurt/M., *Herstellung tertiärer Phosphorsäureester* partieller Carbonsäureester mehrwertiger Alkohole, dad. gek., daß tert. Phosphorsäureester partiell veresterter mehrwertiger Ätheralkohole, wobei das Mol.-Gew. der Ätheralkohole mindestens 150 betragen soll, mit einer oder mehreren Carbonsäuren bzw. deren Gemischen oder deren Anhydriden bei einer Temp. >100° weiterverestert werden. Tert. Phosphorsäureester mit mindestens 2 partiell veresterten mehrwertigen alkohol. Resten werden mit mehrwertigen Carbonsäuren polykondensiert weiter verestert. Man erhält Verbb. der nebenstehenden Formeln,

$$O{=}P\begin{cases}O(\cdot X\cdot O\cdot)_l\,A\\ O(\cdot Y\cdot O\cdot)_m\,B\\ O(\cdot Z\cdot O\cdot)_n\,C\end{cases}\quad \text{und}\quad O{=}P\begin{cases}O(\cdot X\cdot O\cdot)_n\,C\\ OR_1\\ OR_2\end{cases}$$

wobei X, Y, Z gleiche oder verschied. Reste mehrwertiger aliphat. Hydroxylverbb., A, B, C gleiche oder verschied. Reste ein- oder mehrwertiger Carbonsäuren oder Reste derselben mehrwertigen Carbonsäure, B u./oder C auch H bedeuten, R_1 = Reste einwertiger aliphat. oder aromat. OH-Verbb., R_2 kann vom Typ R_1 oder vom Typ $(XO)_nC$ sein u. l, m, n = ganze Zahlen von 1—20. Katalysatoren, wie Mg-Späne, können angewendet werden. Die Rk. kann in Ggw. von Lösungsm. oder Verdünnungsmittel u. bei erhöhten Drucken durchgeführt werden. — Dispergiermittel, Salbengrundlagen, Emulgatoren in Nahrungs- u. Genußmitteln, Waschmittel, Schlichtmittel, Antistatica. (**D. B. P. 971 212** Kl. 12o vom 10/5. 1952, ausg. 24/12. 1958. Anmeldung bekanntgemacht 10/3. 1955.)
G. KÖNIG. H 590

Roche Products Ltd., Welwyn Garden City, Hertfordshire, England, *2.6.11.15-Tetramethylhexadecahexen-(2.4.6.10.12.14)-in-(8)-dial-(1.16)* (I), F. 190—192°; *Diphenylhydrazon*, aus Pyridin feine Nadeln, F. 249° (Zers.). 2.7-Dimethyloctadien-(2.6)-in-(4)-dial-(1.8) gibt mit Orthoameisensäuretriäthylester in Ggw. von NH_4NO_3 das Diacetal, das mit einem Vinylalkyläther in Ggw. eines sauren Kondensationsmittels (BF_3 u. dessen Ätherat) 3.10-Dialkoxy-4.9-dimethyldodecadien-(4.8)-in-(6)-diacetal-(1.12) gibt, aus dem nach der Hydrolyse des Diacetals u. Abspaltung von Alkohol zwischen der 2- u. 3- u. der 10- u. 11-Stellung durch Erhitzen mit wss. H_3PO_4 auf 110° 4.9-Dimethyldodecatetraen-(2.4.8.10)-in-(6)-dial-(1.12), F. 165°, erhalten wird; daraus entsteht mit einem Orthoester aus einer aliphat. Carbonsäure mit höchstens 6 C-Atomen u. einem Alkanol, wie Orthoameisensäuretriäthylester, in Ggw. eines sauren Kondensationsmittels, wie NH_4NO_3, 4.9-Dimethyldodecatetraen-(2.4.8.10)-in-(6)-dial-(1.12)-tetraäthylacetal, $Kp._{0,04}$ 181°; n_D^{27} 1,57; dieses gibt mit einem Propenylalkyläther, wie Propenyläthyläther oder Propenylbutyläther, in Ggw. von BF_3-Ätherat, $ZnCl_2$, $AlCl_3$, $SnCl_4$ oder $TiCl_4$ → 3.14-Diäthoxy-2.6.11.15-tetramethylhexadecatetraen-(4.6.10.12)-in-(8)-dial-(1.16)-tetraäthylacetal, UV-Maxima 330 u. 350 mμ (A.), das beim Verseifen u. A.-Abspalten in Dioxan mit 87%ig. H_3PO_4 I liefert. Dieses gibt mit 2 Mol α-Bromessigsäuremethylester *Dehydromethylbixin*, daraus mit H_2 u. Isomerisieren → *all-trans-Methylbixin*. Durch Oxydation der Aldehydgruppen entsteht aus I *Dehydrocrocetin* u. daraus mit H_2 u. Isomerisierung *Crocetin*. Wird I-Acetal mit einem Alkylvinyläther umgesetzt u. das Kondensationsprod. mit einer Säure behandelt, so entsteht *Dehydrobixindialdehyd* u. daraus mit H_2 u. Isomerisierung *Bixindialdehyd*, die mit 2-Methyl-6-bromhepten-(2) nach GRIGNARD *Dehydrolycopin* u. *Lycopin* geben. — Zwischenprodukt. — Vgl. auch D. B. P. 964 858; C. **1958**. 858. (**E. P. 751 573** vom 12/8. 1954, ausg. 27/6. 1956. Schwz. Prior. 14/8. 1953.)
G. KRAUSS. H 680

N. V. de Bataafsche Petroleum Mij., Den Haag, Holland, *Nitrile* erhält man durch Rk. von prim. oder sek. aliphat. oder aromat. Mono- oder Diaminen mit CO in Ggw. eines wasserabspaltenden Katalysators, bes. γ-Al_2O_3, MgO oder ZnO, bei 400—500° oberhalb 300 at in der Gasphase nach: $RNH_2 + CO \rightarrow RCN + H_2O$. — Beispiele: Anilin → 67 (%) *Benzonitril*, außerdem 21 Phenol, 4 Diphenylamin u. HCN. — m-Phenylendiamin → 20,4 *Isophthalonitril*, 12,5 Resorcin, 14,2 HCN. — p-Toluidin → 72 *p-Tolunitril*, 11 p-Kresol, 16 HCN. — Diphenylamin → 16 *Benzonitril*, 16 Phenol, 24 Benzanilid. — Propylamin → 43 *Butyronitril*, 5 Butyramid. — Äthylendiamin → 55 *Bernsteinsäuredinitril*. 1.4-Diaminobutan → 22 Adipinsäure (I), 9 I-*Dinitril*, 22 I-Diamid, 3—5 Pyrrolidin. (**E. P. 803 478** vom 1/4. 1957, ausg. 29/10. 1958.) O. MÜLLER-MEININGEN. H 800

Lever Brothers Co., New York, N. Y., übert. von: **Cheves T. Walling**, Upper Montclair, N. J., V. St. A., *Kürzerkettige Fettsäuren* erhält man durch Halogenieren von langkettigen Fettsäuren, bes. mit 12—24 C-Atomen, bes. in Ggw. von UV-Licht, u. Schmelzen der entstandenen Halogenfettsäuren mit wenigstens 2 Mol Alkali je Mol Halogen bei ca. 275°, bes. wenigstens 300°, wodurch Fettsäuren bes. mit 2—12 C-Atomen entstehen. — 90% ig. Palmitinsäure wird mit Cl_2 in Ggw. von Licht bei 110° behandelt u. die entstandene Dichlorpalmitinsäure mit 4,25 Mol 50% ig. wss. NaOH auf 300° erhitzt. Durch Dest. erhält man Fettsäuren mit 14 u. weniger C-Atomen. $C_{15}H_{31-n}Cl_n \cdot COOH + (2n + 1)NaOH \rightarrow C_{15-2n}H_{31-4n}COONa + n\,CH_3COONa + n\,H_2 + n\,NaCl + H_2O$. In gleicher Weise werden behandelt: Öl-, Stearin-, Myristin-, Behen-, Linol-, Linolen-, Ricinol-, Hyen- u. Tridecansäure. (**A. P. 2 760 969** vom 24/3. 1954, ausg. 28/8. 1956.) G. KRAUSS. H 810

Bergwerksverband zur Verwertung von Schutzrechten der Kohlentechnik G. m. b. H., Deutschland, *Behandlung von rohen Fettsäuregemischen*, die aus der Oxydation von KW-stoffen mit HNO_3 stammen, durch Erhitzen der Suspension in einem alkoh. Lösungsm. oder W. in Ggw. von 2n-599·Salz, Abtrennen der hochmol. unlösl. Säuren u. Gewinnung der niederen durch Eindampfen. — Vgl. auch D. B. P. 954 152; C. **1958**. 2276. (**F. P. 1 137 490** vom 12/8. 1955, ausg. 29/5. 1957. D. Prior. 12/8. 1954.) S. BÖTTCHER. H 810

National Research Corp., Cambridge, übert. von: **Thomas R. Steadman**, Waban, und **John O. H. Peterson jr.**, Medford, Mass., V. St. A., *Herstellung von Dicarbonsäuren*. Man erhitzt z. B. 800 (g) Ricinolsäuremethylester 2½ Std. mit 80 Pd-Kohle (5% ig.) auf 250—253° (Maximaldruck 200 lbs./sq.in.) u. erhält 87,7% 12-Ketostearinsäuremethylester. Die Rk. verläuft nach der Gleichung: $CH_3-(CH_2)_5\,CHOH-CH_2-CH{=}CH-(CH_2)_7-COOR \rightarrow CH_3-(CH_2)_5-CO-(CH_2)_{10}-COOR$ ($R = CH_3-, C_2H_5-, C_6H_5$ u. dgl.). Den erhaltenen Ketoester erhitzt man mit >50% ig. HNO_3 in Ggw. eines Cu- oder eines Cu-Nitrat-NH_4-Vanadat-Katalysators auf 60—120° u. erhält ein Gemisch aus *Undecandi-* u. *Dodecandisäure* neben *Capron-* u. *Önanthsäure*. (**A. P. 2 847 432** vom 23/4. 1956, ausg. 12/8. 1958.) O. MÜLLER-MEININGEN. H 820

E. I. du Pont de Nemours & Co., übert. von: **John C. Sauer**, Wilmington, Del., V. St. A., *Korksäure* (F. 141—142° aus Methyläthylketon; *p-Toluidid*, F. 218° aus Aceton) oder substituierte Korksäuren erhält man durch Red. von gegebenenfalls substituiertem [$\Delta^{2.2'(5H.5'H)}$-Bifuran]-dion-(5.5'), $C_8H_4O_4$ (vgl. A. P. 2 840 608) bei 0—50°, bes. 25—50°, u. 1—500 lbs./sq.in. in Ggw. eines Pt-Katalysators, wie Pt-Oxyd, Pt-Chlorid-Kohle, u. eines polaren Lösungsm., bes. CH_3COOH, Dioxan, Essigester, Tetrahydrofuran, Dimethylformamid, Äthylenglykoldiacetat. (**A. P. 2 840 609** vom 28/9. 1956, ausg. 24/6. 1958.) O. MÜLLER-MEININGEN. H 820

Karl Askan Hertwig, Seelze b. Hannover, *Herstellung von Organohalogensilanen*, dad. gek., daß man Si-Subverbb., die neben SiH u./oder organ. Gruppen gegebenenfalls O enthalten u. z. B. nach dem Verf. der D. A. S. 1 040 518; C. **1959**. 4275 gewonnen werden, mit Alkyl- bzw. Arylhalogeniden zwischen 100 u. 400°, bes. 300 u. 400°, gegebenenfalls unter erhöhtem Druck oder in Ggw. von Cu-Pulver oder Cu-Chlorid als Katalysator, umsetzt. — 585 cm³ CH_3Cl werden mit 2,5 g einer durch Rk. von $CaSi_2$ mit HCl in CH_3OH bei 20° erhaltenen Si-Subverb. vermischt u. mit 0,70 g Cu-Pulver bei 10 at einige Std. auf 350° erhitzt. Man erhält neben CH_4, C_2H_6 u. H_2 145 cm³ Alkylchlorsilane, die etwa zu gleichen Teilen aus $SiH_2(CH_3)_2$, SiH_2ClCH_3, $SiCH_3Cl_3$, $SiHCl_2CH_3$ u. $(CH_3)_2SiCl_2$, neben etwas $SiCl_4$ u. $SiHCl_3$, bestehen. (**D. A. S. 1 049 373** Kl. 12o vom 18/3. 1952, veröff. 29/1. 1959.) J. MÜHLEISEN. H 980

Soc. des Usines Chimiques Rhône-Poulenc (Erfinder: **Henri Normant**), Paris, Frankreich, *Herstellung von Acetylen-Grignard-Verbindungen* aus Acetylenhalogenverbb. (I), dad. gek., daß man I der allg. Formel $R-C{\equiv}C-X$, in der X Cl oder Br u. R einen KW-stoffrest, der gegebenenfalls durch funktionelle unter den Verfahrensbedingungen inerte Gruppen substituiert sein kann, mit Mg in Tetrahydrofuran (**II**), Tetrahydropyran oder in einem Diäther von Polyäthylenglykol der allg. Formel $R'(OCH_2-CH_2)_nOR''$, in der R' u. R'', die gleich oder verschieden sein können, Alkylreste, bes. solche mit höchstens 4 C-Atomen, bedeuten u. n eine ganze Zahl, bes. 2 oder 3, ist, umsetzt. Aus $C_6H_5C{\equiv}CBr$ u. Mg in **II** erhält man $C_6H_5C{\equiv}CMgBr$, das mit $C_6H_5COC_6H_5$ in 91% ig. Ausbeute $C_6H_5-C{\equiv}C-C(OH)(C_6H_5)_2$ ergibt. (**D. A. S. 1 049 861** Kl. 12o vom 28/11. 1957, veröff. 5/2. 1959. F. Priorr. 3/12. 1956 u. 9/4. 1957.) J. MÜHLEISEN. H 980

Esso Research and Engineering Co., übert. von: **Delmer L. Cottle**, Highland Park, und **Stanley B. Mirviss**, Roselle, N. J., V. St. A., *Umwandlung von Organoaluminium-*

halogeniden in Organo–Al-Verbb. mit einem höheren Anteil an organ. Substituenten erfolgt durch Rk. mit fl. Amalgamen von Alkali- oder Erdalkalimetallen, zweckmäßig bei 100—160°. Zu einem Amalgam, das 1 Gew.-% Na enthält, gibt man ein Gemisch von 82 $(C_2H_5)_2AlCl$ u. 18 $C_2H_5AlCl_2$ u. erhitzt auf 120°. Nach 2maliger Dest. des Prod. bei 3 mm Hg erhält man ein Gemisch von 68 Gew.-% $(C_2H_5)_2AlCl$ u. 32 $(C_2H_5)_3Al$. (**A. P. 2 838 556** vom 27/10. 1955, ausg. 10/6. 1958.) J. MÜHLEISEN. H 980

Esso Research and Engineering Co., Elizabeth, N. J., V. St. A. (Erfinder: **Kenneth Geoffrey Latham**), *Blei- oder Aluminiumalkyle* erhält man durch Rk. von Pb oder Al mit freien Radikalen, wie sie durch Rk. eines Metalls, wie Li, Cu, Ca, Zn, Fe oder Cr mit einem aliphat. Peroxyd mit 2—4 C-Atomen oder mit einem Alkylchlorid, -bromid oder -jodid erhalten werden. Zweckmäßig werden die Alkylhalogenide oder die Perverb. gasförmig über ein Gemisch des umzuwandelnden Metalls mit dem Radikale erzeugenden Metall geleitet. — Keine Beispiele. (**E. P. 800 609** vom 4/5. 1956, ausg. 27/8. 1958.) J. MÜHLEISEN. H 980

Ethyl Corp., New York, N. Y., übert. von: **Albert Philip Giraitis**, Baton Rouge, La., V. St. A., *Herstellung von Bleitetraalkylen*, dad. gek., daß man eine Alkylmetallverb. (I) eines mehrwertigen Metalls, deren Alkylreste mindestens 2 C-Atome enthalten, unter Verwendung einer Pb-Anode u. unter Zuführung von H_2 u. einem α-Olefin in den Kathodenraum elektrolysiert. Die Rk. erfolgt zweckmäßig in Ggw. eines ionisierbaren Salzes, bes. eines Na-Halogenids, u. eines Lösungsm. für **I**. — Zwischen Pb-Anoden u. Pt-Kathoden wird eine Lsg. von $(C_2H_5)_2Mg$ in 100 Ae. bei 30° mit 12 V elektrolysiert, wobei H_2 u. C_2H_4-Gase an der Kathode eingeführt werden. An der Anode wird $(C_2H_5)_4Pb$ gebildet. Analoge Ergebnisse werden mit Alkyl–Zn- u. –Al-Verbb. erzielt. (**D. A. S. 1 046 617** Kl. 12o vom 7/7. 1955, veröff. 18/12. 1958. A. Prior. 7/6. 1955.) J. MÜHLEISEN. H 980

Monsanto Chemical Co., St. Louis, Mo., übert. von: **John E. Fox**, Texas City, Texas, V. St. A., *Herstellung von Benzol durch oxydative Dehydrierung von Cyclohexan*. Ein Gemisch aus Cyclohexan u. einem O_2-haltigen Gas wird bei 250—400° mit einem Katalysator in Kontakt gebracht, der aus Cu-, Co- u. Fe-Chlorid auf einem Tonerdeträger besteht. (**A. P. 2 833 832** vom 26/3. 1954, ausg. 6/5. 1958.) E. KAHLES. H 1010

Koppers Co., Inc. (Erfinder: **Joseph E. Kovacic, George M. Bretz** und **Richard Muder**), Pittsburgh, Pa., V. St. A., *Entfernen von Thiophen aus Benzol mittels hochkonzentrierter Schwefelsäure*, dad. gek., daß das Ausgangsgut mit konz. H_2SO_4 oder dgl. von ungesätt. Verbb. befreit u. dann unterhalb 25°, bes. 15°, mit 100%ig. H_2SO_4 in einer Menge von 2—5% des Ausgangsgutes gewaschen wird. (**D. A. S. 1 047 759** Kl. 12o vom 7/8. 1956, veröff. 31/12. 1958. A. Prior. 16/11. 1955.) E. KAHLES. H 1010

Monsanto Chemical Co., St. Louis, Mo., übert. von: **David W. McDonald**, Texas City, Texas, V. St. A., *Herstellung von monoalkylierten aromatischen Verbindungen*, wobei ein Olefin mit einer aromat. Verb. in Ggw. eines FRIEDEL-CRAFTS-Katalysators umgesetzt wird. Es bilden sich dabei Mono- u. Polyalkylverbb., die letzteren werden durch den anwesenden Katalysatorkomplex ($AlCl_3$ + HCl) desalkyliert u. es wird laufend frischer Katalysator zugegeben. Die Zugabe wird durch Messung der elektr. Leitfähigkeit des Reaktionsgemisches überwacht u. geregelt. Beispiele: Äthylen + Touol → Äthyltoluol; Propylen + Bzl. → Isopropylbenzol usw. — Zeichnung. (**A. P. 2 846 489** vom 16/12. 1954, ausg. 5/8. 1958.) E. KAHLES. H 1010

Badische Anilin- & Soda-Fabrik Akt.-Ges., Ludwigshafen/Rh., *Durchführung endothermer Reaktionen*, wie *Dehydrierung* von KW-stoffen, in fluidisiertem Bett. Die erforderliche Reaktionswärme wird durch eine in der im Innern des fluidisierten Bettes befindlichen Verbrennungszone brennende Diffusionsflamme erzeugt u. durch indirekten Wärmeaustausch auf das fluidisierte Bett übertragen. — Beispiel: Dehydrierung von Dipenten → *p-Cymol*. — Vorr., Zeichnung. (**E. P. 803 747** vom 14/9. 1956, ausg. 29/10. 1958. D. Prior. 12/11. 1955.) E. KAHLES. H 1010

Dow Chemical Co., Midland, Mich., übert. von: **Donna Stevens** und **Guy H. Harris**, Concord, und **Marshall B. Pearlman**, Los Angeles, Calif., V. St. A., *Phenole*. Man erhitzt ein carboxylgruppenfreies Keton (**I**) mit einem wasserlösl. Cuprisalz, wie $CuSO_4$, u. W. auf 200—400° bei einem solchen Druck, daß **I** fl. bleibt. **I** soll höchstens 2 Carbonylgruppen enthalten, die sich zwischen einem Benzolring u. einem anderen C-Atom befinden. Der Benzolring muß mindestens eine freie Stellung enthalten, die der Bindungsstelle der —CO-Gruppe benachbart ist. Für die Rk. benötigt man mindestens 1 Mol Cuprisalz je Carbonylgruppe des **I**. — Benzophenon → 2-, 3- u. 4-Hydroxybenzophenon; Acetophenon → Phenol; p-Methoxyacetophenon → Phenol, Resorcin; Anthrachinon →

1-Hydroxyanthrachinon; Benzil → Phenol u. Benzophenon; Acridon → 1-Hydroxyacridon. (**A. P. 2 839 541** vom 2/12. 1955, ausg. 17/6. 1958.) R. SCHWECHTEN. H 1060

California Research Corp., San Francisco, übert. von: **William G. Toland jr.**, San Rafael, Calif., V. St. A., *Monohydroxyarylverbindungen.* Man oxydiert aromat. Carbonsäuren mit O_2 oder diesen enthaltenden Gasen in Ggw. von Cu, Cu-Oxyden oder Cu-Salzen (CuO, Cu_2O, $CuCO_3$, $CuSO_4$, $Cu[CH_3COO]_2$, $Cu[C_6H_5COO]_2$) in geschmolzenem Zustand oder in Lsg. bei 400—600° F u. hydrolysiert anschließend den entstandenen Arylcarbonsäurearylester. — $2ArCOOH + 1/2\ O_2 \xrightarrow{Cu} ArCOOAr + H_2O + CO_2$; $ArCOOAr + H_2O \rightarrow ArCOOH + ArOH$. — Aus 122 g Benzoesäure, 1,2 g CuO bei 415° F unter Durchleiten von 190 cm^3 O_2 je Min., dann nach 40 Min. Zusatz von 60 g NaOH in 500 cm^3 W. u. 50 cm^3 A. zur Verseifung des entstandenen Phenylbenzoats, dann Zusatz von HCl bis p_H 6 → 11,1 g 82% ig. bzw. 6,1 g 95% ig. *Phenol.* — p-tert.-Butylbenzoesäure → *m-tert.-Butylphenol*, Ausbeute 56,5%. — o-Toluylsäure → *m-Kresol.* — m-Toluylsäure → Mischung aus *o-* u. *p-Kresol.* — p-Toluylsäure → m-Tolyl-p-toluat → *m-Kresol.* — Weitere Ausgangsstoffe sind: Naphthoesäure, Biphenyl-, Bibenzyl- u. Stilbencarbonsäure. — *Zwischenprodukte.* (**A. P. 2 762 838** vom 16/3. 1951, ausg. 11/9. 1956.) G. KRAUSS. H 1060

N. V. de Bataafsche Petroleum Mij., Den Haag (Erfinder: **Cornelis Kortland** und **Pieter Leendert Kooijman**, Amsterdam), Holland, *Herstellung von hellen Alkylbenzolsulfonatlösungen.* Um zu solchen Lsgg. mit mindestens 5% Alkylbenzolsulfonatgeh. zu kommen, neutralisiert man die wss. Lsgg. mit einem Alkalihydroxyd in Ggw. von Harnstoff in solcher Menge, daß im Endprod. das Verhältnis von Alkylbenzolsulfonat: Harnstoff = 0,67 bzw. < 0,67 ist. (**Holl. P. 88 982** vom 30/8. 1956, ausg. 15/8. 1958.) H. NEBELSIEK. H 1090

Usines Chimiques des Laboratoires Français (U.C.L.A.F.), Frankreich (Erfinder: **A. Allais** und **P. Girault**), *Herstellung von 2.3.5.6-Tetrachlor-p-xylylen-bis-mercaptoessigsäure*, $C_{12}H_{10}Cl_4O_4S_2$, F. 219°, dad. gek., daß man 2.3.5.6-Tetrachlor-1.4-di-[chlormethyl]-benzol in der Wärme mit einer alkal. Lsg. von Thioglykolsäure umsetzt u. aus dem Na-Salz die Säure in Freiheit setzt. (**F. P. 1 160 091** vom 25/10. 1956, ausg. 7/7. 1958.) S. BÖTTCHER. H 1090

Distillers Co. Ltd., Edinburgh, England (Erfinder: **Edward James Gasson, David James Hadley** und **Barrie Wood**), *Terephthal- und Isophthalsäure* erhält man aus ihren Ammoniumsalzen durch Erhitzen der trockenen oder in einem inerten Lösungsm. gelösten Substanzen auf 140—250°, bis die stöchiometr. Menge an NH_3, das wiedergewonnen wird, ausgetrieben ist. (**E. P. 801 126** vom 20/4. 1956, ausg. 10/9. 1958.) L. STADELMANN. H 1220

Badische Anilin- & Soda-Fabrik Akt.-Ges., Ludwigshafen/Rh. (Erfinder: **Martin Luther** und **Otto Waschka**, Mannheim), *Reinigung von roher Terephthalsäure* durch Trägerdampfsublimation, dad. gek., daß man die Sublimation in Ggw. von Fettsäuren oder deren Anhydriden, die unter dem Sublimationspunkt von Terephthalsäure sd., z. B. Essig-, Propion-, Butter-, Capronsäure, Essigsäureanhydrid, Propionsäureanhydrid, bei 280—350°, bes. 280—300°, vornimmt. I kann vor der Sublimation durch Druckerhitzen in Ggw. der genannten Säuren bzw. Anhydride oder durch Extraktion vorgereinigt werden. Man erhält I mit einem N-Geh. von < 0,04%. (**D. A. S. 1 049 848** Kl. 12o vom 9/6. 1956, veröff. 5/2. 1959.) L. STADELMANN. H 1220

Badische Anilin- & Soda-Fabrik Akt.-Ges. (Erfinder: **Richard Scholl**, Grünstadt, **Heinz Bille, Joseph Schneiders, Hans Georg Trieschmann** und **Gotthilf Wenner**), Ludwigshafen/Rh., *Reinen Terephthalsäuredimethylester* (I) erhält man durch Einwirken von 0,5—5% (bezogen auf rohen I) reduzierender Metalle oder deren Verbb., bes. Fe, Zn, Al, auf das durch Veresterung entstandene Gemisch oder auf den rohen isolierten I bei Schmelztemp. vor u./oder während der Vakuumdest. des Esters. Der erhaltene I kann direkt auf Kunststoffe weiterverarbeitet werden. (**D. A. S. 1 048 904** Kl. 12o vom 16/5. 1956, veröff. 22/1. 1959.) L. STADELMANN. H 1220

Allied Chemical & Dye Corp., New York, N. Y. (Erfinder: **Leigh Charles Anderson**, Ann Arbor, Mich., und **Chester Earl Smith jr.**, Wilmington, Del.), V. St. A., *Förderung der reduzierenden Wirkung von Metallalkoholaten auf reduzierbare aromatische Stickstoffverbindungen*, welche N in einer reduzierbaren Form in einer höheren Oxydationsstufe als der Hydrazostufe direkt an ein C-Atom des aromat. Kerns gebunden enthalten. Bei der Red. der aromat. N-Verbb., z. B. einem N-Deriv. des Bzl. oder einem o-substituierten Deriv. des Bzl., bes. Nitrobenzol, o-Nitrotoluol oder deren Reduktionsprodd., bzw. einkerniger Azoxy- oder Azoverbb., mittels eines Metallalkoholates, setzt man dem Reaktionsgemisch eine oder mehrere kondensierte mehrkernige Verbb. als Reduktionsförderer zu, welche mindestens 9, bes. 10 Ringkohlenstoffatome, enthalten u.

die ein mit einem cycloaliphat. Ring kondensiertes Benzochinon oder Benzohydrochinon mit mindestens 2 gesätt. C-Atomen im aliphat.-cycl. Kern darstellen oder ein Deriv., Anlagerungsprod. oder eine tautomere Form davon. Die Reaktionsförderer, bes. solche, die Oxo- oder Hydroxysubstituenten in p-chinoider Stellung zueinander enthalten, z. B. ein hydriertes Naphthochinon-(1.4) oder Naphthohydrochinon-(1.4), werden dabei in kleiner Menge mit einem niedrigen Alkohol, bes. CH_3OH, u. einem Alkalimetallhydroxyd, bes. NaOH, gemischt u. die zu reduzierende aromat. N-Verb. mit dem Reaktionsgemisch erhitzt. — Beispiele, bes. für die Red. von Nitrobenzol in Ggw. von Tetrahydronaphthochinon-(1.4) zu *Azo-* (97%) u. *Azoxybenzol* (ca. 3%) bei 98% Ausbeute. Je nach den angewandten Mengen an NaOH u. CH_3OH kann die Red. auch zu Hydrazobenzol u. zu Anilin führen. — Vgl. E. P. 780631; C. **1958.** 2872. (**D. A. S. 1023468** Kl. 12q vom 5/8. 1955, veröff. 30/1. 1958. A. Prior. 18/8. 1954. **Zusatz zu D. B. P. 925293; C. 1955. 11722.**) W. HEYER. H 1310

Allied Chemical & Dye Corp., New York, N. Y., übert. von: **George G. Joris**, Madison, und **John Vitrone jr.**, West Paterson, N. J., V. St. A., *Oxydation von N-Cyclohexylhydroxylamin zu Cyclohexanonoxim* (I) erfolgt in wss. saurer Lsg. mit einer Dissoziationskonstante von $1 \cdot 10^{-6}$ bis $2 \cdot 10^{-1}$ mit elementarem O_2 in Ggw. eines Cu(II)-Katalysators bei 35—50°. Cyclohexan kann als Lösungsm. für gebildetes I zugegen sein. Cupriacetat ist als Katalysator bes. geeignet. (**A. P. 2829163** vom 18/10. 1954, ausg. 1/4. 1958.) H. MÖLLERING. H 1960

Reilly Tar & Chemical Corp., übert. von: **Francis E. Cislak**, Indianapolis, Ind., V. St. A., *2.2'-Dipyridyl*, Kp. 267—275°, erhält man, indem man ein gasförmiges Gemisch aus 2-Aminomethylpyridin (I) u. CH_3CHO bei 450—500° über einen fluidisierten SiO_2–Al_2O_3-Katalysator (13% Al_2O_3) leitet. — Verwendet man an Stelle von I 3-Aminomethylpyridin, so erhält man *3.2'-Dipyridyl.* (**A. P. 2854457** vom 20/5. 1957, ausg. 30/9. 1958.) A. BRÖSAMLE. H 3231

Reilly Tar & Chemical Corp., übert. von: **Francis E. Cislak**, Indianapolis, Ind., V. St. A., *4-(2-Trichlorsilyläthyl)-pyridin* erhält man durch Rk. von 4-Vinylpyridin mit $HSiCl_3$; analog erhältlich: *2.6-Dimethyl-4-(2-trichlorsilyläthyl)-pyridin* aus 2.6-Dimethyl-4-vinylpyridin u. $HSiCl_3$. — Zwischenprodukte. (**A. P. 2854455** vom 24/6. 1957, ausg. 30/9. 1958.) A. BRÖSAMLE. H 3231

Dow Chemical Co., übert. von: **Joseph J. Sciglíano** und **Edgar C. Britton**, Midland, Mich., V. St. A., *Piperazinderivate* der allg. Formel I, in der R = H oder Alkyl (C_{1-4}) ist, lassen sich aus Alkanolaminen der allg. Formel $HO-CHR-CHR-NH_2 \cdot XH$ (X = Halogen) durch Cyclisierung bei 200—350° in einem inerten Lösungsm., bes. Diphenyläther oder Phenyldiphenylyläther, unter mechan. Rührung gewinnen, wobei die Rk. solange durchgeführt wird, bis 50—85% des Piperazins gebildet sind. — 152,5 g Äthanolamin + 250 g konz. HCl (D. 1,18) + 300 g Phenyldiphenylyläther (unter lebhaftem $1^1/_2$ std. Rühren) bei 260—270° → *Piperazin*, Kp.<100 52—135° (Ausbeute 85%). — Analog wird aus 1-Amino-2-propanolhydrochlorid das *2.5-Dimethylpiperazin* u. aus 1-Amino-2-butanolhydrochlorid das *2.5-Diäthylpiperazin* hergestellt. — Das Verf. ist im Vgl. zu E. P. 595430, C. **1947.** E. 624 einfacher u. rascher. — Zwischenprodukte. (**A. P. 2839533** vom 12/3. 1956, ausg. 17/6. 1958.) K. GÄBELEIN. H 3272

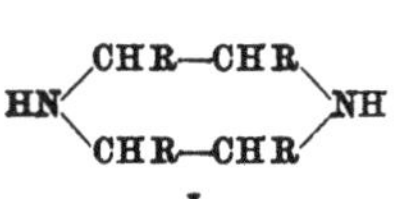

Soc. des Usines Chimiques Rhône-Poulenc, Paris (Erfinder: **Igor Scriabine**, Lyon), Frankreich, *Orotsäure* (*Uracil-4-carbonsäure*) (I) wird erhalten, indem man Harnstoff (II) mit einem Monoester der Oxalessigsäure (III) in Ggw. von Methanol kondensiert, das so erhaltene Kondensationsprod. mit Alkalien behandelt u. die I mittels Mineralsäuren in Freiheit setzt. Nach einer bes. Ausführungsform wird ein Diester der III zum Monoester verseift u. dieser ohne Isolierung direkt mit II in Ggw. von Methanol kondensiert. — Beispiel: 4 (Teile) Oxalessigsäuremonoäthylester, 3 II u. 25 CH_3OH werden 48 Std. bei n. Temp. stehengelassen. 5,3 abgeschiedenes Reaktionsprod. werden abgetrennt u. 20 Std. bei 24—26° mit 53 wss. 2n NaOH behandelt. Nach Ansäuern mit HCl (0°) fällt das Prod. aus → I-*Hydrat* (1 Mol H_2O), 80,5%, F. 332°. (**D. A. S. 1034640** Kl. 12p vom 6/11. 1956, veröff. 24/7. 1958. **E. P. 800709** vom 13/12. 1956, ausg. 3/9. 1958. Beide F. Prior. 18/1. 1956.) H. BRÄUCKER. H 3272

VEB Leuna-Werke „Walter Ulbricht" (Erfinder: **Friedrich Asinger, Max Thiel**, Leuna, Kr. Merseburg, und **Walter Höringklee**, Halle/Saale), *5.6-Dihydro-$\Delta^{3,4}$-1.3-thiazine* (I) werden erhalten durch Rk. von NH_3 oder Ammoniumsalzen schwacher Säuren (II) u. H_2S mit einem Gemisch aus einer Oxoverb. u. einem $\alpha.\beta$-ungesätt. Keton. — Beispiel: Zu einem auf —10° gekühlten Gemisch von 84(g) Methylpropenylketon, 144 Butyraldehyd u. 10 W. wird bei Aufrechterhaltung dieser Temp. NH_3 u. H_2S im Verhältnis 2:1 eingeleitet. Nach 3 Std. ist die Rk. beendet. Nach Zugabe von 200 cm^3 NaOH (10%ig.)

wird das Reaktionsprod. mittels Ae. isoliert u. anschließend destilliert → *2-Propyl-4.6-dimethyl-5.6-dihydro-$\Delta^{3,4}$-1.3-thiazin*, 84%, Kp.$_{12}$ 97—99°. — Analog werden folgende Derivv. von I erhalten: *2.2.4.6.6-Pentamethyl-* (III), 90%, Kp.$_{12}$ 69—72°, *Pikrat*, F. 183°. — *2.2.4-Trimethyl-6-phenyl-*, 85%, Kp.$_{12}$ 159—161°. — *2-[Pyridyl-(3')]-4.6.6-trimethyl-*, 62%, Kp.$_{2}$ 140—143°. — Nach einer bes. Ausführungsform des Verf. kann III in der Weise hergestellt werden, daß in das durch Einw. von NH_3 oder II auf Aceton intermediär Mesityloxyd enthaltende Reaktionsgemisch H_2S eingeleitet wird. — *Zwischenprodd.* für die *Heilmittelsynthese, Vulkanisationsbeschleuniger, Schädlingsbekämpfungs-, Holzkonservierungs-, Unkrautvertilgungs-, Rostschutz-* u. *Alterungsschutzmittel.* (**D. A. S. 1 022 229** Kl. 12p vom 6/10. 1956, veröff. 9/1. 1959. **Zusatz zu D. A. S. 1 019 654; C. 1958. 9066.**) H. BRÄUCKER. H 3292

American Cyanamid Co., New York, N. Y., V. St. A., *Melamin* u./oder *Cyanamid* erhält man durch Erhitzen von Harnstoff oder Biuret, gegebenenfalls unter Zusatz von NH_3, auf 250—400° in Ggw. von katalyt. wirkenden Adsorbentien, die eine Oberfläche von 180—650 m^2/g aufweisen, z. B. von Silicagel, oder den Oxyden von Al, Ti, Zr oder Th in Gelform. Die Rk. kann bei n. oder erhöhtem Druck, der bis 750 lbs./sq. in. reichen kann, durchgeführt werden. — Vgl. auch D. A. S. 1 001 245; C. **1957.** 8362. (**E. P. 767 344** vom 17/9. 1954, ausg. 30/1. 1957. A. Prior. 18/9. 1953. **Zusatz zu E. P. 718 934; C. 1955. 6133.**) A. BRÖSAMLE. H 3313

Stamicarbon N. V., Heerlen, Holland, *Verfahren zum Reinigen von rohem Caprolactam*, dad. gek., daß eine nicht stärker als 30%ig. Lsg. zunächst über einen Anionenaustauscher (z. B. quartäre NH_4-Verbb. enthaltendes Polystyrol) u. dann über einen Kationenaustauscher (z. B. sulfoniertes Polystyrol) oder durch ein gemischtes Bett eines Anionen- u. eines Kationenaustauschers geleitet wird; anschließend wird im Vakuum eingedampft. — 5 Beispiele. (**Oe. P. 185 802** vom 5/11. 1953, ausg. 11/6. 1956. Holl. Prior. 15/11. 1952.) H.-J. NITZSCHKE. H 3370

Rohm & Haas Co., V. St. A. (Erfinder: **John Joseph Nedwick**), *Herstellung von N-Vinyllactamen*, dad. gek., daß man ein Lactam in alkoh. Lsg. in Ggw. eines Alkalikatalysators bei < 30° u. 7—35 kg/cm² mit C_2H_2 sättigt u. das Gemisch bei 70—350 kg/cm² auf 150—280° erhitzt. — *N-Vinylpyrrolidon*, Kp.$_{10}$ 91—93°, aus Pyrrolidon in n-Butanol in Ggw. von Na. — *N-Vinylcaprolactam*, Kp.$_{0,45}$ 64—66°, aus Caprolactam. — *1-Vinyl-3.3.5-trimethylpyrrolidon*, Kp.$_{0,5}$ 50—52°; n_D^{25} 1,4817. — *1-Vinyl-3-methylpyrrolidon*, Kp.$_{10}$ 86°; n_D^{25} 1,4969. — *1-Vinyl-5.5-dimethylpyrrolidon-(2)*, Kp.$_{0,2}$ 57 bis 60°; n_D^{25} 1,484. — *Lösungsmittel* u. Ausgangsstoffe für *Polymere* u. *Copolymere.* (**F. P. 1 159 863** vom 4/10. 1956, ausg. 3/7. 1958. A. Priorr. 5/10. 1955 u. 10/9. 1956.) S. BÖTTCHER. H 3370

Upjohn Co. (Erfinder: **Harrison Allen Nelson**), Kalamazoo, Mich., V. St. A., *Gewinnung von Ergosterin* (I) aus Hefe, dad. gek., daß man ein Gemisch aus einer wss. Hefeaufschlämmung, einem Alkalihydroxyd u. einem teilweise mit W. mischbaren Alkohol in einem Autoklaven auf ca. 100—150° erhitzt, das erhaltene Reaktionsgemisch filtriert u. I aus der alkohol. Phase gewinnt. Man verwendet z. B. NaOH u. n-Butanol (II) u. gewinnt I aus der II-Phase durch Konzentrieren, Zugabe von W. u. Kühlen auf 0—10°. (**D. A. S. 1 052 638** Kl. 30h vom 24/1. 1958, veröff. 12/3. 1959. A. Prior. 20/2. 1957.) K. KOEBKE. 3700

Glaxo Laboratories Ltd., Greenford, Middlesex (Erfinder: **Arthur Pickup Best**, Grange-over-Sands, Lancashire, und **Thomas Rawlinson Ames**, Springfield, Mass., V. St. A.), England, *Reinigung von rohem Hecogeninacetat.* Man erhitzt Hecogeninacetat (I) z. B. in n-Butanol (II) zum Sieden unter Rückfluß, filtriert die heiße Lsg. u. läßt abkühlen. Hierbei scheidet sich das reine I mit einem Geh. von 93% Reinsubstanz ab. — An Stelle von II lassen sich auch n-Butylacetat, n-Propanol, n-Propylacetat oder sek.-Butanol verwenden. (**D. A. S. 1 059 905** Kl. 12o vom 16/10. 1957, veröff. 25/6. 1959. E. Prior. 26/10. 1956.) U. SIEVERS. H 3750

X. Färberei. Organische Farbstoffe.

W. Justus, *Neueste Entwicklung auf dem Gebiet der Wollfärberei.* Es wird die histor. Entw. der Entstehung der Metallkomplexfarbstoffe geschildert. Auf die Färbeweise der 1 : 2 Metallkomplexfarbstoffe wird näher eingegangen u. die Wirkungsweise der Egalisiermittel *Avolan IS* in der schwachsauren Färbeweise u. *Avolan IW* (beide BAYER) in Verb. mit Na_2SO_4, vor allem in der Stückfärberei, beschrieben. Es wird auf die Möglichkeit, in Ggw. von Avolan IW heiß zu nuancieren bzw. auf frischem Bad mit diesem Hilfsmittel Färbungen aufzuhellen, hingewiesen. (Bayer Colorist Nr. **1.** 22—25. 1955.) W. BERNARD. 7020

Gösta Silén und **Jaakko Santala,** *Über das Färben wollener Stücke unter Berücksichtigung der Spülphase.* Es wird das Färben wollener Stücke unter der besonderen Berücksichtigung der Vorgänge beim Spülen behandelt. In diesem Zusammenhang wird darauf hingewiesen, daß vor allem die sauren Egalisierungsfarbstoffe dazu neigen, beim Abkühlen wieder aufzuziehen, was die Ursache schippriger Färbungen darstellt. Im Gegensatz hierzu besitzen die Metallkomplexfarbstoffe (1 : 1 u. 1 : 2 Chromkomplexfarbstoffe) kein derartiges Aufziehvermögen beim Abkühlen. Die im einzelnen erhaltenen Versuchsergebnisse sind in 4 Figuren zusammengestellt. (Z. ges. Textilind. **61.** 183—85. März 1959.) H.-G. FRÖHLICH. 7020

H. Blättermann und **R. Koch,** *Das Färben von Dralon mit Astrazon- und Astrafarbstoffen.* Folgende Echtheitseigg. von Färbungen mit 27 Vertretern der kationakt. Astrazon- u. Astrafarbstoffe werden tabellar. zusammengefaßt: Beständigkeit gegen Licht, W., Waschen (40° u. 60°), Schweiß, Dekatur, Lösungsmittel (Bzn. u. Trichloräthylen), Bügeln u. Abrieb. Die einzelnen Verfahrensstufen des Ausrüstens u. Färbens sowie die Eignung verschied. Apparate bei Verwendung dieser Farbstoffe werden unter Angabe anwendungstechn. Hinweise beschrieben. Vff. gehen auf das Färben von Mischartikeln aus Dralon u. Cellulose (Cuprama, Zellwolle, Baumwolle) unter Angabe einer ausführlichen Färbevorschrift ein, wobei zum Färben der Cellulosefasern Siriuslicht-, Sirius- u. Indanthrenfarbstoffe vorgeschlagen werden. Ferner wird das Färben von Mischartikeln aus Wolle u. Dralon (Angabe der Arbeitsweise für Zweibadverf. u. Einbad-Zweistufenmeth.) beschrieben, wobei zum Färben der Wollfaser Säure- u. Isolanfarbstoffe vorgeschlagen werden. Die einzelnen Vertreter der zum Färben von Cellulose bzw. Wolle genannten Farbstoffsortimente wurden geprüft u. sind — jeweils nach dem Grad ihres Antönungsvermögens für Dralon in 3 Gruppen unterteilt — listenmäßig zusammengefaßt. (Z. ges. Textilind. **60.** 477—80. 5/6. 537—39. 25/6. 1958.) H. SONTAG. 7020

O. Schunn, *Beobachtungen beim Carbonisieren.* Es wird die Prüfung der Carbonisierechtheit von Farbstoffen nach DIN 53971 beschrieben. Durch ungenügendes Trocknen vor dem eigentlichen „Brennen" im Carbonisierofen treten vor allem bei schwerer Ware Carbonisierflecke auf, die auf das „Kochen" der verd. H_2SO_4 auf ungenügend getrockneten Gewebeteilen in der Brennkammer zurückzuführen sind. Durch geeignete Führung der Ware kann dieser Übelstand vermieden werden. (Bayer Colorist Nr. **1.** 28—29. 1955.) W. BERNARD. 7028

Andreas Schmitz, *Über die Phthalocyanine in Färberei und Druckerei.* Es wird näher auf die Konst. der Phthalocyanine eingegangen, welche einen ähnlichen Aufbau wie das Hämin (Blutfarbstoff) u. das Chlorophyll (Blattfarbstoff) aufweisen. Es handelt sich dabei um Metall-Phthalocyanin-Komplexe, deren Konst. so geändert werden kann, daß substantive Farbstoffe (Siriuslichttürkisblau FBL/BAYER u. Lurantinlichttürkisblau FBL/BASF) entstehen. Auch beim Indanthrenbrillantblau 4 G (BAYER) handelt es sich um einen Phthalocyaninfarbstoff. Die eigentlichen Farbstoffe werden durch Kondensation auf der Cellulosefaser erzeugt u. sind unter den Namen Phthalogene/BAYER bzw. Alcyane/ICI im Handel. Es sind bisher lebhafte Blau- u. Grüntöne auf dem Markt. (Bayer Colorist Nr. **1.** 5—9. 1955.) W. BERNARD. 7072

Ciba Ltd., Basel, Schweiz, *Behandeln von Ausfärbungen oder Drucken von Küpenfarbstoffen auf Textilprodukten,* dad. gek., daß man auf die Ausfärbungen oder Drucke in Ggw. von W. bei erhöhter Temp., z. B. bei 30—80°, fast farblose organ. Sulfonamide, z. B. o- oder p-Toluolsulfonamid oder Gemische davon, einwirken läßt, wobei noch ein Befeuchtungs- oder Dispergiermittel, z. B. ein Alkalisalz einer Benzimidazolsulfonsäure, das in der 2-Stellung durch einen Alkylrest mit langer Kette substituiert ist, zugegen sein kann. — Vgl. auch F.P. 1079460; C. **1950/54.** 588 S. (**Holl. P. 86749** vom 24/6. 1953, ausg. 15/11. 1957. Schwz. Priorr. 25/6. 1952 u. 13/5. 1953.) K. DEMMLER. 7021

Rohm & Haas Co., Philadelphia (Erfinder: **Benjamin Berryl Kine,** Levittown, und **Albert Christian Nuessle,** Hatboro), Pa., V. St. A., *Färben oder Bedrucken von Textilstoffen.* Als Bindemittel für wasserunlösl. Farbstoffe verwendet man eine wss. Dispersion eines linearen Polymerisates aus mindestens einem einfach ungesätt. Monomeren u. wenigstens 1 Gew.-% eines Monomeren der Formel $CH_2{=}CH{-}A{-}R{-}OH$ [A = O oder S; R = verzweigte oder unverzweigte Alkylengruppe mit 2—10 C-Atomen oder $-C_2H_4AC_2H_4-$, $-C_2H_4N(R')C_2H_4-$ oder $-C_2H_4N(R'')(R''')(X)C_2H_4-$; R'', R''' = Methyl, Äthyl oder $-C_2H_4OH$; R' = dasselbe oder H; X = negativer Rest, wie OH oder Cl]. Das bedruckte oder gefärbte Gewebe wird getrocknet u. dann $^1/_2$ bis 30 Min. auf 82—177° erhitzt. — Eine Imprägnier-Fl. für Baumwolltuch enthält z. B. 5(%)

eines Mischpolymerisates aus 90 n-Butylacrylat u. 10 5-Oxypentylvinyläther, 2,5 Phthalocyaninblau, 2 Äthylenoxydkondensationsprod. eines Octylphenols mit 30—50 Oxyäthyleneinheiten u. 0,05 Oxyäthylcellulose. (**D. A. S. 1 048 868** Kl. 8m vom 12/4. 1955, veröff. 22/1. 1959. A. Prior. 14/4. 1954.) F. Böhm. 7023

J. R. Geigy Akt.-Ges. (Erfinder: **Werner Bossard, Jacques Voltz** und **François Favre**), Basel, Schweiz, *Färben und Bedrucken von Gebilden aus Polyacrylnitril* oder dessen Mischpolymerisaten mit überwiegenden Anteilen an Acrylnitril. Man verwendet von sauer dissoziierenden, wasserlösl. machenden Gruppen freie Azofarbstoffe, die in ihrem Mol. eine Cyclammoniumgruppe enthalten. — Z. B. färbt man in essigsaurer Lsg. mit einem Farbstoff der Formel I, der vorher mit Dimethylsulfat umgesetzt wurde. (**D. A. S. 1 044 023** Kl. 8m vom 14/12. 1955, veröff. 20/11. 1958. Schwz. Priorr. 15/12. 1954, 28/1. u. 23/9. 1955.) F. Böhm. 7023

[Formel I: Benzothiazol-Ring mit H_3C, N, S — C — Benzolring — N=N — Benzolring (H_3C) — $N(CH_3)_2$; I]

Celanese Corp. of America, New York, N. Y., V. St. A., *Farbstoffe der Nitrodiarylaminreihe* der allg. Zus. I (R u. R′ = Arylreste, von denen einer eine Carboxygruppe trägt u. die noch weiter substituiert sein können) erhält man durch Rk. eines 4-Halogen-3-nitrobenzolsulfonylhalogenids mit einer Verb. $R'—NH_2$ zu einer Verb. der Zus. II (X = Halogen) u. Umsetzen von II in Ggw. eines säurebindenden Mittels mit RNH_2. — Die erhaltenen gelben Farbstoffe besitzen eine substantive Affinität für Celluloseacetat (E), andere organ. Cellulosederivv. sowie für Polyamidfasern. Die Farbstoffe werden vorteilhaft aus leicht angesäuerten wss. Dispersionen auf die Faser gebracht u. geben Färbungen von guter Waschechtheit, die noch durch Nachbehandlung mit kation. Amin-Formaldehydkondensaten u. metallhaltigen Fixiermitteln, wie „Cuprofix" (vgl. auch A. P. 2 573 489) verbessert werden. Die neuen Farbstoffe können auch in Kombination mit anderen Dispersions-E-Farbstoffen verwendet werden. — Zu 25 (Gewichtsteilen) p-Aminobenzoesäure (III), die in 200 mit Na_2CO_3 auf p_H 8 gebrachtem W. gelöst wurde, gibt man in 15 Min. unter Rühren 25 in 5 W. angerührtes 4-Chlor-3-nitrobenzolsulfonylchlorid (IV), rührt 3 Std. bei 25° u. p_H-Werten von 7,5—8,5 (durch Zugabe von Na_2CO_3), verd. mit der dreifachen Menge W., säuert mit Eisessig an, filtriert, wäscht mit W., trocknet u. krist. aus A. um. Ein Gemisch von 300 des so herstellbaren 4-Chlor-3-nitrobenzolsulfon-p-carboxyanilids, F. 230—232°, 150 Na_2CO_3, 255 Anilin u. 3000 W. erhitzt man 20 Std. unter Rühren u. Rückfluß, kühlt, verd. mit der dreifachen Menge W., macht mit konz. HCl sauer, filtriert den Nd., wäscht mit W. u. trocknet. Der getrocknete Nd. wird zur Reinigung mit der 10—15fachen Menge A. zum Sieden erhitzt, zum vollständigen Lösen genügend Bzl. zugegeben u. dann zur Wiederausfällung auf einem Eisbad gekühlt. Man erhält *2-Nitrodiphenylamin-4-sulfon-p-carboxyanilid*, einen gelben Farbstoff vom F. 232—233°. Weitere Farbstoffe mit ähnlichen Eigg. erhält man bei Ersatz von III durch m- oder o-Aminobenzoesäure. Mit o-Hydroxy-m-aminobenzoesäure an Stelle von III wird ein gelber Farbstoff vom F. 209—211° erhalten. Wird mit Anilin zum 4-Chlor-3-nitrobenzolsulfanilid u. dieses dann mit III umgesetzt, so wird 4′-Carboxy-2-nitrodiphenylamin-4-sulfanilid vom F. 242—243° erhalten. — Färbebeispiele. (**E. P. 794 177** vom 16/5. 1955, ausg. 30/4. 1958. A. Prior. 17/5. 1954.) O. Roick. 7051

[Formeln: $R—NH—C_6H_3(NO_2)—SO_2—NH—R'$ I; $X—C_6H_3(NO_2)—SO_2NH—R'$ II]

Farbenfabriken Bayer Akt.-Ges., Deutschland, *Herstellung metallisierbarer Azofarbstoffe* durch Kupplung diazotierter 1-Amino-2-hydroxybenzole mit monohalogenierten 1-Acylamino-7-hydroxynaphthalinen u. gegebenenfalls Behandlung der erhaltenen o.o-Dihydroxyazofarbstoffe mit metallabgebenden Mitteln. — Die Herst. folgender Farbstoffe (echte Farbtöne auf Wolle) ist beschrieben: 1-Amino-2-hydroxybenzol-5-sulfonamid (I) → 1-Acetamido-x-brom-7-naphthol (II); Cr-Verb. blaugrau, Co-Verb. schwarz. — 1-Amino-2-hydroxybenzol-5-sulfondimethylamid → 1-Acetamido-x-chlor-7-naphthol; Cr-Verb. grau. — I → II + 1-[2′.5′-Dichlorphenyl]-3-methylpyrazolon-(5); Cr-Verb. braun. — Anthranilsäure → Phenylmethylpyrazolon u. I → II; Cr-Verb. oliv. — 1-Amino-2-hydroxy-3-nitrobenzol-5-sulfonamid → II; nachchromiert blauschwarz, Cr-Verb. grau. — I → 1-Formylamino-x-brom-7-naphthol; Cr-Verb. grau. — 1-Amino-2-hydroxy-3-chlorbenzol-5-sulfonsäure → II; nachchromiert, blauschwarz. (**F. P. 1 124 103** vom 2/3. 1955, ausg. 4/10. 1956.) G. Hoppe. 7053

Ciba Soc. An., Schweiz, *Herstellung von Azofarbstoffen*, dad. gek., daß man als Kupplungskomponente 2-[Naphthyl-(1′)-amino]-8-hydroxynaphthalin-6.6′-disulfonsäure

(I), erhältlich nach A. P. 2 803 652; C. **1958**. 12536, verwendet. — Die Herst. folgender Farbstoffe (echte Farbtöne auf Cellulosefasern) ist beschrieben: Salicylsäure ← 4.4'-Diaminobiphenyl → I; violettbraun. — 3.3'-Dimethoxy-4.4'-diaminobiphenyl ⇄ I_2; grau. — 2-[4'-Aminophenyl]-6-methylbenzothiazol-x-sulfonsäure → 1-Amino-2-methoxybenzol-ω-methansulfonsäure, verseift → I; Cu-Verb. grau. — 4-Nitro-2-methoxy-1-aminobenzol → I, mit NaOH + Traubenzucker, Trisazofarbstoff; blaugrau, Cu-Verb. grau. — Kondensationsprod. von Cyanurchlorid mit je 1 Mol 4-Amino-4'-hydroxy-1.1'-azobenzol-3'-carbonsäure, 5-Acetaminoanthranilsäure → I u., nach Abspaltung des Acetylrestes mit NaOH, Anilin; braun. (**F. P. 1 116 589** vom 27/12. 1954, ausg. 9/5. 1956. Schwz. Prior. 7/1. 1954.) G. HOPPE. 7055

Sandoz Akt.-Ges., Basel (Erfinder: **Albin Peter**, Binningen, und **Erhard Wydler**, Basel), Schweiz, *Disulfonsäureamide der Anthrachinonreihe* der allg. Zus. I, worin X für H, Alkyl oder Alkoxy u. Y für Cl oder Br steht, Z, wenn Y = Cl ist, H oder Cl, u., wenn Y = Br ist, H bedeutet u. R den Rest eines mindestens 3 C-Atome enthaltenden prim. oder sek. aliphat., gegebenenfalls weitersubstituierten Amins oder eines prim. ganz oder teilweise hydrierten ein- oder zweikernigen aromat. Amins oder des Morpholins darstellt, erhält man durch Umsetzen von 1 Mol. der entsprechenden 1.4-Diarylaminoanthrachinondisulfonsäurechloride mit 2 Mol der I zugrunde liegenden Amine oder des Morpholins. Die erhaltenen Disulfonsäureamide dienen zum Färben von Lacken, Kunststoffen u. Beizen, zum Bedrucken von Geweben aus Polyterephthalsäureestern des Äthylenglykols, Mischpolymerisaten aus Acrylnitril u. Vinylchlorid u. aus Cellulosetriacetat sowie zum Spinnfärben von Fasern, die aus organ. Lösungsmitteln versponnen werden. — Man rührt das feuchte Disulfonsäurechlorid aus 122 (Gewichtsteilen) [-phenylamino-6.7-dichloranthrachinon = II] 1.4-Di-(4'-methyl)-II in das Gemisch aus 105 Cyclohexylamin (III), 54 $NaHCO_3$, 2 eines nichtionogenen Netzmittels u. 100 W. ein. Nach 10std. Rühren bei 45° wird filtriert, mit heißem W. gewaschen u. getrocknet. Grünes, in Aceton (IV) gut lösl. Pulver, zur Spinnfärbung von Acetylcellulose oder zur Blaugrünfärbung von Nitrocelluloselacken geeignet. In ähnlicher Weise erhält man weitere Farbstoffe aus: III u. [-phenylamino-6-chloranthrachinon = V] 1.4-Di-(4'-methyl)-V, grünes Pulver; III u. 1.4-Di-(4'-methyl)-phenylamino-6-bromanthrachinon (VI), in IV lösl. grünes Farbstoffpulver; 2-Äthylhexylamin (VII) u. VI, in IV gut lösl. grünes Pulver, zur Bereitung von Druckpasten geeignet; n-Octylamin (VIII) u. 1.4-(4'-Methoxy)-II, in IV grün lösl.; techn. Dodecylamin oder Morpholin u. 1.4-Di-(4'-methoxy)-V, in IV grün lösl.; Diisobutylamin u. 1.4-Di-(4'-äthoxy)-V, in IV grün lösl.; Diäthylamin u. 1.4-Di-V, in IV blaugrün lösl.; techn. Amylamin oder 3-(Isopropoxy)-propylamin u. 1.4-Di-II, in IV grün lösl.; n-Butylamin u. 1.4-Di-(4'-methyl)-V, in IV blaustichiggrün lösl.; III u. 1.4-Di-(4'-tert.-butyl)-V, in IV grün lösl.; 4-Methylcyclohexylamin, n-Hexylamin, VIII, 1-Amino-5.6.7.8-tetrahydronaphthalin, 2-Äthylhexylamin oder 1.1.3.3-Tetramethylbutylamin u. 1.4-Di-(4'-methyl)-II, in IV grün lösl.; Di-n-butylamin u. 1.4-Di-(4'-methyl)-II, in IV gelbstichiggrün löslich. (**D. A. S. 1 052 604** Kl. 22b vom 26/3. 1957, veröff. 12/3. 1959. Schwz. Prior. 7/4. 1956.) O. ROICK. 7059

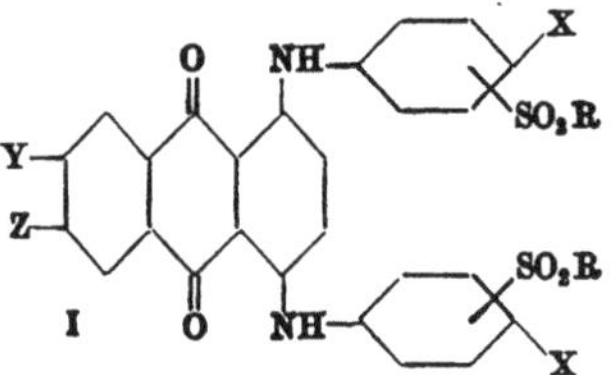

XIa. Farben. Anstriche. Lacke. Naturharze.

P. C. Bardin, *Kontrollierte Filmdicke durch Fluten oder Gießen.* Beschreibung einer Maschine für Fließlackierung, die bes. für die Lackierung von Sperrholztafeln dient u. die Einstellung auf bestimmte Filmdicken der Lacküberzüge ermöglicht. (Ind. Finishing **35**. Nr. 1. 46—50. Nov. 1958.) B. SCHEIFELE. 7090

H. Rabaté, *Über den p_H-Wert der Pigmente.* Betrachtungen über das p_H von Pigmenten unter Berücksichtigung von einschlägigen Normvorschriften. (Peintures, Pigments, Vernis **34**. 253—54. Juni 1958.) B. SCHEIFELE. 7092

Roy W. Tess, Richard D. Harline und **Thomas F. Mika**, *1.2.6-Hexantriol in Alkydharzen.* Vff. berichten über die vorteilhafte Verwendung von 1.2.6-Hexantriol im Vgl. zu Glycerin für die Herst. verschiedenartiger Alkydharze wegen günstiger anstrichtechn. Eigenschaften. (Ind. Engng. Chem. **49**. Nr. 3. [Part I] 374—78. März 1957. L. KEMPF. 7096

Paolo Ferrari, *Klassifikation der Lacke.* Vers. einer Klassifizierung der klaren u. pigmentierten Lacke nach Öllacken, flüchtigen Lacken (Harz-, Cellulose-, Wasserlacken) u. Emulsionslacken. (Olii minerali, Grassi Saponi, Colori Vernici **35**. 449—51. Dez. 1958. Mailand.) B. SCHEIFELE. 7106

Sylvano O. Greenlee, John W. Pearce und **John Kawa,** *Filmhärtung durch gleichzeitige Veresterung und Olefinpolymerisation.* Es wurden die Polyester von Tetrahydrophthalsäure mit Diolen u. Polybutadien epoxydiert, mit ungesätt. organ. Säuren gemischt, in Lösungsmitteln gelöst u. auf die zu lackierende Fläche aufgetragen. 30 Min. Einbrennen bei 175—200° führt zum Verestern der Säuren mit den Epoxygruppen u. einer Hitzepolymerisation zu elast. u. chemikalienfesten Überzügen. Die Vorteile sind, daß keine schwierige Veresterung durchgeführt werden muß u. daher hochreaktive Säuren, wie Holzölfett-, Sorbin- u. polymerisierte Fettsäuren verwendet werden können. (Ind. Engng. Chem. **49.** 1085—88. Juli 1957. Racine, Wis., S. C. Johnson & Son, Inc.) H. BECKER. 7106

Jack Fickenscher, *Neue Anwendungsgebiete für Polyvinylacetatemulsionen.* Für Polyvinylacetat- bzw. Polyvinyl–Copolymeren-Dispersionen (Flexac FA-5, Flexbon 306) werden als Anwendungsgebiete vorgeschlagen: Fußbodenlacke, Seidenglanzlacke, Aluminiumfarben, Rostschutzfarben, Abziehlacke, Metallacke u. andere. (Paint Ind. Mag. **73.** Nr. 9. 9—10. 12. Sept. 1958. Colton Chemical Co., Tech. Serv.) B. SCHEIFELE. 7106

J. C. Petropoulos, L. E. Cadwell und **W. F. Hart,** *Acrylnitril in styrolisierten Alkydharzen.* Vff. berichten über den vorteilhaften teilweisen Ersatz von Styrol oder Methylstyrol durch Acrylnitril bei der Herst. von styrolisierten Alkydharzen zur Verbesserung der Beständigkeit gegenüber Lösungsmitteln, der Trocknungseigg. u. bestimmter technolog. Eigg. in Lackfarben, wie Zurückdrängung des Kreidens u. anderes. — 9 Literaturangaben. (Ind. Engng. Chem. **49.** Nr. 3. [Part I] 379—81. März 1957. Stamford, Conn., American Cyanamid Co.) L. KEMPF. 7106

Georges Nedey, *Anstrich- und Lackfarben mit kalthärtenden Epoxyharzen.* Kalthärtende Epoxyharzfarben werden durch Kombination bzw. Härtung der Epoxyharze mit prim. Polyaminen, Polyamiden u. Polyisocyanaten gewonnen. Die Prodd. werden als Zweikomponenten- (Zweitopf-) Systeme geliefert u. kurz vor der Verarbeitung gemischt. Die resultierenden Filme sind chemikalienbeständig u. haftfest. (Peintures, Pigments, Vernis **34.** 255—60. Juni 1958.) B. SCHEIFELE. 7106

D. Wapler, *Die Prüfung von Anstrichen.* Die Bedingungen, die zur einwandfreien Prüfung der verschied. Anstrichseigg. eingehalten werden müssen, werden erörtert. (Metalloberfläche **12.** 113—19. April 1958. Stuttgart, Forsch.-Inst. für Pigmente u. Lacke.) F. VIER. 7158

Gerould Allyn und **Samuel Gusman,** *Die Wertbestimmung organischer Schutzüberzüge.* Übersicht über die Verff. zur Wertbest. von organ. fl. Schutzüberzügen vor dem Aufbringen (Viscosität, D., Flammpunkt, Farbe, Feinheit des Pigments, Feststoffgeh.), beim Aufbringen (Trocknungsvermögen u. Aussehen) u. nach dem Aufbringen (Deckkraft, Glanz, Farbe, Dicke, Härte, Haftfähigkeit, Biegsamkeit, Stoßfestigkeit, Abriebfestigkeit, Verh. gegen chem. Einflüsse). (Materials Design Engng. **48.** Nr. 6. 116—20. Nov. 1958. Rohm and Haas Co.) W. WESLY. 7158

Thorn Electrical Industries Ltd., London, England, *Herstellung von lumineszierenden Phosphaten des Magnesiums und/oder Zinks,* dad. gek., daß das Phosphat mit wenigstens 0,25 Gew.-% Sn, bezogen auf den gesamten Leuchtstoff, aktiviert wird, wobei das Mol-Verhältnis von Metalloxyd : P_2O_5 innerhalb 2 : 0,9 u. 2 : 1,4 liegen soll. — Vgl. auch Schwed. P. 146 242; C. **1950/54.** 2044 S. (**Holl. P. 83 775** vom 19/12. 1951, ausg. 15/1. 1957. E. Priorr. 29/12. 1950 u. 5/12. 1951.) K. DEMMLER. 7093 a

Comp. Française des Matières Colorantes, Frankreich (Erfinder: **Henri Delarue**), *Herstellung von Farbstoffen* durch Kondensation von 1.8-Diaminonaphthalin (I) mit Polyhalogennaphthalsäuren oder von o-Diaminobenzolen mit Mono- oder Polyhalogennaphthalsäuren. Die Prodd. können zum Färben von plast. Stoffen, z. B. Polyamiden (**P**), in der M. dienen. — Man erhitzt z. B. 7,7 (Teile) 4-Chlornaphthalsäure, 3,5 1.2-Diaminobenzol (II) u. 150 Essigsäure 6 Std. rückfließend: *Pigmentfarbstoff,* F. 165°, lebhaft gelb in **P.** — Analog folgende Farbstoffe (Farbtöne in **P**) aus: **II** u. Tetrachlornaphthalsäure (**III**), F. 234°; goldgelb. — **II** u. Tribromnaphthalsäure (**IV**), F. 213°; gelborange. — **I** u. **III** oder **IV**, F. 304° bzw. 281°; violettrot. (**F. P. 1 160 862** vom 17/11. 1956, ausg. 12/8. 1958.) G. HOPPE. 7093 b

Centre National de la Recherche Scientifique, Seine, Frankreich (Erfinder: **Fernand Kayser** und **Jean Michel Bloch**), *Sikkative.* Man läßt auf Adsorptionsmittel (z. B. Bentonit, Montmorillonit) Verbb. von Metallen (z. B. des Mn, Co, Pb, Cu) einwirken u. vermischt das gebildete Sikkativ sofort mit der Farbe. — Zur Herst. eines solchen Sikkativs rührt man z. B. ca. 3 Std. 100 (g) fein pulverisierte u. gesiebte „Taourirterde" mit einer Lsg. von 50 g krist. Co-Nitrat in 200 Wasser. (**F. P. 1 095 484** vom 7/12. 1953, ausg. 3/6. 1955.) T. OPPERMANN. 7097

Monsanto Chemical Co., St. Louis, Mo., übert. von: **Ralph Marotta**, Malden, und **Carl R. Martinson**, Everett, Mass., V. St. A., *Herstellung von Anstrichmitteln.* Trocknende Öle werden in der Kugelmühle mit SiO_2-Gel (Aerogel) behandelt. Ein Ölfirnis mit 15—35(%) Feststoffen wird in der Kugelmühle mit 4—20 SiO_2 unter Zusatz eines nichtionogenen oberflächenakt. Mittels, bes. eines Kondensationsprod. aus Alkylenoxyd mit 2—4 C-Atomen, u. einem Mercaptan (Alkyl-, Cycloalkyl-, Aryl- oder Aralkylmercaptan) mit wenigstens 6 C-Atomen gemischt. In gleicher Weise ist ein Nitrocelluloselack herzustellen. Beispiel: 26,3 (Teile) Butylacetat, 20,6 Butanol, 30,5 Toluol, 5,1 geblasenes Ricinusöl, 2,9 denaturierter A., 5,4 Nitrocellulose, 9,2 Silicagel u. 0,7 eines Kondensationsprod. von 1 tert.-Dodecylmercaptan u. 2,28 Äthylenoxyd werden gemischt u. 10 Teile dieses Gemisches werden zugefügt zu 90 Teilen eines Gemisches aus: 10 Nitrocellulose, 4 Maleinsäureesterharz, 6 mit Ricinusöl modifiziertes Alkydharz (Glycerin–Phthalsäureanhydrid), 2,5 Dibutylphthalat, 2,5 rohes Ricinusöl, 11,25 Butylacetat, 7,5 Butanol, 11,25 A., 10 Äthylacetat u. 37,5 Toluol. — Vgl. E. P. 723 427; C. **1958**. 11379. (**A. P. 2 717 214** vom 30/9. 1950, ausg. 6/9. 1955.) W. GRÄGER. 7107

Neodon-Lackfabrik, Helmut Sallinger (Erfinder: **Klaus Bilger**), Krumbach, Schwaben, *Klar auftrocknende Kunstharzlacke*, bes. auf Basis von ungesätt. Polyestern, dad. gek., daß sie übliche, geringe Zusätze an Kieselsäure, bes. hochdisperser, als Verdickungsmittel u. als weitere geringe Zusatzmengen Amine sowie Säuren enthalten. (**D. A. S. 1 056 763** Kl. 22h vom 9/2. 1957, veröff. 6/5. 1959.) M. BÖTTCHER. 7107

Henkel & Cie. G. m. b. H. (Erfinder: **Rudolf Köhler** und **Günther Renner**), Düsseldorf, *Anstrichmittel für Innenräume mit Kreide als Pigment.* Die Anstrichmittel enthalten als Bindemittel wasserlösl. Amide polymerer Carbonsäuren, bes. in Mengen von 1—4 Gew.-%, bezogen auf Kreide. Bevorzugt werden die Amide polymerer Carbonsäuren, die einen Polymerisationsgrad zwischen 3000—10000 aufweisen. (**D. A. S. 1 050 942** Kl. 22g vom 4/4. 1957, veröff. 19/2. 1959.) P. KRUG. 7107

E. I. du Pont de Nemours & Co., Wilmington, Del., übert. von: **Aloysius N. Walus**, Flint, Mich., V. St. A., *Pigmentiertes Überzugsmittel mit verbesserter Außenbeständigkeit.* Das fl. Mittel enthält ein Pigment, flüchtige organ. Lösungsmittel u. als organ. Filmbildner eine Mischung aus einem Butylmethacrylatalkydharz (I) u. für Lackzwecke geeignete Nitrocellulose im Gewichtsverhältnis von 1 : 1—3 : 1. I ist so eingestellt, daß auf je 100 (Gewichtsteile) a) 20—60 Butylmethacrylat u. b) 80—40 Phthalsäureglycerinalkydharz (SZ. < 10; mit 40—55% Cocosnußöl oder -fettsäuren, 1—8% Maleinsäure u. unveresterter OH-Gruppen in einer Menge, die 0,4—10,2% Glycerin äquivalent ist) entfallen. Die Mittel sind geeignet zum Überziehen von Holz u. Metalloberflächen, z. B. von Automobilteilen. Die Trocknung erfolgt an der Luft bzw. bei erhöhter Temperatur. (**A. P. 2 857 344** vom 26/11. 1956, ausg. 21/10. 1958.) P. KRUG. 7107

E. I. du Pont de Nemours & Co., Wilmington, Del., übert. von: **Clyde G. Murphy**, Springfield, Pa., V. St. A., *Lagerbeständige, mit Aluminium pigmentierte flüssige Überzugsmittel.* Sie enthalten als Bindemittel das Veresterungsprod. (I) eines Polyätherharzes [gewonnen durch Kondensation eines Bis-(4-hydroxyphenyl)-alkans mit einem Chlorhydrin, wie Epichlorhydrin; geeignet z. B. Epon-Harze] mit Harzsäuren u. höheren, hauptsächlich mehrfach ungesätt. Fettsäuren. — Auf je 100 (Teile) I sind in dem Mittel 30—100 feinverteiltes Al-Pigment vom Leafingtyp (99,9% passieren ein 325-, 98% ein 400-Maschensieb). Das Aufbringen der Mittel erfolgt bes. durch Tauchen u. Spritzen auf metall. oder nichtmetall. Gegenstände. Die Überzüge werden eingebrannt. (**A. P. 2 843 554** vom 6/4. 1954, ausg. 15/7. 1958.) P. KRUG. 7107

Schramm Lack- u. Farbenfabriken Akt.-Ges., Offenbach/M., *Schwundfrei an der Luft trocknender Lack* (*Zweikomponentenlack*) *auf Basis ungesättigter Polyesterharze* (I) u. fl. Monomere (II) enthaltend a) als eine Komponente eine Mischung aus 1. mehr oder weniger stark ungesätt. höhermol. I, 2. aus II, z. B. Styrol, u. 3. Beschleunigern, wie Co-Naphthenat oder Dimethylanilin, u. b) als zweite, kurz vor der Aufbringung zuzusetzende Komponente einen Katalysator, z. B. Cyclohexanon- oder Benzoylperoxyd in Pastenform, in Form einer Lsg. in polymerisierbaren Verbb. nach 2., die gegebenenfalls teilweise oder ganz flüchtige Lösungsmittel, wie Aceton, Methylenchlorid, Äthylacetat enthält. (**D. A. S. 1 048 377** Kl. 22h vom 10/5. 1955, veröff. 8/1. 1959.) M. BÖTTCHER. 7107

Esso Research and Engineering Co., Elizabeth, N. J., V. St. A., *Lösungsmittelhaltiges Hartfilmrostschutzmittel mit einem Gehalt an Asphalt und Wachs*, dad. gek., daß es zu ca. 40—70(%) aus Asphalt (I), 29—59 aus Erdöllösungsm. (Siedeende unterhalb ca. 210°) u. 1—8 aus mikrokristallinem Wachs (F. $> 77°$, Penetration < 10 mm/10) besteht. I ist unmittelbar durch Dest. gewonnen (Erweichungspunkt 60—121°) oder durch Dest. auf einen bei n. Temp. festen Rückstand mit einer Penetration < 200 mm/10 u. anschließende Oxydation bis zur Erreichung des Erweichungspunktes von 60—121° hergestellt. (**D. A. S. 1 048 376** Kl. 22g vom 16/1. 1957, veröff. 8/1. 1959. A. Prior. 2/2. 1956.) P. KRUG. 7107

Vereinigte Aluminium-Werke Akt.-Ges., Öffentliche Verwaltung der Betriebe Braunau am Inn und Unterlaussa, Braunau/Inn, Oberösterreich, *Aluminiumanstrichmittel* für Holz u. Mauerwerk, dad. gek., daß dieses aus mit Al-Pulver pigmentiertem Dispersionsbinder, z. B. auf Styrol–Butadienbasis besteht u. gegebenenfalls darüber hinaus noch Farbpigmente enthält, u. zwar 3—4 (Teile) Binder auf 1 Al-Pulver. (**Oe. P. 199 821** vom 18/5. 1957, ausg. 25/9. 1958.) T. OPPERMANN. 7107

General Electric Co., New York, übert. von: **John Walker Eustance,** Schenectady, N. Y., V. St. A., *Herstellung von konzentrierten kolloidalen Dispersionen von Polytrifluorchloräthylen* (I) *in organischen Flüssigkeiten,* dad. gek., daß man einer verd. wss. Dispersion von I, deren Teilchengröße ca. 0,2 μ beträgt u. die bes. direkt durch Polymerisation von Trifluorchloräthylen in wss. Emulsion erhalten wurde, ein mit W. nicht mischbares Nichtlösungsm. für I u. einen starken Elektrolyten (z. B. HCl, H_3PO_4, HCOOH, H_2SO_4 u. deren wasserlösl. Alkali- u. Erdalkalisalze) zusetzt, das entstehende Zweiphasensyst. rührt u. die wss. Schicht abtrennt. Als Nichtlöser eignen sich: n-Hexanol, n-Butanol, Dichlorbenzotrifluorid, 2-Äthylhexanol gemischt mit Tetrachloräthylen, Dimethylsiliconöl, (halogenierte oder alkylierte) aromat. KW-stoffe. Dieses Verf. ist auch anwendbar für Tetrafluor-, Butadien–Styrol-, Vinylchlorid-(Misch)polymerisate. Gegebenenfalls können den Dispersionen noch Füllstoffe, wie $CaCO_3$, $BaSO_4$, Talkum, Muskovitglimmer, $Na_2[SiF_6]$, CaF_2 zugegeben werden. — *Überzüge,* Schichtstoffe. — Vgl. auch F. P. 1 105 046; C. **1958.** 4939. (**A. P. 2 820 019** vom 5/6. 1953, ausg. 14/1. 1958.) O. SCHÖN. 7107

Connecticut Hard Rubber Co., New Haven, übert. von: **Alfred S. Kidwell,** Milford, Conn., V. St. A., *Herstellung von Schutzbelägen aus Fluorkohlenwasserstoffpolymerisaten.* Eine Folie aus hochmol. Fluor-KW-stoffpolymerisat (I), z. B. Polytrifluorchloräthylen, wird zunächst mit einer innigen Mischung aus fein verteiltem I u. Polyalkylenpolysulfid-Kautschuk (II) (Thiokol) überzogen. Die Schicht wird dann aufgeschmolzen. Ein Kleber aus nichtvulkanisiertem II wird auf die Folie u. auf den zu überziehenden Gegenstand aufgebracht u. dann die Folie fest mit dem Gegenstand verbunden. Man hält ca. 24 Std. bei n. Temp. zum Aushärten. (**A. P. 2 736 680** vom 7/4. 1953, ausg. 28/2. 1956.) P. KRUG. 7107

VEB Leuna-Werke „Walter Ulbricht" (Erfinder: **Fritz Seiter, Hermann Bernzott,** Leuna, Kr. Merseburg, und **Heinz Gölitzer,** Leutenberg/Thür.), *Gegen Fäulnis, tierische Schädlinge und Korrosion schützendes Imprägnier- und Anstrichmittel für Holz, Mauerwerk oder Metalle.* Als Ausgangsstoffe werden die Destillationsrückstände von Braunkohlenrohphenolen in Mischung mit organ. Lösungsmitteln, gegebenenfalls unter Zusatz geringer Mengen von Säuren, verwendet. (**D. A. S. 1 058 180** Kl. 22g vom 16/7. 1957, veröff. 27/5. 1959.) P. KRUG. 7107

Masson Seeley & Co. Ltd., London, England (Erfinder: **Claude Alfred Maunder**), *Markieren von hitzebeständigen Gegenständen aus Metall oder Stoffen vergleichbarer Härte.* Auf die vorerhitzten Gegenstände wird eine kalte Markierungsfarbe aus einem hitzehärtenden Harz mittels einer Folie übertragen. (**E. P. 789 907** vom 30/9. 1955, ausg. 29/1. 1958.) P. KRUG. 7107

Wenczler & Heidenhain, Patentverwertung, Traunreut (Erfinder: **Johannes Heidenhain,** Egerer bei Chieming), *Herstellung scharf begrenzter Zeichen auf Trägern unter Verwendung einer anorganischen Hilfsschicht, einer darüber angeordneten, vorzugsweise säurebeständigen organischen Hilfsschicht sowie einer zeichenbildenden anorganischen Schicht,* dad. gek., daß die beiden Hilfsschichten auf mechan. Wege entsprechend dem Flächenbereich der vorgesehenen Zeichen bis auf den Träger entfernt werden, dann die zeichenbildende Schicht, z. B. Cr, Al, Rh, aufgetragen wird, worauf die Reste der beiden Hilfsschichten nacheinander wieder beseitigt werden. — Zeichnungen. (**D. A. S. 1 024 409** Kl. 75b vom 30/7. 1955, veröff. 13/2. 1958.) E. WEISS. 7107

Simoniz Co., übert. von: **Marvin E. Cox,** Oaklawn, Ill., V. St. A., *Poliermittel.* Das Mittel enthält ein Wachs [bes. 0,75—7,25 (Gew.-%)], ein Lösungsm., in dem das Wachs gelöst u. z. T. fein dispergiert ist, u. in diskontinuierlicher Phase die wenigstens 10%ig. wss. Lsg. (bis 5,45) einer hygroskop. Verb. (I). Bis 5,45 eines fl. Polysiloxans können zugesetzt werden. Geeignete I: $CaCl_2$, LiCl, $MgCl_2$, NaCl, KBr, $NaNO_3$, $Na_2S_2O_3$, $MgSO_4$. (**A. P. 2 849 324** vom 19/11. 1956, ausg. 26/8. 1958.) P. KRUG. 7119

Erich A. Becker, *Lithopone.* Stuttgart; Berliner Union G.m.b.H. 1957. (164 S. m. 56 Abb.) DM 32,—.

Über eines der wichtigsten Weißpigmente wird eine zusammenfassende u. ausführliche Darst. geboten, wie sie in Deutschland bisher fehlte. Nach einer Einleitung über die opt. Grundlagen der Weißpigmente im allg. folgen im einzelnen Abschnitte über die Lithopone-Industrie, Entw. u. Technologie: über die Lithopone selbst; Eigg., Verwendung, chem., physikal., technolog. Untersuchungs- u. Prüfmethoden u. ein Anhang über die Mikrophotographie von Weißpigmenten. Die Monographie ist als Auskunfts- u. Nachschlagewerk, bes. auch hinsichtlich der neuesten Fortschritte auf diesem Spezialgebiet, bestens geeignet. G. TREWENDT

Gerhard Zeidler, *Laboratoriumsbuch für die Lack- und Anstrichmittelindustrie. 2. Aufl. vom Laboratoriumsbuch für die Lack- und Farbenindustrie.* Düsseldorf; Wilhelm Knapp Verlag. 1957. (VIII + 328 S. m. 125 Abb., u. 45 Tab.) DM 29,50.

Der bestens bekannte Vf. bringt auf kleinem Raum eine Fülle von Methoden, darunter auch solche, die noch nicht veröffentlicht worden sind. Das Werk, das sowohl als Arbeits- als auch als Nachschlagebuch geeignet ist, gibt dem Fachmann wie auch dem interessierten Laien ausführliche Auskunft über allg. Methoden, Prüfung der Lackrohstoffe, Lackanalyse, technolog. Prüfungen u. Prüfgeräte. Ein Anhang mit prakt. Hinweisen, Tabellen u. einem Verzeichnis der DIN-Normen ergänzt das gut ausgestattete Werk. G. TREWENDT

XIb. Plaste (Kunstharze. Plastische Massen).

M. Bornengo, *Kunststoffe für die Chirurgie.* Übersicht über Einsatz u. Vorteile von Kunststoffen als Ersatzmaterial für Teile des menschlichen Körpers. Nach Aufzählung der Eigg., welche für diese Zwecke vom plast. Material gefordert werden müssen, werden die bes. Vorzüge u. Einsatzgebiete der einzelnen Kunststoffklassen näher besprochen: In Frage kommen Polyäthylen, Nylon u. Methylmetacrylat, neuerdings auch Silicone auf Grund ihrer Wärmebeständigkeit bei der Sterilisation. (Materie plast. **24.** 1125—30. Dez. 1958.) G. PIEKARSKI. 7170

Samuel D. Toner, *Für Joddämpfe undurchlässige Kunststoffe.* Die Unters. des Einfl. von Joddämpfen auf die Dehnbarkeit u. Durchlässigkeit verschied. Thermoplasten u. synthet. Elastomerer zeigt, daß nur wenige Materialien ausreichend undurchlässig sind. Viele Stoffe haben Resistenzzeiten von 1—6 Monaten. Die geringsten Permeabilitätskonstanten wurden an Polyvinylidenchlorid u. chlorierten Polyäthern beobachtet. (SPE Journal **15.** Nr. 1. 48—51. Jan. 1959. National Bureau of Standards.) M. BECK. 7170

E. W. Anderson und **D. W. McCall,** *Dielektrizitätskonstante und dielektrischer Verlust von Polypropylen.* Messungen an 0,01 in. starken Folien mit 50—10^8 Hz bei 25 $\pm$ 2° ergaben für ein isotakt. u. hochkrist. *Polypropylen* die DK. 2,28 $\pm$ 0,04 u. die Molpolarisation 13,9 cm^3/Mol, für ein atakt. 2,16 $\pm$ 0,07 bzw. 13,6 cm^3/Mol. Die höheren dielektr. Verlustfaktoren bei dem atakt. Polymeren werden auf polare Verunreinigungen zurückgeführt, welche im isotakt. zwar auch enthalten, aber in den einzelnen Kristalliten fest eingeschlossen sind. (J. Polymer Sci. **31.** 241—42. Aug. 1958. Murray Hill, N. J., Bell Telephone Labor., Inc.) F. VOHWINKEL. 7172

F. Ranalli, *Rohre aus Moplen und ihre Eigenschaften.* Zur Unters. wird Moplen (Polypropylen) (I) mit 2% Carbon black, gegen Wärme stabilisiert, eingesetzt. Um die Eigg. der Rohre aus I beurteilen zu können, werden Berstdruck u. Bruchfestigkeit in Abhängigkeit von Faktoren, wie isotakt. Anteil bzw. Kristallinität, Mol.-Gew., Schmelzindex, Arbeitstemp. u. Arbeitsdruck sowie Beimischungen von Polyisobutylen, bestimmt. Z. B. bringt eine Erhöhung der Kristallinität von 80 auf 95% eine wesentliche Verbesserung der mechan. Eigg. der Rohre aus I, bes. bei höheren Tempp., mit sich. Vf. zieht Vgll. mit Rohren aus anderen Kunststoffen; was z. B. verschied. Arbeitstempp. betrifft, so ist I anderen Materialien, wie Hoch- u. Niederdruckpolyäthylen (II), in jedem Falle, dem Hart-PVC ab 70° überlegen. Im Gegensatz zum II wird die Gefahr der Spannungskorrosion für Rohre aus I ausgeschlossen. Richtlinien für die Extrusionsbedingungen zur Herst. von Rohren aus I werden gegeben. Wenn es auch auf Grund des Zeitfaktors noch nicht möglich ist, definitive Aussagen über das Verh. von I zu machen, so lassen Vergleichsverss. schon jetzt erkennen, daß z. B. ein Rohr aus Niederdruck-II im Gebrauch mit W. bei 20—90° u. bei wenig mehr als 1 atm schon nach 1 Monat an mehreren Stellen Risse zeigte, während dasselbe Rohr aus I unter denselben Bedingungen schon über 22 Monate ausgezeichnete Widerstandsfähigkeit aufwies. — Tabellen, Diagramme. (Materie plast. **24.** 1109—16. Dez. 1958.) G. PIEKARSKI. 7172

M. S. Welling, *PVC-Pasten.* Überblick über Herst., Eigg. u. Einsatzmöglichkeiten. — 10 Literaturhinweise. (Rubber J. int. Plastics **134.** 559—60. 562—63. 12/4. 611. 613—14. 19/4. 641—42. 652—53. 26/4. 1958.) M. WINIKER. 7172

Miloslav Bodanecký und **Antonín Sternschuss,** *Zusammensetzung gehärteter Polyesterharze. Vorl. Mitt.* (Vgl. hierzu auch FUNKE u. HAMANN, Angew. Chem. **70.** [1958.] 52.) Analysiert wurden die Copolymeren des *Polyesters C* (I) (Maleinsäureanhydrid: Phthalsäureanhydrid 1:1,2 Mol) mit verschied. Mengen *Styrol* (II) u. Copolymeren von

Polyestern mit verschied. Geh. an Phthalsäuregruppen bei konstantem Mengenverhältnis Polyester: II. Die Polymerisation (im Falle des I bei Ggw. von 20% Dimethylphthalat) erfolgt 9—18 Std. bei 25°, anschließend 1 Std. bei 100°. Initiator: 3% Methylcyclohexanonhydroperoxyd in Ggw. von 1% Co-Naphthenat. Die Analyse geschieht nach 30-std. Hydrolyse des gesiebten Harzes mit 0,5n NaOH bei 100°, hinsichtlich der Gesamtphthalsäure u. der in die Rk. nicht eingetretenen Fumarsäure polarograph. hinsichtlich II im benzol. Auszug des Hydrolysats mit $KBrO_3$ amperometrisch. Bei prakt. immer vollständiger Konversion des II hat die Konversion des Fumarats nie den Wert von 100% erreicht. Mit steigendem Überschuß des II bei der Copolymerisation mit I oder mit zunehmender Anzahl von Phthalsäuregruppen im Ausgangspolyester nimmt die Konversion des Fumarats zu. (Chem. Listy **52.** 1644—45. Aug. 1958. [Orig.: tschech.] Collect. czechoslov. chem. Commun. **24.** 1008—09. März 1959. [Orig.: deutsch]. Pardubice, Výzk. ústav synthet. pryskyřic a laků.) A. EMR/Prag. 7176

Hans K. Weiss, *Anhydridhärter für Epoxyharze.* Dodecenylsuccinsäureanhydrid, Hexahydrophthalsäureanhydrid u. Methylbicyclo-[2.2.1]-hepten-(5)-dicarbonsäure-(2.3)-anhydrid (*Methyl-Nadic-Anhydrid*) sind bei n. Temp. fl. oder haben einen niedrigen F., so daß sie sich leicht mit Epoxyharzen mischen lassen. Mit tert. Aminen als Beschleuniger geben sie hitzehärtende Harze, die einer Wärmebeanspruchung bis 143° genügen. (Ind. Engng. Chem. **49.** 1089—90. Juli 1957. Buffalo, N. Y., Allied Chem. & Dye Corp., Nat. Aniline Div.) H. BECKER. 7176

H. D. Boggs, *Fortschritte im Rohrleitungsbau aus verstärkten Kunststoffen.* Nach Aufzählung der verschied. Produktionsmethoden werden die Hauptprobleme, wie Porosität der Rohre, richtige Wandstärke, Wahl des Materials u. der Verbindungsstücke, erörtert. Abschließender Überblick über Vorteile u. Einsatzgebiete. — Tabellen. (Materie plast. **24.** 1131—38. Dez. 1958. Sand Springs, Okla., Fibercast Co.) G. PIEKARSKI. 7204

Badische Anilin- & Soda-Fabrik Akt.-Ges., Deutschland, *Herstellung von Telomeren aus Verbindungen mit ungesättigter Äthylendoppelbindung,* die man in Ggw. von Alkyl- oder Arylverbb. der Metalle der 4. Hauptgruppe des Period. Syst., wie $(C_2H_5)_2Sn$, $(C_2H_5)_4Sn$, $(C_6H_5)_6Sn_2$, $Pb(C_2H_5)_4$, die z. T. Halogen-, OH- oder andere Gruppen enthalten können, oder solchen der Elemente der 5. Gruppe des Period. Syst., wie Triphenylarsin, Tribenzylphosphin, Triäthyl-Bi u. in Ggw. von Verbb. mit beweglichem Halogen, wie CCl_4, Chlf., CCl_3COOH, Hexachloräthan, Trifluorjodmethan, Trichloracetonitril, Triphenylchlormethan, tert.-Butylbromid, Äthylenbromhydrin, auch zusammen mit anorgan. Halogenverbb., wie $MgCl_2$, $ZrCl_4$, $TiCl_3$, $ZnCl_2$, reagieren läßt; Reaktionstemp. 50 bis 250°, bes. 100—200°; Druck 80—420 at. Die Telomeren können zu ω-Hydroxycarbonsäuren verseift werden. — Äthylen von 100 at bei 20° wird mit 240 (Teilen) Cyclohexan, 3,3 $Pb(C_2H_5)_4$ u. 1,6 CCl_4 auf 150° erhitzt; Druck nach 2 Std. 230 at, den man noch 72 Std. bei 150 at hält. Festes, weißes Telomeres, F. 96°, kann durch Spritzguß verformt werden. — In Ggw. von $(C_6H_5)_3P_2Ni(CO)_2$ erhält man aus Äthylen u. CCl_4 in Cyclohexan ein Telomeres vom F. 115°. — Aus Butadien, Chlf., Cyclohexen u. $Sn(C_2H_5)_4$ entsteht ein kautschukartig viscoses Produkt. (**F. P. 1 153 310** vom 14/5. 1956, ausg. 5/3. 1958. D. Priorr. 14/5. u. 25/5. 1955.) M. PANKOW. 7173

E. I. du Pont de Nemours & Co., übert. von: **Mark W. Farlow,** Wilmington, und **Earl L. Muetterties,** Hockessin, Del., V. St. A., *Herstellung von Tetrafluoräthylen.* Man läßt F_2 mit Kohle (Graphit, Knochenkohle, Elektrodenkohle, Ruß) bei mindestens 1400 bzw. 1500°, bes. 2000°, vorzugsweise im Lichtbogen reagieren (zweckmäßig bei Unterdruck, 30—400 mm Hg) u. kühlt darauf sofort auf 500° ab. Bei der Rk. erhält man z. B. ein Gemisch von 10 (%) Tetrafluoräthylen, 80 CF_4, 10 Hexafluoräthan, Spuren von Octafluorpropan u. SiF_4. Zwecks Entfernung des nichtumgesetzten F_2 führt man das gasförmige Prod. durch W., feste Alkalihydroxyde oder deren wss. Lsgg., wss. Carbonat- oder Sulfitlösungen. — Verwendbar zur *Herst.* von *Polymerisaten.* (**A. P. 2 732 411** vom 1/6. 1955, ausg. 24/1. 1956.) W. GRÄGER. 7173

Minnesota Mining & Mfg. Co., St. Paul, Minn., übert. von: **Ralph L. Herbst,** Westfield, und **Billy F. Landrum,** Belleville, N. J., V. St. A., *Polymerisation von fluorhaltigen ungesättigten organischen Verbindungen* mit nicht >4 C-Atomen, wie Chlortrifluor-, Tetrafluoräthylen oder Perfluorbutadien, erfolgt in Ggw. von mindestens 50% W. bei 0—60° u. p_H 1—4 in Suspension. Als Katalysator dient in den Beispielen tert.-Butylperacetat zusammen mit einem anorgan. wasserlösl. Reduktionsmittel, z. B. $Na \cdot HSO_3$, u. einem Metallsalz mit wechselnder Wertigkeit, z. B. $FeSO_4$ oder $Fe(NO_3)_2$. Halogenierte Monomere, wie Vinylfluorid oder -chlorid oder Vinylidenchlorid, können einpolymerisiert werden. — Tabellen über die physikal. Eigg. der Polymerisate. (**A. P. 2 842 528** vom 29/3. 1955, ausg. 8/7. 1958.) H. SCHINDLER. 7173

E. I. du Pont de Nemours & Co., V. St. A., übert. von: **George William Heller**, *Elektrolytische Abscheidung von polymerem Tetrafluoräthylen.* Aus wss. Dispersionen des Polymeren scheidet man dieses durch Elektrophorese anod. ab. Zur Herst. bes. dichter anod. Ndd. verwendet man eine Mischung aus Polytetrafluoräthylen u. anderen filmbildenden Polymeren (Polyisobutylen, Polyacrylate, -methacrylate, Butadien–Acryl-Mischpolymere). Die erhaltenen anod. Ndd. werden nach dem Trocknen auf 300—500°, bes. $>327°$, erhitzt, wobei etwa vorhandenes filmbildendes Polymeres zers. wird u. das Polytetrafluoräthylen zu einem dichten Überzug gefrittet wird. (**F. P. 1 124 459** vom 2/2. 1955, ausg. 11/10. 1956. A. Prior. 4/2. 1954.) M. PANKOW. 7173

Farbwerke Hoechst Akt.-Ges., vormals Meister Lucius & Brüning, Frankfurt/M. (Erfinder: **Adolf Sieglitz**, München, **Otto Scherer** und **Edgar Fischer**, Frankfurt/M.), *Herstellung von niedermolekularen Trifluorchloräthylenpolymerisaten* durch Polymerisation von Trifluorchloräthylen in fl. Phase in Ggw. eines halogenierten Acylperoxyds mit mindestens 6 C-Atomen im Mol. als Katalysator u. gegebenenfalls in Ggw. von Perfluorolefinen, dad. gek., daß als Katalysator Bis-trichloracryloylperoxyd verwendet wird. Die Rk. kann in Ggw. eines Lösungsm. bes.Perchloräthylen, bei Tempp. zwischen 70 u. 100°, wobei man bes. wachsartige Stoffe erhält. — *Schmiermittel, Weichmacher* u. *Zwischenprodukte.* (**D. A. S. 1 052 969** Kl. 12o vom 17/11. 1956, veröff. 19/3. 1959.) J. MÜHLEISEN. 7173

Dow Chemical Co., übert. von: **David A. Gordon**, Midland, und **Carl B. Haven**, Hope, Mich., V. St. A., *Stabilisierte Vinylchlorid- und Vinylidenchloridpolymerisate* gek. durch einen Geh. an 1—4% eines Lichtstabilisators der allg. Formel I, in der n für 2 bzw. 4—10, X für Cl, Br oder Alkylreste mit 1—4 C-Atomen u. Y für H, Cl oder Alkylreste mit 1—4 C-Atomen stehen, wobei mindestens 1 Y an jedem Ring für ein H-Atom steht. — Diese Stabilisatoren werden durch Kondensation von entsprechend substituierten Phenolen mit aliphat. $\alpha.\omega$-Dicarbonsäuredichloriden unter Verwendung von $AlCl_3$ als Kondensationsmittel hergestellt. — *a*) *Butandione-(1.4)*: *1.4-Bis-(3.5-dichlor-2'-hydroxyphenyl)-*, F. 248,5—250°. — *1.4-Bis-(5'-chlor-2'-hydroxyphenyl)-*. — *1.4-Bis-(5'-methyl-2'-hydroxyphenyl)-*. — *1.4-Bis-(5'-brom-2'-hydroxyphenyl)-*. — *1.4-Bis-(5'-tert.-butyl-2'-hydroxyphenyl)-*. — In A. P. 2 807 605 werden noch folgende Stabilisatoren erwähnt: b) *Hexandione-(1.6)*: *1.6-Bis-(5'-chlor-2'-hydroxyphenyl)-*, F. 196—198°. — *1.6-Bis-(5'-Methyl-2'-hydroxyphenyl)-*. — *1.6-Bis-(5'-brom-2'-hydroxyphenyl)-*. — *1.6-Bis-(5'-tert.-butyl-2'-hydroxyphenyl)-*. c) *1.7-Bis-(3'.5'-dichlor-2'-hydroxyphenyl)-heptandion-(1.7)*. d) *1.8-Bis-4'.5'-dichlor* (*bzw. brom*)*-2'-hydroxyphenyl*]*-octandion-(1.8)*. — d) *1.9-Bis-(5'-äthyl-2'-hydroxyphenyl)-nonandion-(1.9)*. — *1.9-Bis-(5'-chlor-2'-hydroxyphenyl)-nonandion-(1.9)*, F. 116°. — e) *1.10-Bis-(5'-chlor-2'-hydroxyphenyl)-decandion-(1.10)*, F. 170,2—172,6°. (**A. PP. 2 807 604** u. **2 807 605** vom 3/11. 1955, ausg. 24/9. 1957.) O. SCHÖN. 7173

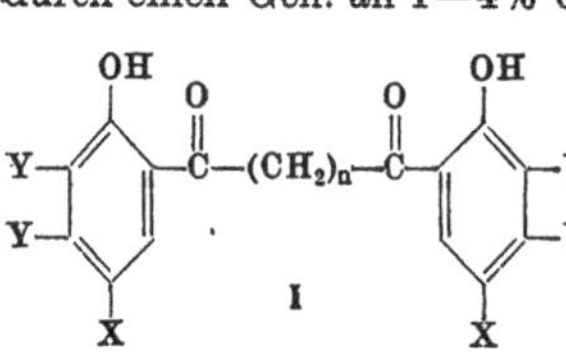

René Droessaert, Frankreich, *Bedrucken von Polyvinylchlorid* unter Verwendung eines Plastisols in Form eines Gemisches aus 100 Teilen Polyvinylchlorid u. mehr als 50 Teilen eines Weichmachungsmittels. — Zeichnung. (**F. P. 1 148 251** vom 28/4. 1956, ausg. 5/12. 1957.) M. F. MÜLLER. 7173

Wacker-Chemie G. m. b. H., Deutschland, *Herstellung von Polyvinylalkohol* aus polymeren oder mischpolymeren Vinylestern, die man in Ggw. solcher Vernetzer polymerisiert hat, die ihrerseits bei der Verseifung der Polyvinylester aufgespalten werden; solche Vernetzer sind z. B. die Divinyl- oder Diallylester von Dicarbonsäuren, Vinylacrylat, Äthylenglykoldicrotonat. Die vernetzten Polymeren sollen alkoholunlösl. sein; man verseift sie bes. mit bas. Katalysatoren (CH_3ONa in CH_3OH, NaOH in A., Guanidin in CH_3OH). — Verwendung der Polyvinylalkohole zur Herst. von *Filmen, Fasern, Preßmassen, Schutzkolloiden, Klebmitteln, Überzügen* beim Offsetdruck, *Polyvinylacetalen.* — 30 (Gewichtsteile) Perlpolymerisat aus 99,5% Vinylacetat u. 0,5% Vinylcrotonat (Perlen <1 mm) u. 1 NaOH in 100 CH_3OH werden im geschlossenen Gefäß 3 Std. gerührt: Perlförmiges, wasserlösl. Hydrolysat. (**F. P. 1 152 195** vom 6/4. 1956, ausg. 12/2. 1958. D. Prior. 6/4. 1955.) M. PANKOW. 7173

Westinghouse Electric Corp., East Pittsburgh, übert. von: **James H. Freeman**, Hempfield Township, und **Leonard E. Edelman**, Penn Township, Pa., V. St. A., *Verätherte Phenolharze* erhält man z. B. durch Erhitzen einer mit Methanol versetzten Phenol–NaOH-Lsg. nach Zugabe von CH_2O auf $<45°$. Wenn nach 3 Tagen der CH_2O-Geruch verschwunden ist, wird Allylbromid zugesetzt u. 45 Min. auf 75° am Rückfluß erhitzt, wobei das p_H von 10 auf 2 fällt. Nach Neutralisieren mit festem NaOH wird dest. u. von den 2 Schichten des Destillats die untere wss. Schicht verworfen. Die obere Schicht wird mit Toluol zur Verringerung der Viscosität versetzt u. enthält ein Gemisch von methylolsubstituierten Allylphenyläthern, die 1,5 Methylolgruppen je Phenolkern enthalten. Das teilweise oder vollständige Veräthern kann auch mit Diazomethan oder Alkyl-(Dimethyl)-sulfat durchgeführt werden. Die Reaktionsprodd. wurden dann in Ggw. von anorgan. oder organ. Säuren in Lsg. weiterkondensiert u. das W. azeotrop. abdestilliert. Die Säuren werden mit CaO oder BaO neutralisiert. Die Endprodd. zeigen bes. *dielektr. Eigg.*, sind alkalibeständig u. neigen nur gering zu Verfärbungen. — Anwendungsbeispiele. (**A. P. 2 840 542** vom 28/1. 1955, ausg. 24/6. 1958.) H. SCHINDLER. 7177

N. V. Onderzoekingsinstituut Research (Erfinder: **Jan Albert Kornelius Boerma**), Arnheim, Holland, *Herstellung von makromolekularen Polymethylenterephthalaten* (I) aus Estern der Terephthalsäure u. Glykol. Die Veresterung führt man bei ca. 140—225° in Ggw. einer organ. Base als Katalysator (II) durch. Als II verwendet man Basen, in denen eine OH-Gruppe über ein Element der 5. oder 6. Gruppe des Period. Syst. mit einem Atomgewicht von höchstens 36 mit organ. Resten verbunden ist, sowie deren metallfreie Salze, z. B. Tetraäthylammoniumterephthalat. Nach dem anschließenden, mehrstd. Erhitzen auf ca. 270—280° unter Druck (Polykondensation) erhält man I vom F. 260 bis 265°. (**Holl. P. 90 066** vom 21/1. 1956, ausg. 15/1. 1959.) H. NEBELSIEK. 7177

S. C. Johnson & Son, Inc., übert. von: **Sylvan O. Greenlee**, Racine, Wis., V. St. A., *Härtbare Massen auf Grundlage epoxydierter Polyester* (I) enthalten bes. 1—5 (Teile) I u. 1 eines Phenol–Aldehyd-Kondensationsprod. (II), gegebenenfalls neben üblichen Härtungsmitteln (mehrbas. Carbonsäuren, deren Anhydride oder BF_3). Die I sind die Reaktionsprodd. aus einem Polytetrahydrophthalsäureglykolester u. bes. 50%ig. H_2O_2. — 268 I (Epoxydäquivalent 268), in Methylisobutylketon u. Xylol (1:2) gelöst, 134 sirupöses II (aus 1000 p-tert.-Butylphenol, 1067 37%ig. CH_2O u. 10 NaOH) u. 6 BF_3–Triäthanolamin-Addukt ergeben beim Härten (30 Min.; 150°) einen klebfreien flexiblen Film. Die M. dient auch als Kleb- u. Überzugsmasse, ferner zur Herst. von Preßkörpern. (**A. P. 2 847 393** vom 2/6. 1955, ausg. 12/8. 1958.) G. TEWES. 7177

E. I. du Pont de Nemours & Co., übert. von: **George Esler Inskeep**, Wilmington, Del., und **Robert Emmett Burk**, West Chester, Pa., V. St. A., *Herstellung von Vinylepoxyäthylbenzol* (Divinylbenzolmonoepoxyd). Man läßt 1 (Mol) Divinylbenzol (Gemisch der o-, m- u. p-Verb.) z. B. in einer Benzollsg. in Ggw. von $NaHCO_3$ mit einer langsam zugesetzten Percarbonsäure (Perbenzoe-, Perphthal-, Perameisen-, Perpropion- u. bes. Peressigsäure) unter Kühlen u. intensivem Rühren bei 10—15° reagieren. Das durch Vakuumdest. erhaltene Gemisch aus o-, m- u. p-Vinylepoxyäthylbenzol hat den $Kp._1$ 60 bis 65° u. dient als Ausgangsprod. zur Herst. von techn. wertvollen *Polymeren*. (**A. P. 2 768 182** vom 28/1. 1955, ausg. 23/10. 1956.) W. GRÄGER. 7177

Rohm & Haas Co., übert. von: **Sidney Melamed**, Philadelphia, Pa., V. St. A., *Herstellung von linearen polymeren Aminoderivaten*. Ein Polymeres mit 1—100 (Mol.-%) folgender Einheiten $—CH_2—CH(OANHR)—$, worin A = Alkylen (C_{2-18}) u. R = H, Cyclohexyl-oder Alkyl (C_{1-12}) u. 0—99 Einheiten einer anderen aliphat. ungesätt. Verb. wird mit einer Chloralkylverb. der allg. Formel ClCHR′COY gemischt, worin R′ = H oder Methyl u. Y = OH, OM, OR′ oder NR^3R^4 ist. [M = Metall, R^2 = Benzyl, Phenoxyäthyl, Allyl oder Alkyl (C_{1-12}), R^3 u. R^4 = H, Cyclohexyl oder Alkyl (C_{1-12})]. Anstatt der Chloralkylverbb. können Glykolnitril, Chlormethylnitril oder ein Gemisch von CH_2O u. HCN eingesetzt werden, worauf die Nitrilgruppen des Polymeren hydrolysiert werden, so daß wie im ersten Fall Mischpolymerisate mit Einheiten der allg. Formel I erhalten werden, worin m = 1 oder 2 u. die anderen Symbole obige Bedeutung haben.

$$—CH_2—CH— \quad | \quad OAN(CHR'COY)_{3-m} \quad | \quad R_{m-1} \qquad \text{I}$$

Beispiele mit Polyvinyloxyäthylamin (II) u. Na-α-chloracetat, mit Vinyloxypropylamin–Butylacrylat-Mischpolymerisat, mit II u. N.N-Diäthyl-α-chloracetamid, worauf letzteres Prod. mit einer Acrylnitril–Vinylacetat-Mischpolymerisatlsg. in Dimethylformamid auf *Fasern* oder *Filme* mit guter Anfärbbarkeit für saure Farbstoffe verarbeitet wird. (**A. P. 2 825 714** vom 12/11. 1954, ausg. 4/3. 1958.) H. SCHINDLER. 7181

E. I. du Pont de Nemours & Co., Wilmington, Del., übert. von: **Alfred C. Haven jr.**, Hancocks Bridge, N. J., V. St. A., *Phosphorhaltige Isocyanate* der allg. Formel $R_nP(O)_x \cdot (NCO)_{3-x}$, worin R KW-stoffreste, Halogen-KW-stoffreste, Nitro-KW-stoffreste oder KW-stoffoxyreste, n 1 oder 2 u. X 0 oder 1 bedeuten, erhält man durch Rk. von Verbb. der Formel $R_nP(O)_xCl_{3-x}$ mit Metallcyanaten, zweckmäßig in Ggw. inerter organ. Lösungsmittel. Durch Rk. von $C_2H_5P(O)Cl_2$ mit AgOCN in Acetonitril bei 80° erhält man $C_2H_5 \cdot P(O)(NCO)_2$, $Kp._{0,65-1,0}$ 61—65°. Analog erhält man: $(C_3H_{7iso})P/O)(NCO)_2$, $Kp._{1-1,75}$ 61 bis 67°, denen Bis-phenylharnstoffderiv. (I), F. 192—193°; $ClCH_2P(O)(NCO)_2$, $Kp._{0,6}$ 76 bis 82°, denen I, F. 199—200°, Bis-methylurethanderiv. (II), F. 181—183°; $C_6H_5P(NCO)_2$, $Kp._3$ 118—122°, dessen I 175—178°, dessen II F. 161—163°; $C_6H_5 \cdot CH_2 \cdot P(O)(NCO)_2$,

Kp.$_{1-2}$ 145°, dessen I F. 188—193° u. dessen II F. 179—181°; $(C_2H_5O)_2P(O)NCO$, Kp.$_{0,3-0,5}$ 60—65°. Die Prodd. ergeben bei der Rk. mit organ. Verbb., die mehrere akt. H-Atome enthalten, wie z. B. Hydrochinon, *flammfeste polymere Stoffe*. (**A. P. 2 835 652** vom 16/4. 1954, ausg. 20/5. 1958.) J. MÜHLEISEN. 7181

Midland Silicones Ltd., London, England, *Siliciumhaltige Graft-Polymere* erhält man durch Rk. von Organosiliciumpolymeren, bes. Siloxanen, die kein H am Si u. keine ungesätt. organ. Reste enthalten, mit Olefinen u. freie Radikale liefernden Katalysatoren, wie organ. Peroxyden u. Azoverbb., in Ggw. von feinteiligen inerten anorgan. Feststoffen, wie Kieselsäuregelen, Silicaten u. MgO, die einen durchschnittlichen Durchmesser von 0,005—5 μ aufweisen. — 210 g Trifluorchloräthylen, 360 g eines trimethylendblockierten Dimethylpolysiloxans (Viscosität 1000 cSt bei 25°), 5 g di-tert.-Butylperoxyd u. 2 g MgO (Partikelgröße $< 5\ \mu$) werden in einem Autoklaven 17 Std. auf 131° erhitzt, wobei man ein Gel mit 29% aufgepfropften Trifluorchloräthylen (I) erhält. Durch Extraktion mit Toluol erhält man ein Öl mit 27% I. Die Prodd. können wie übliche Organosiliciumpolymere verwendet werden. (**E. P. 806 582** vom 1/4. 1957, ausg. 31/12. 1958. A. Prior. 5/7. 1956.) J. MÜHLEISEN. 7189

Westinghouse Electric Corp., übert. von: **Frank A. Sattler** und **Stanley H. Langer,** Pittsburgh, Pa., V. St. A., *Polyesteramid-Siloxan-Harze*. Nach einem Beispiel werden Phenylmethyldichlorsilan, Phenyltrichlorsilan, Glycerin u. W., wobei die Chlorsilane in Xylol gelöst sind, unter Durchleiten von N_2 auf 75° erhitzt. Dann wird Kresol zugesetzt, auf 135° erhitzt u. nach Temperaturerhöhung auf 160° nochmals Kresol zugegeben. Dann werden getrennt davon Maleinsäureanhydrid, Adipinsäure, Glycerin, Monoäthanolamin u. Äthylendiamin erst auf 140°, dann auf 155° erhitzt. Zu dem erhaltenen Polyesteramid wird dann das Siloxan gegeben u. kurzzeitig auf 165—173° erhitzt, worauf soviel Kresol u. ein aromat. Petroleum-KW-stoffdestillat (1:1) zugegeben wird, daß eine 26%ig. Harzlsg. erhalten wird, in der ca. 20 Gew.-% Siloxan vorliegen. Die Lsg. wird auf Cu-Drähte gebracht, auf 475—500° während $^1/_2$—1 Min. erhitzt u. dies so oft wiederholt, bis die Schicht 1 mm beträgt. Die Prodd. zeigen hohe Kratzfestigkeit u. dielektr. Festigkeit, z. B. 4000—6000 V. Weitere Beispiele mit anderen Chlorsilanderivv. u. mit Oxysilanen. — Kurven. (**A. P. 2 821 517** vom 8/3. 1954, ausg. 28/1. 1958.) H. SCHINDLER. 7189

Alana-Textil G. m. b. H., Beuel/Rh., *Herstellung von elastischen Schichtstoffen durchgehender Porosität*, bes. von *Futterstoffen* nach D. A. S. 1 032 714, dad. gek., daß man zur Bereitung des als Verbindungsmittel dienenden, Gase entwickelnden u. Polyurethane bildenden Kunstharzgemisches den Polyester mit dem Polyisocyanat vermischt, etwa einen Tag bei niederer Temp. stehen läßt, dann Polymerisationsaktivator, nach weiteren 15—60 Min. die zur Gasbldg. notwendige Menge W. u. nach ca. 5—20 Min. das Lösungsm. in einer Menge von ca. 20—30%, bezogen auf die fertige Mischung, hinzufügt, worauf man die erhaltene Paste auf den zu beschichtenden Stoff aufträgt. (**D. A. S. 1 038 521** Kl. 81 vom 9/2. 1956, veröff. 11/9. 1958. **Zusatz zu D. A. S. 1 032 714; C. 1959. 5645.**) M. BÖTTCHER. 7205

XII. Kautschuk.

M. Potichonow und **L. Nikiforowa,** *Über die Ausnutzung der Abfälle der Gummiindustrie*. Es wird eine Meth. zur Herst. von gewellten Gummi-Textil-Platten aus sonst unverwertbaren Abfällen (unvulkanisierte Schneideabfälle mit Textilien, anvulkanisierte Mischung, Austrieb an Formen usw.) als Austauschprod. für natürlichen Schiefer in der Bauindustrie angegeben, wie sie in größerem Maßstab bereits durchgeführt wird. (Каучук и Резина [Kautschuk u. Gummi] **17.** Nr. 5. 36. Mai 1958. Werk „Rotes Dreieck".) O. KRAMM. 7220

W. K. Taft, T. B. Harrison, R. W. Laundrie und **June Duke,** *Einige Variable, die den Modul von GR-S beeinflussen*. Unterss. über den Einfl. der verschied. Komponenten auf den 300%-Modul bei der Herst. von *GR-S-1000*. Mit steigendem Fettsäureseifengeh. steigt der Modul, der Einfl. der Fettsäuren ist geringer. Mit der Menge H_2SO_4 nimmt er ab. Mit steigender MOONEY-Viscosität u. längerer Mischzeit tritt wiederum eine Zunahme des Moduls ein. (Rubber Age [New York] **79.** 619—24. Juli 1956. Akron, Ohio, Univ., Gov. Labor.) F. SCHIPKE. 7224

Charles H. Stockman, Dale J. Harmon und **Harry F. Neff,** *Bessere Reifen mit längerer Lebensdauer durch Bestrahlung*. 2 Reifen werden versuchsweise durch Bestrahlung im γ-Kanal der MTR (Material Testing Reactor) vulkanisiert. Die Reifen wurden in einer rotierenden Form mit verschied. Wandstärke unter W. bestrahlt. Als Strahlenquelle wurden verbrauchte Brennelemente in Cd-Kästen benutzt. Die Dosis betrug $4 \cdot 10^7$ r (640 Std.). Aus vorläufigen Unterss. geht hervor, daß strahlungsvulkanisierte Reifen die gleiche Härte wie nach der üblichen Meth. vulkanisierte Reifen u. eine erhöhte Lebensdauer besitzen. (Nucleonics **15.** Nr. 11. 94—97. Nov. 1957. Brecksville, Ohio, B. F. Goodrich Co.) W. KARCHER. 7228

S. C. Stokes und **A. R. Walker,** *Nicht gewebte Stoffe, die mit Kautschuk gebunden werden.* 1. Mitt. *Herstellung in einer Versuchsanlage.* Nicht gewebte Stoffe können mit Kautschuk gebunden werden. Sie werden in einer bestimmten Lage fixiert u. mit einer positiven Latexlsg. besprüht, um eine Trommel gewickelt, die kippbar ist, um überschüssiges W. ablaufen zu lassen, wobei die Lsg. einen Trockengeh. an Kautschuk von 25% haben soll. Aus Trockenbehältern kommt das Material in einen 110° heißen Kalander, wo die Verfestigung erfolgt. Nach ca. 15 Min. ist dann in einer Heizkammer bei 100° die Vulkanisation beendet. Um gleichmäßige Prodd. zu bekommen, ist es zweckmäßig, den Kautschuk vorzuvulkanisieren. (Rubber India **7.** Nr. 11. 15—17. Nov. 1955.) F. SCHIPKE. 7230

D. Wilson, *Nicht gewebte Stoffe, die mit Kautschuk gebunden werden.* 2. Mitt. *Kontinuierliche Fertigung unter Verwendung einer Krempelmaschine.* (1. vgl. vorst. Ref.) Vf. beschreibt den Gebrauch einer Krempelmaschine bei der Herst. von Stoffen, die mit Kautschuk gebunden sind. Sie wurde von der BRITISH RUBBER PRODUCERS RES. ASS. entworfen u. ermöglicht, bestimmte Stärken einzuhalten. Die Verfahrensweise ist beschrieben. (Rubber India **7.** Nr. 11. 18—20. Nov. 1955.) F. SCHIPKE. 7230

Dorothy C. Prem, T. B. Larchar sr., N. S. Trommer und **R. M. Clibourn,** *Die Bestimmung von Öl und Stabilisator in ölgestreckten Polymeren.* Ein UV-spektralphotometr. Verf. wird an Hand von Verss. mit verschied. Additives aufgezeigt, um gleichzeitig Öl u. Stabilisator in ölgestreckten Styrol–Butadien-Gummi zu bestimmen. Genauigkeit bei Stabilisatorbest. ±0,1% (als Diphenylamin–Aceton-Rk.), bei Ölbest. ±1%. Bei Phenylnaphthylamin als Stabilisator sind die erhaltenen Werte weniger befriedigend. (Rubber Wld. **135.** 714—20. 722. Febr. 1957. Akron, Ohio, Univ., Governm. Labors.) H. STRAUCH. 7248

Monsanto Chemical Co., St. Louis, Mo., übert. von: **James W. L. Fordham,** Hazardville, Conn., V. St. A., *Alterungsschutzmitteldispersion,* entstanden durch Einrühren von 100 (Teilen) Monoheptyldiphenylamin in eine wss. Lsg. von 0,5—5 Kalium–Fettsäure-Seife mit 10—18 C-Atomen. Verwendung als Zusatz zu Kautschukmilchmischungen. (**A. P. 2 840 539** vom 27/6. 1955, ausg. 24/6. 1958.) W. OVERBECK. 7227

Monsanto Chemicals Ltd., London, England (Erfinder: **Bertrand Ernest Wilde**), *Pulverförmige Vormischung* für Kautschukmischungen, bestehend aus 0,75—3 (Teilen) Kieselgur u. 1 eines fl. oder nicht pulverisierbaren Alterungsschutzmittels, z. B. Aceton–Diphenylamin-Kondensat, Dicyclohexylamin (**I**) oder Gemisch aus **I** u. benzylierter Kresylsäure. (**E. P. 796 571** vom 24/10. 1955, ausg. 11/6. 1958.) W. OVERBECK. 7227

Chemische Werke Hüls Akt.-Ges. (Erfinder: **Heinrich Wenning, Hans Steinbrink** und **Walter Ploi**), Marl, *Plastizieren von mit Alterungsschutzmitteln versetztem synthetischem Kautschuk,* dad. gek., daß er unter Zusatz von 0,5—3 Gew.-% 2.2′-Methylen-bis-[6-methyl-4-tert.-butylphenol,] bezogen auf den Kautschuk, bei erhöhter Temp. behandelt wird. (**D. A. S. 1 058 247** Kl. 39b vom 7/6. 1956, veröff. 27/5. 1959.) W. OVERBECK. 7227

United States Rubber Co., New York, N. Y., übert. von: **Pliny O. Tawney,** Passaic, N. J., V. St. A., *Vulkanisieren von Butylkautschuk* mit 2—12 (Teilen) eines 2.6-Di-(alkoxymethyl)-4-hydrocarbylphenols, in dem die Hydrocarbylgruppe aus Alkyl, Aryl, Aralkyl oder Cycloalkyl besteht, u. in dem jede Alkoxygruppe ≦4 C-Atome enthält, z. B. 2.6-Di-(methoxymethyl)-4-tert.-butylphenol, u. 0,5—10 eines Schwermetallhaloids. (**A. P. 2 829 123** vom 27/9. 1955, ausg. 1/4. 1958.) W. OVERBECK. 7229

Imperial Chemical Industries Ltd., London (Erfinder: **Richard James Fielden,** Blackley, Manchester), England, *Vulkanisationsbeschleuniger,* bestehend aus *α.α.γ.γ-Tetramethylbutylbenzthiazolyl-2-sulfenamid* der Formel I. (**D. A. S. 1 049 086** Kl. 39b vom 1/8. 1956, veröff. 22/1. 1959. E. Priorr. 2/8. 1955 u. 11/7. 1956.)

$$\text{C}_6\text{H}_4\text{<}^{\text{N}}_{\text{S}}\text{>C—S·NH—C(CH}_3)_2\text{—CH}_2\text{—C(CH}_3)_2\text{—CH}_3 \quad \text{I}$$

W. OVERBECK. 7229

XIII. Ätherische Öle. Parfümerie. Kosmetik.

K. L. Surve, K. K. Chakravarti und **S. C. Bhattacharyya,** *Spektroskopische Untersuchung ätherischer Öle.* 2. Mitt. *Ultraviolettspektrophotometrische Untersuchung von Lemongrasöl.* (1. vgl. C. **1957.** 12028.) Die Meth. basiert auf der quantitativen Best. der Hauptkomponenten von Lemongrasöl, *Citral* (**I**), das bei seinem Maximum von 268 mμ einen Extinktionskoeff. von 14,787 besitzt. Es wurden Lsgg. verschied. Konzz. von I in A. hergestellt u. spektrophotometr. untersucht, wobei sich bei 238 mμ eine lineare Abhängigkeit des Extinktionskoeff. von der Konz. an I ergab. Aus der so erhaltenen Kurve läßt sich nach UV-spektrophotometr. Best. des Extinktionskoeff. von Lemongrasölen deren Geh. an I ablesen. Zum Vgl. durchgeführte Bestimmungen von I nach der $NH_2OH \cdot HCl$ (II)-Meth. erbrachten Ergebnisse, die um ca. 5% höher lagen. Zur Prüfung der Genauigkeit wurde I in Mischungen bekannter Zus. von I u. Geraniol nach beiden Methoden bestimmt, wobei sich die UV-spektrophotometr. Best. der II-Meth., bei der sämtliche Carbonylverbb. der untersuchten Probe als I bestimmt werden, überlegen erwies. Die neue Meth. eignet sich zur Reinheitskontrolle von ostind. Lemongrasöl, während bei westind. Lemongrasöl ein bei 224 mμ (ε = 15,350) liegendes Maximum die Ergebnisse stört. Ausführliche Beschreibung der Durchführung der Meth. u. tabellar. Zusammenstellung u. Erörterung der so gewonnenen Ergebnisse. (Perfum. essent. Oil Rec. **49**. 624—26. Okt. 1958. Poona, Indien, Nat. Chem. Labor.) H. SONTAG. 7262

Gunther Castel, *Eichenmoos — seine Herkunft, Extraktion und Verwendung.* Vf. beschreibt in der Praxis angewandte Methoden zur Gewinnung von Eichenmoosresinoiden durch Extraktion verschied. Flechten, bes. *Evernia Prunastri* u. *Evernia Furfuracea*, die durch Angabe ihrer wesentlichen Merkmale kurz charakterisiert werden. Die Verwendung dieser Extrakte in Parfümkompositionen wird an Beispielen von Rahmenrezepten dargelegt. (Prakt. Chem. [Wien] **9**. 179—81. Mai 1958.) H. SONTAG. 7276

J. Fuchs, *Die phosphorsauren Salze in der Kosmetik.* Verwendung u. Wrkg. verschied. Phosphate in folgenden kosmet. Zubereitungsformeln: Lsgg. (fl. Shampoos, Dauerwellpräpp., Nagelhautentferner), Pulvern (pulverförmigen Shampoos, Zahnpulvern, Gebißpflegemitteln, Badesalzen, Rasierpulvern), Emulsionen (Zahnpasten, Rasierseifencremes) u. Seifen (Zahnseifen). (Seifen-Öle-Fette-Wachse **83**. 231—33. 24/4. 1957.) H. SONTAG. 7284

Hans Schwarz, *Farbstoffe in der Kosmetik.* Vf. unterzieht die derzeitige Gesetzgebung in Westdeutschland hinsichtlich der Verwendung von Farbstoffen zur Herst. von Arznei-, Nahrungs-, Genußmitteln u. Gebrauchsgegenständen einer krit. Betrachtung. Die Einsatzmöglichkeiten einiger pflanzlicher, mineral. u. organ. Farbstoffe in der Kosmetik werden erörtert. (Seifen-Öle-Fette-Wachse **84**. 489—90. 6/8. 1958.) H. SONTAG. 7284

Hoffmann-La Roche, Inc., Nutley, übert. von: **Joseph Donald Surmatis,** Pompton Plains, und **Joseph Weber,** Paterson, N. J., V. St. A., *6.10-Dimethyl-5.9-dodecadien-2-on* (I). 3-Methyl-1-penten-3-ol gibt mit 37% ig. HCl bei 15° 1-Chlor-3-methyl-2-penten, das mit Acetessigsäureäthylester in Ggw. von Na-Methylat bei 60° 3-Carbäthoxy-6-methyl-5-octen-2-on liefert, aus dem man mit KOH über das K-Salz, Ansäuern mit konz. HCl u. Dest. 6-Methyl-5-octen-2-on erhält, Kp.$_{10}$ 65°; n_D^{25} 1,4412. Dieses gibt mit Acetylen in fl. NH_3 in Ggw. von Na 3.7-Dimethyl-6-nonen-1-in-3-ol, Kp.$_{10}$ 89°; n_D^{25} 1,4612, daraus entsteht mit H_2 in Ggw. von 5% Pb-Pd/$CaCO_3$ (Helv. chim. Acta **35**. [1952.] 446) in PAe. 3.7-Dimethyl-1.6-nonadien-3-ol, Kp.$_{86}$ 132°; n_D^{25} 1,4603. Durch Rk. mit 37% ig. HCl entsteht daraus bei —10° 1-Chlor-3.7-dimethyl-2.6-nonadien; n_D^{25} 1,4750, das bei der Kondensation mit Acetessigsäureäthylester in Bzl. in Ggw. von Na-Methylat bei 60° 3-Carbäthoxy-6.10-dimethyl-5.9-decadien-2-on liefert, aus dem man durch Ketonspaltung mit wss. KOH, anschließendem Ansäuern mit 37% ig. HCl u. Erwärmen auf 60—70° I erhält, Kp.$_{0,1}$ 83—85°; n_D^{25} 1,467, *Rosen-* u. *Lavendel*-ähnlicher Geruch. — *Riechstoff* u. *Zusatzmittel* für *Riechstoffmischungen.* (**A. P. 2 806 882** vom 16/9. 1954, ausg. 17/9. 1957.) G. KRAUSS. 7277

Theodore McMaster, Gilman, Ill., V. St. A., *Mittel zur Vorbereitung der Rasur in Stiftform,* bestehend aus ca. 90 (%) Talk, 2—5 Alkylbenzolsulfonat mit 12—14 C-Atomen im Alkylrest, 2—2,5 wasserlösl. Salz von Carboxymethylcellulose, 2—4 TiO_2 (weißes Pigment) u. wenigstens 1,5 koll. Mg-Al-Silicat als Dispergiermittel. Das Mittel wird auf die feuchte Haut aufgetragen u. vor dem Rasieren mit W. abgewaschen. (**A. P. 2 838 442** vom 17/12. 1954, ausg. 10/6. 1958.) E. PETERSEN. 7285

Ernest Norland, London, England (Erfinder: **Minna Wotzilka** und **Ruth Samel**), *Haarfärbekamm oder -bürste* gemäß E. P. 632 544; dad. gek., daß das darin enthaltene Haarfärbemittel aus einem wasserlösl. plast. Träger, z. B. Methylcellulose (I) oder Polyvinylalkohol (II), besteht, der eine Lsg. eines positiv oder negativ geladenen Farbstoffs (III) u. ein entgegengesetzt geladenes synthet. Waschmittel (IV), z. B. Stearyldodecylmethylbenzylammoniumchlorid (V), in solcher Menge enthält, daß III u. IV einen Komplex bilden, der in dem Träger in Form einer koll. Lsg. enthalten ist. — Beispiele

für das Färbemittel: 1. 100 (g) I oder II, 51 V, 500 W., 30 Braun AW; 2. 100 I oder II, 45 V, 500 W., 30 Tartrazin; 3. 100 I oder II, 10 Carbowax, 10 Na-Laurylsulfat, 500 W., 50 Methylenblau. (**E. P. 799 458** vom 7/8. 1956, ausg. 6/8. 1958.)
E. PETERSEN. 7285

Artemas F. Holden, Detroit, Mich., übert. von: **Walter Zabban,** Allegheny County, Pa., und **Raymond W. Southworth,** New Haven County, Conn., V. St. A., *Creme zum Entfernen von Nagellack*, bestehend aus 84—95 (%) Lösungsm. für Cellulosenitrat, z. B. Methyläthylketon (I) u. Essigsäureäthylester (II), ferner aus 16—5 äthylendinitrilotetraessigsaurem Na, Stearinsäure, u. zwar 8—5 Teile davon auf 1 Teil III, z. B. 9,6, W. in etwa gleicher Menge wie III, einem Alkali, z. B. KOH, in solcher Menge daß die Säure neutralisiert u. der p_H-Wert auf 6—8,5 eingestellt wird. (**A. P. 2 825 696** vom 12/6. 1953, ausg. 4/3. 1958.)
E. PETERSEN. 7285

XIV. Zucker. Kohlenhydrate. Stärke.

M. B. Jarmolinski, *Über die Regeneration von Kalk aus Filterpressenschlamm.* Allgemeines über die Rentabilität der Regeneration von Kalk aus Filterpressenschlamm in den Zuckerfabriken. (Сахарная Промышленность [Zucker-Ind.] **32.** Nr. 11. 40—41. Nov. 1958.)
OTTO MAIER. 7400

Gernot Schultz, *Schädigung der photosynthetischen Assimilisation nach Infektion von Zuckerrüben mit viröser Gelbsucht.* (Vgl. C. **1959.** 8210.) Nach manometr. Unters. von Assimilation u. Atmung gesunder u. mit viröser Gelbsucht infizierter Zuckerrübenpflanzen (Inzuchtlinie 9819 der Sorte Kleinwanzlebener E) in einer modifizierten WARBURG-App. lassen infizierte Pflanzen in den symptomzeigenden Außenblättern eine erhebliche Abnahme der Assimilationsintensität u. eine Steigerung der Atmungsintensität im Vgl. mit gleichaltrigen Blättern gesunder Pflanzen erkennen. Hiernach ist infolge der verminderten Assimilationsleistung die Möglichkeit zur Bldg. von Reservestoffen, bes. von Rohrzucker, verringert. Noch gesund erscheinende grüne Innenblätter haben den Assimilations- u. Atmungsstoffwechsel wie die entsprechenden Blätter gesunder Pflanzen. (Zucker **11.** 374—77. 15/8. 1958. Einbeck.)
K. MAIER. 7406

Henryk Zagrodzki und **Anna Zagrodzka,** *Die Schwefelung des Dünnsaftes.* Durch Behandlung von Dünnsaft mit SO_2 werden die meisten Farbstoffe irreversibel beseitigt. (Gaz. Cukrownicza **60.** 213—14. Juli 1958.)
F. URBAN. 7412

S. Wramstedt, *Bestimmung der Zurückhaltungszeit der Schlamm- und Flüssigkeitsphase in Eindickapparaten mittels radioaktiver Markierung.* Die Flüssigkeits- u. Schlammphase des 1. Carbonisierungssaftes wurden mit ^{24}Na u. ^{140}La markiert. Die Zurückhaltungszeiten (I) von 2 Phasen in 2 Typen der DORR-Eindickungsapparate (II) wurden mittels Aktivitätsbest. mit Scintillationszählern gemessen. Die durchschnittliche I des Schlammes betrug angenähert 20 Min. bei hinreichender Trennung des Schlammes. Die I des klaren Saftes wird durch das Vol. des II bestimmt. In einem II mit großem Durchmesser, in dem die mittlere I des klaren Saftes 85 Min. betrug, erfolgte beträchtliches Mischen im klaren Saft. In einem II von kleinerem Durchmesser (5,0 m), in dem die mittlere I 40 Min. betrug, konnte ein weit geringerer Mischungsgrad beobachtet werden. (Socker, Handl. III **14.** 113—20. 1958.)
R. WALCKER. 7412

N. A. Burenkow, *Ein Apparat zur Schaumzerstörung in der Zuckerindustrie.* Ausführliche Beschreibung eines Entschäumers, der nach dem zentrifugalen Verf. bei gleichzeitiger Hochfrequenzvibration den Schaum sofort in Fl. verwandelt. (Сахарная Промышленность [Zucker-Ind.] **32.** Nr. 11. 16—19. Nov. 1958. Kiew, Technol. Inst. der Nahrungsmittelind.)
OTTO MAIER. 7412

D. R. L. Steindl, *Eine neue Zuckerrohrkrankheit. Bakterieller Befall in Queensland.* Es wird über eine in letzter Zeit in Queensland beobachtete Krankheit des Zuckerrohrs berichtet, die sich zunächst im Auftreten von cremefarbenen Streifen an den Blattscheiden äußert. Im späteren Stadium erscheinen rostfarbene Flecken u. Runzeln u. die Pflanzen sterben ab. Die Krankheit wird durch ein noch nicht genau identifiziertes Bacterium, ähnlich Erwinia, hervorgerufen, das bes. durch W. auf die Pflanzen übertragen wird. Sehr anfällig sind die Sorten Q. 57 u. Trojan; doch wurde die Krankheit auch bei Badila, Comus, Eros u. Q. 45 beobachtet. (Sugar **53.** Nr. 2. 37—38. Febr. 1958. Queensland, Bur. of Sugar Exp. Stat.)
M. REIHER. 7440

F. H. C. Kelly, *Wasseradsorption an der Zuckerrohrfaser.* Es wurden die Adsorptionsisothermen für das Syst. Zuckerrohrfaser/W. bei steigendem Dampfdruck ermittelt. Die Auswertung der Verss. ergibt, daß Zuckerrohrfaser ebenso wie andere Fasern sogenanntes „Kolloidwasser" enthalten, für dessen Entfernung mehr Energie aufgewandt werden muß als für die bloße Verdampfung des Kondensationswassers nötig wäre. (Int. Sugar J. **59.** 36—38. Febr. 1957.)
H. ROSSOW. 7440

D. Becker und **Ph. von Alemann,** *Vorschrift für die Eisenbestimmung in Zuckersäften nach Prof. Tödt.* 10 cm^3 Dünnsaft oder verd. Dicksaft werden auf 100 cm^3 aufgefüllt, mit 3 cm^3 25% ig. HCl u. dann mit 4 Tropfen gesätt. $KMnO_4$-Lsg. (7 g in 100 cm^3 W.) versetzt. Nach kurzem Umschwenken werden sofort 5 cm^3 einer 10% ig. NH_4SCN-Lsg. hinzugefügt. Nach erneutem Umschwenken verschwindet die etwa noch vorhandene Permangatfarbe. Die Intensität der Fe-Rhodanidfarbe wird sofort in einem mit GIBSON-Filtern versehenen LANGE-Colorimeter gemessen. Mittels der Extinktionswerte wird an Hand einer Eichkurve der Fe-Geh. bestimmt. Die Aufstellung der Eichkurve wird beschrieben. Die Meth. erlaubt zwar keine exakte Fe-Best., reicht aber zur Kontrolle über die bei Korrosionen stattfindende Eisenauflsg. in den Verdampferanlagen aus. (Zucker **8.** 502—03. 15/11. 1955.) R. RUTKOWSKI. 7474

L. W. Chubb und **A. W. Hartley,** *Eine Modifikation der elektrometrischen Methode für Zuckertitrationen nach von Stieglitz.* Es wurde gefunden, daß die von V. STIEGLITZ zur elektrometr. Titration von Zucker-Lsgg. angegebene Spezialelektrode durch eine Cambridge-Referenzelektrode ersetzt werden kann. (Analyst **83.** 311—12. Mai 1958. Cambridge, Spillers Central Labor.) K. F. MÜLLER. 7488

Ludwik Rozental, *Maßanalytische Bestimmung von Lactose und Saccharose nebeneinander. Lactose* (I) u. *Saccharose* (II) lassen sich nebeneinander im Konzentrationsverhältnis 1 : 19 bis 9 : 1 nach LANE u. EYNON [1927] oder nach einer kombinierten Meth. von LANE u. EYNON sowie SCHOORL unter Anwendung der LUFFschen Reduktionslsg. mit genügender Genauigkeit bestimmen. Für beide Methoden werden Berechnungsschemata angegeben, wobei für die Berechnung von II eine 1,6% ig. Erhöhung der Reduktionskraft von I infolge schwacher Inversion angenommen wird. — 43 Literaturangaben. (Roczniki państwowego Zakładu Hig. **9.** 451—60. 1958. Warszawa, Akad. Med., Zakł. Bad. Środk. Spoż.) F. URBAN. 7488

XV. Gärungsindustrie.

George J. Fuld und **Cecil G. Dunn,** *Automatische Überwachung von Versuchsanlagen zur Vermehrung von Mikroorganismen.* Es werden erfolgreiche Verss. zur laufenden Überwachung von Verff. zur Hefegewinnung (z. B. submerse Gärung) beschrieben. Das Prinzip der Meth. besteht in Bestimmungen des p_H-Werts u. des Zuckergeh. der Gär-Fl. (Messung des Refraktionsindex). (Food Technol. **11.** 15—18. Jan. 1957. Cambridge, Mass., Inst. of Technol., Dep. of Food Techn.) M. WINIKER. 7506

G. W. Bulgakow, *Bäckereihefe aus Holzzucker.* Allg. Angaben über Möglichkeit u. ökonom. Nutzen der Gewinnung von Bäckereihefe aus Holzzucker. (Гидролизная и Лесохимическая Промышленность [Hydrolysen- u. holzchem. Ind.] **12.** Nr. 1. 10—11. 1959.) D.-H. BOCK. 7506

F. Baum und **Chr. Wardsack,** *Untersuchungen über den Einfluß verschiedener Stickstoffverbindungen auf gärende Hefezellen.* Unters. der Wrkg. verschied. anorgan. N-Verbb. u. von Pepton als organ. N-Quelle auf gärende Bäckerhefe ergab, daß Pepton in Abhängigkeit von der Art der anorgan. N-Quelle sowohl fördernd als auch hemmend auf die Gärung wirken kann. Für stoffwechselphysiol. Verss. mit gärenden Hefezellen empfiehlt sich nachst. Nährsubstrat: 25 mg $MgSO_4$, 100 mg KH_2PO_4, 20 g Glucose u. 100 ml Aqua dest. (p_H 6,0). Bei dieser Kultur beobachtet man während 48 Std. weder eine Vermehrung der Hefen noch sterben sie in nennenswerter Zahl ab. (Ernährungsforschung **3.** 525—35. 1958. Potsdam-Rehbrücke, Inst. für Ernähr.) M. ULMANN. 7506

Walter Saller, *Hohe Alkoholkonzentrationen durch Hefenährpräparate.* Die gärungsfördernden Wrkgg. von Hefenährpräpp., wie *Zymol, Tronozym* (einem Schweizer Präp.), einem in den USA hergestellten *Difco-Hefeextrakt* u. Ammoniumphosphat wurden bei verschieden zuckerreichen Fruchtsäften u. -maischen sowie einer reinen Zuckerlsg. untersucht u. miteinander verglichen. Die besten Ergebnisse ließen sich mit Zymol erzielen. So erreichten derart behandelte Johannisbeerweinansätze einen um 1,0 bis 1,8 Vol.-% höheren A.-Geh. als n. vergorene Kontrollmaischen. Auch Tronozym beeinflußte den Gärverlauf günstig. Die übrigen Präpp. zeigten gegenüber den Kontrollen nur geringe Wirkung. — 7 Literaturangaben. (Alkohol-Ind. **70.** 462—64. 1/10. 1957. Klosterneuburg, Österreich, Bundesversuchsanst. für Wein- u. Obstbau.) W. KREIPE. 7510

Mariusz Warteresiewicz, *Ein Versuch der Alkoholerzeugung aus der Jerusalem-Artischocke (Helianthus tuberosus) in einer landwirtschaftlichen Brennerei.* Die Verzuckerung der Topinamburknollen wird therm. in Ggw. von H_2SO_4 durchgeführt. Die Gärung unter Zusatz von Weinhefe Tokay liefert nach 60 Tagen bei 77% ig. Vergärung 6,67 Liter A./100 kg Knollen. Die bakterielle Infektion der Maische ist gering. (Przemysł Spożywczy **12.** 226—30. Juni 1958. Lublin.) F. URBAN. 7536

W. O. S. Meredith, *Gerstengummi und Vermälzungsqualität.* Hinsichtlich der physikal. Eigg. ist die Zerstörung der Zellwände des Endosperms, die mit fortschreitender Auflsg. im Verlauf des Mälzens eintritt, eine der hauptsächlichsten Veränderungen. Komplexe Kohlenhydrate oder Gummi, die in der Zus. dem Zellwandmaterial ähneln, wurden aus Gerste u. Malz isoliert. Die Unterss. dieser Gummi u. der gummispaltenden Enzyme liefern jetzt unmittelbare Beweise für die Rolle der Zytolyse beim Mälzen. Gerstengummi ist in wss. Lsg. sehr, Malzgummi weit weniger viscos, auch ändert sich die Gummizus. von der Gerste zum Malz. Die Wrkg. der Gerstengummi abbauenden Enzymsysteme nimmt von der Gerste zum Grünmalz zu. Das Gummilösungsvermögen ist eine Sorteneig., die mit der Gesamtvermälzungsqualität in Beziehung steht. Das über die Zytolyse erlangte Wissen kann der Zucht u. Selektion besserer Braugerstensorten nützen. (Wallerstein Lab. Commun. **21.** 207—14. Sept. 1958. Winnipeg, Manitoba, Board of Grain Commissioners for Canada, Grain Res. Labor.) K. SCHAUERTE. 7540

Leon Zub, *Erwägungen zu den Bewertungsmethoden des technologischen Wertes des Hopfenrohstoffs.* Die Qualität des poln. Hopfens, ermittelt über 6 Jahre nach der totalen, mechan., organolept. u. chem. Analyse, ist nur wenig schlechter als die deutscher oder tschech. Ernte. Eine eindeutige Bewertung kann nur die Gesamtheit aller Methoden ergeben. (Przemysł Spożywczy **12.** 230—34. Juni 1958. Puławy.) F. URBAN. 7540

L. Chapon, *Betrachtungen über die Oxydation des Bieres im Lichte unserer Arbeiten.* Das Studium des ITT-Prozesses ergab, daß O_2 u. oxydierende Substanzen (z. B. DCI) nicht die gleiche Wirkungsweise haben u. jeder DCI fixierende Stoff nicht notwendigerweise im Sinne einer guten Haltbarkeit des Bieres akt. ist. Die Katalysatoren Fe u. Cu spielen hierbei eine bedeutende Rolle. Es kann der Anteil freier Cu-Ionen bei der Gesamt-Rk. u. somit auch der Anteil des in inakt. Komplexen gebundenen Cu festgestellt werden. Mit leichten Abänderungen erlaubt diese Meth. die Best. der Peroxyde u. ihren Einfl. auf die Bieroxydation. Kinet. Betrachtungen über die Haltbarkeit des Bieres schließen sich an. (Brauerei, wiss. Beilage **12.** 3—6. Jan. 1959. Nancy, École de Brasserie.) K. SCHAUERTE. 7550

Peter Viel, *Schädliche Mikroben und Fehlgärungen in Obstbrennereien.* Infektionen u. Fehlgärungen in Obstmaischen, wie sie durch Essigsäurebakterien, Acroleinbacillen, Kahmhefen u. Buttersäurebakterien entstehen, werden beschrieben u. prakt. Hinweise für ihre Verhütung u. Bekämpfung gegeben. (Alkohol-Ind. **71.** 360—62. 16/7. 1958.) W. KREIPE. 7556

O. N. Breivik und **J. L. Owades,** *Spektrophotometrische Semimikrobestimmung von Ergosterin in Hefe.* Vff. beschreiben eine Semimikrobest. von *Ergosterin* (I) in Hefe, die eine Vereinfachung der Meth. nach CASTILLE u. RUPPOL darstellt. Es genügen 5 bis 100 mg Hefe, die mit alkoh. Alkali digeriert wird. Das **I** wird in einem Extraktionsgang mit einem genau gemessenen Vol. reinem n-Heptan (II) extrahiert. Die Absorptionsbanden werden in einem Gemisch von **II** in absol. A. bei 281,5 u. 230 mμ bestimmt. Mit dem Wert von 281,5 mμ werden die „Ergosterine", mit dem von 230 mμ das *24(28)-Dehydroergosterin* bestimmt. Die Differenz dieser Werte ergibt den **I**-Gehalt. (J. agric. Food Chem. **5.** 360—63. Mai 1957. Stamford, Conn., Standard Brands, Inc., Fleischmann Labor.) K. BÖHM. 7592

Johs. Krutzsch, *Fortschritte bei der Alkoholgehaltmessung extrakthaltiger Flüssigkeiten.* (Vgl. C. **1956.** 9590.) Verbesserung des vom Vf. entwickelten „Alkrumeters" (3 Abb.). (Dtsch. Apotheker-Ztg. **98.** 609—10. 19/6. 1958. München.) W. BARZ. 7596

A. L. Brandon, *Bericht über Spurenelemente in Bier und Bierwürze.* Zur Best. von Spuren Cu in Bier (-Würze) wird das von STONE u. Mitarbeitern (C. **1956.** 10348) angewandte photometr. Verf. unter Verwendung von Zn-Dibenzyldithiocarbamat empfohlen u. im einzelnen beschrieben. (J. Assoc. off. agric. Chemists **41.** 122—23. Febr. 1958. St. Louis, Anheusser-Busch, Inc.) W. WESLY. 7600

H. Kretzdorn und **F. W. Müller-Augustenberg,** *Erfahrungen bei der Bleibestimmung in Weinen und Süßmosten.* Zu der von Vff. beschriebenen Meth. zur Pb-Best. im Wein mit Dithizon (C. **1950/54.** 3607 S) werden einige ergänzende Hinweise gegeben, so über die Reinigung der Reagentien, das Eindampfen u. Veraschen des Weines, die Vorbehandlung der Aschelsg., die Ausschüttelung u. colorimetr. Messung. (Dtsch. Wein-Ztg. **91.** Nr. 30/31; Wein u. Rebe **37.** 582—84. 27/10. 1955. Augustenberg, Staatl. landw. Versuchs- u. Forschungsanst.) E. KIELHÖFER. 7606

H. Eschnauer, *Beiträge zur analytischen Chemie des Weines.* 4. Mitt. *Die Bestimmung von Wismut im Wein.* (3. vgl. C. **1959.** 6323.) Zur colorimetr. Best. von Bi im Wein wird die Meth. von STONE (J. Soc. chem. Ind. **6.** [1887.] 416), die auf der Gelbfärbung des $K[BiJ_4]$ beruht, entsprechend abgewandelt. Von 46 untersuchten Weinen enthielten nur 3 Weine (2 span. Verschnitt-Rotweine Priorato u. ein Verschnitt damit) 0,1—0,2 mg Bi/Liter. Obwohl Bi in geringen Mengen im Weinbergsboden, 1,8—3,4 μg Bi/g, u. im Rebholz, 0,2—0,3 μg Bi/g Asche, vorkommt, ist im Wein normalerweise kein Bi enthalten. (Dtsch. Wein-Ztg. **94.** Nr. 27. Wein u. Rebe **39.** 492—94. 21/9. 1958. Mainz, Univ., Anorgan.-chem. Inst.) F. RADLER. 7606

XVI. Nahrungs-, Genuß- und Futtermittel.

Luiz Ribeiro Guimarães und **Emília Pechnik,** *Beitrag zur Kenntnis der Nahrungsmittel der Amazonasregion.* Für 36 in der Amazonasregion gebräuchliche Nahrungsmittel wird die chem. Zus., der Geh. an den verschied. Vitaminen u. an Mineralsalzen mitgeteilt u. erörtert. (Arquivos brasil. Nutric. **12.** 7—39. Juli/Dez. 1956.) R. K. MÜLLER. 7658

Irving L. Eaks, *Die physiologische Zersetzung der Schale von Limonellenfrüchten nach der Ernte.* Die Schale von geernteten Limonellen kann eine physiol. Zers. durch Oleocellosis (mit Beulenbldg. u. braunschwarzer Verfärbung) u. Oberflächengrübchenbldg. infolge zu langer Lagerung bei tiefer Temp. erleiden. Unterss. zeigen, daß die Früchte sorgfältig verlesen u. verpackt u. nicht länger als 4 Wochen bei 40° F gelagert werden sollen. Eine Lagerung bei 50° F ist wünschenswert, vorausgesetzt, daß das Gelbwerden durch einen Überzug aus Mineralöl verhindert wird. (Proc. Amer. Soc. horticult. Sci. **66.** 141—45. Dez. 1955. Riverside, Calif., Univ. of California, Citrus Exp. Stat.) W. WESLY. 7688

Irving L. Eaks, *Einwirkungen von Diphenyl auf die Atmung von Orangen und Citronen.* Unterss. über die von Orangen u. Citronen in Ggw. u. in Abwesenheit von *Diphenyl* (I) erzeugte Menge CO_2 zeigen, daß I die Atmungsaktivität schwach, aber deutlich erhöht. In einem Zeitraum von 14 Tagen übt I keinen Einfl. auf die chem. Zus. des Fruchtsaftes aus. (Proc. Amer. Soc. horticult. Sci. **66.** 135—40. Dez. 1955. Riverside, Calif., Univ. of California.) W. WESLY. 7688

Louis de Saint-Rat, *Die Lebensmittelhygiene im Zeitalter der Schädlingsbekämpfung.* Italien. Übersetzung der C. **1959.** 7321 referierten Arbeit. (Ind. Conserve **33.** 222—30. Juli/Sept. 1958.) M. WINIKER. 7690

Dezsö Karácsony und **Lipót Pentz,** *Die Ostwaldsche Gleichung und die Erklärung des Kristallbaues von Fondant.* Vff. widerlegen die Ansichten von LENDVAI (C. **1957.** 8670) u. beweisen die berechtigte Anwendung der OSTWALDschen Gleichung. (Élelmezési Ipar [Verpflegungs-Ind.] **11.** 20—23. März 1957.) J. PLANK. 7704

P. B. Schulman, *Gefüllte Bonbons auf Milchgrundlage.* Nach den Rezepturen für gefüllte Bonbons auf Milchgrundlage wird aus Vollmilch u. Zucker ein Milchsirup hergestellt, der durch Einkochen auf 15—16% Wassergeh. gebracht wird, wobei er 15—17% reduzierende Bestandteile enthält. Der Sirup wird filtriert u. dann unter 4—6 at Druck in einem Vakuumapp. behandelt, bis der Wassergeh. auf 3% gesunken ist. Der Geh. an reduzierenden Bestandteilen soll 23% nicht übersteigen. Nach Beimengung aromat. Stoffe wird der so behandelte Milchsirup bei ca. 70° in die Formmaschinen gegeben. Parallel damit wird die Füllung vorbereitet, die aus dem Vakuumapp. mit 12 bis 13% Wassergeh. kommt. Unter Zusatz von Kondensmilch u. Butter wird die Füllung bei 65—68° in die Füllmaschine gepumpt. (Хлебопекарная и Кондитерская Промышленность [Brot- u. Konditorei-Ind.] **3.** Nr. 3. 39—41. März 1959. Wilna, Konditorwaren-Fabrik „Pergale".) H. TREUMANN. 7704

N. I. Skobelewa, M. A. Bokutschawa und **A. M. Knjasewa,** *Veränderung des Gehaltes an flüchtigen Aldehyden bei der thermischen Behandlung von Tee.* (Vgl. C. **1958.** 5999. 8965. 13921.) Das vorgeschlagene Verf. zur Herst. von schwarzem Tee beruht auf einer Verminderung der Fermentwrkg. u. Verstärkung der therm.-physikal. Prozesse durch Kürzung der Rolldauer der Teeblätter um die Hälfte, wobei die 2. Fermentationsphase entfällt u. durch eine therm. Behandlung ersetzt wird. Verss. mit dem Verf. unter Produktionsverhältnissen zeigten, daß durch dasselbe der Tanningeh. des Tees um 3—4% erhöht u. Geschmack u. Aroma verbessert werden. Unterss. des Tees nach therm. Behandlung zeigten eine wesentliche Erhöhung von flüchtigen Aldehyden. (Доклады Академии Наук СССР [Ber. Akad. Wiss. UdSSR] **118.** 1153—54. 21/2. 1958. Bach-Inst. für Biochem. der Akad. der Wiss. der UdSSR.) M. GORDIENKO. 7724

Emo Perucci, *Über die Farbe von subtropischen Ballentabaken.* Vf. weist die von WÖBER geübte Kritik (C. **1959.** 13658) zurück. (Tabacco **59.** 417—31. Nov./Dez. 1955.) M. WINIKER. 7734

M. K. Michailow, *Untersuchung der Hydroxyderivate der Zimtsäure im Tabak auf papierchromatographischem Wege.* (Vgl. C. **1957.** 5136.) Der aus 50 g Tabak erhaltene alkoh. Extrakt wurde im Vakuum bis zur Trockne eingedampft, der Rückstand mehrmals mit W. extrahiert, filtriert u. davon nach der absteigenden, zweidimensionalen Meth. ein Chromatogramm angefertigt. Laufmittel waren W. u. n-Butanol–Essigsäure–W. (4 : 1 : 2,2). Die Flecken wurden durch ihre Fluorescenz im UV-Licht nachgewiesen u. mit spezif. Reagentien (1%ig. Lsg. von $AlCl_3$ mit u. ohne nachfolgende Einw. von NH_3-Dämpfen, HÖPFNER-Reagens 5,8 u. 1%ig. Vanillinlsg. in konz. HCl) besprüht. 5 Flecken gehörten zur Gruppe der Flavonoide, 6 zur Gruppe der Zimtsäurederivv., wovon eine eine o-Dihydroxybenzolgruppe aufweist (Kaffeesäure, Neochlorogensäure, Chlorogensäure u. 2 nicht identifizierte Verbb.). Es konnten dagegen keine freie Chinasäure oder Catechinderivv. nachgewiesen werden. (Доклады Академии Наук СССР [Ber. Akad. Wiss. UdSSR] **121**. 330—33. 11/7. 1958. Plovdiv, Bulgarien, Höheres Inst. für Nahrungs- u. Genußmittelind.) J. MERKER. 7734

M. K. Michailow, *Die Identifizierung von Kämpferol im Tabak.* (Vgl. C. **1957**. 5136.) Papierchromatograph. konnten *Quercetin* u. *Kämpferol* (3.5.7.4'-Tetrahydroxyflavon) als Aglukon im fermentierten Tabak nachgewiesen werden. 3 weitere Flecken (Flavonoide) konnten bisher nicht identifiziert werden. Auch in grünen Tabakblättern wurden Quercetin u. Kämpferol nachgewiesen. (Доклады Академии Наук СССР [Ber. Akad. Wiss. UdSSR] **122**. 1068—70. 21/10. 1958. Plovdiv, Bulgarien, Höheres Inst. für Nahrungs- u. Genußmittelind.) J. MERKER. 7734

El Sayed I. M. Elmossalami, *Bakteriologische Untersuchungen von Natur- und Kunstdärmen.* 25 gesalzene Naturdärme (a) u. 14 Kunstdärme (b, *Cellophan*- u. *Naturin*-Därme) sowie selbstzubereitete Naturdärme wurden bakteriolog. untersucht. Es ergab sich, daß die Keimflora nach dem Salzen eine Verschiebung erfährt. Aus den a konnten zahlreiche Keime isoliert werden. Die b enthielten Keime in sehr geringer Zahl, unter denen sich weder gramnegative noch pathogene befanden. — 19 Literaturhinweise. (Arch. Lebensmittelhyg. **8**. 221—23. 20/10. 1957. Berlin, FU, Inst. für Lebensmittelhyg.) M. WINIKER. 7750

Torleiv Taarland, Erling Mathiesen, Øydis Øvsthus und **Olaf R. Braekkan,** *Nährwert und Vitamine bei norwegischem Fisch und Fischprodukten.* Nach Erläuterung der Methoden der Best. der chem. Zus., der Vitamine u. des Nährwertes werden tabellar. die Werte für Fische u. Fischprodd. mitgeteilt. — 22 Literaturhinweise. (Tidsskr. Hermetikind. **44**. 405—12. Nov. 1958.) R. K. MÜLLER. 7752

G. E. Hawkins und **K. M. Autrey,** *Sericea, Lespedeza cuneata, mit und ohne einen Stickstoffzusatz als Rauhfutterquelle für Milchkühe.* Zahlreiche Futterverss. mit Milchkühen zeigten, daß die Milchmenge geringer war, wenn *Sericeaheu* (a) an Stelle von Alfalfaheu verfüttert wurde, selbst wenn der Geh. an verdaulichen Nährstoffen bei beiden Futtern gleich war oder ein stickstoffhaltiger Zusatz erfolgte. Vff. halten es für wahrscheinlich, daß in a Stoffe vorhanden sind, die die Milchproduktion hemmen. (J. Dairy Sci. **40**. 95—104. Jan. 1957. Auburn, Alabama Polytechn. Inst., Dep. of Dairy Husbandry.) E. WIEHR. 7756

A. Orth und **W. Kaufmann,** *Die Ursachen der unterschiedlichen Konsistenz des Milchfettes.* Vff. konnten eine klare Abhängigkeit der JZ. des Milchfetts u. der Konsistenz der Butter von der Zufuhr an *ungesätt. Fettsäuren* (a) im Futter der Milchkühe feststellen. Mit steigenden Mengen verabreichter a wurde die JZ. größer bzw. die Konsistenz der Butter weicher. Die a, bes. Linol- u. Linolensäure, konnten im Milchfett wiedergefunden werden, was darauf schließen läßt, daß ein Übergang der a vom Futter ins Milchfett ohne größeren stoffwechselphysiol. Umbau stattfindet. (Kieler milchwirtsch. Forschungsber. **9**. 241—52. 1957. Kiel, Bundesforschungsanst. für Milchwirtsch., Inst. für Milcherzeug.) M. WINIKER. 7756

G. Schwarz, J. Ludwig und **E. M. Giessler,** *Eigenschaften und Zusammensetzung von Kuhmilch in Baden-Württemberg.* Es werden die Ergebnisse der Unterss. von Sammelmilch der Jahre 1955 u. 1956 mitgeteilt u. diskutiert. (Kieler milchwirtsch. Forschungsber. **9**. 329—42. 1957. Stuttgart-Hohenheim, Landwirtsch. Hochsch., Inst. für landwirtsch. Technol.) M. WINIKER. 7756

R. Dawidow und **L. Kruglowa,** *Biotingehalt der Milch.* Der Biotin (I)-Geh. der Milch ändert sich mit der Jahreszeit: im Mai ist er am niedrigsten; bei verschied. Viehrassen ist er unterschiedlich. Bei Aufbewahrung der Milch bei niedriger Temp. erhöht sich der I-Gehalt. Bei höheren Tempp. entwickeln sich in der Milch Milchsäuremikroben, die eine Senkung des I-Geh. verursachen. Unterss. haben in der Milch verschied. Herden einen I-Geh. von 53,0—67,7 γ/Liter festgestellt. Mitunter enthält die Milch nur 4 bis 6 γ/Liter I, so daß die Entw. der Milchsäurebakterien erschwert wird. (Молочная Промышленность [Milch-Ind.] **20**. Nr. 4. 40—42. April 1959. Moskau, Landwirtsch. Timirjasew-Akad.) H. TREUMANN. 7756

Walter Haab, *Die alkalische Phosphatase der Milch.* 2. Mitt. *Variation des Gehaltes an Phosphatase in Milch.* (1. vgl. C. **1959.** 14282.) Es wurde festgestellt, daß die Phosphataseaktivität (a) roher, individueller Kuhmilch während einer Laktationsperiode von 119—4380 γ Phenol/0,5 ml Milch variierte. Durchweg nahm die a mit steigender Gemelkmenge ab. Eine Beziehung zwischen Fettgeh. der Milch, Kuhrasse oder Fütterung u. a konnte nicht beobachtet werden. (Schweiz. Milchztg., wiss. Beilage **84.** 452—54. 22/4. 1958.) M. WINIKER. 7756

Harvey Fram, *Die Reaktivierung von Phosphatase in bei hoher Temperatur kurzzeitig erhitzten Milchprodukten.* Magermilch, Vollmilch u. Sahne (20 u. 38% Fettgeh.) wurden bei hoher Temp. (165—240° F) kurzzeitig (16 Sek.) erhitzt. Anschließend wurde festgestellt, daß der Phosphatasetest am Ende der Pasteurisierung negativ ausfiel, nach 2 Std. Stehen jedoch bei Zimmertemp. positiv war. Wenn sofort nach der Pasteurisierung auf 40° F abgekühlt wurde, trat die Reaktivierung nicht auf. Bakteriolog. Prüfungen zeigten, daß die reaktivierte Phosphatase nicht bakteriolog. Ursprunges war. (J. Dairy Sci. **40.** 19—27. Jan. 1957. Oakdale, L. I., N. Y., Nat. Prod. Corp., Res. Labor. Div.) E. WIEHR. 7756

M. Seelemann (unter Mitarbeit von **H. Buschkiel, K. H. Wegener** und **G. Obiger**), *Stellungnahme zu aktuellen Fragen auf dem Gebiet der Milchhygiene.* Behandelt werden: Notwendigkeit der Pasteurisation, Vorzugsmilchherst., Desinfektion bei Tuberkulose, Desinfektion von Milchkannen, Reinigung u. Desinfektion der Milchgeräte, hygien. Bedeutung des W. in landwirtschaftlichen Erzeugerbetrieben, Tuberkulose-, Brucellose- u. Mastitisbekämpfung, Melktruppanlagen. — 39 Literaturhinweise. (Kieler milchwirtsch. Forschungsber. **9.** 281—310. 1957. Kiel, Bundesforschungsanst. für Milchwirtsch., Inst. für Milchhyg.) M. WINIKER. 7756

B. J. Demott und **L. R. Brandt,** *Die Ranzigkeit, ihre Ursachen und ihre Auswirkungen.* Vff. berichten über die Ergebnisse von Versuchsreihen, in denen die verschied. Faktoren, die das Ranzigwerden von Milch in den Melkmaschinen beeinflussen, untersucht wurden. Die Ranzigkeit wurde mittels Geschmackstest u. durch Messung der Oberflächenspannung festgestellt. Die Oberflächenspannung der Milch fiel mit der Zunahme der Verweilzeit in der Melkmaschine, der Lagerzeit, des Vakuums u. der durchgeleiteten Luftmenge. (Milk Plant Monthly **46.** Nr. 1. 30—32. 34. Jan. 1957.) E. WIEHR. 7756

D. J. Hankinson, *Höhere Temperatur — kürzere Zeit.* Verss. zeigten, daß pathogene Keime bei einer Erhitzungszeit der Milch von 0,25 Sek. (0,50 Sek.) bei folgenden Tempp. vollständig (Grad F) zerstört waren: Escherichia coli 174,5 (172,3), Streptococcus pyrogenes 162,6 (158,9), Shigella paradysenteriae 162,8 (102), Salmonella typhosa 165,1 (162,8), Corynebacterium diphtheriae 161,4 (157,4), MS 102 191,9 (190,6). — Bei 182,4° F (178° F) wurde die Phosphatase vollkommen zerstört, konnte aber nach 24 Std. wieder nachgewiesen werden. (Milk Plant Monthly **46.** Nr. 1. 13—15. Jan. 1957. Massachusetts, Univ.) E. WIEHR. 7756

Jadwiga Chuchlowa, *Tablettieren von Milchpulver.* Milchpulver läßt sich ohne Bindemittel mit 3% Wassergeh. bei 180 at oder bei Zusatz von Kakao- oder Kaffeepulver bei 140 at tablettieren. Bei Zusatz von Zucker oder bei höherer Preßtemp. kann der Druck gesenkt werden. (Prace Inst. Przemysłu mleczarskiego **4.** Nr. 1. 1—26. 1957. Warszawa.) F. URBAN. 7756

Jadwiga Chuchlowa, *Die Eignung verschiedener Verpackungsarten für tablettiertes Milchpulver und seine Mischungen mit Kaffee und Kakao.* Tablettiertes Milchpulver kann nur in festen, luftdichten Verpackungen (Glas, imprägnierte Al-Folien) aufbewahrt werden. Beschichtetes Papier u. PVC-Folien sind weniger, Cellophan überhaupt nicht geeignet. Zusatz von Lactose verbessert in keinem Fall die Haltbarkeit der Produkte. (Prace Inst. Przemysłu mleczarskiego **5.** Nr. 1. 37—56. 1958. Warszawa.) F. URBAN. 7756

K. Stistrup, *Betrachtungen über die Bedeutung einiger Emulgier-und Stabilisiermittel für die Mikrostruktur von Speiseeis mit besonderer Berücksichtigung des kolloidalen Verhaltens und des Schmelzens von Speiseeis.* Zusammenfassender Vortrag über die bei Speiseeis verwendeten Stabilisier- u. Emulgiermittel u. ihre Wirkungen. Eine besondere Rolle spielt die Fähigkeit der Proteine, Hydratationswasser aufzunehmen u. der Einfl. der Erwärmungsdauer u. -temp. auf Viscosität u. Schmelzgeschwindigkeit des Gemisches u. die Tendenz zur Molkeausscheidung beim Schmelzen; diese besonderen Verhältnisse werden in Verss. mit Pasteurisiertempp. von 50—90°, Pasteurisierzeiten von 5—60 Min. u. Homogenisierung mit 100—300 kg/cm² untersucht; weitere Verss. gelten der Behandlung mit Trockeneis u. dem Einfl. der Verweilzeit (15—90 Min.) im Gefrierraum auf die Molkeausscheidung. (Nord. Mejeri-Tidsskr. **24.** 168—73. 186. 1958.) R. K. MÜLLER. 7756

Zofia Popiel, Mirosława Broniszewska, *Anwendung künstlicher Starter zur Butterherstellung.* Gegenüber biol. gesäuertem Rahm hat der Zusatz von künstlichen Säuerungsmitteln (Kombinationen von Milchsäure, Essigsäure, Ameisensäure, NaJ, NaCl u. Diacetyl) bei der Butterherst. eine Verbesserung der Qualität u. der Haltbarkeit zur Folge. Die Zus. des Zusatzes hat keinen Einfl. auf die organolept. Eigg. der Butter. Es wird lediglich der Geh. der Butter an Diacetyl, die Acidität des Plasmas u. der Peroxydgeh. beeinflußt. (Prace Inst. Przemysłu mleczarskiego **5.** Nr. 1. 57—80. 1958. Warszawa.) F. URBAN. 7758

Walter Haab, *Über die Variation ungesättigter Fettsäuren der Butter.* Es wird gezeigt, daß gewisse ungesätt. Fettsäuren (Ölsäure, konjugierte Fettsäuren mit 2, 3 u. 4 Doppelbindungen, Linolsäure, Linolensäure, Arachidonsäure) in der Butter jahreszeitlichen Schwankungen unterliegen können. (Schweiz. Milchztg., wiss. Beilage **84.** 454 bis 456. 22/4. 1958. Zürich, ETH, Milchtechn. Inst.) M. WINIKER. 7758

Zofia Popiel, *Untersuchungen über die Herstellung und Haltbarkeit von Butter mit niedriger Plasmaacidität.* An Stelle der biol. Säuerung von Rahm wurde Sauermilch unmittelbar vor dem Ausbuttern zugesetzt. Die erhaltene Butter ist besser u. haltbarer als n. hergestellte. Eine weitere Verbesserung der Haltbarkeit wird durch Waschen erzielt, da dabei die Acidität des Butterplasmas erniedrigt wird. (Prace Inst. Przemysłu mleczarskiego **3.** Nr. 1/8. 7—18. 1956. Warszawa.) F. URBAN. 7758

Walter Mohr und **Heinrich-Jürgen von Drachenfels,** *Konsistenz und Nachhärten von Sommer- und Winterbutter, die nach verschiedenen Verfahren hergestellt wurde.* Bei Winterbutter ist das Nachhärten soweit wie möglich durch die Technik der Herst. zu vermeiden. Hingegen ist es bei Sommerbutter zweckmäßig, den Herstellungsprozeß so zu lenken, daß sich das Gefüge (die endgültige Gleichgewichtseinstellung zwischen festem u. fl. Fett) erst in der ausgeformten Butter bildet. Die gesamte Herst. einschließlich des sofortigen Ausformens muß bei niedrigen Tempp. ($>13^0$) erfolgen. Hierbei bewirkt die Kaltbehandlung des Rahms eine stärkere Konsistenzerhöhung als die Kaltbutterung. Vorübergehendes Anwärmen von Sommerbutter, die nach dem Kaltverf. hergestellt wurde, auf höhere Tempp. (z. B. 20^0), wirkt sich nicht konsistenzerniedrigend aus, wenn die Butter anschließend wieder längere Zeit bei 10^0 gelagert wird. (Milchwissenschaft **12.** 46—50. Febr. 1957. Hannover.) M. WINIKER. 7758

N. Wesselowskaja, *Über die Zusammensetzung der nach dem Fließbandverfahren gewonnenen Butter.* Bei der Best. des Fettgeh. der Butter müssen Geh. an W. u. fettfreier Trockenmasse berücksichtigt werden. Der Geh. an letzterer hängt von der Temp. beim Pasteurisieren u. von der Zahl der Pasteurisierungen ab (1- oder 2mal). Butter aus saurer Sahne weist etwas weniger Trockenmasse auf als solche aus süßer Sahne. In 1633 Butterproben schwankte der Geh. an Trockenmasse zwischen 1,48 u. 2,06% u. betrug im Mittel 1,8% gegenüber 1,6%. nach GOST (Allunionsstandard). Die nach dem Fließbandverf. gewonnene Butter enthielt 15,5% Feuchtigkeit, während die auf gewöhnlichem Wege gewonnene 16,0—16,5% aufwies. Bei der kontinuierlichen Butterfertigung besteht demnach die Gefahr, daß der Fettgeh. nicht den Normen entspricht. (Молочная Промышленность [Milch-Ind.] **20.** Nr. 4. 20—21. April 1959. Ukrain. Wiss. Forschungslabor. für die Milchind.) H. TREUMANN. 7758

Ewa Lipińska und **Marta Strzałkowska,** *Einführende Versuche zur Anwendung antibiotischer Präparate gegen die Buttersäuregärung im Schmelzkäse.* Auch unter für die Gärung günstigsten Bedingungen verzögert ein Zusatz von *Nisin* (2% mit 10000 E./g) die Buttersäuregärung im Schmelzkäse. (Prace Inst. Przemysłu mleczarskiego **5.** Nr. 2. 31—40. 1958. Warszawa.) F. URBAN. 7760

Czesław Plate, *Untersuchungen über die Wahl des Ferments zur Herstellung von Tilsiter Käse aus pasteurisierter Milch.* Aus Tilsiter Fettkäse isolierte Bakterienstämme wurden, nach qualitativer u. quantitativer Best. der typ. Vertreter, zur Herst. von Tilsiterkäse aus pasteurisierter Milch verwendet. Die erhaltenen Prodd. waren geschmacklich einwandfrei u. enthalten keine Fäulnis- u. thermophilen Bakterien. (Prace Inst. Przemysłu mleczarskiego **3.** Nr. 1/8. 1—6. 1956. Warszawa.) F. URBAN. 7760

Zdzisław Sienkiewicz und **Eugenia Nowak,** *Angaben zur Herstellung von Käse mit durchwachsenem Schimmel P. roqueforti aus Kuhmilch.* Es werden Verss. zur Best. der günstigsten Bedingungen für die Herst. von Edelpilzkäse aus Kuhmilch beschrieben. (Prace Inst. Przemysłu mleczarskiego **5.** Nr. 2. 1—7. 1958. Warszawa.) F. URBAN. 7760

Zdzisław Sienkiewicz und **Eugenia Nowak,** *Herstellung von Käse vom Roquefort-Typ aus Schafmilch.* Auf Grund umfangreicher Verss. wird eine modifizierte Vorschrift zur Verarbeitung nichtgenormter poln. Schafmilch zu Roquefortkäse angegeben. (Prace Inst. Przemysłu mleczarskiego **4.** Nr. 1. 27—55. 1957. Warszawa.) F. URBAN. 7760

W. Madisson, *Über die Qualitätsverbesserung von Schmelzkäse.* Beim Schmelzen von Käse mit geringem Reifegrad u. hohem H^+-Geh. wird die Verwendung phosphorsaurer Salze empfohlen, bei hohem Reifegrad u. niedrigem H^+-Geh. die Anwendung citronensaurer Salze. Eine gute Konsistenz kann nur bei bestimmtem p_H (5,8—5,9) erzielt werden. Als neues Schmelzmittel wird Na-Salz der Citronensäure in einer Menge von 10—25% der Schmelzmittel empfohlen. Die Verwendung von Trocken- u. Kondensmilch, Molke u. pflanzlichem Eiweiß erhöht die Qualität u. den Nährwert von Schmelzkäse. (Молочная Промышленность [Milch-Ind.] **20.** Nr. 4. 17—18. April 1959. Unterabt. Milchind. der Staatl. Planungsverwaltung der UkrainSSR.) H. TREUMANN. 7760

M. Grigorjewa und **A. Dementjewa,** *Die Bearbeitung der Oberfläche von Käse mit pflanzlichen Ölen.* Durch Bearbeitung der Oberfläche von Käse mit pflanzlichen Ölen bildet sich eine elast. Rinde, die das Austrocknen verhindert. Der Käse wird bei diesem Verf. zuerst in W. von 35—40° gewaschen u. 3—4 Tage getrocknet, dann wird ein pflanzliches Öl (meistens Sonnenblumenöl) auf die Oberfläche des Käses aufgetragen. Der nach 5—6 Tagen sich bildende Schimmel wird mit trockenem Mull entfernt. Je nach der Luftfeuchtigkeit des Kellers wird dieses Verf. im Laufe eines Monats 3—4mal wiederholt. (Молочная Промышленность [Milch-Ind.] **20.** Nr. 4. 35. April 1959. Stanislawsk, Trust.) H. TREUMANN. 7760

E. J. Mann, *Milchprodukte.* (Vgl. C. **1959.** 12406.) Fortschrittsbericht 1958. — 40 Literaturhinweise. (Food Manufact. **34.** 241—46. Juni 1959.) M. WINIKER. 7760

S. D. Texter, *Der Einfluß von Spurenelementen auf das p_H silierter Luzerne.* Beim Silieren von mit Mangansulfatlsg. versetzter Luzerne zeigte nach ca. 6 Wochen eine geringe Abnahme des p_H-Wertes. In gleicher Weise verhielten sich Kombinationen von Mn mit Antibioticis. Wurde Luzerne mit 10, 20 u. 100 p.p.m. Co, Fe, Zn, Cu, Mn u. Mg siliert, so wiesen alle Silagen nach 6 Monaten gleichen Geruch, Geschmack u. gleichen p_H-Wert auf. Die erwartete Hemmwrkg. des Zn sowie die erwartete günstige Wrkg. von Mg blieben aus. (Agronomy J. **50.** 53—54. Jan. 1958. Michigan State Univ.) W. KREIPE. 7782

M. Zausch, *Verdaulichkeit und biologische Eiweißwertigkeit von verpilzter Roggenkleie. Beitrag zur Frage der Futterverpilzung.* N-Bilanzverss. an Schweinen ergaben, daß auf dem Wege der Roggenkleieverpilzung mit Aspergillus niger u. A. oryzae kein biol. hochwertiges Eiweiß für die tier. Ernährung hergestellt werden kann. Die Möglichkeit einer komplementären Wertergänzung der Proteine der Roggenkleie u. des Pilzmycels ist soweit nicht gegeben. (Arch. Tierernähr. **8.** 241—48. 1/8. 1958. Halle, Martin-Luther-Univ., Inst. für Tierernährung.) M. WINIKER. 7786

H. J. Oslage und **M. Becker,** *Versuche über den Nährwert von Johannisbrot beim Wiederkäuer, insbesondere über die Beeinträchtigung der Eiweißverdaulichkeit durch die Gerbsäure des Futtermittels.* Das Eiweiß des Johannisbrotes erwies sich als für Hammel völlig unverdaulich. Darüber hinaus übte die Gerbsäure dieses Futtermittels eine deutlich depressive Wrkg. auf die Eiweißstoffe der übrigen Futtermittel der Ration aus. (Arch. Tierernähr. **8.** 271—77. 1/8. 1958. Braunschweig-Völkenrode, Forschungsanst. für Landwirtschaft, Inst. für Tierernährung.) M. WINIKER. 7786

Khalid T. Ali, N. C. Fine, N. H. Sarsam und **George B. McLeroy,** *Eingeweichte Datteln und gemahlene Dattelkerne als Futter zum Mästen von Schafen.* An Schafen mit eingeweichten Datteln u. gemahlenen Dattelkernen sowie Gerste u. Sesamsamenöl ausgeführte Fütterungsverss. riefen keine Verdauungsstörungen hervor. In geeigneten Mischungen mit Eiweiß führte die Dattelernährung zu guten Ergebnissen. (Empire J. exp. Agric. **24.** 323—30. Okt. 1956. Abu-Ghraib, Irak, Coll. of Agric., Agric. Exp. Stat.) W. WESLY. 7786

O. Siegl, *Die Fütterung von konserviertem Blut aus Schlachthäusern an Absatzferkel.* Bericht über Verss., deren Ergebnissen zufolge *Trockenblutgemisch* (½ Frischblut + ½ Gerstenschrot) ein wertvolles Eiweißfuttermittel für Absatzferkel darstellt. (Dtsch. Landwirtsch. **10.** 301—03. Juni 1959. Knan, Forschungsstelle für Tierhaltung der Deutschen Akad. der Landwirtschaftswiss. zu Berlin.) M. WINIKER. 7786

K. Suchowski, *Eine neue Mahlanlage für Fischmehl.* Beschreibung (Abb.) einer Mahlanlage zur Gewinnung von Fischmehl. (Brit. chem. Engng. **3.** 308—09. Juni 1958. Hagemag Organisation.) W. WESLY. 7786

M. F. Tomme, *Futterhefen in der Viehhaltung.* Übersicht mit Angaben über den Geh. der Futterhefen an Nähr- u. Wirkstoffen u. Vorschlägen über die zweckmäßige Verfütterung von Hefe an verschied. Arten landwirtschaftlicher Nutztiere. (Гидролизная и Лесохимическая Промышленность [Hydrolysen- u. holzchem. Ind.] **12.** Nr. 1. 6—8. 1959.) D.-H. BOCK. 7786

Gisela Jellinek, *Geschmacksprüfungen als Hilfsmittel in der Forschung.* (Gordian **57.** Nr. 1371. 28—33. 10/1. Nr. 1372. 28—32. 27/1. Nr. 1374. 18—23. 28/2. 1958. — C. **1958.** 585 u. 7288.) M. WINIKER. 7788

Maximilian Knorr und **Joachim Borneff,** *Solotherm — ein Verfahren und Gerät zur bakteriologischen Schnelltestung von Lebensmitteln.* Ausführliche Beschreibung des Geräts u. seiner Handhabung. (Milchwissenschaft **12.** 58—61. Febr. 1957. Erlangen, Univ., Hygien.-Bakteriol. Inst.) M. WINIKER. 7788

E. M. Craine, Carol A. Jones und **Joyce A. Boundy,** *Eine schnelle Methode der Trübungsmessung zur Bestimmung von Zein.* In einem A.-W.-Syst. gelöstes Zein kann einfach u. schnell durch Messung der Trübung bestimmt werden, wenn eine 1%ig. NaCl-Lsg. zur Zeinlsg. zugefügt wird. Im Konzentrationsbereich von 100—1000 μg wird die Trübung mit einem Spektrophotometer bei einer Wellenlänge von 590 mμ gemessen, bei Konzz. von weniger als 50 μg wird die Messung empfindlicher bei Anwendung eines Nephelometers. (Cereal Chem. **34.** 456—62. Nov. 1957. Peoria, Ill., Northern Utilizat. Res., Developm. Div.) H. HAEVECKER. 7792

Fajer Fajersson, *Bergs Methode zur Bestimmung von Vermahlungseigenschaften an einzelnen Weizenpflanzen.* Vf. berichtet über günstige Erfahrungen mit der Mikrometh. von BERG zur Best. der Vermahlungseigg. an 10 g-Weizenmustern. (Die Meth. wird beschrieben.) Im Zusammenhang mit der Feinmehlzahl ist hierdurch ein schnelles Hilfsmittel für die Züchtung von Weizen mit guten Vermahlungseigg. gegeben. (Züchter **28.** 329—30. 1958. Landskrona, Saatzuchtanstalt Weibullsholm.) H. HAEVECKER. 7796

Jeff Schlesinger, *Eine Schnellmethode zur Herstellung von Mehlproben zur Untersuchung im Farinographen.* Es werden Vergleichsziffern für Mehle aus einer WESTON-Versuchsmühle mit einem ROTOMATIK-Sichter u. einer BÜHLER-Versuchsmühle gegeben, um ihre Brauchbarkeit für farinograph. Unterss. darzutun. (Cereal Chem. **34.** 433—36. Nov. 1957. Enid, Okla., Union Equity Co-operative Exchange.) H. HAEVECKER. 7798

M. Kirschner, *Die Rohstoffkontrolle in der Bäckerei.* Kurzer Überblick über die wichtigsten Methoden. (Brot u. Gebäck **13.** 61—65. April 1959. Hannover.) M. WINIKER. 7800

R. Schrepfer und **H. Egle,** *Identifizierung von Sorbitanmonofettsäureestern, Polyoxyäthylenfettsäureestern und Polyoxyäthylen–Sorbitan-Monofettsäureestern durch Papierchromatographie.* Es wird eine Meth. zur Identifizierung von *Sorbitanmonofettsäureestern, Polyoxyäthylenfettsäureestern* u. *Polyoxyäthylen–Sorbitan-Monofettsäureestern* in Backhilfsmitteln beschrieben. Die Ester werden durch Chloroformextraktion aus dem Untersuchungsmaterial abgetrennt, verseift, aus der Verseifungslsg. Anionen u. Kationen durch Austauscher abgetrennt, nachdem die Fettsäuren vorher durch Ansäuern mit HCl ausgefällt wurden. Die verbleibende Lsg. wird eingeengt u. papierchromatograph. auf Papier (SCHLEICHER & SCHÜLL 2043b) mit W. gesätt. Butanol als Fließmittel untersucht. R_F-Werte: *Sorbit* 0,06, *Glycerin* 0,3, *Polyoxyäthylensorbit* 0,15—0,2, *Polyoxyäthylen* 0,5—0,6. Sichtbarmachung erfolgt mit Pb-Tetraacetatreagens. (Z. Lebensmittel-Unters. u. -Forsch. **107.** 510—12. Juni 1958. Ulm, Nährmittelwerk W. Eiselen, Forschungslabor.) W. SCHWEERS. 7800

L. Ss. Gassanowa und **G. A. Kotscharjan,** *Die Bestimmung von Fett im Teig nach der refraktometrischen Methode.* Die Best. des Fettgeh. von mit Butter zubereiteten Teigwaren geschieht am besten nach dem refraktometr. Verfahren. Wie bei der Best. des Wassergeh. des Teiges wird eine mittlere Probe entnommen. Davon werden 0,5 g in einem Porzellanmörser mit 0,002 Liter Bromnaphthalin 1—2 Min. lang zerrieben. Die Abweichung von auf dem Berechnungswege ermittelten Werten beträgt 0,2%. Das Verf. erfordert einen Zeitaufwand von 5—7 Min. je Teigprobe. (Хлебопекарная и Кондитерская Промышленность [Brot- u. Konditorei-Ind.] **3.** Nr. 3. 38. März 1959. Aserbaidshan, Brotbäckerei-Trust.) H. TREUMANN. 7800

E. Benk, *Über die Erkennung von Diphenyl.* Vf. beschreibt verschied. Farb-Rkk. mit Aldehydschwefelsäure u. Tüpfel-Rkk. mit $AlCl_3$ zur Identifizierung von *Diphenyl* (I) u. geht ausführlich auf die qualitative u. quantitative Best. von I in Citrusfrüchten sowie auf eine Rk. zur Best. von I neben o-Hydroxydiphenyl, das ebenfalls zur Konservierung von Citrusfrüchten eingesetzt wird, ein. (Seifen-Öle-Fette-Wachse **83.** 157. 27/3. 1957.) H. SONTAG. 7808

W. Diemair und **H.-H. Weichel,** *Beitrag zur Chemie und Analytik der Alginsäure.* 3. Mitt. (2. vgl. C. **1959.** 2318.) Vff. berichten über Verss., deren Ergebnisse zu folgenden Feststellungen führten: *Alginate* (I) üben einen gewissen stabilisierenden Einfl. auf L-Ascorbinsäure aus. Wss. Lsgg. der I geben, mit Glykokoll erhitzt, keine Bräunungsreaktion. Durch die Verdauungsenzyme Trypsin, Pankreatin, Papain u. Lipase werden die I abgebaut oder in Form einer gallertartigen schleimigen M. ausgefällt. Auszüge aus Grünmalz (diastat. Fermente) oder aus Schimmelpilzen (pektinabbauende Fermente) bauen I ebenfalls ab. Abschließend fassen Vff. die an I, die in der Lebensmittelindustrie Verwendung finden sollen, zu stellenden Reinheitsanforderungen sowie die zur Qualitätsbeurteilung geeigneten Methoden zusammen. — 10 Literaturhinweise. (Dtsch. Lebensmittel-Rdsch. **54**. 274—77. Nov. 1958.) M. WINIKER. 7820

Shingo Miyake, *Bestimmung der Alginsäure.* (Vgl. C. **1959**. 12719.) 250 cm einer 0,01 n Lsg. von alginsaurem Na werden zuerst durch eine Säule mit anionenaustauschendem *Amberlite IR-410,* dann durch eine Säule mit kationenaustauschendem *Amberlite IR-120* geleitet u. mit 0,1- oder 0,01 n NaOH potentiometr. oder konduktometr. titriert. Diese Meth. gibt für techn. Zwecke befriedigende Ergebnisse. (J. chem. Soc. Japan, ind. Chem. Sect. [Kōgyō Kagaku Zassi] **61**. 1278—81. Okt. 1958. Tiba, Univ., Tokyo, Seiken. [Orig.: japan.]) E. MAEKAWA. 7820

C. Martinez, *Schnellbestimmung von freier und gebundener Chlorogensäure in grünen Kaffeebohnen.* Man bestimmt freie u. gebundene (K-Salz) *Chlorogensäure* (I) im alkoh. Auszug der grünen Kaffeebohnen durch Titration mit 0,1 n Na_2CO_3-Lsg., wobei man das K-Salz zuerst in einem Kationenaustauscher in die freie Säure verwandelt (Gesamt-I). In dem nicht behandelten Auszug ermittelt man die freie I. (Agronom. tropicale **14**. 71—73. Jan./Febr. 1959.) W. WESLY. 7828

Fritz Günther Keitel, Konstanz/Bodensee, *Haltbare Säfte aus Wurzelvegetabilien.* Säfte aus Wurzelvegetabilien, z. B. Möhrensaft, die keine oder geringe Mengen Säure enthalten, werden ohne Vorbehandlung in einem mit Rührwerk versehenen Gärkessel mit einer der zu bildenden Milchsäure etwa äquivalenten Zuckermenge (ca. 2%) u. einer hochkonz. Pflanzenmilchsäurebakterienkultur (ca. 1%; 100—500 Milliarden Keimgeh.) bei 35—38° 12 Std. einer Schnellgärung unterzogen, die bei p_H 4 abgebrochen wird, 5—10 Min. einer niedrigen Pasteurisierung bei 55—60° unterzogen u. warm auf sterile Flaschen gefüllt. Man kann auch noch 1—2‰ Agaragar in wss. Lsg. oder ein Vitaminkonzentrat zusetzen. — Ausführungsbeispiel. (**D. P. [DDR] 16 245** Kl. 53k vom 23/11. 1956, ausg. 10/1. 1959 [Wirtschaftspatent].) G. WELTZIEN. 7691

Pearce, Duff & Co. Ltd., London, England (Erfinder: **Robert Bertram Beedham**), *Puddingpräparat für Kaltansatz.* Das Präp. besteht aus einer trockenen Mischung von 10—40 (%) vorgelierter Stärke, 0,8—4 eines Tetraalkalimetallpyrophosphates u. 0,15 bis 0,7 eines Alkalimetallcarbonats, -bicarbonates oder -citrates, der noch Zucker, Salz, Aroma- u. Farbstoffe beigegeben werden. — Beispiel: 63 (Gew.-%) Zucker, 33 Stärke, 0,4 $NaHCO_3$, 1,9 $Na_4P_2O_7$, 1,3 Vanilleessenz, 0,3 Salz, 0,1 Farbstoff. (**E. P. 796 972** vom 9/3. 1956, ausg. 25/6. 1958.) W. KRANZ. 7711

Alexander Winterberg, Haifa, und **„Mos-Win" Chemical Laboratory Ltd.,** Tel-Hanan (Erfinder: **Alexander Winterberg,** Haifa), Israel, *Konservierende Umhüllung von Lebensmitteln,* bes. von Fleisch, Käse, Butter u. anderen verderblichen Eßwaren, ferner von pharmazeut., kosmet. u. dgl. Prodd., dad. gek., daß auf dem zu konservierenden Prod. unter Verwendung einer wss. Emulsion, die ein Kunstharz u. einem als Stabilisator u. Emulgator wirkenden Stoff enthält, eine das Prod. eng umschließende, elast. u. gasdichte Schicht gebildet wird. (**Schwz. P. 335 855** vom 3/4. 1956, ausg. 14/3. 1959.) H. MAASS. 7747

Unilever N. V., Rotterdam, Holland (Erfinder: **Charles Gerard May,** St. Neots, und **Philip Akroyd,** Rushden, England), *Herstellung eines künstlichen Aromas für Lebensmittel,* z. B. *Schinken* u. *Speck.* Ein aus Aminosäuren, bes. Cystin u. Cystein, bestehendes Präp. wird bei erhöhter Temp. in Ggw. von W. mit fraktioniertem fl. Holzrauch mehrere Std. umgesetzt. Die Lsg. wird als solche verwendet oder zunächst durch Walzen- oder Gefriertrocknung in ein Pulver übergeführt. Als Aminosäurepräp. kann auch ein Fischeiweißhydrolysat dienen. (**D. A. S. 1 058 824** Kl. 53k vom 24/12. 1957, veröff. 4/6. 1959. E. Prior. 27/12. 1956.) W. KRANZ. 7751

Robert H. Bedford, San Pedro, Calif., V. St. A., *Homogenisierung von Fischprodukten.* Fischpreßwasser, das aus frischen, gefrorenen oder gekochten ganzen Fischen oder Fischabfällen gewonnen wurde, wird durch Zentrifugieren bei ca. 90° entölt u. auf einen Feststoffgeh. von ca. 30—50% u. mehr konzentriert. Der M. wird dann ca. 0,4—2,0% einer Ca-Verb., bes. $Ca(OH)_2$, $CaCl_2$, $CaCO_3$, Ca-Acetat u. Ca-Lactat, berechnet auf Trockensubstanzgeh., zugesetzt. Das Gemisch kann noch konz. werden. Das Verf. ist bes. zur Verarbeitung von Thunfisch- u. Sardinenpreßwasser geeignet. Man erhält einheitlich zusammengesetzte, stabile Dispersionen, die über längere Zeit gelagert werden können. (**A. P. 2 851 356** vom 6/4. 1956, ausg. 9/9. 1958.) H. KARST. 7753

Universal Oil Products Co., Des Plaines, übert. von: **Joseph A. Chenicek,** Bensenville, Ill., V. St. A., *Beifuttermittel.* Den n. Futterrationen für Geflügel aller Art, wie Hühner, Küken, Gänse, Enten, Puten, Strauße u. dgl., oder für Haustiere, z. B. Rindvieh,

Schweine, Schafe, Ziegen, Pferde, Hunde, Katzen u. dgl., wird ca. 0,00001—1% eines N.N'-Dialkyl-p-phenylendiamins zugesetzt, in welchem jede Alkylgruppe wenigstens 7 C-Atome enthält. — Beispiele: *N.N'-Di-sek.-octyl-p-phenylendiamin, N.N'-Di-3-(5-methylheptyl)-p-phenylendiamin, N.N'-Di-4-(2.6-dimethylheptyl)-p-phenylendiamin, N.N'-Dinonyl-p-phenylendiamin* u. *N.N'-Dipentadecyl-p-phenylendiamin.* Die Verbb. können mit den Futtermitteln nach oder vor dem Kochen, Backen, Mahlen, Anmaischen oder Granulieren innig vermischt werden. Sie sind nichtflüchtig, nichttox. u. bei höheren Tempp. stabil. Man erreicht eine Beschleunigung des Wachstums u. eine Erhöhung der Eierproduktion. (**A. P. 2 811 446** vom 5/10. 1954, ausg. 29/10. 1957.) H. KARST. 7787

Helmut F. Hetzel, Papierchromatischer Nachweis der freien Aminosäuren des Milchserums nach Vorreinigung über Ionenaustauscher. Aus d. Chem. Institut d. Bundesforschungsanstalt f. Milchwirtschaft, Kiel. Nürnberg; Carl. 1958. (22 S. m. 9 Abb.) 8° = Bibliotheca lactis. Aus: Milchwissenschaft. Jg. 13. 1958. DM 2,—.

—, Arbeitsgemeinschaft Getreideforschung. Standard-Methoden für Getreide, Mehl und Brot. 2. völlig neu bearb. u. erw. Aufl. Detmold; Schäfer. 1958. (VII + 103 S.) 8° = Fortschritte d. Getreideforschung. Buchreihe. DM 10,80.

XVII. Fette. Seifen. Wasch- u. Reinigungsmittel. Wachse. Bohnermassen usw.

D. A. Roshdesstwenski, *Wahl und Aktivierung der Katalysatoren bei der Fetthydrolyse.* Organ. *Sulfonsäuren* (I) erwiesen sich teilweise als gute Katalysatoren bei der Fetthydrolyse in Ggw. von 2% Schwefelsäure (II). Ein Gemisch von TWITCHELL-Reagens mit katalyt. wirksamen I hat in Ggw. von II eine höhere Wrkg. als der additiven Wrkg. der Komponenten entspricht. Monoglyceride (III) sind katalyt. wirkungslos, wirken dagegen in Ggw. von 2% II katalytisch. Ein Gemisch von katalyt. wirksamen I u. III ohne II hat die gleiche Wrkg. wie die von I mit 2% II. Kationaustauscher KU-2 in der H-Form (IV) haben nur geringe katalyt. Wirkung. Die Wrkg. von IV + I ohne II ist der von I mit 2% II gleich. (Маслобойно-Жировая Промышленность [Öl- u. Fett-Ind.] **25.** Nr. 3. 31—34. 1959. Plechanow, Inst. für Volkswirtschaft.) G. HEDER. 7880

Marie-Thérèse François und **Suzanne Heinrich,** *Eigenschaften des nach verschiedenen Verfahren gewonnenen Olivenkernöles.* Durch Pressen der frischen Olivenkerne gewinnt man 38% Öl (1. Pressung 26%, SZ. 0,6; 2. Pressung 6%, SZ. 1,5; Restfett 6%, SZ. 4), durch Extraktion mittels PAe. (68°) 38,7%, SZ. 1,2, u. mittels A. 30,7%, SZ. 0,6. Olivenkerne, die erst nach 1 Jahr aufgearbeitet wurden, lieferten durch Pressen 29,5% Öl (1. Pressung 15,7%, SZ. 34; 2. Pressung 6,4%, SZ. 26,2; Restfett 7,4%, SZ. 31,5) u. nach Extraktion mit PAe. 31,5%, SZ. 15,6, u. mit A. 21%, SZ. 0,6. Auch die spezif. Absorptionen bei 232 u. 270 mμ werden für die verschied. Öle mitgeteilt. Die frisch aus den Olivenkernen gewonnenen Öle zeigen ähnliche Eigg. wie die entsprechenden Jungfernolivenöle u. sind für Ernährungszwecke geeignet. (C. R. hebd. Séances Acad. Sci. **247.** 222—25. 16/7. 1958. Nancy, Fac. de Pharm., Labor. de Matière méd.) H. P. FIEDLER. 7894

A. A. Lessjuiss, *Zur Frage der Gewinnung von aromatisiertem Sonnenblumenöl.* Zur Gewinnung von aromat. Sonnenblumenöl werden in einer von 10 Röstanlagen der 2. Pressung mit Hilfe von Elektrowärme sehr stark geröstete Kerne bei 145—155° gewonnen. Das ausgepreßte Öl mit starkem Aroma wird mit dem Öl der 1. u. 2. Pressung gemischt u. filtriert. Seine Kennzahlen sind: Farbe nach Jod-Skala 14,20; SZ. in mg KOH 1,21; Absitzen nach Gewicht 0,05%; Phosphatidgeh. 0,02%; Feuchtigkeit u. flüchtige Stoffe 0,03%. Der Ölgeh. des Ölkuchens der 2. Pressung beträgt 10—12%. (Маслобойно-Жировая Промышленность [Öl- u. Fett-Ind.] **25.** Nr. 2. 12—13. 1959.) OTTO MAIER. 7894

P. A. Artamonow und **A. Ss. Mamedow,** *Untersuchung der chemischen Zusammensetzung und der physikalisch-chemischen Eigenschaften des aus den Samen der Baumwolle (Sorte 01298) gewonnenen Öls.* Die Unterss. ergaben folgende Kennzahlen des Öles aus dem Samen der Baumwollsorte 01298 (zum Vgl. werden die Kennzahlen des mittelasiat. Baumwollöles Jangi-Jul in Klammern angegeben): $D.^{20}_{4}$ 0,9197 (0,9251); Viscosität nach ENGLER bei 20° 10,62 (11,20); Brechungszahl 1,4710 (1,4720); E. —3° (0°); Flammpunkt 308° (—); JZ. 110,20 (106,75); Rhodanzahl 65,20 (63,57); VZ. 190,40 (189,50). An Begleitstoffen enthält das aserbaidschan. Öl in %: Gossypol 0,54—1,0; Phosphatide 0,81—1,00 u. Unverseifbares 2,0—2,2. Die Abweichungen des aserbaidshan. Öls vom mittelasiat. hängen mit dem verschied. Geh. an Säuren u. Glyceridgruppen zusammen. (Маслобойно-Жировая Промышленность [Öl- u. Fett-Ind.] **25.** Nr. 2. 8—9. 1959. Allunions Wiss. Forschungsinst. für Fette; Kirowabad, Pädagog. Sardawi-Inst.) OTTO MAIER. 7894

P. A. Artamonow, Je. A. Glokowa und **L. N. Gorjajewa,** *Aus den Erfahrungen bei der Umesterung von Baumwollsaatöl.* Beschreibung der Umesterung von raffiniertem

Baumwollsaatöl (I; SZ. 0,35, JZ. 102,3) bei 20—22° mit Na-Methylat als Katalysator im Labor. u. in einer halbtechn. Anlage. Best. des Reaktionsendes (nach 16—20 Std.) durch period. Kontrolle der festen Reaktionsprodukte. Unters. der Glyceridzus. hinsichtlich der Verteilung der gesätt. u. ungesätt. Fettsäuren vor u. nach der Umesterung zeigen, daß die Glyceride mit 3 gesätt. u. 3 ungesätt. Fettsäuren auf Kosten der gemischten Glyceride gebildet werden. F. des umgeesterten I 38,5°. Durch Abnutschen des umgeesterten I erhält man eine feste u. eine fl. Fraktion. Feste Fraktion: F. 46°, SZ. 0,20, JZ. 87,4 bis 93,0; fl. Fraktion: SZ. 0,19, JZ. 126,0—130,0. Die feste Fraktion hat gute plast. Eigg. u. ist in physiol. Hinsicht hochwertig, da bei der Umesterung weder eine cis–trans-Umlagerung noch die Bldg. von Isoölsäure stattfindet. (Маслобойно-Жировая Промышленность [Öl- u. Fett-Ind.] **25.** Nr. 3. 22—25. 1959. Unions Wiss. Forschungsinst. für Fette.) G. HEDER. 7894

Yoshiyuki Toyama, Tatsuo Tanaka und **Takeo Maeda,** *Untersuchung über die fetten Öle in wirbellosen Wassertieren.* 9. Mitt. *Eigenschaften der aus 13 verschiedenen Arten von japanischen Schaltieren extrahierten fetten Öle.* (8. vgl. J. chem. Soc. Japan, pure Chem. Sect. [Nippon Kagaku Zassi] **76.** [1955.] 243.) Der Eingeweideanteil der 13 untersuchten Arten japan. Schaltiere ist reicher an fetten Ölen als der fleischige Anteil. Im Ae.-lösl. ist der größte Teil auch acetonlöslich. Die JZ. der Öle aus dem Eingeweideteil ist größer als der aus dem Fleischteil, das Unverseifbare geringer. Die Sterine sind im Öl des Eingeweideteils geringer, aber dieses Öl ist reich an *Provitamin D* ($\Delta_{5,7}$-Sterine). Die *Sterine* der Gastropoden (*Turbo cornutus, Lunella coronata coreensis, Monodonta labii*) sind vorwiegend von *Cholesterin* abgeleitet. In *Hemifusus ternatanus* ist neben Cholesterin bes. *F_2-Sterin* vorhanden. *Tonnaluteostroma* enthält nach Umkristallisieren aus Essigester 21,8% der Sterine an Provitamin D; der F. der freien Sterine ist bes. niedrig. Die Zweischaligen haben mehr F_2- als F_1-Sterine. Das Öl von *L. coronata, H. ternatanus* u. *Chlamys farreri nipponensis* enthält nach spektrochem. Analyse viel alkaliveränderliche mehrfach ungesätt. Fettsäuren, *M. labii* u. *Ch. farreri* vorwiegend *Pentaensäuren* u. wenig *Triensäuren, L. coronate* mehr *Tetraen-* als *Pentaensäuren.* (J. chem. Soc. Japan, pure Chem. Sect. [Nippon Kagaku Zassi] **76.** 1155—59. Okt. 1955. Nagoya Univ. [Orig: japan.]) L. SCHULER. 7898

R. D. Cribb, *Additivs für Waschmittel, ihre Art und ihr Einsatz.* Die Additivs bewirken als Zusatzstoffe in Waschmitteln die Stabilisation des Schaumes u. eine Erhöhung des Waschvermögens, solange die oberflächenwirksamen Stoffe des Waschmittels ihre Funktionen ausüben. Additivs sind Fettsäurealkylolamide, das sind Kondensationsprodd. von Monoäthanolamin bzw. Diäthanolamin mit Fettsäuren wie Palmkernfettsäure, Laurinsäure u. ähnliche. Fettsäuremonoalkylolamide bewirken ausgezeichnete Schaumstabilisation bei Alkylarylsulfonaten, prim. u. sek. Alkylsulfaten, bei Alkylarylsulfonaten bes. in Anwesenheit polymerer Phosphate. Die Fettsäurealkylolamide werden bis zu 4% in das Waschmittel eingebaut u. verbessern die Wrkg. des Waschmittels so stark, daß das 4—7fache Gewicht des Additivs an waschakt. Substanz eingespart werden kann. Diäthanolamide von Palmkernfettsäure u. Laurinsäure werden hauptsächlich in fl. Waschmitteln eingesetzt, da sie wesentlich leichter lösl. sind als Fettsäuremonoalkylolamide. Die Diäthanolamide eignen sich bes. für Waschmittel, die anionakt. u. nichtionogene Waschgrundstoffe gemischt enthalten. Sehr wirksam sind auch die leichtlösl. oxäthylierten Fettsäurealkylolamide als Additivs. (Chem. Products chem. News **21.** 169—72. Mai 1958. Marchon Products Ltd.) GERD RICHTER. 7912

O. Viertel, *Verhalten von neuzeitlichen Haushaltwaschmitteln gegen Kupfer.* Verss. über das Verh. verschied. selbsttätiger Haushaltwaschmittel (auf Seifenbasis; WAS, sodahaltig; WAS, sodafrei) gegenüber Cu ergaben, daß Cu mit Phosphatgeh. entsprechend an Gewicht verliert, also bes. in weichem W., da das nicht zur Enthärtung benötigte Phosphat Cu löst. Entsprechend findet sich das Cu in den Waschmittel-Lsgg. u. in den mitgewaschenen Baumwollgeweben. Es genügen bereits geringe Mengen Cu um katalyt. bei Anwendung selbsttätiger Waschmittel auf Cellulose einzuwirken. Cu ist daher angesichts der heutigen Waschmittel kein idealer Werkstoff zur Herst. von Waschmaschinen. (Seifen-Öle-Fette-Wachse **82.** 680—82. 7/11. 1956. Krefeld, Wäschereiforschung e. V.) K. SEIFERT. 7912

A. Ju. Rabinowitsch und **Je. Ss. Skriptschenko,** *Die Ausnutzung von Alkylarylen verschiedener Erdölfraktionen in der Industrie synthetischer Wasch- und Reinigungsmittel.* Ausführliche Beschreibung eines rationellen Verf. zur komplexen Verarbeitung von Destillaten aus der direkten Dest. u. dem Cracken von Erdöl durch deren unmittelbare Sulfurierung mit gasförmigem SO_3. Im Arbeitsprozeß werden gleichzeitig die Sulfoverbb. der Öle u. der bei der Sulfurierung ausfallenden Gouchrone, bekannt als *DS-RAS* (sowjet. Detergant = raffiniertes Alkylarylsulfonat), isoliert. Die Waschkraft der wss. Sulfonsäureauszüge wird im Gemisch mit alkal. Elektrolyten (calcinierte Soda, Carboxymethylcellulose, Metasilicat) gesteigert. Die Waschpulver werden bei hoher Temp. gewonnen, um eine Klumpenbldg. bei der Aufbewahrung zu verhindern. 1% ig. Lsgg. von DS-RAS im Gemisch mit calcinierter Soda werden in der Industrie als Waschmittel verwendet. Bei der Gewinnung von fettfreien Waschmitteln u. Reinigungsmitteln in Verbindung mit nützlichen Zusätzen kann das Pulver DS-RAS angewandt werden. (Маслобойно-Жировая Промышленность [Öl- u. Fett-Ind.] **24.** Nr. 6. 26—29. 1958. Moskau, Zweigstelle des Allunions Wiss. Forschungsinst. für Fette.) OTTO MAIER. 7912

J. Kiger, *Die Probleme des Bleichens und Reinigens im Hinblick auf die neuesten Fortschritte in der Chemie.* Übersicht über die Zus. u. Eigg. der oberflächenakt. anion., kation. u. nichtion. Reinigungs- u. Netzmittel. (Ind. Textile **1958.** 783—94. Nov.) H. ROSSOW. 7912

K. Krishnamurthy und **M. Swaminathan,** *Eine colorimetrische Methode zur Bestimmung von butyliertem Hydroxyanisol in Fetten.* Vff. beschreiben eine einfache Meth. zur Best. von butyliertem Hydroxyanisol (I) in Fetten. Das Prinzip der Meth. beruht auf der Oxydierbarkeit von I durch $Fe_2(SO_4)_3$ u. der Rk. des erhaltenen $FeSO_4$ mit Ferricyanid, wobei eine durch den Fe^{2+}–Fe^{3+}-Cyanidkomplex bedingte Blaufärbung erhalten wird, die colorimetr. auswertbar ist. — Methodik: Aliquote Teile des I-Standards (durch Lösen von reinem I in 72% ig. A. erhalten: Konz.: 0,1 mg I/cm³; daraus verd. Standardlsg. mit 8 µg I/cm³) bzw. des unbekannten Extraktes (I-Geh. ca. 4—30 µg) in Reagensgläser pipettieren u. auf ein Vol. von 10 cm³ mit 72% ig. A. verdünnen; zu dieser Lsg. 0,5 cm³ einer 0,2% ig. wss. $K_3[Fe(CN)_6]$-Lsg. u. 0,5 cm³ einer 0,5% ig. $Fe_2(SO_4)_3$-Lsg. (in 1n H_2SO_4) hinzugeben u. die Mischung gut schütteln; danach 15 Min. bis zur Entw. der maximalen Farbintensität in der Dunkelheit stehenlassen; die Farbintensität im KLETT-SUMMERSON-Photometer (Filter 660 mµ) bestimmen. — Zwischen ansteigenden I-Mengen u. der Intensität der durch den Fe^{2+}–Fe^{3+}-Cyanidkomplex bedingten Blaufärbung besteht Linearität. Vergleichsunterss. mit der *α.α'-Dipyridyl*-Meth. ergaben, daß die Ergebnisse beider Methoden hinreichend genau übereinstimmen. — Vff. stellten fest, daß das zu hydriertem Erdnußöl hinzugegebene I mit Hilfe vorst. beschriebener Meth. zu 95% wiedergefunden wird. (Current Sci. **25.** 16—17. Jan. 1956. Mysore, Central Food Techn. Res. Inst.) H. KOCKERT. 7932

Tetsuya Harada und **Wasaburô Kimura,** *Analyse der oberflächenaktiven Stoffe.* 6. Mitt. *Darstellung der 4-Amino-4'-halogendiphenylhydrochloride und ihre Verwendung zur Bestimmung von anionischen oberflächenaktiven Stoffen.* (5. vgl. C. **1959.** 6991.) Das aus *4-Nitrodiphenyl* (I) durch direktes Halogenieren in Eisessig (II) hergestellte 4-Chlor- bzw. 4-Brom-4'-nitrodiphenyl wird zum *4-Amino-4'-chlor-* (III) bzw. *4-Amino-4'-bromdiphenyl* (IV) reduziert. *4-Amino-4'-joddiphenyl* (V) wird aus 4-Amino-4'-nitrodiphenyl durch Diazotieren u. anschließendes Versetzen mit KJ über *4-Nitro-4'-joddiphenyl* u. dessen Red. hergestellt. III-, IV- u. V-Hydrochloride lösen sich in W. sehr gut, während die Salze mit anion. oberflächenakt. Mitteln schwer wasserlösl. u. daher zur Fällung u. Best. von organ., anion. oberflächenakt. Sulfonaten sowie Sulfaten geeignet sind. Halogenieren von I bei Ausschluß von II gab nur unreine Produkte.

Versuche: *4-Nitrodiphenyl* (I), F. 115,5° (aus 95% ig. A. lange Nadeln), aus Diphenyl in II durch tropfenweises Versetzen mit rauchender HNO_3 (D. 1,51) bei 75°, wobei die Temp. auf 90—95° steigt u. 1 std. Umrühren des Gemisches bei 90—95°; 57% (Ausbeute). — *4-Chlor-4'-nitrodiphenyl*, F. 158,2° (aus II Nadeln), aus I in II in Ggw. von $FeCl_3$ durch 20 std. Einleiten des Cl_2 bei 90—105°; 67%. — *4-Amino-4'-chlordiphenyl* (III), $C_{12}H_{10}ClN$, F. 128° (aus Bzn.), aus vorst. Verb. durch 12 std. Kochen mit Fe-Pulver in 90% ig. A. u. konz. HCl; 97%. — *4-Brom-4'-nitrodiphenyl*, F. 176° (aus II leichtgelbe Nadeln), aus 45 g I in II durch 12 std. Kochen mit 22,3 cm³ Br_2 in Ggw. von $FeCl_3$; 33 g. — *4-Amino-4'-bromdiphenyl* (IV), $C_{12}H_{10}BrN$, F. 146° (aus Bzn. gelbe Platten), aus 20,2 g vorst. Verb. wie vorst.; 16,3 g. — *4.4'-Dinitrodiphenyl*, F. 242° (aus A. Nadeln), aus 10 g I durch 1 std. Umrühren mit 285 cm³ konz. HNO_3 (D. 1,45); 14,0 g. — *4-Amino-4'-nitrodiphenyl*, F. 198° (aus Aceton orangerote Platten), aus 10 g vorst. Verb. in 600 cm³ sd. 50% ig. A. (als Suspension) durch Versetzen mit einer geschmolzenen Mischung aus 16 g $Na_2S \cdot 9H_2O$ u. 4,2 g S; 4,2 g. — *4-Nitro-4'-joddiphenyl*, F. 204° (aus II gelbe Nadeln), aus 8 g vorst. Verb. in II durch Diazotieren mit festem $NaNO_2$, Zers. des überschüssigen HNO_2 mit Harnstoff u. anschließendes Versetzen des Gemisches mit KJ; 10,5 g. — *4-Amino-4'-joddiphenyl* (V), $C_{12}H_{10}JN$, F. 165° (aus Bzn.), aus 10 g vorst. Verb. durch Red. wie vorst.; 5 g. (J. Oil Chemists' Soc. Japan **7.** 345—51. Okt. 1958. Nagoya, Univ., Techn. Fak. [Orig.: japan.]) E. MAEKAWA. 7942

United States of America, Secretary of Agriculture, übert. von: **William H. King,** Metairie, La., V. St. A., *Konditionieren von Ölsaat.* Man mischt die zerkleinerte Saat mit ca. 20—50%. NaOH (1—10% ig) u. CH_3OH oder Isopropanol, trennt die Saat ab u. trocknet sie auf einen Wassergeh. von 4—12%, worauf in üblicher Weise extrahiert wird. (**A. P. 2 820 047** vom 22/4. 1955, ausg. 14/1. 1958.) C. LÜTTGEN. 7895

Unilever N. V., Rotterdam, Holland (Erfinder: **Leslie Victor Cocks, Bertram James Frank Hudson,** Wirral, und **John Henry Paul Tyman,** Dorking, England), *Stabilisierung des Duftes von Seife.* Man arbeitet in einem beliebigen Stadium der Herst. bis zu 5, bes. 0,1—1%, einer Verb. der Formel R_3—CO—NH—N(R_1, R_2) in die Seife ein (R_1 = gegebenenfalls substituierter Alkyl- oder Acylrest, bes. mit höchstens 4 C-Atomen; R_2 = H oder gegebenenfalls substituierter Alkyl- oder Acylrest; R_3 = gegebenenfall substituierter Alkyl-, Aralkyl- oder Arylrest mit höchstens 18 C-Atomen). — Beispiele: 0,53 (Gew.-%) *N'-Methyllaurinsäurehydrazid,* 0,6 bzw. 1 *N'-(β-Hydroxyäthyl)-laurinsäurehydrazid* u. 0,35 *N.N'-Dimethylbenzoesäurehydrazid.* — Vgl. Oe. P. 193 519; C. **1959.** 657. (**Holl. P. 86 921** vom 26/5. 1956, ausg. 15/11. 1957. E. Prior. 27/5. 1955. **E. P. 795 674** vom 27/5. 1955, ausg. 28/5. 1958.) F. BÖHM. 7911

Martin Rieffert, Frankfurt/M., *Waschmittel mit Appreturerneuerung,* bestehend aus Celluloseäthern, Na-, K-, NH_4- u. Propylenglykolalginaten, Albumin, Protein oder ähnlichen Quellmitteln u. untergeordneten Mengen Phosphaten, z. B. 300 (g) Pyrophosphat, 3500 Polyphosphat u. 4500 Alginat. (**D. A. S. 1 029 113** Kl. 23e vom 5/2. 1957, veröff. 30/4. 1958.) C. LÜTTGEN. 7913

General Aniline & Film Corp., übert. von: **Denes L. Deutsch,** New York, N. Y., **Paul Nawiasky,** Summit, **Melvin R. Stevinson,** Union, N. J., und **Jesse Werner,** Brooklyn, N. Y., V. St. A., *Ester von Polycarbonsäuren mit aliphatischen, cycloaliphatischen und aromatischen Alkoholen* erhält man durch Veresterung der Salze, bes. der Erdalkalisalze der Säuren, mit den entsprechenden überschüssigen Alkoholen in Ggw. von überschüssiger (2—10%) starker Mineralsäure (H_2SO_4, HCl, H_3PO_4, Toluolsulfonsäure) bei über 100° unter azeotroper Entfernung des entstandenen W., anschließendem Neutralisieren, Entfernen der anorgan. Salze u. Dest. des Esters im Vakuum. — Aus Ca–Mg-Aconitat u. 2-Äthylbutanol in Ggw. von 100% ig. H_2SO_4 zuerst bei 104—105°, dann bei 135° → *Tris-(2-äthylbutyl)-aconitat,* $Kp._2$ 204—205° (Ausbeute); 96,4%. — Methylisobutylcarbinol → *Tris-(methylamyl)-aconitat.* — n-Hexanol → *Tris-(hexyl)-aconitat,* $Kp._2$ 235—248°. — n-Butanol → *Tris-(butyl)-aconitat.* — Amylalkohole (= Pentasol) → *Tris-(amyl)-aconitat;* 98,5%. — Ca-Oxalat + Äthylbutylalkohol → *Bis-(äthylbutyl)-oxalat,* $Kp._3$ 127 bis 130°. — Ca-Tartrat → *Bis-(äthylbutyl)-tartrat.* — Ca-Citrattetrahydrat → *Bis-(methylamyl)-citrat.* — Benzylalkohol → *Tris-(benzyl)-aconitat.* — Ferner können noch verestert werden die Ca-Salze von: *Bernstein-* u. *Phthalsäure* mit *n-Butanol, Phenyläthylalkohol* u. *Cyclohexanol.* — *Weichmacher* u. *Zwischenprodd.* zu *Herst.* von *oberflächenakt. Mitteln.* (**A. P. 2 742 495** vom 29/6. 1951, ausg. 17/4. 1956.) G. KRAUSS. 7913

American Cyanamid Co., New York, N. Y., V. St. A., *Sulfobernsteinsäure-bisester* der allg. Formel I erhält man durch Veresterung eines prim. aliphat. Alkohols mit 10—19 C-Atomen der allg. Formel II (R = Alkyl mit 10—19 C-Atomen; ein X = $-CH_2OH$, das andere = H; R' = H oder Methyl; n = 1—4; Me = Alkalimetall oder NH_4) mit Maleinsäure, dessen Anhydrid oder Fumarsäure u. anschließende Sulfonierung des Diesters mit Alkali- oder NH_4-Bisulfit. — Die Alkohole können aus Polypropylenen u./oder Polybutylenen nach dem Oxoverf. erhalten werden. — Aus 4,2 Mol Tridecylalkohol, Kp. 241—265°; OHZ. 200,8; u. 2 Mol Maleinsäureanhydrid in Ggw. von p-Toluolsulfonsäure in Toluol unter Rückfluß bei 107—124° → Bis-tridecylmaleinat, gelbes Öl; Ausbeute 98,6%; daraus mit überschüssigem $NaHSO_3$ bei 82—83° in A. nach 18 Std. → *Na-Salz* der *Sulfobernsteinsäureditridecylester,* F. 70—75°; Löslichkeit in W. < 0,5 gMol/100 cm^3/25°; Löslichkeit in Aceton, Chlf., Dioxan, A., Äthylacetat, Heptan, Xylol, Methylhexan > 100 gMol/100 cm^3/25°; größere Mengen lassen sich in W. durch Erhitzen u. anschließendes Kühlen dispergieren. — Decylalkohol, $Kp._{176}$ 225° → Bis-decylmaleinat → *Sulfobernsteinsäuredidecylester, Na-Salz.* R kann noch sein: *2-Äthylhexyl; n-Nonyl; 1-Methyl-4-äthyloctyl; n-Lauryl; n-Tetradecyl; n-Hexadecyl; n-Octadecyl.* — *Dispergier-, Netz-, Emulgier-, Reinigungs-* u. *Durchdringungsmittel.* (**E. P. 760 121** vom 3/9. 1953, ausg. 31/10. 1956. A. Prior. 23/9. 1952.) G. KRAUSS. 7913

II: $X-C(CH_3)(R')-CH(X)-[C(CH_3)(R')-CH_2]_n-C(CH_3)(R)-CH_3$

I: $MeSO_3-CH(COOR)-CH_2-COOR$

Vincent Mariethoz und **Gertrude Hofer,** St. Gingolph, Schweiz, *Fleckenentfernungspaste.* Man dispergiert Ochsengalle in Seifenlsg., erhitzt, gibt Bzn., Terpentin u. NaOH zu u. läßt erstarren. (**Schwz. P. 327 733** vom 3/2. 1955, ausg. 31/3. 1958.) C. LÜTTGEN. 7917

Imperial Chemical Industries Ltd., London, England (Erfinder: **Eric Kay**), *Bakterieide Reinigungsmittel*, enthaltend mindestens einen Alkylphenolpolyglykoläther mit 2—6 Äthylenoxygruppen im Mol. u. mindestens eine oberflächenakt. bakterieide quaternäre Ammoniumverb., z. B. 75—25% Octylkresolpolyglykoläther u. 25—75% Cetyl- oder Oleyltrimethylammoniumbromid oder Cetylpyridiniumbromid. (**E. P. 795 814** vom 24/12. 1954, ausg. 28/5. 1958.) C. LÜTTGEN. 7917

Kelite Corp., Los Angeles, übert. von: **Louis McDonald**, Altadena, und **Alfred E. Hawley**, Long Beach, Calif., V. St. A., *Reinigungsmittel für Aluminium*, das außer Verschmutzungen oder Fett- oder Ölschichten auch Farb- u. Schutzanstriche von Aluminiumflächen entfernt, besteht im wesentlichen aus 4—12 (%) Na_2CO_3, 40—65 Na_3PO_4, 15—25 eines Na-Silicats ($Na_2O : SiO_2 = 1 : 0,9$ bis $1 : 1,1$), 2—6 Alkali-, Amin- oder NH_4-Salz einer Polyhydroxycarbonsäure, bes. Na-Gluconat, 1—5 eines dispergierend wirkenden Na-Sulfonats eines KW-stoff (Bzl., Naphthalin, Anthracen)-CH_2O-Kondensationsprod., bes. eines polymeren Tetramethylenphenyl-Na-sulfonats u. 3—7 eines Netzmittels, bes. K-Oleat. (**A. P. 2 741 599** vom 28/4. 1952, ausg. 10/4. 1956.) W. GRÄGER. 7917

XVIIIa. Holz. Cellulose. Zellstoff. Papier. Papierdruck. Celluloid. Linoleum.

Je. W. Kondratjew und **M. I. Kosstina**, *Untersuchung der chemischen Zusammensetzung von Hölzern aus Torflagern.* Unterss. an 1300—2000 Jahre alten Hölzern von Kiefer, Birke u. Weide ergaben, daß ihre im Laufe der Jahre erlittenen Veränderungen starke Unterschiede zeigen. Maßgebend für die vor sich gehenden Umwandlungen ist die Natur des Holzes, dessen Vork. im Hoch- oder Niederungstorf u. die Art des Torfes in ein u. demselben Lager. Eine wesentliche Rolle spielen auch Mineralstoffgeh. u. Feuchtigkeit des Torflagers. (Журнал Прикладной Химии [J. angew. Chem.] **31.** Nr. 6. 892—97. Juni 1958. Moskau, Stahl-Inst., Lehrstuhl für allg. Chem.) M. ULMANN. 7952

Martin Gersonde, *Beeinträchtigung eines Randschutzes von Bauholz durch Regen.* Unter Verwendung von Kiefern- u. Fichtenbrettern wurde die Auswaschbarkeit von zwei SF-, zwei BF-, zwei U- u. einem FPIv-Salz durch künstliche Beregnung untersucht. Die Best. der Schutzsalzverluste erfolgte durch Titration des aufgefangenen W. u. durch direkte Best. der im Holz verbliebenen Salze. Es werden hauptsächlich die unmittelbar an der Holzoberfläche befindlichen Salze ausgewaschen; eine nennenswerte Diffusion der tiefer eingedrungenen Salze zur ausgewaschenen Oberfläche mit nachfolgender Auslaugung konnte nach 5 Tagen bei einer täglichen Beregnung von 20 Min. nicht beobachtet werden. Bei den BF- u. U-Salzen betrugen die F^--Verluste ca. 30% u. waren damit nur halb so groß wie die der SF- u. FPIv-Salze. Bei den BF-Salzen ist das schnelle u. tiefe Eindringen in das Holz entscheidend für die relativ geringe Auswaschbarkeit, während bei den U-Salzen die Fixierung den entscheidenden Faktor bildet. Eine das Eindringvermögen begünstigende feuchte Lagerung der Hölzer setzt die Auswaschbarkeit bei allen Salzen herab. Durch die Best. des im Holz verbleibenden F werden neben der Auswaschung auch die durch Gasentw. eintretenden F-Verluste erfaßt. So wurden bei den FPIv-Salzen 10—25%, bei den SF-Salzen 22—45%, bei den BF-Salzen 30—38% u. den U-Salzen 40—50% der aufgebrachten Menge wiedergefunden. Bei Lagerzeiten über 4 Wochen, die nicht geprüft wurden, dürfte infolge der bei den einzelnen Salzen unterschiedlichen Geschwindigkeit der gasförmigen F-Abspaltung eine weitere Verschiebung zugunsten der BF-Salze eintreten. (Holz Roh- u. Werkstoff **17.** 10—18. Jan. 1959. Berlin-Dahlem, Bundesanst. für Materialprüfung.) S. MÜLLER. 7952

Robert F. Schwenker jr. und **Eugene Pacsu**, *Chemische Modifizierung von Cellulose zur Herabsetzung der Entflammbarkeit.* Es wird versucht, die durch Zers. von intermediär gebildetem Lävoglucosan verursachte Entflammbarkeit von Cellulose bei höherer Temp. durch Einführen solcher Gruppen zu verhindern, die eine Bldg. von Lävoglucosan unterbinden u. chem. hemmend auf die Flammbldg. einwirken. Starke Herabsetzung der Entflammbarkeit brachte die Veresterung mit Mesyl- u. Tosylgruppen, die bevorzugt an der prim. Hydroxylgruppe einsetzt u. damit keine Lävoglucosanbldg. ermöglicht. Weiterhin wurde ein einfaches Verf. zum teilweisen Ersatz der eingeführten Mesylgruppen durch Halogenide angewandt, das mit wss. Alkalihalogenidlsg. arbeitet. Die flammhemmende Wirksamkeit nimmt bei diesen Verbb. vom F zum J hin zu u. beruht vermutlich auf der Verringerung der Bldg. entflammbarer Prodd. u. auf der inhibierenden Wrkg. der freien Halogenide u. Halogenidradikale gegenüber den Flammengasen. Das zusätzliche Verestern mit phosphorhaltigen Gruppen ergab eine verbesserte Glimmfestigkeit. Zwei neue Cellulosederivv. wurden dargestellt: *Mesyl-6-fluorcellulose* u. *Mesyl-6-bromcellulose.* (Ind. Engng. Chem. **50.** 91—96. Jan. 1958. Princeton, N. J., Textile Res. Inst.) R. SCHÖLLHORN. 7954

Hiroshi Asaoka, *Die Art der Kettenlängenverteilung bei für die Herstellung von Reyon geeignetem Buchenzellstoff.* Bei gleichem DP werden die Kurven für die Kettenlängenverteilung von Buchenzellstoff (I) denen gegenübergestellt, die sich für Zellstoff aus Nadelhölzern ergeben haben. Bei I weist die Integralkurve stärkere Steigerungen, die Differentialkurve ein ausgeprägteres Maximum auf. (J. Soc. Textile Cellulose Ind., Japan [Sen-i Gakkaishi] **13.** 852—54. Dez. 1957. Tokio, Univ., Fac. of Engng., Engng. Res. Inst. [Orig.: japan.; Auszug: engl.]) A. SEUFFERT. 7956

Edward Szwarcsztajn, Kazimierz Modrzejewski und **Janusz Maj,** *Untersuchungen über die Zerfaserung der Abfälle des Holzaufschlusses mit dem Hydrafiner* (?). Abfälle des Sulfit- u. Sulfatzellstoffprozesses, die aus Aufschlämmungen nichtaufgeschlossener Holzteile bestehen, werden zunächst in Mühlen gemahlen, dann auf 2—4% Geh. eingedickt u. durch parallel geschaltete „Hydrafiner" bei kleiner Umdrehungszahl geleitet, wobei ca. $^{2}/_{3}$ der M. zerfasert wird. (Przegląd Papierniczy **14.** 321—31. Nov. 1958. Łódź, Politechn., Kat. Techn. Celuloz., Papieru.) F. URBAN. 7962

Walentyna Żubrańska, *Untersuchungen an polnischen Sulfatseifen und Tallölen.* Verss. zur Gewinnung, Reinigung u. Auftrennung von Tallöl aus der poln. Sulfatzellstoffherst.: Ähnlich dem deutschen Tallöl enthält das poln. ca. 18% Fettsäuren, 30% Harzsäuren, 4—5% unverseifbare Anteile u. 7% in PAe. unlösl. Anteile. Der Geh. an W., Asche u. in W. lösl. Säuren in den Sulfatseifen schwankt, was auf unvollständige Wasserabtrennung u. Säuerung schließen läßt. Die mit HCl ausgesalzenen Sulfatseifen enthalten gegenüber der Rohseife 50% weniger in PAe. unlösl. Anteile u. 50% weniger gebundenen S. Nach der Dest. ist die Farbe des Tallöls heller u. der Geruch deutlich besser, auch die Kristallisationsneigung der Harzsäuren ist verstärkt. Im Korrosionstest von Tallöl mit Blechen aus Al, Cu u. säurefestem Stahl (4—12 Std., 100—200°) wird gezeigt, daß Cu am stärksten angegriffen wird. (Przegląd Papierniczy **14.** 353—58. Dez. 1958.) E. PASCHKE. 7966

Lucien H. Greathouse, Hermann J. Janssen und **Chester H. Haydel,** *Wärmeentwicklung bei der Acetylierung von Baumwolle.* Verss. zur Messung der Wärmeentw. bei der partiellen Acetylierung von Baumwollcellulose, die eine genaue u. wirksame Temperaturkontrolle zur Vermeidung lokaler Überhitzung der Reaktionsmasse voraussetzt, wurden an feingemahlener Baumwolle vorgenommen. Die Rk. verlief in größerem Überschuß an Reagens unter Rühren zur Suspendierung der Celluloseteilchen, um gleichmäßigen Wärmeaustausch u. möglichst geringe Erwärmung der inneren Faseroberflächen, auf denen Rk. vermieden werden soll, zu erzielen. Um die Werte der minimalen Wärmeentw. zu bestimmen, wurde die Anwesenheit von W. bei der Rk. weitgehend vermieden. Es wird auf Grund der Abhängigkeit des Acetylierungsgrades von der erzeugten Reaktionswärmemenge als möglich erachtet, ein Verf. zu entwickeln, das für beliebige Baumwollcellulosequalitäten charakterist. Funktionskurven aufzustellen gestattet, die ermöglichen, während des Prozesses das genaue Ausmaß der Acetylierung zu verfolgen. (Ind. Engng. Chem. **50.** 97—102. Jan. 1958. New Orleans, La., US Dep. of Agric., Southern Regional Res. Labor.) R. SCHÖLLHORN. 7970

A. Mottet, *Betrachtungen über die physikalischen, mechanischen und papiertechnischen Eigenschaften der Kiefer.* Vf. vergleicht Kiefernstämme der gleichen Art (*Pinus sylvestris*), die aus Polen, Finnland u. von zwei verschied. Standorten innerhalb Belgiens stammen. Die Vielzahl der durch Standorteinfll. bedingten Unterschiede der Hölzer u. deren Auswrkgg. auf die Herst. von Sulfatzellstoffen werden diskutiert. Vf. kommt zum Schluß, daß der Biegewiderstand des Holzes einen Hinweis auf die Qualität des aus ihm herstellbaren Sulfatzellstoffs gibt. (Bull. Inst. agronom. Stat. Rech. Gembloux **25.** 404—20. 1957.) F. LANG. 7974

Edward F. Thode und **William L. Ingmanson,** *Über einzelne zur Festigkeit des Papiers beitragende Faktoren.* 1. Mitt. *Spezifische äußere Oberfläche und spezifisches Quellvolumen.* Vff. berichten über Unterss., die durchgeführt wurden, um verschied. Verff. zur Best. der Zellstoffqualität miteinander in Einklang zu bringen. Sie kommen zu dem Ergebnis, daß eine Schnellmeth. zur Best. des spezif. Quellvol. die beste Möglichkeit zur Vorausbest. der zu erwartenden Zellstoffestigkeit geben würde. (Tappi **42.** 74—83. Jan. 1959.) F. LANG. 7984

William L. Ingmanson und **Edward F. Thode,** *Über einzelne zur Festigkeit des Papiers beitragende Faktoren.* 2. Mitt. *Relative gebundene Oberfläche.* (1. vgl. vorst. Ref.) Es wird eine opt. Meth. zur Messung des spezif. Lichtstreuungskoeff. benutzt, um so die relative gebundene Oberfläche von Prüfblättern zu ermitteln. Es wurde festgestellt, daß bei Trocknung der Blätter durch Lösungsm. zu hohe Werte erhalten werden. Ein verbessertes Arbeitsverf. wird vorgeschlagen. (Tappi **42.** 83—93. Jan. 1959.) F. LANG. 7984

W. Ss. Lapatuchin, *Die Anwendung synthetischer Materialien in der polygraphischen Industrie. 2. Mitt. Die wichtigsten Gebiete der Anwendung synthetischer Materialien beim Druck.* (1. vgl. C. **1959.** 7999.) Vf. arbeitet unter Berücksichtigung des neuesten Standes der Entw. weitere Aufgabenstellungen der Chemie, bes. der Hochpolymeren, auf dem Gebiet der Polygraphie aus. Es werden besprochen: Schnelltrocknende Farbstoffe (Kunstharz-, Thermoplastzusatz), Druckpapier (Bindemittel aus Kunstharz, synthet. Fasermaterialien), Illustrationsdruck auf typograph. Rotationsmaschinen (Erhöhung der Lineatur des Klischees), verschied. Methoden zur Verkürzung der Vorbereitung beim Hochdruck, Material für Offset- u. Tiefdruck (Gummi), Farbwalzen (synthet. Kautschuke, Thermoplaste), Unterlagen u. Klebeband für Stereotyp u. Klischee. (Полиграфическое Производство [Polygraph. Betr.] **1958.** Nr. 12. 8—11. Dez.) O. KRAMM. 7988

I. S. Jemeljanowa und **T. A. Batrakowa,** *Neue Methode zur quantitativen Bestimmung von reduzierenden Zuckern in Holzhydrolysaten und in Sulfitlaugen durch Papierchromatographie.* Vff. haben eine Meth. zur Trennung der Zuckerarten in Holzhydrolysaten u. in Sulfitlaugen sowie eine quantitative Meth. zur Best. des aus dem Papierchromatogramm isolierten Zuckers ausgearbeitet. Die Trennung der Zuckerarten der Hydrolysate nimmt 2—3 Tage in Anspruch, während sonst bis zu 16 Tage gebraucht wurden. Die Best. des aus dem Chromatogramm isolierten Zuckers in den Grenzen 10—2500 μg wird in 10 Min. mit einer Genauigkeit bis zu $\pm 2\%$ ausgeführt. Vf. hat ebenfalls eine Mikrometh. zur quantitativen Best. der Zucker, die durch Papierchromatographie getrennt wurden, entwickelt. Diese Meth. gestattet eine Best. von 10—2500 μg Zucker mit einer Genauigkeit bis zu 2 μg. (Журнал Аналитической Химии [J. analyt. Chem.] **13.** 142—47. Jan./Febr. 1958. Leningrad, Allunions Wiss. Forschungsinst. der Hydrolyse- u. Sulfit-Alkoh. Ind.) E. STEINBERG. 8004

B. N. Ugolew, *Methode der Bestimmung von Feuchtigkeitsspannungen im Holz beim Trocknen.* Eine vereinfachte Best. der Feuchtigkeitsspannungen beim Trocknen von Holz kann auf Grund von Diagrammen der Zug- u. Druckfestigkeit in Abhängigkeit von der Brettiefe nach den mitgeteilten Gleichungen durchgeführt werden. (Заводская Лаборатория [Betriebs-Lab.] **23.** 606—09. 1957. Zentr. wiss. Forschungsinst. für mechan. Holzbearb.) R. K. MÜLLER. 8004

A. J. Watson und **Clare Stamp,** *Einfluß verschiedener Arbeitsweisen auf die Bestimmung der Permanganatzahl.* Die $KMnO_4$-Zahl wird durch die Menge u. Konz. an $KMnO_4$ u. den $KMnO_4$-Überschuß am Ende der Rk. beeinflußt. Der Überschuß muß ca. 50% betragen, bei Zellstoffen mit hohen $KMnO_4$-Zahlen muß die Einwaage vermindert werden. (APPITA-J. Austral. Pulp Paper Ind. **11.** 4—11. Juli 1957. C.S.I.R.O., Div. of Forest Prod.) H. BECKER. 8006

Otto Goldschmid und **L. Frank Maranville,** *Verbesserte Sulfitablaugenbestimmung nach der Nitrosoligninmethode.* Die Best. der Sulfitablaugen nach PEARL u. BENSON (vgl. Paper Trade J. **111.** [1940.] 235) mit einem photoelektr. Colorimeter kann durch Verwendung von monochromat. Filtern, die nur die Wellenlänge 430 mμ hindurchlassen, verbessert werden, da dadurch die Absorption durch das Nitritreagens zurückgeht. Störungen durch wasserlösl. Extrakte von Borken u. Hölzern, wie sie in natürlichen Wassern vorkommen, können durch Verwendung einer alkal. Blindprobe vom gleichen p_H wie die Reaktionslsg. herabgesetzt, aber nicht völlig ausgeschaltet werden. Durch Vgl. der mit neutralen u. alkal. Blindproben erhaltenen Werte kann auf die Ggw. oder Abwesenheit solcher Extrakte geschlossen werden. (Analytic. Chem. **31.** 370—74. März 1959. Shelton, Wash., Rayonier, Inc., Olympic Res. Div.) E. DEHMLOW. 8006

R. L. Wood, *Parallelschneiden von Zeitungsdruckpapier.* Vf. berichtet über ein von ihm entwickeltes Einbettungsverf. zur Herst. von Flächenserienschnitten von Papieren. Zur Einbettung wird ein Gemisch aus 40 (Teilen) Polyäthylen u. 60 mikrokristallinem Wachs verwendet, eingebettet wird die Probe in einem mit dem gleichen Gemisch imprägnierten Holzblock. Geschnitten wird mit einem Mikrotom. Diskussion der aus Zeitungspapier erhaltenen Flächenschnitte (Unterschiede zwischen Ober- u. Siebseite). (Tappi **42.** 14—17. Jan. 1959. Camas, Wash., Crown Zellerbach Corp.) F. LANG. 8010

Jean Berge, Frankreich, *Erzeugung eines kornähnlichen Oberflächenaussehens von Papier und Karton* durch Auflegen eines Seidengewebes auf die zu behandelnde Oberfläche u. Aufquetschen einer Überzugsmasse aus 13300 (Teilen) Lithopone, 2300 Leinöl, 1200 Terpentin u. 0,100 Sikkativ mittels eines Rakelgeräts. Die M. wird dabei durch die Gewebeporen auf das Papier usw. aufgetragen. (**F. P. 1 107 663** vom 23/6. 1954, ausg. 4/1. 1956.) M. F. MÜLLER. 7987

Earl G. Conley, Tulsa, Okla., V. St. A., *Schablonenmasse,* bestehend aus 80 (Teilen) Methylcellulose, 20 sulfoniertem Ricinusöl oder Triäthanolamin, gelöst in einem Gemisch von Methylenchlorid, Äthylendichlorid, CCl_4 u. CH_3OH. (**A. P. 2 731 356** vom 18/12. 1952, ausg. 17/1. 1956.) K. KITTLER. 7989

Burroughs Corp., früher **Burroughs Adding Machine Co.,** Detroit, Mich., V. St. A., *Magnetische Druckfarbe.* Die Mischung enthält 30—50% organ. Ester, Glykole oder ein Gemisch aus Öl- u. Laurinsäure, in der mit H_2 red. Fe, Carbonyl-Fe oder Fe-Schwamm einer Korngröße $< 5\ \mu$ dispergiert ist. Daneben kann in Mengen bis 5% noch ein anderer magnet. Stoff vorhanden sein, dessen Koerzivität u. Remanenz nicht höher als die des Fe ist. (**E. P. 748 763** vom 3/7. 1952, ausg. 9/5. 1956. A. Prior. 17/7. 1951.) A. KALIX. 7991

Soc. Industrielle de la Cellulose (SIDAC) Soc. An., Brüssel, Belgien, *Heißsiegelfähige Verpackungsfolie,* bestehend aus einer cellulosehaltigen Grundlage, in der ein wärmegehärtetes Kunstharz (ein vor der Härtung wasserlösl. Harnstoff–Formaldehyd-Harz) gleichmäßig verteilt ist, u. aus einer Schicht von Polyäthylen vom Mol.-Gew. 10000 bis 38000 mit einem Erweichungspunkt von 100—112°. (**It. P. 494 182** vom 19/9. 1952. A. Prior. 11/10. 1951.) K. KOEBKE. 7997

Algemeene Kunstzijde Unie N. V., Arnheim, Holland, *Kunstschwämme.* Bei der üblichen Herst. von künstlichen Schwämmen aus Glaubersalz u. Fasern, wie Flachs oder Hanf, enthaltenden alkal. Cellulose-Lsgg. (I), wie Viscose, verwendet man solche I, bei denen mindestens ein Teil der Fasern, bes. 5—30%, aus linearen Polyestern besteht, durch Rk. von Diolen der Zus. $HO-(CH_2)_nOH$ ($n = 2-10$) mit Terephthalsäure hergestellt sind. Bes. dient hierfür Polyäthylenglykolteraphthalat. (**E. P. 796 483** vom 6/2. 1957, ausg. 11/6. 1958. Holl. Prior. 24/2. 1956.) R. SCHWECHTEN. 8001

XVIII b. Textilfasern.

R. S. Higginbotham und **F. W. Thomas,** *Fluorescierende Aufhellungsmittel.* Überblick über Entw. u. techn. Bedeutung opt. Aufhellungsmittel. Eigg., Verwendung in der Textilindustrie, chem. Konst., Ursache u. Best. der aufhellenden Wrkg. sowie Vor- u. Nachteile der „opt. Bleichmittel" werden näher beschrieben. (Vgl. C. **1959.** 6673.) (Indian Textile J. **69.** 271—73. Febr. 1959. British Cotton Ind. Res. Assoc.) A. SANDER. 8032

D. Hildebrand, *Das photochemische Verhalten der Wolle.* Es wird an Hand der Literatur (56 Zitate) ein Überblick über das photochem. Verh. der Wolle gegeben. Hierbei wird vor allem auf die Veränderungen der mechan., färber. u. chem. Eigg. der Wolle hingewiesen. (Z. ges. Textilind. **61.** 180—82. März 1959. Aachen, Dtsch. Wollforschungsinst.) H. G. FRÖHLICH. 8060

H. G. Fröhlich, *Die Quellung von Wolle in Abhängigkeit von der Behandlungsdauer, der Temperatur und dem p_H-Wert.* An Hand von 4 Figuren wird das Quellvermögen von Wollen bei 50 u. 70° im p_H-Bereich von 1—12 dargestellt. Die Quelldauer betrug maximal 120 Minuten. Hierbei wurde gefunden, daß die Zunahme der Quellung im sauren Bereich nur gering ist (ca. 10%). Im alkal. Bereich steigt die Quellung zunächst langsam an, um bei p_H-Werten über 9 deutlich zuzunehmen. Bei p_H-Werten über 10 ist der Anstieg sogar steil. Bemerkenswert ist, daß mit zunehmender Behandlungsdauer (bis 120 Min.) die Quellung im p_H-Bereich von 6—10 geringer wird. Mit steigender Behandlungstemp. nimmt die Quellung jedoch zu. Weitere Unterss. deuten darauf hin, daß eine 2 std. Behandlung im p_H-Bereich bis 10 u. einer Temp. von 45—50° noch keine ins Gewicht fallende Schädigung bewirkt. (Z. ges. Textilind. **61.** 154—55. März 1959. Mönchen-Gladbach, Forschungsinst. der Hutindustrie.) H. G. FRÖHLICH. 8060

Kōtarō Tanemura, *Entwicklungsrichtungen der Chemiefasern.* (J. chem. Soc. Japan, ind. Chem. Sect. [Kogyo Kagaku Zassi] **58.** 321—24. Mai 1955. Toyo Reyon A. G. [Orig.: japan.]) L. SCHULER. 8070

Mirosław Kopa, *Kräuseln der Viscosefaser.* Übersicht: chem. u. physikal. Verff. zur Faserkräuselung u. physikal. Meßverff. der künstlichen Faserkräuselung. (Przegąd włókienniczy **12.** 15—24. Jan. 1958.) E. PASCHKE. 8074

Zenon Jędrusiak und **Jerzy Brzeziński,** *Die Anwendungsmöglichkeiten von organischen Borsäurekomplexverbindungen als Katalysatoren in knitterfreier Ausrüstung von Viscosegeweben.* In Laboratoriumsverss. u. in Verss. im techn. Maßstab werden Komplexe aus H_3BO_3 mit Mannit, Sorbit u. Glucose als Katalysatoren bei der knitterfesten Textilausrüstung geprüft. Kondensationsharz Antimnol FM u. Viscose J 315 werden eingesetzt u. die aufgenommene Harzmenge, die Reißfestigkeit der Fäden, die Knitterfestigkeit u. der Einfl. auf Farbstoffe bestimmt. Die Katalysatoren erzeugen keine

Fällung im Imprägnierungsbad, die optimale Katalysatorkonz. ist 25 g/Liter. Der Komplex H_3BO_3-Glucose (aus Kartoffelsirup) ist für die Technik geeignet. Reißfestigkeit u. Knitterfestigkeit werden je nach aufgenommener Harzmenge verbessert. Die Versuchsergebnisse im Labor. u. Betrieb sind ähnlich. (Przegląd wlokienniczy **12.** 146—49. März 1958.) E. PASCHKE. 8074

Werner Himmelreich, *Nachweis von Faserschädigungen an Polyamidgeweben durch viscosimetrische Bestimmung des Durchschnittspolymerisationsgrades.* Es werden ausführlich Verss. geschildert, welche Beziehungen zwischen dem DP-Grad u. der Abnahme der Reißfestigkeit aufzeigen. Es wurde festgestellt, daß eine Abnahme der Reißfestigkeit nicht immer mit der Abnahme des DP-Grades konform geht. Es wird erwähnt, daß die Reißfestigkeit auch durch Lösung der H-Brücken zwischen den Moll. herabgesetzt werden kann, wobei die Kettenlänge der Moll. weitgehend erhalten bleibt. Zur Messung des DP-Grades wurde als Lösungsm. H_2SO_4 p. a. genommen. Der DP-Grad wurde nach MATTHES errechnet. Ungeschädigte Polyamidfasern zeigen einen DP von 100—200. Neben Laborverss. wurden auch Großverss. vorgenommen. Um die Gebrauchstüchtigkeit der einmal geschädigten Gewebe aus Polyamid-endlos festzustellen, wurden die behandelten Gewebe 50mal gewaschen u. beobachtet. Dabei wurde festgestellt, daß Veredlungsschäden in der Reißfestigkeit von über 10% u. Red. des DP-Grades um mehr als 5% in den Wäschen eine progressive Steigerung der Abnahme der Reißfestigkeit mit sich bringen, ohne immer einen weiteren Abfall des DP-Grades zu erbringen. Es wurden neben Laboratoriumsbehandlung mit NaOH verschied. Konz., 2n HCl, Heißluftbehandlung, H_2O_2-Behandlung, auch Beuch-, Brüh- u. Bleichverss. mit NaOCl, $NaClO_2$ u. H_2O_2 sowie deren Kombinationen im Praxisvers. durchgeführt u. nach den einzelnen Wäschen beurteilt u. der Weißgrad gemessen. Colorist. Vergleiche der Schädigung werden angeführt. (Dtsch. Textiltechn. **9.** 96—99. Febr. 153—55. März. 213—18. April 1959.) W. BERNARD. 8080

Hiroshi Sobue und **Masao Takahashi,** *Untersuchungen an Polyvinylchloridfasern.* 8. Mitt. *Spannungs- und Temperaturabhängigkeit des Kriechverhaltens.* (7. vgl. J. Soc. Textile Cellulose Ind., Japan [Sen-i-Gakkaishi] **12.** [1956.] 476.) Vff. fanden zwischen der charakterist. Verzögerungszeit τ, der Spannung S in g/d u. der absol. Temp. T die Beziehung $\log\tau = -22{,}7 - 10{,}0\,S + 11{,}1 \cdot 10^{-3}/T$. Ferner wird der Einfl. von Temp. u. Spannung auf die momentane u. die verzögerte elast. Spannung u. die maximale Dehnungsgeschwindigkeit diskutiert. (J. Soc. Textile Cellulose Ind., Japan [Sen-i Gakkaishi] **12.** 549—52. Aug. 1956. [Orig.: japan.; Auszug: engl.]) H. STEFFENS. 8080

A. David Baskin, J. Bubernak, S. P. Reynolds, J. B. Oakes und **H. D. Lyster,** *Halbmikroanalyse von Cu-Chinolinol-(8). Beweisführung, daß ungleichmäßige Ablagerung des Fungicids auf Cellulosematerial einen variablen Hauptfaktor in Schädigungsbewertungen darstellt.* Es wurden zunächst Genauigkeit u. Reproduzierbarkeit der angewandten spektrophotometr. Untersuchungsmeth. durch Bestimmungen an 12 mit Cu-8-Chinolinolat (I) quantitativ behandelten Baumwollfäden nachgewiesen. Sodann wurden von Glanzgarn, das nach üblichen Methoden mit I gegen Schimmelbldg. behandelt war, an verschied. Stellen Proben entnommen u. jeweils der Geh. an I bestimmt, wobei sich eine ungleichmäßige Ablagerung des Fungicids auf dem Garn ergab. Ferner wurden mit I behandelte Segeltuchproben verschied. Zeitspannen (zwischen 0 u. 70 Tagen) in Erdreich vergraben. Von jeder Probe wurden jeweils Geh. an I als Durchschnitt mehrerer Messungen sowie die Reißfestigkeit bestimmt. Die schlechte Korrelation zwischen dem Durchschnittswert der Messungen an I-Geh. u. der Reißfestigkeit wird auf die ungleichmäßige Ablagerung von I auf ein- u. derselben Probe zurückgeführt. (Amer. Dyestuff Reporter **47.** 603—08. 8/9. 1958. Natick, Mass., US Army Quatermaster, Res. and Engng. Center, Chem. and Plastics Div.) H. SONTAG. 8096

Edward Szucht, *Gebrauchswertuntersuchungen an Textilerzeugnissen.* Der Einfl. von Fasereigg., Verarbeitungsbedingungen u. Konfektionierung auf die Gebrauchseigg. von Textilien wird erörtert u. die Methodik der prakt. u. labormäßigen Gebrauchsprüfung beschrieben. (Przegląd włókienniczy **12.** 30—35. Jan. 1958.) E. PASCHKE. 8096

Mirosław Graliński, *Die Methoden der quantitativen Analyse von Woll- und Cellulosefasermischungen.* Nach vergleichenden Unterss. liefert die Hypochloritmeth. bei der Best. der Zus. von Fasermischungen aus Wolle u. Zellwolle die besten Ergebnisse. In Ggw. von Baumwolle weichen die Ergebnisse ab, da die Korrekturfaktoren nicht mehr stimmen. Hier ist die Säuremeth. mit einem Fehler von $\pm 1\%$ besser geeignet. (Prace Inst. Włókiennictwa **8.** Nr. 2. 43—60. 1958. Łódź.) F. URBAN. 8100

D. A. Ross, *Die Schnellbestimmung der Faserfeinheit von Romney Crossbred-Wolle im Luftströmungsapparat.* Unterss. an 115 Wollmustern (entfettet, gewaschen u. kon-

ditioniert) haben gezeigt, daß die Faserfeinheit rasch u. zuverlässig in einem Luftströmungsapp. bestimmt werden kann. Die Strömungsgeschwindigkeit der Luft liegt zwischen 4—24 Liter/Min.; das Wollmuster wiegt jeweils 2 g. Vergleichsunterss.* mit dem Lanameter haben Unterschiede von 0,92 μ ergeben. Im Zusammenhang mit den ausgeführten Unterss. wird darauf hingewiesen, daß die Meßgenauigkeit, durch die Stapellänge, das Gewicht der Probe, deren Feuchtigkeitsgeh., Markgeh. sowie der Feinheitsverteilung bei gleicher mittlerer Feinheit mehr oder weniger stark beeinflußt wird. Die erhaltenen Werte sind in 8 Tabellen zusammengestellt. (New Zealand J. Sci. **1.** 127—42. März 1958. Dunedin, New Zealand; New Zealand Wool Ind. Res. Inst.)
H. G. FRÖHLICH. 8108

N. Bigler, *Einige Methoden zur Unterscheidung der Polyamid- von den Polyesterfasern.* Übersicht: Farb-Rkk., Rk. unter dem Mikroskop, Löseeigg., Schmelzbereiche zur Unterscheidung von Nylon 6-, 66-, 11- u. Polyäthylenglykolterephthalatfasern. (Przegląd włókienniczy **12.** 617—20. Dez. 1958.) E. PASCHKE. 8116

E. I. du Pont de Nemours & Co., Wilmington, Del., übert. von: **Alfred T. Hawkinson, Hugh G. Hull** und **James H. Young,** Niagara Falls, N. Y., V. St. A., *Bleichen von Cellulosegeweben* mit Wasserstoffperoxyddampf enthaltendem Wasserdampf. Man behandelt das Gewebe oder Papier mit einer alkal. Fl., die zweckmäßig einen H_2O_2-Stabilisator, z. B. Alkalisilicat, enthält, u. setzt es in feuchtem Zustand (Wassergeh. 5—70%) 0,05—0,2 Sek. H_2O_2-Dampf, der mindestens 45% Wasserdampf enthält, aus, wobei es 0,01—3% H_2O_2 absorbieren soll. Anschließend findet bei n. oder erhöhter Temp. der Bleichprozeß statt. (**A. P. 2 859 087** vom 28/3. 1955, ausg. 4/11. 1958.)
F. BÖHM. 8033

Dunlop Rubber Co. Ltd., London, England (Erfinder: **Albert Edward Toney Neale** und **Betty Doreen Rowland**), *Verbesserung von Textilstoffen,* bes. solchen auf Cellulosegrundlage, welche mit synthet. Harzen, z. B. Polyvinylchlorid-Weichmacher-Pasten (I) überzogen sind, dad. gek., daß den I Stoffe, die Mikroorganismen widerstehen, z. B. Tetraäthylenpentamin, o-Phenylphenol, Bis-(2-hydroxychlorphenyl)-methan, in Mengen von 0,1—5% zugefügt sind. — Vgl. F. P. 1 117 142; C. **1958.** 6407. (**E. P. 766 798** vom 1/8. 1953, ausg. 23/1. 1957.) M. BÖTTCHER. 8033

Lelio Galateri, Italien, *Erzeugung von Effekten auf Geweben, Leder, Papier* u. ähnlichen Stoffen. Das Material wird zunächst völlig oder an den zu verzierenden Stellen mit einer dünnen Schicht von Kautschuklatex u. Harz überzogen u. darauf mustergemäß, z. B. durch Bedrucken, eine mehr oder weniger dicke Schicht derselben Latex-Harz-Mischung aufgebracht, die Farbpigmente u. gegebenenfalls Leuchtsalze u./oder Riechstoffe enthält, worauf bei gewöhnlicher Temp. getrocknet wird. Die zweite Schicht kann noch satiniert oder bei genügender Dicke mechan. behandelt, z. B. mit reliefartigen Mustern versehen werden. (**F. P. 1 118 756** vom 3/9. 1954, ausg. 11/6. 1956. It. Prior. 4/9. 1953.) G. HOPPE. 8039

Celanese Corp. of America, New York, N. Y., übert. von: **Harold K. Hughes,** Rock Hill, S. C., V. St. A., *Herstellung von Spinnlösungen von Cellulosetriacetat* in CH_2Cl_2 oder Mischungen hiervon mit niederen aliphat. Alkoholen. Zur Verbesserung der Filtrierbarkeit von 19—25%ig. Lsgg. werden diese, zweckmäßig in einem geschlossenen Gefäß, einige Zeit auf $>55^0$, z. B. 2 Std. auf 60°, <2 Min. auf 90° oder <1 Min. auf 125° erhitzt. (**A. P. 2 858 228** vom 4/9. 1956, ausg. 28/10. 1958.) F. BÖHM. 8077

Perfogit (S. p. A.), Italien, *Polyamidherstellung.* Man kondensiert reines oder industrielles m-Xylylendiamin [m-$H_2NCH_2C_6H_4CH_2NH_2$ (I) mit bis 15% Geh. an p-Xylylendiamin] mit 2bas. Säuren. I-*Adipat* (II), F. 187—188°; *industrielles* I-*Adipat* (III), F. 215°; II-*Polyamid,* F. 244°; III-*Polyamid,* F. 262°. Die Polyamide zeigen porzellanartiges Aussehen, können zu *Fäden* gesponnen u. kalt verstreckt werden. — I-*Sebacat,* F. 147—148°; *Polymeres,* F. 197—198°; *Polymeres aus industriellem* I-*Sebacat,* F. 245°. — I-*Isophthalat,* F. 230—234°; glasartiges *Polyamid,* F. 232—236°. — I-*Terephthalat,* F. 265°; *Polyamid,* F. $>300^0$. — I-*m-Carboxyhydrocinnamat,* F. 233—234°; *Polyamid,* F. 221—224°. — Auch Herst. von *Mischpolyamiden,* z. B. aus industriellem I-Adipat u. industriellem I-Sebacat. (**F. P. 1 142 439** vom 19/12. 1955, ausg. 18/9. 1957. It. Prior. 28/7. 1955.) M. PANKOW. 8081

Imperial Chemical Industries Ltd., London, England (Erfinder: **Denis Coleman**), *Polyamide* erhält man durch Mischpolymerisation von Oxalsäure u. einem mono- oder dimethylsubstituierten Hexamethylendiamin, dessen Methylgruppen in 2-, 3-, 4- oder 5-Stellung stehen, mit einem hochmol. Polyäther mit amidbildenden Endgruppen, so daß im Polymeren die Gruppe $-(OCH_2CH_2)_m$ enthalten ist, wobei m >20. Nach einem Beispiel wird Polyoxyäthylen-$\alpha.\omega$-dicarbonsäure mit Mol.-Gew. 1300, 3-Methylhexamethylendiamin u. Diäthyloxalat auf 285° bei 0,5 mm Hg 4 Std. erhitzt. — *Fäden* oder *Fasern* aus der Schmelze. (E. P. **793 451** vom 9/2. 1955, ausg. 16/4. 1958.) H. Schindler. 8081

N. V. Onderzoekingsinstituut Research, Arnheim, Holland, *Verhinderung der elektrostatischen Aufladung* von nichtleitendem Material. Man behandelt — zweckmäßig in Ggw. einer anionakt. Substanz, bes. Na-Oleylmethyltaurid (I) — mit der wss. Lsg. eines Carboxyl- oder Sulfonsäuregruppen enthaltendem Polymeren, das bei Tempp. $>100^0$ unlösl. wird, bes. Polyacrylsäure (II), trocknet, erhitzt auf $>100^0$ u. behandelt mit der wss. Lsg. einer kationakt. Substanz. — *Polyamidfasern* werden 15 Min. bei 80° mit einer wss. Lsg. behandelt, die 1 (%) II u. 0,1 I enthält, bei 60° getrocknet u. 20 Min. auf 140° erhitzt. Anschließend läßt man 15 Min. bei 45° eine 0,5% ig. Octadecyltrimethylammoniumchloridlsg. einwirken. — Vgl. auch D. A. S. 1 014 515; C. **1958.** 3202. (**Holl.P. 80 706** vom 1/7. 1954, ausg. 15/2. 1956.) F. Böhm. 8081

Carborundum Co., V. St. A., *Oxydgemisch zur Herstellung von Glasfasern,* bes. für Wärmeschutz- oder Filtermassen, aus 40—60 (Gewichtsteilen) SiO_2 u. 60—40 Titanschlacke (75% Al_2O_3 u. 25% TiO_2). Die Fasern bestehen aus >85 (%) $Al_2O_3 + SiO_2$, sowie Fe_2O_3, B_2O_3, Alkali- u. Erdalkalioxyden, z. B. 46,99 SiO_2, 49,19 Al_2O_3, 7,55 TiO_2, 0,43 Fe_2O_3, 0,56 Na_2O u. 1,28 B_2O_3. — Weitere Beispiele u. Dreistoffsyst. SiO_2-TiO_2-Al_2O_3. (**F. P. 1 121 021** vom 29/1. 1955, ausg. 19/7. 1956.) O. Kayser. 8083

B. F. Goodrich Co., New York, N. Y. (Erfinder: **Henry Kahn,** Cuyahoga Fall, Ohio), V. St. A., *Biegsame Glasfaser mit metallischem Überzug.* Der Pb-Überzug ist mit einem Metall legiert, das eine freie Bildungsenergie zur Bldg. des Oxyds dieses Metalls, gemessen bei 500°, unter 40 cal je O_2-Atom hat. Hierfür kommen folgende Metalle in Frage: Na, K, Mg, Ca, Zn, Sr, Ba, Al, Ga, Ti, Sn, Cr, Mn, Cd oder Fe. (**D. A. S. 1 042 848** Kl. 32b vom 24/11. 1955, veröff. 6/11. 1958. A. Prior. 24/1. 1955. **Zusatz zu D. B. P. 883 949; C. 1954. 11 090.**) Hans Hoffmann. 8083

Paul-August Koch, Faserstoff-Tabellen. Eine fortl. Samml. von Blättern zur Faserstoffkunde, die in konzentrierter Form d. wichtigsten Kenntnisse über d. textilen Rohstoffe, ihre Herkunft u. Eigenschaften sowie über ihre Unterscheidung u. Prüfung vermitteln, zudem d. Schrifttum nachweisen. 004. Kaseinfasern; Fibrolane, Lanital „S", Merinova. 2. erg. Ausg. unveränd. Nachdr. München-Gladbach: Lapp; Klepzig. 1959. (2 S. m. Abb.) 4° = Aus: Zeitschrift f. d. gesamte Textilindustrie. Jg. 58. (1956.) DM 1,—.

Gerhard Meier, Hrsg., Jahrbuch der Textilveredlung. Bd. 4. Berlin; Verl. Technik. 1959. (818 S. m. Abb. u. Taf.) 8°. DM 40,—.

XIX. Brennstoffe. Erdöl. Mineralöle.

A. Lahiri und **M. S. Iyengar,** *Untersuchungen der Kohlebeschaffenheit.* Die Vorstellung vom Vorhandensein reaktionsfähiger Gruppen, bes. OH, COOH u. CO, in der Kohle vermag eine Anzahl ihrer Eigg. zu erklären; z. B. können Abweichungen bei Oberflächenmessungen auf die Wrkg. dieser Gruppen zurückgeführt werden. Messungen von Oberflächengebieten, welche polare Fll. oder Gase enthalten, ergeben entsprechend der polaren Wechselwrkg. große Werte. Ähnlich ist die Erklärung, warum beim bindemittellosen Brikettieren von Kohle die größte Festigkeit bei einem optimalen Feuchtigkeitsgeh. der Briketts — bezogen auf die lufttrockne Probe — erzielt wird. Ebenso kann gezeigt werden, daß die Feuchtigkeit in Form einer Bindung von H_2O mit einer dieser reaktionsfähigen Gruppen der Kohle vorliegt. Es ist wahrscheinlich, daß der Hergang der Koksbldg. ebenso mit diesen reaktionsfähigen Bestandteilen zu erklären ist, bes. im Vorerweichungsstadium. Durch das Vorhandensein akt. Gruppen in nicht verkokbaren Kohlen ist es möglich, daß zwischen 300 u. 420° eine Kondensation stattfindet, welche dem Gefüge eine gewisse Steifigkeit verleiht, so daß das plast. Fließen gehemmt wird. (J. sci. ind. Res. [New Delhi], Sect. A **17.** 60—73. Febr. 1958. Bihar, Jealgora, Central Fuel Res. Inst.) H. Schöberl. 8126

D. W. Gillmore, C. C. Wright und **C. R. Kinney,** *Faktoren, welche die Festigkeit verkokter Briketts beeinflussen, die mit Anthrazitmehl und Pechbindemittel hergestellt wurden.* Es wurden verschied. Einflußgrößen, wie %-Geh. des Bindemittels, Brikettierungsdruck, Verkokungstemp., Verkokungsgeschwindigkeit u. die Wärmebehandlung der Kohle vor dem Brikettieren untersucht, um den Einfl. dieser Faktoren auf die Eigg. des fertigen Briketts zu ermitteln. Steigende Gehh. an Bindemittel steigern zunächst die Brikettfestigkeit bis zu einem Maximum, worauf sie wegen Blähens u. Crackens der Briketts während der Verkokung wieder abnimmt. Auch der Brikettierungsdruck steigert die Festigkeit nur bis zu einem Höchstpunkt. Die Verkokungstemp. hat einen günstigen Einfl. bis 1050°, während die Verkokungsgeschwindigkeit nur einen geringen Einfl. besitzt. Die Wärmebehandlung der Kohle vor der Brikettierung verringert die Festigkeit. Die Festigkeit verkokter Briketts, welche mit Steinkohlenteer- u. Erdölpechen hergestellt wurden, scheint in erster Linie von der Menge Pechkoks abzuhängen, welcher in den Zwischenräumen zwischen den Kohleteilchen abgelagert wurde. Auch jene Peche, welche die D. u. Schwindung des Briketts während der Verkokung begünstigen, vermitteln eine höhere Festigkeit. Die wirksamsten Bestandteile eines Pechs scheinen die mehr unlösl. Anteile zu sein, wahrscheinlich wegen der verstärkten Koksbildung. (J. Inst. Fuel **32.** 50—56. Febr. 1959.) H. SCHÖBERL. 8136

K. C. Channabasappa und **Henry R. Linden,** *Hydrierende Spaltung von bituminöser Kohle.* Aus bituminöser Kohle läßt sich durch hydrierende Spaltung bei Drucken von 100—230 atü u. Tempp. von 650—740° Heizgas herstellen. Die Umwandlung scheint zwei Phasen zu durchlaufen: 1. Pyrolyse u. hydrierende Spaltung der reaktiveren Kohlenbestandteile mit rapider Gasbldg. u. H_2-Entwicklung. 2. Rk. zwischen dem koksartigen Rückstand u. H_2 mit langsam verlaufender Methanbildung. Höherer Initialdruck des H_2, Temperatursteigerung u. Vorerhitzen der Kohle in inerter Atmosphäre resultieren in höherer Gasausbeute. Das unterschiedliche Verh. einzelner Kohlensorten wird an Hand von Verss. festgestellt. (Ind. Engng. Chem. **48.** 900—05. Mai 1956. Chicago, Ill., Inst. of Gas Technol.) R. MAHRWALD. 8162

Jerzy Szuba, *Über den Einfluß der Anfangstemperatur der Abkühlung und Kondensation von Teerdämpfen auf die Qualität des in der Vorlage und in den weiteren Kondensationseinrichtungen der Kokerei abgeschiedenen Teers.* (Vgl. Koks-Smoła-Gaz **1.** [1956.] 28.) Bei der Temp. der Vorlage von 90° werden im Teer die größten Mengen an Pech u. freiem C ausgeschieden. Die Entwässerung des Vorlagenteers wird allerdings dadurch erschwert. Bei höheren Vorlagetempp. wird mehr Pech u. C in den folgenden Abscheidungen mit dem Teer abgesetzt. Da Teer aus diesen Abscheidern wertvoller ist als der aus der Vorlage, muß der Nachteil der erschwerten Entwässerung in Kauf genommen werden. (Koks-Smoła-Gaz **2.** 309—16. Nov./Dez. 1957.) F. URBAN. 8176

Hein-Gerhard Franck und **Otto Wegener,** *Zur Kenntnis der Viscosität von Steinkohlenteererzeugnissen.* (Bitumen, Teere, Asphalte, Peche verwandte Stoffe **9.** 341—45. Nov. 372—74. Dez. 1958. **10.** 5—9. Jan. 1959. Duisburg-Meiderich, Ges. für Teerverwertung. — C. **1959.** 1319.) F. ROSENDAHL. 8176

P. D. Wilmot, *Nickel- und Kobaltkatalysatoren in der Petroleumindustrie.* 2. Mitt. *Oberflächenmechanismen bei Katalysatoren der Eisengruppe.* (1. vgl. C. **1959.** 10442.) Überblick über die Anwendungsgebiete, wie Hydrierung von Doppelbindungen, Teilhydrierung, Isomerisation, Entschweflung u. Dehydrierung, u. über die Theorien hinsichtlich Reaktionsverlauf, Zwischenprod. u. Einfl. der Oberflächen von Katalysator u. Trägersubstanz. (Petroleum [London] **21.** 225—28. 254. Juli 1958. Mond Nickel Co. Ltd., Developm. and Res. Dep. [Orig.: engl.]) E. A. WERNICKE. 8186

S. A. Kolessnik und **N. I. Schmonowa,** *Zur Kenntnis der Veränderungen des Erdöles unter anaeroben Bedingungen unter dem Einfluß von Bakterien der Gattung Pseudomonas.* Die Verss. wurden mit gemischten Kulturen von *Pseudomonas fluorescens denitrificans* (Ps.fl.d.) u. sulfatreduzierenden Bakterien im Verhältnis 1:1 (Vers. **A**) sowie unter Anwendung einer 4 Tage alten Kultur von Ps.fl.d. als Saatmaterial (Vers. **B**) durchgeführt. Es wurde paraffin. Erdöl aus dem Nordkaukasus benutzt. Im Gesamtgeh. der Asphaltteerstoffe wurde keine Zunahme beobachtet; ihre Zus. änderte sich insofern, als die Zahl der Heteroatome von 4,07% in der Kontrolle auf 6,73% bei **B** u. auf 7,02% bei **A** stieg. Der Geh. an festen KW-stoffen nahm bei **A** um 5%, bei **B** um 3,3% ab. Der F. der Paraffine von **A** sank auf 51°, bei **B** auf 49,5° gegenüber 57° in der Kontrolle. Eine Unters. der Paraffine nach der Meth. der IR-Absorptionsspektren ergab, daß das Verhältnis CH_3/CH_2 bei **A** 0,334, bei **B** 0,359 beträgt gegenüber 0,199 in der Kontrolle. Bei **A** hatte die Fl. den für Naphthensäuren charakterist. Geruch. Während bei **B** die Fl. ebensoviel Naphthensäuren enthielt wie die Kontrolle (0,12 mg-%), waren in der Fl. von **A** 1,05 mg-%. (Доклады Академии Наук СССР [Ber. Akad. Wiss. UdSSR] **115.** 1197—99. 21/8. 1957. Allunions Wiss. Erdölforsch.-Inst. für geolog. Schürfungen.) OTTO MAIER. 8188

D. L. Goldštejn, M. V. Rysakow, L. M. Skripnik und **S. P. Rogov,** *Die Raffinationshydrierung von Mineralölen.* (Vortrag.) Die Raffinationshydrierung (R) eignet sich zur Herst. von Transformatoren-, Turbinen-, Motor- u. Industrieölen. Die Verss. wurden mit festem Co–Mo-Katalysator in fl. Phase bei 40—300 atü durchgeführt. Transformatoren- u. Turbinenöle, nach diesem Verf. hergestellt, sind beständig gegen Oxydation auch ohne Zugabe von Antioxydantien. Der Zusatz von Polyisobutylen erhöht die Viscosität u. der Zusatz von Polymethacrylat erniedrigt den E. von Motorölen. Als Nebenprodd. entstehenBzn., Motornaphtha u. Paraffin-Gatsch. Die R eignet sich nicht nur für Ölfraktionen, sondern auch für Motornaphtha. (Chem. Průmysl **8 (33).** 574—76. Nov. 1958. Moskau, Allunions-wiss. Forsch.-Inst. der Erdölindustrie.) J. SCHNEIDER. 8200

F. A. Urmantschejew, Je. A. Robinson, S.-Ch. G. Kaschajew und **B. Le,** *Bestimmung der individuellen Kohlenwasserstoff-Zusammensetzung von Benzinen der Erdöle von Tatarien. 2. Mitt. Benzin aus dem Erdöl der Romaschkinsker Fundstätte (Minnibajewsk-Feld).* (1. vgl. C. **1959.** 6344.) Im untersuchten Bzn. werden 63,85% Paraffin-KW-stoffe, darunter 32,27% n. Paraffine, 31,43% Paraffine mit tert. u. 0,15% mit quartärem C-Atom, 6,69% Cyclopentane, 9,40% Cyclohexane u. 4,71% aromat. KW-stoffe gefunden. Der Vgl. mit den früher untersuchten Benzinen ergibt Ähnlichkeit mit dem Romaschkinsker Bzn. u. Verschiedenheit gegenüber dem Bawlinsker- u. Tuimasy-Bzn. in der Verteilung von n. u. Isoparaffinen. (Известия Академии Наук СССР, Отделение Химических Наук [Nachr. Akad. Wiss. UdSSR, Abt. chem. Wiss.] **1958.** 324—27. März. Kasan, Chem. Arbusow-Inst. der Zweigstelle der Akad. der Wiss. der UdSSR.) R. K. MÜLLER. 8200

W. T. Renne und **Ssi-ssin Zjui,** *Einfluß der Seitenketten in aromatischen Verbindungen auf das Verhalten eines Öles im elektrischen Feld.* Für Papier-Ölkondensatoren verwendete Transformatorenöle (TÖ) mit einem höheren Geh. an aromat. KW-stoffen zeigen ungenügende Durchschlagfestigkeit, die auf ihren Geh. an alkylierten Aromaten zurückgeführt wird. Die Gasentw. der TÖ bei 50° Feldstärke 25 kV/mm u. 50 Hz unter Zusatz von 15% Bzl. wird untersucht; sie nimmt bei höherem Geh. an nichtsubstituierten Aromaten ab. Mit Pentachlordiphenyl oder ähnlichen chlorierten Aromaten, die den TÖ in der Durchschlagfestigkeit überlegen sind, erscheint eine Verbesserung der Eigg. möglich. Ricinusöl hat zwar auch hohe Durchschlagfestigkeit, aber hohen dielektr. Verlustwinkel, der seine Eignung für Papier-Ölkondensatoren beeinträchtigt, seiner Verwendung in Impulskondensatoren aber nicht entgegensteht. (Журнал Технической Физики [J. techn. Physik] **27.** 1462—65. Juli 1957.) R. K. MÜLLER. 8218

Andrzej Grossman und **Jerzy Gołombek,** *Schnellbestimmung von Asche in Kohlen und Koks.* Vff. beschreiben einen Laboratoriumsverbrennungsofen zur Best. von Asche, der 20—30 Proben/Std. kontinuierlich zu verbrennen gestattet. Die erhaltenen Ergebnisse stimmen mit der Normalmeth. ausreichend überein. (Koks-Smoła-Gaz **2.** 20—22. Jan./Febr. 1957. Gliwice, Politechnika Śląska, Katedra Chemicznej Technologii Węgla.) A. BABCZYŃSKI. 8246

A. W. Gordijewski und **E. E. Radnajewa,** *Die amperometrische Bestimmung des Gehaltes an Gesamtschwefel in Kohlen.* Unter Beibehaltung der klass. Meth. der S-Best. in Kohlen durch deren Verbrennung in einem Gemisch von Alkalicarbonaten u. MgO wird die darauffolgende Best. des SO_4-Ions nicht gravimetr., sondern durch amperometr. Titration ausgeführt, was ohne Einbuße an Genauigkeit die Analysendauer wesentlich herabsetzt. Der Vorzug dieser Meth. besteht darin, daß andere anwesende Ionen keinen Einfl. auf die amperometr. Titration ausüben. (Кокс и Химия [Koks u. Chem.] **1958.** Nr. 7. 14—15. Moskau, Chem.-Technol. Mendelejew-Inst.) E. V. PEZOLD. 8246

Joseph S. Matthews und **Joan F. Patchan,** *Automatische Titration von Peroxyden in Petroleumprodukten.* Zur Best. der Peroxydzahl (PZ, mVal akt. O/Liter) wird die Probe in ein Gemisch von 15 g KJ in 10 ml W., 100 ml Isopropanol u. 1 ml Eisessig bei 55° unter N_2-Durchleiten getropft. Das freigesetzte J_2 wird sofort u. kontinuierlich mit einem automat. Titriergerät gegen $Na_2S_2O_3$ potentiometr. titriert. Durch die Vermeidung momentaner Jodüberschüsse werden Seiten-Rkk. vermieden. Das Verf. ist auf Diacyl- u. Hydroperoxyde anwendbar. Olefin u. S-Verbb. stören nicht. Die Genauigkeit liegt bei 3% bei PZ >1 u. bei 0,1 PZ bei PZ <1. (Analytic. Chem. **31.** 1003—05. Juni 1959. Pittsburgh, Pa., Gulf Res. and Developm. Co.) E. DEHMLOW. 8252

Ss. S. Schulga, *Spektrographische Bestimmung des Benzols in der Kopffraktion von Rohbenzol.* Die Kopffraktion des Bzl. (CS_2 + Bzl. + Cyclopentadien) absorbiert durch seine Beimengungen im UV, Benzoldämpfe hingegen absorbieren im Gebiet 38500—39600 cm^{-1}. Sie muß durch Zusatz von 2 g $AlCl_3$ (je 50 ml Fraktion) von lichtreagierenden Beimengungen befreit u. polymerisiert werden (widrigenfalls erfolgt Verschmutzung des Quarzfensters der Küvette). Als Lichtquelle diente eine H_2-Lampe (GOI, mit Uviolfenster). Die Lichtbündel wurden durch ein „SPECKER-Photometer" getrennt. Die Arbeit basiert auf dem Grundsatz des opt. Gleichgewichts, dabei wurde der Quarzspektrograph in einen Monochromator verwandelt, wobei ein Vakuum–Sb–Cs-Photoelement (schüttelfest aufgehängt) das Licht empfing u. ein Synchronmotor die Lichtphasen an der rotierenden Scheibe modulierte. Aus der Eichgeraden wurde der Geh. an Bzl. im Rohgemisch befriedigend ermittelt. (Заводская Лаборатория [Betriebs-Lab.] **23.** 577—79. 1957. Physik. Inst. der Akad. der Wiss. der UkrainSSR.) A. V. WILPERT. 8252

J. Cornelissen und **H. I. Waterman,** *Bestimmung der Kohlenwasserstoffzusammensetzung und des Molekulargewichts von Mineralölfraktionen aus Viscosität, Refraktionsindex und Dichte mit Hilfe von Nomogrammen.* Es werden *Nomogramme* beschrieben, die es ermöglichen, die Zus. von Mineralölfraktionen (% C_A u. % C_N) u. deren Mol.-Gew. zu ermitteln, wenn Meßwerte bei 20° für die D., die Viscosität u. den Brechungsindex für die Na–D-Linie vorliegen. Nomogramme ersetzen die Schnitte durch ein kürzlich von Vff. eingeführtes dreidimensionales Modell. Ihre Anwendung wird an Hand eines Zahlenbeispiels erläutert. (Analytica chim. Acta [Amsterdam] **15.** 401—09. Nov. 1956. Delft, Holland, Technol. Univ., Dep. of Chem. Engng.) H. PLUSKAL. 8252

I. P. Budarow, *Eine Methode und eine Apparatur für die Schnellbestimmung des Teeres in Brennstoffen.* Bei der ausführlich beschriebenen Meth. wird Wasserdampf, dessen Menge durch die zur Verdampfung gebrachte Wassermenge genau bestimmt ist, während einer konstanten Erhitzungszeit (50 Min.) u. bei konstanter Temp. durch eine bestimmte Treibstoffmenge geleitet u. der als Rückstand verbleibende Teer gravimetr. bestimmt. Die Erhitzungstempp. betragen bei Bzn. 160 ± 5°, bei Kerosin u. einigen T-Treibstoffen 185 ± 5°. Die auf diese Weise erhaltenen Ergebnisse stimmen bei den meisten Treibstoffen mit den Werten der älteren Standardmeth. überein. Eine Ausnahme bilden Kerosin u. einige Crackkomponenten enthaltende Treibstoffe, bei denen nach dem älteren Verf. (wahrscheinlich infolge zusätzlicher Teerbldg. beim Erhitzen) höhere Teerwerte erhalten werden. (Химия и Технология Топлива и Масел [Chem. Technol. Brennstoffe Öle] **1957.** Nr. 10. 66—71. Okt.) H.-E. MESSERKNECHT. 8254

F. Hempel, *Die Strukturmechanik der Bitumen, ihre Bedeutung im rheologischen Sinne und vom Gesichtspunkt konventioneller Prüfmethoden.* Eine große Anzahl von Bitumen (I)-Arten wurde bei auseinanderliegenden Tempp. auf das Fließverh. in der Weise untersucht, daß das Geschwindigkeitsgefälle in Abhängigkeit von den angewendeten Verformungskräften ermittelt wurde. Die Auswertung dieser Meßergebnisse durch graph. Darst. ist nach zwei verschied. Meßprinzipien möglich: bei einer konstanten Schubspannung u. bei einem konstanten Geschwindigkeitsgefälle. Durch den Begriff „Thermoplastizität" ist eine definierbare Abgrenzung des komplexen Fließverh. (Strukturviscosität) erheblich unterschiedlicher I-Sorten möglich. Die Strukturviscosität wird auch im Rahmen der DIN 1995 betrachtet. Vf. beschreibt einen Weg, um mit Hilfe von drei Prüfverff., E. nach K.-S., Tropfpunkt nach UBBELOHDE u. Brechpunkt nach FRAASS, das rheolog. Gesamtverh. eines I mit guter Annäherung an die Meßergebnisse nach rheolog. Absolutmethoden vorauszusagen. Ein Doppeldiagramm ermöglicht die graph. Darst. der Beziehungen zwischen der temperaturabhängigen Viscosität nach zwei Meßgrundsätzen u. der Eindringtiefe eines I, einschließlich des Brechpunktes nach FRAASS, dem E. nach K.-S., dem E. nach der Ring- u. Kugel-Meth. sowie dem Tropfpunkt nach UBBELOHDE. (Bitumen, Teere, Asphalte, Peche verwandte Stoffe **10.** 12. bis 21. Jan. 1959. Berlin.) F. ROSENDAHL. 8268

L. & C. Steinmüller G. m. b. H., Gummersbach, und **Steinkohlen-Elektrizitäts-Akt.-Ges.,** Essen, *Entgasen von Brennstoffstaub in der Schwebe* in zwei aufeinanderfolgenden Stufen, wobei in der 1. Stufe den Staubteilchen durch Anoxydieren ihrer Oberfläche die Backfähigkeit entzogen u. die eigentliche Entgasung in der 2. Stufe durchgeführt wird u. wobei ferner dem Brennstoff während der Entgasung durch ein dem Außenmantel des Entgasungsschachtes umströmendes, gasförmiges Mittel zusätzlich Wärme zugeführt wird, dad. gek., daß dem wärmeabgebenden, gasförmigen Mittel heiße, körnige Teilchen oder heißer Staub beigemischt u. im Bereich der Backzone eine wirbelschichtähnliche Strömung erzeugt wird. (**D. A. S. 1 051 447** Kl. 26a vom 27/9. 1956, veröff. 26/2. 1959.) E. KAHLES. 8149

Koppers Co., Inc. (Erfinder: **Max Josenhans**), Pittsburgh, Pa., V. St. A., *Erzeugung von Brenngasen, besonders Synthesegasen, und eines koksartigen Brennstoffes.* Man vergast staubförmigen bituminösen Brennstoff mit O_2 u. Wasserdampf in der Schwebe. Dabei werden die gesamten heißen Reaktionsprodd. der Staubvergasung stetig im Gleichstrom durch ein sich von oben nach unten bewegendes Bett aus einem stückigen Brennstoff geleitet. Die Strömungsgeschwindigkeit u. die sich bewegenden Stoffmengen werden hierbei so abgestimmt, daß der in den Reaktionsprodd. der Staubvergasung gegebenenfalls noch enthaltene Brennstoff restlos vergast, der stückige Brennstoff vollständig oder teilweise entgast, seine festen Entgasungsrückstände teilweise vergast u. seine flüchtigen Bestandteile zers. werden. Aus dem unteren Teil des Brennstoffbettes wird das Brenngas u. der koksartige Brennstoff abgezogen. — Vgl. E. P. 725 635; C. **1956.** 7393. (**D. A. S. 1 044 334** Kl. 24e vom 22/10. 1953, veröff. 20/1. 1958. A. Prior. 23/10. 1952.) W. HAUSWALD. 8153

Dr. C. Otto & Co. G. m. b. H. (Erfinder: **Johannes Grande** und **Fritz Leithe**), Bochum, *Stetige Gaserzeugung aus Ölen*, dad. gek., daß geeignete feste Brennstoffe, wie nicht oder schwach backende Steinkohle, Braunkohle, Torf oder Lignit, den umlaufenden Wärmeträgern zugemischt u. dabei entgast u. die gasförmigen Entgasungserzeugnisse an Stelle von oder neben fl. Brennstoffen durch therm. Behandlung mit den von den Entgasungsrückständen befreiten festen Wärmeträgern umgewandelt werden. — Zeichnung. (**D. B. P. 971 789** Kl. 26a vom 16/4. 1953, ausg. 26/3. 1959. Anmeldung bekanntgemacht 29/11. 1956. **Zusatz zu D. B. P. 960 307; C. 1957. 12937.**) E. KAHLES. 8161

S. p. A. Vetrocoke, Turin, Italien, *Entfernen von sauren Gasen, wie Kohlensäure und/oder Schwefelwasserstoff, aus Gasgemischen* mittels alkal. Lsgg., indem man diesen Lsgg. eine Aminosäure als solche oder in Form eines Proteins in solcher Menge zusetzt, daß das Alkali dauernd im Überschuß u. wenigstens das 1,5fache der zur Salzbldg. der Aminosäure erforderlichen Menge beträgt. — Abbildungen. — Vgl. F. P. 1 126 215; C. **1959.** 919. (**E. P. 786 669** vom 20/6. 1955, ausg. 20/11. 1957. It. Priorr. 21/6. 1954 u. 8/2. 1955.) K. DEMMLER. 8165

Gesellschaft für Linde's Eismaschinen Akt.-Ges. und **Lurgi Gesellschaft für Wärmetechnik m. b. H.,** Deutschland, *Reinigung von Synthesegas* durch Waschen bei tiefer Temp. mit folgenden Lösungsmitteln allein, ihren Gemischen untereinander u./oder mit W.: Acetal, Aceton, Methyläthyl-, Diäthyl-, Methylbutylketon, Ae., Methyläthyl-, Methylpropyl-, Äthylpropyläther, Propion-, Butyr-, Isobutyraldehyd, Methanol, A., Propanol, Äthylen-, Propylen-, Butylenglykol, Phenole, Kresole, Xylenole, Dioxan, Brenzcatechin, Homo- u. Isohomobrenzcatechin, Pyrogallol, Resorcin, Methyl-, Äthyl-, Propyl- u. Butylester von HCOOH, Essigsäure, Propion- u. Acetessigsäure, Methyl-, Propyl-, Butyl-, Dibutyl-, Isobutyl-, Triäthyl-, Tripropyl-, Diäthyl-, Dipropylamin, Aceto-, Propionitril, Anilin, Toluidin, Picolin, Cyclopentanol u. -hexanol. (**F. P. 62 189** vom 30/11. 1951, ausg. 10/6. 1955. D. Prior. 9/12. 1950. **Zusatz zu F. P. 1 024 585; C. 1955. 8534.**) S. BÖTTCHER. 8165

Ges. für Linde's Eismaschinen Akt.-Ges. und **Lurgi Gesellschaft für Wärmetechnik m. b. H.,** Deutschland, *Reinigung von Synthesegas* durch Druckwaschung bei ca. -80^0 u. 0,6—1,6 at. — Schema der Anlage. (**F. P. 64 004** vom 1/8. 1952, ausg. 17/10. 1955. D. Prior. 2/8. 1951. **Zusatz zu F. P. 1 024 585; C. 1955. 8534.**) S. BÖTTCHER. 8165

Fa. Carl Still (Erfinder: **Joseph Schmidt**), Recklinghausen, *Herstellung von starkem Ammoniakwasser* mit hohem Geh. an H_2S aus einem durch Gaswaschung erhaltenen Rohwasser, das, neben NH_4OH, CO_2 u. H_2S enthält. Dabei erfolgt die Waschung des Gases in 2, im Gasweg u. Flüssigkeitsweg unmittelbar hintereinander folgenden Stufen, in 2 Glockenbödenkolonnen mit einer beschränkten Anzahl von Böden. Die 1. Stufe wird als selektive kurzzeitige H_2S-Wäsche mit dem in der 2. Stufe anfallenden NH_3-haltigem W., das durch Zugabe von Gaskühlerkondensat verstärkt ist, durchgeführt, u. in der 2. Stufe wird mit NH_3-freiem W. gleichfalls kurzzeitig gewaschen u. das erhaltene Rohwasser unmittelbar zu Starkwasser verdichtet. — Zeichnung. (**D. B. P. 971 895** Kl. 12k vom 2/10. 1948, ausg. 9/4. 1959. Anmeldung bekanntgemacht 14/6. 1951.) H. NEBELSIEK. 8169

Socony Mobil Oil Co., Inc., New York, N. Y. (Erfinder: **Henry Jackson Ramey jr.,** Fulletton, Calif., und **Dayton Harris Clewell,** Darien, Conn.), V. St. A., *Gewinnung von Kohlenwasserstoffgemischen aus einer unterirdischen Formation*, dad. gek., daß die Zeit bestimmt wird, welche das die Verbrennung unterhaltende Gas zum Durchfließen durch die unterird. Formation von dem Einlaßbohrloch zu dem Auslaßbohrloch benötigt, daß in die unterird. Formation durch das Einlaßbohrloch zusätzlich zu dem die Verbrennung unterhaltenden Gas ein beim Durchgang durch die Flammenfront einer irreversiblen Rk. fähiger u. in den gasförmigen Verbrennungsprodd. quantitativ identifizierbarer oder beim Durchgang durch die Flammenfront ein in den gasförmigen Verbrennungsprodd. quantitativ identifizierbarer Stoff eingeführt wird, daß das aus dem Auslaßbohrloch austretende Gas zu einer Zeit, die nach dem Einführen des reaktionsfähigen Materials in die unterirdische Formation liegt u. gleich der für den Durchgang des die Verbrennung unterhaltenden Gases durch die unterird. Formation von dem Einlaßbohrloch zu dem Auslaßbohrloch bestimmten Zeit ist, analysiert u. die Strömungsgeschwindigkeit des die Verbrennung tragenden Mediums durch die unterird. Formation zwischen dem Einlaßbohrloch u. dem Auslaßbohrloch geregelt wird. Dieser Stoff ist H_2, Deuterium oder Tritium. (**D. A. S. 1 052 032** Kl. 23b vom 24/10. 1957, veröff. 5/3. 1959. A. Prior. 25/10. 1956.) E. KAHLES. 8191

Sun Oil Co., Philadelphia, Pa., übert. von: **William E. Thompson,** Wallingford, Pa., V. St. A., *Wässerige Bohrflüssigkeit für Öl- oder Gasbohrungen*, die widerstandsfähig gegen Verdicken bei erhöhten Tempp. ist. Neben Kalk enthält die Fl. noch $Mg(OH)_2$ u. ein Dispergiermittel für Kalk wie Tanninextrakte oder Ligninsulfonate, u. $Ca(OH)_2$ oder $Ba(OH)_2$. Die Menge der Hydroxyde beträgt mindestens 1 lb/bbl. in der Mischung u. das Gewichtsverhältnis von $Ca(OH)_2$ oder $Ba(OH)_2$ zu $Mg(OH)_2$ 3:1 bis 2:3. (**A. P. 2 828 258** vom 28/11. 1955, ausg. 25/3. 1958.) W. Hauswald. 8191

Fa. Carl Still, Recklinghausen (Erfinder: **Josef Schmidt** und **Heinrich Weber**), *Gewinnung von niedrigsiedenden, bei gewöhnlicher Temperatur gasförmigen Kohlenwasserstoffen* (z. B. C_2—C_3) durch Absorption aus Gasgemischen mittels eines fl. Absorptionsmittels unter erhöhtem Druck u. zur Entfernung aus demselben durch Druckverminderung in verschied. Stufen. Die 1. Entspannung wird nur bis zu einem solchen Enddruck durchgeführt, daß die zur Gewinnung der erwünschten KW-stoffe wesentlich nur in beschränkter Anteilmenge u. Konz. u. sonst vorwiegend nur unerwünschte Begleitstoffe von höherem Dampfdruck bzw. permanentem Charakter freigemacht u. diese Entspannungsprodd. der 1. Stufe in das Rohgas zurückgegeben oder anderweitig verwendet werden. Das verbleibende Gemisch von Absorptionsmittel u. Absorbat wird in einer weiteren Stufe bis zu einem solchen Enddruck entspannt, daß allein durch Anwendung des natürlichen Druckgefälles die Entspannungsgase in einen Gasbehälter gelangen, in dem auch mittels einer oder mehrerer Pumpen die Entspannungsgase der nachgeschalteten letzten Entspannungsstufe geführt werden; das Entspannungsprod. des Gasbehälters wird in bekannter Weise durch fraktionierte Dest. in die Reinfraktion zerlegt. Das vom Absorbat befreite Absorptionsmittel wird zusammen mit dem Ausgangsabsorptionsmittel nach Druckerhöhung in die Absorptionskolonne zurückgezogen. — Zeichnung. (**D. A. S. 1 050 476** Kl. 23b vom 23/12. 1954, veröff. 12/2. 1959.) P. Unger. 8193

Carl Glinka, Krefeld, *Aufbereitung von Erdölrückständen mittels katalytisch wirkender Feststoffe,* dad. gek., daß feuchte oder bitumenhaltige Brennstoffe oder Ölschiefer als Kontaktstoffe eingesetzt u. mit oder ohne Feuchtigkeit, die auch im Vorprozeß verdampft werden kann, in das aufzubereitende Öl geleitet werden, das auf 400° erhitzt unter 30 at steht, die ölbildende Substanz in fl. Zustand übergeht u. die Feststoffe dann, nachdem sich der durch den Entzug der Feuchtigkeit gebildete Porenraum mit Öl gefüllt hat, von dem Einsatzöl getrennt u. in einen Raum geleitet werden, der unter 0,5 at steht, in dem die Feststoffe mit dem Porenöl auf 500° u. höher erhitzt werden u. das Porenöl im Verlaufe der Erhitzung in hochwertige KW-stoffe verwandelt wird. — Vorr., Zeichnungen. (**D. A. S. 1 052 031** Kl. 23b vom 19/10. 1957, veröff. 5/3. 1959.) E. Kahles. 8193

Esso Research and Engineering Co., Elizabeth, N. J., V. St. A., *Entschwefelung von Erdölkohlenwasserstoffen* (Kp. 275—430° F) durch Behandlung mit einem Entschwefelungskatalysator (Kobaltmolybdat auf einem Träger) in Ggw. von 250 bis 2000 Kubikfuß H_2 pro Barrel Ausgangsöl u. 0,1—10 Mol-% H_2S, bezogen auf das gesamte Ausgangsmaterial. Reaktionsbedingungen: 500—750° F (Tr), Raumströmungsgeschwindigkeit 1—16 Voll. Ausgangsgut pro Katalysatorvol./Std. (V/V/Std.), Druck im Reaktor 50—300 lbs./sq.in.g., H_2-Partialdruck 50—150 lbs./sq.in. absolut. Diese Bedingungen gehorchen der Gleichung: $M = 17{,}8 + 0{,}43\ (V/V/Std.) + 1{,}3\ (\%\ H_2S) - 0{,}03\ (Tr)$, in der M einen Wert von 0,1—10 hat. Man gewinnt so ein entschwefeltes Produkt. — Zeichnung. (**E. P. 797 637** vom 31/7. 1956, ausg. 2/7. 1958. A. Prior. 6/9. 1955.) P. Unger. 8195

Esso Standard (Soc. An. Française) (Erfinder: **Motte**), Frankreich, *Regenerierung von Alkalilaugen* von der *Mineralölraffination* zur Entfernung von H_2S u. Mercaptanen durch Zusatz eines Alkaliplumbits bei 40—90°. Dabei scheiden sich Pb-Sulfid u. Pb-Mercaptid aus. Sie werden durch Dekantieren getrennt. Der Nd. wird mit Luft oder Wasserdampf in Ggw. von NaOH bei 40—90° behandelt u. dabei Alkaliplumbit wiedergewonnen. (**F. P. 1 109 178** vom 16/7. 1954, ausg. 23/1. 1956.) M. F. Müller. 8195

N. V. de Bataafsche Petroleum Mij., 's Gravenhage, Holland, *Herstellen von Kohlenwasserstoffen aus Edeleanu-Extraktlösungen* durch Austreiben von SO_2 in mehreren Verdampfern u. Trocknen mit Hilfe von 2 Fraktionierkolonnen, wobei das W., SO_2 u. KW-stoffe enthaltende Abdampfprod. in der 1. Kolonne zerlegt wird in eine einen Teil des SO_2 enthaltende Kopffraktion u. in ein aus W., restlichen KW-stoffen u. SO_2 enthaltendes Bodenprod., das in die 2. unter geringerem Druck stehende Kolonne geleitet wird, dad. gek., daß das in der 2. Kolonne als Kopfprod. erhaltene feuchte SO_2 nach Komprimieren in die 1. Kolonne zurückgeführt u. das aus W. u. KW-stoffen bestehende Bodenprod. aus der 2. Kolonne abgezogen wird. — Betriebsschema. (**Holl. P. 87 520** vom 30/11. 1955, ausg. 15/2. 1958.) K. Demmler. 8195

Standard Oil Co., Chicago, übert. von: **Joseph K. Roberts**, Flossmoor, Ill., V. St. A., *Hydroformieren von Schwerbenzin* mit einem Pt-Tonerdekatalysator in einem Syst., welches mit einem Druck von 100—350 lbs./sq.in. arbeitet u. 4 Reaktoren aufweist. Das Schwerbenzin u. zurückgeführter H_2 werden vorerhitzt, dann das Gemisch in dem 1. Reaktor bei 800—875° F umgewandelt. Die Reaktionsprodd. des 1. Reaktors werden wiedererhitzt u. dann in einem 2. Reaktor bei 850—900° F umgewandelt. Die Reaktionsprodd. des 2. Reaktors werden wiedererhitzt u. parallel in dem 3. u. 4. Reaktor bei 900—950° F umgewandelt. Hierbei werden period. die Reaktionsprodd. des 2. Reaktors in den 3. Reaktor eingebracht, während der Katalysator im 4. Reaktor regeneriert wird, oder umgekehrt. — Zeichnung. (**A. P. 2 853 436** vom 9/6. 1954, ausg. 23/9. 1958.) E. KAHLES. 8201 c

Esso Research and Engineering Co., übert. von: **Robert L. Berg**, Westfield, und **George D. Ward**, Plainfield, N. J., V. St. A., *Hydroformieren von Schwerbenzin* vom Siedebereich 200—350° F, welches 35—50 Vol.-% Naphthene enthält. Das Schwerbenzin wird auf 850° F vorerhitzt, dann zusammen mit einem H_2-haltigen Gas in die Reaktionszone eingebracht, in der ein fluidisiertes Katalysatorbett aus feinzerteiltem Mo-Oxyd-haltigen Katalysator vorhanden ist, wobei eine Strömungsgeschwindigkeit von ½—3 Fuß/Sek. eingehalten wird. Die Reaktionsprodd. werden überkopf aus der Hydroformierungszone abgezogen, das H_2-haltige Gas von den fl. Anteilen getrennt u. das abgetrennte Gas gekühlt. Durch Waschen werden aus dem abgekühlten Gas die C_4-KW-stoffe aus dem Gas entfernt. Das noch H_2, C_1-, C_2- u. C_3-KW-stoffe enthaltende Gas wird auf 1500° F erhitzt; dabei werden die C_2- u. C_3-KW-stoffe dehydriert. Hierauf wird das H_2-haltige Gas, welches einen hohen Wärmeinhalt besitzt u. noch Olefine enthält, im Verhältnis von 3000 Standardkubikfuß Gas pro barrel Schwerbenzin in die Hydroformierzone zurückgeleitet, in der dann die Olefine unter Verbrauch der durch den exothermen Reaktionsverlauf frei werdenden Wärme wieder hydriert werden. — Zeichnung. (**A. P. 2 768 124** vom 25/3. 1953, ausg. 23/10. 1956.) E. KAHLES. 8201 c

Esso Research and Engineering Co., Elizabeth, N. J., V. St. A., *Hydroformieren von Schwerbenzin*, wobei Wärmeaustauscher verwendet werden, dad. gek., daß zeitweilig in den Strom der heißen dampfförmigen Hydroformate an einer vor der die Ablagerungen enthaltenden Wärmeaustauschzone gelegenen Stelle ohne Unterbrechung des Hydroformierungsverf. als Lösungsm. für die Ablagerungen ein fl. KW-stoff in solcher Menge eingeführt wird, daß das Lösungsm. mit den Ablagerungen in fl. Form in Berührung kommt, worauf die durch das Lösungsm. gelockerten Ablagerungen durch die fortgesetzte Strömung der heißen dampfförmigen Hydroformate durch die Wärmeaustauschzone aus dieser herausgeblasen werden. — Vorr.. Zeichnungen. (**D. A. S. 1 052 033** Kl. 23b vom 3/5. 1957, veröff. 5/3. 1959. A. Prior. 10/5. 1956.) E. KAHLES. 8201 e

Esso Research and Engineering Co., übert. von: **Charles Bame Herman**, Baton Rouge, La., V. St. A., *Umwandlung von schweren Kohlenwasserstoffölen.* Das Öl wird mit einem Verdünnungsöl gemischt, welches sich zu einem Wasserstoffdonator hydrieren läßt u. einen größeren Anteil an Naphthenen aufweist. Dieses Gemisch wird in Ggw. eines Hydrierkatalysators unter Hydrocrackbedingungen bei 1050° F mit H_2 behandelt, wobei eine Umwandlung von 30—60% erfolgt. Das Crackprod. wird abgezogen u. eine Fraktion vom Kp. $>$400° F, welche das nun teilweise hydrierte Verdünnungsöl enthält, gewonnen. Diese Fraktion wird mit schwerem Öl gemischt u. wiederum therm. umgewandelt, wobei bei 1050° F eine 40—90% ig. Umwandlung erfolgt. — Zeichnungen. (**A. P. 2 859 169** vom 20/1. 1955, ausg. 4/11. 1958.) E. KAHLES. 8201 e

VEB Leuna-Werke „Walter Ulbricht" (Erfinder: **Hermann Kaufmann**, Leuna, Kr. Merseburg, **Wolfgang Langenbeck**, Rostock, und **Jürgen Welker**, Halle), *Katalytische Reformierung von Benzinkohlenwasserstoffen*, gegebenenfalls in Ggw. von H_2, bei 200 bis über 500° u. atmosphär. oder erhöhtem Druck, dad. gek., daß als Katalysatoren Gemische aus metall. Ni mit Oxyden der Elemente der II. Gruppe des Period. Syst., wie ZnO oder MgO, verwendet werden. (**D. A. S. 1053122** Kl. 23b vom 30/10. 1957, veröff. 19/3. 1959.) E. KAHLES. 8201 e

Eastman Kodak Co., Rochester, N. Y., übert. von: **John W. Thompson** und **Wayne V. McConnell**, Kingsport, Tenn., V. St. A., *Antioxydantien* für KW-stoffe, bes. *Gasoline*, sind: $N^1.N^3.N^5$-Tributyl-1.3.5-benzoltriamin; $N^1.N^3.N^5$-Tris-(sek.-butyl)-u. $N^1.N^3.N^5$-Tris-(2-äthylhexyl)-1.3.5-benzoltriamin. (**A. P. 2 843 468** vom 22/7. 1954, ausg. 15/7. 1958.) P. UNGER. 8201

Badische Anilin- & Soda-Fabrik Akt.-Ges. (Erfinder: **Otto v. Schickh**), Ludwigshafen/Rh., *Cycloaliphatische Nitrate* erhält man in 90—95% ig. Ausbeuten durch Nitrieren entsprechender Alkohole mit Nitriersäure bei —40 bis +20°, bes. bei —5 bis —10°, in Ggw. eines inerten Lösungsm. (aliphat. Halogen-KW-stoffe, wie $CHCl_3$, CCl_4, $C_2H_4Cl_2$, oder aliphat. KW-stoffe, wie PAe.), bes. bei kontinuierlicher Arbeitsweise. — Z. B. gibt man ein Gemisch aus 620 (Teilen) Cyclohexanol u. 600 CCl_4 unter Rühren in ein auf —5 bis —10° gekühltes Nitriergemisch (1200 70%ig. HNO_3 u. 2080 96%ig. H_2SO_4), trennt die untere Säureschicht ab, wäscht die obere organ. Schicht mit W. u. Na_2CO_3-Lsg. neutral u. gewinnt durch fraktionierte Dest. 854 reines, wasserhelles *Cyclohexylnitrat*, $Kp._6$ 61—63°; 95% (Ausbeute). — Analog: Gemisch isomerer *Methylcyclohexylnitrate*, $Kp._7$ 70—74°. — Gemisch isomerer *Dimethylcyclohexylnitrate*, $Kp._7$ 75—81°. — *Cyclopentylnitrat*, $Kp._7$ 47—48°; 93%. — *Cyclooctylnitrat*, $Kp._{0,4}$ 50—54°. — *Treibstoffhilfsmittel.* (**D. A. S. 1 016 701** Kl. 12o vom 24/2. 1956, veröff. 3/10. 1957.) R. LINK. 8205

Koppers Co., Inc., Pittsburgh, Pa. (Erfinder: **Ellsworth Elmer Kimmel**), V. St. A., *Düsentreib- und -zündstoff*, dad. gek., daß er im wesentlichen aus einem normalerweise fl. KW-stoff u. einem Aluminiumalkyl der Formel $(R)_nAlH_{3-n}$, worin R ein KW-stoffrest u. n eine ganze Zahl von 1—3 sind, besteht. — Beispiele: Triäthylaluminium, Diäthylaluminiumhydrid. (**D. A. S. 1 049 160** Kl. 46g vom 23/5. 1957, veröff. 22/1. 1959. A. Prior. 7/6. 1956.) E. DREWS. 8205

Esso Research and Engineering Co., Elizabeth, N. J., V. St. A., *Schmieröl.* Dasselbe besteht aus einer Erdölfraktion u. einer aus dessen Gasölfraktion durch katalyt. Crackung erhaltenen Fraktion. Die Herst. erfolgt durch Abdestillieren der leichten Bestandteile (einschließlich Gasolin) aus dem Roherdöl u. weiterem Destillieren der Gasölfraktion, die anschließend gecrackt wird. Die schwereren Crackprodd. (ohne Gasolin) vom Kp. 650—1020° F werden der Schmierölfraktion des Roherdöls in Mengen von ca. 40 Vol.-% zugesetzt. Das so erhaltene Schmierölgemisch kann noch solventraffiniert werden, z. B. mit Phenol. — Reaktionsschema. (**E. P. 762 329** vom 14/9. 1954, ausg. 28/11. 1956. A. Prior. 7/10. 1953.) E. DREWS. 8221

Tide Water Associated Oil Co., Bayonne, übert. von: **Joseph J. McBride jr.**, Cranford, N. J., V. St. A., *Schmierölzusatz.* Derselbe besteht aus einem Konzentrat auf Mineralölbasis u. enthält bis zu 50 Gew.-% eines öllösl. P, S- u. N enthaltenden Additionsprod. aus einem Nitril (I) einer Propensäure (II) oder einer niedrigmol. alkylsubstituierten II mit einem sauren, P- u. S-haltigen Reaktionsprod. (III) eines P-Sulfids mit einem KW-stoff. — Beispiele für I: Acryl-, Crotonnitril; für III Reaktionsprod. von P_2S_5 mit einem aromatenreichen Solventextrakt, z. B. Furfurolextrakt einer Mineralschmierölfraktion. — *Korrosionsschutzmittel.* (**A. P. 2 742 430** vom 15/1. 1953, ausg. 17/4. 1956.) E. DREWS. 8221

Texas Co., New York, übert. von: **Edward L. Cole**, Glenham, und **William E. Skelton**, Beacon, N. Y., V. St. A., *Schmierölzusätze.* Zur Verbesserung des Viscositätsindexes, als Antioxydationsmittel u. zur Vermeidung von Lackabscheidungen setzt man Mineralschmierölen 0,5—20 Gew.-% eines Isobutylen–Butadien–H_2S-Polymeren vom Mol.-Gew. 2000—7000 zu. Dessen Herst. erfolgt durch Polymerisation von 2 bis 20 (Mol) Isobutylen, 1 Butadien u. 0,05—0,8 H_2S pro olefin. Doppelbindung des KW-stoffgemisches mit einem FRIEDEL-CRAFTS-Katalysator ($AlCl_3$, BF_3, $TiCl_4$). (**A. P. 2 799 657** vom 16/9. 1954, ausg. 16/7. 1957.) E. DREWS. 8221

„Shell" Research Ltd., London (Erfinder: **Charles Sidney Giddy**, Heswall, Cheshire), England, *Hilfsmittel bei der Verformung von Metallen, mit Ausnahme von Mg und seinen Legierungen*, bestehend aus einer nichtkorrodierend wirkenden wss. Fl., die ein Metallchlorid, -bromid oder -jodid in solcher Konz., daß mehr als 0,3 g-Äquivalente an Halogenionen pro Liter Fl. vorliegen, sowie einen oder mehrere Korrosionsverhinderer enthält. — Beispiel: Eine Mischung aus 15(%) Na-Acetat, 23 $NaNO_2$, 14 Triäthanolamin u. 46 W. wird mit W. auf das 10fache Vol. verdünnt. — Verwendung beim Bohren, Drehen, Fräsen, Ziehen, Schleifen, Walzen, Pressen. (**D. A. S. 1 057 273** Kl. 23c vom 14/5. 1957, veröff. 14/5. 1959. E. Priorr. 16/5. 1956 u. 15/3. 1957.) E. DREWS. 8221

Tidewater Oil Co., Del., übert. von: **Stanley P. Waugh**, Westfield, N. J., V. St. A., *Lösliches Öl.* Dasselbe besteht aus einer homogenen Lsg. einer Schmierölbase (I), einer wasserlösl. Seife (II) als Emulgiermittel, einem Mittel zur Dispergierung von II im *Schmieröl* u. W. in solchen Mengen, daß die Gelierung vermieden, aber eine Schichttrennung entstehen könnte, wobei I eine Mischung eines Furfurolaromatenextraktes einer Erdölfraktion mit einer leicht durch Lösungsm. extrahierten Mineralölfraktion ist. — Beispiel: Gemisch aus 56 (Gew.-%) Extrakt, 12 leichtes Mineralöl (Heizöl), 15 W., 20 Konzentrat **A**, wobei **A** aus 64,6 Seifenlsg. (60% wasserlösl. Na-Mahoganseifen, 5 W., Rest Mineralöl), 5,2 Tallöl, 3 NaOH (50° Bé), 5,5 Diäthylenglykol, 12,7 Äthylenglykolmonobutyläther, 9 W. besteht. — *Metallbearbeitungs- u. Schneidöle.* (**A. P. 2 773 035** vom 12/12. 1951, ausg. 4/12. 1956.) E. DREWS. 8221

Sun Oil Co., Philadelphia, übert. von: **James Van Dyck Fear,** Media, Pa., V. St. A., *Raffination von Schmierölen* durch Adsorption zwecks Entfernung von Bestandteilen mit niedrigem Viscositätsindex (VI) aus Mineralölen mit Schmierölviscosität, die eine kleinere Menge schwer adsorbierbarer Bestandteile enthalten. Man behandelt das aromatenhaltige Schmierölausgangsmaterial hoher Viscosität mit einer 1. Adsorbensmasse bei n. Temp., eine gesätt. Fraktion geringerer Viscosität ebenfalls bei n. Temp., u. einen kleineren Teil von Gelgiften, der auf 150—250° F erhitzt wurde, um die Viscosität der aromatenhaltigen Fraktion bis auf einen Punkt herabzusetzen, an dem die Gelgifte in die Poren des Adsorbens eindringen können. Man zieht ein von den Gelgiften befreites Mineralöl ab, leitet es bei niedrigerer Temp. von nicht über 200° F über eine 2. Adsorptionsmasse u. erhält ein Perkolat, das weniger Aromaten enthält als das Ausgangsmaterial. Adsorbens: Kieselgel. — Zeichnung. (**A. P. 2 848 384** vom 20/6. 1955, ausg. 19/8. 1958.) P. UNGER. 8221

XXII. Leim. Klebstoffe usw.

H. Winter und **H. Meckelburg,** *Die Klebtechnik von Schwermetall- und Nichtmetallwerkstoffen.* Überblick u. Versuchsbericht über Stahl-, Stahl-Leichtmetall-, Buntmetall-, Cu-, Zn-, Messing- u. Metall- Holz-Verklebung. — 63 Schrifttumsstellen. (Schweissen u. Schneiden **10.** 423—33. Nov. 1958. Braunschweig, TH.) F. VIER. 8382

E. A. Forcht, *Die Befestigung von Magnesium.* Beschreibung der Befestigung von Blechen aus Mg-Legierungen im Flugzeug- u. Raketenbau. Vorbehandlung durch chem. Reinigung mit Trichloräthylendampf, NaOH, W., Chromsäure (I) u. $Ca(NO_3)_2$, W., I u. Na_2SO_4, W. u. anschließende Befestigung mit Redux-Klebstoff, bestehend aus einer fl., Phenol-Formaldehydharz enthaltenden u. einer pulverförmigen, Polyvinyl-Formaldehydharz enthaltenden Komponente (AERO RES., LTD., Duxford, Cambridge). Die mechan. Eigg. der Klebverbb. werden beschrieben. (Aircraft Product. **20.** 134—40. April 1958. Dallas, Texas, Chance Vought Aircraft, Inc.) W. WESLY. 8388

W. A. Matwejew, G. D. Nessonowa und **M. A. Matwejew,** *Über die Gewinnung und Anwendung von Silicium-organischen Alkalisilicaten.* Die Nachteile von *Wasserglas* (I) als Binde- u. Klebmittel (Austrocknen, Blähen beim Erwärmen) werden vermieden, wenn man I mindestens die gleiche Menge $Si(OC_2H_5)_4$ (II) zusetzt. Die erhaltenen Prodd. (I + II = III) bilden mit W. eine koll. Lsg., die gute Adhäsion, bes. auch an Metalle, zeigt. Man kann Na- oder K-I verwenden. Aus Sand mit 3—10% III gestaltete Formkörper haben eine Zugfestigkeit von 14—35 kg/cm². Mit III geklebte Metallplatten zeigen nach 1std. Erhitzen auf 600° eine Schubfestigkeit von 2 kg/cm². Bei gleicher Temp. trocknen III-Filme rascher als I-Filme. Die elektr. Leitfähigkeit des III ist geringer als die des Ausgangs-I, also seine elektr. Isolierwrkg. besser. Man kann III vorteilhaft als Bindemittel für feuerfeste Oxyde (Al_2O_3, MgO, BeO, TiO_2, ZrO_2 usw.), Zemente, keram. Massen, säurefeste Zemente u. Betone, beim Brikettieren, zur Umkleidung von Schweißelektroden, als Formsandzusatz in der Gießerei, als Futter für Benzol- u. Rohölbehälter usw. verwenden. Vorteilhaft gegenüber I, bes. für den Versand, ist der feste Aggregatzustand. (Журнал Прикладной Химии [J. angew. Chem.] **31.** 829—34. Juni 1958.) R. K. MÜLLER. 8388

J. Dubuit, *Klebestreifen, ihre Merkmale und Prüfung.* Der Aufbau von Klebestreifen aus einem Elastomeren (Naturkautschuk, GR-S oder Butylkautschuk), Harzen, Weichmachern, mineral. Füllstoffen u. Alterungsschutzmitteln wird besprochen u. die Prüfung (Best. der WILLIAMS- oder Defo-Plastizität der Elastomeren u. der Viscosität der Klebemischung u. der Klebeschicht, Messung der Adhäsionskraft, Ermittlung des Alterungsverh., der Reißfestigkeit u. der Wasserdampfdurchlässigkeit) erörtert. Die Anwendungsmöglichkeiten werden aufgezeigt. (Rev. gén. Caoutchouc **35.** 757—63. Juni 1958. Labor. Recherch. et Contrôle du Caoutchouc.) R. SCHÄFF. 8416

Cesare Operti, Turin, Italien, *Herstellung von flüssigem Kaltleim für Holz.* Man bringt 6 (kg) W. zum Sieden, löst darin 0,004 Grünspan, 0,05 Zinkweiß, 5 Dextrin, fügt 4 kaltes W., 0,2 Glycerin u. 5 einer Emulsion von Vinylacetatharz zu. (**It. P. 492 432** vom 14/7. 1952.) K. KOEBKE. 8383

E. Guidotti, Mailand, Italien, *Herstellung von Knochenleim.* Man zerkleinert die Knochen zu einem feinen Pulver, kocht diese kurze Zeit mit W. u. filtriert. Man erhält einen Leim mit erheblich höheren BLOOM-Graden als bei der üblichen Dampfextraktion. (**Belg. P. 527 307** vom 16/3. 1954, ausg. 26/10. 1956.) C. LÜTTGEN. 8385

American-Marietta Co., Chicago, Ill. (Erfinder: **Charles Newton Cone,** Portland, Oreg.), V. St. A., *Herstellung von Leim,* dad. gek., daß man frisches Blut (I) oder eine wss. Lsg. von Blutpulver in einem wss. Medium z. B. durch Erhitzen auf >49° oder durch Zugabe von heißem W. zum Gerinnen bringt u. bei <49° mit Ätzalkali bis zur alkal. Rk. mischt. Als weitere Komponenten können Füllstoffe, Wasserglas oder heißhärtbare Phenolharze zugesetzt werden. (**D. A. S. 1 046 226** Kl. 22i vom 2/5. 1957, veröff. 11/12. 1958.) C. LÜTTGEN. 8385

American-Marietta Co., Chicago, Ill. (Erfinder: **John Maxwell Gossett**, Tacoma, **Max Haydon Estep jr.** und **Malohn Jordon Perrine**, South Seattle, Wash.), V. St. A., *Herstellung von Leim* durch Koagulieren von frischem Blut oder einer wss. Lsg. von lösl. Trockenblut unter Rühren u. Erwärmen auf >49° dad. gek., daß man zu der koagulierten wss. Dispersion bei <49° Alkalien, bes. Wasserglas, bis zu p_H >9 gibt u. anschließend den p_H-Wert auf <9 herabsetzt. — Vgl. D. A. S. 1 046 226; vgl. vorst. Ref. (**D. A. S. 1 045 581** Kl. 22i vom 15/11. 1957, veröff. 4/12. 1958.) C. LÜTTGEN. 8385

American-Marietta Co., Chicago, Ill. (Erfinder: **Charles Newton Cone**, Portland, Oreg.), V. St. A., *Leim aus Trockenblut* (I). Man erhitzt ein Gemisch aus pulverisiertem lösl. I u. einem feuchten Füllmittel mit 2—35% Wassergeh., bes. $CaCO_3$, auf >77° unter Rühren, bis das I in W. unlösl., aber in Alkali noch lösl. ist, u. beendet die Denaturierung des I durch Abkühlen auf <77°. Der gebrauchsfertige Leim wird hergestellt durch Dispergieren von 100 (Teilen) denaturiertem I in 300—1200, bes. 600—900 W., das 1—50, bes. 5—20, NaOH enthält. (**D. A. S. 1 045 022** Kl. 22i vom 14/2. 1958, veröff. 27/11. 1958. A. Prior. 5/6. 1957.) C. LÜTTGEN. 8385

Armour & Co., Chicago, übert. von: **Albert H. Zeigler**, Wilmette, Ill., V. St. A., *Trocknen von Leimbrühe.* Um beim Trocknen der Brühen mittels Trockentrommeln einwandfreie Filme zu erhalten, erwärmt man während des Trockenvorganges die äußere Seite der Leimschicht (I) durch zusätzliche Hitze, z. B. durch Bestrahlen, um sie in einem weichen Zustand zu erhalten, der den Durchtritt der sich zwischen I u. Trockentrommel bildenden Dampfbläschen gestattet. — Zeichnung. (**A. P. 2 825 094** vom 25/6. 1954, ausg. 4/3. 1958.) C. LÜTTGEN. 8385

American Cyanamid Co., New York, N. Y. (Erfinder: **Tzeng Jiueq Suen**, New Canaan, und **William Norman Russell**, Stamford, Conn.), V. St. A., *Klebstoff*, bestehend 1. aus 2—40(%) eines Mischpolymerisates aus 55—82,5 Acrylnitril oder Methacrylnitril, 10—35 Acrylamid oder Methacrylamid u. 7,5—25 CH_2=CR—COOX, wobei R H oder CH_3 u. X H, Na, K, Li, NH_4 oder durch niedrige, auch substituierte Alkylreste substituiertes NH_4 bedeuten; 2. ca. 20—98 nichtalkal. Ton u. 3. bis zu 40 nichtgequollener Stärke. (**D. A. S. 1 037 619** Kl. 22i vom 10/11. 1956, veröff. 28/8. 1958. A. Prior. 10/11. 1955.) C. LÜTTGEN. 8389

General Electric Co. (Erfinder: **Walter Lincoln Marshall** und **Leo Sol Kohn**), Schenectady, N. Y., V. St. A., *Klebefolie oder Klebband.* Der Träger besteht aus einem gummiartigen Organopolysiloxan (I), dem als Füllstoff feinverteilte SiO_2 beigemischt ist, u. die Klebschicht aus unvulkanisiertem I, das als Füllstoff hauptsächlich rotes Fe-Oxyd u. in geringerer Menge SiO_2 sowie ein Vulkanisierungsmittel enthält. Die organ. Gruppen von I sind Methyl- oder Phenylgruppen, an deren C-Atome die Si-Atome im Verhältnis von ca. 1,98—2,05 organ. Gruppen je Si-Atom gebunden sind, bes. Methyl- u. Methylphenylpolysiloxan. — Zeichnung. (**D. A. S. 1 038 215** Kl. 22i vom 11/7. 1956, ausg. 4/9. 1958. A. Prior. 13/7. 1955.) C. LÜTTGEN. 8389

XXIV. Photographie.

Eastman Kodak Co., übert. von: **Cornelius C. Unruh**, **Donald A. Smith** und **William J. Priest**, Rochester, N. Y., V. St. A., *Halogensilberschichten.* Als Schichtbildner wird ein Gemisch aus 97,5—99,6 (Mol-%) Polyvinylalkohol (I) u. 2,5—0,4% u. einem Mischpolymerisat von I verwendet, das 1—2 an Vinylcyanacetat-, N-Allylcyanacetamid- oder N-Methallylcyanacetamideinheiten enthält. Das Halogensilber wird in der üblichen Weise in einem solchen Gemisch ausgefällt u. zu einer gießfertigen Emulsion verarbeitet. Die daraus gegossenen Schichten sind im Gegensatz zu solchen aus reinem I durch CH_2O- u. Ätzalkalilsgg. härtbar. (**A. P. 2 808 331** vom 29/6. 1955, ausg. 1/10. 1957.) A. KALIX. 8601

Eastman Kodak Co., übert. von: **Edwin H. Hilborn**, Rochester, N. Y., V. St. A., *Halogensilber-Celluloseester-Schichten.* Das Halogensilber wird in der Lsg. eines Esters aus Cellulose u. einer aliphat. Carbonsäure mit 2—4 C-Atomen ausgefällt, wobei dieser Ester auf 6 Cellulose-C-Atome ca. 1½ Acylgruppen enthalten soll. Vor dem Vergießen auf Filme wird dieser Emulsion NH_4HCO_3 oder $(NH_4)_2CO_3$ oder ein Gemisch von beiden in Mengen vom doppelten bis 3fachen des Celluloseesters zugesetzt. Die daraus gegossenen

Schichten, bes. aus Acetylcellulose, werden bei Tempp. getrocknet, bei denen sich die Ammonsalze zers., mindestens bei 96° F. Die Schichten werden dadurch so porös, daß sie für alle Behandlungslsgg. gut durchlässig sind. (**A. P. 2 748 022** vom 8/8. 1952, ausg. 29/5. 1956.) A. KALIX. 8601

Eastman Kodak Co., übert. von: **Clemens B. Starck, Gale F. Nadeau** und **Carl F. Smith,** Rochester, N. Y., V. St. A., *Überziehen von Filmen aus Celluloseestern.* Auf einen ca. 0,005 Zoll starken Trägerfilm aus einem Celluloseester, bes. Celluloseacetatbutyrat, der Triphenylphosphat als Weichmacher enthält, wird ein Überzug aufgebracht, der aus 1,25—1,75(%) Gelatine, 0,3—5 Cellulosenitrat u. 1,5 (bezogen auf Gelatine) $CrCl_3$ besteht. Als Lösungsm. dient eine im wesentlichen aus 50—75 Aceton u. 24—45 Methanol bestehende Flüssigkeit. Der behandelte Film läuft nun zunächst über eine sich drehende Metalltrommel, die auf 50° F erhitzt ist, u. dann durch 160—240° F heiße Luft. Hierauf wird ein weiterer Überzug aus einem Gemisch aus Polyvinylalkohol, Saponin, $Zr(NO_3)_4$, Methanol u. W. aufgebracht, worauf der Film über eine 105° F heiße Trommel läuft u. dann aufgewickelt wird. Die Filme eignen sich bes. für *photograph.* u. *opt. Zwecke.* (**A. P. 2 835 609** vom 24/6. 1954, ausg. 20/5. 1958.) R. SCHWECHTEN. 8603

E. I. du Pont de Nemours & Co., Wilmington, Del., übert. von: **William Russell Saner,** Scotch Plains, N. J., V. St. A., *Lichthofschutzschichten.* Als schichtbildendes Material wird ein Mischpolymerisat aus 5—99% Vinylacetat u. Allyloxyessigsäure oder deren Ammonium-, Alkali- oder Alkylaminsalze. Die Polymerisate werden mit den üblichen Lichthofschutzfarbstoffen gemischt, in W. u./oder A. gelöst u. zu Schichten vergossen. (**A. P. 2 755 186** vom 19/7. 1954, ausg. 17/7. 1956.) A. KALIX. 8613

Carlyle W. Jacob, Rochester, N. Y., V. St. A., *Naßentwicklung von xerographischen latenten Bildern.* Zur Bilderzeugung wird eine der üblichen lichtleitfähigen Schichten (aus Se, S, Cs, Anthracen usw.) verwendet u. auf eine gutleitende durchsichtige Unterlage aufgetragen. Die Belichtung erfolgt durch die letztere hindurch, während die Platte (oder der Film) auf dem Boden einer Entwicklungskammer angeordnet ist, in deren Oberteil sich eine Sprühvorr. für negativ geladene Farbstofflsgg. befindet. Zur Verbesserung der Bildqualität kann unmittelbar über der Bildfläche noch ein geerdetes Metalldrahtnetz zur gleichmäßigen Verteilung der I-Tröpfchen angebracht werden. (**A. P. 2 808 328** vom 15/7. 1950, ausg. 1/10. 1957.) A. KALIX. 8619

Ralph B. Atkinson, Beverly Hills, Calif., V. St. A., *Umkehrentwicklung.* Die bei Durchführung der Umkehrentw. am laufenden Band in den ersten Entwickler (I) durch das Transportband verschleppten Mengen von S-haltigem Zweitentwickler (II) werden dadurch unschädlich gemacht, daß zum I lösl. Salze von solchen Metallen gegeben werden, die unlösl. Sulfide bilden, z. B. von Ag, Hg, Pb, Cu, Cd, Sn u. Zn, als II wird eine Lsg. von Alkalisulfiden oder eine starke alkal. Thioharnstofflsg. verwendet. (**A. P. 2 759 824** vom 18/5. 1954, ausg. 21/8. 1956.) A. KALIX. 8619

Eastman Kodak Co., Rochester, N. Y., V. St. A. (Erfinder: **Pierre Amédée Roman,** Maison-Alfort, Frankreich), *Lichtempfindliches Material für das Reflexkopierverfahren.* Der Träger der lichtempfindlichen Schicht besitzt eine hohe Transparenz, die durch nichtflüchtige Zusätze herbeigeführt worden ist, die nach der Belichtung, bes. bei der Naßbehandlung, so weit unwirksam gemacht werden können, daß dadurch die Transparenz des Materials erheblich verringert wird. Hierzu dienen z. B. solche Stoffe, die mit den photograph. Bädern unlösl. Ndd. bilden, wie $Ca(NO_3)_2$ oder solche, die dabei ausgewaschen werden, wie Polyglykol oder Polyäthylenglykololeyläther, Na-Lactat, Triäthanolamincitrat oder -lactat. — Vgl. F. P. 1 126 556; C. **1958.** 14211. (**D. A. S. 1 042 378** Kl. 57b vom 14/5. 1956, veröff. 30/10. 1958. F. Prior. 14/5. 1955.) A. KALIX. 8625

Eastman Kodak Co., übert. von: **Alexander Murray** und **Earl M. Robertson,** Rochester, N. Y., V. St. A., *Farbenphotograhisches Verfahren.* Auf Schichten aus lichtempfindlichen Polyvinylcinnamaten (I), die sich auf dünnen Folien aus Cellophan, Celluloseacetat oder ähnlichen Stoffen befinden, werden 2, 3 oder 4 Farbteilbilder kopiert, die I-Schichten zu Reliefs entwickelt, die letzteren in den entsprechenden Grundfarben angefärbt u. registerhaltig übereinander montiert. Die I können auch schon vor der Belichtung die entsprechenden Teilfarben enthalten. (**A. P. 2 787 543** vom 9/10. 1952, ausg. 2/4. 1957.) A. KALIX. 8631

General Aniline & Film Corp., New York, N. Y., V. St. A. (Erfinder: **Willy Albin Schmidt,** München, und **Robert Fleming Coles,** North St. Paul, Minn.), V. St. A., *Farb-*

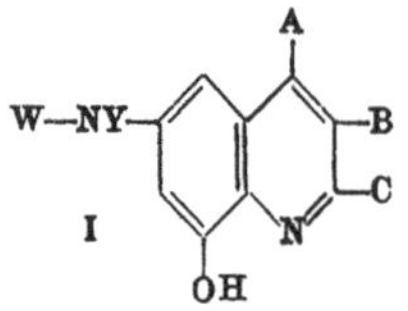

A
W—NY— —B
—C
I N
OH

kuppler für Purpur sind Verbb. der allg. Formel I. Hierin ist W eine Alkyl-, Hydroxyalkyl-, Carboxyalkylsulfoalkyl- oder einkernige Arylgruppe, Y ist ein H-Atom, ein Acyl- oder Sulfonylrest, A ist ein COOH- oder Carbaminorest, B ein H-Atom, ein Alkyl- oder einkerniger Arylrest, C ein H-Atom, eine COOH-Gruppe, ein Alkyl- oder einkernigerArylrest. — Beispiele: 6-(β-Hydroxyäthylamino)-8-hydroxy-2-phenylcinchoninsäure, N-[8-Hydroxy-2-methyl-4-carboxychinolinyl-(6)]-acetanilid, 3-Tetradecanoylamido-4-methyl-5-[8'-hydroxy-6'-(N-methylbenzolsulfonamido)-cinchoninoylamido]-benzolsulfonsäure u. 6-(β-Hydroxyäthyl-amino)-8-hydroxychinolin. Diese Verbb. geben mit p-Phenylendiaminentwicklern stabile Azinfarbstoffbilder. (**D. A. S. 1 049 701** Kl. 57b vom 12/2. 1958, veröff. 29/1. 1959. A. Prior, 21/2. 1957.) A. KALIX. 8631

Kodak Ltd., London, *Ultraviolettschutzschicht für farbenphotographische Bilder*. Die UV-absorbierende Komponente besteht aus einem Reaktionsprod. einer Polyäthylenverb. (I), die eine Carbonsäurechlorid- oder -anhydridgruppe enthält, mit einer UV-absorbierenden Verb. (**II**), die eine Oxyalkyl- oder Aminoalkylgruppe aufweist. — Beispiele für **I**: Mischpolymerisate aus Maleinsäureanhydrid mit Styrol, Vinylacetat, Vinylchlorid, Alkylvinyläthern, Acryl- u. Methacrylsäure, ferner aus Maleyl- u. Fumarylhalogeniden mit Vinyl- u. Vinylidenverbb.; Beispiele für **II**: Verbb. der allg. Formel $HO-C_2H_4-O-C_6H_4-CH=N-NRR_1$, $HO-C_2H_4-O-C_6H_4-CoR_2$ oder $R_6-CH=NRR_1$; ferner Verbb. der Formeln **III** u. **IV**. Hierin sind R u. R_1 Alkyl- oder (gegebenenfalls substituierte) Arylgruppen, R_2 u. R_5 Arylgruppen, R_3 eine substituierte Arylgruppe, $R_4 = R_3$, wobei entweder R_3 oder R_4 eine Oxalkylgruppe mit 2—3 C-Atomen enthalten muß, R_6 ist eine Aminoarylgruppe. Bes. beansprucht werden die Reaktionsprodd. aus Styrol–Maleinsäureanhydrid-Mischpolymerisat mit p-β-Oxyäthoxybenzaldehyd-α-methyl-α-phenylhydrazon oder 2-Oxy-4-β-oxyäthoxybenzophenon, ferner die Reaktionsprodd. aus: Polyacrylsäureanhydrid u. 3-Äthyl-5-p-(β-oxyäthoxy)-benzal-2-phenylimino-4-thiazolidon oder p-Aminobenzaldehyd-α-methyl-α-phenylhydrazon oder 3-(β-Acrylamidoäthyl)-5-anisalthiazolidindion-(2.4). (**E. P. 793 292** vom 16/5. 1956, ausg. 16/4. 1958. A. Prior. 26/5. 1955.) A. KALIX. 8631

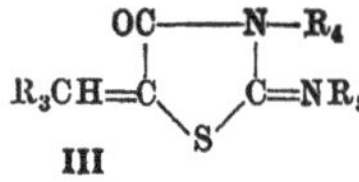

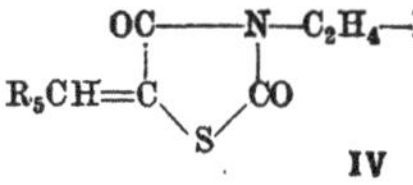

OC——N—R_4 / $R_3CH=C$ $C=NR_5$ / S — III

OC——N—C_2H_4—NH_2 / $R_5CH=C$ CO / S — IV

Gregorio Pop, Washington, D. C., V. St. A., *Diazotypien mit schwarzen Linien* erhält man durch Verwendung einer wss. Lsg. von 800 g Weinsäure + 270 g p-Diazodiphenylaminsulfat in 25 Liter W. zur Herst. der lichtempfindlichen Schicht u. einer Lsg. von 15 (g) Phloroglucin (I), 518 Phenol, 510 Na_2CO_3 u. 245 $H_2C_2O_4$ in 10 Liter Wasser. Nach einer anderen Ausführungsform kann I auch in der lichtempfindlichen Schicht enthalten sein. (**A. P. 2 776 888** vom 15/7. 1954, ausg. 8/1. 1957.) A. KALIX. 8647

REDAKTIONSSCHLUSS: 28. August. 1959.

Herausgeber: Prof. Dr. Heinrich Bertsch, Berlin, u. Prof. Dr. Dr. h. c. Wilhelm Klemm, Münster. Chefredakteure und verantwortlich für den Inhalt: Dr. Eugen Klever, Berlin SW 61, Dessauer Straße 28—31, Fernsprecher: 665421, u. Dr. Heinz Walter, Berlin N 4, Schiffbauerdamm 19, Fernsprecher: 425571.

Verlag: Akademie-Verlag GmbH, Berlin W 1, Leipziger Str. 3-4 (Fernsprecher: 220441, Postscheckkonto Berlin 35021), und Verlag Chemie, GmbH, Weinheim/Bergstr. (Fernsprecher: Weinheim 3635 [Sammelnummer]; Fernschreiber: 0465516 chemieverl wnh; Postscheckkonten: Frankfurt/M. 145314 u. Berlin [West] 7430). Bestellnummer: 1007/130. Das Chemische Zentralblatt erscheint wöchentlich. Preis des Jahrganges einschl. Autoren-, Patent-, Sach- u. Formelregister: DM 960,—; einseitig bedruckte Ausgabe: DM 1050,—. Abgabe der Zeitschrift nur mit sämtlichen Registern. Abbestellungen nur bis spätestens 6 Wochen vor Ablauf des Kalenderjahres.

Satz u. Druck: VEB Leipziger Druckhaus, Leipzig, III/18/203. X. 59.
Veröffentlicht unter der Lizenznummer ZLN 5002 des Ministeriums für Kultur, Hauptverwaltung Verlagswesen.
Printed in Germany.

Bei Fragen zur Produktsicherheit wenden Sie sich bitte an:
If you have any questions regarding product safety,
please contact:

Walter de Gruyter GmbH
Genthiner Straße 13
10785 Berlin
productsafety@degruyterbrill.com